KÜNSTLICHE ORGANISCHE FARBSTOFFE
UND IHRE ZWISCHENPRODUKTE

KÜNSTLICHE ORGANISCHE FARBSTOFFE UND IHRE ZWISCHENPRODUKTE

VON

HANS RUDOLF SCHWEIZER

Dr. sc. techn. ETH

MIT 24 ABBILDUNGEN

SPRINGER-VERLAG

BERLIN · GÖTTINGEN · HEIDELBERG

1964

© by Springer-Verlag OHG/Berlin · Göttingen · Heidelberg 1964
Softcover reprint of the hardcover 1st edition 1964

Library of Congress Catalog Card Number 63-23133

ISBN 978-3-642-87246-4   ISBN 978-3-642-87245-7 (eBook)
DOI 10.1007/978-3-642-87245-7

Druck der Universitätsdruckerei H. Stürtz AG, Würzburg

Titel Nr. 0951

MEINER LIEBEN FRAU
GEWIDMET

Geleitwort

Das Gebiet der synthetischen organischen Farbstoffe, das seine große wissenschaftliche und technische Bedeutung bis heute unverändert behalten hat, wird im Gegensatz zu andern Gebieten seit vielen Jahren im Schrifttum stark vernachlässigt. In deutscher Sprache existiert kein einziges Lehrbuch, das den neuesten Stand des Gebietes wiedergibt. Die öfters vertretene Ansicht, daß das Farbstoffgebiet praktisch erschöpft sei, ist unrichtig und durch die Entwicklung neuer Farbstofftypen, wie der Reaktivfarbstoffe, der Chinacridone, der Phthalocyanine usw. widerlegt. Hinzu kommt, daß die neuen Spinnfasern fortlaufend Neuentwicklungen auf dem Farbstoffgebiet auslösen. Nach einem kurzgefaßten Lehrbuch der Farbstoffchemie, das auch die Vorprodukte und wichtigsten Anwendungsgebiete berücksichtigt, besteht daher ein dringendes Bedürfnis.

Das vorliegende Werk von H. R. SCHWEIZER, das in Anlehnung an meine Vorlesungen über Farbstoffchemie an der Eidg. Technischen Hochschule entstanden ist, füllt diese Lücke aus. Das Buch behandelt nicht nur die eigentlichen Farbstoffsynthesen vom theoretischen und praktischen Standpunkt, die Rohstoffe und Anwendungsmöglichkeiten, sondern auch die Grundlagen der Textilfaserstoff- und Textilveredelungsindustrie. Bei den Zwischenprodukten wurden die modernen Anschauungen über die Reaktionsmechanismen gebührend berücksichtigt. Die zahlreichen Literaturangaben erleichtern dem Leser das Studium der Originalliteratur und geben dem Studierenden wertvolle Hinweise.

Wenn das Buch auch vorwiegend für den Chemiestudenten bestimmt ist, so wird auch der Praktiker daraus manche Anregungen schöpfen. Bei der Bedeutung der Farbstoffchemie ist dem Werk eine weite Verbreitung zu wünschen.

H. HOPFF

Vorwort

Die künstlichen organischen Farbstoffe besitzen nach wie vor eine große praktische und theoretische Bedeutung; zur Einführung in die Chemie der aromatischen Verbindungen sind sie fast unersetzlich. Indessen fehlte schon lange ein geeignetes modernes Lehrbuch, worauf ich während meiner langjährigen Tätigkeit als Assistent und Mitarbeiter von Herrn Professor Dr. H. HOPFF an der Eidgenössischen Technischen Hochschule in Zürich von den Studenten immer wieder aufmerksam gemacht worden war.

Das vorliegende Buch soll einen Überblick über das Gebiet der Farbstoffchemie und ihrer Zwischenprodukte geben, wobei die technisch bedeutsamen Entwicklungen naturgemäß im Vordergrund stehen. Es erschien mir dabei notwendig, auch eine Besprechung der natürlichen und synthetischen Textilfasern, deren Kenntnis für das Verständnis vieler Färbeprobleme unerläßlich ist, sowie der wichtigsten Textilhilfsmittel in die Betrachtung einzubeziehen. Dem Charakter als Lehrbuch entsprechend wurde das Hauptgewicht auf die Darstellung der chemischen Probleme und Verfahren gelegt, während die anwendungstechnischen Fragen eher knapp behandelt wurden. Auf eine Diskussion der physikalischen Chemie der Färbevorgänge wurde mit Rücksicht auf die bereits vorhandene Literatur verzichtet.

Zahlreiche Literaturzitate sollen dem Leser das Studium der Originalliteratur erleichtern und ein rasches Auffinden von präparativ brauchbaren Vorschriften ermöglichen. Die Bezeichnung der Farbstoffe stimmt mit der neuesten Ausgabe des „Colour Index" überein.

Ich hoffe, daß das Werk bei Studenten und Fachkollegen eine gute Aufnahme findet. Für Vorschläge zur Verbesserung bin ich jederzeit dankbar.

Mein besonderer Dank gilt Herrn Prof. Dr. H. HOPFF dafür, daß er mich zu diesem Buch ermuntert, mich mit seinen Ratschlägen und mit umfangreichem Material unterstützt und schließlich die Durchsicht des Manuskriptes übernommen hat. Den Herren Dr. F. GRAF (Basel, Schweiz), Dr. W. KUNZ (Uerikon, Schweiz), Dr. TH. LYSSY (Therwil, Schweiz), Dr. E. MERIAN (Bottmingen, Schweiz), Dr. H. SCHENKEL (Münchenstein, Schweiz) und Dr. J. M. STRALEY (Kingsport, Tenn., USA) danke ich für wertvolle Hinweise.

Dem Springer-Verlag bin ich für die angenehme Zusammenarbeit zu verbindlichem Dank verpflichtet.

Herrliberg (Zürich), im August 1963 H. R. SCHWEIZER

Inhaltsverzeichnis

Einführung

Die Vielzahl und Schönheit der Farben in der Natur haben den Menschen seit alters her angeregt, sein Bedürfnis nach Schmuck und persönlichem Ausdruck durch farbige Ausgestaltung von Kleidung, Heim und Habe zu befriedigen. Charakteristische oder seltene Farben erlangten im Laufe der Zeit auch einen emotionell verankerten Symbolwert, so der Purpur der Antike als Farbe der Könige.

Im Anfang bediente sich der Mensch wohl einfach farbiger Früchte, Blüten und Federn, wie man dies bei manchen Naturvölkern noch heute antrifft. Etwas kunstvoller, aber zweifelsohne ebenso alt ist die Verwendung mineralischer oder pflanzlicher Farbpulver wie Kreide, Ocker, Ruß oder Holzkohle, die mit Eiweiß oder Öl als Bindemittel auf zahlreiche Unterlagen aufgebracht werden können. Diese Technik eignet sich allgemein für feste, unveränderliche Oberflächen, und die Beständigkeit der Färbung hängt nicht nur vom Farbpulver, sondern ebenso stark vom Bindemittel ab.

Wesentlich anspruchsvoller und schwieriger gestaltet sich die Färbung eines Textilgutes. Der Farbstoff muß dabei in die einzelnen Fasern des Gewebes eindringen und sich derart verankern lassen, daß er weder ausgewaschen, noch abgerieben werden kann. Auch soll die erzielte Färbung allfälligen weiteren Einwirkungen gegenüber beständig sein, vor allem gegenüber dem ausbleichenden Einfluß des Sonnenlichtes. Erschwerend kommt hinzu, daß sich auch die seit langem verwendeten natürlichen Fasern wie Wolle, Leinen, Baumwolle und Seide in ihrem Aufbau zum Teil stark voneinander unterscheiden und deshalb mit verschiedenartigen Farbstoffen gefärbt werden müssen. Die Auswahl an brauchbaren natürlichen Farbstoffen war darum stets beschränkt und die Klarheit des Farbtones wie auch die Echtheiten ließen meist noch manche Wünsche offen. Eine dauerhafte Fixierung der Farbstoffe gelang vielfach nur mit einer ganz ausgeklügelten Färbetechnik. Wohl gibt es in der Natur zahlreiche prächtige Farben; viele oder gar die meisten von ihnen sind jedoch für färberische Zwecke ungeeignet, wie etwa die leuchtenden roten und blauen Blütenfarbstoffe. Die Textilfärbung war deshalb während Jahrhunderten ein zwar äußerst kunstvolles Handwerk, das indessen die ihm von der Natur gesetzten Schranken nicht zu überspringen vermochte und zahlreiche Wünsche nicht erfüllen konnte.

Die Entwicklung synthetischer organischer Farbstoffe konnte erst im neunzehnten Jahrhundert einsetzen, als man über das Wesen chemischer Reaktionen und Verbindungen einigermaßen zutreffende Vorstellungen erworben und die alchemistische Gedankenwelt des Mittelalters verlassen hatte, da diese infolge ihrer Durchdringung mit mystischen Vorstellungen eine sachliche und wissenschaftliche Beschäftigung mit chemischen Problemen äußerst erschwerte. Bereits die ersten künstlichen Farbstoffe, von denen etliche nur durch Zufall dargestellt wurden, lieferten Färbungen mit einer vordem unerreichbaren Brillanz und Klarheit und erzielten bald einen erheblichen kommerziellen Erfolg. Dies führte zu einer raschen technischen und wissenschaftlichen Erweiterung des Gebietes, so daß die Farbstoffe und ihre Zwischenprodukte bald den dominierenden organisch-chemischen Industriezweig im späten neunzehnten und beginnenden zwanzigsten Jahrhundert bildeten.

Die Farbstoffindustrie begründete schon früh die pharmazeutische Industrie. Als erstes Großprodukt erschien das Fiebermittel Phenacetin, das heute noch einen wichtigen Platz einnimmt und aus einem vorher unverwendbaren Zwischenprodukt erhalten wurde. Des weiteren brachte die Beobachtung, daß lebende Zellen von künstlichen Farbstoffen differenziert angefärbt werden, wodurch man beispielsweise den Zellkern sichtbar machen kann, den Forscher PAUL EHRLICH auf die geniale Idee, daß geeignete Farbstoffe mit spezifischer Affinität zu Mikroben-Zellen vielleicht deren selektive Bekämpfung ermöglichen könnten. Er stieß auch bald auf verschiedene therapeutisch wirksame Farbstoffe, die den Weg zu zahlreichen weiteren Chemotherapeutika wiesen.

Die Farbstoffindustrie selbst entwickelte sich in den ersten 50 Jahren sehr stark, bis die synthetischen Farbstoffe praktisch alle natürlichen verdrängt und einen gewissen Echtheitsstandard erreicht hatten, was etwa nach 1920 der Fall war. Seither verläuft die Entwicklung gemächlicher, wobei sie häufig durch Neuerungen im Anwendungsbereich bestimmt wurde, beispielsweise durch die Einführung synthetischer Fasern.

Bekanntlich werden alle Farbstoffe auf einem Substrat verwendet. Ihr Anteil beträgt in der Regel nur einige Prozente oder noch weniger. Ihre Beurteilung kann deshalb immer nur nach der Ausfärbung auf einem bestimmten Substrat und nicht am isolierten Farbstoff erfolgen, da er für die eine Anwendung vorzüglich geeignet, für eine andere dagegen völlig ungeeignet sein kann. So werden zur Pigmentierung von Anstrichfarben oder Kunststoffen Körperfarben benötigt, die in Wasser und organischen Lösungsmitteln unlöslich sind; bei Kunststoffen verlangt man von ihnen oft auch eine hohe Wärmebeständigkeit. Zum Färben von Textilfasern sind dagegen wasserlösliche Farbstoffe erwünscht, die für die jeweilige Faser eine ausreichende Affinität besitzen müssen. Jeder Farbstoff muß deshalb bestimmten Anforderungen genügen, die auf die Färbemethoden und die allfälligen Anforderungen an das gefärbte Substrat abgestimmt sind. Der hohe Stand der heutigen Anwendungstechnik und die hohen Ansprüche an das gefärbte Material bedingen zwar eine große Mannigfaltigkeit des Farbstoffgebietes, führen aber auch zu einer unerbittlichen Auswahl der bestgeeigneten und echtesten Typen.

Von den verschiedenen Farbstoffgruppen ist diejenige der Textilfarbstoffe bis heute die größte und mannigfaltigste geblieben, da hierfür stets eine große Nachfrage bestand, die immer wieder zu interessanten

Neuentwicklungen führte. Sie werden deshalb im folgenden auch am ausführlichsten besprochen. Eine zweite wichtige Gruppe stellen die Pigmente, die im Gegensatz zu den Textilfarbstoffen verhältnismäßig wenige Vertreter mit oft beträchtlichem Volumen umfassen. Es sind unlösliche Farbpulver, die man zum Färben von Papier, Ölfarben, Lacken, Kunststoffen und für die Spinnfärbung mancher Kunstfasern verwendet. Weniger wichtige Gruppen sind die Leder- und Pelzfarbstoffe, die Öl-, Fett- und Lösungsmittelfarbstoffe und schließlich die Lebensmittelfarbstoffe. Diese werden besonders den Konserven oft zugesetzt, da durch den Koch- und Konservierungsprozeß die nativen Farbstoffe der Lebensmittel häufig zerstört oder teilweise abgebaut werden, wodurch die Konserve unansehnlich wird. Die Verwendung von Lebensmittelfarbstoffen ist in fast allen Ländern reglementiert, damit nur erwiesenermaßen unschädliche Farbstoffe zugesetzt werden.

Eine besonders hübsche Anwendung finden verschiedene Farbstoffe in der Photographie. Spektrale Sensibilisierungsfarbstoffe ermöglichen grauwert-richtige Schwarzweiß-Aufnahmen, indem sie das vorwiegend blau- und violettempfindliche Silberhalogenid der photographischen Schicht auch für grünes, gelbes und rotes Licht sensibilisieren. Sie bilden ferner die Voraussetzung der modernen Farbphotographie, bei der die Redoxprozesse des Entwicklungsvorganges dazu benützt werden, um mit geeigneten Farbkupplern die gewünschten Farbstoffe in den nur einige Hundertstel Millimeter dicken Gelatineschichten zu erzeugen.

Geschichtliches

Während Jahrhunderten standen den Menschen nur natürliche Farbstoffe zur Verfügung. Zum Färben dienten die sogenannten *Farbdrogen*, das heißt Pflanzen-, in selteneren Fällen auch Tierbestandteile, in denen der Farbstoff in hoher Konzentration vorlag, meist jedoch nicht rein, sondern im Gemisch mit anderen, oft weniger erwünschten Farbstoffen. Derartige Drogen wurden aus den Rinden, den Wurzeln, dem Stammholz, den Blüten und den Gallen verschiedener Pflanzen, wie auch aus einigen Blattlausarten durch Trocknen und Mahlen hergestellt[1]. Allerdings sind nur die wenigsten Naturfarbstoffe für direkte Färbungen auf Textilien wie Baumwolle, Wolle und Seide geeignet. In den meisten Fällen ist eine Vorbehandlung der Faser mit einer „*Beize*" erforderlich, wozu verschiedene Metallsalze verwendet wurden und zwar vor allem Aluminiumsalze (Alaune), Eisensulfat, Kupfersulfat, Zinnchlorid und Bichromate. Dabei liefern Zinnbeizen die klarsten, Aluminiumbeizen etwas trübere und Eisen-, Kupfer- und Chrombeizen mit denselben Farbstoffen verhältnismäßig trübe und blaustichige Farbtöne. Die Kunst des Färbens bestand in früherer Zeit vor allem darin, mit verschiedenen Metallbeizen und möglichst nur einem Farbstoff verschiedene Farbtöne zu erzeugen. So liefert Krapp, in welchem das Alizarin als wirksamer Bestandteil vorhanden ist, auf Zinnbeize ein

---

[1] Eine eingehende Übersicht gibt MENZI, K.: SVF-Fachorgan **11**, 547 (1956).

Orange, auf Calzium-Aluminiumbeize ein Rot und auf Eisenbeize ein Violett.

In den Kulturländern gelangen heute praktisch keine natürlichen Farbstoffe mehr zur Anwendung, ausgenommen beim Färben von Lebensmitteln, wo gesetzliche Bestimmungen vielerorts ihre Verwendung vorschreiben. In den wenig industrialisierten Ländern und bei vielen Naturvölkern der Tropenzone, wo die meisten Farbdrogen gefunden werden, verwendet man dagegen auch jetzt noch in geringem Umfang natürliche Farbstoffe. Eine der bekanntesten Farbdrogen ist der *Krapp*, die getrocknete Wurzel der Färberröte (*Rubia tinctorum* L.), dessen Calcium-Aluminiumlack auf Baumwolle das berühmte Türkischrot bildete, zu dessen Erzeugung bis zu 15 Arbeitsgänge notwendig waren. Die Pflanze ist heimisch im Orient; um 1800 wurden Kulturen bei Avignon, im Elsaß und in Holland angepflanzt, die jedoch nach der Entdeckung der Alizarinsynthese wieder aufgegeben wurden. Eine Droge aus dem Tierreich stellt die *Cochenille* dar. Sie besteht aus den getrockneten Weibchen der Nopal-Schildlaus *(Coccus cacti)*, welche auf Kakteen lebt und in Mexiko heimisch ist. Wirksamer Bestandteil der Droge ist ein Anthrachinonderivat, das Wolle und Seide auf Alaun- oder Zinnbeize in einem blau- bis gelbstichigen Rot färbt. Cochenille-Präparate werden noch heute in Lippenstiften verwendet.

Der bekannteste und echteste Naturfarbstoff neben dem Krapp war der *Indigo*, bei dem es sich nicht um eine Droge, sondern um einen Farbstoff aus der Indigo-Pflanze *(Indigofera anil)* handelt, die in Indien heimisch ist und auch in Guatemala und Ägypten kultiviert wurde. Indigo wurde in Indien und China schon seit Jahrtausenden verwendet. Nach Europa fand er seit dem 12. Jhd. Eingang, doch wurde dort lange der Färber-Waid kultiviert, der hauptsächlich Indigo als wirksamen Bestandteil enthält. Vom 17. Jhd. an verdrängte der Indigo aus dem Orient das einheimische Produkt. Der Indigo ist ein Küpenfarbstoff und muß vor dem Färben durch Reduktion in die lösliche Küpe übergeführt werden, welche auf Baumwolle ausgefärbt und nachher auf der Faser zum eigentlichen Farbstoff zurückoxydiert wird. Ein Derivat des Indigos ist der *antike Purpur*, dessen Küpenform als gelblich-grüner Schleim in einer Drüse von Meeresschnecken der Gattung *Murex* vorkommt. Die Purpurfärberei war im mittleren Osten heimisch und wurde seit der Antike bis ins 15. Jhd. durchgeführt. Nach der Eroberung von Kleinasien und Konstantinopel durch die Türken ging diese Kunst unter.

Weitere wichtige Farbdrogen liefern die Kernhölzer verschiedener Bäume, so das *Gelbholz* des Färber-Maulbeerbaums, das *Fisetholz* des Färber-Sumachs, verschiedene *Rothölzer* der in Südamerika und Asien beheimateten Gattung *Caesalpinia* und schließlich als bekannteste und am längsten benutzte Droge das *Blauholz* des in Zentralamerika heimischen Blutholzbaumes (*Haematoxylon campechianum* L.). Das Blauholz enthält Hämatoxylin, das durch Oxydation in Hämatein übergeht. Die Färbung erfolgt über Metallbeizen, wobei mit Alaun violette, mit Chromsalzen dunkelblaue bis schwarze, mit Eisensalzen graue bis schwarze und mit Zinnsalzen rötlich-violette Farbtöne auf Wolle, Seide und Baumwolle erzielt werden. Die Verwendung von Blauholz, respektive Blauholzextrakten hat sich bis heute in der Seidenfärberei erhalten, da man damit ein außerordentlich schönes Schwarz erhält.

Die Entwicklung der künstlichen organischen Farbstoffe beginnt mit der Entdeckung des „*Mauveins*" oder „*Aniline Purple*" durch W. H. PERKIN im Jahre 1856[1]. Indessen war dies nicht der erste künstliche Farbstoff, denn bereits 1771 hatte WOULFE bei der Einwirkung von Salpetersäure auf Indigo die Pikrinsäure erhalten und auf Seide gefärbt. WELTER erhielt Pikrinsäure 1799 beim Behandeln von Seide mit Salpetersäure, 1842 wurde sie von LAURENT aus Phenol hergestellt. 1834 stellte RUNGE das Aurin, einen anderen gelben Farbstoff, aus Oxal-

---

[1] Einen ausführlichen Überblick über die Frühzeit der Farbstoffindustrie gibt: WELHAM, R. D.: J. Soc. Dyers Colourists **79**, 98, 146, 181 (1963).

säure und Phenol dar. Diese beiden Körper waren jedoch für die Textilfärbung ungeeignet.

PERKIN wollte eigentlich Chinin synthetisieren und behandelte zu diesem
Zweck unreines Anilin mit Kaliumchromat, wobei er eine schwarze Schmiere erhielt. Es gelang ihm, daraus einen reinen Farbstoff zu isolieren, der Seide in violetten Tönen färbte. Sein Verdienst liegt jedoch nicht so sehr in der Entdeckung
selbst als darin, daß er die technische Herstellung seines neuen Körpers, der Seide
in einem bisher unerreicht schönen Violett färbte, trotz enormer Schwierigkeiten
durchsetzte. In Greenford Green in Middlesex baute er zur Herstellung des Mauveins die erste Fabrik der organischen Chemie. Dabei mußte er das von ihm
benötigte Rohbenzol destillieren und in technischem Maßstabe nitrieren und reduzieren, um zu den benötigten Anilinbasen zu gelangen. Da dies ein ganz neues
Gebiet war, ereigneten sich immer wieder schwere Unfälle. Die Behörden schritten
ein wegen der Verschmutzung der Flüsse durch seine Abwässer. Die Färber, weit
davon entfernt, den neuen Farbstoff mit Freuden aufzunehmen, mußten erst
mühsam von seinen Vorteilen überzeugt und mit seiner Handhabung vertraut
gemacht werden. Da sich das Mauvein zwar für Seide und Wolle, nicht aber für
Baumwolle eignete, mußte für die letztere ein Applikationsverfahren gefunden
werden, was durch ein Beizverfahren mit Tannin gelang. Damit umfaßte PERKINS
Tätigkeit bereits das gesamte Gebiet der Farbenchemie von der Herstellung der
Roh- und Zwischenprodukte bis zur Applikation und Kundenberatung. Obwohl
PERKIN mit seiner Farbenfabrikation anfänglich einen guten Erfolg erzielte, be-
wogen ihn die steten technischen Schwierigkeiten, 1874 seine Farbenfabrik zu ver-
kaufen und sich ganz der reinen Forschung zu widmen.

Drei Jahre nach dem Mauvein entdeckten E. VERGUIN und „Renard
Fréres et Franc" in Lyon das *Fuchsin*, welches bald viel wichtiger als das
Mauvein wurde. 1861 folgten das Methylviolett von LAUTH und 1862
das Phosphin von NICHOLSON, 1863 das Anilinschwarz von LIGHTFOOT
und 1866 das Anilinblau und das Alkaliblau von GIRARD und das Jod-
grün von KEISSER. Bei all diesen Farbstoffen handelte es sich um
vollkommen synthetische Produkte, welche in der Natur kein Gegenstück
haben. Die Farben fast aller dieser Farbstoffe waren außerordentlich
leuchtend und brillant. Sie wurden vor allem in der Seidenfärberei
praktisch mit Gold aufgewogen, da man ihresgleichen bisher überhaupt
nicht gesehen hatte. Auf Seide und Wolle konnte man sie meistens
direkt färben, während man für Baumwolle eine Beize aus Tannin und
Brechweinstein benötigte, wie sie von DALE und BROOKE 1870 entwickelt wurde. Da alle diese Farbstoffe aus Anilinbasen und Derivaten
hergestellt wurden, faßte man sie bald unter dem Begriff „Anilinfarben"
zusammen. Leider ließ ihre Lichtechtheit vielfach zu wünschen übrig und
erreichte bei weitem nicht diejenige der höchstwertigen Naturprodukte,
des Indigos und des Türkischrots. Es ist leicht verständlich, daß die
„Anilinfarben" und mit ihnen auch die späteren künstlichen Farbstoffe
bald in den Verruf kamen, zwar außerordentlich schön, aber unbeständig
zu sein.

Um die Bedeutung dieser ersten Entwicklungen auf dem Farbstoffgebiet für die organische Chemie im allgemeinen gebührend zu würdigen,
muß man die geschilderte Entwicklung mit den chemischen Kennt-
nissen jener Zeit in Parallele setzen. Die neuen Farbstoffe waren
organische Verbindungen. Nun hatte man aber seit Jahrhunderten
geglaubt, daß organische Verbindungen nur mittels einer besonderen
„Lebenskraft" entstehen könnten. Erst 1828 stellte WÖHLER Harnstoff,

eine organische Verbindung, aus anorganischen Grundstoffen dar und stieß damit das Axiom von der Lebenskraft um. 1858 kam A. KÉKULÉ zur Auffassung, daß der Kohlenstoff vierwertig sei und 1865 postulierte er die Ringstruktur des Benzols. Diese theoretische Erkenntnis war sehr bedeutend, denn praktisch alle Farbstoffe enthalten einen oder mehrere Benzolringe.

1862 entdeckte PETER GRIESS die Diazokörper und stellte die ersten *Azofarbstoffe* her[1]. Ihre eminente Bedeutung wurde indessen erst viele Jahre später erkannt. Heute gehören sie zu den wichtigsten und gebräuchlichsten Produkten und stellen mehr als die Hälfte aller organischen Farbstoffe. Wohl wurden einige basische Azofarbstoffe schon kurz nach der Entdeckung der Diazoverbindungen hergestellt, so 1863 das Bismarckbraun durch MARTIUS und 1864 durch MARTIUS und GRIESS das Anilingelb, das später als krebserregende Substanz berüchtigt wurde. Die färberische Bedeutung der Azoverbindungen wurden jedoch erst nach der Darstellung des Chrysoidins durch O. N. WITT (1876), des Biebricher Scharlachs durch R. NIETZKI (1879) und des Kongorots durch BÖTTIGER (1884) richtig erkannt. Der Biebricher Scharlach war ein saurer Azofarbstoff, der Wolle und Seide ohne Metallbeize zu färben vermochte. Das Kongorot war der erste künstliche Farbstoff, mit dem sich Baumwolle ohne vorherige Behandlung mit Metall- oder Tanninbeize direkt färben ließ.

Während die allerersten Farbstoffe vollkommen neuartige Verbindungen waren, begann man sich etwas später auch mit der Strukturaufklärung der natürlichen Farbstoffe zu beschäftigen. 1868 ermittelten C. GRAEBE und A. LIEBERMANN die Konstitution des *Alizarins*, des wirksamen Bestandteiles der Krapp-Pflanze. Im folgenden Jahr meldeten sie ein Verfahren zur Herstellung dieses Farbstoffes zum Patent an. Unabhängig von ihnen, aber einen Tag später, reichte auch W. H. PERKIN eine analoge Patentanmeldung ein. In den folgenden Jahren unternahm A. v. BAEYER systematische Untersuchungen zur Aufklärung der Indigo-Struktur und befaßte sich nach deren erfolgreichem Abschluß mit Versuchen zur synthetischen Herstellung dieses Körpers. Seine verschiedenen in den achtziger Jahren ausgearbeiteten Synthesen konnten sich jedoch wegen des hohen Preises der Ausgangsmaterialien und der schlechten Ausbeuten nicht einführen. Erst die von K. HEUMANN im Jahre 1890 ausgearbeitete Darstellung, die von Chloressigsäure und Anthranilsäure ausgeht, erhielt technische Bedeutung. 1897 konnte die Badische Anilin- und Sodafabrik in Ludwigshafen am Rhein erstmals synthetischen Indigo in den Handel bringen, der in verhältnismäßig kurzer Zeit das Naturprodukt verdrängte. Im Jahre 1926 betrug seine Produktion rund 10000 Jahrestonnen.

In den Jahren um 1900 wurde eine Reihe von Erfindungen gemacht, welche abermals zu neuartigen, in der Natur nicht vorkommenden Farbstoffen führten. So entwickelte R. E. SCHMIDT die hervorragend lichtechten sauren Alizarin-Farbstoffe, die in ihrer Brillanz nur von den

---

[1] Vgl.: WIZINGER-AUST, R.: Angew. Chem. **70**, 99 (1958).

Triphenylmethan- und einigen anderen basischen Farbstoffen übertroffen werden. Ungefähr zur gleichen Zeit stieß René Bohn auf das Indanthron oder *Indanthrenblau RS* (1901), dem bald eine ganze Reihe außerordentlich lichtechter Küpenfarbstoffe folgte, an deren Entwicklung auch R. Scholl maßgeblich beteiligt war. Die große Bedeutung dieser Arbeiten lag darin, daß damit erstmals neuartige, künstliche Farbstoffe geschaffen wurden, deren Echtheiten um ein vielfaches besser waren als diejenigen der bisher echtesten Naturfarbstoffe, des Indigos und des Türkischrots.

Aber auch die schon bekannten Farbstoffklassen wurden intensiv weiter bearbeitet, besonders die Indigoide und die Azofarbstoffe. 1905 stellte Friedländer den roten Thioindigo dar, 1907 konnte Gadient Engi mit der Bromierung des Indigos die Echtheiten und das färberische Verhalten wesentlich verbessern. An der Entwicklung der IndigoZwischenprodukte war Traugott Sandmeyer maßgeblich beteiligt.

Schon 1893 erfand H. Vidal das *Schwefelschwarz*, das den Auftakt zu einer ganzen Gruppe billiger Schwefelfarbstoffe bildete. Zu diesen gehört das 1901 von Haas erfundene Hydronblau, das infolge seiner Billigkeit und seiner guten Chlor- und Lichtechtheit rasch einen bedeutenden Aufschwung nahm, besonders für blaue Arbeiteranzüge, wofür es auch heute noch viel verwendet wird.

Die *Theorie der Farbstoffe* baute sich weitgehend auf die Arbeiten von O. N. Witt auf, der 1876 seine Theorie der chromophoren und auxochromen Gruppen veröffentlicht hatte. Diese Theorie bildete bis in die neueste Zeit hinein eine der maßgebenden Anschauungen zum Problem von Konstitution und Farbe. Einen wesentlichen Einfluß auf die Entwicklung der Farbstofftheorie hatte sodann die Koordinationslehre von A. Werner (1893). Bereits vorher waren Farbstoffe in den Handel gekommen, die mit Metallatomen — meistens Chrom — einen koordinativen Komplex bilden, so 1878 das Alizaringelb 2 G von Nietzki und 1889 das Chromviolett von Sandmeyer. Die Komplexbildung bewirkt nicht nur eine Erhöhung der Waschechtheit, sondern auch eine beträchtliche Steigerung der Lichtechtheit, weshalb in der Folge zahlreiche chromierbare Farbstoffe entwickelt wurden.

Ein Nachteil der Chromierung besteht darin, daß in den meisten Fällen ein starker Farbumschlag eintritt, der dem Färber das genaue Einstellen der Farbtöne erschwert. Die Herstellung *löslicher Metallkomplexe* ausgezeichneter Echtheit für die Wollfärbung in den Neolanen der Firma Ciba (1915) einerseits und in den Palatinecht-Farbstoffen der Badischen Anilin- und Sodafabrik andererseits bedeutete daher einen wesentlichen Erfolg in bezug auf die Vereinfachung der Färbeverfahren.

In der Reihe der ausgezeichnet lichtechten Küpenfarbstoffe waren inzwischen weitere Erfindungen gemacht worden, die das Sortiment der verfügbaren Farbtöne erweiterten und in der Entdeckung des Caledon Jade Green durch die Scottish Dyes Ltd. im Jahre 1919 einen vorläufigen Abschluß erreichten. Dieser Farbstoff ist heute noch eines der echtesten und schönsten Grüns unter den Küpenfarbstoffen.

Die Existenz einer großen Anzahl derart ausgezeichneter Farbstoffe bewog die in Deutschland nach dem ersten Weltkrieg entstandene IG-Farbenindustrie AG dazu, ein spezielles Sortiment von überragenden Farbstoffen unter dem Namen Indanthren-Farbstoffe in den Handel zu bringen und dem breiten Publikum den Begriff der „Indanthren-Echtheit" einzuprägen. In diesem Sortiment waren die besten verfügbaren Baumwoll-Farbstoffe enthalten, und diese Farbstoffe durften nur von anerkannt qualifizierten Färbereien verwendet werden, um eine hohe Qualität des gefärbten Textilgutes zu gewährleisten. Dieser Schritt wurde seitens der Färbereien durchaus nicht überall begrüßt, da man davon einen Rückgang des Geschäftes befürchtete. Trotz dieser Widerstände konnten sich jedoch die Indanthren-Farbstoffe und damit allgemein die hochwertigen Farbstoffe durchsetzen, nicht zuletzt dank einer außerordentlich intensiven direkten Publikumswerbung der Farbenfabriken.

Dieses Beispiel ist kennzeichnend für einen wesentlichen Umschwung im Verhältnis zwischen Farbstoffhersteller und Färber, der zu jener Zeit stattfand. Vor 1914 lag die Entwicklung des Färbereiwesens und der Färbeverfahren eindeutig bei den Färbereien. Nach dem ersten Weltkrieg trat die Farbenfabrik an die maßgebliche Stelle und der Färber beschränkte sich mehr und mehr darauf, einfach die ihm von der Farbenfabrik angebotenen Farbstoffe und Färbeverfahren zu übernehmen und allenfalls seinen spezifischen Bedürfnissen noch anzupassen. Auch in der Technologie des Färbens wurden wesentliche Fortschritte erzielt und es entstanden die ersten kontinuierlichen Färbe- und Druckverfahren mit einer Leistungsfähigkeit von bis zu 100 m Gewebe pro Minute. An Erfindungen, welche mehr das Gebiet der Applikation betreffen, seien hier neben den löslichen Metallkomplex-Farbstoffen besonders die Naphthol-AS-Farben für den Baumwolldruck erwähnt, entwickelt um 1911 von ZITSCHER und LASKA, ferner die *Indigosole* und Anthrasole von M. BADER im Jahre 1922, in denen die Küpenform der Indigofarbstoffe und der Anthrachinon-Küpenfarbstoffe fixiert und in eine wasserlösliche Form gebracht worden ist.

An wesentlichen Entdeckungen der folgenden Jahre ist das von den Imperial Chemical Industries Ltd. 1929 in den Handel gebrachte *Phthalocyaninblau* zu erwähnen, dessen Struktur 1936 durch R. P. LINSTEAD aufgeklärt wurde. Auf diesem Gebiet wurden auch in neuerer Zeit wieder bemerkenswerte Erfolge erzielt mit der Einführung des verküpbaren Kobaltphthalocyanins sowie der Phthalogenbrillantmarken der Farbenfabriken Bayer, die auf der Faser zum Farbstoff entwickelt werden.

Mit der raschen Entwicklung der Kunststoffchemie nach dem zweiten Weltkrieg erhielt die Farbstoff-Forschung neue Impulse durch die in großer Zahl auftauchenden *vollsynthetischen Textilfasern*, welche vielfach mit den herkömmlichen Farbstoffen nur schwer oder gar nicht gefärbt werden konnten. Ein erstes derartiges Problem hatte bereits die Acetatseide nach dem ersten Weltkrieg aufgeworfen, welches 1922 mit der Einführung spezieller Acetatseide-Farbstoffe durch die Badische Anilin- und Sodafabrik gelöst wurde. Manche dieser Acetatseide-Farbstoffe eignen sich auch für die vollsynthetischen Fasern vom Typ des Nylon, Terylene und Orlon, doch erwies sich die Entwicklung neuer Farbstoffe oft als unumgänglich, um die erwünschten Echtheiten zu erzielen. Diese Forschungsarbeiten befruchteten auch das Gebiet der herkömmlichen Farbstoffe. Einen wesentlichen Fortschritt in der Färbung der Wolle erzielte man mit der Einführung der aus praktisch neutralem Farbbad aufziehenden Komplexfarbstoffe vom Typ der *Irgalane* durch die Firma J. R. Geigy AG, die durch Arbeiten über Komplexfarbstoffe für Polyamidfasern befruchtet wurden.

Schließlich wurde die überraschende Entdeckung gemacht, daß die im allgemeinen wenig lichtechten basischen Farbstoffe auf Polyacrylnitrilfasern eine unerwartet hohe Lichtechtheit aufweisen, die meist mehrfach besser als diejenige auf Wolle oder Seide ist. Das Interesse und die Forschungstätigkeit für diese Farbstoffgruppe, die während vieler Jahre nur noch gering gewesen waren, stiegen damit wieder stark an. Eine sehr bedeutsame neue Entwicklung stellen die *Reaktivfarbstoffe* für Wolle, Baumwolle und Polyamide dar, die mit dem Substrat beim Färben eine chemische Bindung eingehen und deshalb ausgezeichnet waschecht sind. Die bahnbrechenden ersten Arbeiten auf diesem Gebiet gehen auf die Firmen Ciba, Hoechst und ICI in den Jahren 1952 bis 1956 zurück; seither sind zahlreiche weitere Farbstoffunternehmen auf diesem wichtigen Gebiet tätig geworden.

A. Grundzüge der Textilfärbung

I. Färbeprinzipien

Die Verankerung eines Farbstoffes in der Faser kann auf verschiedene Arten erfolgen[1]:

    a) durch ein Bindemittel;
    b) durch Einlagerung vor dem Verspinnen;
    c) durch Erzeugung von Schwerlöslichkeit;
    d) durch Lösevorgänge;
    e) durch Van der Waalssche Kräfte;
    f) durch Salzbildung;
    g) durch chemische Umsetzung unter Hauptvalenzbildung.

Die Verwendung eines *Bindemittels* zum Aufbringen von Pigmentfarbstoffen auf ein Gewebe gehört zu den ältesten Färbetechniken und eignet sich für den Druck. Als Bindemittel dienten ursprünglich Eiweiß, Casein u. dgl., die nach dem Bedrucken des Gewebes einer Härtung unterworfen und dadurch wasserunlöslich gemacht wurden. Als Farbstoffe benützte man vorwiegend anorganische Pigmente wie rote Eisenoxyde, Chromgelb, Chromgrün, Berlinerblau und andere mehr. Die Lichtechtheit derartiger Drucke war vorzüglich, ihre Reib- und Waschechtheit dagegen sehr gering. Das Verfahren ist in neuerer Zeit wieder aufgenommen worden, wobei man heißhärtende Kunstharze als Bindemittel verwendet. Die Lichtechtheit ist auch in hellen Pastelltönen ausgezeichnet, da man hierfür hochwertige Pigmentfarbstoffe auswählen kann, welche keine Affinität zur Faser aufzuweisen brauchen. Reib- und Waschechtheit sind dagegen mäßig, vor allem wird das Bindemittel, das die Faser oberflächlich umhüllt, durch häufiges Waschen und mechanische Beanspruchung geschädigt, womit das Pigment seinen Halt verliert. Ein Vorteil des Verfahrens liegt darin, daß alle Fasern, ob natürlich oder synthetisch, praktisch gleich gut bedruckt werden können. Tiefe Färbungen lassen sich schlecht erzielen, da die dazu benötigten Pigment- und Bindemittelmengen einen harten Griff des Textilmaterials und eine geringere Reibechtheit bewirken. Farbstoffe dieser Art liegen in den Acramin- (BASF), Helizarin- (Bayer) und Mikrofix-Sortimenten (Ciba) vor.

Eine Einlagerung vor dem Verspinnen ist nur bei synthetischen und halbsynthetischen Fasern möglich. Auch hier kann man ohne Rücksicht auf die Affinitätsverhältnisse Pigmentfarbstoffe mit den besten Echtheiten einsetzen und damit außerordentlich echte Färbungen erzielen. Der Farbstoff ist dabei in der Faser gleichmäßig verteilt und fixiert. Ein

---

[1] Zum Mechanismus der eigentlichen Färbung vgl.: VICKERSTAFF, TH.: The Physical Chemistry of Dyeing. Edinburgh u. London: Oliver & Boyd 1950, 1954.

großer Nachteil des Spinnfärbens liegt darin, daß eine nachträgliche Nuancierung nicht mehr möglich ist. Das Verfahren ist nur dann wirtschaftlich, wenn eine große Menge Fasern gleich gefärbt werden kann, d.h. von 10—20 Tonnen an aufwärts. Es wird vorwiegend bei Viskose und Acetatseide angewendet; als Farbstoffe dienen Ruß (für schwarze Fasern), Phthalocyanine, sowie ausgewählte Indigo-, Anthrachinon- und Azofarbstoffe. Häufig werden beim Verspinnen geringe Mengen Titandioxyd zugesetzt, um der Faser ein mattes Aussehen zu geben. Es versteht sich von selbst, daß alle verwendeten Pigmente äußerst fein vermahlen und gegenüber den im Verlauf der Faserherstellung auftretenden Beanspruchungen beständig sein müssen.

Die Erzeugung von Schwerlöslichkeit nach dem Eindringen des Farbstoffes in die Faser gehört zu den ältesten Färbetechniken und ist vielfacher Abwandlungen fähig. Das Prinzip ist vor allem in der Baumwollfärberei wichtig und findet ausgedehnte Anwendung. Bei der *Küpenfärberei* ist der verwendete Küpenfarbstoff unlöslich, kann jedoch durch Reduktion — meist mit Natriumdithionit — in seine alkalilösliche Küpenform übergeführt werden, welche Affinität für die Cellulosefaser besitzt und auf diese aufzieht. Bei der anschließenden Rückoxydation mit Luft entsteht wieder der Farbstoff, der nun infolge seiner Unlöslichkeit besonders gut verankert ist. Ein „Seifen" nach der Rückoxydation entfernt oberflächlich haftende Farbstoffpartikel und bewirkt eine gewisse Rekristallisation des Farbstoffes innerhalb der Faser, wodurch die Echtheiten verbessert werden. Das klassische Beispiel für einen Küpenfarbstoff ist der Indigo, dem heute allerdings eine geringere Bedeutung zukommt als früher. Die modernen Küpenfarbstoffe besitzen bessere Echtheiten und liefern auf Baumwolle sehr licht- und wetterechte Färbungen.

Die Küpenform läßt sich verestern und dadurch stabilisieren. Eine große praktische Bedeutung haben die *Schwefelsäureester* der Leukoküpenfarbstoffe gewonnen, deren Salze wasserlöslich und in alkalischer oder neutraler Lösung gut beständig sind. Bei gleichzeitiger Einwirkung von Säure und einem Oxydationsmittel tritt eine rasche Verseifung und Rückoxydation zum ursprünglichen Küpenfarbstoff ein. Während die Küpenfarbstoffe selbst jeweils vor jeder Verwendung zur Küpe reduziert werden müssen, stellen die Schwefelsäureester eine unmittelbar gebrauchsfertige Form dar, die sowohl für den Druck als auch für die allgemeine Färbung geeignet ist. Sie sind vor allem unter dem Namen „Indigosole"[1] bekanntgeworden und umfassen sowohl Küpenester der Indigo- als auch der Anthrachinonreihe und höherer Chinone. Geeignet sind sie hauptsächlich für Cellulose- und Polyesterfasern sowie Mischgewebe aus diesen beiden.

Die *Schwefelfarbstoffe* verhalten sich ähnlich wie die Küpenfarbstoffe. Sie enthalten Schwefel als integrierenden Bestandteil und werden in der Regel mit Natriumhydrogensulfid in die lösliche Leukoform übergeführt. Sie sind weniger echt als die Küpenfarbstoffe und werden nur auf Baumwolle gefärbt. Die verfügbaren Farbtöne sind etwas stumpf.

Die *Abspaltung wasserlöslicher Gruppen* ist — mit Ausnahme der bereits erwähnten Indigosole — ein Prinzip neueren Datums. Dabei werden wasserunlösliche Farbstoffe durch die Einführung geeigneter Gruppen wasserlöslich gemacht und bei verhältnismäßig tiefer Temperatur gefärbt, worauf durch einen Dämpfprozeß die löslichkeitsvermittelnden Gruppen wieder abgespalten werden. Das

---

[1] Handelsname der Durand & Huguenin AG., Basel (Schweiz), abgeleitet von „Indigo soluble" = löslicher Indigo.

Verfahren eignet sich für den Druck. Dieses Prinzip findet bei den Alcianfarbstoffen der ICI Anwendung, bei denen die Löslichkeit durch Isothiuroniumgruppen erzielt wird. Ein anderes Verfahren wurde kürzlich in den Farbwerken Hoechst entwickelt, wobei Thiosulfatreste —S—SO_3Na die Wasserlöslichkeit vermitteln[1]. Nach dem Aufziehen auf die Faser wird der Rest —SO_3Na durch eine Behandlung mit Natriumsulfid abgespalten. Die im Farbstoff verbleibenden Mercaptogruppen führen zu einer Polykondensation über Disulfidbrücken. Die dabei entstehenden oligomeren Farbstoffe besitzen eine hohe Waschechtheit.

Entwicklungsfarbstoffe werden auf der Faser selbst erzeugt. Um eine wasch- und reibechte Färbung zu erreichen, müssen die Ausgangskomponenten ins Innere der Fasern eindringen und sich dort, nicht aber auf der Faseroberfläche zum Farbstoff umsetzen. Deshalb ist eine hohe Affinität zwischen den Farbstoffkomponenten und dem Textilgut wichtig. Die ersten derartigen Farbstoffe lagen in den sog. „Eisfarben" vor, Azofarbstoffen, zu deren Erzeugung das Färbegut zuerst mit einer alkalischen β-Naphthollösung — der Kupplungskomponente — imprägniert und nachher in einem zweiten Bade mit einer geeigneten Diazokomponente behandelt wurde. Den Namen „Eisfarben" erhielten sie infolge der Verwendung von Eis bei der Herstellung der Diazokomponenten. Nachteilig waren jedoch die geringe Substantivität des β-Naphthols und die schlechte Lagerfähigkeit der damit imprägnierten Gewebe. Die entscheidende Verbesserung erhielt das Verfahren mit der Einführung des als „Naphthol AS"[2] bekanntgewordenen 2-Hydroxy-3-naphthoesäureanilides als Kupplungskomponente, das in alkalischer Lösung eine sehr gute Affinität für Cellulosefasern besitzt und Azofarbstoffe hoher Lichtechtheit gibt. Mit der Einführung der *„Naphthol-AS-Farben"* hat das Prinzip der Entwicklungsfarbstoffe den wohl wichtigsten Auftrieb erhalten, da sie leicht anwendbar sind und teilweise hervorragende Echtheiten besitzen. Eine einfache Anwendung ergab sich allerdings erst, als es auch gelungen war, die benötigten Diazokomponenten in einer beständigen Form herzustellen, womit sich die Verwendung von Eis beim Färben erübrigte. Es ist heute sogar ohne weiteres möglich, die Kupplungs- und die Diazokomponente gleichzeitig auf das Gewebe aufzutragen, meist mit einer Druckpaste, und den Kupplungsvorgang nachher durch einen Dämpfprozeß einzuleiten, wovon man besonders beim Drucken Gebrauch macht. Mit dem Naphthol-AS-Sortiment lassen sich gelbe, rote, violette und blaue Färbungen erzielen. Besonders zahlreich und echt sind die roten Farbtöne, dagegen fehlen gewisse klare Blau- und Grüntöne.

Auch das umgekehrte Vorgehen wird angewandt, indem zuerst die diazotierbare Komponente auf die Faser gefärbt, anschließend diazotiert und mit einer Kupplungskomponente umgesetzt wird. Man spricht dann von *Diazotierungsfarbstoffen.* Auf diese Weise lassen sich vor allem tiefe Töne bis zum Schwarz erzielen.

Eine Spezialgruppe von Entwicklungsfarbstoffen liegt in den *Phthalogenen* der Farbenfabriken Bayer vor. Es sind Vorstufen von Phthalocyaninfarbstoffen, welche auf die Faser gedruckt und durch einen Dämpfprozeß zum Phthalocyanin umgesetzt werden. Sie besitzen ausgezeichnete Echtheiten, sind jedoch vorderhand auf Blau-, Grün- und Schwarztöne beschränkt.

---

[1] Vgl. hierzu: SCHIMMELSCHMIDT, K., H. HOFFMANN u. E. BAIER: Angew. Chem. **74**, 975 (1962).

[2] Handelsname der Naphtholchemie, Offenbach a. Main.

Bei den *Beizenfarbstoffen* wird die Schwerlöslichkeit durch Umsetzung des Farbstoffes mit einer „Beize" bewirkt, die ein mehrwertiges Anion oder Kation sein kann. Oft kommt es auch zu einer Umsetzung zwischen Faser und Beize, wobei das System Faser-Beize-Farbstoff zur Unlöslichkeit des letzteren führt. Eine wichtige Baumwollbeize war früher das *Tannin*. Man hat dabei zuerst die Baumwolle mit einer Tanninlösung zu imprägnieren, worauf das Tannin durch Behandlung mit Brechweinstein unlöslich gemacht wird. Erst dann kann gefärbt werden. Das Tannin enthält phenolische Hydroxylgruppen und gibt mit basischen Farbstoffen schwerlösliche Salze; die Tanninbeize ermöglicht deshalb die Färbung von Baumwolle mit basischen Farbstoffen. Ebenfalls als Beize geeignet sind tanninähnliche synthetische Produkte wie das Katanol der BASF. Diese Art von Beizenfärberei besitzt indessen heute nur noch untergeordnete Bedeutung. Ein früher ebenfalls sehr wichtiges Beizverfahren war das Färben von Baumwolle mit *Alizarin*, wobei sich auf der Faser ein roter Calcium-Aluminiumkomplex des Alizarins bildete (vgl. S. 304). Diese Färbung erforderte mindestens acht aufeinanderfolgende Arbeitsgänge und war recht schwierig. Sie wird deshalb heute nicht mehr vorgenommen.

Trotzdem ist die Erzeugung von *Farbstoff-Metallkomplexen* in der Faser stets aktuell geblieben, weil solche Komplexe infolge ihrer Schwerlöslichkeit meist eine bessere Waschechtheit als der metallfreie Farbstoff und in vielen Fällen auch eine wesentlich bessere *Lichtechtheit* aufweisen. Als Nachteil ist zu verzeichnen, daß wirklich klare und leuchtende Farbtöne unter den Metallkomplexen selten sind. Die wichtigste Gruppe bilden die *Chromierungsfarbstoffe* für Wolle und Seide. Bei ihrer Ausfärbung behandelt man die Faser nacheinander mit einer Chromsalz- und der Farbstofflösung. Zur Chromierung dient meist angesäuerte Natriumbichromatlösung. Das Bichromat wird auf der Faser zu dreiwertigem Chrom reduziert, das in den Komplex eingeht. Bei der Vorchromierung wird die Faser zuerst chromiert und nachher gefärbt; als Nachchromierung bezeichnet man das umgekehrte Vorgehen. Infolge der Chromierung, d.h. bei der Bildung des Metallkomplexes, verändert sich der Farbton in der Regel beträchtlich, was das genaue Abmustern erschwert. Es wurden deshalb auch Farbstoffe entwickelt, die mit dem Chromierungsbad verträglich sind, so daß aus einem Bade zugleich gefärbt und chromiert werden kann, was man als Metachromierung bezeichnet.

Einen wesentlichen Fortschritt brachten die *Komplexfarbstoffe* in Substanz, die bereits durch ihre Herstellung als fertige Komplexe vorliegen. Die Bildung eines schwerlöslichen Komplexes auf der Faser fällt bei diesen Typen indessen dahin, weshalb sie an anderer Stelle aufgeführt seien.

Auch viele direktziehende Baumwollfarbstoffe können durch eine Nachbehandlung mit Metallsalzen in Komplexe übergeführt werden, die eine verbesserte Wasch- und Lichtechtheit aufweisen. Meist erzeugt man hierbei die Kupferkomplexe. Die bei der Komplexbildung auftretenden Farbänderungen halten sich hier in engeren Grenzen und sind selten störend. Die erzielbare Verbesserung der Naßechtheiten ist dabei meist nur mäßig, diejenige der Lichtechtheit dagegen oft sehr bedeutend.

Zwei andersartige Verfahren zur Erzielung von Schwerlöslichkeit finden praktisch nur bei Direktfarbstoffen Anwendung. Beim einen werden säuregruppenhaltige Farbstoffe mit organischen Basen umgesetzt, die einen langkettigen Alkylrest enthalten. Dabei resultieren schwerlösliche Salze mit verbesserter Waschechtheit. Beim zweiten setzt man aminogruppenhaltige Farbstoffe mit Harnstoff- oder Melaminformaldehydharzen um, wobei die Harze mit den Aminogruppen des Farbstoffes reagieren und damit eine Verbindung zwischen Farbstoff und Faser erzeugen.

Zusammenfassend sei festgehalten, daß die Erzeugung von Schwerlöslichkeit nach Eintritt des Farbstoffes oder seiner Ausgangsprodukte in die Faser nur beim Färben von Cellulosefasern als wesentliches und bestimmendes Prinzip verwendet wird. Die Methode hat ihre beiden wichtigsten Vertreter in den Küpenfarbstoffen und Indigosolen einerseits, bei denen mit einer löslichen Farbstoffstufe gefärbt und anschließend wieder der unlösliche Farbstoff zurückgebildet wird, und in den Entwicklungsfarbstoffen andrerseits, bei denen der unlösliche Farbstoff in der Faser aus seinen Ausgangskomponenten erzeugt wird, was bei den Naphthol-AS-Farben und den Phthalogenen der Fall ist.

Die *Dispersionsfarbstoffe*, die in ausgedehntem Maße zum Färben synthetischer Fasern verwendet werden, sind in Wasser nur dispergierbar oder allenfalls schwer, in den synthetischen Fasern dagegen gut löslich. Daß es sich um *Lösevorgänge* handelt, geht daraus hervor, daß sich die Dispersionsfarbstoffe in Aceton, Essigester oder andern organischen Lösungsmitteln mit einer der Synthesefaser vergleichbaren Struktur leicht lösen. Die Eignung eines Farbstoffes zur Färbung von Acetatfasern läßt sich deshalb dadurch abschätzen, daß man seine wäßrige Lösung oder Dispersion mit Essigester ausschüttelt. Wird der Farbstoff vom Essigester glatt aufgenommen, so färbt er in der Regel auch Acetatseide, bleibt er im Wasser gelöst oder ist er in beiden Phasen unlöslich, so eignet er sich dazu nicht.

Der Färbevorgang mit Dispersionsfarbstoffen wird am besten als Verteilung zwischen zwei verschiedenen Phasen interpretiert, welche dem Henryschen Verteilungsgesetz folgt; die im Wasser schwerlöslichen Farbstoffmolekeln wandern in die synthetische Faser, bis dort die dem Verteilungskoeffizienten entsprechende Sättigung erreicht ist. Dabei muß jedoch die grundlegende Tatsache, daß es sich bei der synthetischen Faser nicht um eine freibewegliche Flüssigkeit, sondern um einen festen Körper mit kristallinen und amorphen Bereichen handelt, gebührend berücksichtigt werden. Während sich das Gleichgewicht an der Grenzfläche Färbeflotte-Faser rasch einstellt, ist die Diffusion des Farbstoffes im Innern der Faser ein langsamer Vorgang. Maßgebend für die Diffusionsgeschwindigkeit ist einerseits die Größe des Farbstoffmoleküls, andrerseits die gegenseitige Beweglichkeit der Kettenmoleküle, wobei letztere in den amorphen Bereichen der Faser stets wesentlich größer ist als in den kristallinen. Bei Temperaturerhöhung vergrößern sich beide rasch, so daß die Diffusionsgeschwindigkeit entsprechend schnell zunimmt. Andrerseits ist die gegenseitige Beweglichkeit der Kettenmoleküle allgemein um so geringer, je starrer das Molekül, je höher der kristalline Anteil und je ausgeprägter dessen Ausrichtung infolge des Verstreckens ist, so daß bei hochkristallinen Fasern mit relativ starren Molekülen, wie dem Polyäthylenterephthalat, nur bei Temperaturen oberhalb 100° C eine für das Färben brauchbare Diffusionsgeschwindigkeit erreicht wird. Diese Färbemethode bei 120—130° C unter Druck wird als *HT-Verfahren* bezeichnet (= Hoch-Temperatur-Verfahren). Mit dem HT-Verfahren verwandt ist der „Thermosol"-Prozeß, bei dem man den Farbstoff auf das synthetische Gewebe druckt und dieses anschließend während einiger Sekunden auf eine Temperatur von etwa 200° C erhitzt, wobei der Farbstoff in die Faser wandert.

Eine andere Möglichkeit zur Erleichterung der Farbstoffaufnahme von synthetischen Fasern besteht in der Zugabe von *Quellmitteln* („Carriers") in das

Färbebad. Als solche können Verbindungen wie Benzoesäure, o-Phenylphenol, Naphthol, Dekalin, Chlorbenzole, Salicylester und andere dienen. Ihre Wirkung dürfte in einem Weichmachereffekt bestehen, indem sie eine erhöhte Beweglichkeit der Kettenmoleküle ermöglichen. Eines der Hauptprobleme bei der Verwendung derartiger Quellmittel bildet ihre Entfernung aus der Faser nach Beendigung des Färbeprozesses. Sehr oft lassen sich die letzten Reste nicht mehr entfernen, wodurch in einigen Fällen die Lichtechtheit der Färbung nachteilig beeinflußt wird (z. B. p-Phenylphenol). Färbungen nach dem HT-Verfahren sind in der Regel den Färbungen mit Quellmittelzusatz überlegen[1].

Neben den Dispersionsfarbstoffen existiert auch eine kleine Gruppe wasserlöslicher Farbstoffe, deren Löslichkeit in Celluloseacetat viel größer als in Wasser ist und die sich somit analog den ersteren verhalten. Sie eignen sich für dichtgeschlagene Acetatseidegewebe, wo sie infolge ihrer Wasserlöslichkeit eine bessere Durchfärbung ermöglichen. Um gute Farbstoffausbeuten zu erzielen, muß allerdings mit möglichst geringen Mengen Färbeflotte gearbeitet werden. Zu diesem Typ gehören die Solacetfarbstoffe der ICI.

Van der Waalssche Kräfte zwischen Farbstoff und Faser treten praktisch immer auf und sind am Färbevorgang meistens mehr oder minder mitbeteiligt. Im Vordergrund steht ihre Bedeutung indessen nur bei der Verankerung von *substantiven* oder *Direktfarbstoffen* auf Cellulosefasern. Der Name Direktfarbstoffe rührt daher, daß sie die pflanzlichen Fasern „direkt" färben, ohne eine Beize mit Tannin-Brechweinstein oder Metallsalzen zu erfordern. Zwar besitzen zahlreiche Farbstoffe und im besonderen fast alle Azofarbstoffe eine gewisse „Substantivität", wie man die Affinität für Cellulosefasern bezeichnet; in den meisten Fällen ist sie aber derart gering, daß der Farbstoff leicht wieder ausgewaschen wird[2]. Brauchbare Färbungen erzielt man nur mit einigen bestimmten Strukturtypen; sie sind charakterisiert durch einen koplanaren Molekülbau und zahlreiche konjugierte Doppelbindungen bzw. mehrere miteinander konjugierte aromatische Systeme. Zur Erzielung einer ausreichenden Wasserlöslichkeit besitzen die substantiven Farbstoffe Sulfonsäuregruppen; sie liegen als Natriumsalze vor. Im Färbebad lösen sie sich nicht monomolekular, sondern als Aggregate von 10 bis 40 und mehr Einzelmolekülen. Beim Erwärmen werden diese abgebaut; Salzzusätze zur wäßrigen Lösung fördern dagegen die Aggregation.

Direktfarbstoffe werden aus neutraler bis schwach sodaalkalischer Lösung gefärbt, ihr Aufziehen auf die Faser wird durch Salzzusätze verstärkt. Die Farbstoffmoleküle werden dabei in den „intermicellaren Räumen"[3] adsorbiert, wo sie sich erneut rasch aggregieren, bis die gebildeten Aggregate den verfügbaren Raum praktisch ausfüllen[4]. Die erzielte Färbung ist ziemlich waschecht, da zu ihrer Ablösung die Aggregate in der Faser wieder solvatisiert und zu Einzelmolekülen abgebaut werden müssen, was auch mit heißem Wasser nur allmählich

---

[1] Bezüglich des praktischen Färbens synthetischer Fasern nach den verschiedenen Verfahren sei verwiesen auf: SCHMIDLIN, H. U.: Vorbehandlung und Färben von synthetischen Faserstoffen. Basel 1958. Zur Wirkungsweise der Quellmittel beim Färben von Polyesterfasern vgl. auch: HENDRIX, H.: Melliand Textilber. **42**, 1275 (1961); **43**, 156, 258 (1962).

[2] SCHAEFFER, A.: Melliand Textilber. **39**, 68, 182, 289 (1958).

[3] Siehe S. 19.

[4] Vgl. hierzu die neuen Untersuchungen von: BACH, H., E. PFEIL, W. PHILIPPAR u. M. REICH: Angew. Chem. **75**, 407 (1963).

vor sich geht. Rasch und leicht erfolgt das Abziehen der Färbung jedoch mit Phenol/Wasser- oder Pyridin/Wasser-Gemischen, da diese ausgesprochen desaggregierend wirken. Die Wasch- und Kochechtheit der Direktfarbstoffe ist deshalb im allgemeinen nur mäßig. Sie kann oft durch eine Nachbehandlung mit Kunstharzen verbessert werden. Wolle und Seide nehmen die substantiven Farbstoffe nur wenig oder gar nicht auf. Auch Acetatseide, die aus acetylierter Cellulose besteht, wird von ihnen nicht angefärbt.

Eine wesentlich festere Bindung des Farbstoffes an die Faser resultiert im Falle einer gegenseitigen *Salzbildung* zwischen ionisierbaren Gruppen der beiden. Dieser Vorgang bildet das klassische Färbeprinzip von Wolle und Seide. Basische Farbstoffe werden von den freien Carboxylgruppen, saure von den Aminogruppen dieser Fasern gebunden. Der basische oder saure Charakter eines Farbstoffes wird durch seine Struktur und seine Substituenten bestimmt. Freie, substituierte und quaternäre Aminogruppen kennzeichnen die basischen, Sulfonsäure-, Carboxyl- und phenolische Hydroxylgruppen die sauren Farbstoffe. Bei Anwesenheit von Sulfonsäuregruppen dominiert stets der saure Charakter, basische Farbstoffe können deshalb durch Sulfonierung in saure übergeführt werden. Die Salzbildung hat man sich etwa folgendermaßen vorzustellen:

$$\begin{array}{cc} \underline{\text{Peptidkette}} & \underline{\text{Peptidkette}} \\ | & | \\ COO^{\ominus} & NH_3^{\oplus} \\[1em] R_2\overset{\oplus}{N}\text{-Farbstoffrest} & {}^{\ominus}O_3S\text{-Farbstoffrest} \\ | & \\ H & \end{array}$$

Neben der Salzbildung spielen auch Adsorptionserscheinungen eine wichtige Rolle. Das Aufziehen der sauren Farbstoffe auf die Faser wird in der Regel durch Salzzusätze im Färbebad verzögert, durch Säurezusatz dagegen verstärkt. Man beginnt das Färben deshalb meistens aus salzhaltigem Bad, um ein gleichmäßiges Aufziehen zu erreichen. Spätere Säurezusätze erlauben dann eine weitgehende Ausnützung des Färbebades. Die Wirkung der Säure ist dabei eine doppelte, indem einerseits infolge des Massenwirkungsgesetzes die Löslichkeit des sauren Farbstoffes im Wasser verringert und andrerseits durch die rasch eindiffundierenden Wasserstoffionen eine positive Aufladung der Faser erreicht wird:

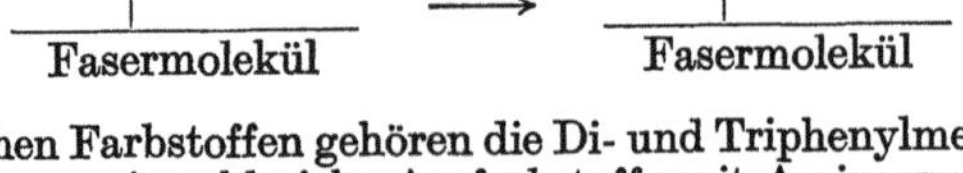

$$\begin{array}{ccc} NH_2 & & NH_3^{\oplus} \\ | & \overset{H^{\oplus}}{\longrightarrow} & | \\ \underline{\text{Fasermolekül}} & & \underline{\text{Fasermolekül}} \end{array}$$

Zu den basischen Farbstoffen gehören die Di- und Triphenylmethane, Xanthene, Acridine und Azine sowie zahlreiche Azofarbstoffe mit Aminogruppen. Die sauren Farbstoffe sind größtenteils durch Sulfonsäuregruppen charakterisiert und gehören hauptsächlich zu den Azo-, Anthrachinon- und den sulfonierten Triphenylmethanfarbstoffen.

Zwei weitere Gruppen saurer Farbstoffe finden sich bei den Metallkomplexfarbstoffen, die ihrerseits eine Untergruppe der Azofarbstoffe bilden. Bei den älteren 1:1-Komplexen, wie sie beispielsweise in den Neolanen der Ciba und den Palatinechtfarbstoffen der BASF vorliegen, handelt es sich einfach um Metallkomplexe mit Sulfonsäuregruppen, die aus saurem Bade gefärbt werden. Die neueren 1:2-Komplexe, beispielsweise die Irgalane von J. R. Geigy AG, enthalten keine Sulfonsäuregruppen und können aus praktisch neutralem Bade gefärbt werden. Es sind komplexe Säuren, die in Wasser eher schwer löslich, in zahlreichen organischen Lösungsmitteln dagegen leicht löslich sind. Damit verhalten sie sich ähnlich den Dispersionsfarbstoffen; viele von ihnen sind deshalb vorzüglich zum Färben von Polyamiden geeignet.

Bei den Polyamiden ist die Anzahl freier Amino- und Carboxylgruppen nur gering; es kann deshalb nur eine entsprechend geringe Menge Farbstoff ionisch gebunden werden. Bei den Polyacrylnitrilfasern dürften vielfach endständige Sulfonsäuregruppen eine Affinität für basische Farbstoffe verleihen. Allfällige Carboxylgruppen in dieser Faser, wie sie in kleiner Zahl durch Verseifung von Nitrilgruppen entstehen, sind dagegen für ihr Färbeverhalten von untergeordneter Bedeutung. Die hohe Lichtechtheit basischer Farbstoffe auf Polyacrylnitrilfasern hängt möglicherweise mit der höheren Acidität der Sulfonsäuregruppe zusammen[1], denn bereits früher hatte man eine ebenfalls überraschend hohe Lichtechtheit bei den Pigmenten (Fanalfarben) aus basischen Farbstoffen und den ebenfalls ziemlich stark sauren polymeren Phosphor-Molybdän-Wolframsäuren festgestellt. Kationische Färbezentren bilden sich in Polyacrylnitrilfasern bei der Umsetzung mit Hydroxylaminsalzen[2] sowie bei der Behandlung mit wäßrigen Lösungen von Kupfer-I-Ionen[3]. Im letzteren Fall entstehen positiv geladene Kupfer-Nitril-Komplexe, die mit sauren Farbstoffen Salze bilden können.

Chemische Umsetzungen unter *Hauptvalenzbildung* zwischen einer reaktionsfähigen Gruppe des Farbstoffes einerseits und der zu färbenden Faser andrerseits haben erst seit wenigen Jahren eine praktische Bedeutung erlangt[4]. Sofern die erzeugte Bindung genügend verseifungsbeständig ist, erzielt man derart eine ausgezeichnete Verbindung zwischen Faser und Farbstoff und eine dementsprechend hohe Waschbeständigkeit. Den größten und bedeutsamsten Aufschwung hat diese Verankerungsmethode in der Cellulosefärbung genommen, da eine Färbung mit Reaktivfarbstoffen bedeutend waschechter als eine solche mit Direktfarbstoffen ist. Da ferner keine substantive Struktur erforderlich ist, kann man viel brillantere und echtere Farbtöne erzielen als bisher mit Direktfarbstoffen.

Bei der Cellulose erfolgt die Verknüpfung mit dem Farbstoff an ihren freien Hydroxylresten, am zweckmäßigsten über Ätherbrücken, da Estergruppen im allgemeinen zu leicht hydrolysiert werden. Wolle, Seide und Polyamide können mit ihren Aminogruppen reagieren. Da diese Fasern viel milderen Waschprozessen unterworfen werden als Baumwolle, genügt bei ihnen auch eine etwas geringere Hydrolysenbeständigkeit des Brückengliedes. Von den reaktiven Gruppen der Farbstoffe sei hier lediglich der Chlortriazinylrest erwähnt, der bereits in einigen der ersten Reaktivfarbstoffe verwendet wurde; eine ausführliche Besprechung der reaktiven Systeme erfolgt später. Aufbau

---

[1] Vgl.: GLENZ, O., u. W. BECKMANN: Melliand Textilber. **38**, 296, 783 (1957); — GLENZ, O.: Melliand Textilber. **38**, 1152 (1957). — WEGMANN, J.: Melliand Textilber. **39**, 408 (1958). — BECKMANN, W.: J. Soc. Dyers Colourists **77**, 616 (1961).

[2] SCHOUTEDEN, F.: Melliand Textilber. **38**, 65 (1957).

[3] RATH, H., H. REHM, H. RUMMLER u. E. SPECHT: Melliand Textilber. **38**, 431, 538 (1957). — RATH, H., u. E. SPECHT: Melliand Textilber. **39**, 281 (1958).

[4] WEGMANN, J.: Textil-Rundschau **13**, 323 (1958). — ZOLLINGER, H.: Angew. Chem. **73**, 125 (1961).

und Färbevorgang eines Chlortriazinyl-Farbstoffes lassen sich schematisch wie folgt wiedergeben:

$$\text{Cellulose–OH} + \text{Cl–C}\underset{\underset{\text{(F)–C}}{}}{}\;\;\xrightarrow{\text{Alkali}}\;\; \text{Cellulose–O–} \cdots + \text{NaCl}$$

F = Farbgebender Rest; I = Farblose Hilfsgruppe.

Bei den Reaktivfarbstoffen für Cellulose ist eine mäßige Substantivität und eine gute Wasserlöslichkeit günstig. Eine gewisse Substantivität erleichtert das Aufziehen auf die Faser, wo die chemische Umsetzung eintreten soll. Da jedoch nach vollendeter Färbeoperation nur der chemisch verankerte Farbstoff in der Faser zurückbleiben soll, muß sich der nicht umgesetzte oder hydrolysierte Anteil leicht wieder auswaschen lassen. Dies wird durch eine gute Löslichkeit und geringe Substantivität erleichtert. Das Auswaschen nach der Färbung ist bei den Reaktivfarbstoffen sehr wichtig, da oft 20% des Farbstoffes und mehr hydrolysiert werden. Die hohe Waschechtheit des chemisch gebundenen Farbstoffes kann aber nur dann zur Geltung kommen, wenn das Färbegut keinerlei unfixierten Farbstoff mehr enthält. Eine gewisse Schwierigkeit bringt schließlich das Nuancieren von reaktiven Färbungen mit sich, da Farbstoffzusätze gegen Ende des Färbeprozesses von der Faser oft nicht mehr gut aufgenommen werden.

II. Übersicht über die Textilfasern[1]

Da weitaus der größte Teil der Farbstoffe zum Färben von Textilien eingesetzt wird, seien die Eigenschaften der wichtigsten Textilfasern nachfolgend kurz besprochen. Ob eine farbige Substanz als Farbstoff verwendet werden kann, hängt letzten Endes davon ab, ob sie von dem zu färbenden Material überhaupt aufgenommen wird und sich darin genügend verankern kann. Der chemische und physikalische Aufbau der Fasern ist daher für die Färbevorgänge von ausschlaggebender Bedeutung und erst seine Kenntnis führt zum Verständnis der beim Färben auftretenden Vorgänge und Probleme. Da die Textilien praktisch ausschließlich aus wäßrigem Bade gefärbt werden, spielt auch das Verhalten der Fasern unter der Einwirkung von Wasser eine entscheidende Rolle.

Alle Textilfasern bestehen aus hochmolekularen Kettenmolekülen, welche einen oder mehrere Grundbausteine in ziemlich regelmäßiger

---

[1] Vgl. auch: RATH, H.: Lehrbuch der Textilchemie. Berlin-Göttingen-Heidelberg: Springer 1952, 1963. — FIERZ-DAVID, H. E., u. E. MERIAN: Abriß der chemischen Technologie der Textilfasern. Basel: Birkhäuser 1948.

Anordnung enthalten. Die Charakterisierung dieser Kettenmoleküle erfolgt durch die Angabe der Grundbausteine und ihrer Verknüpfung sowie der Kettenlänge. So ist der Grundkörper der Cellulose die β-Glucopyranose, die Wolle ist aus einer größeren Anzahl von Aminosäuren und das Nylon aus Adipinsäure und Hexamethylendiamin aufgebaut, während Orlon ein Polymeres von Acrylnitril darstellt. Die Kettenlänge kann durch das Molekulargewicht, den Polymerisationsgrad oder die Kettengliederzahl charakterisiert werden. Der Begriff des Molekulargewichtes bedarf keiner weiteren Erläuterung; der Polymerisationsgrad gibt die Anzahl der Grundkörper einer Kette an und die Kettengliederzahl die Anzahl Atome, welche in direkter Verknüpfung die Polymerkette bilden. Diese letztere Zahl ist wertvoll zum Vergleich von Ketten mit verschiedenen Grundkörpern. Nun besitzen die verschiedenen Einzelketten nicht alle dieselbe Länge, sondern es finden sich längere und kürzere darunter. Ein genaues Bild erhält man deshalb nur dann, wenn man die Häufigkeitsverteilung der verschiedenen Kettenlängen bestimmt. Derartige, sehr zeitraubende Bestimmungen sind besonders in der Kunststofforschung und bei der Neuentwicklung von synthetischen Fasern wichtig. Zur praktischen Charakterisierung der Kettenlänge gibt man meist nur einen Durchschnittswert an.

Die Anordnung der Einzelketten innerhalb der Faser ist in gewissen Bereichen, den sog. „Micellen" oder „Kristalliten", außerordentlich regelmäßig und dicht. In den Micellen besitzen die Einzelketten infolge Van der Waalsscher Kräfte und Wasserstoffbrücken einen sehr großen Zusammenhalt. Über die Molkohäsion einiger wichtiger Gruppen orientiert die folgende Tabelle:

Molkohäsion einiger wichtiger Gruppen

Gruppe	Molkohäsion (cal/Mol)	Gruppe	Molkohäsion (cal/Mol)
$-CH_3$	1780	$-COOCH_3$	5600
$-CH_2-$	990	$-COOC_2H_5$	6230
$-O-$	1630	$-NH_2$	3530
$-OH$	7250	$-Cl$	3400
$>CO$	4270	$-NO_2$	~ 7200
$-CHO$	4700	$-CONH_2$	~ 13200
$-COOH$	8970	$-CONH-$	~ 10600

Mehrere solche Micellen können parallel gebündelte Einheiten bilden, welche als Mikrofibrillen bezeichnet werden. Daneben gibt es amorphe Bereiche, in denen die Einzelketten mehr oder weniger willkürlich und locker angeordnet sind; diese werden auch als intermicellare Zwischenräume bezeichnet. Wie aus Dichtemessungen hervorgeht, sind diese vielfach so lose gepackt, daß zwischen den Einzelketten eigentliche Hohlräume vorhanden sind.

Den Verlauf einer Einzelkette in der Faser hat man sich dabei so vorzustellen, daß sie einmal einen amorphen Bereich und dann wieder eine Micelle durchläuft, etwa nach folgendem Schema:

2*

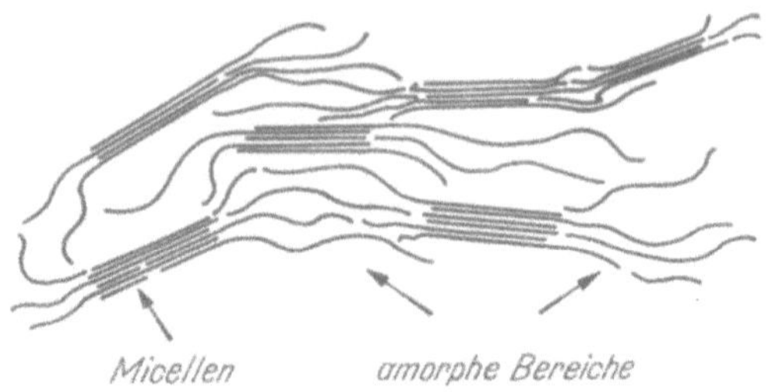

Abb. 1. Micellen und amorphe Bereiche

Die Kristallite sind im allgemeinen nicht regellos, sondern ungefähr parallel zur Längsrichtung der Faser angeordnet. Das Ausmaß dieser Orientierung kann mit der Röntgenstrukturanalyse festgestellt werden. Bei regelloser Anordnung zeigt das Röntgendiagramm konzentrische Ringe, während bei hoher Orientierung in Richtung der Faserachse ein Punktdiagramm resultiert. Die Festigkeit einer Faser ist im allgemeinen um so höher, je größer das Ausmaß der kristallinen Bereiche und je besser deren Orientierung zur Faserachse sind. Während bei den natürlichen Fasern der Grad der Orientierung gegeben ist und nicht mehr stark verändert werden kann, wird bei den synthetischen Fasern nach dem Verspinnen noch ein spezielles Verstrecken (Recken) vorgenommen, wobei die Kristallite parallel zur Faserachse ausgerichtet werden.

Das Nebeneinander von kristallinen und amorphen Bereichen ist für das Verständnis der Färbevorgänge sehr wichtig. Untersuchungen von ASTBURY an Wolle haben gezeigt, daß nur sehr kleine Moleküle von der Größe eines substituierten Benzol- oder Naphthalinmoleküls befähigt sind, in die kristallinen Bereiche einzudringen, da dort die Einzelketten sehr dicht gepackt sind und durch starke Kräfte zusammengehalten werden. Größere Moleküle, wie sie bei den meisten Farbstoffen vorliegen, können nur in den intermicellaren Räumen Platz finden, da die Einzelketten dort nicht nur weniger dicht gepackt, sondern auch leichter gegeneinander verschiebbar sind. Man nimmt an, daß analoge Verhältnisse auch bei den anderen Naturfasern und den synthetischen Fasern vorliegen.

Ein sehr wesentlicher Unterschied zwischen den Naturfasern und den meisten synthetischen Fasern besteht in ihrem Verhalten gegenüber Wasser. Alle Naturfasern sind hydrophil und können sehr viel Feuchtigkeit aufnehmen. In Wasser quellen sie stark, wobei das aufgenommene Wasser vorwiegend in den intermicellaren Räumen eingelagert wird, in denen sich deshalb die ohnehin schon lose Verteilung der Einzelketten noch weiter lockert. Dadurch wird der Färbevorgang, d.h. das Eindringen des Farbstoffes in die Faser, beträchtlich erleichtert. Analog verhalten sich die Viskose- und Kupferkunstseide sowie die künstlichen Eiweißfasern. Die Acetatseide und alle vollsynthetischen Fasern sind dagegen hydrophob. Ihre Feuchtigkeitsaufnahme ist gering und im Wasser erfolgt nur eine unwesentliche Quellung, über welche die nachfolgenden Tabellen orientieren. Sie lassen sich deshalb oft nur schwierig färben.

Feuchtigkeitsgehalte verschiedener Fasern bei 20⁰ C und 65% relativer Feuchtigkeit:

Seide	10,5%	Nylon	4%
Wolle	13—15%	Orlon	0,9—2%
Caseinfaser	14%	Terylene	0,5%
Baumwolle	7—8%	Dynel	0,4—0,6%
Viskoseseide	13%	PeCe-Faser	0,2%
Kupferseide	12,5%	Saran	0%
Acetatseide	6%	Vinyon	0%

Querschnittszunahme verschiedener Fasern durch Quellung:

Wolle	22—26%	Triacetseide	2—3%
Baumwolle	20—28%	Nylon	3,2%
Viskoseseide	44—86%	Orlon	5,1%
Kupferseide	41—61%	Vinyon N	4,3%
Acetatseide	8—12%	Vinyon	0,2%

1. Natürliche Fasern

a) Pflanzliche Fasern

Die wichtigste pflanzliche Faser ist die Baumwolle. Ihr Anteil am gesamten Textilverbrauch beträgt rund 65%, ihr Weltverbrauch beziffert sich auf jährlich 8—9 Mill. Tonnen. Ihre wichtigsten Anbaugebiete liegen in den Südstaaten der USA, in Ägypten und in Südrußland. Drei weitere pflanzliche Fasern von allerdings nur geringer wirtschaftlicher Bedeutung sind Leinen, Flachs und Ramie. Alle genannten Fasern bestehen nahezu ausschließlich aus Cellulose und enthalten als hauptsächlichste Verunreinigung gewisse Pflanzenwachse. Außerdem werden einige Pflanzenfasern gewonnen, denen geringe textile Bedeutung zukommt, nämlich Hanf, Jute und Kokosfasern. Die beiden ersten enthalten Lignin und sind deshalb wenig lichtbeständig. Die Kokosfasern sind silikathaltig.

Die Cellulose ist gegen Alkalien verhältnismäßig gut, gegen Säuren nur wenig beständig. Sie ist aus Glucoseresten folgendermaßen aufgebaut:

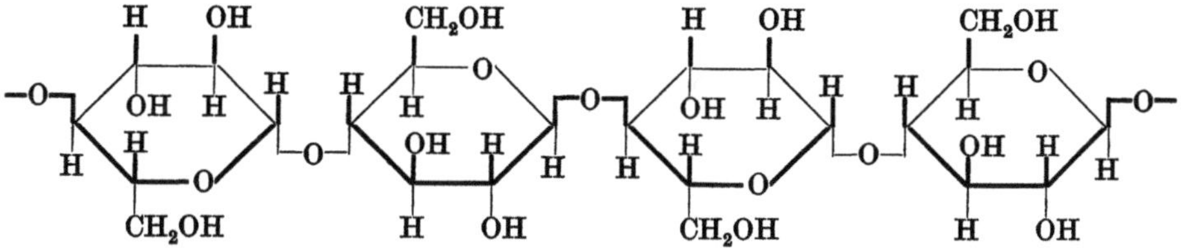

$$
\text{Cellulose}
$$

Die Celluloseketten werden durch Van der Waalssche Kräfte und wohl auch durch Wasserstoffbrücken zusammengehalten; die Molkohäsion der Hydroxylgruppe ist mit 7250 cal/Mol recht groß. Der durchschnittliche Polymerisationsgrad beträgt bei Baumwolle etwa 3000, bei Ramie 2700 und bei Flachs 2500. Der kristalline Anteil umfaßt rund 70% und die Kettenmoleküle bilden Spiralen, welche bei der Baumwolle einen Winkel von 25—30° zur Faserachse bilden, während sie bei Flachs und Ramie beinahe parallel dazu liegen. Die beiden letzteren geben außerordentlich scharfe Röntgendiagramme. Die Kristallite von Ramie sind im Durchschnitt etwa 50 Å dick und 600 Å lang. Die Reißfestigkeit von Baumwolle beträgt etwa 3,5 g/Denier[1].

Das Färben von Baumwolle war seit jeher mit Schwierigkeiten verbunden. Es ist leicht einzusehen, daß zwischen den Hydroxylgruppen der Cellulose und dem Farbstoff und zwischen letzterem und den Wassermolekülen ähnliche Kräfte wirksam sein müssen. Ein wasserlöslicher Farbstoff besitzt im allgemeinen nur eine geringe Neigung, sich in der Cellulosefaser einzulagern und wird sehr leicht wieder ausgewaschen. Diese Schwierigkeit kann durch das „Beizen" der Baumwolle umgangen werden. Dabei wird Tannin in die Faser eingelagert und mittels Brechweinstein unlöslich gemacht. Die entstandene Beize besitzt schwach sauren Charakter und vermag basische Farbstoffe unter Salzbildung zu binden. Neben dem Tannin gibt es auch synthetische Beizmittel. Das Verfahren ist veraltet, da man seit längerer Zeit Farbstoffe verschiedener Struktur kennt, die direkt auf Cellulose färben und eine ausreichende Waschfestigkeit besitzen. Eine Möglichkeit, die schon seit ältester Zeit benützt wird, besteht darin, den Farbstoff oder seine Ausgangsprodukte in einer löslichen Form in die Faser zu bringen und ihn anschließend unlöslich zu machen. Dieses Prinzip wird in vielen Variationen häufig angewandt, es sei hier nur auf die wichtigen Küpenfarbstoffe hingewiesen.

Erst in neuester Zeit hat man daran gedacht, den Farbstoff in der Faser chemisch zu verankern. Es stehen dazu die Hydroxylgruppen der Cellulose zur Verfügung, die mit geeigneten Gruppen des Farbstoffes unter Ester- oder Ätherbildung reagieren können, wobei man die zweite Möglichkeit bevorzugt. Allerdings reagiert ein solcher Farbstoff dabei nicht nur mit den Hydroxylgruppen der Cellulose, sondern auch mit den Hydroxylionen der wäßrigen Färbelösung, wodurch stets ein gewisser Farbstoffverlust eintritt.

b) Tierische Fasern

Die wichtigste tierische Faser ist die Wolle. Man gewinnt sie von lebenden Schafen, die ein- bis zweimal jährlich geschoren werden. Der Weltverbrauch an Wolle beträgt jährlich etwas über eine Million Tonnen, ihr Anteil am gesamten Textilverbrauch beziffert sich auf rund 10%. Der größte Wollproduzent ist Australien.

Die zweite tierische Faser ist die Seide, die nur in geringer Menge produziert wird. Man gewinnt sie aus den Coccons der Seidenraupe (Bombyxmori). Die Raupe, die sich ausschließlich von Maulbeerblättern ernährt, umspinnt sich zur Verpuppung mit einem Coccon. Sobald sie sich fertig versponnen hat, wird sie mit Wasserdampf oder Heißluft abgetötet. Der Coccon wird in warmes Wasser eingelegt, damit sich die Fäden leicht voneinander lösen und der Seidenfaden wird sorgfältig abgewickelt. Die Naturseide wird vorwiegend zu Schmuck- und Luxusartikeln verarbeitet.

---

[1] Vgl. Fußnote S. 25.

Wolle und Seide sind aus vielen verschiedenen Aminosäuren aufgebaut und stellen Polyamide aus α-Aminocarbonsäuren dar. Beide Fasern besitzen längs der Hauptkette freie Carboxyl- und Aminogruppen, wodurch eine innere Salzbildung möglich wird. Die einzelnen Ketten werden deshalb durch ionische Bindungen zusammengehalten, daneben dürften auch Wasserstoffbrücken auftreten. Bei der Wolle sind die Hauptketten sodann durch Disulfidbrücken verbunden, die reduktiv gespalten werden können. Die Wolle weist deshalb einen Schwefelgehalt von 3—4% auf. Sie besteht aus Keratin, das nach ASTBURY in einer α- und einer β-Struktur vorliegen kann. Im α-Keratin sind die Ketten locker gefaltet. Bei der Dehnung der Faser entsteht die gestreckte β-Struktur. Infolge der Disulfidbrücken besitzen die Wollfasern eine reversible Elastizität, so daß beim Nachlassen der äußeren Dehnung wieder die α-Struktur entsteht. Der Vorgang kann schematisch wie folgt dargestellt werden:

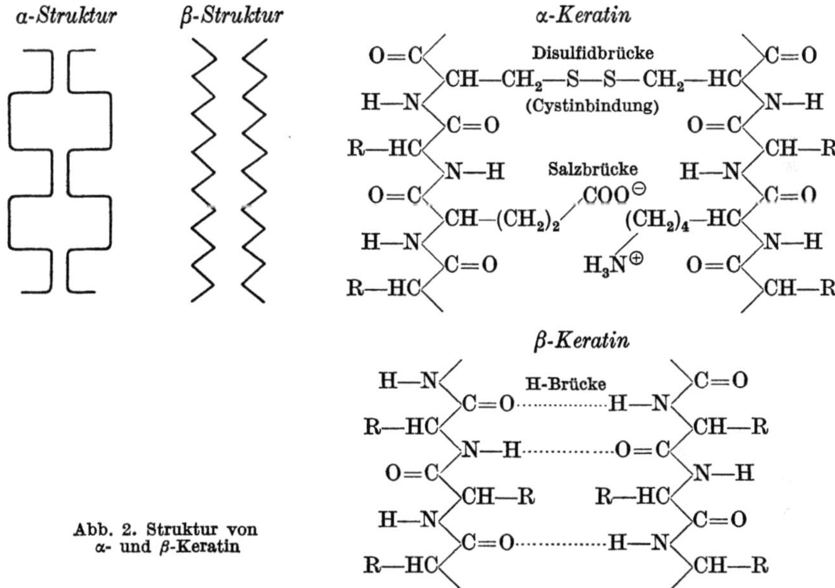

Abb. 2. Struktur von α- und β-Keratin

Die Wollfaser ist von einer Schuppenschicht umgeben, die das bekannte Verfilzen der Wolle bedingt. Die Seidenfaser ist dagegen vollkommen glatt, liegt jedoch als Doppelfaden vor, da die Seidenraupe zwei Spinndrüsen besitzt. Er besteht aus Fibroin (72—81%) und ist bei der Rohseide vom Seidenbast, dem Sericin (19—28%) umhüllt. Das Sericin ist amorph, enthält große Mengen Serin und ist in heißem Wasser löslich. Über den Aufbau des Fibroins ist wenig bekannt[1]. Die Seide enthält nur sehr wenig Schwefel, da sie im Gegensatz zum Wollkeratin keine Disulfidbrücken besitzt. Sie zeigt deshalb auch keine reversible Elastizität, sondern bei hoher Zugbeanspruchung eine irreversible Verstreckung.

Da die Sericinumhüllung den Seidenfaden hart und glanzlos macht und häufig gelb gefärbt ist, wird sie durch eine Behandlung mit kochender Seifenlösung, das „Entbasten", entfernt. Die dabei anfallenden Bast-

---

[1] Vgl. zum Feinbau der Seide: SPOOR, H., u. K. ZIEGLER: Angew. Chem. **62**, 316 (1960).

seifenlösungen sind ein wertvolles Färbereihilfsmittel und werden beim Färben der Seide wieder verwendet. Das beim Entbasten verlorene Material wird in der Regel durch eine „Erschwerung" der Seide wieder kompensiert. Bei dem am häufigsten vorgenommenen Verfahren wird die Seide nacheinander mit Zinntetrachlorid, sekundärem Natriumphosphat und Wasserglas behandelt, was als Zinn-Phosphat-Silikaterschwerung bezeichnet wird. Erreicht die erschwerte Seide wieder dasselbe Gewicht wie die Rohseide vor dem Entbasten, so spricht man von einer Erschwerung auf pari, bei geringerer oder größerer Erschwerung von x% unter oder über pari.

Die wichtigsten Aminosäuren von Wolle und Seide und ihr Anteil am Wollkeratin und Seidenfibroin sind nachfolgend aufgeführt:

$$\text{Glykokoll} \qquad H_2N\text{---}CH_2\text{---}COOH$$

$$\text{Alanin} \qquad CH_3\text{---}\underset{\underset{NH_2}{|}}{CH}\text{---}COOH$$

$$\text{Valin} \qquad \overset{CH_3}{\underset{CH_3}{>}}CH\text{---}\underset{\underset{NH_2}{|}}{CH}\text{---}COOH$$

$$\text{Leucin} \qquad \overset{CH_3}{\underset{CH_3}{>}}CH\text{---}CH_2\text{---}\underset{\underset{NH_2}{|}}{CH}\text{---}COOH$$

$$\text{Asparaginsäure} \qquad HOOC\text{---}CH_2\text{---}\underset{\underset{NH_2}{|}}{CH}\text{---}COOH$$

$$\text{Glutaminsäure} \qquad HOOC\text{---}CH_2\text{---}CH_2\text{---}\underset{\underset{NH_2}{|}}{CH}\text{---}COOH$$

$$\text{Arginin} \qquad \overset{HN}{\underset{H_2N}{>}}C\text{---}NH\text{---}CH_2CH_2CH_2\text{---}\underset{\underset{NH_2}{|}}{CH}\text{---}COOH$$

$$\text{Prolin} \qquad \begin{array}{c} H_2C\text{----}CH_2 \\ | \qquad\quad | \\ H_2C \quad\;\; CH\text{---}COOH \\ \backslash\, N \,/ \\ | \\ H \end{array}$$

$$\text{Tyrosin} \qquad HO\text{---}\langle\!\!\!\bigcirc\!\!\!\rangle\text{---}CH_2\text{---}\underset{\underset{NH_2}{|}}{CH}\text{---}COOH$$

$$\text{Serin} \qquad HO\text{---}CH_2\text{---}\underset{\underset{NH_2}{|}}{CH}\text{---}COOH$$

$$\text{Threonin} \qquad CH_3\text{---}\underset{\underset{OH}{|}}{CH}\text{---}\underset{\underset{NH_2}{|}}{CH}\text{---}COOH$$

$$\text{Cystin} \qquad HOOC\text{---}\underset{\underset{NH_2}{|}}{CH}\text{---}CH_2\text{---}S\text{---}S\text{---}CH_2\text{---}\underset{\underset{NH_2}{|}}{CH}\text{---}COOH$$

Aminosäure	Woll-keratin %	Seiden-fibroin %	Aminosäure	Woll-keratin %	Seiden-fibroin %
Glykokoll	6,5	43,8	Arginin	10,3	1,0
Alanin	4,1	26,4	Prolin	6,8	1,0
Valin	4,8	3,2	Tyrosin	3,8	13,2
Leucin + Isomere .	11,3	2,5	Serin	10,3	1,8
Asparaginsäure . .	6,6	2,0	Threonin	6,4	1,5
Glutaminsäure . .	14,1	2,0	Cystin	11,9	—

Über das Molekulargewicht von Wolle und Seide ist wenig bekannt. Wie aus dem Röntgendiagramm hervorgeht, ist die Wollfaser nur mäßig, die Seide dagegen sehr hoch orientiert. Die Kettenmoleküle der letzteren liegen nahezu parallel zur Faserachse. Die Festigkeit von Wolle beträgt etwa 1,5 g/Denier, diejenige von Seide 5 g/Denier[1].

Da beide Fasern längs der Kette freie Amino- und Carboxylgruppen aufweisen, können sie sowohl mit Säuren als auch mit Basen unter Salzbildung reagieren. Das Säureäquivalent der Wolle beträgt 1200; d.h. 1200 g Wolle vermögen 1 Äquivalent einer beliebigen Säure zu binden. Das Säureäquivalent der Seide ist 4200. Der *isoelektrische Punkt* liegt für Wolle bei einem p_H von 4,9, für Seide beim p_H 5,0; darunter versteht man den Zustand, bei dem die Anzahl von $-COO^{\ominus}$- und $-NH_3^{\oplus}$- Gruppen gleich groß ist. Die Stabilität der Faser ist dabei infolge vollständiger innerer Salzbindung am größten.

Wolle und Seide können infolge ihrer freien Amino- und Carboxylgruppen mit sauren wie auch mit basischen Farbstoffen Salze bilden; daneben sind Adsorptionsvorgänge wirksam. Beide gehören deshalb zu den am leichtesten färbbaren Fasern. In neuerer Zeit entwickelte reaktive Farbstoffe lassen sich ferner durch Umsetzung mit den Aminogruppen kovalent verankern.

2. Halbsynthetische Fasern

Die halbsynthetischen Fasern werden aus nativen, d.h. aus natürlich gewachsenen Rohstoffen hergestellt, die durch einen technischen Prozeß in Fasern übergeführt werden. Das Ausgangsmaterial erfährt unter Umständen eine dauernde Veränderung (Acetatseide).

a) Viskose, Kupferseide[2]

Beide Fasern bestehen aus umgefällter Cellulose. Sie entsprechen im Aufbau den pflanzlichen Fasern und verhalten sich beim Färben ähnlich. Immerhin sei hervorgehoben, daß die Viskose dazu neigt, streifig zu färben, d.h. den Farbstoff an verschiedenen Stellen ungleich rasch aufzunehmen.

---

[1] Die Faserfeinheit von Seide, Kunstseiden und synthetischen Fasern, auch *Titer* genannt, wird fast ausschließlich in *Denier* angegeben. Eine Faser hat den Titer 1 Denier, wenn 9000 m 1 g wiegen. Die Titer der Einzelfasern liegen bei den üblichen Kunstseiden zwischen 1 und 6 Denier.

[2] GÖTZE, K.: Chemiefasern nach dem Viskoseverfahren, 2. Aufl. Berlin-Göttingen-Heidelberg: Springer 1951.

Zur Herstellung der Fasern muß die Cellulose in Lösung gebracht werden. Für die *Viskoseseide* wird sie mit Natronlauge zuerst in Alkalicellulose und anschließend mit Schwefelkohlenstoff in das lösliche Cellulosexanthogenat übergeführt. Die Spinnlösung, welche etwa 8% Cellulose enthält, wird durch feine Spinndüsen in ein saures Fällbad gepreßt, wobei die Lösung koaguliert und Cellulose zurückgebildet wird. Das Fällbad enthält Schwefelsäure, Natrium- und Zink- oder Magnesiumsulfat und wird nach dem Erfinder „Müllerbad" genannt. Die Verstreckung der Faser erfolgt im Fällbad. Anschließend durchläuft die Faser verschiedene Nachbehandlungen, insbesondere eine Entschwefelung.

Für die *Kupferseide*, auch Bembergseide genannt, wird die zur Herstellung verwendete Cellulose, meist „Linters", d.h. kurzfaserige Baumwollabfälle, in Kupferoxydammoniaklösung gelöst. Die Lösung mit 8—9% Cellulosegehalt wird in ein strömendes Fällbad von Wasser gesponnen, wobei die Strömung das Ausziehen auf das Vielfache der ursprünglichen Länge bewirkt. Anschließend wird durch ein verdünntes Schwefelsäurebad der Faden fertig koaguliert und vom Kupfer befreit. Das Verfahren ist nur dann wirtschaftlich, wenn das verwendete Kupfer praktisch vollkommen zurückgewonnen werden kann, wozu Ionenaustauscher verwendet werden.

Die Kupferseide besitzt einen gleichmäßigen, runden bis ovalen Querschnitt, wogegen die Viskoseseide einen unregelmäßigen, gezackten bis zerklüfteten Querschnitt aufweist. Der durchschnittliche Polymerisationsgrad beträgt bei Viskose 250—350, bei Spezialviskosen 450—800 und bei Kupferseide 500—600. Die Festigkeit beider Seiden beträgt normalerweise etwa 2 g/Denier, kann aber bei Spezialviskosen bis auf den doppelten Wert ansteigen. Der Orientierungsgrad hängt außerordentlich stark vom Ausmaß der Verstreckung ab, ist aber normalerweise geringer als bei nativen Cellulosen.

Als *Seiden* bezeichnet man die seidenartigen, endlosen Spinnfäden, wie sie bei der Kunstfaserherstellung stets primär anfallen. Für viele Zwecke bevorzugt man jedoch kürzere, auf woll- und baumwollartige Längen (Stapellänge) zugeschnittene *Stapelfasern*. Diese werden dann wie Wolle und Baumwolle erneut zu Fäden versponnen, die im Griff wesentlich weicher und bauschiger als die ursprünglichen Spinnfäden sind. Einen besonders wollähnlichen Griff erzielt man durch eine vorgängige Kräuselung der Stapelfaser. So ist die *Zellwolle* eine nach dem Viskoseverfahren hergestellte, gekräuselte Stapelfaser.

Ein großer Nachteil beider Fasern ist ihre hohe Quellung in Wasser, welche bei Viskose im ungünstigsten Fall bis auf 90% ansteigen kann. Parallel damit geht eine starke Verminderung der mechanischen Eigenschaften, insbesondere der Reißfestigkeit, Scheuerfestigkeit und Knitterfestigkeit. Zur Behebung dieser Nachteile kann man entweder härtbare Kunstharze in die Faser einlagern und dort durch Erhitzen auskondensieren oder aber durch Vernetzungsmittel Querverbindungen zwischen den einzelnen Celluloseketten herstellen. Die Kunstharzeinlagerung bewirkt eine Erhöhung der Quell- und Knitterfestigkeit, wozu 8—10% Harz nötig sind. Geeignet sind Harnstoff- und Melaminformaldehydharze; so ist das Lyofix A[1] ein Trimethylol- und das Lyofix CH[1] ein Hexamethylolmelamin. Die Auskondensation erfolgt bei 110—120° C, dabei dürfte auch eine teilweise Vernetzung der Celluloseketten eintreten. Zur Vernetzung werden meist Formaldehyd oder Formaldehyd abgebende Substanzen verwendet, auch Glyoxal (CHO—CHO) gelangt zur Anwendung. Die Vernetzung erhöht vor allem die Quellfestigkeit, wobei schon geringe Mengen Formaldehyd von weniger als einem Prozent eine ausreichende Wirkung haben. Kunstharzeinlagerung und Vernetzung erfolgen am besten nach dem Färben, da nach dieser Ausrüstung die Farbstoffe schlecht und ungleichmäßig aufgenommen werden.

---

[1] Handelsmarke der Ciba AG, Basel.

b) Eiweißfasern

Die Eiweißfasern bestehen analog der Viskose aus umgefälltem Eiweiß. Sie besitzen geringe Bedeutung und werden praktisch nie allein, sondern immer in Mischungen — in der Regel zusammen mit Wolle — verwendet. Färberisch verhalten sie sich ähnlich wie Wolle und Seide.

Zur Herstellung der *Caseinfaser* wird das aus Magermilch gewonnene Casein in verdünnter Natronlauge gelöst und in ein saures Fällbad gesponnen. Die Faser muß dann in einem Salzbad entquollen und gestreckt und schließlich in einem Formalinbad gehärtet werden. Die Härtung dauert 8—12 Std bei 30° C und anschließend weitere 8 Std bei 70° C. Dabei tritt eine teilweise Vernetzung ein. Über den Polymerisationsgrad ist wenig bekannt; der Orientierungsgrad ist sehr gering. Die Caseinfaser ist gegenüber Säuren etwas empfindlicher als Wolle, dafür ein wenig alkalibeständiger; gegenüber heißem Wasser ist sie ziemlich empfindlich, wobei sich die Festigkeit stark verringert.

Analog der Caseinfaser wird aus dem Mais-Eiweiß die *Zeinfaser* hergestellt.

Die wichtigsten Handelsprodukte sind:

Caseinfaser „Lanital" (Snia Viscosa, Mailand),
Zeinfaser „Vicara" (Virginia Carolina Chemical Corp., Richmond, Virg., USA).

c) Acetatseide

Die Acetatseide basiert auf der Cellulose. Im Gegensatz zur Viskose sind deren Hydroxylgruppen aber nicht erhalten geblieben, sondern mit Essigsäure verestert. Die aus der acetylierten Cellulose gewonnene Faser ist deshalb von der Cellulose selber, wie auch von der Viskose und Kupferseide stark verschieden. Sie ist hydrophob und wird von Wasser nur wenig gequollen. Dementsprechend verhält sie sich auch beim Färben völlig anders als die Cellulose- und Eiweißfasern.

Aufbau:

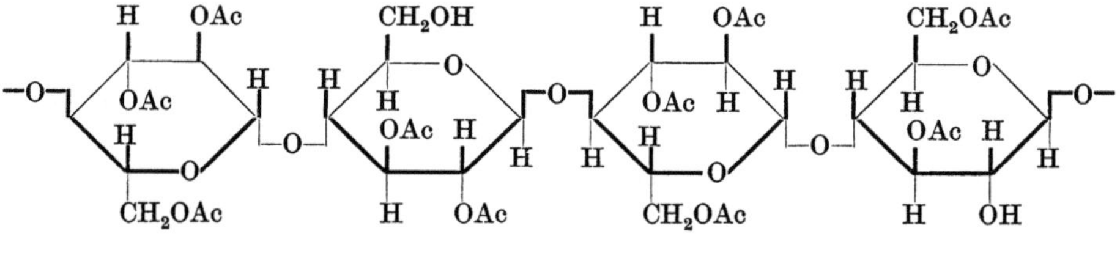

$$Ac = CH_3{-}CO{-}$$

(Sog. $2^1/_2$-Acetat; d.h. von 6 freien Hydroxylgruppen der Cellulose sind 5 acetyliert.)

Zur Herstellung der Acetylcellulose werden Linters oder Edelzellstoff unterhalb 50° C mit Essigsäureanhydrid verestert, wobei Schwefelsäure, Eisessig oder Perchlorsäure als Veresterungskatalysator dient. Dabei entsteht eine vollkommen veresterte Cellulose (Triacetat) mit 62,5% Acetylgehalt. Dieses Triacetat wird mit verdünnter Säure wieder teilweise verseift und entacetyliert bis zu 53—55% Acetylgehalt, dem sog. $2^1/_2$-Acetat, welches in Aceton löslich ist und auch daraus versponnen wird.

Während die bisher genannten halbsynthetischen Fasern nach dem „*Naßspinnverfahren*" erhalten werden, wird bei der Acetatseide das „*Trockenspinn-*

verfahren" angewandt. Von Naßspinnen spricht man, wenn die Spinnlösung in ein Fällbad eingesponnen wird; praktisch handelt es sich dabei immer um wäßrige Lösungen. Beim Trockenspinnen wird die Spinnlösung durch Düsen in einen warmen Luftstrom gepreßt, in dem der Faden infolge Verdunstung des organischen Lösungsmittels rasch erhärtet. Das Trockenspinnen erlaubt große Abzugsgeschwindigkeiten von 400 m/min und mehr; außerdem benötigt die Faser keine Nachbehandlung mehr. Indessen wird beim Trockenspinnen nur eine geringe Verstreckung erreicht. Das Lösungsmittel muß möglichst quantitativ regeneriert werden, da der Prozeß sonst unwirtschaftlich ist. Dies geschieht entweder durch Kondensation (unvollständig, Abluft muß im Kreislauf geführt werden), durch Adsorption an Aktivkohle (oder Silicagel) oder durch Auswaschen mit einem Lösungsmittel (für Aceton kann Wasser verwendet werden).

Der Polymerisationsgrad von Acetatseide beträgt 250—300, die Festigkeit liegt bei 2 g/Denier. Die normale Acetatseide ist nur wenig verstreckt und entsprechend gering orientiert. Die Feuchtigkeitsaufnahme und Quellung in Wasser sind gering.

Handelsnamen: Acele (E.I. Du Pont de Nemours & Co., Wilmington, Del.), Avisco-Acetate (American Viscose Co., Marcus Hook, Pa.), Celanese (Celanese Corp. of America), Estron, Chromspun = bereits in der Masse eingefärbte Faser (Tennessee Eastman Co., Kingsport, Tenn.), Lonzona-Acetatseide (Lonzona-Gesellschaft, Säckingen, Baden), Rhodia-Reyon, Albene-Reyon (Rhodiaceta-Gesellschaft, Freiburg i. Br.).

Die *Fortisan*-Faser (Celanese Corp. of America) ist eine stark gereckte und weitgehend verseifte Acetatseide von hohem Orientierungsgrad und außergewöhnlicher Festigkeit. Infolge der weitgehenden Verseifung läßt sie sich sowohl wie Cellulose als auch wie Acetatseide färben.

Die *Triacetat*-Faser wird aus Cellulosetriacetat hergestellt. Zum Verspinnen dienen chlorierte Lösungsmittel, insbesondere Chloroform. Sie zeichnet sich gegenüber der gewöhnlichen Acetatseide durch ihre noch geringere Feuchtigkeitsaufnahme und Quellung, höhere Temperaturbeständigkeit und bessere Knitterfestigkeit aus, ist aber schlechter färbbar.

Handelsnamen: Arnel (Celanese Corp. of America), Tricel C (Courtaulds Ltd., England), Daryl (Fabelta S.A.), Tricel (British Celanese Ltd.), Trilan (Celanese Corp. of Canada).

Das Färben der Acetatseide ist charakterisiert durch die geringe Quellung in Wasser und durch das Fehlen reaktionsfähiger Gruppen. Am besten beschreibt man den Färbevorgang als Verteilung des Farbstoffes zwischen zwei Phasen, nämlich dem wäßrigen Färbebad und der hydrophoben Faser, welche dem Henryschen Verteilungsgesetz folgt. Geeignet sind demnach Farbstoffe, welche in Wasser nur schlecht, in Celluloseacetat aber sehr gut löslich sind und sich aus ihrer wäßrigen Lösung mit Äthylacetat oder einem ähnlichen Lösungsmittel ausschütteln lassen. Sie werden als Dispersionsfarbstoffe bezeichnet, da sie infolge ihrer schlechten Wasserlöslichkeit im Färbebad nur dispergiert werden.

Es darf indessen nicht übersehen werden, daß Celluloseacetat keine freibewegliche Flüssigkeit, sondern ein fester Körper ist. Ferner ist die Anwesenheit der Micellen oder Kristallite in Rechnung zu stellen, innerhalb derer die Molekülketten durch starke Kohäsionskräfte zusammengehalten werden. Es ist wahrscheinlich, daß nur die amorphen Bereiche, d.h. die intermicellaren Zwischenräume, in der Lage sind, Farbstoffe aufzunehmen, da dort die Molekülketten lockerer verteilt und verhältnismäßig leicht gegeneinander verschiebbar sind.

3. Vollsynthetische Fasern[1]

Als vollsynthetische Fasern bezeichnet man diejenigen, deren hochmolekularer Rohstoff nicht der Natur entnommen, sondern vollkommen synthetisch durch Polymerisation, Polykondensation oder Polyaddition aus kleinen Grundbausteinen hergestellt wird. Bezüglich der Hochpolymeren und ihrer Ausgangsmaterialien sei auf die entsprechende Literatur verwiesen[2].

Die Herstellung der Fasern erfolgt entweder nach dem Trockenspinnverfahren, wenn ein geeignetes Lösungsmittel für das Polymere gefunden werden kann, oder dann nach dem Schmelzspinnverfahren, indem das Polymere geschmolzen und die mehr oder weniger zähflüssige Schmelze durch Düsen gepreßt wird, wobei die Fäden beim Abkühlen erstarren. Infolge der dazu nötigen hohen Temperaturen sind Spinnpumpe, Filter und Düsen sehr großen Beanspruchungen unterworfen, was den Prozeß verteuert. Er erlaubt andrerseits hohe Abzugsgeschwindigkeiten bis zu 1000 m/min.

a) Polyamidfasern[3]

Polyamide lassen sich durch Polykondensation eines Diamins mit einer Dicarbonsäure, einer ω-Aminocarbonsäure mit sich selbst oder durch Polymerisation eines Lactams herstellen. Die Pionierarbeit auf diesem Gebiet wurde von W. H. CAROTHERS geleistet, der von 1929 an zahlreiche Kondensationsreaktionen systematisch untersuchte und dabei am Polykondensat aus Adipinsäure und Hexamethylendiamin die leichte Bildung von Fäden entdeckte. Die weitere Entwicklung zur großtechnischen Faser, die unter dem Namen Nylon[4] weltbekannt wurde, erfolgte durch die Firma Dupont.

Die zweite wichtige Herstellungsart für Polyamide wurde von P. SCHLACK gefunden, dem 1938 die unter Ringöffnung verlaufende Polymerisation des Caprolactams gelang. Aus dem entstandenen Polycaprolactam wurde von der ehemaligen IG Farbenindustrie AG die Perlonfaser entwickelt. Neben diesen beiden wichtigsten und auch

[1] HILL, R.: Fibres from Synthetic Polymers. Amsterdam: Elsevier 1953; — Fasern aus synthetischen Polymeren. Stuttgart: Berliner Union 1956. — PUMMERER, R.: Chemische Textilfasern, Filme und Folien. Stuttgart: Ferdinand Enke 1953. — Zahlreiche Faserproben und Handelsnamen finden sich bei: DRIESCH, H.: Welche Chemiefaser ist das? Stuttgart: Franckh 1962. — Über neuere Entwicklungstendenzen bei den synthetischen Fasern orientieren: ZAHN, H., G. HEIDEMANN, W. PÄTZOLD u. G. B. GLEITSMANN: Angew. Chem. 74, 599 (1962).

[2] BILLMEYER, F. W.: Textbook of Polymer Chemistry. New York: Interscience 1957, 1963. — SORENSON, W. R., u. T. W. CAMPBELL: Präparative Methoden der Polymeren-Chemie. Weinheim: Chemie 1962.

[3] HOPFF, H., A. MÜLLER u. FR. WENGER: Die Polyamide. Berlin-Göttingen-Heidelberg: Springer 1954.

[4] Nylon ist heute zu einem Gattungsnamen für synthetische Polyamide geworden. Eine vor- oder nachgestellte Zahl gibt die Anzahl C-Atome der Grundbausteine an, wobei man zuerst das Diamin und dann die Dicarbonsäure aufführt. Im deutschen Sprachgebrauch zieht man häufig den Gattungsnamen Polyamid vor. Polycaprolactam wird dementsprechend als Nylon 6 oder Polyamid 6, das Polyamid aus Tetramethylendiamin und Sebacinsäure als Nylon 4.10 oder Polyamid 4.10 bezeichnet.

etwa zur gleichen Zeit entstandenen Polyamidfasern ist als dritte das „Rilsan" aus 11-Aminoundecansäure zu erwähnen, dessen Entwicklung erst in neuerer Zeit durch die Société Organico erfolgte[1]. Infolge der längeren Kohlenwasserstoff-Kette ist es wesentlich hydrophober als Nylon und Perlon. Seine Anwendung für Bekleidungszwecke ist nicht sehr bedeutend.

Alle Polyamidfasern werden nach dem Schmelzspinnverfahren hergestellt; die Abzugsgeschwindigkeit liegt bei 800 m/min. Die Perlonfaser muß nach dem Verspinnen mit heißem Wasser ausgewaschen werden, da sie noch Caprolactam (4—5%) enthält, welches mit dem geschmolzenen Polycaprolactam ein Gleichgewicht bildet[2].

Aufbau:

$$-HN-(CH_2)_6-NH-OC-(CH_2)_4-CO-HN-(CH_2)_6-NH-OC-(CH_2)_4-CO-$$
(Nylon 66)

$$-HN-(CH_2)_5-CO-HN-(CH_2)_5-CO-HN-(CH_2)_5-CO-HN-(CH_2)_5-CO-$$
(Nylon 6)

Die Polyamide sind ähnlich wie Wolle und Seide aufgebaut, unterscheiden sich aber wesentlich von diesen, da sie längs der Kette keine freien Amino- und Carboxylgruppen mehr besitzen, sondern nur deren eine am Anfang und Ende der Polymerkette. Das Äquivalentgewicht ist deshalb hoch und beträgt 12000—20000. Die Fähigkeit zur Salzbildung ist entsprechend klein und für den Färbevorgang nur noch von geringer Bedeutung. Dagegen sind sie mit Dispersionsfarbstoffen färbbar.

Das Molekulargewicht von Nylon beträgt 12000—13000, was einer Polymerkettenlänge von rund 1000 Å entspricht. Diese Länge ist allgemein nötig, um synthetische Fasern mit guten Festigkeitswerten zu erhalten. Die Nylonfaser wird meistens auf etwa das Vierfache ihrer Länge verstreckt, doch kann die Verstreckung noch höher getrieben werden. Der Orientierungsgrad ist sehr hoch, ebenso die Festigkeit, welche bei 5 g/Denier liegt. Der Faserquerschnitt ist rund. Die anderen Polyamidfasern verhalten sich ähnlich. Die Schmelzpunkte betragen:

Nylon	265° C
Perlon	210° C
Rilsan	187° C

Hervorzuheben sind die ausgezeichnete Scheuerfestigkeit und die gute Naßfestigkeit der Polyamidfasern.

Handelsprodukte sind: Grilon (Fibron AG, Domat/Ems), Kapron (UdSSR), Nylon (E.I. Du Pont de Nemours & Co., Seaford, Del., USA und Lizenznehmer), Nylsuisse (Société de la Viscose Suisse, Emmenbrücke), Bayer-Perlon (Chemiefaserwerk Dormagen, Dormagen), Rilsan (Société Organico, Paris) u. a. m.

---

[1] Vgl.: GENAS, M.: Angew. Chem. **74**, 535 (1962).
[2] Über den Spinnprozeß und die Kristallstrukturen von Perlonfäden vgl.: REICHLE, A., u. A. PRIETZSCHK: Angew. Chem. **74**, 562 (1962).

b) Polyurethanfasern

Polyurethane entstehen durch Polyaddition von Dialkoholen an Diisocyanate. Sie bilden eine hochinteressante Kunststoffklasse und gestatten zahlreiche Abwandlungen; so ist mit geeigneten Komponenten und Arbeitsweisen der Aufbau ziemlich regelmäßig strukturierter Netzwerke möglich. Die grundlegenden Forschungsarbeiten über Polyurethane und ihre systematische Weiterentwicklung sind in erster Linie OTTO BAYER zu verdanken. Auf dem Fasergebiet ist ihr Einsatz allerdings vergleichsweise gering geblieben. Als erstes und lange Zeit auch einziges technisches Produkt ist hier das Perlon U aus 1.4-Butandiol und Hexamethylen-di-isocyanat zu nennen.

Aufbau:

$$-O-(CH_2)_4-O-OC-HN-(CH_2)_6-NH-CO-O-(CH_2)_4-O-OC-HN-(CH_2)_6-NH-CO-$$

Zur Herstellung des Polymeren wird Hexamethylendiisocyanat unter starkem Rühren in 1.4-Butandiol eingetragen, wobei sich die Masse von selbst auf 190 bis 200° C erwärmt, bei welcher Temperatur das Polymere flüssig ist. Das Hexamethylendiisocyanat erhält man aus Hexamethylendiamin und Phosgen unter Chlorwasserstoffabspaltung.

Das Perlon U gleicht dem Nylon und Perlon, zeigt jedoch eine geringere Wasseraufnahme. Es wird nur zu *Borsten* verarbeitet, welche nach dem Schmelzspinnverfahren erzeugt werden. Die Kristallinität des Polymeren ist hoch, das Verstrecken jedoch schwierig. Das Molekulargewicht beträgt 13000—15000; Polymere mit Molekulargewichten unter 10000 können nur schwer in Faserform übergeführt werden. Der Schmelzpunkt liegt bei 184° C, der Erweichungspunkt bei 170° C. Die Festigkeit beträgt etwa 4 g/Denier. Perlon U läßt sich nur mit Dispersionsfarbstoffen anfärben, da es keine basischen und sauren Endgruppen besitzt.

Handelsprodukt: Perlon U (Chemiefaserwerk Dormagen, Dormagen a. Rh.).

Eine bemerkenswerte Neuentwicklung bilden die *elastomeren Polyurethanfasern*[1], in den USA unter dem Gattungsbegriff „Spandex"-Fasern bekannt. Es sind Fäden aus segmentierten, weitmaschig verzweigten Polyurethanen. Sie sind zwei- bis dreimal reißfester als Kautschukfäden und erfordern zur Dehnung die doppelte bis vierfache Kraft. Man kann deshalb mit dünnen Fäden die Spannkraft von wesentlich dickeren Kautschukfäden erreichen. Im Gegensatz zu den letzteren müssen sie nicht unbedingt umsponnen werden, sondern können wie andere Textilfasern direkt verarbeitet werden. Elastische Spandex-Gewebe sind deshalb wesentlich leichter als gummihaltige. Da Spandexfäden ferner leicht färbbar und unempfindlich gegen Licht, Schweiß, Öl und chemische Reinigungsmittel sind, dürften sie die bisher gebräuchlichen Kautschukfäden auf dem Gebiet der Miederwaren und elastischen Textilien mit der Zeit weitgehend verdrängen.

Der Aufbau elastomerer Polyurethane erfolgt stufenweise. Zuerst wird ein linearer Polyester oder Polyäther mit einer freien Hydroxylgruppe an jedem Kettenende und einem Durchschnittsmolekulargewicht von 2000 bis 3000 im Molverhältnis etwa 2:3 mit einem Diisocyanat umgesetzt. Dabei entsteht ein praktisch lineares Makro-Diisocyanat mit einem durchschnittlichen Molekulargewicht von 4000 bis 6000. Die Kettenlänge des Makro-Diisocyanates läßt sich variieren und hängt von der Länge des Ausgangspolymeren und dessen Molverhältnis zum Diisocyanat ab. Zur Erzeugung eines hochmolekularen, schwach vernetzten Körpers wird nun das Makro-Diisocyanat mit einer bifunktionellen

[1] Für eine Übersicht vgl.: RINKE, H.: Angew. Chem. **74**, 612 (1962).

Komponente weiter umgesetzt, wobei verschiedene Varianten möglich sind. So kann man die Reaktion mit einem niedermolekularen Glykol durchführen, dessen Menge nicht alle freien Isocyanatgruppen beansprucht, so daß zur Vernetzung noch überschüssige Isocyanatgruppen verfügbar sind. Statt eines Glykols kann auch Wasser, ein Diamin oder Hydrazin zur Bildung des vernetzten Hochpolymeren verwendet werden. Die Vernetzung selbst erfolgt an den Wasserstoffatomen bereits gebildeter Urethanbindungen, wobei Allophanatgruppen entstehen. Neben dieser chemischen dürfte aber auch eine gewissermaßen „physikalische" Vernetzung auftreten, die auf den starken Nebenvalenzkräften zwischen den CO- und NH-Gruppen benachbarter Polymerketten beruht. Sie tritt vor allem in Erscheinung, wenn die Makro-Diisocyanate mit Diaminen verlängert werden. Derartige Polyurethane sind auch dann elastisch, wenn sie mit äquivalenten Mengen Diamin erzeugt wurden, wobei im Prinzip nur eine lineare Kettenverlängerung eintreten kann. Sie können aus hochpolaren Lösungsmitteln wie Dimethylformamid oder Dimethylsulfoxyd nach dem Trockenverspinnverfahren erzeugt werden. Die Herstellung und Handhabung der weichen, hochelastischen Fäden stellt jedoch zahlreiche verfahrenstechnische Probleme. Chemisch hochvernetzte Fäden können dadurch hergestellt werden, daß man eine Schmelze von Makro-Diisocyanat in ein chemisches Fällbad — beispielsweise in eine wäßrige Diaminlösung — einspinnt.

Die Wärmefestigkeit elastomerer Polyurethanfäden liegt bei 170 bis 200° C, ihre Reißfestigkeit beträgt 0,5—0,8 g/Denier bei Bruchdehnungen von 600—700%. Das elastische Erholvermögen ist im allgemeinen gut, bei Kautschukfäden vorderhand aber noch ein wenig besser. Die Dicke von Spandexfäden kann zwischen 70 und 600 Denier variiert werden. Sie lassen sich mit Säure- und Dispersionsfarbstoffen färben, letztere liefern allerdings nur wenig waschechte Färbungen.

Handelsprodukte sind: Lycra (E. I. Du Pont de Nemours & Co., Waynesboro, Va., USA), Polythane (Chemstrand Corp., USA), Stretchever (International Latex; Carr Fulflex Inc., Bristol, R. I., USA), Vyrene (U.S. Rubber Co., Castonia, N. C., USA).

c) Polyesterfasern

Bereits W. H. CAROTHERS, der Entdecker des Nylons 66, hatte sich mit Polyestern beschäftigt. Indessen erhielt er aus aliphatischen Dialkoholen und Dicarbonsäuren nur zähflüssige oder niedrigschmelzende Polymere, welche kein Faserbildungsvermögen besitzen. 1941 entdeckte I. R. WHINFIELD die Eignung von Polyäthylenterephthalat zur Faserherstellung, welches bisher auch die wichtigste Polyesterfaser geblieben ist. Neben dem Polyäthylenterephthalat eignen sich auch einige andere Polyester aus Terephthalsäure und einem Dialkohol zur Herstellung von Fasern[1]. Technische Bedeutung hat davon einzig die „Kodel"-Faser[2] der Tennessee Eastman Co. erlangt, in welcher das 1.4-Dimethylol-cyclohexan ($HOCH_2$—C_6H_{10}—CH_2OH) als Dialkohol verwendet wird. Das ebenfalls in neuerer Zeit entwickelte Polycarbonat aus Diphenylolpropan und Phosgen ist zur Fasererzeugung weniger geeignet.

Aufbau:

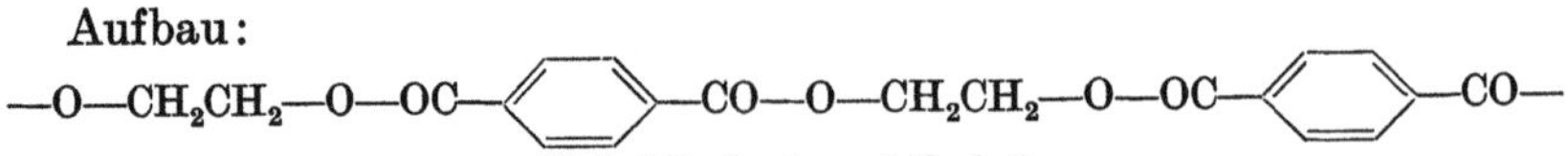

$$-O-CH_2CH_2-O-OC-\!\!\left\langle\bigcirc\right\rangle\!\!-CO-O-CH_2CH_2-O-OC-\!\!\left\langle\bigcirc\right\rangle\!\!-CO-$$

(Polyäthylenterephthalat)

---

[1] Vgl.: GOODMAN, I.: Angew. Chem. **74**, 606 (1962).

[2] In Deutschland unter dem Namen „Vestan" von den Faserwerken Hüls GmbH, Marl, Kreis Recklinghausen, hergestellt. Über die Fasereigenschaften vgl.: MARTIN, E. V., u. H. BUSCH: Angew. Chem. **74**, 624 (1962).

Der Erweichungspunkt von Polyäthylenterephthalat liegt bei 264°C; die Faser wird nach dem Schmelzspinnverfahren erzeugt. Das Molekulargewicht beträgt 10000—12000. Polyäthylenterephthalat zeigt eine hohe Kristallisationstendenz, der Orientierungsgrad der verstreckten Faser ist hoch und die Festigkeit kann bis zu 8 g/Denier betragen. Im allgemeinen sind die Fasern weniger stark verstreckt mit Reißfestigkeiten von 5—6 g/Denier. Die Polyäthylenterephthalatfaser zeichnet sich durch geringe Feuchtigkeitsaufnahme und außerordentlich hohe Knitterfestigkeit aus. Der Faserquerschnitt ist rund.

Die Färbung kann wie bei Acetatseide und Nylon mit Dispersionsfarbstoffen erfolgen, die Diffusionsgeschwindigkeit des Farbstoffes in der Faser ist jedoch viel langsamer.

Handelsprodukte sind: Dacron (E.I. Du Pont de Nemours & Co., Kinston, NC, USA), Diolen (Vereinigte Glanzstoffabriken AG, Bobingen), Tergal (Société Rhodiacéta, Lyon), Terital (Società Rhodiatoce, Casoria, Italien), Terlenka (Algemeene Kunstzijde Unie N.V., Arnhem, Holland), Terylene (Imperial Chemical Industries, Wilton, England), Trevira (Farbwerke Hoechst AG, Frankfurt a.M.).

d) Polyacrylnitrilfasern

Aufbau:

$$\ldots CH_2-\overset{\displaystyle CN}{\underset{|}{CH}}-CH_2-\overset{\displaystyle CN}{\underset{|}{CH}}-CH_2-\overset{\displaystyle CN}{\underset{|}{CH}}-CH_2-\overset{\displaystyle CN}{\underset{|}{CH}}-CH_2-\overset{\displaystyle CN}{\underset{|}{CH}}\ldots$$

Das Ausgangsprodukt für die Polyacrylnitrilfaser ist das Acrylnitril ($CH_2 = CHCN$), das in wäßriger Emulsion polymerisiert wird. Als Katalysator dient meist Kalium- oder Ammoniumpersulfat. Vermutlich entsteht ein Kopf-Schwanz-Polymeres, doch fehlen genauere Untersuchungen hierüber. Das Molekulargewicht des zur Faserherstellung verwendeten Polymeren beträgt 50000—60000, es besitzt keinen eigentlichen Schmelzpunkt. Die Faser wird nach dem Trockenspinnverfahren erzeugt, als Lösungsmittel dient Dimethylformamid (Sdp. 155° C). Die etwa 130° C heiße Lösung wird dazu in einen Schacht mit einer Temperatur von 400° C gesponnen, die Abzugsgeschwindigkeit beträgt nur 90 m/min. Die Faser wird anschließend bei 120—170° C in heißer Luft oder in einem Glyzerinbad auf das 6—15fache verstreckt. Der kristalline Anteil der Faser und die Orientierung in Faserrichtung scheinen trotz hoher Verstreckung gering zu sein. Die Reißfestigkeit ist jedoch recht gut und beträgt bei den meisten Produkten 3—4 g/Denier, bei manchen Stapelfasern allerdings nur 1,5—2,5 g/Denier. Der Faserquerschnitt ist hantelförmig.

Die Polyacrylnitrilfaser besitzt eine vorzügliche Knitterfestigkeit, wie die nachstehende Übersicht zeigt:

Knitterfestigkeit in nassem Zustand

Dacron	85%
Orlon	85%
Wolle	20%
Acetatseide	15%
Viskose	3%

Sie zeichnet sich ferner durch ihre hervorragende Wetterfestigkeit aus, worin sie alle andern Fasern übertrifft. Nachteilig sind das starke „pilling", d.h. die Knotenbildung auf Geweben aus Stapelfasern und die starke statische Aufladung. Die Feuchtigkeitsaufnahme ist gering. Reine Polyacrylnitrilfasern sind meist leicht gelblich.

Die Polyacrylnitrilfasern lassen sich mit Dispersionsfarbstoffen nur schlecht färben. Dagegen besitzen sie Affinität für basische Farbstoffe, welche überraschenderweise auf Polyacrylnitril meist eine wesentlich höhere Lichtechtheit zeigen als auf Wolle oder Seide. Man nimmt an, daß es zwischen dem basischen Farbstoff und den $-SO_3H$-Endgruppen der Polymerketten, welche infolge der Persulfatkatalyse vorhanden sind, zu einer Salzbildung kommt. Es hat sich ferner gezeigt, daß Cuproionen offenbar mit vier Cyangruppen des Polyacrylnitrils einen positiv geladenen Komplex bilden können, welcher saure Farbstoffe unter Salzbildung bindet.

Handelsprodukte sind: Crylor (Société Crylor SA, Vénissieux, Frankreich), Dolan (Süddeutsche Zellwolle AG, Kelheim), Dralon (Farbenfabriken Bayer, Dormagen), Nitrilon (UdSSR), Orlon 41, Orlon 42, Orlon 81 (E.I. Du Pont de Nemours & Co., Camden, S.C., USA) und andere.

e) Modifizierte Acryl- und Nytrilfasern

Da die Polyacrylnitrilfaser vorderhand wohl die billigste vollsynthetische Faser sein dürfte, hat man sich bemüht, gewisse Verbesserungen zu erzielen, insbesondere Löslichkeit in einem billigeren Lösungsmittel, bessere Färbbarkeit und geringeres „pilling". Derartige Verbesserungen sind meist nur unter Verzicht auf andere Eigenschaften zu erreichen und es bleibt abzuwarten, wie stark sich die modifizierten Fasern, deren wichtigste nachfolgend aufgeführt sind, gegenüber dem reinen Polyacrylnitril durchsetzen werden.

Acrilan: (Chemstrand Corp., Dekatur, Ala., USA). Das Acrilan CN—3000 ist ein Copolymeres aus 88% Acrylnitril, 6% Vinylacetat und 6% Vinylpyridin. Das letztere dürfte infolge seiner Basizität das Aufnahmevermögen für saure Farbstoffe verbessern.

Creslan: (American Cyanamid Company, Stamford, Conn. u. Pensacola, Florida, USA). Sein Aufbau ist unbekannt.

Verel: (Eastman Chemical Products Inc. Kingsport, Tenn., USA). Der Aufbau ist unbekannt; es dürfte sich um ein Pfropfpolymerisat handeln. Die Faser wird aus Aceton versponnen und läßt sich mit Dispersionsfarbstoffen, basischen Farbstoffen und neutralen Metallkomplexfarbstoffen färben. Die Festigkeit beträgt 2,5—3 g/Denier.

Zefran: (Dow Chemical Company, Williamsburg, Va., USA). Es dürfte sich hierbei um ein Pfropfpolymerisat handeln, sein näherer Aufbau ist unbekannt.

Mit dem Acrylnitril eng verwandt ist das äußerst polymerisationsfreudige Vinylidencyanid, korrekter als Vinylidendicarbonitril bezeichnet $[CH_2{=}C(CN)_2]$. Seine Herstellung und Polymerisation wurde vor allem von einer Forschungsgruppe der B. F. Goodrich Chemical Company (Avon Lake, Ohio, USA) eingehend untersucht. Es bildet mit vielen anderen Vinylmonomeren alternierend aufgebaute 1:1-Copolymere, die zur Faserherstellung geeignet sind. Praktische Bedeutung erlangte die Faser aus dem Vinylidencyanid/Vinylacetat-Copolymeren, die von der Celanese Corporation übernommen wurde und in den USA als „Darvan" (Celanese Fibers Co., Charlotte, N.C.) im Handel ist. Zur

Unterscheidung von den Acrylnitrilfasern bezeichnet man sie mit dem Gattungsnamen *Nytrilfaser*[1].

Sie zeichnet sich durch einen ungewöhnlich weichen, geschmeidigen Griff, hohe Knitterfestigkeit und geringe Unempfindlichkeit gegen heißes Wasser aus. Die Festigkeit beträgt etwa 2 g/Denier. Ihre Färbung erfolgt mit Dispersionsfarbstoffen bei Anwesenheit von Carriern oder nach dem HT-Verfahren.

f) Polyvinylchloridfasern

Aufbau:

$$\ldots CH_2-CHCl-CH_2-CHCl-CH_2-CHCl-CH_2-CHCl \ldots$$

Das Polymere besitzt vermutlich Kopf-Schwanz-Struktur. Über den Anteil der kristallinen Bereiche und den Orientierungsgrad ist nicht viel bekannt; beide dürften gering sein. Ein Nachteil der Faser ist der niedrige Erweichungspunkt von rund 70° C.

Man erhält das Polyvinylchlorid durch Polymerisation von Vinylchlorid ($CH_2 = CHCl$) in wäßriger Emulsion bei 40—50° C unter Druck bei Verwendung wasserlöslicher Peroxydkatalysatoren wie Persulfaten oder Wasserstoffsuperoxyd oder mittels Perlpolymerisation bei 40—60° C unter Druck und mit organischen Peroxydkatalysatoren wie Benzoylperoxyd. Das Molekulargewicht des zur Faserherstellung verwendeten Polymeren beträgt etwa 35000. Die Faser wird nach dem Trockenspinnverfahren aus einer Aceton-Schwefelkohlenstofflösung (1:1) erhalten, der Querschnitt ist rund bis hantelförmig. Hervorgehoben sei, daß Polyvinylchlorid weder in Aceton noch in Schwefelkohlenstoff allein löslich ist, sondern erst im Gemisch. Durch Nachchlorierung des Polymeren gelangt man allerdings zu einem Produkt, das acetonlöslich ist (PeCe-Faser). Das Verstrecken der Faser erfolgt bei 95° im Wasserbad auf etwa das Vierfache, die Festigkeit der verstreckten Faser beträgt 3 g/Denier.

Handelsprodukte sind: Fibravyl, Isovyl, Thermovyl (Société Rhovyl, Tronville-en-Barrois, Meuse), PCU-Faser, PCU-Seide (Badische Anilin- und Sodafabrik, Ludwigshafen a. Rhein), Rhovyl-Fibra, Rhovyl-Therma (Deutsche Rhodiaceta AG, Freiburg i. Br.), PeCe-Faser (Badische Anilin- und Sodafabrik, Ludwigshafen a. Rh., Dr. Wacker GmbH, München).

g) Modifizierte Polyvinylchloridfasern

Ähnlich wie die Polyacrylnitrilfaser ist auch die Vinylchloridfaser modifiziert worden, wobei vor allem ein höherer Erweichungspunkt angestrebt wurde (vgl. Tabelle S. 36). Anstelle des reinen Polyvinylchlorides werden dabei Copolymere des Vinylchlorids mit Vinylacetat, Acrylnitril und Vinylidenchlorid ($CH_2 = CCl_2$) versponnen. Die Polymerisation erfolgt ähnlich wie beim Vinylchlorid selber. Die textile Anwendung dieser Fasern ist gering.

Vinylchlorid-Vinylacetat-Faser: Das Polymere enthält 86% Vinylchlorid und 14% Vinylacetat und wird aus Aceton versponnen. Die Verstreckung erfolgt auf das 2—5fache. Handelsprodukt ist das Vinyon HH (American Viscose Corporation, Marcus Hook, Pa., USA).

---

[1] Für Einzelheiten vgl.: Sprague, B. S., H. E. Greene, L. F. Reuter u. R. D. Smith: Angew. Chem. **74**, 545 (1962).

Vinylchlorid-Polyacrylnitril-Faser: Das Polymere enthält 60% Vinylchlorid und 40% Acrylnitril und wird aus Aceton versponnen; das Verstrecken erfolgt auf das 10—15fache; der Querschnitt ist rund bis hantelförmig. Die Festigkeit variiert je nach Fasertyp von 0,7 g/Denier bis über 4 g/Denier.

Handelsprodukte sind: Dynel, Vinyon N (Carbide and Carbon Chemical Co., South Charleston, W. Va., USA). Von Vinyon N existieren verschiedene Typen, je nach der Nachbehandlung der Fasern, z. B.:

Vinyon NEZZ	unverstreckt
Vinyon NOZZ — 900	mäßig verstreckt
Vinyon NOZZ — 1300	stark verstreckt
Vinyon NOHU	verstreckt, getempert bei 110° C ohne Spannung
Vinyon NORU	verstreckt, getempert bei 150° C ohne Spannung
Vinyon NORT	verstreckt, getempert bei 150° C unter Spannung

Vinylchlorid-Vinylidenchlorid-Faser: Das Polymere enthält 85% Vinylchlorid und 15% Vinylidenchlorid.

Handelsprodukt ist das Saran (Saran Yarns Company; Dow Chemical Co., Midland, Mich., USA und Lizenznehmer).

h) Polyvinylformalfasern

Aufbau:

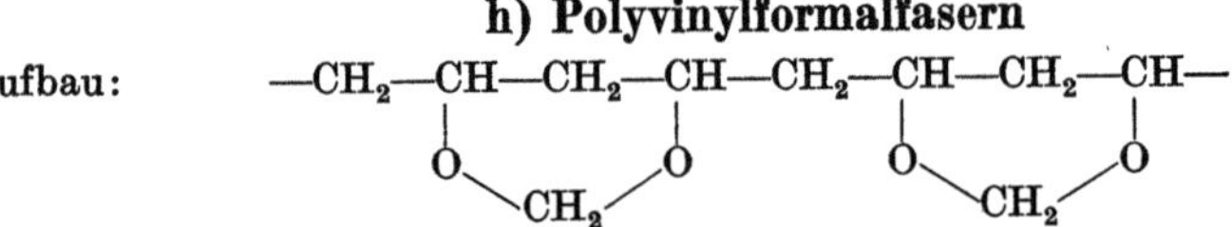

Die Polyvinylformalfaser ist chemisch eine recht bemerkenswerte Entwicklung, hat aber nur geringe praktische Bedeutung erlangt. Zu ihrer Herstellung geht man vom Polyvinylalkohol aus, welcher seinerseits durch Polymerisation von Vinylacetat ($CH_2 = CH—O—CO—CH_3$) und Verseifung des entstandenen Polyvinylacetates erhalten wird. Die Faser wird nach dem Naßspinnverfahren erzeugt, indem eine wäßrige Polyvinylalkohollösung in eine gesättigte Ammonsulfatlösung von 40—50° C eingesponnen wird, welche die Koagulation bewirkt. Nach dem Verstrecken erfolgt die Umsetzung mit Formaldehyd zum Polyvinylformal. Es ist anzunehmen, daß dabei auch eine teilweise Vernetzung eintritt. Bezüglich der Feuchtigkeitsaufnahme und in der Empfindlichkeit gegenüber heißem Wasser verhält sich die Faser ähnlich wie Acetatseide. Die Festigkeit variiert je nach Faserart zwischen 2 und 7 g/Denier.

Handelsprodukte sind: Cremona, Kuralon (Kurashiki Rayon Company, Okayama, Japan) u. a.

Verhalten einiger Fasern in der Wärme

Faser	Erweichungstemperatur	Schrumpftemperatur
Vinyon HH . .	50—60° C	60—65° C
PCU-Faser . .	65° C	—
Rhovyl	70—75° C	90° C
PeCe-Faser . .	80° C	100—110° C
Saran	185° C (135° C)	145—155° C
Polyvinylformal	120—140° C	215° C
Vinyon N . . .	125—135° C	140—145° C
Acrilan	235° C	—

i) Polyolefinfasern

Aufbau: $—CH_2—CH_2—CH_2—CH_2—CH_2—CH_2—$
(Polyäthylen)

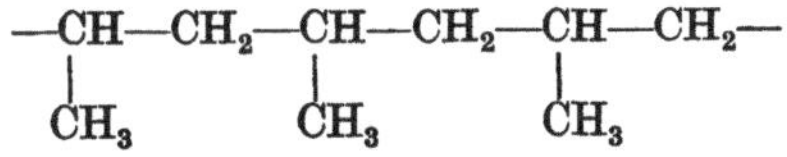

$$-CH-CH_2-CH-CH_2-CH-CH_2-$$
$$\quad\ |\qquad\qquad\ |\qquad\qquad\ |$$
$$\quad CH_3\qquad\quad CH_3\qquad\quad CH_3$$

(Polypropylen)

Äthylen und Propylen sind billige Monomere, die aus Erdöl in großer Menge zugänglich sind. Äthylen läßt sich unter einem Druck von 1000—2000 Atm. unter Zusatz geringer Mengen Sauerstoff als Katalysator bei 200—250° C polymerisieren, wobei Polymere mit einem Molekulargewicht von 18000—30000 und einem Erweichungspunkt von 100—120° C entstehen. Sie besitzen eine geringe Kristallinität von weniger als 50%, da bei der Polymerisation Isomerisierungsreaktionen auftreten, die statt einer geraden eine verzweigte Kette entstehen lassen:

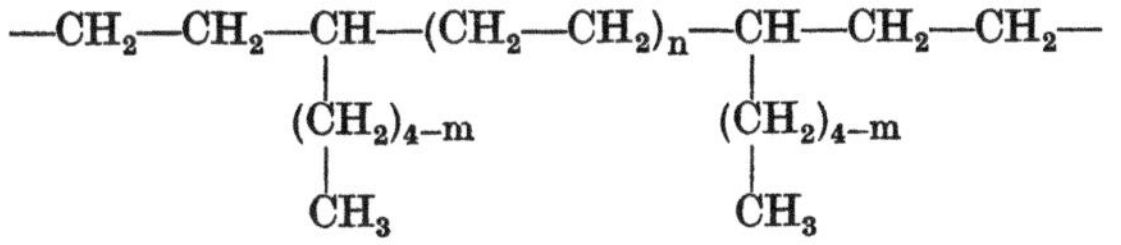

$$-CH_2-CH_2-CH-(CH_2-CH_2)_n-CH-CH_2-CH_2-$$
$$\qquad\qquad\qquad |\qquad\qquad\qquad\qquad\quad |$$
$$\qquad\qquad (CH_2)_{4-m}\qquad\qquad\quad (CH_2)_{4-m}$$
$$\qquad\qquad\qquad |\qquad\qquad\qquad\qquad\qquad |$$
$$\qquad\qquad\quad CH_3\qquad\qquad\qquad\qquad CH_3$$

Derartige Polymere können durch ihren Methylgruppengehalt charakterisiert werden und man hat festgestellt, daß bei vielen Polymeren eine Methylgruppe auf etwa 30 Kohlenstoffatome entfällt. Anhand der Polymerisationsbedingungen kann dieses Verhältnis so variiert werden, daß eine Methylgruppe auf 10 bis 100 Kohlenstoffatome auftritt. Fasern aus derartigem Polyäthylen sind infolge ihres niederen Erweichungspunktes nur zur Herstellung von Geweben für Spezialzwecke wie säurebeständige Filtertücher von Interesse.

Es war deshalb von großer Bedeutung, als es ZIEGLER vor einigen Jahren gelang, Äthylen unter Verwendung von Aluminiumtrialkylen in Gegenwart von Titantetrachlorid bei niedriger Temperatur drucklos zu polymerisieren. Dabei erhält man Polymere mit sehr hohen Molekulargewichten von 100000 bis zu 1000000, welche praktisch unverzweigt sind und einen kristallinen Anteil von 80 bis 90% besitzen. Ihr Erweichungspunkt liegt bei 140—160° C.

Eine weitere Verbesserung stellt das von NATTA gefundene Verfahren der isotaktischen oder stereospezifischen Polymerisation dar. Dabei entstehen Polymere, die nicht nur unverzweigt sind, sondern auch längs der Kette einen sterisch einheitlichen Bau aufweisen. Das Verfahren ist besonders für die Polymerisation des Propylens wichtig geworden, weil man damit Polymere mit hoher Kristallinität und Erweichungspunkten von über 180° C erzeugen kann (Erweichungspunkte von Perlon: 210° C, von Rilsan: 187° C). Aus derartigen Polypropylenen können Textilfasern für Bekleidungszwecke hergestellt werden. Ihre Reißfestigkeit ist hoch. Die Polypropylenfaser ist die potentiell billigste synthetische Faser und könnte großtechnisch zu einem Preis hergestellt werden, der nicht höher als derjenige von Baumwolle ist. Ob sie sich in der Bekleidungsindustrie einzuführen vermag, muß abgewartet werden. Dagegen dürfte sie ohne Zweifel als technische Faser bald größere Bedeutung erlangen.

Die Polyolefinfasern besitzen das geringste spezifische Gewicht aller Faserstoffe, wie aus der nachstehenden Tabelle hervorgeht.

Spezifisches Gewicht von Faserstoffen

Polyäthylenfaser	0,92 [1]	Wolle	1,32
Perlon	1,13	Acetatseide	1,32
Nylon	1,13	Vinyon ST	1,35
Acrilan	1,135	Terylene	1,38
Orlon	1,14—1,17	Rhovyl	1,40
Seide, Zeinfaser	1,25	Flachs	1,50
Vinyon N	1,27—1,33	Viskose, Kupferseide	1,52
Caseinfaser	1,29	Baumwolle	1,52
Kuralon	1,30—1,32	Saran	1,68—1,75
Dynel	1,31		

[1] Bei Niederdruckpolyäthylen liegt die Dichte etwas höher.

Fasern aus Hochdruckpolyäthylen sind seit längerer Zeit für Spezialzwecke im Handel: Avisco PE (American Viscose Corp., Marcus Hook, Pa., USA), Polythene (Imperial Chemical Industries Ltd., Wilton).

Fasern aus Niederdruckpolyäthylen und aus Polypropylen befinden sich im Versuchsstadium. Eine Polypropylenfaser wird von Montecatini unter dem Namen „Meraklon" in den Handel gebracht[1].

k) Anorganische Fasern

Sie sind in diesem Zusammenhang bedeutungslos (Glasseide, Asbestfasern, Glas- und Steinwolle). Metallfasern werden gelegentlich als Effektfäden eingesetzt, eine Verwendung, die besonders in den USA beliebt ist.

III. Wichtige Färbereimaschinen

In der Färberei bezeichnet man das zu färbende Textilmaterial als *Färbegut* oder Ware. Die *Färbeflotte* ist die zum Färben verwendete Farbstofflösung, die in der Regel noch Zusätze von Färbehilfsmitteln enthält. Unter dem *Flottenverhältnis* versteht man das Gewichtsverhältnis von Färbegut zu Färbeflotte. Die Stärke der Färbung wird in Prozenten Farbstoff bezogen auf das Färbegut ausgedrückt. Zur Vornahme einer 2%igen Färbung mit einem Flottenverhältnis von 1:25 benötigt man demnach für jedes Kilo Färbegut 20 g Farbstoff (=2%) und 25 Liter Färbeflotte.

Der Färber unterscheidet zwischen *Färbeapparaten*, in denen die Färbeflotte durch das Färbegut zirkuliert, und *Färbemaschinen*, in denen das Färbegut in der Färbeflotte bewegt wird. Das Färben im Färbeapparat mit bewegter Flotte wird vor allem dann benützt, wenn das Färbegut als Flocke, Kardenband, Kammzug oder Garn vorliegt. Als Flocke bezeichnet man das rohe, unversponnene Fasermaterial. Sie wird nach dem Packsystem gefärbt. Beim Packsystem besitzt der Behälter für das Färbegut gelochte Wände, durch die die Färbeflotte zirkulieren kann. Der Behälter kann als Zentrifugentrommel ausgebildet sein.

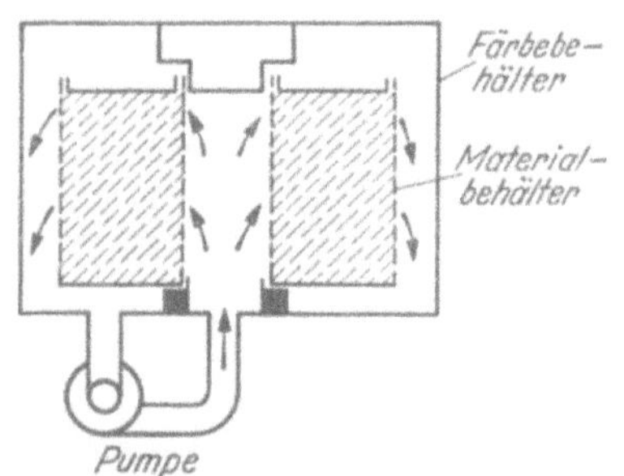

Abb. 3. Packsystem. Durch ein der Pumpe nachgeschaltetes Ventilsystem wird die Flußrichtung der Färbeflotte durch die Ware von Zeit zu Zeit umgekehrt

Das *Kardenband* und der Kammzug sind Bänder paralleler Fasern, wobei das Material bereits einen Teil des Spinnprozesses hinter sich hat. Das Kardenband kann zu einem Paket verschnürt und nach dem Packsystem oder auf einem Kettbaum aufgebäumt gefärbt werden. Man

---

[1] Über Herstellung und Eigenschaften von Fasern aus isotaktischem Polypropylen vgl.: COMPOSTELLA, M., A. COEN u. FLORIANA BERTINOTTI: Angew. Chem. **74**, 618 (1962).

kann das Kardenband auch auf gelochte Spindeln aufgespult färben. Diese letztere Möglichkeit wird meist auch für den Kammzug benützt.

Das *Garn* stellt die fertig versponnene Faser dar. Zum Färben großer Garnmengen bedient man sich der Kettbaumapparate, welche einen oder mehrere Kettbäume mit jeweils bis zu 1000 kg Garn fassen können. Die Kettbäume dürfen nicht zu dicht gewickelt sein, damit die Flotte leicht zirkulieren kann.

Eine wichtige Methode stellt das Färben von Garn auf Kreuzspulen dar. Kreuzspulen sind relativ lockere Wickelkörper, in denen die verschiedenen Garnlagen kreuzweise übereinanderliegen und sich dadurch gut färben lassen. Die Kreuzspulen können zylindrisch oder konisch gewickelt werden. Man kann sie nach dem Packsystem färben, wobei jedoch eine egale Färbung nur schwer erzielt wird. Wesentlich günstiger ist es, die Färbeflotte zwangsläufig durch jede Kreuzspule zu führen. Dies wird beim Aufstecksystem ermöglicht, indem die Kreuzspulen auf Träger aufgereiht und festgepreßt werden. Die Färbeflotte zirkuliert durch den perforierten Träger und die perforierten Hülsen der Kreuzspulen. Man unterscheidet dabei die „Färbeplatte" und den „Färbeigel". Die Färbeplatte ist eine runde Platte, aus welcher die senkrechten Träger für die Kreuzspulen herausragen. Beim Färbeigel befinden sich die Träger für die Kreuzspulen auf einem Zylinder.

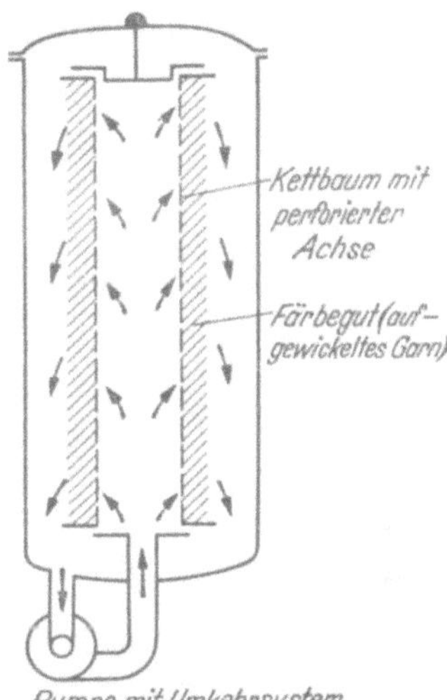

Abb. 4. Kettbaumfärbeapparat

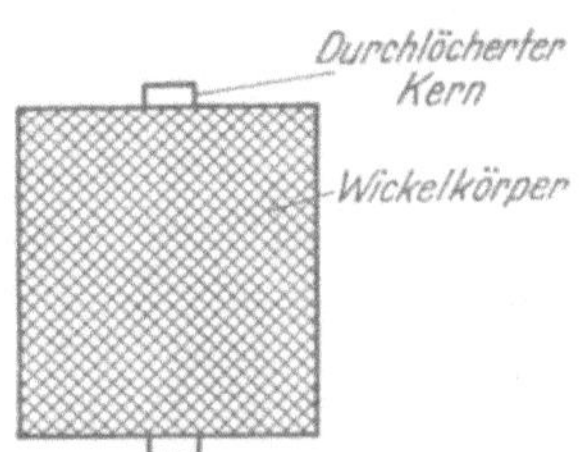

Abb. 5. Kreuzspule

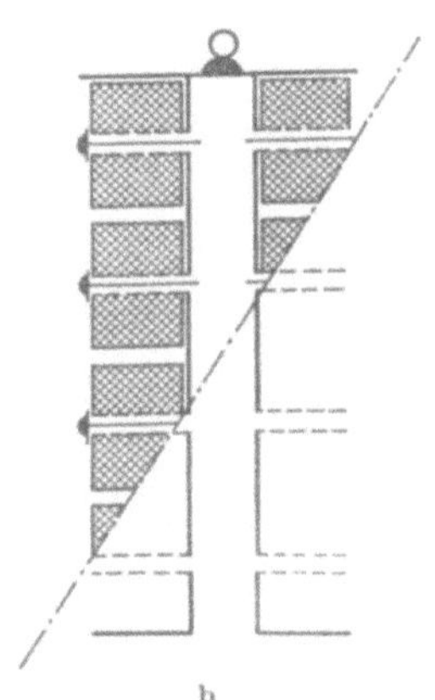

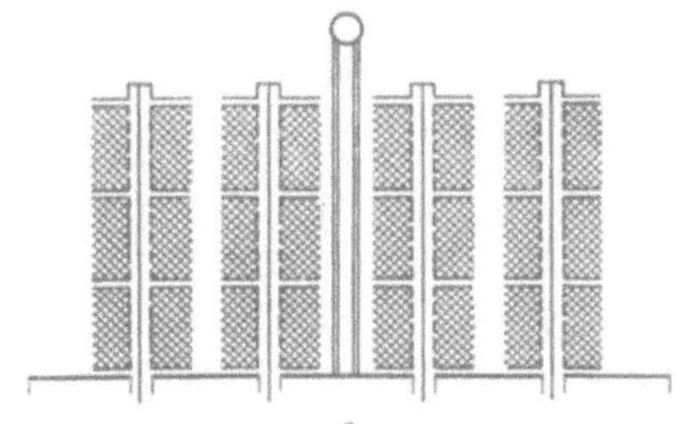

a　　　　　　　　　b

Abb. 6. a Färbeplatte (Tellersystem), b Färbeigel

Das einfachste Verfahren zur Garnfärbung ist die Stranggarnfärberei. Die Stränge werden dabei lose aufgehängt. In der Regel wird das Garn in der stehenden Färbeflotte bewegt. Beim Färben von Wollsträngen wird die zirkulierende Färbeflotte vorgezogen, weil man derart das Färbegut schont und vor dem Filzen bewahrt.

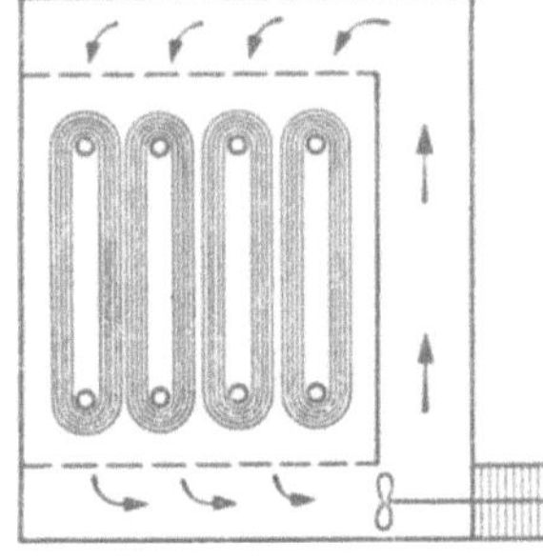

Abb. 7.
Färbeapparat für Stranggarn

Eine wichtige Anwendung hat das Färben mit bewegter Flotte neuerdings in den Hochdruckfärbeapparaten gewonnen, in denen schwierig färbbare Kunstfasern wie Polyester- und Polyacrylnitrilfasern bei Temperaturen oberhalb 100° unter geringem Überdruck gefärbt werden.

Das Färben mit *bewegter Ware* wird in vereinzelten Fällen auch bei der Flocke, in der Hauptsache jedoch nur bei fertig gewebten Waren vorgenommen. Die älteste und einfachste Form des Färbens ist das Färben von Stranggarn in Färbekufen, wobei die Stränge von Hand bewegt werden. Dieses Verfahren wird auch jetzt noch gelegentlich in der Seidenfärberei benützt. Die moderne Ausführung liegt in der Stranggarnfärbemaschine vor, welche die Stränge mit einem Exzenter im Färbebad auf- und abbewegt und gleichzeitig kontinuierlich umzieht.

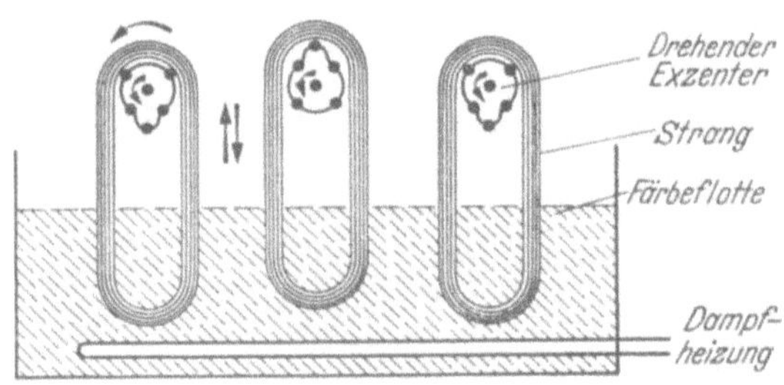

Abb. 8. Stranggarnfärbemaschine

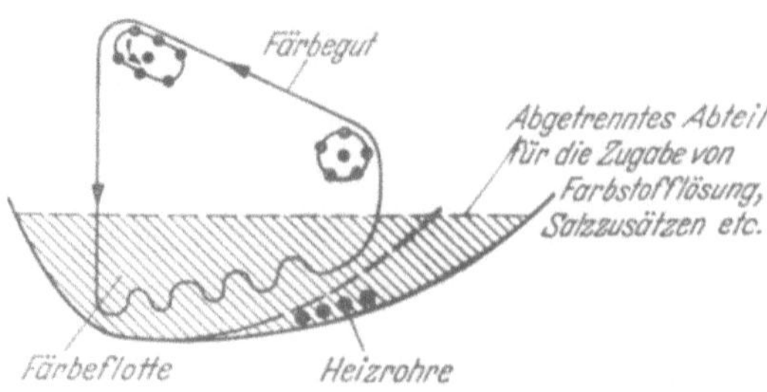

Abb. 9. Haspelkufe

Die Haspelkufe benützt das analoge Verfahren für das Färben von *Stückware*. Sie eignet sich besonders für Strick- und Wirkwaren sowie für leichte Kunstseide-, Zellwolle- und Baumwollgewebe. Wollgewebe werden sogar fast ausschließlich auf Haspelkufen gefärbt. Bei der zu färbenden Gewebebahn werden dazu der Anfang und das Ende zusammengenäht, so daß sie wie ein großer Strang in der Färbeflotte umgezogen werden kann. Meistens verwendet man geschlossene Haspelkufen.

Für *schwere Baumwoll-*, Kunstseide- oder Zellwoll*gewebe* verwendet man den Jigger. Bei diesem Verfahren wird die auf einer Ablaufwalze aufgewickelte Ware abgezogen, in gespanntem Zustand durch die Färbeflotte geführt und auf einer Zug- oder Auflaufwalze wieder aufgewickelt. Auf diese Weise wird die Ware mehrmals hin und her durch

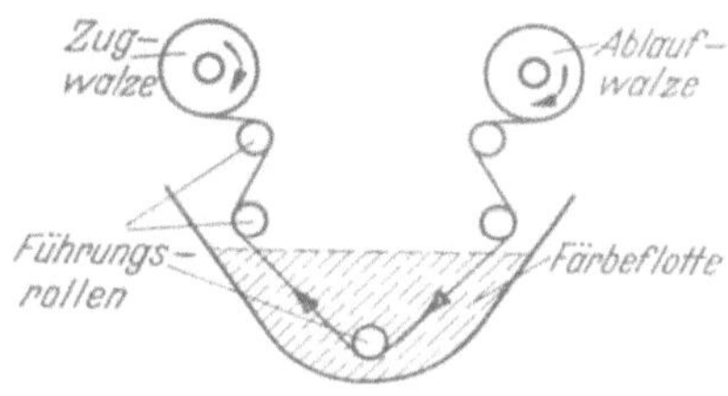

Abb. 10. Jigger

den Jigger geführt. Der Farbstoff und die Salzzusätze werden auf die verschiedenen Passagen verteilt, um eine gleichmäßige Färbung zu erzielen. Während das Flottenverhältnis bei der Haspelkufe normalerweise 1:30 bis 1:40, bei speziellen Apparaten 1:15 bis 1:20 beträgt, kann man beim Jigger mit einem Verhältnis von nur 1:5 bis 1:10 auskommen. Dadurch erzielt man höhere Farbstoffausbeuten und eine Ersparnis an Heizdampf.

Der Färbefoulard, auch Klotzmaschine genannt, zeichnet sich durch ein außerordentlich kleines Flottenverhältnis und eine

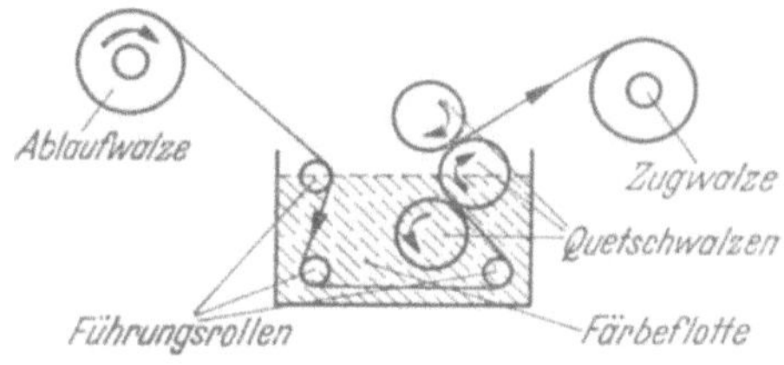

Abb. 11. Foulard

sehr kurze Färbedauer aus. Er eignet sich deshalb für kontinuierliche Färbungen. Ähnlich wie beim Jigger wird die Ware von einer Ablaufwalze abgezogen und durch die hochkonzentrierte Färbeflotte geführt, worauf die überschüssige Färbeflotte abgequetscht und die Ware auf eine Zugwalze aufgewickelt wird. Im Gegensatz zum Jigger passiert die Ware das Färbebad nur einmal. Die Färbegeschwindig-

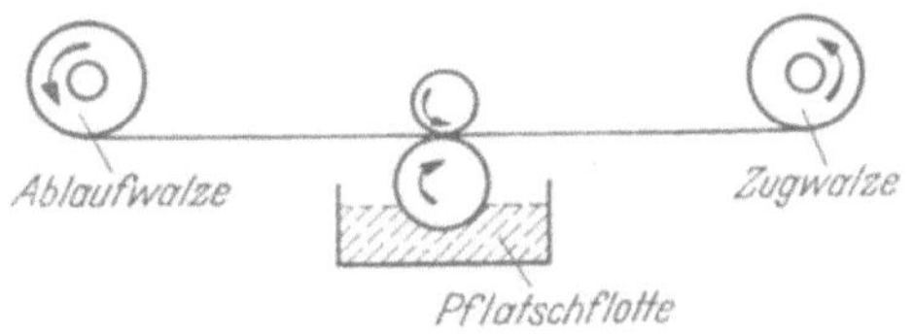

Abb. 12. Pflatschmaschine

keiten liegen bei 10—15 m pro Minute. Eine verwandte Maschine ist der Foulard-Jigger, auch Pflatschmaschine genannt, bei der das Färbegut nur indirekt von der Färbeflotte benetzt wird. Die Pflatschmaschine wird besonders häufig in der Druckerei angewandt. Als Nachteil ist zu verzeichnen, daß das Färbegut einseitig angefärbt wird.

Ein Nachteil des Färbefoulards besteht darin, daß infolge der kurzen Färbezeit nur eine ungenügende Durchfärbung der Einzelfaser erzielt

wird. Dies äußert sich in weniger guten Echtheiten, insbesondere einer
verringerten Waschechtheit. Eine wesentliche Verbesserung der Durchfärbung erzielt man auf der Kontinuemaschine, auch Rollenkufe genannt,
bei der die Ware mittels Leitrollen durch mehrere hintereinander ange-
ordnete Färbekufen geführt wird. Trotz hoher Durchlaufgeschwindig-
keit von 10—25 m pro Minute erzielt man Verweilzeiten in der Färbeflotte von mehreren Minuten. Bei geeigneter Anordnung kann man in
der Kontinuemaschine sämtliche Arbeitsprozesse einer Färbung nacheinander ausführen, so daß nach der Trocknung die Ware fertig anfällt,

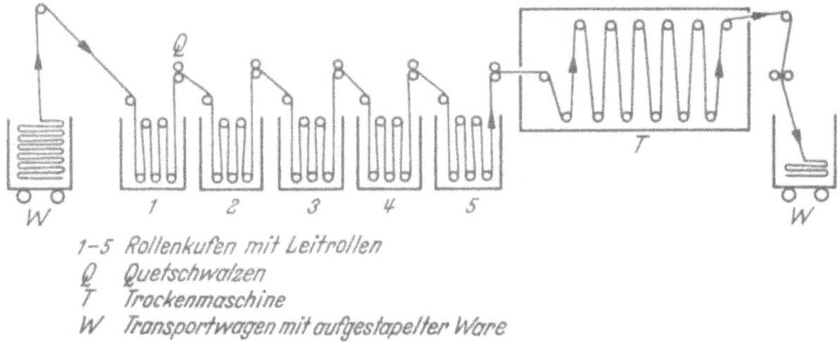

Abb. 13. Kontinuemaschine

was einen weiteren Vorteil dieses Verfahrens darstellt. Die Kontinuemaschine hat deshalb zum Färben großer Stoffpartien eine große
Bedeutung erlangt und wird besonders für Baumwollgewebe viel benützt.

Eine spezielle Rollenkufe stellt die Williamseinheit dar. Sie besitzt
breite Trennwände, die die Kufen weitgehend ausfüllen und für die
Passage der Ware nur schmale Schlitze freilassen. Infolgedessen benötigt man nur ein geringes Volumen Farbflotte und kann mit einem
kleinen Flottenverhältnis arbeiten. Eine Spezialmaschine, die gelegentlich zum Färben mit Küpenfarbstoffen verwendet wird, ist die Stand-
fast-Maschine. Bei dieser durchläuft die Ware zuerst die Färbeflotte
und anschließend eine Schmelze von Woodschem Metall bei etwa
100° C, wodurch man eine vorzügliche Durchfärbung erreicht.

Empfindliches Färbegut wie Plüschartikel kann auf den genannten
Färbemaschinen nicht gefärbt werden. Man benützt hierzu den „Färbestern", auf dem die Ware spiralförmig zwischen zwei mit Häkchen
versehene Materialträger eingehängt wird. Diese Vorbereitung wie auch
das Abwickeln stellen eine langwierige Arbeit dar. Bei der Färbung
wird der ganze Färbestern in der Färbeflotte bewegt. Das Färben von
losem Material auf Färbemaschinen wird selten vorgenommen. Man
benützt dazu Transportbänder.

Zum *Bedrucken von Geweben* benützt man vor allem den Rouleaudruck und den Filmdruck. Beim Rouleaudruck wird das Muster in eine
Kupferwalze eingraviert oder eingeätzt. Zum Schutz gegen mechanische

Verletzung wird die fertige Walze meistens verchromt und hochglanz-poliert. Beim Drucken wird die Druckfarbe auf die in der Druckmaschine rotierende Druckwalze aufgetragen und bleibt in den Vertiefungen haften. Allfällige überschüssige Druckfarbe wird mit einer Rakel wieder entfernt. Die Ware passiert die rotierende Druckwalze, wobei sie von einer zweiten Walze angepreßt wird und aus den Vertiefungen der Druckwalze die Farbe aufnimmt. Jede Walze kann nur eine Farbe übertragen, so daß ein mehrfarbiger Druck die Herstellung der entsprechenden Anzahl Druckwalzen bedingt. Um einen sauberen Druck zu gewähren, muß die Ware sehr präzis über die Druckwalze geführt werden. Der Rouleaudruck ist kostspielig und eignet sich nur für große Aufträge. Er erlaubt indessen ein kontinuierliches Arbeiten mit Geschwindigkeiten von 10—40 m pro Minute.

Der Filmdruck eignet sich für kleine und mittlere Aufträge. Er kann von Hand oder automatisch durchgeführt werden. Die Herstellung der Schablone ist bedeutend billiger als diejenige der Kupferwalze. Man bespannt dazu einen Rahmen mit einer Gaze aus Naturseide oder synthetischen Fasern und überzieht die Gaze mit einer Chromgelatineschicht. Dann wird die Gelatineschicht mit den gewünschten Mustern abgedeckt und anschließend belichtet, wodurch sie an den belichteten Stellen unlöslich wird. Die abgedeckten Stellen können mit warmem Wasser wieder herausgewaschen werden. Die zurückgebliebene Gelatine wird durch einen geeigneten Lack noch verstärkt. Zum Drucken wird die Ware auf einen Drucktisch angeklammert, die Schablone aufgelegt und mit Hilfe einer Rakel Druckfarbe durch die Aussparungen der Gelatine hindurchgedrückt. Durch Versetzen der Schablone wird die Ware in dieser Weise auf der ganzen Länge des Tisches bedruckt. Sobald sie mit allen Farben bedruckt ist, wird die Ware um die Länge des Drucktisches weiter bewegt. Für jede Farbe wird eine spezielle Schablone benötigt. Feine Muster und Linien lassen sich mit dem Filmdruck nicht erzeugen, dies bleibt dem Rouleaudruck vorbehalten, dafür lassen sich beim Filmdruck größere Farbstoffmengen auftragen und dadurch sattere Drucke erzielen.

Zum Druck werden Pasten verwendet, d.h. wäßrige Lösungen, die mit einem Verdickungsmittel verfestigt und auf die gewünschte Konsistenz eingestellt wurden. Als Verdickungsmittel dienen Stärke, Dextrin, British-Gum (ein Abbauprodukt der Maisstärke), Gummi arabicum, Tragant, Casein, Albumin, Carboxymethylcellulose und Alginate. Die verwendeten Farbstoffe sind indessen nicht mit allen genannten Verdickungsmitteln verträglich.

Ein Stoffdruck kann als Direktdruck, Reservedruck oder Ätzdruck vorgenommen werden. Beim *Direktdruck* werden der Farbstoff oder dessen Ausgangskomponenten auf die ungefärbte Ware gedruckt, worauf durch einen Dämpfprozeß das Eindringen in die Faser und gegebenenfalls die Entwicklung des Farbstoffes erzielt wird. Beim *Reservedruck* wird auf die ungefärbte Ware eine sog. „Reserve" gedruckt, welche die darunterliegenden Stellen vor der späteren Anfärbung schützt. Das Färben selber geschieht dabei am besten mit der Pflatschmaschine, um ein Auslaufen der Reserve in die Färbeflotte zu verhindern. Man spricht von *Weißreserve*, wenn die reservierten Stellen ungefärbt bleiben und von *Buntreserve*, wenn gleichzeitig mit der Reserve ein beständiger Farbstoff aufgetragen wird. Die reservierten Stellen erhalten dabei eine andere Färbung als das übrige Gewebe. Als *Ätzdruck* bezeichnet man das Bedrucken einer gefärbten Ware mit einer Ätzpaste, die den vorhandenen Farbstoff an den bedruckten Stellen wieder zerstört. Auch hier unterscheidet man zwischen Weißätzung und Buntätzung, indem bei der letzteren die Ätzpaste einen beständigen Farbstoff enthält, so daß die geätzten Stellen eine andere Farbe als der vorhandenen Grund erhalten. Auch die Ätzung wird in einem Dämpfprozeß entwickelt.

IV. Textilhilfsmittel[1]

1. Netz- und Dispergiermittel

Alle Netz- und Dispergiermittel enthalten eine hydrophobe und eine hydrophile Gruppe; ihre Moleküle besitzen deshalb sowohl hydrophobes als auch hydrophiles Bestreben. Die hydrophobe Gruppe des Moleküls besteht fast immer aus einem aliphatischen normalen oder verzweigten Kohlenwasserstoffrest; die hydrophile Gruppe kann ionogen oder nichtionogen sein, am häufigsten besteht sie aus dem Alkalisalz eines Carboxyl- oder eines Sulforestes oder dann aus einer Polyätherkette. Sie bewirkt die Löslichkeit des Netz- oder Dispergiermittels in Wasser. Der hydrophobe Rest führt infolge der Anziehungskräfte zwischen den Kohlenwasserstoffketten zur Bildung kolloider Aggregate. Für die benetzenden und dispergierenden Eigenschaften des Gesamtmoleküls ist das Gleichgewicht zwischen dem hydrophoben und hydrophilen Bestreben wesentlich, eine Verstärkung des letzteren führt meistens zu erhöhter Netz- und verringerter oder fehlender Dispergierwirkung. Als ältestes und einfachstes Beisipel eines solchen Moleküls seien die Seifen genannt:

$$\underbrace{CH_3CH_2CH_2CH_2CH_2CH_2CH_2CH_2CH_2CH_2CH_2CH_2CH_2CH_2CH_2}_{\text{Hydrophob}}\underbrace{COO^{\ominus}\ Na^{\oplus}}_{\text{Hydrophil}}$$

Da die hydrophoben Reste vom Wasser abgestoßen werden und sich infolge ihrer gegenseitigen Anziehung zusammenlagern, entstehen in der wäßrigen Lösung Mizellen und zwar bereits bei einer Konzentration derartiger Moleküle von weniger als einem Prozent. Die Mizellen können aus einigen wenigen, aber auch aus mehreren hundert Einzelmolekülen bestehen. Schematisch lassen sie sich etwa gemäß Abb. 14 wiedergeben, wobei das Dispergiermittel durch ——● wiedergegeben wird: —— = hydrophober; ● = hydrophiler Rest.

Derselbe Vorgang der Mizellbildung spielt sich in etwas anderer Art auch an jeder Grenzfläche ab und bedingt so die *Grenz- und Oberflächenaktivität* der Netz-

---

[1] Vgl.: Chwala, A.: Textilhilfsmittel, ihre Chemie, Kolloidchemie und Anwendung. Wien: Springer 1939. — Lindner, K.: Textilhilfsmittel und Waschrohstoffe. Stuttgart: Wissenschaftliche Verlagsgesellschaft m.b.H. 1954. — Speel, H. C., u. E. W. K. Schwarz: Textile Chemicals and Auxiliaries. New York: Reinhold Publishing Co. 1957. — Kölbel, H., u. P. Kühn: Angew. Chem. 71, 211 (1959). — Kölbel, H., u. K. Hörig: Angew. Chem. 71, 691 (1959). — Kölbel, H., D. Klamann u. P. Kurzendörfer: Angew. Chem. 73, 290 (1961).

und Dispergiermittel. An der Grenzfläche Wasser—Luft erfolgt im Prinzip die Bildung einer Grenzschicht gemäß Abb. 15.

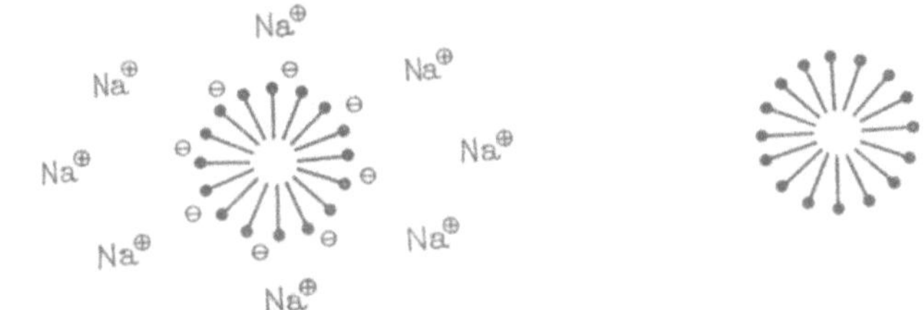

Abb. 14. Prinzip der Mizellbildung

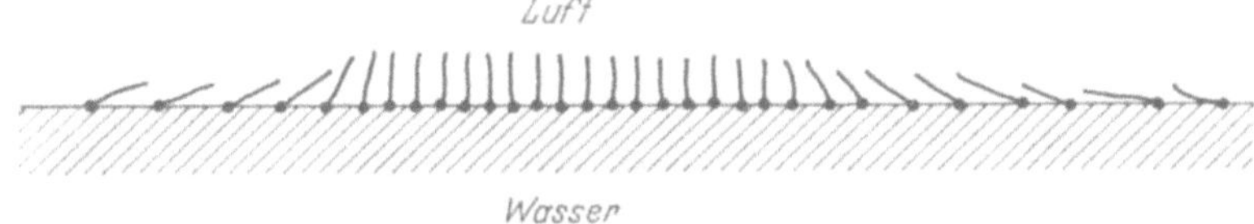

Abb. 15. Mizellbildung an einer Grenzfläche

Die Mizellbildung an einer Grenzfläche führt zu einer Herabsetzung der Grenzflächenspannung, da an die Stelle der ursprünglichen Grenzfläche, beispielsweise Öl—Wasser, die Mizelle tritt, die die verschiedenartigen Anziehungskräfte der beiden Phasen in sich vereinigt. Die Grenzflächenaktivität des in Wasser gelösten Netzmittels bewirkt, daß hydrophobe Körper leichter benetzt werden. Sehr deutlich läßt sich diese Erscheinung an einem Wassertropfen auf einer hydrophoben Unterlage zeigen, der eine möglichst kugelige Form bildet. Ein Maß für die Benetzungsfähigkeit bildet dabei der Randwinkel α, der bei Wasser auf Paraffin 105—110° beträgt. Durch Zusatz von Natriumoleat zum Wasser wird er auf 45° verringert (vgl. Abb. 16).

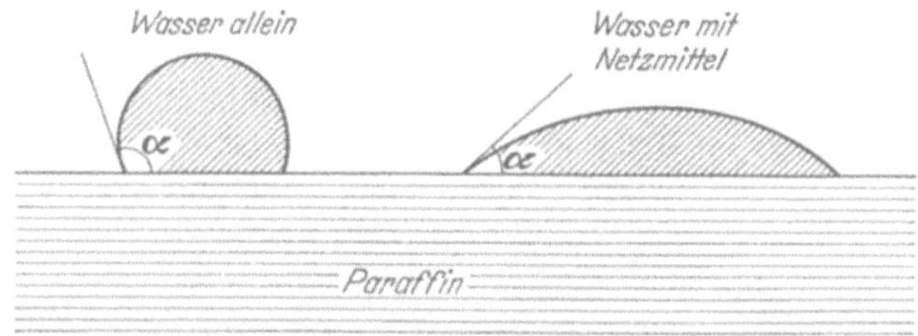

Abb 16. Verminderung der Grenzflächenspannung durch Netzmittel.

Bei einer weniger hydrophoben Unterlage ist der Randwinkel entsprechend geringer und kann durch Netzmittelzusatz bis auf 0° erniedrigt werden, womit freiwillige Ausbreitung erfolgt. In derselben Weise wird auch die Oberflächenspannung, d.h. die Grenzflächenspannung gegenüber Luft verringert.

Das *Dispergiervermögen* bildet die Grundlage des Waschprozesses und hängt eng mit der Grenzflächenaktivität zusammen. Durch den Zusatz des Waschmittels wird der teilweise fettige Schmutz vom Wasser leichter benetzt und infolge der größeren Affinität des Wassers zur Faser von der letzteren abgelöst. Infolge der verringerten Grenzflächenspannung dringt ferner das Wasser in die feinen Spalten und Risse der Schmutzteilchen ein, wodurch diese zu kleineren Partikeln abgebaut werden, deren jedes von Dispergiermittel umhüllt ist. Auf dem gleichen Prinzip beruht auch das Emulgieren von Fetten und Ölen, sowie das Dispergieren unlöslicher Farbstoffpartikel in der Färbelösung.

Ein wesentlicher Faktor bei den Seifen und anderen anionischen Dispergiermitteln besteht darin, daß sich die Schmutzteilchen infolge der Umhüllung durch das Dispergiermittel negativ aufladen und dadurch gegenseitig abstoßen. Dies erschwert auch eine Wiedervereinigung der dispergierten Teilchen. Damit diese Partikel aber auch dispergiert bleiben, müssen sie von einem Schutzkolloid umhüllt werden. Dieses bewirkt das „Schmutztragevermögen" einer Waschflotte, worunter man die Fähigkeit versteht, den Schmutz in der Waschlösung in Schwebe zu halten.

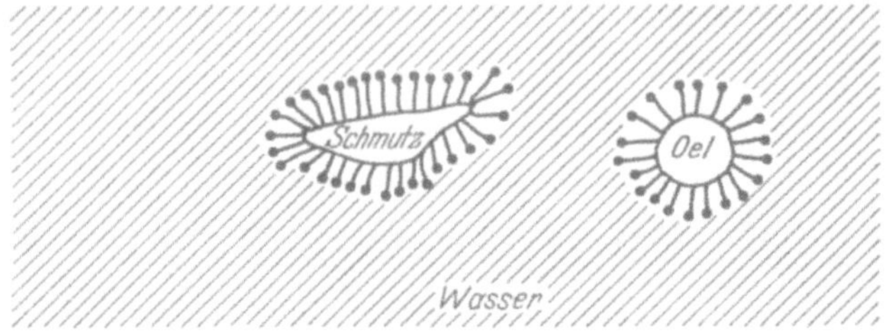

Abb. 17. Prinzip der Dispergierwirkung

Netzwirkung, Dispergierwirkung und Schutzkolloidcharakter sind je nach Verbindung verschieden. Ein ausgezeichnetes Netzmittel mag als Schutzkolloid praktisch unwirksam sein und umgekehrt. Bei den Seifen findet man eine Kombination aller dieser Eigenschaften vor, was zum Teil damit zusammenhängt, daß sie keine einheitlichen Verbindungen darstellen. Für die Dispergierwirkung dürften dabei vor allem die wenig agglomerierten Mizellen, für den Schutzkolloidcharakter die gröber dispersen Mizellen verantwortlich sein, da die letzteren in Berührung mit Grenzflächen verhältnismäßig beständig bleiben.

Anhand ihres hydrophilen Restes unterscheidet man drei Arten von Netz-, Dispergier- und Schutzkolloidmitteln, nämlich anionaktive, kationaktive und nichtionogene. Die anionaktiven Substanzen besitzen als hydrophilen Rest eine Säuregruppe; in Frage kommen praktisch die Carboxylgruppe, die Sulfonsäuregruppe und die saure Schwefelsäureestergruppe. An kationaktiven Verbindungen sind nur einige wenige mit einer quaternären Ammonium- oder Pyridiniumgruppe im Handel. Als nichtionogene Substanzen werden vor allem Polyglykoläther verwendet; gute Schutzkolloidwirkung weisen einige mit Fettsäuren partiell veresterte Polyalkohole wie Glycerin oder Sorbit auf.

a) Anionaktive Verbindungen

Zu den ältesten Netz- und Waschmitteln gehören die Seifen, d.h. die Alkalisalze höherer Fettsäuren:

$$CH_3(CH_2)_{10-16}—COO^{\ominus} Na^{\oplus} (K^{\oplus}, NH_4^{\oplus})$$

Als Ausgangsprodukte werden natürliche Fette und Öle verwendet, die aus Glycerintriestern höherer Fettsäuren bestehen. Da diese nicht einheitlich zusammengesetzt sind, stellen auch die Seifen häufig Gemische aus mehreren gesättigten und ungesättigten Fettsäuren dar. Die Natronseifen entstehen beim Verseifen der Fette oder Öle mit Natronlauge. Sie können durch Salzzugabe ausgesalzen und als Kernseifen abgestochen werden. Als Nebenprodukt wird Glycerin gewonnen. Bei den Kaliseifen stößt das Aussalzen infolge ihrer großen Löslichkeit auf

Schwierigkeiten; sie werden deshalb meist als glycerinhaltige Leimseifen von schmieriger Konsistenz („Schmierseife") in den Handel gebracht. Für Spezialzwecke werden auch Ammonseifen und Triäthanolaminseifen hergestellt.

Die Seifen besitzen nicht nur ein vorzügliches Netz- und Dispergiervermögen, sondern auch eine hervorragende Wirkung als Schutzkolloid, worauf ihr ausgezeichneter Wascheffekt beruht. Als großer Nachteil ist zu verzeichnen, daß sie mit den im Wasser stets vorhandenen Calciumsalzen unlösliche Kalkseifen bilden, welche keine Waschkraft mehr besitzen. Auch mit anderen mehrwertigen Kationen entstehen unlösliche Niederschläge. Sie sind ferner salz- und säureempfindlich, indem sie durch hohe Salzkonzentrationen ausgesalzen und durch Mineralsäuren in die wasserunlöslichen freien Fettsäuren übergeführt werden.

Sulfongruppenhaltige Verbindungen existieren in vielerlei Abwandlungen. Die guten Allgemeineigenschaften der Seife erreicht keine dieser Verbindungen, dagegen sind die meisten gegen hartes Wasser (Calcium- und Magnesiumsalze), mittlere Salz- und geringe Säurekonzentrationen beständig. Man unterscheidet (R = Alkylrest):

Alkylsulfate:	$R-O-SO_3Na$
(saure Schwefelsäureester)	
Alkylsulfonate:	$R-SO_3Na$
Alkylarylsulfonate:	$R-Aryl-SO_3Na$
Kondensationsprodukte:	$R-CONH-CH_2CH_2SO_3Na$

Zu den Alkylsulfaten gehört das altbekannte „Türkischrotöl", das durch Umsetzung von Ricinusöl mit konzentrierter Schwefelsäure erhalten wird. Dabei erfolgt eine Veresterung der Hydroxylgruppe, bei energischer Reaktion zudem noch eine Anlagerung von Schwefelsäure an die Doppelbindung. Man erhält demnach ein Gemisch von Mono- und Disulfat, infolge Verseifung tritt neben dem sulfierten Öl auch die freie, sulfierte Fettsäure auf. Nach der Umsetzung mit Schwefelsäure neutralisiert man mit Natronlauge.

$$CH_3-(CH_2)_5-\underset{\underset{\textstyle OH}{|}}{CH}-CH_2-CH=CH-(CH_2)_7-COOR$$

$$\Big\downarrow H_2SO_4$$

$$CH_3-(CH_2)_5-\underset{\underset{\textstyle O-SO_3H}{|}}{CH}-CH_2-CH=CH-(CH_2)_7-COOR$$

$$\Big\downarrow H_2SO_4$$

$$CH_3-(CH_2)_5-\underset{\underset{\textstyle O-SO_3H}{|}}{CH}-CH_2-CH_2-\underset{\underset{\textstyle O-SO_3H}{|}}{CH}-(CH_2)_7-COOR$$

Das „Türkischrotöl" ist ein gutes Dispergier-, aber kein Waschmittel und je nach Sulfatierungs- und Verseifungsgrad mehr oder weniger härtebeständig. Es wird in der Färberei als Dispergiermittel und als Zusatz zu Avivagen und Appreturen gebraucht.

Die typischen *Alkylsulfate* erhält man beim Verestern von Fettalkoholen mit Schwefelsäure, indem sich saure Ester folgender Struktur bilden:

$$CH_3-(CH_2)_x-CH_2-O-SO_3H$$

Die benötigten Fettalkohole gewinnt man durch katalytische Reduktion von Fettsäuren. Die sauren Sulfate werden mit Natronlauge in die praktisch neutralen Natriumsalze übergeführt. Fettalkoholsulfate besitzen eine gute Netz- und Dispergierwirkung und eignen sich als milde Waschmittel. Gegen hartes Wasser sind sie weitgehend unempfindlich. Da sie sich mit praktisch neutraler Reaktion lösen und auch in schwach essigsaurer Lösung noch Waschvermögen zeigen, verwendet man sie in größerem Umfang zur Herstellung von Feinwaschmitteln für Wolle und von Haarwaschmittel. In der Färberei dienen sie als Netzmittel und leichte Waschmittel sowie zum Avivieren.

Nur Fettalkoholsulfate mit einer langen Kohlenstoffkette ($x = 10-16$) besitzen Waschvermögen, kurzkettige ($x = 2-9$) zeigen nur Netzwirkung. Sie eignen sich als Netzmittel für sehr stark alkalische Lösungen, wie sie beispielsweise beim Mercerisieren vorkommen.

Die *Alkylsulfonate* sind eine wenig verwendete Gruppe. Man erzeugt sie durch Sulfochlorierung von Paraffinen mit Schwefeldioxyd und Chlor unter Belichtung und anschließende Verseifung des entstandenen Sulfochlorides zur Sulfonsäure. Der Eintrittsort der Sulfogruppe läßt sich nicht stark beeinflussen und es entstehen deshalb verschiedene Isomeren gleichzeitig; sie sind unter dem Namen „Mersolate" bekannt geworden. Bezüglich Härtebeständigkeit und Waschwirkung sind sie den Alkylsulfaten unterlegen.

Die *Alkylarylsulfonate* gehören zu den billigsten Netz- und Waschmitteln; sie werden aus Alkylbenzolen und -naphthalinen durch Sulfonierung erhalten und sind härtebeständig. Ein wichtiges Produkt ist das *Dodecylbenzolsulfonat*, das man durch Kondensation von Benzol mit tetramerisiertem Propylen und anschließende Sulfonierung herstellt. Es ist ein billiges Waschmittel. Verbindungen mit einem kürzeren Alkylrest besitzen kein Waschvermögen mehr.

Die Umsetzung von Naphthalinsulfonsäuren mit aliphatischen Alkoholen liefert *Alkylnaphthalinsulfonate*, die eine vorzügliche Netzwirkung, aber praktisch kein Dispergier- und Waschvermögen zeigen. Ein wichtiges derartiges Produkt ist das Nekal A:

$$\begin{array}{c} H_3C \diagdown \quad \diagup CH_3 \\ CH \\ | \\ \text{(Naphthalinkern)} - SO_3Na \\ | \\ CH \\ H_3C \diagup \quad \diagdown CH_3 \end{array}$$

Der Naphthalinkern ist meistens zweifach alkyliert.

Handelsprodukte dieses Typs sind: Nekal BX, Invadin B, Tinovalin N, Resolin u. a. m. Naphthalinsulfonsäuren mit langkettigen Alkylresten weisen auch gute Waschwirkung auf, werden aber nur in geringem Umfang hergestellt.

Anionaktive *Kondensationsprodukte* existieren in großer Anzahl mit teilweise vorzüglichen Eigenschaften.

Die Veresterung von sulfierter Ricinolsäure oder anderen sulfierten Fettsäuren mit Butyl- oder Amylalkohol liefert mäßig härtebeständige Netzmittel ohne besonderes Waschvermögen, die als „*Esteröle*" bezeichnet werden. Handelsprodukte dieser Art sind das Sandozol KB und das Tinopolöl NE.

$$CH_3-(CH_2)_5-CH-CH_2-CH=CH-(CH_2)_7-COOC_4H_9$$
$$\text{|}$$
$$O-SO_3Na$$

Eine gute Waschwirkung wird erzielt, wenn sich die Sulfoestergruppe nicht im Fettsäurerest, sondern im Alkoholrest befindet. Derartige Verbindungen erhält man bei der Veresterung von Oxyäthansulfonsäure mit Fettsäuren, beispielsweise Ölsäure. Handelsprodukte sind das Igepon A und Hostapon A.

$$CH_3—(CH_2)_7—CH=CH—(CH_2)_7—COO—CH_2CH_2—SO_3Na$$

Sehr gute Netzmittel erhält man ferner durch Anlagerung von Natriumbisulfit an die Doppelbindung von Maleinsäuredioctylester oder andere mäßig langkettige Maleinester, dazu gehört der Rapidnetzer BASF.

$$\begin{array}{c} COO—C_8H_{17} \\ | \\ NaO_3S—CH \\ | \\ CH_2 \\ | \\ COO—C_8H_{17} \end{array}$$

Kompliziert gebaute Bisulfitanlagerungsverbindungen enthält auch die bei der Celluloseherstellung anfallende Sulfitablauge, deren Aufarbeitung das Natriumsalz der Ligninsulfonsäure, ein vorzügliches Schutzkolloid, liefert.

Ein Nachteil aller Verbindungen mit Estergruppen liegt in ihrer verhältnismäßig leichten Verseifbarkeit. Wesentlich beständiger sind diesbezüglich die Säureamide, von denen ähnliche Typen vorliegen.

Die Umsetzung ungesättigter Fettsäuren mit Aminen und nachfolgende Sulfierung liefert gute Netzmittel von geringer Waschkraft, zu denen das Humectol CX gehört.

$$CH_3—(CH_2)_7—\underset{\underset{O—SO_3Na}{|}}{CH}—(CH_2)_8—CON(\overset{\overset{CH_3}{|}}{CH}—CH_2CH_3)_2$$

Kondensation einer Fettsäure mit Äthanolamin und Veresterung mit Schwefelsäure gibt sulfatierte Alkylamide mit gutem Waschvermögen:

$$C_{17}H_{33}—CONH—CH_2CH_2—O—SO_3Na$$

Von wesentlich größerer Bedeutung sind die bei der Umsetzung von Fettsäuren bzw. Fettsäurechloriden mit Taurin und Methyltaurin erhaltenen sulfonierten Alkylamide:

$$C_{17}H_{33}—\underset{\underset{CH_3}{|}}{CON}—CH_2CH_2—SO_3Na$$

Sie besitzen ein vorzügliches Dispergier- und Waschvermögen, sind ausgezeichnet härtebeständig und vorzüglich verseifungsbeständig, da die Carbonamidgruppe schwer verseifbar ist und die C-ständige Sulfogruppe im Gegensatz zur Sulfoestergruppe, wie sie bei den Sulfaten vorliegt, nicht abgespalten werden kann. An Handelsprodukten seien genannt das Igepon T und Hostapon T.

Verwandte Verbindungen liegen im Ultravon K und W vor, die durch Kondensation von Fettsäuren mit o-Phenylendiamin und Sulfonierung des entstandenen Benzimidazols hergestellt werden. Die beiden Typen unterscheiden sich im Sulfonierungsgrad.

b) Kationaktive Verbindungen

Nur wenige kationaktive Netzmittel haben technische Bedeutung
erlangt. Mit anionaktiven Verbindungen sind sie nicht verträglich,
sondern reagieren unter Bildung unlöslicher Salze. Bemerkenswerterweise besitzt eine Reihe quaternärer Ammoniumverbindungen mit
einem langkettigen Alkylrest hervorragende germicide Wirkung. Sie
werden infolge ihrer geringen Toxizität zur Reinigung und Desinfektion
in Betrieben eingesetzt, die Lebensmittel verarbeiten, wie Molkereien
und Bierbrauereien.

Die germiciden Verbindungen gehören vornehmlich zu den beiden
nachstehenden Typen, wobei R einen Alkylrest mit 10—18 Kohlenstoffatomen bedeutet. Sie besitzen eine gute Netzwirkung, aber kein Waschvermögen.

$$R\!-\!\overset{\oplus}{N}(C_2H_5)_3 \qquad Cl^{\ominus}$$

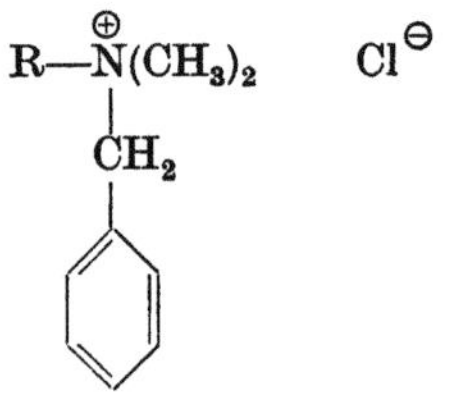

$$R\!-\!\overset{\oplus}{N}(CH_3)_2 \qquad Cl^{\ominus}$$
$$\underset{\text{(Phenyl)}}{|\ CH_2}$$

Eine andere kationaktive Verbindung erhält man durch Veresterung von
Triäthanolamin mit einem Mol einer Fettsäure und Umsetzung zum ameisen- oder
essigsauren Salz.

$$C_{17}H_{35}\!-\!COO\!-\!CH_2CH_2\!-\!\overset{\oplus}{N}(CH_2CH_2OH)_2 \qquad HCOO^{\ominus}$$
$$\underset{H}{|}$$

Als Beispiel sei genannt das Soromin A, welches als Aviviermittel Anwendung
findet.

Zu stärker basischen Verbindungen führt die Umsetzung von Fettsäurechloriden mit Diäthyläthylendiamin. Die Kondensate besitzen gutes Netz- und Dispergiervermögen und dienen als Aviviermittel sowie zur Nachbehandlung von substantiven Färbungen.

$$C_{17}H_{33}\!-\!CONH\!-\!CH_2CH_2\!-\!\overset{\oplus}{N}(CH_2CH_3)_2 \qquad Cl^{\ominus}$$
$$\underset{H}{|}$$

Derartige Produkte liegen im Sapamin A und CH vor. Auch Kondensate mit
Polyaminen, wie Triäthylentetramin, sind im Handel.

Die kationaktiven Verbindungen sind als Waschmittel prinzipiell
ungeeignet. Die von ihnen dispergierten Schmutzteilchen erhalten eine
positive Ladung, die Faser besitzt indessen eine negative Ladung,
welche auch durch die kationaktive Substanz nicht völlig kompensiert
wird. Da sich Faser und dispergierte Schmutzteilchen demzufolge
gegenseitig anziehen, wird der Waschprozeß praktisch verunmöglicht.

c) Nichtionogene Verbindungen

Die nichtionogenen Netz- und Dispergiermittel gehören alle zu den Polyglykoläthern. Man erhält sie durch Polyaddition von Äthylenoxyd an hydrophobe Verbindungen mit einem aktiven Wasserstoffatom in Gegenwart basischer Katalysatoren. Ihre Wasserlöslichkeit wird durch die Polyätherkette bedingt, die zu diesem Zweck eine Länge von 10 bis 20 Äthylenoxydeinheiten besitzen muß. Die technischen Produkte stellen Gemische mit mehr oder weniger langen Polyätherketten dar, wobei die Zahl der Äthylenoxydeinheiten zwischen 10 und 30 variiert. Infolge ihrer Nichtionogenität sind sie härte-, säure- und alkalibeständig und in der Wirkung ziemlich unabhängig vom p_H-Wert der Lösung. Ihre Wasserlöslichkeit beruht auf der Bildung von Wasserstoffbrücken und Oxoniumhydroxyden, welche bei höherer Temperatur teilweise zerfallen, wobei die Lösung trübe werden kann. Der Prozeß ist reversibel, so daß die Lösungen nach dem Erkalten wieder klar sind.

Der hydrophobe Rest ist vielerlei Variationen fähig. Die Umsetzung von Fettalkoholen mit Äthylenoxyd liefert *Alkylpolyglykoläther*:

$$R-CH_2-O-(CH_2 \quad CH_2 \quad O)_{10-30}-CH_2CH_2OH$$

Dazu gehören Nekanil O und A, Peregal O, Emulphor O, Lissapol N u. a. m.

Auch *Alkylphenole* können mit Äthylenoxyd zu Polyglykoläthern umgesetzt werden:

$$R-\langle\text{C}_6\text{H}_4\rangle-O-(CH_2CH_2O)_{5-15}-CH_2CH_2OH$$

An Handelsprodukten seien genannt Emulphor A extra, Remol OK, Levegal K und Leonil RW. Auch einige Igepale und Hostapale sind hier einzureihen.

Alkylnaphthylpolyglykoläther sind unter den Namen Leonil FFO und Emulphor FFO im Handel.

Auch Fettsäuren, Fettsäureamide und Fettamine lassen sich mit Äthylenoxyd zu nichtionogenen Verbindungen umsetzen. Von Bedeutung sind insbesondere die *Fettsäurepolyglykoläther*, unter denen sich Handelsprodukte wie Emulphor A, Irgamin E, Leomin HSG, Luwipon T und Soromin SG befinden.

Zu den *Fettsäureamidpolyglykoläthern* gehört unter anderem das Dionil W:

$$C_{17}H_{33}-CONH-(CH_2CH_2O)_{10-15}-CH_2CH_2OH$$

Ein *Fettaminpolyglykoläther* ist als Peregal OK im Handel:

$$R-NH-(CH_2CH_2O)_{10-20}-CH_2CH_2OH$$

Auch Triäthanolamin kann mit Äthylenoxyd zu Polyglykoläthern umgesetzt werden. Ein hydrophober Rest wird dadurch eingeführt, daß man es zuerst mit einer Fettsäure partiell verestert. Ein derartiges Produkt ist das Soromin AF, das als Aviviermittel dient:

$$C_{17}H_{35}-COOCH_2CH_2-N\begin{cases}(CH_2CH_2O)_x-CH_2CH_2OH\\(CH_2CH_2O)_x-CH_2CH_2OH\end{cases}$$

Auch geeignete Polyäther können als hydrophobe Komponente dienen. Derartige Verbindungen liegen zum Teil den „Pluronics" der Wyandotte Chemical Co. zugrunde, die einen hydrophoben Polypropylenoxydrest mit einer hydrophilen Polyäthylenglykolätherkette verknüpft enthalten. Sie zeigen nur geringes Schäumen.

$$CH_3CHO-(CH_2CHO)_x-(CH_2CH_2O)_y-CH_2CH_2OH$$
$$\qquad\quad CH_3 \qquad\quad CH_3$$

Schließlich kann man die endständige Hydroxylgruppe des Polyglykoläthers mit Schwefelsäure verestern, wobei man wieder zu *anionaktiven* Verbindungen gelangt, die sich durch größere Wasserlöslichkeit und Schaumkraft auszeichnen. Da die Wasserlöslichkeit nicht mehr durch die Glykolätherkette bewirkt wird, kommt man mit einem geringen Oxäthylierungsgrad aus. Produkte dieser Art sind das Igepal B und Hostapal B:

$$R\text{—}\langle\!\!\langle\;\rangle\!\!\rangle\text{—}O(CH_2CH_2O)_{2-5}\text{—}CH_2CH_2O\text{—}SO_3Na\;SO_3Na$$

Von Alkylnaphthylpolyglykoläthern leiten sich analog das Leonil LS und Nekanil LS ab.

2. Färbereihilfsmittel

Die in der Färberei verwendeten Hilfsmittel umfassen vor allem Netz- und Dispergiermittel, Egalisiermittel und Nachbehandlungsmittel.

Netzmittel ermöglichen eine gleichmäßige Benetzung der Faser und des Farbstoffes und sind besonders wichtig, wenn letzterer in unlöslicher Form vorliegt wie bei den Küpen- und Dispersionsfarbstoffen. In der Regel wird das Textilgut vor dem Färben vorgenetzt, was durch ein Netzmittel beschleunigt wird. Unlöslichen Farbstoffen wird bereits vom Hersteller ein gewisser Anteil an Netz- und Dispergiermitteln beigemischt, damit sie sich mit Wasser leicht anrühren lassen.

Die *Egalisiermittel* sollen eine gleichmäßige Durchfärbung des Textilgutes bewirken. Es ist selbstverständlich, daß dazu primär die geeigneten Färbebedingungen gewählt werden müssen, die je nach Faser und angewandtem Farbstoff verschieden sind. Als Grundsatz gilt, daß durch Bewegung des Färbegutes oder durch Zirkulation der Flotte dafür gesorgt werden muß, daß das Färbegut mit der sich langsam erschöpfenden Färbeflotte immer wieder in neue Berührung kommt. Ferner wird die Färbung bei Bedingungen eingeleitet, unter denen die Färbegeschwindigkeit gering ist, d.h. in der Regel wird bei niedriger Temperatur mit dem Färben begonnen und durch Steigerung derselben die Färbegeschwindigkeit mit zunehmender Erschöpfung der Flotte gesteigert. Die Egalisiermittel sollen dieses Vorgehen unterstützen. Man unterscheidet zwischen faseraffinen und farbstoffaffinen Verbindungen. Bei der Wollfärbung mit sauren Farbstoffen dienen Alkylsulfate und anionische Fettsäurekondensationsprodukte als faseraffine Produkte. Vermutlich belegen sie die zur Farbstoffbindung freien Stellen (Aminogruppen) sehr rasch und werden im Verlauf des Färbeprozesses dann langsam vom Farbstoff verdrängt. Die farbstoffaffinen Mittel bilden mit dem Farbstoff Aggregate, wodurch dessen Beweglichkeit verringert wird. Dazu dienen: Eiweißkörper, Ligninsulfonate und insbesondere Polyglykoläther. Die Wirkung der letzteren, welche sehr ausgeprägt ist, kann durch Zusätze von Alkylarylsulfonaten wieder rückgängig gemacht werden.

Wollschutzmittel sollen verhindern, daß die Wolle beim Färbeprozeß einen stärkeren Abbau infolge Hydrolyse erfährt. Dazu dienen Eiweiß-Fettsäurekondensate, ferner Alkylsulfate und Fettsäurekondensationsprodukte.

Nachbehandlungsmittel dienen zur Verbesserung der Waschechtheit, indem sie mit dem Farbstoff schwerlösliche Salze bilden, was vor allem bei manchen Baumwollfärbungen wichtig ist. Dazu dienen stickstoffhaltige, basische Verbindungen wie etwa das Sapamin BCH:

$$C_{17}H_{33}\text{—CONH—}CH_2CH_2\text{—}\overset{\oplus}{N}\text{—}(CH_2CH_3)_2 \quad Cl^{\ominus}$$

Andere Produkte leiten sich von Polyäthyleniminen und vom Pyridin ab. Die Lichtechtheit der Färbung kann indessen durch derartige Mittel verschlechtert werden. Die Färbung kann auch mit einer Kunstharzdispersion nachbehandelt werden. Bei starker Imprägnierung wird allerdings das Fasermaterial oft ungünstig beeinflußt.

3. Druckereihilfsmittel

Beim Bedrucken von Textilien liegen insofern besondere Verhältnisse vor, als dabei die Farbstofflösung auf eng begrenzte Stellen aufzubringen und der Färbeprozeß selber in sehr kurzer Zeit durchzuführen ist. Man verwendet deshalb besonders konzentrierte Farblösungen, welche neben dem Farbstoff und allfällig nötigen Zusätzen ein Verdickungsmittel sowie ein Lösungs- und Dispergiermittel für den Farbstoff enthalten. Das letztere dient oft auch als Hygroskopiezusatz, welcher den Feuchtigkeitsgehalt der Druckpaste annähernd konstant hält.

Als *Verdickungsmittel* werden die verschiedensten natürlichen und synthetischen Produkte verwendet. An Naturstoffen und deren Abbauprodukten seien genannt: Stärke, Gummi arabicum, Tragant, Alginsäuren, Casein und Albumin, ferner Dextrin und British Gum, welche durch Stärkeabbau entstehen. An synthetischen Produkten ist die Methylcellulose mittleren Methylierungsgrades sowie die Carboxymethylcellulose wichtig. Letztere erhält man durch Verätherung von Alkalicellulose mit Chloressigsäure. Die Verdickungsmittel ergeben schon in relativ geringer Konzentration eine hochviskose Lösung oder Paste, welche auf dem Gewebe nicht ausläuft. Ihre zweite wichtige Funktion besteht darin, daß sie in vielen Fällen die verfrühte gegenseitige Reaktion der in der Farbpaste enthaltenen Farbstoffe und Zusätze verhindern.

Die *Lösungs- und Dispergiermittel* sollen vor allem den Farbstoff, der in Farbpasten relativ konzentriert vorliegt, in Lösung oder in feiner Dispersion halten, damit er beim Dämpfprozeß rasch und vollständig reagieren kann. Die Produkte sind oft auch hygroskopisch und verhindern damit das Austrocknen der Druckpasten, ferner kommt ihnen eine gewisse Netzwirkung zu. Von der Anwendung eigentlicher Netzmittel nimmt man dagegen meistens Abstand, da diese die Kapillaraktivität der Farbpaste und damit die Gefahr des Auslaufens erhöhen.

Als Lösungs- und Dispergiermittel gelangen vornehmlich zur Verwendung:

Glykol	$HOCH_2CH_2OH$
Glycerin	$HOCH_2CHCH_2OH$ $\quad\quad\;\;\mid$ $\quad\quad\;\;OH$
Glykolmonoäthyläther	$HOCH_2CH_2-O-CH_2CH_3$
Diäthylenglykol	$HOCH_2CH_2-O-CH_2CH_2OH$
Thio-diäthylenglykol	$HOCH_2CH_2-S-CH_2CH_2OH$
Acetin	acetyliertes Glycerin (Mono-, Di- und Triacetylglycerin)

Als Dispergiermittel speziell für Küpenfarbstoffe eignen sich ferner alkylierte und benzylierte Anilinsulfonsäuren, z.B. N-Benzyl-sulfanilläure bzw. deren Natriumsalz:

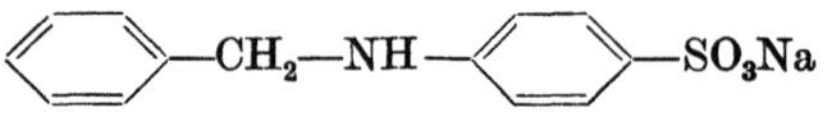

$$\langle\ \rangle{-}CH_2{-}NH{-}\langle\ \rangle{-}SO_3Na$$

Unter dem *Ätzen* von Farbstoffen versteht man deren Zerstörung auf der Faser. Dazu dienen Druckpasten, welche ein geeignetes Ätzmittel enthalten. Ätzbare Azofarbstoffe werden dadurch an der Azobindung gespalten und liefern mehr oder weniger leicht auswaschbare Amine. Küpenfarbstoffe werden indessen nur in die lösliche Leukoform übergeführt, welche bei Luftzutritt wieder zum Farbstoff zurückoxydiert wird. Um diese Rückoxydation zu verhindern, setzt man Verbindungen zu, welche die Leukoform durch Verätherung blockieren.

Als *Ätzmittel* dienen vornehmlich Natriumdithionit ($Na_2S_2O_4$), auch als Hydrosulfit bezeichnet, und dessen Abkömmlinge. Dieses ist in trockenem Zustand absolut stabil, beginnt sich unter dem Einfluß von Feuchtigkeit aber zu zersetzen. Für die meisten Druckzwecke ist diese Zersetzung bereits zu rasch. Eine Stabilisierung kann erreicht werden, indem man Formaldehyd auf Natriumdithionit einwirken läßt, wobei unter Disproportionierung Formaldehydbisulfit und Formaldehydsulfoxylat entstehen:

$$Na_2S_2O_4 + 2CH_2O + H_2O \rightarrow NaSO_3CH_2OH + NaSO_2CH_2OH$$

Durch fraktionierte Kristallisation kann man zu reinem Formaldehydsulfoxylat gelangen. Dieses zeichnet sich durch speziell hohe Reduktionswirkung und gute Beständigkeit aus. Besondere Stabilität besitzen die Zinksalze, zu denen das Rongalit C gehört.

Zur Verätherung der Leukoform von Küpenfarbstoffen eignen sich praktisch nur *Benzylierungsmittel*. Als solche sind quaternäre Ammoniumverbindungen mit einem Benzylrest geeignet, z.B. das Leukotrop O:

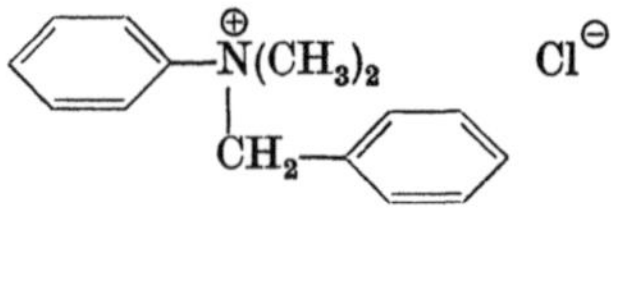

$$\langle\ \rangle{-}\overset{\oplus}{N}(CH_3)_2 \quad\quad Cl^{\ominus}$$
$$\quad\quad\mid$$
$$\quad\;\;CH_2{-}\langle\ \rangle$$

Man erhält es durch Umsetzung von Benzylchlorid mit Dimethylanilin. In der Hitze wird es gespalten, wobei das primär entstehende Benzylcarbeniumion das aktive Benzylierungsreagens sein dürfte, das sich mit der Leukoform eines Küpenfarbstoffes zum Dibenzyläther umsetzt.

Der so erhaltene Dibenzyläther ist allerdings unlöslich und kann nicht aus der Faser ausgewaschen werden. Alkalilösliche und damit auswaschbare Verbindungen erhält man durch Einführung einer Sulfogruppe in den Benzylrest. Ein derartiges Produkt liegt im Leukotrop W vor:

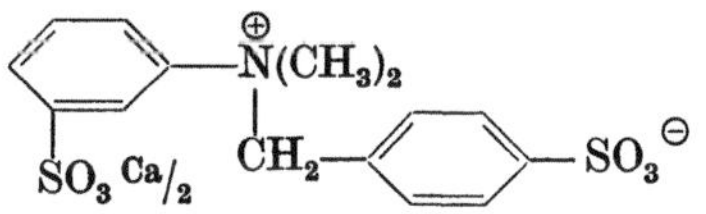

Die Umsetzung des Leukotrop W mit dem Leukoküpenfarbstoff zu einer wasserlöslichen Verbindung dürfte folgendermaßen verlaufen:

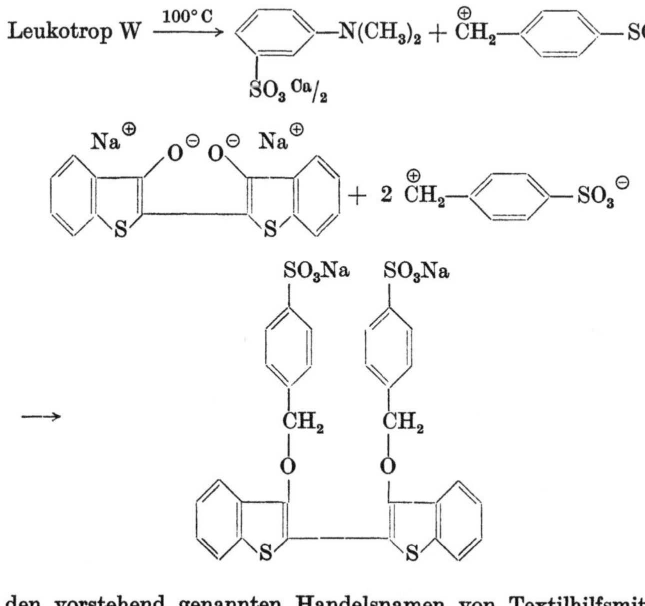

Bei den vorstehend genannten Handelsnamen von Textilhilfsmitteln liegen Schutznamen der verschiedenen Herstellerfirmen wie folgt vor:

Dionil W	Chemische Werke Hüls
Emulphor A, A extra, FFO, O	Badische Anilin- & Sodafabrik
Hostapal B	Farbwerke Hoechst
Hostapon A, T	Farbwerke Hoechst
Humectol CX	Farbwerke Hoechst
Igepal B	Badische Anilin- & Sodafabrik
Igepon A, T	Badische Anilin- & Sodafabrik
Invadin B	Ciba
Irgamin E	J. R. Geigy
Leomin HSG	Farbwerke Hoechst
Leonil FFO, LS, RW	Farbwerke Hoechst
Leukotrop O, W	Badische Anilin- & Sodafabrik
Levegal K	Farbenfabriken Bayer

Lissapol N	Imperial Chemical Industries
Luwipon T	Badische Anilin- & Sodafabrik
Mersolat	Farbenfabriken Bayer
Nekal A, BX	Badische Anilin- & Sodafabrik
Nekanil A, LS, O	Badische Anilin- & Sodafabrik
Peregal O, OK	Badische Anilin- & Sodafabrik
Rapidnetzer BASF	Badische Anilin- & Sodafabrik
Remol OK	Farbwerke Hoechst
Resolin	Sandoz
Rongalit C	Badische Anilin- & Sodafabrik
Sandozol KB	Sandoz
Sapamin A, BCH, CH	Ciba
Soromin A, AF, SG	Badische Anilin- & Sodafabrik
Tinopolöl NE	J. R. Geigy
Tinovalin N	J. R. Geigy
Ultravon K, W	Ciba

V. Die Echtheitsansprüche

Von einem farbigen Textilgut des täglichen Lebens wird verlangt, daß die Färbung gegenüber den Beanspruchungen des üblichen Gebrauchs beständig sei. Die gestellten Ansprüche können dabei in einem weiten Rahmen variieren, je nachdem, ob es sich um Hemden, Anzüge, Futterstoffe, Badekleider, Sonnenschirme oder Abendkleider handelt. In erster Linie muß die Färbung natürlich denjenigen Anforderungen einwandfrei genügen, die beim vorgesehenen Gebrauch auftreten. So wird bei einem Sonnenschirm die Lichtechtheit, bei einem Hemdenstoff die Wasch- und Lichtechtheit, bei einem Futterstoff dagegen die Reib- und Schweißechtheit ausschlaggebend sein. Die Echtheiten gegenüber den Beanspruchungen des täglichen Gebrauchs bezeichnet man als *Gebrauchsechtheiten*. Verschiedene Beanspruchungen einer Färbung können aber bereits bei der Herstellung des Textilgutes auftreten. Alle Textilfasern müssen im Verlaufe ihrer Verarbeitung bis zum fertigen Stoff verschiedenen Reinigungs- und Veredelungsoperationen unterworfen werden. Unter Umständen erfolgt die Färbung aus färbetechnischen Gründen schon in einem frühen Stadium, so daß noch verschiedene Prozesse mit dem gefärbten Textilgut vorgenommen werden müssen. Die Färbung soll sich dabei natürlich nicht verändern, d.h. sie muß die entsprechende *Fabrikationsechtheit* besitzen.

Damit die Beurteilung der Echtheiten nach einem einheitlichen Maßstab erfolgt, wurden standardisierte Prüfverfahren entwickelt. Sie entsprechen ungefähr den in der Praxis vorliegenden Beanspruchungen. Die internationale Normung dieser Prüfverfahren ist insbesondere der *Europäisch-Continentalen-Echtheitsconvention* (ECE) und in neuerer Zeit der *International Organization for Standardization* (ISO) zu verdanken, die die Richtlinien für diese Prüfverfahren ausarbeiten. Die Normenvereinigungen der einzelnen ISO-Mitgliedstaaten sind dann weiter dafür zuständig, daß diese Richtlinien in ihrem Land als verbindlich erklärt und allgemein angewandt werden.

Zur Prüfung auf eine bestimmte Echtheit wird die Ausfärbung der vorgesehenen Standardbehandlung unterworfen. Oft wird sie vorher mit einem oder mehreren ungefärbten Begleitgeweben vernäht, um deren allfällige Anfärbung feststellen zu können. Zur Beurteilung kommt die Farbänderung des Prüflings und das Ausbluten auf die ungefärbten Begleitstücke. Die Bewertung der Farbänderung des Prüflings und des Ausblutens der Begleitstücke erfolgt mittels zweier Graumaßstäbe, indem man den Unterschied zwischen dem ursprünglichen Muster und dem Prüfling nach der Behandlung mit den Stufen der Grauskala vergleicht. Die Bewertung wird in einer Echtheitszahl ausgedrückt, wobei 1 die schlechteste und 5 die beste Note darstellt. Daneben kann in einer zusätzlichen Erläuterung eine allfällige Änderung des Farbtones festgehalten werden, z.B. blauer, gelber, klarer, stumpfer. Auf die Bewertung der Lichtechtheit wird später eingegangen; sie erfolgt mit Hilfe verschiedener Vergleichsfärbungen und besitzt eine Notenskala von 1 bis 8.

Da die Echtheit eines Farbstoffes von der Stärke der Färbung abhängt, wurden 18 Hilfstypen in den Hauptfarben des Spektrums ausgewählt, deren Farbstärke dem normalen Auge gleich erscheint. Sie wird als $^1/_1$-Richtwerttiefe bezeichnet, und die zu prüfenden Ausfärbungen werden auf diese Stärke eingestellt. Daneben sind weitere Hilfstypen vorgesehen, vor allem eine Reihe in doppelter Tiefe und eine Reihe von 12 hellen Farbtönen in $^1/_{25}$-Tiefe. Diese letztere Reihe wird benützt, wenn Echtheitszahlen für Pastelltöne ermittelt werden sollen. Im folgenden seien die Echtheitsprüfungen und ihr Zusammenhang mit den effektiven Beanspruchungen kurz erläutert, ohne auf Details einzugehen.

1. Fabrikationsechtheiten

Karbonisierechtheit. Zur Zerstörung pflanzlicher Verunreinigungen dient das „Karbonisieren" der Rohwolle. Diese wird dazu mit verdünnter Schwefelsäure oder einer Aluminiumchloridlösung getränkt und nach dem Abschleudern der überschüssigen Lösung auf 110°—120° C erhitzt. Zur Prüfung benützt man eine 5%ige Schwefelsäure- oder Aluminiumchloridlösung. Die Probe wird in die Lösung eingelegt, abgequetscht und bei 60° getrocknet, worauf während 15 min auf 105° C (H_2SO_4) bzw. auf 115° C ($AlCl_3$) erhitzt wird. Dann wird gespült und die eine Hälfte der Probe noch mit einer Natriumbicarbonatlösung behandelt, abermals gespült und getrocknet. Eine Kontrollfärbung wird derselben Behandlung unterworfen, um die richtige Durchführung des Versuches zu gewährleisten.

Walkechtheit. Beim „Walken" wird ein Wollgewebe in einer schwach alkalischen, warmen Seifenlösung oder einer verdünnten, mäßig heißen Schwefelsäure umgezogen. Dabei findet ein schwaches Reiben des Stoffes statt und das Gewebe verfilzt mehr oder weniger stark zu einem „Wolltuch". Da Baumwolle, Viskose und Acetatseide oft als Effektfäden in Wolltuchen verwendet werden, kann die Walkechtheit auch für diese Fasern wichtig sein. Den beiden Verfahren entsprechend unterscheidet man die alkalische und die saure Walkechtheit, die beide in einer milden und einer strengen Variante durchgeführt werden können. Bei der alkalischen Prüfung wird die Probe mit Begleitgewebe und Edelstahlkugeln in einer Seifenlösung von 40° C während 30 min (mild), bzw. 2 Std (streng) bewegt; dann wird gespült und getrocknet. Bei der sauren Prüfung walkt man die Probe zwischen Begleitstücken von Hand oder apparativ in einer sehr verdünnten Schwefelsäurelösung entweder 1 Std bei 60° C (mild) oder 30 min bei 90° (streng), worauf man spült und trocknet.

Pottingechtheit. Unter der Pottingechtheit versteht man die Widerstandsfähigkeit gegenüber heißem Wasser. Zur Prüfung rollt man die Probe zwischen einem ungefärbten Baumwoll- und Wollgewebe um einen Glasstab und behandelt eine Stunde lang mit kochendem Wasser. Nach dem Trocknen wird vor allem das Anbluten der Begleitstücke geprüft.

Dekaturechtheit. Das Dekatieren ist eine Behandlung von Wolltuchen mit Dampf. Zur Echtheitsprüfung wird die Probe um einen perforierten Zylinder gewickelt, der während 15 min von Dampf durchströmt wird, dessen Temperatur bei der milden Prüfung 110° C und bei der strengen 127° C beträgt. Man bewertet die Farbänderung.

Chlorechtheit. Zur Erzielung der Schrumpffestigkeit von Wolle werden saure Hypochloritbäder verwendet. Zur Prüfung wird eine Probe mit ungefärbtem Begleitstoff nacheinander je 10 min mit verdünnten Lösungen von Salzsäure, Natriumhypochlorit und Natriumsulfit behandelt, worauf man spült und trocknet.

Schwefelechtheit. Das wichtigste Bleichmittel für Wolle und Seide ist die schweflige Säure. Bei der Prüfung auf Schwefelechtheit werden die Probe und eine Kontrollfärbung mit Seifenlösung benetzt, abgequetscht und 16 Std in eine Schwefeldioxydatmosphäre gehängt. Dann läßt man trocknen ohne vorheriges Spülen.

Entbastungsechtheit. Die Rohseide muß bekanntlich entbastet werden, was mit einer heißen Seifenlösung geschieht. Zur Echtheitsprüfung wird der Prüfling mit Begleitstoff 10 min in einer Seifenlösung leicht gekocht. Nach Zusatz von wenig Soda kocht man während weiteren 10 min, spült und trocknet. Außer der Farbänderung wird vor allem auch das Anbluten geprüft.

Avivierechtheit. Das Avivieren dient dazu, den geschmeidigen Griff des Textilgutes wiederherzustellen, der beim Kochen, Bleichen und Färben meistens verlorengeht. Besonders wichtig ist die Avivage bei der Seide, die nach dem Färben zuerst geseift und dann mit einer organischen Säurelösung behandelt wird, wodurch sie ihren knirschenden Griff erhält. Bei der Prüfung wird die Probe bei 20° C während 10 min mit einer Milchsäurelösung behandelt.

Beuchechtheit. Das „Beuchen" ist ein Abkochen der rohen Baumwolle mit einer sehr verdünnten Natronlauge bei 120° C unter Druck und dient zur Entfernung von Fetten und Wachsstoffen. Bei der Prüfung wird die Probe zusammen mit ungefärbtem und mit rohem Baumwollgewebe bei 120° C unter Druck mit einer ganz schwachen Natronlauge behandelt, worauf man spült und trocknet.

Soda-Kochechtheit. Das Abkochen mit Sodalösung dient ebenfalls zur Entfernung von Fetten und Wachsstoffen bei der rohen Baumwolle. Die Soda-Kochechtheit ist sehr wichtig, da man oft rohe und gefärbte Baumwollgarne zusammen verwebt und nachher abkocht. Die Garne enthalten als Schlichte häufig Stärke und Dextrin, die beim Abkochen mit Soda zu Zuckern abgebaut werden. Um deren Reduktionswirkung abzufangen, die bei Küpenfärbungen unerwünscht ist, setzt man der Sodalösung ein mildes Oxydationsmittel wie m-Nitrobenzolsulfonsäure zu. Bei der entsprechenden Prüfung wird die Probe zwischen ungefärbten Baumwollgeweben um einen Glasstab gerollt und in einer schwachen Sodalösung während einer Stunde leicht gekocht. Eine weitere Probe wird unter Zusatz von m-Nitrobenzolsulfonsäure abgekocht.

Mercerisierechtheit. Als Mercerisieren bezeichnet man die Behandlung von Baumwollgarnen oder -geweben unter Spannung mit einer kalten, konzentrierten Natronlauge, wodurch man einen seidenartigen Glanz erzielt. Zur Prüfung wird die Probe mit einem ungefärbten Baumwollgewebe in einen Rahmen gespannt und bei 20° C 5 min lang in 30%ige Natronlauge gelegt. Dann wird gespült, mit verdünnter Schwefelsäure angesäuert, nochmals gespült und getrocknet. Bei dieser Prüfung kann man zuweilen bei vollkommen echten Färbungen eine Zunahme der Farbtiefe oder der Klarheit beobachten, was bei der Bewertung natürlich vermerkt werden muß.

Formaldehydechtheit. Formaldehyd kann bei manchen Nachbehandlungen auftreten, z.B. bei der Knitterfreiausrüstung von Textilien. Zur Echtheitsprüfung setzt man die Probe in einem Behälter während 24 Std der Einwirkung von Formaldehyd aus.

Peroxyd-Bleichechtheit. Zum Bleichen benützt man in großem Umfang und für verschiedene Fasern superoxydhaltige Bäder. Dementsprechend existieren vier Prüfungsverfahren, und zwar ein mildes und ein strenges für Cellulosefasern, eines für Wolle und Acetatseide und eines für Naturseide. Man legt dabei die Probe zwischen ungefärbten Geweben je nach Verfahren 1—2 Std in die entsprechende warme Bleichlösung, spült und trocknet.

Hypochlorit-Bleichechtheit. Die alkalische Hypochloritbleiche wird vor allem bei Cellulosefasern angewandt. Zur Prüfung wird die Probe während einer Stunde in eine Hypochloritlösung gelegt, die bei der milden Methode 0,5 g, bei der strengen 2,0 g aktives Chlor pro Liter enthält. Überschüssiges Chlor wird nachher mit einer Wasserstoffsuperoxyd- oder Natriumbisulfitlösung zerstört, worauf man spült und trocknet.

Chlorit-Bleichechtheit. Die saure Chloritbleiche wird für Polyamide und andere synthetische Fasern, in einer schärferen Form gelegentlich auch für Cellulosefasern benützt. Es gibt deshalb ein mildes und ein strenges Prüfverfahren. Die Probe wird zwischen ungefärbten, gleichartigen Geweben 1 Std lang bei 80° C in ein schwach saures Bad mit 1,0 g bzw. 2,5 g Natriumchlorit pro Liter gelegt. Dann wird gespült und getrocknet.

Überfärbeechtheit. Bei Mischungen verschiedener Faserarten und bei Geweben mit verschiedenen Garnen oder Effektfäden wird oft zuerst die eine und dann die andere Komponente gefärbt, wodurch man unter Umständen modische Effekte erzielen kann. Die erste Färbung darf durch die nachfolgende natürlich nicht beeinflußt werden. Bei der Prüfung wird die Probe zwischen ungefärbte Begleitstücke eingenäht und mit blinden Färbebädern behandelt, d. h. Bädern mit den üblichen Färbezusätzen, jedoch ohne Farbstoffe. Man verwendet dabei ein neutrales, salzhaltiges, ein essigsaures und ein schwefelsaures Färbebad, ferner ein essigsaures und ein schwefelsaures Bichromatbad, wie sie beim Chromieren vorkommen.

Echtheit gegenüber Metallen. Zur Echtheitsverbesserung werden manche Wollfärbungen mit einer Bichromatlösung und manche Baumwollfärbungen mit einer Kupfersalzlösung nachbehandelt, wobei sich Metallkomplexe bilden. Von den Färbemaschinen und Druckwalzen können zudem auch unerwünschte Eisen- und Kupfersalze als Verunreinigung in das Färbebad gelangen. Man unterscheidet deshalb zwischen der Echtheit gegenüber Chromsalzen und derjenigen gegenüber Eisen- und Kupfersalzen. Im ersten Fall wird der Prüfling während einer Stunde bei Kochtemperatur mit einer 1%igen Kaliumbichromatlösung behandelt; im zweiten Fall färbt man den zu untersuchenden Farbstoff unter Zusatz von 0,5% Eisenammonsulfat bzw. 0,2% Kupfersulfat, bezogen auf das Färbegut, normal aus.

2. Gebrauchsechtheiten

Lichtechtheit. Die Lichtechtheit ist eine der wichtigsten Gebrauchsechtheiten und überall dort zu berücksichtigen, wo ein Artikel während längerer Zeit oder häufig einer direkten Sonnenbestrahlung ausgesetzt wird. Zu ihrer Bestimmung wird der Prüfling zusammen mit einem Vergleichsmaßstab in mindestens 5 cm Abstand hinter gewöhnlichem, blasenfreien Fensterglas von etwa 2 mm Dicke in einem Kasten mit guter Durchlüftung belichtet. Das Glas soll für Strahlung unterhalb 310 mμ praktisch undurchlässig sein. Die Proben sind unter einem Winkel von 45° nach Süden zu neigen und vor außergewöhnlichen Gasen und Dämpfen sowie vor Schatten zu bewahren. Ein Teil des Prüflings und des Vergleichs-Maßstabes wird der Lichteinwirkung entzogen, am besten mit einer Aluminiumfolie. Man bewertet einmal nach der ersten wahrnehmbaren Farbänderung und dann nach mehrfachem weiterem Abdecken durch Vergleich mit dem mitbelichteten Maßstab.

Der Prüfling besitzt die gleiche Lichtechtheit wie diejenige Vergleichs-
färbung des Maßstabes, welche eine gleiche Veränderung aufweist.
Dabei muß auch die allererste Farbänderung berücksichtigt werden,
denn es kann vorkommen, daß die erste Farbänderung des Prüflings
bereits mit Stufe 3 oder 4 des Maßstabes auftritt, bei fortgesetzter
Belichtung aber eine endgültige Lichtechtheit von 6 oder 7 gefunden
wird. Neben der Note ist auch eine allfällige Änderung des Farbtones
aufzuführen.

Die Bewertung der Lichtechtheit erfolgt durch eine achtstufige
Notenskala, deren Stufen annähernd eine geometrische Reihe bilden,
so daß ein Farbstoff mit der Note 8 mindestens 128fach lichtechter als
ein solcher mit der Note 1 ist. Die Bezeichnung der Stufen geschieht
wie folgt:

$$
\begin{aligned}
\text{Note } 1 &= \text{sehr gering} \\
2 &= \text{gering} \\
3 &= \text{mäßig} \\
4 &= \text{ziemlich gut} \\
5 &= \text{gut} \\
6 &= \text{sehr gut} \\
7 &= \text{vorzüglich} \\
8 &= \text{hervorragend}
\end{aligned}
$$

Der Vergleichsmaßstab für die Belichtung besteht aus einer Serie von acht
Wollstücken, die mit verschiedenen blauen Farbstoffen gefärbt wurden. Bemer-
kenswerterweise gibt der Vergleich mit dieser Blauskala trotz der verschiedenen
Farben des Prüflings auch bei wenig erfahrenen Personen eine reproduzierbare
Bewertung. Die acht verwendeten Vergleichsfarbstoffe sind:

1	Acilanbrillantblau FFR	Bayer	CI 42735
2	Acilanbrillantblau FFB	Bayer	CI 42740
3	Supranolcyanin 6 B	Bayer	CI 42660
	Benzylcyanin 6 B	Ciba	CI 42660
4	Supraminblau EG	Bayer	CI 50310
5	Solway Blue RS	ICI	CI 62085
	Alizarinlichtblau R	Sandoz	CI 62085
6	Alizarinlichtblau 4 GL	Sandoz	CI 61125
7	Soledon Blue 4 BC	ICI	CI 73066
	Indigosol 04 B	Durand-Huguenin	CI 73066
8	Indigosolblau AGG	Durand-Huguenin	CI 73801
	CI = Colour Index (2nd edition, 1956)		

Statt Tageslicht benützt man auch *künstliche Lichtquellen*, die infolge ihrer
höheren Intensität eine wesentlich schnellere Echtheitsbestimmung ermöglichen.
Besonders in der Forschung nach neuen Farbstoffen ist die künstliche Belichtungs-
probe unerläßlich. Bei manchen Farbstoffen und Textilien können die Ergebnisse
jedoch nicht unwesentlich von denjenigen einer Tageslichtprüfung abweichen.
Das am häufigsten verwendete Belichtungsgerät ist das „Fade-Ometer" der
Atlas Electric Devices Co. (USA), das eine automatisch gesteuerte Kohlebogen-
lampe als Lichtquelle besitzt. Ein Nachteil des Gerätes ist die ziemlich hohe
Innentemperatur. Ein neueres Gerät liegt im „Xenotest WL" der Quarzlampen-
Gesellschaft m.b.H. in Hanau vor, das einen Xenonbrenner als Strahlungsquelle
benützt. Dabei wird sowohl im sichtbaren Bereich als auch im Ultravioletten eine
weitgehende Ähnlichkeit mit der Sonnenstrahlung erzielt. Eine Prüfzeit von
24 Std entspricht etwa einer Belichtung von 10 Tagen wie sie im Jahresdurchschnitt
vorkommen, wobei auch der Wechsel von Tag und Nacht nachgeahmt wird. Die

Temperatur im Xenotest WL liegt nur etwa 5° C über der Raumtemperatur. Die Feuchtigkeit im Gerät ist regulierbar und kann bis auf 95% relative Feuchtigkeit eingestellt werden. Zur Prüfung von Wetterechtheiten ist eine Beregnungseinrichtung eingebaut, so daß sich der Xenotest WL auch zur Wetterechtheitsprüfung von Lacken und Kunststoffen eignet.

Waschechtheit. Im praktischen Gebrauch benützt man eine milde Handwäsche für empfindliche Artikel aus Wolle oder Seide, einen milden mechanischen Waschprozeß, der für viele farbige Waren, Kunstfasern und auch Wolle in Frage kommt und schließlich die Kochwäsche, die nur bei Baumwollgeweben oder allenfalls Geweben aus anderen Cellulosefasern angewandt wird. Bei der Waschechtheitsprüfung unterscheidet man dementsprechend die Echtheiten A bei 40° C, B bei 60° C und C bei 95° C. Bei einer Prüfung nach A benützt man eine reine Seifenlösung, im Falle B und C eine Seifen-Sodalösung. Der Prüfling wird zwischen ungefärbten Begleitgeweben während 30 min nach dem entsprechenden Verfahren gewaschen, gespült, vom Begleitgewebe getrennt und getrocknet. Bei der Prüfung der Waschechtheit ist vor allem auch die Frage des Anblutens wichtig, da dies in der Praxis zu unerwünschten Verfärbungen, Farbflecken oder Anschmutzungen anders gefärbter Gewebe führen kann.

Peroxyd-Waschechtheit. Die meisten im Haushalt verwendeten Waschmittel enthalten Perborate oder andere Verbindungen, welche in der Wärme aktiven Sauerstoff abspalten. Der damit erzielte Bleicheffekt ist am stärksten bei der Kochwäsche und die Prüfung ist deshalb vor allem für Cellulosefasern wichtig. Man gibt dabei den Prüfling mit einem ungefärbten Begleitgewebe in eine Lösung mit Seife, Soda und stabilisiertem Natriumperborat, erwärmt innerhalb von 10 min auf 95° C und hält weitere 20 min auf dieser Temperatur. Dann wird gespült und getrocknet.

Reibechtheit. Falls bei der Färbung der Farbstoff nur ungenügend in die Faser einzudringen vermag, können Farbstoffpartikel oberflächlich an den Fasern haften bleiben, von wo sie leicht wieder abgescheuert werden. Diese Erscheinung kann vor allem bei Farbstoffen auftreten, die in der Faser entwickelt oder in eine unlösliche Form übergeführt werden, d. h. bei den Küpenfarbstoffen, den Naphthol-AS-Farben und anderen Entwicklungsfarbstoffen. Als Beispiel sei der Indigo erwähnt, dessen Küpe eine ungenügende Affinität zur Cellulosefaser besitzt, so daß die fertigen Färbungen häufig eine geringe Reibechtheit aufweisen. Die meisten anderen Küpenfarbstoffe weisen eine gute Reibechtheit auf. Bei der Prüfung wird die Probe mit einem trockenen und mit einem nassen Baumwollstück nach genauer Vorschrift gerieben und die Anschmutzung des Baumwollgewebes beurteilt.

Bügelechtheit. Man unterscheidet zwischen trockenem, nassem und dampffeuchtem Bügeln. Bei der ersten Prüfung wird die trockene Probe auf ein trockenes, weißes Baumwollgewebe gelegt und gebügelt. Bei der zweiten Prüfung wird die nasse Probe auf ein trockenes Baumwollstück gelegt, mit einem zweiten, nassen Baumwollstück bedeckt und so gebügelt. Bei der dritten Prüfung schließlich wird der trockene Prüfling auf ein trockenes Baumwollstück gelegt, mit einem zweiten, nassen Baumwollstück bedeckt und alsdann gebügelt. Die Farbänderung der Probe und das Anbluten des Begleitgewebes werden unmittelbar nach dem Bügeln und nach einer bestimmten Zeit noch einmal beurteilt. Die Art des Bügelns und das Gewicht des Bügeleisens sind genau vorgeschrieben. Die Temperatur des Eisens beträgt 190—210° C für Baumwolle und Leinen, 140—160° C für Wolle, Seide und Kunstseide und 115—120° C für Acetatseide und Polyamide.

Lösungsmittelechtheit. Die Lösungsmittelechtheit bezieht sich auf die bei der chemischen Reinigung verwendeten organischen Lösungsmittel. Es sind dies entweder chlorierte Kohlenwasserstoffe wie Trichloräthylen oder Benzolkohlenwasserstoffe wie Toluol und Xylol. Die letzteren werden infolge ihrer hohen Feuergefährlichkeit weniger gerne verwendet. Zur Prüfung wird die Probe zwischen ungefärbten Begleitstücken 30 min mit dem betreffenden Lösungsmittel behandelt.

Alkaliechtheit. Die Alkaliechtheit bezieht sich vor allem auf die schwach alkalische Reaktion, die der gewöhnliche Straßenstaub oft aufweist. Man prüft die Probe, indem man einige Tropfen Natriumcarbonatlösung mit einem Glasstab einarbeitet und nach dem Trocknen die Natriumcarbonatreste wegbürstet und die Farbänderung beurteilt.

Säureechtheit. Schwache organische Säuren sind in vielen Lebens- und Genußmitteln enthalten. Stärkere Säuren können ein Kleidungsstück gelegentlich aus Versehen treffen. Man nimmt drei Prüfungen mit steigender Beanspruchung vor und zwar mit Lösungen von verdünnter Essigsäure, Schwefelsäure und Weinsäure. Zur Prüfung werden einige Tropfen der Lösung mit einem Glasstab in den Prüfling eingearbeitet und die Farbänderung der nassen und trockenen Probe beurteilt.

Schweißechtheit. Zur Prüfung auf Schweißechtheit benützt man eine künstliche, alkalische Schweißlösung, welche Natriumchlorid, Dinatriumphosphat und wenig freie Natronlauge enthält. Der p_H-Wert der Lösung soll 9,5 betragen. Der Prüfling wird zwischen Begleitstücken während 30 min bei 45° C von Hand mit der künstlichen Schweißlösung behandelt. Dann wird mit Essigsäure sauer ($p_H = 4,7$) gestellt, weitere 30 min bei 45° behandelt und ohne Spülen getrocknet.

Wasserechtheit. Die Wasserechtheit kann mild oder streng geprüft werden. Die zwischen Begleitstücken befindliche Probe wird dabei naß gemacht und eine Stunde bei 20° C oder 4 Std bei 37° C unter Belastung gelassen, worauf man die Farbänderung und das Ausbluten beurteilt.

Meerwasserechtheit. Die Prüfung erfolgt ähnlich wie bei der Wasserechtheit, indem man die Probe zwischen Begleitstücken in eine Natriumchloridlösung einlegt und nach dem Abtropfen 4 Std bei 37° unter Belastung läßt.

Chlorbadewasserechtheit. Zur Desinfektion des Badewassers in Schwimmbädern wird meistens eine geringe Menge Chlor oder Hypochloritlösung zugesetzt. Für die entsprechende Prüfung wird die Probe während 4 Std bei Raumtemperatur in eine sehr verdünnte Natriumhypochloritlösung gelegt und ohne Spülen getrocknet.

Abgasechtheit. Bei manchen Färbungen von Acetatseide beobachtet man unter dem Einfluß von Verbrennungsgasen aller Art ein Verblassen oder eine Farbänderung. Man führt den Vorgang auf die Einwirkung der beim Verbrennungsprozeß entstandenen Stickoxyde auf den Farbstoff zurück. Dies wird durch das hohe Lösevermögen des Celluloseacetates für Stickoxyde erleichtert. Zur Prüfung kann man die Probe zusammen mit einer Kontrollfärbung in einer Kammer den Abgasen eines Brenners aussetzen. Die Temperatur darf dabei nicht höher als 60° C sein. Die Beurteilung wird vorgenommen, sobald die Kontrollfärbung einen bestimmten Farbumschlag zeigt. Sofern der Prüfling dabei noch unverändert ist, wird eine neue Kontrollfärbung eingelegt und mit der Behandlung fortgefahren. Wenn der Prüfling mehrere Kontrollfärbungen ohne wesentliche eigene Änderung überdauert, erhält er die Note 5. Eine raschere Methode besteht darin, die Probe konzentrierten Stickoxyddämpfen auszusetzen, wie man sie aus Natriumnitrit und Säuren erhält.

Echtheitsmarken. In den Jahren nach dem ersten Weltkrieg gaben die in der ehemaligen I.G. Farbenindustrie AG zusammengeschlossenen deutschen Farbstoffabriken ein Sortiment der „Indanthren-Farbstoffe" heraus. Gleichzeitig wurde der Begriff der Indanthrenechtheit geschaffen, der dem Käufer eine Garantie für hohe Gebrauchsechtheiten des so gekennzeichneten Materials bot. Um einen Mißbrauch des Gütezeichens auszuschließen, mußten sich die Färbereien und Ausrüstbetriebe zur Einhaltung bestimmter Vorschriften und Kontrollen verpflichten.

In neuerer Zeit wurde der Gedanke einer Garantiemarke für Färbungen mit außergewöhnlich hohen Gebrauchsechtheiten auf internationaler Basis wieder aufgenommen. Zu diesem Zweck wurde ein internationaler Verband für die Echtheitsmarke „Felisol" mit Sitz in Zürich (Schweiz) gegründet, der das Interesse für Textilien mit einer hohen Licht-, Wasch- und Wetterechtheit fördert. Mitglieder dieses Verbandes sind einerseits Farbstoffproduzenten, welche hochwertige Farbstoffe herstellen und liefern, sowie für jedes Land eine nationale Vereinigung von Textilveredlern. Durch geeignete Auswahl der Farbstoffe und deren vorschriftsgemäße Anwendung werden Färbungen höchstmöglicher Echtheit hergestellt, die durch regelmäßige Kontrolle überprüft werden und mit dem Echtheitszeichen Felisol gekennzeichnet werden dürfen. Die Anwendung der Felisolmarke beschränkt sich vorderhand auf Textilien aus Baumwolle, Leinen, Ramie und künstliche Cellulosefasern.

B. Rohstoffe und Zwischenprodukte

I. Rohstoffe

Die organischen Rohstoffe für die Farbstoffindustrie fielen früher fast ausschließlich bei der Koksherstellung im *Steinkohlenteer* an, der außerordentlich viele, hauptsächlich aromatische Substanzen enthält. Wichtige Produkte, die aus ihm gewonnen werden, sind Benzol, Toluol, Xylole, Naphthalin, Anthracen, Phenol, Kresole, Pyridin, Chinolin und Carbazol.

In neuerer Zeit ist das *Erdöl* eine wichtige Rohstoffbasis für aromatische Verbindungen geworden. Seine Bedeutung wird am besten durch die Tatsache illustriert, daß über 40% aller organischen Chemikalien daraus gewonnen werden, darunter sehr viele wichtige Lösungsmittel. In den USA wurde der große Toluolbedarf während des zweiten Weltkrieges vorwiegend aus Erdöl gedeckt.

Benzol, Toluol und die Xylole werden durch katalytische Aromatisierung von aliphatischen und alicyclischen Kohlenwasserstoffen bei höherer Temperatur gewonnen. Zur Herstellung der Xylole kann man eine dehydrierende Cyclo-Addition von Butenen vornehmen; ein großer Teil des p-Xylols wird auf diese Weise erzeugt. Es wird vorwiegend auf Terephthalsäure weiterverarbeitet, die ein wichtiges Ausgangsmaterial für faserbildende Polyester darstellt. Bei derartigen Aromatisierungen entstehen meistens Gemische von Aromaten und Nichtaromaten, die durch azeotrope Destillation, Extraktionsverfahren und fraktionierte Destillation getrennt werden. Außer Toluol und Xylol lassen sich auch weitere Polymethylbenzole wie Mesitylen und Durol derart darstellen; sie haben indessen noch keine größere technische Anwendung gefunden. Zurzeit dürfte etwa die Hälfte aller Benzol-Kohlenwasserstoffe aus Erdöl erzeugt werden; dieser Anteil ist noch im Zunehmen begriffen[1].

Polycyclische aromatische Kohlenwasserstoffe werden vorderhand nicht aus Erdöl hergestellt. Verfahren zur Darstellung von Naphthalin und Methylnaphthalinen sind zwar neuerdings entwickelt worden, doch haben sie noch keine technische Bedeutung erlangt.

Während die Herstellung von Aromaten aus Erdöl vor allem in Amerika einen großen Umfang angenommen hat, ist in Europa und insbesondere in Deutschland der *Steinkohlenteer* immer noch der wichtigste Lieferant für aromatische Rohstoffe und verschiedene heterocyclische Basen. Bei der Verkokung gewöhnlicher Steinkohlen entsteht etwa 5—6% Teer, aus mageren Kohlen nur etwa 4%. Die Verkokung erfolgt üblicherweise bei 1000—1250° C; dabei wird ein Maximum an mittelsiedenden Aromaten gebildet. Die bei 600—700° C vorgenommene Tieftemperatur-Verkokung gibt nur wenig Teer, der zur Aufarbeitung auf organische Rohstoffe ungeeignet ist. Aus Braunkohlen und Ligniten erhält man zwar verhältnismäßig viel Teer, der jedoch vor allem paraffinreich ist und nur wenig aromatische Anteile enthält. Als Rohstoffbasis

---

[1] Siehe: KOTTER, E.: Erdöl u. Kohle **12**, 236 (1959).

für die letzteren ist er deshalb wertlos. Die Weltproduktion an Steinkohlenteer beträgt etwa 10 Mill. Tonnen, von denen rund $^2/_3$ auf organische Rohstoffe aufgearbeitet werden.

Zur *Aufarbeitung* wird der Steinkohlenteer zuerst einmal in Kesseln von 15—20 Tonnen Inhalt destilliert und in verschiedene Grobfraktionen getrennt[1]. Das dabei entstandene Destillat, etwa 40% des eingesetzten Teeres, besteht aus folgenden Anteilen:

Wasser	2—5%	Ammoniakhaltig
Leichtöl	2—4%	Siedebereich 35—170° C
		Enthält: Pentan, Cyclopentadien, Benzol, Toluol, Äthylbenzol, Xylole, Mesitylen, Durol, Pyridin, Picoline, Lutidine, Anilin, Pyrrol
Mittelöl	9—12%	Siedebereich 170—230° C
		Enthält: Naphthalin, Toluidine, Chinolin, Phenol, Kresole, Xylenole
Schweröl	8—10%	Siedebereich 230—270° C
		Enthält: Naphthalin, Methylnaphthaline, Diphenyl, Acenaphthen, Fluoren, Methylchinoline, Indol, Naphthole
Anthracenöl	18—25%	Siedebereich 270—400° C
		Enthält: Anthracen, Phenanthren, Pyren, Fluoranthen, Chrysen, Perylen, Carbazol, Acridin, Paraffine

Das *Leichtöl* wird einer fraktionierten Destillation unterworfen und in Rohbenzol, Rohtoluol, Rohxylol und höher siedende Rückstände getrennt. Die Destillate werden durch eine chemische Behandlung weiter gereinigt. Dies geschieht durch Auswaschen mit einer wäßrigen, 7—10%igen Natronlauge, wobei die Phenole als Natriumsalze in Lösung gehen, und eine Behandlung mit verdünnter Schwefelsäure, in der sich Pyridine, Chinoline und andere basische Substanzen lösen. Durch Verrühren mit konzentrierter Schwefelsäure wird das Rohbenzol außerdem weitgehend thiophenfrei gemacht. Nach diesen Reinigungsoperationen wird die Benzolfraktion nochmals feinfraktioniert. Rohtoluol und Rohxylol werden analog behandelt. Das „Motorenbenzol" ist ein unscharf siedendes Gemisch, das hauptsächlich Benzol und Toluol, daneben auch noch geringe Anteile Xylol enthält.

Größere Mengen Benzol und Toluol werden vom Leuchtgas mitgerissen, aus dem sie durch Auswaschen mit Schweröl oder Adsorption an Aktivkohle zurückgewonnen werden können. Die dabei erhältlichen Benzol- und Toluolmengen betragen ein Vielfaches der aus dem Teer gewonnenen Fraktionen. So erhält man aus 2000 kg Steinkohle rund 100 kg Teer, aus dem sich die folgenden Reinprodukte isolieren lassen:

Benzol. . . .	0,26 kg
Toluol . . .	0,4 kg
Phenol . . .	0,5 kg
Naphthalin. .	5—6 kg
Anthracen . .	0,6 kg

---

[1] Vgl.: WINKLER, H. J. V.: Der Steinkohlenteer und seine Aufbereitung. Essen: Glückauf 1941.

Aus dem entstandenen Leuchtgas gewinnt man zusätzlich noch:

Benzol. . . . 10 kg
Toluol . . . 7 kg

Das Rohxylol besteht zu 70—85% aus m-Xylol, daneben enthält es 5—15% o-Xylol und 5—12% p-Xylol sowie 3—10% paraffinische Kohlenwasserstoffe. Es findet als Lösungsmittel Verwendung. Die Trennung der isomeren Xylole erfolgt mit kalter, konzentrierter Schwefelsäure, welche das o- und m-Xylol, nicht aber das p-Isomere sulfoniert. Das letztere kann deshalb abgetrennt werden; die Natriumsalze der o- und m-Xylolsulfonsäuren lassen sich durch Umkristallisation voneinander trennen. Zur Rückgewinnung des Kohlenwasserstoffes wird das gereinigte Natriumsulfonat in konzentrierter Schwefelsäure gelöst und mit überhitztem Wasserdampf behandelt. Dabei wird die Sulfonsäuregruppe wieder abgespalten und das zurückgebildete Xylol vom Wasserdampf mitgerissen.

Das *Mittelöl* wird zusammen mit dem Rückstand des Leichtöles ebenfalls einer fraktionierten Destillation unterzogen. Die bei 160 bis 175° C destillierenden Fraktionen enthalten unter anderem Cumaron, Mesitylen, Pseudocumol und p-Äthylbenzol. Sie werden mit konzentrierter Schwefelsäure behandelt, wobei das Mesitylen unverändert bleibt, während Pseudocumol und p-Äthylbenzol sulfoniert werden. Das Cumaron polymerisiert zu einem gelben bis hellbraunen Produkt, dem Cumaronharz, das in der Lackindustrie verwendet wird. Die bei 180° C siedende Fraktion enthält unter anderem Indol und Benzoesäure. Die Benzoesäure wird durch Alkaliwäsche mit verdünnter Natronlauge entfernt, das Indol kann durch Behandlung mit geschmolzenem Natrium bei 165° C in Natriumindol übergeführt werden, das sich leicht abtrennen läßt und bei der Einwirkung von Wasser wieder Indol liefert.

Der Rückstand dieser Destillation enthält viel *Naphthalin*, das beim Abkühlen auskristallisiert. Seine Reinigung erfolgt durch kaltes und warmes Pressen, wobei die flüssigen Verunreinigungen entfernt werden, und anschließendes Behandeln mit verdünnter Natronlauge und verdünnter Schwefelsäure. Das so gereinigte Naphthalin wird dann noch einmal destilliert oder sublimiert. Es ist ein außerordentlich wichtiger Rohstoff, aus dem die Naphthole und Naphthylamine sowie deren Sulfonsäuren hergestellt werden, die zu den wichtigsten Zwischenprodukten der Farbstoffchemie gehören. Die Oxydation des Naphthalins liefert Phthalsäureanhydrid, das zur Herstellung vieler Weichmacher und Kunstharze und zur Synthese des Anthrachinons und seiner Derivate benötigt wird.

Die zum Auswaschen des Leicht- und Mittelöles verwendete verdünnte Schwefelsäure scheidet auf Zugabe verdünnter Natronlauge bis zur basischen Reaktion ein braunes Öl aus, das Anilin, Pyridin, Pyridinbasen, Chinolin, Isochinolin und weitere basische Stickstoffverbindungen enthält. Es wird durch fraktionierte Destillation aufgetrennt[1]. Pyridin- und Chinolinbasen werden bei der Synthese einiger spezieller Farbstoffe benötigt.

---

[1] Vgl.: DIERICKS, A., u. R. KUBICKA: Phenole und Basen, Vorkommen und Gewinnung. Berlin: Akademie-Verlag 1958.

Die *alkalischen Waschlaugen* des Leicht- und Mittelöles werden mit Kohlendioxyd behandelt, wobei sich die Phenole ausscheiden. Das rohe Phenolöl wird durch fraktionierte Vakuumdestillation in Phenol, eine Kresolfraktion und eine Xylenolfraktion getrennt. Aus der Phenolfraktion kristallisiert das reine Phenol beim Abkühlen aus. Die Kresolfraktion besteht zu je 35—40% aus o- und m-Kresol und zu 20—25% aus p-Kresol. Das o-Isomere kann durch fraktionierte Destillation abgetrennt werden. Der aus m- und p-Kresol bestehende Rückstand wird dann mit konzentrierter Schwefelsäure bei etwa 100° C sulfoniert, worauf man die entstandenen Sulfonsäuren durch Einleitung von überhitztem Wasserdampf wieder fraktioniert desulfoniert. Bei 120—130° C tritt die Desulfonierung der m-Kresolsulfonsäure ein, bei 150—160° C diejenige des p-Isomeren. Die beiden Sulfonsäuren können auch durch fraktionierte Kristallisation voneinander getrennt werden. Die Trennung der Xylenole erfolgt auf Grund ihrer verschiedenen Löslichkeit in Alkalien sowie durch Sulfonierung und Desulfonierung. Am reichlichsten ist das 3.5-Dimethylphenol vorhanden, das als Phenolkomponente in Phenolharzen benützt wird. Das ebenfalls in größerer Menge auftretende 3.4-Dimethylphenol wird zu Lackharzen verarbeitet.

Phenole und Kresole finden Anwendung als Antiseptika und Bakterizide. Die Kresole besitzen eine größere Wirksamkeit als das Phenol selber. Noch stärkere Desinfektionsmittel stellen die chlorierten Kresole dar. Ihre Anwendung erfolgt teils als Alkalisalzlösung, teils als Emulsion des freien Phenols. Ein Antiseptikum der letzteren Art ist unter dem Namen „Lysol" im Handel.

Aus dem *Schweröl* kristallisiert das Naphthalin beim Abkühlen aus und kann durch Abpressen gewonnen werden. Der flüssige Anteil wird durch fraktionierte Destillation und Abkühlung der Destillate bis zur Auskristallisation weiter aufgetrennt. Dabei können Acenaphthen, Indol, Methylnaphthaline, Diphenylenoxyd und Fluoren isoliert werden. Die erhaltenen Verbindungen sind allerdings noch nicht vollkommen rein, sondern gegenseitig verunreinigt. Das rohe Schweröl wird nach der Entfernung des Naphthalins oft zum Auswaschen von Benzol und Toluol aus dem Leuchtgas benützt.

Das *Anthracenöl*, wegen seiner grün fluoreszierenden Farbe auch *Grünöl* genannt, enthält nur 2—4% Anthracen. Beim Abkühlen kristallisiert ein sehr unreines Anthracen von halbfester Konsistenz aus. Durch Abpressen und Behandlung mit Solventnaphtha erhält man es in etwa 40% Reinheit. Bei weiterer Extraktion mit Solventnaphtha und Behandlung mit Schwefeldioxyd fällt ein etwa 80%iges Anthracen an, dessen hauptsächlichste Verunreinigung aus Carbazol besteht. Das letztere wird durch eine Behandlung mit Kalilauge bei 230° C in das Kaliumsalz übergeführt, das mit der Lauge eine spezifisch schwerere Schicht bildet und so vom Anthracen getrennt werden kann. Zweckmäßiger ist die Extraktion mit heißem Pyridin. Bereits nach zweimaliger Behandlung mit heißen Pyridinbasen fällt ein 95%iges Anthracen an, das durch eine Umkristallisation aus Pyridin auf 98% Reinheit gebracht wird. Durch anschließende Sublimation wird ein 99,9%iges Produkt erhalten, das sich durch Oxydation in Anthrachinon überführen läßt.

Eine der hartnäckigsten Verunreinigungen des Anthracens ist das Tetracen. Reinstes, tetracenfreies Anthracen läßt sich durch azeotrope Destillation von technischem Anthracen mit Äthylenglykol darstellen[1], wonach es als Szintillator-Substanz für den Nachweis energiereicher Strahlung bei kernphysikalischen Untersuchungen verwendet werden kann. Weitaus die größte Menge des gewonnenen Anthracens wird jedoch zu Anthrachinon oxydiert, das in viel größerem Umfang benötigt wird.

Aus den Pyridinwaschlösungen der Anthracenreinigung kann das Carbazol leicht zurückgewonnen werden. Es dient zur Herstellung von Hydronblau, von Tetranitrocarbazol, einem Insektizid für den Rebbau, und von N-Vinylcarbazol, dessen Polymeres gute elektrische Eigenschaften besitzt. Die Mutterlaugen der Carbazolgewinnung enthalten unter anderem Phenanthren. Dieses ist schwierig zu isolieren, da es Mischkristalle mit Anthracen, Fluoren und Carbazol bildet. Es ist ohne technische Bedeutung.

Eine vereinfachte, neuere Aufbereitungsmethode für den Steinkohlenteer besteht in der direkten fraktionierten Destillation des rohen Teeres, die ebenfalls aus Retorten, zweckmäßiger aber auf kontinuierliche Weise vorgenommen werden kann. Dabei fällt eine größere Anzahl Fraktionen an, in denen einzelne Verbindungen bereits ziemlich stark angereichert sind. Eine Übersicht über die nach diesem Verfahren erhaltenen Fraktionen und ihre wichtigste Komponente gibt die folgende Zusammenstellung:

bis 180° C	Leichtöl	1%
180—200° C	Carbolöl	3%
200—240° C	Naphthalin	13%
230—260° C	Methylnaphthaline	4%
250—280° C	Acenaphthen	3%
270—300° C	Fluoren	6%
300—340° C	Anthracen	7%
340—370° C	Carbazol	6%
	Pechdestillat	7%
Rückstand:	Pech	40%

Bei der Destillation des Steinkohlenteeres resultiert in beiden Verfahren ein Rückstand von 50—60%, das sog. *Pech.* Durch Dampfdestillation unter vermindertem Druck läßt sich daraus noch ein Pechdestillat gewinnen, das unter anderem Pyren und Chrysen enthält. Der undestillierbare Rückstand wird als *Hartpech* bezeichnet. Er enthält unter anderem noch Fluoranthen, Pyren, Methylanthracene, Carbazole, Chrysen, Coronen und höhere Ringsysteme. Nach einer katalytischen Anhydrierung mit Wasserstoff unter Druck lassen sich daraus bei einer nochmaligen Destillation viele höhere Ringsysteme isolieren. Zur Trennung dieser Kohlenwasserstoffe voneinander benützt man die Tatsache, daß diejenigen mit mindestens drei linear anellierten Benzolringen wie Anthracen, 1.2-Benzanthracen und Tetracen mit Maleinsäureanhydrid mehr oder weniger leicht endocyclische Additionsverbindungen bilden. Diese Addukte lassen sich in verdünnter Natronlauge lösen, wodurch sie von den unveränderten Kohlenwasserstoffen abgetrennt werden. Beim Ansäuern der alkalischen Lösung wird die freie

---

[1] SIZMANN, R.: Angew. Chem. **71**, 243 (1959).

Zusammenstellung wichtiger Verbindungen aus dem Steinkohlenteer[1]

		Smp. °C	Sdp. °C
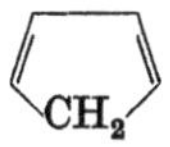	Cyclopentadien	—85	41
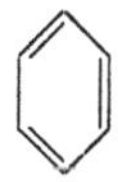	Benzol	+5	81,1
	Thiophen	—40	84
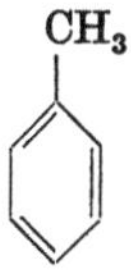	Toluol	—95	111
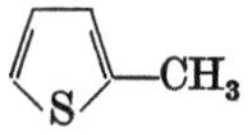	α-Thiotolen	—64	113
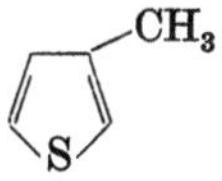	β-Thiotolen	—68	115
	Pyridin	—42	116
	Pyrrol	—24	131
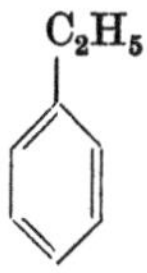	Äthylbenzol	—94	136
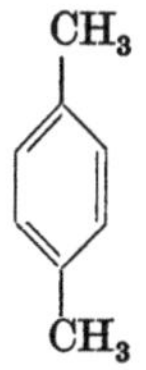	p-Xylol	+13	138

[1] Eine vollständige Zusammenstellung sämtlicher bisher im Steinkohlenteer aufgefundenen Verbindungen findet sich als Anhang im Lehrbuch der organischen Chemie von P. KARRER (Stuttgart: Georg Thieme). Vgl.: KRUBER, O., A. RAEITHEL u. G. GRIGOLEIT: Erdöl und Kohle 8, 637 (1955).

Fortsetzung der Zusammenstellung

		Smp. °C	Sdp. °C
CH_3—$\bigcirc$—CH_3	m-Xylol	—54	139
$\bigcirc$ (o-CH_3)	o-Xylol	—25	144
$CH=CH_2$—$\bigcirc$	Styrol	—30	146
Mesitylen-Struktur	Mesitylen	—53	165
Pseudocumol-Struktur	Pseudocumol	—47	168
Cumaron-Struktur	Cumaron	< —18	174
Hemellithol-Struktur	Hemellithol	—25	176
Inden-Struktur	Inden	—2	182
Phenol-Struktur (OH)	Phenol	41	182

Fortsetzung der Zusammenstellung

		Smp. °C	Sdp. °C
	Acenaphthen	95	278
	α-Naphthol	96	279
	β-Naphthol	123	285
	Fluoren	115	295
	α-Naphthylamin	50	301
	β-Naphthylamin	112	306
	Phenanthren	100	340
	Acridin	108	346
	Carbazol	238	355
	Anthracen	217	355
		Smp. °C	Sdp. °C

Fortsetzung der Zusammenstellung

		Smp. °C	Sdp. °C
	Fluoranthen	110	251/60 mm
	Anilin	—6	184
	o-Kresol	31	191
	Durol	80	192
	m-Kresol	11	202
	p-Kresol	34	202
	Tetralin	—31	206
	Xylenole		208—218
	Naphthalin	80	218

Fortsetzung der Zusammenstellung

		Smp. °C	Sdp. °C
	Thionaphthen	32	221
	Chinolin	—15	238
	Indol	53	253
	Diphenyl	71	255
	Pyren	150	über 360
	3.4-Benzpyren	177	über 440
	Anthrachinon	266	377
	Terphenyl	213	440
	Chrysen	254	448

Fortsetzung der Zusammenstellung

	Smp. °C	Sdp. °C
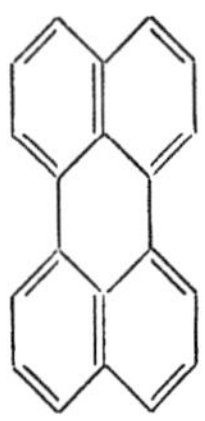 Perylen	265	subl. 400
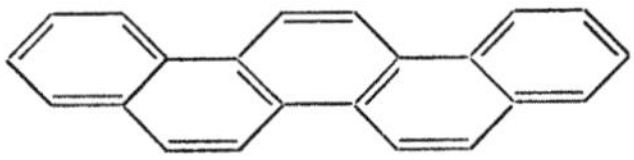 Picen	264	520
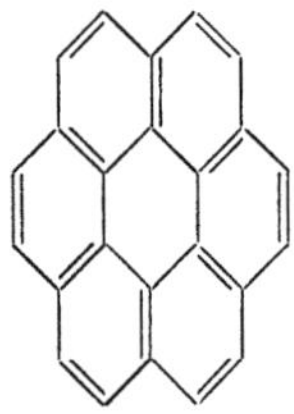 Coronen	438	subl. ab 300

Säure gefällt, die beim Erhitzen auf 200—300° C wieder in Maleinsäure-anhydrid, Wasser und den ursprünglichen Kohlenwasserstoff zerfällt[1].

Besonders eingehend mit der Isolierung und der technischen Gewinnung der im Steinkohlenteer enthaltenen Verbindungen, vor allem der weniger leicht zugänglichen Basen und der aromatischen Polycyclen, haben sich die Gesellschaft für Teerverwertung in Duisburg-Meiderich und die Rütgerswerke in Castrop-Rauxel befaßt, die beide ein ansehnliches Sortiment dieser Verbindungen in den Handel bringen.

Der Umgang mit Steinkohlenteer ist nicht ungefährlich, da viele der darin enthaltenen höheren Kohlenwasserstoffe krebserregend sind. Unter den Arbeitern in Teerverarbeitungsbetrieben kann deshalb Hautkrebs als Berufskrankheit auftreten[2]. Eine der gefährlichsten krebserregenden Substanzen scheint das 3.4-Benzpyren zu sein, das von Cook in einer Menge von 7 g aus 2 Tonnen Steinkohlenteerpech isoliert werden konnte.

II. Zwischenprodukte

1. Allgemeines

Die hauptsächlich aus dem Steinkohlenteer gewonnenen Rohstoffe der Farbstoffindustrie werden durch Sulfonierung, Nitrierung, Halogenierung, Reduktion, Oxydation und verschiedene weitere Umsetzungen in zahlreiche Zwischenprodukte übergeführt. Diese bilden die Ausgangsmaterialien für alle möglichen Farbstoffe. Nicht selten ist die Herstellung der Zwischenprodukte schwieriger und bedingt größere apparative Einrichtungen als ihre Überführung in Farbstoffe. Eine rationelle

---

[1] Vgl.: Lang, K. F.: Angew. Chem. **63**, 345 (1951). — Kruber, O.: Angew. Chem. **61**, 59 (1949). — Frank, H. G.: Angew. Chem. **63**, 260 (1951); ferner Zander, M.: Angew. Chem. **72**, 513 (1960).

[2] Oettel, H.: Angew. Chem. **70**, 532 (1958).

Produktion erfordert meistens große Chargen; wichtige Großprodukte wie Phenol werden sogar in kontinuierlichen Anlagen hergestellt. Viele Farbstoffhersteller beziehen deshalb einen Teil der benötigten Zwischenprodukte von anderen Unternehmen.

Bei der Darstellung der Zwischenprodukte werden teils neue, reaktionsfähige Gruppen in das Molekül eingeführt, teils werden vorhandene oder vorgängig eingeführte Gruppen verändert sowie durch solche ersetzt, die nicht auf direktem Wege eingeführt werden können. Nicht zuletzt werden auch neue Grundgerüste synthetisiert. Aus verhältnismäßig wenigen Rohstoffen und mit einer kleinen Zahl von chemischen Umsetzungen lassen sich derart sehr viele verschiedenartige Zwischenprodukte darstellen. Manche der dabei benützten Reaktionen werden ferner auch zur Abwandlung von Farbstoffen häufig benützt, so die Sulfonierung, Halogenierung, Nitrierung, Reduktion und Alkylierung. Eine genaue Kenntnis dieser Reaktionen ist deshalb zum eingehenden Verständnis der Farbstoffchemie unerläßlich. Daher werden sie in den folgenden Kapiteln zusammen mit der Herstellung der wichtigsten Zwischenprodukte verhältnismäßig ausführlich besprochen, wobei auch die theoretischen Grundlagen berücksichtigt werden, wie sie sich in neuerer Anschauung präsentieren.

a) Literatur

Die allgemeine Literatur über die Herstellung von Zwischenprodukten ist nachfolgend kurz zusammengestellt.

GROGGINS, P. H. (Editor): Unit Processes in Organic Synthesis. New York: McGraw-Hill Book Co. 1952; London 1953.

FIERZ-DAVID, H. E., u. L. BLANGEY: Grundlegende Operationen der Farbenchemie, 8. Aufl. Wien: Springer 1952.

FAITH, W. L., D. B. KEYES u. R. L. CLARK: Industrial Chemicals, 2nd ed. New York: John Wiley and Sons 1957.

DONALDSON, N.: The Chemistry and Technology of Naphthalene Compounds. London: Arnold 1958.

FOERST, W. (Herausgeber): Ullmanns Encyklopädie der technischen Chemie, 3. Aufl. München-Berlin: Urban & Schwarzenberg, seit 1951 in Erscheinung.

FRIEDLÄNDER, P.: Fortschritte der Teerfarbenfabrikation, Deutsche Reichspatente von 1877—1938. Berlin: Springer 1888—1942.

Bayer-Werke: Deutsche Reichspatente auf dem Gebiet der organischen Chemie 1939—1945; Bd. I, Farbstoffe; Bd. VI, Zwischenprodukte. Leverkusen: Bayer-Werke, Literaturabteilung.

Industrial and Engineering Chemistry, seit 1948 jährliche Sammelreferate über „Unit Processes".

BIOS, CIOS und FIAT Reports über die deutsche Farbstoffindustrie.

Präparative Vorschriften, die allerdings den Rahmen der Farbstoff-Zwischenprodukte meist sprengen, sind in den folgenden Werken zu finden:

FIERZ-DAVID, H. E., u. P. BLANGEY: s. oben.

GATTERMANN, L., u. H. WIELAND: Die Praxis des organischen Chemikers. Berlin: W. de Gruyter & Co. 1960.

VOGEL, A. I.: Practical Organic Chemistry. London: Longmans 1959.

BLATT, A. H. (Editor): Organic Synthesis, Collective Volumes 1, 2 u. 3 sowie die Einzelbände dieser Serie. New York: John Wiley and Sons 1950, 1955, 1960.

MÜLLER, E. (Herausgeber), HOUBEN-WEYL: Methoden der organischen Chemie, 4. Aufl. Stuttgart: Georg Thieme, seit 1952 erscheinend.
FOERST, W. (Herausgeber): Neuere Methoden der präparativen organischen Chemie 1, 2 u. 3. Weinheim: Verlag Chemie 1949, 1960.
MIGRDICHIAN, V.: Organic Synthesis, Vol. 2. New York: Reinhold 1957.
WAGNER, R. B., u. H. D. ZOOK: Synthetic Organic Chemistry. New York: John Wiley and Sons 1953.

b) Reaktionsmechanismen aromatischer Verbindungen

Charakteristisch für alle aromatischen Verbindungen ist ihre ausgeprägte Tendenz, Substitutionsreaktionen einzugehen, bei denen ein Wasserstoffatom durch ein anderes Atom oder eine Atomgruppe ersetzt und als Proton abgespalten wird. Derartige Umsetzungen werden durch ein positives Ion oder einen entsprechend polarisierten Komplex eingeleitet; man bezeichnet sie als *elektrophile* oder auch als kationoide Reaktionen[1]. Erfolgt der Angriff indessen durch ein negatives Ion oder eine entsprechend polarisierte Gruppe, so spricht man von einer *nucleophilen* oder auch einer anionoiden Reaktion; tritt ein Radikal als aktives Reagens auf, so hat man es mit einer *Radikalreaktion* zu tun.

Der Ersatz eines Wasserstoffatomes in einer aromatischen und alicyclischen Verbindung wird selten durch eine nucleophile oder radikalische Umsetzung vorgenommen, denn man erhält so nur in Spezialfällen brauchbare Ausbeuten. Die Mehrzahl der Substitutionsvorgänge, bei denen ein Wasserstoffatom durch einen neuen Substituenten ersetzt wird, und vor allem fast alle technischen Prozesse dieser Art beruhen auf *elektrophilen Reaktionen,* wobei das Wasserstoffatom als Proton austritt. Eine solche Umsetzung wird durch genügend reaktionsfähige kationoide Partikel eingeleitet, bei denen es sich um eigentliche Kationen oder polarisierte Komplexe handeln kann.

Im folgenden seien einige Primärreaktionen aufgeführt, die zu elektrophilen Partikeln führen. Vielfach spielen dabei katalytische Vorgänge und polare Komplexe eine ausschlaggebende Rolle, wie das erste Beispiel der aromatischen Chlorierung in Gegenwart von wasserfreiem Eisen-III-chlorid zeigt:

1 a. $\qquad$ $Cl{-}Cl + FeCl_3 \rightarrow Cl^{\oplus}\,[FeCl_4]^{\ominus}$

1 b. $\qquad$ (Benzol) $+ Cl^{\oplus} \rightarrow$ (Chlorbenzol) $+ H^{\oplus}$

1 c. $\qquad$ $[FeCl_4]^{\ominus} + H^{\oplus} \rightleftarrows FeCl_3 + HCl$

2. $\qquad$ $CH_3Cl + AlCl_3 \rightarrow CH_3^{\oplus}\,[AlCl_4]^{\ominus}$

---

[1] Vgl.: BADGERS, G. M.: The Structures and Reactions of the Aromatic Compounds. London: Cambridge University Press 1954. — MARE, P. B. D. DE LA, u. J. H. RIDD: Aromatic Substitution, Halogenation and Nitration. London: Butterworths & Co. 1959. — WILLIAMS, G. H.: Homolytic Aromatic Substitution. Oxford 1960. Ferner DEWAR, M. J. S.: The Electronic Theory of Organic Chemistry. London: Oxford University Press 1949 u. 1952. — HINE, J.: Reaktivität und Mechanismus. Stuttgart: Georg Thieme 1960.

3. $\quad CH_3-CH=CH_2 + HF \rightarrow CH_3-\overset{\oplus}{C}H-CH_3 + F^{\ominus}$

4. $\quad R-COCl + AlCl_3 \rightarrow R-\overset{\oplus}{\underset{\underset{Cl}{|}}{C}}-[O-AlCl_3]^{\ominus}$

5. $\quad CH_2O + HCl \rightarrow H_2\overset{\oplus}{C}OH + Cl^{\ominus}$

6. $\quad Cl-Br \rightarrow Br^{\oplus} + Cl^{\ominus}$

7. $\quad HNO_3 + 2\,H_2SO_4 \rightarrow NO_2{}^{\oplus} + H_3O^{\oplus} + 2\,HSO_4{}^{\ominus}$

8. $\quad HNO_2 \xrightarrow{H^{\oplus}} HO\overset{\oplus}{N}OH \xrightarrow{H^{\oplus}} NO^{\oplus} + H_3O^{\oplus}$

Zwischen dem elektrophilen Reagens und der elektronenreichen aromatischen Verbindung tritt eine gegenseitige Einwirkung auf, die über ein Zwischenstadium zur neuen Verbindung führt. Nach der Auffassung von WHELAND[1] ist das Zwischenstadium dadurch gekennzeichnet, daß am angegriffenen Kohlenstoffatom eine sp³-Hybridisierung eintritt, wodurch die Resonanz des aromatischen Ringes stark gestört und die Resonanzenergie der Verbindung im Zwischenstadium entsprechend verringert wird. Der Vorgang kann etwa folgendermaßen formuliert werden:

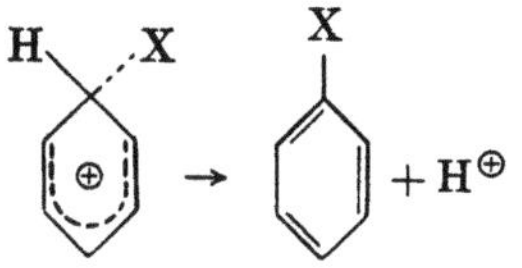

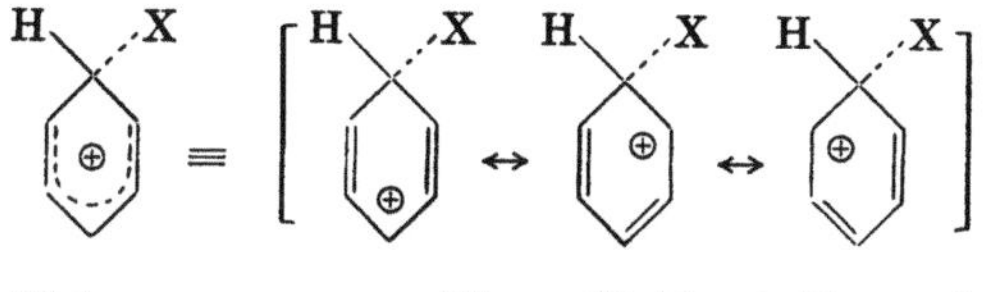

Die sp³-Hybridisierung am angegriffenen Kohlenstoffatom bedeutet, daß sich weder das Chlor- noch das Wasserstoffatom weiterhin in der Ebene des Benzolringes befinden, sondern, wie angedeutet, oberhalb und unterhalb derselben. Die übrigen Kohlenstoffatome verbleiben in sp²-Hybridisierung und die entsprechenden Wasserstoffatome in der Ebene des Ringes. Das beschriebene Stadium ist nicht faßbar; man bezeichnet es deshalb als „aktivierten Komplex" oder als „Übergangszustand" zum Unterschied von einer prinzipiell faßbaren „Zwischenverbindung". Aus dem Übergangszustand entsteht durch Abspaltung eines Protons das substituierte Endprodukt.

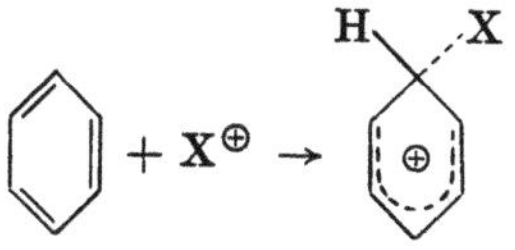

---

[1] WHELAND, G. W.: J. Amer. chem. Soc. **64**, 900 (1942). — ZOLLINGER, HCH.: Experientia **12**, 165 (1956).

Nach der Auffassung von Dewar[1] kommt es bei der Substitutionsreaktion erst sekundär zu einem Übergangszustand, während der Primärschritt in der Bildung eines sog. π-Komplexes besteht, wobei das angreifende Ion noch nicht mit einem bestimmten Kohlenstoffatom, sondern erst allgemein mit der π-Elektronenhülle des angegriffenen Aromaten in Wechselwirkung getreten ist, etwa gemäß dem folgenden Bilde[2]:

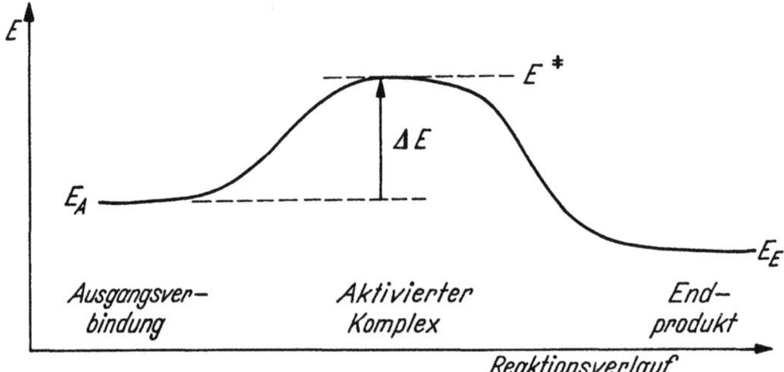

Es ist leicht ersichtlich, daß die angegriffene Verbindung im Übergangszustand am unstabilsten ist, denn es tritt gegenüber dem ursprünglichen Zustand ein Verlust an Resonanzenergie ein, während das Endprodukt wieder die volle Resonanzenergie des aromatischen Ringes besitzt. Die Gesamtenergie des Moleküls durchläuft deshalb während der Reaktion ein Maximum. Tritt bei einer Umsetzung nicht nur der geschilderte Übergangszustand, sondern eine Zwischenverbindung auf, so werden zwei Maxima durchlaufen, etwa gemäß den nachfolgenden Kurven.

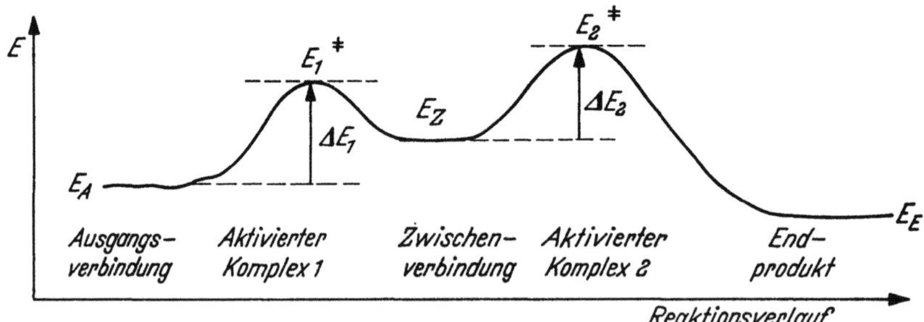

Abb. 18. Energiediagramm einer Substitutionsreaktion

Abb. 19. Energiediagramm eines Reaktionsablaufes über eine Zwischenverbindung

Die Energiedifferenz ΔE zwischen der ursprünglichen Energie E_A und derjenigen des Übergangszustandes $E^{\ddagger}$ bestimmt die Geschwindigkeit der Substitution.

Praktisch hängt der Eintritt einer Substitution in erster Linie davon ab, ob die Energieschwelle ΔE überwunden werden kann oder nicht, und dies ist oft eine

[1] Dewar, M. J. S.: J. chem. Soc. [London] 1946, 406, 777; — Bull. Soc. chim. France 1957, 71.

[2] Bezüglich aromatischer π-Komplexe sei verwiesen auf: Andrews, L. J.: Chem. Reviews 54, 713 (1954); ferner Mulliken, R. S.: J. Amer. chem. Soc. 72, 600 (1950); 74, 811 (1952); — J. physic. Chem. 56, 801 (1952). — Orgel, L. E.: Quart. Reviews 8, 422, 437 (1954).

Frage der Versuchsbedingungen. Diese können durch Änderungen der Konzentration der eingesetzten Reagentien, durch die Wahl des Katalysators und der Reaktionstemperatur weitgehend variiert werden. In vielen Fällen spielt das verwendete Lösungsmittel eine wesentliche Rolle infolge der verschiedenen Löslichkeiten der Reaktionsteilnehmer, der Förderung erwünschter oder unerwünschter Zwischenkomplexe und auch infolge anderer, weniger durchsichtiger Effekte.

Bei allen diesen Substitutionen handelt es sich um Reaktionen an aromatischen Verbindungen, wobei die auftretenden Übergangsstadien einander analog sind. Eine wesentliche Komponente der Energiedifferenz ΔE zwischen der ursprünglichen Energie E_A des Moleküls und derjenigen des Übergangszustandes $E^{\neq}$ besteht deshalb aus der Differenz ΔR der Resonanzenergien der beiden Zustände. Bei identischen Reaktionen an verschiedenen Aromaten oder an verschiedenen Kohlenstoffatomen desselben Körpers ist ΔE proportional dem Verlust ΔR an Resonanzenergie im Übergangskomplex. Die Reaktionsgeschwindigkeit wird damit weitgehend von ΔR abhängig und um so größer, je geringer ΔR ist[1]. Da sich diese Unterschiede in den Resonanzenergien berechnen oder abschätzen lassen, kann man daraus Rückschlüsse auf die relativen Reaktionsgeschwindigkeiten ziehen, und experimentelle Untersuchungen haben eine weitgehende Übereinstimmung mit den Berechnungen gezeigt[2]. Besonders bei höheren Ringsystemen ist das Verfahren von Interesse, da es den Anteil der verschiedenen Isomeren im Reaktionsprodukt zu schätzen ermöglicht. Verschiedene neuere Arbeiten haben sich deshalb mit derartigen Problemen befaßt[3].

Neben den elektrophilen spielen die *nucleophilen Substitutionen*, bei denen ein Wasserstoffatom durch eine negative Gruppe ersetzt wird, nur eine untergeordnete Rolle. Der zu erwartende Übergangskomplex I mit einem Elektronenüberschuß ist im Gegensatz zu dem positiven Übergangskomplex bei elektrophilen Reaktionen wenig stabil, so daß seine Bildung nur schwer erfolgt. Außerdem wird bei den nucleophilen Substitutionen ein Wasserstoffanion frei, das von einem geeigneten Akzeptor gebunden werden muß.

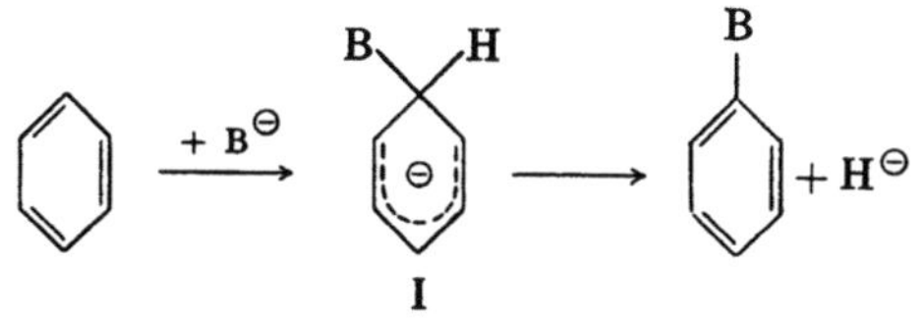

Eine Reaktion dieser Art ist die Aminierung von Naphthalin mit Natriumamid[4]:

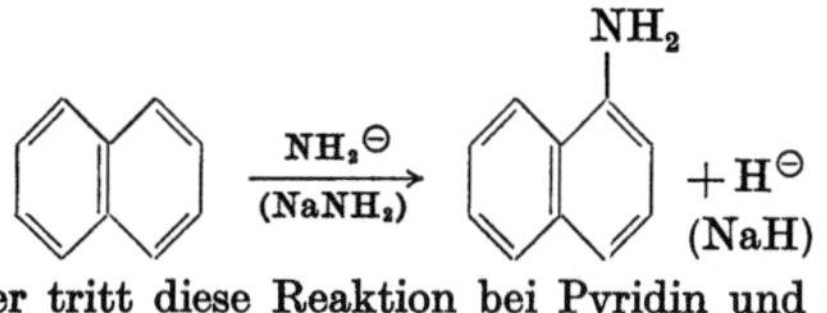

Wesentlich glatter tritt diese Reaktion bei Pyridin und Chinolin ein, da das heterocyclische Stickstoffatom infolge seiner Elektronenaffinität die negative

---

[1] Vgl. dazu: BROWN, R. D.: Quart. Reviews 6, 63 (1952); — J. chem. Soc. [London] 1950, 691, 2730, 3249; 1951, 1612, 1950, 3129. — DEWAR, M. J. S.: J. Amer. chem. Soc. 74, 3355, 3357 (1952).

[2] BAVIN, P. M. G., u. M. J. S. DEWAR: J. chem. Soc. [London] 1956, 164. — DEWAR, M. J. S., u. T. MOLE: J. chem. Soc. [London] 1956, 1441. — DEWAR, M. J. S., u. E. W. T. WARFORD: J. chem. Soc. [London] 1956, 3570, 3576, 3581. — DEWAR, M. J. S., T. MOLE, T. S. URCH u. E. W. T. WARFORD: J. chem. Soc. [London] 1956, 3572. — BROWN, R. D.: s. Fußnote[1].

[3] GORE, P. H.: J. chem. Soc. [London] 1954, 3166.

[4] SACHS, F.: Ber. dtsch. chem. Ges. 39, 3006, 3023 (1906).

Ladung des aktivierten Komplexes teilweise an sich zieht und dadurch die Umsetzung in der α- und γ-Stellung erleichtert. Aus Pyridin und Natriumamid in siedendem Toluol erhält man 2-Aminopyridin in 50% Ausbeute; die Reaktion wird nach ihrem Entdecker Tschitschibabin benannt[1].

Der aktivierte Komplex wird durch elektronenanziehende Substituenten am Benzolring beträchtlich stabilisiert. Während Benzol selbst von Alkalien nicht verändert wird, entsteht aus Nitrobenzol bei der Einwirkung trockenen Ätzkalis bei 60—70° C das o-Nitrophenol in 45%iger Ausbeute[2], mit Lithiumpiperidid wird bei —50° C das o-Nitrophenyl-piperidin gebildet[3]. Als Nebenprodukte entstehen in beiden Fällen Azoxyverbindungen infolge der Reduktionswirkung der austretenden Wasserstoffanionen:

$$2\,\text{Ar—NO}_2 \xrightarrow{\text{H}^{\ominus}} \text{Ar—N} \overset{}{=\!=} \text{N—Ar} \quad (\text{über } \text{O})$$

Wird statt eines Wasserstoffatomes ein bereits vorhandener geeigneter Substituent ersetzt, so kann sich die Reaktion wie bei der Substitution eines Wasserstoffatomes über einen aktivierten Komplex abspielen. Dabei dürfte der austretende Substituent bereits im Übergangskomplex einen Teil des Elektronenüberschusses an sich ziehen. Als austauschbare Substituenten sind deshalb prinzipiell solche geeignet, die sich als Anionen ablösen können. Als Beispiel sei die Alkalischmelze einer Sulfonsäure genannt[4]:

Auch derartige Austauschreaktionen werden durch elektronenanziehende Substituenten in den Stellungen ortho und para zur ersetzten Gruppe stark begünstigt, da der Übergangskomplex dabei wiederum stabilisiert wird.

Ein *zweiter nucleophiler Austauschmechanismus*, der in den letzten Jahren steigendes Interesse erlangt hat, verläuft unter intermediärer Bildung eines Arines und wird folgendermaßen formuliert[5]:

---

[1] Tschitschibabin, A., u. O. Seide: Chem. Zbl. **1915** I, 1064.

[2] Wibaut, J. P., u. E. Dingemanse: Rec. Trav. chim. Pays-Bas **42**, 240 (1923). — Wohl, A.: Ber. dtsch. chem. Ges. **32**, 3486 (1899). — Aul, W.: Ber. dtsch. chem. Ges. **34**, 2442 (1901).

[3] Huisgen, R., u. H. Rist: Liebigs Ann. Chem. **594**, 159 (1955).

[4] Für eine Übersicht siehe: Bunnett, J. F., u. R. E. Zahler: Chem. Reviews **49**, 273 (1951).

[5] Vgl.: Huisgen, R. u. J. Sauer: Angew. Chem. **72**, 91 (1960); ferner Wittig, G.: Angew. Chem. **69**, 245 (1957). Eine Übersicht findet sich bei: Bunnett, J. F.: Quart. Reviews **12**, 1 (1958).

Die Bildung der negativ geladenen Zwischenstufe, die durch Abspaltung von $X^\ominus$ in das Arin übergeht, wird durch den induktiven, elektronensaugenden Effekt des Substituenten X ermöglicht (X = Halogen). Da das Endprodukt durch Addition von BH an eine Dreifach-Bindung entsteht, müssen bei Verwendung von Benzol mit einem C^{14}-Isotopen als markiertem Kohlenstoffatom zwei Isomere entstehen, die auch tatsächlich nachgewiesen werden konnten. Von den technischen Verfahren dürfte die Hydrolyse von Chlorbenzol zu Phenol mit Natronlauge bei 380—420° C wenigstens teilweise über die Arinstufe erfolgen[1]. Befinden sich jedoch elektronenanziehende Substituenten mit mesomerer Wirkung wie Nitro-, Carboxy- und Carbonylgruppen oder sehr stark induktiver Wirkung wie Diazonium- und quaternäre Ammoniumgruppen in der ortho- oder para-Stellung zum reagierenden Substituenten X, so überwiegt infolge der Stabilisierung des entsprechenden Übergangskomplexes ganz eindeutig der Substitutionsmechanismus.

Ein *dritter nucleophiler Reaktionsmechanismus* tritt in manchen Synthesen mit Diazoniumsalzen auf. Der geschwindigkeitsbestimmende Schritt besteht hier im monomolekularen Zerfall der Diazoniumverbindung in ein Phenylkation und Stickstoff. Die weitere Umsetzung des Phenylkations mit einem Anion erfolgt außerordentlich rasch; die Bildung von Stellungsisomeren wird nicht beobachtet[2]:

Radikalreaktionen sind in der Zwischenproduktchemie selten und spielen technisch nur in Einzelfällen eine Rolle, beispielsweise bei der Chlorierung unter Lichteinwirkung[3]. Chlormoleküle werden unter Auf-

[1] Vgl.: LÜTTRINGSHAUS, A., u. D. AMBROS: Chem. Ber. **89**, 463 (1956); ferner BOTTINI, A. T., u. J. D. ROBERTS: J. Amer. chem. Soc. **79**, 1458 (1957).

[2] Vgl.: NESMEYANOV, A. N., L. G. MAKAROV u. T. P. TOLSTAYA: Tetrahedron **1**, 145 (1957).

[3] Für eine Übersicht über Radikalreaktionen sei verwiesen auf: DERMER, O. C., u. M. T. EDMISON: Chem. Reviews **57**, 77 (1957). — ANGORD, D. R., u. G. H. WILLIAMS: Chem. Reviews **57**, 123 (1957). — BURNETT, G., u. H. W. MELVILLE:

nahme eines Lichtquants in Chloratome gespalten, die als Radikale mit der organischen Verbindung reagieren und dabei eine Kettenreaktion starten. Als wichtiges Beispiel sei die Bildung von Benzolhexachlorid (= Hexachlorcyclohexan) angeführt, das durch Einwirkung von Chlor auf Benzol bei starker Belichtung, aber nur in völliger Abwesenheit von Substitutionskatalysatoren wie Eisentrichlorid gebildet wird. Auch die Chlorierung von Methylgruppen im Licht spielt sich nach diesem Mechanismus ab.

a) $$Cl_2 + h\nu \rightarrow 2\ Cl\cdot$$

b)

c)

Additionsreaktionen treten gelegentlich an höheren Ringsystemen bei niederer Temperatur auf, jedoch nur in spezifischen Stellungen. So addieren sowohl Anthracen als auch Phenanthren in den 9.10-Stellungen Chlor. Das entstandene 9.10-Dihydro-dichlorderivat verliert beim Erwärmen Chlorwasserstoff und geht in das aromatische 9-Chlorderivat über. Die Einwirkung von Halogen bei höherer Temperatur führt direkt zum Substitutionsprodukt.

c) Substitutionsregeln

Die in eine aromatische Verbindung neu eintretenden Gruppen werden durch bereits vorhandene Substituenten in bestimmte Stellungen dirigiert[1]. Da mit der Einführung eines einzelnen Substituenten im allgemeinen erst die Vorstufe zu komplizierteren Produkten erreicht wird, bildet die Kenntnis der Substitutionsregelmäßigkeiten und ihre

Chem. Reviews **54**, 225 (1954). — Müller, E.: Angew. Chem. **64**, 233 (1952); ferner Williams, G. H.: Homolytic Aromatic Substitution. Oxford 1960. — Walling, C.: Free Radicals in Solution. New York: John Wiley and Sons 1957. — Waters, W. A.: The Chemistry of Free Radicals. London: Oxford University Press 1948.

[1] Für einen modernen Überblick vgl.: Stock, L. M., u. H. C. Brown: A Quantitative Treatment of Directive Effects in Aromatic Substitution, S. 35—155 bei V. Gold (Editor): Advances in Physical Organic Chemistry. London: Academic Press 1963. — Vgl. auch: Ferguson, L. N.: Chem. Reviews **50**, 47 (1952). — Seel, F.: Angew. Chem. **60**, 300 (1948); ferner Price, C. C.: Chem. Reviews **29**, 37 (1941). — Hollemann, A. F.: Chem. Reviews **1**, 187 (1925) sowie Eistert, B.: Chemismus und Konstitution. Stuttgart: Ferdinand Enke 1948.

sinngemäße Anwendung den Schlüssel zum Verständnis fast der ganzen Zwischenproduktchemie, vor allem der Benzolderivate.

Bei den Substituenten unterscheidet man zwei Hauptgruppen. *Substituenten erster Klasse* sind in der Regel solche, die Elektronen an das aromatische System abgeben bzw. die Elektronendichte des letzteren an spezifischen Stellen zu erhöhen vermögen, wobei meistens Resonanzeffekte eine wichtige Rolle spielen. Sie dirigieren den neu eintretenden elektrophilen Substituenten in die ortho- und para-Stellung des Benzolringes und erleichtern im allgemeinen die Zweitsubstitution infolge der Vergrößerung der Elektronendichte im Aromaten. Die wichtigsten Gruppen sind, geordnet nach abnehmender Wirksamkeit:

$$-O^{\ominus}, \ -OH, \ -NR_2, \ -NHR, \ -NH_2, \ -OR, \ -NH-COR,$$

$$-O-COR, \ -N=N-, \ -Cl, \ -Br, \ -J, \ -Ar, \ -R.$$

Es ist zu beachten, daß sich in allen Fällen zwei Effekte überlagern, deren Wirkung oft gegensätzlich ist. Man bezeichnet sie als induktiven und elektromeren Effekt. Beim *induktiven Effekt* wird die Polarisation einer Bindung geändert. In der C—H-Bindung ist bekanntlich das Wasserstoffatom stärker elektronenanziehend als das Kohlenstoffatom, so daß eine leichte Polarisation zu $\delta_C^{\oplus}-\delta_H^{\ominus}$ eintritt[1]. Wird nun das Wasserstoff- durch ein Chloratom ersetzt, dessen Elektronensog viel größer ist, so verstärkt sich diese Polarisation entsprechend. Tritt umgekehrt an die Stelle des Wasserstoffatoms eine Methylgruppe, deren Elektronensog geringer ist, so kehrt sich diese Polarisation relativ zu derjenigen einer C—H-Bindung um. Infolge der verschiedenartigen Polarisation ändert sich die Elektronenaffinität des direkt betroffenen Kohlenstoffatomes, wie auch diejenige weiterer, nur mittelbar betroffener Kohlenstoffatome. Es ist zu beachten, daß beim induktiven Effekt die Polarisation einer Bindung immer im Vergleich mit einer C—H-Bindung betrachtet wird. Der Elektronensog von Substituenten nimmt in der folgenden Reihe zu:

$$CH_3CH_2 < CH_3 < H < NR_2 < NH_2 < OR < OH < I < Br < Cl < F.$$

Die *elektromeren Effekte* beruhen auf Resonanzerscheinungen. Sie sind im allgemeinen viel stärker als die induktiven Effekte und verdecken diese. Die Wirkung der meisten Substituenten erster Klasse beruht auf der Anwesenheit eines einsamen Elektronenpaares, welches mit den aromatischen π-Elektronen in Resonanz tritt und in den Stellungen ortho und para zum Substituenten die Elektronendichte vergrößert. Sehr schön läßt sich diese Erscheinung am Phenolat-Ion zeigen, welchem ohne Berücksichtigung der Resonanz mit dem Benzolring eine Struktur gemäß I zukäme, wobei die gesamte Ladung in der Umgebung des Sauerstoffatomes lokalisiert wäre. Tatsächlich tritt eine Delokalisierung ein, welche in erster Annäherung eine Verteilung der Elektronen gemäß II anstrebt[2].

O — 1,000   O — 0,571

— 0,143   — 0,143

— 0,143

I   II

---

[1] Vgl.: GENT, W. L. G.: Quart. Reviews **2**, 383 (1948).

[2] Vgl.: LONGUET-HIGGINS, H. C.: J. chem. Physics **18**, 275 (1950). — DEWAR, M. J. S.: J. Amer. chem. Soc. **74**, 3352 (1952).

Die wirkliche Ladungsverteilung liegt zwischen den beiden Strukturen I und II. Durch einen sekundären, induktiven Effekt, hervorgerufen durch die höhere Elektronendichte der Kohlenstoffatome 2, 4 und 6 werden zudem auch die Ladungen in den Stellungen 1, 3 und 5 etwas vergrößert. Man kann nun einfach annehmen, daß die Substitution an den Kohlenstoffatomen mit der größten Elektronendichte am leichtesten verläuft[1], womit der Einfluß des Substituenten anschaulich erklärt ist. In neuerer Zeit wird jedoch die Stabilisierung des aktivierten Komplexes durch den Substituenten als wesentlicher Faktor betrachtet, worauf weiter unten noch kurz eingegangen wird.

Der ebenfalls vorhandene primäre induktive Effekt, der auf dem Elektronensog des Sauerstoffatoms beruht und auf eine Verringerung der Elektronendichte im Benzolring hinzielt, wird von den elektromeren Effekten vollkommen überdeckt.

Bei den Amino- und Äthergruppen tritt Resonanz zwischen dem einsamen Elektronenpaar dieser Gruppen und dem aromatischen Ring auf. Wird das einsame Elektronenpaar anderweitig beansprucht, beispielsweise durch Salzbildung der Aminogruppe in saurem Medium, so verringert sich der elektromere Effekt und damit die dirigierende Wirksamkeit der Aminogruppe stark. Er verschwindet vollkommen bei einer Quaternierung der Aminogruppe.

Die gleichzeitige Wirksamkeit zweier Effekte kommt deutlich zum Ausdruck, wenn Chlor als Substituent vorliegt, da dieses neben einer starken induktiven nur eine schwache elektromere Wirkung besitzt[2]. Der Elektronensog des Chloratoms führt zur Verringerung der Elektronendichte im aromatischen Ring und damit zu einer Erschwerung der Substitution. Gleichzeitig tritt aber auch eine schwache Resonanz zwischen einem Elektronenpaar des Chloratoms und dem Ring auf, der wieder eine geringe Erhöhung der Elektronendichte in der ortho- und para-Stellung zur Folge hat. Chlorbenzol läßt sich deshalb weniger leicht substituieren als Benzol selbst, und die Substitution erfolgt vorwiegend in den ortho- und para-Stellungen.

Methylgruppen dürften neben ihrem induktiven Effekt durch die sog. „Hyperkonjugation" wirken. Damit bezeichnet man Resonanzerscheinungen zwischen den Elektronen der CH_3-Bindungen und dem aromatischen Ring[3].

Das Nebeneinander von induktiven und elektromeren Effekten, wobei die ersteren nicht gleichmäßig über den gesamten aromatischen Ring hin wirken, äußert sich unter anderem darin, daß bei einer Substitution je nach dem bereits vorliegenden Substituenten wechselnde Anteile von ortho- und para-Isomeren gebildet werden[4].

Substituenten zweiter Klasse sind elektronenanziehend und vermögen die Elektronendichte im aromatischen Kern zu verringern, was sich vor allem in den ortho- und para-Stellungen auswirkt, so daß bei der elektrophilen Substitution die meta-Stellung bevorzugt wird. Eine weitere Substitution wird deshalb auch allgemein erschwert. Die wichtigsten dieser Gruppen sind, geordnet nach abnehmender Wirksamkeit:

$$-\overset{\oplus}{N}H_3, \quad -\overset{\oplus}{N}H_2R, \quad -\overset{\oplus}{N}HR_2, \quad -\overset{\oplus}{N}R_3, \quad -NO_2, \quad -SO_3H, \quad -SO_2Cl,$$

$$-SO_2R, \quad -COOH, \quad -COOR, \quad -CONHR, \quad -CHO, \quad -COR, \quad -CN.$$

Auch bei den Substituenten zweiter Klasse treten nebeneinander induktive und elektromere Effekte auf, deren Wirkungen jedoch gleichgerichtet sind, im Gegensatz zu den Verhältnissen bei den Substituenten erster Klasse. Für den induktiven Effekt gelten wiederum die früheren Erläuterungen. Eine Verringerung der Elektronendichte im aromati-

[1] Vgl.: WHELAND, G. W., u. L. PAULING: J. Amer. chem. Soc. 57, 2086 (1935).

[2] Vgl.: RUSSELL, G. A.: Tetrahedron 8, 101 (1960).

[3] Vgl.: BECKER, F.: Angew. Chem. 65, 97 (1953). — COULSON, C. A.: Quart. Reviews 1, 172 (1947).

[4] Vgl.: DEWAR, M. J. S.: J. chem. Soc. [London] 1949, 463.

schen Ring durch elektromere Effekte tritt allgemein auf mit Gruppen, welche eine Doppelbindung und ein endständiges Heteroatom besitzen. Die π-Elektronen der Doppelbindung treten in Wechselwirkung mit denjenigen des aromatischen Ringes und werden gleichzeitig vom Elektronensog des Heteroatomes angezogen.

Im Falle des Benzaldehyds I besteht deshalb eine Annäherung an die Elektronenverteilung nach Formel II und ganz analog beim Nitrobenzol eine solche an den Zustand IV.

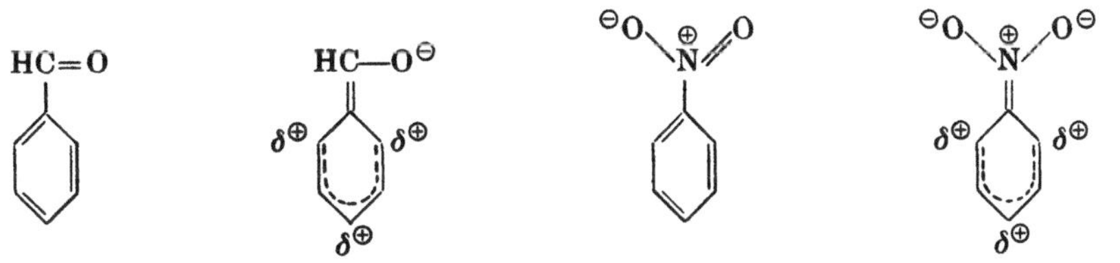

HC=O   HC—O$^\ominus$

I   II   III   IV

Wie aus den Formeln II und IV ersichtlich ist, verbleiben in den meta-Stellungen die größten Elektronendichten, in denen deshalb auch die weitere elektrophile Substitution erfolgt. Infolge sekundärer induktiver Effekte erfahren sie zwar ebenfalls eine gewisse Verringerung der Elektronendichte, wodurch die allgemeine Erschwerung der Substitution durch Substituenten zweiter Klasse verständlich wird. Quaternierte Aminogruppen dirigieren infolge ihres starken induktiven Effektes in die meta-Stellung.

Richtigerweise sollte man zur Erklärung der Substitutionsregeln nicht die Elektronendichte im aromatischen Ring, sondern den Einfluß der Substituenten auf den bei der Substitution auftretenden „aktivierten Komplex" heranziehen. Dieser wird je nach der Art und Stellung der vorhandenen Substituenten stabilisiert oder destabilisiert. Eine Stabilisierung führt zu einer Erhöhung der Reaktionsgeschwindigkeit, da die Energie $E^{\pm}$ des Übergangszustandes und damit der Verlust an Resonanzenergie ΔR und die Aktivierungsenergie ΔE geringer werden. Dasjenige Isomere, dessen Übergangszustand am stärksten stabilisiert wird, entsteht deshalb rascher und in größerer Ausbeute als die anderen. Der viel größere Einfluß der elektromeren Effekte wird damit ohne weiteres verständlich[1].

Die genannten Substitutionsregeln beziehen sich auf die elektrophile Substitution, welche häufiger vorkommt. Bei den seltenen Fällen von nucleophiler Substitution, vor allem aber beim *nucleophilen Austausch* bereits vorhandener Substituenten durch neue Gruppen wirken sich die besprochenen Effekte genau entgegengesetzt aus. Substituenten zweiter Klasse erleichtern deshalb nucleophile Reaktionen am Benzolring und zwar besonders in der ortho- und para-Stellung, da dort die Elektronendichten am geringsten sind.

So wird Nitrobenzol bei der elektrophilen Nitrierung in der meta-Stellung angegriffen. Die nucleophile Umsetzung mit Alkalien dagegen greift in der para-Stellung an und führt zum p-Nitrophenol. Ebenso erfolgt der Austausch von

---

[1] Vgl.: DEWAR, M. J. S.: J. Amer. chem. Soc. **74**, 3341 u.f. (1952); ferner J. chem. Soc. [London] **1949**, 463.

Chlor gegen Hydroxyl- oder Aminogruppen im o- und p-Nitrochlorbenzol leicht, im m-Derivat nur schwer.

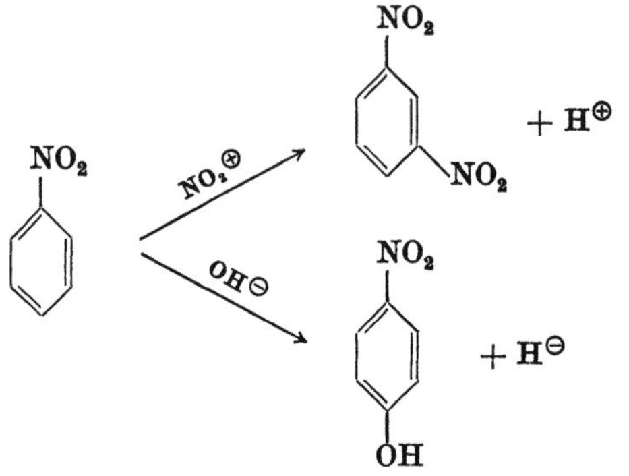

Zwei oder mehr Substituenten in einem Kern können sich in ihrer dirigierenden Wirkung verstärken oder abschwächen. Im letzteren Falle entstehen meist mehrere Isomere nebeneinander, deren Aufarbeitung unter Umständen Schwierigkeiten verursacht, besonders, wenn die dirigierenden Einflüsse der beiden Gruppen ungefähr gleich groß sind. Der Einfluß einer Hydroxylgruppe überwiegt denjenigen aller anderen Substituenten.

Verstärkung:

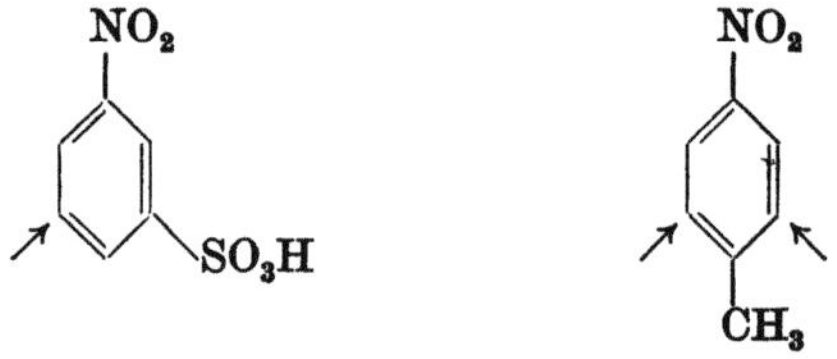

Abschwächung:

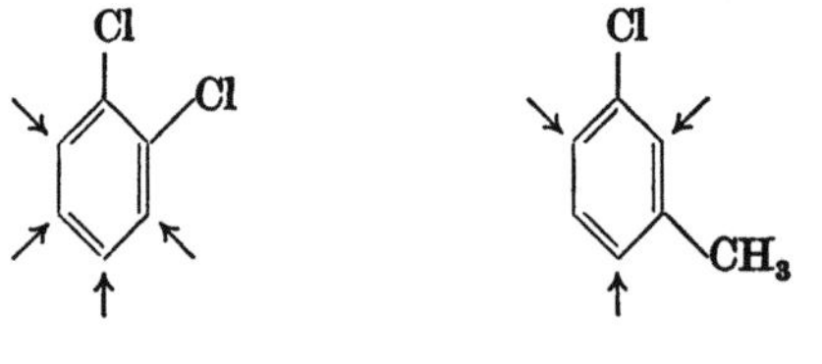

Anschließend sei noch kurz auf die Substitutionsregeln beim Naphthalin **I**, Anthracen **II** und Anthrachinon **III** eingegangen.

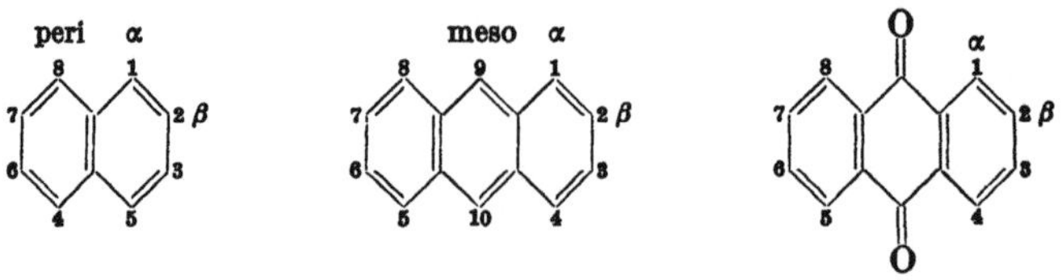

Naphthalin wird bei der Halogenierung und Nitrierung praktisch nur in der α-Stellung substituiert[1]. Dasselbe gilt für die Sulfonierung in der Kälte, d.h. bei 40—60° C. Bei Temperaturen oberhalb 120° C entstehen dagegen vor allem β-Sulfonsäuren. Bereits gebildete α-Sulfonsäuren lagern sich dabei meist um. Über die kalte und warme Sulfonierung des Naphthalins orientiert eine spezielle Zusammenstellung.

Anthracen wird nur in der meso-Stellung, an den Kohlenstoffatomen 9 und 10, angegriffen. Mit Halogen wird in der Kälte das Anlagerungsprodukt, Anthracen-9.10-dihalogenid, gebildet, das beim Erwärmen Halogenwasserstoff abspaltet und in 9-Halogenanthracen übergeht. Eine weitere Substitution erfolgt erst, wenn die meso-Stellungen besetzt sind. Anthracenderivate spielen technisch keine Rolle, dagegen ist das Anthrachinon sehr wichtig.

Anthrachinon wird bei der Nitrierung und Halogenierung fast ausschließlich in der α-Stellung angegriffen, bei der Sulfonierung dagegen ausschließlich in der β-Stellung. Die Sulfonierung in Gegenwart von Quecksilbersulfat liefert jedoch die α-Sulfonsäure, welche damit sehr gut zugänglich ist. Substituenten in der α-Stellung lassen sich leicht austauschen, so daß 1-Aminoanthrachinon und die 1-Halogenanthrachinone, insbesondere das 1-Chlorderivat, auf dem Umweg über die Sulfonsäure hergestellt werden.

2. Halogenierung

Die Chlorierung ist eine in der Zwischenproduktchemie häufig angewandte Reaktion. Auch die Bromierung ist wichtig, wird aber wegen des hohen Brompreises weniger oft vorgenommen. Jodierungen und Fluorierungen sind seltener. Die Halogenierungen erfolgen meistens durch direkte Einwirkung des Halogens auf die betreffende Verbindung; eine Ausnahme bildet die Fluorierung, da freies Fluor auf organische Verbindungen äußerst heftig einwirkt, wobei unerwünschte Nebenprodukte gebildet werden. Man ist zur Herstellung von Fluorderivaten deshalb auf indirekte Methoden angewiesen.

Bei der Einwirkung von Chlor auf aromatische Körper kann eine einfache Anlagerung, eine Chlorierung aliphatischer Seitenketten oder eine Substitution am Aromaten eintreten. Durch geeignete Versuchsbedingungen kann man oft ausschließlich die eine oder andere Reaktion erzwingen.

Die *Anlagerung von Chlor* an Benzol ist eine Radikalreaktion. Sie tritt in Abwesenheit von Katalysatoren und Sauerstoff bei starker Belichtung ein und wurde bereits im Abschnitt über Reaktionsmechanismen erwähnt. Katalysatoren wie Eisen- oder Aluminiumchlorid begünstigen die elektrophile Kernsubstitution, die viel rascher verläuft, und verunmöglichen damit eine Anlagerung. Sauerstoff führt zu einem Kettenabbruch, da die gebildeten Radikale leicht mit ihm reagieren und damit der Hauptreaktion entzogen werden. Das Endprodukt der An-

---

[1] Über Naphthalinderivate vgl.: SEEL, F.: Angew. Chem. **61**, 89 (1949).

lagerung ist das Benzolhexachlorid, richtiger als Hexachlorcyclohexan I (= HCH) bezeichnet. Es kommt in fünf Stereoisomeren vor.

$$
\begin{array}{c}
\text{H} \quad \text{Cl} \\
\text{Cl} \quad \text{H} \\
\text{H} \text{---} \text{Cl} \\
\text{Cl} \text{---} \text{H} \\
\text{H} \quad \text{Cl} \\
\text{Cl} \quad \text{H}
\end{array}
$$

I

Obwohl die Verbindung bereits 1825 von FARADAY dargestellt wurde, erkannte man erst 1941/1942 ihre starke insektizide Wirkung, die jedoch nur dem γ-Isomeren zukommt. Eine Übersicht über die Isomeren und ihren Anteil im Gemisch der technischen Photochlorierung gibt die nachstehende Tabelle:

Form	Anteil %	Schmelzpunkt °C	Löslichkeit in Chloroform g/100 ml
α	60—70	157	4,8
β	5—10	309	0,17
γ	12—15	112,5	25,2
δ	5—10	138,5	14,3
ε	2—5	219	2,0

Außerdem bilden sich noch 3—10% Nebenprodukte, vor allem verschiedene isomere Heptachlor- und Oktachlorcyclohexane. Die technische Herstellung erfolgt durch Einleiten von Chlorgas in Benzol unter gleichzeitiger Bestrahlung mit kurzwelligem Licht. Man arbeitet mit einem Überschuß an Benzol, da dieses gleichzeitig als Lösungsmittel für das gebildete Hexachlorcyclohexan dient. Nach dem Abdestillieren des Benzolüberschusses bleibt eine weiße, kristallinische Masse zurück. Der Anteil des γ-Isomeren läßt sich durch Zusatz von Säuren oder Phosphorpentoxyd erhöhen.

Das rohe Gemisch besitzt einen ausgeprägten Modergeruch, wofür vor allem die Nebenprodukte verantwortlich sind. Zur Anwendung als Insektizid muß das rohe HCH deshalb gereinigt und der Anteil des γ-Isomeren erhöht werden; es ist vor allem unter dem Namen ,,Gammexan'' bekannt geworden. Ein hochreines, praktisch geruchloses Präparat, das zu über 99% γ-Isomeres enthält, ist als ,,Lindan'' im Handel. Hexachlorcyclohexan ist nach dem DDT eines der wichtigsten Insektizide und wird zur Bekämpfung von Maikäfern und Kartoffelkäfern, von Heuschrecken, Baumwoll- und Kaffeeschädlingen wie auch von Hausungeziefer und Textilschädlingen verwendet[1]. Die als Insektizide unwirksamen Isomeren haben bisher keine direkte Verwendung gefunden. Durch katalytische Dehydrochlorierung bei 200—300° C, d.h. durch Abspaltung von Chlorwasserstoff, können sie in Trichlorbenzole übergeführt werden. Zum Teil dienen sie auch als Ausgangsmaterial für 2.4.5-Trichlorphenol, aus dem die 2.4.5-Trichlorphenoxyessigsäure, ein Herbizid, hergestellt wird. Das δ-Isomere ist gegen den Tuberkelbazillus wirksam, doch hat es keine praktische Bedeutung, da es vom Blutserum desaktiviert wird.

Die *Seitenkettenchlorierung* ist ebenfalls eine Radikalreaktion und wird vor allem beim Toluol und bei den Xylolen vorgenommen[2]. Toluol wird bei Siedetemperatur photochloriert, als Radikalüberträger können

---

[1] Zum Chemismus und über biologische Eigenschaften von HCH siehe: SCHWABE, K., H. SCHMIDT u. R. KÜHNEMANN: Angew. Chem. **61**, 482 (1949).

[2] Vgl.: FIAT Report 845.

1—2% Phosphortrichlorid zugesetzt werden. Jeglicher Kontakt des Reaktionsgemisches mit Eisen muß peinlich vermieden werden, da sonst Eisentrichlorid gebildet wird, das eine Kernchlorierung bewirkt. Die Reaktionsgefäße bestehen deshalb entweder aus Glas, Porzellan oder emailliertem Gußeisen. Die Umsetzung läßt sich nicht bei einer bestimmten Stufe abstoppen, sondern liefert ein Gemisch von Benzylchlorid I, Benzalchlorid II und Benzotrichlorid III. Eine vollständige Chlorierung zum Benzotrichlorid ist praktisch nicht möglich, da in der Endphase der Reaktion infolge der energischeren Bedingungen eine starke Tendenz zur Kernchlorierung auftritt.

$$\underset{\text{I}}{CH_2Cl} \qquad \underset{\text{II}}{CHCl_2} \qquad \underset{\text{III}}{CCl_3}$$

Die Trennung des Reaktionsgemisches erfolgt durch fraktionierte Destillation. Benzylchlorid findet ausgedehnte Anwendung zur Herstellung quaternärer Ammoniumverbindungen, unter denen sich verschiedene Textilhilfsmittel befinden. Quaternäre Ammoniumverbindungen mit einem langkettigen Alkylrest besitzen gute germizide Wirkung und dienen zur Reinigung und Desinfektion in Lebensmittelbetrieben, Molkereien und Bierbrauereien. Die Verseifung des Benzylchlorids liefert Benzylalkohol.

Benzalchlorid und Benzotrichlorid werden zum Benzaldehyd respektive zur Benzoesäure verseift, was entweder mit verdünnter Schwefelsäure bei 60° C oder durch Erhitzen mit Wasser auf 100° C in Gegenwart von Eisenfeilspänen geschieht. Der bei der Verseifung entstandene Benzaldehyd kann durch Behandlung mit einer konzentrierten Natriumbisulfitlösung als Bisulfit-Anlagerungsverbindung abgetrennt werden. Die Benzoesäure geht mit Sodalösung als Natriumsalz in Lösung, aus der sie durch Ansäuern zurückgewonnen wird.

Eine andere Möglichkeit der Seitenkettenchlorierung besteht in der Umsetzung mit Sulfurylchlorid in Gegenwart von 0,5 Mol.-% Benzoylperoxyd. Aus Toluol entstehen nach dieser Methode ausschließlich Benzylchlorid und Benzalchlorid, dagegen kein Benzotrichlorid, auch tritt keinerlei Kernchlorierung ein[1]. Aus dem m-Xylol und p-Xylol lassen sich durch Seitenkettenchlorierung die entsprechenden Hexachloride I und II gewinnen.

$$\underset{\text{I}}{CCl_3 \ldots CCl_3} \qquad \underset{\text{II}}{\overset{CCl_3}{\underset{CCl_3}{}}} \qquad \underset{\text{III}}{\overset{CH_2Cl}{\underset{CH_2Cl}{}}}$$

---

[1] KHARASCH, M. S., u. H. C. BROWN: J. Amer. chem. Soc. 61, 2142 (1939).

In Gegenwart von Hexamethylentetramin wird m-Xylol ausschließlich in der Seitenkette chloriert, sogar in Gegenwart von Eisenverbindungen[1]. Aus p-Xylol entsteht mit Sulfurylchlorid in Gegenwart von Benzoylperoxyd das p-Xylylendichlorid III.

Bei der *Kernchlorierung* werden dem Reaktionsgemisch meistens Katalysatoren zugesetzt, die die Bildung von kationischem Chlor begünstigen[2]. Eine Ausnahme bilden Phenole und Amine, die sich sehr leicht chlorieren lassen. Als Katalysatoren eignen sich Lewis-Säuren; am besten bewähren sich Eisentrichlorid, Aluminiumchlorid, Antimontri- und Antimonpentachlorid. Sehr häufig wird Eisentrichlorid verwendet, das man in situ erzeugen kann, indem man dem Reaktionsgemisch Eisenfeilspäne zusetzt. Auch Jod ist ein häufig benützter Chlorierungskatalysator. Viele aromatische Kohlenwasserstoffe und die meisten ihrer Halogen- und Nitroderivate können nur bei Anwesenheit von Katalysatoren chloriert werden; Phenole und Amine reagieren auch ohne solche. Bei den ersteren werden wegen ihrer leichten Substituierbarkeit besonders milde Bedingungen gewählt, die letzteren müssen im allgemeinen durch eine Acetylierung oder Benzoylierung der Aminogruppe geschützt werden, um Oxydationen und andere Nebenreaktionen zu vermeiden. Flüssigkeiten werden in der Regel ohne Verdünnung chloriert, feste Körper müssen dagegen gelöst oder wenigstens suspendiert werden. Dazu eignen sich Tetrachlorkohlenstoff, Tetrachloräthan, o-Dichlorbenzol, Trichlorbenzol, Nitrobenzol, Eisessig, Schwefelsäure und in seltenen Fällen auch Wasser. Manche Chlorierungen verlaufen allerdings nur bei völligem Ausschluß von Wasser glatt.

Zur Herstellung von *Chlorbenzol* chloriert man Benzol beim Siedepunkt nach Zusatz von etwa 1% Eisenfeilspänen[3]. Die Chlorierung wird abgebrochen, bevor sich alles Benzol umgesetzt hat. Trotzdem läßt sich die Bildung von o- und p-Dichlorbenzol aus dem entstandenen Chlorbenzol nicht völlig vermeiden.

Zur Aufarbeitung wird das Reaktionsgemisch neutral gewaschen und fraktioniert destilliert, wobei sich Benzol und Chlorbenzol leicht isolieren lassen, wie aus den verschiedenen Siedepunkten ersichtlich ist: Benzol 80° C, Chlorbenzol 132° C, p-Dichlorbenzol 174° C und o-Dichlorbenzol 180° C. Die beiden letzteren lassen sich nur schwer voneinander trennen.

[1] AP 2847481 (1958), 2817632 (1957).

[2] Siehe: FRESENIUS, PH.: Angew. Chem. **64**, 470 (1952); zur Kinetik der aromatischen Halogenierung vgl.: DE LA MARE, P. B. D.: J. chem. Soc. [London] **1954**, 1290; **1956**, 36; **1957**, 131, 923, 3004; 1058, 1519, 2756; ferner DE LA MARE, P. B. D., u. J. H. RIDD: Aromatic Substitution, Nitration and Halogenation. London: Butterworths & Co. 1959.

[3] Vgl.: BIOS Report 1869.

Chlorbenzol dient zur Herstellung der Nitrochlorbenzole, welche zu den entsprechenden Nitranilinen und Nitrophenolen weiter umgesetzt werden können. Es ist ferner ein Zwischenprodukt bei der Herstellung des Insektizides DDT und ein oft benütztes technisches Lösungsmittel.

Wenn die Chlorierung in großem Umfange durchgeführt wird, stellt die Verwertung des entstehenden Chlorwasserstoffes beträchtliche Probleme. Soweit Bedarf dafür besteht, absorbiert man ihn zur Herstellung von wäßriger Salzsäure in Wasser, was infolge der starken Wärmeentwicklung eine intensive Kühlung notwendig macht. Als korrosionsfester Werkstoff von allerdings hohem Preis hat sich für derartige Anlagen Tantal bewährt; daneben werden auch Graphit, Steinzeug und neuerdings Polyvinylchlorid verwendet. Zur Konstruktion der Kühlanlagen eignet sich nur Tantal oder Graphit.

Das Gemisch der beiden isomeren *Dichlorbenzole*, deren Anteile von den Reaktionsbedingungen abhängen[1], kann entweder durch sorgfältige fraktionierte Destillation oder durch fraktionierte Kristallisation getrennt werden[2]. Im letzteren Fall wird das bei 53° C schmelzende p-Dichlorbenzol angereichert. Seine weitere Chlorierung führt zum 1.2.4-Trichlorbenzol, aus o-Dichlorbenzol entsteht vorwiegend 1.2.4-Trichlorbenzol. Das Gemisch isomerer Trichlorbenzole wird als hochsiedendes technisches Lösungsmittel verwendet. m-Dichlorbenzol erhält man aus Chlorbenzol durch Chlorierung bei 500—600° C über einem Bimssteinkatalysator oder durch Umlagerung von o- und p-Dichlorbenzol mit wasserfreiem Aluminiumchlorid. Es bildet sich ferner in 80% Ausbeute beim Einleiten von Chlor in geschmolzenes m-Dinitrobenzol bei 220° C. Die abdestillierenden Dämpfe enthalten etwa 70% m-Dichlorbenzol und 25% m-Nitrochlorbenzol sowie etwas Trichlorbenzol und m-Dinitrobenzol.

Toluol wird wie Benzol in Gegenwart von Eisenfeilspänen chloriert und liefert o-Chlortoluol (Sdp. 159° C) und p-Chlortoluol (Sdp. 162° C) in etwa gleichen Anteilen[3]. Die Isomeren werden durch fraktionierte Destillation getrennt. m-Chlortoluol wird aus m-Toluidin nach SANDMEYER hergestellt[4].

Die Kernchlorierung wird durch elektronenanziehende Substituenten erschwert, besonders durch Nitro-, Sulfo- und Carboxylgruppen. Die chlorierten Phthalsäuren, welche wichtige Zwischenprodukte sind, bilden sich nur unter energischen Bedingungen. Direkte Chlorierung von Phthalsäureanhydrid in Oleum mit Jod als Katalysator gibt das 3.6-Dichlorderivat, während bei der Chlorierung des Natriumsalzes in wäßriger, alkalischer Lösung das 4.5-Dichlorderivat in rund 70% Ausbeute entsteht. Die Herstellung von Tetrachlorphthalsäureanhydrid gelingt bei 200° C in 60%igem Oleum.

Hydroxy- und Aminogruppen erleichtern umgekehrt die Chlorierung sehr stark. Aus Phenol entsteht bei der Einwirkung von freiem Chlor 2.4.6-Trichlorphenol, aus Anilin in analoger Weise 2.4.6-Trichloranilin.

Naphthalin gibt bei der Chlorierung vorwiegend das 1-Chlorderivat. Der Anteil der Isomeren ist temperaturabhängig; so erhält man mit Jod als Katalysator bei 25° C rund 90% 1-Chlornaphthalin und 10%

---

[1] WIEGANDT, H. F., u. P. R. LANTOS: Ind. Engng. Chem. **43**, 2167 (1951). — KOVACIC, P., u. N. O. BRACE: J. Amer. chem. Soc. **76**, 5491 (1954).

[2] Siehe BIOS Report 1737.

[3] Siehe BIOS Report 1145.

[4] Vgl. das Kapitel über Sandmeyer-Reaktionen.

2-Chlornaphthalin, bei 340° C dagegen etwa je 50% der beiden Isomeren. 1-Chlornaphthalin lagert sich bei höherer Temperatur in das 2-Isomere um[1].

Milde Chlorierungsmittel sind Sulfurylchlorid sowie Natriumhypochlorit in alkalischer oder saurer Lösung; besonders das erstere wird häufig verwendet[2]. Phenol liefert bei der Umsetzung mit Sulfurylchlorid bei 10—20° C etwa 60% p-Chlorphenol und 25% o-Chlorphenol sowie höher chlorierte Derivate. Behandelt man eine verdünnte Phenolatlösung mit der berechneten Menge Natriumhypochloritlösung, so bildet sich fast ausschließlich o-Chlorphenol. Die Einwirkung von freiem Chlor auf Phenol führt demgegenüber zum 2.4.6-Trichlorphenol.

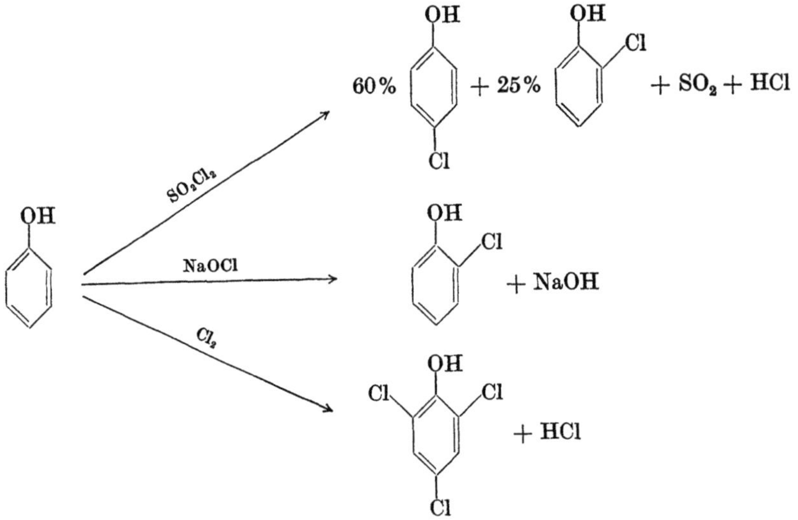

Natriumhypochlorit eignet sich auch zur Chlorierung acetylierter Aniline. Die Chloraniline und Chlortoluidine werden jedoch zweckmäßiger aus den entsprechenden Nitroverbindungen durch Reduktion hergestellt. Nitraniline brauchen vor der Chlorierung nicht acetyliert zu werden, da die Reaktionsfähigkeit des Amins durch die Nitrogruppe herabgesetzt wird; p-Nitranilin gibt bei der Chlorierung mit Natriumhypochlorit o-Chlor-p-nitranilin[3].

Die *Bromierung* spielt sich analog der Chlorierung ab; technisch wichtig sind nur die Kernbromierungen. Bromderivate erhält man meist reiner und in besserer Ausbeute als Chlorderivate. Der bei der Bromierung entstehende Bromwasserstoff wird häufig in situ zu Brom zurückoxydiert, da Brom wesentlich teurer ist als Chlor. Glatt erfolgt dies bei gleichzeitigem Einleiten von Chlor in die Reaktionsmischung, dieses Vorgehen hat aber den Nachteil, daß dabei oft auch eine geringe Chlorierung eintritt. Verwendet man bei der Bromierung konzentrierte

[1] WIBAUT, J. P., u. G. P. BLOEM: Rec. Trav. chim. Pays-Bas **69**, 586 (1950). — MAYER, F., u. R. SCHIFFNER: Ber. dtsch. chem. Ges. **67**, 67 (1934).
[2] BROWN, H. C.: Ind. Engng. Chem. **36**, 785 (1944).
[3] AP 2733269 (1956).

Schwefelsäure als Lösungsmittel, so wird ebenfalls der meiste Bromwasserstoff zu Brom zurückoxydiert. Quantitativ erfolgt diese Oxydation bei Zusatz von Braunstein.

$$\text{C}_6\text{H}_6 \xrightarrow{\text{Br}_2} \text{C}_6\text{H}_5\text{Br} + \text{HBr}$$

$$\tfrac{1}{2}\,\text{Br}_2 \longleftarrow \xleftarrow[\;\text{MnO}_2\;]{\substack{\text{Cl}_2\\ \text{H}_2\text{SO}_4}}$$

$$\text{HCl bzw. } \text{H}_2\text{SO}_3 \text{ bzw. } \text{MnSO}_4$$

Benzol liefert bei der Bromierung unter Eisenzusatz Brombenzol und p-Dibrombenzol; o-Dibrombenzol bildet sich dabei praktisch keines. Aus Phenol erhält man bei tiefer Temperatur p-Bromphenol, bei höherer Temperatur 2.4.6-Tribromphenol; aus Anilin entsteht 2.4.6-Tribromanilin. Amine werden vor der Bromierung meistens acetyliert, als Lösungsmittel eignet sich Eisessig. Ein energisches Bromierungsmittel für präparative Zwecke ist die unterbromige Säure, die in $\text{Br}^\oplus$ und $\text{OH}^\ominus$ dissoziieren kann[1]. Sehr milde präparative Bromierungen von aromatischen Aminen und Phenolen können mit tertiärem Butylbromid in Dimethylsulfoxyd durchgeführt werden[2], auch N-Bromsuccinimid eignet sich für manche Fälle[3].

Jodierungen werden selten vorgenommen. Jod greift nur den aromatischen Ring an, Additionen treten kaum auf; es ist weniger reaktionsfähig als Chlor und Brom. Bei der Jodierung müssen auf jeden Fall Oxydantien zugesetzt werden, da der entstehende Jodwasserstoff ein starkes Reduktionsmittel ist und Nebenreaktionen bewirkt, wenn er nicht oxydiert wird. Als Oxydationsmittel kann Salpetersäure verwendet werden[4], welche allerdings ebenfalls Nebenreaktionen verursachen kann. Günstiger ist die Verwendung von Chlorjod für die Jodierung[5]; hierbei entsteht Chlorwasserstoff anstelle von Jodwasserstoff. Auch Oleum kann als Oxydationsmittel herangezogen werden. Phenole werden in alkalischem Medium leicht jodiert.

Zur Herstellung von Tetrajodphthalsäureanhydrid wird Phthalsäureanhydrid in 60%igem Oleum bei anfänglich 45° C und später ansteigend bis auf 175° C jodiert, wobei das überschüssige Schwefeltrioxyd den entstehenden Jodwasserstoff zu Jod zurückoxydiert, ohne daß nennenswerte Nebenreaktionen auftreten.

Bei der *indirekten Halogenierung* wird ein bereits vorhandener Substituent durch Halogen ersetzt. Eine Reaktion dieser Art, der Austausch der Nitrogruppen im m-Dinitrobenzol gegen Chloratome, wurde bereits erwähnt. Wichtig sind derartige Umsetzungen in der Anthrachinonreihe, wo sich besonders α-ständige Sulfonsäuregruppen leicht durch Chlor oder Brom ersetzen lassen.

---

[1] STARK, O.: Ber. dtsch. chem. Ges. **43**, 672 (1910). — DERBYSHIRE, D. H., u. W. A. WATERS: J. chem. Soc. [London] **1950**, 564, 571.

[2] FLETSCHER, T. L., M. J. NAMKUNG u. P. HSI-LUNG: Angew. Chem. **69**, 575 (1957).

[3] HORNER, L., u. E. H. WINKELMANN: Angew. Chem. **71**, 349 (1959).

[4] DAINS, F. B., u. R. Q. BREWSTER: Org. Synth. Coll. Vol. 1, 323 (1948).

[5] SANDIN, R. B., W. V. DRAKE u. F. LEGER: Org. Synth. Coll. Vol. **2**, 196 (1950). — WOOLLETT, G. H., u. W. W. JOHNSON: Org. Synth. Coll. Vol. 2, 343 (1950).

So wird zur Herstellung von 1.5-Dichloranthrachinon das Kaliumsalz der Anthrachinon-1.5-disulfonsäure in Wasser gelöst, mit konzentrierter Salzsäure versetzt und die Lösung auf 100° C erwärmt, worauf man zur Freisetzung des Chlors eine Kaliumchloratlösung zugibt. Man erhält dabei das Dichlorderivat in rund 90% Ausbeute.

Durch Nitrogruppen aktivierte Chloratome können gegen Jod oder Fluor ausgetauscht werden. Ein besonders geeignetes Lösungsmittel für diese Umsetzungen ist Dimethylformamid[1].

Wichtig ist die Überführung von Trichlor- in Trifluormethylgruppen mit wasserfreiem Fluorwasserstoff. So wird aus m-Xylolhexachlorid durch partielle Verseifung m-Trichlormethylbenzoylchlorid erhalten, das mit Fluorwasserstoff in m-Trifluormethylbenzoylfluorid übergeführt wird:

Eine bemerkenswerte neuere Fluorierungsreaktion besteht in der Umsetzung von sauerstoffhaltigen Gruppen mit Schwefeltetrafluorid, SF_4[2]. Die Reaktion verläuft nach der Gleichung:

$$\mathopen{\rangle}C{=}O + SF_4 \rightarrow \mathopen{\rangle}CF_2 + SOF_2$$

Carboxylgruppen werden in die Trifluormethylgruppe übergeführt. Schwefeltetrafluorid ist auf verschiedenen Wegen gut zugänglich, beispielsweise durch Umsetzung von Schwefeldichlorid mit Natriumfluorid in Acetonitril:

$$3\,SCl_2 + 4\,NaF \xrightarrow{\text{Acetonitril}} SF_4 + S_2Cl_2 + 4\,NaCl$$

Die Sandmeyer-Reaktion, die später eingehend besprochen wird, eignet sich zur Darstellung schwer zugänglicher Chlor- und anderer

<hr>

[1] BUNNETT, J. F., u. R. M. CONNER: J. org. Chemistry **23**, 305 (1958). — FINGER, G. C., u. C. W. KRUSE: J. Amer. chem. Soc. **78**, 6034 (1956).

[2] AP 2859245 (1958); TULLOCK, C. W., F. S. FAWCETT, W. C. SMITH u. D. D. COFFMAN: J. Amer. chem. Soc. **82**, 539 (1960) u. spätere Veröffentlichungen. — Für einen Überblick über die Chemie des Schwefeltetrafluorids vgl.: SMITH, W. C.: Angew. Chem. **74**, 742 (1962).

Halogenderivate, beispielsweise von m-Chlortoluol oder m-Bromtoluol[1]:

Fluorbenzol wird auf analoge Weise aus Anilin durch Diazotierung und Umsetzung mit konzentrierter Fluorwasserstoffsäure hergestellt. Eine verwandte Umsetzung ist die Schiemann-Reaktion[2], bei der das Fluoborat der Diazoniumverbindung thermisch zersetzt wird[3]:

Bei der *Chlormethylierung* wird die Chlormethylgruppe —CH_2Cl mittels Formaldehyd und konzentrierter Salzsäure in aromatische Verbindungen eingeführt[4]. Formaldehyd addiert dabei zuerst ein Proton, wobei sich intermediär der Komplex $[HOCH_2]^{\oplus}$ bildet, der sich mit dem Aromaten zum entsprechenden Hydroxymethylderivat — z.B. Benzylalkohol — umsetzt. Dieses wird von der konzentrierten Salzsäure in die Chlormethylverbindung übergeführt. Die Umsetzung kann nötigenfalls durch Katalysatoren wie Zinkchlorid erleichtert werden. Analoge Reaktionen lassen sich auch in Gegenwart von Bromwasserstoff-, Cyanwasserstoff- und Schwefelsäure durchführen.

Neuere Literatur über Halogenierungen ist in den folgenden Übersichtsreferaten zusammengestellt: McBee, E. T., u. O. R. Pierce: Ind. Engng. Chem. 40, 1611 (1948); 41, 1882 (1949); 42, 1694 (1950); 43, 1974 (1951); 44, 2015 (1952); 45, 1969 (1953); 46, 1835 (1954). — McBee, E. T., u. C. W. Roberts: Ind. Engng. Chem. 47, 1876, (1955); 48, 1604 (1956). — McBee, E. T., u. L. R. Belohlav: Ind. Engng. Chem. 49, 1506 (1957); 50, 1355 (1958); 51, 1102 (1959); 52, 1022 (1960).

---

[1] Für eine präparative Methode siehe: Bigelow, L. A.: Org. Synth. Coll. Vol. 1, 135 (1948). — Buck, J. S., u. W. S. Ide: Org. Synth. Coll. Vol. 2, 130 (1950).

[2] Roe, A.: Org. Reactions 5, 193 (1949); Vgl. auch: Bergmann, E. D.: J. Amer. chem. Soc. 78, 6037 (1956).

[3] Bezüglich der Chemie der Fluorverbindungen sei verwiesen auf: Pavlath, A. E., u. A. J. Leffler: Aromatic Fluorine Compounds. New York: Reinhold 1962. — Simons, J. H.: Fluorine Chemistry. New York: Academic Press 1950 u. 1954. — Schiemann, G.: Die organischen Fluorverbindungen in ihrer Bedeutung für die Technik. Darmstadt: Steinkopff 1951. — Bigelow, L. A.: Chem. Reviews 40, 51 (1947). — Bockemüller, W.: Neuere Methoden der präparativen organischen Chemie, Bd. 1, S. 217—237. Weinheim: Verlag Chemie 1949. — Haszeldine, R. N.: Angew. Chem. 66, 693 (1954).

[4] Fuson, R. C., u. C. H. McKeever: Org. Reactions 1, 63 (1942).

3. Nitrierung

Die Nitrierung ist nicht nur eine der technisch wichtigsten Umsetzungen in der Zwischenproduktchemie, sie ist auch die wohl am besten untersuchte aromatische Substitutionsreaktion[1]. Weitaus am gebräuchlichsten ist die direkte Nitrierung mit konzentrierter Salpetersäure in Gegenwart eines wasserentziehenden Mediums, z.B. konzentrierter Schwefelsäure. Die Schwefelsäure soll dabei nicht nur das bei der Nitrierung entstehende Wasser binden, sondern ermöglicht in vielen Fällen erst die Reaktion, indem sie die Bildung des Nitroniumions $NO_2^\oplus$ nach folgender Gleichung bewirkt:

$$HNO_3 + 2\,H_2SO_4 \rightleftharpoons NO_2^\oplus + 2\,HSO_4^\ominus + H_3O^\oplus$$

In über 90%iger, konzentrierter Schwefelsäure dissoziiert die Salpetersäure praktisch vollständig im Sinne der obigen Gleichung. Das Nitroniumion $NO_2^\oplus$ ist das energischste und am stärksten elektrophile Nitrierungs-Agens. Bei Nitrierungen in Oleum dürfte die Salpetersäure mit der darin vorhandenen Pyroschwefelsäure nach der folgenden Gleichung ebenfalls unter Bildung des Nitroniumions reagieren:

$$HNO_3 + 2\,H_2S_2O_7 \rightleftharpoons NO_2^\oplus + HS_2O_7^\ominus + 2\,H_2SO_4$$

Auch Bortrifluorid und Fluorwasserstoffsäure katalysieren die Nitrierung mit Salpetersäure[2]. Schwefelsäure ist darüber hinaus auch ein ausgezeichnetes Lösungsmittel für die meisten aromatischen Verbindungen[3]. Die wasserfreie Schwefelsäure ist eine außerordentlich starke Säure, welche sehr viele Verbindungen zu protonieren vermag. Verdünntere Schwefelsäuren wirken vermutlich durch Wasserstoffbrückenbildung zwischen der organischen Verbindung und den Schwefelsäuremolekülen als gute Lösungsmittel, da mit ihnen vielfach keine Protonierung der aromatischen Verbindung mehr eintreten kann. Bei einem Wassergehalt von 20—40% nimmt dann das Lösungsvermögen plötzlich rasch ab.

Über den Mechanismus und die Kinetik der Nitrierung sind von C. K. Ingold wie auch von anderen Autoren eine Reihe von Arbeiten veröffentlicht worden[4,5].

---

[1] Gillespie, R. J., u. D. J. Millen: Quart. Reviews **2**, 277 (1948). — De la Mare, P. B. D., u. J. H. Ridd: Aromatic Substitution, Nitration and Halogenation. London: Butterworths & Co. 1959.

[2] Thomas, R. J., W. F. Anzilotti u. G. F. Hennion: Ind. Engng. Chem. **32**, 408 (1940).

[3] Vgl.: Gillespie, R. J., E. D. Hughes u. C. K. Ingold: J. chem. Soc. [London] **1950**, 2473 u. spätere Arbeiten. — Gillespie, R. J., u. J. V. Oubridge: J. chem. Soc. [London] **1959**, 2804.

[4] Ingold, C. K., u. M. S. Smith: J. chem. Soc. [London] **1938**, 905 u. spätere Arbeiten. — Hughes, E. D., C. K. Ingold u. R. I. Reed: J. chem. Soc. [London] **1950**, 2400 u. spätere Arbeiten. — Brand, J. C. D., and R. P. Paton: J. chem. Soc. [London] **1952**, 281. — Über Nitroniumsalze vgl.: Goddard, D. R., E. D. Hughes u. C. K. Ingold: J. chem. Soc. [London] **1950**, 2559. — Ingold, C. K., D. J. Millen u. H. G. Poole: J. chem. Soc. [London] **1950**, 2576.

[5] Bezüglich Nitrierungen in Schwefelsäure vgl.: Bennett, G. M., J. C. D. Brand u. G. Williams: J. chem. Soc. [London] **1946**, 869 u. nachfolgende Arbeiten. — Williams, G., u. A. M. Lowen: J. chem. Soc. [London] **1950**, 3312 u. spätere Arbeiten. — Westheimer, F. H., u. M. S. Kharasch: J. Amer. chem. Soc. **68**, 1871 (1946).

Die Nitrierung einer aromatischen Verbindung verläuft demzufolge gemäß nachfolgendem Schema, wobei MELANDER feststellte, daß die Umsetzung des Nitroniumions mit der aromatischen Verbindung den geschwindigkeitsbestimmenden Schritt darstellt, wogegen der Austritt eines Protons aus dem intermediären Komplex sehr rasch erfolgt[1]:

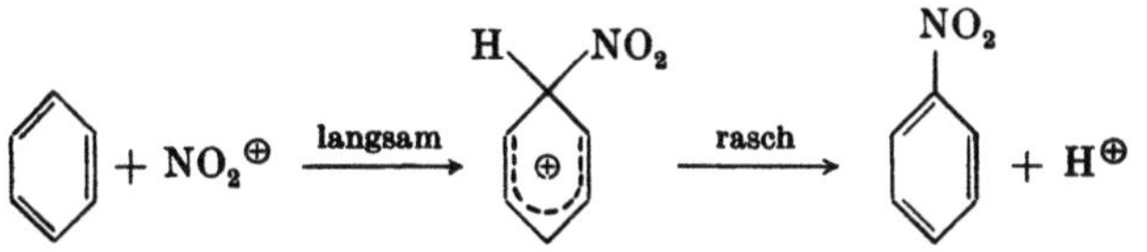

Untersuchungen über die relative Nitrierungsgeschwindigkeit bei verschiedenen aromatischen Verbindungen und über einige abnormale Effekte wurden von DEWAR u. Mitarb. vorgenommen[2].

Im allgemeinen wird angenommen, daß die Nitrierung, im Gegensatz etwa zur Sulfonierung, eine irreversible Reaktion ist. Wie GORE zeigen konnte, trifft dies nicht für alle Fälle zu. So läßt sich die Nitrogruppe in einigen wenigen Fällen durch Behandlung der Nitroverbindung mit Säuren wieder eliminieren, sofern die Stellung der Nitrogruppe sterisch gehindert und der aromatische Ring aktiviert ist.

Dabei tritt unter Umständen durch Re-Nitrierung ein Umlagerungseffekt auf. Verbindungen, bei denen eine Hydrolyse der Nitrogruppe beobachtet oder als wahrscheinlich angesehen wird, sind 9-Nitroanthracen, 2.3-Dinitroalkylaniline I, 2.3-Dinitrophenol II und 2-Nitro-1.3.4-trimethoxybenzol III[3].

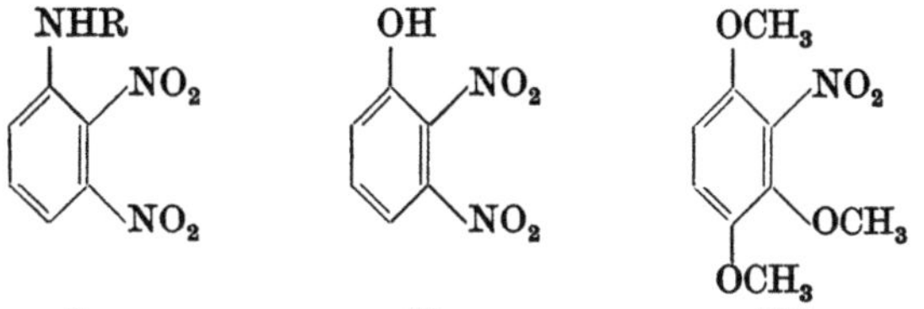

$$\text{I} \qquad \text{II} \qquad \text{III}$$

Auch Salpetersäure ohne Zusatz wasserentziehender Substanzen läßt sich oft zu Nitrierungen benützen. Bei der wasserfreien Salpetersäure dürfte wiederum das Nitroniumion als aktives Agens vorliegen, das sich nach folgender Gleichung bilden kann[4]:

$$3\,HNO_3 \rightleftarrows NO_2^{\oplus} + NO_3^{\ominus} + HNO_3 \cdot H_2O$$

Bei wäßriger Salpetersäure entfällt der obige Mechanismus und es hat sich gezeigt, daß eine Katalyse durch salpetrige Säure erfolgt. Man nimmt an, daß sich die folgenden Reaktionen abspielen[5]:

---

[1] MELANDER, L.: Nature [London] 163, 599 (1949). — LAUER, W. M., u. W. E. NOLAND: J. Amer. chem. Soc. 75, 3689 (1953).

[2] BAVIN, P. M. G., u. M. J. S. DEWAR: J. chem. Soc. [London] 1956, 164. — DEWAR, M. J. S., u. T. MOLE: J. chem. Soc. [London] 1956, 1441; 1957, 342. — DEWAR, M. J. S., u. E. W. T. WARFORD: J. chem. Soc. [London] 1956, 3570. — DEWAR, M. J. S., u. D. S. URCH: J. chem. Soc. [London] 1957, 345; 1958, 3079. — DEWAR, M. J. S., u. P. M. MAITLIS: J. chem. Soc. [London] 1957, 944, 2518, 2521.

[3] GORE, P. H.: J. chem. Soc. [London] 1957, 1437.

[4] GILLESPIE, R. J., u. D. J. MILLEN: Quart. Reviews 2, 277 (1948).

[5] INGOLD, C. K.: Bull. Soc. chim. France 1952, 667. — Über das Stickoxydion NO$^{\oplus}$ vgl.: SEEL, F.: Angew. Chem. 68, 272 (1956). — Über einen möglichen Radikalmechanismus der Nitrierung mit verdünnter Salpetersäure oder Stickoxyden vgl.: TITOV, A. I.: Tetrahedron 19, 557 (1963).

$$HNO_2 + HNO_3 \rightleftharpoons N_2O_4 + H_2O$$

$$N_2O_4 \rightleftharpoons NO^{\oplus} + NO_3^{\ominus}$$

$$Ar + NO^{\oplus} \xrightarrow{\text{langsam}} Ar\text{—}NO + H^{\oplus}$$

$$Ar\text{—}NO + HNO_3 \xrightarrow{\text{rasch}} Ar\text{—}NO_2 + HNO_2$$

In verdünnter Salpetersäure ist demnach das Stickoxydion $NO^{\oplus}$ das aktive Agens und reagiert mit der aromatischen Verbindung zu einem Nitrosoderivat, das durch die anwesende Salpetersäure zur Nitroverbindung oxydiert wird. Das Stickoxyd ist viel weniger energisch als das Nitroniumion, weshalb man mit verdünnter Salpetersäure nur leicht substituierbare Aromaten und ihre Derivate wie Phenole oder Amine zu nitrieren vermag. Auch das im ersten Reaktionsschritt gebildete Distickstofftetroxyd N_2O_4 ist ein nitrierendes Agens, reagiert aber noch schwächer als das Stickoxydion.

Da die Nitrierung eine sehr energische Reaktion ist, treten manchmal anomale Erscheinungen wie Oxydationen oder Eliminierungen bereits vorhandener Substituenten durch Nitrogruppen auf[1]. Die letztere erfolgt lediglich bei leicht substituierbaren Verbindungen. So kann bei Polyalkylbenzolen eine Alkylgruppe, bei Halogenphenolen und -phenoläthern ein Halogen, bei Phenolaldehyden und -ketonen die Aldehyd- oder Ketogruppe und bei Phenol- und Aminocarbonsäuren die Carboxylgruppe durch die Nitrogruppe ersetzt werden. Aus Salicylsäure entsteht so mit rauchender Salpetersäure die Pikrinsäure. Sulfonsäuregruppen werden verhältnismäßig leicht durch Nitrogruppen ersetzt, wovon man in der Technik häufig Gebrauch macht. N,N-Dimethylanilin gibt mit Nitriersäure bei 40—55° C unter Eliminierung einer Methylgruppe das Tetranitranilin I.

$$I$$

In neuerer Zeit haben aliphatische und cycloaliphatische Nitroverbindungen größere Bedeutung erlangt, teils als Lösungsmittel, teils als reaktionsfähige Zwischenprodukte. Obwohl diese Verbindungen nicht unmittelbar in den Rahmen dieses Kapitels gehören, sei doch auf die wichtigste Literatur hingewiesen[2]. Zur Nitrierung aliphatischer Verbindungen kann man entweder nach der Methode von KONOWALOFF mit verdünnter bis mäßig konzentrierter Salpetersäure oder aber

---

[1] NIGHTINGALE, D. V.: Chem. Reviews 40, 117 (1947).
[2] HASS, H. R., u. E. F. RILEY: Chem. Reviews 32, 373 (1943). — LEVY, N., u. J. D. ROSE: Quart. Reviews 1, 358 (1948). — SCHICKH, O. v.: Angew. Chem. 62, 547 (1950).

mit Stickoxyden in flüssiger[1] wie auch in gasförmiger Phase[2] arbeiten. In der Regel wendet man einen Überschuß der aliphatischen Verbindung an, um Oxydationen und einen weiteren Abbau zu vermeiden. Derartige Nitrierungen gesättigter Verbindungen verlaufen im Gegensatz zur aromatischen Nitrierung über einen Radikalmechanismus[3].

Die *praktische Nitrierung* aromatischer Verbindungen wird meistens mit der sog. Nitriersäure vorgenommen, einem Gemisch von konzentrierter Schwefelsäure und konzentrierter Salpetersäure. Die Stärke der Nitriersäure und damit ihr Nitriervermögen läßt sich durch die Wahl der Anteile von Schwefelsäure, Salpetersäure und Wasser innerhalb weiter Grenzen variieren. Sehr starke Nitriersäuren mit geringem Wassergehalt erhält man aus Oleum und rauchender Salpetersäure.

Ein seltener angewandtes Nitrierungsmittel ist Kaliumnitrat in konzentrierter Schwefelsäure. Für präparative Nitrierungen wird häufig Eisessig mit konzentrierter Salpetersäure verwendet, besonders bei leicht substituierbaren Verbindungen[4]. Mit Salpetersäure in Acetanhydrid bildet sich als reaktionsfähige Zwischenstufe das Acetylnitrat. Bei dieser Methode entstehen besonders hohe Anteile an ortho-Isomeren. Statt Acetylnitrat können auch andere Acylnitrate Verwendung finden, beispielsweise Benzoylnitrat[5]. Es muß hier hervorgehoben werden, daß die Acylnitrate und insbesondere das Acetylnitrat *sehr gefährliche Verbindungen* sind, welche außerordentlich heftig explodieren können. Bei Nitrierungen in Acetanhydrid sind schon verschiedene schwere Unglücksfälle aufgetreten.

Nitrierungen mit Salpetersäure allein werden selten vorgenommen, da diese ein ziemlich starkes Oxydationsmittel ist und Anlaß zu Nebenreaktionen gibt. Salpetersäure kommt dann zum Einsatz, wenn man bei niedriger Temperatur arbeiten kann.

Die praktische Durchführung kann auf verschiedene Arten erfolgen. Flüssige Substanzen werden oft vorgelegt und die Nitriersäure wird langsam zugegeben. Feste Substanzen werden in fein verteilter Form in das Nitriergemisch eingerührt. Als Beispiele für diese beiden Methoden seien Benzol und Naphthalin genannt. Bei empfindlichen oder schwer löslichen Substanzen ist es im allgemeinen zweckmäßiger, die Substanz zuerst in Schwefelsäure zu lösen, worauf man durch Eintragen dieser Lösung in die Nitriersäure oder umgekehrt nitriert. Bei Nitrierungen in Eisessig wird in der Regel auf die letztere Weise verfahren.

Bei allen Nitrierungen muß wegen der stark exothermen Reaktion für gute Kühlung gesorgt werden. Stetes starkes Rühren ist unumgänglich nötig, um lokale Überhitzungen zu vermeiden, die sehr leicht zu einer Explosion führen können. Besondere Vorsicht ist geboten, wenn sich die zu nitrierende Verbindung in der Nitriersäure nicht oder nur unvollständig löst, was oft der Fall ist. Konzentrierte Nitriersäure

---

[1] Vgl.: GRUNDMANN, CH., u. H. HALDENWANGER: Angew. Chem. 62, 556 (1950). — GEISELER, G.: Angew. Chem. 67, 270 (1955).

[2] BACHMANN, G. B., L. M. ADDISON, J. V. HEWETT, L. KOHN u. A. MILLIKAN: J. org. Chemistry 17, 906 (1952). — BACHMANN, G. B., u. L. KOHN: J. org. Chemistry 17, 942 (1952).

[3] Vgl. hierzu: TITOV, A. I.: Tetrahedron 19, 557 (1963).

[4] Vgl.: MEYER, K. H.: Org. Synth. Coll. Vol. 1, 390 (1948). — KUHN, W. E.: Org. Synth. Coll. Vol. 2, 447 (1950).

[5] Vgl.: BABASINIAN, V. S.: Org. Synth. Coll. Vol. 2, 466 (1950). — HALVARSON, K., u. L. MELANDER: Ark. Kemi 11, 77 (1957). — OXFORD, A. E.: J. chem. Soc. [London] 1926, 2004.

greift Eisen nicht an, in der Technik können daher Rührkessel aus Gußeisen verwendet werden. Bei der Nitrierung des Benzols wird allerdings
die Nitriersäure im Verlauf der Reaktion so stark verdünnt, daß mit Blei
ausgelegte Kessel verwendet werden müssen.

Der Verlauf einer Nitrierung kann mit dem Nitrometer von LUNGE verfolgt
werden, welches auf einfache und rasche Weise den Salpetersäuregehalt der Misch-
säure zu ermitteln gestattet. Diese Bestimmungsmethode basiert auf der Beobachtung, daß Salpetersäure in Gegenwart von Schwefelsäure durch Quecksilber nach
der folgenden Gleichung zu Stickoxyd reduziert wird:

$$2\,HNO_3 + 6\,Hg + 3\,H_2SO_4 \rightarrow 2\,NO + 3\,Hg_2SO_4 + 4\,H_2O$$

Außer Salpetersäure werden auch salpetrige Säure, Nitrosylschwefelsäure und
Ester der Salpetersäure zu Stickoxyd reduziert, jedoch nur in Gegenwart von
konzentrierter Schwefelsäure. Stabile Nitroverbindungen werden nicht angegriffen.
Das entstandene, gasförmige Stickoxyd kann volumetrisch bestimmt werden, was
wesentlich zur Raschheit der Methode beiträgt.

Nitrobenzol erhält man durch Nitrierung von Benzol mit 2,5—3 Teilen
einer Nitriersäure, welche 60% Schwefelsäure, 30% Salpetersäure und
10% Wasser enthält. Man beginnt die Nitrierung bei 25—30° C, indem
man Nitriersäure in das Benzol einrührt. Später läßt man die Temperatur auf 70—80° C ansteigen. Der Fortgang der Reaktion wird verfolgt,
indem man entweder den Salpetersäuregehalt der Nitriersäure mit dem
Nitrometer von LUNGE bestimmt, oder indem das spezifische Gewicht
der organischen Phase ermittelt wird, welches sich bei fortschreitender
Nitrierung entsprechend dem Gehalt an Nitrobenzol erhöht. In der
Regel wird nicht alles Benzol nitriert, um die Bildung von Dinitrobenzol
niedrig zu halten. Nach beendeter Nitrierung wird die verbrauchte
Säure, die noch ungefähr 1% Salpetersäure enthält, von der organischen
Phase getrennt und mit Benzol extrahiert. Die Schwefelsäure kann
durch Entfernung der Salpetersäure und Konzentration zurückgewonnen werden. Das rohe Nitrobenzol wird mit dem Waschbenzol vereinigt,
neutral gewaschen, das Benzol abdestilliert und das rohe Nitrobenzol
durch Vakuumdestillation gereinigt. Es ist dabei außerordentlich
wichtig, daß das rohe Benzol-Nitrobenzolgemisch vor der Destillation
keinerlei Salpetersäure mehr enthält, da sonst hochexplosive Gemische
entstehen können. Die Ausbeute an Nitrobenzol beträgt rund 98%[1].
Die Nitrierung des Benzols kann auch kontinuierlich erfolgen, wobei das
entstehende Wasser azeotrop abdestilliert wird[2].

Reinstes Nitrobenzol (Smp. 5,7° C, Sdp. 210° C) ist farblos, das gebräuchliche
Produkt ist aber meist schwach gelblich. Es ist *sehr giftig* und wird vom menschlichen Körper sowohl durch direkten Kontakt mit der Haut als auch beim Ein-
atmen aufgenommen. Infolge seines hohen Siedepunktes und der damit verbun-
denen geringen Flüchtigkeit wird seine Giftwirkung oft unterschätzt.

Bei der weiteren Nitrierung des Nitrobenzols entsteht *m-Dinitrobenzol* (Smp. 89,8° C, Sdp. 297° C)[3]. Man nitriert meistens in zwei Stufen,

[1] Zur Nitrierung von Benzol vgl.: KOBE, K. A., u. J. J. MILLS: Ind. Engng.
Chem. 45, 287 (1953). — BIOS Report 1144.
[2] OTHMER, D. F., J. J. JACOBS u. J. F. LEVY: Ind. Engng. Chem. 34, 286 (1942).
[3] Vgl. auch: HETHERINGTON, J. A., u. I. MASSON: J. chem. Soc. [London]
1933, 105. — POUNDER, F. E., u. I. MASSON: J. chem. Soc. [London] 1934, 1352.

indem man die Nitrierung des Benzols mit einer etwas stärkeren Nitriersäure beginnt als bei der Mononitrierung und die Temperatur im Verlauf der Reaktion erhöht. Man erhält 85—90% m-Dinitrobenzol, der Rest besteht aus den o- und p-Isomeren. Der Anteil der letzteren hängt von der Reaktionstemperatur ab und ist bei hohen Temperaturen größer[1].

Zur Reinigung kann man das Isomerengemisch bei 100° C mit 10%iger Natronlauge behandeln, wobei aus o- und p-Dinitrobenzol die entsprechenden Nitrophenole entstehen, während das m-Isomere unverändert bleibt. Erfolgt die Reinigung durch Kristallisation des Isomerengemisches, so fällt dabei o-Dinitrobenzol (Smp. 118° C) an. p-Dinitrobenzol (Smp. 172° C) wird am besten nach einer indirekten Methode dargestellt (s. S. 104).

1.3.5-Trinitrobenzol (Smp. 123° C) kann man durch weitere Nitrierung von m-Dinitrobenzol erhalten. Einfacher stellt man es durch Decarboxylierung von 2.4.6-Trinitrobenzoesäure her, die durch Oxydation von Trinitrotoluol leicht zugänglich ist und bereits beim Kochen der wäßrigen, essigsauren Lösung Kohlendioxyd abspaltet[2].

Die Nitrierung des *Toluols* wird analog derjenigen des Benzols vorgenommen, man hält jedoch die Temperatur unterhalb 20° C, um eine Oxydation der Methylgruppe zu verhindern. Das anfallende Isomerengemisch besteht aus 60—64% o-Nitrotoluol (Smp.: α-Form, — 9,5° C, β-Form —4° C, Sdp. 222° C), 33—35% p-Nitrotoluol (Smp. 52° C, Sdp. 238° C) und 2—6% m-Nitrotoluol (Smp. 16° C, Sdp. 231° C). Der Anteil des letzteren nimmt ziemlich linear mit der Temperatur zu. Zur Trennung wird das Gemisch abgekühlt. Bei — 10° C kristallisiert das p-Isomere aus, der flüssiggebliebene Teil wird abgepreßt, fraktioniert destilliert, und der angereicherte hochsiedende Anteil nochmals abgekühlt. Durch Ausschwitzen und Abpressen erhält man das reine p-Nitrotoluol. Das niedriger siedende Destillat wird einer zweiten fraktionierten Destillation unterworfen, wobei reines o-Nitrotoluol anfällt. Das m-Isomere läßt sich ebenfalls durch sorgfältige fraktionierte Destillation abtrennen. Präparativ läßt sich m-Nitrotoluol aus 3-Nitro-4-aminotoluol durch Desaminierung darstellen[3].

Die weitere Nitrierung des p-Nitrotoluols führt zu 2.4-Dinitrotoluol, diejenige des o-Nitrotoluols liefert daneben in geringerer Menge auch 2.6-Dinitrotoluol. Die letzte Nitrierungsstufe des Toluols stellt das 2.4.6-Trinitrotoluol oder TNT dar, welches neben dem Nitroglyzerin wohl der bekannteste und wichtigste Sprengstoff ist. Die Nitrierung des Toluols zum Trinitrotoluol wird meist in drei Stufen durchgeführt[4].

Es sei hier noch auf den Xylolmoschus I verwiesen, einen billigen Riechstoff mit moschusähnlichem Geruch. Zu seiner Herstellung wird m-Xylol mit Isobutylen in Gegenwart von wasserfreiem Aluminiumchlorid zum 5-Isobutyl-1.3-xylol umgesetzt, das dann in das Trinitroderivat I übergeführt wird.

---

[1] WYLER, O.: Helv. chim. Acta **15**, 23 (1932).

[2] CLARKE, H.T., u. W.W. HARTMANN: Org. Synth. Coll. Vol. **1**, 541, 543 (1948).

[3] CLARKE, H. T., u. E. R. TAYLOR: Org. Synth. Coll. Vol. **1**, 415 (1948).

[4] Vgl.: MEISSNER, F., G. WANNSCHAFF u. D.F. OTHMER : Ind. Engng. Chem. **46**, 718 (1954); siehe auchBIOS Report 1144. — Über Nitroxylole vgl. BIOS Report 1146.

I

Chlorbenzol wird ähnlich wie Toluol nitriert, jedoch bei einer Temperatur von 40—80° C, da es sich schwerer substituieren läßt als Toluol und die Gefahr einer Oxydation nicht besteht. Man erhält dabei etwa 33% o-Nitrochlorbenzol (Smp. 32,5° C) und 67% p-Nitrochlorbenzol (Smp. 83° C). Die Aufarbeitung des Gemisches erfolgt ähnlich wie bei den Nitrotoluolen.

m-Nitrochlorbenzol erhält man durch Chlorierung von Nitrobenzol. Das anfallende Chlorierungsgemisch, welches unter anderem auch das o-Isomere enthält, wird durch fraktionierte Destillation und Kristallisation gereinigt. In analoger Weise entsteht m-Nitrobrombenzol durch Bromierung von Nitrobenzol in Gegenwart von Eisen bei 140° C [1].

Die weitere Nitrierung des p-Nitrochlorbenzols führt zum 2.4-Dinitrochlorbenzol (Smp. 51° C, Sdp. 315° C). Infolge der Anwesenheit der zwei Nitrogruppen ist das Chlor sehr stark gelockert und wird von nucleophilen Reagenzien leicht ausgetauscht. 2.4-Dinitrochlorbenzol wird in großem Ausmaß für Schwefelfarbstoffe gebraucht. Die Verbindung ist ein starkes Hautreizmittel und führt leicht zu Ekzemen.

Phenole können in der Kälte mit verdünnter Salpetersäure nitriert werden. Aus Phenol entsteht so in etwa gleicher Menge o- und p-Nitrophenol. Nach sorgfältiger Entfernung der Salpetersäure kann das o-Isomere mit Wasserdampf destilliert werden, während das p-Isomere in der wäßrigen Lösung zurückbleibt und beim Abkühlen auskristallisiert. Wird die Nitrierung bei höherer Temperatur durchgeführt, so tritt als Nebenreaktion eine weitgehende Oxydation des Phenols ein. Zur Einführung mehrerer Nitrogruppen in Phenole oder Kresole wird die Verbindung deshalb meistens zuerst sulfoniert. Anschließend werden die Sulfogruppen in der Kälte gegen Nitrogruppen ausgetauscht, wobei gleichzeitig eine weitere Nitrierung stattfinden kann. Dieses Verfahren wird beispielsweise zur Herstellung von Pikrinsäure angewandt:

Zur Nitrierung des *Naphthalins* wird die pulverisierte Substanz in eine Nitriersäure eingerührt, welche schwächer gehalten wird als bei der

---

[1] JOHNSON, J. R., u. C. G. GAUERKE: Org. Synth. Coll. Vol. 1, 123 (1948).

Nitrierung des Benzols, da sich Naphthalin leichter substituieren läßt. Die Reaktion liefert fast ausschließlich α-Nitronaphthalin I (Smp. 57,8° C, Sdp. 304° C), das β-Isomere entsteht nur in einer Menge von 4—5%[1]. Die weitere Nitrierung des α-Nitronaphthalins führt zu einem Gemisch von 1.5-Dinitronaphthalin II (Smp. 216° C) und 1.8-Dinitronaphthalin III (Smp. 173° C).

$$\text{I} \qquad \text{II} \qquad \text{III}$$

Bei der Nitrierung des *Anthrachinons* entsteht 1-Nitroanthrachinon[2]. Daneben bilden sich stets auch Dinitroanthrachinone. Da sich das anfallende Gemisch schlecht trennen und aufarbeiten läßt, besitzt dieser Herstellungsweg keine technische Bedeutung. Energische Nitrierung des Anthrachinons liefert ein Gemisch von Dinitroanthrachinonen, das 40% des 1.5-Isomeren I und 37% des 1.8-Isomeren II sowie wenig 1.6-Isomeres III enthält[3].

$$\text{I, 40\%} \qquad \text{II, 37\%} \qquad \text{III, 12—15\%}$$
$$\text{(Smp. 385° C)} \qquad \text{(Smp. 311° C)} \qquad \text{(Smp. 255—257° C)}$$

Technisch wichtig ist die Nitrierung des 2-Methylanthrachinons, die zum 1-Nitro-2-methylanthrachinon IV (Smp. 270° C) führt. Es ist ein wichtiges Zwischenprodukt für viele Anthrachinonküpenfarbstoffe.

$$\text{IV}$$

Indirekte Methoden der Nitrierung haben technisch keine Bedeutung gefunden, mit Ausnahme des Ersatzes von Sulfo- durch Nitrogruppen,

---

[1] FIERZ-DAVID, H. E., u. R. SPONAGEL: Helv. chim. Acta **26**, 98 (1948); vgl. auch BIOS Report 1143.
[2] BEISLER, W. H., u. L. W. JONES: J. Amer. chem. Soc. **44**, 2303 (1922).
[3] HEFTI, E.: Helv. chim. Acta **14**, 1404 (1931).

eine Reaktion, die bereits im Zusammenhang mit der Herstellung von Pikrinsäure besprochen wurde. Aus Anthrachinon-β-sulfonsäure läßt sich so das sonst kaum zugängliche β-Nitroanthrachinon darstellen[1]. Ganz allgemein liegt die Bedeutung der indirekten Nitrierungsmethoden auf dem präparativen Gebiet, da sie Nitroverbindungen darzustellen gestatten, die sonst nur schwer zugänglich sind[2].

Eine häufig angewandte Methode besteht in der Desaminierung, d.h. der Eliminierung der Aminogruppe von Nitroaminen. Das Amin wird dabei diazotiert und die entstandene Diazoverbindung mit Kupfer-I-oxyd und Alkohol reduziert[3]. Aus 1-Amino-2-nitronaphthalin gewinnt man so in guter Ausbeute das β-Nitronaphthalin[3] und aus 3-Nitro-4-aminotoluol das 3-Nitrotoluol, worauf bereits hingewiesen wurde. Eine analoge Methode ist die Decarboxylierung von Nitrocarbonsäuren. So entsteht bei der Nitrierung von Naphthalanhydrid I dessen 3.6-Dinitroderivat II, das bei der Decarboxylierung mit Kupferbronze in Chinolin in 2.7-Dinitronaphthalin III übergeführt wird[2]. Die Darstellung von 1.3.5-Trinitrobenzol aus 2.4.6-Trinitrobenzoesäure wurde bereits erwähnt.

O
OC CO
I

Nitrierung

O
OC CO
O₂N NO₂
II

Kupfer in
sied. Chinolin

O₂N NO₂
III

Eine interessante, aber selten angewendete Reaktion stellt die Oxydation von Oximen, Nitroso- und Aminoverbindungen zu den entsprechenden Nitroverbindungen dar. Aus p-Benzochinondioxim läßt sich so p-Dinitrobenzol und aus 5-Nitro-o-toluidin das 2.5-Dinitrotoluol darstellen. Als Oxydationsmittel werden Perschwefelsäure (Carosche Säure), Peressigsäure und Salpetersäure verwendet. Die Carosche Säure erhält man beim Eintragen von Kaliumpersulfat in die doppelte Menge konzentrierte Schwefelsäure. Die Oxydation der Amine wird dabei zweckmäßig in zwei Stufen vorgenommen, wobei sie zuerst mit Peressigsäure oder Perschwefelsäure zu den entsprechenden Nitrosoverbindungen und die letzteren mit Salpetersäure zu den Nitroverbindungen oxydiert werden[4].

$$\text{Ar—NH}_2 \xrightarrow{\text{Persäure}} \text{Ar—NO}$$

$$\text{Ar—NO} \xrightarrow{\text{HNO}_3} \text{Ar—NO}_2$$

Der Ersatz der Diazogruppe durch die Nitrogruppe erfolgt bei der Umsetzung einer Diazoniumsalzlösung mit einer Natriumnitritlösung, als Katalysator kann Kupfer-I-oxyd zugesetzt werden. Die Methode liefert wechselnde, meist mäßige

---

[1] DATTA, R. L., u. P. S. VARNA: J. Amer. chem. Soc. 41, 2039, 2048 (1919).

[2] Bezüglich eines Übersichtsreferates sei verwiesen auf: HODGSON, H. H., F. HEYWORTH u. E. R. WARD: J. Soc. Dyers Colourists 66, 229—231 (1950).

[3] HODGSON, H. H., u. J. WALKER: J. chem. Soc. [London] 1933, 1620. — HODGSON, H. H., E. LEIGH u. G. TURNER: J. chem. Soc. [London] 1942, 744. — HODGSON, H. H., u. H. S. TURNER: J. chem. Soc. [London] 1943, 86; 1944, 10. — HODGSON, H. H., u. S. BIRTWELL: J. chem. Soc. [London] 1943, 433. — KORNBLUM, N.: Org. Reactions 2, 262—340 (1944).

[4] Vgl.: BAMBERGER, E., u. R. HÜBNER: Ber. dtsch. chem. Ges. 36, 3803 (1903).— D'ANS, J., u. A. KNEIP: Ber. dtsch. chem. Ges. 48, 1145 (1915). — MEISENHEIMER, J., u. E. HESSE: Ber. dtsch. chem. Ges. 52, 1161 (1919). — PAGE, H. J., u. B. R. HEASMAN: J. chem. Soc. [London] 124, 3235 (1923).

Ausbeuten. Bei der von BUCHERER ausgearbeiteten Modifikation des Verfahrens wird eine möglichst konzentrierte Diazoniumsalzlösung bei Zimmertemperatur tropfenweise unter Rühren in eine überschüssige, gesättigte Natriumnitritlösung eingetragen. m-Dinitrobenzol konnte so in einer Ausbeute von 30%, das o- und p-Isomere in etwas über 50% Ausbeute aus dem entsprechenden diazotierten Nitranilin erhalten werden[1]. Eine neuere Abwandlung desselben Prinzips, welche allgemeiner anwendbar ist, besteht in der Zersetzung von Aryldiazoniumcobaltnitriten zu den entsprechenden Nitroverbindungen[2].

Über die Nitrierung von heterocyclischen Verbindungen orientiert ein Übersichtsreferat von SCHOFIELD[3]. Neuere Literatur über Nitrierungen und Nitroverbindungen enthalten die folgenden Publikationen: CRATER, W. DE C.: Ind. Engng. Chem. 40, 1627 (1948); 41, 1889 (1949); 42, 1716 (1950); 43, 1987 (1951); 44, 2039 (1952); 45, 1998 (1953); 46, 1861 (1954); 47, 1894 (1955). — TOMLINSON, W. R.: Ind. Engng. Chem. 49, 1534 (1957); 50, 1380 (1958); 51, 1123 (1959); 52, 545 (1960).

4. Sulfonierung

Als Sulfonierung bezeichnet man die Einführung der Sulfonsäuregruppe $-SO_3H$, eine Reaktion, die bei aromatischen Verbindungen meist glatt erfolgt und technisch außerordentlich wichtig ist[4]. Am gebräuchlichsten ist die *direkte Sulfonierung* mit Schwefelsäure oder Schwefeltrioxyd; man verwendet dabei konzentrierte Schwefelsäure (96—98%ig), Monohydrat (100%ig) oder Oleum (SO_3 gelöst in Schwefelsäure, verschiedene Konzentrationen). Auch Schwefeltrioxyd in organischen Lösungsmitteln wird gelegentlich angewandt[5]. Mit Chlorsulfonsäure (HSO_3Cl) bilden sich in der Regel die Sulfochloride $Ar-SO_2Cl$.

Die direkte Sulfonierung ist eine elektrophile Reaktion[4,6]; vereinzelt wurde sie als Radikalreaktion aufgefaßt[7], doch konnte sich diese Ansicht bei näherer Überprüfung nicht halten. Sie ist reversibel und die gebildeten Sulfonsäuren lassen sich mit verdünnter Schwefelsäure wieder zum ursprünglichen Kohlenwasserstoff desulfonieren, wovon man häufig Gebrauch macht. Dies steht in ausgesprochenem Gegensatz zur Halogenierung und Nitrierung, wo eine reversible Reaktion nur äußerst selten auftritt. Man kann die Sulfonierung deshalb folgendermaßen beschreiben[8]:

$$Ar-H + H_2O \cdot SO_3 \underset{\text{verd. } H_2SO_4}{\overset{\text{konz. } H_2SO_4}{\rightleftarrows}} Ar \Big\langle {\overset{SO_3}{\underset{H \cdots OH_2}{}}} \rightleftarrows Ar-SO_3^{\ominus} + H_3O^{\oplus}$$

[1] HANTZSCH, A., u. J. W. BLAGDEN: Ber. dtsch. chem. Ges. 33, 2551 (1900). — BUCHERER, H. TH., u. G. V. D. RECKE: J. prakt. Chem. [2] 132, 121, 132 (1931). — Vgl. auch: HODGSON, H. H., u. E. R. WARD: J. chem. Soc. [London] 1948, 556; 1949, 1624. — HODGSON, H. H., F. HEYWORTH u. E. R. WARD: J. chem. Soc. [London] 1948, 1512.

[2] HODGSON, H. H., u. E. MARSDEN: J. chem. Soc. [London] 1944, 22. — HODGSON, H. H., u. E. R. WARD: J. chem. Soc. [London] 1947, 127. — HODGSON, H. H., A. P. MAHADEVAN u. E. R. WARD: J. chem. Soc. [London] 1947, 1392.

[3] SCHOFIELD, K.: Quart. Reviews 4, 382—403 (1950).

[4] Vgl.: HOUBEN-WEYL: Methoden der organischen Chemie 9, 431—682. Stuttgart: Georg Thieme 1955. — SUTER, C. M., u. A. W. WESTON: Org. Reactions 3, 142—197 (1947).

[5] Einen Überblick gibt: GILBERT, E. E.: Chem. Reviews 62, 549—609 (1962).

[6] PRICE, C. C.: Chem. Reviews 29, 37 (1941).

[7] WEISS, J.: Trans. Faraday Soc. 42, 116 (1946).

[8] BADDELEY, G., G. HOLT u. J. KENNER: Nature [London] 154, 361 (1944).

Dabei gilt die Regel, daß eine Sulfonsäure um so leichter wieder desulfoniert wird, je leichter die Sulfonierung eintrat. Bei niedriger Temperatur und unter milden Bedingungen wird eine aromatische Verbindung in ihrer reaktivsten Stellung sulfoniert, doch tritt bei längerer Sulfonierungsdauer und bei Temperaturerhöhung eine zunehmende Desulfonierung auf; diese wird vom entstehenden Reaktionswasser begünstigt, das eine Verdünnung der Schwefelsäure bewirkt. Unter energischeren Bedingungen werden auch die weniger reaktiven Stellungen einer Verbindung sulfoniert. Da hierbei auch die Desulfonierung erleichtert wird, die in der reaktionsfähigsten Stellung am raschesten verläuft, kommt es im Laufe einer Sulfonierung oft zu Umlagerungen bereits gebildeter Sulfonsäuren[1], wobei auch sterische Effekte eine Rolle spielen können [2]. Eine große praktische Bedeutung besitzt das Zusammenspiel von Sulfonierung und Desulfonierung im Falle des Naphthalins. Es liefert bei niedriger Temperatur vorwiegend α-Sulfonsäuren, bei höherer Temperatur dagegen β-Sulfonsäuren[3], indem erstere sich in die letzteren umlagern, was eindeutig auf eine Desulfonierung zurückzuführen ist[4].

Über den Mechanismus der Sulfonierung herrscht keine eindeutige Klarheit. Die meisten Autoren nehmen für Schwefelsäure und Oleum denselben Reaktionsmechanismus an, da Schwefelsäure bekanntlich freies Schwefeltrioxyd enthält[5] und sich somit nur in dessen Gehalt vom Oleum unterscheidet. Als aktives Reagens wird Schwefeltrioxyd angenommen, wobei manche Untersuchungen allerdings auch das Kation $SO_3H^{\oplus}$ nicht ausschließen[6]. GOLD und SATCHELL nehmen für den Übergangszustand von Desulfonierung und Sulfonierung einen π-Komplex an, bei dem das eintretende Reagens gemäß nachstehendem Schema zuerst nur locker an den aromatischen Kern gebunden ist, worauf eine Umlagerung des Komplexes eintritt:

$$\overset{SO_3{}^{\ominus}}{\bigcirc} + H^{\oplus} \;\rightleftharpoons\; \overset{SO_3{}^{\ominus}}{\bigcirc}\cdots H^{\oplus} \;\rightleftharpoons\; \overset{H}{\bigcirc}\cdots SO_3 \;\rightleftharpoons\; \overset{H}{\bigcirc} + SO_3$$

BRAND postuliert für die Sulfonierung in Oleum den folgenden Mechanismus, ohne sich näher über die Struktur der Intermediär-Verbindung $Ar{<}^{H}_{SO_3}$ auszusprechen[7]:

[1] GORE, P. H.: J. org. Chemistry 22, 135 (1957).

[2] RADELL, J., L. SPIALTER u. R. C. JARNAGIN: J. org. Chemistry 21, 1032 (1956).

[3] Vgl.: FIERZ-DAVID, H. E., u. C. RICHTER: Helv. chim. Acta 28, 257 (1945).

[4] MEGSON, F. H.: Dissertation Abstr. 18, 793 (1958). Ref. Ind. Engng. Chem. 51, 1151 (1959).

[5] BAUMGARTEN, P.: Die Chemie 55, 115 (1942).

[6] COWDREY, W. A., u. D. S. DAVIES: J. chem. Soc. [London] 1949, 1871. — GOLD, V.: J. chem. Soc. [London] 1955, 1263. — GOLD, V., u. D. P. N. SATCHELL: J. chem. Soc. [London] 1955, 3609; 1956, 1635. — BRAND, J. C. D.: J. chem. Soc. [London] 1950, 997, 1004. — BRAND, J. C. D., u. W. C. HORNING: J. chem. Soc. [London] 1952, 3922. — BRAND, J. C. D., u. A. RUTHERFORD: J. chem. Soc. [London] 1952, 3927. Ferner WADSWORTH, K. D., u. C. N. HINSHELWOOD: J. chem. Soc. [London] 1944, 469. — DRESEL, E., u. C. N. HINSHELWOOD: J. chem. Soc. [London] 1944, 649. — STUBBS, F. J., C. D. WILLIAMS u. C. N. HINSHELWOOD: J. chem. Soc. [London] 1948, 1065. — BERGLUND, A., u. L. MELANDER: Ark. Kemi [17] 6, 219 (1953).

[7] BRAND, J. C. D., A. W. P. JARVIE u. W. C. HORNING: J. chem. Soc. [London] 1959, 3844.

$$Ar\!-\!H + SO_3 \rightarrow Ar\!\!\begin{array}{c}H\\SO_3\end{array}$$

$$Ar\!\!\begin{array}{c}H\\SO_3\end{array} + H^{\oplus} \rightarrow Ar\!\!\begin{array}{c}H\\SO_3H^{\oplus}\end{array} \rightarrow Ar\!-\!SO_3H + H^{\oplus}$$

Nach den Untersuchungen von Cowdrey und Davies tritt in Oleum mit mehr als 10% Schwefeltrioxyd praktisch keine Desulfonierung mehr ein[1].

Für *technische Sulfonierungen* werden meist Schwefelsäure oder Oleum verwendet. Verunreinigungen der zu sulfonierenden Verbindung können sich dabei außerordentlich störend auswirken, da sie in der Regel verkohlt werden und die entstehende Sulfonsäure verunreinigen. Als Nebenprodukte können Sulfone ($Ar\!-\!SO_2\!-\!Ar$) entstehen; in manchen Fällen lassen sie sich unter geeigneten Bedingungen als Hauptprodukte fassen[2]. Bei Polyalkylbenzolen und Polyalkyl-halogenbenzolen beobachtet man oft die Jacobsen-Reaktion[3], die in einer Wanderung von Alkylgruppen, seltener auch von Halogenen, unter dem Einfluß konzentrierter Schwefelsäure besteht. Verseifbare Gruppen, besonders Nitrilgruppen, werden häufig verseift. Oleum wirkt in vielen Fällen auch oxydierend.

Außerordentlich glatt und meistens ohne Nebenreaktionen verläuft die Sulfonierung mit *Schwefeltrioxyd* in einem inerten Lösungsmittel bei tiefen Temperaturen, sie wird jedoch technisch nur selten angewandt. Als Lösungsmittel kommen flüssiges Schwefeldioxyd[4], Chloroform, Äthylenchlorid, Äther und Dioxan[5] in Frage, letzteres bildet mit Schwefeltrioxyd eine Additionsverbindung. Als Beispiel sei die Sulfonierung von Benzol genannt, die mit Schwefeltrioxyd in Chloroform bei 0 bis 10° C praktisch momentan die Sulfonsäure in 90% Ausbeute liefert, während mit konzentrierter Schwefelsäure ein 20- bis 30stündiges Kochen am Rückfluß erforderlich ist.

Bereits vorhandene *Substituenten* beeinflussen die Sulfonierung in normaler Weise, d.h. Substituenten erster Klasse dirigieren nach ortho und para, solche zweiter Klasse nach der meta-Stellung. Bei Temperaturerhöhung wird meist die para- gegenüber der ortho-Substitution begünstigt. Bei der Sulfonierung mit Schwefeltrioxyd entstehen einheitlichere Produkte als mit Schwefelsäure, worüber die folgende Zusammenstellung (Seite 108 oben) orientiert[6].

Nach der Regel von Armstrong und Wynne treten zwei Sulfonsäuregruppen niemals in ortho-, para- oder peri-Stellung zueinander auf. Die Regel hat sich bei der Abklärung der mehrfachen Sulfonierung des Naphthalins bestätigt. Als Ausnahme sei die Sulfonierung von Benzolmonosulfonsäure in Gegenwart von Quecksilbersulfat erwähnt, bei der neben 66% m-Disulfonsäure auch 33% p-Disulfonsäure gebildet werden, während in Abwesenheit von Quecksilber praktisch ausschließ-

---

[1] Siehe Fußnote 6, Seite 106.

[2] Vgl.: Machek, G.: Mh. Chem. 84, 338 (1953). — Michael, A., u. N. Weiner: J. Amer. chem. Soc. 58, 294 (1936). — Griess, P., u. C. Duisberg: Ber. dtsch. chem. Ges. 22, 2467 (1889).

[3] Vgl. Smith, L. I.: Org. Reactions 1, 370—384 (1942).

[4] Leiserson, L., R. W. Bost u. R. LeBaron: Ind. Engng. Chem. 40, 508 (1948).

[5] Suter, C. M., P. B. Evans u. J. M. Kiefer: J. Amer. chem. Soc. 60, 538 (1938). Vgl. auch: Bordwell, F. G., u. M. L. Peterson: J. Amer. chem. Soc. 76, 3957 (1954). Für einen Überblick vgl.: Gilbert, E. E.: Chem. Reviews 62, 549—609 (1962).

[6] Lauer, K.: J. prakt. Chem. [2] 143, 127, 139 (1935).

Substituent	Sulfonsäure %					
	mit Schwefelsäure			mit Schwefeltrioxyd		
	o-	p-	m-	o-	p-	m-
—NO_2	—	3	97	—	—	100
—SO_3H	—	5	95	—	—	100
—CHO	—	—	100	—	—	100
—COOH	—	14	86	—	—	100
—COR	—	—	100			
—CH_3	15	80	5	20	80	—
—Cl	—	100	—	—	100	—
—Br	4	96	—	—	100	—
—NH—Ac	—	100	—			
—OH	15	85	—			

lich die m-Disulfonsäure entsteht. Beide Säuren gehen bei der Behandlung mit konzentrierter Schwefelsäure bei 240—250° C in Benzol-1.3.5-trisulfonsäure über[1]. Ein katalytischer Einfluß von Quecksilbersalzen wird auch bei der Sulfonierung des Anthrachinons beobachtet, das in Anwesenheit von Quecksilbersulfat ausschließlich die α-Sulfonsäure, in dessen Abwesenheit ebenso ausschließlich die β-Sulfonsäure bildet[2]. Der Zusatz inerter Sulfate wie Natrium- oder Ammoniumsulfat zur Schwefelsäure ermöglicht eine mildere Sulfonierung, wobei Nebenreaktionen unterdrückt und einheitlichere Produkte gebildet werden, besonders die Bildung von Sulfonen wird dadurch oft verringert[3]. Es ist anzunehmen, daß der Effekt auf einer Verringerung der Acidität der Schwefelsäure infolge Bildung saurer Sulfate beruht.

Die aromatischen *Sulfonsäuren* sind starke Säuren, deren Acidität derjenigen der Mineralsäuren nur wenig nachsteht. Im allgemeinen sind sie in Wasser leicht löslich, eine Ausnahme bilden viele Aminosulfonsäuren, welche schwerlösliche innere Salze bilden, so die Naphthionsäure. In verdünnter Mineralsäure sind die Sulfonsäuren oft wenig löslich, so daß sie sich aus ihrer wäßrigen Lösung durch Säurezusatz oft ausscheiden lassen. Normalerweise zieht man es jedoch vor, anstelle der freien Sulfonsäuren ihre Natriumsalze zu isolieren, was meist durch einfaches „Aussalzen", d.h. durch Zusatz von Kochsalz oder einer gesättigten Salzlösung zu ihrer möglichst konzentrierten Lösung geschieht. Vielfach kann das Aussalzen direkt aus einer sauren Lösung erfolgen, indem man das Reaktionsgemisch der Sulfonierung mit Wasser verdünnt und anschließend aussalzt. In einigen Fällen ist das Aussalzen mit Kaliumchlorid zweckmäßiger. Eine allgemein anwendbare Aufarbeitungsmethode besteht darin, daß man das Sulfonierungsgemisch auf Eis gießt, mit Calciumhydroxyd neutralisiert und vom entstandenen Calciumsulfat abfiltriert, wobei die Calciumsalze der Sulfonsäuren in Lösung bleiben. Auf Zusatz von Soda bilden sich die Natriumsalze und unlösliches Calciumcarbonat. Man filtriert vom letzteren ab und erhält die Natriumsalze der Sulfonsäuren durch Aussalzen, gegebenenfalls durch Einengen und Abkühlen.

---

[1] BEHREND, R., u. M. MERTELSMANN: Liebigs Ann. Chem. **378**, 352 (1910).
[2] SCHMIDT, R. E.: Ber. dtsch. chem. Ges. **37**, 66 (1904). Vgl.: ILJINSKY, M.: Ber. dtsch. chem. Ges. **36**, 4194 (1903).
[3] Vgl.: TIETZE, E., u. O. BAYER: Liebigs Ann. Chem. **540**, 205 (1939).

Zur Charakterisierung und Identifizierung werden die Sulfonsäuren am besten in ein geeignetes Salz übergeführt; bewährt haben sich dazu ihre Thalliumsalze[1], Arylaminsalze[2], Isothiuroniumsalze[3] und p-Nitrobenzylpyridiniumsalze[4]. Umgekehrt dient die Diphenylenoxyd-3-sulfonsäure zur Charakterisierung von Aminen und Aminosäuren[5]. In der Anthrachinonreihe läßt sich die Sulfonsäuregruppe auch gegen Chlor austauschen, wobei die gut definierten Chloranthrachinone entstehen[6].

Mit Phosphorpentoxyd lassen sich die Sulfonsäuren in ihre Anhydride überführen[7], mit Phosphorpentachlorid erfolgt je nach den Bedingungen die Bildung des Sulfochlorides[8] oder der Ersatz der Sulfogruppe gegen Chlor. Wesentlich eleganter und glatter lassen sich die Sulfonsäuren und ihre Salze nach einem von ZOLLINGER gefundenen Verfahren[9] in die Sulfochloride überführen, indem sie in einem inerten Lösungsmittel mit Thionylchlorid und einer katalytischen Menge Dimethylformamid erwärmt werden. Nebenreaktionen treten dabei praktisch nicht auf.

Die meisten technischen Sulfonierungen werden im Chargenbetrieb durchgeführt. Einige Großprodukte wie Benzolsulfonsäure, β-Naphthalinsulfonsäure und die als Netz- und Waschmittel verwendeten Alkylarylsulfonate werden auch nach verschiedenen kontinuierlichen Verfahren hergestellt. Beim Chargenbetrieb benützt man entweder den einfachen Rührkessel mit Heizung und Kühlung für flüssige Reaktionsgemische oder dann die Kugelmühle für sehr dicke Massen, wie sie bei der Herstellung von Naphthionsäure, Sulfanilsäure und 2-Naphthol-6-sulfonsäure auftreten. Als Konstruktionsmaterial kann meistens Gußeisen oder gewöhnlicher Stahl verwendet werden. Sofern auch geringe Eisenspuren bereits stören, wie bei der Herstellung des Naphtholgelb S, bedient man sich emaillierter oder mit Blei ausgelegter Rührkessel. Das bei der Sulfonierung nach der Bruttogleichung $Ar-H +H_2SO_4 = Ar-SO_3H+H_2O$ entstehende Wasser wird oft mittels azeotroper Destillation oder unter vermindertem Druck entfernt, damit die ursprüngliche Säurekonzentration auch gegen Ende der Reaktion erhalten bleibt, wodurch man eine bessere Ausnützung der Schwefelsäure erzielt und oft die Bildung unerwünschter Isomeren verhindert.

Die Sulfonierung von *Benzol* zur Benzolmonosulfonsäure erfolgt im Chargenbetrieb mit etwa 2 Mol 100%iger Schwefelsäure (Monohydrat)

---

[1] GILMAN, H., u. R. K. ABOTT: J. Amer. chem. Soc. 65, 123 (1943); 71, 659 (1949). — GILMAN, H., u. H. S. BROADBENT: J. Amer. chem. Soc. 74, 264 (1952).

[2] DERMER, O. C., u. V. H. DERMER: J. org. Chemistry 7, 581 (1942). — MARRON, T. U., u. J. SCHIFFERLI: Ind. Engng. Chem. Anal. Ed. 18, 49 (1946). — FORSTER, R. B., u. C. M. KEYWORTH: J. Soc. chem. Ind. 43, T 165 (1924); 46, T 25 (1927).

[3] HENNION, G. F., u. C. J. SCHMIDLE: J. Amer. chem. Soc. 65, 2468 (1943). — CHAMBERS, R. F., u. G. W. WATT: J. org. Chemistry 6, 376 (1941). — BONNER, W. A.: J. Amer. chem. Soc. 70, 3508 (1948).

[4] HUNTRESS, E. H., u. G. L. FOOTE: J. Amer. chem. Soc. 64, 1017 (1942).

[5] WENDLAND, R., J. RODE u. R. MEINTZER: J. Amer. chem. Soc. 75, 3606 (1953).

[6] FIERZ-DAVID, H. E., A. KREBSER u. W. ANDERAU: Helv. chim. Acta. 10, 225 (1927). — LAUER, K.: J. prakt. Chem. [2] 135, 182 (1932); 136, 5 (1933).

[7] FIELD, L.: J. Amer. chem. Soc. 74, 394 (1952).

[8] SCHMID, M., u. R. MORY: Helv. chim. Acta 38, 1329 (1955). — ADAMS, R., u. C. S. MARVEL: Org. Synth. Coll. Vol. 1, 84 (1948).

[9] BOSSHARD, H. H., R. MORY, M. SCHMID u. HCH. ZOLLINGER: Helv. chim. Acta 42, 1653 (1959).

auf 1 Mol Benzol bei 80—100° C. Da die Monosulfonsäure in sehr
großem Ausmaß zur Phenolherstellung gebraucht wird, sind kontinuierliche Prozesse in flüssiger und gasförmiger Phase entwickelt worden.
Eine der wichtigsten Varianten ist der Tyrer-Prozeß, bei dem Benzol-
dampf bei 170—180° C durch 90—92%ige Schwefelsäure geleitet wird,
wobei das Reaktionswasser mit dem Benzolüberschuß azeotrop abdestilliert. Man kann so bis zu 97% der Schwefelsäure zur Sulfonierung
ausnützen. Der Tyrer-Prozeß kann sowohl chargenweise als auch kontinuierlich ausgeführt werden[1]. Die weitere Sulfonierung der Benzolsulfonsäure führt zur m-Disulfonsäure. Praktisch verfährt man meist
so, daß man zum Reaktionsgemisch der Monosulfonierung überschüssiges
65%iges Oleum, d.h. Oleum mit 65% freiem Schwefeltrioxyd, zusetzt
und bei etwa 80° C disulfoniert. Als Nebenprodukt entsteht eine geringe
Menge des p-Isomeren. Auf eine Trennung wird verzichtet, da das
p-Isomere bei der Alkalischmelze der m-Disulfonsäure zum Resorcin,
worin ihre wichtigste Anwendung besteht, nicht stört.

Toluol läßt sich leichter sulfonieren als Benzol. Bei niedriger Temperatur erhält man mehr o-Sulfonsäure, bei höherer Temperatur vergrößert sich der Anteil des p-Isomeren. Die weitere Sulfonierung beider
Isomeren führt zur Toluol-2.4-disulfonsäure. Große praktische Bedeutung besitzt die Umsetzung des Toluols mit Chlorsulfonsäure, bei der
o- und p-Toluolsulfochlorid entstehen. Durch Abkühlen und Zentri-
fugieren läßt sich das p-Isomere abtrennen. Es wird häufig zu Acylierungen verwendet. Mit Ammoniak erhält man daraus das p-Toluol-
sulfamid, das bei der Chlorierung in alkalischer Lösung das N-Chlor-
derivat (Chloramin T) liefert, ein Desinfektionsmittel mit aktivem
Chlor. Die Alkylester der p-Toluolsulfonsäure dienen als Alkylierungsmittel[2]. Aus dem o-Toluolsulfochlorid erhält man durch Oxydation
der Methylgruppe und Umsetzung mit Ammoniak das Saccharin[3].

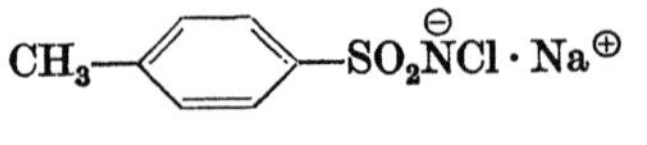

CH_3—⟨ ⟩—$SO_2\overset{\ominus}{N}Cl \cdot Na^{\oplus}$ Saccharin-Struktur (CO, NH, SO_2)

Chloramin T 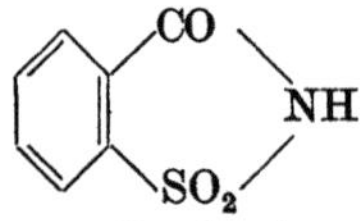   Saccharin

Die Sulfonierung des *Naphthalins* ist stark temperaturabhängig;
unterhalb 65° C tritt die Sulfonsäuregruppe in die α-Stellung ein, oberhalb 120° C in die β-Stellung. Bei einer weiteren Sulfonierung tritt die
zweite oder dritte Sulfonsäuregruppe entsprechend der Regel von

<hr>

[1] Vgl.: HARVEY, A. W., u. G. STEGEMANN: Ind. Engng. Chem. **16**, 842 (1924). —
Bezüglich der Entfernung des Reaktionswassers durch azeotrope Destillation sei
ferner verwiesen auf: MOHRMANN, A.: Liebigs Ann. Chem. **410**, 337 (1915). —
MEYER, H.: Liebigs Ann. Chem. **433**, 327 (1923). — OTHMER, D. F., u. C. E. LEYES:
Ind. Engng. Chem. **33**, 158 (1941). — OTHMER, D. F., J. J. JACOBS u. W. J. BUSCH-
MANN: Ind. Engng. Chem. **35**, 326 (1943). — JACOBS, J. J., D. F. OTHMER u.
A. HOKANSON: Ind. Engng. Chem. **35**, 321 (1943).

[2] GILMAN, H., u. L. L. HECK: J. Amer. chem. Soc. **50**, 2223 (1928). — ROOS,
A. T., H. GILMAN u. N. J. BEABER: Org. Synth. Coll. Vol. 1, 145 (1948) und
GILMAN, H., u. J. ROBINSON: Org. Synth. Coll. Vol. 2, 47 (1950).

[3] Siehe BIOS Report 1576.

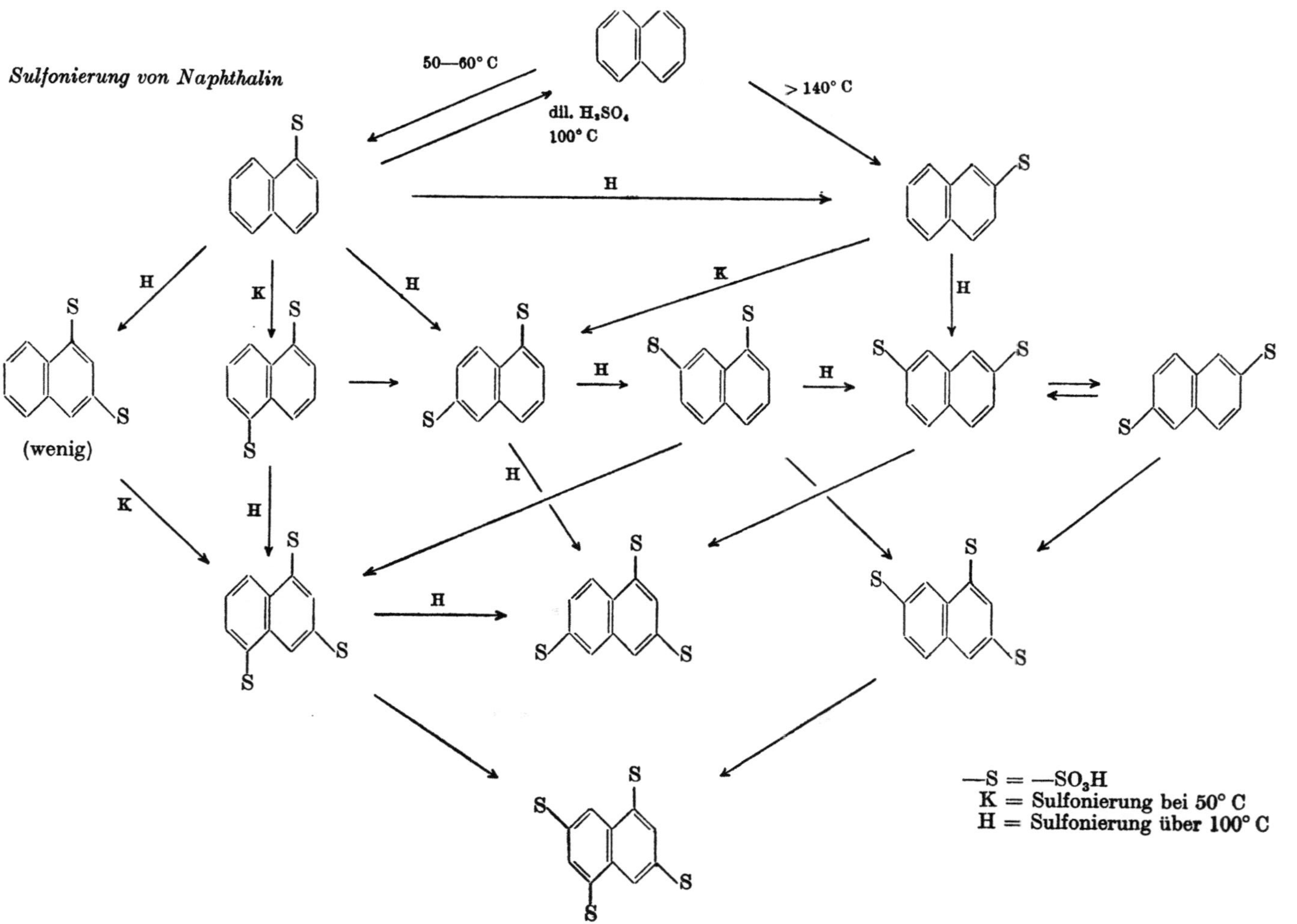

Sulfonierung von Naphthalin
50—60° C
dll. H₂SO₄ 100° C
> 140° C
H
K
H
H
H
H
H
H
H
K
K
(wenig)
Sulfonierung
—S = —SO₃H
K = Sulfonierung bei 50° C
H = Sulfonierung über 100° C
111

ARMSTRONG und WYNNE nie in eine Stellung ortho, para oder peri zu einer bereits vorhandenen Sulfogruppe. α-ständige Sulfogruppen werden bei Temperaturen über 50° C leicht wieder abgespalten unter anschließender Sulfonierung in einer β-Stellung. Diese scheinbare Umlagerung wird durch höhere Temperaturen und die Anwesenheit geringer Wassermengen im Sulfonierungsgemisch begünstigt, durch einen großen Überschuß von Schwefeltrioxyd dagegen zurückgedrängt; sie tritt jedoch selbst in 60%igem Oleum noch deutlich in Erscheinung. Die Sulfonierung des Naphthalins wurde in neuerer Zeit besonders von H. E. FIERZ-DAVID u. Mitarb.[1] sowie von R. LANTZ[2] untersucht, wobei sich im wesentlichen die folgenden Vorgänge abspielen[3] (vgl. Schema der Naphthalinsulfonierung).

Bei niedriger Temperatur wird Naphthalin zur 1-Sulfonsäure und weiter zur 1.5-Disulfonsäure sulfoniert. Die letztere ist wenig beständig und wird leicht in die 1.6-Disulfonsäure übergeführt. Bei Temperaturen zwischen 60 und 100° C wird aus der 1-Sulfonsäure bereits vorwiegend die 1.6-Disulfonsäure gebildet, die relativ stabil ist. Bei Temperaturerhöhung wird sie indessen in die 1.7-Disulfonsäure und diese in die 2.7-Disulfonsäure übergeführt. Die letztere steht im Gleichgewicht mit der 2.6-Disulfonsäure, ist jedoch die stabilere der beiden[4]. Bei Temperaturen über 140° C bildet sich aus Naphthalin die 2-Sulfonsäure, deren weitere Sulfonierung bei Temperaturen unter 100° C zu einem Gemisch mit vorwiegend 1.6- und wenig 1.7-Disulfonsäure führt, wogegen oberhalb 150° C ein Gemisch der 2.7- und 2.6-Disulfonsäuren entsteht.

Bei fortgesetzter Sulfonierung in der Wärme entsteht aus den 1.6- und 2.7-Disulfonsäuren die 1.3.6-Trisulfonsäure, welche beständig ist und sich nicht weiter sulfonieren läßt. Aus den 1.3-, 1.5- und 1.7-Disulfonsäuren bildet sich die 1.3.5-Trisulfonsäure, die sich teilweise in die 1.3.6-Trisulfonsäure umlagert und teilweise zur 1.3.5.7-Tetrasulfonsäure weitersulfoniert wird. Die 2.6- wie auch die 1.7-Disulfonsäure werden zur 1.3.7-Trisulfonsäure weitersulfoniert, aus der wiederum die 1.3.5.7-Tetrasulfonsäure entsteht. Von den Naphthalintrisulfonsäuren besitzt einzig die 1.3.6-Säure technische Bedeutung, sie bildet sich jedoch infolge der geschilderten Nebenreaktionen in nicht mehr als 70—80% Ausbeute. Die Tetrasulfonsäure ist technisch wertlos.

Die technische Herstellung der *Naphthalin-1-sulfonsäure* erfolgt mit konzentrierter Schwefelsäure bei 20—50° C, indem man Naphthalin bei 20° C in Schwefelsäure einrührt, weitere Schwefelsäure zusetzt und anschließend die Temperatur langsam auf 50° C steigert. Beim Erhitzen mit verdünnten Säuren wird die Sulfonsäure wieder desulfoniert; Alkalischmelze liefert das α-Naphthol. Bei der Nitrierung entstehen 1-Nitronaphthalin-5-sulfonsäure und 1-Nitronaphthalin-8-sulfonsäure, die zu den entsprechenden Aminen weiterverarbeitet werden. Die Nitrierung erfolgt direkt im Reaktionsgemisch der Sulfonierung.

Die Herstellung der *2-Sulfonsäure* geschieht bei 160° C mit konzentrierter Schwefelsäure. Nach Zusatz von Natronlauge fällt das Natrium-

---

[1] FIERZ, H. E., u. P. WEISSENBACH: Helv. chim. Acta **3**, 312 (1920). — FIERZ, H. E., u. F. SCHMID: Helv. chim. Acta **4**, 381 (1921). — FIERZ-DAVID, H. E., u. A. W. HASLER: Helv. chim. Acta **6**, 1133 (1923). — FIERZ-DAVID, H. E., u. M. BRAUNSCHWEIG: Helv. chim. Acta **6**, 1146 (1923). — FIERZ-DAVID, H. E., u. C. RICHTER: Helv. chim. Acta **28**, 257 (1945).

[2] LANTZ, R.: Bull. Soc. chim. France [5] **2**, 1913, 2092 (1935); [5] **12**, 245, 253, 262, 1004 (1945); [5] **14**, 95 (1947).

[3] HODGSON, H. H., u. D. E. HATHAWAY: J. Soc. Dyers Colourists **63**, 46 (1947).

[4] HEID, J. L.: J. Amer. chem. Soc. **49**, 844 (1927).

salz beim Abkühlen aus. Die Desulfonierung erfolgt nur sehr schwer, Alkalischmelze liefert das wichtige β-Naphthol.

Naphthalin-1.5- und *-1.6-disulfonsäure* entstehen bei der Sulfonierung von Naphthalin mit überschüssigem 20%igem Oleum bei 20—55° C nebeneinander. Nach dem Verdünnen mit Wasser erhält man durch Aussalzen mit Natriumsulfat in der Wärme etwa 50% 1.5-Disulfonsäure als Natriumsalz. Das Filtrat wird mit Kalk neutralisiert, vom Calciumsulfat abfiltriert, in das Natriumsalz übergeführt und zur Trockne eingeengt, wobei das 1.6-Natriumdisulfonat anfällt. Die 1.5-Disulfonsäure, auch Armstrong-Säure genannt, liefert in der Alkalischmelze bei 180° C die 1-Naphthol-5-sulfonsäure und bei 240° C das 1.5-Dihydroxynaphthalin. Ihre Nitrierung führt zur 1- und 2-Nitronaphthalin-4.8-disulfonsäure, die durch Reduktion in die entsprechenden Naphthylaminsulfonsäuren übergeführt werden. Die Alkalischmelze der 1.6-Disulfonsäure liefert das 1.6-Dihydroxynaphthalin, ihre Nitrierung die 1-Nitro-3.8-disulfonsäure, die zum entsprechenden Naphthylamin und Naphthol weiter umgesetzt wird.

Naphthalin-2.6- und *-2.7-disulfonsäure* bilden sich nebeneinander bei der Sulfonierung von Naphthalin mit überschüssigem Monohydrat bei 170° C. Nach dem Verdünnen mit Wasser und Aussalzen mit Kochsalz und Natriumsulfat erhält man bei 90° C das Natriumsalz der 2.6-Disulfonsäure in rund 30%iger Ausbeute. Aus dem Filtrat wird durch weiteres Aussalzen mit Kochsalz und Abkühlen die 2.7-Säure als Natriumsalz abgeschieden. Die 2.6-Disulfonsäure liefert bei der Alkalischmelze die 2-Naphthol-6-sulfonsäure, bei höherer Temperatur das 2.6-Dihydroxynaphthalin. Die Nitrierung führt zur 1-Nitronaphthalin-3.7-disulfonsäure. Aus der 2.7-Disulfonsäure erhält man analog bei der Alkalischmelze die 2-Naphthol-7-sulfonsäure und das 2.7-Dihydroxynaphthalin, bei der Nitrierung die 1-Nitro-3.6-disulfonsäure.

Naphthalin-1.3.6-trisulfonsäure wird durch stufenweises Sulfonieren von Naphthalin bei verschiedenen Temperaturen und wechselndem Oleumgehalt gewonnen. Als Nebenprodukt entsteht stets die 1.3.5.7-Tetrasulfonsäure. Die Nitrierung der Trisulfonsäure führt zur 1-Nitronaphthalin-3.6.8-trisulfonsäure, die sich in das entsprechende Naphthylamin überführen läßt. Durch Alkalischmelze lassen sich aus der Trisulfonsäure die 1-Naphthol-3.6-disulfonsäure und die 1.3-Dihydroxynaphthalin-6-sulfonsäure gewinnen.

Aus Naphthalin werden ferner die beiden wichtigen Netzmittel Nekal BX und Nekal A hergestellt. Das erstere entsteht durch Alkylierung von Naphthalin mit n-Butanol in konzentrierter Schwefelsäure und anschließende Sulfonierung des entstandenen Butylnaphthalins unterhalb 50° C durch Zugabe von Oleum. Man nimmt an, daß das Nekal BX vorwiegend aus 1.4-Bis-(2-butyl)-naphthalin-6-sulfonsäure besteht. Das Nekal A wird in ähnlicher Weise mit Isopropanol gewonnen.

Die Sulfonierung des *Anthrachinons* tritt nur unter ziemlich energischen Bedingungen ein, wobei sich neben den Monosulfonsäuren leicht auch Disulfonsäuren bilden. Eine weitere Sulfonierung findet nicht mehr statt, vielmehr erfolgt unter der Einwirkung von hochprozentigem Oleum bei höherer Temperatur die Bildung von Polyhydroxyanthrachi-

Zwischenprodukte aus den Naphthalinmonosulfonsäuren
$(S = -SO_3H)$

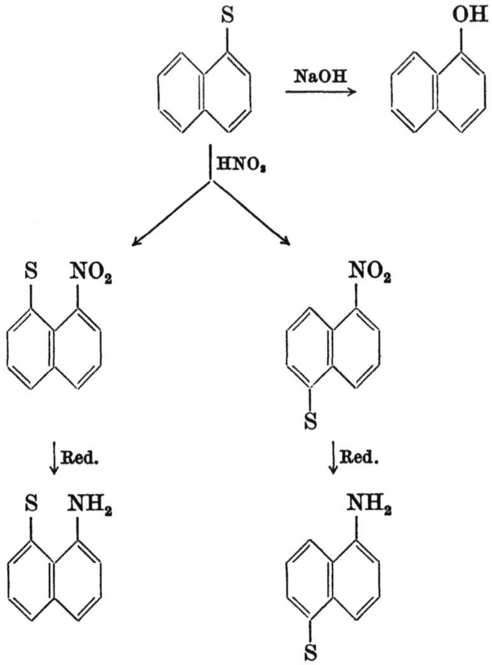

Peri-Säure

Laurent-Säure

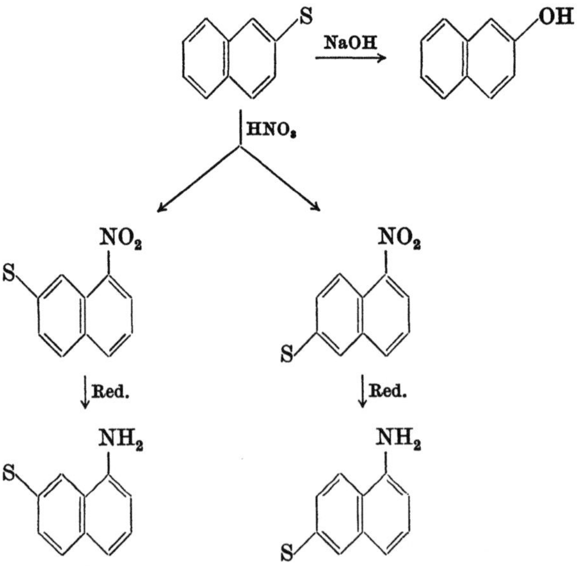

Cleve-Säure 7

Cleve-Säure 6

Zwischenprodukte aus den Naphthalindisulfonsäuren I
$(S = -SO_3H)$

1.5-Dihydroxy-
naphthalin

HNO_3

Red.

Red.

NaOH

C-Säure

Naphthylamindisulfon-
säure S

Chicago-Säure S

HNO_3

Red.

Bucherer-
Reaktion

Amino-ε-Säure

ε-Säure

8*

Zwischenprodukte aus den Naphthalindisulfonsäuren II
(S = —SO$_3$H)

Freundsche Säure III

Freundsche Säure II

F-Säure (Nuanciersalz)   2.7-Dihydroxynaphthalin

nonen, die als Bohn-Schmidt-Reaktion bekannt wurde[1]. Durch den Eintritt einer Sulfongruppe wird der betreffende Benzolkern desaktiviert und die zweite Sulfonierung greift stets am andern Benzolring an. Um die Bildung von Disulfonsäuren gering zu halten, wird bei der Herstellung der Monosulfonsäuren mit überschüssigem Anthrachinon gearbeitet.

So gewinnt man die Anthrachinon-2-sulfonsäure durch Sulfonierung von Anthrachinon mit 20%igem Oleum bei 100—145° C während insgesamt 9 Std, Verdünnung des Reaktionsgemisches mit Wasser und Filtration bei 70° C zur Rückgewinnung des nicht umgesetzten Anthrachinons, worauf man aus der Lösung das Natriumsalz durch Aussalzen mit Kochsalz in 90%iger Ausbeute erhält. Infolge seines Aussehens wird es als „Silbersalz" bezeichnet. Als Nebenprodukte entstehen die 2.6- und 2.7-Disulfonsäuren.

In Gegenwart von Quecksilbersalzen bildet sich anstelle der 2-Sulfonsäure ausschließlich die 1-Sulfonsäure[2]. Zu ihrer Herstellung wird Anthrachinon mit 15%igem Oleum und einer geringen Menge Quecksilberoxyd auf 120° C erwärmt, mit 60%igem Oleum versetzt und bei 150° C weitersulfoniert. Nach dem Verdünnen wird mit Kaliumchlorid ausgesalzen[3]. Unter energischeren Bedingungen entstehen die 1.5- und 1.8-Disulfonsäuren.

In der Alkalischmelze liefern die Sulfonsäuren die entsprechenden Hydroxyanthrachinone; ferner lassen sich die Sulfonsäuregruppen im Anthrachinon gegen Halogen oder Ammoniak austauschen, besonders

---

[1] Zur Sulfonierung des Anthrachinons vgl.: LAUER, K.: J. prakt. Chem. [2] **135**, 164 (1932).

[2] SCHMIDT, R. E.: Ber. dtsch. chem. Ges. **37**, 66 (1904). — ILJINSKY, M.: Ber. dtsch. chem. Ges. **36**, 4194 (1903).

[3] Vgl.: FIERZ-DAVID, H. E., A. KREBSER u. W. ANDERAU: Helv. chim. Acta **10**, 197 (1927). Bezüglich einer präparativen Methode sei verwiesen auf: SCOTT, W. J., u. C. F. H. ALLEN: Org. Synth. Coll. Vol. **2**, 539 (1950).

Zwischenprodukte aus den Naphthalintrisulfonsäuren
$(S = -SO_3H)$

Rudolf Gürcke-Säuren

Kochsche Säure

Bucherer-Reaktion

Bucherer-Reaktion

K-Säure   H-Säure   Chromotrop-Säure

leicht erfolgt dies in den α-Stellungen. Über die Abkömmlinge aus Anthrachinonsulfonsäuren orientiert die nachfolgende Übersicht (S = $-SO_3H$).

Bereits vorhandene Substituenten beeinflussen die Sulfonierung in normaler Weise. *Phenole* lassen sich leicht sulfonieren, wobei die Sulfogruppe zuerst in die para- und dann in die ortho-Stellung dirigiert wird[1]. 1-Naphthol liefert bei der Sulfonierung die 1-Naphthol-4-sulfonsäure, 2-Naphthol unter milden Bedingungen die 2-Naphthol-1-sulfonsäure, unter etwas schärferen Bedingungen 2-Naphthol-8-sulfonsäure

---

[1] Vgl.: OBERMILLER, J.: Ber. dtsch. chem. Ges. **40**, 3637 (1907).

Abkömmlinge aus den Anthrachinonsulfonsäuren
$(S = -SO_3H)$

α-Derivate

β-Derivate

Sulfonierung des 1-Naphthols
(S = —SO₃H)

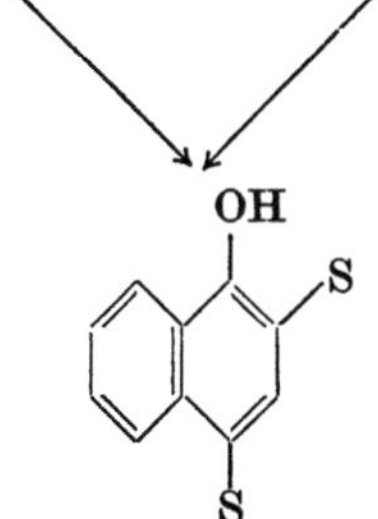

1-Naphthol-2-sulfonsäure   Nevile-Winther-Säure

1-Naphthol-2.4-disulfonsäure

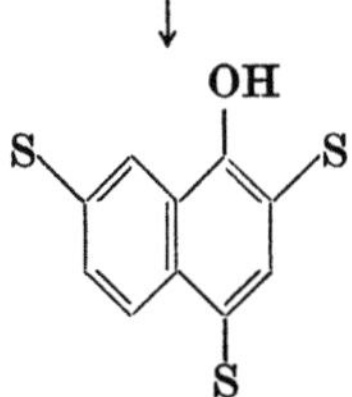

1-Naphthol-2.4.7-trisulfonsäure

und 2-Naphthol-6-sulfonsäure und bei 100° C mit Monohydrat ausschließlich die letztere Säure.

Aminogruppen dirigieren die eintretende Sulfogruppe in die para- und ortho-Stellung. Bei der Sulfonierung mit Oleum, besonders bei niederer Temperatur, beobachtet man indessen meist meta-Substitution[1]. Bei

[1] Vgl. ALEXANDER, E. R.: J. Amer. chem. Soc. **68**, 969 (1946); **69**, 1599 (1947); **70**, 1274 (1948) und BLANGEY, L., H. E. FIERZ-DAVID u. G. STAMM: Helv. chim. Acta **25**, 1162 (1942). — Bezüglich der Sulfonierung von 1- und 2-Naphthol und -Naphthylamin vgl.: HODGSON, H. H., u. D. E. HATHAWAY: J. Soc. Dyers Colourists **63**, 109 (1947).

Sulfonierung des 2-Naphthols und Zwischenprodukte
$(S = -SO_3H)$

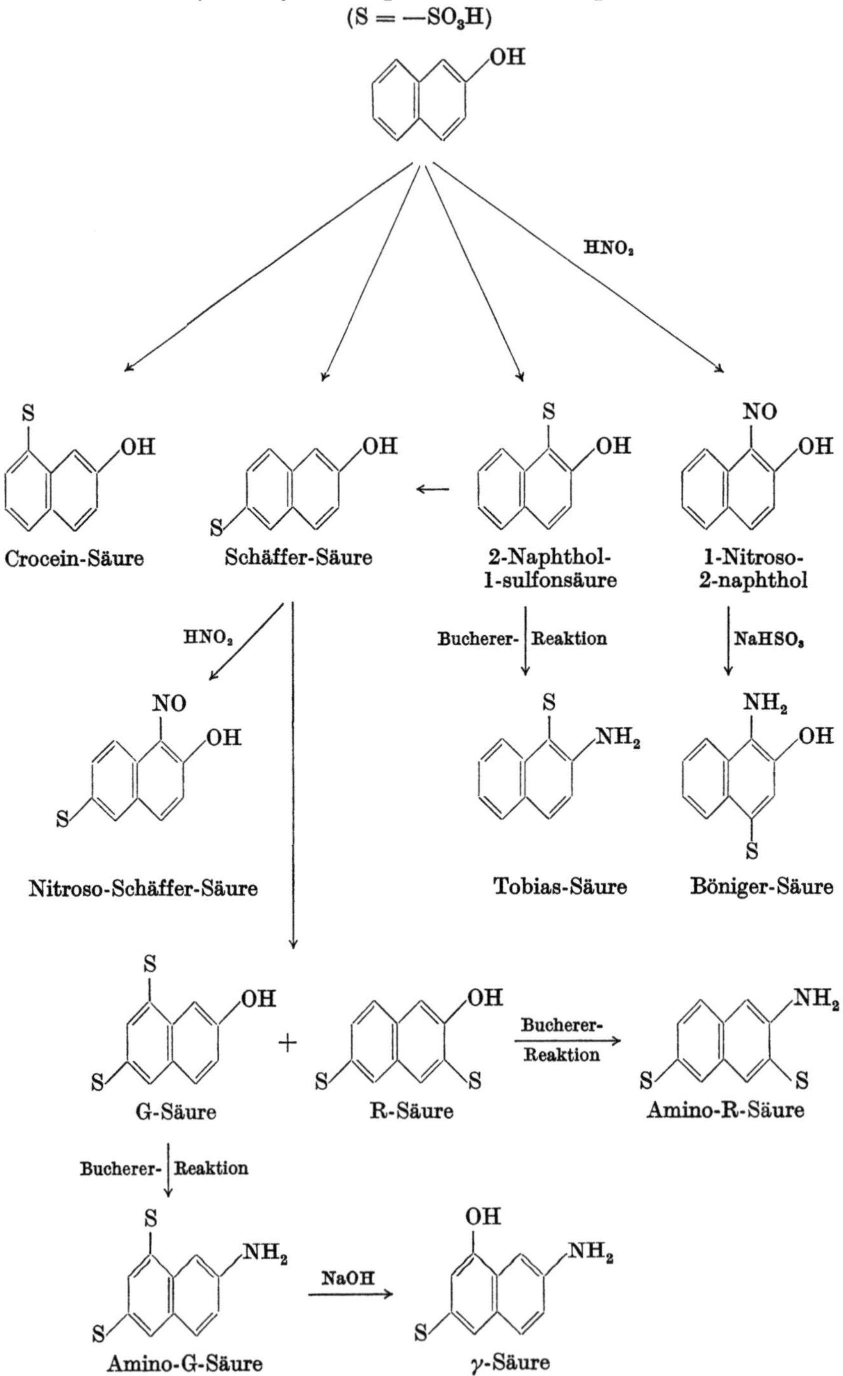

Sulfonierung des 1-Naphthylamins
(S = —SO$_3$H)

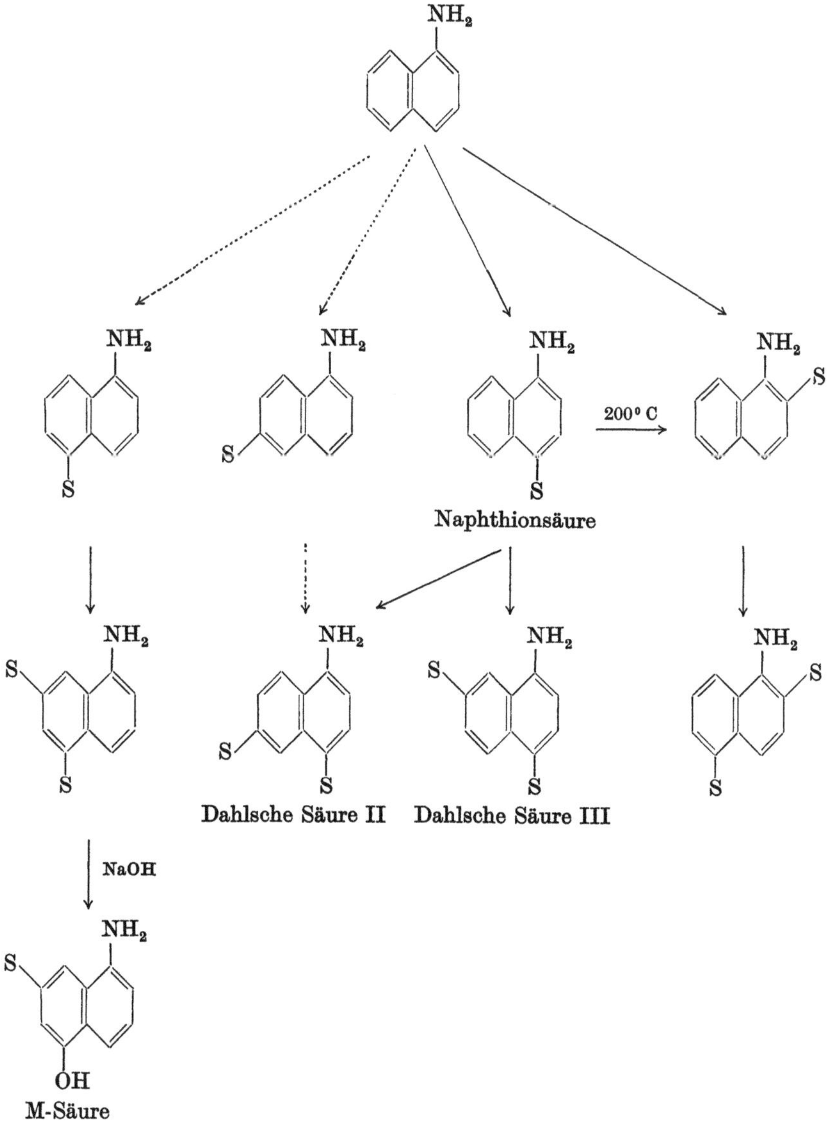

Naphthionsäure

Dahlsche Säure II   Dahlsche Säure III

NaOH

M-Säure

quaternären Ammoniumverbindungen tritt ausschließlich meta-Substitution ein. 1-Naphthylamin liefert bei der Sulfonierung mit schwachem Oleum bei 70—100° C die 1-Aminonaphthalin-2-sulfonsäure, unter milderen Bedingungen entsteht eine allerdings isomerenhaltige 1-Aminonaphthalin-4-sulfonsäure. Man stellt die letztere deshalb besser nach dem

Sulfonierung des 2-Naphthylamins
(S = —SO₃H)

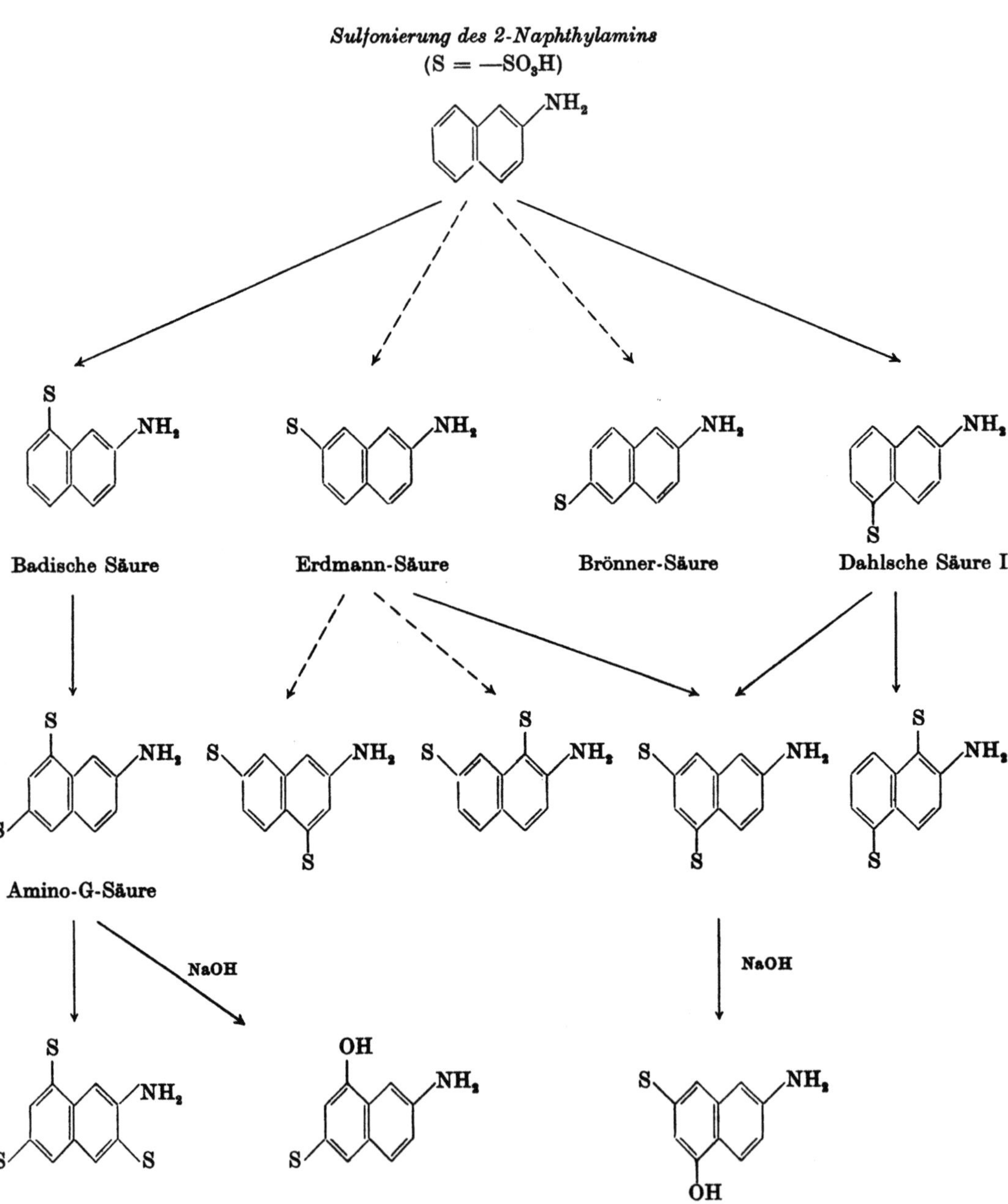

„Backprozeß" dar. 2-Naphthylamin wird bei technischen Prozessen nach Möglichkeit umgangen, da es bei langjähriger Einwirkung zu Blasenkrebs führen kann.

Man verwendet an seiner Stelle die harmlose 2-Aminonaphthalin-1-sulfonsäure, die aus 2-Naphthol-1-sulfonsäure nach Bucherer zugänglich ist. Ihre Sulfonierung mit 6%igem Oleum bei 25° C gibt 2-Aminonaphthalin-1.5-disulfonsäure, mit 30%igem Oleum bei 100° C entsteht 2-Aminonaphthalin-1.5.7-trisulfonsäure. Die 1-ständige Sulfogruppe wird nach dem Verdünnen des Reaktionsgemisches mit Wasser durch Erwärmen auf 100—130° C abgespalten.

Der „*Backprozeß*" ist ein wichtiges Verfahren zur Erzielung einheitlich parasubstituierter Aminosulfonsäuren. Man stellt dabei zuerst das trockene saure Sulfat des zu sulfonierenden Amins her und lagert dieses bei 170—190° C in die Sulfonsäure um:

$$\overset{\oplus}{N}H_3 \cdot HSO_4^{\ominus} \xrightarrow{\;170\text{—}190°\,C\;} \overset{\oplus}{N}H_3 \cdots SO_3^{\ominus} + H_2O$$

Das Backen wird meist im Vakuum vorgenommen, damit das Reaktionswasser die hygroskopische Masse ohne Schwierigkeit verläßt. Aus demselben Grund muß die Oberfläche möglichst groß gehalten werden, wozu man manchmal Treibmittel zusetzt. Der Backprozeß kann auch in einem inerten Lösungsmittel wie o-Dichlorbenzol oder Dekalin vorgenommen werden. Zur Erzielung einwandfreier Resultate müssen möglichst reine Sulfate verwendet werden[1]. Nach dem Backprozeß werden die Sulfanilsäure (Anilin-4-sulfonsäure) und die Naphthionsäure (1-Aminonaphthalin-4-sulfonsäure) hergestellt. Anthranilsäure spaltet bei der direkten Sulfonierung die Carboxylgruppe ab, beim Backprozeß erhält man die 2-Amino-5-sulfobenzoesäure.

Eine ähnliche Reaktion stellt die Umlagerung von Nitraminen in ortho-Nitraniline dar[2]. Im Gegensatz zu dieser Reaktion und zu früheren Auffassungen tritt beim Backprozeß von Anilinhydrogensulfat zu Sulfanilsäure keine intermediäre ortho-Zwischenstufe auf[3].

$$NH\text{—}NO_2 \quad \longrightarrow \quad NH_2 \cdots NO_2$$

Substituenten zweiter Klasse erschweren die Sulfonierung und dirigieren in meta-Stellung, indessen kommt dieser Fall nur selten vor. Als Beispiel sei die Sulfonierung von Phthalsäureanhydrid mit überschüssigem 60%igem Oleum bei 130° C in einem rostfreien Autoklaven unter Druck erwähnt, die zur 4-Sulfophthalsäure führt. Die Sulfonie-

---

[1] Vgl.: Huber, W.: Helv. chim. Acta 15, 1372 (1933); für eine präparative Darstellungsmethode sei auch verwiesen auf: Allen, C. F. H., u. J. A. van Allan: Org. Synth. 27, 88 (1947).
[2] Vgl.: Hughes, E. D., u. C. K. Ingold: Quart. Reviews 6, 34—62 (1952).
[3] Illuminati, G.: J. Amer. chem. Soc. 78, 2603 (1956).

rung von *Nitroverbindungen kann zu explosionsartigen Zersetzungen* führen, so bei der Einwirkung von Oleum auf 2.4-Dinitrobenzol. Man nimmt deshalb eine allfällige Nitrierung normalerweise nach der Sulfonierung vor, wobei man häufig das Reaktionsgemisch ohne vorherige Aufarbeitung nitrieren kann.

Indirekte Methoden zur Einführung einer Sulfonsäuregruppe sind in verschiedenen Fällen von großer praktischer Bedeutung. Der *Austausch von Halogen* gegen die Sulfogruppe gelingt nur, wenn das Halogen durch elektronenanziehende Substituenten gelockert ist und erfolgt mit Natriumsulfit (Na_2SO_3) in wäßriger Lösung. Auf diesem Wege werden die Benzaldehyd-o- und -p-sulfonsäuren aus den entsprechenden Chlorbenzaldehyden[1] und die o-Sulfobenzoesäure aus der o-Chlorbenzoesäure hergestellt. Besonders leicht läßt sich das Halogen in den Nitrochlorbenzolen ersetzen; 2.4-Dinitrobenzolsulfonsäure wird glatt aus dem 2.4-Dinitrochlorbenzol erhalten. In der Anthrachinonreihe benützt man den Ersatz von Halogen durch die Sulfogruppe zur Darstellung anderweitig schwer zugänglicher Sulfonsäuren; so läßt sich aus 1.4-Dichloranthrachinon die durch direkte Sulfonierung nicht erhältliche 1.4-Disulfonsäure darstellen[2]. Es ist indessen zu beachten, daß der Austausch von Halogen gegen andere Gruppen gelegentlich mit einer Umlagerung verbunden ist. So entsteht aus dem 2-Hydroxy-3-chlornaphthalin die isomere 2-Naphthol-4-sulfonsäure.[3]

Die *Piria-Reaktion* besteht in der Umsetzung einer Nitro- oder Nitrosoverbindung mit Natriumhydrogensulfit ($NaHSO_3$) zu einer Aminosulfonsäure. Nitrokörper werden dabei primär zu Nitrosoverbindungen reduziert[4]. 1-Nitronaphthalin läßt sich so in 1-Naphthylamin-4-sulfonsäure und 1-Naphthylamin-2.4-disulfonsäure überführen[5], aus m-Dinitrobenzol entsteht 3-Nitranilin-4-sulfonsäure[6]. Die wichtigste technische Anwendung der Reaktion besteht in der Herstellung der 1-Amino-2-naphthol-4-sulfonsäure aus 1-Nitroso-2-naphthol, das durch Nitrosierung von 2-Naphthol leicht zugänglich ist[7]:

NO — OH $\xrightarrow{\text{2 NaHSO}_3}$ NH$_2$ — OH (SO$_3$Na)   + NaHSO$_4$

---

[1] DRP 88952 (1896), DRP 98321 (1897); AP 2407351 (1943).

[2] Vgl.: DRP 288878 (1914), DRP 524499 (1928).

[3] MARSCHALK, C.: Bull. Soc. chim. France [4] 45, 658 (1929).

[4] HUNTER, W. H., u. M. M. SPRUNG: J. Amer. chem. Soc. 53, 1433, 1443 (1931). — LAUER, W. M., M. M. SPRUNG u. C. M. LANGKAMMERER: J. Amer. chem. Soc. 58, 225 (1936).

[5] GOLDBLUM, K. B., u. R. E. MONTONNA: J. org. Chemistry 13, 179 (1948).

[6] MILLER, A. L., H. S. MOSHER, F. W. GRAY u. F. C. WHITMORE: J. Amer. chem. Soc. 71, 3559 (1949).

[7] Vgl. FIERZ-DAVID, H. E., u. L. BLANGEY: Grundlegende Operationen der Farbenchemie. Berlin-Göttingen-Heidelberg: Springer 1952.

Die *Oxydation* eines Mercaptans zur Sulfonsäure wird selten vorgenommen[1]. Bemerkenswert und von großer präparativer Bedeutung ist dagegen die oxydative Chlorierung von Disulfiden[2] oder Mercaptanen[3] zu den entsprechenden Sulfochloriden, die in wäßriger oder essigsaurer Lösung erfolgen kann. So gelangt man aus p-Nitrochlorbenzol durch Umsetzung mit Natriumsulfid und anschließende oxydative Chlorierung direkt zum p-Nitrobenzolsulfochlorid:

$$2\ O_2N{-}\langle\!\!\!\bigcirc\!\!\!\rangle{-}Cl + Na_2S_2$$

$$O_2N{-}\langle\!\!\!\bigcirc\!\!\!\rangle{-}S{-}S{-}\langle\!\!\!\bigcirc\!\!\!\rangle{-}NO_2$$

$$Cl_2 \downarrow AcOH$$

$$2\ O_2N{-}\langle\!\!\!\bigcirc\!\!\!\rangle{-}SO_2Cl$$

Diazoniumgruppen werden beim Sättigen ihrer schwefelsauren Lösung mit Schwefeldioxyd durch den Sulfinsäurerest ersetzt[4]; aus der Sulfinsäure erhält man durch Oxydation die entsprechende Sulfonsäure[5]. In Eisessig oder anderen organischen Lösungsmitteln kann man in Gegenwart von Kupferchlorid aus den Diazoniumverbindungen mit Schwefeldioxyd auch direkt die Sulfochloride erhalten[6].

Die *Sulfomethylierung* mit Formaldehyd und Natriumhydrogensulfit führt bei Phenolen zum Eintritt der Sulfomethylgruppe ($-CH_2SO_3H$) in der para- oder ortho-Stellung zur Hydroxylgruppe, bei freien Aminogruppen tritt Alkylierung zum N-Sulfomethylamin ($-NH-CH_2SO_3H$) ein, das leicht hydrolysierbar ist. Von der Sulfomethylierung freier Aminogruppen macht man gelegentlich Gebrauch, um schwerlösliche pharmazeutische Präparate wasserlöslich zu machen.

Eine Zusammenstellung der neueren Literatur über die Sulfonierung enthalten die folgenden Veröffentlichungen: LISK, G. F.: Ind. Engng. Chem. 40, 1671 (1948); 41, 1923 (1949); 42, 1746 (1950). — GILBERT, E. E., u. E. P. JONES: Ind. Engng. Chem. 43, 2022 (1951); 44, 2082 (1952); 45, 2041 (1953); 46, 1895 (1954); 47, 1916 (1955); 48, 1658 (1956); 49, 1553 (1957); 50, 1406 (1958); 51, 1148 (1959).

5. Friedel-Craftssche Synthesen

Friedel-Craftssche Synthesen sind elektrophile Reaktionen, in denen als aktives Reagens ein Kohlenstoffkation auftritt, das mit Hilfe von wasserfreiem Aluminiumchlorid, $AlCl_3$, oder einer anderen Lewis-Säure

[1] CALDWELL, W. T., u. A. N. SAYIN: J. Amer. chem. Soc. 73, 5125 (1951).

[2] ZINCKE, TH.: Liebigs Ann. Chem. 391, 55 (1912); 406 103 (1914). — FIERZ-DAVID, H. E., E. SCHLITTLER u. H. WALDMANN: Helv. chim. Acta 12, 667 (1929). — CLARKE, H. T., G. S. BABCOCK u. T. F. MURRAY: Org. Synth. Coll. Vol. 1, 85 (1948). — WERTHEIM, E.: Org. Synth. Coll. Vol. 2, 471 (1950).

[3] ZINCKE, Th., u. W. FROHNEBERG: Ber. dtsch. chem. Ges. 42, 2728 (1909); 43, 840 (1910). — DOUGLASS, I. B., u. T. B. JOHNSON: J. Amer. chem. Soc. 60, 1486 (1938). — ROBLIN, R. O., u. J. W. CLAPP: J. Amer. chem. Soc. 72, 4890 (1950). — VRIES, H. DE u. T. A. ZUIDHOF: Rec. Trav. chim. Pays-Bas 70, 696 (1951).

[4] GATTERMANN, L.: Ber. dtsch. chem. Ges. 32, 1136 (1899).

[5] HORNER, L., u. O. H. BASEDOW: Liebigs Ann. Chem. 612, 108—130 (1958).

[6] MEERWEIN, H., G. DITTMAR, R. GÖLLNER, K. HAFNER, F. MENSCH u. O. STEINFORST: Chem. Ber. 90, 841 (1957). — MEERWEIN, H., E. BÜCHNER u. K. VAN EMSTER: J. prakt. Chem. [2] 152, 237 (1939). — DBP 859461 (1952).

gebildet wird. Viele Reaktionen treten ganz analog auch in Gegenwart einer geeigneten starken Säure auf, so daß eine genaue Abgrenzung der Friedel-Craftsschen Synthesen schwierig ist. Die katalytische Wirksamkeit von wasserfreiem Aluminiumchlorid wurde 1877 von CH. FRIEDEL und J. CRAFTS erkannt, die in der Folge zahlreiche Umsetzungen beschrieben. Aluminiumchlorid ist auch der weitaus wichtigste und vielseitigste Reaktionsvermittler für solche Synthesen geblieben[1]. Seine Wirkung läßt sich am besten am Beispiel der Halogenalkyle und Acylchloride erläutern:

$$R-CH_2Cl + AlCl_3 \rightarrow R-\overset{\oplus}{CH_2} \cdots Cl \cdots \overset{\ominus}{AlCl_3}$$

$$R-COCl + AlCl_3 \rightarrow R-\overset{\oplus}{\underset{\underset{Cl}{|}}{C}}-O-\overset{\ominus}{AlCl_3}$$

Umstritten ist dabei, ob es unter der Einwirkung des Aluminiumchlorids lediglich zu einer ausgeprägten Polarisation oder zur Bildung eines eigentlichen Carbenium-Kations $R-CH_2^{\oplus}$ kommt. Offenbar spielt dabei eine allfällige Stabilisierung des letzteren durch die benachbarten Gruppen, wie sie beispielsweise bei tertiären Alkylhalogeniden zu erwarten ist, auch eine gewisse Rolle. Ein reiner Ionenmechanismus scheint indessen unwahrscheinlich, da mit n-Propylchlorid und Benzol in Gegenwart von Aluminiumchlorid vorwiegend n-Propylbenzol entsteht, wogegen bei der intermediären Bildung eines Carbeniumions infolge Isomerisierung Isopropylbenzol entstehen müßte[2]. Eine ähnliche Auffassung vertritt GORE[3] bezüglich der Acylierungsreaktionen mit Acylchloriden und Aluminiumchlorid, in denen normalerweise ein polarisierter Komplex die Reaktion nach folgendem Schema auslöst:

An sterisch gehinderten Stellungen oder sofern der Rest —R selber eine sterische Hinderung bewirkt, soll sich neben dem obigen noch ein rein ionischer Mechanismus abspielen, bei dem die Reaktion durch ein Acyl-Kation eingeleitet wird. Da er eine praktisch vollständige Trennung der beiden Ladungsträger voraussetzt, ist er gegenüber dem erstgenannten Mechanismus benachteiligt:

[1] Vgl.: KRÄNZLEIN, G.: Aluminiumchlorid in der organischen Chemie, 3. Aufl. Berlin: Verlag Chemie 1939. — THOMAS, C. A.: Anhydrous Aluminium Chloride in Organic Chemistry. New York: Reinhold 1941. — CALLOWAY, N. O.: Chem. Reviews 17, 327 (1935). — BADDELEY, G.: Quart. Reviews 8, 355 (1954). — BURTON, H., u. P. F. G. PRAILL: Chem. and Ind. 1954, 90.
[2] FRANZEN, V.: Chemiker-Ztg 81, 68 (1957).
[3] GORE, P. H.: Chem. Reviews 55, 229—281 (1955). Vgl. BURTON, H., u. P. F. G. PRAILL: Quart. Reviews 6, 302—318 (1952). — HESSE, G.: Angew. Chem. 62, 237 (1950).

Viele Friedel-Craftssche Reaktionen spielen sich nur bei Anwesenheit geringer Mengen Chlorwasserstoff ab oder werden durch letzteren stark beschleunigt. Ähnlich wirken Spuren von Wasser, Alkoholen oder Aceton, da sie mit dem Aluminiumchlorid unter Chlorwasserstoffbildung reagieren. Man nimmt für diese Fälle als wirksamen Katalysator die hypothetische Säure $[HAlCl_4]$ an.

Die Existenz dieser Verbindung als freie Säure ist umstritten, und verschiedene Autoren nehmen an, daß nur ihre Salze beständig sind[1]. H. C. BROWN u. Mitarb.[2] vertreten die Auffassung, daß aromatische Verbindungen mit Chlorwasserstoff und Aluminiumchlorid nach dem folgenden Schema einerseits einen positiv geladenen σ-Komplex des Aromaten und andrerseits das Anion $[AlCl_4]^\ominus$ bilden; nach anderen Autoren entsteht als Anion das Dimere $[Al_2Cl_7]^\ominus$:

Als *Katalysatoren* für Friedel-Craftssche Synthesen werden neben dem vielseitigen Aluminiumchlorid auch Zinntetrachlorid $SnCl_4$, Bortrifluorid BF_3, wasserfreies Zinkchlorid $ZnCl_2$, und Fluorwasserstoff HF verwendet. Zinntetrachlorid wird in der Regel nur bei präparativen Arbeiten benützt und eignet sich für reaktionsfähige Verbindungen wie Pyrrole. Bortrifluorid wirkt milder als Aluminiumchlorid und eignet zu Umsetzungen mit Phenoläthern[3]; wasserfreies Zinkchlorid ist ebenfalls ein milder Katalysator und wird meist für Umsetzungen an Phenolen oder Aminophenolen verwendet. Fluorwasserstoff ist ein Alkylierungskatalysator, der zur Umsetzung von Olefinen mit aromatischen Kohlenwasserstoffen dient und nur geringe Neigung zu Isomerisierungen zeigt.

Als *Lösungsmittel* für präparative Arbeiten wird in der Regel Schwefelkohlenstoff empfohlen, obschon er kein gutes Lösungsmittel für Aluminiumchlorid ist. Nachteilig sind auch sein niederer Siedepunkt und die leichte Entflammbarkeit. Auch Petroläther und Ligroin sind schlechte Lösungsmittel für Aluminiumchlorid und neigen überdies zu Eigenreaktionen. Vielseitig verwendbar sind dagegen Methylenchlorid

---

[1] Vgl.: LUTHER, H., u. G. POCKELS: Z. Elektrochem. **59**, 159 (1955). — LIESER, K. H.: Chem. Ber. **93**, 176, 181 (1960). — WIBERG, E., M. SCHMIDT u. A. G. GALINOS: Angew. Chem. **66**, 443 (1954).

[2] BROWN, H. C., u. H. W. PEARSALL: J. Amer. chem. Soc. **73**, 4681 (1951); **74**, 191, (1952); BROWN, H. C., u. I. D. BRADY: J. Amer. chem. Soc. **74**, 3570 (1952) sowie spätere Arbeiten.

[3] Für eine Übersicht siehe: TOPČIEV, A. V., S. V. ZAVGORODNIJ u. J. M. PAUŠKIN: Borfluorid und seine Verbindungen als Katalysatoren in der organischen Chemie. Berlin 1962.

und Trichloräthylen, ferner Chlorbenzol und in manchen Fällen o-Di-chlorbenzol. Die letzteren müssen meist durch Wasserdampfdestillation entfernt werden, was gelegentlich unerwünscht ist. Ein ausgezeichnetes Lösungsmittel ist Nitrobenzol. Es wirkt jedoch auf das Aluminium-chlorid desaktivierend, vermutlich infolge einer Komplexbildung der Nitrogruppe, was man zuweilen zur Abschwächung energisch verlaufen-der Reaktionen benützt. Beim Erhitzen auf höhere Temperaturen kann allerdings eine explosionsartige Zersetzung eintreten, so daß Nitrobenzol bei Friedel-Crafts-Reaktionen mit der gebührenden Vorsicht eingesetzt werden muß. Ein bewährtes Reaktionsmedium für schwerlösliche Ver-bindungen, insbesondere kondensierte höhere Ringsysteme, ist eine Schmelze aus Aluminiumchlorid und Natriumchlorid. Man benützt sie häufig zu Dehydrierungen, beispielsweise beim doppelten Ringschluß des 1.5-Dibenzoylnaphthalins zum trans-Dibenzpyrenchinon, der eine intramolekulare Arylierung darstellt.

Häufig wird auch einfach ein Überschuß der zu alkylierenden oder zu acylierenden Verbindung als Lösungsmittel oder Reaktionsmedium verwendet, was in der Regel dann möglich ist, wenn es sich um einen einfachen aromatischen Kohlenwasserstoff wie Benzol, Toluol oder Xylol handelt. Als Reaktionsgefäße benützt man in der Technik meist Rührkessel aus Eisen oder Stahl, zuweilen auch solche mit einer Kupfer- oder Bleiauskleidung. Für dickflüssige Reaktionsmedien verwendet man auch Kugelmühlen. Da die Reaktionen stark exotherm sind, ist auf eine gute Temperaturkontrolle zu achten, nicht zuletzt auch deshalb, weil oft temperaturabhängige Umlagerungen auftreten.

Die *Substitutionsregeln* sind dieselben wie für alle elektrophilen Reaktionen, indem Substituenten erster Klasse nach ortho und para dirigieren und die Substitution erleichtern. Indessen ist zu beachten, daß freie Elektronenpaare infolge Komplexbildung mit dem Aluminium-chlorid die Reaktion stören oder gar verunmöglichen. Dies gilt für Amine, Phenole und in geringem Ausmaß auch für Phenoläther. Letztere werden vom Aluminiumchlorid meistens entalkyliert. Substituenten zweiter Klasse erschweren die Reaktion oft so stark, daß keine Um-setzung mehr eintritt.

Die beiden hauptsächlichen Anwendungen der Friedel-Craftsschen Synthese bestehen in der Alkylierung und Acylierung, wobei die Um-setzung an einem Kohlenstoffatom eintritt. Die *Alkylierung*[1] ist bezüg-lich der verwendbaren Katalysatoren und der Reaktionsbedingungen außerordentlich variationsfähig. Monoalkylverbindungen sind im allge-meinen schwierig zu erhalten, da die Reaktionsfähigkeit einer Verbin-dung durch Alkylreste erhöht wird, so daß die einfach oder mehrfach alkylierten Produkte leichter reagieren als das Ausgangsmaterial. Die Alkylreste sind austauschbar, so daß leicht Umlagerungen eintreten. Obwohl die Alkylgruppe nach ortho und para dirigiert, treten bei höherer Temperatur Umlagerungen zu meta-Substitutionsprodukten

---

[1] Bezüglich präparativer Arbeiten sei verwiesen auf: PRICE, C. C.: Org. Reac-tions **3**, 1—82 (1947). Bezüglich der Alkylierung von Aromaten vgl. FRANCIS, A. W.: Chem. Reviews **43**, 257 (1948).

auf, was offenbar mit der größeren thermodynamischen Stabilität der letzteren zusammenhängt[1]. So lagern sich Trimethylbenzole zum Mesitylen um. Ein analoges Verhalten zeigen o- und p-Dichlorbenzol, die sich unter dem Einfluß von Aluminiumchlorid in das m-Isomere umlagern[2].

Zur Umsetzung in Gegenwart von Aluminiumchlorid eignen sich vor allem Halogenalkyle und Olefine, wobei 5—20 Mol.-% Aluminiumchlorid zur Durchführung der Reaktion genügen. Auf diese Weise stellt man beispielsweise Äthylbenzol aus Äthylen und Benzol dar[3]; seine Dehydrierung liefert Styrol, das zur Herstellung von Polystyrol und synthetischen Kautschuken in großem Umfang produziert wird. Wesentlich milder als Aluminiumchlorid wirkt Fluorwasserstoff, bei dessen Anwendung unerwünschte Umlagerungen oft vermieden werden können. Er eignet sich auch besonders zur Alkylierung von Phenoläthern, die infolge ihrer Reaktionsfähigkeit bereits unter sehr milden Bedingungen alkyliert werden[4]. Auch Alkohole, Ester und Äther lassen sich zu Alkylierungen verwenden, wobei man allerdings mit katalytischen Mengen von Aluminiumchlorid nicht mehr auskommt, da es mit den Alkylierungskomponenten in molarem Verhältnis reagiert[5]. Alkohole werden nach Möglichkeit in Gegenwart der billigeren Schwefelsäure umgesetzt; auf diese Weise erhält man verschiedene Alkylnaphthaline, deren Sulfonsäuren als Netzmittel verwendet werden. Eine bemerkenswerte Reaktion stellt die Umsetzung von Äthylenoxyd mit Benzol in Gegenwart von Aluminiumchlorid dar, bei der β-Phenyläthylalkohol entsteht, der als Riechstoff dient[6]:

$$\text{C}_6\text{H}_6 + \underset{\diagdown\text{O}\diagup}{\text{CH}_2{-\!-}\text{CH}_2} + \text{AlCl}_3 \rightarrow \text{C}_6\text{H}_5\text{CH}_2\text{CH}_2\text{OH}$$

Ein Sonderfall ist die *Chlormethylierung* aromatischer Verbindungen mit Formaldehyd und Chlorwasserstoff in Gegenwart von wasserfreiem Zinkchlorid[7]. Die Reaktion verläuft über die folgenden Stufen:

$$\text{CH}_2\text{O} + \text{HCl} \rightarrow \text{HO}\overset{\oplus}{\text{C}}\text{H}_2 + \text{Cl}^{\ominus}$$

$$\text{C}_6\text{H}_6 + \text{HO}\overset{\oplus}{\text{C}}\text{H}_2 \xrightarrow{\text{ZnCl}_2} \text{C}_6\text{H}_5\text{CH}_2\text{OH} \xrightarrow{\text{HCl}} \text{C}_6\text{H}_5\text{CH}_2\text{Cl}$$

[1] NORRIS, J. F., u. D. RUBINSTEIN: J. Amer. chem. Soc. 61, 1163 (1939).

[2] OLAH, G. A., W. S. TOLGYESI u. R. E. A. DEAR: J. org. Chemistry 27, 3441 3449, 3455 (1962).

[3] MILLIGEN, C. H., u. E. E. REID: J. Amer. chem. Soc. 44, 206 (1922).

[4] SIMONS, J. H., u. S. ARCHER: J Amer. chem. Soc. 60, 2952 (1938). — CALCOTT, W. S., J. M. TINKER u. V. WEINMAYR: J. Amer. chem. Soc. 61, 1010 (1939).

[5] NORRIS, J. F., u. B. M. STURGIS: J. Amer. chem. Soc. 61, 1413 (1929). — NORRIS, J. F., u. P. ARTHUR: J. Amer. chem. Soc. 62, 874 (1940).

[6] DRP 594 968 (1930).

[7] Für eine Übersicht über präparative Arbeiten vgl.: FUSON, R. C., u. C. H. McKEEVER: Org. Reactions 1, 63—90 (1942).

Zur Chlormethylierung eignen sich nur reaktionsfähige aromatische Kohlenwasserstoffe, Phenole und Phenoläther. Statt Formaldehyd kann auch Chlormethyläther eingesetzt werden (vgl. auch S. 95).

Eine verwandte Reaktion ist die *Amidomethylierung* mit N-Hydroxymethylphthalimid in Gegenwart konzentrierter Schwefelsäure[1]:

$$\text{Phthalimid-N–CH}_2\text{OH} + \text{C}_6\text{H}_6 \xrightarrow{\text{H}_2\text{SO}_4} \text{C}_6\text{H}_5\text{–CH}_2\text{–N(CO)}_2\text{C}_6\text{H}_4$$

Die Amidomethylgruppe läßt sich zur Aminomethylgruppe ($-\text{CH}_2\text{NH}_2$) verseifen. Der Anwendungsbereich der Amidomethylierung ist sehr breit, da das reaktionsfähige elektrophile Kation $>\!\text{N–CH}_2^{\oplus}$, das unter der Einwirkung der Schwefelsäure entsteht, offenbar ein sehr energisches Alkylierungsmittel darstellt. So lassen sich außer aromatischen Kohlenwasserstoffen, Phenolen, Phenoläthern und Aminen auch Benzoesäure, Benzolsulfonsäuren und Chinone amidomethylieren.

Eine von den Friedel-Crafts-Reaktionen allerdings völlig verschiedene neuere Alkylierungsmethode stellt die Umsetzung aromatischer Amine oder Phenole mit Olefinen in Gegenwart von Aluminiumaniliden oder -phenolaten dar. Dabei entstehen die sonst nur schlecht zugänglichen o-Alkylderivate derselben in vorzüglicher Ausbeute[2].

Die zweite wichtige Anwendung der Friedel-Crafts-Synthesen besteht in der *Acylierung* aromatischer Verbindungen, d.h. in der Einführung der Gruppen $-\text{COR}$, $-\text{CHO}$ und $-\text{COX}$ zur Herstellung von Ketonen, Aldehyden und Säuren. Da das Aluminiumchlorid mit dem Endprodukt einen Komplex $>\!\text{CO}\cdots\text{AlCl}_3$ bildet, muß es in molarem Verhältnis eingesetzt werden.

Die Herstellung von *Ketonen* kann mit Carbonsäurechloriden, Säureanhydriden oder Nitrilen, ferner mit Phosgen und schließlich über die Phenolester mittels Friesscher Umlagerung erfolgen. Am gebräuchlichsten und generell anwendbar sind die Ketonsynthesen mit Säurechloriden und Anhydriden, Phosgen eignet sich zur Herstellung symmetrischer Ketone.

Säurechloride bilden mit Aluminiumchlorid einen Komplex im Verhältnis 1:1; die Reaktion mit einer aromatischen Verbindung wird am besten wie folgt formuliert:

[1] HELLMANN, H.: Angew. Chem. **69**, 463 (1957) und Neuere Methoden der präparativen organischen Chemie, Bd. 2, S. 190. Weinheim: Verlag Chemie 1960.

[2] STROH, R., J. EBERSBERGER, H. HABERLAND u. W. HAHN: Angew. Chem. **69**, 124 (1957). — STROH, R., R. SEIDEL u. W. HAHN: Angew. Chem. **69**, 699 (1957); sowie: Neuere Methoden der präparativen organischen Chemie, Bd. 2, S. 155, 231. Weinheim: Verlag Chemie 1960. — ECKE, G. G., J. P. NAPOLITANO, A. H. FILBEY u. A. J. KOLKA: J. org. Chemistry **22**, 639 (1957). — KOLKA, A. J., J. P. NAPOLITANO, A. H. FILBEY u. G. G. ECKE: J. org. Chemistry **22**, 642 (1957). CLOSSON, R. D., J. P. NAPOLITANO, G. G. ECKE u. A. J. KOLKA: J. org. Chemistry **22**, 646 (1957).

$$[\text{R}{-}\text{COCl} \cdot \text{AlCl}_3] + \bigcirc \rightarrow \bigcirc\!\!\!\overset{\overset{\textstyle\text{R}}{\textstyle|}}{\underset{}{\text{C}{=}\text{O}}}\cdots\text{AlCl}_3 + \text{HCl}$$

Der Reaktionskomplex wird durch Zugabe von Wasser und Eis zersetzt, das letztere dient zur Kühlung der meist stark exothermen Zersetzungsreaktion. Das Aluminiumchlorid geht in die wäßrige Lösung und kann nicht mehr aufgearbeitet werden.

Auf diese Weise wird aus Benzol und Benzoylchlorid das Benzophenon herge-stellt, aus Naphthalin erhält man 1.5-Dibenzoylnaphthalin, das als Zwischen-produkt für trans-Dibenzpyrenchinon dient. Technisch geht man so vor, daß man Aluminiumchlorid in einen Emaillekessel mit Benzoylchlorid einträgt, bei 60° C das Naphthalin zurührt, auf 70° C erwärmt und 8 Std bei dieser Temperatur hält. Entsprechend dem Fortschreiten der Umsetzung entwickelt sich Chlorwasserstoff gemäß der vorstehenden Gleichung. Nach beendeter Reaktion gießt man das Gemisch in Wasser, filtriert und wäscht.

Die Acylgruppe erschwert als Substituent zweiter Klasse eine weitere elektrophile Reaktion. Nach dem Eintritt des ersten Acylrestes erfolgt deshalb bei Benzolderivaten in der Regel keine weitere Acylierung mehr. In polycyclische Aromaten können zwei oder mehr Acylgruppen ein-treten[1].

Mit Phosgen, $COCl_2$, erhält man Diarylketone wie Benzophenon. Wichtig ist die Methode zur Herstellung von Michlers Keton, das ein häufig benütztes Zwischenprodukt für basische Farbstoffe ist. Dabei wird Dimethylanilin mit Phosgen umgesetzt, wobei als Zwischenstufe das p-Dimethylaminobenzoylchlorid auftritt. Da auch eine geringe Menge des o-Isomeren entsteht, erhält man außer dem Michlerschen Keton stets 10—20% seines o,o'- und o,p'-Isomeren. Als Katalysator wird Zinkchlorid verwendet.

Bei der technischen Herstellung läßt man flüssiges Phosgen unter Rühren und Kühlung bei 15° C in Dimethylanilin einlaufen und steigert die Temperatur im Verlaufe von 36 Std auf 30° C, worauf man unter Kühlen portionenweise das wasserfreie Zinkchlorid zugibt. Innert weiteren 50 Std wird auf 50° C und zuletzt einige Stunden auf 80° C erwärmt, dann läßt man in Wasser einlaufen, setzt Salz-säure zu, filtriert bei 50° C und wäscht.

$$2\;\bigcirc\!\!\!\overset{\overset{\textstyle\text{N(CH}_3)_2}{\textstyle|}}{} + COCl_2 \xrightarrow{\text{ZnCl}_2} (CH_3)_2N{-}\bigcirc\!\!-CO-\!\bigcirc\!\!-N(CH_3)_2$$

Michlers Keton

Bei der Herstellung des Benzophenons läßt sich das außerordentlich giftige Phosgen umgehen, indem man Tetrachlorkohlenstoff und Alu-miniumchlorid mit Benzol bei 20° C zum Benzophenondichlorid umsetzt.

---

[1] Vgl.: GORE, P. H.: Chem. Reviews **55**, 229—281 (1955).

Nach dem Eingießen des Reaktionsproduktes in Wasser wird das Dichlorid durch Einleiten von Dampf zum Benzophenon hydrolysiert[1].

Als Katalysator für die Acylierungen mit Säurechloriden wird technisch fast ausschließlich wasserfreies Aluminiumchlorid benützt. Das mildere Zinkchlorid findet bei reaktionsfähigen Arylkomponenten gelegentlich Verwendung. Für präparative Zwecke greift man oft auch auf andere Katalysatoren[2] wie Zinntetrachlorid[3] oder Bortrifluorid[4] zurück. Außer den einfachen Säurechloriden wie Acetylchlorid[5] und Benzoylchlorid lassen sich auch substituierte Säurechloride einsetzen, wovon man in der Technik allerdings selten Gebrauch macht.

Einen Sonderfall stellt das Phthaloylchlorid I dar, da es sich unter dem Einfluß von wasserfreiem Aluminiumchlorid in das Phthalyldichlorid II umlagert, das dann die Umsetzungen nach FRIEDEL-CRAFTS eingeht. Der analoge Vorgang tritt auch beim Succinylchlorid ein.

$$\text{I} \xrightarrow{\text{AlCl}_3} \text{II}$$

In diesen beiden Fällen muß man daher statt der Säurechloride die Anhydride benützen, wobei man allerdings zwei Mole Aluminiumchlorid pro Mol Anhydrid benötigt. Dabei reagiert nur die eine Acylgruppe des letzteren; mit einem größeren Überschuß Aluminiumchlorid kann auch die zweite Acylgruppe zur Reaktion gebracht werden, doch macht man davon selten Gebrauch. Anstelle von Aluminiumchlorid kann Bortrifluorid benützt werden, was indessen ungebräuchlich ist[6]. Eine der technisch wichtigsten Acylierungsreaktionen ist die Herstellung von o-Benzoylbenzoesäure aus Phthalsäureanhydrid und Benzol, deren Ringschluß mit konzentrierter Schwefelsäure das Anthrachinon liefert. Obwohl sich die Reaktion mit überschüssigem Aluminiumchlorid in einer Stufe ausführen läßt, zieht man den zweistufigen Prozeß infolge der besseren Ausbeute vor.

Technisch geht man so vor, daß man in einer Kugelmühle mit hohlen Achsen, die der Zuführung der Chemikalien und Ableitung des entstehenden Chlorwasserstoffes dienen, molare Mengen von Phthalsäureanhydrid und Benzol und eine zweifach molare Menge Aluminiumchlorid unterhalb 45° C miteinander reagieren läßt. Dabei tritt ein Aufschäumen auf das Mehrfache des ursprünglichen Volumens

---

[1] Vgl.: MARVEL, C. S., u. W. M. SPERRY: Org. Synth. Coll. Vol. 1, 95 (1941).

[2] Vgl.: DERMER, O. C., D. M. WILSON u. F. M. JOHNSON: J. Amer. chem. Soc. 63, 2881 (1941).

[3] JOHNSON, J. R., u. G. E. MAY: Org. Synth. Coll. Vol. 2, 8 (1950).

[4] MEERWEIN, H., u. H. MAIER-HÜSER: J. prakt. Chem. [2] 134, 67 (1936). — SEEL, F.: Z. anorg. allg. Chem. 250, 331 (1943). — Vgl. auch S. 127, Fußnote 3.

[5] Bezüglich Acetylierungen vgl.: PINES, H., u. A. W. SHAW: J. org. Chemistry 20, 373 (1955). — CARRUTHERS, W.: J. chem. Soc. [London] 1953, 3486.

[6] MEERWEIN, H.: Ber. dtsch. chem. Ges. 66, 411 (1933).

auf. Nach Beendigung der Salzsäureabspaltung wird in verdünnte Säure eingetragen, filtriert und gewaschen. Die in 95%iger Ausbeute gewonnene o-Benzoylbenzoesäure wird getrocknet und mit der 3—4fachen Gewichtsmenge konzentrierter
Schwefelsäure auf 115—140° C erwärmt. Zur Herstellung der Anthrachinonsulfonsäuren wird die schwefelsaure Lösung direkt weiterverarbeitet, zur Gewinnung des
Anthrachinons wird dagegen mit Wasser gefällt.

In gleicher Weise erhält man mit Toluol statt Benzol das 2-Methyl-
anthrachinon, das ein wichtiges Zwischenprodukt für viele Küpenfarbstoffe ist[1]:

Außerordentlich leicht spielt sich diese Umsetzung zwischen Phthalsäureanhydrid und Hydrochinon ab. Sie tritt bereits mit konzentrierter
Schwefelsäure ein und führt zum Chinizarin, dem 1.4-Dihydroxy-
anthrachinon, das als Ausgangsmaterial für zahlreiche saure und andere
Anthrachinonfarbstoffe dient:

Statt vom Hydrochinon geht man meist vom p-Chlorphenol aus und
ersetzt das Chlor nach dem Ringschluß durch die Hydroxylgruppe[2].

Bernsteinsäureanhydrid wird zur Herstellung aromatisch-alicyclischer Verbindungen wie des Tetralons und des Tetrahydronaphthalin-1.4-dions verwendet,
die indessen auf dem Farbstoffgebiet selten Anwendung finden[3].

Statt der Säurechloride oder Säureanhydride lassen sich auch die Säuren
selber oder ihre Ester zu Acylierungen benützen, wobei man zwei Mole Aluminiumchlorid auf ein Mol Säure oder Ester benötigt. Man verwendet jedoch diese Variante
sehr selten.

---

[1] Für eine präparative Vorschrift sei verwiesen auf: FIESER, L. F.: Org. Synth.
Coll. Vol. 1, 517, 353 (1948).

[2] Für eine präparative Vorschrift siehe: BIGELOW, L. A., u. H. H. REYNOLDS:
Org. Synth. Coll. Vol. 1, 476 (1948).

[3] Vgl.: BERLINER, E.: Org. Reactions 5, 229—289 (1949).

Die Darstellung von Ketonen mit Nitrilen wird als *Hoesch-Reaktion* bezeichnet. Sie eignet sich besonders für Phenole und Phenoläther[1], aromatische Amine[2] und andere leicht substituierbare Verbindungen wie Pyrrol[3]. Aus Anilin und Acetonitril erhält man derart das p-Amino-acetophenon. Als Katalysator wird in der Regel Zinkchlorid und Chlorwasserstoff verwendet, Aluminiumchlorid nur in seltenen Fällen[4].

Als *Friessche Verschiebung* bezeichnet man die Umlagerung eines Phenolesters mit wasserfreiem Aluminiumchlorid zum entsprechenden o- oder p-Acylphenol[5]:

$$\underset{\text{COR}}{\overset{\text{O—COR}}{\bigcirc}} + AlCl_3 \rightarrow \underset{\text{COR}}{\overset{\text{O—AlCl}_2}{\bigcirc}} + HCl \xrightarrow{\text{H}_2\text{O}} \underset{\text{COR}}{\overset{\text{OH}}{\bigcirc}}$$

Bei niederer Temperatur mit viel überschüssigem Aluminiumchlorid tritt vorwiegend das p-Acylderivat auf, während die Umlagerung bei hoher Temperatur mit der berechneten Menge Aluminiumchlorid das o-Isomere liefert. Phenylester aliphatischer Säuren lagern leichter um als solche aromatischer Säuren[6]. Die Umlagerung kann auch durch Bortrifluorid bewirkt werden[7].

Zur Herstellung von *Aldehyden* können zwei von GATTERMANN erfundene Synthesen benützt werden. Bei der Gattermann-Koch-Reaktion[8] wird Kohlenmonoxyd in Gegenwart von Chlorwasserstoff, Kupfer-I-chlorid und Aluminiumchlorid mit der aromatischen Verbindung umgesetzt. Dabei entsteht intermediär das Formylchlorid, HCOCl, das durch Kupfer-I-chlorid und Aluminiumchlorid stabilisiert wird[9]:

$$HCl + CO + Cu_2Cl_2 + AlCl_3 \rightarrow [HCOCl \cdot Cu_2Cl_2 \cdot AlCl_3]$$

Sofern man unter Druck arbeitet, kann auf die Anwesenheit von Kupferchlorür verzichtet werden[10]. Die Gattermann-Koch-Reaktion eignet sich für aromatische Kohlenwasserstoffe; aus Toluol erhält man

[1] SPOERRI, P. E., u. A. S. DuBois: Org. Reactions 5, 387—412 (1949).

[2] HAO-TSING, W.: J. Amer. chem. Soc. 66, 1421 (1944).

[3] BLICKE, F. F., J. A. FAUST, J. E. GEARIEN u. R. J. WARZYNSKI: J. Amer. chem. Soc. 65, 2465 (1943).

[4] Vgl.: HOUBEN, J., u. W. FISCHER: J. prakt. Chem. [2] 123, 313 (1929).

[5] BLATT, A. H.: Org. Reactions 1, 342—369 (1947).

[6] FIESER, L. F., u. C. K. BRADSHER: J. Amer. chem. Soc. 58, 1738 (1936).

[7] MEERWEIN, H.: Ber. dtsch. chem. Ges. 66, 411 (1933); AUWERS, K. v., H. PÖTZ u. W. NOLL: Liebigs Ann. Chem. 535, 219 (1938).

[8] CROUNSE, N. N.: Org. Reactions 5, 290—300 (1949). — GATTERMANN, L., u. J. A. KOCH: Ber. dtsch. chem. Ges. 30, 1622 (1897). Bezüglich der Kinetik sei verwiesen auf: DILKE, M. H., u. D. D. ELEY: J. chem. Soc. [London] 1949, 2601, 2613.

[9] HOPFF, H., C. D. NENITZESCU, D. A. ISACESCU u. I. P. CANTUNIARI: Ber. dtsch. chem. Ges. 69, 2244 (1936).

[10] CROUNSE, N. N., J. Amer. chem. Soc. 71, 1263 (1949).

p-Tolualdehyd[1]. Aliphatische Kohlenwasserstoffe liefern mit Kohlenmonoxyd dagegen Ketone.

Bei der Aldehydsynthese nach GATTERMANN[2] benützt man Blausäure in Gegenwart von Chlorwasserstoff und Aluminiumchlorid, wobei sich intermediär das Formiminochlorid, $HN=CHCl$, bildet[3]:

$$HN=CHCl \cdot AlCl_3 + \text{(C$_6$H$_5$OR)} \rightarrow \text{(HC$=$NH$\cdot$HCl$\cdot$AlCl$_3$)} \xrightarrow{H_2O} \text{(CHO)}$$

Die Gattermann-Reaktion eignet sich auch für Phenole, Phenoläther und andere leicht substituierbare Verbindungen. Ihre präparative Anwendung läßt sich vereinfachen, indem man statt Blausäure das leichter zu handhabende Zinkcyanid verwendet[4].

Carbonsäuren lassen sich mit Carbaminsäurechlorid, $ClCONH_2$, und Aluminiumchlorid über das entsprechende Amid sehr einfach und in guter Ausbeute herstellen. Das Carbaminsäurechlorid, auch als Harnstoffchlorid bezeichnet, ist aus Phosgen und Ammoniak gut zugänglich[5]. In freiem Zustand zersetzt es sich zwar rasch, bildet aber mit wasserfreiem Aluminiumchlorid einen beständigen Komplex, der bei Feuchtigkeitsausschluß praktisch unbeschränkt verwendungsfähig bleibt. Die Umsetzung mit der aromatischen Verbindung wird deshalb direkt mit diesem Komplex vorgenommen[5]. Die so erhaltenen Carbonsäureamide lassen sich leicht zu den Carbonsäuren verseifen.

$$[ClCONH_2 \cdot AlCl_3] + \text{(C$_6$H$_5$CH$_3$)} \rightarrow \text{(CH$_3$\ldots CONH$_2$)} + \text{(CH$_3$\ldots CONH$_2$)}$$

Mit der vorstehenden Methode verwandt ist die Verwendung von Phenylchlorameisensäureestern, $ClCO{-}OPh$, und Aluminiumchlorid zur Carbonsäuredarstellung[6], die jedoch nur präparativen Wert besitzt. Ferner lassen sich Carbonsäuren in manchen Fällen auch mit Phosgen erhalten.

Die neuere Literatur über Alkylierungsreaktionen, die außer der Friedel-Craftsschen auch andere Methoden sowie die Alkylierung von Heteroatomen umfaßt, ist in den folgenden Veröffentlichungen eingehend besprochen: SHREVE, R. N.: Ind. Engng. Chem. **40**, 1565 (1948); **41**, 1833 (1949); **42**, 1650 (1950); **43**, 1908 (1951); **44**, 1972 (1952); **45**, 1903 (1953); **46**, 1789 (1954). — SHREVE, R. N., u. S. C. HITE:

---

[1] Für eine präparative Vorschrift siehe: COLEMAN, G. H., u. D. CRAIG: Org. Synth. Coll. Vol. **2**, 583 (1950).

[2] TRUCE, W. E.: Org. Reactions **9**, 37—72 (1957).

[3] Vgl.: HINKEL, L. E., u. R. P. HULLIN: J. chem. Soc. [London] **1949**, 1593.

[4] ADAMS, R., u. I. LEVINE: J. Amer. chem. Soc. **45**, 2373 (1923). — ADAMS, R., u. E. MONTGOMERY: J. Amer. chem. Soc. **46**, 1518 (1924).

[5] HOPFF, H., u. H. OHLINGER: Angew. Chem. **61**, 183 (1949).

[6] COPPOCK, WM. H.: J. org. Chemistry **22**, 325 (1957).

Ind. Engng. Chem. **47**, 1826 (1955).— ALBRIGHT, L. F., u. R. N. SHREVE: Ind. Engng. Chem. **48**, 1551 (1956); **49**, 1459 (1957); **50**, 1318 (1958); **51**, 1056 (1959).

Die neuere Literatur über Acylierungen nach FRIEDEL-CRAFTS ist folgenden Orts besprochen: GROGGINS, P. H.: Ind. Engng. Chem. **40**, 1608 (1948); **41**, 1880 (1949). — GROGGINS, P. H., u. S. B. DETWILER: Ind. Engng. Chem. **42**, 1690 (1950); **43**, 1970 (1951); **44**, 2012 (1952). — LACEY, H. L.: Ind. Engng. Chem. **46**, 1827 (1954). — LEROI NELSON, K.: Ind. Engng. Chem. **47**, 1926 (1955); **48**, 1670 (1956); **49**, 1560 (1957); **50**, 1414 (1958); **51**, 1099 (1959).

6. Einführung von Hydroxylgruppen und einige weitere nucleophile Umsetzungen

Bei den bisher besprochenen Umsetzungen handelte es sich meist um elektrophile Reaktionen, so bei der Kernhalogenierung, der Nitrierung, der Sulfonierung und den Friedel-Craftsschen Synthesen. Die Einführung einer Hydroxylgruppe erfolgt dagegen in der Regel durch eine nucleophile Reaktion.

Eine *direkte Hydroxylierung* aromatischer Kohlenwasserstoffe tritt kaum ein, da der dabei auftretende Übergangskomplex I offenbar sehr unstabil ist. Er kann indessen durch geeignete Substituenten stabilisiert werden. Am stärksten wirken dabei die Nitro- und die Carboxylgruppe infolge eines mesomeren und die quaternäre Ammoniumgruppe infolge eines induktiven Effektes. Nitrobenzol wird durch trockenes Kaliumhydroxyd bei 60—70° C hydroxyliert; durch das freiwerdende Wasserstoffanion erfolgt gleichzeitig eine teilweise Reduktion unter Bildung von Azoxybenzol[1]:

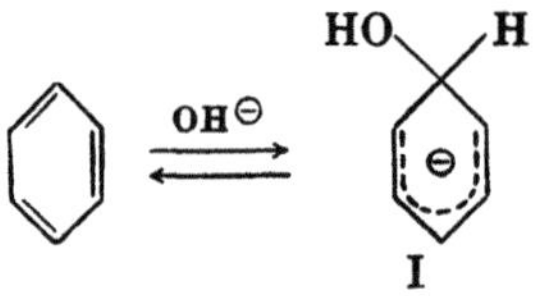

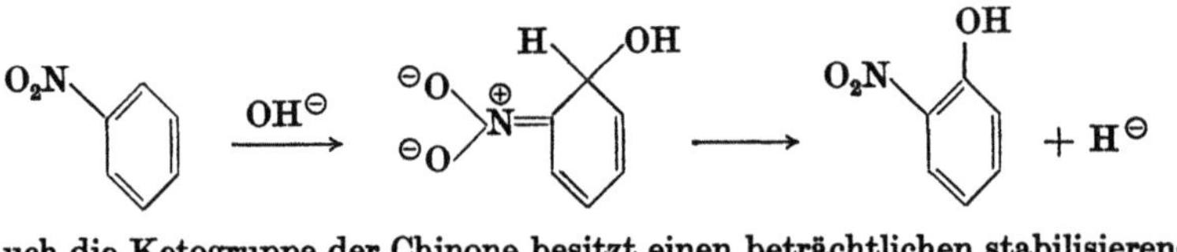

Auch die Ketogruppe der Chinone besitzt einen beträchtlichen stabilisierenden Mesomerieeffekt. Verschiedene polycyclische Chinone lassen sich deshalb durch mehr oder weniger energische Behandlung mit Alkalien hydroxylieren. Zur Aufnahme des freigesetzten Wasserstoffs werden Oxydationsmittel zugesetzt[2].

Der Eintritt der Hydroxylgruppe erfolgt jeweils in der ortho- oder para-Stellung zum aktivierenden Substituenten, da dort seine Wirkung am größten ist. Eine praktische Bedeutung besitzen diese direkten Hydroxylierungen indessen nicht.

Viel bedeutsamer als der Ersatz von Wasserstoff ist der *Austausch* bereits *vorhandener Substituenten*. Der austretende Substituent übernimmt dabei die negative Ladung der eintretenden nucleophilen Gruppe.

---

[1] WAHL, A.: Ber. dtsch. chem. Ges. **32**, 3486 (1899); — AUL, W.: Ber. dtsch. chem. Ges. **34**, 2442 (1901). — LOEBL, H., G. STEIN u. J. WEISS: J. chem. Soc. [London] **1949**, 2074. — Die direkte Hydroxylierung von Benzoe- zu Salicylsäure beschreiben: KAEDING, W. W., u. A. T. SHULGIN: J. org. Chemistry **27**, 3551 (1962).
[2] Vgl.: BRADLEY, W.: Chem. and Ind. **1954**, 631—633.

Zum Austausch eignen sich nur Substituenten, die infolge induktiver oder mesomerer Effekte eine elektronensaugende Wirkung ausüben und damit die Bildung des aktivierten Komplexes erleichtern. Am häufigsten wird der Austausch gegen die Hydroxylgruppe mit einer Sulfonsäure, weniger häufig mit einer Halogenverbindung vorgenommen. Im letzteren Fall wirken Kupfer-I-salze meist reaktionsbeschleunigend, der Mechanismus dieser Katalyse ist jedoch nicht mit Sicherheit bekannt.

Während der Ersatz des Sulfonsäurerestes meistens nach dem vorstehenden Mechanismus erfolgt[1], kann sich die Umsetzung von Halogenbenzol mit Alkalien auch über ein intermediäres Arin abspielen[2], wobei sie folgenden Verlauf nimmt[3]:

Ob die Umsetzung eines Arylhalogenides mit Alkali mehr dem Substitutions- oder Arinmechanismus folgt, hängt vom betreffenden Grundkörper und den Reaktionsbedingungen ab. Elektronenanziehende Substituenten erleichtern den Substitutionsmechanismus infolge ihrer Stabilisierung des aktivierten Komplexes; ihre Wirkung erstreckt sich vorwiegend auf die ortho- und para-Stellungen. Die Hydrolyse von o- oder p-Nitrochlorbenzol führt glatt zu o- oder p-Nitrophenol:

Noch größer ist die Stabilisierung des Übergangskomplexes durch zwei oder drei Nitrogruppen. Im letzteren Fall läßt er sich manchmal sogar als beständige Zwischenverbindung fassen. Bekannt ist die von MEISENHEIMER entdeckte tief violette Zwischenverbindung, die bei der Einwirkung von Kaliumäthylat auf

[1] WOROSHZOW, N. N.: Ind. org. Chem. (USSR) 6, 293 (1939). — Chem. Zbl. 1940 I, 3382. — MAKOLKIN, J. A.: Acta Physicochim. (USSR) 16, 88 (1942); Chem. Abstr. 37, 2355 (1943).
[2] Vgl.: HUISGEN, R., u. J. SAUER: Angew. Chem. 72, 91 (1960).
[3] LÜTTRINGHAUS, A., u. D. AMBROS: Chem. Ber. 89, 463 (1956).

Trinitroanisol oder von Kaliummethylat auf Trinitriphenetol gewonnen und als Kaliumsalz gefaßt werden kann[1]:

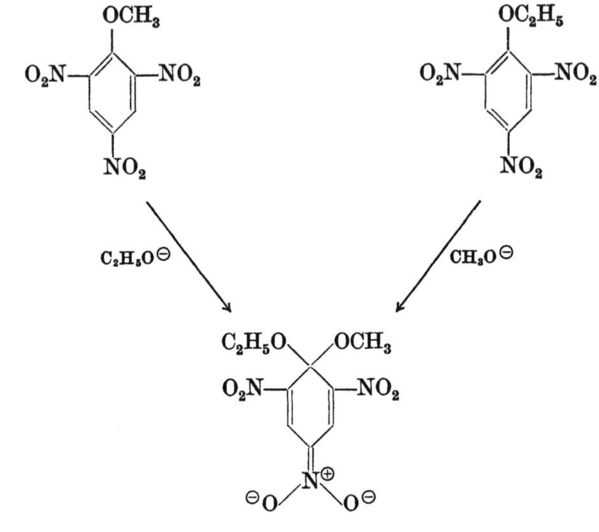

Nach neueren Untersuchungen entsteht dabei zuerst ein Addukt von der Art eines π-Komplexes mit dem Alkoholat-Ion als Elektronendonator und der Nitroverbindung als Akzeptor, aus dem dann die violette Zwischenstufe entsteht. Dieser Übergang kann spektrometrisch verfolgt werden[2], und die Struktur der Zwischenverbindung als chinoider σ-Komplex wurde durch Infrarotuntersuchungen gesichert[3].

Die wichtigsten *technischen Methoden* zur Einführung einer Hydroxylgruppe sind:

a) Alkalischmelze einer Sulfonsäure, die in der Benzol-, Naphthalin- und Anthrachinonreihe angewandt wird;

b) Austausch eines Chloratomes gegen die Hydroxylgruppe, der vorwiegend in der Benzolreihe und bei einigen Anthrachinonderivaten benützt wird;

c) Ersatz einer Aminogruppe auf direktem Wege oder mittels der Bucherer-Reaktion, der im wesentlichen auf die Naphthalinreihe beschränkt ist;

d) Verkochung eines Diazoniumsalzes zur entsprechenden Hydroxylverbindung, die in der Benzol- und Naphthalinreihe allgemein anwendbar ist, indessen nur dann benützt wird, wenn die gewünschte Verbindung nicht auf einem anderen Weg einfacher zugänglich ist;

e) Umlagerung von Cumolhydroperoxyd in Phenol und Aceton, die zur Zeit nur zur Gewinnung von Phenol selber ausgeübt wird.

Bei den erstgenannten drei Verfahren handelt es sich um nucleophile Reaktionen, die entweder nach dem Substitutions- oder nach dem

[1] MEISENHEIMER, J.: Liebigs Ann. Chem. **323**, 205 (1902); siehe auch: PARKER, R. E., and T. O. READ: J. chem. Soc. [London] **1962**, 9.

[2] AINSCOUGH, J. B., u. E. F. CALDIN: J. chem. Soc. [London] **1956**, 2528.

[3] FORSTER, R., u. D. L. HAMMICK: J. chem. Soc. [London] **1954**, 2153.

Arinmechanismus verlaufen. Die Verkochung eines Diazoniumsalzes ist ebenfalls eine nucleophile Umsetzung, die im Abschnitt über die Sandmeyerschen Synthesen eingehend besprochen wird. Das letztgenannte Verfahren stellt einen Sonderfall dar. Möglicherweise handelt es sich bei der Umlagerung um einen nucleophilen Mechanismus ähnlich der Verkochung eines Diazoniumsalzes.

Die Herstellung von *Phenol*, der wichtigsten aromatischen Hydroxyverbindung mit dem größten Produktionsvolumen wird nach vier verschiedenen Verfahren durchgeführt. Die älteste Methode ist die *Alkalischmelze* der Benzolsulfonsäure[1]. Man verschmilzt dabei das Natriumsalz der letzteren mit etwa der dreifach molaren Menge einer 78%igen Natriumhydroxydlösung bei 320—340° C unter Luftausschluß während einigen Stunden. Die Ausbeute beträgt 90% und mehr. Normalerweise wird die Alkalischmelze in einem Kessel aus Gußeisen vorgenommen, der einen starken Rührer besitzt.

Der *Dow-Prozeß* ist ein kontinuierliches Verfahren und geht vom Chlorbenzol aus, das in einem geringen Überschuß einer 10—20%igen Natronlauge emulgiert wird, worauf die Emulsion in einem Röhrensystem unter Druck auf 370—400° C erhitzt wird. Die Verweilzeit beträgt etwa 30 min. Wärmeaustauscher sorgen für eine bestmögliche Energieverwertung. Nach der Reaktion wird die gekühlte Phenolatlösung mit Benzol extrahiert, wodurch der als Nebenprodukt entstandene Diphenyläther entfernt wird. Das Phenol wird dann durch Salzsäure freigesetzt und destilliert. Als Nebenprodukte entstehen o- und p-Phenylphenol. Der ebenfalls entstehende Diphenyläther, dessen Anteil bis zu 15% betragen kann, wird zusammen mit neuem Chlorbenzol dem Kreislauf wieder zugeführt, wobei er aufgespalten wird. Der Dow-Prozeß dürfte das wichtigste Verfahren zur Phenolherstellung sein, er wird aber in zunehmendem Maße durch das Cumol-Verfahren konkurrenziert[2].

Wie Lüttringhaus und Ambros in neuerer Zeit zeigten[3], spielt sich der Dow-Prozeß wenigstens teilweise über Arine als Zwischenstufen ab, wobei die Bildung der Nebenprodukte nach folgendem Mechanismus verläuft (Ph = Phenyl) (siehe S. 140 oben).

Eine Variante des Dow-Verfahrens, bei welcher Chlorbenzol bei 320° C in Kupferrohren mit 10%iger Sodalösung umgesetzt wird, hat keine technische Verwertung gefunden.

Beim *Raschig-Prozeß* wird Benzol in Gegenwart von Luft und Chlorwasserstoff bei 200—230° C an einem eisen- und kupferhaltigen Katalysator in Chlorbenzol übergeführt, das in 5—20%igem Umsatz anfällt. Als Nebenprodukte treten 0,3—4% Dichlorbenzole und Polychlorbenzole auf. Das Reaktionsgemisch wird durch Destillation getrennt und das unveränderte Benzol erneut der Chlorierung zugeführt. Das

---

[1] Vgl.: Kenyon, R. L., u. N. Boehmer: Ind. Engng. Chem. **42**, 1446 (1950). Zum Vergleich der drei älteren Phenolherstellungsverfahren siehe: FIAT Report 768 und Supplement No. 1.

[2] Zur technischen Ausführung siehe: Hausmann, E.: Erdöl u. Kohle **7**, 496 (1954). — BIOS Report 1869, 560.

[3] Lüttringhaus, A., u. D. Ambros: Chem. Ber. **89**, 463 (1956).

Chlorbenzol wird an einem Calciumphosphatkatalysator bei 450° C mit Wasser direkt in Phenol und Salzsäure gespalten. Der Umsatz beträgt 8—15%, die Phenolausbeute 85—95%. Aus dem Reaktionsgemisch gewinnt man durch Destillation wäßrige Salzsäure, die bei der Chlorierung wieder eingesetzt werden kann, mit Wasser vermischtes Chlorbenzol, das erneut der Hydrolyse zugeführt wird, und ein Phenol-Wassergemisch, aus dem das Phenol durch Extraktion gewonnen wird[1]. Das Raschig-Verfahren benützt damit einen eleganten Kreisprozeß, der letzten Endes eine indirekte Oxydation des Benzols darstellt. Allerdings treten dabei große Korrosionsprobleme auf, außerdem eignet sich das Verfahren nur zur Anwendung in sehr großen Anlagen.

Der neueste und einfachste Prozeß liegt ohne Zweifel im *Cumol-Verfahren* vor[2]. Man geht dabei vom Cumol aus, das aus Benzol und Propylen erhalten wird, und oxydiert es mit Luftsauerstoff zum Hydroperoxyd. Letzteres wird mit Schwefelsäure in Phenol und Aceton umgelagert:

[1] Vgl.: BIOS Report 1841.
[2] Vgl.: HOCK, H., u. H. KROPF: Angew. Chem. **69**, 313 (1957).

$$\text{C}_6\text{H}_6 \xrightarrow[\text{AlCl}_3]{\text{CH}_3-\text{CH}=\text{CH}_2} \text{C}_6\text{H}_5-\text{CH}(\text{CH}_3)_2 \xrightarrow{\text{O}_2} \text{C}_6\text{H}_5-\text{C}(\text{CH}_3)_2-\text{O}-\text{OH} \xrightarrow{\text{H}^\oplus} \text{C}_6\text{H}_5\text{OH} + \text{CH}_3\text{COCH}_3$$

Bei der Cumolherstellung wird ein großer Überschuß Benzol angewandt, damit kein Diisopropylbenzol entsteht. Als Acylierungskatalysator verwendet man wasserfreies Aluminiumchlorid, Schwefelsäure oder Phosphorsäure. Die Reinheit des weiterverarbeiteten Cumols muß mindestens 99,9% sein, damit die Oxydation störungsfrei eintritt. Sie wird in wäßriger, schwach alkalischer ($p_H = 8,5-10,5$) Emulsion bei 90° C mit Natriumstearat als Emulgator oder dann in homogener Phase bei 100—130° C unter geringem Zusatz einer Sodalösung vorgenommen, im letzteren Fall unter Umständen in mehreren Temperaturstufen. In saurem Medium erfolgt die Oxydation nur langsam. Zur Umlagerung des Hydroperoxyds eignen sich prinzipiell alle elektrophilen Reagentien, praktisch benützt man nur Schwefelsäure. Da die Reaktion mit 450 kcal je kg Hydroperoxyd stark exotherm ist, arbeitet man vorteilhaft in einem inerten Medium wie Schwefelsäure, Aceton oder Cumol. So kann man ein Gemisch von ungefähr gleichen Teilen Cumolhydroperoxyd und Aceton unter Zusatz von 0,1—2% Schwefelsäure bei 30° C umlagern. Die Aufarbeitung erfolgt durch Destillation; unverändertes Cumol kann durch Wasserdampfdestillation entfernt werden. Die Ausbeuten betragen 85—90%; das als Nebenprodukt anfallende Aceton ist eingeschätztes Lösungsmittel.

Die direkte Oxydation von Benzol mit Luftsauerstoff zu Phenol soll in Anwesenheit von Fluorwasserstoff oder Bortrifluorid bei Temperaturen oberhalb 200° C möglich sein, wobei neben Phenol vor allem Diphenyläther anfällt. Die Ausbeute ist indessen niedrig und die Methode hat bisher keine praktische Anwendung gefunden[1]. Energische Oxydation von Benzol liefert Maleinsäureanhydrid.

Eine weitere Möglichkeit der Phenolherstellung ist die Hydrolyse des Anilins bei 500° C und 700 Atm. in Phenol und Ammoniak. Die Umsetzung ist säurekatalysiert, als Katalysator wird primäres Ammoniumphosphat verwendet[2]. Eine praktische Verwertung ist jedoch ausgeblieben.

Phenol wird in großem Ausmaß zur Herstellung von Phenol-Formaldehydharzen verbraucht. Ebenfalls einen großen Umfang nimmt seine Hydrierung zu Cyclohexanol ein, das einerseits zu Adipinsäure oxydiert und auf Nylon weiterverarbeitet, andererseits zu Cyclohexanon dehydriert und über Caprolactam in Perlon (Nylon 6) übergeführt wird. Ferner dient das Phenol zur Herstellung einer großen Zahl wichtiger Zwischenprodukte, deren Produktion im Vergleich mit dem Verbrauch bei der Kunststoffherstellung allerdings gering ist.

Die *Kresole* werden durch fraktionierte Destillation der Teerkresole oder aus den Toluolsulfonsäuren durch Alkalischmelze hergestellt[3]. Aus

---

[1] Vgl.: DENTON, W. I., H. G. DOHERTY u. R. H. KRIEBLE: Ind. Engng. Chem. 42, 777 (1950).

[2] PATAT, F.: Mh. Chem. 77, 352 (1947).

[3] Vgl.: ENGLUND, S. W., R. S. ARIES u. D. F. OTHMER: Ind. Engng. Chem. 45, 189 (1953). Eine präparative Vorschrift findet sich bei: HARTMANN, W. W.: Org. Synth. Coll. Vol. 1, 175 (1948).

o- und p-Chlortoluol entsteht beim Erhitzen mit 25—30%iger Natronlauge auf 350—390° C ein Isomerengemisch, in dem das m-Kresol den Hauptanteil bildet[1]. Die Abspaltung des Chlors dürfte sich vorwiegend über die Arinstufe abspielen[2]. Vollkommen isomerenfrei erhält man die Kresole aus den entsprechenden Toluidinen durch Verkochung der Diazoniumsalze.

Von den *Chlorphenolen* werden das o- und das p-Isomere wie auch das 2.4-Dichlorphenol am besten durch Chlorierung von Phenol gewonnen. p-Chlorphenol kann auch durch Einwirkung methanolischer Natronlauge auf p-Dichlorbenzol bei 225° C in Gegenwart von Kupfer hergestellt werden. m-Chlorphenol ist aus m-Chloranilin über das Diazoniumsalz zugänglich.

o-Nitrophenol und *p-Nitrophenol* werden am zweckmäßigsten durch Hydrolyse der entsprechenden Nitrochlorbenzole hergestellt. p-Nitrochlorbenzol wird bei 6stündigem Erwärmen mit der vierfach molaren Menge 15%iger Natronlauge auf 160° C zu über 99% in p-Nitrophenol übergeführt. Aus 2.4-Dinitrochlorbenzol erhält man bereits mit einer 5%igen Natronlauge bei 100° C das 2.4-Dinitrophenol in 97% Ausbeute. m-Nitrophenol ist aus m-Nitranilin durch Hydrolyse der Diazoniumverbindung zugänglich[3]. Pikrinsäure kann sowohl aus Trinitrochlorbenzol mit schwacher Natronlauge als auch durch Nitrierung von Phenol über die Phenol-2.4-disulfonsäure hergestellt werden.

Das wichtigste *mehrwertige Phenol* ist das *Resorcin*. Zu seiner Herstellung wird m-Benzoldisulfonsäure mit der sechsfach molaren Menge wasserfreien Natriumhydroxyds vermischt und bei 320° C auf Blechen erhitzt. Eine Schmelze entsteht nicht. Nach dem Abkühlen wird die Masse in Wasser gelöst, vom Natriumsulfit abfiltriert, angesäuert und das entstandene Schwefeldioxyd durch Aufkochen abgetrieben. Infolge seiner guten Wasserlöslichkeit muß das Resorcin mit Äther oder Amylalkohol extrahiert werden. Geringe Anteile von Benzol-p-disulfonsäure, wie sie meist in der m-Disulfonsäure enthalten sind, stören die Reaktion nicht, da die erstere unter den Reaktionsbedingungen größtenteils zersetzt wird. Ihre Umlagerung in Resorcin findet jedoch nicht statt[4]. Wird die m-Benzoldisulfonsäure mit mäßig konzentrierter Natronlauge umgesetzt, so läßt sich m-Phenolsulfonsäure fassen.

Brenzcatechin, 1.2-Dihydroxybenzol, kann aus den Schwelwässern der Braunkohle oder aus o-Chlorphenol durch Hydrolyse mit wäßriger Natronlauge in Gegenwart von Bariumhydroxyd und Kupfer-I-chlorid während 18 Std bei 200° C unter Druck gewonnen werden. Eine einfache präparative Methode bietet die alkalische Oxydation von Salicylaldehyd mit Wasserstoffperoxyd, bei der man eine 70%ige Ausbeute an Brenzcatechin erhält[5].

---

[1] SHREVE, R. N., u. C. J. MARSEL: Ind. Engng. Chem. **38**, 254 (1946).
[2] BOTTINI, A. T., u. J. D. ROBERTS: J. Amer. chem. Soc. **79**, 1458 (1957).
[3] MANSKE, R. H. F.: Org. Synth. Coll. Vol. 1, 404 (1948).
[4] FIERZ-DAVID, H. E., u. G. STAMM: Helv. chim. Acta **25**, 364 (1942).
[5] DAKIN, H. D.: Org. Synth. Coll. Vol. 1, 149 (1948).

Hydrochinon, 1.4-Dihydroxybenzol, wird durch Reduktion von p-Benzochinon hergestellt, das man seinerseits durch Oxydation von Anilinsulfat mit Braunstein erhält[1]. Am einfachsten erfolgt die Reduktion mit Wasserstoff und einem Nickelkatalysator. Interessant ist ferner die Umsetzung von Acetylen mit Kohlenmonoxyd in Gegenwart von Kobalt oder Eisencarbonyl[2]:

$$2\,HC\!\equiv\!CH + 3\,CO + H_2O \xrightarrow[\text{60—80° C 40 Atm.}]{H[Co(CO)_4]} + CO_2$$

30%

Infolge der geringen Ausbeute wurde die Methode technisch nie benutzt.

Phloroglucin, 1.3.5-Trihydroxybenzol, wird durch saure Hydrolyse von 1.3.5-Triaminobenzol mit verdünnter Salzsäure hergestellt. Die Reaktion ist reversibel; bei der Einwirkung von Ammoniak auf Phloroglucin werden sukzessive wieder die drei Aminogruppen eingeführt. Als Ausgangsmaterial dient Trinitrotoluol, dessen Methylgruppe oxydiert wird, worauf man die entstandene Trinitrobenzoesäure leicht decarboxylieren kann. Das erhaltene 1.3.5-Trinitrobenzol wird zum Triamin reduziert und dieses hydrolysiert[3]:

HCl dil.

Alle aromatischen Hydroxyverbindungen zeigen eine *Keto-Enol-Tautomerie*[4]. Im allgemeinen ist die Ketoform um etwa 18 kcal/Mol stabiler als die Enolform, bei aromatischen Verbindungen wird jedoch die letztere durch die Resonanzenergie des aromatischen Ringes begünstigt.

Phenol reagiert deshalb praktisch ausschließlich als Enol, Resorcin dagegen auch als Cyclohexen-1.3-dion, da im letzteren die Energiedifferenz zwischen der Keto- und der resonanzstabilisierten Enolform viel geringer ist. Resorcin läßt sich mit Natriumamalgam glatt zum Cyclohexan-1.3-dion reduzieren. Noch ausgeprägter ist der Ketoncharakter beim Phloroglucin, das mit Hydroxylamin ein Trioxim bildet. Die Existenz von Natriumbisulfit-Addukten wie bei Ketonen ist indessen zweifelhaft. Die Methylierung liefert O- und C-Methylderivate und führt schließlich zum 2.2.4.4.6.6-Hexamethylcyclohexan-1.3.5-trion. Trotzdem besitzt das Phloroglucin vorwiegend enolischen Charakter; in Lösung tritt nur die Enolform auf.

---

[1] SHEARON, W. H., L. G. DAVY u. H. v. BRAMER: Ind. Engng. Chem. 44, 1730 (1952). Vgl. auch: CIOS Item No. 22, File No. XXVII—50.

[2] DRP 870698 (1944); REPPE, W.: Neue Entwicklungen auf dem Gebiete der Chemie des Acetylens und Kohlenoxyds. Berlin-Göttingen-Heidelberg: Springer 1949.

[3] KASTENS, M. L., u. J. F. KAPLAN: Ind. Engng. Chem. 42, 402 (1950). Für eine präparative Methode siehe: CLARKE, H. T., u. W. W. HARTMANN: Org. Synth. Coll. Vol. 1, 455, 543 (1948).

[4] Vgl.: THOMSON, R. H.: Quart. Reviews 10, 27—43 (1956).

1-Naphthol wird durch Hydrolyse von 1-Naphthylamin mit 22 bis 24%iger Schwefelsäure während 8 Std bei 180—200° C unter 10 Atm. Druck hergestellt. Die Umsetzung muß in Kesseln mit Bleiauskleidung vorgenommen werden. Zur Reinigung wird das 1-Naphthol im Vakuum destilliert. Die Aminogruppe kann auch alkalisch abgespalten werden, wovon man bei der Herstellung verschiedener Naphtholsulfonsäuren Gebrauch macht. Einfacher und billiger ist die Alkalischmelze der Naphthalin-1-sulfonsäure, die jedoch ein mit dem 2-Isomeren verunreinigtes 1-Naphthol liefert. Eine Trennung vom ersteren ist durch eine Wasserdampfdestillation des Rohnaphthols möglich. Ein sehr reines 1-Naphthol kann man durch gleichzeitige Hydrolyse und Desulfonierung der 1-Naphthylamin-5-sulfonsäure (Laurent-Säure) mit 18—20%iger Schwefelsäure während 24 Std bei 220—240° C unter Druck erhalten.

1-Naphthol wird von Sulfurylchlorid zum 4-Chlorderivat, von Natriumhypochlorit zum 2-Chlorderivat chloriert. Durch schwache Oxydationsmittel wird es in 2.2'-Dinaphtho-1.1'-chinon, das Russigsche Blau, übergeführt.

2-Naphthol ist eines der wichtigsten Naphthalinderivate. Es wird unter anderem auf 2-Naphthylamin, 2-Hydroxy-3-naphthoesäure und Azofarbstoffe weiterverarbeitet. Bei der Chlorierung mit Natriumhypochlorit entsteht 1-Chlor-2-naphthol, mit Sulfurylchlorid 1.4-Dichlor-2-naphthol. Von Ferrichlorid wird es zu 2.2'-Dihydroxy-1.1'-dinaphthyl oxydiert. Bei der Kolbe-Synthese entsteht aus dem Natriumnaphtholat bei 130° C die 2-Hydroxy-1-naphthoesäure, bei 260° C die 2-Hydroxy-3-naphthoesäure, die ein wichtiges Zwischenprodukt für Azofarbstoffe ist.

Die Herstellung des 2-Naphthols geschieht durch Alkalischmelze des Natriumsalzes der Naphthalin-2-sulfonsäure mit einer 50%igen Natronlauge während 6—8 Std bei 300° C. Zuletzt wird die Schmelze 2 Std auf 320° C erhitzt. Nach dem Abkühlen wird in Wasser gelöst, vom ausgefallenen Natriumsulfit abfiltriert und das Alkali mit Schwefelsäure langsam neutralisiert. Bei pH = 8 scheidet sich das flüssige Rohnaphthol ab, das von der wäßrigen Lösung getrennt und durch Vakuumdestillation gereinigt wird. Das zur Farbstoffherstellung verwendete 2-Naphthol muß vollkommen frei von seinem 1-Isomeren sein.

Die Hydrolyse des 2-Naphthylamins gelingt bei Anwesenheit aktivierender Substituenten in der 1-Stellung; so läßt sich 1-Nitro-2-acetylaminonaphthalin alkalisch zum 1-Nitro-2-naphthol hydrolysieren[1]. Eine technische Anwendung findet die Methode indessen im Gegensatz zur Abspaltung α-ständiger Aminogruppen nicht. Die meisten Naphthylamine lassen sich ferner mittels der Bucherer-Reaktion in die entsprechenden Naphthole überführen. Umgekehrt sind aus den letzteren die Naphthylamine auf diesem Wege zugänglich. Die Bucherer-Reaktion wird im Abschnitt über die Einführung der Aminogruppe eingehend besprochen.

---

[1] HARTMANN, W. W., J. R. BYERS u. J. B. DICKEY: Org. Synth. Coll. Vol. **2**, 451 (1950).

Die Hydroxylgruppe beider Naphthole ist wesentlich reaktionsfähiger als diejenige des Phenols. Sie läßt sich beim Kochen mit Alkohol und Salzsäure glatt alkylieren und verhält sich damit ähnlich einer Carboxylgruppe.

Bei milder Sulfonierung des 2-Naphthols entsteht die 2-Naphthol-1-sulfonsäure (Oxy-Tobias-Säure)[1]. Sulfoniert man mit Schwefelsäure bei 20—35° C und anschließend bei 55—60° C, so erhält man ein Gemisch von 2-Naphthol-8-sulfonsäure (Croceïnsäure) und 2-Naphthol-6-sulfonsäure (Schäffer-Säure). Die letztere bildet sich als Hauptprodukt bei der Sulfonierung des 2-Naphthols mit Monohydrat bei 100° C, während mit konzentrierter Schwefelsäure in Gegenwart von Natriumsulfat bei 100—120° C 2-Naphthol-3.6-disulfonsäure (R-Säure) entsteht. 20%iges Oleum führt zu einem Gemisch von R- und G-Säure. Die letztere, die 2-Naphthol-6.8-disulfonsäure, kann daraus als Kaliumsalz abgetrennt werden.

Durch Nitrosierung von 2-Naphthol gelangt man zum 1-Nitroso-2-naphthol, dessen Eisenkomplex als billiger grüner Pigmentfarbstoff verwendet wird. Bei der Behandlung mit Natriumbisulfit entsteht aus der Nitrosoverbindung durch 1.6-Addition unter gleichzeitiger Reduktion die wichtige 1-Amino-2-naphthol-4-sulfonsäure (Böniger-Säure), die ein Zwischenprodukt für chromierbare Azofarbstoffe darstellt.

Polyhydroxynaphthaline lassen sich durch Alkalischmelze der Naphthalindi- und trisulfonsäuren darstellen[2], wobei je nach Reaktionsbedingungen eine oder mehrere Sulfonsäuregruppen durch Hydroxylreste ersetzt werden. Naphthalin-1.5-disulfonsäure wird mit 72—75%iger Natronlauge bei 275° C unter Druck zu 1.5-Dihydroxynaphthalin hydrolysiert; unter milderen Bedingungen entsteht 1-Naphthol-5-sulfonsäure (Laurentsche Säure). In analoger Weise erhält man aus Naphthalin-2.7-disulfonsäure durch Alkalischmelze bei 230—265° C die 2-Naphthol-7-sulfonsäure (F-Säure), während bei 300—320° C 2.7-Dihydroxynaphthalin anfällt. Naphthalin-1.3.6-trisulfonsäure tauscht bereits mit 50%iger Natronlauge bei 180—190° C, also unter verhältnismäßig milden Bedingungen, die 1-ständige Sulfogruppe aus und geht in 1-Naphthol-3.6-disulfonsäure über. Allgemein gilt, daß der Ersatz einer Sulfogruppe um so leichter erfolgt, je mehr von ihnen im Molekül vorhanden sind, wobei 1-ständige wesentlich leichter reagieren als 2-ständige.

Aminogruppen in der 1-Stellung werden unter energischen Reaktionsbedingungen durch Hydroxylreste ersetzt; in vielen Fällen werden sie leichter als die Sulfogruppe abgespalten. 1-Naphthylamin-8-sulfonsäure wird durch Alkalischmelze mit 50%iger Natronlauge in 1.8-Dihydroxynaphthalin übergeführt. Die wichtige Chromotropsäure, 1.8-Dihydroxynaphthalin-3.6-disulfonsäure, wird aus 1-Naphthylamin-3.6.8-trisulfonsäure durch Hydrolyse mittels 50%iger Natronlauge bei 230° C hergestellt; verwendet man indessen nur eine 23%ige Natronlauge und Temperaturen von 150—180° C, so bleibt die Aminogruppe unverändert und man erhält die 1-Amino-8-naphthol-3.6-disulfonsäure, eines der wichtigsten Azofarbstoffzwischenprodukte, allgemein unter dem Namen H-Säure bekannt.

---

[1] Vgl. S. 120
[2] Vgl. S. 115—117

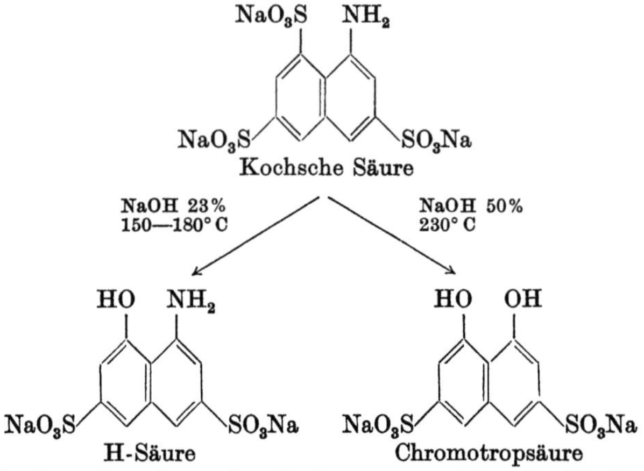

NaO$_3$S   NH$_2$

NaO$_3$S   SO$_3$Na

Kochsche Säure

NaOH 23%
150—180° C

NaOH 50%
230° C

HO   NH$_2$

NaO$_3$S   SO$_3$Na

H-Säure

HO   OH

NaO$_3$S   SO$_3$Na

Chromotropsäure

Ebenfalls ohne Abspaltung der Aminogruppe erfolgt die Alkalischmelze der 1-Naphthylamin-5.7-disulfonsäure mit 70%iger Natronlauge bei 175° C zur 1-Amino-5-naphthol-7-sulfonsäure, der 1-Naphthylamin-4.8-disulfonsäure zur 1-Amino-8-naphthol-4-sulfonsäure bei 200° C, der 2-Naphthylamin-5.7-disulfonsäure zur 2-Amino-5-naphthol-7-sulfonsäure bei 180—190° C und der 2-Naphthylamin-6.8-disulfonsäure zur 2-Amino-8-naphthol-6-sulfonsäure bei 190—200° C. Während die vorstehend genannten Alkalischmelzen alle mit einer 70%igen Natronlauge durchgeführt werden, genügt für die Hydrolyse der 1-Naphthylamin-4.6.8-trisulfonsäure zur 1-Amino-8-naphthol-4.6-disulfonsäure bereits eine 20%ige Natronlauge bei 170° C[1].

1- und 2-Hydroxyanthrachinon werden aus dem Natriumsalz der entsprechenden Sulfonsäure durch Erhitzen mit Kalkmilch auf 180° C hergestellt. Die normale Alkalischmelze wirkt hier zu energisch; die Anthrachinon-1-sulfonsäure wird unter Bildung von Benzolderivaten aufgespalten und die 2-Sulfonsäure wird in Alizarin, das 1.2-Dihydroxyanthrachinon, übergeführt. Diese gleichzeitige Hydroxylierung wird durch Zugabe von Oxydationsmitteln erleichtert[2]:

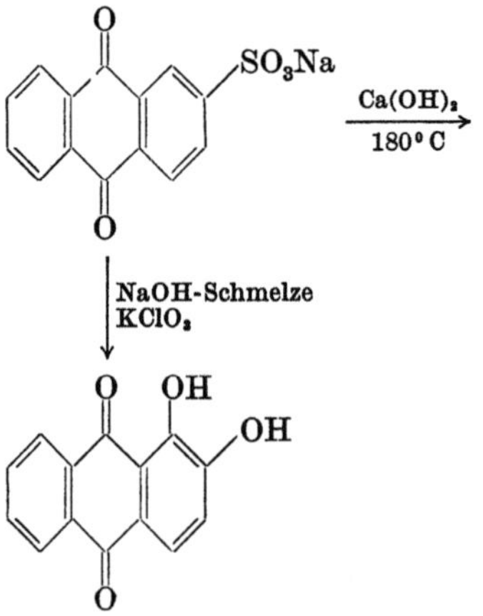

Ca(OH)$_2$
180° C

NaOH-Schmelze
KClO$_3$

<hr>

[1] Siehe dazu auch die Formelübersicht zur Herstellungsweise der Naphthalinzwischenprodukte im Abschnitt über die Sulfonierung.

[2] Zur Darstellung des Alizarins vgl.: CARO, H., C. GRAEBE u. C. LIEBERMANN: Ber. dtsch. chem. Ges. **3**, 369 (1869).

Polyhydroxyanthrachinone erhält man entweder durch Oxydation von Anthrachinon mit Braunstein in konzentrierter Schwefelsäure oder mit der Bohn-Schmidt-Reaktion, die in der Einwirkung von hochprozentigem Oleum auf Hydroxyanthrachinone besteht. Sie führt primär zu Schwefelsäureestern der Hydroxyanthrachinone, die sich leicht zu den Hydroxylverbindungen verseifen lassen.

Aryläther können in einigen Fällen einfach durch Ersatz eines labilen Substituenten gegen das gewünschte Alkoholation erhalten werden. So werden o- und p-Nitroanisol technisch aus dem entsprechenden Nitrochlorbenzol gewonnen, das bei 70—95° C mit einem Überschuß einer 13%igen methanolischen Natronlauge umgesetzt wird, wobei eine Ausbeute von über 90% erzielt wird. Da alkoholisches Alkali auf Nitroverbindungen reduzierend wirkt, müssen die günstigsten Reaktionsbedingungen jeweils sorgfältig ermittelt werden[1]. In analoger Weise erhält man aus p-Nitrochlorbenzol bei der Umsetzung mit Natriumphenolat den p-Nitrodiphenyläther[2] und aus 2.5-Dichlornitrobenzol den o-Nitro-p-chlordiphenyläther. Auf die Alkylierung von 1- und 2-Naphthol beim Kochen mit Alkohol und Salzsäure wurde bereits hingewiesen. Anthrachinon-sulfonsäuren und Chloranthrachinone werden beim Erhitzen mit Kaliumalkoholaten oder -phenolaten auf 200° C in die entsprechenden Alkyl- oder Aryläther übergeführt; bei den Halogenanthrachinonen wird zur Erleichterung der Reaktion ein Kupfersalz zugesetzt.

Neuere Literatur über die Einführung der Hydroxy-, Alkoxy- und Aryloxygruppe findet sich in den folgenden Veröffentlichungen zusammenfassend besprochen:

TAPP, W. J.: Ind. Engng. Chem. **40**, 1619 (1948); **42**, 1698 (1950); **44**, 2020 (1952) sowie HAMNER, W. F.: Ind. Engng. Chem. **46**, 1841 (1954). — HAMNER, W. F., u. D. W. McDONALD: Ind. Engng. Chem. **48**, 1621 (1956); **49**, 1518 (1957); **50**, 1365 (1958); **52**, 962 (1960).

Außer der besprochenen Einführung der Hydroxylgruppe existieren zahlreiche *weitere nucleophile Austauschreaktionen*, von denen die Einführung der Aminogruppe gesondert besprochen wird. Aktive nucleophile Agentien sind außer dem Hydroxylanion und den Alkoholat- und Phenolationen auch die Sulfid-, Polysulfid- und Mercaptoanionen, die Halogen- und die Pseudohalogenanionen wie Cyanide und Rhodanide, ferner Ammoniak und Amine und schließlich auch reaktive Methylengruppen[3]. Auch die labilen, austauschbaren Gruppen sowie die aktivierenden Substituenten beschränken sich durchaus nicht auf die bereits besprochenen, obschon diesen die größte technische Bedeutung zukommt. Viele dieser nucleophilen Umsetzungen sind von technischem oder präparativem, andere nur mehr von wissenschaftlichem Interesse. Die bemerkenswertesten Fälle seien nachstehend kurz aufgeführt.

Die Nitrogruppe ist nicht nur ein aktivierender Substituent, sie läßt sich auch selber verhältnismäßig leicht ersetzen. So gehen o- und

---

[1] Vgl.: RICHARDSON, D. H.: J. chem. Soc. [London] **1926**, 522. — McCORMACK, H., u. G. J. STOCKMANN: Ind. Engng. Chem. **31**, 278 (1939).

[2] Für eine präparative Vorschrift siehe: BREWSTER, R. Q., u. TH. GROENING: Org. Synth. Coll. Vol. 2, 445 (1950).

[3] Für ein Beispiel siehe: FAIRBOURNE, A., u. H. R. FAWSON: J. chem. Soc. [London] **1927**, 46.

p-Dinitrobenzol bei mehrstündigem Kochen mit 5%iger Natronlauge in 80%iger Ausbeute in die entsprechenden Nitrophenole über. 1.3.5-Trinitrobenzol tauscht beim Kochen mit methanolischer Lauge eine Nitrogruppe gegen den Methoxyrest aus[1]:

Eine eigenartige Reaktionsfolge spielt sich beim Kochen von m-Dinitrobenzol mit Kaliumcyanid in Methanol ab. Dabei erfolgt zuerst eine nucleophile Substitution zum 2.6-Dinitrobenzonitril, also der Ersatz eines Wasserstoffatoms durch die Cyangruppe. Diese bewirkt eine Auflockerung der Nitrogruppe, die nun in einem zweiten Reaktionsschritt gegen einen Methoxyrest ausgetauscht wird, so daß als Endprodukt das 2-Methoxy-6-nitrobenzonitril in 47%iger Ausbeute resultiert. Die Zwischenstufe läßt sich nicht isolieren[2]:

Ein außerordentlich stark aktivierender Substituent ist die Diazoniumgruppe; sie ist mehrfach wirksamer als die Nitrogruppe. Diazoniumverbindungen mit einer Nitrogruppe ortho oder para zum Diazorest tauschen diese deshalb oft gegen das Säureanion der sauren wäßrigen Lösung aus; eine Ausnahme hiervon machen Sulfatanionen[3]. Im 1.3.5-Tribrombenzol-diazoniumchlorid werden in stark salzsaurer Lösung die Bromatome durch Chlor ersetzt, wobei schließlich das Trichlorisomere entsteht[4]. Überraschend ist bei diesen Umsetzungen, daß die nucleophile Reaktion sogar in saurer Lösung eintritt, wobei das Säureanion das aktive Agens bildet. Derartige Austauschreaktionen dürfen jedoch keinesfalls mit den Sandmeyer-Synthesen verwechselt werden, in denen die Diazoniumgruppe selbst durch einen nucleophilen Rest ersetzt wird. Diese Synthesen werden in einem gesonderten Abschnitt besprochen.

Ein weiterer aktivierender Substituent liegt in der Nitrosogruppe vor, deren Wirkung etwa gleich wie die der Nitrogruppe ist. p-Nitrosodimethylanilin kann deshalb mit Alkali oder mit einer Natriumbisulfitlösung bei Siedetemperatur zu p-Nitrosophenol und Dimethylamin

[1] REVERDIN, J.: Org. Synth. Coll. Vol. 1, 219 (1948).
[2] RUSSELL, A., u. W. G. TEBBENS: Org. Synth. Coll. Vol. 3, 293 (1960). Siehe auch: LOBRY DE BRUYN, C. A.: Rec. trav. chim. Pays-Bas 2, 205 (1883). — HERTEREN, W. J. VAN: Rec. trav. chim. Pays-Bas 20, 107 (1901). — BLANKSMA, J. J.: Rec. trav. chim. Pays-Bas 21, 424 (1902). Eine ähnliche Reaktion beschreibt: HUISGEN, R.: Liebigs Ann. Chem. 559, 101 (1948).
[3] Vgl.: HUISGEN, R.: Liebigs Ann. Chem. 559, 101 (1948).
[4] HIRSCH, B.: Ber. dtsch. chem. Ges. 31, 1253 (1898).

hydrolysiert werden[1]. Das Verfahren wurde früher zeitweise zur Dimethylaminherstellung benützt:

$$ON-\langle\ \rangle-N(CH_3)_2 \xrightarrow[100°\,C]{NaOH} ON-\langle\ \rangle-OH \ + \ HN(CH_3)_2$$

Mit der Alkalischmelze verwandt ist die Cyanidschmelze, bei der eine Sulfonsäure durch Verschmelzen mit Natriumcyanid in das entsprechende Nitril übergeführt wird[2]. Die Methode wird jedoch auch präparativ nur selten benützt:

$$\underset{\text{SO}_3\text{Na}}{\bigcirc} \xrightarrow[\text{Schmelze}]{\text{NaCN-}} \underset{\text{CN}}{\bigcirc} + \text{Na}_2\text{SO}_3$$

Wichtiger ist die Umsetzung von Bromverbindungen mit Kupfercyanid in Pyridin zu den entsprechenden Nitrilen, die präparativ gelegentlich ausgeübt wird[3]. Auch der bereits früher erwähnte Ersatz von aktiviertem Chlor gegen Fluor, beispielsweise im 2.4-Dinitrochlorbenzol, ist nucleophiler Art und mit der vorstehenden Reaktion verwandt.

Eine wichtige Rolle spielen die nucleophilen Umsetzungen bei *heterocyclischen Aromaten*, vor allem bei den stickstoffhaltigen, in denen das Heteroatom aktivierend auf die α- und γ-ständigen Substituenten wirkt. Durch eine Quaternierung des Heteroatomes wird dieser Effekt noch verstärkt. N-Methylpyridiniumsalze werden deshalb in alkalischer Lösung leicht in der α-Stellung hydroxyliert und in Gegenwart milder Oxydationsmittel wie Kaliumferricyanid zum α-Pyridon oxydiert[4]:

4-Chlorpyridin wird mit Kaliumhydrogensulfid in wäßrigem Alkohol durch Erhitzen unter Druck auf 140° C während 4 Std quantitativ in 4-Thiolpyridin übergeführt[5]. Auch Halogenatome in der 2-Stellung des Pyridins sind sehr reaktionsfähig, während sie sich in der 3-Stellung weniger leicht ersetzen lassen[6].

Noch höhere Reaktionsfreudigkeit zeigen die Halogenatome von Verbindungen mit zwei oder mehr Heteroatomen in einem aromatischen Ring. Im Cyanurchlorid lassen sich die drei Chloratome bei zunehmend

[1] BRAUN, J. v., K. HEIDER u. E. MÜLLER: Ber. dtsch. chem. Ges. **51**, 737 (1918). — MUNCH, R., G. T. THANNHAUSER u. D. L. COTTLE: J. Amer. chem. Soc. **68**, 1297 (1946).
[2] BOESSNECK, P.: Ber. dtsch. chem. Ges. **16**, 639 (1883). — WHITMORE, F. C., u. A. L. FOX: J. Amer. chem. Soc. **51**, 3363 (1929).
[3] NEWMAN, M. S.: Org. Synth. Coll. Vol. **3**, 631 (1960).
[4] PRILL, S. A., u. S. M. McELVAIN: Org. Synth. Coll. Vol. **2**, 419 (1950).
[5] KOENIGS, E., u. G. KINNE: Ber. dtsch. chem. Ges. **54**, 1357 (1921).
[6] Vgl.: BERGSTROM, F. W.: Chem. Reviews **35**, 77 (1944).

schärferen Reaktionsbedingungen sukzessive ersetzen. Die Verbindung wurde deshalb schon seit längerer Zeit zur Verknüpfung verschiedenartiger Farbstoffreste benützt, besonders zur Herstellung substantiver Farbstoffe, da sich der Triazinrest günstig auf die Substantivität auswirkt. In neuerer Zeit hat sie ausgedehnte Verwendung in den Reaktivfarbstoffen gefunden, die sich mit der Cellulosefaser chemisch verbinden. Man stellt dazu Farbstoffe mit einem Triazinrest her, der noch ein oder zwei Chloratome besitzt, die in alkalischer Lösung mit den Hydroxylgruppen der Cellulose zu reagieren vermögen. Der Triazinrest wird damit zum Bindeglied zwischen Farbstoff und Faser. Ähnlich verhalten sich auch Tri- und Tetrachlorpyrimidin[1]:

Cyanurchlorid　　　　　Tetrachlorpyrimidin

Für mehrkernige, heterocyclische Aromaten gelten sinngemäß dieselben Gesetzmäßigkeiten wie bei denjenigen mit nur einem Ring, der Ersatz eines Substituenten erfolgt meistens noch leichter. So werden die Chloratome des 2.4-Dichlorchinazolins bereits beim Stehenlassen mit Methanol gegen die Methoxygruppe ausgetauscht[2]:

Die *relative Nucleophilität* der angreifenden Gruppen entspricht etwa der folgenden Reihe, die nach abnehmender Aktivität geordnet ist[3] (Ph = Phenyl):

$$CH_3O^{\ominus} \gg Ph\!-\!S^{\ominus} \ggg Piperidin > Ph\!-\!O^{\ominus} > Ph\!-\!NH_2 > HO^{\ominus}.$$

Bei den Anilinderivaten wird die Nucleophilität durch elektronenabgebende Substituenten erhöht, durch elektronenanziehende verringert[4]. Bei Aminen mit aliphatischen Resten spielen sterische Effekte eine große, oft ausschlaggebende Rolle[5].

Die *relative Aktivierung* nucleophiler Umsetzungen durch vorhandene Substituenten entspricht in großen Zügen den Hammettschen Bezie-

[1] Vgl.: ZOLLINGER, H.: Angew. Chem. 73, 125 (1961).
[2] TOMISEK, A. J., u. B. E. CHRISTENSEN: J. Amer. chem. Soc. 67, 2112 (1945).
[3] Vgl.: BEVAN, C. W. L., u. J. HIRST: J. chem. Soc. [London] 1956, 254. — BUNNETT, J. F., u. G. F. DAVIES: J. Amer. chem. Soc. 76, 3011 (1954).
[4] OPSTALL, H. J.: Rec. trav. chim. Pays-Bas 52, 901 (1933). — MATTAAR, TH. A. F.: Rec. trav. chim. Pays-Bas 41, 103 (1922).
[5] BRADY, O. L., u. R. F. CROPPER: J. chem. Soc. [London] 1950, 507.

hungen[1]. Den stärksten Einfluß üben Substituenten in der Stellung para und ortho zum Reaktionsort aus. Im letzteren Fall kann durch innere Solvatation oder Komplexbildung eine verstärkte Aktivierung, infolge Abstoßung gleichartiger Ladungen etwa bei der Einwirkung von Alkoholaten oder Phenolaten auf eine o-Halogenbenzoesäure aber auch eine starke Verminderung der Aktivierung eintreten[2]. Mit Aminen wird im allgemeinen innere Solvatation beobachtet. Substituenten in meta-Stellung zum Reaktionsort beeinflussen die Umsetzung weniger stark. Bei heterocyclischen Verbindungen gelten dieselben Regeln in bezug auf das Heteroatom und den Reaktionsort.

Elektronenanziehende Substituenten erleichtern im allgemeinen den Austausch, elektronenabgebende erschweren ihn. Der am stärksten aktivierende Substituent ist die Diazoniumgruppe. Gemessen an der Reaktionsgeschwindigkeit ist ihre Wirkung etwa 10^3- bis 10^5fach größer als die der Nitrogruppe. Die letztere wiederum erhöht die Reaktionsgeschwindigkeit im Vergleich zur unsubstituierten Verbindung auf etwa das 10^{10}-fache. Ungefähr die gleiche Aktivierung wie eine Nitrogruppe bewirken das Carboxylation und die Nitrosogruppe, während veresterte Carboxylgruppen, Keto-, Aldehyd- und Nitrilgruppen schwächer aktivieren[3]. Recht auffällig ist ferner der ziemlich starke Effekt der Trifluormethylgruppe, der möglicherweise auf eine umgekehrte Hyperkonjugation zurückzuführen ist[4]. Aktivierend wirkt schließlich auch das Carbeniumion, so daß sich p-ständiges Halogen in Triphenylmethanderivaten recht gut ersetzen läßt.

7. Einführung von Aminogruppen

Weitaus die wichtigste Methode zur Einführung einer unsubstituierten Aminogruppe in aromatische Verbindungen besteht in der Nitrierung und anschließenden Reduktion. Da es sich dabei um eine Kombination zweier voneinander unabhängiger Methoden handelt, sei diesbezüglich auf die beiden Abschnitte über die Nitrierung und die Reduktion verwiesen, während im folgenden die Einführung unsubstituierter und substituierter Aminogruppen durch Umsetzung mit Ammoniak oder Aminen besprochen sei.

Eine *direkte Substitution*, also der Ersatz eines Wasserstoffatoms durch eine Aminogruppe, gelingt bei der Einwirkung von Natriumamid auf manche aromatischen Verbindungen. Naphthalin kann derart in

---

[1] HAMMETT, L. P.: Chem. Reviews **17**, 125 (1936). Vgl. auch: JAFFÉ, H. H.: Chem. Reviews **53**, 191 (1953). — OKAMOTO, Y., u. H. C. BROWN: J. org. Chemistry **22**, 485 (1957).

[2] BUNNETT, J. F., u. R. J. MORATH: J. Amer. chem. Soc. **77**, 5051 (1955). — BUNNETT, J. F., R. J. MORATH u. T. OKAMOTO: J. Amer. chem. Soc. **77**, 5055 (1955).

[3] Vgl.: BUNNETT, J. F., F. DRAPER, P. R. RYASON, P. NOBLE, R. G. TONKYN u. R. E. ZAHLER: J. Amer. chem. Soc. **75**, 642 (1953). — BERLINER, E., u. L. C. MONACK: J. Amer. chem. Soc. **74**, 1574 (1952). Bezüglich der Nitrosogruppe: LE FÈVRE, R. J. W.: J. chem. Soc. [London] **1931**, 810.

[4] ROBERTS, J. D., R. L. WEBB u. E. A. McELHILL: J. Amer. chem. Soc. **72**, 408 (1950).

1-Naphthylamin, letzteres in 1.5-Diaminonaphthalin und 2-Naphthol
in 5-Amino-2-naphthol übergeführt werden[1]. Diese Umsetzungen
besitzen indessen weder technisches noch präparatives Interesse. Wesentlich glatter reagieren heterocyclische Verbindungen wie Pyridin
oder Chinolin, die sich mit Natriumamid in siedendem Toluol oder
Dimethylanilin zu den α-Aminoderivaten umsetzen. Die Reaktion wird
nach ihrem Entdecker TSCHITSCHIBABIN benannt[2]. Pyridin liefert so bei
120° C das 2-Amino-, bei 170° C das 2.6-Diaminoderivat[3]. Größere
Ansätze werden am zweckmäßigsten in einer eisernen Kugelmühle
durchgeführt. Das verwendete Natriumamid wird am besten frisch
hergestellt, da es sich unter dem Einfluß von Luftsauerstoff und Feuchtigkeit langsam zersetzt, wobei auch Nitrite entstehen, die beim Erwärmen zu heftigen Explosionen führen können[4]. Die Aminierung heterocyclischer Verbindungen wird sowohl präparativ als auch technisch
ausgeübt.

Nitroverbindungen lassen sich mit Hydroxylamin in alkoholischer Kalilauge
direkt aminieren; aus 1-Nitronaphthalin erhält man dabei 1-Nitro-4-aminonaph-
thalin[5] und aus 2-Nitronaphthalin dessen 1-Aminoderivat[6]. Manche polycyclischen
Chinone lassen sich mit Natriumamid in einem inerten Lösungsmittel bei 100 bis
200° C in Aminoderivate überführen[7]. Primäre und sekundäre Amine lassen sich
in Gegenwart ihrer Natriumverbindungen oder von Natriumamid in Nitroverbindungen und manche Chinone einführen; am besten reagiert in der Regel Piperidin und die Art des entstehenden Isomeren hängt oft von den Reaktionsbedingungen
ab[8]. Technische Bedeutung kommt keiner der vorstehend genannten Umsetzungen
zu, doch besitzen sie eine gewisse präparative Anwendung.

Nitrokörper und Chinone lassen sich ferner mit Hydroxylamin in
konzentrierter Schwefelsäure aminieren[9]. Praktische Bedeutung besitzt
das Verfahren lediglich zur Herstellung eines Aminoviolanthrons, das
als grauer Küpenfarbstoff im Handel ist. Die Reaktion läßt sich auch
auf aromatische Kohlenwasserstoffe ausdehnen[10]; der Mechanismus ist
nicht mit Sicherheit bekannt, doch dürfte es sich um eine elektrophile
Umsetzung handeln.

Der *Austausch eines Substituenten* gegen Ammoniak oder Amine
verläuft in geeigneten Fällen wesentlich glatter als die Eliminierung von
Wasserstoff und wird durch aktivierende Gruppen im Molekül wie die
Nitro- oder Carboxylgruppe noch erleichtert.

---

[1] SACHS, F.: Ber. dtsch. chem. Ges. **39**, 3006, 3014 (1906).

[2] TSCHITSCHIBABIN, A., u. O. SEIDE: Chem. Zbl. **1915** I, 1064.

[3] Vgl. zur Tschitschibabin-Reaktion: LEFFLER, M. T.: Org. Reactions 1, 91—104
(1942).

[4] SHREVE, R. N., E. H. RIECHERS, H. RUBENKOENIG u. A. H. GOODMAN:
Ind. Engng. Chem. **32**, 173 (1940).

[5] GOLDHAHN, H.: J. prakt. Chem. [2] **156**, 315 (1940). — PRICE, C. C., u. S.
VOONG: Org. Synth. Coll. Vol. **3**, 664 (1960).

[6] MEISENHEIMER, J., u. E. PATZIG: Ber. dtsch. chem. Ges. **39**, 2533 (1906).

[7] BRADLEY, W.: J. chem. Soc. [London] **1937**, 1091; **1948**, 1175.

[8] HUISGEN, R., u. H. RIST: Liebigs Ann. Chem. **594**, 159 (1955). — BRADLEY,
W., u. R. ROBINSON: J. chem. Soc. [London] **1932**, 1254.

[9] DRP 287756 (1915); ROBSON, A. C., u. S. COFFEY: J. chem. Soc. [London]
1954, 2372.

[10] KOVACIC, P., u. R. P. BENNETT: J. Amer. chem. Soc. **83**, 221 (1961). —
KOVACIC, P., u. J. L. FOOTE: J. Amer. chem. Soc. **83**, 743 (1961).

In der *Benzolreihe* ist der kontinuierliche Dow-Prozeß bedeutsam, bei dem man Chlorbenzol mit dem fünffachen Überschuß einer 25%igen Ammoniaklösung in Gegenwart von Kupferoxydschlamm unter Druck auf 240° C erhitzt, wobei es sich zu Anilin umsetzt. Als Nebenprodukt entsteht etwas Phenol, das durch eine Alkaliwäsche aus dem Rohprodukt entfernt wird. Bei höherer Temperatur bildet sich auch Diphenylamin. Der größte Teil des Anilins wird indessen nicht nach diesem Verfahren, sondern durch Reduktion von Nitrobenzol hergestellt.

Da Nitrogruppen den Chloraustausch erleichtern, besteht das wichtigste technische Verfahren zur Herstellung von *o- und p-Nitranilin* in der Aminierung der Nitrochlorbenzole mit wäßrigem Ammoniak. Beim Chargenbetrieb benützt man einen etwa fünffachen Überschuß einer 30%igen Ammoniaklösung und läßt bei 180—200° C unter Druck während 8 Std reagieren.

Bei großen Ansätzen besteht Explosionsgefahr, da die Reaktion stark exotherm ist und sich unter Umständen durch Kühlung und Abblasen von Ammoniak nicht mehr kontrollieren läßt. Diese Gefahr wird beim kontinuierlichen Prozeß vermieden, da sich hier jeweils nur eine geringe Substanzmenge in der Reaktionszone befindet, die aus einem Rohrsystem besteht. Da das Verhältnis von Oberfläche zu Volumen dabei sehr groß ist, läßt sich die Reaktionswärme gut abführen. Im kontinuierlichen Verfahren benützt man 40%ige Ammoniaklösung und Temperaturen von 200—250° C, um die Reaktionsdauer kurz zu halten.

In analoger Weise erhält man aus 2.5-Dichlornitrobenzol das 4-Chlor-2-nitranilin und aus 3.4-Dichlornitrobenzol das 2-Chlor-4-nitranilin. 2.4-Dinitrochlorbenzol setzt sich mit wäßrigem Ammoniak bereits bei 100° C zum 2.4-Dinitranilin um[1]; mit Methylamin und mit Anilin erhält man dessen N-Methyl-, bzw. N-Phenylderivat. Als Konstruktionsmaterial wird bei diesen Prozessen am besten ein niedrig legierter rostfreier Stahl eingesetzt[2].

Die Carboxylgruppe aktiviert vor allem die ortho-Stellung, was möglicherweise auf einer Chelatbildung beruht[3]. Bekannt ist die Ullmann-Reaktion zur Darstellung von N-Phenylanthranilsäure aus o-Chlorbenzoesäure und überschüssigem Anilin in Gegenwart der berechneten Menge Kaliumcarbonat mit Kupferoxyd als Katalysator[4]:

$$\text{COOH} \quad \xrightarrow[\text{180° C (CuO)}]{\text{Ph—NH}_2} \quad \text{COOK}$$

$$\text{Cl} \qquad \qquad \text{NH—Ph}$$

$$+\ 2\,K_2CO_3 \qquad\qquad +\ KCl + CO_2 + H_2O$$

Die Anthranilsäure selbst wird nicht durch Aminierung von o-Chlorbenzoesäure, sondern durch Hofmannschen Abbau von Phthalsäureamid

---

[1] Eine präparative Vorschrift findet sich bei: WELLS, F. B., u. C. H. F. ALLEN: Org. Synth. Coll. Vol. **2**, 221 (1950).

[2] Zur technischen Durchführung siehe: BIOS Report 1147.

[3] Vgl.: GOLDBERG, A. A.: J. chem. Soc. [London] **1952**, 4368. — MAYER, W., u. R. FIKENTSCHER: Chem. Ber. **91**, 1536 (1958).

[4] ULLMANN, F.: Ber. dtsch. chem. Ges. **36**, 2383 (1903). — ALLEN, C. H. F., u. G. H. W. McKEE: Org. Synth. Coll. Vol. **2**, 15 (1950). Über die entsprechenden Umsetzungen mit Phenol und Thiophenol siehe: ULLMANN, F.: Ber. dtsch. chem. Ges. **37**, 853 (1904). — GOLDBERG, I.: Ber. dtsch. chem. Ges. **37**, 4526 (1904).

erhalten. Ihr 4- und 5-Chlorderivat stellt man indessen besser aus der 2.4- und 2.5-Dichlorbenzoesäure durch Umsetzung mit Ammoniak dar.

$$\text{(Struktur: ortho-disubstituierter Benzolring mit COONa und CONH}_2\text{)} \xrightarrow{\text{NaOCl}} \text{(ortho-disubstituierter Benzolring mit COONa und NH}_2\text{)}$$

Bei der technischen Herstellung der Anthranilsäure geht man von Phthalsäureanhydrid aus, das mit wäßrigem Ammoniak in die Phthalamidsäure aufgespalten wird. Man führt deren Ammoniumsalz vorerst in das Natriumsalz über und behandelt dieses in alkalischer Lösung bei —10 bis —5° C mit Chlor oder direkt mit Natriumhypochlorit, wobei die Temperatur bis 70° C ansteigt. Nach Zugabe von wenig Schwefelsäure und Natriumsulfit wird mit Aktivkohle versetzt, filtriert und aus dem Filtrat die Anthranilsäure durch Salzsäurezusatz bei 50° C bis $p_H = 4$ ausgefällt. Die Ausbeute beträgt rund 88% bezogen auf Phthalsäureanhydrid.

Der Austausch gegen Ammoniak und Amine wird meist mit Halogenverbindungen vorgenommen, doch lassen sich auch viele andere Substituenten ersetzen. So wird 2.4-Dinitro-diphenyläther beim Kochen mit Anilin in 2.4-Dinitro-diphenylamin übergeführt[1]. Anilinhydrochlorid und Anilin liefern beim Erwärmen auf 230° C Diphenylamin; die Umsetzung von Anilin mit dem Salz eines anderen Amines ist zur Darstellung phenylierter Amine allgemein anwendbar. Resorcin wird beim Erwärmen mit wäßrigem Ammoniak auf 200° C in Gegenwart von Ammoniumchlorid in m-Aminophenol übergeführt, beim Erwärmen mit Anilin in Gegenwart von wenig Sulfanilsäure entsteht bei 190 bis 230° C m-Hydroxydiphenylamin. Noch leichter reagieren die Hydroxylgruppen des Phloroglucins mit Ammoniak und Aminen, doch entstehen dabei schwer trennbare Gemische. Die Zugabe einer starken Säure oder eines sauren Salzes beschleunigt die Umsetzung.

In der *Naphthalinreihe* ist der Ersatz der Hydroxyl- durch die Aminogruppe von großer Bedeutung. Er erfolgt mit der *Bucherer-Reaktion* über eine Bisulfit-Anlagerungsverbindung[2]. Umgekehrt lassen sich damit auch Amino- durch Hydroxylgruppen ersetzen, doch ist diese Variante weniger wichtig, da viele Naphthole aus den entsprechenden Naphthalinsulfonsäuren gut zugänglich sind und sich andererseits α-ständige Aminogruppen bei mehr oder weniger energischer Alkalischmelze direkt gegen die Hydroxylgruppe austauschen lassen, wie bereits im Abschnitt über die Einführung von Hydroxylgruppen ausgeführt wurde. Die Bucherer-Reaktion ist in ihrer Anwendung beschränkt auf Hydroxynaphthaline, Resorcin, 6-Hydroxy- und 8-Hydroxychinolin.

Nach den älteren Anschauungen sollen diese Verbindungen in ihrer tautomeren Ketoform wie jedes Keton mit Natriumbisulfit das entsprechende Addukt bilden, das seinerseits zum Austausch der Hydroxygruppe befähigt wäre[3]:

---

[1] OGATA, J., u. M. OKANO: J. Amer. chem. Soc. 71, 3211 (1949).

[2] Vgl.: DRAKE, N. L.: Org. Reactions 1, 105—128 (1942); ferner: BUCHERER, H. TH.: J. prakt. Chem. [2] 69, 49 (1903); [2] 70, 354 (1904); [2] 71, 433 (1905). — BUCHERER, H. TH., u. F. SEYDE: J. prakt. Chem. [2] 75, 249 (1907). — BUCHERER, H. TH., u. R. WAHL: J. prakt. Chem. [2] 103, 129, 253 (1921).

[3] Vgl.: DRAKE, N. L., l.c.; BUCHERER, H. TH., l.c. sowie W. A. COWDREY u. C. N. HINSHELWOOD: J. chem. Soc. [London] 1946, 1036, 1041, 1044, 1046.

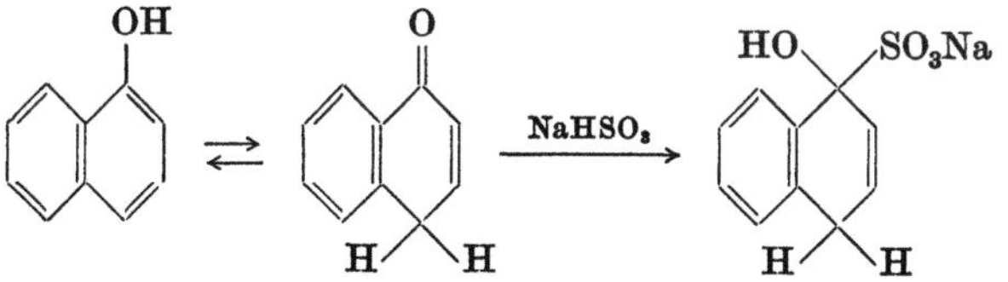

In einer neueren, sehr eingehenden Arbeit konnten RIECHE und SEEBOTH[1] indessen nachweisen, daß das Bisulfit-Addukt eine ganz andere Struktur besitzt und nach folgendem Mechanismus gebildet werden dürfte:

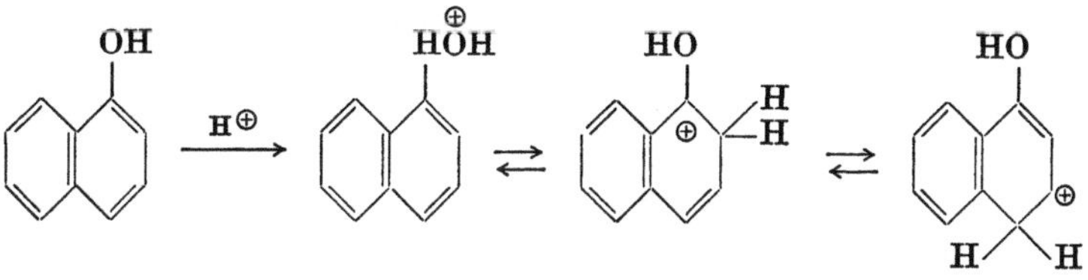

I II III

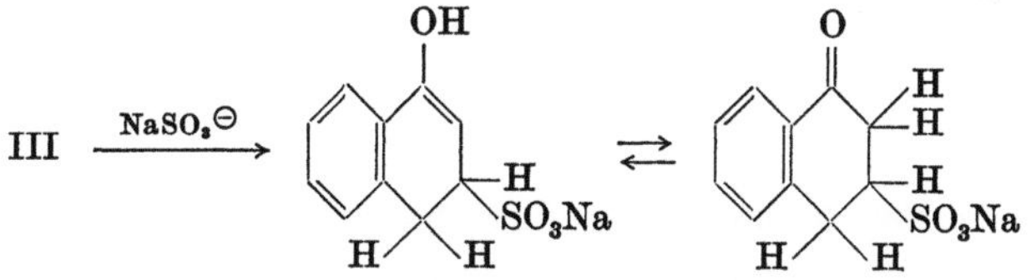

III $\xrightarrow{\text{NaSO}_3^{\ominus}}$

Aus dem 2-Naphthol dürfte in gleicher Weise das analoge Addukt gebildet werden:

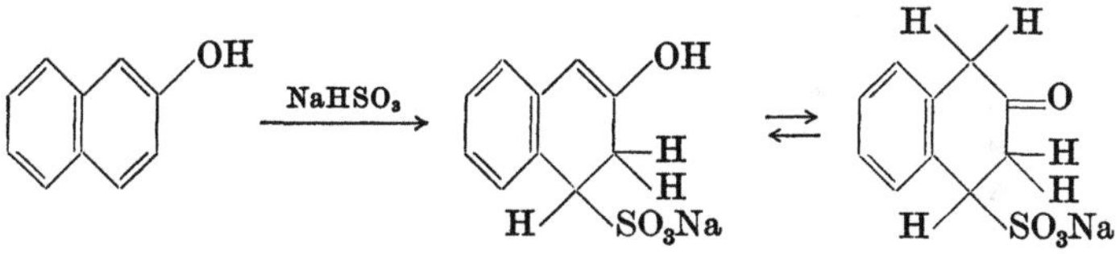

Daß sich aus den beiden isomeren Naphtholen mit Natriumbisulfit die beiden aufgeführten Tetralon-β-sulfonsäuren bilden, konnte von den genannten Autoren zweifelsfrei bewiesen werden. Die Bucherer-Reaktion spielt sich deshalb über die folgenden Stufen ab:

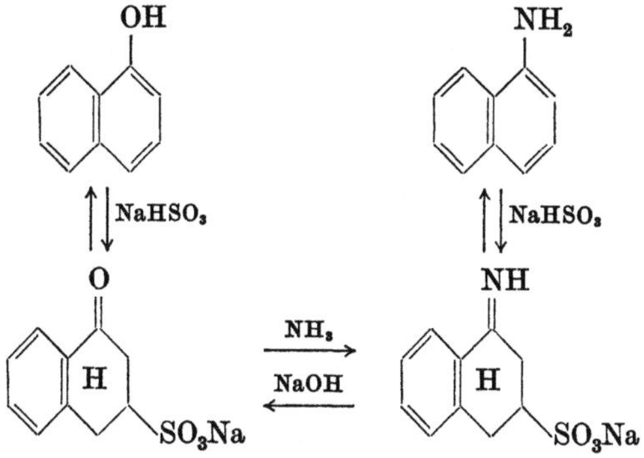

[1] RIECHE, A., u. H. SEEBOTH: Liebigs Ann. Chem. 638, 43f. (1960).

1-Naphthol-2- und 1-Naphthol-3-sulfonsäure sowie 2-Naphthol-3-
und 2-Naphthol-4-sulfonsäure und die entsprechenden Naphthylaminsulfonsäuren gehen die Bucherer-Reaktion nicht ein, da die vorhandene
Sulfonsäuregruppe die Bildung des Bisulfit-Adduktes verhindert. Dagegen lassen sich 1-Naphthol-4-sulfonsäure und 2-Naphthol-1-sulfon-
säure glatt umsetzen. Sulfonsäuregruppen im anderen Benzolring sind
praktisch ohne Einfluß auf die Reaktion.

Während 1-Naphthylamin üblicherweise durch Reduktion von
1-Nitronaphthalin hergestellt wird und auch aus 1-Chlornaphthalin
durch Umsetzung mit Ammoniak leicht erhältlich ist[1], benützt man für
2-Naphthylamin fast ausschließlich den Bucherer-Prozeß. Dabei wird
2-Naphthol mit sechs Teilen einer etwa 22%igen Ammoniumbisulfit-
lösung und einem Teil einer 20%igen Ammoniaklösung unter Druck
während 8 Std auf 100—110° C erwärmt. Oft arbeitet man auch bei
Temperaturen bis zu 140° C. Nach dem Abkühlen wird das ausgefallene 2-Naphthylamin abfiltriert, zur Entfernung von unverändertem
Naphthol mit verdünnter Natronlauge gewaschen und durch Vakuumdestillation gereinigt. Die Ausbeute ist nahezu quantitativ. Man kann
es auch direkt aus 2-Naphthol und Ammoniak bei 370—420° C an einem
Aluminiumoxydkatalysator in 95% Ausbeute erhalten. Da 2-Naphthyl-
amin krebserzeugend ist, wird seine Verwendung nach Möglichkeit vermieden. In vielen Fällen läßt es sich durch Tobias-Säure, 2-Naphthyl-
amin-1-sulfonsäure, ersetzen, deren Sulfogruppe leicht wieder abgespalten werden kann.

Mittels der Bucherer-Reaktion werden die folgenden Naphthylaminsulfonsäuren aus den entsprechenden Naphtholsulfonsäuren hergestellt.

Tobias-Säure	= 2-Naphthylamin-1-sulfonsäure
Dahlsche Säure I	= 2-Naphthylamin-5-sulfonsäure
Brönner-Säure	= 2-Naphthylamin-6-sulfonsäure
Erdmann-Säure	= 2-Naphthylamin-7-sulfonsäure
Badische Säure	= 2-Naphthylamin-8-sulfonsäure
Amino-R-Säure	= 2-Naphthylamin-3.6-disulfonsäure
Amino-G-Säure	= 2-Naphthylamin-6.8-disulfonsäure

Der umgekehrte Weg, also der Ersatz der Amino- durch die Hydroxylgruppe, wird lediglich zur Herstellung von 1-Naphthol-4-sulfonsäure,
der Nevile-Winther-Säure, aus der gut zugänglichen Naphthionsäure
beschritten. Die letztere erhält man mittels Backprozeß aus dem sauren
Sulfat des 1-Naphthylamins beim Erwärmen als Suspension in o-Dichlorbenzol auf 175° C.

Mit der Bucherer-Reaktion können auch *substituierte Aminogruppen*
in den Naphthalinkernen eingeführt werden, indem man mit einem Amin
statt mit Ammoniak arbeitet. Sehr reaktionsfähig sind dabei p-Aminophenol und p-Phenylendiamin; ziemlich gut reagieren auch Metanilsäure, Sulfanilsäure und p-Phenetidin.

Das Bisulfit-Addukt kann ferner mit *Arylhydrazinen* umgesetzt werden, wobei
aus den primär gebildeten Hydrazonen unter Umlagerung, Ammoniakabspaltung

---

[1] Vgl. zur Darstellung aus Chlornaphthalin: GROGGINS, P. H., u. A. J. STIRTON:
Ind. Engng. Chem. 28, 1051 (1936).

und Ringschluß ein Benzcarbazol entsteht[1]. Aus 2-Naphthol und Phenylhydrazin ist derart das 5.6-Benzcarbazol leicht zugänglich, wobei die Reaktion über folgende Stufen verläuft[2]:

Die beiden *N-Phenylnaphthylamine* können aus den entsprechenden Naphtholen durch Erhitzen mit einem geringen Überschuß Anilin unter Druck und in Gegenwart katalytischer Säuremengen hergestellt werden. 1-Naphthol wird dazu bei 220—230° C während 24 Std umgesetzt, 2-Naphthol reagiert bereits bei 190—200° C innerhalb von 6—8 Std. Auch die beiden Naphthylamine können mit Anilin und etwas Säure in ihre N-Phenylderivate übergeführt werden[3]. Alkylderivate werden am zweckmäßigsten durch Alkylierung der Naphthylamine hergestellt.

In der *Anthrachinonreihe* lassen sich vorhandene Substituenten verhältnismäßig leicht ersetzen und die meisten *Aminoanthrachinone* werden auf diesem Wege hergestellt. Die Reduktion der Nitrogruppe wird in

---

[1] BUCHERER, H. TH., u. F. SEYDE: J. prakt. Chem. [2] **77**, 403 (1908). — BUCHERER, H. TH., u. M. SCHMIDT: J. prakt. Chem. [2] **79**, 369 (1909). — BUCHERER, H. TH., u. E. F. SONNENBURG: J. prakt. Chem. [2] **81**, 1 (1910).
[2] RIECHE, A., u. H. SEEBOTH: Liebigs Ann. Chem. **638**, 86 (1960).
[3] Vgl.: HODGSON, H. H., u. E. MARSDEN: J. chem. Soc. [London] **1938**, 1181. Zur technischen Herstellung von N-Phenyl-2-naphthylamin siehe: BIOS Report 662.

einigen Fällen vorgenommen, in denen die entsprechenden Nitro-derivate leicht und isomerenfrei erhältlich sind.

1-Aminoanthrachinon wird aus dem Kaliumsalz der Anthrachinon-1-sulfonsäure durch Erhitzen mit wäßrigem Ammoniak während 60 Std auf 180° C unter 25—30 Atm. Druck in Gegenwart eines milden Oxydationsmittels gewonnen. Das letztere dient zur Oxydation des entstehenden Sulfits, das sonst eine Reduktion des Anthrachinons bewirkt und damit Nebenreaktionen verursacht. Man benützt dazu m-Nitrobenzolsulfonsäure oder Arsensäure. Die Reaktion wird in einem Autoklaven aus gewöhnlichem Stahl vorgenommen; nach beendeter Umsetzung wird mit heißem Wasser verdünnt, das Aminoanthrachinon abgenutscht, gewaschen und getrocknet. Die Ausbeute beträgt 98%. Die Bromierung des 1-Aminoanthrachinons liefert das 2.4-Dibromderivat, dessen Nitrierung das 2.4-Dinitro-1-nitramino-anthrachinon[1], das mit verdünnter Schwefelsäure leicht wieder zum 2.4-Dinitro-1-aminoanthrachinon verseift wird.

2-Aminoanthrachinon wurde früher ebenfalls aus der Sulfonsäure hergestellt, in neuerer Zeit gibt man der Umsetzung von 2-Chloranthrachinon mit Ammoniak den Vorzug. Die Reaktion erfolgt bei 200—215°C unter 45 Atm. Druck während 24 Std in Gegenwart von wenig Arsensäure. Die Ausbeute beträgt 88%. 2-Chloranthrachinon ist aus Chlorbenzol und Phthalsäureanhydrid durch Friedel-Craftssche Synthese und nachfolgenden Ringschluß gut zugänglich. Bei der Chlorierung und Bromierung des 2-Aminoanthrachinons erhält man dessen 1.3-Dihalogenderivat[2].

1.5-Diaminoanthrachinon wird aus der Anthrachinon-1.5-disulfonsäure bzw. deren Natriumsalz durch Erhitzen mit 25%iger Ammoniaklösung und Arsensäure während 48 Std auf 175° C unter 30 Atm. Druck gewonnen. Die Ausbeute beträgt 60—65%. Als Zwischenstufe läßt sich die 1-Aminoanthrachinon-5-sulfonsäure fassen. Zur präparativen Anwendung eignet sich die Umsetzung von 1.5-Dichloranthrachinon mit p-Toluolsulfonamid, die ein sehr reines Produkt liefert[3]. 2.6-Diaminoanthrachinon wird aus der 2.6-Disulfonsäure durch Erhitzen mit wäßrigem Ammoniak in Gegenwart von Arsensäure auf 200° C unter 45 Atm. Druck in 75%iger Ausbeute gewonnen.

Zur Herstellung des 1.2-Diaminoanthrachinons wird 1-Aminoanthrachinon mit Chlorsulfonsäure in Nitrobenzol oder mit 20%igem Oleum in Gegenwart von wasserfreiem Natriumsulfat in die 2-Sulfonsäure übergeführt, die mit einem großen Überschuß wäßrigen Ammoniaks in Gegenwart von Arsensäure und wenig Kupfersulfat bei 200° C unter 45 Atm. Druck innert 30 Std zum 1.2-Diaminoderivat umgesetzt wird.

2.3-Diaminoanthrachinon erhält man aus 2.3-Dichloranthrachinon durch Umsetzung mit Ammoniak, bei kürzerer Reaktionsdauer und etwas milderen Bedingungen entsteht 2-Amino-3-chloranthrachinon[4]. 2.3-Dichloranthrachinon ist aus o-Dichlorbenzol und Phthalsäureanhydrid zugänglich. Besser erhält man diese Verbindungen jedoch aus der 4'-Chlor-o-benzoylbenzoesäure, die sich zum 3'-Nitroderivat nitrieren

[1] Bezügl. der Nitrierung siehe: TERRES, E.: Mh. Chem. 41, 603 (1921).
[2] JUNGHANS, W.: Liebigs Ann. Chem. 399, 316 (1913). — ULLMANN, F., u. W. JUNGHANS: Liebigs Ann. Chem. 399, 330 (1913).
[3] SCHOLL, R., S. HASS u. K. H. MEYER: Ber. dtsch. chem. Ges. 62, 109 (1929).
[4] Vgl.: GROGGINS, P. H., u. H. P. NEWTON: Ind. Engng. Chem. 25, 1030 (1933).

läßt. Das Chloratom kann anschließend leicht durch die Amino- oder Hydroxylgruppe ersetzt werden. Vor dem Ringschluß müssen die Nitrogruppe reduziert und die Amino- und Hydroxygruppen durch Acylierung geschützt werden. Man kann derart aus einem Zwischenprodukt drei Anthrachinonderivate herstellen, nämlich das 2-Amino-3-chlor-, 2-Amino-3-hydroxy- und 2.3-Diaminoanthrachinon:

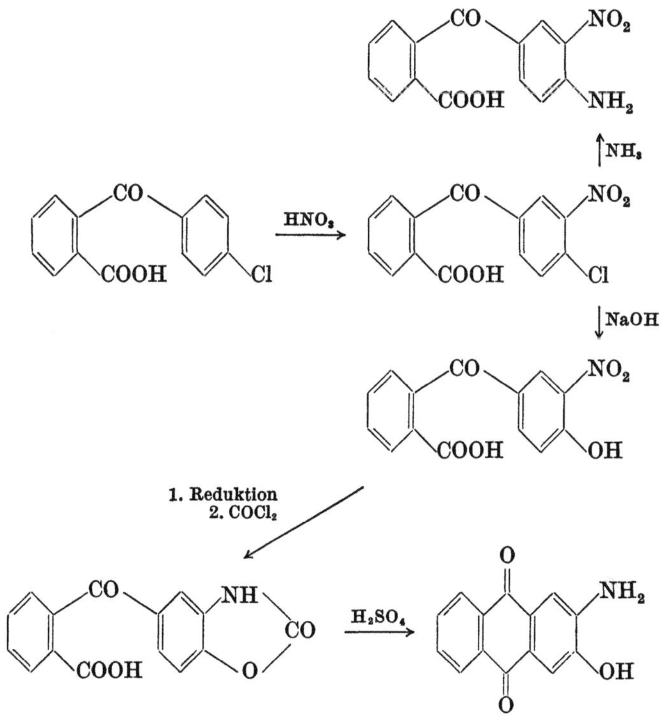

Zur Herstellung von 1.2.4-Triaminoanthrachinon geht man vom 2.4-Dinitro-1-nitramino-anthrachinon aus, das man durch Nitrierung von 1-Aminoanthrachinon erhält, hydrolysiert die Nitraminogruppe mit verdünnter Schwefelsäure und reduziert die Nitrogruppen mit Ammonsulfid[1]:

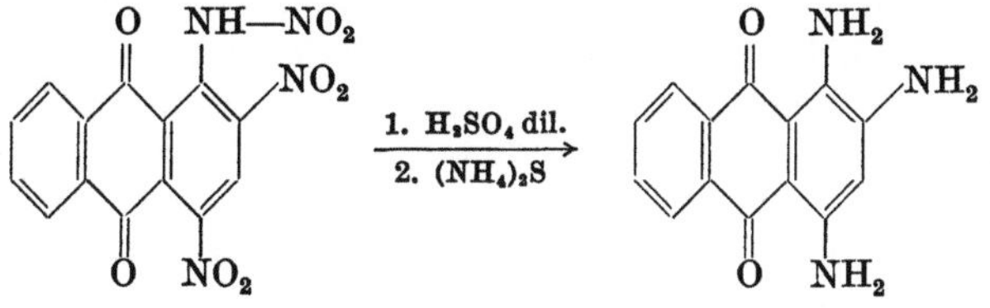

1.4.5.8-Tetraminoanthrachinon wird durch Reduktion von 1.5-Diamino-4.8-dinitroanthrachinon gewonnen. Man führt dazu das 1.5-Diaminoanthrachinon mit Oxalsäure in die Dioxaminsäure über und nitriert diese in Monohydrat bei 5° C. Anschließende Verseifung der Acylreste mit konzentrierter Natronlauge bei 70°C liefert wieder das freie Amin. Zur Reduktion wird in die alkalische Suspension

---

[1] Terres, E.: Mh. Chem. **41**, 603 (1921).

60%iges Natriumsulfid eingetragen und bei 100° C fertig reduziert. Die Ausbeute beträgt 70%. Ebenfalls durch Reduktion der Nitroverbindung gewinnt man 1-Amino-2-methylanthrachinon und 1-Aminoanthrachinon-2-carbonsäure.

Eine bemerkenswerte und wichtige Reaktion ist die Überführung des *Chinizarins* in 1.4-Diaminoanthrachinon sowie die Alkyl- und Arylderivate des letzteren[1]. Die Ähnlichkeit dieser Umsetzung mit der Bucherer-Reaktion ist bemerkenswert, wenn man die neueren Ergebnisse von RIECHE und SEEBOTH hierzu berücksichtigt. Das Chinizarin muß nämlich vor der Aminierung zum Leukochinizarin reduziert und nach Eintritt der Aminogruppen wieder rückoxydiert werden. Bei der Bucherer-Reaktion erfolgt mit der Anlagerung und Abspaltung von Natriumbisulfit in ganz ähnlicher Weise die Aufhebung und Rückbildung einer Doppelbindung. Die Aminierung des Chinizarins verläuft über die folgenden Stufen, wobei die tautomeren Formen II und IV durch Wasserstoffbrücken stabilisiert sind. Ob die Aminierung mit der Enolform II oder der Ketoform III eintritt, steht nicht mit Sicherheit fest. Das faßbare Leuko-1.4-diaminoanthrachinon dürfte jedoch zweifelsohne in der Enaminform IV vorliegen (siehe Seite 161 oben).

Bei der technischen Herstellung von 1.4-Diaminoanthrachinon wird Chinizarin zusammen mit der zur Reduktion benötigten Menge Natriumhydrosulfit und einer geringen Zugabe Leukochinizarin mit 18%igem Ammoniak innert 6 Std auf 90° C erwärmt und 2 Std bei dieser Temperatur gehalten. Die Oxydation erfolgt anschließend in Nitrobenzol unter Zusatz von wenig Piperidin während 4—5 Std bei 150° C. Die Ausbeute beträgt 96%; das gewonnene 1.4-Diaminoanthrachinon ist etwa 93%ig. In derselben Weise erhält man auch N-Alkyl- und N-Arylderivate, wobei man das Leukochinizarin jedoch zweckmäßig isoliert, sofern die Umsetzung mit dem entsprechenden Amin nicht in wäßriger Lösung vorgenommen werden kann. Als Beispiele für derart hergestellte Zwischenprodukte seien N,N'-Dimethyl-1.4-diaminoanthrachinon und 1.4-Dianilidoanthrachinon genannt.

Die Aminogruppe im Leuko-1.4-diaminoanthrachinon läßt sich auch wieder abspalten und durch die Hydroxylgruppe ersetzen. Man benützt dieses Verhalten zur Herstellung von 1-Amino-4-hydroxyanthrachinon, indem das Leukodiamin mit 65%iger Schwefelsäure hydrolysiert und die Leukoverbindung anschließend mit Braunstein oxydiert wird. Die Oxydation mittels Braunstein kann auch bei der Herstellung des Diamins erfolgen, wobei man verdünnte Schwefelsäure anwendet, um eine Hydrolyse zu vermeiden. Behandelt man das Leukodiamin mit Sulfurylchlorid in Nitrobenzol, so tritt außer der Oxydation auch eine Chlorierung ein und es entsteht 1.4-Diamino-2.3-dichloranthrachinon.

Alkylderivate der Aminoanthrachinone werden meistens durch Alkylierung der Aminogruppe hergestellt; eine Ausnahme machen die aus Chinizarin zugänglichen 1.4-Diaminoderivate und das 1-Methylamino-anthrachinon, das aus dem Kaliumsalz der Anthrachinon-1-sulfonsäure beim Erwärmen mit der 10fachen Menge 25%igen wäßrigen Methylamins in Gegenwart von m-Nitrobenzolsulfonsäure und

---

[1] Vgl. hierzu: DRP 265149 (1907); DRP 488684, 499965 (1927); DRP 625759, 626873 (1930).

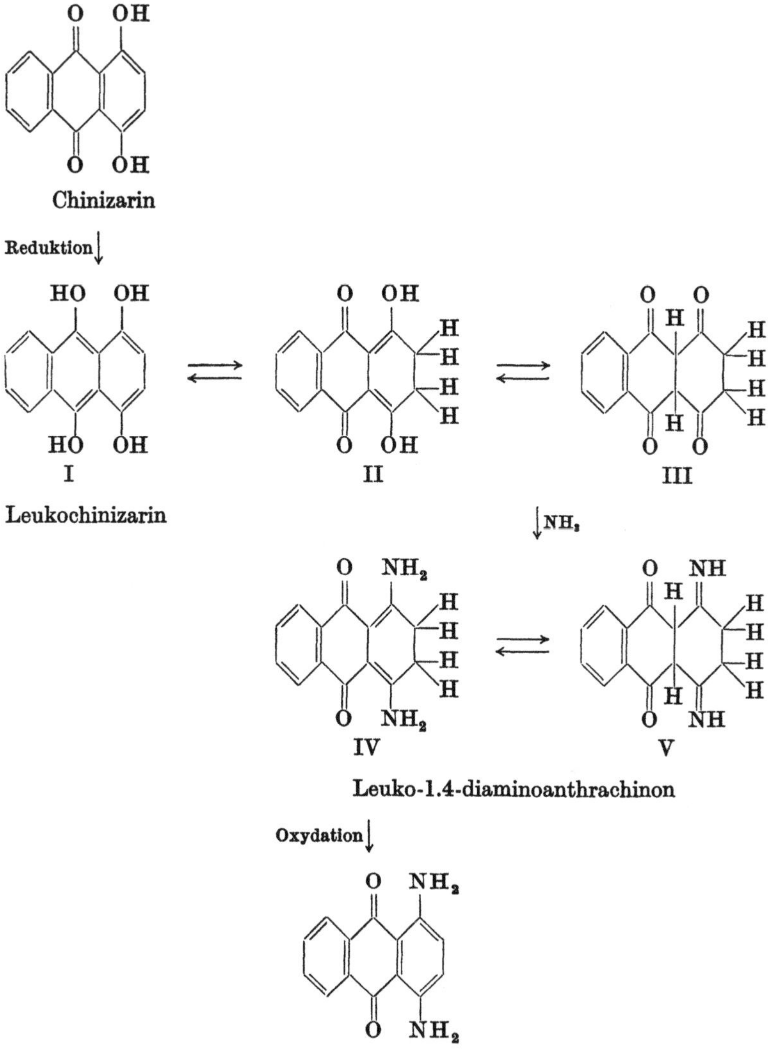

Chinizarin

Reduktion

I

Leukochinizarin

II

III

IV

V

Leuko-1.4-diaminoanthrachinon

Oxydation

1.4-Diaminoanthrachinon

wenig Kupfersulfat auf 130° C gewonnen wird[1]. Verschiedentlich wird auch ein Ersatz α-ständiger Bromatome durch Anilin oder Toluidin vorgenommen.

In *heterocyclischen Verbindungen* wie Pyridin und seinen Homologen sind Substituenten in der α- und γ-Stellung zum Stickstoffatom aktiviert und lassen sich leicht ersetzen. Dabei ist oft eine Säurekatalyse festzustellen, da die Anlagerung eines Protons an den heterocyclischen Stickstoff dessen Elektronenaffinität wie eine Quaternierung erhöht und damit nucleophile Reaktionen entsprechend stärker begünstigt.

---

[1] Vgl.: WILSON, C. V., J. B. DICKEY u. C. H. F. ALLEN: Org. Synth. Coll. Vol. 3, 573 (1960).

Auch β-ständige Substituenten lassen sich oft austauschen, doch ist der Einfluß des Heteroatoms in dieser Stellung geringer[1].

Eine wichtige Anwendung findet der Ersatz von Substituenten gegen Amine im Cyanurchlorid, dessen drei Chloratome sich einheitlich nacheinander ersetzen lassen, was schon seit längerer Zeit zum Aufbau substantiver Farbstoffe benützt wurde, da der Triazinring gleichzeitig die Substantivität erhöht. Ein charakteristisches Beispiel ist die Herstellung eines grünen Farbstoffes aus einer gelben und einer blauen Komponente, während das dritte Chloratom durch einen inaktiven Rest ersetzt wird:

Bei mehrkernigen Verbindungen werden die Substituenten in der ortho-, para- und meso-Stellung zum Stickstoffatom aktiviert. So läßt sich 9-Aminoacridin durch einstündiges Erwärmen des 9-Chlorderivates mit Ammoniumcarbonat auf 120° C in 80%iger Ausbeute darstellen. 9-Chloracridin wird bei der Einwirkung von Phosphoroxychlorid auf N-Phenylanthranilsäure gewonnen[2]:

In derselben Weise lassen sich auch Amine in die 9-Stellung von Acridinderivaten einführen, was beispielsweise zur Herstellung des Malariamittels „Atebrin" benützt wird. Phenol ist für viele derartige Umsetzungen ein sehr geeignetes Lösungsmittel, da es einerseits ein großes Lösevermögen besitzt und andererseits eine saure Katalyse ausüben dürfte.

Atebrin

Neuere Literatur über Aminierungen findet sich unter anderen in den folgenden Veröffentlichungen besprochen:

STEVENSON, A. C.: Ind. Engng. Chem. 40, 1584 (1948); 41, 1846 (1949); 42, 1664 (1950); 43, 1920 (1951); 44, 1983 (1952) und COLEMAN, G. H.: Ind. Engng. Chem. 45, 1915 (1953).

[1] Vgl.: DEWAR, J. M. S.: J. Amer. chem. Soc. 74, 3360 (1952).
[2] ALBERT, A., u. B. RITCHIE: Org. Synth. Coll. Vol. 3, 53 (1960).

8. Oxydationen

Oxydationsprozesse dienen zur Erzeugung von Carbonsäuren, Chinonen und Aldehyden aus Kohlenwasserstoffen sowie zur Überführung von Leukokörpern in die entsprechenden Farbstoffe. Im ersteren Fall handelt es sich vielfach um großtechnische Verfahren, bei denen die Kosten des Oxydationsmittels eine wesentliche Rolle spielen.

Das billigste Oxydationsmittel ist *Luftsauerstoff*. Bei Temperaturen um 300° C und mit Vanadiumpentoxyd-Katalysatoren lassen sich damit Benzol zu Maleinsäureanhydrid, Naphthalin zu Phthalsäureanhydrid und Anthracen zu Anthrachinon oxydieren. Phthalsäureanhydrid ist ein wichtiges Zwischenprodukt für Indigo, Anthrachinonderivate, Phthalocyanine und Phthaleinfarbstoffe; noch weit größer ist sein Verbrauch für Kunstharze und Weichmacher. Ursprünglich wurde es durch Oxydation des Naphthalins mit rauchender Schwefelsäure in Gegenwart von Quecksilber gewonnen, heute benützt man nur noch die Luftoxydation[1]. Statt Naphthalin wird neuerdings o-Xylol in steigendem Maße verwendet.

Technisch geht man derart vor, daß man heiße Luft von etwa 160° C durch geschmolzenes Naphthalin und dann durch den Kontaktofen leitet. Als Katalysator dient Vanadiumpentoxyd auf Kieselgur mit einem Zusatz von Kaliumsulfat. Infolge der stark exothermen Reaktion ist ein guter Wärmeaustausch wesentlich. Am besten haben sich Stahlrohre von 20—30 mm Durchmesser und 2—3 m Länge bewährt, die, zu einem Bündel vereinigt, den Kontaktofen bilden.

Die Kühlung erfolgt im Kreuzstrom durch Quecksilber oder eine Kaliumnitratschmelze; die Reaktionstemperatur beträgt 300—350° C. Die austretenden Gase werden in einem Wärmeaustauscher auf 160° C abgekühlt und dienen dabei der Erwärmung der Frischluft. Das gebildete Phthalsäureanhydrid wird in einer Kondensationskammer abgeschieden; als Verunreinigung enthält es etwas 1.4-Naphthochinon und Maleinsäureanhydrid. Die Reinigung erfolgt durch Erwärmen mit wenig Schwefelsäure auf 200° C; nach Zusatz von Calciumcarbonat wird das Anhydrid im Vakuum destilliert bzw. sublimiert. Die Ausbeute beträgt 80%.

Phthalsäureanhydrid kann bei 340° C an einem Zinkoxyd-Aluminiumoxyd-Katalysator mit 90% Ausbeute zu Benzoesäure decarboxyliert werden. Erhitzt man das Kalium- oder Natriumsalz der Phthalsäure unter Kohlendioxyddruck auf Temperaturen über 300° C, so findet eine Umlagerung in Terephthalsäure statt.

Anthracen läßt sich in ähnlicher Weise bei 300—350° C an einem Eisenvanadat-Katalysator zu Anthrachinon oxydieren. Zur Verhinderung eines weitergehenden Abbaus verdünnt man die Luft zweckmäßig mit Wasserdampf.

---

[1] Zur Luftoxydation von Naphthalinderivaten sei verwiesen auf: BAMANN, E., u. E. LINKE: Chemiker-Ztg. 78, 499, 530, 577 (1954). Zur Herstellung von Phthalsäureanhydrid siehe: BIOS Report 753, 935, 1597; FIAT Report 984 und Supplement No. 1.

Eine andere technische Möglichkeit bietet die Luftoxydation in flüssiger Phase bei 100—200° C in Gegenwart von Kobaltnaphthenat oder einem komplexen Schwermetallsalz. Dabei bilden sich primär Hydroperoxyde, die bei Temperaturen oberhalb 130° C genügend rasch zerfallen, um ein einigermaßen gefahrloses Arbeiten zu ermöglichen[1]. Toluol läßt sich bei 130—135° C in Gegenwart von Kobaltnaphthenat zu Benzoesäure oxydieren, p-Xylol und p-Cymol werden gleichermaßen bei 150° C in Terephthalsäure übergeführt, die als Zwischenprodukt für Polyesterfasern dient. p-Xylol und insbesondere p-Cymol sind aus Erdöl leicht zugänglich. Nimmt man die Oxydation bei 80—120° C vor, so läßt sich das Hydroperoxyd fassen. Großtechnische Anwendung findet die Oxydation von Cumol zu Cumolhydroperoxyd, das sich mit Schwefelsäure in Phenol und Aceton umlagern läßt (vgl. S. 141).

Schwefel und Polysulfide haben als Oxydationsmittel erst in neuester Zeit Bedeutung erlangt, wogegen ihre dehydrierende Wirkung schon lange bekannt war. Wie TOLAND[2] zeigen konnte, tritt bei der Umsetzung von Schwefel mit Alkylbenzolen in wäßrigem Medium eine reversible Reaktion ein, bei der unter gleichzeitiger Bildung von Schwefelwasserstoff die entsprechende Carbonsäure entsteht. Bedingung für einen einwandfreien Reaktionsablauf ist die Löslichkeit der organischen in der wäßrigen Phase, weshalb man nötigenfalls bei überkritischen Temperaturen arbeiten muß.

$$\text{Ph—CH}_3 + \text{S} \; \underset{\text{H}_2\text{O}}{\overset{200—400° \text{C}}{\rightleftharpoons}} \; \text{Ph—COOH} + \text{H}_2\text{S}$$

In ähnlicher Weise können auch Polysulfide[3], Schwefeldioxyd[4] und sogar Schwefelsäure als Oxydationsmittel eingesetzt werden:

$$\text{Ph—CH}_3 + \text{SO}_2 \; \underset{\text{H}_2\text{O}}{\overset{200—400° \text{C}}{\rightleftharpoons}} \; \text{Ph—COOH} + \text{H}_2\text{S}$$

$$4\,\text{Ph—CH}_3 + 3\,\text{H}_2\text{SO}_4 \; \underset{\text{H}_2\text{O}}{\overset{200—400° \text{C}}{\longrightarrow}} \; 4\,\text{Ph—COOH} + 3\,\text{H}_2\text{S} + 4\,\text{H}_2\text{O}$$

Für präparative Arbeiten und bei einigen technischen Oxydationen gesättigter Verbindungen benützt man zuweilen mäßig bis stark konzentrierte *Salpetersäure*, so bei der Herstellung von Adipinsäure aus Cyclohexanol[5]. Bei aromatischen Körpern kann dabei eine Nitrierung eintreten. Als sehr energisches Oxydationsmittel, mit dem sich Methylgruppen aromatischer Systeme glatt in Carboxylgruppen überführen lassen, hat sich verdünnte, 10—20%ige Salpetersäure bei 180—200° C bewährt. Die Reaktion muß in rostfreien Autoklaven unter guter

---

[1] Vgl. auch: McNESBY, J. R., u. C. A. HELLER: Chem. Reviews **54**, 325 (1954).

[2] TOLAND, W. G.: J. org. Chemistry **26**, 2929 (1961).

[3] Vgl.: ASINGER, F.: Angew. Chem. **68**, 413 (1956).

[4] AP 2821552 (1958); STRICKLAND, TH. H., u. A. BELL: Ind. Engng. Chem. **53**, 7 (1961).

[5] Für eine präp. Methode siehe: GODT, H. C., u. J. F. QUINN: J. Amer. chem. Soc. **78**, 1461 (1956).

Rührung und Temperaturkontrolle durchgeführt werden. Infolge der Bildung nitroser Gase kann der Druck dabei auf über 100 Atm. ansteigen. Nitroverbindungen werden dabei nur in Spuren gebildet; Toluol läßt sich derart in Benzoesäure, p-Xylol in Terephthalsäure und das schwer oxydierbare 2-Methylanthrachinon in die 2-Carbonsäure überführen.

Häufig verwendete Oxydationsmittel sind Kalium- oder *Natriumbichromat* sowie *Chromsäure*[1]. Als Reaktionsmedien dienen verdünnte bis mäßig konzentrierte Schwefelsäure, Eisessig, Eisessig-Nitrobenzol sowie in seltenen Fällen Pyridin. Große Bedeutung besaß früher die Oxydation des Anthracens mit Kaliumbichromat in schwefelsaurer Lösung zum Anthrachinon[2]. Man muß dazu ein möglichst reines Anthracen in feinverteilter Form benützen. Die Reinigung des Anthrachinons erfolgt durch Lösen in konzentrierter Schwefelsäure bei 100—110° C, wobei Verunreinigungen sulfoniert werden, und anschließendes Ausfällen mit Wasser. Man kann es auch aus Nitrobenzol umkristallisieren oder sublimieren. Das Chromsulfat kann aus der Reaktionslösung aufgearbeitet und zur Ledergerbung (Chromleder) verwendet werden, doch sind die Absatzmöglichkeiten hierfür beschränkt. Zweckmäßiger ist die elektrolytische Aufoxydation zu Chromat, sofern billiger elektrischer Strom erhältlich ist. Wenn das anfallende Chromsulfat nicht auf eine dieser beiden Arten verwertet werden kann, gibt man der Luftoxydation den Vorzug.

Acenaphthen läßt sich mit Bichromat in Schwefelsäure zu einem Gemisch von Acenaphthenchinon und Naphthalsäure oxydieren[3]. Beim Behandeln mit Sodalösung geht die Säure in Lösung und läßt sich derart vom Chinon abtrennen. Das letztere wird bei der Einwirkung von Natronlauge und Wasserstoffperoxyd glatt aufgespalten und zur Säure oxydiert, die beim Erwärmen leicht das Anhydrid bildet.

Acenaphthenchinon   Naphthalsäureanhydrid

In etwas besserer Ausbeute erhält man das Acenaphthenchinon, wenn man Acenaphthen zuerst mit Äthylnitrit in salzsaurer alkoholischer Lösung bei 70 bis 80° C zum Dioxim nitrosiert, das nach der Neutralisation abfiltriert und während einiger Stunden mit etwa 15%iger Schwefelsäure hydrolysiert wird; zur Bindung des entstehenden Hydroxylamins wird Formaldehyd zugesetzt. Nach der Reini-

---

[1] Zum Mechanismus siehe: WESTHEIMER, F. H.: Chem. Reviews **45**, 419 (1949). WATERS, W. A.: Quart. Reviews **12**, 277 (1958).

[2] Eine präparative Methode findet sich bei: UNDERWOOD, H. W., u. W. L. WALSH: Org. Synth. Coll. Vol. **2**, 553 (1950).

[3] Für eine präparative Darstellung siehe: ALLEN, C. F. H., u. J. A. van ALLEN: Org. Synth. Coll. Vol. **3**, 1 (1960).

gung über das Bisulfit-Addukt fällt das Chinon in etwa 60% Ausbeute an. Acenaphthenchinon dient zur Herstellung einiger indigoider Farbstoffe; N-Alkylnaphthalimide werden durch Alkalischmelze in die entsprechenden alkylierten Perylentetracarbonsäurediimide übergeführt[1].

Aus Acenaphthen wird auch die Naphthalin-1.4.5.8-tetracarbonsäure hergestellt, indem man zuerst mit Malodinitril und Aluminiumchlorid kondensiert und nachher oxydiert. Beim Erwärmen geht die Tetracarbonsäure in ihr Dianhydrid über, das ein Zwischenprodukt für Küpenfarbstoffe ist.

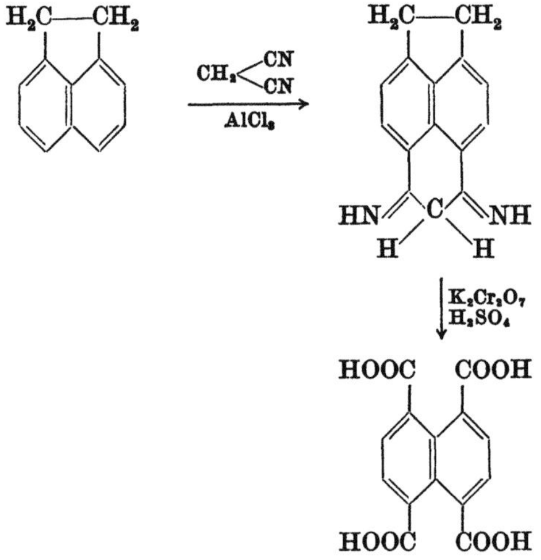

1.4-Benzochinon erhält man bei der Oxydation von Anilinsulfat mit Kaliumbichromat in schwefelsaurer Lösung bei 5—10° C; auch Mangandioxyd kann als Oxydationsmittel benützt werden[2]. Zur Reinigung wird es dampfdestilliert. 1.4-Naphthochinon kann durch Oxydation von 1-Amino-4-naphthol gewonnen werden[3]. Sein 2.3-Dichlorderivat ist ein starkes Fungizid[4].

Bichromat wird auch bei der Oxydation von Toluol zu Benzoesäure nach dem Bozel-Maletra-Verfahren benützt[5]. Man arbeitet dabei in einer wäßrigen Natriumbichromatlösung bei 320° C und 200 Atm.; zur Acidifizierung wird Benzoesäure zugesetzt. Stärkere Säuren sind ungeeignet, da sie eine Decarboxylierung der gebildeten Benzoesäure bewirken. Ebenso lassen sich o- und p-Chlortoluol mit 34%iger Natriumbichromatlösung bei 280—290° C und 200 atü zu den Chlorbenzoesäuren

[1] BRADLEY, W., u. F. W. PEXTON: J. chem. Soc. [London] 1954, 4432.
[2] Vgl. auch: CASON, J.: Org. Reactions 4, 305 (1948). — Zur technischen Durchführung vgl.: SHEARON, W. H., L. G. DAVY u. H. VON BRAMER: Ind. Engng. Chem. 44, 1730 (1944).
[3] Für eine präparative Vorschrift siehe: FIESER, L. F.: Org. Synth. Coll. Vol. 1, 383 (1948).
[4] TER HORST, W. P., u. E. L. FELIX: Ind. Engng. Chem. 35, 1255 (1943).
[5] DRP 573982 (1930).

oxydieren. p-Nitrotoluol wird in 50%iger Schwefelsäure oxydiert[1]; technisch löst man dabei das p-Nitrotoluol in konzentrierter Schwefelsäure und rührt diese gleichzeitig mit einer konzentrierten Natriumbichromatlösung in heiße 50%ige Schwefelsäure ein. Nach vierstündigem Rühren bei 80° C wird in Wasser gegossen; die p-Nitrobenzoesäure fällt in über 90% Ausbeute an. Führt man die Oxydation des p-Nitrotoluols mit Chromsäure in Acetanhydrid und Eisessig durch, so bleibt sie auf der Aldehydstufe stehen und man erhält p-Nitrobenzalacetat, das sich mit verdünnter Schwefelsäure zum Aldehyd hydrolysieren läßt[2].

Ähnlich wie Chromsäure und Bichromat wirkt *Kaliumpermanganat*[3]. Bei Abwesenheit von Säuren wird die ursprünglich neutrale Lösung im Laufe der Oxydation alkalisch; man spricht dann von einer alkalischen Oxydation. Dabei fällt fein verteiltes Mangandioxyd aus, das sehr schwer zu filtrieren ist und die Substanz oft hartnäckig festhält. In essig- oder schwefelsaurer Lösung entsteht das zweiwertige Mangansalz. Als Beispiele seien die alkalische Oxydation von o- und p-Chlortoluol mit 8—9%iger Kaliumpermanganat-Lösung zu o- und p-Chlorbenzoesäure[4] und die Herstellung von Benzaldehyd-2.4-disulfonsäure aus Toluol-2.4-disulfonsäure mit Kaliumpermanganat in schwefelsaurer Lösung unter Zusatz von Mangansulfat genannt. Technisch spielen die Permanganat-Oxydationen eine geringe Rolle, da sie teuer sind.

Mangandioxyd (MnO_2) ist ein mildes Oxydationsmittel, mit dem sich Toluolderivate in schwefelsaurer Lösung in substituierte Benzaldehyde überführen lassen. Noch milder wirkt es in neutralem Medium, was indessen nur für spezielle Zwecke in Frage kommt[5]. Die Herstellung des Benzaldehyds selbst erfolgt am zweckmäßigsten aus Benzalchlorid durch Verseifung mit mäßig konzentrierter Schwefelsäure; auch o- und p-Chlorbenzaldehyd sind aus den entsprechenden Benzalchloriden erhältlich[6], während m-Chlorbenzaldehyd am besten aus m-Nitrobenzaldehyd durch Reduktion der Nitrogruppe und Sandmeyer-Reaktion hergestellt wird. Toluol, o- und p-Chlortoluol lassen sich aber auch direkt mit Mangandioxyd und Schwefelsäure zum Benzaldehyd oxydieren. Das Halogen im o-Chlorbenzaldehyd ist leicht ersetzbar und kann mit Natriumsulfit und Soda in wäßriger Lösung bei 200° C durch die Sulfonsäuregruppe ersetzt werden. Wichtig ist die direkte Oxydation des 2.6-Dichlortoluols zum 2.6-Dichlorbenzaldehyd[7], der ein Zwischenprodukt für Triphenylmethanfarbstoffe ist. Die direkte Chlorierung von Benzaldehyd führt zum 2.5-Dichlorbenzaldehyd.

Salicylaldehyd wird durch Oxydation des p-Toluolsulfonylesters von o-Kresol mit Mangandioxyd in 70—80%iger Schwefelsäure bei 95° C

---

[1] Siehe: KAMM, O., u. A. O. MATTHEWS: Org. Synth. Coll. Vol. 1, 392 (1948).
[2] Vgl.: LIEBERMANN, S. V., u. R. CONNOR: Org. Synth. Coll. Vol. 2, 441 (1950).
[3] Siehe: CLARKE, H. T., u. E. R. TAYLOR: Org. Synth. Coll. Vol. 2, 135 (1950).
[4] Bezüglich Mechanismus und Kinetik siehe: LADBURY, J. W.: Chem. Reviews 58, 403 (1958). Vgl. auch: WATERS, W. A.: Quart. Reviews 12, 277 (1958).
[5] Für eine Übersicht siehe: EVANS, R. M.: Quart. Reviews 13, 61 (1959).
[6] Für eine präparative Vorschrift siehe: McEWEN, W. L.: Org. Synth. Coll. Vol. 2, 133 (1950).
[7] DRP 199943 (1908); LOCK, G.: Ber. dtsch. chem. Ges. 72, 303 (1939).

und anschließende alkalische Hydrolyse hergestellt. Bei der Behandlung mit Natriumacetat in Acetanhydrid erfolgt eine Perkinsche Kondensation und Ringschluß zum Cumarin:

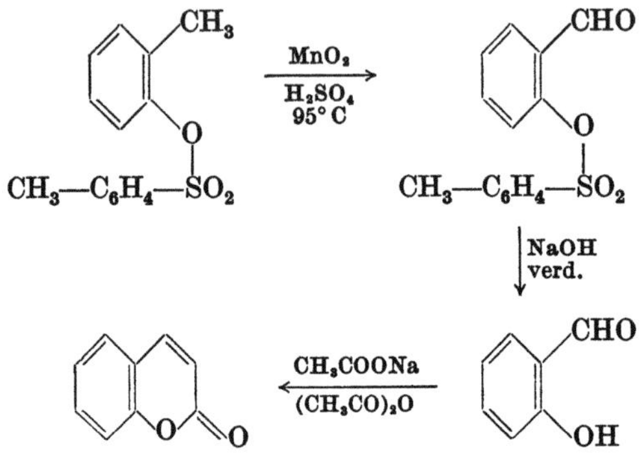

Cumarin Salicylaldehyd

Noch milder als Mangandioxyd wirkt *Bleisuperoxyd* (PbO_2), das jeweils am besten frisch hergestellt wird. Eine wichtige Anwendung findet es bei der Oxydation von Tetramethyldiaminodiphenylmethan zu Michlers Hydrol in verdünnter Essigsäure mit wenig Salzsäure bei 0° C. Auch Leukobasen werden damit oft zu den entsprechenden Triphenylmethanfarbstoffen oxydiert, beispielsweise bei der Malachitgrünsynthese. Michlers Hydrol ist ein wichtiges Zwischenprodukt für Triphenylmethanfarbstoffe.

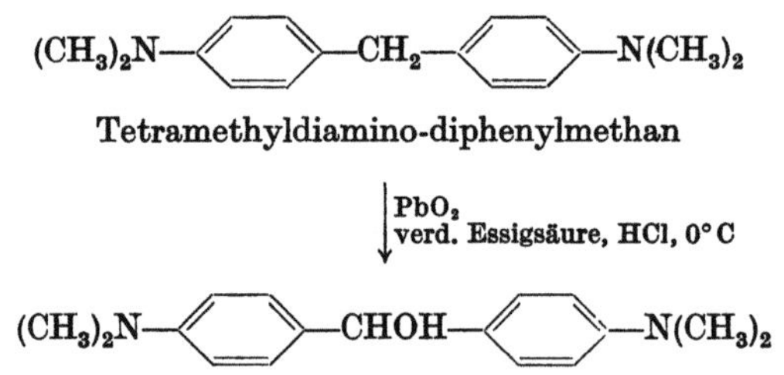

Michlers Hydrol

Ein anderes mildes Oxydationsmittel ist *Ferrichlorid.* Es wird bei der Herstellung heterocyclischer Farbstoffe wie der Oxazine zuweilen verwendet und kann auch zur Oxydation von 1-Amino-2-naphthol zu 1.2-Naphthochinon benützt werden[1]. Kaliumferricyanid wirkt ähnlich[2], ist aber teurer.

Spezifisch für reaktive Methylen- und Methylgruppen ist die Oxydation mit *p-Nitrosodimethylanilin.* Dabei bildet sich zuerst das Azomethin, das mit kochender, wäßriger Salzsäure zum Aldehyd oder Keton

[1] Siehe: FIESER, L. F.: Org. Synth. Coll. Vol. 2, 430 (1950).

[2] Über Ferricyanid-Oxydationen siehe: THYAGARAJAN, B. S.: Chem. Reviews 58, 439 (1958).

und p-Aminodimethylanilin hydrolysiert wird. 2.4-Dinitrotoluol kann derart glatt zum 2.4-Dinitrobenzaldehyd oxydiert werden[1]:

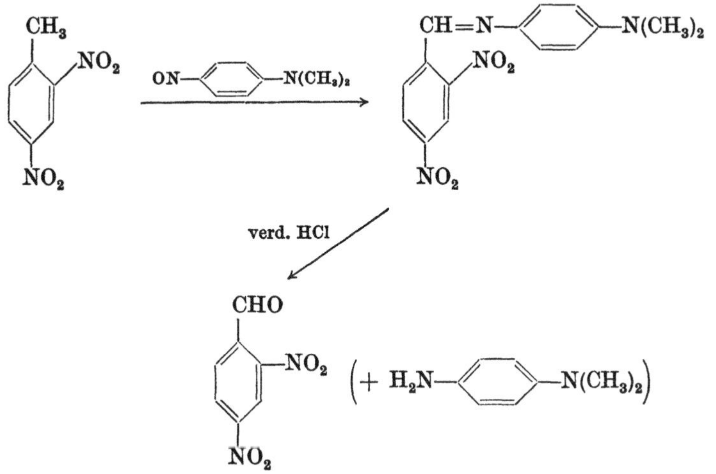

Wasserstoffperoxyd und andere Perverbindungen sind oft spezifische Oxydationsmittel. So werden o-Chinone in alkalischer Lösung von Wasserstoffperoxyd gespalten und zu den entsprechenden Dicarbonsäuren oxydiert. Aus Acenaphthen erhält man derart die Naphthalsäure, aus Phenanthrenchinon die Diphensäure:

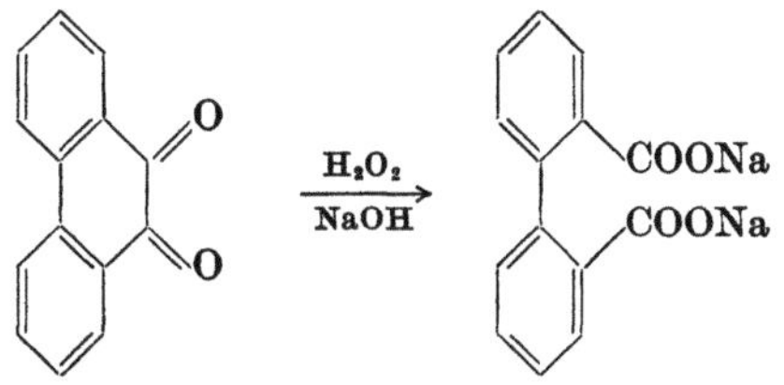

Mit Persäuren lassen sich aromatische Amine zu den entsprechenden Nitrosoverbindungen oxydieren[2]; Phenole können mit Persulfat in Hydrochinone übergeführt werden (Elbs-Reaktion)[3]. Beide Methoden werden nur präparativ angewandt.

Gasförmiges Chlor ist ein sehr energisches Oxydationsmittel; es wirkt jedoch fast immer auch chlorierend. Chloranil, 2.3.5.6-Tetrachlor-1.4-benzochinon, wird durch Chlorierung von Phenol oder o-Chlorphenol hergestellt. Bei 60° C entsteht dabei zuerst 2.4.6-Trichlorphenol, das in einem Gemisch von Monohydrat und Chlorsulfonsäure bei 90° C weiter chloriert wird. Die Ausbeute an Chloranil beträgt rund 95%. Man kann es auch aus Anilin durch Chlorierung in Schwefelsäure bei 110° C herstellen. Es ist ein Zwischenprodukt für Dioxazinfarbstoffe.

---

[1] Vgl.: BENNETT, G. M., u. E. V. BELL: Org. Synth. Coll. Vol. **2**, 223 (1950).
[2] Siehe: LANGLEY, W. D.: Org. Synth. Coll. Vol. **3**, 334 (1960). — D'ANS, J., u. A. KNEIP: Ber. dtsch. chem. Ges. **48**, 1145 (1915).
[3] Für eine Übersicht siehe: SETHNA, S. M.: Chem. Reviews **49**, 91 (1951).

Benzaldehyd läßt sich mit Chlor zu Benzoylchlorid oxydieren, ohne daß eine Kernhalogenierung erfolgt; aus o-Chlorbenzaldehyd entsteht o-Chlorbenzoylchlorid[1]:

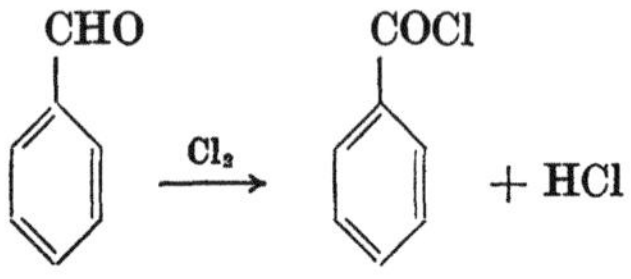

$$CHO \quad \xrightarrow{Cl_2} \quad COCl \quad + HCl$$

Allgemeiner anwendbar als freies Chlor ist *Natriumhypochlorit*. Technisch benützt man es für die Oxydation der 4-Nitrotoluol-2-sulfonsäure zur 4.4'-Dinitrostilben-2.2'-disulfonsäure, die als Zwischenprodukt für optische Aufheller und Direktfarbstoffe dient.

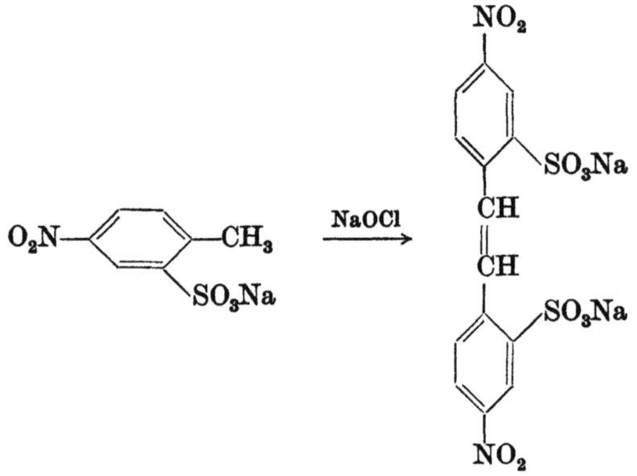

$$O_2N-\text{⟨⟩}-CH_3 \quad \xrightarrow{NaOCl} \quad$$

    Verdünnte Hypochloritlaugen werden ferner zur Reinigung von Anthrachinon-Küpenfarbstoffen, vor allem von Acylaminoanthrachinonen, viel verwendet. Die als Ausgangsprodukte verwendeten Aminoanthrachinone, die den Farbton und die Echtheit des fertigen Farbstoffes verringern, werden dabei oxydativ abgebaut und gehen in Lösung.
    Neuere Literatur über Oxydationen ist in den folgenden Veröffentlichungen zusammenfassend besprochen: MAREK, L. F.: Ind. Engng. Chem. **40**, 1635 (1948); **41**, 1892 (1949); **42**, 1718 (1950); **43**, 1990 (1951); **44**, 2044 (1952); **45**, 2000 (1953); **46**, 1863 (1954); **47**, 1896 (1955). — TOLAND, W. G.: Ind. Engng. Chem. **50**, 1386 (1958); **51**, 1130 (1959); **52**, 873 (1960).

9. Reduktionen

Wohl die wichtigste Anwendung der Reduktion stellt die Herstellung aromatischer Amine aus den Nitroverbindungen dar, die fast immer leicht zugänglich sind. Am einfachsten und allgemein anwendbar ist die Reduktion mit *Eisen nach* BÉCHAMPS-BRIMMEYR. Die Nitroverbindung wird dabei in nahezu neutraler, siedender wäßriger Lösung mit Feilspänen aus Gußeisen reduziert; am besten eignet sich Grauguß. Einige Molprozente Salzsäure genügen zur Katalyse der Reaktion. Der große Vorteil dieser Methode besteht darin, daß das Eisen in kompaktes,

---

[1] Siehe: CLARKE, H. T., u. E. R. TAYLOR: Org. Synth. Coll. Vol. **1**, 155 (1948).

leicht filtrierbares Eisenoxyd übergeführt wird nach folgender Bruttogleichung:

$$4\,Ar{-}NO_2 + 9\,Fe + 4\,H_2O = 4\,Ar{-}NH_2 + 3\,Fe_3O_4$$

Das anfallende Eisenoxyd kann auf „Claus-Masse" verarbeitet werden, die in
Kokereien und Gaswerken zur Entfernung des Schwefelwasserstoffes aus dem
Leuchtgas dient. Eine andere wichtige Absatzmöglichkeit stellen die Eisenoxyd-
pigmente dar, die in der Lack- und Farbenindustrie als sehr lichtechte, wenn auch
etwas stumpfe Mineralfarben geschätzt sind. Man erhält sie bei geeigneter Nach-
behandlung durch längeres Glühen, wobei die Farbe je nach Temperatur und
Glühdauer gelb, rot oder blauviolett wird. Die leichte und kostenmäßig interessante
Verwertung des anfallenden Eisenoxydes erklärt, weshalb Anilin oft noch nach
diesem alten Verfahren hergestellt wird, obschon die katalytische Reduktion des
Nitrobenzols billig und mit geringem Aufwand durchgeführt werden kann.

Nitrobenzol wird in der Technik mit viel Wasser, wenig Salzsäure
und etwas Eisenfeilspänen unter Rühren bis zum Sieden des Wassers
erhitzt, wobei die Reduktion einsetzt. Der weitere Zusatz des Eisens
wird so gehalten, daß die Flüssigkeit im Kochen bleibt. Nach beendeter
Reduktion wird das Anilin durch Wasserdampf- oder Vakuumdestillation
abgetrieben und im Destillat von der wäßrigen Phase getrennt. Die
letztere wird dabei mit Kochsalz versetzt, damit die Löslichkeit des
Anilins in Wasser herabgesetzt wird. Das Anilin wird durch Vakuumdestillation gereinigt.

Viele andere wichtige Nitrokörper werden ebenfalls nach Béchamps-
Brimmeyr reduziert, wie die nachstehende Übersicht zeigt[1]:

Nitrotoluole	→ Toluidine
m-Dinitrobenzol	→ m-Phenylendiamin
2.4-Dinitrotoluol	→ m-Toluylendiamin[2]
p-Nitranilin	→ p-Phenylendiamin
p-Nitro-acetanilid	→ p-Amino-acetanilid
m-Nitrobenzolsulfonsäure	→ Metanilsäure
1-Nitronaphthalin	→ 1-Naphthylamin
1.5-Dinitro-naphthalin	→ 1.5-Diamino-naphthalin
1.8-Dinitro-naphthalin	→ 1.8-Diamino-naphthalin
Nitronaphthalin-sulfonsäuren	→ Naphthylamin-sulfonsäuren[3]

Die Béchamps-Brimmeyr-Reduktion kann variiert werden, indem
man mit löslichen, schwach sauren Chloriden wie Ammoniumchlorid
anstelle der Salzsäure arbeitet. Damit lassen sich auch partielle Reduktionen wie diejenige der Pikrinsäure zur Pikraminsäure durchführen[4].
Reduktionen mit Eisen in stark saurer Lösung mit überschüssiger Säure
werden nur vorgenommen, wenn man die saure Lösung direkt aufarbeiten
kann, wie bei der Herstellung von Orthanilsäure aus o-Nitrobenzol-
sulfonsäure[5].

Die *katalytische Reduktion*, d.h. die Reduktion mit molekularem
Wasserstoff und einem geeigneten Katalysator, ist bei allen Nitrokörpern

---

[1] Zur technischen Durchführung siehe: BIOS Report 1143, 1144, 1146.

[2] Für eine präparative Vorschrift siehe: Mahood, S. A., u. P. V. L. Schaffner:
Org. Synth. Coll. Vol. 2, 160 (1950).

[3] Eine Zusammenstellung der Naphthylaminsulfonsäuren und ihrer Herstellung
findet sich im Abschnitt über die Sulfonierung.

[4] Lyons, R. E., u. L. T. Smith: Ber. dtsch. chem. Ges. 60, 173 f. (1927).

[5] Siehe: Wertheim, E.: Org. Synth. Coll. Vol. 2, 471 (1950).

anwendbar, wobei man sowohl in gasförmiger als auch in flüssiger Phase arbeiten kann. Da die Reaktion stets sehr exotherm ist, muß für eine ausreichende Wärmeabfuhr gesorgt werden. Katalytische Verfahren eignen sich besonders für kontinuierliche Anlagen, die jedoch nicht universell verwendbar sind und damit für die Herstellung zahlreicher kleiner Zwischenprodukte von vornherein ausscheiden. Die katalytische, kontinuierliche Reduktion wird vor allem zur Herstellung von Anilin benützt, soweit dieses nicht nach BÉCHAMPS-BRIMMEYR erzeugt wird, und dient außerdem zur Erzeugung von Xylidinen aus Nitroxylolen. Da diese als Zusatz zum Hochoktan- und Flugbenzin verwendet werden, ist ihre Produktion hoch[1]. Nitrobenzol wird technisch an einem Kupferkatalysator auf Bimsstein reduziert[2]. Zur besseren Temperaturkontrolle arbeitet man zweistufig, wobei der erste Kontaktofen auf 170° C und der zweite auf 350° C gehalten werden. Die Kühlung erfolgt durch Wärmeaustauscher oder Wasserdampfzusatz.

Technisch sehr wichtig ist die Hydrierung von Kohlenstoff-Doppelbindungen[3]. Phenol wird so zu Cyclohexanol hydriert, dem Ausgangsmaterial für Perlon (Nylon 6); aus Naphthalin erhält man Tetralin und Dekalin, zwei wichtige Lösungsmittel; aus Fettsäuren oder ihren Estern gelangt man zu den Fettalkoholen und aus Nitrilen zu den Aminen, um nur einige Beispiele zu nennen. Wichtig ist die Wahl des geeigneten Katalysators, wobei in der Technik seine Lebensdauer und Unempfindlichkeit gegenüber Katalysatorgiften oft den Ausschlag geben. Universell anwendbar sind Nickel-Katalysatoren, die aber leicht vergiftet werden. Selektiver wirken Kupferkontakte. Schwefelfeste Katalysatoren sind mit Molybdän und Wolfram erhältlich[4].

Da die katalytische Reduktion einfach durchführbar ist und keine störenden Nebenprodukte auftreten wie bei anderen Methoden, wird sie auch präparativ oft angewandt[5]. Allgemeine Anwendung finden Platin- und Nickel-Katalysatoren[6], für spezielle Zwecke werden auch Raney-Kupfer[7], Kupferchromit-[8] und Palladium-Katalysatoren[9] benützt, die selektiver sind.

Während die Nitrogruppe in saurem Medium oder katalytisch glatt zur Aminogruppe reduziert wird, treten bei der alkalischen oder neutralen

---

[1] Zur katalytischen Reduktion der Nitroxylole siehe: KUNG, J. F., W. C HOWELL u. C. E. STARR: Ind. Engng. Chem. 40, 1530 (1948). — BROWN, C. L., W. M. SMITH u. W. G. SCHARMANN: Ind. Engng. Chem. 40, 1538 (1948). — VOORHIES, A., W. M. SMITH u. R. B. MASON: Ind. Engng. Chem. 40, 1543 (1948).

[2] Vgl.: DRP 282492 (1917).

[3] Zum Mechanismus der katalytischen Hydrierung siehe: HOELSCHER, H. E., W. G. POYNTER u. E. WEGER: Chem. Reviews 54, 575 (1954). — BOND, G. C.: Quart. Reviews 8, 279 (1954).

[4] Vgl.: DANZIGER, B. H.: Ind. Engng. Chem. 47, 1495 (1955).

[5] Für einige Beispiele siehe: Org. Synth. Coll. Vol. 1, 240 (1948); 3, 63, 551, 627, 720 (1960).

[6] Vgl.: BILLICA, H. R., u. H. ADKINS: Org. Synth. Coll. Vol. 3, 176 (1960). — MOZINGA, R.: Org. Synth. Coll. Vol. 3, 181 (1960). Siehe auch: LANGENBECK, W.: Angew. Chem. 68, 453 (1956).

[7] BRAINE, R., u. J. JADOT: Ind. chim. belge 20, No. spécial (3), 582 (1954).

[8] Vgl.: ADKINS, H., E. E. BURGOYNE u. H. J. SCHNEIDER: J. Amer. chem. Soc. 72, 2626 (1950).

[9] Siehe: KÖPPEN, R.: Angew. Chem. 68, 152 (1956). — MOZINGA, R.: Org. Synth. Coll. Vol. 3, 685 (1960).

Reduktion verschiedene Zwischenstufen auf, die erstmals von HABER aufgeklärt wurden (Ph = Phenylrest):

$$Ph\text{—}NO_2$$

$$\downarrow$$

$$Ph\text{—}NO \xrightarrow{\text{alkalisch}} Ph\text{—}N\overset{O}{\underset{}{=\!=}}N\text{—}Ph$$

Nitrosobenzol   Azoxybenzol

$$\downarrow \text{neutral} \qquad\qquad \downarrow \text{alkalisch}$$

$$HO\text{—}Ph\text{—}NH_2 \xleftarrow{H^{\oplus}} Ph\text{—}NHOH \qquad Ph\text{—}N\!=\!N\text{—}Ph$$

p-Aminophenol   Phenylhydroxylamin   Azobenzol

$$\downarrow \text{sauer} \qquad\qquad \downarrow \text{alkalisch}$$

$$Ph\text{—}NH_2 \qquad\qquad Ph\text{—}NH\text{—}NH\text{—}Ph$$

Anilin   Hydrazobenzol

Die alkalische Reduktion des Nitrobenzols führt je nach Reaktionsbedingungen zum Azoxy-, Azo-[1] oder Hydrazobenzol; mit Lithiumaluminiumhydrid entsteht direkt der Azokörper. Zwischenstufen der Nitrobenzolreduktion, die auf direktem Wege schlecht zugänglich sind, lassen sich oft durch nachträgliche Oxydation darstellen. So wird Hydrazobenzol bereits von Luftsauerstoff zu Azobenzol und dieses von Wasserstoffperoxyd zu Azoxybenzol oxydiert. Anilin und andere aromatische Amine können mit Persäuren zur Nitrosoverbindung[2] und Phenylhydroxylamin mit Chromsäure zu Nitrosobenzol[3] oxydiert werden.

Das wichtigste Reduktionsmittel für alkalische Reduktionen ist *Zinkstaub*; da er wesentlich teurer als Eisen ist, benützt man ihn technisch nur zur Herstellung des Hydrazobenzols und seiner Derivate. Nitrobenzol wird dabei in Gegenwart eines organischen Lösungsmittels mit Zinkstaub und 50%iger Natronlauge bei 120—130° C reduziert. Durch Wasserzusatz wird die Reaktion aufrechterhalten, bis alles Zink verbraucht ist. Dann wird vom Zinkhydroxydschlamm abfiltriert und der letztere mit Lösungsmittel nachgewaschen. Die Hydrazobenzollösung wird während mehrerer Stunden bei 20—25° C mit überschüssiger 20%iger Schwefelsäure behandelt, wobei sich das Hydrazobenzol in Benzidin umlagert. Als Nebenprodukt entsteht wenig Diphenylin und Semidin[4]. Die Benzidinumlagerung, die in Gegenwart starker Säuren eintritt, wurde 1863 von A. W. HOFMANN entdeckt.

---

[1] Vgl.: BIGELOW, H. E., u. D. B. ROBINSON: Org. Synth. Coll. Vol. 3, 103 (1960).

[2] D'ANS, J., u. A. KNEIP: Ber. dtsch. chem. Ges. 48, 1145 (1915).

[3] COLEMAN, G. H., C. M. McCLOSKEY u. F. A. STUART: Org. Synth. Coll. Vol. 3, 668 (1960).

[4] Zum Mechanismus der Benzidinumlagerung siehe: BURTON, H., u. P. F. G. PRAILL: Quart. Reviews 6, 302 (1952). — G. S. HAMMOND u. H. J. SHINE: J. Amer. chem. Soc. 72, 220 (1950). — HAMMICK, D. L., u. S. F. MASON: J. chem. Soc. [London] 1946, 638; 1949, 1939. — DEWAR, M. J. S.: J. chem. Soc. [London] 1946, 777. — JACOBSEN, P.: Liebigs Ann. Chem. 428, 76 (1922).

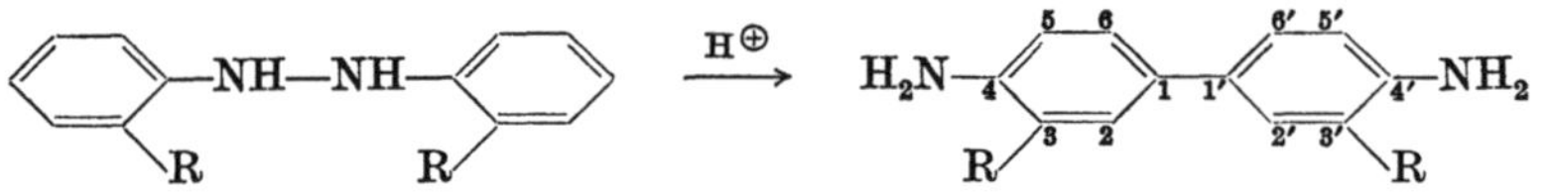

Benzidin (R=H)
o-Tolidin (R=—CH)₃
o-Dianisidin(R=—OCH₃)
o,o'-Dichlorbenzidin (R=—Cl)

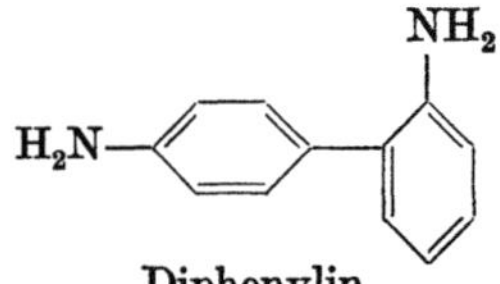

Diphenylin

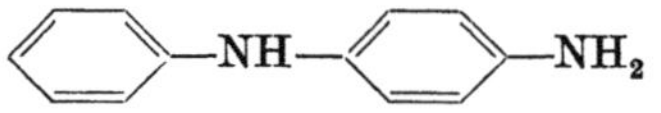

Semidin

Die alkalische Reduktion des Nitrobenzols zum Hydrazobenzol dient ausschließlich der Benzidinherstellung. Auf dieselbe Weise, aber ohne Lösungsmittelzusatz, werden auch o-Nitrotoluol, o-Nitranisol und o-Nitrochlorbenzol zu den entsprechenden Hydrazobenzolen reduziert und in die Benzidinderivate umgelagert. Das Benzidin und seine 3.3'-Derivate werden als Tetrazokomponenten für substantive Azofarbstoffe verwendet.

Die Sulfonierung des Benzidins mit konzentrierter Schwefelsäure bei 210° C führt zuerst zur 3-Sulfonsäure und dann zur 3.3'-Disulfonsäure; mit Oleum entsteht das Benzidinsulfon. Benzidin ist toxisch und kann bei längerem Umgang Blasenkrebs hervorrufen.

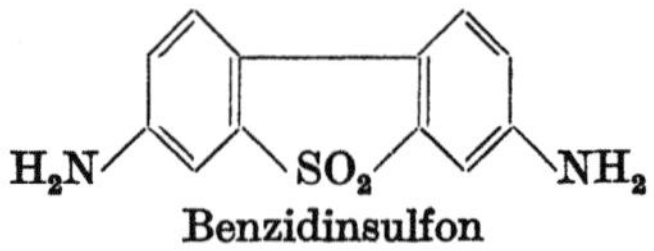

Benzidinsulfon

In nahezu neutraler, ammoniumchlorid-haltiger, wäßriger Lösung läßt sich Nitrobenzol mit Zinkstaub bei 60° C zu Phenylhydroxylamin reduzieren; die Reaktion wird jedoch vor allem präparativ angewandt[1].

Mit Zink und Salzsäure oder Schwefelsäure können ferner aromatische Sulfochloride zu den entsprechenden Thiophenolen reduziert werden[2].

Elektrolytische Reduktionen werden selten vorgenommen[3]. Nitrobenzol läßt sich als 10%ige Emulsion in alkalischer wäßriger Lösung an einer Eisenkathode mit Bleischwammbelag zu Hydrazobenzol reduzieren. In schwefelsaurer Lösung bildet sich dagegen p-Aminophenol, da sich das intermediär entstehende Phenylhydroxylamin in saurem Medium sofort umlagert[4].

Ein wichtiges Reduktionsmittel ist *Natriumsulfid,* das für leicht reduzierbare Nitrogruppen und für selektive Reduktionen benützt wird. o-Nitranilin wird technisch mit der zwölffachen Menge 17%iger Natriumsulfidlösung bei 105° C im Autoklaven zu o-Phenylendiamin reduziert.

[1] Siehe: KAMM, O.: Org. Synth. Coll. Vol. 1, 445 (1948).

[2] Siehe: ADAMS, R., u. C. S. MARVEL: Org. Synth. Coll. Vol. 1, 504 (1948).

[3] Eine Übersicht über elektrolytische Reduktionen von Nitroverbindungen geben: DEY, B. B., T. R. GOVINDACHARI u. S. C. RAJAGOPALAN: J. Sci. Ind. Res. (India) 4, 559, 569, 574, 636, 642, 645 (1945); 5, 75, 77 (1946). — Chem. Abstr. 40, 4965, 6347, 7174 (1946); 41, 4046 (1947).

[4] Zum Mechanismus dieser Umlagerung siehe: HUGHES, E. D., u. C. K. INGOLD: Quart. Reviews 6, 34—62 (1952).

p-Nitrosophenol läßt sich zu p-Aminophenol, o-Nitrophenol zu o-Aminophenol und o-Nitrophenolsulfonsäuren lassen sich zu den entsprechenden o-Aminophenol-sulfonsäuren [1] reduzieren. o-Aminophenol und seine Derivate sind wichtige Zwischenprodukte für chromierbare Azofarbstoffe. Bei der Skraupschen Synthese erhält man aus o-Aminophenol das 8-Hydroxychinolin, eine Komponente für kupferbare Azofarbstoffe, dessen Halogenderivate starke Fungizide sind [2].

Bei Anwesenheit zweier Nitrogruppen reagiert unter geeigneten Bedingungen nur die eine. So wird 2.4-Dinitrophenol mit wäßriger Natriumsulfidlösung in Anwesenheit von Ammoniak und Ammoniumchlorid bei 85° C zum 4-Nitro-2-aminophenol reduziert [3], 2.4-Dinitrophenol-6-sulfonsäure zur 4-Nitro-2-aminophenol-6-sulfonsäure und Pikrinsäure zur Pikraminsäure (4.6-Dinitro-2-aminophenol). 2.4-Dinitranilin läßt sich mit Schwefelwasserstoff in ammoniakhaltigem Alkohol bei 50° C zu 4-Nitro-o-phenylendiamin reduzieren [4]. Nitroanthrachinone werden am besten mit Ammonium- oder Natriumsulfid reduziert [5].

Auch Azokörper können zuweilen mit Natriumsulfid reduktiv gespalten werden. 5-(Phenylazo)-salicylsäure wird technisch mit siedender wäßriger Natriumsulfidlösung zur 5-Aminosalicylsäure reduziert, wobei das gleichzeitig entstehende Anilin mit dem Wasserdampf abdestilliert.

Schwefeldioxyd und Natriumhydrogensulfit (NaHSO$_3$) werden nur in vereinzelten Fällen benutzt, obschon beide billige und energische Reduktionsmittel sind. Oft tritt eine gleichzeitige Sulfonierung ein. Nicht selten bilden sich auch N-Sulfonsäuren, die wieder zu den entsprechenden freien Aminen gespalten werden müssen. Technisch bedeutsam ist die sulfonierende Reduktion des 1-Nitroso-2-naphthols mit Natriumhydrogensulfit zur 1-Amino-2-naphthol-4-sulfonsäure [6]:

Wichtig ist die Reduktion von Diazoniumsalzen mit Natriumsulfit und Salzsäure oder Schwefeldioxyd zum entsprechenden Arylhydrazin [7]. Dabei bildet sich zuerst die Hydrazin-N-sulfonsäure, die mit wäßriger

---

[1] BEECH, W. F.: J. chem. Soc. [London] 1948, 212. Siehe ferner: PARKES, G. D., u. A. C. FARTHING: J. chem. Soc. [London] 1948, 1275.

[2] BENIGNUS, P. G.: Ind. Engng. Chem. 40, 1426 (1948).

[3] Für eine präparative Methode siehe: HARTMANN, W. W., u. H. L. SILLOWAY: Org. Synth. Coll. Vol. 3, 82 (1960). — Vgl. auch: HODGSON, H. H., u. E. R. WARD: J. chem. Soc. [London] 1947, 1109.

[4] Vgl.: GRIFFIN, K. P., u. W. D. PETERSON: Org. Synth. Coll. Vol. 3, 242 (1960).

[5] TERRES, E.: Mh. Chem. 41, 603 (1921).

[6] Vgl. S. 120.

[7] Für eine präparative Anwendung siehe: COLEMAN, G. H.: Org. Synth. Coll. Vol. 1, 442 (1948).

Salzsäure gespalten wird. Phenylhydrazin und verschiedene aryl-substituierte Derivate dienen zur Herstellung von 1-Phenyl-pyrazolonen, die wichtige Kupplungskomponenten für Azofarbstoffe sind.

$$^{\ominus}O_3S\!-\!\langle\ \rangle\!-\!\overset{\oplus}{N}\!\equiv\!N \xrightarrow[\substack{SO_2\\(HCl)}]{Na_2SO_3} HO_3S\!-\!\langle\ \rangle\!-\!NH\!-\!NH\!-\!SO_3Na$$

$$\Big\downarrow \text{HCl konz.}$$

$$HO_3S\!-\!\langle\ \rangle\!-\!NH\!-\!NH_2$$

Phenylhydrazin-p-sulfonsäure

Natriumdithionit (Na$_2$S$_2$O$_4$), häufig auch als Natriumhydrosulfit bezeichnet, wird aus preislichen Gründen seltener verwendet. Azo-körper können damit reduktiv gespalten werden, weshalb man es häufig in der Strukturaufklärung von Azofarbstoffen benützt. Es dient präpa-rativ und technisch zur Darstellung schwer zugänglicher Amine aus Azoverbindungen. So lassen sich 4-Amino-2-naphthol und 1-Amino-2-naphthol glatt aus den entsprechenden Azokörpern darstellen[1], ebenso die 5-Aminosalicylsäure. Auch Zinn-II-chlorid in Salzsäure ist zur reduktiven Spaltung der Azobrücke geeignet; 1.5-Diamino-4.8-dihydr-oxy-naphthalin kann derart aus der Disazoverbindung gewonnen werden[2]:

1-Nitroso-2-naphthol wird von Natriumdithionit zu 1-Amino-2-naphthol reduziert[3].

Eine wichtige Anwendung findet das Natriumdithionit in der Küpenfärberei, da es sich ausgezeichnet zur Verküpung dieser Farbstoffe in alkalischem Medium eignet. Als Beispiel sei das Anthrachinon, der Grundkörper vieler Küpenfarbstoffe, genannt, das beim Erwärmen mit Natriumdithionit in wäßriger, alkalischer Lösung in das kirschrote Natriumsalz des Anthrahydrochinons übergeführt wird. Energischere Reduktion mit Zinkstaub und Natronlauge oder besser mit Zinn und Salzsäure in siedender Essigsäure[4] gibt Anthranol, das mit dem Anthron tautomer ist. Unter noch energischeren Bedingungen erhält man schließlich Anthracen. Über die Reduktionsstufen des Anthrachinons orientiert das nachstehende Schema.

Neuere Literatur zur Herstellung von Aminen durch Reduktion ist in den folgenden Veröffentlichungen zusammenfassend besprochen: WERNER, J.: Ind. Engng. Chem. 40, 1574 (1948); 41, 1841 (1949); 42, 1661 (1950); 43, 1917 (1951); 44, 1980 (1952); 45, 1912 (1953); 46, 1800 (1954); 47, 1840 (1955); 48, 1563 (1956); 49, 1468 (1957); 50, 1328 (1958); 51, 1065 (1959).

---

[1] Vgl.: CONANT, J. B., R. E. LUTZ u. B. B. CORSON: Org. Synth. Coll. Vol. 1, 49 (1948). — FIESER, L. F.: Org. Synth. Coll. Vol. 2, 35, 39 (1950).

[2] DBP 807211 (1949).

[3] Vgl.: CONANT, J. B., u. B. B. CORSON: Org. Synth. Coll. Vol. 2, 33 (1950).

[4] Für eine präparative Vorschrift siehe: MEYER, K. H.: Org. Synth. Coll. Vol. 1, 60 (1948).

Hydrierungen sind folgenden Orts zusammenfassend besprochen: O'BOYLE, C. J.: Ind. Engng. Chem. **42**, 1705 (1950). — FLEMING, H. W.: Ind. Engng. Chem. **43**, 1978 (1951). — CROMEANS, J. S.: Ind. Engng. Chem. **44**, 2025 (1952). — ATWOOD, K.: Ind. Engng. Chem. **45**, 1976 (1953). — KEELY, W. M.: Ind. Engng. Chem. **46**, 1846 (1954). — BOYD jr., P. B.: Ind. Engng. Chem. **47**, 1883 (1955). — ARNOLD, M. R.: Ind. Engng. Chem. **48**, 1629 (1956). — BRADBURY, J. T.: Ind. Engng. Chem. **49**, 1523 (1957). — ARNOLD, M. R., J. T. BRADBURY, W. M. KEELY u. F. J. O'HARA: Ind. Engng. Chem. **50**, 1370 (1958). — BRADBURY, J. T., W. M. KEELY, F. J. O'HARA u. R. F. VANCE: Ind. Engng. Chem. **51**, 1111 (1959); **52**, 803 (1960).

10. Diazotierung und Diazoverbindungen

a) Die Diazotierungsreaktion und ihre praktische Durchführung

Als Diazotierung bezeichnet man die Umsetzung eines primären aromatischen Amins mit salpetriger Säure, die zu einem Diazoniumsalz führt, als Tetrazotierung denselben Vorgang bei einem Diamin, der ein Bis-diazoniumsalz liefert[1]. Im allgemeinen lassen sich primäre Aminogruppen in alicyclischen oder heterocyclischen aromatischen Verbindungen ohne weiteres diazotieren. Schwach basische Amine reagieren allerdings wesentlich langsamer und benötigen deshalb oft spezielle Methoden.

---

[1] Für eine Übersicht siehe: HOLZACH, K.: Die aromatischen Diazoverbindungen. Stuttgart: Ferdinand Enke 1947. — SAUNDERS, K. H.: The Aromatic Diazo-Compounds and their Technical Applications. London: Arnold 1949. Eine eingehende Diskussion der Reaktionsmechanismen und Isomeren findet sich bei ZOLLINGER, H.: Chemie der Azofarbstoffe, S. 21—110. Basel: Birkhäuser 1958.

$$\text{Diazotierung}$$

$$\text{Tetrazotierung}$$

Die Diazoniumverbindungen wurden bereits 1858 von PETER GRIESS entdeckt[1], der sich in der Folge während vieler Jahre mit ihnen beschäftigte. Ihre wichtigste Anwendung besteht in der Herstellung von Azofarbstoffen, Ar—N=N—Ar, da sie sich mit Phenolen, Naphtholen, vielen aliphatischen, alicyclischen und heterocyclischen Enolen sowie aromatischen Aminen zu Azoverbindungen umsetzen. Man bezeichnet diesen Vorgang als *Kupplung*. Eine ausführliche Besprechung erfolgt im Abschnitt über die Azofarbstoffe. Die Diazoniumgruppe läßt sich ferner in meist guter Ausbeute durch andere Substituenten ersetzen. Man kann derart viele, sonst nur schwer zugängliche Zwischenprodukte herstellen. Die verschiedenen Varianten dieser Methode werden im Abschnitt über die Sandmeyer-Reaktionen und verwandte Synthesen besprochen.

Aliphatische Diazoniumverbindungen sind im allgemeinen nicht faßbar, da sie bereits von ganz schwachen Basen wie Wasser unter Abspaltung von Stickstoff zersetzt werden[2]. Primäre aliphatische Amine liefern bei der Diazotierung in wäßriger Lösung deshalb die entsprechenden primären Alkohole. Eine Ausnahme macht das Aminoguanidin; es bildet ein Diazoniumsalz, das sich mit Phenolen und Aminen kuppeln läßt[3]. Auch Aminoessigester und die homologen α-Aminocarbonsäureester lassen sich diazotieren, das Diazoniumsalz geht jedoch unter Protonaustritt in den relativ stabilen Diazoessigester über.

$$R\!-\!CH_2\!-\!\overset{\oplus}{N}\!\equiv\!N \ \xrightarrow{\ HOH\ }\ R\!-\!CH\!-\!OH + H^{\oplus} + N_2$$

$$\overset{H_2N}{\underset{H_2N}{>}}C\!=\!N\!-\!NH_2 \ \xrightarrow[HX]{HNO_2}\ \overset{H_2N}{\underset{H_2N}{>}}C\!=\!N\!-\!\overset{\oplus}{N}\!\equiv\!N\ X^{\ominus}$$

$$ROOC\!-\!CH_2\!-\!\overset{\oplus}{N}\!\equiv\!N \ \longrightarrow\ ROOC\!-\!CH\!=\!\overset{\oplus}{N}\!=\!\overset{\ominus}{N} + H^{\oplus}$$

---

[1] GRIESS, P.: Liebigs Ann. Chem. **106**, 123 (1858); **113**, 207 (1860).

[2] STREITWIESER, A.: J. org. Chemistry **22**, 861 (1957).

[3] HANTZSCH, A., u. A. VAGT: Liebigs Ann. Chem. **314**, 339 (1900). — SHREVE, R. N., R. P. CARTER u. J. M. WILLIS: Ind. Engng. Chem. **36**, 426 (1944). Für eine neuere Übersicht über aliphatische Diazoverbindungen siehe: HUISGEN, R.: Angew. Chem. **67**, 439 (1955).

Normalerweise erfolgt die Diazotierung in saurer, wäßriger Lösung. Da sich die meisten Diazoniumverbindungen leicht zersetzen, muß die Diazotierung in der Regel bei einer Temperatur von 0—10° C vorgenommen werden. Freie Amine werden vorher in ein wasserlösliches Salz übergeführt, schwerlösliche Salze müssen in feinverteilter Suspension vorliegen. Dagegen sind Diazoniumsalze auch schwerlöslicher Amine meistens gut wasserlöslich. Die salpetrige Säure wird normalerweise in situ durch Zugabe einer konzentrierten Natriumnitritlösung zur mineralsauren, gekühlten Lösung des Amins hergestellt. Theoretisch benötigt man ein Mol Natriumnitrit und zwei Äquivalente Säure auf ein Mol Amin; praktisch ist jedoch ein Säureüberschuß von 25—50% erforderlich, so daß man mit 2,5 bis 3 Äquivalenten Säure arbeiten muß. Meistens verwendet man Salzsäure, da die Anwesenheit von Chlorionen die Diazotierung begünstigt. Ein Überschuß an Nitrit ist nicht nötig. Die Anwesenheit salpetriger Säure in der fertigen Diazolösung verringert im Gegenteil die Stabilität der Diazoniumverbindung[1]; sie wird deshalb zweckmäßig zerstört, beispielsweise mit Harnstoff.

Der *Mechanismus* der Diazotierung wurde erst in neuerer Zeit eindeutig abgeklärt, obwohl bereits BAMBERGER[2] auf die Analogie zur N-Nitrosierung der sekundären Amine hingewiesen hatte. Die C- und N-Nitrosierungen sind allgemein elektrophile Reaktionen[3]; Amine reagieren deshalb auch in saurer Lösung in Form ihrer freien Base, die mit dem Ammoniumion im Gleichgewicht steht, denn nur diese verfügt über ein einsames Elektronenpaar[4]. Die Diazotierung verläuft über die folgenden Stufen, wobei das aktive Nitrosierungs-Reagens von den Reaktionsbedingungen abhängt:

$$\text{Freie Base, nitrosierbar} \quad \xrightarrow{+\ HX} \quad \text{Aniliniumion, wasserlöslich}$$

$$\downarrow \text{Nitrosierung}$$

$$\text{ON—}\overset{\oplus}{\text{N}}\text{H}_2 \quad \rightarrow \quad \overset{\oplus}{\text{N}}\text{=}\text{N} \quad + H_2O$$

---

[1] GIES, N., u. E. PFEIL: Liebigs Ann. Chem. **578**, 11 (1952).
[2] BAMBERGER, E.: Ber. dtsch. chem. Ges. **27**, 1948 (1894).
[3] Vgl.: SEEL, F.: Z. Elektrochem. **60**, 741 (1956). — INGOLD, C. K.: Bull. Soc. chim. France [5] **19**, 667 (1952). — TURNEY, T. A., u. G. A. WRIGHT: Chem. Reviews **59**, 497 (1959).
[4] KENNER, J.: Chem. and Ind. **60**, 443, 899 (1941).

Die intermediäre Bildung eines Aminnitrites, Ar—NH—NO, die von einigen Autoren postuliert wurde[1], dürfte nicht zutreffen. Daß die Diazotierung tatsächlich an der freien Base und nicht am Ammoniumion eintritt, zeigt sich sehr schön am Beispiel der Aminoalkylaniline:

$$X^{\ominus}\ H_3\overset{\oplus}{N}\!\!-\!\!(CH_2)_n\!\!-\!\!\langle\ \rangle\!\!-\!\!NH_2$$

Derartige Verbindungen lassen sich in saurer Lösung unterhalb $p_H = 3$ glatt diazotieren, da die Aminogruppe des aliphatischen Restes dabei vollkommen protonisiert ist und deshalb mit der salpetrigen Säure nicht reagiert[2].

Die *Kinetik* der Diazotierung und die Natur des Nitrosierungsreagens wurden vor allem von SCHMID[3] und RIDD[4] untersucht. Ähnlich wie bei der Nitrierung und Sulfonierung kommen auch bei der Nitrosierung verschiedene aktive Reagenzien in Betracht. Die wichtigsten sind:

$\overset{\oplus}{ON}$ Nitrosonium-Ion

$ON\!-\!\overset{\oplus}{O}H_2$ Nitrosoacidium-Ion

$ON\!-\!X$ Nitrosylhalogenid (-chlorid, -bromid)

$ON\!-\!NO_2$ Stickstofftrioxyd

$ON\!-\!OH$ Salpetrige Säure

Nach den Feststellungen von RIDD verläuft die Diazotierung von Anilin in verdünnter Perchlorsäure über Stickstofftrioxyd als aktives Reagens; eine Bildung von Nitrosylperchlorat konnte nicht festgestellt werden[5]. Nach den Untersuchungen von SCHMID dürfte auch bei der Diazotierung in verdünnter Schwefelsäure Stickstofftrioxyd die Nitrosierung bewirken[6], in verdünnter Salzsäure oder Bromwasserstoffsäure ist dagegen Nitrosylchlorid bzw. Nitrosylbromid die aktive Komponente[7]. Bei der Diazotierung von o-Chloranilin in Perchlorsäure stellte RIDD ferner fest, daß außer dem Stickstofftrioxyd offenbar auch das Nitrosoacidium-Ion mit dem Amin reagiert, wobei das Verhältnis der beiden Teilreaktionen von der Wasserstoffionen-Konzentration abhängt.

Nach dem heutigen Stand der Untersuchungen muß man annehmen, daß die salpetrige Säure ein Proton zum Nitrosoacidium-Ion anlagert, worauf das letztere sich entweder direkt mit einem freien Amin zur Nitrosoverbindung umsetzt oder mit einem Anion zum Nitrosylderivat reagiert. Das letztere bildet dann seinerseits in einer weiteren Stufe mit dem vorhandenen Amin wieder die intermediäre Nitrosoverbindung. Der relative Anteil der beiden Reaktionswege hängt von der Konzentration der Wasserstoffionen, vom Säureanion und von der Basizität des Amins ab. Auch sterische Effekte mögen beim letzteren eine Rolle spielen. So wurde festgestellt, daß das Nitrosoacidium-Ion mit Bromid-Ionen achtmal und mit Nitrit-

---

[1] HODGSON, H. H., u. W. H. NORRIS: J. Soc. Dyers Colourists **65**, 226 (1949). Vgl.: EARL, J. C., u. N. G. HILLS: J. chem. Soc. [London] **1938**, 1954; **1939**, 1089. — EARL, J. C. u. C. S. RALPH: J. chem. Soc. [London] **1939**, 401. — EARL. J. C., u. C. H. LAURENCE: J. chem. Soc. [London] **1939**, 419.

[2] KORNBLUM, N., u. D. C. IFFLAND: J. Amer. chem. Soc. **71**, 2137 (1949).

[3] Für eine Zusammenfassung sei verwiesen auf: SCHMID, H.: Mh. Chem. **85**, 424 (1954); — Chemiker-Ztg. **78**, 565 (1954).

[4] RIDD, J. H.: Quart. Reviews **15**, 418 (1961). — HUGHES, E. D., C. K. INGOLD u. J. H. RIDD: Nature [London] **166**, 642 (1960); — J. chem. Soc. [London] **1958**, 58 f.

[5] Vgl. jedoch: SCHMID, H., u. A. F. SAMI: Mh. Chem. **86**, 904 (1955).

[6] SCHMID, H.: Z. Elektrochem. **42**, 579 (1936).

[7] SCHMID, H.: Z. Elektrochem. **42**, 580 (1936); **43**, 626 (1937). — SCHMID, H., u. G. MUHR: Ber. dtsch. chem. Ges. **70**, 421 (1937).

Ionen siebenmal schneller als mit o-Chloranilin reagiert[1], während bei Diazotierungen in Salpetersäure das erstgenannte sich direkt mit dem Amin umsetzt, ohne daß die Reaktion mit dem Nitrat-Ion zum Nitrosylnitrat in nennenswertem Umfang auftritt[2]. Nitrosonium-Ionen dürften lediglich bei Diazotierungen in konzentrierten Säuren eine Rolle spielen; in verdünnten Säuren treten sie praktisch nicht auf[3]. Der Diazotierungsvorgang kann sich also im einzelnen über die folgenden Stufen abspielen[4]:

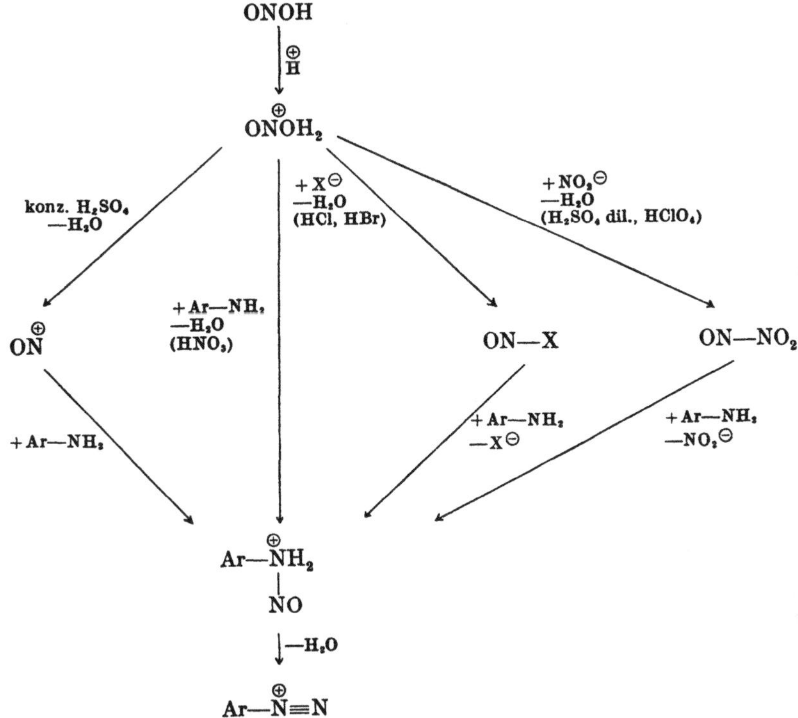

Die Diazotierungsgeschwindigkeit hängt von der Basizität der Aminogruppe ab und wird durch elektronenanziehende Substituenten verringert, durch elektronenabgebende erhöht[5], und folgt damit den Hammettschen Beziehungen[6].

Die *technische Herstellung* der Diazoniumverbindungen erfolgt meistens durch Umsetzung eines Amines mit Natriumnitrit in kongo-

[1] INGOLD, C. K.: Bull. Soc. chim. France [5] 19, 667 (1952).

[2] SCHMID, H., u. A. WOPPMANN: Mh. Chem. 83, 346 (1952).

[3] Bezüglich der relativen Bildungsgleichgewichte von Stickstofftrioxyd, Nitrosylbromid und Nitrosylchlorid siehe: SCHMID, H., u. M. G. FOUAD: Mh. Chem. 88, 631 (1957). — SCHMID, H., u. R. PFEIFFER: Mh. Chem. 84, 842 (1953). — MASCHKA, A.: Mh. Chem. 84, 853, 872 (1953).

[4] Vgl.: SINGER, K., u. P. A. VAMPLEW: J. chem. Soc. [London] 1956, 3971. — DENO, N. C., J. J. JARUZELSKI u. A. SCHRIESHEIM: J. Amer. chem. Soc. 77, 3044 (1955).

[5] OKANO, M., u. Y. OGATA: J. Amer. chem. Soc. 75, 5175 (1953).

[6] Vgl.: HAMMETT, L. P.: Physical Organic Chemistry, S. 186 ff. New York: McGraw-Hill Book Co. 1940.

saurer Lösung bei 0—10° C, in seltenen Fällen auch bei höherer Temperatur. Am Ende der Diazotierung darf ein ganz geringer Überschuß salpetriger Säure vorhanden sein, der gerade eine schwache Bläuung von Jodkalium-Stärkepapier bewirkt. Ebenfalls brauchbar zur Prüfung auf Nitritüberschuß ist die Blaufärbung mit Sulfon-Reagens, 4.4'-Diamino-diphenylmethan-2.2'-sulfon [1]. Überschüssiges Nitrit kann durch Zusatz einer kleinen Menge undiazotierten Amins verbraucht werden, was man als „Ausbalancieren" bezeichnet, oder man kann es durch Zugabe von Harnstoff zerstören. Rascher wirkt die Aminosulfonsäure, NH_2—SO_3H, die deshalb in der Technik bevorzugt wird, doch können stark negativ substituierte Diazoniumsalze mit ihr eine Art Umdiazotierung eingehen, bei der unter Stickstoffentwicklung das Amin teilweise zurückgebildet wird [2]:

$$Ar—\overset{\oplus}{N}{\equiv}N + NH_2—SO_3^{\ominus} + H_2O \rightarrow Ar—NH_2 + N_2 + H_2SO_4$$

Zur Kühlung und Einhaltung der Diazotierungstemperatur setzt man der Reaktionslösung einfach Eis zu, sofern man ohnehin in wäßriger Lösung arbeitet. Gutes Rühren ist wichtig. Freie Amine werden vor der Diazotierung in ihre Salze übergeführt, nötigenfalls durch Erwärmen mit mäßig konzentrierter Säure, die vor der Diazotierung verdünnt wird. Nach Möglichkeit verwendet man allerdings nicht die oft gesundheitsschädlichen freien Basen, sondern bereits deren Salze, die meistens auch besser haltbar sind.

Die Diazotierungsgefäße der Technik bestanden früher vorwiegend aus Holz (pitch-pine), in neuerer Zeit gibt man gummierten Eisenkesseln den Vorzug; auch mit Blei ausgekleidete, emaillierte oder säurefest ausgemauerte Kessel werden verwendet. Die Rührer sind entweder gummiert, mit Blei überzogen oder emailliert. Zur Entfernung der stets in geringer Menge entstehenden nitrosen Gase sind die Kessel mit einem Abzug versehen.

Die *direkte Diazotierung* ist die wichtigste und einfachste Methode, die in verschiedenen Varianten ausgeführt wird. Sofern das Amin leichtlösliche Salze bildet, wird es in der 3—5fachen Menge Wasser verrührt und die 2,5—3fach molare Menge konzentrierter Salzsäure zugesetzt, wobei das Amin als Salz in Lösung geht. Man kühlt durch Zugabe von Eis auf 0° C ab und läßt dann unter gutem Rühren eine wäßrige Lösung der berechneten Menge Natriumnitrit einlaufen. Je nach der Größe des Ansatzes ist die Reaktion in 10—30 min beendet. Nach diesem Verfahren lassen sich Anilin, Toluidine und Anisidine diazotieren.

Sofern die Salze in der Kälte oder in verdünnter Säure schwerlöslich sind, löst man sie in konzentrierter Salzsäure unter Erwärmen und gießt die heiße Lösung unter Rühren auf Eis. Man erhält dabei eine feine Suspension des Hydrochlorides, das durch rasche Zugabe der Nitritlösung oder von festem Nitrit diazotiert wird. Derart lassen sich p-Nitranilin und 2.5-Dichloranilin sowie andere Chloraniline sehr glatt diazotieren. Statt in heißer Salzsäure kann man die letzteren auch in

[1] STEIN, O.: Ber. dtsch. chem. Ges. **27**, 2806 (1894).
[2] GRIMMEL, H. W., u. J. F. MORGAN: J. Amer. chem. Soc. **70**, 1750 (1948).

Eisessig lösen und durch Eingießen in wäßrige Salzsäure suspendieren. Zur Diazotierung von 1-Naphthylamin hat sich ferner ein Verfahren bewährt, bei dem die heiße, salzsaure Lösung des Amins gleichzeitig mit der Nitritlösung in die sehr gut gekühlte verdünnte Säure einläuft. Bei vielen schwerlöslichen Aminen genügt auch bereits ein mehrstündiges Anrühren oder Anreiben mit verdünnter Säure oder Wasser, um eine leichte Diazotierbarkeit zu erreichen, beispielsweise bei p-Aminoazobenzol, Benzidin, Dianisidin und Tolidin, aber auch bei p-Amino-acetanilin und p-Nitranilin. Aminosulfonsäuren wie Sulfanilsäure werden am besten mit der berechneten Menge Soda in 5—6 Teilen Wasser gelöst und durch rasche Zugabe konzentrierter Salzsäure wieder gefällt, dann wird die erhaltene Suspension nach Zugabe von Eis durch rasches Einrühren der Nitritlösung diazotiert. Zur Herstellung konzentrierter Diazoniumsalzlösungen wird das Amin mit der berechneten Menge Natriumnitrit zu einer Paste vermahlen und diese in ein Gemisch von konzentrierter Salzsäure und Eis eingetragen, das einen geringen Zusatz Natriumnitrit enthält. Bei der Diazotierung von Suspensionen ist der Zusatz eines säurebeständigen Netzmittels oft zweckmäßig[1]. Auch die Zugabe von Kochsalz wirkt sich bei der Diazotierung oft günstig aus, da man damit die Konzentration der Chlorid-Ionen ohne Vergrößerung der Acidität erhöhen kann.

In neuerer Zeit sind kontinuierliche Verfahren der Diazotierung entwickelt worden[2]. Wichtig ist dabei die Dosierung der Nitritlösung, die durch Messung des Redoxpotentials gesteuert wird.

Die *indirekte Diazotierung* eignet sich für schwer diazotierbare Aminosulfonsäuren, die unter Zusatz von wenig Natronlauge in der 5—15fachen Menge Wasser gelöst werden, so daß eine neutrale Lösung entsteht. Diese wird mit der berechneten Nitritmenge versetzt. Dann wird die neutrale Lösung in ein Gemisch der berechneten Menge mäßig konzentrierter Salzsäure mit viel Eis eingerührt. Man kann auch die neutrale Lösung mit 30—50% Eis versetzen und die nötige Säure rasch zulaufen lassen. Diese Methode eignet sich für Sulfanilsäure, vor allem aber Pikraminsäure, 4-Nitranilin-2-sulfonsäure und viele Aminonaphtholsulfonsäuren.

In nahezu *neutralem Medium* bei Anwesenheit von *Metallsalzen* gelingt die Diazotierung leicht oxydierbarer Amine wie der wichtigen o-Amino-naphtholsulfonsäuren[3]. Man läßt beispielsweise eine neutrale Suspension von 23,9 Teilen 100%iger 1-Amino-2-naphthol-4-sulfonsäure in 100 Teilen Wasser langsam in eine Lösung von 85 Teilen Kupfersulfat und 7,4 Teilen Natriumnitrit in 40 Teilen Wasser einfließen und hält die Temperatur unterhalb 25° C. Man fällt das lösliche Diazoniumsalz durch Zugabe von 46 Teilen 35%iger Schwefelsäure. Nach dieser Methode läßt sich auch p-Aminodiphenylamin glatt diazotieren[4].

---

[1] DRP 615744 (1933).

[2] Vgl.: HUPFER, H.: Angew. Chem. **70**, 244 (1958).

[3] Vgl.: DRP 171024, 172446, 184477 (1904); DRP 656205 (1936); ferner DRP 611399 (1934).

[4] DRP 604278 (1933).

Diazotierungen in *konzentrierten Säuren* werden bei sehr schwach basischen Aminen vorgenommen. In einer verdünnten sauren Lösung liegt das Ammonium-Amin-Gleichgewicht mit abnehmender Basizität immer mehr auf der Seite der freien Base, die jedoch meistens nur wenig löslich ist und deshalb der Reaktion entzogen wird. Mäßig konzentrierte Mineralsäuren sind jedoch zur Diazotierung ungeeignet, da hierin die Bildung nitroser Gase rascher als die Diazotierung stattfindet. Auch die oxydierende Wirkung der salpetrigen Säure tritt dabei stärker hervor, besonders in salzsaurer Lösung. Einen Ausweg bietet in vielen Fällen der Zusatz von Naphthalin-1-sulfonsäure zu mäßig konzentrierter Schwefelsäure. Man benützt in der Technik einfach ein rohes, mit Wasser verdünntes Gemisch einer geeigneten Naphthalinsulfonierung, das beispielsweise 13,5% Schwefelsäure und 27% Sulfonsäure enthält.

In vielen Fällen muß die Diazotierung jedoch in konzentrierter Säure vorgenommen werden. Die salpetrige Säure wird dann nicht mehr in situ erzeugt, sondern als Nitrosylschwefelsäure (HSO_4NO) zugesetzt. Man erhält diese durch langsames Eintragen von festem Natriumnitrit in konzentrierte Schwefelsäure unter Kühlung auf 0—10° C. Eine 1-normale Nitrosylschwefelsäure ist bei Raumtemperatur praktisch unbegrenzt haltbar, konzentriertere Lösungen scheiden beim Stehenlassen Natriumhydrogensulfat aus. Technisch benützt man Nitrosylschwefelsäuren mit bis zu 25% Natriumnitritgehalt. Das zu diazotierende Amin wird zweckmäßig in konzentrierter Schwefelsäure gelöst und mit der berechneten Menge Nitrosylschwefelsäure versetzt. Man kann auch umgekehrt verfahren. In der Regel erfolgt die Diazotierung bei 10—20° C; sie verläuft häufig nur sehr langsam[1]. Nach beendeter Reaktion gießt man auf Eis. Die Methode eignet sich für schwach basische Amine wie Dinitro- und Trinitroaniline sowie Aminoanthrachinone. Auch heterocyclische Amine lassen sich häufig derart diazotieren. Stärker basische Amine wie 1-Naphthylamin reagieren jedoch unter diesen Bedingungen nicht mehr, da sie offenbar vollständig als Salz vorliegen[2].

Verschiedene Varianten des Verfahrens erlauben die Diazotierung auch sehr schwach basischer und schwer diazotierbarer Amine. In einigen Fällen kann die Reaktion bereits durch geringe Wasserzusätze hinreichend beschleunigt werden[3]. Nach der Methode von SCHOUTISSEN wird die schwefelsaure Diazotierungslösung zur Verdünnung in konzentrierte Phosphorsäure eingegossen[4]. Pikramid läßt sich nach MISSLIN in Eisessig mit Nitrosylschwefelsäure diazotieren[5], oder man kann das in Eisessig gelöste Amin zur Nitrosylschwefelsäure gießen[6]. Statt Eisessig kann auch Propionsäure oder ihr Gemisch mit Eisessig verwendet werden[7]. Schließ-

[1] BLANGEY, L.: Helv. chim. Acta 8, 780 (1925).

[2] BLANGEY, L.: Helv. chim. Acta 21, 1579 (1938).

[3] DRP 456859 (1925).

[4] SCHOUTISSEN, H. A. J.: J. Amer. chem. Soc. 55, 4531, 4535 (1933); — Rec. trav. chim. Pays-Bas 54, 97 (1935). — WELSH, L. H.: J. Amer. chem. Soc. 63, 3276 (1941).

[5] MISSLIN, E.: Helv. chim. Acta 3, 626 (1920).

[6] HODGSON, H. H., u. J. WALKER: J. chem. Soc. [London] 1933, 1205, 1620. — HODGSON, H. H., u. B. P. MAHADEVAN: J. chem. Soc. [London] 1947, 325.

[7] DICKEY, J. B., J. B. TOWNE, M. S. BLOOM, W. H. MOORE, B. H. SMITH u. D. G. HEDBERG: J. Soc. Dyers Colourists 74, 130 (1958).

lich kann man das Amin auch in einer cyclischen Base wie Pyridin, Chinolin oder Isochinolin lösen und diese Lösung zur Nitrosylschwefelsäure zugeben[1]. Die Diazotierungen mit Nitrosylschwefelsäure in Eisessig oder Phosphorsäure eignen sich vor allem für Polynitraniline und schwach basische heterocyclische Amine.

Die Diazoniumgruppe ist ein stark elektronenanziehender Substituent und erleichtert daher nucleophile Reaktionen am Benzolkern. Bei diazotierten Polynitranilinen kann dies zu unerwünschten Nebenreaktionen führen, indem eine Nitrogruppe zuweilen durch einen Hydroxylrest ersetzt wird. Bei diazotiertem 2.4-Dinitranilin tritt dieser Austausch bereits in saurer Lösung ein, in alkalischem Medium erfolgt er rasch und quantitativ unter Bildung von 5-Nitro-2-diazophenol I und 3-Nitro-4-diazophenol II und wird technisch zur Herstellung des ersteren benützt[2]:

$$\text{(2.4-Dinitro-benzoldiazonium)} \xrightarrow{\text{OH}^{\ominus}} \text{I (5-Nitro-2-diazophenol)} + \text{II (3-Nitro-4-diazophenol)}$$

Einige *spezielle Methoden* werden gelegentlich bei präparativen Arbeiten benützt. So lassen sich reine Diazoniumsalze in fester Form nach der Methode von KNOEVENAGEL darstellen und isolieren, indem das Salz des Amins in absolutem Alkohol mit Amylnitrit oder einem anderen Alkylnitrit diazotiert und das Diazoniumsalz durch Zugabe von Äther ausgefällt wird[3]. Man kann auch das Amin in Eisessig mit Alkylnitrit diazotieren und das Diazoniumsalz mit Äther, Dioxan oder Tetrahydrofuran ausfällen[4]. Reine trockene Diazoniumsalze sind unberechenbar und können auf Schlag, beim Erwärmen oder bereits bei Berührung heftig explodieren. In der Technik werden deshalb nur die wäßrigen Lösungen verwendet.

Die direkte Einführung einer Diazoniumgruppe gelingt über die entsprechende Nitrosoverbindung, die sich mit Stickoxyd in das Diazoniumnitrat überführen läßt[5]:

$$\text{(Nitrosobenzol)} \xrightarrow{+2\,\text{NO}} \text{(Benzoldiazonium-nitrat)}$$

Nach diesem Prinzip erhält man gute Ausbeuten von Diazoniumnitraten bei der Einwirkung von Salpetersäure und Natriumnitrit auf Phenylquecksilbernitrat. Phenole werden mit zwei Molen salpetriger Säure direkt in die Diazoniumsalze übergeführt[6].

---

[1] MILT, C. DE, u. G. VAN ZANDT: J. Amer. chem. Soc. 58, 2044 (1936).

[2] Vgl.: DRP 144640 (1903) sowie: MELDOLA, R., u. J. V. EYRE: J. chem. Soc. [London] 79, 1076 (1901); 81, 988 (1902). — MELDOLA, R., u. J. G. HAY: J. chem. Soc. [London] 91, 1474 (1907); 95, 1378 (1909).

[3] KNOEVENAGEL, E.: Ber. dtsch. chem. Ges. 23, 2995 (1890).

[4] HANTZSCH, A., u. E. JOCHEM: Ber. dtsch. chem. Ges. 34, 3337 (1901). — SMITH, W., u. C. E. WARING: J. Amer. chem. Soc. 64, 469 (1942).

[5] BAMBERGER, E.: Ber. dtsch. chem. Ges. 30, 512 (1897).

[6] TEDDER, J. M.: J. chem. Soc. [London] 1957, 4003; — J. Amer. chem. Soc. 79, 6090 (1957). — TEDDER, J. M., u. G. THEAKER: J. chem. Soc. [London] 1957, 4008. — WESTHEIMER, F. H., E. SEGEL u. R. SCHRAMM: J. Amer. chem. Soc. 69, 773 (1947).

Acylierte Amine sind nicht diazotierbar. Bei der Nitrosierung liefern sie N-Nitrosoderivate I, die sich in inerten Lösungsmitteln in die isomeren Diazoester II umlagern[1]:

$$Ar\!-\!\underset{\underset{\textstyle NO}{|}}{N}\!-\!COR \quad \rightarrow \quad Ar\!-\!N\!=\!N\!-\!O\!-\!COR$$

$$\text{I} \qquad\qquad\qquad\qquad \text{II}$$

Dagegen lassen sich N-Sulfaminsäuren und N-Nitramine häufig glatt diazotieren. Schwerlösliche Amine werden deshalb gelegentlich vor der Diazotierung mit Chlorsulfonsäure in die löslichen Sulfaminsäuren übergeführt[2].

b) Stabilisierte Diazoniumsalze

Stabilisierte Diazoniumsalze finden eine wichtige technische Anwendung als Färbesalze und in Färbepräparaten zur Erzeugung unlöslicher Entwicklungsfarbstoffe auf der Faser. Die hauptsächlichen Typen sind:

Saure Sulfate oder Hydrochloride mit Zusätzen inerter Salze,
Zinkchlorid- oder *Bortrifluorid-Doppelsalze* mit inerten Zusätzen,
Salze mit Arylsulfonsäuren, besonders diejenigen der Naphthalin-1.5-disulfonsäure, mit inerten Zusätzen.

In allen Fällen stellt die Abtrennung der Salze und ihre Überführung in eine trockene Form das hauptsächliche Problem dar. Andere stabile Diazoverbindungen, aus denen das Diazoniumsalz regeneriert werden kann, werden später besprochen.

Die beständigeren Diazoniumsalze wie diazotiertes p-Nitranilin können durch Eindampfen ihrer möglichst konzentrierten, stark sauren Lösung bei 40° C im Vakuum abgeschieden werden, wobei die letzten Reste Wasser durch Zusatz von wasserfreiem Natrium- oder Aluminiumsulfat gebunden werden[3]. Auf diese Weise wurden die ersten Färbesalze hergestellt. Zweckmäßiger geht man so vor, daß man in möglichst konzentrierter Schwefelsäure mittels Nitrosylschwefelsäure diazotiert und das Diazoniumsalz durch Zugabe eines organischen Lösungsmittels wie Äthylalkohol fällt oder den ganzen Schwefelsäureüberschuß mit wasserfreiem Natriumsulfat bindet[4]. Auch eine Diazotierung in organischen Lösungsmitteln, in denen das Diazoniumsalz unlöslich ist, wurde beschrieben[5]. Die genannten Verfahren eignen sich zur Isolierung von diazotierten Nitranilinen, Chloranilinen und Aminophenyläthern. Manchmal genügt bereits die Zugabe konzentrierter Schwefelsäure oder Alkylschwefelsäure zum Abscheiden der Salze, vor allem bei Diazoniumverbindungen mit zwei Benzolkernen wie diazotierten Aminoazokörpern,

[1] Huisgen, R., u. G. Horeld: Liebigs Ann. Chem. **562**, 137 (1949).
[2] Vgl.: DRP 409564 (1923); DRP 473217 (1926); DBP 867891 (1950).
[3] DRP 85387 (1894).
[4] DRP 629478 (1933).
[5] DRP 575832 (1930); DRP 611398 (1933).

Aminodiphenyläthern, Aminodiphenylaminen und deren Chlorderivaten[1].

Große Bedeutung besitzt die Abscheidung der Diazoniumsalze mit Naphthalin-1.5-disulfonsäure, die sowohl saure als auch neutrale Salze bilden kann[2]. Andere Sulfonsäuren der Benzol- und Naphthalinreihe lassen sich ebenfalls dazu benützen[3]. Das Verfahren eignet sich für diazotierte Nitraniline, ihre Chlor- und Methoxyderivate und verschiedene andere Amine.

Von den Doppelsalzen sind diejenigen mit Zinkchlorid am wichtigsten[4]. In manchen Fällen ist zu ihrer Abscheidung ein Überschuß von Chlorionen nötig[5]. Auch Cadmium-, Mangan- und Kobaltchlorid-Doppelsalze wurden beschrieben[6]. Sehr schwerlöslich sind im allgemeinen Diazoniumfluoborate; ihre Löslichkeit ist zur Herstellung von Färbesalzen manchmal bereits zu gering. Man erhält die Salze durch Behandlung der Diazoniumlösung mit Borax und Fluorwasserstoffsäure oder direkt mit Borfluorwasserstoffsäure[7]. Der Zusatz von Alkali-, Ammonium- oder Aluminiumsalzen erhöht ihre Löslichkeit[8], saure Verbindungen verbessern die Beständigkeit[9]. Als Fluoborate werden beispielsweise diazotiertes p-Nitranilin und m-Chloranilin stabilisiert.

Die stabilisierten Diazoniumsalze werden stets mit Inertsalzen verschnitten. Im fertig konfektionierten Färbesalz beträgt ihr Anteil nur 20—25%. Das Risiko einer spontanen, explosiven Zersetzung besteht dabei praktisch nicht mehr. Dagegen stellt das vorgängige Mahlen der stabilisierten Salze immer eine gewisse Gefahrenquelle dar und muß mit der nötigen Vorsicht durchgeführt werden. Die Mahlbetriebe und Mahltrommeln müssen möglichst staubfrei gehalten werden. Durch Zusatz von Kohlensäurediäthylester können die Salze nichtstäubend gemacht werden. Zur allfälligen Kühlung beim Mahlen kann man Trockeneis zusetzen.

c) Diazoverbindungen

Die Diazoniumgruppe kann durch zwei mesomere Formeln umschrieben werden:

$$\text{I} \qquad\qquad\qquad \longleftrightarrow \qquad\qquad\qquad \text{II}$$

---

[1] DRP 569205 (1926); DRP 609476 (1933); DRP 654448 (1936).

[2] DRP 499294 (1925).

[3] DRP 572268, 572269 (1930); 575024 (1931); vgl.: MARRIOTT, G. J.: J. Soc. Dyers Colourists 52, 172 (1936).

[4] DRP 89437 (1896); DRP 569205 (1926); vgl.: ROWE, F. M.: J. Soc. Dyers Colourists 46, 227 (1930).

[5] DRP 454894 (1923); DRP 561182 (1931).

[6] DRP 491318 (1927); DRP 670099 (1937); DRP 723629 (1938).

[7] DRP 478031 (1927). Die präparative Darstellung des Borfluoridkomplexes von tetrazotiertem Benzidin beschreiben SCHIEMANN, G., u. W. WINKELMÜLLER: Org. Synth. Coll. Vol. 2, 188 (1950).

[8] DRP 557658 (1928).

[9] DRP 495631 (1927).

Nach den Untersuchungen von CLUSIUS mit markiertem Stickstoff ist eine Ringstruktur IV nicht nur bei Aryldiazoniumsalzen, sondern auch beim Diazoessigester auszuschließen[1]:

$$ROOC-CH=\overset{\oplus}{N}=\overset{\ominus}{N}$$

III
lineare Struktur

IV
Ringstruktur, unzutreffend

Diazoniumsalze mit Anionen starker Säuren sind vollständig dissoziiert[2] und reagieren in wäßriger Lösung neutral. Das Infrarot-Absorptionsspektrum von Diazoniumsalzen zeigt eine charakteristische Bande bei 4,42 μ[3]. Unter dem Einfluß von Licht zerfallen sie unter Stickstoffentwicklung[4]; diese Eigenschaft kann zu ihrer analytischen Bestimmung benützt werden, indem der gebildete Stickstoff aufgefangen und gemessen wird[5].

Die Diazoniumgruppe ist ein stark elektronenanziehender Substituent und vermag deshalb nucleophile Reaktionen am Arylkern zu aktivieren, worauf bereits eingegangen wurde[6]. In sehr ausgeprägter Weise macht sich dieser elektronenanziehende Effekt bei den Tetrazoverbindungen bemerkbar, da derartige Substituenten einerseits die Diazotierung erschweren, die Azokupplung dagegen stark beschleunigen. Bei der Tetrazotierung des Benzidins und seiner Derivate wird die erste Aminogruppe deshalb leicht und rasch diazotiert, während die zweite nur noch langsam reagiert. Bei der Azokupplung der Tetrazoverbindung tritt dieselbe Erscheinung auf. Die erste Diazoniumgruppe kuppelt infolge der Aktivierung durch die zweite verhältnismäßig rasch, die zweite nur noch sehr langsam. Noch ausgeprägter macht sich diese Erscheinung beim p-Phenylendiamin bemerkbar, das sich nur sehr schwer tetrazotieren läßt[7].

Diazoniumsalze von Arylsulfonsäuren bilden innere Salze, die meistens schwerlöslich sind; als Beispiel sei die diazotierte Sulfanilsäure aufgeführt:

---

[1] CLUSIUS, K., u. M. HOCH: Helv. chim. Acta **33**, 2122 (1950). Vgl. auch: DILTHEY, W., C. BLANKENBURG, W. BRANDT u. W. HUTHWELKER: J. prakt. Chem. [2] **135**, 36 (1932). — CLUSIUS, K., u. U. LÜTHI: Helv. chim. Acta **40**, 445 (1957).

[2] DAVIDSON, W. B., u. A. HANTZSCH: Ber. dtsch. chem. Ges. **31**, 1612 (1898).

[3] ARONEY, M., R. J. W. LeFÈVRE u. R. L. WERNER: J. chem. Soc. [London] **1955**, 276.

[4] SCHMIDT, J., u. W. MAIER: Ber. dtsch. chem. Ges. **64**, 767 (1931).

[5] SPENCER, G., u. F. J. TAYLOR: J. Soc. Dyers Colourists **63**, 394 (1947).

[6] Zur Stärke dieses Effektes vgl.: BOLTO, B. A., M. LIVERIS u. J. MILLER: J. chem. Soc. [London] **1956**, 750.

[7] Vgl.: SCHOUTISSEN, H. A. J.: J. Amer. chem. Soc. **55**, 4531, 4535 (1933).

Eine ähnliche Erscheinung beobachtet man bei den Diazophenolen, bei denen eine Mesomerie zwischen dem Diazophenolat I und dem Chinondiazid II vorliegt[1]:

I II

Eine analoge Mesomerie dürfte auch bei den p-Aminophenyl-diazoniumsalzen vorliegen[2]. Beide Verbindungsklassen sind zur Azokupplung fähig.

Alle Diazoniumsalze zersetzen sich in wäßriger Lösung mehr oder weniger rasch. Substituenten im Phenylkern üben einen wesentlichen Einfluß auf die Zersetzungsgeschwindigkeit aus, der vor allem von SNOW[3] sowie von CROSSLEY u. Mitarb.[4] untersucht wurde. Bei 20° C fand man folgende Reihe zunehmender Stabilität der diazotierten Amine:

p-Phenylendiamin (tetrazotiert), m-Anisidin, m-Toluidin, o-Toluidin, Anilin, Aminoazotoluol, Anthranilsäure, 2-Naphthylamin, p-Anisidin, 1-Naphthylamin, p-Aminobenzoesäure, Sulfanilsäure, Picraminsäure, p-Phenylendiamin (diazotiert), p-Aminophenol, Aminoazobenzol, p-Toluidin, p-Nitranilin, o-Anisidin, o-Nitranilin, m-Nitranilin, p-Chloranilin.

Bei höheren oder niedrigeren Temperaturen können Abweichungen von dieser Stabilitätsreihe auftreten.

Bei verschiedenen ortho-substituierten Phenyldiazoniumsalzen kann eine intramolekulare Kupplung erfolgen, wobei ein heterocyclischer Ring gebildet wird, der nicht mehr zur Azokupplung befähigt ist. So entsteht bei der Diazotierung von o-Phenylendiamin das Benztriazol I[5], aus o-Aminothiophenol das Benzthiadiazol II[6] und aus o-Toluidin und seinen Derivaten je nach Bedingungen das Diazoniumsalz oder ein Indazol III[7]. Aus o-Amino-benzoesäureamiden können Benztriazine IV und aus o-Aminostyrolen schließlich Cinnoline V entstehen (siehe Seite 190).

Da die Diazoniumgruppe in der einen mesomeren Grenzform am β-ständigen Stickstoffatom eine Elektronenlücke besitzt, kann sie dort

[1] ANDERSON, J. D. C., R. J. W. LEFÈVRE u. I. R. WILSON: J. chem. Soc. [London] 1949, 2082. — LEFÈVRE, R. J. W., J. B. SOUSA u. R. L. WERNER: J. chem. Soc. [London] 1954, 4686.

[2] ANDERSON, L. C., u. J. W. STEEDLEY: J. Amer. chem. Soc. 76, 5144 (1954).

[3] SNOW, CH. C.: Ind. Engng. Chem. 24, 1420 (1932).

[4] CROSSLEY, M. L., R. H. KIENLE u. C. H. BEUBROOK: J. Amer. chem. Soc. 62, 1400 (1940); vgl. auch: HODGSON, H. H., W. H. H. NORRIS u. E. R. WARD: J. Soc. Dyers Colourists 66, 471 (1950). — RIBKA, J.: Angew. Chem. 70, 241 (1958).

[5] LADENBURG, A.: Ber. dtsch. chem. Ges. 9, 219 (1876). — DAMSCHRODER, R. E., u. W. D. PETERSON: Org. Synth. Coll. Vol. 3, 106 (1960).

[6] LEFÈVRE, R. J. W., J. B. SOUSA u. R. L. WERNER: J. chem. Soc. [London] 1954, 4686.

[7] NOELTING, E.: Ber. dtsch. chem. Ges. 37, 2584 (1904). — PORTER, H. D., u. W. D. PETERSON: Org. Synth. Coll. Vol. 3, 660 (1960). — HUISGEN, R., u. H. NAKATEN: Liebigs Ann. Chem. 586, 84 (1954).

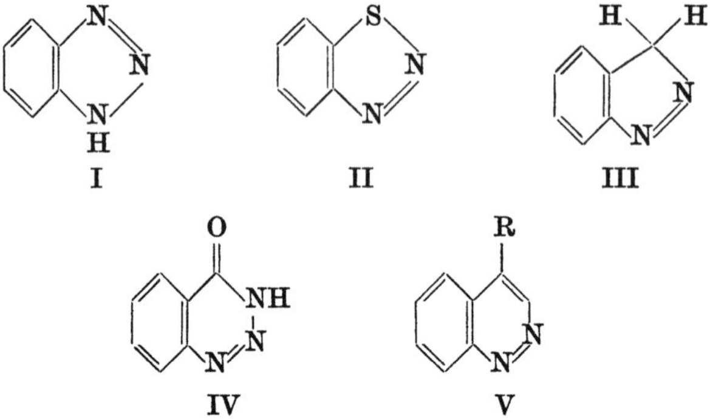

I   II   III

IV   V

Basen und andere nucleophile Reagenzien anlagern. Die entstandenen Verbindungen werden als *Diazokörper* bezeichnet, sofern sie wieder in Diazoniumsalz und Base spaltbar sind. Ist eine solche Spaltung nicht mehr möglich, so spricht man von *Azoverbindungen*. Zu diesen letzteren gehört die große und wichtige Gruppe der Azofarbstoffe. Diazokörper und Azoverbindungen können in cis- und trans-Isomeren vorkommen.

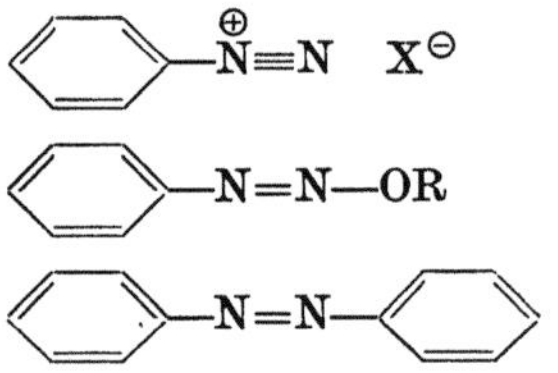

Phenyldiazoniumsalz

Phenyldiazoäther

Azobenzol

Eine technisch und theoretisch interessante Reaktionsfolge spielt sich bei der Zugabe von Hydroxylionen zu einem Diazoniumsalz ab. Es bildet sich dabei ein „Diazohydroxyd“, das aber sofort in das „*Diazotat*“ dissoziiert. Durch Säurezusatz werden wieder Diazohydroxyd und Diazoniumsalz zurückgebildet[1]. Das Diazohydroxyd ist nicht faßbar, sondern disproportioniert sofort in Diazotat und Diazoniumverbindung:

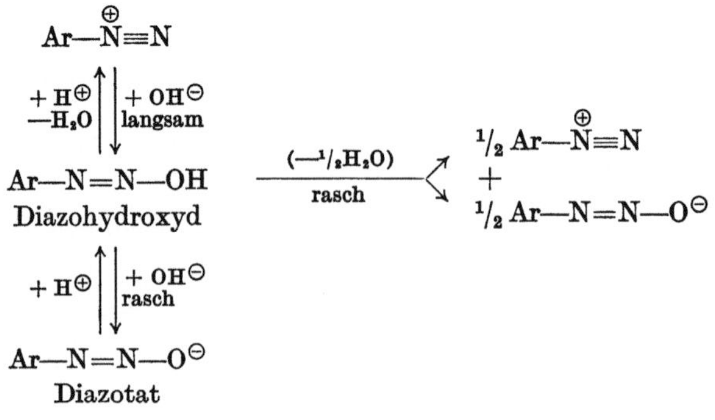

$$\text{Ar—}\overset{\oplus}{\text{N}}\text{≡N}$$

$$+\,\text{H}^{\oplus} \;\; / \;\; +\,\text{OH}^{\ominus}$$
$$-\text{H}_2\text{O} \;\; / \;\; \text{langsam}$$

$$\text{Ar—N=N—OH}$$
Diazohydroxyd

$$\xrightarrow[\text{rasch}]{(-^1/_2\text{H}_2\text{O})} \quad \begin{array}{l} ^1/_2\,\text{Ar—}\overset{\oplus}{\text{N}}\text{≡N} \\ + \\ ^1/_2\,\text{Ar—N=N—O}^{\ominus} \end{array}$$

$$+\,\text{H}^{\oplus} \;\; / \;\; +\,\text{OH}^{\ominus}$$
$$\text{rasch}$$

$$\text{Ar—N=N—O}^{\ominus}$$
Diazotat

---

[1] Vgl.: ZOLLINGER, HCH., u. C. WITTWER: Helv. chim. Acta **37**, 1954 (1954). Für eine ausführliche Diskussion der Diazo-Isomerien und Diazo-Gleichgewichte sei verwiesen auf: ZOLLINGER, H.: Chemie der Azofarbstoffe, S. 45f., S. 61f. Basel: Birkhäuser 1958.

Bereits 1894 stellten Schraube und Schmidt fest, daß sich das Kalium-phenyl-diazotat beim Erwärmen mit wäßrigem Alkali in ein beständigeres Iso-Diazotat umlagert, aus dem sie mit Methyljodid das N-Nitroso-methylanilin erhielten[1]. Sie nahmen deshalb für das Iso-Diazotat die Struktur eines Nitrosamins an und wurden hierin von Bamberger[2] unterstützt:

$$Ar—N=N—OK \quad \rightarrow \quad Ar—\underset{\underset{NO}{|}}{N}—K$$

Iso-Diazotat = „Nitrosamin"

Formulierung nach Bamberger.

Demgegenüber vertrat Hantzsch die Auffassung, daß es sich beim Iso-Diazotat lediglich um ein Stereoisomeres handle, wie dies in Analogie zu den 1.2-substituierten Äthylenen, Hydrazonen und Oximen zu erwarten war[3]:

syn-Diazotat	anti-Diazotat
normales Diazotat	stabileres Diazotat

Formulierung von Hantzsch

In der Folge kam es zu einer jahrelangen Kontroverse über die Konstitution der labilen und stabilen Diazotate, die noch komplizierter wurde, als Angeli eine dritte Isomerie postulierte[4]:

$$Ar—N=N—O^{\ominus} \qquad \qquad Ar—\overset{\oplus}{N}=\overset{\ominus}{N}$$

syn-Diazotat anti-Diazotat

Formulierung von Angeli

Die Umlagerung eines an Stickstoff gebundenen Sauerstoffatoms ist jedoch recht ungewöhnlich, so daß eine derartige Isomerie nur beim Vorliegen einer Phenylwanderung möglich scheint. In neuerer Zeit konnte durch Untersuchungen mit markiertem Stickstoff gezeigt werden, daß keine solche eintritt[5].

Nach heutiger Auffassung liegt bei den Diazotaten eine *cis-trans-Isomerie* vor, wie sie von Hantzsch postuliert worden war. Absolut schlüssige Beweise für diese Annahme besitzt man zwar noch nicht, doch ist sie durch die Analogie zwischen den Azobenzolen, Azocyaniden und Diazotaten gut begründet[6], da bei den ersteren beiden eine cis-trans-

---

[1] Schraube, C., u. C. Schmidt: Ber. dtsch. chem. Ges. **27**, 514 (1894).

[2] Bamberger, E.: Ber. dtsch. chem. Ges. **27**, 679 (1894).

[3] Hantzsch, A.: Ber. dtsch. chem. Ges. **27**, 1702 (1894).

[4] Angeli, A.: Gazz. chim. ital. **51**, 35 (1921); — Ber. dtsch. chem. Ges. **59**, 1400 (1926); **62**, 1924 (1929); **63**, 1977 (1930).

[5] Swan, G. A., u. P. Kelly: J. chem. Soc. [London] **1954**, 416. — Clusius, K., u. H. Hürzeler: Helv. chim. Acta **38**, 1831 (1955).

[6] Vgl.: LeFèvre, R. J. W., u. J. B. Sousa: J. chem. Soc. [London] **1955**, 3154; **1957**, 744.

Isomerie eindeutig festgestellt wurde[1]. Sie wird ferner gestützt durch die Arbeiten von HUISGEN über die cis-trans-Isomerie der Diazo-ester[2].

Nach den Untersuchungen von GRACHEV[3] und LEWIS[4] bildet sich aus dem Diazoniumsalz und einem Hydroxylion in langsamer Reaktion das syn-Diazohydroxyd (cis-Form), das durch Abgabe eines Protons sehr rasch in das syn-Diazotat übergeht. Dieses lagert sich langsam in das anti-Diazotat (trans-Form) um. Bei der Zugabe von Säure geht das letztere unter Aufnahme eines Protons rasch in das anti-Diazohydroxyd über. Die Rückbildung des Diazoniumions geschieht teilweise durch eine säurekatalysierte Abspaltung des Hydroxylrestes, teils durch Isomerisierung zum instabilen syn-Diazohydroxyd, möglicherweise auch durch eine spontane Dissoziation des anti-Diazohydroxyds. Die Vorgänge sind im folgenden Schema zusammengestellt:

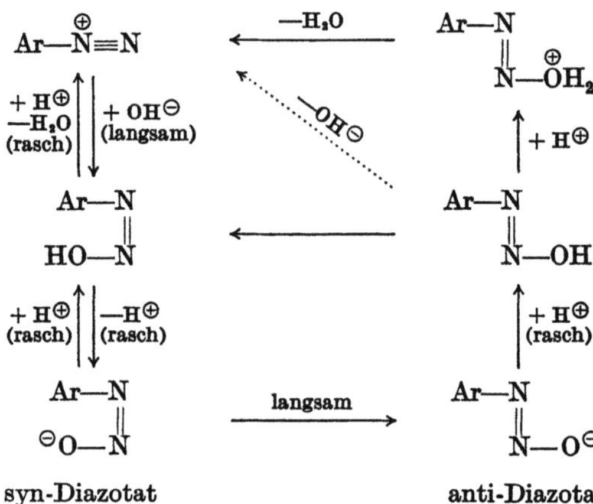

Die wichtigsten Diazoverbindungen sind nachfolgend zusammengestellt:

---

[1] Vgl. bezüglich Azobenzol: HARTLEY, G. S.: J. chem. Soc. [London] **1938**, 633. — COOK, A. H.: J. chem. Soc. [London] **1938**, 876. — LeFÈVRE, R. J. W., u. G. S. HARTLEY: J. chem. Soc. [London] **1939**, 531. — COOK, A. H., u. D. G. JONES: J. chem. Soc. [London] **1939**, 1309. Bezüglich Azocyanide siehe: LeFÈVRE, R. J. W., u. H. VINE: J. chem. Soc. [London] **1938**, 431, 1878. — ANDERSON, D., R. J. W. LeFÈVRE u. J. SAVAGE: J. chem. Soc. [London] **1947**, 445. — SHEPPARD, N., u. G. B. B. M. SUTHERLAND: J. chem. Soc. [London] **1947**, 453. — ANDERSON, D., M. E. BEDWELL u. R. J. W. LeFÈVRE: J. chem. Soc. [London] **1947**, 457. — LeFÈVRE, R. J. W., u. J. NORTHCOTT: J. chem. Soc. [London] **1949**, 333, 944. — LeFÈVRE, R. J. W., u. I. R. WILSON: J. chem. Soc. [London] **1949**, 1106. — FREEMAN, K. C., u. R. J. W. LeFÈVRE: J. chem. Soc. [London] **1950**, 3128.

[2] HUISGEN, R., u. H. NAKATEN: Liebigs Ann. Chem. **586**, 84 (1954).

[3] PORAĬ-KOSHITS, B. A., u. I. V. GRACHEV: Ž. obšč. Khim. USSR **16**, 571 (1946); **17**, 1843 (1947). — GRACHEV, I. V.: Ž. obšč. Khim. USSR **17**, 1834, 2268 (1947). — GRACHEV, I. V., u. N. A. KIRZNER: Ž. obšč. Khim. USSR **18**, 1525 (1948). — Chem. Abstr. **41**, 1215 (1947); **42**, 5866 (1948); **43**, 169, 2491 (1949).

[4] LEWIS, E. S., u. H. SUHR: J. Amer. chem. Soc. **80**, 1367 (1958).

Ar—N=N—O$^{\ominus}$	Diazotate
Ar—N=N—SO$_3$$^{\ominus}$	Diazosulfonate
Ar—N=N—NH—R	Diazoaminoverbindungen
Ar—N=N—O—R	Diazoäther
Ar—N=N—O—CO—R	Diazoester
Ar—N=N—S—R	Diazothioäther
Ar—N=N—SO$_2$—R	Diazosulfone
Ar—N=N—CN	Diazocyanide
Ar—N=N—O—N=N—Ar	Diazoanhydride[1]

Die *syn- und anti-Diazotate*, auch als normale und iso-Diazotate bzw. Nitrosamine bezeichnet, entstehen aus den Diazoniumsalzen bei der Einwirkung von Alkalien. Der Übergang der syn- in die beständigeren anti-Diazotate wird dabei durch elektronenanziehende Substituenten im Phenylkern, starkes Alkali und Wärme erleichtert.

Diazotiertes p-Nitranilin und 2.5-Dichloranilin lassen sich schon in Sodalösung bei 45° C umlagern, glatter spielt sich die Reaktion in verdünnter Natron- oder Kalilauge ab[2]. Chlorsubstituierte Diazoniumbenzole lassen sich bei 100—125° C umlagern, diazotiertes Anilin, Toluidin und Anisidin erst bei 140° C[3]. Im letzteren Fall läßt man die konzentrierte Diazoniumlösung am besten unter Rühren in die vorgewärmte, konzentrierte Natronlauge einfließen, die möglichst im Sieden gehalten wird. Nach dem Abkühlen kristallisieren die anti-Diazotate meistens aus. Im Gegensatz zum Diazoniumsalz und den syn-Diazotaten kuppeln sie mit Phenolen und Aminen nicht mehr zu Azoverbindungen und eignen sich deshalb vorzüglich zur Herstellung von Färbepräparaten, die zum Drucken benützt werden (Cibagen-, Rapidecht-, Tinagenfarbstoffe u. a.). Bei Zusatz selbst von schwachen Säuren entsteht wieder die kupplungsfähige Form, worauf sich der Farbstoff in der Faser bilden kann.

Die *Diazosulfonate* kommen wie die Diazotate in einer labilen und einer stabilen Form vor. Die stabilen Naphthalin-α- und β-diazosulfonate sind schwer zugänglich, da normalerweise unter Umlagerung und Stickstoffentwicklung die Bildung von 1.1'- und 2.2'-Azonaphthalinen eintritt[4]. Wie SUCKFÜLL und DITTMER[5] feststellten, spielt sich die Reaktion über die folgende Zwischenstufe mit syn-Konfiguration ab:

$$\mathrm{Ar}\underset{\underset{\underset{\displaystyle N—Ar}{\displaystyle \|}}{\displaystyle N—O}}{\overset{\displaystyle N=N}{\diagup\diagdown}}\mathrm{SO_2}$$

Auch unsymmetrische Azoverbindungen sind bei geeigneter Versuchsdurchführung über diese Zwischenverbindung zugänglich. Die labile Form der Diazosulfonate kuppelt sofort, die stabile nur langsam

---

[1] Die Existenz von Diazoanhydriden steht nicht sicher fest; siehe dazu: BAMBERGER, E.: Ber. dtsch. chem. Ges. **29**, 446 (1896); **53**, 2314 (1920) und SUCKFÜLL, F., u. H. DITTMER: Chimia **15**, 137 (1961).

[2] DRP 78874 (1893); vgl. auch: BAMBERGER, E.: Ber. dtsch. chem. Ges. **29**, 461 (1896). — HANTZSCH, A., u. D. GERILOWSKI: Ber. dtsch. chem. Ges. **28**, 2002 (1895); **29**, 743 (1896).

[3] DRP 84609 (1894); siehe auch: DBP 900454 (1951).

[4] DRP 78225 (1894).

[5] SUCKFÜLL, F., u. H. DITTMER: Chimia **15**, 137 (1961). Über Azophosphonsäureester siehe: SUCKFÜLL, F., u. H. HAUBRICH: Angew. Chem. **70**, 238 (1958).

oder gar nicht[1]. Einige anti-Diazosulfonate werden wie anti-Diazotate in Färbepräparaten benützt[2], so diejenige von diazotiertem 4-Amino-diphenylamin.

Man erhält die Diazosulfonate aus den Diazoniumlösungen mit Natriumsulfit in schwach saurer Lösung[3]. Bei Anwendung von überschüssigem Sulfit entstehen die Hydrazinsulfonsäuren, $Ar-NH-NH-SO_3H$, die in Gegenwart von Oxydationsmitteln wie Diazosulfonate kuppeln[4]. Durch Abspaltung der Sulfonsäuregruppe mittels starker Säure lassen sie sich in Arylhydrazine überführen. Dies ist die wichtigste Herstellungsmethode für die letzteren[5].

Diazoaminoverbindungen bilden sich aus Diazoniumsalzen und primären oder sekundären Aminen. Es sind Triazenderivate, die im ersteren Fall in automeren Formen vorliegen:

$$Ar-N=N-NH-R \; \rightleftarrows \; Ar-NH-N=N-R$$

$$Ar-N=N-NR'-R$$

Diazoaminobenzol, $Ph-N=N-NH-Ph$, wird bei der Diazotierung von Anilin mit $^1/_2$ Äquivalent Natriumnitrit und anschließendem Zusatz von Natrium-acetat zur Erzeugung eines schwach sauren Mediums gewonnen[6]. Es bildet sich auch, wenn die Diazotierung mit ungenügender Säuremenge durchgeführt wird. Beim Erwärmen zerfällt es unter Stickstoffentwicklung in o- und p-Aminodiphenyl und kann deshalb als Treibmittel in Schaumstoffmassen verwendet werden[7]. Da die thermische Zersetzung homolytisch verläuft, eignet es sich als Polymerisations-Initiator[8].

In Gegenwart von Säuren lagert sich Diazoaminobenzol in p-Amino-azobenzol um. Diese Umlagerung erfolgt unter intermediärer Rückbildung des Diazonium-Ions und Anilin, wie in neuerer Zeit einwandfrei nachgewiesen wurde[9]. Wird die Umlagerung in Gegenwart von Dimethylanilin vorgenommen, so entsteht deshalb auch Dimethylaminoazobenzol[10]. Infolge des tautomeren Verhaltens der Diazoaminoverbindungen kann bei der Umlagerung eine „Umdiazotierung" eintreten:

$$Ar-N=N-NH-Ar' \; \rightleftarrows \; Ar-NH-N=N-Ar'$$

$$\downarrow +H^\oplus \qquad\qquad\qquad \downarrow +H^\oplus$$

$$Ar-\overset{\oplus}{N}\equiv N + H_2N-Ar' \qquad Ar-NH_2 + N\equiv\overset{\oplus}{N}-Ar'$$

[1] HANTZSCH, A., u. M. SCHMIEDEL: Ber. dtsch. chem. Ges. **30**, 71 (1897).

[2] Vgl.: DRP 560797, 560798 (1930). — DESAI, R. L., T. N. METHA u. V. B. THOSAR: J. Soc. Dyers Colourists **54**, 371 (1938).

[3] HANTZSCH, A.: Ber. dtsch. chem. Ges. **27**, 1715, 1726 (1897). — HODGSON, H. H., u. E. MARSDEN: J. chem. Soc. [London] **1943**, 470.

[4] DRP 563061 (1931); DRP 578648 (1932).

[5] Für eine präparative Vorschrift siehe: COLEMAN, G. H.: Org. Synth. Coll. Vol. 1, 442 (1958).

[6] Für eine präparative Vorschrift sei verwiesen auf: HARTMANN, W. W., u. J. B. DICKEY: Org. Synth. Coll. Vol. 2, 163 (1950). — Zur Struktur aromatischer Triazene vgl.: CAMPBELL, T. W., u. B. F. DAY: Chem. Reviews **48**, 299—317 (1951).

[7] LOBER, F.: Angew. Chem. **64**, 68 (1952).

[8] Vgl.: WILLIS, J. M., G. ALLIGER, B. L. JOHNSON u. W. M. OTTO: Ind. Engng. Chem. **45**, 1316 (1953).

[9] CLUSIUS, K., u. H. R. WEISSER: Helv. chim. Acta **35**, 1524 (1952). Für eine eingehende Diskussion derartiger Umlagerungen siehe: HUGHES, E. D., u. C. K. INGOLD: Quart. Reviews **6**, 34—62 (1952).

[10] ROSENHAUER, E., u. H. UNGER: Ber. dtsch. chem. Ges. **61**, 392 (1928).

Der Iminowasserstoff der Diazoaminoverbindungen läßt sich durch Metalle ersetzen, wobei sich Komplexe nachfolgender Art bilden können[1];

$$\text{Ar—N}\diagdown\!\!\!\!\!\!\begin{array}{c}\text{N}\\[-2pt]\end{array}\!\!\!\!\!\!\diagup\text{N—Ar'}\qquad(\text{Me})$$

Da die meisten Diazoaminoverbindungen bei normaler Temperatur stabil sind und in Gegenwart von Säure wieder das Diazoniumion zurückbilden, benützt man sie in der Technik zur Herstellung von Färbepräparaten. Diese enthalten eine geeignete Diazoaminoverbindung und eine Kupplungskomponente und gehen beim Dämpfen im schwach sauren Bereich auf der Faser in den entsprechenden Azofarbstoff über. Dazu eignen sich natürlich nur Verbindungen, deren Spaltung einheitlich verläuft. Üblicherweise müssen sie wasserlöslich sein. Diese Eigenschaften werden mit geeigneten Aminen erzielt. Wichtige Komponenten sind Sarkosin[2], Methyltaurin[3], 2-Amino-4-sulfo-benzoesäure[4], 2-Methylamino-5-sulfobenzoesäure und ihr Äthylanaloges.

$$\begin{array}{cc}
\overset{\textstyle CH_3}{\underset{\textstyle HN—CH_2—COOH}{|}} & \overset{\textstyle CH_3}{\underset{\textstyle HN—CH_2—CH_2—SO_3H}{|}}\\
\text{Sarkosin} & \text{Methyltaurin}
\end{array}$$

2-Amino-4-sulfo-benzoesäure   2-Methylamino-5-sulfo-benzoesäure

Die *Diazoäther* sind ohne praktische Bedeutung. Sie zersetzen sich rasch beim Erwärmen. Mit Phenolen kuppeln sie in alkalischer Lösung[5].

Diazoester bilden sich einerseits aus Diazoniumsalzen und den Alkalisalzen organischer Säuren in wäßriger Lösung[6], andrerseits durch Umlagerung von aromatischen N-Nitrosoacylaminen. Die letzteren lassen sich durch Nitrosierung von aromatischen N-Acylaminen in Eisessig oder Eisessig-Acetanhydrid-Mischung mit nitrosen Gasen, Nitrosylchlorid oder Nitrosylschwefelsäure darstellen[7]. Ihre Umlagerung in

[1] Dwyer, F. P.: J. Amer. chem. Soc. **63**, 78 (1941).
[2] DRP 510441 (1928).
[3] DRP 530396 (1930); siehe auch: DBP 906215 (1951).
[4] DRP 513209 (1928); DRP 535670 (1930).
[5] Zur Herstellung siehe: Bamberger, E.: Ber. dtsch. chem. Ges. **28**, 225 (1895).
[6] Bamberger, E.: Ber. dtsch. chem. Ges. **30**, 211 (1897).
[7] Huisgen, R., u. H. Nakaten: Liebigs Ann. Chem. **586**, 84 (1954). — Butterworth, E. C., u. D. H. Hey: J. chem. Soc. [London] **1938**, 116. — Haworth, J. W., u. D. H. Hey: J. chem. Soc. [London] **1940**, 361. — France, H., I. M. Heilbron u. D. H. Hey: J. chem. Soc. [London] **1940**, 369. — Haworth, J. W., I. M. Heilbron u. D. H. Hey: J. chem. Soc. [London] **1940**, 372.

unpolaren, inerten Lösungsmitteln rollt sich nach Huisgen über einen intermediären Vierring ab; dabei entsteht das trans-Diazoacylat[1]:

$$\text{Ar—N}\underset{\text{N}}{\overset{\text{O=C—R}}{\big\langle}}\text{O} \rightarrow \text{Ar—N}\underset{\text{N}}{\overset{{}^{\ominus}\text{O—C—R}}{\big\langle}}\text{O} \rightarrow \text{Ar—N=N—O—COR}$$

Das gebildete Diazoacylat kuppelt mit geeigneten Kupplungskomponenten zu Azoverbindungen; von Alkalien wird es zum Diazotat verseift. Daneben wird eine homolytische Spaltung beobachtet, bei der allerdings keine freien Radikale auftreten. Die Homolyse spielt sich vielmehr innerhalb des Reaktionsknäuels zwischen dem Aryl-diazoacylat und dem entsprechenden Akzeptor ab[2]. Aromatische N-Nitrosoacylamine lassen sich deshalb als Polymerisationskatalysatoren benützen[3].

Diazothioäther erhält man bei der Umsetzung von Diazoniumsalzen mit Mercaptanen. Sie sind sehr unbeständig, ausgenommen diejenigen mit Thioglykolsäure und einigen Thiophenolen. Beim Erwärmen zerfallen sie leicht unter Bildung radikalischer Spaltstücke, die als Polymerisations-Initiatoren verwendet werden können[4].

Diazosulfone sind durch Oxydation der entsprechenden Sulfonylhydrazine oder durch Umsetzung von Diazoniumsalzen mit Sulfinsäure-alkalisalzen in wäßriger Lösung erhältlich.

Diazocyanide sind aus Diazoniumlösungen und Alkalicyaniden zugänglich[5]. Sie zeigen eindeutige cis-trans-Isomerie, worauf bereits hingewiesen wurde, wobei die trans- oder anti-Form die stabilere ist. Bei der Behandlung mit konzentrierten Säuren werden sie zu Diazo-carbonsäureamiden verseift, mit Alkohol bilden sie die entsprechenden Diazo-iminoäther und mit Aminen Diazo-amidine. Eine technische Bedeutung besitzen sie nicht.

11. Sandmeyer-Reaktionen und verwandte Synthesen

Die Diazoniumverbindungen gehen verschiedene Umsetzungen ein, bei denen die Diazoniumgruppe durch einen anderen Substituenten ersetzt und als Stickstoffmolekel freigesetzt wird. Dieser Vorgang kann sowohl heterolytisch als auch homolytisch erfolgen und findet eine wichtige Anwendung in der metallkatalysierten Sandmeyer-Reaktion, mit der auch in der Technik einige Chlor-, Brom- und Cyanderivate hergestellt werden.

Die einfachste Reaktion dieser Art stellt die *unkatalysierte, heterolytische Zersetzung* des Diazoniumions in Anwesenheit eines Anions dar. Der geschwindigkeitsbestimmende Schritt ist dabei die monomolekulare Abspaltung von Stickstoff aus dem Diazoniumion unter

[1] Vgl.: Huisgen, R., u. G. Horeld: Liebigs Ann. Chem. **562**, 137 (1949). — Huisgen, R.: Liebigs Ann. Chem. **573**, 163 (1951); **574**, 171, 184 (1951). — Huisgen, R., u. L. Krause: Liebigs Ann. Chem. **574**, 157 (1951). — Huisgen, R., u. H. Reimlinger: Liebigs Ann. Chem. **599**, 161, 183 (1956).
[2] DeTar, D. F.: J. Amer. chem. Soc. **73**, 1446 (1951).
[3] DeTar, D. F., u. C. S. Savat: J. Amer. chem. Soc. **75**, 5116 (1953).
[4] Reynolds, W. B., u. E. W. Cotten: Ind. Engng. Chem. **42**, 1905 (1950).
[5] Hantzsch, A., u. K. Danziger: Ber. dtsch. chem. Ges. **30**, 2537 (1897).

Bildung eines Arylkations. Das letztere reagiert momentan und ohne vorherige Isomerisierung mit einem Anion zur neuen Verbindung[1]:

$$Ar\!-\!\overset{\oplus}{N}\!\equiv\!N \;\rightarrow\; Ar^{\oplus} + N_2$$

$$Ar^{\oplus} + X^{\ominus} \;\rightarrow\; Ar\!-\!X$$

Neben obigem Mechanismus wird auch eine pseudo-monomolekulare Reaktion beobachtet, so bei der Umsetzung von p-Nitrophenyldiazoniumsalzen mit Bromidionen. Sie erklärt sich durch das Vorliegen eines zweiten, bimolekularen Mechanismus, bei dem die Reaktion des Bromidions mit dem Diazoniumsalz geschwindigkeitsbestimmend ist, neben dem monomolekularen Mechanismus über das Arylkation[2]. Der relative Anteil dieser beiden Mechanismen dürfte je nach Anion und den Substituenten im Diazoniumsalz variieren.

Elektronenabgebende Substituenten in der m-Stellung zur Diazoniumgruppe erleichtern den Zerfall, elektronenanziehende wie die Nitro- oder Carboxylgruppe in m- oder p-Stellung erschweren ihn. Alkyl-, Aryl-, Alkoxy- und Hydroxygruppen in der p-Stellung wirken dem Zerfall der Diazoniumverbindungen ebenfalls entgegen. Diese an und für sich gegensätzlichen Substituenteneinflüsse dürften auf verschiedenen Effekten beruhen. Die elektronenanziehenden Substituenten wirken auf das Arylkation destabilisierend und erschweren damit dessen Bildung; elektronenabgebende Substituenten stabilisieren die Diazoniumverbindung und damit deren Zerfall infolge der Mesomerie nach:

$$R\!-\!O\!-\!\langle\!=\!=\!\rangle\!-\!\overset{\oplus}{N}\!\equiv\!N \;\leftrightarrow\; R\!-\!\overset{\oplus}{O}\!=\!\langle\!=\!=\!\rangle\!=\!\overset{\oplus}{N}\!=\!\overset{\ominus}{N}$$

Dieser Mesomerieeffekt ist nur bei p-ständigen Substituenten wirksam. Arylgruppen dürften durch Konjugation, Methyl- und andere Alkylgruppen durch Hyperkonjugation stabilisieren. Bemerkenswert ist der Fall der p-ständigen Dimethylamingruppe, die in schwach saurer Lösung durch Mesomerieeffekte stabilisiert[3], in stark saurer Lösung jedoch infolge Quaternierung als elektronenanziehender Substituent wirkt und daher die Bildung des Arylkations erschwert[4].

Außer der heterolytischen kann auch eine *homolytische Zersetzung* erfolgen. Dazu ist beispielsweise die Arylierung aromatischer Verbindungen durch Diazoniumverbindungen in alkalischer Lösung bei der Gomberg-Reaktion zu rechnen. Diese Umsetzung verläuft sehr gut in Anwesenheit von Natriumacetat, mit dem sich intermediär das Diazoacetat bildet. Es ist wahrscheinlich, daß die homolytische Zersetzung allgemein über kovalente Diazoverbindungen verläuft und kryptoradi-

---

[1] Vgl.: NESMEYANOV, A. N., L. G. MAKAROV u. T. P. TOLSTAYA: Tetrahedron [London] 1, 145 (1957); ferner DeTAR, D. F., u. A. R. BALLENTINE: J. Amer. chem. Soc. 78, 3916 (1956). — DeTAR, D. F., u. S. KWONG: J. Amer. chem. Soc. 78, 3921 (1956). — BLUMBERGER, J. S. P.: Rec. trav. chim. Pays-Bas 49, 259 (1930). — PRAY, H. A.: J. physic. Chem. 30, 1417, 1477 (1926); sowie CROSSLEY, M. L., R. H. KIENLE u. C. H. BENBROOK: J. Amer. chem. Soc. 62, 1400 (1940).

[2] LEWIS, E. S., u. W. H. HINDS: J. Amer. chem. Soc. 74, 304 (1952).

[3] JONGE, J. DE, u. R. DIJKSTRA: Rec. trav. chim. Pays-Bas 67, 328 (1948). — MILLS, W. H.: J. chem. Soc. [London] 1944, 340.

[4] GORVIN, J. H.: J. chem. Soc. [London] 1951, 1693. — AYLING, E. E., J. H. GORVIN u. L. E. HINKEL: J. chem. Soc. [London] 1941, 613.

kalisch ist, indem keine freien Radikale gebildet werden, sondern ein Zerfall erst in Anwesenheit eines geeigneten Akzeptors eintritt[1]:

$$Ar-N=N-X + Ar'-H \rightarrow Ar-Ar' + HX + N_2$$

Die wichtigste technische Anwendung findet die *metallkatalysierte Sandmeyer-Reaktion*[2]. Sie dient vor allem zum Ersatz der Diazoniumgruppe durch Halogene und die Cyangruppe und wird am besten durch das entsprechende Kupfer-I-salz katalysiert. Nach neueren Untersuchungen[3] folgt sie einem pseudoradikalischen Mechanismus, indem das auftretende Radikal den Reaktionsknäuel gar nicht verläßt, so daß keine freien Radikale auftreten. In der ersten Reaktionsstufe lagert sich :CuX mit seinem freien Elektronenpaar an die Diazoniumgruppe an und bildet einen Primärkomplex, der dann homolytisch zerfällt und mit dem Halogen zum Halogenaryl reagiert. Die Reaktion läßt sich wie folgt formulieren:

$$Ar-\overset{\oplus}{N}\equiv N + :CuCl \rightarrow [Ar-N=N-CuCl]^{\oplus}$$
$$\text{Primärkomplex}$$

$$[Ar-N=N-CuCl]^{\oplus} \rightarrow [Ar\cdot + Cu^{II}Cl^{\oplus}] + N_2$$
$$[Ar\cdot + Cu^{II}Cl^{\oplus}] \rightarrow Ar-Cl + Cu^{I\oplus}$$

Die Kupfer-I-verbindung :CuX steht wieder im Gleichgewicht mit komplexen Kupfer-I-salzen, im Fall des Kupferchlorürs mit dem Komplex $[CuCl_3]^{\ominus\ominus}$. Die Rückbildung der katalytisch wirksamen Kupfer-I-verbindung aus dem Kupfer-I-ion dürfte über das komplexe Salz erfolgen:

$$Cu^{I\oplus} + 3\ Cl^{\ominus} \rightarrow [Cu^{I}Cl_3]^{\ominus\ominus}$$
$$[Cu^{I}Cl_3]^{\ominus\ominus} \rightleftarrows :Cu^{I}Cl + 2\ Cl^{\ominus}$$

Im Falle des Kupfer-I-chlorides bilden sich auch tiefgefärbte Komplexe zwischen ersterem, Kupfer-II-chlorid und Salzsäure.

Neben der Sandmeyer-Reaktion treten verschiedene Nebenreaktionen auf. Als wichtigste seien genannt der Ersatz der Diazonium-

---

[1] Vgl.: HEY, D. H., A. NECHVATAL u. T. S. ROBINSON: J. chem. Soc. [London] **1951**, 2892. — AUGOOD, D. R., D. H. HEY u. G. H. WILLIAMS: J. chem. Soc. [London] **1952**, 2094; **1953**, 44. — DETAR, D. F., u. H. J. SCHEIFELE: J. Amer. chem. Soc. **73**, 1442 (1951). — DETAR, D. F.: J. Amer. chem. Soc. **73**, 1446 (1951); ferner STEPHENSON, O., u. W. A. WATERS: J. chem. Soc. [London] **1939**, 1796.

[2] Für eine Übersicht sei verwiesen auf: PFEIL, E.: Angew. Chem. **65**, 155 (1953). — COWDREY, W. A., u. D. S. DAVIES: Quart. Reviews **6**, 358—379 (1952). — HODGSON, H. H.: Chem. Reviews **40**, 251—277 (1947); vgl. auch: SANDMEYER, T.: Ber. dtsch. chem. Ges. **17**, 1633 (1884); **23**, 1880 (1890); **18**, 1492 (1885).

[3] Eine Übersicht über Reaktionsmechanismus und Kinetik gibt PFEIL, E.: Angew. Chem. **65**, 155 (1953); siehe auch: PFEIL, E.: Liebigs Ann. Chem. **561**, 220 (1949). — PFEIL, E., u. O. VELTEN: Liebigs Ann. Chem. **562**, 163 (1949); **565**, 183 (1949). — KOCHI, J. K.: J. Amer. chem. Soc. **79**, 2942 (1957). — DICKERMANN, S. C., K. WEISS u. A. K. INGBERMAN: J. Amer. chem. Soc. **80**, 1904 (1958).

gruppe durch die Hydroxylgruppe und die Bildung von Azokörpern und Diarylen infolge der Reduktionswirkung der Kupfer-I-salze:

$$\text{Ar—}\overset{\oplus}{\text{N}}{\equiv}\text{N} + \text{H}_2\text{O} \;\rightarrow\; \text{Ar—OH} + \text{N}_2 + \text{H}^{\oplus}$$

$$2\,\text{Ar—}\overset{\oplus}{\text{N}}{\equiv}\text{N} + 2\,\text{Cu}^{\text{I}}\text{Cl} \;\rightarrow\; \text{Ar—N}{=}\text{N—Ar} + \text{N}_2 + 2\,\text{Cu}^{\text{II}}\text{Cl}^{\oplus}$$

$$2\,\text{Ar—}\overset{\oplus}{\text{N}}{\equiv}\text{N} + 2\,\text{Cu}^{\text{I}}\text{Cl} \;\rightarrow\; \text{Ar—Ar} + 2\,\text{N}_2 + 2\,\text{Cu}^{\text{II}}\text{Cl}^{\oplus}$$

Die erste Nebenreaktion wird beim Arbeiten in verdünnten Lösungen und in Abwesenheit katalytisch wirksamer Metallsalze begünstigt. Die anderen beiden Nebeneraktionen werden durch hohe Konzentrationen an freien Kupfer-I-salzen begünstigt. Ihre Reaktionsgeschwindigkeit ist proportional dem Quadrat der Konzentration freier Kupfer-I-salze und freier Diazoniumverbindung, da je zwei Molekeln dieser beiden in die Reaktion eintreten. Die Sandmeyer-Reaktion selbst ist dagegen direkt proportional der Konzentration an freiem Kupfer-I-salz und an Diazoniumverbindung. Daraus ergibt sich, daß bei zunehmender Konzentration dieser beiden letzteren die Nebenreaktionen rascher zunehmen als die Hauptreaktion; gleichzeitig wird die katalytisch wirksame Kupfer-I-verbindung in den Nebenreaktionen durch Oxydation zerstört.

Zur Erzielung hoher Ausbeuten in der Sandmeyer-Reaktion ist deshalb sowohl die Konzentration des Diazoniumsalzes als auch diejenige der freien Kupfer-I-verbindung im Reaktionsmedium möglichst niedrig zu halten. Dies gelingt im allgemeinen durch langsame Zugabe dieser beiden Komponenten in die Reaktionslösung und durch komplexe Bindung der Kupfer-I-salze mittels hoher Konzentrationen von Halogen- oder Cyanid-Ionen im Reaktionsgemisch. Ein sehr guter Komplexbildner für Kupferchlorür ist Kupfer-II-chlorid in Gegenwart von Salzsäure. Bei den Cyan-Synthesen tritt Natrium-cuprocyanid, Na(CuCN$_2$), als komplexe Kupfer-I-verbindung auf.

Dem Ersatz der Diazoniumgruppe durch *Halogene* dienen drei Varianten der Sandmeyer-Reaktion, deren Anwendungsbereich aber jeweils beschränkt ist. Der *unkatalysierte Austausch* wird in der Technik praktisch nur zur Herstellung von Fluorbenzol durch Verkochung von diazotiertem Anilin in konzentrierter Fluorwasserstoffsäure angewandt[1]. Auch andere Arylhalogenide lassen sich auf diese Weise darstellen, wenn man Lösungen mit einer hohen Konzentration von Halogenionen verwendet; zur Einführung von Chlor besonders geeignet sind hochkonzentrierte Calciumchlorid- oder Zinkchlorid-Lösungen[2]. Aryljodide bilden sich verhältnismäßig leicht bei der Einwirkung von Kaliumjodid, wovon man zu präparativen Zwecken gern Gebrauch macht[3]. Eine technische Anwendung finden die letztgenannten Verfahren jedoch nicht.

---

[1] DRP 600706 (1933); vgl.: FERM, R. L., u. C. A. VAN DER WERF: J. Amer. chem. Soc. **72**, 4809 (1950).

[2] DRP 541255 (1928).

[3] LUCAS, H. J., u. E. R. KENNEDY: Org. Synth. Coll. Vol. **2**, 351 (1950). — DAINS, F. B., u. F. EBERLY: Org. Synth. Coll. Vol. **2**, 355 (1950).

Die *thermische Zersetzung* von Diazoniumsalzen wird vor allem zur präparativen Darstellung von Fluorverbindungen mittels der Schiemann-Reaktion durchgeführt[1]. In erster Linie eignen sich dazu die verhältnismäßig leicht isolierbaren Diazoniumfluoborate, auch Fluosilicate sind verwendbar[2]:

$$Ar—\overset{\oplus}{N}\equiv N[BF_4]^{\ominus} \rightarrow Ar—F + BF_3 + N_2$$

In der Technik spielt die Schiemann-Reaktion kaum eine Rolle, wohl aber beim präparativen Arbeiten (s. S. 95)[3].

Zur Einführung von Chlor und Brom anstelle der Diazoniumgruppe wird praktisch ausschließlich die metallkatalysierte *Sandmeyer-Reaktion*[4] verwendet. Zur Katalyse eignet sich das entsprechende Kupfer-I-halogenid. Die Modifikation von GATTERMANN mit feinverteiltem Kupfer als Katalysator hat keine Bedeutung erlangt[5]. Auch werden andere Metallsalze als CuCl praktisch kaum verwendet[6]. Die Reaktionsbedingungen variieren je nach der Art des Diazoniumsalzes. Üblicherweise arbeitet man in stark saurer Lösung mit $^1/_{10}$ bis $^1/_1$ Äquivalent Kupfer-I-halogenid bei 10—50° C je nach der Stabilität des Diazoniumsalzes. Nach beendeter Reaktion wird das Kupfer mit Alkali gefällt. Die Ausbeuten sind in der Regel mäßig bis gut, jedoch keinesfalls quantitativ.

Die Sandmeyer-Reaktion ist in der Technik wenig beliebt; es wird nur dann auf sie zurückgegriffen, wenn andere Methoden nicht zu den gewünschten Isomeren führen oder in ungenügender Reinheit. Zwischenprodukte, die derart hergestellt werden, sind unter anderem m-Chlortoluol, 2.6-Dichlortoluol (aus 2-Amino-6-chlortoluol), 4-Chlortoluol-2-sulfonsäure, 1-Chlornaphthalin-8-sulfonsäure und 1-Chlor-8-naphthol-3.6-disulfonsäure. Präparativ dient die Sandmeyer-Reaktion vielfach zur Darstellung von Halogenarylen, die sich mit anderen Methoden schwer isomerenfrei gewinnen lassen[7].

Technisch sehr wichtig ist der Austausch der Diazoniumgruppe gegen die *Cyangruppe*, da man dadurch verschiedene schwer zugängliche

---

[1] BALZ, G., u. G. SCHIEMANN: Ber. dtsch. chem. Ges. **60**, 1186 (1927). Eine Übersicht findet sich bei: BOCKEMÜLLER, W.: Neuere Methoden der präparativen organischen Chemie 1, 217—236 (Weinheim: Verlag Chemie 1949) sowie ROE, A.: Org. Reactions 5, 193—228 (1949).

[2] Bezüglich Fluosilicaten siehe: BEATY, R. D., u. W. K. R. MUSGRAVE: J. chem. Soc. [London] **1952**, 875.

[3] SCHIEMANN, G., u. W. WINKELMÜLLER: Org. Synth. Coll. Vol. 2, 188, 299 (1950). — FLOOD, D. T.: Org. Synth. Coll. Vol. 2, 295 (1950).

[4] SANDMEYER, T.: Ber. dtsch. chem. Ges. 17, 1633 (1884); 18, 1492 (1885); **23**, 1880 (1890). Ausführliche Übersichten bei: HODGSON, H. H.: Chem. Reviews **40**, 251 (1947). — MOWRY, T. A.: Chem. Reviews **42**, 213 (1948). — COWDREY, W. A., u. D. S. DAVIES: Quart. Reviews **6**, 358 (1952).

[5] GATTERMANN, L.: Ber. dtsch. chem. Ges. **23**, 1218 (1890). — Vgl.: HODGSON, H. H., S. BIRTWELL u. J. WALKER: J. chem. Soc. [London] **1941**, 770; **1942**, 376, 720. — HODGSON, H. H., u. D. D. R. SIBBALD: J. chem. Soc. [London] **1944**, 22. — BIGELOW, L. A.: Org. Synth. Coll. Vol. 1, 135, 136 (1948).

[6] Vgl.: HODGSON, H. H., S. BIRTWELL u. J. WALKER: J. chem. Soc. [London] **1944**, 18. — KORCZYNSKI, A.: C. R. hebd. Séances Acad. Sci. 171, 182 (1920).

[7] HARTMANN, W. W., u. M. R. BRETHREN: Org. Synth. Coll. Vol. 1, 162 (1948). HARTWELL, J. L.: Org. Synth. Coll. Vol. 3, 185 (1960).

Zwischenprodukte erhalten kann, die für Küpenfarbstoffe benötigt werden. Die Reaktion muß in nahezu neutralem Medium durchgeführt werden, in saurer Lösung bilden sich zunehmend Nebenprodukte. Zweckmäßig gibt man das Cyanid und die Diazoniumlösung nach und nach gleichzeitig in das Reaktionsmedium, um der Bildung von Diazocyanid entgegenzuwirken, die bei höherer Cyanidkonzentration eintritt. Als Katalysator wird frisch hergestelltes Kupfer-I-cyanid benützt. Die Umsetzung wird meistens bei 10—40° C vorgenommen. Als Beispiel sei die Herstellung von 1-Naphthonitril-8-sulfonsäure aus 1-Naphthylamin-8-sulfonsäure genannt[1]:

$$\ominus O_3S \quad \overset{\oplus}{N}\!\equiv\!N \qquad\qquad NaO_3S \quad CN$$

$$\xrightarrow[Cu_2CN_2]{NaCN}$$

Durch Zusatz von Dinatrium-tetrasulfid nach beendeter Reaktion wird das Kupfer als Sulfid gefällt und unverbrauchtes Cyanid in das ungefährliche Rhodanid übergeführt. Die Sandmeyer-Reaktion mit der Cyanidgruppe wird auch präparativ recht oft vorgenommen[2].

Ausschließlich präparative Bedeutung hat der bereits von SANDMEYER beschriebene Ersatz der Diazonium- durch die *Nitrogruppe*[3], und zwar zur Darstellung von Nitroverbindungen, die nicht direkt zugänglich sind, wie 1.4-Dinitrobenzol[4] oder 1.4-Dinitronaphthalin[5], indem das Diazoniumsalz in Anwesenheit von Kupferpulver oder einem Kupfer-I-salz mit einer konzentrierten Natriumnitritlösung umgesetzt wird. Bessere Ausbeuten liefert die Zersetzung von Aryldiazoniumcobaltinitriten nach HODGSON[6]. Der analoge Ersatz des Diazonium- durch den Sulfonsäurerest ist ohne praktische Bedeutung geblieben.

Unter der Einwirkung von Natriumazid entstehen aus den Diazoniumverbindungen die entsprechenden *Arylazide*. Obwohl diese Umsetzung äußerlich den Sandmeyer-Reaktionen ähnlich ist, folgt sie einem anderen Mechanismus, da die beiden Stickstoffatome der Diazoniumgruppe nicht eliminiert werden[7]. Offenbar entsteht intermediär ein Pentazenderivat, aus dem durch Abspaltung der beiden endständigen Stickstoffatome das Arylazid gebildet wird.

Der Ersatz der Diazoniumgruppe durch die *Hydroxylgruppe* wird als „Verkochung" bezeichnet. Diese Methode dient vor allem zur Darstellung isomerenfreier, substituierter Phenole, und zwar in der Technik wie im Laboratorium[8]. Bei der Diazotierung verwendet man Schwefelsäure, da Halogenionen beim Ersatz der Diazoniumgruppe mit den Hydroxylionen konkurrieren, wobei als Nebenprodukte Halogenaryle entstehen. Die Diazotierung muß sehr sorgfältig durchgeführt werden,

[1] DRP 444325 (1924).
[2] CLARKE, H. T., u. R. R. READ: Org. Synth. Coll. Vol. 1, 514 (1948).
[3] Für eine Übersicht siehe: PROFFT, E.: Chemiker-Ztg. 74, 455 (1950).
[4] STARKEY, E. B.: Org. Synth. Coll. Vol. 2, 225 (1950).
[5] HODGSON, H. H., A. P. MAHADEVAN u. E. R. WARD: Org. Synth. Coll. Vol. 3, 341 (1960).
[6] Vgl. Fußnote 2, S. 105.
[7] CLUSIUS, K., u. H. HÜRZELER: Helv. chim. Acta 37, 798 (1954).
[8] Eine Apparatur für präparative Verkochungen beschreibt LAMBOOY, J. P.: J. Amer. chem. Soc. 72, 5327 (1950).

da die Ausbeute andernfalls durch Nebenreaktionen stark beeinträchtigt werden kann[1]. Zur Verkochung selber wird Schwefelsäure benützt, die oft ziemlich konzentriert gehalten wird, um hohe Verkochungstemperaturen zu erreichen. So wird zur Darstellung von m-Nitrophenol die Lösung mit dem diazotierten m-Nitranilin in konzentrierte Schwefelsäure von 160° C eingegossen[2]. Technische Anwendung findet die Verkochung beispielsweise zur Herstellung von Naphthsulton aus 1-Naphthylamin-8-sulfonsäure in mäßig verdünnter Schwefelsäure bei 125° C[3]:

$$\ominus O_3S \quad \overset{\oplus}{N}\!\equiv\!N \qquad \xrightarrow{\ H_2SO_4\ } \qquad O_2S\!-\!O \qquad + N_2$$

Guajakol wird aus diazotiertem o-Anisidin durch Verkochen mit 65%iger Schwefelsäure bei 135—145° C hergestellt. Um Nebenreaktionen zwischen der Diazoniumverbindung und dem entstandenen Phenol zu verhindern, wird das letztere mit Wasserdampf fortlaufend abdestilliert. Man kann auch in Gegenwart eines wasserunlöslichen organischen Lösungsmittels arbeiten, in dem sich das gebildete Phenol löst und damit der Diazoniumverbindung praktisch entzogen wird[4]. So kann bei der Herstellung von m-Kresol die Lösung mit dem diazotierten m-Toluidin zu einem siedenden Gemisch von 30%iger Schwefelsäure und Benzol zugesetzt werden. Nach beendeter Reaktion trennt man die Schichten und gewinnt das Kresol aus der benzolischen Lösung. Schwer verkochbare Diazoniumverbindungen lassen sich oft in Phosphorsäure bei 200° C verkochen[5].

Präparative Anwendung findet die Darstellung von Phenolen über ihre Acetate. Dabei läßt man Diazoniumfluoborate oder andere schwerlösliche Diazoniumsalze in Eisessig zerfallen, wobei sich die entsprechenden Phenolacetate bilden, die sich leicht zu den Phenolen selber verseifen lassen[6].

Der Ersatz der Diazoniumgruppe durch *Schwefel* stellt eine technisch und präparativ wichtige Methode dar. Besonders glatt erfolgt die Umsetzung, wenn sich in ortho-Stellung zur Diazoniumgruppe eine Carboxylgruppe befindet. Thiosalicylsäure läßt sich derart sehr gut aus Anthranilsäure herstellen[7]:

$$\text{COO}^{\ominus} \quad \xrightarrow[10°\,C]{Na_2S_2} \quad \text{COONa} \quad \text{NaOOC}$$

Reduktion

Thiosalicylsäure

---

[1] GIES, H., u. E. PFEIL: Liebigs Ann. Chem. **578**, 11 (1952).

[2] MANSKE, R. H. F.: Org. Synth. Coll. Vol. 1, 404 (1948); vgl. jedoch: WOODWARD, R. B.: Org. Synth. Coll. Vol. 3, 453 (1960).

[3] Zur Chemie der Sultone und Sultame siehe: MUSTAFA, A.: Chem. Reviews **54**, 195—223 (1954).

[4] DRP 497412 (1927).

[5] DRP 591213 (1932).

[6] SMITH, L. E., u. H. L. HALLER: J. Amer. chem. Soc. **61**, 143 (1939).

[7] DRP 205450 (1906). Eine präparative Vorschrift findet sich bei: ALLEN, C. F. H., u. D. D. MACKAY: Org. Synth. Coll. Vol. 2, 580 (1950).

Auch Thiophenole sind aus den Diazoniumverbindungen zugänglich. Man arbeitet dabei am besten mit Natriumsulfidlösungen, die überschüssigen Schwefel enthalten[1]. Da sich intermediär hochexplosive Zwischenprodukte bilden können, wird die Reaktion zweckmäßig bei 60—70° C durchgeführt, um deren Anreicherung zu verhindern[2]. Statt Schwefel kann auch Thioglykolsäure in den aromatischen Kern eingeführt werden, wobei Aryl-S-thioglykolsäuren entstehen[3], welche wichtige Zwischenprodukte für Thioindigofarbstoffe sind. Die Reaktion spielt sich über die entsprechenden Aryldiazo-S-thioglykolsäuren, Ar—N = N—S—CH$_2$COOH, ab. Häufiger stellt man diese Zwischenprodukte jedoch durch Verätherung der entsprechenden Thiophenole mit Chloressigsäure dar.

Bei der Herstellung von Thiophenolen nach der Leuckart-Reaktion werden Diazoniumverbindungen mit Alkalixanthogenaten zu den entsprechenden Arylxanthogenaten umgesetzt und diese durch alkalische Spaltung in die Thiophenole übergeführt[4]:

$$\mathrm{Ar-\overset{\oplus}{N}\equiv N + KSC-OC_2H_5 \rightarrow Ar-S-C-OC_2H_5 + KCl + N_2}$$

$$\mathrm{Cl^{\ominus} \qquad \overset{\|}{S} \qquad\qquad\qquad \overset{\|}{S}}$$

$$\downarrow \mathrm{Alkali}$$

$$\mathrm{Ar-SNa}$$

Auch einige *schwefelhaltige Gruppen* lassen sich über die Diazoniumverbindung in Arylreste einführen. So erhält man bei der Behandlung von Diazoniumsalzlösungen mit schwefliger Säure in Gegenwart von Kupfer-I-salzen Arylsulfinsäuren, Ar—SO$_2$H, die sich als schwerlösliche Eisensalze abscheiden lassen[5]. Durch Oxydation lassen sich die Sulfin- in Sulfonsäuren überführen[6]. In Eisessig oder anderen organischen Lösungsmitteln kann man mit Schwefeldioxyd in Gegenwart von Kupfer II-chlorid auch direkt die Sulfochloride erhalten[7]. Arylrhodanide sind bei Anwendung konzentrierter Rhodanidlösungen in mäßigen Ausbeuten erhältlich, diazotierte Aminoanthrachinone setzen sich glatter um[8]. Die Reaktion wird durch Kupfer-I-rhodanide und andere Metallsalze katalysiert[9].

Arylarsinsäuren lassen sich oft durch Einwirkung arseniger Säure auf Diazoniumverbindungen gewinnen, obschon normalerweise eine Reduktion eintritt.

---

[1] DRP 499151 (1926).

[2] NAWIASKY, P., F. EBERSOLE u. J. WERNER: Chem. Engng. News **23**, 1247 (1945).

[3] DRP 194040, 201231, 201232 (1905).

[4] LEUCKART, R.: J. prakt. Chem. [2] **41**, 187 (1890). — DRP 241985 (1908); siehe auch: TARBELL, D. S., u. D. K. FUKUSHIMA: Org. Synth. Coll. Vol. **3**, 809 (1960).

[5] DRP 95830 (1896); DRP 130119 (1900). — GATTERMANN, L.: Ber. dtsch. chem. Ges. **32**, 1136 (1899). — THOMAS, J.: J. chem. Soc. [London] **95**, 342 (1909).

[6] HORNER, L., u. O. H. BASEDOW: Liebigs Ann. Chem. **612**, 108 (1958).

[7] Vgl. Fußnote 6, S. 125.

[8] DRP 206054 (1907); DRP 542870 (1929).

[9] KORCZYNSKI, A.: Bull. Soc. chim. France [5] **29**, 283 (1921); [5] **31**, 1179 (1922).

Besser erfolgt die Umsetzung mit Arsentrichlorid in Gegenwart von Kupfer-I-salzen[1]. Auch Antimon, Arsen, Phosphor und sogar Quecksilber enthaltende Aromaten sind aus den Diazoniumverbindungen zugänglich[2].

Der Ersatz der Diazoniumgruppe gegen *Wasserstoff*, der als „reduktive Desaminierung" bekannt ist, wird technisch nur selten benützt, beispielsweise zur Herstellung von 1.3.5-Trichlorbenzol aus dem leicht zugänglichen 2.4.6-Trichloranilin[3]. Die Methode ist indessen präparativ recht wichtig[4]. Allgemein bekannt und vielfältig anwendbar ist die reduktive Verkochung von Diazoniumverbindungen mit Alkoholen, die jedoch sehr unterschiedliche Resultate liefert, da außer der Reduktion auch eine Ätherbildung eintritt:

$$Ar\!-\!\overset{\oplus}{N}\!\equiv\!N + RCH_2OH \rightarrow Ar\!-\!H + N_2 + H^{\oplus} + RCHO$$

$$Ar\!-\!\overset{\oplus}{N}\!\equiv\!N + RCH_2OH \rightarrow Ar\!-\!OCH_2R + N_2 + H^{\oplus}$$

Elektronenanziehende Substituenten im Arylrest wie Nitro-, Carboxyl- und Sulfonsäuregruppen oder auch Halogene begünstigen die Reduktion[5]. Diazoniumverbindungen mit Methylgruppen in ortho- oder meta-Stellung liefern dagegen vorwiegend die Äther. Kovalente Diazoverbindungen Ar—N=N—X reagieren vornehmlich auf die erstere Art und werden nach einem radikalischem Mechanismus reduziert[6]. Der Reaktionsweg wird ferner durch die Art des Alkohols beeinflußt, wenn auch nur in untergeordnetem Maße[7]. Äthanol scheint im allgemeinen etwas günstiger zu wirken als Methanol, in der Technik bevorzugt man jedoch den letzteren, da er billiger ist. Feinverteiltes Kupfer oder Kupfer-I-oxyd fördern oft die Reduktion[8].

Zur praktischen Durchführung der reduktiven Verkochung läßt man meistens eine schwefelsaure Lösung des Diazoniumsalzes in den Alkohol einlaufen und kocht am Rückfluß. Alkalische Lösungen sind ungeeignet, da sich dabei Biaryle bilden. Nach beendeter Reduktion wird der Alkohol abdestilliert. Beim präpara-

---

[1] DRP 522892 (1926); siehe auch: HAMILTON, C. S., u. J. F. MORGAN: Org. Reactions **2**, 415—454 (1944).

[2] Siehe: SCHMIDT, H.: Liebigs Ann. Chem. **421**, 174 (1920). — FREEDMAN, L. D., u. G. O. DOAK: J. Amer. chem. Soc. **75**, 4905 (1953). — GILMANN, H., u. H. L. YABLUNKA: J. Amer. chem. Soc. **63**, 949 (1941). — NESMEJANOW, A. N., K. A. KOZESCHKOW, W. A. KIIMOWA u. N. K. GRIPP: Ber. dtsch. chem. Ges. **68**, 1877 (1935). — WATERS, W. A.: J. chem. Soc. [London] **1939**, 864; ferner LEICESTER, H. M.: Org. Synth. Coll. Vol. 2, 238 (1950). — BULLARD, R. H., u. J. B. DICKEY: Org. Synth. Coll. Vol. 2, 494 (1950). — NESMAJANOW, A. N.: Org. Synth. Coll. Vol. 2, 432 (1950).

[3] DBP 753076 (1942); DRP 682048 (1932).

[4] Eine Übersicht gibt KORNBLUM, N.: Org. Reactions 2, 262—340 (1944).

[5] Für eine präparative Vorschrift siehe: CLARKE, H. T., u. E. R. TAYLOR: Org. Synth. Coll. Vol. 1, 415 (1948). — COLEMAN, G. H., u. W. F. TALBOT: Org. Synth. Coll. Vol. 2, 592 (1950).

[6] HUISGEN, R., u. H. NAKATEN: Liebigs Ann. Chem. **573**, 181 (1951). — DETAR, D. F., u. M. N. TURETZKY: J. Amer. chem. Soc. **77**, 1745 (1955); **78**, 3925, 3928 (1956).

[7] HODGSON, H. H., u. A. KERSHAW: J. chem. Soc. [London] **1930**, 2784.

[8] RUGGLI, P., F. KNAPP, E. MERZ u. A. ZIMMERMANN: Helv. chim. Acta **12**, 1034 (1929). — HODGSON, H. H., u. H. S. TURNER: J. chem. Soc. [London] **1942**, 748.

tiven Arbeiten kann man auch trockene Diazoniumsalze, Zinkchlorid-Doppelsalze oder Fluoborate benützen[1]. Gute Ausbeuten lassen sich erzielen, wenn man die Diazoniumverbindungen mit Naphthalin-1.5-disulfonsäure fällt und das trockene Salz in Äthanol bei Anwesenheit von Zink oder Kupfer reduziert[2]. Eine sehr einfache neuere Methode, bei der nur wenig Nebenprodukte gebildet werden, besteht im Erwärmen der Diazoverbindung in Dimethylformamid bis zur Stickstoffentwicklung[3]. Gelegentliche technische Anwendung findet sodann die Reduktion in stark alkalischer Lösung mit Natriumarsenit in der Kälte, die jedoch nur für wenige Diazoniumverbindungen geeignet ist[4].

Allgemeiner anwendbar ist die Reduktion mit unterphosphoriger Säure[5]. Die Diazotierung wird dabei am besten mit Salzsäure vorgenommen, während bei der Verkochung in Alkohol mit Schwefelsäure diazotiert werden muß. Als weitere Reduktionsmittel für präparative Desaminierungen werden alkalische Formaldehydlösung[6], Ameisensäure in Gegenwart von Kupferpulver[7], Eisessig-Schwefelsäure und Kupfer-I-oxyd[8], Hydrochinon[9] und andere reduktiv wirkende Verbindungen genannt[10].

Recht vielfältig sind die *Arylierungsreaktionen* mit Diazoniumverbindungen, die fast alle homolytisch verlaufen dürften. Zur Arylierung eignen sich aromatische und ungesättigte aliphatische Verbindungen, ferner können die Diazoniumverbindungen unter Diarylbildung mit sich selber reagieren. *Symmetrische Diarylverbindungen* kann man durch Zersetzung diazotierter Amine in einem geeigneten Lösungsmittel in Anwesenheit von Metallen oder Metallsalzen erhalten. Die Reaktion entspricht formal einer Reduktion der Diazoniumverbindung; als Nebenprodukte können symmetrische Azoverbindungen gebildet werden[11]:

$$2\,Ar\!-\!\overset{\oplus}{N}\!\equiv\!N \xrightarrow{2\,e} Ar\!-\!Ar + N_2$$

$$2\,Ar\!-\!\overset{\oplus}{N}\!\equiv\!N \xrightarrow{2\,e} Ar\!-\!N\!=\!N\!-\!Ar + N_2$$

Gute Ausbeuten erhält man in der Regel mit Kupferpulver oder Kupfer-I-salzen, wobei man in saurer[12] oder ammoniakalischer Lösung[13] arbeiten kann. Nach dem letzteren Verfahren wird die 1.1'-Dinaphthyl-

---

[1] ROE, A., u. J. R. GRAHAM: J. Amer. chem. Soc. **74**, 6297 (1952).

[2] HODGSON, H. H., u. E. MARSDEN: J. chem. Soc. [London] **1940**, 207.

[3] DBP 901175 (1954); DBP 905014 (1954).

[4] GUTMANN, A.: Ber. dtsch. chem. Ges. **45**, 821 (1912).

[5] MAY, J.: Ber. dtsch. chem. Ges. **35**, 162 (1902); vgl. ALEXANDER, E. R., u. R. E. BURGE: J. Amer. chem. Soc. **70**, 876 (1948). — KORNBLUM, N., u. D. C. IFFLAND: J. Amer. chem. Soc. **71**, 2137 (1949). — KORNBLUM, N., G. D. COOPER u. J. E. TAYLOR: J. Amer. chem. Soc. **72**, 3013 (1950). — KORNBLUM, N., A. E. KELLEY u. G. D. COOPER: J. Amer. chem. Soc. **74**, 3074 (1952).

[6] BREWSTER, R. Q., u. J. A. POLE: J. Amer. chem. Soc. **61**, 2418 (1939).

[7] TOBIAS, G.: Ber. dtsch. chem. Ges. **23**, 1628 (1890).

[8] HODGSON, H. H., S. BIRTWELL u. E. MARSDEN: J. chem. Soc. [London] **1944**, 112.

[9] ORTON, K. J. P., u. R. W. EVERATT: J. chem. Soc. [London] **93**, 1021 (1908).

[10] MEERWEIN, H., H. ALLENDÖRFER, P. BEEKMANN, FR. KUNERT, H. MORSCHEL, P. PAWELLEK u. KL. WUNDERLICH: Angew. Chem. **70**, 211 (1958).

[11] Für ein Beispiel siehe: ATKINSON, E. R., u. H. J. LAWLER: J. Amer. chem. Soc. **63**, 730 (1941); — Org. Synth. Coll. Vol. 1, 222 (1948).

[12] GATTERMANN, L., u. R. EHRHARDT: Ber. dtsch. chem. Ges. **23**, 1226 (1890). — KNOEVENAGEL, E.: Ber. dtsch. chem. Ges. **28**, 2049 (1890). — HODGSON, H. H., S. BIRTWELL u. J. WALKER: J. chem. Soc. [London] **1941**, 770.

[13] VORLÄNDER, D., u. F. MEYER: Liebigs Ann. Chem. **320**, 122 (1902).

8.8'-dicarbonsäure hergestellt[1], die als Zwischenprodukt für Küpenfarbstoffe der Anthronreihe dient.

Unsymmetrische Diaryle werden am besten über die kovalenten Diazoverbindungen gewonnen, die in Lösungsmitteln radikalartig zerfallen. Die Arylierungen nach dieser Methode haben vor allem präparative Bedeutung. Man arbeitet dabei in alkalischem Medium bei etwa 5—10° C[2] oder in Gegenwart von Natriumacetat[3], wobei die zu arylierende Komponente im Überschuß vorhanden sein muß. Man bezeichnet diese Methode als Gomberg-Reaktion[4]. Basische Verbindungen wie Pyridin setzen sich auch mit Diazoniumsalzen direkt um[5]. Auch Diazoaminoverbindungen lassen sich bei Gegenwart von Säuren zu Arylierungen verwenden[6]. Eine wichtige präparative Anwendung finden N-Nitroso-acylarylamine bei derartigen Umsetzungen, da sie in Lösungsmitteln leicht radikalisch zerfallen[7]. Die Reaktionsfähigkeit der einzelnen Aromaten ist unterschiedlich; in einer benzolischen Naphthalinlösung wird vorwiegend das Naphthalin aryliert[8]. Eine technische Anwendung findet die Arylierung der Chinone[9] bei der Herstellung von 3-Hydroxy-diphenylenoxyd aus diazotiertem o-Chloranilin und Benzochinon[10]. Falls im Reaktionsgemisch keine spontane Stickstoffentwicklung einsetzt, kann die Umsetzung durch Zusatz von etwas Hydrochinon gestartet werden[11]. Die Synthese verläuft über die folgenden Stufen:

[1] DRP 445390 (1925).
[2] GOMBERG, M., u. W. E. BACHMANN: Org. Synth. Coll. Vol. 1, 113 (1948); — J. Amer. chem. Soc. **46**, 2339 (1924).
[3] ELKS, J., J. W. HAWORTH u. D. H. HEY: J. chem. Soc. [London] **1940**, 1284.
[4] Eine Übersicht geben BACHMANN, W. E., u. R. A. HOFFMANN: Org. Reactions **2**, 224—261 (1948).
[5] HAWORTH, J. W., J. M. HEILBRON u. D. H. HEY: J. chem. Soc. [London] **1940**, 349.
[6] DBP 870106 (1948). — ELKS, J., u. D. H. HEY: J. chem. Soc. [London] **1943**, 441.
[7] GRIEVE, W. S. M., u. D. H. HEY: J. chem. Soc. [London] **1934**, 1797.
[8] HUISGEN, R., u. G. SORGE: Liebigs Ann. Chem. **566**, 162 (1950).
[9] KVALNES, D. E.: J. Amer. chem. Soc. **56**, 2478 (1934). — NEUNHOEFFER, O., u. J. WEISE: Ber. dtsch. chem. Ges. **71**, 2703 (1938).
[10] DRP 508395 (1924).
[11] SCHIMMELSCHMIDT, K.: Liebigs Ann. Chem. **566**, 184 (1950).

Bekannt und von großem praktischem Interesse ist die *Pschorrsche Synthese*[1], die ihre bekannteste Anwendung im Ringschluß der diazotierten 2-Amino-α-phenylzimtsäure zur Phenanthren-9-carbonsäure fand:

Zur Durchführung des Ringschlusses wird das Diazoniumsalz in stark saurer Lösung erwärmt. Oft arbeitet man auch in saurer Lösung in Gegenwart von feinverteiltem Kupferpulver, wie man es durch Reduktion von Kupfersulfat mit Zinkpulver erhält. Die Umsetzung in homogener, alkalischer Phase wird nur selten vorgenommen. Die Reaktion ist vermutlich heterolytisch[2]; die Ausbeuten betragen 30—70%. Als Nebenreaktionen werden Austauschreaktionen der Diazoniumgruppe gegen Wasserstoff, Hydroxyl oder Halogene sowie die Bildung von Diarylen beobachtet. Befriedigende Ausbeuten werden nur erzielt, wenn die zu verbindenden Atome nahe beieinander sind. Technische Anwendungen der Pschorr-Synthese wurden zur Herstellung von Dibenzpyrenchinon[3] und Carbazol[4] beschrieben, die jedoch keine größere Anwendung fanden. Eine Reihe ähnlicher Reaktionen wurde von D. H. Hey u. Mitarb.[5] beschrieben.

Die Meerwein-Reaktion stellt eine *Arylierung ungesättigter Verbindungen* in β-Stellung zu einer aktivierenden Gruppe dar[6], beispielsweise von Acrylnitril und ähnlichen Verbindungen. Sie erfolgt bei der Einwirkung des Diazoniumsalzes auf die ungesättigte Verbindung in Gegenwart von Kupfer-II-chlorid in einem Lösungsmittel wie Aceton[7]. Dabei bildet sich unter gleichzeitiger Anlagerung des Säureanions das entsprechende arylierte Propionsäurederivat, das mittels Alkali in das entsprechende arylierte Acrylsäurederivat übergeführt werden kann:

$$\text{Ar}-\overset{\oplus}{\text{N}}{\equiv}\text{N} + \text{Cl}^{\ominus} + \text{CH}_2{=}\text{CHCN} \xrightarrow[\text{Aceton}]{\text{CuCl}_2} \text{Ar}-\text{CH}_2-\text{CHCl}-\text{CN} + \text{N}_2$$

$$\downarrow \text{Natriumacetat in Alkohol}$$

$$\text{Ar}-\text{CH}{=}\text{CH}-\text{CN}$$

---

[1] Für eine Übersicht siehe: Leake, P. H.: Chem. Reviews **56**, 27—48 (1956). — DeTar, D. F.: Org. Reactions **9**, 409—462 (1957).

[2] Vgl.: DeTar, D. F., u. D. I. Relyea: J. Amer. chem. Soc. **76**, 1680 (1954).

[3] DRP 546226 (1930).

[4] DRP 670767 (1934); DRP 673388 (1935). — DeTar, D. F., u. S. V. Sagmanli: J. Amer. chem. Soc. **72**, 965 (1950).

[5] J. chem. Soc. [London] **1949**, 3164, 3172; **1952**, 1508, 1513, 2276, 4059; **1953**, 3; **1954**, 1697, 2471, 2481, 4263.

[6] Für eine Übersicht siehe: Müller, E.: Angew. Chem. **61**, 179 (1949). — Rondestvedt, C. S.: Org. Reactions **11**, 189—260 (1960).

[7] Vgl.: Meerwein, H., E. Büchner u. K. van Emster: J. prakt. Chem. [2] **152**, 237 (1939). — Koelsch, C. F.: J. Amer. chem. Soc. **65**, 57 (1943); **66**, 412 (1944). — Bergmann, F., J. Weizman u. D. Schapiro: J. org. Chemistry **9**, 408 (1944). — Bergmann, F., u. D. Schapiro: J. org. Chemistry **12**, 57 (1947).

Ganz ähnlich lassen sich auch Aldoxime in Gegenwart von Kupfer-II-salzen zu den entsprechenden Ketoximen arylieren, die durch Verseifung in Arylalkylketone übergeführt werden können[1]:

$$Ar\text{—}\overset{\oplus}{N}\text{≡}N + R\text{—}CH\text{=}NOH \rightarrow \quad \begin{matrix} R \\ \quad \\ Ar \end{matrix}\!\!\!>\!\!C\text{=}NOH + N_2 + H^{\oplus}$$

Durch Arylierung von Oximinoketonen lassen sich Isonitrosoketone herstellen, aus denen die entsprechenden Nitrile erhältlich sind. Obwohl die Reaktionsfolge technisch interessant ist, wird sie nicht benützt[2]:

$$\begin{matrix} Ar\text{—}C\text{=}NOH \rightarrow Ar\text{—}CN + CH_3COOH \\ | \\ COCH_3 \end{matrix}$$

12. Verschiedene Synthesen und Umsetzungen

a) Kolbe-Schmitt-Reaktion

Bei der Kolbe-Schmitt-Reaktion werden die Alkalisalze von Phenolen mit Kohlendioxyd in aromatische Hydroxycarbonsäuren übergeführt[3]; die beiden wichtigsten derart hergestellten Zwischenprodukte sind Salicylsäure und 2-Hydroxy-3-naphthoesäure. Als intermediäre Stufe tritt das Arylcarbonat auf[4]:

$$Ph\text{—}ONa + CO_2 \rightarrow Ph\text{—}O\text{—}COONa \rightarrow$$

Zur Herstellung von *Salicylsäure*[5] wird Phenol in einem geschlossenen Rührgefäß in 40%iger Natronlauge gelöst, die Lösung in den Reaktor übergeführt und dort das Wasser bei 180° C im Vakuum entfernt. Anschließend wird bei 150° C sauerstofffreies Kohlendioxyd unter 4—5 Atm. aufgepreßt. Dieser Druck und eine Temperatur von 150—160° C werden während 36 Std aufrechterhalten, wobei man infolge der eintretenden Reaktion kühlen und Kohlendioxyd nachpressen muß. Zuletzt wird die Umsetzung durch Erwärmen auf 180° C beendet. Als Reaktoren benützt man Nickelstahl-Autoklaven mit Rührer und Strombrechern zur Vergrößerung der Oberfläche. Das entstandene Natriumsalicylat wird in Wasser aufgenommen, die Lösung mit Aktivkohle entfärbt und die Salicylsäure mit Schwefelsäure ausgefällt. Man reinigt sie durch Sublimation bei 150° C im Vakuum von 10—20 Torr, die Ausbeute beträgt mehr als 90%. In analoger Weise lassen sich auch die Kresole in die entsprechenden Hydroxytoluylsäuren überführen. Salicylsäure ist ein Zwischenprodukt für chromierbare Azofarbstoffe und für Aspirin.

---

[1] BEECH, W. F.: J. chem. Soc. [London] **1954**, 1297.

[2] DBP 869205 (1950).

[3] Für eine Literaturübersicht siehe: LINDSEY, A. S., u. K. JESKEY: Chem. Reviews **57**, 583—620 (1957).

[4] Vgl.: CAMERON, D., H. JESKEY u. O. BLAINE: J. org. Chemistry **15**, 233 (1950).

[5] Zur technischen Durchführung siehe: BIOS Report 664, 1246; FIAT Report 744.

p-Hydroxybenzoesäure entsteht beim Erhitzen von Kaliumphenolat mit Kohlendioxyd auf 200—220° C in 85% Ausbeute. Sie bildet sich auch aus Kaliumsalicylat bei 230° C durch Umlagerung[1]:

p-Hydroxybenzoesäure wird zur Konservierung von Lebensmitteln benützt. Ihr Äthyl- und Propylester sind starke Antiseptica.

Resorcin läßt sich bereits in einer siedenden, wäßrigen Lösung von Kaliumhydrogencarbonat ($KHCO_3$) zur *β-Resorcylsäure* carboxylieren[2]. Die letztere wird indessen schon von siedendem Wasser wieder decarboxyliert. m-Aminophenol gibt unter denselben Bedingungen die als Tuberkulostaticum verwendete p-Aminosalicylsäure (PAS).

2-Hydroxy-3-naphthoesäure wird ähnlich wie Salicylsäure aus dem Natriumsalz des 2-Naphthols und Kohlendioxyd hergestellt[3]. Wichtig ist dabei die Art des Autoklaven; man verwendet entweder einen Rotationsautoklaven mit Stahlkugeln oder ein sehr starkes Rührwerk. Das bei der Reaktion freiwerdende 2-Naphthol muß entfernt werden:

Führt man die *Kolbe*-Synthese mit dem Natrium-2-naphtholat bei 120—145° C durch, so erhält man das Salz der 2-Hydroxy-1-naphthoesäure. Es läßt sich oberhalb 200° C zum Salz der 2-Hydroxy-3-naphthoesäure isomerisieren. Aus dem Natrium-1-naphtholat erhält man mit Kohlendioxyd bei 130° C das Salz der 1-Hydroxy-2-naphthoesäure. In ähnlicher Weise lassen sich auch die entsprechenden Hydroxy-anthracencarbonsäuren und einige heterocyclische Hydroxy-carbonsäuren darstellen.

2-Hydroxy-3-naphthoesäure läßt sich durch 36stündiges Erhitzen mit wäßrigem 28%igem Ammoniak auf 195° C unter Druck in Gegenwart von Zinkchlorid in 2-Amino-3-naphthoesäure überführen[4].

b) N- und O-Alkylierungen

Die Alkylierung aromatischer *Amine* wird am besten mit dem entsprechenden Alkohol unter Druck vorgenommen; zur Katalyse der Umsetzung wird wenig Mineralsäure zugesetzt. Die Alkylierung mit

---

[1] BUEHLER, C. A., u. W. E. CATE: Org. Synth. Coll. Vol. 2, 341 (1950).

[2] Vgl.: NIERENSTEIN, M., u. D. A. CLIBBENS: Org. Synth. Coll. Vol. 2, 557 (1950). — SANDIN, R. B., u. R. A. McKEE: Org. Synth. Coll. Vol. 2, 100 (1950).

[3] Zum Mechanismus siehe: SEIDEL, F., L. WOLF u. H. KRAUSE: J. prakt Chem. [2] 274, 53—83 (1955). Die technische Ausführung beschreibt FIAT Report 1308.

[4] DUTTA, P. CH.: Ber. dtsch. chem. Ges. 67, 1321 (1934). — ALLEN, C. F. H., u. A. BELL: Org. Synth. Coll. Vol. 3, 78 (1960).

Alkylhalogeniden ist ebenfalls möglich, ist aber im allgemeinen teurer; eine Ausnahme macht die Benzylierung. Die Herstellung der Monoalkylamine, besonders diejenige des Monomethylanilins, ist schwieriger als die Herstellung der Dialkylamine, da sich dabei stets ein Gemisch von Mono- und Dialkylamin mit dem nicht umgesetzten Ausgangsmaterial bildet. In der Regel arbeitet man deshalb mit überschüssigem Amin und bricht die Alkylierung ab, bevor sich nennenswerte Mengen Dialkylamin gebildet haben. Das Gemisch von Monoalkylamin und Ausgangsmaterial läßt sich dann wesentlich einfacher als ein ternäres Gemisch trennen[1].

Monomethylanilin stellt man am besten aus Anilin und Methanol entweder in Gegenwart von Salzsäure bei 180° C und 20 Atm. im emaillierten Druckgefäß oder mit wenig Phosphortrichlorid bei 280° C und 100 Atm. her. Intermediär dürfte dabei Methylchlorid auftreten. Bei unvollständiger Reaktion bildet sich fast kein Dimethylanilin; das Monomethylanilin läßt sich destillativ leicht vom Anilin trennen. Monomethylanilin kann auch aus Chlorbenzol und Methylamin durch Ersatz des Halogens dargestellt werden[2].

Dimethylanilin entsteht in über 95% Ausbeute beim Erhitzen gleicher Anteile Anilin und Methanol mit wenig konzentrierter Schwefelsäure während 6 Std auf 200° C unter Druck[3]. Als aktives Alkylierungsagens dürfte sich intermediär Dimethylsulfat bilden. Dimethyläther tritt als Nebenprodukt auf, so daß ein hoher Druck entsteht. Wesentlich für eine gute Umsetzung ist die Verwendung wasserfreien Anilins und acetonfreien Methanols. Nach beendeter Reaktion werden die Methanoldämpfe abgelassen, das Rohprodukt alkalisch gemacht und mit Wasserdampf destilliert. Die Reinigung erfolgt durch fraktionierte Destillation. Drucklos lassen sich Mono- und Dimethylanilin aus Anilin und Methanol oder Dimethyläther an einem Tonerde-Katalysator herstellen[4]. o-Toluidin läßt sich derart in 90% Ausbeute in N,N-Dimethyl-o-toluidin überführen.

Para-substituierte Aniline können ferner reduktiv mit Formaldehyd und katalytisch erregtem Wasserstoff methyliert werden[5]; bei freier para-Stellung erfolgt die Kondensation mit dem Formaldehyd indessen dort. Zur reduktiven Alkylierung kann man auch direkt von einem Nitrokörper ausgehen[6].

Monoäthylanilin wird aus Anilinhydrochlorid und einem geringen Überschuß Äthanol bei 180° C unter Druck hergestellt. *Diäthylanilin* erhält man ebenso mit überschüssigem Äthanol; die Verwendung von

---

[1] Zur titrimetrischen Bestimmung von Aminen siehe: BLUMRICH, K., u. G. BANDEL: Angew. Chem. **54**, 374 (1941). Über die C-Alkylierung aromatischer Amine vgl.: STROH, R., J. EBERSBERGER, H. HABERLAND u. W. HAHN: Angew. Chem. **69**, 124 (1957).

[2] HUGHES, E. C., F. VEATCH u. V. ELERSICH: Ind. Engng. Chem. **42**, 787 (1950).

[3] Vgl.: SHREVE, R. N., G. N. VRIENS u. D. A. VOGEL: Ind. Engng. Chem. **42**, 791 (1950).

[4] Vgl. auch: EARL, J. C., u. N. G. HILLS: J. chem. Soc. [London] **1947**, 973.

[5] PEARSON, D. E., u. J. D. BRUTON: J. Amer. chem. Soc. **73**, 864 (1951).

[6] Siehe: EMERSON, W. S.: Org. Reactions **4**, 174 (1948).

Schwefelsäure ist in diesen beiden Fällen nicht möglich, da sonst eine C-Alkylierung im Kern eintritt.

Die präparative Reinigung der Monoalkylaniline kann über das N-Nitrosoderivat erfolgen, das sich mit Salzsäure und Zinnchlorid wieder denitrosieren läßt[1]. Mit Zinkstaub und Essigsäure wird die N-Nitrosoverbindung hingegen zum asymmetrisch substituierten Hydrazin reduziert[2]. Die Dialkylaniline werden mit Natriumnitrit und Salzsäure glatt zu den p-Nitrosokörpern nitrosiert, die sich zu den p-Amino-N,N-dialkylanilinen reduzieren lassen.

Benzylanilin erhält man aus Anilin und Benzylchlorid bei 90—95° C in Gegenwart einer wäßrigen Lösung von Natriumhydrogencarbonat, die die entstehende Salzsäure bindet[3]. Aus Monoäthylanilin bildet sich analog das Äthyl-benzyl-anilin; aus Sulfanilsäure die N-Benzylsulfanilsäure. *Diphenylamin* wird beim Erhitzen von Anilin mit Anilinhydrochlorid auf 230° C gewonnen. Man reinigt es durch Vakuumdestillation. Seine Nitrosierung mit Natriumnitrit und verdünnter Schwefelsäure in Chloroform gibt das N-Nitrosoderivat, das mit Salzsäure in das 4-Nitrosodiphenylamin-hydrochlorid umgelagert wird. Auf Zusatz von Alkali entsteht aus letzterem die freie Base, die sich mit Natriumpolysulfid zum 4-Amino-diphenylamin reduzieren läßt.

N-Äthyl-1-naphthylamin wird bei 170° C aus 1-Naphthylamin und Äthylchlorid in Gegenwart einer wäßrigen Aufschlämmung von Calciumcarbonat hergestellt. Das N-Phenylderivat erhält man aus 1-Naphthylamin und Anilin in Anwesenheit von wenig Salzsäure.

Wichtige Zwischenprodukte für Dispersionsfarbstoffe sind das *N-(β-Hydroxyäthyl)-anilin*, das N,N-Bis-(β-hydroxyäthyl)-anilin und einige Derivate dieser beiden. Man erhält das erstere bei der Umsetzung von fünf Teilen Anilin mit einem Teil Äthylenoxyd bei 60—65° C im Autoklaven; das überschüssige Anilin wird durch Destillation abgetrennt, die Ausbeute beträgt etwa 85%. N,N-Bis-(β-hydroxyäthyl)-anilin entsteht analog aus gleichen Teilen Anilin und Äthylenoxyd bei 95—110° C im Autoklaven in nahezu 90% Ausbeute. In derselben Weise können auch substituierte Aniline und Monoalkylaniline mit Äthylenoxyd umgesetzt werden. Statt Äthylenoxyd kann auch Äthylenchlorhydrin zur Hydroxyäthylierung verwendet werden.

N-(β-Hydroxyäthyl-)anilin

N,N-Bis-(β-hydroxyäthyl-)anilin

---

[1] Siehe: BUCK, J. S., u. C. W. FERRY: Org. Synth. Coll. Vol. 2, 290 (1950).
[2] Siehe: HARTMANN, W. W., u. L. J. ROLL: Org. Synth. Coll. Vol. 2, 418 (1950).
[3] Eine präparative Vorschrift geben: WILSON, F. G., u. T. S. WHEELER: Org. Synth. Coll. Vol. 1, 102 (1948).

Ebenfalls zur Herstellung von Dispersionsfarbstoffen dienen N-cyanäthylierte Aniline, die durch Anlagerung von Acrylnitril an Anilin erhältlich sind[1]:

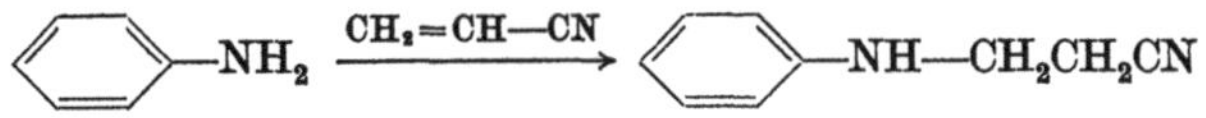

$$\text{[Ring]}-NH_2 \xrightarrow{CH_2=CH-CN} \text{[Ring]}-NH-CH_2CH_2CN$$

Die Alkylierung von *Phenolen* wird entweder mit Alkali und Alkylchlorid[2], gegebenenfalls unter Druck, oder dann mit Dialkylsulfat und Alkali[3] drucklos vorgenommen. Bei den ortho- und para-Nitrochlorbenzolen läßt sich das Halogen in Gegenwart von Alkali direkt gegen den Alkoxyrest ersetzen[4]. Aus 2.4-Dichlor-nitrobenzol ist derart 4-Nitroresorcinäther, aus 2.4.5-Trichlor-nitrobenzol das 2.4-Dialkoxy-5-chlornitrobenzol leicht zugänglich.

c) Heterocyclische Verbindungen

Unter den Farbstoff-Zwischenprodukten befinden sich auch heterocyclische Verbindungen, die man oft durch eine cyclisierende Kondensation mit einem aliphatischen Rest erhält. Wichtig ist die *Skraupsche Synthese* zur Herstellung von Chinolinen wie auch von Benzanthron. Aus Anilin und Glyzerin erhält man in Gegenwart konzentrierter Schwefelsäure das unsubstituierte *Chinolin*[5]; Glycerin bildet dabei intermediär Acrolein als eigentliches Kondensationsmittel. Aus substituierten Anilinen entstehen die entsprechenden Chinolinderivate. Acetessiganilid läßt sich zum 2-Hydroxy-4-methylchinolin cyclisieren; aus Anilin und Malonester ist 2.4-Dihydroxy-chinolin zugänglich. 2-Hydroxy- und 2.4-Dihydroxy-chinolin sind Zwischenprodukte für Dispersionsfarbstoffe und Metallkomplexfarbstoffe, desgleichen das 8-Hydroxychinolin, dem auch fungizide Wirkung zukommt.

Eine wichtige Anwendung findet die Skraup-Synthese in der *Benzanthron*herstellung, das aus Anthrachinon, Glyzerin, Schwefelsäure und einem Reduktionsmittel gewonnen wird[6]. Dabei wird das Anthrachinon intermediär zu Anthron reduziert und das Glyzerin zu Acrolein dehydratisiert; Kondensation und Ringschluß führen zum Benzanthron, aus dem man wichtige Küpenfarbstoffe herstellt.

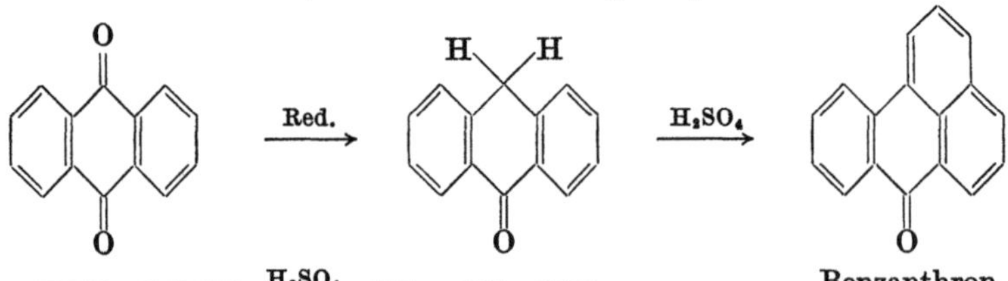

$$HOCH_2-CHOH-CH_2OH \xrightarrow{H_2SO_4} CH_2=CH-CHO$$

Benzanthron

---

[1] Vgl.: BAYER, O.: Angew. Chem. **61**, 229—241 (1949).

[2] Für eine präparative Vorschrift siehe: ALLEN, C. F. H., u. J. W. GATES: Org. Synth. Coll. Vol. **3**, 140 (1960).

[3] Siehe: HIERS, G. H., u. F. D. HAGER: Org. Synth. Coll. Vol. **1**, 58 (1948).

[4] Siehe dazu den Abschnitt über die Einführung der Hydroxylgruppe.

[5] Vgl.: MANSKE, R. H. F., u. M. KUHN: Org. Reactions **7**, 59 (1953). Für eine präparative Vorschrift siehe: CLARKE, H. T., u. A. W. DAVIS: Org. Synth. Coll. Vol. **1**, 478 (1948).

[6] Für eine präparative Vorschrift siehe: MACLEOD, L. C., u. C. F. H. ALLEN: Org. Synth. Coll. Vol. **2**, 62 (1950).

2-Aminobenzthiazole sind Zwischenprodukte für Azofarbstoffe. Man erhält sie aus gegebenenfalls substituiertem Anilin und Natriumrhodanid in Gegenwart von Schwefelsäure und einem Oxydationsmittel wie Sulfurylchlorid oder Brom[1]:

2-Aminobenzthiazol

Auch 2-Amino-benzimidazole[2], Aminotetrazole[3] und Aminotriazol[4] werden zuweilen als Komponenten für Azofarbstoffe verwendet. 2-Alkyl-benzimidazole mit einem langkettigen Alkylrest und einer oder zwei Sulfonsäuregruppen im Arylrest sind als Netz- und Waschmittel im Handel. Benzimidazol selbst entsteht bei der Kondensation von o-Phenylendiamin mit Ameisensäure bei 100° C[5].

1-Phenyl-3-methylpyrazolon-(5) und verschiedene seiner Derivate sind wichtige Kupplungskomponenten für Azofarbstoffe. Man erhält den Körper bei der Kondensation von Phenylhydrazin mit β-Ketoestern, z.B. Acetessigester (Ph = Phenylrest):

Die Kondensation von Phenylhydrazin mit Cyanessigester in Gegenwart von Natriumalkoholat liefert 1-Phenyl-3-amino-pyrazolon-(5)[6].

Stickstoffhaltige Heterocyclen können sich ferner bei der Diazotierung o-substituierter Amine bilden; aus o-Phenylendiamin entsteht derart Benztriazol[7], diazotierte Anthranilsäure geht bei der Reduktion mit schwefliger Säure und Behandlung mit Salzsäure in 3-Hydroxy-indazol über[8].

---

[1] Für eine präparative Vorschrift siehe: ALLEN, C. F. H., u. J. VAN ALLAN: Org. Synth. Coll. Vol. 3, 76 (1960). Zur Chemie der Thiazole siehe: WILEY, R. H. D. C. ENGLAND u. L. C. BEHR: Org. Reactions 6, 367 (1951); vgl. auch: BYER s J. R., u. J. B. DICKEY: Org. Synth. Coll. Vol. 2, 31 (1950).

[2] Zur Chemie der Benzimidazole siehe: WRIGHT, J. B.: Chem. Reviews 48, 397 (1951).

[3] Zur Chemie der Tetrazole siehe: BENSON, F. R.: Chem. Reviews 41, 1 (1947).

[4] Zur Darstellung von 3-Amino-1.2.4-triazol siehe: SJOSTEDT, G., u. L. GRINGAS: Org. Synth. Coll. Vol. 3, 95 (1960).

[5] Vgl.: WAGNER, E. C., u. W. H. MILLETT: Org. Synth. Coll. Vol. 2, 65 (1950).

[6] PORTER, H. D., u. A. WEISSBERGER: Org. Synth. Coll. Vol. 3, 708 (1960).

[7] Vgl.: DAMSCHRODER, R. E., u. W. D. PETERSON: Org. Synth. Coll. Vol. 3, 106 (1960); siehe hierzu auch den Abschnitt über die Diazotierung

[8] Siehe: STEPHENSON, E. F. M.: Org. Synth. Coll. Vol. 3, 475 (1960).

In neuerer Zeit wurden Cumarinderivate als Zwischenprodukte für optische Aufheller genannt. Zu ihrer Herstellung kann man entweder Phenole in Gegenwart von Säure oder Aluminiumchlorid mit β-Keto-estern kondensieren[1] oder Salicylaldehyd in schwach basischem Medium mit reaktionsfähigen Methyl- oder Methylengruppen umsetzen[2].

---

[1] Siehe: SETHNA, S., u. R. PHADKE: Org. Reactions 7, 1 (1953); vgl. auch: WOODRUFF, E. H.: Org. Synth. Coll. Vol. 3, 581 (1960).

[2] Siehe hierzu: HORNING, E. C., M. G. HORNING u. D. A. DIMMIG: Org. Synth. Coll. Vol. 3, 165 (1960).

C. Farbstoffe

I. Allgemeines

1. Die Einteilung der Farbstoffe

a) Die Klassierung nach färberischen Gesichtspunkten

Für den Färber ist das Verhalten eines Farbstoffes beim Färben ausschlaggebend; die Kenntnis der genauen chemischen Struktur ist hierzu nicht nötig. Die Handelsfarbstoffe werden deshalb in erster Linie nach färberischen Gesichtspunkten zu Sortimenten zusammengestellt, denen man meist einen einheitlichen Sammelnamen gibt. Die grundlegende Einteilung in Hauptgruppen erfolgt anhand des Färbeprinzipes[1]. Innerhalb einer Hauptgruppe wird oft noch eine zusätzliche Unterteilung vorgenommen. Bei größeren und wichtigen Untergruppen wählt man oft einen geeigneten Sammelnamen; zusätzliche Eigenschaften einzelner Farbstoffe werden dagegen häufig nur durch einen oder mehrere nachgestellte Großbuchstaben angedeutet.

Als Beispiel sei die Bezeichnung der Säurefarbstoffe der Farbenfabriken Bayer angeführt, die auf die chemische Struktur wenig Rücksicht nimmt und lediglich die sauren Anthrachinonfarbstoffe in einer Sondergruppe zusammenfaßt, während alle anderen Farbstoffe nach färberischen Gesichtspunkten klassiert werden[2]:

Acilan-	allgemeine Säurefarbstoffe
Alizarin-	saure Anthrachinonfarbstoffe
Supracen-	lichtechte, gut egalisierende Säurefarbstoffe
Supramin-	licht- und waschechte, gut egalisierende Säurefarbstoffe
Supranol-	walkechte, mäßig lichtechte Säurefarbstoffe
Supranolecht-	walk- und lichtechte Säurefarbstoffe

Als Beispiel für eine Kennzeichnung mit nachgestellten Buchstaben sei das Cibanongelb F5GK der Ciba genannt, die den geschützten Namen „Cibanon" für ihr Sortiment hochwertiger, chinoider Küpenfarbstoffe verwendet. Die Angabe „5 G" kennzeichnet die Farbnuance als stark grünstichig, das vorgestellte „F" gibt an, daß Färbungen mit diesem Farbstoff das internationale Gütezeichen „Felisol" für ausgezeichnete Echtheiten tragen dürfen, und durch das nachgestellte „K" wird der Farbstoff als Kaltfärber charakterisiert[3].

Nach ihrem färberischen Verhalten unterscheidet man die folgenden Farbstoffgruppen:

1. Wasserlösliche Farbstoffe
   a) Saure Farbstoffe
   b) Basische Farbstoffe
   c) Substantive oder Direktfarbstoffe

---

[1] Siehe dazu den Abschnitt über Färbeprinzipien.

[2] Die nachstehenden Bezeichnungen sind geschützte Handelsnamen der Farbenfabriken Bayer, Leverkusen.

[3] Näheres im Abschnitt über chinoide Küpenfarbstoffe.

d) Reaktivfarbstoffe
e) Chromentwicklungs- und Beizenfarbstoffe
f) Metallkomplexfarbstoffe
g) Leukoküpenfarbstoffester

2. Wasserunlösliche Farbstoffe
   a) Farbstoffe mit löslicher Leukoform
      α) Küpenfarbstoffe für Cellulosefasern
      β) Küpenfarbstoffe für Wolle
      γ) Schwefelfarbstoffe
   b) Dispersionsfarbstoffe für halb- und vollsynthetische Fasern
   c) Spritlösliche Farbstoffe
   d) Öl- und fettlösliche Farbstoffe
   e) Pigmentfarbstoffe
   f) Farblacke

3. Auf dem Substrat erzeugte Farbstoffe
   a) Azo-Entwicklungsfarbstoffe
      α) für Cellulosefasern
      β) für synthetische Fasern
   b) Phthalogene
   c) Oxydationsfarbstoffe
      α) Anilinschwarz
      β) Pelzfarbstoffe
      γ) Photofarbstoffe

Säurefarbstoffe enthalten meist eine oder mehrere Sulfonsäuregruppen als saure Reste; sie liegen jedoch fast nie als freie Sulfonsäuren, sondern stets als deren Natriumsalze vor. Ihre Ausfärbung erfolgt aus einem sauren Bade; zum Ansäuern benützt man in der Regel Schwefelsäure. Die Färbung wird durch Säurezusatz beschleunigt, durch Salzzusatz verzögert, wie sich aus dem Reaktionsschema unschwer ableiten läßt. Säurefarbstoffe eignen sich vor allem für Wolle und Seide sowie für basisch modifizierte Polyacrylnitrilfasern, weniger gut für Polyamide. Ihre chemischen Strukturen sind sehr verschieden, da man praktisch jeden Farbstoff durch Sulfonierung in einen Säurefarbstoff überführen kann.

Säurefarbstoffe sind unter folgenden Namen im Handel[1]:

a) Allgemeine Säurefarbstoffe:

Basolan-	BASF	Novazol-	Geigy
Acilan-	Bayer	Seto-	Geigy
Benzyl-	Ciba	Coomassie	ICI
Kiton-	Ciba	Lissamine	ICI
Pontacyl	DuPont	Naphtalene	ICI
Erio-	Geigy	Xylen-	Sandoz

---

[1] Die nachfolgenden Zusammenstellungen von zumeist warenrechtlich geschützten Handelsnamen erheben keinen Anspruch auf Vollständigkeit.

b) Saure Anthrachinonfarbstoffe:

Alizarin-	Bayer	Anthralan-	Hoechst
Alizarinecht-	Ciba	Solway	ICI
Alizarinsaphir-	Ciba	Alizarinlicht-	Sandoz
Anthraquinone	DuPont	Alizarindirekt-	Sandoz
Erioanthracen-	Geigy		

c) Lichtechte, gut egalisierende Säurefarbstoffe:

Supracen-	Bayer	Amido-	Hoechst
Benzylecht-	Ciba	Echtlicht-	Hoechst
Kitonecht-	Ciba	Lissamine Fast	ICI
Pontacyl Light	DuPont	Xylenecht-	Sandoz
Erioecht-	Geigy	Xylenlicht-	Sandoz

d) Licht- und waschechte, gut egalisierende Säurefarbstoffe:

Supramin-	Bayer	Amidoecht-	Hoechst
Fullacid-	Ciba	Aquamin-	Sandoz
Eriosolid-	Geigy		

e) Walkechte, mäßig lichtechte Säurefarbstoffe:

Supranol-	Bayer	Coomassie Milling	ICI
Tuch-	Ciba	Xylenwalk-	Sandoz
Säurewalk-	Geigy		

f) Walk- und lichtechte Säurefarbstoffe:

Basolanecht-	BASF	Polar-	Geigy
Supranolecht-	Bayer	Coomassie Fast	ICI
Benzylecht-	Ciba	Lanasyn-	Sandoz
Tuchecht-	Ciba	Sulfonin-	Sandoz

Basische Farbstoffe im färberischen Sinne sind solche, die sich beim Färben kationisch verhalten und mit anionischen Gruppen der Faser unter Salzbildung reagieren. Dazu gehören einerseits Farbstoffe, deren Molekül ein Kation bildet, wie die Triphenylmethane und die Azine, andrerseits solche mit Amino- oder Alkylaminogruppen. In der Regel sind sie als lösliche Salze, meist Chloride, seltener als Oxalate, Zinkchlorid-Doppelsalze oder Sulfate im Handel. Sie färben aus essigsaurem oder nahezu neutralem Bade auf Wolle, Seide, tannierte Baumwolle, unmodifizierte und sauer modifizierte Polyacrylnitrilfasern sowie oft auf Celluloseacetat.

Der Begriff „basische Farbstoffe" wird auch als Strukturkennzeichen benützt und bezeichnet in diesem engeren Sinne lediglich Farbstoffe, deren Molekül ein Kation ist.

Die basischen Farbstoffe sind nicht unter einheitlichen Sammelnamen im Handel. Dies rührt daher, daß die ersten künstlichen Farbstoffe alle basischer Natur waren und unter verschiedensten Phantasienamen gehandelt wurden, die sich bis heute erhalten haben.

Substantive oder *Direktfarbstoffe* färben Cellulosefasern aus einer wäßrigen Lösung direkt an. Es sind Natriumsalze der Sulfonsäuren von meist langgestreckten Molekülen, die eine längere Sequenz konjugierter Doppelbindungen aufweisen und unschwer eine planare Lage einnehmen können, was eine gute Affinität zur Cellulosefaser bewirkt. Man färbt aus neutralem Bade unter Salzzusatz; die gefärbte Faser enthält das Natriumsalz des Farbstoffes.

Substantive Farbstoffe sind unter folgenden Namen im Handel:

Benzo-	Bayer	Pontamine Fast	DuPont
Benzobrillant-	Bayer	Diphenyl-	Geigy
Benzoecht-	Bayer	Diphenylbrillant-	Geigy
Benzoform-	Bayer	Diphenylecht-	Geigy
Benzoviskose-	Bayer	Polyphenyl-	Geigy
Sirius-	Bayer	Solophenyl-	Geigy
Siriuslicht-	Bayer	Chlorazol	ICI
Siriussupra-	Bayer	Chlorazol Fast	ICI
Chlorantin-	Ciba	Durazol	ICI
Chlorantinecht-	Ciba	Chloramin-	Sandoz
Chlorantinlicht-	Ciba	Chloraminecht-	Sandoz
Direkt-	Ciba	Direkt-	Sandoz
Direktbrillant-	Ciba	Pyrazol-	Sandoz
Direktecht-	Ciba	Pyrazolecht-	Sandoz
Pontamine	DuPont	Solar-	Sandoz
Pontamine Brilliant	DuPont	Trisulfon-	Sandoz

Reaktivfarbstoffe reagieren mit geeigneten Gruppen der Faser zu einer
kovalenten Bindung. Ihre Waschechtheit ist deshalb vorzüglich. Es
gibt sie für Baumwolle und andere Cellulosefasern, für Wolle und Seide
und neuerdings auch für Polyamide. Am interessantesten ist ihre Anwendung bei Cellulosefasern, wo sie eine wertvolle Verbesserung gegenüber den Direktfarbstoffen darstellen. Die Umsetzung mit der Faser
erfolgt bei den bisher erschienenen Typen durch eine nucleophile Reaktion, indem ein geeigneter Rest des Farbstoffes durch eine nucleophile
Gruppe der Faser ersetzt wird. Bei den Cellulosefasern reagieren die
Alkoholatgruppen der Cellulose, die sich in alkalischer Lösung bilden, bei
Wolle, Seide und Polyamiden sind es freie Aminogruppen. Geeignete
ersetzbare Reste im Farbstoff sind labiles Halogen, meist Chlor, Sulfon-
estergruppen und andere. Die Färbung erfolgt aus einer alkalischen
Lösung oder Druckpaste und zwar je nach Farbstoffart kalt oder heiß.

Handelsnamen der Reaktivfarbstoffe sind:

Levafix-	Bayer	Procinyl	ICI
Cibacron-	Ciba	Procion	ICI
Reacton-	Geigy	Drimaren-	Sandoz
Remazol-	Hoechst		

Die Procinyl-Farbstoffe eignen sich für Polyamide, die übrigen Marken für
Cellulosefasern sowie oft auch für Wolle.

Chromentwicklungs- und *Beizenfarbstoffe* lassen sich auf der Faser
in einen Metallkomplex überführen, was eine zur Komplexbildung
geeignete Gruppierung voraussetzt, wie sie in 1.2-Dihydroxy-, 2.2'-Di-
hydroxyazo- und ähnlichen Verbindungen vorliegt. Ihre Hauptanwendung finden diese Farbstoffe auf Wolle, verschiedene Typen sind auch
für Cellulosefasern geeignet. Es handelt sich dabei zumeist um saure oder
substantive Farbstoffe, die zusätzlich zur Komplexbildung befähigt
sind. Die Komplexbildung der für die Wollfärbung verwendeten Chromierungsfarbstoffe kann nach dem Färben (Nachchromierung), während
des Färbens (Metachromverfahren) oder durch eine Vorbehandlung der

Faser vor dem Färben (Vorchromierung) erfolgen. Zur Metachromierung eignen sich nur ausgewählte Farbstoffe. Bei den komplexbildenden substantiven Farbstoffen ist eine Kupferung am gebräuchlichsten, die nach dem Färben vorgenommen wird.

Chromierungsfarbstoffe für Wolle sind unter folgenden Namen im Handel:

Diamant-	Bayer	Chromanol-	Durand-Huguenin
Chromecht-	Ciba	Eriochrom-	Geigy
Pottingecht-	Ciba	Omegachrom-	Sandoz
Pontachrome	Du Pont		

Handelsnamen für Metachromierungsfarbstoffe sind:

Monochrom-	Bayer	Eriochromal-	Geigy
Synchromat-	Ciba	Solochrome	ICI
Chromate	Du Pont	Metomegachrom-	Sandoz

Nachkupferbare Direktfarbstoffe sind:

Benzocuprol-	Bayer	Cupranil-	Ciba
Benzoechtkupfer-	Bayer	Cuprophenyl-	Geigy
Coprantin-	Ciba	Cuprofix-	Sandoz

Bei den *Metallkomplexfarbstoffen* wird der Komplex bereits in der Fabrikation hergestellt. Wichtig sind die für die Wollfärbung geeigneten Typen, die sich färberisch wie Säurefarbstoffe verhalten, wobei man die aus stark saurem Bade zu färbenden 1:1-Komplexe und die aus nahezu neutraler Lösung färbenden 1:2-Komplexe unterscheidet. Die letzteren eignen sich auch zum Färben von Polyamiden. Auch einige substantive Azofarbstoffe des Handels sowie verschiedene Reaktivfarbstoffe enthalten bereits komplex gebundene Metalle, sind jedoch nicht in besonderen Sortimenten zusammengefaßt.

Handelsnamen für 1:1-Komplexfarbstoffe sind:

Palatinecht-	BASF	Gycolan-	Geigy
Pilatecht-	BASF	Ultralan	ICI
Neolan-	Ciba	Vitrolan-	Sandoz
Chromacyl	Du Pont		

1:2-Komplexfarbstoffe sind unter folgenden Namen zu finden:

Ortolan-	BASF	Irgalan-	Geigy
Isolan-	Bayer	Remalanecht-	Hoechst
Cibalan-	Ciba	Lanasyn-	Sandoz
Capracyl	Du Pont		

Leukoküpenfarbstoffester stellen eine wasserlösliche Form der Küpenfarbstoffe dar. Sie eignen sich für Cellulosefasern, Polyesterfasern, Mischgewebe aus diesen beiden sowie für Wolle. Handelsnamen sind:

Cibantin-	Ciba	Anthrasol-	Hoechst
Indigosol-	Durand-Huguenin	Soledon	ICI
Tinosol-	Geigy	Sandozol-	Sandoz

Unter den wasserunlöslichen Farbstoffen nehmen die *Küpenfarbstoffe* infolge ihrer oft hervorragenden Echtheiten eine besondere Stelle ein. Ihre Hauptanwendung liegt in der Färbung von Cellulosefasern, besonders von Baumwolle. Sehr gute Echtheiten erzielt man dabei im allgemeinen mit den chinoiden, weniger hohe mit den indigoiden Küpenfarbstoffen. Zum Färben von Wolle eignen sich die meisten indigoiden

Küpenfarbstoffe und einige Derivate des Benzo- und Naphthochinons
(siehe dazu das Kapitel über Chinoniminfarbstoffe). Ihre Echtheiten
sind auf Wolle zudem besser als auf Cellulosefasern. Zum Färben werden
die Küpenfarbstoffe in alkalischer Lösung zur löslichen Leukoform
reduziert, die man nach dem Aufziehen auf die Faser wieder zum Farbstoff zurückoxydiert. Cellulosefasern werden aus ziemlich stark alkalischem, Wolle aus ganz schwach alkalischem Bade gefärbt.

Handelsnamen für indigoide Farbstoffe sind:

Indanthren-	Cassella, Hoechst	Helindon-	Hoechst
Ciba-	Ciba	Durindone	ICI
Sulfanthrene	Du Pont	Sandothren-	Sandoz
Tina-	Geigy		

Handelsnamen für chinoide Küpenfarbstoffe sind:

Palanthren-	BASF	Tinon-	Geigy
Indanthren-	BASF, Bayer, Hoechst	Caledon	ICI
Cibanon-	Ciba	Sandothren-	Sandoz
Ponsol	Du Pont		

Schwefelfarbstoffe werden ähnlich den Küpenfarbstoffen durch
Erwärmen mit Natriumsulfid oder einem anderen Reduktionsmittel in
eine wasserlösliche Form übergeführt und auf der Faser zurückoxydiert.
Man färbt aus schwach alkalischem Bade auf Cellulosefasern. Handelsnamen sind:

Immedial-	Cassella	Eclips-	Geigy
Hydron-*	Cassella	Thiotinon-*	Geigy
Pyrogen-	Ciba	Thionol	ICI
Ciba-*	Ciba	Thional-	Sandoz
Sulfogene	Du Pont	Sandon-*	Sandoz

* Nur für einige Typen mit besonders hohen Echtheiten benützt.

Dispersionsfarbstoffe, die sich im Färbebad nur dispergieren lassen,
dienen zur Färbung von synthetischen Fasern, besonders Cellulose-
acetat- und Polyesterfasern. Handelsnamen sind:

Cillaecht-	BASF	Novalon-	Geigy
Cellitonecht-	BASF	Setacyl-	Geigy
Polyestron-	Cassella	Dispersol	ICI
Cibacet-	Ciba	Duranol	ICI
Terasil-	Ciba	Artisil-	Sandoz
Acetamine	Du Pont		

Spritlösliche, öllösliche und *fettlösliche Farbstoffe* verwendet man in
Druckfarben, Lacken, Kunststoffen, Bohnermassen, Schuhwichsen u.
dgl. Auf ihre Löslichkeit weist oft ein entsprechender Zusatz hin wie
„Nigrosin spritlöslich". Handelsnamen für sprit- und öllösliche Farbstoffe sind:

Sudan-	BASF	Luxol	Du Pont
Zapon-	BASF, Hoechst	Luxol Fast	Du Pont
Zaponecht-	BASF, Hoechst	Grasol-	Geigy
Irisol-	Bayer	Grasolecht-	Geigy
Oracet-	Ciba	Waxline	ICI
Orasol-	Ciba	Nitroecht-	Sandoz

Pigmente sind unlösliche Farbstoffe, *Farblacke* sind unlöslich ge-
machte, meist wasserlösliche Farbstoffe in feinverteilter Form. Zu den
letzteren gehören verschiedene schwerlösliche Calcium- oder Barium-
salze saurer Farbstoffe sowie die praktisch unlöslichen Salze basischer
Farbstoffe mit Phosphor-Molybdän-Wolframsäure und ähnlichen anorganischen Polysäuren (Fanalfarben). Handelsnamen sind:

Fanal-	BASF	Permanent-	Hoechst
Heliogen-	BASF	Vulkan-	Hoechst
Oralith-	Ciba	Vulkanecht-	Hoechst
Lithosol	Du Pont	Monastral	ICI
Lithosol Fast	Du Pont	Monastral Fast	ICI
Monastral	Du Pont	Monolite	ICI
Irgalith-	Geigy	Monolite Fast	ICI
Irgalithecht-	Geigy	Vulcafor	ICI
Hansa-	Hoechst	Graphtol-	Sandoz
Helio-	Hoechst	Graphtolecht-	Sandoz

Unter den auf dem Substrat erzeugten Farbstoffen nehmen die
Entwicklungsfarbstoffe des *Naphthol-AS-Typs* eine hervorragende
Stellung ein. Es sind Azofarbstoffe für Cellulosefasern. Zur Färbung
wird die Ware mit der substantiven Naphthol-AS-Komponente imprägniert, worauf man mit einer Diazokomponente den Farbstoff erzeugt.
Die letzteren sind sowohl als fertige Diazosalze wie auch als freie Basen,
die noch diazotiert werden müssen, im Handel.

Kupplungskomponenten der genannten Art sind unter folgenden Namen im
Handel:

Cibanaphthol-	Ciba	Brenthol	ICI
Naphthanil	Du Pont	Naphthanilid-	Rohner
Irganaphthol-	Geigy	Celcot-	Sandoz
Naphthol-AS-	Hoechst		

Diazokomponenten als freie Basen oder als Diazosalze tragen folgende Bezeichnungen:

— Base Ciba	Ciba	Echt- . . -salz	Hoechst
— Salz Ciba	Ciba	Variogen-	Hoechst
Naphthanil	Du Pont	Brentamine	ICI
— Base Irga	Geigy	Diazoecht-	Rohner
— Salz Irga	Geigy	Devol-	Sandoz
Echt- . . -base	Hoechst		

Stabilisierte Gemische von Kuppler und Diazokomponente, die beim
Dämpfen auf der Faser den Farbstoff liefern, werden beim Druck oft
benützt und sind unter folgenden Namen im Handel:

Rapidogen-	Bayer	Brentogen	ICI
Cibanogen-	Ciba	Ronagen-	Rohner
Diagen	Du Pont	Momentogen-	Sandoz
Ofnacet-	Hoechst	Sandogen-	Sandoz
Rapidecht-	Hoechst		

Bei einer zweiten Gruppe von Entwicklungsfarbstoffen wird eine
diazotierbare Komponente auf die Faser ausgefärbt, diazotiert und dann
mit einer geeigneten Kupplungskomponente zum Farbstoff gekuppelt.
Derartige Farbstoffe werden als *Diazotierungsfarbstoffe* bezeichnet und
dienen oft zur Erzeugung sehr tiefer Farbtöne wie Schwarz, und zwar

vor allem auf Baumwolle sowie auf einigen synthetischen Fasern, wobei man allerdings nicht dieselben Farbstoffe verwenden kann. Handelsnamen von Diazotierungsfarbstoffen für Baumwolle sind:

Benzamin-	Bayer	Diazophenyl-	Geigy
Rosanthren-	Ciba	Diazamin-	Sandoz
Pontamine Diazo	Du Pont		

Eine wichtige neuere Gruppe von Entwicklungsfarbstoffen, die sich durch hervorragende Echtheiten auszeichnen, sind die *Phthalogene* der Farbenfabriken Bayer. Es handelt sich dabei um Phthalocyanin-Vorprodukte, die beim Dämpfen in den Farbstoff übergehen. Sie werden vorwiegend zum Färben von Cellulosefasern verwendet.

Oxydationsfarbstoffe werden aus geeigneten Zwischenprodukten durch Oxydation auf dem Substrat gebildet. Meist handelt es sich bei diesen Zwischenprodukten um aromatische Amine oder Aminophenole, die dabei in Chinonimine übergehen. Ein derart erzeugter Farbstoff ist auch das Anilinschwarz (siehe Azinfarbstoffe). Oxydationsfarbstoffe werden zum Färben von Pelzwerk benützt und spielen bei der Farbenphotographie eine bedeutende Rolle (siehe Chinonimine). Handelsnamen für Pelzfarbstoffe sind:

Ursol	BASF
Zoba	Bayer
Durafur	ICI

b) Die Klassierung nach chemischen Gesichtspunkten

Eine ganz andere Einteilung erhält man, wenn man die Farbstoffe nach ihrer chemischen Struktur oder nach dem farberzeugenden Prinzip klassiert. Eine strenge Systematik nach farbtheoretischen Grundsätzen ist von WIZINGER[1] ausgearbeitet worden. Bei der Einteilung nach chemischen Gesichtspunkten unterteilt man primär in carbocyclische und heterocyclische Farbstoffe und dann weiter nach der dominierenden Molekülstruktur. Dies führt jedoch in vielen Fällen zu keiner klaren Systematik, da viele Farbstoffgruppen carbo- und heterocyclische Vertreter aufweisen, deren Trennung wenig sinnvoll ist. Die zumeist übliche Klassierung stützt sich deshalb auf einen Kompromiß und ordnet die Farbstoffgruppen teils nach wichtigen Grundkörpern und teils nach typischen Chromophoren.

In den folgenden Kapiteln werden die Farbstoffe nach folgenden Gruppen klassiert, die sich weitgehend auf die in der Technik übliche Einteilung stützen:

Nitrofarbstoffe
Nitrosofarbstoffe
Diphenylmethanfarbstoffe
Triphenylmethanfarbstoffe
Acridinfarbstoffe
Xanthenfarbstoffe
Azinfarbstoffe (Azine, Oxazine, Thiazine)

---

[1] Siehe: WIZINGER, R.: Symposium over Kleur en Structuur van organische Verbindingen, S. 55. Antwerpen 1956.

Methinfarbstoffe
Chinonimine und verwandte Farbstoffe
Anthrachinonfarbstoffe
Indigoide Farbstoffe
Chinoide Küpenfarbstoffe
Indigosole
Schwefelfarbstoffe
Stilbenfarbstoffe
Thiazolfarbstoffe
Azofarbstoffe
Phthalocyanine

2. Wirtschaftliches

Ihren entscheidenden Aufschwung erlebten die synthetischen Farbstoffe in den beiden Jahrzehnten vor und nach 1900, als sie infolge zahlreicher Neuentwicklungen die natürlichen Farbstoffe fast völlig verdrängten. Im allgemeinen hängt ihr Verbrauch natürlich eng mit dem Absatz ihrer Substrate zusammen. Weitaus der wichtigste Abnehmer war bis etwa 1920 die Textilindustrie, dann erschloß sich den organischen Farbstoffen ein zweiter großer, wenn auch weniger wichtiger Markt in der Lack- und Farbenindustrie, wo sie die anorganischen Pigmente wenigstens teilweise zurückzudrängen vermochten. Seit etwa 1940 bieten die Kunststoffe eine rasch ansteigende Absatzmöglichkeit, ein wesentlicher Anteil entfällt aber auch hier auf den textilen Sektor, wo die halb- und vollsynthetischen Fasern eine wichtige Rolle spielen. Da der Farbstoffverbrauch eng mit der Textilindustrie verknüpft ist, die immer noch den größten Teil der künstlichen Farbstoffe aufnimmt, wirken sich Fluktuationen des Textilmarktes auf den Absatz und die Preisgestaltung der Farbstoffe oft empfindlich aus. Wirtschaftliche Rezessionen pflegen sich deshalb im Farbstoffgeschäft unvergleichlich schärfer auszuwirken als etwa bei den Pharmazeutika. Der Weltverbrauch an Farbstoffen nimmt zurzeit langsam zu und verläuft etwa parallel der allgemeinen wirtschaftlichen Entwicklung.

Vor dem ersten Weltkrieg stand Deutschland in der Farbstoffproduktion unbestritten an erster Stelle, in großem Abstand folgte die Schweiz. England und Frankreich, wo die ersten künstlichen Farbstoffe hergestellt worden waren, kamen erst an dritter und vierter Stelle. Der Abbruch der Handelsbeziehungen im Kriege zwang viele Länder zum Aufbau einer eigenen Farbstoffindustrie, vor allem die USA, deren großer Markt vorher praktisch den gesamten Farbstoffbedarf durch Import gedeckt hatte. Auch Sowjetrußland schritt in den späten zwanziger Jahren im Zuge der forcierten Industrialisierung zum Aufbau einer eigenen Farbstoffindustrie. Der gesamte Farbstoffverbrauch stieg dabei nicht wesentlich an; die genannten Entwicklungen führten lediglich zu einer breiteren geographischen Streuung der Produktion.

Einen schweren Rückschlag erlebten die deutschen Farbenfabriken infolge des zweiten Weltkrieges durch Kriegsschäden, Werksdemontagen und Freigabe ihrer Herstellungsverfahren. In verhältnismäßig kurzer Zeit vermochten sie aber wieder an die erste Stelle der europäischen Farbstoffproduzenten aufzurücken.

Eine charakteristische Erscheinung der Nachkriegszeit ist die freiwillige oder erzwungene Freigabe der Kolonien und die ausgeprägte Industrialisierungstendenz in den sog. Entwicklungsländern, deren Wirtschaft bisher vor allem Agrarprodukte und Rohwaren erzeugte, und die früher wichtige Abnehmer der europäischen Farbstoffhersteller waren. Viele und besonders die größeren unter diesen Ländern bemühen sich jetzt um den Aufbau einer eigenen Farbstoffindustrie und erschweren die Einfuhr von Farbstoffen durch hohe Zölle. Dieses Vorhaben wird durch die Tatsache erleichtert, daß die vor 1945 patentierten Produkte und Verfahren, die viele wichtige und jetzt noch verwendete Farbstoffe umfassen, keinen Patentschutz mehr genießen. Verschiedene europäische Farbstoffproduzenten, in erster Linie deutsche und schweizerische Firmen, haben deshalb durch die Gründung von Tochtergesellschaften und die Übernahme von Beteiligungen aktiv am Aufbau neuer Farbstoffindustrien in Entwicklungsländern beigetragen. Diese Entwicklung ergibt eine weitere Streuung der Farbstoffproduktion; eine Zunahme des Farbstoffverbrauchs ist dagegen erst bei einer Erhöhung des Lebensstandards in den betreffenden Ländern zu erwarten, die ja letztlich durch die Industrialisierung angestrebt wird. Für die europäischen Farbstoffproduzenten bedeutet diese Entwicklung einen vermehrten Zwang zur Forschung und zur Entwicklung neuer Produkte und Spezialitäten, sofern sie nicht auf ihre führende Stellung verzichten wollen. In Europa selbst dürfte der durch die EWG und die EFTA eingeleitete Zollabbau eine gewisse Verschärfung des Wettbewerbs mit sich bringen.

Wichtige Farbstoffproduzenten — in alphabetischer Reihenfolge — sind:

American Aniline Products Inc., New York, N.Y., USA.
Aziende Colori Nazionali Affini A.C.N.A., Mailand, Italien.
Badische Anilin- und Soda-Fabrik AG, Ludwigshafen a. Rhein, Deutsche Bundesrepublik.
Calco Chemical Division, American Cyanamid Co., New Jersey, USA.
Cassella Farbwerke Mainkur AG, Frankfurt a. Main, Deutsche Bundesrepublik.
Ciba AG, Basel, Schweiz.
Clayton Aniline Co. Ltd., Manchester, England.
Compagnie Française des Matières Colorantes, Paris, Frankreich.
Durand & Huguenin AG, Basel, Schweiz.
E. I. du Pont de Nemours & Co. Inc., Wilmington, Del., USA.
Farbenfabriken Bayer AG, Leverkusen, Deutsche Bundesrepublik.
Farbwerke Hoechst AG, Frankfurt/Main-Hoechst, Deutsche Bundesrepublik.
General Dyestuff Co., New York, N.Y., USA.
J. R. Geigy AG, Basel, Schweiz.
Imperial Chemical Industries Ltd., Dyestuffs Division, Manchester, England.
L. B. Holliday & Co. Ltd., Huddersfield, England.
National Aniline Division, Allied Chemical & Dye Corp., New York, N.Y., USA.
Rohner AG, Pratteln, Schweiz.
Sandoz AG, Basel, Schweiz.
G. Siegle & Co. GmbH, Stuttgart-Feuerbach, Deutsche Bundesrepublik.
Société Carbochimique SA, Division Colorants de Tertre, Tertre, Belgien.
Standard Ultramarine Co., Huntington, West Va., USA.
Tennessee Eastman Co., Kingsport, Tenn., USA.

Über die Entwicklung der Farbstofferzeugung orientiert die nachfolgende Zusammenstellung[1]:

---

[1] Ältere Angaben und Literatur siehe: ULLMANN: Encyclopädie der technischen Chemie, 3. Aufl., Bd. 7, S. 186 (Urban & Schwarzenberg, München-Berlin: 1956); für neuere Zahlen siehe: L'Industrie Chimique en Europe (Paris: OECD 1961/62); sowie Census of Dyes, US Tariff Commission, Washington, D. C., USA; SACK, E. A.: Teintex **20**, 767 (1955).

Farbstoffproduktion in 1000 Tonnen

	1913[a]	1923	1936/37[b]	1949	1955	1959	1961
Deutschland	137	66	59	18,4[c]	29,8[c]	40,9[c]	45,0[c]
England . .	5	11	25,6	40,0	43,0	34,8	35,2
Frankreich .	2	11	12,0	14,6	15,3	13,1	14,5
Italien . .	—	—	10,6	9,3	11,3	14,2	18,7
Rußland . .	—		27,0	43,0	51,8		
Schweiz . .	10	9	7,8	10,0	12,0	17,7	22,5
USA . . .	3	42	49,0	63,1	88,8	77,1[d]	78,0[d]
Japan . . .	—	6	21,0	6,4	9,0		
Übrige . . .	2		9,0	10,2	12,8		

[a] Schätzung; [b] Mittelwert beider Jahre; [c] Deutsche Bundesrepublik ohne Ostzone; [d] USA und Kanada.

Die *Weltproduktion* an Farbstoffen erreichte in den letzten Jahren die folgenden Werte (in 1000 Tonnen):

	1957	1958	1959	1960	1961
Länder der OECD . .	129,6	111,8	134,8	147,2	148,3
Dollarzone	64,9	63,5	77,1	71,0	78,0
Oststaaten und China.	118,6	126,6	137,95	150,3	157,0
Andere Staaten . . .	29,4	27,2	31,7	33,9	35,8
Total	342,5	329,1	381,55	402,4	419,1

Über die Produktion und den Außenhandel von Farbstoffen in den Ländern der OECD[1] sowie die durchschnittlichen Preise orientieren die

Produktion, Export und Import von Farbstoffen in der OECD 1961

	Produktion		Export Tonnen	Import Tonnen
	Tonnen	in Mill. $		
Belgien	1222	2,37	115[a]	3246[a]
Dänemark	1200[b]	2,15[b]	880	1052
Deutsche Bundesrepublik	45022[c]	178,37[c]	33331	4239
England	35200[c]	99,96[c]	16751	2725
Frankreich	14450	41,19	4613	5785
Griechenland	465[b]	1,00[b]	5	349
Holland	4557	6,56	3096	5314
Irland	—	—	—	374
Island	—	—	—	57[d]
Italien	18673	26,57	2384	5975
Norwegen	—	—	14	942
Österreich	—	—	11	2379
Portugal	226	0,14	20	1141
Schweden	—	—	55	2537
Schweiz	22500	108,10	20777	3215
Spanien	4779	6,42	214	648
Türkei	—	—	—	1817
Total	148294	472,83	82266	41738

[a] Zollunion Belgien-Luxemburg; [b] Schätzungen; [c] ohne optische Bleichmittel; [d] Import im Jahre 1959.

---

[1] Organization for Economic Cooperation and Development.

beiden nachfolgenden Tabellen. Wie die erstere zeigt, sind die Deutsche Bundesrepublik, die Schweiz und England weitaus die größten Exporteure von Farbstoffen. Die qualitativ höchststehenden und deshalb im Durchschnitt teuersten Farbstoffe werden in der Schweiz und in der Deutschen Bundesrepublik hergestellt. Länder mit ausgesprochen billigen Farbstoffen wie Holland, Spanien und Italien weisen nur einen sehr geringen Farbstoffexport auf. Der enge Zusammenhang zwischen Textilverbrauch und Farbstoffabsatz ist aus der nachstehenden graphischen Darstellung deutlich ersichtlich.

Durchschnittliche Farbstoffpreise in einigen Ländern der OECD (in US-Dollar/kg)

	1957	1958	1959	1960	1961
Belgien	2,05	1,83	1,89	1,89	1,94
Deutsche Bundesrepublik	3,46	3,82	3,71	3,73	3,96
England	2,56	2,62	2,67	2,74	2,84
Frankreich	3,11	2,97	2,73	2,83	2,85
Holland	1,10	1,22	1,20	1,32	1,44
Italien	1,45	1,54	1,50	1,44	1,42
Schweiz	4,28	4,48	4,60	4,65	4,80
Spanien	1,20	1,20	1,19	1,39	1,34
Gewogenes Mittel . . .	2,87	2,98	2,99	—[1]	—[1]

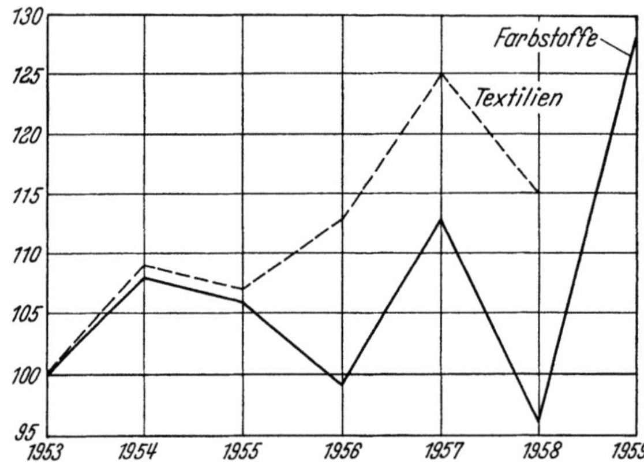

Abb. 20. Verbrauch von Farbstoffen und Textilien in der OECD von 1953—1959 (1953 = 100)

Weitaus am größten ist der Verbrauch an schwarzen Farbstoffen, dann folgen blaue, rote und gelbe Töne. Die einzelnen Farbstoffklassen haben am Gesamtausstoß etwa den folgenden Anteil:

Azofarbstoffe	56 %
Schwefelschwarz	14 %
Anilin- und Triphenylmethanfarbstoffe	9,4 %
Anthrachinon- und Küpenfarbstoffe	8,5 %
Indigofarbstoffe	7,4 %
Bunte Schwefelfarbstoffe	4,7 %

---

[1] Keine Angaben mehr veröffentlicht.

3. Literatur

Das wichtigste neuere Nachschlagewerk für Handelsfarbstoffe ist der *Colour Index*. Er wird von der Society of Dyers and Colourists (England) und der American Association of Textile Chemists and Colourists (USA) herausgegeben. Die vorliegende zweite Auflage umfaßt vier Bände von je über tausend Seiten und verzeichnet alle auf dem Markt erhältlichen Farbstoffe, ihre Eigenschaften, Anwendungen und Hersteller. Alljährlich erscheinende Nachträge enthalten die neuen Änderungen. Soweit bekannt, wird auch die chemische Struktur und die Darstellungsweise der Farbstoffe mit Literaturangaben aufgeführt. Die neuesten Entwicklungen sind dabei allerdings nicht mehr verzeichnet, da die Farbenfabriken die Strukturen ihrer Farbstoffe ungern bekanntgeben, obschon deren Bestimmung für einen geübten Chemiker meist nicht allzu schwer ist. Der Colour Index verzeichnet auch die Strukturen älterer Handelsfarbstoffe, welche nicht mehr hergestellt werden.

Den wohl besten und ausführlichsten Überblick über die Farbstoffchemie gibt die Monographie von Venkataraman. Einen ausgezeichneten Überblick über die Azofarbstoffe, in dem die theoretischen Aspekte dieser außerordentlich wichtigen Farbstoffklasse erstmals eingehend behandelt werden, gibt das Werk von Zollinger. Das umfassende Farbstoffbuch von Fierz-David ist leider schon älteren Datums. Einen Überblick über die neuere Farbstoffliteratur gibt die folgende Zusammenstellung. Dabei wurden die älteren Werke von Bucherer, Georgievics-Grandmougin, Cain und Thorpe sowie Thorpe und Ingold, die zwischen 1914 und 1923 erschienen, nicht mehr aufgeführt.

Schaeffer, A.: Chemie der Farbstoffe und deren Anwendung. Dresden u. Leipzig: Verlag Steinkopff 1963.

Moser, F. H., u. A. L. Thomas: Phthalocyanine Compounds. New York: Reinhold 1963.

Meier, H.: Die Photochemie der organischen Farbstoffe. Berlin-Göttingen-Heidelberg: Springer 1963.

Kittel, H. (Herausgeber): Pigmente. Stuttgart: Wissenschaftliche Verlagsgesellschaft 1960.

Zollinger, H.: Chemie der Azofarbstoffe. Basel u. Stuttgart: Birkhäuser 1958.

Seidenfaden, W.: Künstliche organische Farbstoffe und ihre Anwendungen. Stuttgart: Ferdinand Enke 1957.

Colour Index, 2nd ed. Bradford 1956; Supplement 1963.

Lubs, H. A.: The Chemistry of Synthetic Dyes and Pigments. New York: Reinhold 1955.

Weiss, F.: Die Küpenfarbstoffe. Wien: Springer 1953.

Venkataraman, K.: The Chemistry of Synthetic Dyes. New York: Academic Press 1952.

Schaeffer, A.: Die Entwicklung der künstlichen organischen Farbstoffe. Hofheim: Selbstverlag 1951.

Frank, G. H.: The Manufacture of Intermediates and Dyes. London: Constable 1950.

Fox, M. R.: Vat Dyestuffs and Vat Dyeing. London: Chapman & Hall 1947.

Schultz, G.: Farbstofftabellen. Leipzig: Akademie-Verlag 1931—1939.

Schiemann, G.: Chemie der natürlichen und künstlichen organischen Farbstoffe. Leipzig: Voss 1936.

Fierz-David, H. E.: Künstliche organische Farbstoffe und Ergänzungsband. Berlin: Springer 1926 u. 1935.

Mayer, F.: Chemie der organischen Farbstoffe, 3. Aufl. Berlin: Springer 1934/35.

Wizinger, R.: Organische Farbstoffe. Berlin u. Bonn: Dümmler 1933.

Patentzusammenstellungen finden sich bei:

FRIEDLÄNDER, P.: Fortschritte der Teerfarbenfabrikation, Deutsche Reichspatente von 1877—1938. Berlin: Springer 1888—1942.
Bayer-Werke: Deutsche Reichspatente auf dem Gebiet der organischen Chemie
1939—1945; Bd. I, Farbstoffe. Bayer-Werke, Literaturabteilung, Leverkusen.

Angaben über die technische Herstellung findet man bei:

FOERST, W. (Herausgeber): ULLMANNS Encyclopädie der technischen Chemie, 3. Aufl.
München-Berlin: Urban & Schwarzenberg seit 1951.

Auf die Anwendungstechnik gehen die folgenden Werke ein, von
denen das letztgenannte ausführliche Zusammenstellungen über die
Handelsnamen und Hersteller der neuen und älteren Farbstoffe enthält:

DISERENS, L.: Die neuesten Fortschritte in der Anwendung der Farbstoffe. Basel:
Birkhäuser 1949/1953.
SCHAEFFER, A.: Handbuch der Färberei. Stuttgart: Konradin-Verlag 1949/1951.
SCHAEFFER, A.: Technologie der Färberei und Textilveredelung. Heidelberg:
Melliand 1954.

Für Übersichten über neuere Entwicklungen und Probleme der
Farbenchemie sei verwiesen auf:

JENNY, W. (Redaktor): Symposium über Farbenchemie, Chimia 15, 1—238
(1961). Aarau: Sauerländer.
BRADLEY, W.: Recent Progress in the Chemistry of Dyes and Pigments. London:
The Royal Institute of Chemistry 1958.
ELVIDGE, J. A. (Editor): Recent Advances in the Chemistry of Colouring Matters.
London: The Chemical Society 1956.

Über Textilfarbstoffe und ihre Anwendung referieren schließlich die
folgenden Zeitschriften:

American Dyestuff Reporter (New York)
Canadian Textile Journal (Montreal)
Journal of the Society of Dyers and Colourists (Bradford, Yorkshire,
England)
Melliand Textilberichte (Heidelberg)
SVF-Fachorgan (Basel)
Teintex (Paris)
Textile Research Journal (Princeton, N. J., USA)
Textil-Rundschau (St. Gallen)

II. Farbe und Konstitution

1. Der Begriff der Farbe

Das menschliche Auge empfindet elektromagnetische Schwingungen
mit einer Wellenlänge zwischen 4000 und 8000 Ångström (1 Ångström =
10^{-8} cm) als Licht. An den Bereich des sichtbaren Lichtes schließen sich
das kürzerwellige Ultraviolett und das längerwellige Ultrarot oder
Infrarot an. Die Empfindung einer Farbe entsteht, wenn nur Wellenlängen bestimmter Bereiche auftreten. Das kontinuierliche Spektrum

von 4000 bis 8000 Ångström, wie es die Sonne aussendet, wird als weißes Licht empfunden. Die ultraviolette und ultrarote Strahlung ruft im menschlichen Auge keine Lichtempfindung hervor.

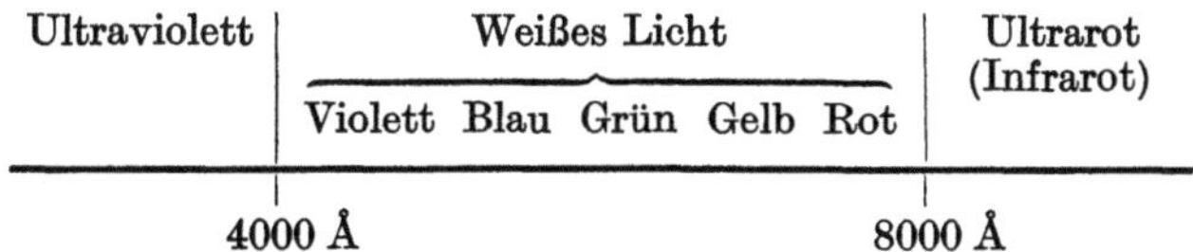

Eine diskontinuierliche Strahlung kann auf verschiedene Arten entstehen, so durch farbige Eigenstrahlung wie beim Natriumdampflicht, durch Brechung an einem Prisma, durch Interferenz an einer dünnen Schicht, durch selektive Absorption oder durch Fluoreszenz. Das Wesen aller Farbstoffe beruht auf dem Prinzip der *selektiven Absorption*. Dies bedeutet, daß ein Teil des auftreffenden Lichtes von dem farbigen Körper absorbiert und in andere Energiearten übergeführt wird, während die übrigen Anteile wieder reflektiert werden. In der Wahrnehmung erscheint deshalb die Komplementärfarbe der absorbierten Wellenlänge. Bei einer Absorption des violetten Lichtanteiles von 4000—4350 Å erscheint im Auge das reflektierte, als gelb-grün empfundene Licht. Komplementärfarben nennt man diejenigen Farbpaare, deren Mischung wieder den Eindruck von weißem Licht hervorruft. Schwarze Körper oder Farbstoffe absorbieren im ganzen Bereich des sichtbaren Lichtes.

Zwischen der Lichtabsorption eines Körpers und der menschlichen Farbempfindung besteht kein linearer oder leicht erfaßbarer Zusammenhang, da das menschliche Auge in verschiedenen Spektralbereichen eine unterschiedliche Empfindlichkeit aufweist[1]. Insgesamt vermag es rund 400 Bunttöne mit etwa je 400 Nuancen und etwa 100 Grautöne zu unterscheiden.

Komplementärfarben nach MOHLER

Absorption	Reflexion
4000—4350 Å, violett . .	Gelb-grün
4350—4800 Å, blau . . .	Gelb
4800—4900 Å, grün-blau	Orange
4900—5000 Å, blau-grün	Rot
5000—5600 Å, grün . . .	Purpur
5600—5800 Å, gelb-grün	Violett
5800—5950 Å, gelb . . .	Blau
5950—6050 Å, orange . .	Grün-blau
6050—7500 Å, rot. . . .	Blau-grün

Die wissenschaftliche Charakterisierung eines Farbtones kann nach verschiedenen Systemen erfolgen, wobei meist ein Buntwert mit einem Grauwert zur entsprechenden Farbe und ihrer Helligkeit kombiniert werden. In neuerer Zeit wurde verschiedentlich versucht, derartige farbmetrische Systeme zur Charakterisierung und Standardisierung von Ausfärbungen zu benützen. Infolge des komplizierten, nichtlinearen Zusammenhanges zwischen den farbmetrischen Werten und der menschlichen Farbempfindung ergeben sich jedoch hierbei beträchtliche prinzipielle Schwierigkeiten[2].

Eine verhältnismäßig klare und einfache Charakterisierung der Lichtabsorption eines Farbstoffes erhält man bei der Messung seiner

---

[1] Vgl.: BOUMA, P. J.: Farbe und Farbwahrnehmung. Eindhoven 1951. — SCHULTZE, W.: Farbenlehre und Farbenmessung. Berlin 1957. — WYSZECKI, G.: Farbsysteme. Göttingen: Musterschmidt 1960.

[2] Vgl.: GUGERLI, U.: Chimia **15**, 39 (1961).

Lichtdurchlässigkeit in Lösung bei verschiedenen Wellenlängen[1]. Dabei gelten die folgenden Zusammenhänge:

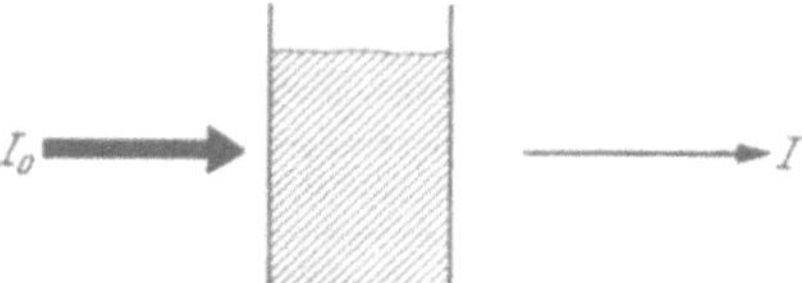

Abb. 21. Küvette mit Farbstofflösung

Als *Transmission* T bezeichnet man das in Prozenten ausgedrückte Verhältnis der durchgelassenen zur auffallenden Lichtmenge. Der Wert $\log \frac{I_0}{I}$ wird *optischeDichte* D genannt.

$$T\% = \frac{I}{I_0} \cdot 100,$$

$$D = \log \frac{I_0}{I} = \log \frac{100}{T}.$$

Der Anteil des absorbierten Lichtes hängt von der Schichtdicke d der Lösung und der Farbstoffkonzentration c ab; er ist bei verschiedenen Wellenlängen ungleich groß. Um den Einfluß des Lösungsmittels auszuschalten, verwendet man nach Möglichkeit nur solche Flüssigkeiten, die im auszumessenden Bereich eine äußerst geringe Eigenabsorption besitzen, wobei diese noch kompensiert wird, indem man die Eigenabsorption einer Küvette mit reinem Lösungsmittel als Nullwert benützt. Dabei gilt die folgende allgemeine Beziehung, worin k eine für die Lösung charakteristische Konstante ist:

$$I = I_0 \cdot e^{-k \cdot d}. \tag{1}$$

Diese Beziehung läßt sich nach LAMBERT-BEER wie folgt formulieren:

$$I = I_0 \cdot 10^{-\varepsilon \cdot c \cdot d}. \tag{2}$$

Der Wert ε wird als *molarer Extinktionskoeffizient* bezeichnet, wobei man die Konzentration c in Mol/Liter ausdrückt und eine normierte Schichtdicke von 1 cm verwendet. Damit stellt ε eine für das betreffende Molekül und eine bestimmte Wellenlänge charakteristische Größe dar. Seine Berechnung erfolgt aus der gemessenen optischen Dichte wie folgt:

$$\varepsilon = \frac{1}{c} \cdot d \cdot \log \frac{I_0}{I}, \tag{3}$$

$$= \frac{1}{c} \cdot d \cdot D. \tag{4}$$

Bei unbekanntem Molekulargewicht gibt man statt ε den Extinktionskoeffizienten für eine bestimmte Konzentration und Schichtdicke an, beispielsweise $E_{1\,\text{cm}}^{1^0/_{00}}$ für $c = 1^0/_{00}$ und $d = 1$ cm.

---

[1] Zur näheren Orientierung sei verwiesen auf: FORMANEK, J.: Untersuchung und Nachweis organischer Farbstoffe auf spektroskopischem Wege. Berlin: Springer 1929. — MOHLER, H.: Das Absorptionsspektrum der chemischen Bindung. Jena: Gustav Fischer 1943. — KORTÜM, G.: Kolorimetrie und Spektralphotometrie. Berlin-Göttingen-Heidelberg: Springer 1948. — DUNCAN, A. B. F., u. F. A. MATSEN: Electronic Spectra in the Visible and Ultraviolet Region. New York 1956.

Es muß ausdrücklich darauf hingewiesen werden, daß das Gesetz von LAMBERT-BEER nur dann gilt, wenn sich die gelöste Substanz beim Verdünnen oder Konzentrieren nicht ändert. Gerade bei Farbstoffen trifft dies indessen häufig nicht zu, da viele Farbstoffe schon in wenig konzentrierten Lösungen zu Dimeren und höheren Polymeren agglomerieren[1].

Die Lichtabsorption eines Farbstoffes wird am besten in einer Absorptionskurve dargestellt, indem man die Werte von ε oder besser von $\log \varepsilon$ gegen die Wellenlänge λ aufträgt. Statt der Wellenlänge kann man auch die Wellenzahl ν als Maß verwenden[2]. Als charakteristische Werte werden in der Regel diejenigen Wellenlängen aufgeführt,

bei denen der Extinktionskoeffizient ein Maximum aufweist. Man bezeichnet sie mit λ_{max}. Die so erhaltenen Absorptionskurven werden als Transmissionsspektren bezeichnet im Gegensatz zu den Reflexionsspektren, die man bei Reflexionsmessungen an gefärbten Körpern erhält. Diese letzteren spielen nur eine untergeordnete Rolle.

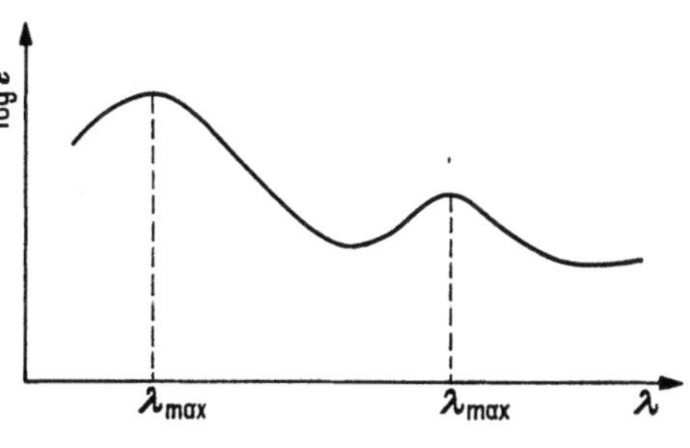

Abb. 22. Absorptionskurve

Die Lage der Extinktionsmaxima hängt oft innerhalb bestimmter Grenzen von der Art des verwendeten Lösungsmittels ab und kann durch polare Lösungsmittel mehr oder weniger stark verschoben werden[3]. Auch die Acidität oder Basizität des verwendeten Lösungsmittels spielt meistens eine mehr oder weniger ausgesprochene Rolle. Ähnlich können sich Konzentrationsänderungen auswirken, da bei manchen Farbstoffen konzentrationsabhängige Gleichgewichte zwischen dem monomeren Molekül und polymeren Agglomeraten bestehen und sich die Absorptionsspektren der letzteren beiden oft voneinander unterscheiden.

Wird das Absorptionsmaximum gegen den längerwelligen Bereich hin verschoben, so spricht man von einer *bathochromen*, also farbvertiefenden, im anderen Falle von einer *hypsochromen*, also farbaufhellenden Verschiebung. Eine Erhöhung des Extinktionskoeffizienten bezeichnet man als hyperchromen, eine Verminderung als hypochromen Effekt.

2. Zusammenhänge zwischen Farbe und Konstitution

Die Frage nach dem Zusammenhang zwischen der Farbe und der Struktur einer organischen Verbindung ist so alt wie die Chemie der Farbstoffe. Die früheren Bearbeiter dieses Problems mußten sich dabei

---

[1] Vgl. beispielsweise: SCHEIBE, G.: Angew. Chem. 52, 631 (1939). — SHEPPARD, S. E., P. T. NEWSOME u. H. R. BRIGHAM: J. Amer. chem. Soc. 64, 2923, 2937 (1942). SHEPPARD, S. E., u. A. L. GEDDES: J. Amer. chem. Soc. 66, 1995, 2003 (1944).

[2] Siehe: PESTEMER, M., u. G. SCHEIBE: Angew. Chem. 66, 553 (1954); vgl. auch: MASON, S. F.: Quart. Reviews 15, 287 (1961).

[3] Vgl. beispielsweise: DIMROTH, K.: Chimia 15, 80 (1961).

darauf beschränken, anhand der von Auge gemachten Beobachtungen
und einfacher Strukturkenntnisse eine Theorie zu formulieren, die allgemeiner Anwendung fähig war. Auch wenn manche dieser ersten Farb-
theorien sich heute einfach und oberflächlich ausnehmen, darf nicht ver-
kannt werden, daß sie der organischen Chemie wichtige Impulse ver-
mittelten. Ihr Ausbau führte zu einer vorzüglichen empirischen Korrela-
tion zwischen Farbe und Konstitution.

Ein anderer Weg, der von der reinen Theorie ausgeht, konnte erst
in neuerer Zeit einigermaßen erfolgreich beschritten werden. Das Vorliegen einer selektiven Lichtabsorption bedeutet, daß Lichtquanten
einer bestimmten Energie von dem betreffenden Molekül aufgenommen
werden können, wobei es in einen höheren Energiezustand übergeht.
Durch Abgabe dieser Energie an die Umgebung, beispielsweise durch
Umwandlung in Atomvibrationen und damit letztlich in thermische
Energie, kann das Molekül wieder in den Grundzustand zurückkehren.
Das Problem des Zusammenhanges zwischen Konstitution und Farbe
reduziert sich damit auf die Frage nach den entsprechenden Energiezuständen des Moleküls. Sie kann indessen vorderhand erst in wenigen
Fällen befriedigend beantwortet werden, worauf später noch eingegangen
wird.

Die erste Farbtheorie wurde 1876 von O. N. Witt formuliert[1].
Danach existieren gewisse farberzeugende Gruppen, die *Chromophore*,
die zusammen mit einer ungesättigten Verbindung ein *Chromogen*, also
einen Farbträger bilden. Ein eigentlicher Farbstoff entsteht erst bei
Anwesenheit einer zusätzlichen Hilfsgruppe, eines *Auxochroms*. Als
Chromophore bezeichnete Witt die folgenden Gruppen[2]:

—CO—	Carbonylgruppe
—NO	Nitrosogruppe
—NO$_2$	Nitrogruppe
—N=N—	Azogruppe

Als Auxochrome sah er die schwach salzbildenden Gruppen an wie[3]:

—NH$_2$	Aminogruppe
—NHR	Alkyl-, Arylaminogruppe
—NR$_2$	Dialkyl-, Diarylaminogruppe
—OH	Hydroxylgruppe

Die stark salzbildenden Substituenten wie die Sulfonsäuregruppe,
die Carboxyl- und die quaternisierte Aminogruppe betrachtet er als
inert. Den modernen Ansprüchen kann die *Chromophortheorie* von
O. N. Witt nicht mehr genügen; sie bildet jedoch eine einfache, an-
schauliche und ausbaufähige empirische Grundlage[4].

---

[1] Witt, O. N.: Ber. dtsch. chem. Ges. **9**, 522 (1876).

[2] Über den Wandel des Chromophorbegriffs siehe: Mohler, H.: Chimia **4**, 284
(1950). — Bezüglich der chromophoren Eigenschaften der Dianil-, Dien- und
Azinstruktur siehe: Ferguson, L. N., u. T. C. Goodwin: J. Amer. chem. Soc. **71**,
633 (1949).

[3] Über den Zusammenhang zwischen auxochromer Eigenschaft und der Stellung im periodischen System siehe: Bowden, K., E. A. Braude u. E. R. H. Jones:
J. chem. Soc. [London] **1946**, 948.

[4] Eine quantenchemische Deutung der Chromophortheorie geben: Grinter,
R., u. E. Heilbronner: Helv. chim. Acta **45**, 2496 (1962).

1888 postulierte R. NIETZKI als wesentliche Bedingung für das Auftreten von Farbe die Existenz *chinoider Strukturen*. Diese Theorie versagt indessen bereits beim Azobenzol und steht im Widerspruch mit der Beobachtung, daß das Anthrachinon bei der Verküpung, d. h. beim Übergang von der chinoiden in die benzoide Struktur, eine Farbvertiefung erfährt.

Um 1907 erhielt die Farbtheorie einige fruchtbare Impulse, indem v. BAEYER die Auffassung vertrat, daß nicht die chinoide Struktur an sich, sondern die Möglichkeit der *Oszillation* zwischen verschiedenen chinoiden Formen für das Auftreten und die Tiefe einer Farbe wesentlich seien[1]. Dieser Gedanke wurde später von ADAMS[2] und BURY[3] weiter ausgebaut. Zur gleichen Zeit stellte HEWITT fest, daß in einem farbigen System mit einer Kette konjugierter Doppelbindungen jede Verlängerung zu einer Farbvertiefung führt[4]. Als Beispiel seien die allerdings erst später bearbeiteten Vinylogen des Stilbens aufgeführt[5]:

Ph—CH=CH—PH	farblos (Absorption bei 3450 Å)
Ph—(CH=CH)$_2$—Ph	farblos (Absorption bei 3600 Å)
Ph—(CH=CH)$_3$—Ph	hellgelb
Ph—(CH=CH)$_4$—Ph	gelb
Ph—(CH=CH)$_5$—Ph	orange
Ph—(CH=CH)$_6$—Ph	rotorange

Durch isolierende Gruppen, welche sich nicht an der Konjugation beteiligen können, wird eine solche Kette unterbrochen. Einen derartigen Unterbruch verursacht beispielsweise eine Methylengruppe[6], eine Ätherbrücke[7] oder eine m-Phenylenbrücke[8], wogegen eine p-Phenylenbrücke die Konjugation nicht unterbricht. Bei manchen leicht beweglichen Gruppen kann allerdings trotzdem eine Übertragung von Konjugationseffekten auftreten[9].

Einen weiteren Beitrag stellte der *Verteilungssatz der Auxochrome* von H. KAUFFMANN dar[10]. Er besagt, daß in einem farbigen System mit einem Chromophor C und zwei Auxochromen A die tiefste Farbe dann

---

[1] BAEYER, A. v.: Liebigs Ann. Chem. **354**, 152 (1907).

[2] ADAMS, E. Q., u. L. ROSENSTEIN: J. Amer. chem. Soc. **36**, 1472 (1914).

[3] BURY, C. R.: J. Amer. chem. Soc. **57**, 2115 (1935).

[4] HEWITT, J. T., u. H. V. MITCHELL: J. chem. Soc. [London] **91**, 1251 (1907); vgl. auch: SIRCAR, A. C.: J. chem. Soc. [London] **109**, 757 (1916).

[5] Über Polyene als eine Kette gekuppelter Oszillatoren siehe: KUHN, H.: Helv. chim. Acta **31**, 1780 (1948); ferner: BOHLMANN, F.: Angew. Chem. **65**, 385 (1953); bezüglich der Methinkette in Cyaninen siehe: BROOKER, L. G. S., R. H. SPRAGUE, C. P. SMYTH u. G. L. LEWIS: J. Amer. chem. Soc. **62**, 1116 (1940). — BROOKER, L. G. S., F. L. WHITE, G. H. KEYES, C. P. SMYTH u. P. F. OESPER: J. Amer. chem. Soc. **63**, 3192 (1941). — BROOKER, L. G. S., u. R. H. SPRAGUE: J. Amer. chem. Soc. **63**, 3203, 3214 (1941); **67**, 1875 (1945).

[6] PIPER, J. D., u. W. R. BRODE: J. Amer. chem. Soc. **57**, 135 (1935).

[7] MAYER-PITSCH, E.: Z. Elektrochem. **49**, 368 (1943).

[8] FERGUSON, L. N., u. G. E. K. BRANCH: J. Amer. chem. Soc. **66**, 1467 (1944).

[9] Vgl.: BRAUDE, E. A.: J. chem. Soc. [London] **1949**, 1902. — KUMMLER, W.D., L. A. STRAIT u. E. L. ALPEN: J. Amer. chem. Soc. **72**, 1463 (1950).

[10] KAUFFMANN, H., u. W. FRANCK: Ber. dtsch. chem. Ges. **39**, 2722 (1906). Für eine quantenchemische Deutung des Effektes vgl.: GRINTER, R., u. E. HEILBRONNER: Helv. chim. Acta **45**, 2496 (1962).

auftritt, wenn sich die beiden Auxochrome in den Stellungen 2 und 5 zum Chromophor befinden. Der Satz steht in Übereinstimmung mit allen bisherigen Beobachtungen, läßt sich aber mit der Theorie der chinoiden Oszillation nicht erklären.

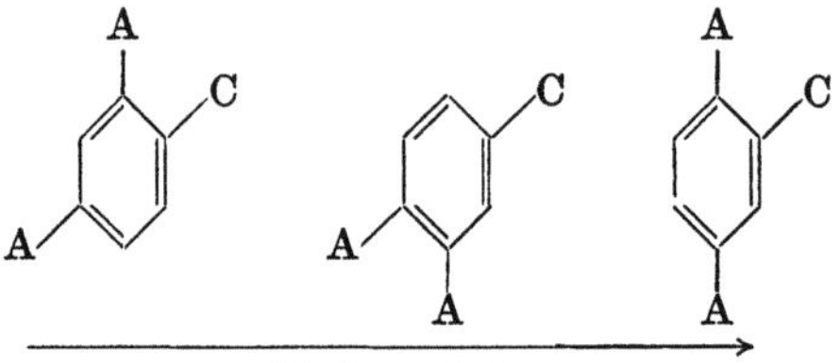

Farbvertiefung

Etwa in dieselbe Zeit fallen die Untersuchungen von A. HANTZSCH über die *Struktur der Nitrophenole* und ihre Farbe, die eine wesentliche Stütze der Chinontheorie bildeten[1]. Nitrobenzol ist bekanntlich fast farblos und auch die Mononitrophenole sind in reiner Form nahezu farblos oder höchstens blaßgelb. Bei der Zugabe von Alkalien tritt nun eine wesentliche Farbvertiefung ein, so daß ihre alkalischen Lösungen rot sind. Nach HANTZSCH ist diese Farbvertiefung mit einem Übergang in die chinoide aci-Form der Nitrophenole verbunden. Es gelang ihm auch, den Methylester der aci-Form zu isolieren, der im Gegensatz zum schwach gelben Methyläther der Phenolform, dem Nitroanisol, tief rot ist.

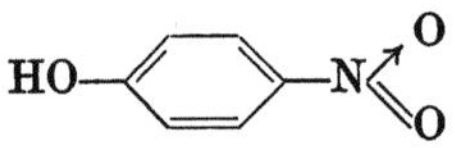

Phenolform
blaßgelb

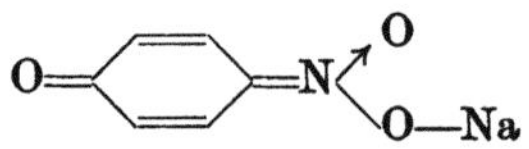

aci-Form (Natriumsalz)
tief rot

blaßgelb

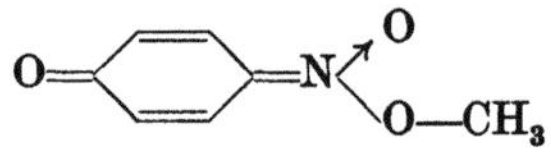

rot

Ein wesentlicher Nachteil der Theorie von HANTZSCH liegt darin, daß sie beim m-Nitrophenol versagt. Indessen verhält sich dieser Körper genau gleich wie das o- und p-Isomere und bildet mit Alkalien ebenfalls tief rote Salze, trotzdem er keine chinoide Form bilden kann.

In der Folge befaßte sich BURAWOY eingehend mit den Zusammenhängen zwischen Konstitution und Farbe[2], wobei er als einer der ersten die Bedeutung einer quantenmechanischen Betrachtung des Problems erkannte. Zusammen mit HANTZSCH diskutierte er die Lichtabsorption der Triphenylmethanfarbstoffe, die ein schönes Beispiel für die mögliche Oszillation chinoider Strukturen bilden[3].

DILTHEY[4] und WIZINGER[5] ist die Erweiterung und Erneuerung der Wittschen Vorstellungen zu verdanken. Als Chromophore oder Anti-

---

[1] HANTZSCH, A., u. H. GORKE: Ber. dtsch. chem. Ges. **39**, 1073, 1084 (1906); vgl. auch: HANTZSCH, A.: Ber. dtsch. chem. Ges. **43**, 666 (1910).

[2] BURAWOY, A.: Ber. dtsch. chem. Ges. **63**, 3155 (1930); **64**, 473, 1635 (1931); **65**, 941, 947 (1932); **66**, 228 (1933); — J. prakt. Chem. [2] **135**, 145 (1932).

[3] HANTZSCH, A., u. A. BURAWOY: Ber. dtsch. chem. Ges. **64**, 1622 (1931); **66**, 1435 (1933); **67**, 793 (1934); **68**, 329 (1935).

[4] DILTHEY, W.: Ber. dtsch. chem. Ges. **53**, 261 (1920); — J. prakt. Chem. [2] **109**, 273 (1925).

[5] WIZINGER, R.: Angew. Chem. **39**, 564 (1926); — J. prakt. Chem. [2] **157**, 129 (1941).

auxochrome bezeichneten sie koordinativ ungesättigte Atome oder Gruppen, als Auxochrome solche Atome oder Gruppen, die als Elektronendonatoren in Frage kommen. Nach ihrer Auffassung tritt eine Lichtabsorption dann ein, wenn ein polarisierbares System einerseits mit einem Chromophor oder Antiauxochrom und andrerseits mit einem Auxochrom verbunden ist. Eine direkte Verknüpfung von Chromophor und Auxochrom führt indessen zu einer Schwächung derselben, die man als Inversion der Auxochrome bezeichnet[1]. Um den weiteren Ausbau dieser Vorstellungen bemühte sich insbesondere R. WIZINGER, dem ein in sich geschlossenes, schematisches System zu verdanken ist, das alle vorkommenden Farbstoffe umfaßt[2].

Die *quantenmechanische Betrachtung* geht von der Überlegung aus, daß bei der Lichtabsorption ein Lichtquant $h \cdot \nu$ vom absorbierenden Molekül aufgenommen wird, wobei sich dessen Energie um den entsprechenden Betrag ΔE von E_1 auf E_2 vergrößert[3]. Damit ergibt sich die Beziehung:

$$E_2 - E_1 = \Delta E = h \cdot \nu = \frac{h \cdot c}{\lambda}$$

E_1 = normaler Energiezustand des Moleküls
E_2 = erhöhter („angeregter") Energiezustand des Moleküls
ν ＝ Wellenzahl des absorbierten Lichtes
λ ＝ Wellenlänge des absorbierten Lichtes
h ＝ Plancksches Wirkungsquantum
c ＝ Lichtgeschwindigkeit

Die aufgenommene Energie ΔE beträgt bei 4000 Å rund 71 kcal/Mol, bei 8000 Å rund 35,5 kcal/Mol. Der energiereichere Zustand wird oft als „angeregt" bezeichnet, der energieärmere als „Grundzustand". Normalerweise befindet sich das Molekül nur sehr kurze Zeit in der höheren Energiestufe, etwa 10^{-8} bis 10^{-7} sec. Eine Ausnahme davon machen gewisse Triplettzustände, deren Dauer 10^{-3} bis 10^{-1} sec und länger dauern kann. Die Rückkehr des Moleküls in den normalen Zustand erfordert die Abgabe der aufgenommenen Lichtenergie[4]. Dazu stehen verschiedene Möglichkeiten offen. Verhältnismäßig selten ist eine Re-Emission von Licht, wie sie als Fluoreszenz auftritt. Das Molekül verliert dabei meistens einen geringen Teil der absorbierten Energie an die Umgebung, bevor sie wieder als Licht re-emittiert werden kann. Das Fluoreszenzlicht ist deshalb in der Regel etwas längerwellig und energieärmer als das anregende Licht. Eine zweite Möglichkeit der

---

[1] WIZINGER, R.: Chimia **15**, 89 (1961).

[2] WIZINGER, R.: Symposium over Kleur en Structuur van organische Verbindingen, S. 7—57. Antwerpen 1956.

[3] Für eine Übersicht siehe: MACCOLL, A.: Quart. Reviews **1**, 16 (1947). — FERGUSON, L. N.: Chem. Reviews **43**, 385 (1948). — Symposium on Colour and the Electronic Structure of Complex Molecules, Chem. Reviews **41**, 201—419 (1947); ferner auch: LEWIS, G. N., u. M. CALVIN: Chem. Reviews **25**, 273 (1939). Bezüglich der Grundlagen der Lichtabsorption sei verwiesen auf: STAAB, H. A.: Theoretische Grundlagen der organischen Chemie, S. 163—419. Weinheim: Verlag Chemie 1959.

[4] Vgl.: LIPPERT, E., W. LÜDER, F. MOLL, W. NÄGELE, H. BOOS, H. PRIGGE u. I. SEIBOLD-BLANKENSTEIN: Angew. Chem. **73**, 695 (1961).

Energieabgabe besteht in der Umwandlung in kinetische Energie der
Atome und des Moleküls, d.h. letztlich in Wärme. Als drittes kann
die aufgenommene Energie eine chemische Reaktion einleiten, indem
sie die Bindung zwischen zwei Atomen so stark lockert, daß das Molekül
in zwei reaktive Hälften zerfällt, oder indem sie spezifische Stellen —
Atome oder Bindungen — des Moleküls derart aktiviert, etwa durch
Radikalbildung, daß dort eine chemische Weiterreaktion erfolgen kann.

Bei den Farbstoffen dominiert in der Regel der zweite Fall, also die
Umwandlung des absorbierten Lichtes in Wärme. Die Energiezunahme
des Moleküls infolge der Lichtabsorption beschränkt sich dabei meistens
auf das π-Elektronensystem, das Grundskelett der Verbindung erfährt
höchstens kleine Änderungen der Atomabstände. Die Lichtabsorption
hängt damit unmittelbar mit den Energiezuständen des π-Elektronen-
systems eines Farbstoffes zusammen, so daß es bei Kenntnis des Grund-
zustandes und der höheren Energiezustände dieses Systems ohne weiteres
möglich sein sollte, die Lichtabsorption eines Farbstoffes anzugeben.
Indessen stoßen genauere Berechnungen der Energiezustände bei
komplizierteren Molekülen sehr bald auf rechnerische Schwierigkeiten;
bei der Anwesenheit von Heteroatomen, wie sie in allen Farbstoffen
vorkommen, vervielfachen sich diese Schwierigkeiten[1]. Dazu gesellen
sich eine Reihe prinzipieller Probleme, deren Abklärung noch umfang-
reiche Forschungsarbeit erfordert.

Eine erste, verhältnismäßig unwesentliche Komplikation der vorstehenden
Überlegungen ergibt sich aus der Tatsache, daß sowohl für E_1 als auch für E_2
mehrere Energiestufen in Frage kommen, was vor allem auf die Vibrationen der
Atome im Molekülverband zurückzuführen ist. Die Energiedifferenz ΔE im Molekül kann deshalb innerhalb eines gewissen Bereiches variieren, so daß die Lichtabsorption nicht scharf bei einer bestimmten Wellenlänge, sondern innerhalb eines
mehr oder weniger breiten Bandes erfolgt:

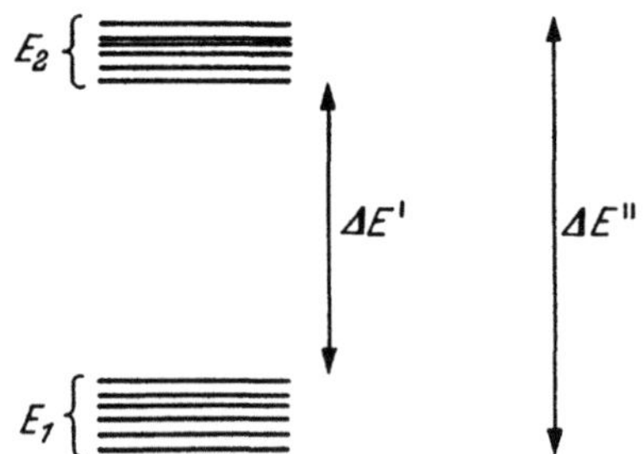

Abb. 23. Energieaufnahme bei der Lichtabsorption

Eine andere Komplikation besteht darin, daß in den meisten Molekülen die
Oszillation der π-Elektronen entlang zweier Achsen, bei den dreidimensionalen
Kristallen von Pigmenten oder bei Agglomeraten mit gerichteter Struktur sogar
eine solche entlang dreier Achsen möglich ist. So besitzt Malachitgrün entsprechend seinen beiden Achsen x und y zwei Absorptionsbanden bei 6250 Å und 4230 Å
während das punktsymmetrische Kristallviolett nur eine Absorptionsbande bei

---

[1] Für eine kurze Übersicht siehe: FÖRSTER, TH.: Z. Elektrochemie 45, 548
(1939). — DAUDEL, P. u. R.: J. chem. Physics 16, 639 (1948). — BAYLISS, N. S.:
Quart. Reviews 6, 319 (1952).

5900 Å aufweist[1]. Das Ion von MICHLERS Hydrol, in dem die Phenylgruppe des Malachitgrüns fehlt, besitzt nur die der x-Achse entsprechende Bande bei 6250 Å[1].

Malachitgrün
Kristallviolett

Als Beispiel eines dreidimensionalen Oszillators sei 1.1'-Diäthyl-2.2'-cyaninchlorid genannt, das in konzentrierten Lösungen gerichtete Aggregate bildet, wobei in Richtung des Polymeren — senkrecht zur Molekülebene — die dritte Achse verläuft. Die entsprechenden Absorptionsbanden für die x-, y- und z-Achse liegen bei 5300 Å, 4900 Å und 5700 Å[2].

1.1'-Diäthyl-2.2'-cyaninchlorid

Die oft festgestellte Tatsache, daß die Farbe von Pigmentfarbstoffen stark von ihrer Kristallform abhängen kann, dürfte auf analogen Effekten beruhen. In sehr vielen Fällen stößt eine genauere Zuordnung der beobachteten Übergänge zu bestimmten Molekülachsen allerdings auf Schwierigkeiten und kann nur mit einer ausgeklügelten Methodik einwandfrei bestimmt werden[3].

Heteroatome mit π-Elektronen können weitere Schwierigkeiten verursachen, da sie zuweilen Elektronenübergänge mit einer Absorption im sichtbaren Bereich besitzen, die zwar meist nur eine geringe Extinktion aufweist, in Konjugation mit einem größeren π-Elektronensystem aber beträchtlich verstärkt werden kann[4]. Auch der Einfluß sterischer Faktoren ist zu erwähnen, der in der Berechnung manchmal nur schwer abzuschätzen ist[5]. Es ist deshalb verständlich, daß eingehende quantenmechanische Berechnungen vorläufig fast nur für verhältnismäßig einfache Systeme wie die aromatischen Kohlenwasserstoffe vorliegen.

Zur Zeit am fruchtbarsten dürfte die von H. KUHN entwickelte Behandlung des Elektronengasmodells mit Analogierechensystemen sein[6]. Das Elektronengasmodell beruht auf der Vorstellung, daß sich die für die Lichtabsorption verantwortlichen π-Elektronen eines Mole-

---

[1] Vgl.: LEWIS, G. N., u. J. BIGELEISEN: J. Amer. chem. Soc. 65, 2102 (1943).

[2] Vgl.: SCHEIBE, G.: Angew. Chem. 52, 631 (1939). — SCHEIBE, G., ST. HARTWIG u. R. MÜLLER: Z. Elektrochem. 49, 372 (1943).

[3] Siehe: LABHART, H.: Chimia 15, 20 (1961). — J. CZEKALLA: Chimia 15, 26 (1961).

[4] Für eine Übersicht vgl.: SIDMAN, J. W.: Chem. Reviews 58, 689 (1958).

[5] Vgl. beispielsweise: MORRIS, R. J., u. W. R. BRODE: J. Amer. chem. Soc. 70, 2485 (1948); — J. org. Chemistry 13, 200 (1948).

[6] KUHN, H.: Chimia 15, 53 (1961); — Angew. Chem. 71, 93 (1959); — Helv. chim. Acta 31, 1441 (1948); 34, 2371 (1951); — Z. Elektrochem. 53, 165 (1949); 55, 220 (1951); 58, 219 (1954).

küls unabhängig voneinander im konjugierten System bewegen[1]. Lineare Systeme mit einfachem Potentialfeld sind dabei noch der direkten mathematischen Berechnung zugänglich, während für zweidimensionale Körper geeignete analoge Schwingsysteme benützt werden müssen, wie sie von H. KUHN als Analogierechengeräte entwickelt wurden. Mit geeigneten Systemen gekoppelter Schwingkreise lassen sich auch komplizierte Verbindungen sehr genau durchrechnen, wobei eine vorzügliche Übereinstimmung mit den beobachteten Absorptionsbanden erzielt wird[2]. Derartige Rechenmaschinen sind allerdings bereits recht umfangreich und aufwendig.

Ein einfacheres Rechenverfahren, das auf einer Störungsrechnung an konjugierten Systemen beruht, stammt von M. J. S. DEWAR[3]. Es gestattet bei verhältnismäßig geringem rechnerischem Aufwand die Berechnung der langwelligsten Bande auch bei Verbindungen mit Heteroatomen, wobei nach Einführung eines empirischen Korrelationsfaktors eine gute Übereinstimmung mit den beobachteten Absorptionsbanden erzielt wird.

3. Die Lichtechtheit von Farbstoffen

Sozusagen alle Farbstoffe können sich unter der Einwirkung des Lichtes chemisch verändern. Äußerlich gibt sich dies in einer Änderung oder im Verblassen des Farbtones, oft gleichzeitig in beiden zu erkennen. Bei sehr lichtechten Farbstoffen erstreckt sich dieser Vorgang über Jahre oder sogar Jahrzehnte, bei anderen kann er bereits innerhalb eines Tages eintreten. Über die dabei stattfindenden chemischen Veränderungen und ihre Ursachen ist nicht sehr viel bekannt[4].

Ein wesentliches Problem bei der Abklärung des Verblassens besteht darin, daß die Lichtechtheit eines Farbstoffes stets auf einem Substrat ermittelt wird. Der Anteil des Farbstoffes beträgt dabei meist nur etwa 0,5—2%, in wenigen Fällen bis zu höchstens 5%. Es ist einleuchtend, daß deshalb das Substrat einen großen Einfluß auf die Lichtechtheit und die chemischen Veränderungen des Farbstoffes ausübt und daß diese auf verschiedenen Substraten durchaus unterschiedlich sein können[5]. Natürlich erfährt auch das Substrat oft eine Veränderung im Licht, die indessen weniger spektakulär ist, da sie selten mit einer augenfälligen Farbveränderung verbunden ist und deshalb im allgemeinen weit geringere Beachtung findet[6]. Bekannt ist der langsame Abbau

[1] Vgl.: KUHN, H.: Chimia 4, 203 (1950); — Experientia 9, 41 (1953). — BAYLISS, N. S.: Quart. Reviews 6, 319 (1952).

[2] KUHN, H.: Chimia 15, 53 (1961).

[3] DEWAR, M. J. S.: J. chem. Soc. [London] 1950, 2329; 1952, 3532, 3544.

[4] Vgl.: Symposium on Photochemistry in Relation to Textiles. J. Soc. Dyers Colourists 65, 585 (1949). — BOWEN, E. J.: Quart. Reviews 4, 236—250 (1950). Für eine Übersicht über photochemische Prozesse vgl.: MEIER, H.: Die Photochemie der organischen Farbstoffe. Berlin-Göttingen-Heidelberg: Springer 1963.

[5] Siehe: CUMMING, J. W., C. H. GILES u. A. E. McEACHRAN: J. Soc. Dyers Colourists 72, 373 (1956). — CUNLIFFE, P. W.: J. Soc. Dyers Colourists 46, 108 (1930). — CUNLIFFE, P. W., u. P. N. LAMBERT: J. Soc. Dyers Colourists 46, 297 (1930); 47, 73, 225 (1931); 48, 59 (1932).

[6] Vgl.: GILES, C. H.: J. Soc. Dyers Colourists 73, 127 (1957).

der Cellulose im Licht zu Oxycellulose, der äußerlich nicht festzustellen ist[1].

Im allgemeinen beschleunigen hohe Temperaturen das Verbleichen der Farbstoffe; ähnlich wirkt sich in manchen Fällen auch ein hoher Feuchtigkeitsgehalt im Substrat aus[2]. In einer Stickstoffatmosphäre kann das Ausbleichen unter Umständen praktisch wegfallen[3]; dies deutet darauf, daß Oxydationsprozesse oft eine große Rolle spielen. Tiefe Färbungen sind in der Regel lichtechter als mittlere oder gar helle Töne desselben Farbstoffes[4], so daß sich zum Färben lichtechter Pastelltöne meist nur ausgewählte Farbstoffe eignen. Bei fluoreszierenden Farbstoffen stellt man oft eine größere photochemische Zersetzung fest, was sich damit erklären läßt, daß in diesen Fällen der lichtaktivierte Zustand länger erhalten bleibt als bei den gewöhnlichen Farbstoffen. Häufig sind an dieser Erscheinung Triplett-Zustände maßgeblich beteiligt[5].

Eine nur vorübergehende Farbänderung unter Lichteinfluß stellt sich bei der *Phototropie* ein; im Dunkeln kehrt die ursprüngliche Farbe langsam wieder zurück. Diese Erscheinung kann besonders bei manchen Dispersionsfarbstoffen für hydrophobe Fasern beobachtet werden[6]; möglicherweise handelt es sich dabei um eine trans-cis-Isomerisierung.

Der Einfluß von *Substituenten* auf die Lichtechtheit von Farbstoffen wurde schon frühzeitig untersucht[7]. Allzu weitgehende Folgerungen sind indessen nicht möglich, da die Art des Grundkörpers, die Stellung des Substituenten und allfällige weitere Momente wie die Möglichkeit von Wasserstoffbrücken oder sterische Effekte eine große Rolle spielen. Immerhin läßt sich die allgemeine Regel aufstellen, daß Hydroxyl- und Aminogruppen die Lichtechtheit meistens herabsetzen. Ebenso wirkt sich eine Alkylierung von Aminogruppen aus, wogegen ihre Acylierung sowie die Alkylierung von Hydroxylgruppen die Lichtechtheit wieder verbessert. Chlor- und Bromatome sowie die Sulfonsäure- und speziell die Carbonsäuregruppe erhöhen die Lichtechtheit oft, ebenso die Nitrogruppe.

Einen ziemlich starken Einfluß auf die Lichtechtheit übt der *physikalische Zustand* des Farbstoffes in der Faser aus[8]. Küpenfarbstoffe

---

[1] APPLEBY, D. K.: Amer. Dyestuff Rep. **38**, 149 (1949). — SCHOLEFIELD, F., u. E. H. GOODYEAR: Melliand Textilber. **10**, 867 (1929).

[2] SCHWEN, G., u. G. SCHMIDT: J. Soc. Dyers Colourists **75**, 101 (1959). — HEDGES, J. J.: J. Soc. Dyers Colourists **44**, 52, 341 (1928).

[3] SCHARWIN, W., u. A. PAKSCHWER: Angew. Chem. **40**, 1008 (1927).

[4] SOMMER, H.: Angew. Chem. **44**, 61 (1931).

[5] Vgl.: PORTER, G.: Chimia **15**, 63 (1961). — REID, C.: Quart. Reviews **12**, 205 (1958). — KASHA, M.: Chem. Reviews **41**, 401 (1947). — BOWEN, E. J.: Quart. Reviews **1**, 1 (1947). — RATH, H., u. H. J. BRIELMAIER: Melliand Textilber. **42**, 911 (1961).

[6] KNIGHT, A. H.: J. Soc. Dyers Colourists **66**, 175 (1950). — MECHEL, L. v., u. H. STAUFFER: Helv. chim. Acta **24**, Fasc. extra-ord. 151 E (1941). — Zum Auftreten von Phototropie an Kupfer-Phthalocyaninen vgl.: EIGENMANN, G.: Helv. chim. Acta **46**, 298 (1963).

[7] GEBHARD, K.: J. Soc. Dyers Colourists **25**, 276, 304 (1909).

[8] Vgl.: BAXTER, G., C. H. GILES, M. N. McKEE u. N. MACAULAY: J. Soc. Dyers Colourists **71**, 218 (1955). — CAMPBELL, D. S. E., u. C. H. GILES: J. Soc. Dyers Colourists **74**, 164 (1958).

werden aus diesem Grunde nach dem Färben geseift, wodurch eine gewisse Rekristallisation ihrer Partikel in der Faser stattfindet, die ihre Lichtechtheit verbessert.

Nitrofarbstoffe dürften beim Ausbleichen zu Azoxy-, Azo- und möglicherweise zu Aminoverbindungen reduziert werden, besonders auf tierischen Fasern, die leicht eine gewisse Reduktionswirkung ausüben können.

Azofarbstoffe weisen in ihrer Lichtechtheit größere Variationen auf als die anderen Farbstoffe[1]. Es finden sich unter ihnen sowohl sehr unechte als auch sehr lichtechte Vertreter, was verständlich ist, da sie sehr verschiedenartige Strukturen besitzen. Auch bei den Azofarbstoffen übt das Substrat einen beträchtlichen Einfluß auf die Lichtechtheit aus[2]. Im allgemeinen führen freie Aminogruppen zu geringerer Lichtechtheit; ihre Acylierung wirkt dem entgegen, wobei Chloressigsäure als Acylkomponente besonders wirksam ist. Einen günstigen Einfluß üben Sulfon-, Trifluormethyl- und Alkoxygruppen aus. Einige sehr lichtechte Wollfarbstoffe erhält man mit 1-Phenyl-3-methylpyrazolon-(5) als Kupplungskomponente. Zu ausgezeichneten Lichtechtheiten führt die Verwendung von 2-Hydroxy-3-naphthoesäureaniliden (Naphthol AS) als Kupplungskomponente. Hieraus zieht man bei vielen Entwicklungsfarbstoffen für Cellulosefasern wie auch bei einigen Pigmenten Vorteil.

Basische Farbstoffe, d.h. solche mit einer Carbenium-, Ammonium-, Oxonium- oder Sulfoniumstruktur im Grundgerüst, besitzen ganz allgemein nur eine geringe Lichtechtheit. Der Substituenteneinfluß ist gering, dagegen spielt das Substrat eine sehr wesentliche Rolle[3]. So lassen sich durch Verlackung mit Phosphormolybdänwolframsäure aus basischen Farbstoffen recht lichtechte Pigmente herstellen; auch die Nachbehandlung der Färbungen mit geeigneten Hilfsmitteln wirkt sich günstig aus[4]. Oft sind die Säurefarbstoffe, die man durch Sulfonierung erhält, lichtechter als die basischen Grundkörper. Die basischen Farbstoffe sind schwache Oxydationsmittel. Diese Eigenschaft wird unter Lichteinwirkung noch verstärkt[5]. Andrerseits wurde festgestellt, daß Malachitgrün und Kristallviolett beim photochemischen Abbau auf der Faser MICHLERS Keton liefern. Ob dabei eine Oxydation des Farbstoffes stattfindet oder ob vielmehr durch Reduktion die Leukostufe gebildet und diese zu MICHLERS Hydrol hydrolysiert wird, das dann unter der Einwirkung des Luftsauerstoffs das Keton liefert, steht nicht mit Sicherheit fest. Die Leukocyanide von Malachitgrün und Kristallviolett gehen

[1] Zur Lichteinwirkung auf einfache Azokörper siehe: ATHERTON, E., u. I. SELTZER: J. Soc. Dyers Colourists **65**, 629 (1949); ATHERTON, E., u. R. H. PETERS: J. Soc. Dyers Colourists **68**, 64 (1952); vgl. auch: BLAISDELL, B. E.: J. Soc. Dyers Colourists **65**, 618 (1949) sowie: DESAI, N. F., u. C. H. GILES: J. Soc. Dyers Colourists **65**, 585 (1949).

[2] CHIPALKATI, H. R., N. F. DESAI, C. H. GILES u. N. MACAULAY: J. Soc. Dyers Colourists **70**, 487 (1954).

[3] Bezüglich der höheren Lichtechtheit basischer Farbstoffe auf Polyacrylnitrilfasern siehe: WEGMANN, J.: Melliand Textilber. **39**, 408 (1958).

[4] REIN, H.: Angew. Chem. **47**, 157 (1934). — WILLIAMS, W. W., u. J. W. CONLEY: Ind. Engng. Chem. **47**, 1507 (1955).

[5] WEISS, J.: Nature [London] **136**, 794 (1935); **138**, 80 (1936).

beim Belichten andererseits in den Farbstoff über, d.h. es findet hierbei eine Oxydation statt[1].

Von den *Schwefelfarbstoffen* weisen die gelben mäßige, die blauen gute und die schwarzen Typen sogar sehr gute Lichtechtheiten auf, was auf die verschiedenen Strukturen dieser drei Gruppen zurückzuführen sein dürfte.

Die *indigoiden Farbstoffe* besitzen auf Wolle eine ausgezeichnete, auf Baumwolle dagegen nur eine mäßige Lichtechtheit. Beim photochemischen Abbau tritt Oxydation zum Isatin bzw. zu Isatinderivaten ein[2].

Unter den *Anthrachinonderivaten* befinden sich saure, sulfonsäuregruppenhaltige Wollfarbstoffe und Küpenfarbstoffe für Baumwolle und andere Cellulosefasern mit ausgezeichneten Lichtechtheiten[3]. Es scheint, daß das Anthrachinongerüst gegenüber der Lichteinwirkung sehr stabil ist. Küpenfarbstoffe in reduzierter Form dagegen können durch Lichteinwirkung leicht enthalogeniert werden[4], was für die Praxis des Färbens von gewisser Bedeutung ist.

Eine eigenartige Erscheinung wird bei manchen Küpenfarbstoffen beobachtet, indem diese als *Faserschädiger* wirken können. Cellulosefasern werden am Licht bekanntlich langsam abgebaut und dieser Abbau wird von manchen gelben und orangen anthrachinoiden Küpenfarbstoffen beschleunigt[5]. Der Effekt ist spezifisch für Cellulosefasern, die dabei offenbar zu Oxycellulose abgebaut werden[6]; Wolle bleibt praktisch unverändert und zeigt keine Anfälligkeit gegenüber Faserschädigern[7]. Durch einen hohen Feuchtigkeitsgehalt wird die Schädigung der Faser vergrößert[8].

Über den Mechanismus der Faserschädigung besteht keine eindeutige Klarheit. Man nimmt an, daß n—π^*-Übergänge am Chinonsauerstoff in vielen Fällen dafür verantwortlich sind, indem sie molekularen Sauerstoff aktivieren und dadurch den oxydativen Abbau beschleunigen[9]. Zu den aktiven Schädigern gehören viele gelbe

---

[1] Lifschitz, J.: Ber. dtsch. chem. Ges. **52**, 1919 (1919). — Harris, L., J Kaminsky u. R. G. Simard: J. Amer. chem. Soc. **57**, 1151 (1935).

[2] Hibbert, E.: J. Soc. Dyers Colourists **43**, 292 (1927). — Scholefield, F., E. Hibbert u. C. K. Patel: J. Soc. Dyers Colourists **44**, 236 (1928). — Haller, R., u. J. Hackel: Melliand Textilber. **9**, 415 (1928). — Alphen, J. van: Rec. trav. chim. Pays-Bas **63**, 95 (1944).

[3] Vgl.: Fox, M. R.: J. Soc. Dyers Colourists **65**, 508 (1949). — Egerton, G. S., u. A. G. Roach: J. Soc. Dyers Colourists **74**, 401, 408, 415 (1958).

[4] Goldstein, A. E., u. J. H. Gardner: J. Amer. chem. Soc. **56**, 2130 (1934).

[5] Vgl.: Turner, H. A.: J. Soc. Dyers Colourists **63**, 372 (1947). — Fox, M. R.: J. Soc. Dyers Colourists **65**, 528 (1949). — Landolt, A.: J. Soc. Dyers Colourists **65**, 659 (1949). — Appleby, D. K.: Amer. Dyestuff Rep. **38**, 149 (1949). — Whittaker, C. M.: J. Soc. Dyers Colourists **49**, 9 (1933); **51**, 117 (1935).

[6] Scholefield, F., u. E. H. Goodyear: Melliand Textilber. **10**, 867 (1929).

[7] Landolt, A.: Melliand Textilber. **14**, 32 (1933).

[8] Egerton, G. S.: J. Soc. Dyers Colourists **63**, 161 (1947).

[9] Dörr, F.: Chimia **15**, 63 (1961); siehe auch: Bridge, N. K.: J. Soc. Dyers Colourists **76**, 484 (1960). — Bridge, N. K., u. W. M. Maclean: J. Soc. Dyers Colourists **75**, 147 (1959). — Bamford, C. H., u. M. J. S. Dewar: J. Soc. Dyers Colourists **65**, 674 (1949).

und orange Acylaminoanthrachinone und alle gelben und orangen schwefelhaltigen Anthrachinon-Küpenfarbstoffe. Die faserschädigende Wirkung wird indessen wieder aufgehoben, wenn stickstoffhaltige Ringe im Farbstoffmolekül vorhanden sind[1]. Dabei kann sogar der entgegengesetzte Effekt auftreten, indem manche derartige Farbstoffe die Faser schützen, so daß ihr photochemischer Abbau langsamer als im ungefärbten Zustand verläuft[2].

III. Nitrofarbstoffe

Charakteristisch für diese Farbstoffklasse ist die Nitrogruppe in Verbindung mit einer dazu ortho- oder para-ständigen Hydroxyl- oder Aminogruppe. Als einfachste Beispiele solcher Körper seien p-Nitrophenol[3] und p-Nitranilin genannt; das letztere ist gelb. Durch Anellierung von Benzolringen wird die Farbe vertieft; so ist 1-Amino-4-nitronaphthalin orange und 9-Amino-10-nitroanthracen tief rot[4].

Als allererster synthetischer Farbstoff muß die *Pikrinsäure*, 2.4.6-Trinitrophenol, genannt werden. Sie wurde bereits 1771 von WOULFE bei der Einwirkung von Salpetersäure auf Indigo gewonnen und auf Seide gefärbt; 1842 gelang LAURENT ihre Darstellung aus Phenol. Als Farbstoff wurde die Pikrinsäure nur kurze Zeit verwendet, da ihre Färbungen weder licht- noch waschecht sind und beim Bügeln leicht sublimieren. In großem Ausmaß wurde sie jedoch zeitweilig als Granatensprengstoff benützt. Ein anderes Nitrophenol, 2.4-Dinitro-o-kresol, findet Anwendung als Herbicid[5].

Ebenfalls ein älterer Farbstoff dieser Gruppe ist *Aurantia,* 2.4.6.2'.4'.6'-Hexanitro-diphenylamin. Zu seiner Herstellung wird Anilin mit 2.4-Dinitrochlorbenzol zum 2.4-Dinitro-diphenylamin umgesetzt und dieses nitriert. Aurantia wird ebenfalls schon lange nicht mehr als Farbstoff benützt, da es nicht sublimierecht ist und bei empfindlichen Personen Hautausschläge verursacht. Wegen seiner sehr hohen Detonationsgeschwindigkeit wurde es zeitweise in größeren Mengen als Sprengstoff für Torpedos verwendet.

Trotz geringen Licht- und Naßechtheiten findet dagegen das *Naphtholgelb S* (CARO 1879) als billiger saurer Wollfarbstoff immer noch Anwendung, da es ein leuchtendes Gelb färbt.

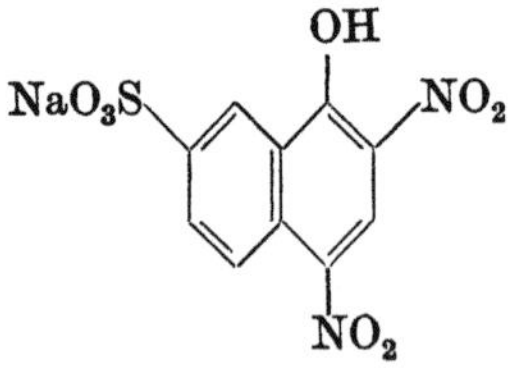

Naphtholgelb S

Seine Herstellung erfolgt aus 1-Naphthol-2.4.7-trisulfonsäure. Man arbeitet dabei in emaillierten Rührkesseln, da bereits Spuren von Eisen im Reaktions-

---

[1] KUNZ, M. A.: Angew. Chem. **52**, 269 (1939).
[2] MÜLLER, J.: Melliand Textilber. **28**, 389 (1947).
[3] Zur Isomerie der Nitrophenole siehe: HANTZSCH, A., u. H. GORKE: Ber. dtsch. chem. Ges. **39**, 1073, 1084 (1906).
[4] HÜNIG, S., u. K. REQUARDT: Angew. Chem. **68**, 152 (1956).
[5] PASTAC, I. A.: Chim. et Ind. **51**, 49 (1944).

medium eine Trübung des Farbtones bewirken. Das unsulfonierte 2.4-Dinitro-1-naphthol ist aus 1-Naphthol-2.4-disulfonsäure erhältlich und ist als *Martiusgelb*[1] bekannt. Heute wird es kaum mehr verwendet.

Von den Nitranilinen ist vor allem das *Amidogelb E* zu erwähnen. Zu seiner Herstellung wird Anilin mit 2.4-Dinitro-chlorbenzol zum 2.4-Dinitro-diphenylamin umgesetzt, dessen ortho-ständige Nitrogruppe sich mit Natriumsulfit durch den Sulfonsäurerest ersetzen läßt, worauf man die para-ständige Nitrogruppe reduziert und mit 2.4-Dinitrochlorbenzol aryliert[2]:

$$O_2N- \underset{NO_2}{\bigcirc} -NH- \bigcirc \quad \xrightarrow[\text{2. Reduktion}]{\text{1. } Na_2SO_3} \quad H_2N- \underset{SO_3Na}{\bigcirc} -NH- \bigcirc$$

$$\downarrow \; + \; \text{2.4-Dinitro-chlorbenzol}$$

$$O_2N- \underset{NO_2}{\bigcirc} -NH- \underset{SO_3Na}{\bigcirc} -NH- \bigcirc$$

Amidogelb E
(Anthralangelb 2 RT; Erioechtgelb AE, AEN; Kitonechtgelb A;
Lissamine Fast Yellow AE; Xylenechtgelb ES)

Amidogelb E färbt auf Wolle ein stumpfes Gelborange von recht guter Echtheit.

Durch Kondensation von Nitranilinen mit wäßrigem Formaldehyd bei 70—80° C erhält man gelbe Pigmentfarbstoffe[3]. Von den früher zahlreichen Produkten dieses Typs ist heute nur noch das *Litholechtgelb 2G extra* im Handel, das aus 2-Nitro-4-chloranilin gewonnen wird. Es besitzt ein lebhaftes, grünstichiges Gelb und ist öl- und kalkecht, wird in der Lichtechtheit jedoch von verschiedenen gelben Azopigmenten übertroffen.

$$\underset{Cl}{\overset{O_2N}{\bigcirc}} -NH-CH_2-NH- \underset{Cl}{\overset{NO_2}{\bigcirc}}$$

Litholechtgelb 2 G extra

Erneutes Interesse gewannen die Nitrofarbstoffe nach der Einführung der halb- und vollsynthetischen Fasern[4]. Bereits 1926 entdeckten

---

[1] MARTIUS, C. A.: J. prakt. Chem. **102**, 442 (1867).

[2] Vgl. auch: DRP 263 655, 265 197 (1913).

[3] Vgl.: DRP 212 594 (1912); DRP 220 630 (1910) sowie ROWE, F. M., u. E. LEVIN: J. Soc. Dyers Colourists **38**, 203 (1922).

[4] Für einen Überblick über neuere Arbeiten sei verwiesen auf: MERIAN, E.: Angew. Chem. **72**, 766 (1960).

K. H. MEYER und H. HOPFF[1] sowie G. H. ELLIS[2] die Eignung der Nitrodiphenylamine zum Färben von Acetatseide[3]. Als bisher wichtigster Farbstoff dieser Reihe sei das *Cellitonechtgelb 2R* genannt, das aus 2.4-Dinitro-chlorbenzol und p-Aminophenol zugänglich ist[4]. Es färbt Acetatseide in einem klaren, rotstichigen Gelb mit guten Echtheiten. Das unsubstituierte Dinitrodiphenylamin und die entsprechende Aminoverbindung sind weniger wichtige Farbstoffe.

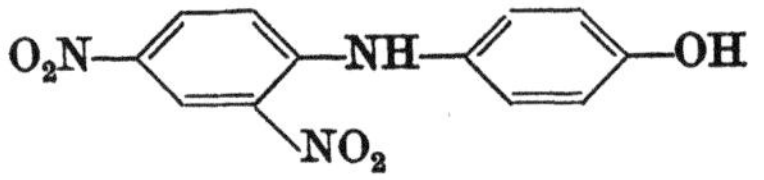

$$O_2N-\!\!\!\bigcirc\!\!\!-NH-\!\!\!\bigcirc\!\!\!-OH$$
$$NO_2$$

Cellitonechtgelb 2R

Zu teilweise vorzüglichen Farbstoffen gelangt man, wenn die paraständige Nitrogruppe durch einen Sulfonamidrest ersetzt wird. So färbt die nachstehende Verbindung auf Acetatseide und Polyesterfasern ein lichtechtes, rotstichiges Gelb mit guten Naßechtheiten:

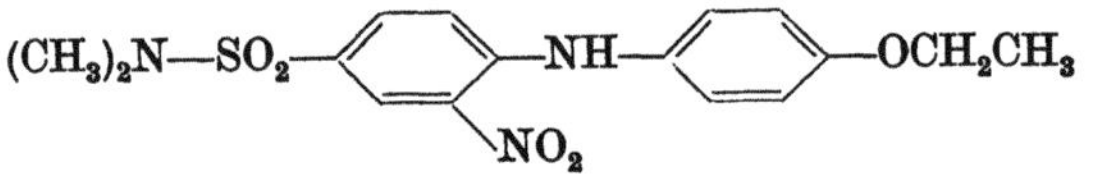

$$(CH_3)_2N-SO_2-\!\!\!\bigcirc\!\!\!-NH-\!\!\!\bigcirc\!\!\!-OCH_2CH_3$$
$$NO_2$$

Für Acetatseide, insbesondere aber Triacetat- und Polyesterfasern geeignet ist das *Artisildirektgelb SCW*[5], das sich neben guter Lichtechtheit durch hohe Naß- und Sublimierechtheiten auszeichnet:

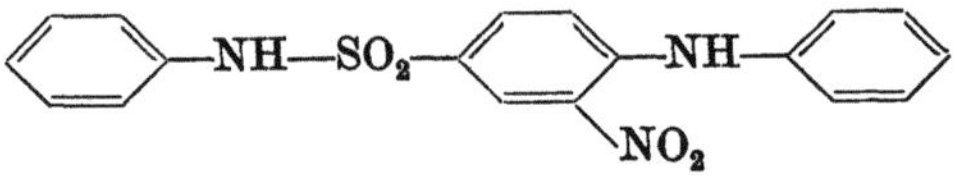

$$\bigcirc\!\!\!-NH-SO_2-\!\!\!\bigcirc\!\!\!-NH-\!\!\!\bigcirc$$
$$NO_2$$

Ebenfalls zu den Nitrofarbstoffen ist das Nitroacridon zu rechnen, das als *Celanthrene Fast Yellow GL*[6] im Handel ist. Seine Lichtechtheit auf Celluloseacetat und Polyesterfasern ist hervorragend, doch lassen die Sublimier- und Naßechtheiten zu wünschen übrig:

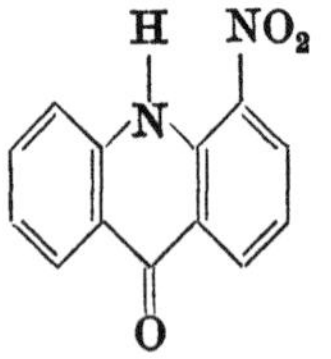

H   NO₂

(Nitroacridon)

O

---

[1] DRP 428176 (1926).

[2] EP 222001 (1925); EP 237943, 239470 (1926).

[3] Vgl. auch: FORTESS, F., u. V. S. SALVIN: Textile Research J. 28, 1009 (1958).

[4] Zur Darstellung des o-Nitrodiphenylamins vgl.: SCHÖPF, M.: Ber. dtsch. chem. Ges. 22, 903 (1889); 23, 1839 (1890).

[5] Handelsname von Sandoz AG, Basel; andere geschützte Namen dieses Farbstoffes sind: Cellitonechtgelb GGLL-CF, Dispersol Fast Yellow T, Setacylgelb P-FL, Terasilgelb GWL.

[6] Handelsname der E. I. Dupont de Nemours u. Co., Wilmington.

IV. Nitrosofarbstoffe

Die Nitrosofarbstoffe bilden eine sehr kleine Gruppe von geringer technischer Bedeutung. Sie enthalten die Nitrosogruppe, —NO, die sich in Phenole und Naphthole mit salpetriger Säure bzw. bei der Einwirkung von Natriumnitrit und Säure leicht einführen läßt. Praktische Anwendung finden nur zwei o-Nitroso-hydroxykörper, nämlich 1-Nitroso-2-naphthol und Dinitrosoresorcin. Man gewinnt sie durch Nitrosierung von 2-Naphthol[1] und Resorcin. Sie sind mit den entsprechenden Chinonoximen tautomer:

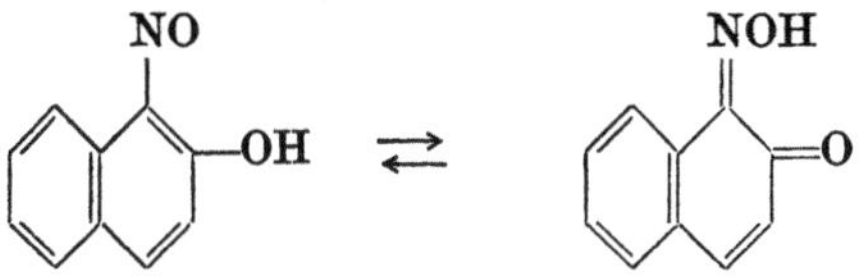

1-Nitroso-2-naphthol   1.2-Naphthochinonoxim-(1)

Die Nitrosokörper selbst besitzen keine färberische Bedeutung, sie bilden aber mit Schwermetallionen, vor allem mit Eisen-II-, Kobalt-II- und Nickel-II-, aber auch mit Eisen-III-salzen die entsprechenden Metallkomplexe[2]; die Komplexbildung läßt sich analytisch anwenden[3]. Die Eisenkomplexe werden als billige, etwas stumpfe Grünpigmente eingesetzt und besitzen vermutlich die folgende Struktur:

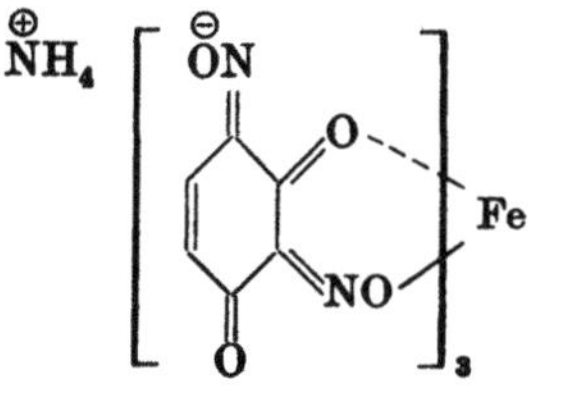

Solidgrün O   Pigmentgrün B
(Ferrodruckgrün u. a.)

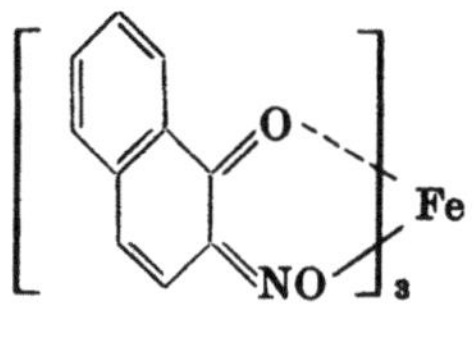

Die 6-Sulfonsäure des Pigmentgrün B wird unter dem Namen *Naphtholgrün B* als saurer Wollfarbstoff verwendet[4]. Man erhält den Farbstoff aus 2-Naphthol-6-sulfonsäure (Schäffer-Säure) durch Nitrosierung und Verlackung mit einem Eisensalz. Da das Naphtholgrün B auch in sehr hoher Verdünnung noch eine nahezu

---

[1] Für eine präparative Darstellung siehe: MARVEL, C. S., u. P. K. PORTER: Org. Synth. Coll. Vol. 1, 411 (1948).

[2] Vgl.: CRONHEIM, G.: J. org. Chemistry 12, 1, 7, 20 (1947). — MORGAN, G. T., u. J. E. MOSS: J. chem. Soc. [London] 121, 2857 (1922).

[3] SIDERIS, C. P., H. Y. YOUNG u. H. H. Q. CHUN: Ind. Engng. Chem. Anal. Ed. 16, 276 (1944). — WILLARD, H. H., u. S. KAUFMANN: Analytic. Chem. 19, 505 (1947).

[4] HOFFMANN, O.: Ber. dtsch. chem. Ges. 18, 46 (1885); 24, 3741 (1891); vgl. auch: PFITZNER, H.: Angew. Chem. 62, 242 (1950).

vollständige Absorption der sichtbaren und infraroten Anteile des Sonnenlichts bewirkt, benützt man es in den Salzgärten des Toten Meeres zum Beschleunigen der Wasserverdunstung.

V. Diphenylmethanfarbstoffe

Es gibt nur zwei Diphenylmethanfarbstoffe von Bedeutung, das Auramin O und das weniger wichtige Auramin G; beide sind basische Farbstoffe. Das erstere wurde 1884 gleichzeitig von CARO und KERN entdeckt, die es durch Erhitzen von MICHLERs Keton mit Ammoniumchlorid in Gegenwart von Zinkchlorid erhielten. 1889 erfanden FEHR und SANDMEYER eine billigere Herstellungsmethode, die vom p,p'-Tetramethyldiamino-diphenylmethan ausgeht. Dieses ist aus Dimethylanilin und Formaldehyd durch Kondensation in wäßriger, saurer Lösung gut zugänglich und geht beim Erhitzen mit Ammoniumchlorid, Schwefel und Kochsalz in nahezu 90%iger Ausbeute in Auramin O über, wobei jedoch die günstigsten Bedingungen genau eingehalten werden müssen. Durch Hydrolyse läßt sich Auramin O wieder in MICHLERs Keton überführen[1]. Eine allgemein anwendbare Darstellungsmethode für substituierte Auramine ist die Umsetzung des entsprechenden Diphenylmethans mit Schwefel in siedendem Naphthalin bei 190° C zum Thioketon, das sich mit Ammoniumchlorid leicht in das Ketimin überführen läßt[2]. Verschiedene Auraminderivate besitzen bakterizide Wirkung[2].

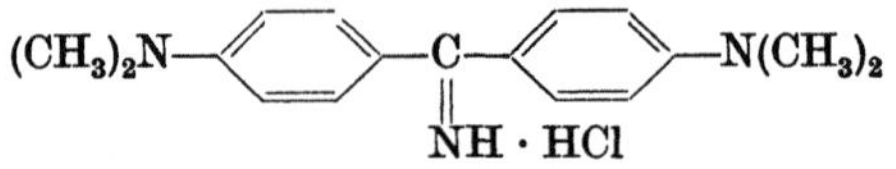

$$(CH_3)_2N\!-\!\langle\ \rangle\!-\!\overset{\displaystyle C}{\underset{\displaystyle NH\cdot HCl}{\|}}\!-\!\langle\ \rangle\!-\!N(CH_3)_2$$

Auramin O

$$CH_3NH\!-\!\langle\ \rangle\!-\!\overset{\displaystyle C}{\underset{\displaystyle NH\cdot HCl}{\|}}\!-\!\langle\ \rangle\!-\!NHCH_3$$

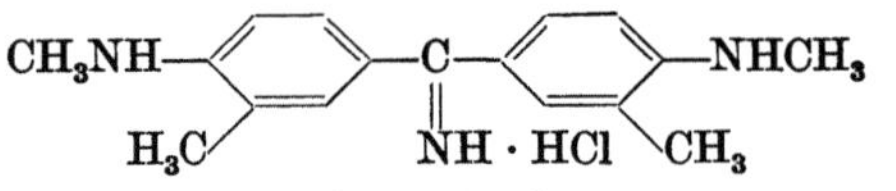

Auramin G

Auramin G ist etwas grünstichiger als Auramin O; es kommt ihm nur geringe Bedeutung zu[3]. Durch Arylierung des Iminostickstoffs gelangt man zu blauen Farbstoffen, die jedoch keine praktische Anwendung fanden[4]. Verschiedene Untersuchungen befaßten sich mit dem Zusammenhang zwischen der Farbe und der

---

[1] Zur Chemie des Auramins siehe: SEMPER, L.: Liebigs Ann. Chem. **381**, 234 (1911). — FEHRMANN, W.: Ber. dtsch. chem. Ges. **20**, 2844 (1887). — GRAEBE, C.: Ber. dtsch. chem. Ges. **20**, 3260 (1887); **32**, 1678 (1899). — HOLMES, W. C., u. J. F. DARLING: J. Amer. chem. Soc. **46**, 2343 (1924. — Über sterische Einflüsse auf das Absorptionsspektrum von Michlers Hydrol vgl.: BARKER, C. C., u. G. HALLAS: J. chem. Soc. [London] **1961**, 1395.

[2] LYNCH, D. F. J., u. J. D. REID: J. Amer. chem. Soc. **55**, 2515 (1933).

[3] Siehe auch: GNEHM, R., u. R. G. WRIGHT: Ber. dtsch. chem. Ges. **35**, 913 (1902).

[4] MÖHLAU, R., u. M. HEINZE: Ber. dtsch. chem. Ges. **35**, 358 (1902); — MÖHLAU, R., M. HEINZE u. R. ZIMMERMANN: Ber. dtsch. chem. Ges. **35**, 375 (1902).

Struktur des Auramins, wobei insbesondere das Problem einer allfälligen chinoiden Formulierung im Vordergrund stand. Neuere Untersuchungen zeigten jedoch, daß das Auramin als Ketimin vorliegt[1].

Auramin O ist ein billiges, schönes und farbstarkes Gelb. Es wurde früher zum Färben von Seide und tannierter Baumwolle verwendet; infolge seiner geringen Lichtechtheit kommt es aber hierfür schon lange nicht mehr in Frage, ausgenommen für ganz billige Artikel. Als basischer Farbstoff bildet es mit Phosphor-Molybdän-Wolframsäure einen schwerlöslichen gelben Farblack, der recht gut lichtbeständig ist und in der Papierindustrie sowie für Druckfarben verwendet wird.

VI. Triphenylmethanfarbstoffe
1. Allgemeines

Die Triphenylmethanfarbstoffe gehörten zu den ersten synthetischen Farbstoffen. Sie umfassen rote, violette, blaue und grüne Farbtöne und zeichnen sich durch große Farbstärke und klare, leuchtende Nuancen aus. Ihre Echtheiten sind jedoch oft nur mäßig und vor allem die Lichtechtheit läßt zu wünschen übrig. Ihre Anwendungen umfassen das Färben von Seide, wo sie wegen ihrer klaren Farben geschätzt sind, und von Wolle, sofern ihre mäßige Lichtechtheit nicht stört, sowie das „Schönen" von weniger leuchtenden Farben auf Wolle. Die basischen Typen werden im Kattundruck billiger Artikel auf tannierter oder synthetisch gebeizter Baumwolle benützt. Verlackte Farbstoffe werden zum Färben von Papier und für Druckfarben verwendet. Leuchtende Farblacke erhält man mit Phosphor-Molybdän-Wolframsäure (Fanalfarben u.a.). Ihre Lichtechtheit ist wesentlich höher als diejenige des unverlackten Farbstoffes, so daß sie auch im Plakatdruck benützt werden können[2].

Der *Grundkörper* dieser Farbstoffklasse ist das Triphenylmethan bzw. das Triphenylmethylkation[3]. Amino- oder Hydroxygruppen in para-Stellung zum zentralen Kohlenstoffatom bilden die Auxochrome. Die Aminotriarylmethane haben deshalb ein basisches Grundgerüst und bilden mit Säuren Salze; färberisch verhalten sie sich als basische Farbstoffe. Sulfonierte Triphenylmethane sind jedoch Säurefarbstoffe, da die Sulfonsäuregruppe die schwache Basizität des Grundgerüstes mehr als kompensiert. Die Einteilung der Farbstoffe erfolgt nach der Art und Anzahl der Auxochrome in Amino- und Hydroxytriarylmethane. Einige wenige Typen enthalten sowohl Amino- als auch Hydroxygruppen, ihre geringe Anzahl und Bedeutung rechtfertigt im vorliegenden Rahmen indessen keine gesonderte Besprechung. Auch auf eine zusätzliche Unterteilung anhand der Arylreste wird im folgenden verzichtet.

---

[1] Vgl.: HODGSON, H. H.: J. Soc. Dyers Colourists **62**, 178 (1946). — MADELUNG, W.: J. prakt. Chem. [2] **111**, 100 (1925); [2] **114**, 1 (1926). — GRANDMOUGIN, E., u. S. FAVRE-AMBRUMYAN: Ber. dtsch. chem. Ges. 47, 2127 (1909).

[2] Vgl.: SPENGLER, G., u. J. GÄNSHEIMER: Angew. Chem. **69**, 523 (1957). — WILLIAMS, W. W., u. J. W CONLEY: Ind. Engng. Chem 47, 1507 (1955). — BIOS Report 1661.

[3] Über Vinylenhomologe der Triphenylmethanfarbstoffe siehe: WIZINGER, R., u. G. RENCKHOFF: Helv. chim. Acta **24**, Fasc. extraord. 369 E (1941).

Die *Aminotriarylmethane* leiten sich vom Mono-, Di- und Triaminotriphenylme-
thylkation ab. Sie können sowohl in chinoider Formulierung mit einem Ammoniumion als auch in benzoider Struktur mit einem Carbeniumion geschrieben werden.
Zur Verdeutlichung der Molekülsymmetrie wird hier die letztere Schreibweise
bevorzugt (Ph = Phenylrest):

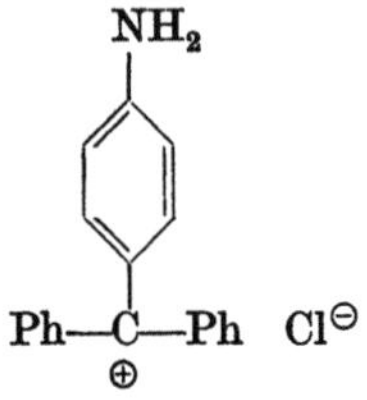

Fuchsonimin-Hydrochlorid, orange-rot 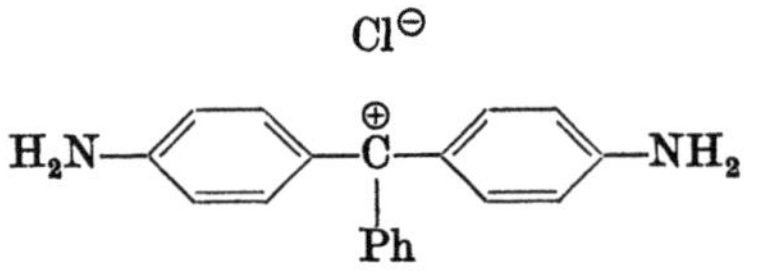   Döbners Violett, rotviolett (Grundkörper
                                                      der Malachitgrünreihe)

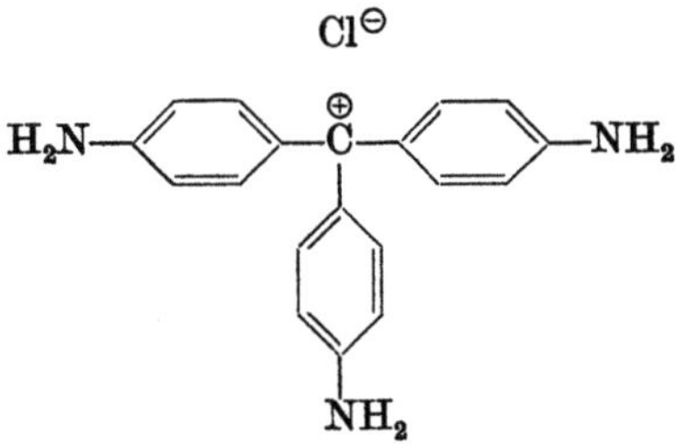

Pararosanilin, rotviolett (Grundkörper der Fuchsine)

Die *Hydroxytriphenylmethane* leiten sich vom Mono-, Di- und Trihydroxytri-
phenylmethylkation ab und liegen in der chinoiden Form vor, die durch Abgabe
eines Protons gebildet wird (Ph = Phenylrest):

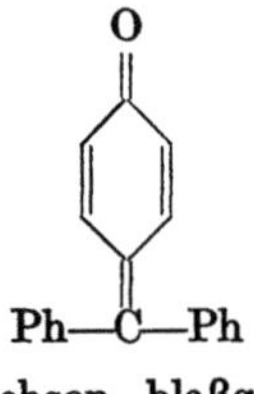

Fuchson, blaßgelb 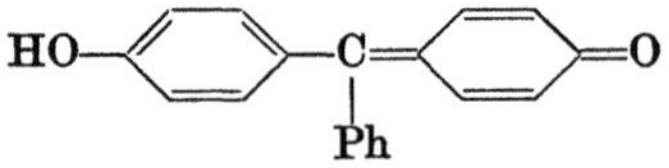   Benzaurin, gelb (Grundkörper der Phthaleine)

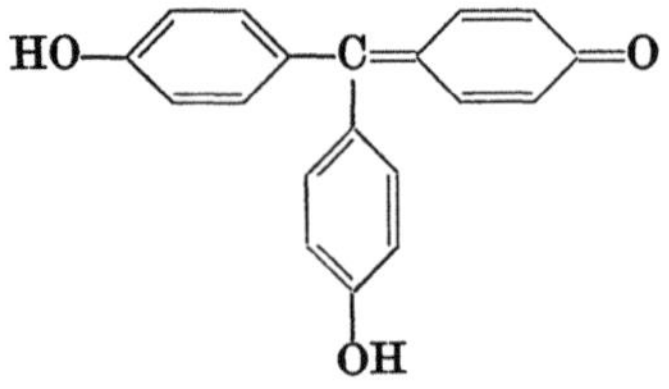

Aurin, gelb; Alkalisalze rot (Grundkörper der Rosolsäuregruppe)

Alle aufgeführten Körper sind Resonanzhybride und lassen sich in mehreren
mesomeren oder tautomeren Formen schreiben. So verteilt sich die positive

Ladung in DÖBNERS Violett auch auf die beiden Stickstoffatome und verschiedene Kohlenstoffatome der Benzolringe[1]:

$$H_2\overset{\oplus}{N}=\!\!\!\diagdown\!\!\!=\!\!-C-\!\!-\diagup\!\!\!\diagdown\!\!-NH_2 \qquad H_2N-\!\!\diagup\!\!\!\diagdown\!\!-C=\!\!\!\diagup\!\!\!\diagup\!\!=\overset{\oplus}{N}H_2$$

$$H_2N-\!\!\overset{\oplus}{\diagup\!\!\diagdown}\!\!=C-\!\!\diagup\!\!\!\diagdown\!\!-NH_2 \qquad H_2N-\!\!\diagup\!\!\!\diagdown\!\!-C=\!\!\overset{\oplus}{\diagup\!\!\diagup}\!\!-NH_2$$

u. a.

Bei den Hydroxytriarylmethanen tritt Tautomerie auf, bei ihren Salzen dagegen Resonanz zwischen mesomeren Formen. Die tiefere Farbe ihrer Salze läßt sich auf ihr leicht bewegliches Elektronenpaar zurückführen.

$$O=\!\!\diagdown\!\!=\!\!-C-\!\!-\diagup\!\!\!\diagdown\!\!-OH \qquad HO-\!\!\diagup\!\!\!\diagdown\!\!-C=\!\!\diagup\!\!\!\diagup\!\!=O$$

bzw.

$$O=\!\!\diagdown\!\!=\!\!-C-\!\!-\diagup\!\!\!\diagdown\!\!-O^{\ominus} \qquad {}^{\ominus}O-\!\!\diagup\!\!\!\diagdown\!\!-C=\!\!\diagup\!\!\!\diagup\!\!=O$$

Der *Chemismus* der Triphenylmethanfarbstoffe ist nachstehend am Beispiel des Pararosanilins dargestellt. Durch Reduktion geht der Farbstoff in die farblose Leukobase über, die oft bei der Herstellung als erste Stufe auftritt und sich unter milden Bedingungen wieder zum Farbstoff oxydieren läßt. Als Zwischenstufe der Oxydation erhält man das ebenfalls farblose Carbinol, das auch bei der Einwirkung von Alkali auf den Farbstoff entsteht. Durch Säure wird das Carbinol in den Farbstoff übergeführt. Unter der Einwirkung starker Säuren tritt schließlich eine Salzbildung an weiteren Aminogruppen auf, durch die die Resonanz des Gebildes gestört wird, was mit einer Farbänderung verbunden ist[2]. Während im Triphenylmethan selbst die substituierte Methylgruppe als Substituent erster Klasse die elektrophilen Umsetzungen begünstigt und in die para- und ortho-Stellungen dirigiert, tritt beim Triphenylmethyl-Kation der entgegengesetzte Effekt auf. Die positive Ladung erleichtert nucleophile Umsetzungen in der para-Stellung zum Carbenium-Ion; so wird bei der Behandlung von Kristallviolett mit wässrigem Alkali bereits in der Kälte ein geringfügiger Austausch von Dimethylaminogruppen gegen Hydroxylreste beobachtet[3].

---

[1] Vgl.: RAMART-LUCAS, P.: Bull. Soc. chim. France **12**, 477 (1945). Über die Zusammenhänge zwischen Struktur und Absorptionsspektrum siehe: LOONEY, C. W., u. W. T. SIMPSON: J. Amer. chem. Soc. **76**, 6293 (1954). Zur Identifikation basischer Fuchsine auf spektrophotometrischem Wege vgl.: HOLMES, W. C.: Ind. Engng. Chem. **17**, 59 (1925).

[2] Zur Protonaddition an Triphenylmethanfarbstoffe vgl.: SCHWARZENBACH, G.: Z. Elektrochem. **47**, 40 (1941); — SCHWARZENBACH, G., u. O. HAGGER: Helv. chim. Acta **20**, 1591 (1937) und vorhergehende Veröffentlichungen. Über den Zusammenhang zwischen der Ionisierung und der biologischen Aktivität von Triphenylmethanfarbstoffen siehe: GOLDACRE, R. J., u. J. N. PHILLIPS: J. chem. Soc. [London] **1949**, 1724.

[3] BARKER, C. C., u. G. HALLAS: J. chem. Soc. [London] **1961**, 2642.

Homolka-Base
(gelb)

Reduktion

$-H_2O$

OH$^{\ominus}$

Leukobase
(farblos)

Reduktion

Umlagerung

Oxydation

Carbinolbase
(farblos)

$\dfrac{+\ HCl}{-H_2O}$

Cl$^{\ominus}$

$\uparrow$OH$^{\ominus}$

Pararosanilin
(rotviolett)

HCl konz.

Pararosanilin, zweifaches Kation

Die technischen *Herstellungswege*[1] für Triphenylmethanfarbstoffe
beschränken sich auf einige wenige Kondensationsreaktionen. *Diamino-*
oder *Dihydroxy-triarylmethane* sind durch Kondensation eines aromatischen Aldehydes mit zwei Molekeln eines N-substituierten Anilins oder
eines Phenols zugänglich. Die Umsetzung erfolgt in Gegenwart einer

---

[1] Zur technischen Herstellung siehe: BIOS Report 959 u. 1433.

Säure bei 80—100° C, wobei intermediär der sekundäre Alkohol I auftritt[1] (Ph = Phenylrest):

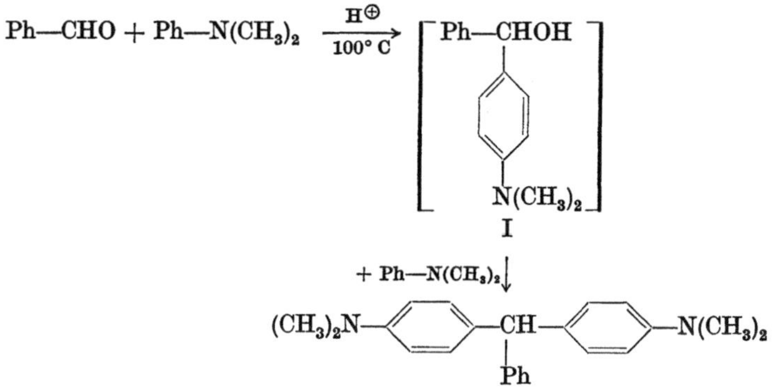

$$Ph\!-\!CHO + Ph\!-\!N(CH_3)_2 \quad \xrightarrow[100°\,C]{H^{\oplus}} \quad \left[\ Ph\!-\!CHOH \cdots N(CH_3)_2\ \right]\ I$$

$$+ Ph\!-\!N(CH_3)_2 \downarrow$$

$$(CH_3)_2N\!-\!\!\bigcirc\!\!-\!CH\!-\!\!\bigcirc\!\!-\!N(CH_3)_2$$
$$\underset{Ph}{|}$$

Leukomalachitgrün

Triamino- und *Trihydroxy-triarylmethane* sind durch Kondensation von Formaldehyd mit drei Molekeln eines N-substituierten Anilins bzw. eines Phenols in Gegenwart eines Oxydationsmittels erhältlich. Dabei bildet sich zuerst das entsprechende Diphenylmethanderivat, das nach der Oxydation zum Hydrol mit dem dritten Molekül Base oder Phenol reagiert.

Triarylmethane mit *einem Naphthalinrest* lassen sich nach einer Variante des vorstehenden Verfahrens erzeugen. Man kondensiert zuerst Formaldehyd mit zwei Molekeln eines N-substituierten Anilins zum Diphenylmethan, oxydiert mit Bleisuperoxyd bei 0° C zum Hydrol und kondensiert das letztere mit dem gewünschten Naphthalinrest:

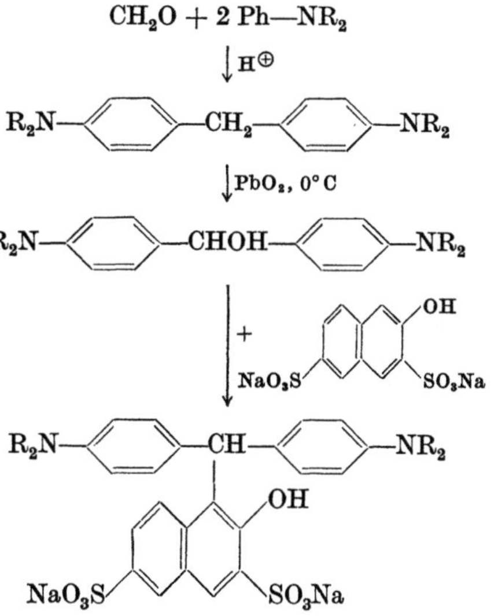

$$CH_2O + 2\ Ph\!-\!NR_2$$
$$\downarrow H^{\oplus}$$
$$R_2N\!-\!\!\bigcirc\!\!-\!CH_2\!-\!\!\bigcirc\!\!-\!NR_2$$
$$\downarrow PbO_2,\ 0°\,C$$
$$R_2N\!-\!\!\bigcirc\!\!-\!CHOH\!-\!\!\bigcirc\!\!-\!NR_2$$
$$+$$

$$R_2N\!-\!\!\bigcirc\!\!-\!CH\!-\!\!\bigcirc\!\!-\!NR_2$$

Wollgrün S, Leukobase

[1] Tomioka, I.: J. Soc. Dyers Colourists **47**, 238 (1931).

Unsymmetrische Triamino-triarylmethane sind aus MICHLERs Keton und seinen Homologen zugänglich, wenn man dieses in Gegenwart von Zinkchlorid, Phosphoroxychlorid oder Phosgen mit einem substituierten Arylamin kondensiert. Man erhält dabei direkt den Farbstoff und nicht die Leukobase, doch eignet sich diese Methode nur für substituierte Amine.

Die *Oxydation der Leukokörper* wird meistens mit Bleisuperoxyd oder Mangandioxyd unter sehr milden Bedingungen, d.h. bei 0° C in neutraler oder schwach saurer Lösung vorgenommen. Eine zu energische Oxydation gibt trübe Farbtöne, da Nebenreaktionen eintreten. Bei manchen Hydroxytriarylmethanen muß man allerdings mit Natriumbichromat oder mit Nitrosylschwefelsäure oxydieren, worauf noch verwiesen wird.

2. Diaminotriarylmethane

Der bekannteste und älteste Vertreter dieser Gruppe ist das *Malachitgrün*, das erstmals 1877 von O. FISCHER durch Kondensation von Benzaldehyd mit überschüssigem Dimethylanilin in Gegenwart von Zinkchlorid dargestellt wurde[1]. Statt von Benzaldehyd kann man auch von Benzotrichlorid ausgehen; man erhält dann direkt den Farbstoff.

Technisch kondensiert man mit Salzsäure bei 100° C; Zusatz von Harnstoff beschleunigt die Reaktion. Das Dimethylanilin muß einen etwa 0,5fachen Überschuß über die Salzsäure aufweisen, damit genügend freie Base zur Kondensation mit dem Aldehyd vorhanden ist. Als erste Stufe entsteht das Hydrol I, das mit weiterem Dimethylanilin die Leukobase II bildet[2]:

$$Ph{-}CHO + Ph{-}N(CH_3)_2 \rightarrow (CH_3)_2N{-}\langle\rangle{-}CHOH$$

$$\underset{Ph}{|} \qquad I$$

$$\downarrow + Ph{-}N(CH_3)_2$$

$$(CH_3)_2N{-}\langle\rangle{-}CH{-}\langle\rangle{-}N(CH_3)_2$$

$$\underset{Ph}{|} \qquad II$$

Nach beendeter Kondensation wird mit Soda alkalisch gemacht und das überschüssige Dimethylanilin mit Wasserdampf abdestilliert. Die entstandene Leukobase wird in Eisessig und Salzsäure unter Eiszusatz aufgelöst und in der Kälte mit frischem Bleisuperoxyd oxydiert. In der Wärme oder schon bei Zimmertemperatur tritt leicht Überoxydation ein. Das gelöste Blei wird mit Natriumsulfid gefällt, die Lösung filtriert und das Filtrat mit Ammoniaklösung versetzt, wobei das Carbinol ausfällt. Bei der Behandlung mit Säure entsteht daraus das Malachitgrün, das entweder als Zinkchlorid-Doppelsalz oder als Oxalat isoliert wird. Seine Licht- und Alkaliechtheit sind gering. Man benützt es zum Färben

---

[1] FISCHER, O.: Ber. dtsch. chem. Ges. **10**, 1625 (1877); **11**, 950 (1878); **14**, 2520 (1881); — Liebigs Ann. Chem. **206**, 129 (1881).
[2] Vgl.: DAVIES, R. R., u. H. H. HODGSON: J. Soc. Dyers Colourists **59**, 196 (1943).

von Papier; der Farb ack mit Phosphor-Molybdän-Wolframsäure wird für Druckfarben verwendet.

$$(CH_3)_2N\!-\!\!\!\big\langle\!\!\!\big\rangle\!\!\!-\!C\!=\!\!\!\big\langle\!\!\!\big\rangle\!\!\!=\!\overset{\oplus}{N}(CH_3)_2 \qquad Cl^{\ominus}$$

Malachitgrün

Aus o-Chlorbenzaldehyd und Dimethylanilin erhält man das *Setoglaucin* (SANDMEYER u. SCHMID 1896), einen *blauen* Farbstoff[1]. Die
Farberhöhung nach Blau ist charakteristisch für alle Derivate des
Malachitgrüns mit einem großvolumigen ortho-ständigen Substituenten
im Phenylrest und ist sterisch bedingt[2]. Eine Störung der Dimethylaminogruppen durch ortho-Substituenten wirkt sich indessen nur geringfügig aus[3]. Eine Verlängerung der konjugierten Kette durch Ein-
schiebung eines weiteren p-Phenylengliedes zwischen die Dimethylaminogruppe und das zentrale Kohlenstoffatom ist von geringer Wirkung, weil
dadurch auch die Konjugation stark gestört wird[4]. Das Setoglaucin
dient zur Herstellung von Pigmenten auf Basis von Phosphor-Molybdän-
Wolframsäure. Als *Astrazonblau G* wird es auch zum Färben von Acetatseide verwendet.

$$(CH_3)_2N\!-\!\!\!\big\langle\!\!\!\big\rangle\!\!\!-\!C\!=\!\!\!\big\langle\!\!\!\big\rangle\!\!\!=\!\overset{\oplus}{N}(CH_3)_2 \qquad Cl^{\ominus}$$

Setoglaucin

(Acronol Brillant Lake Blue 6 G; Azurblau G;
Lithosol Blue 6 G; Neuechtgrün 3 B; Sandazurin 3 G)

Das Setocyanin (Astrazonblau B u. a.) ist ein ähnlicher Farbstoff aus o-Chlorbenzaldehyd und N-Äthyl-o-toluidin. Malachitgrünanaloge mit Heterocyclen
wurden in neuerer Zeit hergestellt, haben aber keine technische Bedeutung[5].
Dasselbe gilt vom Anthronderivat I, das als cyclisiertes Malachitgrün aufgefaßt
werden kann und bereits seit längerem bekannt ist[6]. Seine Lichtechtheit ist nicht
besser als diejenige des Malachitgrüns selber.

---

[1] Siehe auch: NÖLTING, E., u. K. PHILIPP: Ber. dtsch. chem. Ges. 41, 3908
(1908).

[2] BARKER, C. C., M. H. BRIDGE, G. HALLAS u. A. STAMP: J. chem. Soc.
[London] 1961, 1285; vgl.: BARKER, C. C., u. G. HALLAS: J. chem. Soc. [London]
1961, 1529.

[3] BARKER, C. C., G. HALLAS u. A. STAMP: J. chem. Soc. [London] 1960,
3790.

[4] BARKER, C. C., u. A. STAMP: J. chem. Soc. [London] 1961, 3445.

[5] GHAISAS, V. V., B. J. KANE u. F. F. NORD: J. org. Chemistry 23, 560 (1958).
Über Diphenylgrünfarbstoffe mit p-Phenylbenzaldehyd siehe: DILTHEY, W.,
W. BRANDT, W. BRAUN u. W. SCHOMMER: J. prakt. Chem. [2] 134, 188
(1932).

[6] JONES, D. C. R., u. F. A. MASON: J. chem. Soc. [London] 1934, 1813.

I

Von den Malachitgrößnderivaten mit Sulfonsäuregruppen, die färberisch zu den Säurefarbstoffen gehören, sind die Säuregrün-, die Patentblau- und die Naphthalingrünmarken zu nennen. Die Sulfonierung des Malachitgrüns selbst erfolgt in der para-Stellung des freien Phenylrestes und liefert einen Farbstoff mit schlechter Licht- und Alkaliechtheit. Dasselbe gilt auch vom *Lichtgrün SF* (KÖHLER 1879), das zum Färben von Lebensmitteln verwendet wird. Seine Herstellung erfolgt aus N-Äthyl-N-benzyl-anilin und Benzaldehyd, dann wird sulfoniert[1].

Lichtgrün SF
(Acilangrün 2 G, Lissamine Green SF)

Wesentlich besser ist die Licht- und Alkaliechtheit der Patentblautypen mit einer 2-ständigen Sulfonsäuregruppe. Substituenten in 2-Stellung verhindern nämlich die Addition von Basen an das zentrale C-Atom, weshalb derartige Farbstoffe „alkaliecht" sind[2]. Der erste Farbstoff dieser Gruppe war das Patentblau V (HERMANN 1888), das aus m-Oxybenzaldehyd und Diäthylanilin mit anschließender Sulfonierung zugänglich ist[3]. Es wurde vom *Xylenblau VS* (STEINER 1902) überholt, das aus Benzaldehyd-2.4-disulfonsäure und Diäthylanilin hergestellt wird und keine Hydroxylgruppe mehr enthält[4]. In manchen Ländern ist es als Lebensmittelfarbstoff zugelassen, seine hauptsächliche Anwendung liegt jedoch in der Wollfärbung.

Xylenblau VS
(Disulphine Blue VN, Erioglaucin supra, Kitonreinblau V u. a.)

---

[1] Vgl.: FRIEDLÄNDER, P.: Ber. dtsch. chem. Ges. **22**, 588 (1889).
[2] SCHWARZENBACH G.: Z. Elektrochem. **47**, 41 (1941).
[3] ERDMANN, E. u. H.: Liebigs Ann. Chem. **294**, 376 (1897).
[4] DRP 154528 (1904).

Grüne Säurefarbstoffe liegen in den Naphthalingrüntypen vor, die aus MICHLERs Hydrol und Naphthalinsulfonsäuren hergestellt werden. Es sind Wollfarbstoffe mit mäßigen Echtheiten, aber sehr klaren Grüntönen. Erwähnt seien das *Naphthalingrün V*[1] (HERMANN 1899) und das *Wollgrün S.*

$$(CH_3)_2N-\!\!\!\bigcirc\!\!\!-C=\!\!\!\bigcirc\!\!\!=\overset{\oplus}{N}(CH_3)_2$$

Naphthalingrün V
(Eriogrün B, Kitongrün V, Lissamine Green V, Xylenechtgrün B)

Das Wollgrün S enthält in der 2-Stellung des Naphthalins noch eine Hydroxygruppe; ein ähnlicher Typus wird auch mit der 2-Naphthol-6.8-disulfonsäure erhalten. Andere Handelsnamen für diesen Farbstoff sind: Acilangrün BS, Kitongrün S, Lissamine Green BN.

Blaue Säurefarbstoffe mit einem heterocyclischen Arylrest erhält man durch Kondensation von 4.4'-Dichlor-benzophenon mit α-substituierten Indolen, Austausch der Chloratome gegen primäre aromatische Amine und anschließende Sulfonierung[2], doch liegt ihr Preis verhältnismäßig hoch.

3. Triaminotriarylmethane

Der Grundkörper dieser Reihe und gleichzeitig eines der wichtigsten Produkte ist das *Pararosanilin*, das bei 170° C aus Anilin und Formaldehyd nach dem Neufuchsin-Prozeß gewonnen wird:

$$Ph-NH_2 + CH_2O \xrightarrow[-H_2O]{H^{\oplus}} Ph-N=CH_2$$

$$\Big\downarrow \begin{array}{l} Ph-NH_2 \\ (HCl) \end{array}$$

$$H_2N-\!\!\!\bigcirc\!\!\!-CH_2-\!\!\!\bigcirc\!\!\!-NH_2$$

$$\Big\downarrow \begin{array}{l} Oxydation\ (FeCl_3) \\ +Ph-NH_2,\ HCl \end{array}$$

Pararosanilin

---

[1] Vgl.: FRISCH, F.: Helv. chim. Acta **14**, 669 (1931); DRP 108129 (1899); DRP 169929 (1906).
[2] DRP 604429 (1934).

Seine Konstitution wurde 1878 von E. und O. FISCHER[1] sichergestellt, indem sie es diazotierten und das Diazoniumsalz reduktiv verkochten, wobei sie Triphenylmethan erhielten. Durch Nitrierung und Reduktion des letzteren konnten sie wieder Pararosanilin darstellen.

Ein kleiner Teil des Farbstoffes wird zum Färben von Seide, Wolle und Papier verwendet; eine weitaus größere Menge wird durch Phenylierung und Sulfonierung in die wasserlöslichen Alkaliblaus übergeführt. Auch in der Kunststoffindustrie hat die Substanz Eingang gefunden, indem das Triisocyanat aus seiner Leukobase als Desmodur R[2] zur Vernetzung von Kunststoffen auf Isocyanatbasis verwendet wird.

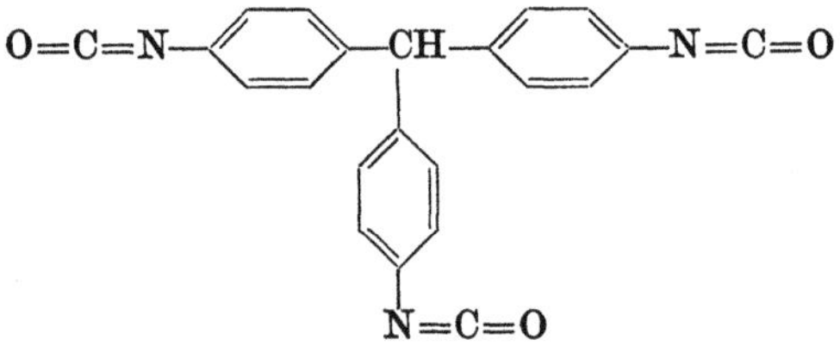

$$O=C=N-\!\!\langle\ \rangle\!\!-CH-\!\!\langle\ \rangle\!\!-N=C=O$$

Desmodur R

Der älteste Farbstoff der Gruppe ist das *Fuchsin*[3] oder Magenta (E. VERGUIN 1859):

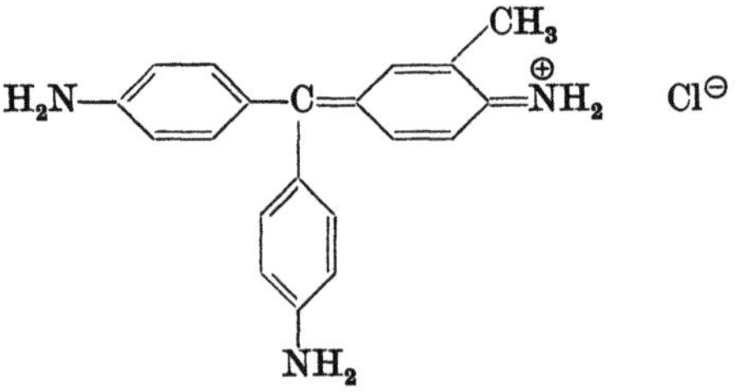

$$H_2N-\!\!\langle\ \rangle\!\!-C=\!\!\langle\ \rangle\!\!=\overset{\oplus}{N}H_2 \quad Cl^{\ominus}$$

Fuchsin

Seine Herstellung in der ursprünglichen Fuchsinschmelze erfolgte aus einem Gemisch von Anilin, o-Toluidin, p-Toluidin und Nitrobenzol, das in Gegenwart von Zink- oder Ferrichlorid langsam auf 170° C erwärmt und 24 Std auf dieser Temperatur gehalten wurde. Das p-Toluidin wird dabei zu p-Amino-benzaldehyd oxydiert, dessen Kondensation mit o-Toluidin und Anilin die Leukobase des Fuchsins liefert. Nach dem Abkühlen pulverisierte man die Schmelze und behandelte zur Entfernung von nicht umgesetzten Anilinbasen mit verdünnter Salzsäure. Der Rückstand wurde in Säure gelöst, die Base aus der Lösung mit Kalkmilch wieder ausgefällt, abfiltriert, von neuem in Salzsäure gelöst und das Salz zur Kristallisation gebracht. Die Ausbeute betrug rund 35%. Eine bessere Aufarbeitungsmethode besteht darin, den Farbstoff mit Natriumhydrogensulfit als farblose fuchsinschweflige Säure[4] aus dem Rohprodukt herauszulösen. Nach Zugabe von Salzsäure wird das Fuchsin beim Aufkochen der Lösung wieder zurückgebildet, während gleichzeitig Schwefeldioxyd freigesetzt wird. Als Nebenprodukt

[1] FISCHER, E. u. O.: Liebigs Ann. Chem. **194**, 242 (1878); — Ber. dtsch. chem. Ges. **11**, 1079 (1878); **13**, 2204 (1880).

[2] Handelsname der Farbenfabriken Bayer, Leverkusen.

[3] Siehe: HOFMANN, A. W.: J. prakt. Chem. **77**, 190 (1859); **87**, 226 (1862). — COUPIER: Ber. dtsch. chem. Ges. **6**, 423 (1873). Vgl.: BRÜNING, A.: Ber. dtsch. chem. Ges. **6**, 25, 1072 (1873).

[4] Vgl.: WIELAND, H., u. G. SCHENING: Ber. dtsch. chem. Ges. **54**, 2527 (1921).

der Fuchsinschmelze fällt das Phosphin, ein Acridinfarbstoff, in etwa 20% Ausbeute an (siehe unter Acridinfarbstoffe).

Aus o-Toluidin und Formaldehyd erhält man das *Neufuchsin* (HOMOLKA 1889), das auch als Lederrubin HF im Handel ist. Infolge der Methylgruppen ist es blaustichiger als Pararosanilin. Da es besser kristallisiert als Fuchsin, gibt man ihm zuweilen den Vorzug, da in manchen Ländern die Größe und das Aussehen der Kristalle immer noch als ein Qualitätsmerkmal für den Farbstoff gelten.

Die Alkylierung der Aminogruppen führt zu violetten Farbstoffen. Als wichtigstes Produkt ist das *Methylviolett* (LAUTH 1861) zu nennen, das nach einem ganz spezifischen Verfahren hergestellt wird, indem man Dimethylanilin in Gegenwart von Phenol, Kupfersalzen und viel Natriumchlorid mit Luft oxydiert. Dabei wird eine Methylgruppe abgespalten und offenbar zu Formaldehyd oxydiert, dessen oxydative Kondensation mit überschüssigem Dimethyl- und Monomethylanilin zum Methylviolett führt. Dieses ist deshalb nicht einheitlich, sondern besteht aus tetra- bis hexamethylierten Pararosanilinen. Es ist einer der farbstärksten und ausgiebigsten Farbstoffe und wird in großer Menge für Druckfarben, Hektographentinten, Kohlepapiere, Farbbänder und Tintenstifte verwendet. In der Textilfärbung wird es wegen seiner geringen Lichtechtheit nicht benützt.

Das *Kristallviolett*[1] ist ein einheitlich hexamethyliertes Pararosanilin, das am besten aus MICHLERs Keton und Dimethylanilin hergestellt wird. Die Verwendungsarten sind ähnlich wie bei Methylviolett; seine Produktion ist infolge der teureren Herstellung jedoch wesentlich geringer. Mit Natriumdithionit läßt es sich glatt zur Leukoverbindung reduzieren[2].

$$(CH_3)_2N\!-\!\!\langle\bigcirc\rangle\!\!-\!\!C\!=\!\!\langle\bigcirc\rangle\!\!=\!\overset{\oplus}{N}(CH_3)_2 \quad Cl^{\ominus}$$

N(CH_3)_2

Kristallviolett

Die Arylierung der Aminogruppen führt zu blauen Farbstoffen; eine sehr ausgeprägte Wirkung besitzt der p-Alkoxyphenylrest. Als interessantes Beispiel sei das *Astracyanin B* genannt, ein blauer Dispersionsfarbstoff für Acetatseide. Man erhält ihn, wenn man p-Chlorbenzaldehyd mit Dioxäthyl-m-toluidin kondensiert, die entstandene Leuko-

---

[1] Vgl.: HOFMANN, A. W.: Ber. dtsch. chem. Ges. 18, 767 (1885). — FISCHER, O., u. L. GERMAN: Ber. dtsch. chem. Ges. 16, 706 (1883); — FISCHER, O., u. G. KOERNER: Ber. dtsch. chem. Ges. 16, 2904 (1883); 17, 98 (1884). Zum Mechanismus der Bildung siehe: KARRER, P.: Ber. dtsch. chem. Ges. 50, 1497 (1917). Über den Einfluß sterischer Effekte auf die Lichtabsorption vgl.: BARKER, C. C., M. H. BRIDE u. A. STAMP: J. chem. Soc. [London] 1959, 3957; — BARKER, C. C., G. HALLAS u. A. STAMP: J. chem. Soc. [London] 1960, 3790; — BARKER, C. C., u. A. STAMP: J. chem. Soc. [London] 1961, 3445; — AARON, C., u. C. C. BARKER: J. chem. Soc. [London] 1963, 2655.

[2] WIELAND, H.: Ber. dtsch. chem. Ges. 52, 880 (1919).

base oxydiert und schließlich das Chlor gegen p-Phenetidin austauscht[1].
Diese Reaktionsfolge wird auch bei der Herstellung einiger anderer
unsymmetrischer Triamino-triarylmethane angewandt.

$$(HOCH_2CH_2)_2N-\!\!\!\!\diagdown\!\!\!\!\diagup\!\!\!\!-C=\!\!\!\!\diagup\!\!\!\!\diagdown\!\!\!\!=\overset{\oplus}{N}(CH_2CH_2OH)_2 \quad Cl^{\ominus}$$

Astracyanin B

Einen grünen Farbstoff erhält man bei der *Quaternierung* einer Aminogruppe
im Kristallviolett mit Methyljodid; eine praktische Anwendung findet er nicht
mehr. Die Quaternierung einer zweiten Aminogruppe führt unter Farbaufhellung
wieder zu einem gelben Farbstoff, der ohne praktischen Wert ist.

Zur Herstellung saurer Farbstoffe, wie sie in den Säureviolett- und
Säureblaumarken vorliegen, dienen einige benzylierte Fuchsinderivate.
Man erhält dabei Wollfarbstoffe mit mäßiger Licht- und oft nur geringer
Alkaliechtheit, jedoch sehr brillanter Nuance. Der erste derartige Farbstoff war das *Säureviolett 6B* (SANDMEYER 1890). Zu seiner Herstellung
kondensiert man N-Äthyl-N-(m-sulfobenzyl)-anilin mit Formaldehyd,
oxydiert zum Hydrol und setzt dieses mit Diäthylanilin zur Leukobase
um[2]. Zur Einführung der Sulfonsäuregruppe kann man das benzylierte
Amin oder den Farbstoff sulfonieren.

Blaue Farbstoffe entstehen, wenn im dritten Arylrest die Diäthyl-
aminogruppe durch einen p-Alkoxy-anilidorest ersetzt wird. In derselben Weise wirken sich Methylgruppen in ortho-Stellung zum zentralen
Kohlenstoffatom aus. Beide Effekte zusammen kumulieren sich zu
einem grünstichigen Blau. Die Herstellung derartiger Farbstoffe erfolgt
analog derjenigen von Astracyanin B mittels p-Chlorbenzaldehyd,
worauf man das Halogen im intermediären Diaminotriarylmethan durch
den gewünschten Aminrest ersetzt[3]. Die verhältnismäßig waschechten
und sehr klaren Säureblaumarken und das Säureviolett 6 B leiten sich
vom selben Grundgerüst I wie folgt ab:

$$NaO_3S\diagup\!\!\!\!\diagdown\!\!-CH_2-\underset{C_2H_5}{N}-\!\!\!\!\diagdown\!\!\!\!\diagup\!\!\!\!-C=\!\!\!\!\diagup\!\!\!\!\diagdown\!\!\!\!=\overset{\oplus}{\underset{C_2H_5}{N}}-CH_2-\diagdown\!\!\!\!\diagup SO_3^{\ominus}$$

I   Y

Säureviolett 6B: X=H, Y=—N(C_2H_5)_2
(Coomassie Violet R, Säurelederviolett 3B u.a.)

---

[1] DRP 606078 (1934).
[2] DRP 59811 (1891).
[3] Vgl.: DRP 287003 (1915); DRP 292998, 293322 (1916).

Benzylcyanin 6B: X=H, Y= —NH—⟨◯⟩—O—C_2H_5

(Brillantsäurecyanin 6B, Coomassie Brilliant Blue R, Supranolcyanin 6B, Xylenbrillantcyanin 6B; früher auch Brillantindocyanin 6B).

Acilanbrillantblau FFR: X= —CH_3, Y= —$N(C_2H_5)_2$
(Benzylblau FR, Brillantsäureblau BR, Pontacyl Brilliant Blue RR, Xylen-brillantblau FBR, FFR; früher auch Brillantwollblau FFR.)

Benzylcyanin G: X= —CH_3, Y= —NH—⟨◯⟩—O—C_2H_5

(Brillantsäurecyanin G, Coomassie Brilliant Blue G, Supranolcyanin G, Xylen-brillantcyanin G; früher auch Brillantindocyanin G.)

Statt sulfonierter Benzylreste können auch Taurylreste als saure Gruppen eingeführt werden, wie dies beim Acilanbrillantblau R (früher Säurebrillantblau R) und einigen anderen Typen der Fall ist[1]:

$$NaO_3S{-}CH_2CH_2{-}N{-}\langle\bigcirc\rangle{-}C{=}\langle\bigcirc\rangle{=}\overset{\oplus}{N}{-}CH_2CH_2SO_3^{\ominus}$$

Ein alkaliechter violetter Farbstoff ist das *Echtsäureviolett 10B*[2] (HASSENKAMP 1891):

$$(CH_3)_2N{-}\langle\bigcirc\rangle{-}C{=}\langle\bigcirc\rangle{=}\overset{\oplus}{N}(CH_3)_2$$

Viktoriablau B (CARO u. KERN 1883) ist ein basischer Farbstoff mit einem Naphthalinkern. Seine Lichtechtheit ist nur gering; da es aber einen schönen Blauton aufweist, wird es zum Färben von Modeartikeln aus Seide und Wolle benützt. Daneben findet es Verwendung als Lebensmittelfarbstoff und — nach Verlackung — als Pigment. Die Herstellung erfolgt aus Dimethylanilin und Phosgen, die in Anwesenheit von Zinkchlorid zu MICHLERs Keton kondensiert werden, worauf man nach Zusatz von Phosphoroxychlorid bei 100° C mit N-Phenyl-1-naph-thylamin weiter zum Farbstoff umsetzt. Als Lösungsmittel wird Toluol benützt.

---

[1] DRP 574021 (1933); DRP 597078, 606248 (1934).
[2] Andere Handelsnamen sind: Acilanviolett 10B, Eriocyanin R, Kitonviolett 10B, Lissamine Violet 10B, Säureviolett 10B, Xylenechtviolett 10B.

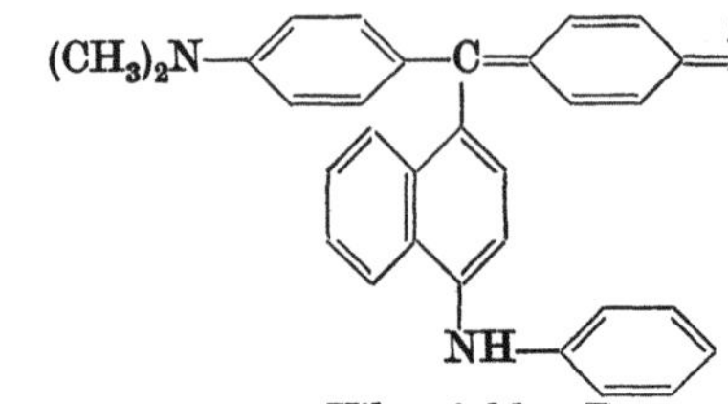

$(CH_3)_2N$— —C= =$\overset{\oplus}{N}(CH_3)_2$

NH—

Viktoriablau B

Ebenfalls blaue Farbstoffe liefert die *Phenylierung* des Pararosanilins, die beim mehrstündigen Kochen mit Anilin in Gegenwart katalytischer Mengen Benzoesäure eintritt. Neufuchsin kann derart nicht phenyliert werden, da die ortho-ständigen Methylgruppen offenbar stören. Das triphenylierte Pararosanilin ist unter dem Namen *Anilinblau spritlöslich* bekannt und färbt auf Seide, Wolle und Polyacrylnitrilfasern ein reines Blau, das bei künstlicher Beleuchtung denselben Farbton wie im Tageslicht zeigt. Es findet jedoch in der Textilfärbung keine Anwendung mehr, sondern dient nur als Zwischenprodukt für die sulfonierten, wasserlöslichen Typen, die als *Alkaliblau* (vorwiegend Monosulfonsäure) für Druckfarben, als *Wasserblau* (vorwiegend Disulfonsäuren) zum „Bläuen" von Papier und Wäsche und als *Tintenblau* (vorwiegend Trisulfonsäuren) zur Herstellung von Tinten benützt werden.

4. Hydroxytriarylmethane

Ähnlich wie bei den Amino-triarylmethanen kann man auch hier zwischen Dihydroxy- und Trihydroxy-triarylmethanen unterscheiden. Die beiden Gruppen werden oft auch als Rosolsäurefarbstoffe zusammengefaßt. Praktische Bedeutung erlangten nur die Verbindungen mit einer Salicylsäuregruppierung, die also in ortho-Stellung zur Hydroxylgruppe noch eine Carboxylgruppe besitzen und sich deshalb chromieren lassen. Ihre Echtheiten sind besser als diejenigen der Triamino-triarylmethane, die Farbtöne jedoch meist weniger klar.

Zu den Dihydroxy-triarylmethanen gehört das *Eriochromazurol B* (CONZETTI 1906). Man stellt es durch Kondensation von o-Kresotinsäure mit 2.6-Dichlorbenzaldehyd her und oxydiert die entstandene Leukoverbindung mit Nitrosylschwefelsäure zum Farbstoff[1]. Er färbt Wolle in weinroten bis braunroten Tönen, die beim Nachchromieren in ein schönes Blau übergehen.

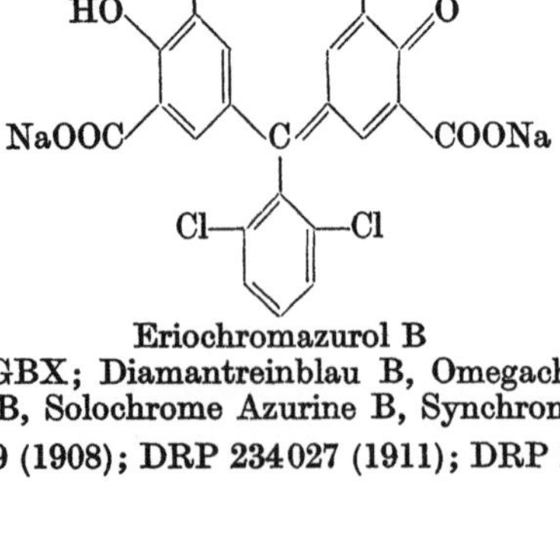

CH_3 CH_3

HO— —O

NaOOC— C —COONa

Cl— —Cl

Eriochromazurol B
(Chromechtblau BX, GBX; Diamantreinblau B, Omegachromazurin B, Omegachrombrillantblau B, Solochrome Azurine B, Synchromatreinblau B u.a.)

---

[1] Vgl.: DRP 198909 (1908); DRP 234027 (1911); DRP 286433, 287004 (1915).

Ein Amino-dihydroxy-triphenylmethanderivat stellt das *Eriochrombrillantviolett R* dar, das aus p-Diäthylamino-benzaldehyd und o-Kresotinsäure zugänglich ist[1].

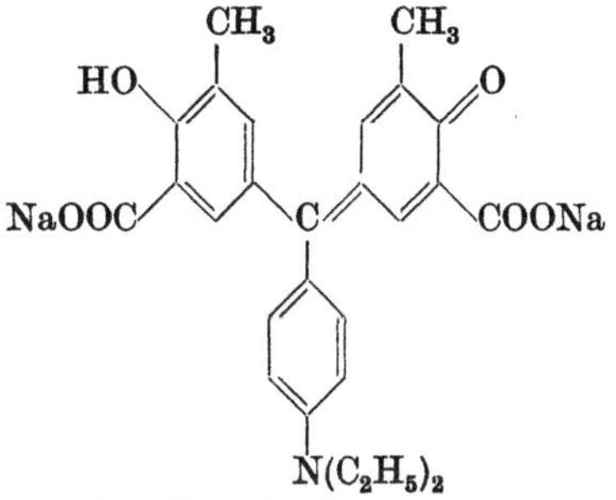

Eriochrombrillantviolett R
(Diamantbrillantviolett RE, Omegachromviolett RC)

Aurin (Pararosolsäure; KOLBE und SCHMITT 1861) kann durch Erhitzen von Phenol und Oxalsäure mit wenig konzentrierter Schwefelsäure gewonnen werden. Seine Farbe ist gelb, das Natriumsalz ist tief rot. Färberisch ist es ohne Bedeutung[2]. Die *Rosolsäure*, die man früher ebenfalls als Aurin bezeichnete, wurde ursprünglich aus rohem, kresolhaltigem Phenol durch Oxydation erhalten und enthält daher Methylhomologe. Sie ist heute bedeutungslos.

Als einziges technisch wichtiges Aurinderivat verdient das *Chromviolett* (SANDMEYER 1889) genannt zu werden[3]. Man erhält es aus Salicylsäure und Formaldehyd durch oxydative Kondensation mit konzentrierter Schwefelsäure; zur Oxydation dient ein Zusatz von Natriumnitrit bzw. von Nitrosylschwefelsäure. Man erhält dabei direkt den Farbstoff. Nachchromiert färbt er auf Wolle ein ziemlich klares Violett.

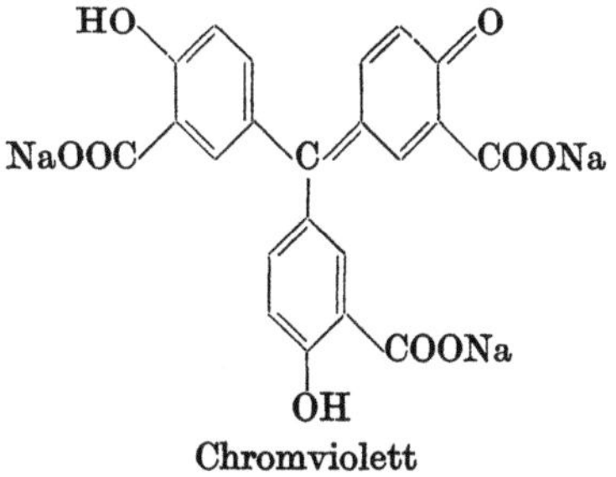

Chromviolett

5. Indikatoren

Beim Erwärmen von Phthalsäureanhydrid mit Phenol unter Zusatz von wenig konzentrierter Schwefelsäure oder wasserfreiem Zinkchlorid

---

[1] Für weitere derartige Farbstoffe siehe: DRP 230410 (1911); EP 191854 (1921); DRP 654573 (1937).

[2] Zur Kenntnis des Aurins siehe: SPIERS, C. H.: J. chem. Soc. [London] **125**, 450 (1924). — GOMBERG, M., u. H. R. SNOW: J. Amer. chem. Soc. **47**, 198 (1925). — RAMART-LUCAS, P.: C. R. hebd. Séances Acad. Sci. **213**, 67, 244 (1941).

[3] Vgl.: CARO, N.: Ber. dtsch. chem. Ges. **25**, 939 (1892).

entsteht *Phenolphthalein*, das als Basen-Indikator benützt wird. Als Farbstoff ist es ohne Bedeutung; zuweilen wird es noch als Laxativ („Darmol") verwendet. Sein Tetrajodderivat findet als Kontrastmittel für Röntgenuntersuchungen der Gallenblase Anwendung.

Mit Alkali und Säure erleidet Phenolphthalein folgende charakteristische Umlagerungen, die mit Farbänderungen verbunden sind:

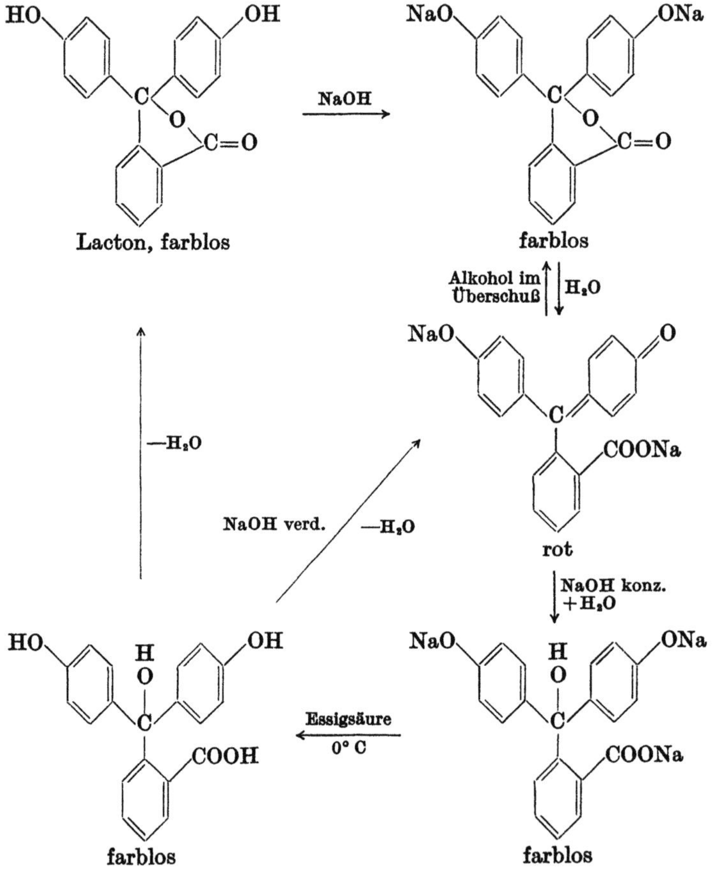
HO
OH
C
O
C=O
NaOH
NaO
ONa
Lacton, farblos
farblos
Alkohol im Überschuß
H₂O
O
COONa
rot
—H₂O
NaOH verd.
—H₂O
NaOH konz.
+H₂O
H
COOH
Essigsäure
0° C
farblos
farblos

Ähnlich wie Phthalanhydrid kondensiert auch o-Sulfobenzoesäureanhydrid[1] mit Phenol, wobei das *Phenolrot* entsteht:

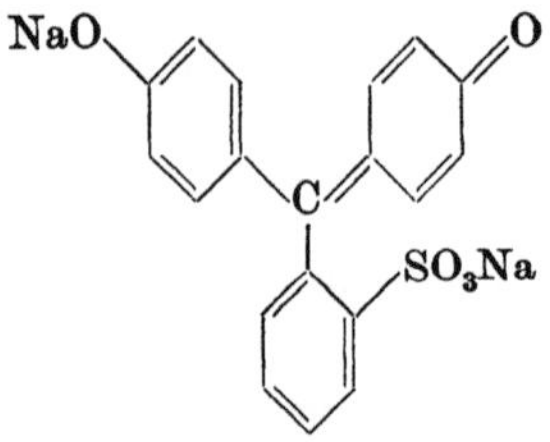
NaO
O
C
SO₃Na

[1] Für ihre Herstellung siehe: Clarke, H. T., u. E. E. Dreger: Org. Synth. Coll. Vol. 1, 495 (1948).

Aus den genannten beiden Anhydriden und verschiedenen Halogen- und Alkylphenolen erhält man Indikatoren, die praktisch den gesamten p_H-Bereich umfassen. Viele von ihnen zeigen zwei Umschlagsgebiete. Die wichtigen Indikatoren und ihre Umschlagspunkte sind im folgenden zusammengestellt[1]:

Metakresolpurpur (m-Kresol-sulfophthalein)	p_H 0,5—2,5	rot—gelb
Thymolblau (Thymol-sulfophthalein)	1,2—2,8	rot—gelb
Bromphenolblau (Tetrabrom-phenol-sulfophthalein)	3,0—4,6	gelb—blau
Bromkresolgrün (Tetrabrom-m-kresol-sulfophthalein)	3,8—5,4	gelb—blau
Chlorphenolrot (Dichlor-phenol-sulfophthalein)	5,0—6,8	gelb—rot
Bromkresolpurpur (Dibrom-o-kresol-sulphophthalein)	5,2—6,8	gelb—purpur
Bromthymolblau (Dibrom-thymol-sulfophthalein)	6,0—7,6	gelb—blau
Phenolrot (Phenol-sulfophthalein)	6,6—8,2	gelb—rot
Kresolrot (o-Kresol-sulfophthalein)	7,2—8,8	gelb—rot
Metakresolpurpur	7,4—9,0	gelb—purpur
Thymolblau	8,0—9,6	gelb—blau
Phenolphthalein	8,2—10,0	farblos—rosa
Thymolphthalein	9,4—10,6	farblos—blau

Durch Einführung von zwei Methylen-iminodiessigsäureresten entstehen komplexbildende Phthaleine, die sich als Indikatoren für die komplexometrische Titration nach G. SCHWARZENBACH eignen. Als Beispiel sei der Phthaleinpurpur[2] aufgeführt, der bei p_H 11 mit Calcium, Strontium und Barium tief purpurgefärbte Komplexe bildet, die zur Erkennung des Endpunktes bei der Titration dieser Metalle mit Komplexon dienen.

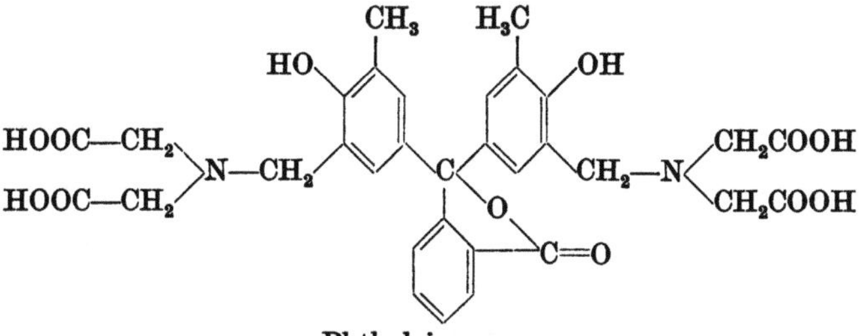

Phthaleinpurpur

6. Mottenschutzmittel

Eng verwandt mit den Rosolsäurefarbstoffen sind einige Mottenschutzmittel, die unter dem Schutznamen „Eulane"[3] bekannt wurden. Es sind dies farblose Substanzen, die jedoch wie Farbstoffe appliziert werden können und der damit ausgerüsteten Wolle einen dauerhaften Schutz gegen tierische Schädlinge verleihen. Die Anforderungen an ein derartiges Produkt sind mannigfaltig. Für eine dauerhafte Imprägnierung ist eine gute, wasch- und walkechte Affinität zur Faser nötig; auch die Lichtechtheit muß hohen Ansprüchen genügen. Gegenüber den

---

[1] Siehe auch: CLARKE, H. T., u. H. A. LUBS: J. Amer. chem. Soc. **40**, 1443 (1918). — SAGER, E. E., A. A. MARGOTT u. M. R. SCHOOLEY: J. Amer. chem. Soc. **70**, 732 (1948).

[2] ANDEREGG, G., H. FLASCHKA, R. SALLMANN u. G. SCHWARZENBACH: Helv. chim. Acta **37**, 113 (1954).

[3] Handelsname der Farbenfabriken Bayer, Leverkusen.

Wollschädlingen ist eine hohe Toxizität und ein breites Wirkungsspektrum erforderlich, da außer den Larven der Kleidermotte auch diejenigen des Pelz- und des Teppichkäfers zu vernichten sind. Die Konzentration des Schutzmittels auf der Faser darf etwa 1—3% betragen.

Das erste praktisch brauchbare Mottenschutzmittel war das *Eulan N*[1]. Die analoge Verbindung mit einer Sulfonsäuregruppe in der meta-Stellung zum zentralen Kohlenstoffatom ist nur wenig wirksam; der ortho-ständige Substituent scheint einen wesentlichen Einfluß auf die Wirksamkeit zu besitzen, wobei statt eines Sulfonsäurerestes auch ein anderer sperriger Substituent wie Halogen in Frage kommt. Eine bessere Wasch- und Walkechtheit sowie höhere Wirksamkeit gegen Pelz- und Teppichkäferlarven besitzt das *Eulan CN*.

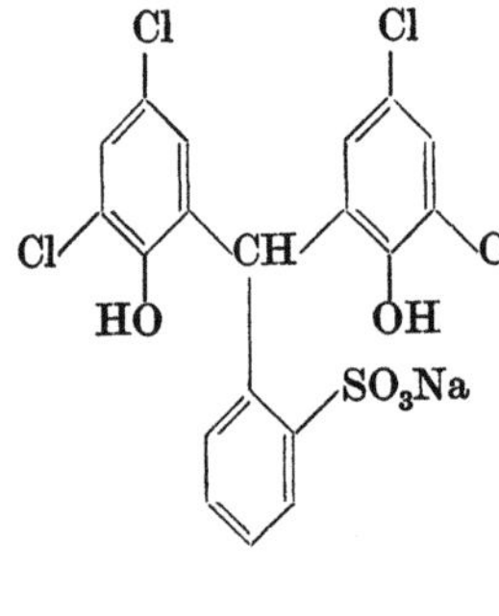

Eulan N 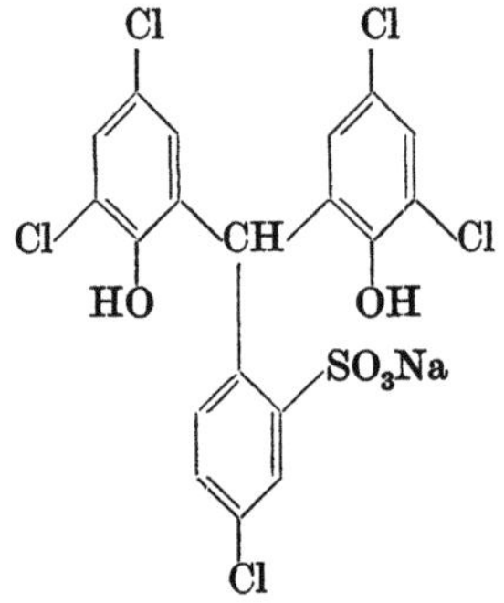   Eulan CN

Beide Verbindungen besitzen den Nachteil, daß die Lichtechtheit nach einer alkalischen Wäsche abnimmt, was auf die freien Hydroxylgruppen zurückzuführen ist. Ihre Verätherung beseitigt diesen Nachteil, jedoch verringert sich bei den meisten Äthern gleichzeitig die Wirksamkeit. Eine Ausnahme bildet das cyclische *Eulan FL*. Auch durch eine Veresterung der Hydroxylgruppen läßt sich die Lichtechtheit verbessern; technische Anwendung findet das *Eulan SN*.

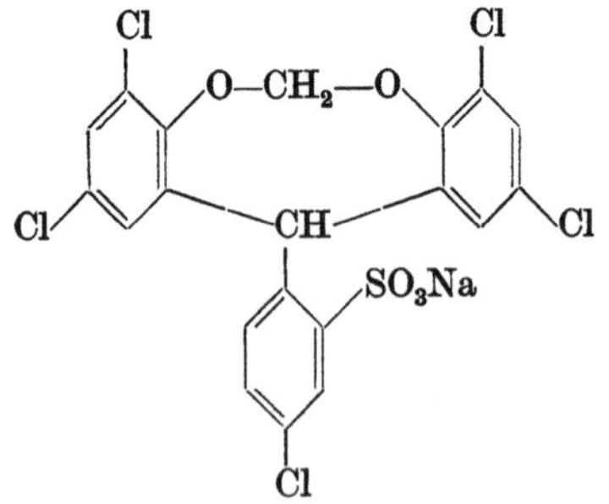

Eulan FL

<hr>

[1] Einen vorzüglichen Überblick über die Mottenschutzmittel mit Sulfonsäuregruppen gibt H. MARTIN: Chimia **12**, 191—215 (1958).

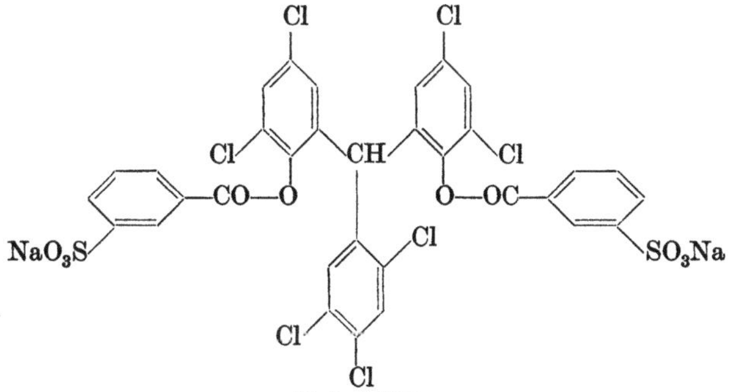

Eulan SN

Ein hervorragend wirksames Produkt auf ganz anderer Basis stellt das *Mitin FF*[1] dar. Es bietet bereits in Konzentrationen von weniger als 1% einen ausreichenden Schutz, ist vorzüglich wasch- und walkecht und hat deshalb die Eulane teilweise verdrängt. Es wird hergestellt aus 3.4-Dichlorisocyanat und 2-Amino-4.4'-dichlor-diphenyläther-2'-sulfonsäure. Auch der Weg über das Isocyanat des Diphenyläthers ist möglich.

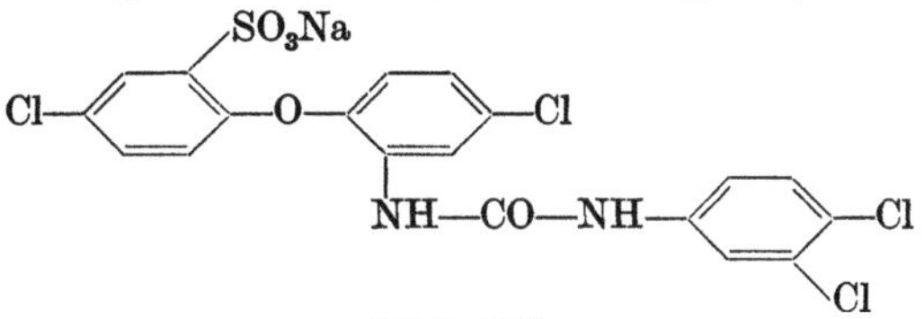

Mitin FF

Neben diesen Mottenschutzmitteln mit Sulfonsäuregruppen, die wie saure Farbstoffe appliziert werden, seien zwei basische Typen aufgeführt, nämlich das Eulan NK und das Irgan AT[1], deren Anwendung allerdings etwas beschränkter ist. Verschiedentlich wurde auch versucht, Farbstoffe darzustellen, die gleichzeitig gegen Wollschädlinge wirksam sind. Zu technisch brauchbaren Produkten gelangte man jedoch bisher nicht.

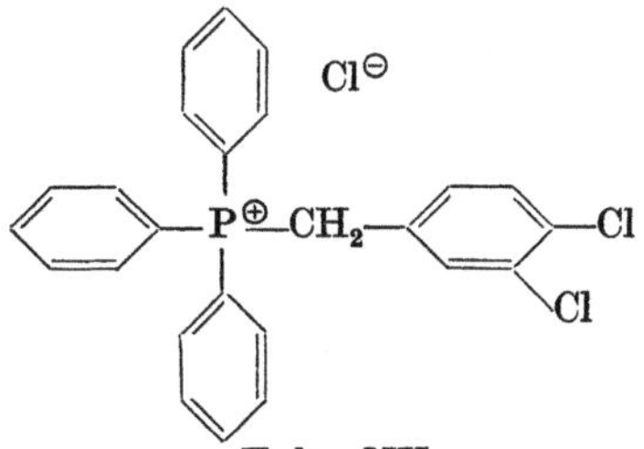

Eulan NK

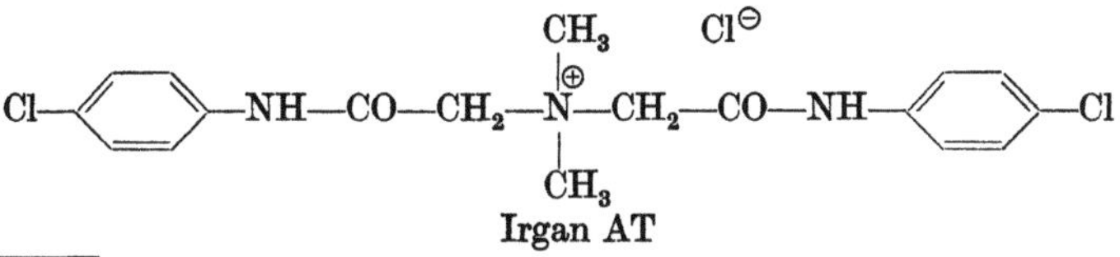

Irgan AT

<hr>

[1] Geschützter Handelsname von J. R. Geigy AG, Basel. Zur quantitativen Bestimmung von Eulan CN und Mitin FF in der Wolle siehe: HARTLEY, R. S., F. F. ELSWORTH, P. G. MIDLEY u. J. BARITT: J. Soc. Dyers Colourists 68, 171 (1952).

VII. Acridinfarbstoffe

Der Grundkörper dieser Farbstoffgruppe ist das Acridin oder 10-Aza-anthracen. Es findet sich im Steinkohlenteer und ist synthetisch durch Umsetzung von Diphenylamin mit Chloroform und wasserfreiem Aluminiumchlorid oder mit Formaldehyd und wasserfreiem Zinkchlorid zugänglich.

Acridin

1. Basische Farbstoffe

Eine praktische Bedeutung besitzen nur die 3.6-Diaminoacridine[1]; es sind basische Farbstoffe, die meist als Chloride im Handel sind. Ihre Farbtöne sind etwas stumpf und variieren von Gelb bis Braun; ihre Lichtechtheit ist auf allen Fasern gering. Sie besitzen noch einige Bedeutung in der Lederfärberei.

Das wichtigste Produkt der Reihe ist das *Acridinorange* (BENDER 1889). Seine Herstellung erfolgt aus m-Amino-dimethylanilin und Formaldehyd, wobei sich zuerst das o,o'-Diamino-p,p'-tetramethyldiamino-diphenylmethan bildet. Durch Ammoniakabspaltung erhält man daraus Dihydroacridin, das durch Oxydation mit Ferrichlorid oder Luftsauerstoff in den Farbstoff übergeht[2]. Ein anderer Herstellungsweg geht von p,p'-Tetramethyldiamino-diphenylmethan aus, das zum o,o'-Dinitroderivat nitriert wird, worauf man reduziert und zwecks Ammoniakabspaltung und Ringschluß mit verdünnter Schwefelsäure im Autoklaven 6 Std auf 140° C erwärmt.

Acridinorange DH
(Acridine Orange R, Euchrysin 3RX, Euchrysinorange NO, Rhodulinorange NO)

2.7-Dimethyl-3.6-diamino-acridin war früher als Acridingelb G im Handel; es ist aus 2.4-Toluylendiamin und Formaldehyd zugänglich. Seine Methylierung führt zu grünstichig gelben Farbstoffen[3], von denen das *Auracin G* erwähnt sei. Durch Kondensation von Acetaldehyd mit

---

[1] Zur Farbe und Lichtechtheit von Mono- und Diaminoacridinen siehe: ALBERT, A., u. C. L. BIRD: J. Soc. Dyers Colourists **59**, 74 (1943); **64**, 357 (1948).

[2] Vgl.: DRP 59179 (1891); DRP 67126 (1893). — BIEHRINGER, J.: J. prakt. Chem. [2] **54**, 245 (1896).

[3] Vgl.: DRP 140848 (1902). — ULLMANN, F., u. E. NAEF: Ber. dtsch. chem. Ges. **33**, 2470 (1900); — ULLMANN, F., u. P. WENNER: Ber. dtsch. chem. Ges. **33**, 2476 (1900); — ULLMANN, F., u. A. MARIĆ: Ber. dtsch. chem. Ges. **34**, 4307 (1901). — BENDA, L.: Ber. dtsch. chem. Ges. **45**, 1787 (1912).

2.4-Toluylendiamin und Oxydation der Dihydrostufe erhält man 2.7.9-Trimethyl-3.6-diamino-acridin, das auch jetzt noch als *Euchrysin 2GNX* oder als *Ledergelb HG* im Handel ist. Es färbt ein sattes Gelb.

Ein 9-Phenylderivat ist das *Phosphin*, das 1862 von NICHOLSON als Nebenprodukt der Fuchsinschmelze isoliert wurde. Es färbt ein etwas stumpfes, rotstichiges Gelb.

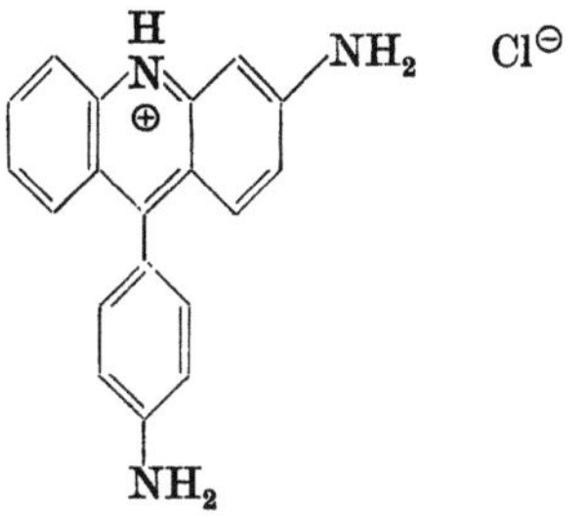

Phosphin

2. Pharmazeutika

Verschiedene Aminoacridine sind pharmazeutisch wirksam. Ihre Entdeckung geht auf P. EHRLICH zurück. Die erste dieser Verbindungen war das *Trypaflavin* (EHRLICH u. BENDA 1910), das gegen Trypanosomen wirksam ist. Daneben besitzt es eine außerordentlich breite antiseptische und bakteriostatische Wirksamkeit und diente deshalb im ersten Weltkrieg in ausgedehntem Maße zur Wunddesinfektion. Seine Herstellung erfolgt durch Methylierung von diacetyliertem 3.6-Diaminoacridin mit Dimethylsulfat oder Methyl-p-tolylsulfonat und anschließende Abspaltung der Acetylgruppen mit verdünnter Salzsäure. Das unmethylierte 3.6-Diaminoacridinsulfat ist unter dem Namen *Proflavin* bekannt[1]. Es ist etwas weniger wirksam als Trypaflavin, was jedoch durch die rascher eintretende Wirkung und die geringere Toxizität aufgewogen wird.

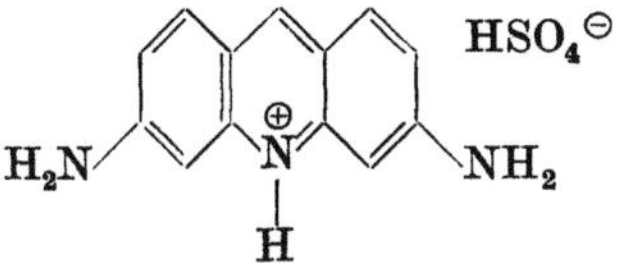

Proflavin

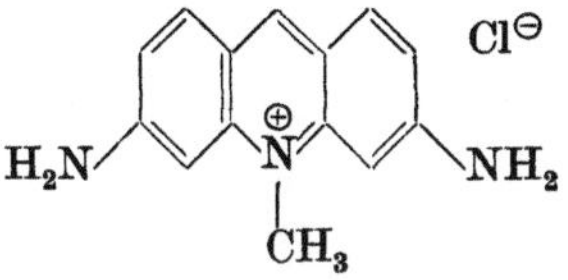

Trypaflavin (Acriflavin)

Zwei weitere therapeutisch verwendete Acridinderivate sind das *Rivanol* (MORGENROTH 1921), welches gegen Amöbenruhr angewendet wurde, und das *Atebrin*, das in großem Ausmaß zur Therapie und Prophylaxe der Malaria benützt wird. Es wirkt auch gegen die Zwischenform des Krankheitsträgers, die Gameten. Zu seiner Herstellung geht man von 2.5-Dichlorbenzoesäure aus, die mit p-Anisidin kondensiert und durch Ringschluß mit Phosphoroxychlorid in das Acridon über-

---

[1] Vgl.: ALBERT, A., u. W. H. LINNELL: J. chem. Soc. [London] **1936**, 88, 1614; **1938**, 22. — ALBERT, A.: J. chem. Soc. [London] **1941**, 121, 484. — KELLY, W.: J. chem. Soc. [London] **1946**, 102.

geführt wird. Dabei wird gleichzeitig der Sauerstoff durch Chlor ersetzt, so daß man das 9-Chlorderivat erhält, in dem das Halogen leicht durch Amine ersetzt werden kann.

Rivanol

Atebrin

Mit dem Acridin verwandt sind das *Dibenzoazepin* und seine Derivate. Der Grundkörper ist auf verschiedenen Wegen zugänglich, beispielsweise durch Ringschluß von o,o'-Diaminodibenzyl unter Ammoniakabspaltung zum 10.11-Dihydro-5H-dibenzo[b, f]azepin und dessen Dehydrierung mit Schwefel.

5H-Dibenzo[b, f]-azepin

Imipramin

Verschiedene N-substituierte Dibenzoazepine und Dihydrodibenzoazepine sind wichtige Psychopharmaka und zeichnen sich durch ihre antidepressive Wirkung aus. Ihre Entwicklung erfolgte bei J. R. Geigy; als wichtiges Präparat sei das *Imipramin* (®Tofranil) aufgeführt[1].

3. Acridone

Im Gegensatz zu den Acridinen zeigen einige Acridone eine ganz hervorragende Lichtechtheit. Erwähnt sei hier das 4-Nitroacridon, das bereits bei den Nitrofarbstoffen genannt wurde und unter dem Namen *Celanthrene Fast Yellow GL* als Dispersionsfarbstoff für Acetatseide und Polyesterfasern im Handel ist. Das Acridon selbst, das aus o-Chlorbenzoesäure und Anilin leicht zugänglich ist[2], besitzt als Farbstoff keine Anwendung.

Nitroacridon

Chinacridon

---

[1] Zur Chemie der Psychopharmaka sei verwiesen auf: JUCKER, E.: Angew. Chem. **75**, 524 (1963).

[2] Für eine präparative Darstellung siehe: ALLEN, C. H. F., u. G. H. W. McKEE: Org. Synth. Coll. Vol. **2**, 15 (1950).

Eine interessante Verbindung ist das lineare *Chinacridon*, ein rot-violetter, extrem schwerlöslicher Körper, der erstmals 1935 von Lieber-mann[1] dargestellt wurde. Das anguläre Isomere I ist dagegen nur schwach gelb gefärbt[2], ebenso das lineare Isomere II, dessen NH- und CO-Gruppen in meta-Position zueinander stehen[3]; beide Isomeren sind zudem wesentlich besser löslich. Die tiefe Farbe des von Liebermann erhaltenen Chinacridones stimmt vorzüglich mit dem Verteilungssatz der Auxochrome von Kauffmann überein, wonach die tiefste Farbe bei jenem Isomeren auftritt, dessen Auxochrome in 2.5-Stellung zum Chromophor stehen.

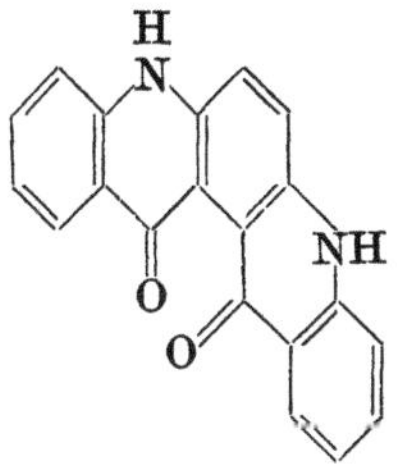

I 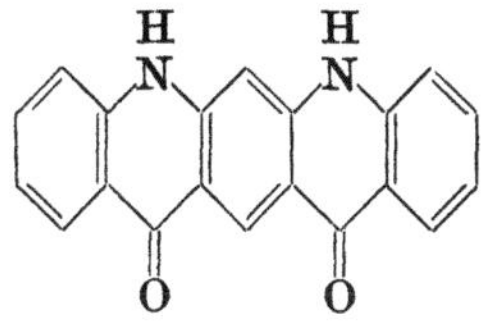   II

Die Eignung des Chinacridons als lichtechter, beständiger und lösungsmittelechter Pigmentfarbstoff wurde erst in neuerer Zeit von Dupont erkannt. Der Farbton dieser Pigmente hängt stark von ihrer Kristallform ab und wird durch die Art der Vermahlung und Nach-behandlung mit Lösungsmitteln entscheidend beeinflußt[4]. Die Patente von Dupont nennen drei Kristallformen, die als α-, β- und γ-Form bezeichnet werden. Am rotstichigsten ist die γ-Form, die man durch Vermahlen des rohen Chinacridons in Dimethylformamid erhält. Die drei Kristallformen sind unter den Namen *Cinquasia Red Y*, *Cinquasia Red B* und *Cinquasia Violet R* im Handel; ihre Farben sind rot, blau-stichig rot und violett.

Die Herstellung geht, wie bereits von Liebermann beschrieben, vom Succinylo-bernsteinsäureester (= Cyclohexan-1.4-dion-2.5-dicarbonsäureester) aus, welcher durch Dieckmann-Kondensation aus Bernsteinsäureester zugänglich ist. Bei der Kondensation mit Anilin entsteht das entsprechende Dianil, das mit dem Dihydro-2.5-dianilido-terephthalsäureester tautomer ist. Durch Erhitzen auf 200—250° C in einem inerten Lösungsmittel entsteht daraus unter Alkoholabspaltung das Dihydrochinacridon, das sich leicht zum Chinacridon selbst dehydrieren läßt. Für präparative Zwecke geeignet ist der Ringschluß mit Polyphosphorsäure bei 100 bis 120° C, der bei der Darstellung substituierter Chinacridone im allgemeinen bessere Ergebnisse liefert[5].

---

[1] Liebermann, H.: Liebigs Ann. Chem. **518**, 245 u.f. (1935).
[2] Ullmann, F., u. R. Maag: Ber. dtsch. chem. Ges. **39**, 1695 (1906); vgl.: Niementowski, St. v.: Ber. dtsch. chem. Ges. **29**, 76 (1896). — Leandri, G., u. C. Angelini: Boll. sci. facoltà chim. ind. Bologna **9**, 32 (1951); — Chem. Abstr. **45**, 10245 (1951).
[3] Eckert, A., u. F. Seidel: J. prakt. Chem. [2] **102**, 355 (1921).
[4] Siehe: AP 2 821 529, 2 821 530, 2 844 581, 2 844 584, 2 844 485 (1958).
[5] Vgl.: EP 894 610, 909 602, 911 206 (1962).

Chinacridon ←—————— Dihydro-chinacridon
                (—2 H)

VIII. Xanthenfarbstoffe

Die Xanthenfarbstoffe, deren Grundkörper das Xanthen ist, gehören
zu den basischen Farbstoffen und werden oft als Oxoniumsalze geschrieben; die positive Ladung dürfte sich indessen über das ganze
Molekül und insbesondere auch auf die Aminogruppen erstrecken. Man
schreibt sie deshalb auch in der chinoiden Form mit der Ladung an
der Aminogruppe. Die Hydroxyxanthene werden meist in chinoider Form
geschrieben. Praktisch bedeutsam sind nur die alkylierten und arylier-
ten 3.6-Diamino-xanthene, die 3.6-Dihydroxy-xanthene und ihre Derivate.
Wichtig sind die vielen, leicht zugänglichen 9-Phenylxanthene[1].

Xanthen

Die Xanthene sind schöne, leuchtende Farbstoffe mit sehr klaren
Farbtönen. Sie zeigen alle eine mehr oder weniger stark ausgeprägte
Fluoreszenz. Ihre Lichtechtheit ist nur gering. Genetisch leiten sie sich
von den Di- und Triphenylmethanfarbstoffen ab. Ihre Herstellung
erfolgt durch Kondensation eines N-Alkyl-m-aminophenols oder Resor-
cins mit einem Aldehyd oder Säureanhydrid in Gegenwart saurer Katalysatoren. Man unterscheidet Pyronine, Rosamine, Rhodamine, Violamine und Fluoresceine.

Die *Pyronine* sind schon lange überholt. Erwähnt sei Pyronin G
(BENDER 1889) als Grundkörper der Diaminoxanthene. Zu seiner Herstellung wird N,N-Dimethyl-m-aminophenol in konzentrierter Schwefelsäure mit Formaldehyd kondensiert und zum Leukokörper ringgeschlos-

---

[1] Ältere Literatur über die Xanthenfarbstoffe findet sich bei: BIEHRINGER, J.:
J. prakt. Chem. [2] **54**, 217 (1896); — Ber. dtsch. chem. Ges. **27**, 3299 (1894). —
MÖHLAU, R., u. P. KOCH: Ber. dtsch. chem. Ges. **27**, 2887 (1894).

sen, der dann bei der Oxydation mit Ferrichlorid oder salpetriger Säure in das rote Pyronin G übergeht[1]. Es ist nicht mehr im Handel. Seine Lösung fluoresziert gelb; die Lichtechtheit ist gering.

Pyronin G

Kondensiert man N,N-Dimethyl-m-aminophenol mit Bernsteinsäureanhydrid, so entsteht Rhodamin S, das in der 9-Stellung einen Propionsäurerest enthält[2]. Es wird noch zum Färben von Papier und Holz verwendet.

Das Schwefelanaloge von Pyronin G ist der einzige existierende *Thioxanthenfarbstoff* und war eine Zeitlang als Methylenrot im Handel. Man erhält es aus p,p'-Tetramethyldiamino-diphenylmethan bei der Behandlung mit Schwefel in Oleum[3].

Methylenrot

Rosamine entstehen bei der Kondensation von N,N-Dialkyl-m-aminophenolen mit Benzaldehyden oder mit Benzotrichlorid[4]. Der Grundkörper der Reihe, das Rosamin selbst, ist das 9-Phenylderivat von Pyronin G und wird nicht mehr hergestellt. Ein sehr schöner, wenn auch wenig lichtechter, blaustichig roter Farbstoff dieser Gruppe ist das *Sulforhodamin B extra* (EMMERICH 1906), das zum Färben von Wolle verwendet wird. Infolge der Anwesenheit zweier Sulfonsäuregruppen verhält es sich färberisch als saurer Farbstoff. Man stellt es aus N,N-Diäthyl-m-aminophenol und Benzaldehyd-2.4-disulfonsäure her[5].

Sulforhodamin B extra
(Kitonrhodamin B, Lissamine Rhodamine B, Säurerot XB, Xylenrot B u.a.)

---

[1] DRP 58955, 59003 (1891); DRP 63081 (1892). Zur Struktur von Pyronin B vgl.: CHAMBERLIN, E. M., B. F. POWELL, D. E. WILLIAMS u. J. CONN: J. org. Chemistry **27**, 2263 (1962).

[2] DRP 54997 (1890).

[3] DRP 65739 (1892). — KEHRMANN, F., u. L. LÖWY: Ber. dtsch. chem. Ges. **45**, 290 (1912).

[4] DRP 51348 (1890); DRP 62574 (1892).

[5] DRP 205758 (1908); DRP 229466 (1910).

Außerordentlich reine, blaustichig rote Nuancen besitzen die *Rhodamine*. Auf Wolle und Seide zeigen sie eine deutliche Fluoreszenz. Ihre Echtheiten, besonders die Lichtechtheit, sind indessen nur gering. Infolge ihrer leuchtenden Farbtöne benützt man sie in der Seidenfärberei; mit Phosphormolybdänwolframsäure erhält man geschätzte Pigmente für den Buch- und Plakatdruck. Infolge ihrer Herstellung aus Phthalsäureanhydrid werden die Rhodamine oft zusammen mit den Violaminen und Fluoresceinen als „Phthaleine" bezeichnet.

Der älteste Körper der Reihe ist das *Rhodamin B* (CÉRÉSOLE 1887), das aus N,N-Diäthyl-m-aminophenol und Phthalsäureanhydrid durch Verschmelzen bei 180° C in Gegenwart von wasserfreiem Zinkchlorid oder wenig konzentrierter Schwefelsäure gewonnen wird[1].

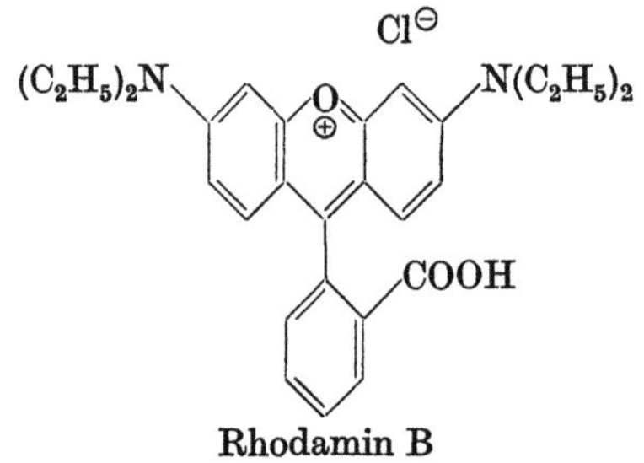

$$Rhodamin\ B$$

Rhodamin 3B ist der Äthylester des Rhodamins B. Das gelbstichigere Rhodamin G entsteht analog aus N-Monoäthyl-m-aminophenol; der geringere Alkylierungsgrad der Aminogruppen wirkt sich also farbaufhellend aus, wie zu erwarten ist. Rhodamin 6G (BERNTHSEN 1892) ist der Äthylester des Rhodamin G[2]. Ein neuerer, chromierbarer Farbstoff dieser Gruppe ist das *Metachrombrillantrot BL*[3], das auf Wolle ein blaustichiges Rosa färbt. Man stellt es durch Kondensation von N,N-Diäthyl-m-aminophenol mit 5-Hydroxytrimellithsäure her[4]; die Bildung des Chromkomplexes erfolgt wahrscheinlich mit der Salicylsäuregruppierung.

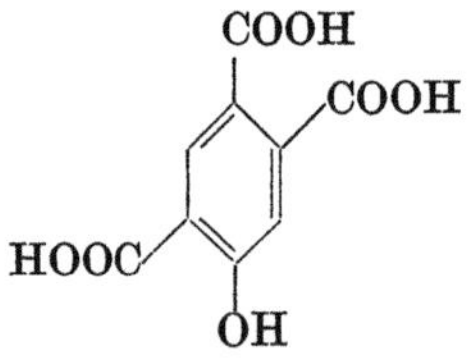

$$5\text{-Hydroxy-trimellithsäure}$$

Die *Violamine* enthalten phenylierte Aminogruppen; dadurch wird einerseits die Farbe nach Violett vertieft, andererseits aber auch eine höhere Lichtechtheit erzielt. Die Violamine sind die lichtechtesten Xanthenfarbstoffe. Um eine bessere Löslichkeit zu erzielen, werden die Phenylreste meistens sulfoniert. Die Herstellung kann aus m-Hydroxydiphenylamin erfolgen; größere Variationen des Phenylrestes gestattet

[1] DRP 44002 (1888). — BROWN, W. R., u. F. A. MASON: J. chem. Soc. [London] **1933**, 1264.
[2] DRP 73573, 73880 (1894).
[3] Handelsname der Farbwerke Hoechst.
[4] DRP 692708 (1940).

indessen die Umsetzung substituierter Aniline mit „Fluoresceinchlorid"[1].
Die letztgenannte Verbindung erhält man aus Fluorescein und Phosphorpentachlorid.

„Fluoresceinchlorid"

Der wichtigste Farbstoff dieser Gruppe ist das *Echtsäureviolett ARR*
(BOEDEKER 1888), das auf Wolle und Seide ein leuchtendes, rotstichiges
Violett färbt. Man erhält es aus o-Toluidin und Fluoresceinchlorid und
anschließende Sulfonierung. Wegen der Sulfonsäuregruppe verhält es
sich färberisch als Säurefarbstoff.

Echtsäureviolett ARR
(Coomassie Violet 2R, Erioechtbrillantfuchsin 2BL, Kitonfuchsin ARR,
Oxanalviolett ARR, Pontacyl Fast Violet VR, Xylenechtviolett R)

Violamin B (Echtsäureviolett B) besitzt zwei Anilidoreste statt der Toluidoreste und ist ebenfalls monosulfoniert.

Der Grundkörper der *Fluoresceine*[2], das Fluorescein oder Uranin A,
wurde 1871 von A. VON BAEYER erhalten[3], als er aus Resorcin und
Phthalsäureanhydrid das 1.3-Dihydroxy-anthrachinon darstellen wollte.
Als Kondensationsmittel dienen wasserfreies Zinkchlorid oder konzentrierte Schwefelsäure. Das Natriumsalz des Fluoresceins zeigt in
wäßriger, verdünnter Lösung eine außerordentlich starke grüne Fluoreszenz, die noch in einer Verdünnung von 1:400 Millionen wahrnehmbar
ist. Man benützt den Farbstoff daher in der Geologie, um unterirdische
Wasserläufe zu markieren und den Ort ihres Wiederauftauchens festzustellen. Zum Färben von Textilien besitzt das Fluorescein keinerlei
Bedeutung; dagegen wird es oft den Badesalzen zugesetzt. Durch Ein-

---

[1] DRP 46807, 49057 (1889).
[2] Vgl.: FISCHER, O., u. M. BOLLMANN: J. prakt. Chem. [2] **104**, 123 (1922). —
BATSCHA, B.: Ber. dtsch. chem. Ges. **59**, 311 (1926). — ORNDORFF, W. R., u. A. J.
HEMMER: J. Amer. chem. Soc. **49**, 1272 (1927).
[3] BAEYER, A. v.: Ber. dtsch. chem. Ges. **4**, 457, 555, 658 (1871); — Liebigs
Ann. Chem. **183**, 1 (1876).

führung von zwei Methylen-iminodiessigsäureresten in die para-Stellungen zum Xanthensauerstoff erhält man das *Calcein*, das mit Calcium einen grünfluoreszierenden Komplex bildet. Es dient als Indikator zur komplexometrischen Titration von Calcium in Ultramikromengen, da das Verschwinden der Fluoreszenz mit einer geeigneten Lichtquelle besonders gut beobachtet werden kann[1].

Fluorescein   Eosin

Die Halogenierung des Fluoresceins führt zu leuchtenden, gelbstichig roten Farbstoffen[2], die früher zum Färben von Modeartikeln und Seide benützt wurden, obschon ihre Lichtechtheit gering ist. Ihre jetzige Anwendung beschränkt sich vorwiegend auf Spezialzwecke wie das Färben von Lebensmitteln, Lippenstiften und Tinten. Als wichtigster dieser Körper sei das *Eosin* (CARO 1873) genannt, das man durch Bromierung von Fluorescein mit Brom und Natriumhypochlorit in alkoholischer Lösung erhält. Es ist der meistverwendete Farbstoff für rote Tinten.

Erythrosin B ist das Kaliumsalz des Tetrajodfluoresceins, hergestellt durch Jodierung des Fluoresceins mit Jod und Kaliumjodat. Beim Erwärmen ändert es seine Farbe und kann deshalb zur groben Temperaturanzeige benützt werden[3]. Phloxine sind bromierte Fluoresceine, die einen Di- oder Tetrachlorphthalsäurerest enthalten; Rose Bengale B ist das tetrajodierte Fluorescein mit einem Tetrachlorphthalsäurerest. Alle diese Farbstoffe haben nur noch geringe Bedeutung.

Ebenfalls ein Fluoresceinderivat ist das *Mercurochrom*, ein ausgezeichnetes Wunddesinfektionsmittel.

Mercurochrom (rot)

---

[1] Vgl.: DIEHL, H., u. J. L. ELLINGBOE: Analyt. Chemistry 28, 882 (1956). — KÖRBL, J., u. F. VYDRA: Coll. Czechoslov. Chem. Comm. 23, 622 (1958).
[2] Bezüglich der Struktur der Halogenfluoresceine vgl.: SANDIN, R. B., A. GILLIES u. S. C. LYNN: J. Amer. chem. Soc. 61, 2919 (1939).
[3] KOBER, P. A.: Ind. Engng. Chem. 15, 837 (1923).

Aus Pyrogallol und Phthalsäureanhydrid erhält man das *Gallein* (A. v. BAEYER 1876), ein 4.5-Dihydroxyfluorescein. Es bildet grauviolette Farblacke von recht guten Echtheiten, wird aber schon lange nicht mehr benützt. Mit konzentrierter Schwefelsäure läßt es sich zu einem Anthrachinonderivat cyclisieren, dem *Coerulein*[1]. Dieses letztere bildet einen sehr echten, aber im Farbton stumpfen grünen Chromlack. Sein Bisulfit-Addukt war als Coerulein S im Handel.

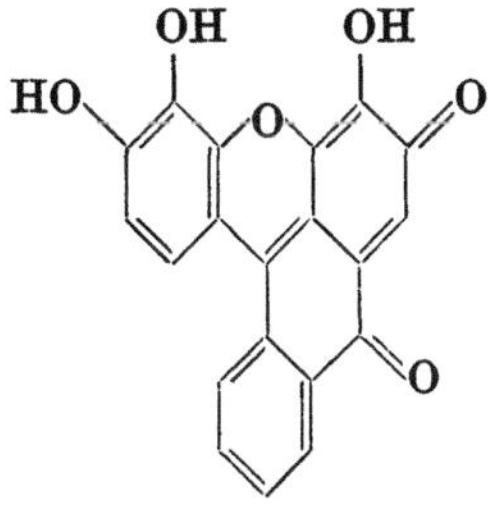

Coerulein

Mit dem Coerulein verwandt ist das *Fluorol 5 G*, ein öllösliches, stark fluoreszierendes Naphthoxanthenderivat. Man verwendet es in einer Menge von 0,01% und weniger als Zusatz für Schmieröle, die durch selektive Extraktion und andere moderne Raffinationsverfahren gewonnen wurden und denen vielfach eine ausgeprägte Eigenfluoreszenz fehlt. Eine solche wird aber seit langem als ,,Qualitätszeichen'' für die hochwertigen Motorenöle angesehen, da diese früher infolge ihrer Herkunft und Herstellungsweise stets eine ausgeprägte grüne bis grünblaue Fluoreszenz aufwiesen.

Zur Herstellung des Fluorols wird Phthalsäureanhydrid mit zwei Molekeln p-Kresol in konzentrierter Schwefelsäure bei 135° C kondensiert und anschließend mit 24%igem Oleum bei 10—20° C zu Dimethylcoeroxonol cyclisiert. Durch Reduktion mit Zinkstaub und Ammoniak oder Natronlauge erhält man daraus das Fluorol 5G, das zur Reinigung bei 250—280° C im Vakuum von 1—2 Torr sublimiert wird.

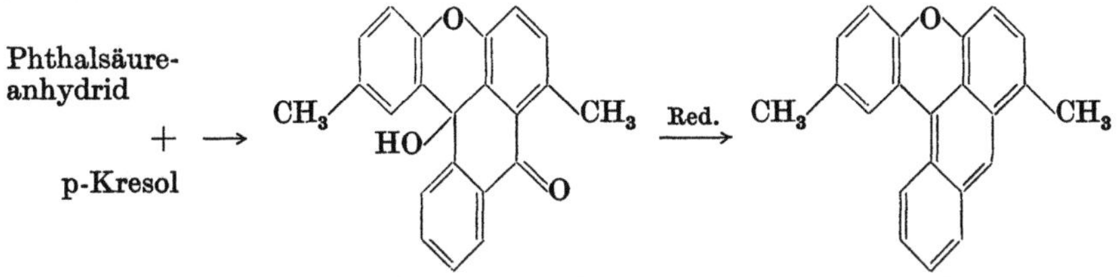

Phthalsäureanhydrid + p-Kresol →

Dimethylcoeroxonol — Red. → Fluorol 5G (Dimethylcoeroxen)

IX. Azinfarbstoffe

Die Azine, Oxazine und Thiazine bilden drei eng miteinander verwandte Farbstoffgruppen. Ihre Grundkörper sind das N-substituierte Dihydrophenazin I, das Phenoxazin II und das Phenothiazin[2] III. Nach

---

[1] BAEYER, A. v.: Liebigs Ann. Chem. **183**, 28 (1876).

[2] Zur Chemie des Phenothiazins siehe: MASSIE, S. P.: Chem. Reviews **54**, 797 (1954).

Einführung eines Auxochroms — meistens einer Amino- oder Hydroxygruppe — lassen sich die genannten Verbindungen zu basischen Körpern
mit aromatischem Charakter oxydieren, die die Grundtypen der Azinfarbstoffe darstellen. Die positive Ladung verteilt sich dabei über das
ganze Molekül, sie wird in der üblichen Schreibweise einfachheitshalber
einem Atom des zentralen Ringes oder dem Auxochrom zugeschrieben.

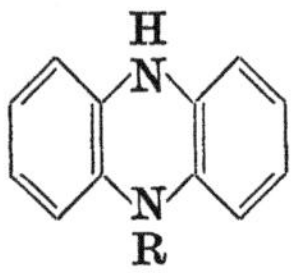

I 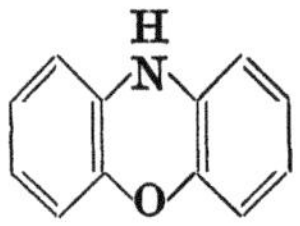   II 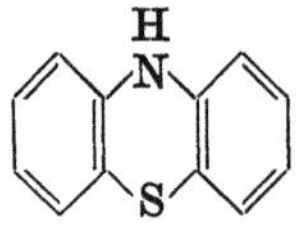   III

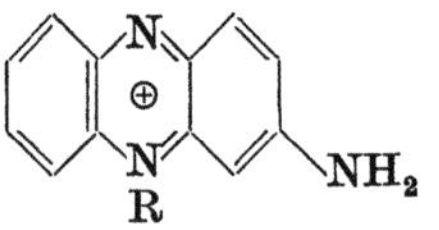

Azintyp 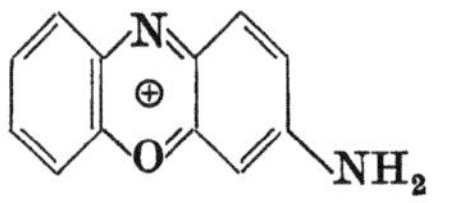   Oxazintyp 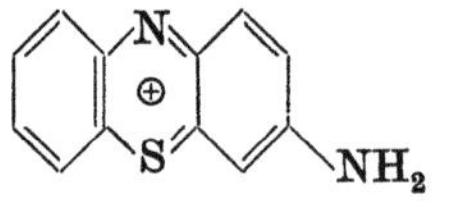   Thiazintyp

1. Azine

Die Azinfarbstoffe im engeren Sinne leiten sich vom N-substituierten
Phenazoniumion ab. Sie umfassen gelbe, rote, blaue und schwarze
Farbtöne mit sehr unterschiedlichen Lichtechtheiten. Man unterscheidet
die folgenden Untergruppen, von denen heute allerdings nur noch
wenige eine praktische Bedeutung besitzen (R = häufig Phenylrest)[1]:

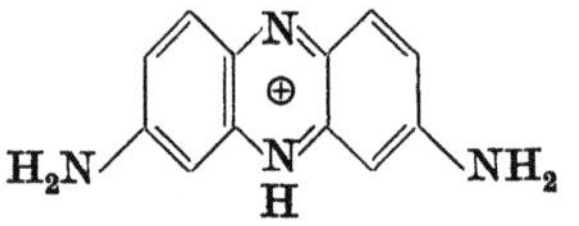

Eurhodine 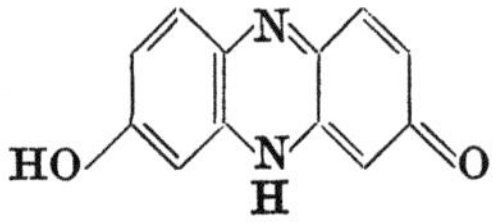   Eurhodole

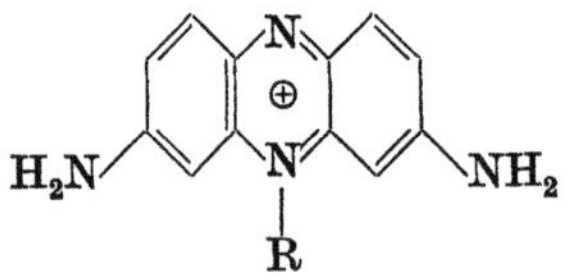

Safranine 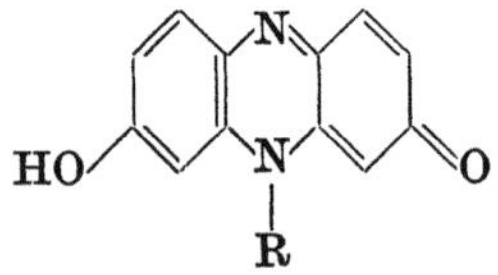   Safranole

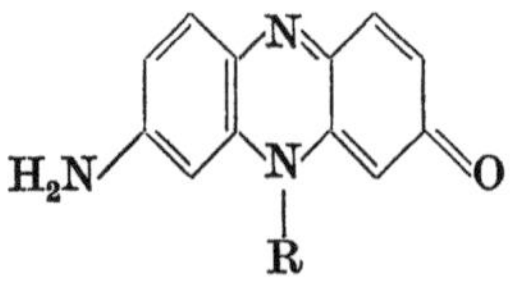

Safraninole

[1] Vgl. auch: KEHRMANN, F.: Ber. dtsch. chem. Ges. 56, 2385 (1923. — KEHR-
MANN, F., u. L. STANOYÉVITCH: Helv. chim. Acta 8, 661 (1925); — KEHRMANN, F.,
u. I. SAFAR: Helv. chim. Acta 8, 668 (1925); — KEHRMANN, F., u. E. HAENNY:
Helv. chim. Acta 8, 676 (1925).

Aposafranine

Aposafranone

Rosinduline

Rosindone

Induline und Nigrosine

Der erste künstliche Farbstoff, das *Mauvein*, war ein Azinfarbstoff.
W. H. PERKIN erhielt es 1856 bei der Oxydation von rohem, toluidin-
haltigem Anilin mit Kaliumbichromat in kalter, verdünnter Schwefelsäure. Aus der schwarzen Oxydationsmasse konnte er einen kristallinen
Körper isolieren, der Seide in einem schönen Violett („Mauve") färbte
und deshalb den Namen Mauvein erhielt. Heute hat es nur noch historisches Interesse und wird seit langem nicht mehr hergestellt. Entsprechend seiner Herstellung bestand der Farbstoff aus einem Gemisch
mehrerer Körper mit der folgenden Hauptkomponente:

Von den älteren Azinfarbstoffen sei das *Flavindulin O* erwähnt, das
durch Kondensation von Phenanthrenchinon mit N-Phenyl-o-phenylen-
diamin gewonnen wird und auf tannierter Baumwolle ein braunstichiges
Gelb färbt, sowie das *Neutralrot*. Das letztere entsteht bei der oxydativen Kupplung von p-Aminodimethylanilin mit 2.4-Toluylendiamin zum
entsprechenden Indamin[1], das beim Erwärmen mit Ferrichlorid und

---

[1] Vgl. den Abschnitt über Chinoniminfarbstoffe.

Salzsäure zum Azin cyclisiert und oxydiert wird; statt vom p-Aminodimethylanilin kann man auch vom p-Nitrosodimethylanilin ausgehen
und dieses mit 2.4-Toluylendiamin kondensieren.

Flavindulin O   Neutralrot

Beide Farbstoffe sind heute nicht mehr im Handel, wohl aber ein
anderer alter Azinfarbstoff, das *Safranin T extra* (WILLIAMS 1859).
Es färbt auf Wolle und tannierter Baumwolle ein schönes, aber wenig
lichtechtes Rot, das deshalb nur noch wenig benützt wird, ausgenommen
zum Färben von Papier.

Zu seiner Herstellung geht man von Aminoazotoluol aus, das zuerst reduktiv
in o-Toluidin und 2.5-Toluylendiamin gespalten wird. Aus den letzteren beiden
entsteht bei der Oxydation mit Bichromat in verdünnter Salzsäure das Indamin,
das nach Neutralisation aus der wäßrigen Lösung isoliert und durch Kochen mit
Anilin in das Azin übergeführt wird. Man reinigt durch fraktionierte Fällung und
führt dann in das Hydrochlorid über:

o-Toluidin $+$ $\xrightarrow{\text{Oxydation}}$

2.5-Toluylendiamin

$\downarrow$ Anilin, O$_2$, HCl

Safranin T extra

Von den beiden Aminogruppen des Safranins ist die erste leicht, die zweite
nur mit Nitrosylschwefelsäure diazotierbar, was den Schluß zuläßt, daß sich an der
Bildung des Farbstoffkations auch die Aminogruppen beteiligen[1]:

Größere Bedeutung als den basischen Azinen kommt einigen Azinen
mit Sulfonsäuregruppen zu, die als saure Wollfarbstoffe verwendet

---

[1] Zur Konstitution siehe: HAVAS, E., u. R. BERNHARD: Ber. dtsch. chem. Ges.
46, 2723 (1913).

werden. Zwei ältere Verbindungen dieser Art sind das *Rosindulin 2G* (HEPP 1890) und das *Azocarmin GX*[1] (SCHRAUBE 1888). Zur Herstellung des letzteren wird 4-(Phenylazo)-1-naphthylamin mit Anilin und Anilinhydrochlorid erhitzt, wobei sich unter Umlagerung Phenylrosindulin bildet. Man sulfoniert mit Oleum bis zur Disulfonsäure. Bei stärkerer Sulfonierung entsteht die Trisulfonsäure, das Azocarmin BX (HEPP 1888). Das Rosindulin 2G wird aus dem Azocarmin BX durch Erhitzen in schwach alkalischer Lösung oder in wäßriger, schwach saurer Lösung auf 160 bis 180° C unter Druck gewonnen, wobei der sulfonierte Anilinrest abgespalten wird[2].

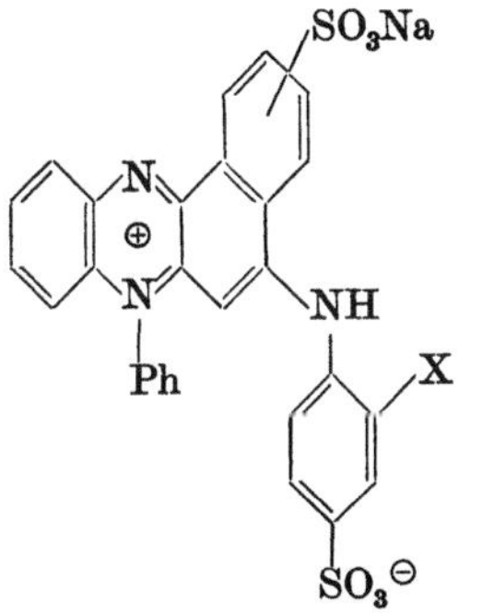

Azocarmin BX (X=SO₃Na)
Azocarmin GX (X=H)
(rot)

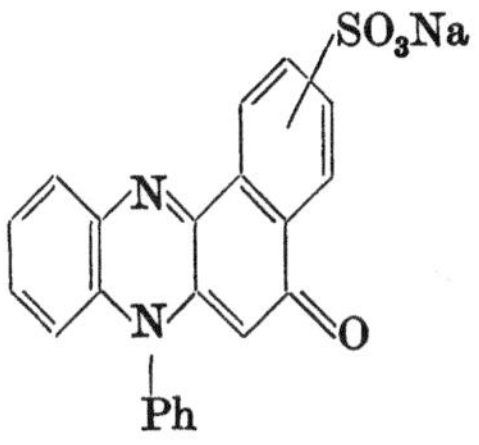

Rosindulin 2G
(orange)

Ein wasch- und walkechtes Blau von guter Lichtechtheit erhält man auf Wolle mit dem *Wollechtblau BL* (OTT 1907; jetzt Supranolblau BL[3] u.a.), der grünstichigeren Type GL (X = OCH₃) und einigen ähnlichen Farbstoffen (Ph = Phenylrest):

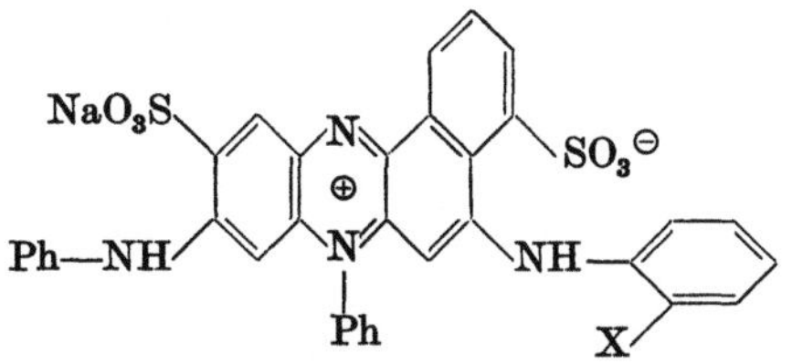

Wollechtblau BL[4] (X=H)
Wollechtblau GL[4] (X=OCH₃)

---

[1] Handelsname der BASF.

[2] Zur Analyse der Azinfarbstoffe durch Hydrolyse siehe: BASS, R.: Helv. chim. Acta 16, 403 (1933); vgl. auch: STIEHLER, R. D., T. CHEN u. W. M. CLARK: J. Amer. chem. Soc. 55, 891 (1933).— STIEHLER, R. D., u. W. M. CLARK: J. Amer. chem. Soc. 55, 4097 (1933).

[3] Handelsname der Farbenfabriken Bayer.

[4] Der Farbstoff ist heute unter folgenden Namen im Handel: Benzylblau BL, Brillantwollblau BL, Coomassie Blue BL, Pontacyl Wool Blue BL, Supranolblau BL, Xylenechtblau BL, Xylenwalkblau BL u.a.; sowie den entsprechenden GL-Typen.

Bemerkenswert ist die Herstellungsweise; man erhält den Farbstoff durch oxydative Kupplung von 4-Amino-diphenylamin-3-sulfonsäure bzw. des Natriumsalzes, mit der 1.3-Bis-phenylamino-naphthalin-8-sulfonsäure. Am besten arbeitet man in alkoholischer Lösung und oxydiert mit Luft in Gegenwart von Kupfersalzen oder Kupferoxyd-Ammoniak[1]:

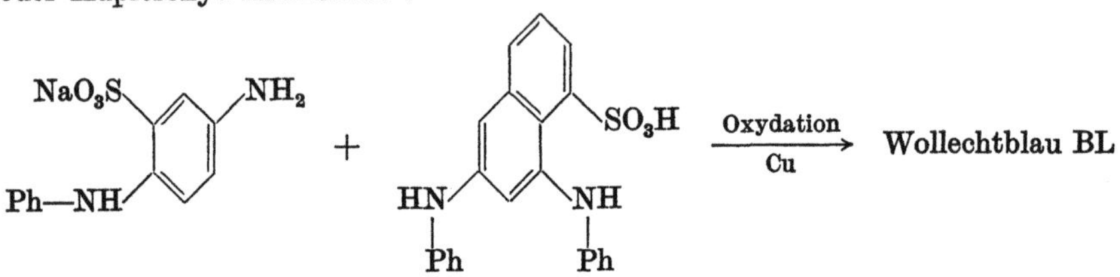

Induline und *Nigrosine* sind billige, blaugraue bis schwarze Farbstoffe, die zum Färben von Fetten, Wachsen, Holz und Leder benützt werden.

Die Induline werden durch längeres Erhitzen von Aminoazobenzol mit Anilinhydrochlorid und viel überschüssigem Anilin auf 150—170° C hergestellt. Je nach Temperatur und Reaktionsdauer entstehen blaugraue bis grauschwarze, sehr lichtechte Farbstoffe. Als Vorstufe des Indulins dürfte Azophenin auftreten (Ph = Phenyl):

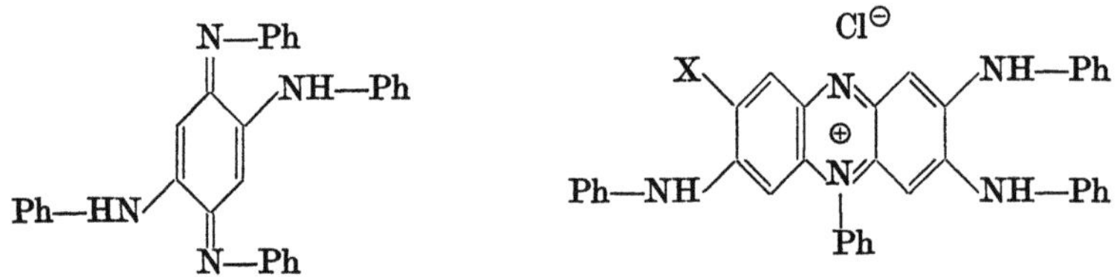

Azophenin

Indulin 3B (X=H)
Indulin 6B (X=NH—Ph)

Man verwendet die freien Indulinbasen zum Färben von Wachsen, Fetten, Ölen und Lacken; die spritlöslichen Chloride werden für Holz und Leder benützt, während die sulfonierten, wasserlöslichen Typen seltener in der Lederfärberei verwendet werden.

Die *Nigrosine* sind billiger als die Induline. Sie werden durch Oxydation von Anilin und Anilinhydrochlorid mit Nitrobenzol in Gegenwart von Eisenchlorid bei 180° C hergestellt. Ihre Struktur ist ähnlich derjenigen der Induline, ihre Farbtöne sind blauschwarz bis schwarz. Sie kommen als spritlösliche Chloride, als fettlösliche freie Basen und als sulfonierte wasserlösliche Nigrosine in den Handel. Am meisten verwendet werden die freien Basen, die in großer Menge für schwarze Schuhwichse verbraucht werden.

Ein interessantes und wichtiges Azinderivat ist das *Anilinschwarz* (Lighfoot 1863), das praktisch ausschließlich als Entwicklungsfarbstoff für Baumwolle eingesetzt wird. Dazu imprägniert man das Gewebe mit Anilin, Anilinhydrochlorid und Natriumchlorat, als Oxydationskatalysator wird Ammoniumvanadat oder Kaliumferrocyanid zugesetzt. Die Entwicklung erfolgt durch Verhängen bei etwa 60° C oder rascher durch Dämpfen bei 100° C; im letzteren Fall bevorzugt man Kalium-

[1] DRP 206646 (1909); vgl. DRP 611966 (1935).

ferrocyanid als Sauerstoffüberträger. Wenn die Entwicklung beendet ist, muß mit Natriumbichromat nachoxydiert werden, um ein „unvergrünliches", dauerhaftes Schwarz zu erhalten. Die Anilinschwarzfärberei verlangt eine sorgfältige Arbeitsweise und viel Erfahrung; als mögliche Fehlerquellen sind zu nennen eine Faserschädigung bei zu energischer Entwicklung, ein „Vergrünen" bei ungenügender und ein Bronzeeffekt bei übermäßiger Oxydation. Durch einen Zusatz von 4-Amino-diphenylamin läßt sich die Neigung zum Vergrünen praktisch völlig beheben.

Diphenylschwarz wird bei alleiniger Verwendung von 4-Amino-diphenylamin erhalten. Es ist ein unvergrünliches Schwarz, dessen Farbton und Echtheiten etwa gleich wie diejenigen des Anilinschwarz sind; es läßt sich jedoch nicht reservieren. Die Oxydation erfolgt sehr leicht und kann bereits in Gegenwart schwacher organischer Säuren vorgenommen werden, sodaß keine Faserschädigung eintritt.

Obschon die Färbung von Anilinschwarz ein sehr altes Verfahren ist[1], konnte sie sich gegenüber neueren Farbstoffen erfolgreich behaupten, da die erzielbaren Echtheiten so gut wie bei den hochwertigen teuren Küpenfarbstoffen sind. Der wichtigste Konkurrent ist das billigere Schwefelschwarz T, dessen Anwendung einfacher ist. Seine Lichtechtheit ist ebenfalls sehr gut, die Chlorechtheit jedoch wesentlich geringer als beim Anilinschwarz. Außerdem besteht beim Schwefelschwarz stets die Gefahr einer späteren Faserschädigung (Näheres siehe unter „Schwefelfarbstoffe").

Die Struktur des Anilinschwarz wurde von GREEN[2] und WILLSTÄTTER[3] aufgeklärt. Danach bildet sich zuerst ein polymeres Indamin, das *Pernigranilin*, das jedoch mit der Zeit grünlich wird. Durch Einoxydation von Anilin entsteht daraus das unvergrünliche Anilinschwarz.

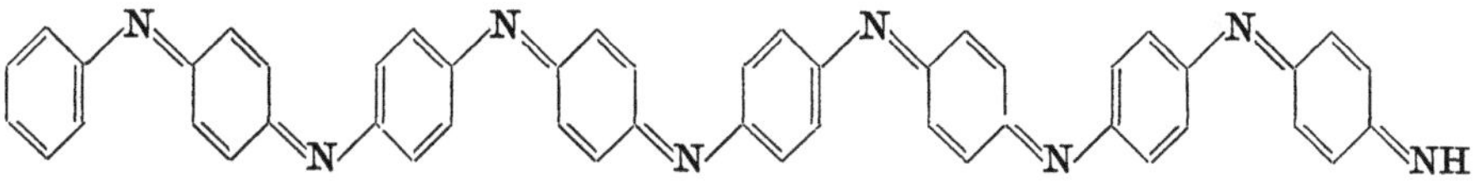

Pernigranilin

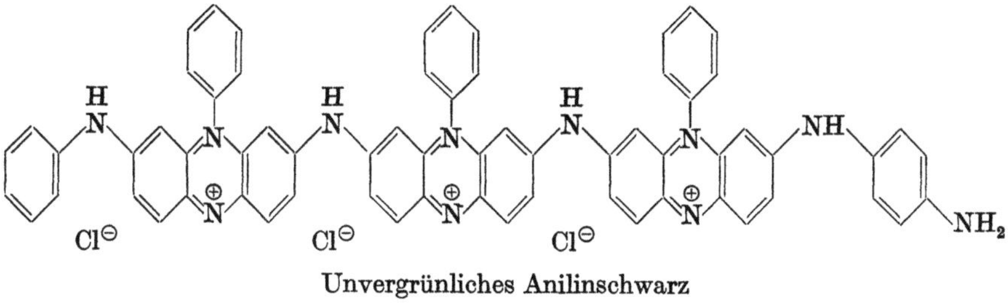

Unvergrünliches Anilinschwarz

[1] Siehe dazu: GREEN, A. G.: J. Soc. Dyers Colourists 25, 188 (1909).

[2] GREEN, A. G.: J. Soc. Dyers Colourists 29, 105 (1913).

[3] WILLSTÄTTER, R., u. C. W. MOORE: Ber. dtsch. chem. Ges. 40, 2665—2689 (1907). — WILLSTÄTTER, R., u. ST. DOROG: Ber. dtsch. chem. Ges. 42, 2147, 4118 (1909).

2. Oxazine

Die Oxazine sind violette bis blaue Farbstoffe. Sie lassen sich auf der Faser durch starke Oxydationsmittel wie Chlorate wieder zerstören, wodurch weiße Ätzungen möglich sind, und werden deshalb oft im Druck verwendet. Einige Typen werden in der Mikroskopie zur spezifischen Anfärbung bestimmter Zellen benützt; so lassen sich Krebszellen mit Nilblau 2B anfärben, das auch ihr Wachstum inhibiert[1]. In der Natur kommen verschiedene bemerkenswerte Oxazinfarbstoffe vor[2].

Der älteste Oxazinfarbstoff ist das *Meldolablau*[3]. Man erhält es bei der Kondensation von $1^{1}/_{2}$ Molekeln p-Nitrosodimethylanilin mit einer Molekel 2-Naphthol in alkoholischer Lösung in Anwesenheit von Zinkchlorid; der Überschuß an Nitrosokörper oxydiert die Leukobase zum Farbstoff und geht dabei in p-Aminodimethylanilin über, das zurückgewonnen werden kann. Auf tannierter Baumwolle färbt der Farbstoff ein dem Indigo ähnliches Blau, das jedoch nur mäßig licht- und alkaliecht ist. Er wird noch in der Halbwoll- und Lederfärberei verwendet.

Meldolablau

(Bengalblau R, Echtblau 3R, Indine Blue 2RN, Nachtblau R u.a.)

Die zum Stickstoff p-ständige Stellung im Naphthalinring (Pfeil) läßt sich leicht durch Amine, Phenole und aktive Methylengruppen substituieren. Die entstehenden Derivate fanden jedoch keine größere technische Anwendung[4].

Nur vorübergehenden Einsatz fand das *Resorcinblau* (ULRICH 1898) oder Nitrosoblau, das aus Resorcin und p-Nitrosodimethylanilin auf tanningebeizter Baumwolle erzeugt wurde[5]. Ein anderer älterer Farbstoff ist das *Capriblau* (BENDER 1890) aus p-Nitrosodimethylanilin und Diäthylamino-p-kresol. Es wurde zeitweise zum Färben von Acetatseide verwendet, auf der es eine recht gute Lichtechtheit zeigt. Beide Farbstoffe werden heute nicht mehr hergestellt.

Resorcinblau

Capriblau

Zum Ausgangspunkt einer ganzen Gruppe beizenziehender Druckfarbstoffe wurde das *Gallocyanin* (H. KOECHLIN 1891). Es liefert auf chromierter Wolle einen schönen, blauvioletten Farbton mit guten

[1] SLOVITER, H. A.: J. Amer. chem. Soc. 71, 3360 (1949).
[2] Vgl.: BUTENANDT, A.: Angew. Chem. 69, 16 (1957).
[3] MELDOLA, R.: Ber. dtsch. chem. Ges. 12, 2065 (1879).
[4] DRP 56722 (1891); vgl. auch: THORPE, J. F.: J. chem. Soc. [London] 91, 324 (1907).
[5] DRP 103921, 108779 (1899).

Echtheiten. Seine Herstellung erfolgt aus p-Nitrosodimethylanilin und Gallussäure[1].

$$Cl^{\ominus} \quad COOH$$

Gallocyanin
(Brillantchromblau P, Ultrabrillantblau P)

Außer dem Gallocyanin sind einige ähnliche Farbstoffe im Handel, die statt der freien Carboxylgruppe ihr Amid oder den Ester enthalten. Sie liegen teilweise in der Leukoform oder als Bisulfit-Addukt vor[2], doch ist ihre Bedeutung nicht mehr groß.

Bemerkenswert ist das Verhalten des Gallocyanins gegenüber Aminen. Erhitzt man das Hydrochlorid mit Anilin unter gleichzeitigem Durchleiten von Luft, so wird die Carboxylgruppe durch den Anilidorest ersetzt[3]; Sulfonierung führt zu einem sauren Wollfarbstoff, der früher als *Delphinblau* (HAGENBACH 1889) bezeichnet wurde. Führt man die Umsetzung mit Anilin dagegen bei Zimmertemperatur durch, so tritt der Anilidorest in der ortho-Stellung zur Carboxylgruppe ein[4]. Beim Erhitzen auf 100° C wird das Produkt decarboxyliert; Sulfonierung liefert dann das *Chromazurin E* (DE LA HARPE u. BODMER 1908). Analoge Umsetzungen sind auch mit Resorcin und Naphtholsulfonsäuren möglich.

$$NH\text{---}\text{---}SO_3Na$$

Delphinblau
(Chromazol Blue G, Chromazurin DN, Gallazolcyanol B, Ultracyanol B)

$$NH\text{---}\text{---}SO_3Na$$

Chromazurin E
(Chromazol Blue 5G, Gallachromphenin GD)

Substantive Oxazinfarbstoffe sind aus Chloranil (2.3.5.6-Tetrachlorchinon) und aromatischen Aminen zugänglich. Dabei werden in der

---

[1] DRP 217397 (1909); siehe auch: GNEHM, R., u. L. BAUER: J. prakt. Chem. [2] **72**, 249 (1905). Zur Methylierung vgl.: KEHRMANN, F., u. A. BEYER: Ber. dtsch. chem. Ges. **45**, 3338 (1912).

[2] Vgl. DRP 108550 (1899); DRP 201906 (1901); DRP 233179 (1911).

[3] DRP 55942 (1891); DRP 202465 (1909); vgl.: GRANDMOUGIN, E., u. E. BODMER: J. prakt. Chem. [2] **77**, 498 (1908).

[4] DRP 229708 (1910).

ersten Stufe zwei zueinander paraständige Chloratome durch Aminreste ersetzt; zur Neutralisierung der freiwerdenden Salzsäure setzt man Magnesiumoxyd oder Natriumacetat zu. Durch Behandlung mit konzentrierter Schwefelsäure oder Oleum erzielt man den Ringschluß zum Dichlordioxazin, das oft gleichzeitig sulfoniert wird. Auch Aluminiumchlorid in Pyridin oder Toluolsulfochlorid können zur Cyclisierung benützt werden. Ein derart hergestellter Farbstoff ist das *Remastralblau FF2GL*, das man aus Chloranil und 4-Aminodiphenyl-3-sulfonsäure erhält.

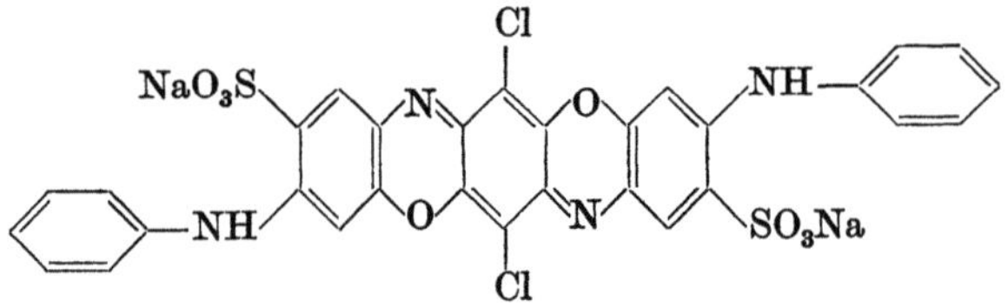

Remastralblau FF2GL

(Chlorantinechtbrillantblau 2GLL, Solophenylbrillantblau BL; früher Siriuslichtblau FF2GL)

Mit anderen Aminen erhält man ähnliche Farbstoffe, wobei die Sulfonierung jeweils nach dem Ringschluß eintritt. So gelangt man mit 3-Aminopyren zum Remastralblau F3GL, mit 9-Äthyl-3-aminocarbazol zum rotstichigeren Remastralblau FFRL und mit 2-Aminofluoren zum Remastralviolett FRL[1].

Alle diese Farbstoffe färben direkt auf Baumwolle und andere Cellulosefasern und liefern klare Töne von hoher Lichtechtheit. In neuerer Zeit sind auch unsulfonierte Dioxazine als migrations- und lichtbeständige Pigmente genannt worden[2].

3. Thiazine

Der Grundkörper der Thiazinfarbstoffe ist das Lauthsche Violett (LAUTH 1876), das sich bei der Oxydation von p-Phenylendiamin in Anwesenheit von Schwefelwasserstoff bildet[3]. Als Farbstoff erlangte es keine Bedeutung. Wichtig ist dagegen sein Tetramethylderivat, das *Methylenblau* (CARO 1876). Seine wirtschaftliche Herstellung gelang BERNTHSEN 1887 mit der Thiosulfatmethode[4].

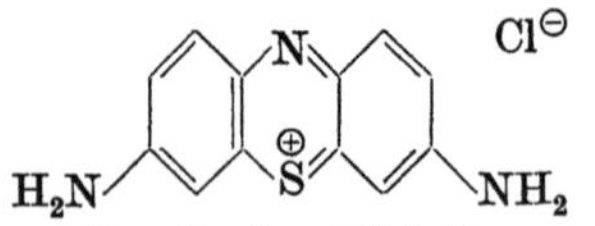

Lauthsches Violett

---

[1] DRP 600102, 606672 (1934); DRP 616661 (1935); DRP 637020 (1936); vgl. auch: FIERZ-DAVID, H. E., J. BRASSEL u. F. PROBST: Helv. chim. Acta **22**, 1348 (1939). Zur technischen Herstellung siehe ferner: BIOS Report 960 u. 1482.

[2] DBP 946560 (1952); EP 884821 (1957); FP 1269107 (1959).

[3] Vgl.: KEHRMANN, F.: Ber. dtsch. chem. Ges. **39**, 914 uf. (1906). — KEHRMANN, F., E. HAVAS u. E. GRANDMOUGIN: Ber. dtsch. chem. Ges. **47**, 1881 (1914). — KEHRMANN, F., u. P. ZYBS: Ber. dtsch. chem. Ges. **52**, 130 (1919).

[4] BERNTHSEN, A.: Ber. dtsch. chem. Ges. **16**, 1025, 2896 (1883); **17**, 611, 2854, 2857, 2860 (1884).

Nach dem Verfahren von BERNTHSEN wird p-Aminodimethylanilin in Anwesenheit von Natriumthiosulfat mit Bichromat in schwach saurer Lösung bei 0° C oxydiert, wobei die 3-Thiosulfosäure entsteht. Zur Pufferung der Lösung hat sich Aluminiumsulfat bewährt. Nach der Zugabe von Dimethylanilin bildet sich durch oxydative Kupplung die Indaminthiosulfonsäure, die mit Salzsäure und Zinkchlorid zum Methylenblau cyclisiert wird. Die Isolierung des Farbstoffes erfolgt meistens als Zinkchlorid-Doppelsalz:

Ein besonders reines Methylenblau läßt sich aus dem Zinkchlorid-Doppelsalz gewinnen, wenn man daraus die Farbbase mit Soda freisetzt, diese mit verdünnter Salzsäure wieder ins Hydrochlorid überführt und das letztere aus verdünnter Salzsäure und Alkohol umkristallisiert. Das Methylenblau und andere Thiazine bilden in Lösung leicht Agglomerate; ihre Lösungen gehorchen deshalb dem Lambert-Beerschen Gesetz nicht[1].

Methylenblau ist ein billiger Farbstoff mit einem reinen Blauton, dessen Lichtechtheit jedoch nur mäßig ist. Man verwendet es zum Färben und für den Druck billiger Artikel aus tannierter Baumwolle, zum Färben von Papier und nach Verlackung als billiges blaues Pigment für Druckfarben. In der Mikroskopie benützt man es zum Einfärben von Gewebeschnitten. Das Leuko-Methylenblau ist ein empfindlicher Indikator für Oxydationsmittel bei Redoxtitrationen.

Bei der Behandlung von Methylenblau mit Natriumnitrit in salzsaurer Lösung bildet sich ein Nitrosoderivat, das sich mit konzentrierter Salpetersäure in die Nitroverbindung überführen läßt. Sie ist als *Methylengrün* (ULLRICH 1886) bekannt, hat aber nur geringe Bedeutung.

Methylengrün

Ähnliche Variationsmöglichkeiten wie in der Oxazinreihe bestehen auch bei den Thiazinen. Die Ausbeute technisch brauchbarer Produkte blieb indessen gering. Erwähnt sei das *Brillantalizarinblau G*, ein saurer Beizenfarbstoff, der aus

---

[1] RABINOWITCH, E., u. L. F. EPSTEIN: J. Amer. chem. Soc. **63**, 69 (1941).

1.2-Naphthochinon-6-sulfonsäure und 4-Amino-dimethylanilin-3-thiosulfonsäure
zugänglich ist[1].

Brillantalizarinblau G

X. Methinfarbstoffe

Die Methinfarbstoffe besitzen eine oder mehrere konjugierte Kohlenstoff-Doppelbindungen, die eine Elektronendonator- mit einer konjuga-
tionsfähigen Elektronenakzeptorgruppe verbinden und derart eine
Resonanz zwischen diesen beiden ermöglichen. Praktische Bedeutung
kommt nur denjenigen Farbstoffen zu, deren Resonanzsystem mindestens ein aromatisches System umfaßt. Die Methinfarbstoffe zeichnen
sich durch leuchtende, klare Farbtöne aus.

1. Monoarylmethine

Die Methinfarbstoffe mit nur einem Arylrest bilden eine sehr kleine
Gruppe. Praktische Bedeutung kommt nur dem *Cellitonechtgelb 7 G*
sowie einigen ähnlichen Systemen zu. Es sind Dispersionsfarbstoffe für
Acetatseide. Die Lichtechtheit ist sehr gut, ebenfalls die Abgasechtheit. Waschechtheit und Sublimierechtheit lassen oft zu wünschen übrig.

Cellitonechtgelb 7G

Die Herstellung erfolgt durch Kondensation von p-(N-β-Chloräthyl, N-n-butyl)-
aminobenzaldehyd mit Cyanessigester. Der Farbstoff färbt auf Celluloseacetat ein
stark grünstichiges Gelb. Die Ester- und die Cyangruppe werden beim Färben bei
höherer Temperatur leicht verseift, so daß seine Anwendung praktisch auf Acetatseide beschränkt ist. Auf Polyamiden ist die Lichtechtheit ungenügend.

2. Diarylmethine

Als ältester Methinfarbstoff ist das *Astraphloxin FF* (W. König 1924)
zu nennen. Seine Herstellung erfolgte durch N-Methylierung von 2.3.3-
Trimethylindolin, das aus dem Phenylhydrazon von Methylisopropyl-
keton durch sauren Ringschluß gewonnen wird, und anschließende Kondensation mit Orthoameisensäureester[2]. Da Methylgruppen in α-Stellung

---

[1] DRP 83046 (1895); DRP 86717 (1896).

[2] Koenig, W.: Ber. dtsch. chem. Ges. 57, 685 (1924); — DRP 410487 (1922);
DRP 415534 (1923). — Fierz-David, H. E.: J. Soc. Dyers Colourists 44, 156
(1928).

zu heterocyclischem Stickstoff aktiviert sind, stellt diese Kondensation eine allgemein anwendbare Methode zur Darstellung symmetrischer Methinfarbstoffe dar[1]. Ein wichtigeres Ausgangsprodukt ist das 1.3.3-Trimethyl-2-formylmethylen-indolin, mit dem sich auch unsymmetrische Methine darstellen lassen. Astraphloxin FF entsteht aus zwei Molekeln des Aldehydes und Natriumformiat in Acetanhydrid in Gegenwart von Magnesiumoxyd.

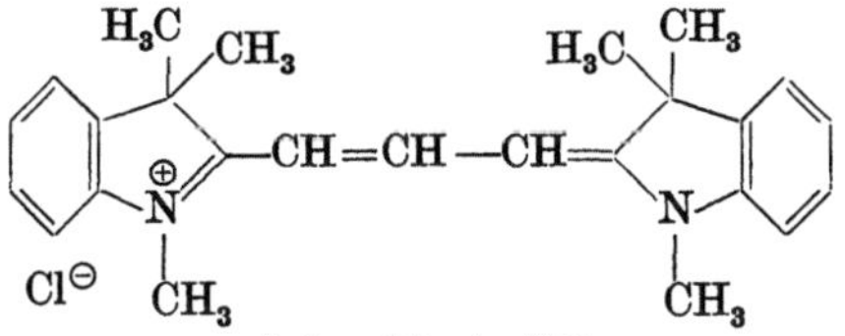

Astraphloxin FF

Der basische Farbstoff färbt auf tierischen Fasern ein blaustichiges Rot, das besonders auf Seide eine ungewöhnliche Brillanz zeigt. Die Lichtechtheit ist allerdings nur gering.

Wichtiger als das Astraphloxin sind verschiedene unsymmetrische Diarylmethane, die unter dem Namen *Astrazone*[2] bekannt wurden. Es sind wasserlösliche, basische Farbstoffe, die sich durch leuchtende Farben auszeichnen. Sie eignen sich besonders für den Druck auf Acetatseide, auf der sie mäßige bis gute Lichtechtheiten aufweisen, sowie zum Färben von unmodifizierten Polyacrylnitrilfasern, wo ihre Lichtechtheit sehr gut ist, ausgenommen das Astrazonrot 6 B.

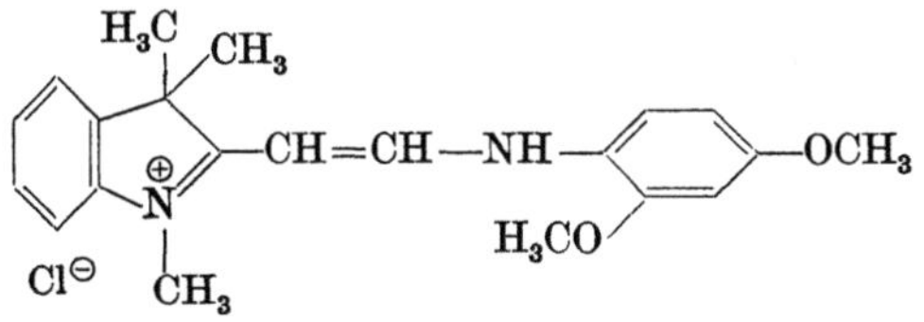

Astrazongelb 3G

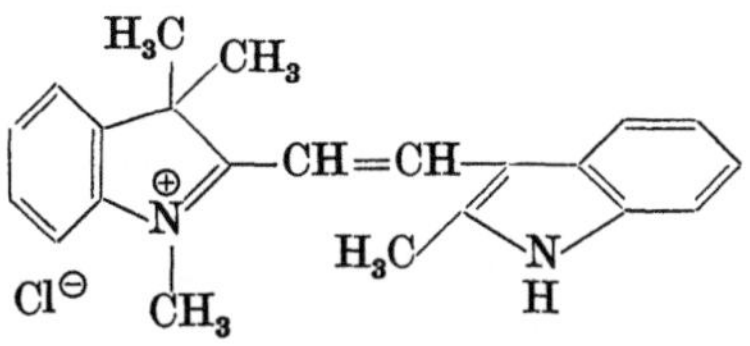

Astrazonorange G

Astrazongelb 3G, das eigentlich eine Zwischenstellung zwischen den Methin- und den Azomethinfarbstoffen darstellt, färbt ein klares, grünstichiges Gelb, das auf Polyacrylnitrilfasern eine sehr gute Licht- und Waschechtheit aufweist. Zur Herstellung kondensiert man 1.3.3-Trimethyl-2-formylmethy'en-indolin mit 2.4-Dimethoxyanilin. Astrazonorange G färbt ein gelbstichiges Orange. Seine Lichtechtheit auf Acetatseide ist mäßig, auf Polyacrylnitrilfasern gut. Man stellt es durch Kondensation des erwähnten Aldehydes mit 2-Methylindol in wäßriger Salzsäure bei 90° C her.

---

[1] Vgl.: COENEN, M.: Angew. Chem. **61**, 11 (1949).
[2] Astrazonblau B und G sind Triphenylmethanfarbstoffe.

Der als Zwischenprodukt verwendete Aldehyd wird aus 1.3.3-Trimethyl-2-methylen-indolin durch direkte Formylierung nach VILSMEIER hergestellt[1]:

Astrazonrot 6B färbt ein klares, rotstichiges Violett; seine Lichtechtheit ist nur mäßig. Die Herstellung geschieht durch Kondensation von 1.3.3-Trimethyl-2-methylen-indolin mit p-(N-Äthyl,N-β-chloräthyl)-amino-o-tolualdehyd.

Astrazonrot 6B

3. Azamethine

Als Azamethine bezeichnet man Methinfarbstoffe, deren konjugierte Kette anstelle von Kohlenstoffatomen eines oder mehrere Stickstoffatome aufweist. Die Azomethingruppe, —CH=N—, ist schon sehr lange bekannt und tritt beispielsweise in den Hydrazonen auf, die bekanntlich zum Nachweis von Aldehyden und Ketonen benützt werden. Sie wird durch saure und alkalische Hydrolyse leicht wieder gespalten, weshalb sie in Farbstoffen nur geringe Anwendung fand. Im Astrazongelb 3G, das ebenfalls zu den Azamethinen gehört, läßt sich sie allerdings nur sehr schwer hydrolysieren.

Eine interessante Verbindung ist das *Lumogen hellgelb*, das während des Krieges in Deutschland als Leuchtfarbstoff verwendet wurde. Man stellt es durch Kondensation von 2-Hydroxy-1-naphthaldehyd mit Hydrazin dar[2].

Lumogen hellgelb

Aza-Analoga der Astrazonfarbstoffe sind durch N-Kupplung einer heterocyclischen Diazoverbindung mit in para-Stellung substituierten

---

[1] VILSMEIER, A., u. A. HAACK: Ber. dtsch. chem. Ges. **60**, 119 (1927); — DRP 614325, 615130 (1935).
[2] DRP 728303 (1940).

Anilinen oder N-Monoalkylanilinen zugänglich, beispielsweise das nachstehende Triazen I[1]:

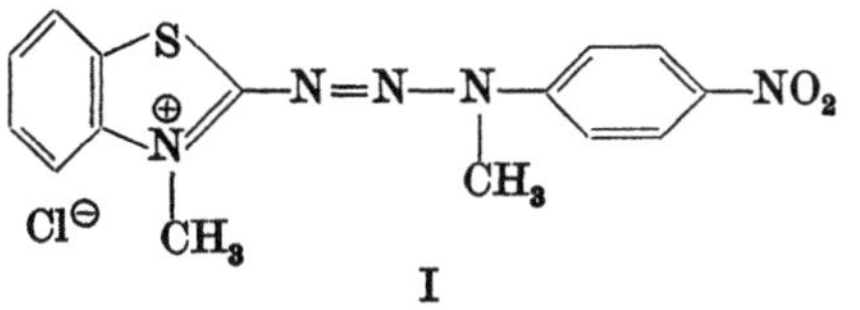

$$I$$

Derartige Farbstoffe färben auf Polyacrylnitrilfasern gelbe Farbtöne von sehr guter Lichtechtheit. Symmetrische Azamethine erhält man bei der N-Kupplung einer heterocyclischen Diazoniumverbindung mit der undiazotierten Base. Die genannte N-Kupplung der Diazoniumverbindung, die zu einer Diazoaminoverbindung führt, ist ein in der Azochemie seit langem bekannter Vorgang (siehe den Abschnitt über Diazotierung und Diazoverbindungen). Durch energische Alkylierung lassen sich die symmetrischen Triazene in Triazacyanine II überführen. Als Nebenprodukte entstehen dabei Triazene, die am Stickstoff der Kette alkyliert sind.

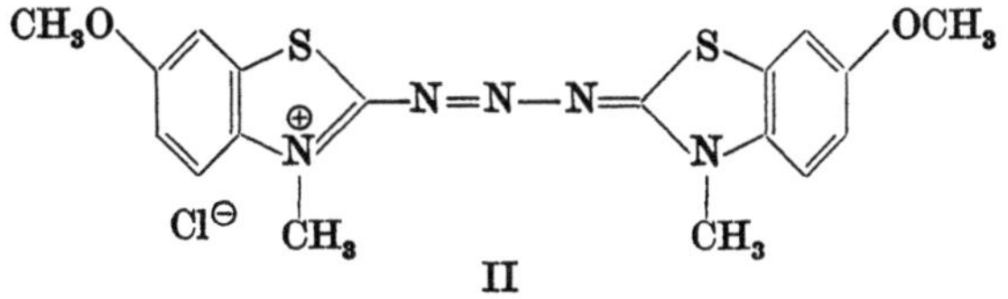

$$II$$

Triazacyanine wie II liefern auf Polyacrylnitrilfasern gelbe bis rote Farbtöne von ausgezeichneter Lichtechtheit. Auch die Lichtechtheit entsprechend gebauter Diazacyanine mit zwei Stickstoffatomen in der Kette ist gut, während sie bei Monoazacyaninen und den entsprechenden Cyaninen gering ist.

4. Cyanine

Die Cyanine bilden eine große und zahlreiche Gruppe[2]. Als Textilfarbstoffe werden sie infolge ihrer geringen Lichtechtheit nicht verwendet. Ihre Bedeutung liegt darin, daß sie das Bromsilber der photographischen Schicht, das für ultraviolettes, violettes und blaues Licht besonders empfindlich ist, auch für längerwellige Strahlen sensibilisieren. Man bezeichnet dies als spektrale Sensibilisierung. Der Sensibilisierungsfarbstoff, den man nur in äußerst geringer Menge zusetzt, adsorbiert sich dabei an der Oberfläche des Silberbromides. Sein Absorptionsmaximum verschiebt sich infolgedessen um ein Geringes nach Rot.

---

[1] Vgl. für eine Übersicht: VOLTZ, J.: Chimia **15**, 119 (1961). Siehe ferner: BALLI, H.: Liebigs Ann. Chem. **647**, 1, 11 (1961). — BALLI, H., u. F. KERSTING: Liebigs Ann. Chem. **663**, 96, 103 (1963).

[2] Eine Übersicht über die Cyanine gibt: HAUSER, F. M.: Quart. Reviews **4**, 327 (1950).

Das Maximum der Sensibilisierung entspricht genau dem Absorptionsmaximum des adsorbierten Farbstoffes[1].

Das Phänomen der spektralen Sensibilisierung wurde 1884 von J. M. Eder am Erythrosin, einem Xanthenfarbstoff, eingehend untersucht und praktisch benützt. Das Erythrosin ist der einzige Sensibilisierungsfarbstoff, der nicht zu den Cyaninen gehört. Die ersten untersuchten Cyanine wie das Chinolinblau und das Äthylrot waren praktisch nicht brauchbar, da sie eine Verschleierung der photographischen Schicht bewirkten. Diesen Nachteil besitzen alle Cyanine mit Chinolinresten in mehr oder minder großem Maße.

Die Bedeutung der Sensibilisierungsfarbstoffe für die Photographie ist ungewöhnlich groß; die Farbenphotographie wurde überhaupt erst durch die Erfindung genügend spezifischer Sensibilisatoren ermöglicht. Die dabei benötigten Mengen an Farbstoff sind minimal. So enthält ein Kilogramm Bromsilberemulsion nicht mehr als 10—30 mg Sensibilisator, das sind 0,001—0,003%. Da sich aus einem Kilogramm Emulsion rund 100 gewöhnliche Rollfilme herstellen lassen, enthält ein handelsüblicher Amateurfilm nicht mehr als 0,1—0,3 mg Farbstoff. Ein Kilogramm Sensibilisierungsfarbstoff reicht deshalb für ungefähr 4 Millionen m Kinofilm; dies sind nahezu einhundert abendfüllende Spielfilme. Die Bestimmung der Sensibilisierungsfarbstoffe in der photographischen Schicht ist praktisch unmöglich, weshalb die Filmhersteller die Art der verwendeten Sensibilisatoren sorgfältig geheimhalten.

Nach ihrer Anwendung unterscheidet man Grünsensibilisatoren für das Gebiet von 5500—5600 Å, die eine rote Farbe besitzen, Rotsensibilisatoren für etwa 6300 Å, deren Farbe violett ist und die blaugrünen bis grünen Infrarotsensibilisatoren für 7000—12 000 Å. Eine neuere Entwicklung stellen die Sensibilisatoren für Photopapiere dar; es sind gelbe Sensibilisatoren für den Blaubereich von 5000—5100 Å. Die chemische Einteilung der Cyanine stützt sich einerseits auf die Länge der konjugierten Kette und andererseits auf die Struktur der beiden meist heterocyclischen Endglieder. *Apocyanine* sind Farbstoffe, deren beide Heterocyclen direkt miteinander verknüpft sind. Eine technische Bedeutung besitzen sie nicht. Bei den *Cyaninen* oder Monomethinen sind die beiden Heterocyclen durch ein, bei den *Carbocyaninen* oder Trimethinen durch drei und bei den *Polycarbocyaninen* oder Polymethinen durch fünf oder mehr Kohlenstoffatome verbunden. Cyanine mit noch längerer Kohlenstoffkette besitzen eine sehr flache Sensibilisierungskurve und sind deshalb für normale photographische Filme nicht mehr brauchbar.

Pinaverdol

---

[1] Für eine Erklärung der spektralen Sensibilisierung siehe: Scheibe, G.: Chimia 15, 10 f. (1961). Über Fortschritte auf dem Gebiet der Sensibilisierungsfarbstoffe orientiert: Kainrath, P.: Angew. Chem. 60, 36 (1948). — Riester, Ö.: Chimia 15, 75 (1961). — Ficken, G. E., u. J. D. Kendall: Chimia 15, 110 (1961).

$$=CH-CH=CH-$$

J$^{\ominus}$

C$_2$H$_5$ C$_2$H$_5$

Pinacyanol

Der erste Grünsensibilisator von technischer Bedeutung war das *Pinaverdol*, ein Monomethinfarbstoff, der erste praktisch brauchbare Rotsensibilisator das *Pinacyanol*, ein Trimethinfarbstoff.

Das Pinacyanol ist durch Kondensation von N-Äthylchinaldin-jodid mit Orthoameisensäureester zugänglich.

Da Cyanine mit Chinolinringen zur Schleierbildung neigen, wurden Methine aus ähnlich gebauten Heterocyclen systematisch untersucht. Brauchbare Sensibilisatoren erhielt man aus Benzthiazolen, Benzoselenazolen und Benzoxazolen. Aus den letzteren lassen sich einige der stärksten Sensibilisatoren herstellen. Negative Gruppen in den Hetero- oder Benzoringen, insbesondere Nitrogruppen, heben die Sensibilisierung auf. Auch Polymethine mit verzweigten Kohlenstoffketten sind bekannt; Carbocyanine mit verzweigter Kette zeichnen sich durch eine besonders steile Sensibilisierungskurve aus. Weitere Arbeiten führten zu den *Merocyaninen* oder Neutrocyaninen, neutralen Farbstoffen, unter denen die Rhodacyanine mit einem Rhodaninring besonders wichtig sind, z.B. die Verbindung I. Das Gebiet der Sensibilisierungsfarbstoffe ist während langer Zeit vor allem von G. L. S. BROOKER stark bereichert worden[1].

$$=CH-CH=$$

C$_2$H$_5$ C$_2$H$_5$

I

Man kann mit geeigneten Farbstoffen auch die gegenteilige Wirkung, nämlich eine *Desensibilisierung* der photographischen Schicht erzielen. Die Desensibilisierung grün- und rotempfindlicher Filme wurde früher gerne vorgenommen, um die Entwicklung bei rotem oder gelbem Dunkelkammerlicht zu ermöglichen. Die heutige fortgeschrittene Phototechnik macht ein solches Vorgehen in den meisten Fällen überflüssig.

5. Chinophthalone

Beim Verschmelzen von Chinaldin (2-Methylchinolin) mit Phthalsäureanhydrid bildet sich unter Abspaltung von Wasser ein gelber Farbstoff, der nach den Untersuchungen von KUHN und BÄR[2] die Struktur eines Apo-Merocyanins besitzt, das Chinolingelb spritlöslich oder *Chinophthalon*.

---

[1] Eine ausführliche Übersicht über die Cyanine mit vielen Literaturhinweisen findet sich bei: VENKATARAMAN, K.: The Chemistry of Synthetic Dyes, S. 1143. New York: Academic Press 1952.

[2] KUHN, R., u. F. BÄR: Liebigs Ann. Chem. **516**, 155 (1935).

Chinophthalon

Das sulfonierte Chinophthalon war als mäßig lichtechter Säurefarbstoff für Wolle und Seide im Handel. Bessere Lichtechtheiten besitzen
sulfonierte Chinophthalone aus 6-Chlor- und 8-Chlorchinaldin[1]. Dem
heutigen *Chinolingelb extra* und *S extra* liegt eine Mischung von zwei
Teilen Chinophthalon und einem Teil Methylchinophthalon aus 6-
Methylchinaldin zugrunde; die beiden Farbstoffe unterscheiden sich
durch den Grad der Sulfonierung. Zu ihrer Herstellung wird ein Gemisch
von Chinaldin und 6-Methylchinaldin mit Phthalsäureanhydrid bei
190° C zusammengeschmolzen, auf 220° C erhitzt und 4 Std dabei
gehalten. Nach dem Abkühlen wird sulfoniert. Das unsulfonierte
Chinophthalongemisch ist als Farbstoff für Spritlacke im Handel. Chinolingelb extra färbt auf Wolle und Seide klare Gelbtöne von mäßiger
Licht- und Naßechtheit.

Eine sehr gute Lichtechtheit besaß das Supralichtgelb 2GL, ein sulfoniertes
Chinophthalon mit einer Hydroxylgruppe in der 3-Stellung des Chinolinringes. Sein
Farbton war allerdings nicht so klar wie derjenige des Chinolingelbs. Es ist nicht
mehr im Handel. Die Herstellung ging von der 3-Hydroxy-chinaldin-4-carbonsäure
aus, die beim Verschmelzen mit Phthalsäureanhydrid unter Kohlendioxyd-Abspaltung das Hydroxy-chinophthalon liefert[2]. Die Hydroxy-carbonsäure ist aus
Isatin durch Kondensation mit Chloraceton in Gegenwart von Calciumhydroxyd
zugänglich[3].

Grünstichig gelbe, wesentlich klarere Farbtöne als Chinolingelb
liefert das *Brillantsulfoflavin FF*, ein Naphthalimidfarbstoff[4], der als
cyclisches Merocyanin aufgefaßt werden kann. Er dient zum Färben
von Wolle in klaren Gelbtönen, besitzt aber nur eine geringe Licht- und
Naßechtheit.

Brillantsulfoflavin FF

---

[1] DRP 204255 (1907); DRP 286237 (1913).
[2] DRP 619521 (1932); DRP 665599 (1934).
[3] DRP 615743 (1934).
[4] Zur Farbe der Naphthalimide siehe: ZOLLINGER, H.: Helv. chim. Acta 33,
534 (1950).

Zu seiner Herstellung wird Acenaphthen nitriert und oxydiert. Die entstandene 4-Nitronaphthalsäure wird reduziert und mit Oleum sulfoniert, wobei gleichzeitig das Anhydrid gebildet wird, das bei 8stündigem Erwärmen mit p-Toluidin auf 105° C den Farbstoff liefert[1]. Kondensiert man mit 5-Aminosalicylsäure statt mit Toluidin, so entsteht das Salicinchromgelb 8GL, das nach der Chromierung sehr gute Allgemeinechtheiten besitzt, ausgenommen die Walk- und Pottingechtheit.

Setzt man das unsulfonierte 4-Aminonaphthalsäureanhydrid mit m-Xylidin um, so erhält man einen ispersionsfarbstoff, der Acetatseide in grünstichigem, stark fluoreszierendem Gelb färbt, das allerdings eine sehr geringe Lichtechtheit besitzt. Er war als *Cellitonbrillantgelb FF* im Handel.

Schließlich sei noch das *Flavanilin* erwähnt, das allerdings seit langem keine technische Bedeutung mehr besitzt. Bemerkenswert ist seine Bildungsweise. Man erhält es beim Erhitzen von Acetanilid mit wasserfreiem Zinkchlorid. Dabei tritt zuerst eine der Friesschen Verschiebung analoge Umlagerung des Acetanilids zu o- und p-Aminoacetophenon ein, welche beiden sich zum gelben Flavanilin kondensieren.

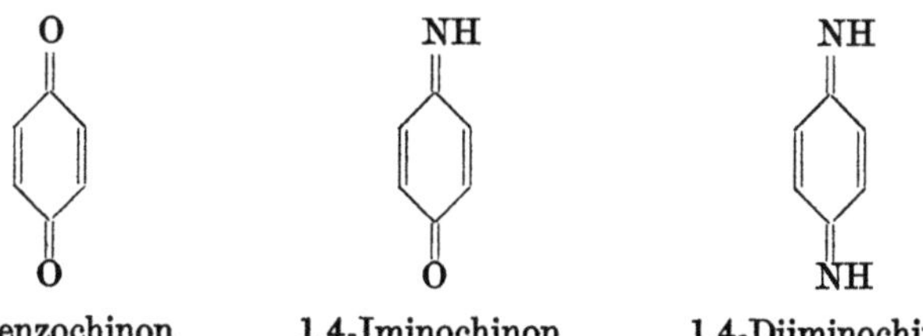

Flavanilin

XI. Chinonimine und verwandte Farbstoffe

Die Farbstoffe dieser Gruppe leiten sich vom 1.4-Imino- und 1.4-Diiminochinon sowie vom 2-Amino-1.4-benzochinon und 1.5-Diamino-4.8-naphthochinon ab. Die ersten beiden Verbindungen besitzen noch keinen Farbstoffcharakter, erst die Arylierung der Iminogruppe führt zu intensiv farbigen Verbindungen.

1.4-Benzochinon   1.4-Iminochinon   1.4-Diiminochinon

---

[1] Vgl.: DRP 494446 (1927); ferner DRP 589566 (1931).

2-Amino-1.4-benzochinon　　　　1.5-Diamino-4.8-naphthochinon

1. Indophenole, Indaniline und Indamine

Indophenol:　　　HO—◯—N=◯=O

Indanilin:　　　H_2N—◯—N=◯=O

Indamin:　　　H_2N—◯—N=◯=NH

Alle drei Grundtypen können in zwei tautomeren Formen vorliegen. Ihre Lichtechtheit ist gering und von verdünnten Säuren werden sie leicht gespalten, so daß sowohl die Grundkörper selbst als auch ihre Derivate als Farbstoffe nur eine untergeordnete Bedeutung besitzen. Wichtig sind sie dagegen als Zwischenstufen von Azin- und Schwefelfarbstoffen (vgl. die diesbezüglichen Kapitel) sowie in der Farbenphotographie.

Zu ihrer Herstellung können verschiedene Wege beschritten werden; der einfachste besteht in der sauren *Oxydation* des entsprechenden Diphenylaminderivates. So ist aus 4.4'-Diamino-diphenylamin das Indamin zugänglich, dessen Hydrochlorid als *Phenylenblau* (NIETZKI 1877) bekannt ist[1]. Es ist ein Zwischenprodukt der Safraninherstellung; als Farbstoff hat es keinerlei Bedeutung:

$$H_2N—◯—N=◯=\overset{\oplus}{N}H_2 \quad Cl^{\ominus}$$

Phenylenblau

Eine wichtigere Herstellungsmethode stellt die *Kondensation* eines Phenols oder Amins mit p-Nitrosodimethylanilin oder p-Nitrosophenol in saurer Lösung dar. Aus Dimethylanilin und p-Nitrosodimethylanilin entsteht so das *Bindschedler-Grün* (BINDSCHEDLER 1879), das infolge seiner tiefen Farbe bemerkenswert, als Farbstoff jedoch bedeutungslos ist[2]:

$$(CH_3)_2N—◯—N=◯=\overset{\oplus}{N}(CH_3)_2 \quad Cl^{\ominus}$$

Bindschedler-Grün

Die Kondensation von p-Nitrosodimethylanilin mit Phenol[3] führt zu einem Zwischenprodukt für Schwefelfarbstoffe (vgl. Immedial-

[1] NIETZKI, R.: Ber. dtsch. chem. Ges. **16**, 464 (1883).

[2] BINDSCHEDLER, R.: Ber. dtsch. chem. Ges. **16**, 864 (1883); vgl. auch: WILLSTÄTTER, R., u. J. PICCARD: Ber. dtsch. chem. Ges. **41**, 1458 (1908). — KEHRMANN, F.: Ber. dtsch. chem. Ges. **41**, 2340 (1908).

[3] GNEHM, R.: J. prakt. Chem. [2] **69**, 161, 223 (1904).

brillantblau CLB), mit 1-Naphthol entsteht ein verküpbarer Farbstoff, der eine Zeitlang als *Indophenol* im Handel war[1]. Sein N,N-Diäthyl-analoges findet unter dem Namen *Fettblau Z* als billiger öllöslicher Farbstoff auch jetzt noch Anwendung.

$$(CH_3CH_2)_2N-\langle\ \rangle-N=\langle\ \rangle=O$$

Fettblau Z

Eine dritte, sehr bemerkenswerte Herstellungsmethode stellt die *oxydative Kupplung* dar, die in der Farbenphotographie eine wichtige Anwendung gefunden hat. Sie tritt bei der Oxydation eines Diamins in Gegenwart einer kupplungsfähigen Komponente ein. Als geeignete, sehr reaktionsfähige Diamine sind die N,N-Dialkyl-p-phenylendiamine zu nennen, die bei der Oxydation in die entsprechenden resonanz-stabilisierten Dehydrokationen übergehen, die sehr energische, elektro-phile Reagentien sind. Da sie nur kurze Zeit beständig sind, muß die Kupplungskomponente während der Oxydation bereits anwesend sein. Das primäre Kupplungsprodukt geht dann durch weitere Oxydation in ein Indophenol über. Auch Azomethine sind auf diesem Weg zugänglich. Der Vorgang läßt sich folgendermaßen formulieren:

$$R_2N-\langle\ \rangle-NH_2 \xrightarrow[(-2e,\ -H^{\oplus})]{\text{Oxydation}} R_2N-\langle\ \rangle-\overset{\oplus}{N}H$$

$$\updownarrow$$

$$\overset{\oplus}{R_2N}=\langle\ \rangle=NH$$

$$\downarrow\ +\text{Phenol}$$

$$R_2N-\langle\ \rangle-NH-\langle\ \rangle-OH + H^{\oplus}$$

$$\downarrow\text{Oxydation}$$

$$R_2N-\langle\ \rangle-N=\langle\ \rangle=O$$

Die Kupplung verläuft derart energisch, daß störende Substituenten dabei aus der Kupplungskomponente eliminiert werden können.

Bei der *Farbenphotographie* benützt man einen Film mit drei licht-empfindlichen Schichten, die einzeln für blaues, grünes und rotes Licht sensibilisiert sind[2]. Nach der ersten Schicht wird der blaue Anteil des Lichtes durch ein Gelbfilter absorbiert, das bei der Entwicklung wieder ausgewaschen wird. Bei der Belichtung eines derartigen Filmes ent-stehen drei latente Bilder in den drei verschieden empfindlichen Brom-silberschichten. Beim Negativ-Positiv-Verfahren werden diese latenten Bilder direkt zur Erzielung eines farbkomplementären Negativs benützt.

[1] MÖHLAU, R.: Ber. dtsch. chem. Ges. **16**, 2851 (1883); **18**, 2913 (1885).
[2] Für eine Übersicht über den heutigen Stand der Farbenphotographie und einige ihrer Probleme sei verwiesen auf: EGGERS, J.: Chimia **15**, 499 (1961). — WAHL, O.: Angew. Chem. **64**, 259 (1954). — COLLINS, R. B., u. C. H. GILES: J. Soc. Dyers Colourists **68**, 421 (1952).

Bei der Umkehrentwicklung wird zuerst das latente Bild normal entwickelt und dann das entstandene Silber herausgelöst. Dabei bleibt das unbelichtete Bromsilber in den drei Schichten zurück. Durch eine

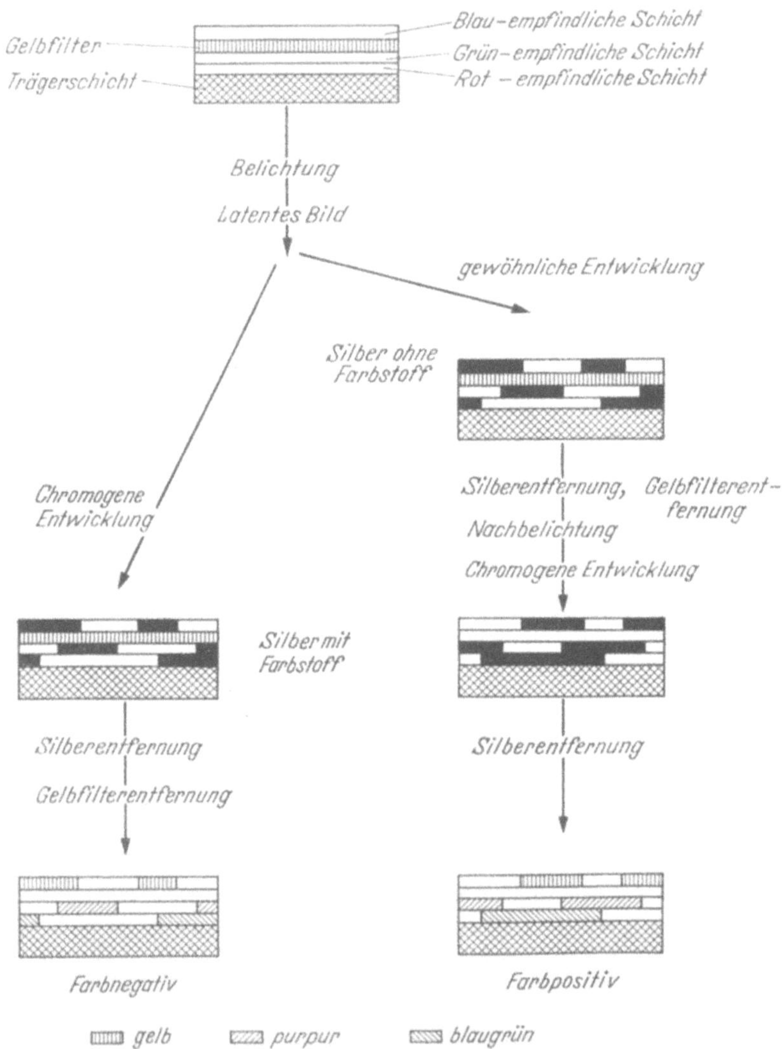

Abb. 24. Schema der Farbphotographie

allgemeine Nachbelichtung des Filmes wird daraus ein latentes positives Bild erzeugt und zur Erzielung eines farbrichtigen Positivs benützt. Dies erfolgt durch „*chromogene Entwicklung*", indem das Bromsilber als Oxydationsmittel für die Farbbildung herangezogen wird. Der Farbstoff kann sich dabei nur dort und nur in dem Ausmaß bilden, wie Brom-

silber zur Verfügung steht. Dadurch entsteht in den drei Schichten ein
gelbes, ein purpurnes und ein blaugrünes Farbbild, die zusammen wieder
den Eindruck der im Original vorhandenen Farben ergeben. Schematisch
läßt sich der Vorgang wie folgt wiedergeben:

Chromogene Entwicklung:

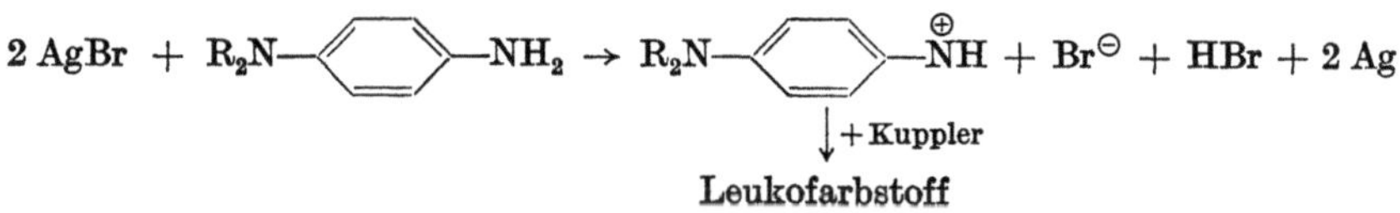

$$2\,AgBr \; + \; R_2N\!-\!\langle\rangle\!-\!NH_2 \;\rightarrow\; R_2N\!-\!\langle\rangle\!-\!\overset{\oplus}{N}H \; + \; Br^{\ominus} \; + \; HBr \; + \; 2\,Ag$$

$$\downarrow +\,\text{Kuppler}$$

Leukofarbstoff

Das besondere Problem dieser Farbentwicklung besteht darin, daß
die Kupplungskomponente und damit auch der entstehende Farbstoff
diffusionsfest in der nur einige Hundertstel Millimeter dicken jeweiligen
Gelatineschicht eingelagert sein muß. Die oxydative Kupplung dagegen
muß in homogener Phase, d.h. mit der gelösten Kupplungskomponente,
durchgeführt werden. Den ersten gangbaren Weg fand 1936 die Agfa,
indem sie diffusionsfeste Kuppler benützte, welche einerseits wasserlösliche Gruppen und andererseits einen langkettigen aliphatischen Rest
zur Verhinderung der Diffusion enthalten. Die nach diesem Prinzip
entstehenden Farbschichten sind praktisch kornlos. Als Kuppler werden
für die Gelbschicht ein Benzoylessiganilid, für die Purpurschicht ein
Pyrazolon und für die Blaugrünschicht ein 1-Naphtholderivat verwendet.
Beim letzteren wird eine Sulfonsäuregruppe in der Stellung 4 beim
Kupplungsvorgang glatt eliminiert. In neuerer Zeit sind verschiedene
Varianten derartiger Kupplungskomponenten entwickelt worden, mit
denen reinere Farbtöne erhältlich sind. Im folgenden seien drei Typen
praktisch verwendeter Farbstoffe aufgeführt.

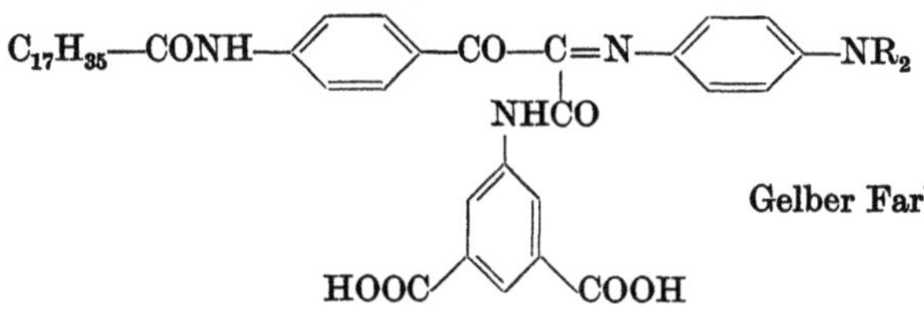

Gelber Farbstoff

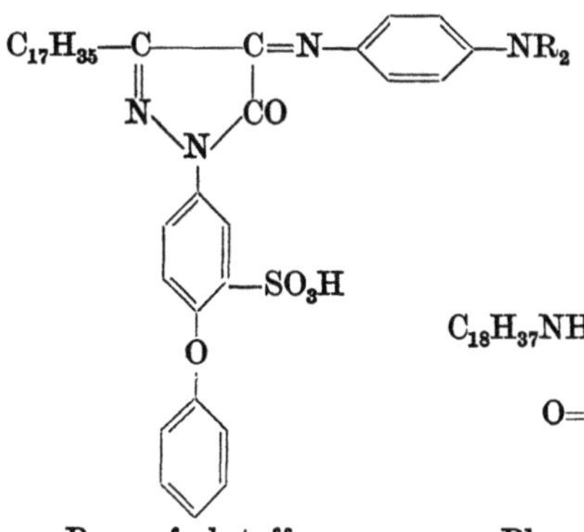

Purpurfarbstoff

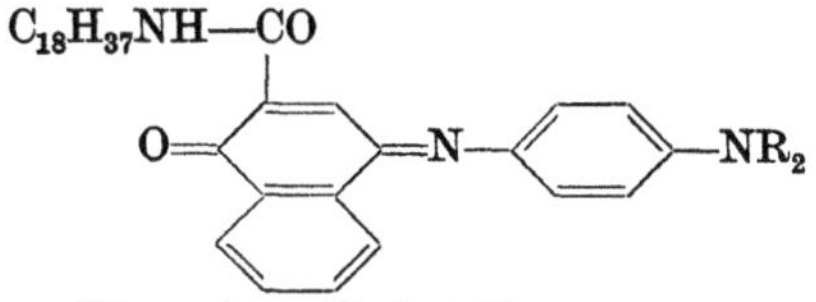

Blaugrüner Farbstoff

1942 wurde bei Kodak eine andere originelle Lösung des Diffusionsproblems gefunden, indem öllösliche Kuppler in einer wasserunlöslichen organischen Verbindung wie Trikresylphosphat gelöst und diese Lösung in die Gelatine einemulgiert wurde. Man erhielt derart in den drei Schichten die entsprechenden Kuppler als feinverteilte, lösungsmittelhaltige Kristalloide. Die oxydative Kupplung verläuft bei diesem Verfahren in homogener organischer Phase. Als Nachteil ist die damit verbundene Kornbildung zu verzeichnen. Ein dritter Weg wurde 1950 von Dupont beschritten, indem sie den Kuppler an einer teilweise verseiften Polyvinylacetat-Schicht durch Acetalbildung chemisch verankerten.

2. Aminobenzochinone

1.4-Benzochinon läßt sich bekanntlich mit Aminen umsetzen, wobei primär das substituierte 2-Aminohydrochinon entsteht, das von überschüssigem Benzochinon zum substituierten Chinon oxydiert wird. Bei Anwendung eines genügend großen Chinonüberschusses wiederholt sich die Reaktion unter Bildung des 2.5-Diaminochinons[1]. Bei Verwendung aromatischer Amine gelangt man derart zu Küpenfarbstoffen, die auf Cellulosefasern jedoch nur geringe Affinität und Lichtechtheit aufweisen. Es dürfte nur noch ein Farbstoff dieser Reihe existieren, das *Helindongelb CG*. Man erhält es aus p-Chloranilin und Benzochinon in wäßriger Lösung in Gegenwart von Manganacetat und anschließende Oxydation des primär entstandenen Dianilido-hydrochinons mit Bichromat[2]. Es wird vor allem zur Echtfärbung von Wolle benützt, auf der es ein etwas stumpfes Gelb mit guter Licht- und sehr guten Naßechtheiten färbt. Zusammen mit Indigo liefert es auf Wolle echte Feldgrautöne und wird deshalb viel für Uniformtuche verwendet.

Helindongelb CG

Glatt verläuft auch die Umsetzung von Chloranil mit Anilin oder substituierten Anilinen, wobei das 2.5-Dianilido-3.6-dichlorbenzochinon entsteht. Unter der Einwirkung von Natriumsulfid werden ein oder beide Chloratome durch Schwefel ersetzt, wobei gleichzeitig ein Ringschluß mit dem Anilidorest eintritt[3]. Als Aminkomponenten finden Anilin und p-Chloranilin Anwendung; je nach Reaktionsbedingungen werden ein oder zwei Schwefelatome eingeführt. Die entstandenen Farbstoffe stellen vermutlich Gemische dar. Sie färben auf Wolle sehr licht-, wasch- und walkechte Braun- und Khakitöne und werden für Uniformtuche eingesetzt. Im Handel sind sie unter den Namen *Helindonbraun CRD* und *CV* sowie *Helindonkhaki C*.

Eine wesentliche Farbvertiefung erhält man bei einer Verlängerung des konjugierten Systems. So gewinnt man aus Chloranil und N,N-

---

[1] Vgl.: MARTYNOFF, M., u. G. TSATSAS: Bull. Soc. chim. France **1947**, 52. — CASON, J.: Organic Reactions 4, 359—361 (1948).

[2] DRP 236074 (1910).

[3] Vgl.: DRP 282501 (1915); DRP 507833 (1930).

Diäthylvinylamin eine blaue Verbindung nachfolgender Struktur[1], welche allerdings keine Anwendung als Farbstoff findet. Das N,N-Diäthylvinylamin muß dabei infolge seiner Unbeständigkeit aus Diäthylamin und Acetaldehyd im Reaktionsgemisch selber gebildet werden.

3. Aminonaphthochinone

Analog zum 1.4-Benzochinon läßt sich auch 1.4-Naphthochinon mit Aminen umsetzen; technisch benützt man indessen eine andere Herstellungsmethode. Als einziger Farbstoff dieses Typs ist das *Helindonrot CR* zu erwähnen, das durch Kondensation von p-Chloranilin mit dem Bisulfit-Addukt von 1-Nitroso-2-naphthol und anschließende Luftoxydation erhalten wird[2]. Es ist ein Küpenfarbstoff, der auf Wolle ein etwas stumpfes, blaustichiges Rot von ziemlich guter Lichtechtheit und sehr guten Naßechtheiten färbt. Auf Cellulosefasern findet er keine Anwendung.

Helindonrot CR

Von größerer Bedeutung sind einige Farbstoffe, die sich vom *Naphthazarin* ableiten[3]. Naphthazarin selbst, das 1861 von Roussin entdeckt wurde, wird bei der Einwirkung von 40%igem Oleum und etwas Schwefel auf 1.5-Dinitronaphthalin gewonnen; die Ausbeute beträgt etwa 45%[4]. Seine Struktur wurde erst 1925 von Dimroth[5] richtig erkannt. Die Bisulfitverbindung ist als *Alizarinschwarz S* im Handel. Der durch Vor- oder Nachchromierung auf Wolle erhaltene Chromkomplex besitzt

---

[1] Buckley, D., S. Dunstan u. H. B. Henbest: J. chem. Soc. [London] 1957, 4880, 4901. — Buckley, D., H. B. Henbest u. P. Slade: J. chem. Soc. [London] 1957, 4891.

[2] DRP 236074 (1910). Vgl. auch: Sartori, M. F.: Chem. Reviews 63, 279 (1963).

[3] Für eine eingehende Übersicht über dieses Gebiet siehe: Merian, E.: Chimia 13, 181 (1959). Über weitere vom Naphthochinon abgeleitete Dispersionsfarbstoffe vgl.: Sartori, M. F.: Ann. Chimica 49, 2157 (1959); Chem. Zbl. 1963, 1854.

[4] Fierz-David, H. E., u. W. Stockar: Helv. chim. Acta 26, 92 (1943).

[5] Dimroth, O., u. F. Ruck: Liebigs Ann. Chem. 446, 123 (1925); vgl. auch: Zahn, K., u. P. Ochwat: Liebigs Ann. Chem. 462, 72 (1928). Bezüglich des Absorptionsspektrum siehe: Morton, R. A., u. W. T. Earlam: J. chem. Soc. [London] 1941, 159.

eine tiefgraue bis rötlich-schwarze Farbe und weist sehr gute Licht- und Naßechtheiten auf. Verschiedene Naphthazarinderivate kommen in der Natur vor.

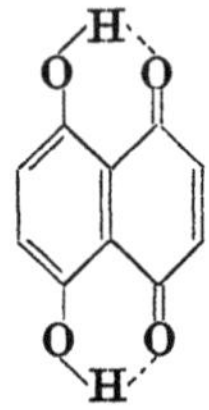

Naphthazarin

Bei der Umsetzung mit Anilin erhält man aus dem Naphthazarin dessen 2-Anilidoderivat, das früher als Alizarinschwarz SRA im Handel war. Durch Sulfonierung derartiger Anilidoderivate oder auch durch direkte Anlagerung von sulfonierten aromatischen Aminen gelangt man zu wasserlöslichen Farbstoffen, die indessen heute alle überholt sind[1].

Bei der Naphthazarinherstellung aus 1.5-Dinitronaphthalin läßt sich ein violettes Zwischenprodukt fassen[2], dem die nachstehende Struktur zukommt:

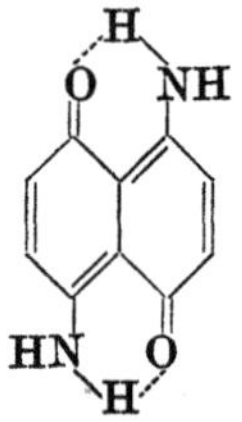

Es ist auch in guter Ausbeute aus 1.5-Bis-phenylazo-4.8-dihydroxy-naphthalin durch reduktive Spaltung der Azogruppen und Oxydation des entstandenen 1.5-Diamino-4.8-dihydroxynaphthalins zugänglich[3]. Dieses Diaminonaphthochinon hat als Ausgangssubstanz für die Herstellung verschiedener Dispersionsfarbstoffe größere Bedeutung erlangt. Durch Kondensation mit Anilinen läßt sich unter milden Bedingungen die eine Aminogruppe arylieren[4], wobei man blaugrüne Acetatseide-farbstoffe erhält, die meist technische Gemische darstellen. Als Beispiel sei das *Setacylblaugrün BS* genannt:

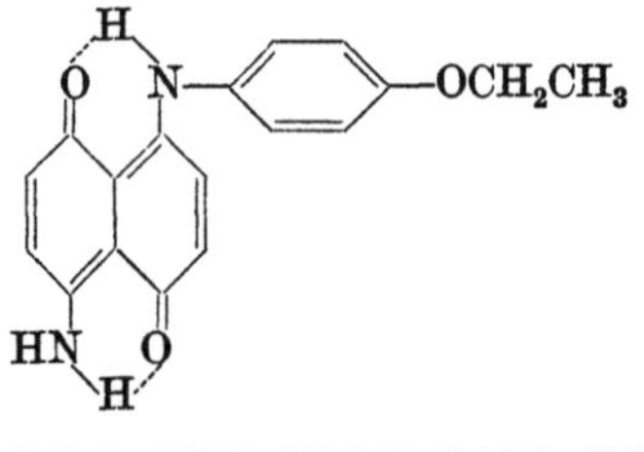

[1] Vgl.: DRP 101 525 (1896); DRP 101 152 (1897); DRP 157 684 (1904).
[2] AGUIAR, A. A. DE, u. A. G. BAYER: Ber. dtsch. chem. Ges. 4, 439 (1871); vgl.: DRP 101 372 (1898); DRP 108 552 (1899); DRP 111 683 (1900).
[3] DBP 807 211 (1948).
[4] DRP 636 267 (1934).

Bei zweifacher Arylierung erhält man grüne Dispersionsfarbstoffe, beispielsweise die nachstehende Verbindung, die auf Acetatseide eine gute Licht- und
Waschechtheit besitzt[1]:

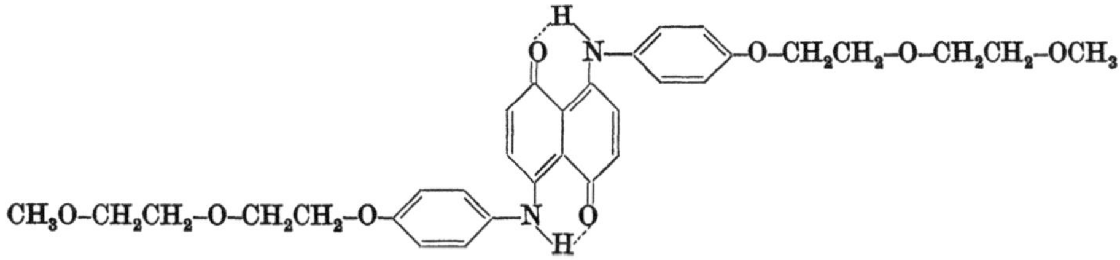

$$CH_3O-CH_2CH_2-O-CH_2CH_2-O-\langle\rangle-N \cdots\quad N-\langle\rangle-O-CH_2CH_2-O-CH_2CH_2-OCH_3$$

Eine wichtige technische Anwendung hat das im Kern dibromierte
Naphthochinondiamin gefunden, da es auf Acetatseide ein lichtechtes
Blau färbt, das abgasecht ist und sich praktisch weiß ätzen läßt. Es ist
unter dem Namen *Artisilblau GLF* (KARTASCHOFF 1946) im Handel. Zu
seiner Herstellung wird das Naphthazarin-Zwischenprodukt in statu
nascendi bromiert[2]. Dabei erhält man ein technisches Gemisch, dessen
Ziehvermögen auf Acetatseide wesentlich besser als das der reinen
Dibromverbindung ist.

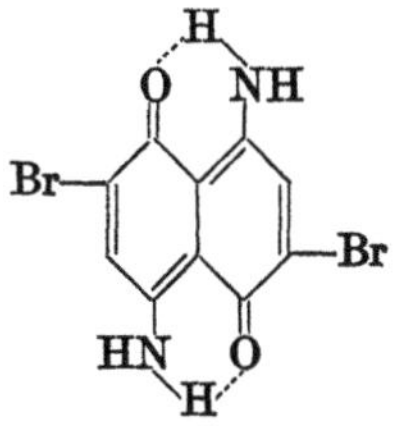

Artisilblau GLF

Interessanterweise haben die Diaminonaphthochinone als Wollfarbstoffe keine Verwendung gefunden, da sie zu leicht hydrolysierbar sind.
In den hydrophoben Fasern scheinen sie vor Hydrolyse geschützt zu
sein, so daß ihre diesbezügliche Empfindlichkeit sich nicht auswirkt.
Ihre verglichen mit den 1.4-Diaminoanthrachinonen wesentlich höhere
Beständigkeit gegenüber Rauchgasen dürfte der geringeren Basizität
ihrer Aminogruppen zuzuschreiben sein.

XII. Anthrachinonfarbstoffe

Anthrachinon läßt sich durch Einführung eines oder mehrerer Auxochrome in gelbe bis grüne Farbstoffe überführen, die fünf färberisch
verschiedenen Klassen angehören können, nämlich den Beizen-, den
Dispersions-, den Säure-, den Reaktiv- und den Küpenfarbstoffen. Sie
unterscheiden sich auch chemisch in charakteristischer Weise und werden
deshalb in gesonderten Abschnitten besprochen. Die Küpenfarbstoffe
des Anthrachinons und seiner Derivate sind im Kapitel über chinoide
Küpenfarbstoffe eingehend behandelt.

---

[1] DBP 965523 (1954).
[2] DBP 841314 (1946).

1. Beizenfarbstoffe

Polyhydroxy-anthrachinone mit mindestens zwei ortho-ständigen Hydroxylgruppen sind als Beizenfarbstoffe geeignet. Ihr ältester und bekanntester Vertreter ist das Alizarin, das früher als „Türkischrot“ ein geschätzter, sehr lichtechter blaustichig roter Beizenfarbstoff für Baumwolle war. Infolge des umständlichen Färbeverfahrens wird es heute kaum mehr verwendet.

Die Einführung der Hydroxylgruppen erfolgt entweder durch Alkalischmelze der Sulfonsäuren, durch die Bohn-Schmidt-Reaktion oder durch Oxydation mit Braunstein in konzentrierter Schwefelsäure[1]. Bei der Alkalischmelze von Anthrachinon-β-sulfonsäuren mit 50%iger Natronlauge bei 180—200° C wird zugleich eine weitere Hydroxylgruppe in der benachbarten α-Stellung eingeführt. Der Zusatz eines Oxydationsmittels erleichtert diese direkte Hydroxylierung. Auf diese Weise stellt man Alizarin aus Anthrachinon-2-sulfonsäure, Flavopurpurin aus der 2.6- und Anthrapurpurin aus der 2.7-Disulfonsäure her. Der Ersatz der Sulfogruppe ohne gleichzeitige Hydroxylierung gelingt mit Calciumhydroxyd.

Bei der Bohn-Schmidt-Reaktion werden Hydroxy-anthrachinone mit hochprozentigem Oleum direkt hydroxyliert. Als Zwischenverbindung bildet sich der Schwefelsäureester der neu eingetretenen Hydroxylgruppe, der sehr leicht verseift wird. Durch Borsäurezusatz läßt sich die Umsetzung nach Eintritt einer Hydroxylgruppe anhalten, da sich dabei ein cyclischer Borsäureester bildet, der nicht weiter reagiert. So entsteht aus Alizarin mit 80%igem Oleum und Borsäure das 1.2.5-Trihydroxy-anthrachinon, ohne Borsäure jedoch das 1.2.5.8-Tetrahydroxyderivat.

Die wichtigsten Hydroxyanthrachinone sind nachstehend zusammengestellt.

Dihydroxyanthrachinone

Beizenziehend sind Alizarin und Hystazarin; als Farbstoff ist das erstere bedeutsam. Chinizarin ist ein wichtiges Farbstoffzwischenprodukt, da sich seine Hydroxylgruppen leicht durch Amine ersetzen lassen (siehe dazu den Abschnitt über die Aminierung). Anthrarufin und Chrysazin dienen als Zwischenprodukte für einige Dispersionsfarbstoffe.

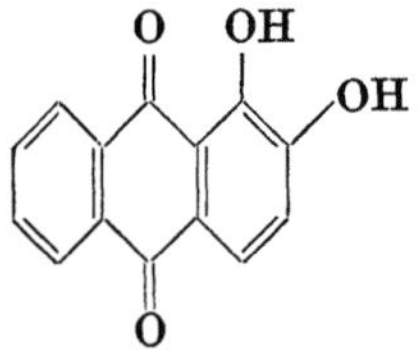

Alizarin

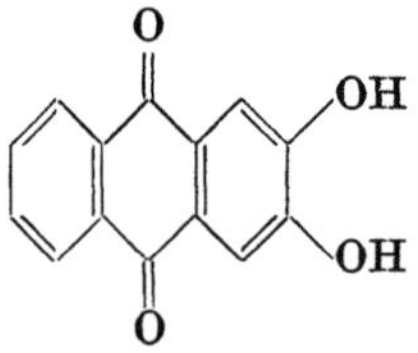

Hystazarin

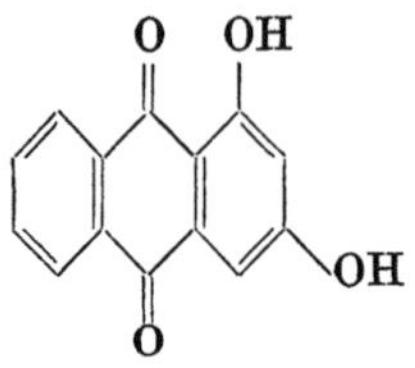

Purpuroxanthin

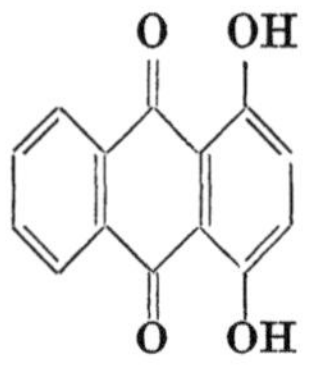

Chinizarin

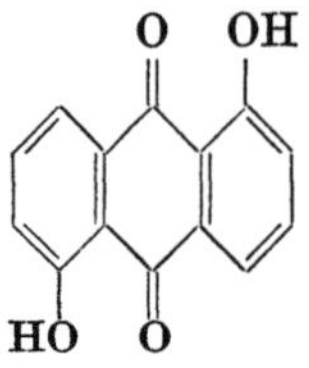

Anthrarufin

---

[1] Zur Herstellung der Anthrachinonzwischenprodukte siehe auch: Houben, J.: Das Anthracen und die Anthrachinone. Leipzig: Georg Thieme 1929; vgl. auch: BIOS Report 1484.

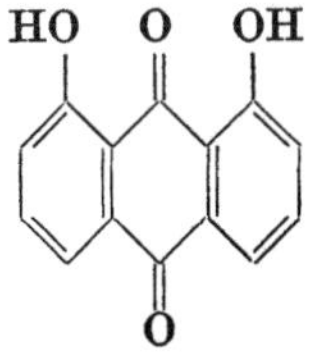

Chrysazin 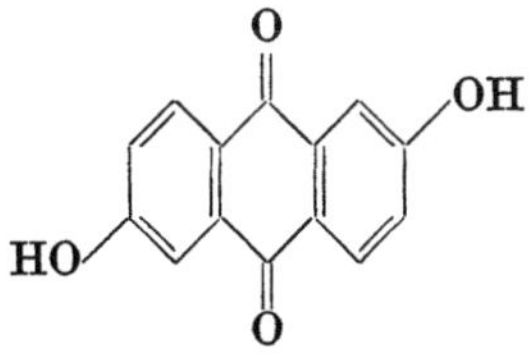   Anthraflavinsäure 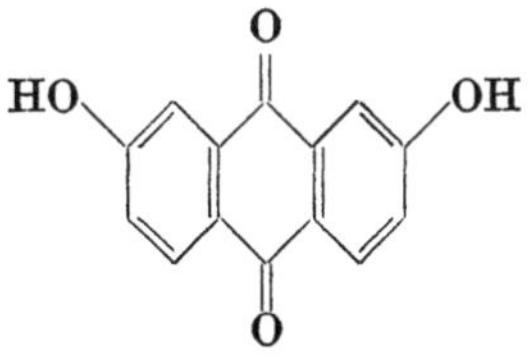   Isoanthraflavinsäure

Trihydroxyanthrachinone

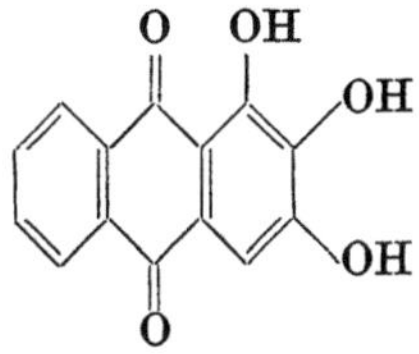

Anthragallol 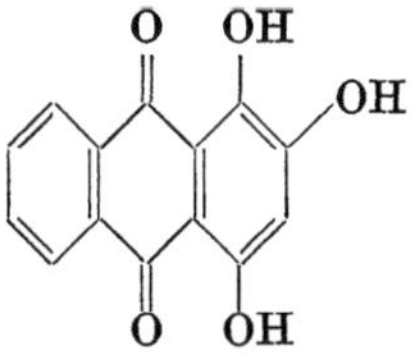   Purpurin

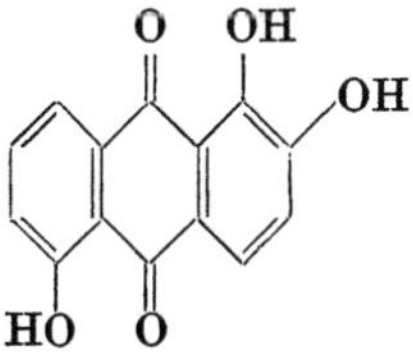

Alizarinbrillant-
bordeaux R   Flavopurpurin 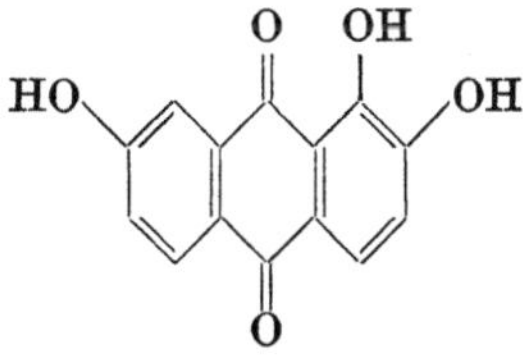   Anthrapurpurin

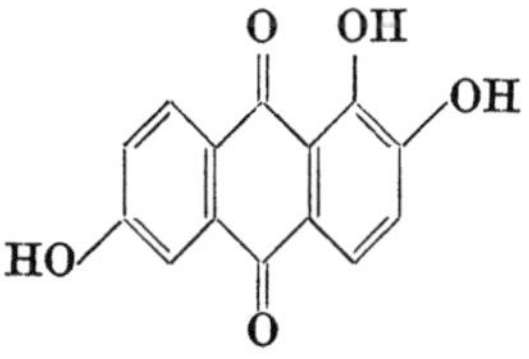

Polyhydroxyanthrachinone

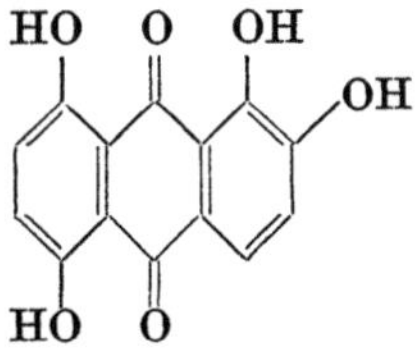

Chinalizarin
(Alizarinbordeaux B)   Alizarincyanin NS

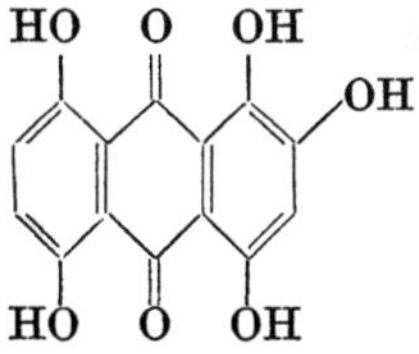

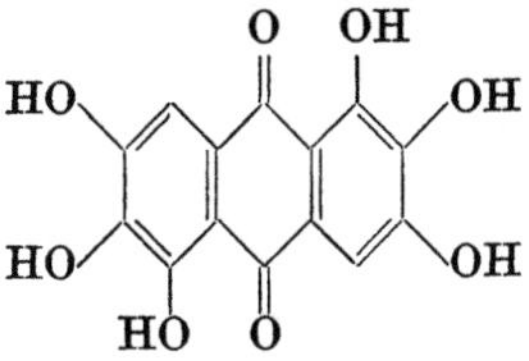

Rufigallol 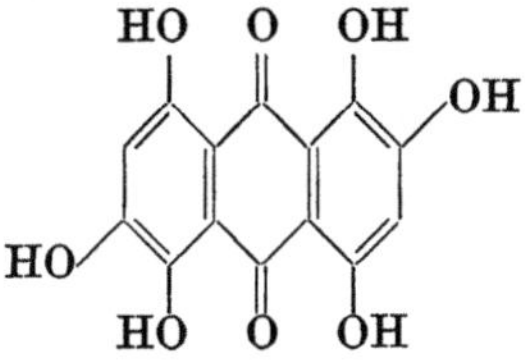   Alizarinblau SWR 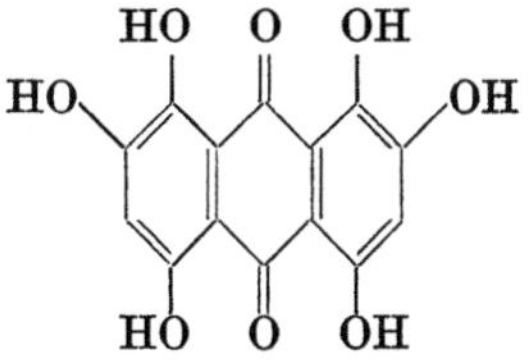   Alizarincyanin R

Alizarin kommt als Glucosid in der Krappwurzel (Färberröte) in einer Menge von $^1/_2$—$1^1/_2$% vor. Hauptsächliches Anbaugebiet waren Frankreich und das Elsaß; im Jahre 1868 wurden etwa 50000 Tonnen

Wurzeln produziert, was rund 500 Tonnen Alizarin ergab. Außer Alizarin enthält die Krappwurzel noch einige andere Hydroxy- und Carboxyderivate des Anthrachinons, darunter das Purpurin und die Purpurin-3-carbonsäure. Der natürliche Krapp lieferte deshalb etwas andere Farbtöne als das synthetische Alizarin. Er hat jetzt keine Bedeutung mehr. Die Konstitution des Alizarins wurde 1868 von C. GRAEBE und A. LIEBERMANN aufgeklärt. Sie erhielten das erste synthetische Alizarin aus 1.2-Dibromanthrachinon durch Alkalischmelze. 1869 gelang H. CARO die Sulfonierung des Anthrachinons und die noch heute übliche Alizarinherstellung durch Alkalischmelze der 2-Sulfonsäure. W. H. PERKIN reichte unabhängig davon einen Tag später als CARO die Patentanmeldung für dasselbe Verfahren ein.

Alizarin gibt mit verschiedenen Metallsalzen schwerlösliche Farblacke; färberisch wichtig waren der violette Eisen-, der braunviolette Chrom- und vor allem der rote Calcium-Aluminiumlack, der nach FIERZ und RUTISHAUERS[1] die Struktur I, nach den neueren Untersuchungen von KIEL und HEERTJES[2] jedoch Struktur II besitzt:

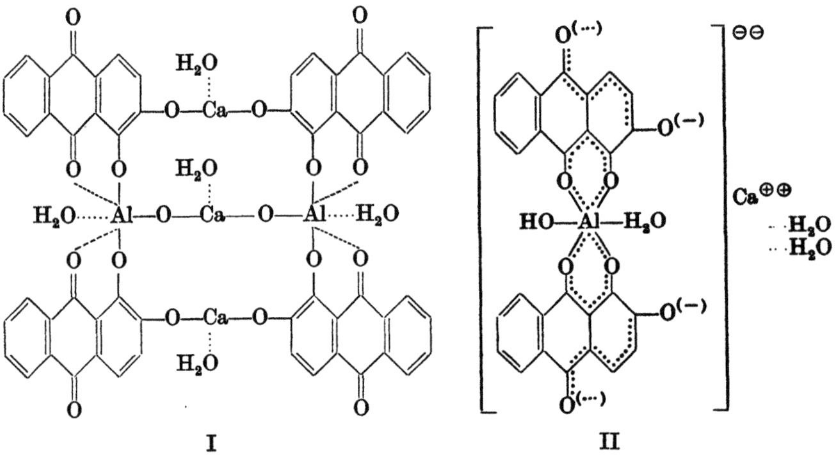

$$\text{I} \qquad\qquad \text{II}$$

Alizarinrot ist ein lichtechtes, schönes, blaustichiges Rot, das aber sehr umständlich zu färben ist, besonders auf Baumwolle. Es wird deshalb kaum mehr verwendet. Dagegen findet die bei der Sulfonierung von Alizarin entstehende 3-Sulfonsäure als Alizarinrot S noch eine gewisse Anwendung in der Wollfärberei, da sie sich als saurer Farbstoff leichter färben läßt als Alizarin selbst. Die Nachbehandlung mit Aluminiumsalzen gibt rote, die Chromierung blaurote Farbtöne mit guter Licht- und Walkechtheit[3].

---

[1] FIERZ-DAVID, H. E., u. M. RUTISHAUSER: Helv. chim. Acta 23, 1298 (1940); vgl.: HALLER, R.: Helv. chim. Acta 23, 1529 (1940). Für andere Metallkomplexe siehe: GEYER, B. P., u. G. M. SMITH: J. Amer. chem. Soc. 64, 1649 (1942).

[2] KIEL, E. G., u. P. M. HEERTJES: J. Soc. Dyers Colourists 79, 21, 61, 186 (1963).

[3] Zum photochemischen Abbau von Hydroxyanthrachinonen siehe: BEEK, H. C. A. VAN, u. P. M. HEERTJES: J. chem. Soc. [London] 1962, 80, 83.

Die Nitrierung des Alizarins in konzentrierter Schwefelsäure mit Zusatz von Borsäure oder in o-Dichlorbenzol bei 40° C gibt 3-Nitroalizarin. 4-Nitroalizarin wird bei der Nitrierung von Alizarindibenzoat gewonnen; es entsteht auch beim Nitrieren von Alizarin in Oleum bei —10° C. Die Reduktion der Nitroderivate führt zum 3-Amino- und 4-Aminoalizarin, die sich durch Skraupsche Chinolinsynthese in Alizarinblau und Alizaringrün überführen lassen; beide Farbstoffe besitzen nur noch historisches Interesse.

Alizarinblau   Alizaringrün

Die α-ständigen Hydroxylgruppen zeigen infolge der benachbarten Carbonylgruppe einige Besonderheiten. So lassen sie sich nur schwer methylieren. Alizarin liefert deshalb unter normalen Methylierungsbedingungen nur den 2-Methyläther. Mit Borsäure-Essigsäureanhydrid bilden alle α-Hydroxyanthrachinone kristalline Verbindungen[1]. Die Reduktion des Anthrachinonrestes wird durch α-ständiges Hydroxyl erschwert, durch β-ständiges erleichtert; im Alizarin wird die dem Hydroxylrest benachbarte Carbonylgruppe reduziert, wobei das 1.2-Dihydroxy-anthranol-(10) entsteht[2].

Die färberische Bedeutung der Polyhydroxyanthrachinone ist nur noch gering. Sie werden in kleinerem Maße als beizenziehende Wollfarbstoffe verwendet. Neuerdings benützt man sie auch zum Färben von anodisch eloxiertem Aluminium. Die Ansprüche an die Licht- und Wetterechtheit sind bei solchen Farbstoffen besonders hoch, wenn das gefärbte Aluminium zur Fassadenverkleidung dienen soll. Derartige hochechte Aluminiumfarbstoffe werden von der Firma Durand und Huguenin AG (Basel) in den Handel gebracht.

2. Dispersionsfarbstoffe

α-Aminoanthrachinone und ihre Derivate sind als Dispersionsfarbstoffe für Acetatseide, Polyester- und andere synthetische Fasern geeignet[3]. Ihre Farbtöne umfassen Orange, Rot, Violett und Blau, wichtig sind die Violett- und Blaumarken. Sie lassen sich nicht weiß ätzen. Die Dispergierbarkeit und das Ziehvermögen, besonders auf Acetatseide, werden durch niedrige Hydroxyalkylreste deutlich verbessert. Technisch wichtig ist die Oxäthylierung der Aminogruppen mit Äthylenoxyd oder Äthylenchlorhydrin; man erzielt dabei auch eine wesentliche Verbesserung der Sublimierechtheit. Die Affinität und das Ziehvermögen auf Polyesterfasern wird dagegen durch Hydroxyalkyl-

---

[1] DIMROTH, O., u. T. FAUST: Ber. dtsch. chem. Ges. 54, 3020 (1921).

[2] PERKIN, A. G., u. N. H. HADDOCK: J. chem. Soc. [London] 1938, 541; vgl. auch: BRAUN, J. v., u. O. BAYER: Liebigs Ann. Chem. 472, 105 (1929).

[3] Über das Färbeverhalten von Aminoanthrachinonen siehe: EGERTON, G. S., u. A. G. ROACH: J. Soc. Dyers Colourists 74, 401, 408, 415 (1958).

reste nicht immer begünstigt[1]. Die Handelsfarbstoffe sind häufig nicht chemisch reine Substanzen, sondern Gemische verschiedener ähnlicher Verbindungen, da diese meist ein bedeutend besseres Ziehvermögen aufweisen als die einzelnen Reinsubstanzen.

Ein besonderes Problem bei diesen Farbstoffen ist die geringe Abgasechtheit, die sich besonders bei den Blaumarken durch eine Farbtonänderung nach Rot unliebsam bemerkbar machen kann. Man nimmt an, daß dafür wenigstens teilweise die Stickoxyde der Verbrennungsgase verantwortlich sind, die mit den Aminogruppen Nitrosamine bilden können. Oft läßt auch die Säure- und Schweißechtheit zu wünschen übrig. Die Abgasechtheit läßt sich durch eine Nachbehandlung mit Melaminharzen verbessern; ähnlich wirkt eine Behandlung mit Triäthanolamin oder 1.6-Dianilidohexan[2]. Es scheint, daß die Abgasechtheit mit der Basizität der Aminogruppen zusammenhängt, da sie sich durch Einführung elektronenanziehender Gruppen verbessern läßt. Am stärksten wirken sich Substituenten in ortho-Stellung zur Aminogruppe aus; geeignet sind Brom- und Chloratome, ausgeprägter ist der Effekt bei Cyan-, Carbonamid-, Ester- und Trifluormethylgruppen. Auch in den Alkylresten der Aminogruppen beeinflussen derartige Substituenten die Abgasechtheit günstig, am ausgeprägtesten Fluor[3]. Auf Polyesterfasern macht sich das Problem der Abgasechtheit in der Regel viel weniger stark bemerkbar; auf Polyamidfasern kann man es praktisch vernachlässigen.

Zur Auftrennung von Dispersionsfarbstoffen in ihre Komponenten eignet sich besonders die Papierchromatographie[4].

Cellitonorange R[5] ist 1-Amino-2-methylanthrachinon[6]. Es färbt auf Acetatseide ein helles Orange von mittlerer Licht- und Abgasechtheit, aber geringer Sublimier-, Wasch- und Schweißechtheit[7] und eignet sich auch zum Färben von Polyester- und anderen synthetischen Fasern.

1-Amino-4-hydroxyanthrachinon färbt auf Acetatseide ein blaustichiges Rot und ist als *Cellitonechtrosa B*[8] im Handel. Sublimier- und Waschechtheit sind nur mäßig; die Lichtechtheit ist auf Acetatseide und Polyestern gut, auf Polyamiden jedoch nur mäßig. Die Herstellung erfolgt durch Reduktion von 4-Nitro-1-hydroxyanthrachinon mit Natriumsulfid[9] oder aus Chinizarin[10]. Etwas rotstichigere Töne färbt

---

[1] Zum Problem des Färbens von Acetatseide mit Dispersionsfarbstoffen siehe: BIRD, C. L.: J. Soc. Dyers Colourists 70, 68 (1954) u. spätere Veröffentlichungen; ferner MARJURY, T. G.: J. Soc. Dyers Colourists 70, 442, 445 (1954); 72, 41 (1956). BIRD, C. L.: J. Soc. Dyers Colourists 72, 343 (1956). — JONES, F.: J. Soc. Dyers Colourists 77, 57 (1961). Über den Färbemechanismus bei Polyesterfasern siehe: GLENZ, O., W. BECKMANN u. W. WUNDER: J. Soc. Dyers Colourists 75, 141 (1959). Über das Färben von Polyestergeweben vgl.: MUSHOFF, H.: J. Soc. Dyers Colourists 77, 89 (1961). Zur Wirkungsweise von Carriern beim Färben von Polyesterfasern vgl.: HENDRIX, H.: Melliand Textilber. 42, 1275 (1961); 43, 156, 258 (1962).

[2] KNIGHT, A. H.: J. Soc. Dyers Colourists 66, 171 (1950).

[3] Vgl.: DICKEY, J. B.: Ind. Engng. Chem. 48, 209 (1956).

[4] Siehe: ELLIOTT, K., u. L. A. TELESZ: J. Soc. Dyers Colourists 73, 8 (1957). — ŠRÁMEK, J.: J. Soc. Dyers Colourists 78, 326 (1962).

[5] Auch Artisilorange 3RP, Cillaorange R, Duranol Orange G u. a.

[6] Zur Herstellung siehe: LOCHER, A., u. H. E. FIERZ-DAVID: Helv. chim. Acta 10, 642 (1927).

[7] Vgl.: BIRD, C. L.: J. Soc. Dyers Colourists 70, 74, 76 (1954).

[8] Auch Artisilrot 3BP, Celanthrene Red 3BN, Cibacetrot 3B, Cillaechtrosa BN, Duranol Red 3B, Setacylrosa 3B u.a.

[9] ULLMANN, F., u. A. CONZETTI: Ber. dtsch. chem. Ges. 53, 834 (1920). — BRASS, K., u. O. ZIEGLER: Ber. dtsch. chem. Ges. 58, 763 (1925).

[10] Siehe den Abschnitt über die Einführung von Aminogruppen.

sein 2-Methoxyderivat, das Cellitonechtrosa RF, dessen Abgasechtheit etwas besser ist. Wesentlich höher sind die Abgasechtheiten des 2-Brom- und des 2-Cyanderivates[1].

Cellitonechtrotviolett RN[2] ist 1.4-Diaminoanthrachinon und färbt auf Acetatseide ein rotstichiges, etwas stumpfes Violett mit geringer Abgas-, Wasch- und Sublimierechtheit, aber vorzüglicher Lichtechtheit. Man stellt es durch Aminierung von Chinizarin mit Ammoniak her[3]. Rotstichiger färbt sein Methoxyderivat, *Cellitonechtrosa FF3B*[4], das bessere Abgas-, Sublimier- und Waschechtheit, aber geringere Lichtechtheit aufweist.

1-Amino-4-methylamino-anthrachinon ist *Cellitonechtviolett 6B*[5]. Es färbt auf Acetatseide ein klares, blaustichiges Violett von geringer Abgas-, mäßiger Wasch- und guter Lichtechtheit. Man stellt es durch partielle Methylierung von 1.4-Diaminoanthrachinon mit Methanol und Schwefelsäure her[6].

Cellitonechtblau FFB ist 1-Amino-4-methylamino-anthrachinon-2-carbonsäureamid; die Carbonamidgruppe in der 2-Stellung wirkt somit stark farbvertiefend. Es färbt ein klares Blau mit sehr guter Licht- und mäßiger Abgasechtheit. Die Herstellung erfolgt aus 1-Amino-4-brom-anthrachinon-2-sulfonsäure (Bromaminsäure) durch Aminierung mit Methylamin, Ersatz der Sulfogruppe durch den Cyanrest mit Natrium-cyanid und vorsichtige Verseifung mit konzentrierter Schwefelsäure[7]. Noch bessere Allgemeinechtheiten besitzt das *Cellitonechtblau FFG*; es ist 1-Amino-4-cyclohexylamino-anthrachinon-2-carbonamid.

Zur Farbvertiefung nach Blau führt die Phenylierung einer Amino-gruppe im 1.4-Diaminoanthrachinon. 1-Amino-4-phenylamino-anthra-chinon ist als *Artisilblau 2RP*[8] im Handel und färbt ein klares, rot-stichiges Blau von sehr guten Echtheiten, ausgenommen die geringe Abgasechtheit auf Acetatseide. Man stellt es durch Kondensation von 1-Amino-4-hydroxy-anthrachinon mit Anilin in Gegenwart von Bor-säure her[9].

Die Alkylierung beider Aminogruppen des rotvioletten 1.4-Diamino-anthrachinons gibt blaue Farbstoffe. *Cellitonechtblau B*[10] ist 1.4-Bis-(methylamino)-anthrachinon, das aus Chinizarin und Methylamin her-gestellt wird. Es färbt Acetatseide in einem klaren Blau von guten Allgemeinechtheiten mit Ausnahme der nur mäßigen Abgasechtheit.

---

[1] Siehe: STRALEY, J. M., u. D. G. CARMICHAEL: Can. Textile J. **76**, (9) 49 (1959); Chem. Abstr. **53**, 14521 (1959).

[2] Auch Artisilviolett 2RP, Celanthrene Red Violet R, Cibacetviolett 2R, Cillaechtrotviolett RN, Duranol Violet 2R, Setacylviolett R u.a.

[3] DRP 135561 (1900).

[4] Auch Artisilbrillantrosa 5BP, Celanthrene Fast Pink 3B, Cibacetbrillantrosa 3BN, Cillaechtrosa FF3B, Duranol Red X3B u.a.

[5] Auch Celanthrene Violet CB, Cillaechtviolett 6B, Duranol Brilliant Violet B u.a.

[6] DRP 602690 (1931).

[7] DRP 580012 (1929).

[8] Auch Cibacetblau 2R, Setacylblau RS u.a.

[9] DRP 125 666 (1891).

[10] Ebenso das Artisilblau BRP, Cibacetblau BR, Cillaechtblau B, Duranol Brilliant Blue G u.a.

Ein klassischer Acetatseidefarbstoff ist das *Cellitonechtblau FFR*[1], das man bei der Umsetzung von Chinizarin mit Methylamin und Äthanolamin erhält[2]. Es besteht aus einem Gemisch von 1-Methylamino-4-(β-oxäthylamino)-anthrachinon und den beiden symmetrisch alkylierten Verbindungen.

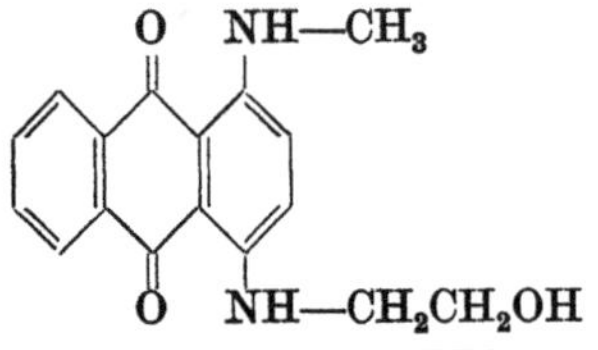

$$O \quad NH-CH_3$$

$$O \quad NH-CH_2CH_2OH$$

Cellitonechtblau FFR

Es färbt auf Acetatseide ein klares, rotstichiges Blau mit guten Allgemeinechtheiten, aber geringer Abgas- und mäßiger Schweißechtheit und eignet sich für Polyester- und Polyamidfasern, doch ist die Lichtechtheit auf diesen letzteren geringer.

Ein anderer klassischer Acetatseidefarbstoff ist das *Cellitonechtblaugrün B*[3], das man durch Kondensation von Leuko-1.4.5.8-tetrahydroxyanthrachinon mit Äthanolamin erhält.

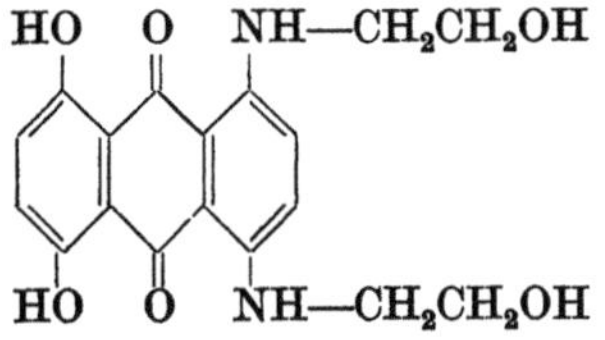

$$HO \quad O \quad NH-CH_2CH_2OH$$

$$HO \quad O \quad NH-CH_2CH_2OH$$

Cellitonechtblaugrün B

Es färbt auf Acetatseide ein klares, grünstichiges, etwas farbschwaches Blau. Die Lichtechtheit ist auf Acetatseide gut, auf Polyester- und Polyamidfasern gering; die Abgasechtheit ist auf Acetatseide mäßig bis gering, Schweiß- und Waschechtheit sind mäßig, die Sublimierechtheit dagegen sehr gut.

Blaue Dispersionsfarbstoffe von wesentlich besserer Licht-, Abgas- und Waschechtheit erhält man bei der Kondensation von Anilin oder substituierten Anilinen mit 1.8-Dihydroxy-4.5-dinitro- oder mit 1.5-Dihydroxy-4.8-dinitroanthrachinon. So eignet sich der Farbstoff I sowohl für Acetatseide als auch für Polyesterfasern und zeichnet sich auf beiden Fasern durch sehr gute Allgemeinechtheiten aus; auf Polyamiden ist die Lichtechtheit nur gering.

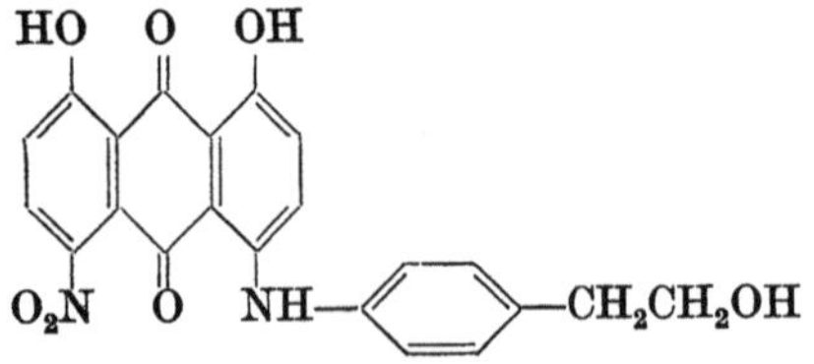

$$HO \quad O \quad OH$$

I

$$O_2N \quad O \quad NH-\langle\!\!\!\!\bigcirc\!\!\!\!\rangle-CH_2CH_2OH$$

---

[1] Auch im Handel als Artisilblau BSQ, Celanthrene Brilliant Blue FFS, Cibacetbrillantblau BG neu, Cillaechtblau FFR, Duranol Brilliant Blue B, Setacylbrillantblau BG u.a.

[2] DRP 638834 (1934); DRP 722593 (1933).

[3] Auch Artisilblaugrün GP, Celanthrene Fast Blue 2G, Cibacettürkisblau G, Cillaechtblaugrün B, Duranol Blue Green B, Setacyltürkisblau G u.a.

1.4.5.8-Tetraminoanthrachinon, im Handel als *Cellitonblau extra*[1], färbt Acetatseide in einem etwas stumpfen Blau mit mäßigen bis guten Allgemeinechtheiten, jedoch geringer Abgasechtheit. Man verwendet den Farbstoff auf Acetatseide, Polyester- und Polyamidfasern.

In neuerer Zeit wurden verschiedene heterocyclische Aminochinone, die analog wie die Aminoanthrachinone aufgebaut sind, auf ihre färberischen Eigenschaften untersucht[2]. Eine technische Anwendung fanden sie indessen nicht. Auch Aminoderivate des nächsthöheren Anthrachinonhomologen, des Naphthacenchinons, fanden trotz eingehender Untersuchung[3] keine praktische Verwendung.

In manchen Fällen ist es vorteilhafter, wenn man statt Dispersionsfarbstoffen wasserlösliche Farbstoffe mit guter Affinität zur Faser verwendet, besonders bei dichtgeschlagenen Geweben. Dies ist mit sauren Schwefelsäureestern von Dispersionsfarbstoffen mit Oxäthylresten möglich, beispielsweise der Verbindung II:

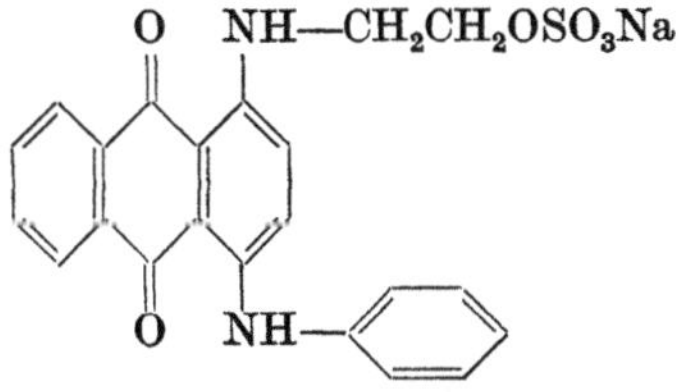

$$O \quad NH\!-\!CH_2CH_2OSO_3Na$$

II

$$O \quad NH\!-\!$$

Derartige Farbstoffe können durch Veresterung der Hydroxylgruppe mit Oleum und anschließende Neutralisation hergestellt werden. Als saure Ester sind sie gleichermaßen in Wasser und polaren organischen Lösungsmitteln löslich. Infolge ihrer guten Wasserlöslichkeit müssen sie mit kleinem Flottenverhältnis gefärbt werden, um größere Verluste zu vermeiden, dafür egalisieren sie besser. Die *Solacet*marken der ICI gehören zu dieser Farbstoffgruppe. Zur Erzielung der Wasserlöslichkeit wurden auch andere ionisierte Reste wie die Phosphonsäuregruppe vorgeschlagen[4].

3. Säurefarbstoffe

a) Aminoanthrachinone

Die sauren Anthrachinonfarbstoffe besitzen teilweise dieselben Grundkörper wie die Dispersionsfarbstoffe und unterscheiden sich von diesen oft nur durch die Anwesenheit einer Sulfonsäuregruppe. Zahlreiche blaue bis grüne Typen leiten sich vom 1.4-Diaminoanthrachinon ab.

Bei der Sulfonierung der beizenziehenden Hydroxyanthrachinone erhält man saure Beizenfarbstoffe, die in der Wollfärbung und zur Erzeugung von Farblacken Anwendung finden.

Den einfachsten Säurefarbstoff erhält man durch Sulfonierung von 1.4-Diaminoanthrachinon zur 2.6-Disulfonsäure. Er ist als *Alizarindirektviolett EBB* im Handel und färbt ein rotstichiges Blau. Die Wasch-,

---

[1] Auch als Artisilblau SAP, Celanthrene Pure Blue BRS, Cibacetsaphirblau G, Cillablau extra, Duranol Brilliant Blue CB, Setacylblau 2GS u.a.

[2] Vgl. hierzu: PETERS, A. T., u. D. WALKER: J. chem. Soc. [London] **1956**, 1429; **1957**, 1525.

[3] MARSCHALK, CH.: Bull. Soc. chim. France **1952**, 155. — MARSCHALK, CH., u. CH. STUMM: Bull. Soc. chim. France **1948**, 418.

[4] Vgl.: AP 2328570 (1944); EP 894960 (1962).

Walk- und Seewasserechtheit ist nur gering, die übrigen Echtheiten
sind gut.

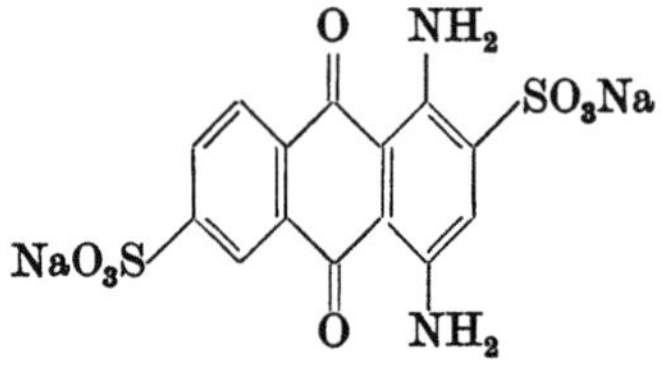

Alizarindirektviolett EBB

Zu seiner Herstellung wird Chinizarin in Gegenwart von Natriumhydrosulfit mit
Ammoniak kondensiert, das entstandene Leukodiamin in Anwesenheit von Bor-
säure und einem milden Oxydationsmittel sulfoniert und die Disulfonsäure über das
Calciumsalz gereinigt.

Ein anderer einfacher Säurefarbstoff ist das *Alizarinirisol RL*[1], das man
durch Sulfonierung von 1.4-Diamino-2.3-dichloranthrachinon zur Monosulfonsäure mit Oleum in Gegenwart von Borsäure erhält[2]. Die Stellung der Sulfogruppe
ist nicht genau bekannt. Der Farbstoff besitzt gute Licht-, jedoch geringe Walk-,
Potting- und Waschechtheit und färbt ein blaustichiges Violett.

Wichtig ist das *Supracenviolett 4BF*, das aus 1.4-Diamino-2.3-
dichloranthrachinon durch Umsetzung mit Phenol und Natriumsulfit
bei 140° C unter Druck in Gegenwart von Borsäure und Braunstein
gewonnen wird[3]. Es färbt ein blaustichiges Violett von guten Allgemeinechtheiten und wird auf Wollartikeln verwendet, wo die nur mäßige
Waschechtheit nicht stört.

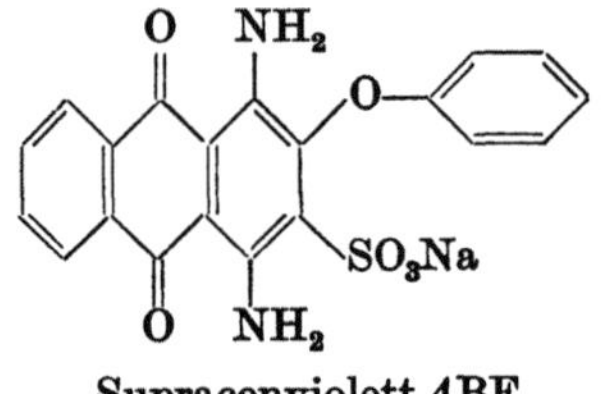

Supracenviolett 4BF

Einer der klassischen blauen Anthrachinonfarbstoffe war das *Alizarinsaphirol B*[4] (R. E. SCHMIDT 1897), das jetzt allerdings nur noch
eine geringe Bedeutung besitzt. Es färbt auf Wolle ein schönes, klares
Blau von guter Licht-, aber geringer Schweiß-, Walk-, Potting- und
Salzwasserechtheit, wobei es einen Rotstich annimmt. Die Waschechtheit ist mäßig. Man verwendet es für lichtechte Töne auf Wollgarnen;
der verlackte Farbstoff dient als Pigment für Seifen, Kunstmassen und
anderes. Eine interessante Anwendung stellt das Färben von anodisch
oxydiertem Aluminium dar.

---

[1] Ähnliche Farbstoffe sind: Alizarinechtviolett 2RC, Alizarinlichtviolett 2RL,
Erioanthracencyanin 2RL.
[2] DRP 551182 (1931).
[3] DRP 585528 (1932).
[4] Jetzt Acilansaphirol B; auch als Alizarinlichtblau B, Anthraquinone Blue B,
Erioechtcyanin S, Kitonechtblau CB, Solway Blue BN u.a. im Handel.

$$H_2N \quad O \quad OH$$

Alizarinsaphirol B

Die Herstellung erfolgt aus 1.5-Dihydroxyanthrachinon, das zuerst zur 2.6-Disulfonsäure sulfoniert, dann dinitriert und zuletzt mit Natriumsulfid reduziert wird[1].

Durch Abspaltung einer Sulfogruppe mit 90%iger Schwefelsäure bei 125 bis 130° C in Gegenwart von wenig Borsäure[2] erhält man aus dem Alizarinsaphirol B das *Alizarinsaphirol SE*[3]. Es ist etwas rotstichiger und egalisiert besser als die B-Marke und findet wie diese Anwendung zum Färben lichtechter Wollartikel mit mäßiger Waschechtheit. Das *Alizarinsaphirol SES*[4] (R. E. SCHMIDT u. W. TRAUT-NER 1925) wird ebenfalls aus der B-Type hergestellt, indem man die beiden Aminogruppen mit Formaldehyd in Schwefelsäure monomethyliert und dann eine der beiden Sulfogruppen abspaltet[5]. In seinen Eigenschaften ist es ähnlich wie die B-Marke, aber etwas grünstichiger.

b) Alkyl- und Arylaminoanthrachinone

Einige wichtige Säurefarbstoffe erhält man durch Sulfonierung von 1-Amino-4-arylaminoanthrachinonen, die aus 1-Amino-4-halogenanthrachinonen leicht zugänglich sind. Die wichtigsten und echtesten Typen leiten sich vom 1-Amino-2.4-dibrom- und vom 1-Amino-2-methyl-4-chloranthrachinon ab. Die Sulfogruppe tritt in den Arylrest ein.

1-Amino-2.4-dibromanthrachinon entsteht bei der Bromierung von 1-Amino-anthrachinon in Eisessig oder Nitrobenzol[6]. Technisch bromiert man eine fein-verteilte Suspension des Amins in Wasser bei 25° C, zuletzt bei 70—80° C. 1-Amino-2-methyl-4-chloranthrachinon erhält man durch Chlorierung von 1-Amino-2-methylanthrachinon.

Alizarinreinblau B[7] (O. UNGER 1899) färbt auf Wolle und Seide ein lebhaftes, lichtechtes Blau mit guten Allgemeinechtheiten und gutem Egalisiervermögen.

Alizarinreinblau B

---

[1] DRP 96364 (1897); vgl. auch: DRP 445269, 446563 (1927).

[2] DRP 117892 (1897); DRP 119228 (1899).

[3] Jetzt Acilansaphirol SE; auch Alizarinlichtblau SE, Erioechtcyanin SE, Kitonechtblau G u.a.

[4] Jetzt Supracenblau SES; auch Alizarinlichtblau ESE, Erioechtcyanin ESE, Kitonechtblau GS.

[5] DRP 443585, DRP 454426 (1927).

[6] ULLMANN, F., u. O. EISER: Ber. dtsch. chem. Ges. 49, 2156 (1916).

[7] Auch Alizarinechtblau 2B, Alizarinlichtblau AR, Erioanthracenbrillantblau B, Erioechtblau BS, Solway Sky Blue B u.a.

Zu seiner Herstellung wird 1-Amino-2.4-dibromanthrachinon mit p-Toluidin 5 Std bei 185—190° C verschmolzen; der abgespaltene Bromwasserstoff wird mit Natriumacetat neutralisiert. Man verdünnt das Gemisch mit Methanol, filtriert die Farbbase ab, wäscht neutral und sulfoniert nach dem Trocknen mit 5%igem Oleum bei 15—20° C, bis sich eine Probe in Wasser klar löst. Dann verdünnt man mit der 5fachen Menge Wasser, filtriert und behandelt den Farbstoff zur Neutralisation mit einer schwachen Sodalösung[1].

Durch energischere Sulfonierung erhält man die Disulfonsäure, das *Alizarinreinblau G*. Die zweite Sulfogruppe befindet sich in Stellung 6 oder 7 des Anthrachinonrestes.

Acilanechtblau RX[2] (M. H. ISLER 1900) ist der analoge Farbstoff aus 1-Amino-2-methyl-4-chloranthrachinon, das mit p-Toluidin kondensiert wird, worauf man sulfoniert[3]. Auf Wolle und Seide färbt er ein rotstichiges Blau mit guten Allgemeinechtheiten, das bei Naßbehandlung aber zum Ausbluten neigt. Da er sich auch aus schwach saurer und neutraler Lösung färben läßt, eignet er sich für die Halbwollfärberei.

Die Disulfonsäure ist als *Acilanechtblau RBX* im Handel. Ihre färberischen Eigenschaften sind ähnlich, wobei die Naßechtheiten auf Kosten des Egalisiervermögens etwas besser sind.

Das 4-ständige Halogenatom kann auch durch andere aromatische Amine ersetzt werden[4]. Genannt sei das *Alizarindirektviolett BL*[5], das aus schwach saurem Bade ein gut egalisierendes, blaustichiges Violett mit guten Echtheiten, ausgenommen die nur mäßige Walk- und Waschechtheit, färbt. Bemerkenswert ist die gegenüber den Farbstoffen mit p-Toluidin starke Verschiebung des Farbtones nach Rot. Der Farbstoff ist nicht mehr im Handel.

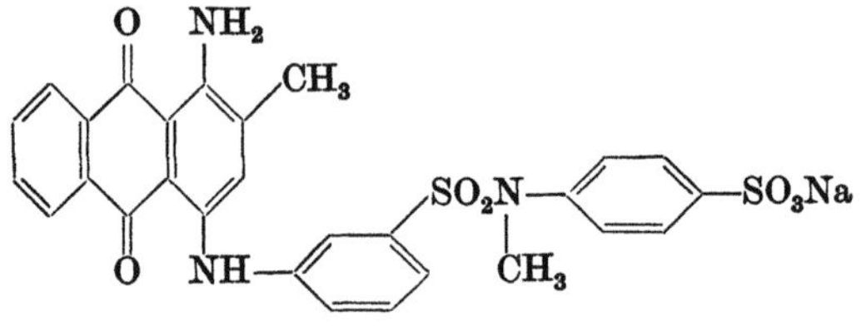

Alizarindirektviolett BL

Die Alkylierung der 1-ständigen Aminogruppe verschiebt den Farbton nach Grün. So färbt das *Acilanastrol B*[6] (R.E. SCHMIDT 1901) ein grünstichiges Blau mit guter Licht-, aber mäßiger Walk- und Waschechtheit, das oft zum Nuancieren von Chromierungsfarbstoffen benützt wird. Es läßt sich auch aus neutralem Bade färben. Hergestellt wird es durch Kondensation von 1-Methylamino-4-bromanthrachinon mit p-Toluidin und Sulfonierung[7].

---

[1] Vgl.: DRP 126392 (1899).
[2] Auch Alizarinlichtblau R, RG, Anthraquinone Blue RXO, Erioanthracenblau R, Kitonechtblau CR, Solway Blue RN u.a.
[3] Vgl.: DRP 131873 (1900).
[4] Siehe: DRP 515055 (1929).
[5] DRP 716977 (1942).
[6] Auch Alizarinlichtblau 3G, Erioechtblau 3GS, Solway Celestol B u.a.
[7] DRP 159129 (1901); DRP 163646 (1905).

$$O \quad NH-CH_3$$

Acilanastrol B

Zahlreiche wichtige Anthrachinonfarbstoffe erhält man aus der *Bromaminsäure*, 1-Amino-4-bromanthrachinon-2-sulfonsäure, deren Bromatom sich leicht durch Amine ersetzen läßt. Da diese Umsetzung in wäßriger Lösung vorgenommen werden kann und keine nachträgliche Sulfonierung mehr nötig ist wie etwa bei den Farbstoffen aus 1-Amino-2.4-dibromanthrachinon, lassen sich die Bromaminsäure-Farbstoffe technisch sehr einfach herstellen. Es sind rot- bis grünstichige Blaumarken mit vorzüglicher Lichtechtheit. Die anderen färberischen Eigenschaften und besonders die Naßechtheiten hängen weitgehend von der Aminkomponente ab.

Zur Herstellung der Bromaminsäure wird 1-Aminoanthrachinon mit Chlorsulfonsäure in Nitrobenzol bei 130° C im Vakuum zur 2-Sulfonsäure sulfoniert, diese in ihr Natriumsalz übergeführt und dann in wäßriger, saurer Lösung bei 0° C bromiert. Der entstehende Bromwasserstoff wird mit Chlorlauge zu Brom oxydiert und so der Reaktion wieder zugeführt[1].

Bromaminsäure

I

Alizarinsaphirol A[2] (Agfa 1913) war der erste Farbstoff dieser Gruppe und enthält Anilin als Aminrest (I, R = Phenyl). Er färbt aus saurem Bad auf Wolle ein reines, gut egalisierendes Blau, das licht- und waschecht ist. Auch die übrigen Echtheiten sind gut, mit Ausnahme der mäßigen alkalischen Walkechtheit.

Zu seiner Herstellung wird Bromaminsäure mit Anilin, Soda und Kupfersulfat in wäßriger Lösung während 3—4 Std auf 95—100° C erwärmt und der ausgefallene Farbstoff bei 50° C abfiltriert. Zur Reinigung löst man in Wasser, behandelt mit Aktivkohle und Kieselgur und filtriert. Dann wird der Farbstoff aus dem Filtrat mit Natriumchlorid ausgesalzen[3].

Ebenfalls ein wichtiger Farbstoff ist das *Alizarinbrillantreinblau R* (K. WEINAND 1925) mit Hexahydroanilin als Aminkomponente (I, R = Cyclohexyl). Man stellt es in Gegenwart von Natronlauge und Kupfersulfat her[4]. Es färbt auf Wolle ein klares, rotstichiges Blau, das

---

[1] DRP 263395 (1911).

[2] Jetzt Acilandirektblau A, Alizarindirektblau A; auch Alizarinechtblau CL, Alizarinlichtblau AA, Erioanthracenbrillantblau 2GC, Solway Ultra Blue B u.a.

[3] DRP 280646 (1913); vgl. auch: DRP 288878 (1914).

[4] DRP 456114 (1925); DRP 485521 (1929).

auch in hellen Tönen noch gut lichtecht ist und viel für die sog. Baby-
blaus verwendet wird.

Durch Kondensation mit substituierten Anilinen sind zahlreiche
weitere Säurefarbstoffe zugänglich. Wichtig ist das *Anthralanblau G*[1]
mit p-Aminoacetanilin als Aminkomponente[2]. Es färbt ein grünstichiges
Blau mit sehr guter Licht- und guten übrigen Echtheiten, ausgenommen
die nur mäßige Potting- und Walkechtheit. Ein interessanter Farbstoff
ist ferner das *Carbolan Blue B* der ICI[3] mit p-Dodecylanilin als Aminkomponente. Nach der Kondensation wird er noch nachsulfoniert. Er
besitzt eine gute Licht- und ausgezeichnete Naßechtheiten, jedoch nur
ein geringes Egalisiervermögen. Die geringe Migrationstendenz ist auf
den langen aliphatischen Rest zurückzuführen.

Weitere Bromaminsäure-Farbstoffe sind das Alizarinreinblau FFB mit m-
Amino-benzoesäureäthylester[4], das Supracenblau R mit m-Aminobenzonitril[5]
und das Anthralanblau B[6] mit p-Amino-N-acetyl-N-methylanilin. Eine Verbesserung der Naßechtheiten ohne Einbuße an Egalisiervermögen erzielt man durch
eine geeignete Vergrößerung des Aminrestes wie im Wollechtblau FGLL[7], das in
4-Stellung folgenden Arylaminrest trägt:

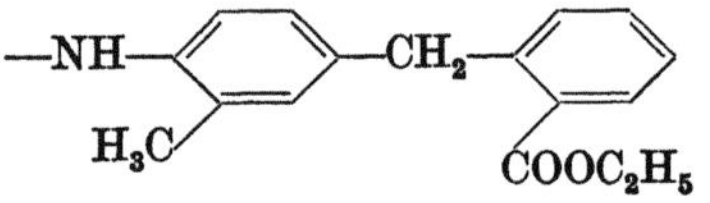

Es färbt ein klares Blau mit sehr guten Allgemeinechtheiten, das sich für Badean-
züge und Waschartikel aus Wolle eignet, und läßt sich auch aus neutralem Bade färben.

Farbstoffe mit sehr guten Naßechtheiten und guter Walkechtheit
erhält man durch Verknüpfung zweier Bromaminsäurereste mit einem
Diamin, so das *Supranolechtblau 2G* (K. WEINAND 1935; II, R =
—C(CH₃)₂—), das aus zwei Molen Bromaminsäure und einem Mol
p,p'-Diamino-diphenyl-2.2-propan hergestellt wird[8]. Es färbt auf Wolle
aus neutralem oder schwach saurem Bade ein klares Blau mit sehr guten
Allgemeinechtheiten.

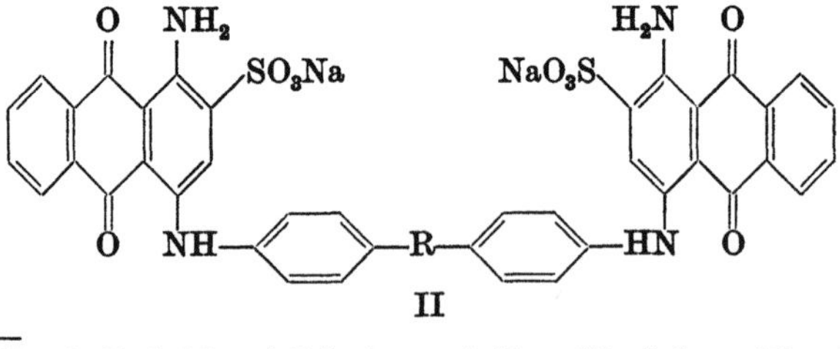

II

[1] Auch Alizarindirektblau AGG, Aquaminblau GL, Solway Blue 2G u.a.
[2] DRP 280646 (1913).
[3] EP 443776 (1934); siehe auch: DRP 631518 (1934); DRP 709689 (1936). —
SMITH, WM., u. W. G. REID: Chem. and Ind. 1948, 678. — HARRIS, R. M., G. J.
MARRIOTT u. J. C. SMITH: J. chem. Soc. [London] 1936, 1838.
[4] DRP 554324, 555966 (1930).
[5] DRP 511043 (1929).
[6] DRP 469565 (1926).
[7] Zur Herstellung siehe: DRP 553001, 554324, 555966 (1930).
[8] DRP 664408 (1935).

Ein ähnlicher Farbstoff ist das *Brillantalizarinwalkblau G*[1] (SANDOZ 1934; II, R = —CH$_2$—), das man durch Kondensation von zwei Molekeln 1-Amino-4-phenylamino-anthrachinon-2-sulfonsäure (= Alizarinsaphirol A) mit Formaldehyd herstellen kann[2]. Es färbt aus neutralem oder schwach saurem Bade ein grünstichiges Blau von sehr guten Allgemeinechtheiten und ist walkecht. Eine direkte Verknüpfung der beiden Phenylreste des Alizarinsaphirols A in ihrer para-Stellung erfolgt bei milder Oxydation mit Mangandioxyd[3]. Der dabei entstandene Farbstoff (II, R = —) ist als Alizarinwalkblau SL[4] im Handel. Seine färberischen Eigenschaften sind ähnlich wie bei den beiden anderen Farbstoffen; sein grünstichiges Blau ist jedoch etwas stumpf.

Derivate der Bromaminsäure sind als Farbstoffzwischenprodukte von geringerer Bedeutung. Eine Acetylaminogruppe in 5-Stellung verschiebt den Farbton etwas nach Grün. Als Beispiel sei Alizarinbrillantreinblau G aus 5-Acetylaminobromaminsäure und Hexahydroanilin[5] genannt, das ein klares Blau färbt. 5-Acetylamino-bromaminsäure erhält man aus 1.5-Diaminoanthrachinon-2-sulfonsäure durch Acetylierung und anschließende Bromierung.

1.4-Bis-arylamino-anthrachinone liefern blaue bis grüne Farbstoffe. Ihre Herstellung erfolgt im allgemeinen aus Chinizarin, das zum Leukochinizarin reduziert und mit Arylaminen kondensiert wird. Die Reduktion zur Leukostufe wird meistens in der Farbstoffschmelze vorgenommen[6]. Der klassische Vertreter dieser Gruppe ist das *Alizarincyaningrün G extra* (R. E. SCHMIDT 1894), das immer noch einer der wichtigsten grünen Säurefarbstoffe ist[7]. Es färbt auf Wolle ein blaustichiges Grün mit sehr guter Licht- sowie guten bis mäßigen Naßechtheiten und ist chrombeständig.

Alizarincyaningrün G extra

Zur Herstellung wird in eine Schmelze von p-Toluidin mit Chinizarin, Salzsäure und Borsäure bei 85° C Zinkstaub eingetragen und solange

---

[1] Auch Alizarinechtblau G, Lanasynbrillantblau GL, Polarsäurewalkblau GAW, Xylensäurewalkblau G.
[2] DRP 618000 (1934).
[3] DRP 621369 (1934).
[4] Auch Polarblau 4GL u.a.
[5] DRP 602904 (1933).
[6] Vgl. den Abschnitt über Aminierungen.
[7] Auch im Handel als Alizarinechtgrün CG, Alizarinlichtgrün GS, Anthraquinone Green G, Aquamingrün GL, Erioechtcyaningrün G u. a.

auf 95° C gehalten, bis keine Farbänderung mehr eintritt. Man verdünnt mit Methanol, filtriert, wäscht und sulfoniert[1]. Eine direkte Kondensation aromatischer Aminosulfonsäuren mit Leukochinizarin ist nicht möglich.

Verwendet man zur Kondensation p-Butylanilin statt p-Toluidin, so erhält man einen Farbstoff mit wesentlich besseren Naßechtheiten, was auf die aliphatischen Reste zurückzuführen ist[2]. Er ist als Carbolan Green G (ICI) im Handel.

Führt man die Kondensation zwischen Toluidin und Chinizarin in alkoholischer Lösung durch, so bleibt die Reaktion nach einmaliger Umsetzung stehen und man isoliert das violette 1-Hydroxy-4-(p-toluidino)-anthrachinon. Seine Sulfonsäure ist als *Supracenviolett 3 B*[3] im Handel und färbt auf Wolle ein blaustichiges Violett mit guter Licht- und eher mäßigen Naßechtheiten.

Farbstoffe mit bicyclischen Basen anstelle des Toluidins sind wesentlich walkechter als Alizarincyaningrün extra, im Farbton jedoch etwas trüber und gelbstichiger. Sie werden in derselben Weise hergestellt. Mit p-Aminodiphenyläther erhält man *Alizarinechtgrün GGW*[4], das ein blaustichiges Grün mit sehr guten Allgemeinechtheiten färbt und auch walk- sowie chromecht ist. Man kann es daher als Nuancierungskomponente in Metachrombädern verwenden.

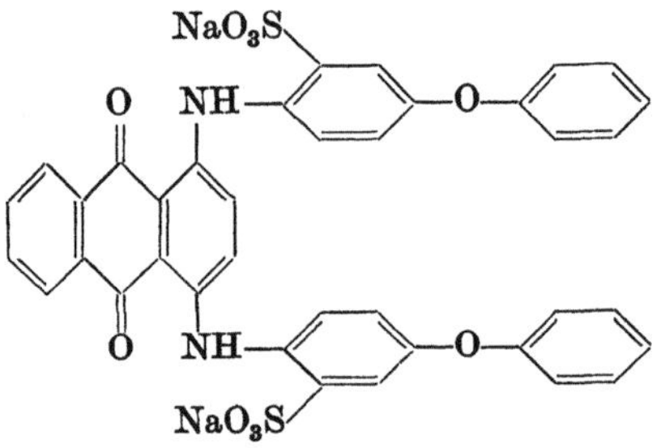

Alizarinechtgrün GGW

Ähnliche Farbstoffe sind Alizarincyaningrün GT mit p-Aminodiphenyl[5], ein etwas stumpfes Grün mit sehr guten Allgemeinechtheiten, das oft zum Nachtönen von Chromfärbungen gebraucht wird, und Alizarincyaningrün GWA mit p-Cyclohexylanilin[6], ein blaustichiges Grün mit ebenfalls sehr guten Allgemeinechtheiten.

Einen wesentlichen Einfluß auf den Farbton besitzt die Sulfonsäuregruppe, die sich bei den Grünmarken in ortho-Stellung zur Aminogruppe befindet. Ist sie in einer anderen Stellung des Arylrestes, so resultieren blaue Farbstoffe, beispielsweise das *Brillantalizarinwalkblau*

[1] Vgl.: DRP 84509 (1894), DRP 92997 (1896). Über die reduktive und oxydative Spaltung derartiger Farbstoffe siehe: ALLEN, C. F. H., G. F. FRAME u. C. V. WILSON: J. org. Chemistry 6, 732 (1941); 7, 63, 68, 169 (1942).

[2] Vgl.: SMITH, WM., u. W. G. REID: Chem. and Ind. 1948, 678.

[3] Auch Alizarinlichtviolett RS, Erioanthracencyanin JR, Kitonechtviolett R, Solway Purple R u. a.

[4] Auch Alizarinwalkgrün B, Irganolgrün B, Lanasynbrillantgrün BL; zur Herstellung siehe DRP 706608 (1937).

[5] DRP 595472 (1931).

[6] DRP 602959 (1933).

BL[1] (A. PETER 1934), das gut egalisiert und Färbungen von ausgezeichneter Licht- und Naßechtheit liefert. Man erhält es durch Kondensation von Chinizarin mit Mesidin und anschließende Sulfonierung. Auch die Verwendung von 2-Amino-1.2.3.4-tetrahydronaphthalin führt zu einem blauen Farbstoff, dem früheren Alizarinbrillantreinblau SE[2].

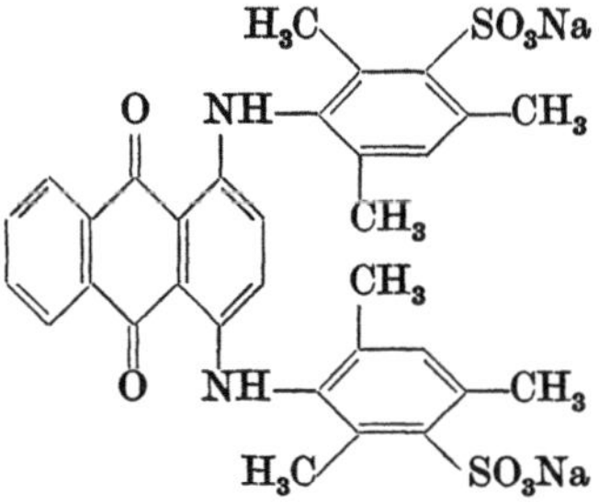

Brillantalizarinwalkblau BL

Hydroxygruppen in der 5- und 8-Stellung des Anthrachinonrestes verschieben den Farbton nach Gelb. Das gelbstichigste Grün der Reihe ist deshalb das *Alizarincyaningrün 5G* (K. WEINAND 1925) mit Hydroxygruppen in diesen beiden Stellungen. Es färbt aus neutralem Bade auf Wolle, ist chromecht und wird für lichtechte Grüntöne mit guten Allgemeinechtheiten verwendet. Zu seiner Herstellung geht man vom 1.4.5.8-Tetrahydroxyanthrachinon aus[3].

Sulfonierte 1.5- und 1.8-Diarylamino-anthrachinone sind violett; ihre praktische Bedeutung ist gering.

c) Anthrapyridone

Farbstoffe aus dem 1.9-Anthrapyridon sind rot bis violett. Sie waren früher die wichtigsten roten Säurefarbstoffe, wurden aber infolge der Entwicklung echter roter Azofarbstoffe stark zurückgedrängt. Man verwendet sie noch als lichtechte, gut egalisierende Wollfarbstoffe und in der Halbwollfärberei.

Als Ausgangsmaterial für verschiedene Typen dient 4-Brom-N-methyl-1.9-anthrapyridon, dessen Bromatom sich leicht durch Amine ersetzen läßt. Es wird aus 1-Methylamino-anthrachinon hergestellt, das man zum 4-Bromderivat bromiert, acetyliert und zum Anthrapyridon cyclisiert. Durch Kondensation mit p-Toluidin und nachfolgende Sulfonierung erhält man das *Supracenrot 3B*[4] (P. THOMASCHEWSKI 1906). Es färbt ein blaustichiges, gut egalisierendes Rot mit ausgezeichneter Lichtechtheit.

---

[1] Auch Alizarinechtblau R, Polarbrillantblau RAW; zur Herstellung siehe: DRP 631518 (1934).

[2] DRP 624782 (1933); vgl.: DRP 602959 (1933).

[3] DRP 181879 (1903).

[4] Auch Alizarinechtrubin R, Alizarinlichtrot R, Alizarinrubinol R, Erioanthracenrubin R, Solway Rubinol R u.a. Zur Herstellung siehe: DRP 201904 (1907); DRP 233126 (1911). Zur Chemie der 3-Azabenzanthrone siehe: ALLEN, C. F. H., u. C. V. WILSON: J. org. Chemistry 10, 594 (1945). — ALLEN, C. F. H., J. V. CRAWFORD, R. H. SPRAGUE, E. R. WEBSTER u. C. V. WILSON: J. Amer. chem. Soc. 72, 585 (1950). — SIMON, M. S., u. J. B. ROGERS: J. org. Chemistry 26, 4352 (1961).

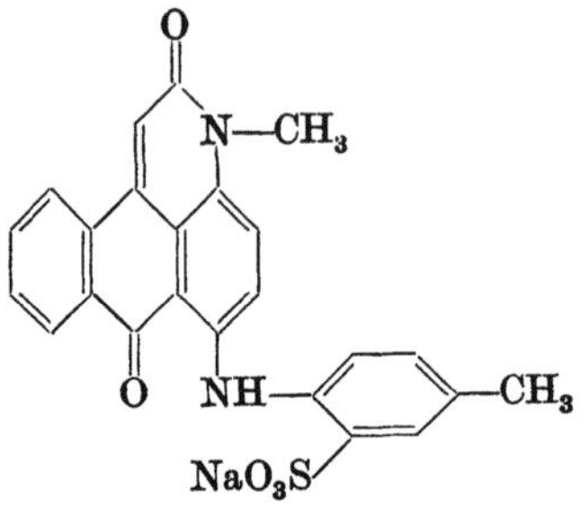

Supracenrot 3B

Bei der Kondensation mit Anilin und anschließender Monosulfonierung erhält man das Supracenrot 2BT, die Disulfonierung liefert Alizarinrubinol 3G.

Brillantalizarinlichtrot 4B[1] (SANDOZ 1930) wird aus 1-Amino-2-methyl-4-(p-toluidino)-anthrachinon durch Kondensation und Cyclisierung mit Malonsäurediäthylester und nachfolgende Sulfonierung gewonnen. Es färbt ein stark blaustichiges Rot mit guten Allgemeinechtheiten, ausgenommen die nur mäßige alkalische Walkechtheit:

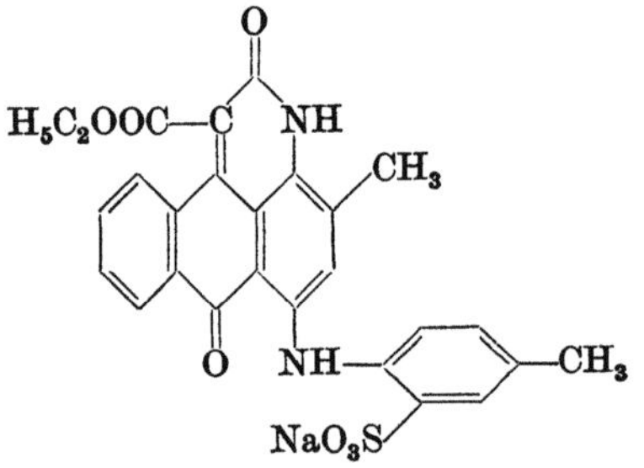

Brillantalizarinlichtrot 4B

Mit den Anthrapyridonen eng verwandt sind die Anthrapyrimidone, deren technische Bedeutung allerdings gering ist. Erwähnt sei das Alizarinastrolviolett B, das man durch Kondensation von 1-Methylamino-4-(p-toluidino)-anthrachinon mit Harnstoff und nachfolgende Sulfonierung erhält[2]. Es färbt ein rotstichiges Violett mit mittleren Allgemeinechtheiten.

Sulfonierte N-Phenylpyrimidone der isomeren Struktur I sind orange; eine praktische Bedeutung erlangten sie nicht.

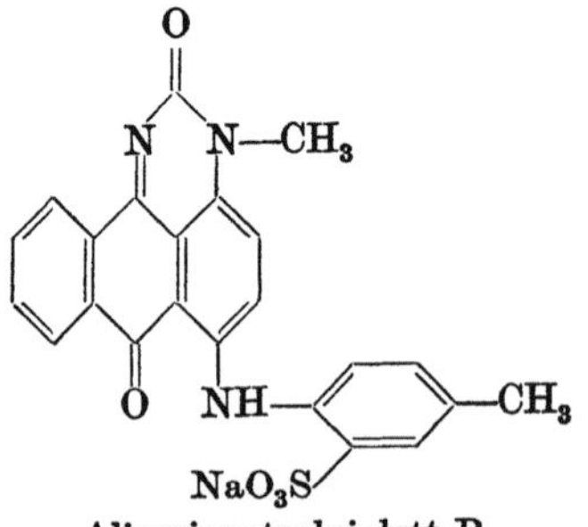

Alizarinastrolviolett B 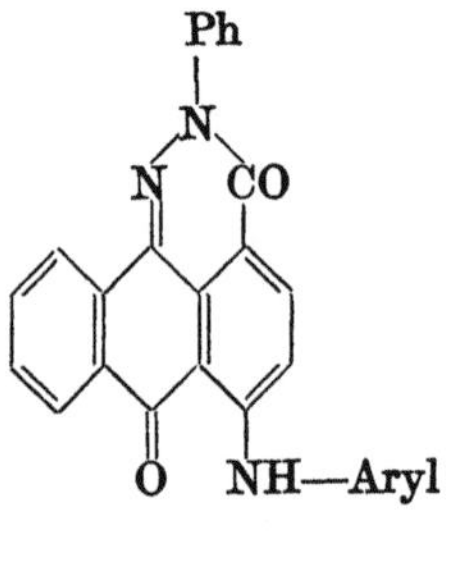   I

---

[1] Auch Aquaminrosa 2B, Erioanthracenrubin B, Kitonechtrubin 4BL; zur Herstellung siehe: DRP 578995 (1930).

[2] Vgl.: DRP 220314, 225982 (1910).

Als weiterer heterocyclisch anellierter Anthrachinonfarbstoff sei das *Alizarinlichtbraun BL* (E. GUTZWILLER 1932) erwähnt, das man aus 1-Benzoylamino-2-methyl-4-(β-naphthylamino)-anthrachinon bei der Einwirkung von Schwefelsäure erhält, wobei gleichzeitig die Carbazolisierung und Sulfonierung eintritt[1]. Es ist auch in hellen Tönen sehr lichtecht und besitzt sehr gute übrige Echtheiten.

4. Reaktivfarbstoffe

Reaktive Farbstoffe, die mit dem Substrat eine chemische Bindung eingehen, erhält man durch Einführung geeigneter reaktionsfähiger Gruppen in das Anthrachinonmolekül. Eine ausführliche Diskussion der reaktiven Farbstoffe folgt im Kapitel über die Azofarbstoffe[2].

Bei den *Dispersionsfarbstoffen* ist die Möglichkeit einer Umsetzung mit dem Substrat gering, da dieses meistens keine oder nur wenige reaktionsfähige Gruppen besitzt. Eine Ausnahme machen die Polyamide; die „Procinyl"-Farbstoffe der ICI sind reaktive Dispersionsfarbstoffe für Polyamide. Charakteristisch für den Aufbau derartiger Farbstoffe ist die nachstehende Verbindung[3]:

Beim Färben reagiert das Chlor des Triazinrestes mit Aminogruppen des Polyamides unter Abspaltung von Chlorwasserstoff. Statt eines Chlortriazinylrestes können auch andere reaktive Gruppen verwendet werden.

Wesentlich bedeutsamer sind die *wasserlöslichen* Reaktivfarbstoffe für Wolle und Cellulosefasern. Von den Anthrachinonderivaten sind vor allem die aus Bromaminsäure zugänglichen blauen Farbstoffe von

[1] DRP 593867 (1932); vgl. auch DRP 414865 (1922).
[2] Für eine Übersicht vgl.: ZOLLINGER, H.: Angew. Chem. 73, 125 (1961).
[3] EP 802935 (1956); vgl. auch: EP 785120, 785222 (1955); DBP 1001437, 1002099, 1012008 (1957).

Interesse. So erhält man klare, blaue Töne auf Wolle mit dem folgenden
Farbstoff[1]:

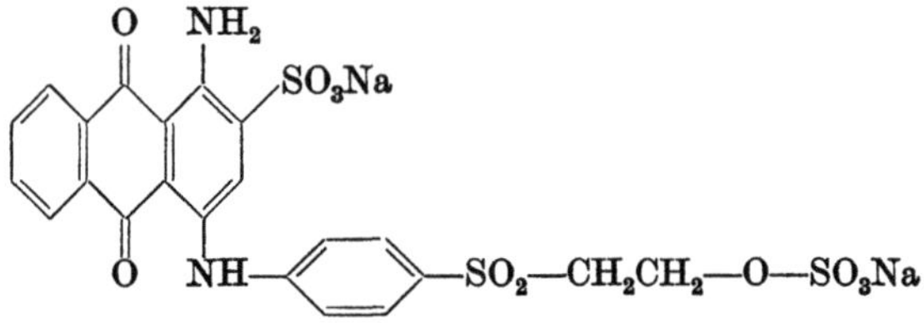

$$O \quad NH_2 \quad SO_3Na$$
$$O \quad NH-\!\!\langle\!\!\rangle\!\!-SO_2-CH_2CH_2-O-SO_3Na$$

Beim Färben dürfte sich unter Abspaltung der Estergruppe eine
Vinylsulfongruppe bilden, die sich an die Aminogruppen der Wolle
addiert.

Als Beispiel eines Triazinylfarbstoffes sei die folgende Verbindung
aufgeführt, die sich auch zum Färben von Cellulosefasern aus alkalischem
Bade eignet, wobei das Chloratom durch eine Hydroxylgruppe der Cellulose ersetzt wird[2]:

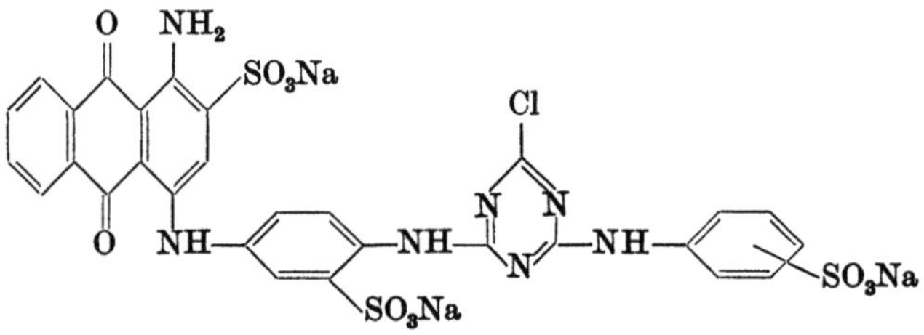

$$O \quad NH_2 \quad SO_3Na$$
$$Cl$$
$$O \quad NH-\!\!\langle\!\!\rangle\!\!-NH-\!\!\langle triazin \rangle\!\!-NH-\!\!\langle\!\!\rangle\!\!-SO_3Na$$
$$SO_3Na$$

XIII. Indigoide Farbstoffe

1. Allgemeines

Als indigoide Farbstoffe bezeichnet man außer dem Indigo und
seinen Derivaten eine Gruppe strukturell ähnlicher Verbindungen.
Obwohl ihre praktische Bedeutung seit dem Aufkommen der chinoiden
Küpenfarbstoffe stark zurückging, sind sie in chemischer Hinsicht
immer noch äußerst lehrreich und interessant, da ihre zahlreichen
Variationsmöglichkeiten sowohl wissenschaftlich als auch technisch voll
ausgeschöpft wurden.

Indigo ist wohl der älteste bekannte Farbstoff. Seine Vorstufe, das Indoxyl,
kommt in verschiedenen Pflanzen als Glucosid (Indikan) vor, hauptsächlich in der
Indigopflanze (Indigofera tinctoria, I. anil) und im Färberwaid (Isatis tinctoria).
Natürlicher Indigo wurde vor allem in Indien und Java gewonnen; sein Export
belief sich im Jahre 1895 auf 120 Mill. Goldfranken. Zu seiner Gewinnung wurde
die Indigopflanze zerschnitten, zerquetscht und in Gruben mit Wasser der Gärung
überlassen. Dabei entstand aus dem Indikan über das Indoxyl die gelbe Indigoküpe, die beim Durchblasen von Luft den blauen Indigo ausschied. Dieser Pflanzen-
indigo bestand aus 20—80% reinem Indigo, daneben aus pflanzlichen Verunreinigungen und dem isomeren Indirubin. Er fiel deshalb in wechselnden Schattie-
rungen an. Bengalindigo enthielt in der Regel 35—55%, Javaindigo gegen 80%

---

[1] Schwz.P. 303914 (1955); Schwz.P. 301821 (1954).
[2] Vgl.: DBP 1017303 (1958).

reinen Indigo. Nach 1900 wurde das Naturprodukt vom synthetischen Indigo verdrängt. Indirubin ist als Farbstoff bedeutungslos.

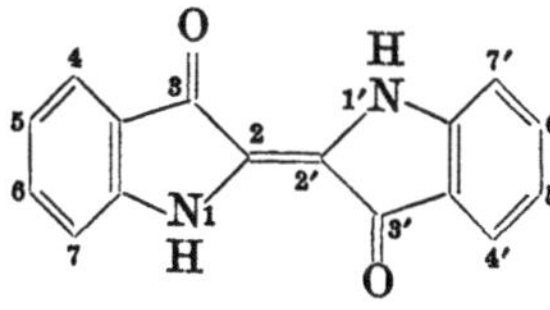

Indigo 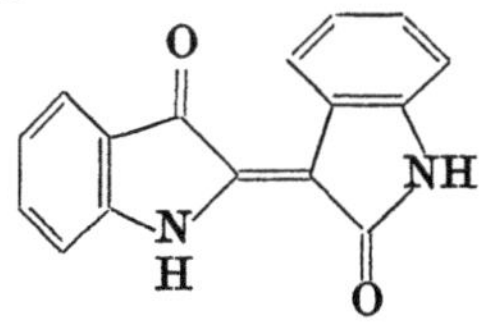						Indirubin

Die Konstitution des Indigos wurde 1870 durch A. v. Baeyer aufgeklärt. Er kann in zwei Stereoisomeren vorkommen, einer cis- und der vorstehenden trans-Form. Durch Röntgenuntersuchungen wurde 1928 festgestellt, daß in festem Zustand nur die trans-Form vorliegt[1]. Man nimmt an, daß sie durch Wasserstoff-Brücken stabilisiert wird. Eine photochemische trans-cis-Isomerisierung des Indigos konnte nämlich nicht festgestellt werden, wohl aber eine solche seines N,N'-Diacetylderivates[2].

Indigo ist ein dunkelblaues, glänzendes Pulver; aus Nitrobenzol, Anilin und anderen hochsiedenden Lösungsmitteln kristallisiert er in tiefblauen Prismen. Seine Löslichkeit in organischen Lösungsmitteln ist gering. Er löst sich in konzentrierter Schwefelsäure; in Alkalien und in verdünnten Säuren ist er unlöslich. Er schmilzt bei 390° C unter Zersetzung, beginnt aber bereits vorher zu sublimieren. Sein Dampf ist rotviolett. In unpolaren Lösungsmitteln löst er sich mit rotvioletter bis roter, in polaren mit blauer Farbe. An hochaktivem Aluminiumoxyd wird er mit roter Farbe adsorbiert. Die Molekulargewichtsbestimmung in polaren Lösungsmitteln gibt ungefähr das Doppelte des theoretischen Wertes, was auf Assoziierungen hinweist. Mit Eisen- und Kupferionen bildet Indigo Metallkomplexe, wobei die trans-Konfiguration erhalten bleibt[3]. Der Eisenkomplex vermag ein Molekül Sauerstoff reversibel zu binden.

Wegen der ungewöhnlich tiefen Farbe, der Möglichkeit der cis-trans-Isomerie und der auffälligen Farbänderung in verschiedenen Lösungsmitteln wurde der Zusammenhang zwischen Struktur und Farbe des Indigos eingehend untersucht. Scheibe u. Mitarb.[4] stellten fest, daß nicht die cis-trans-Isomerie, sondern die vom Lösungsmittel und Assoziationsgrad abhängige relative Polarität der NH- und CO-Gruppen die verschiedenen Farben bedingt. Diese Auffassung wurde von Pummerer u. Mitarb.[5] experimentell untermauert, indem sie verschiedene Derivate

---

[1] Reis, A., u. W. Schneider: Z. Kristallographie 68, 543 (1928); vgl. auch: Egerton, G. S., u. F. Galil: J. Soc. Dyers Colourists 78, 167 (1962) sowie: Heller, G.: Ber. dtsch. chem. Ges. 69, 564 (1936); 72, 1858 (1939).

[2] Brode, W. R., E. G. Pearson u. G. M. Wyman: J. Amer. chem. Soc. 76, 1034 (1954).

[3] Kuhn, R., u. H. Machemer: Ber. dtsch. chem. Ges. 61, 118 (1928); vgl.: Kunz, K.: Ber. dtsch. chem. Ges. 55, 3688 (1922).

[4] Scheibe, G., H. Dörfling u. J. Assmann: Liebigs Ann. Chem. 544, 240 (1940).

[5] Pummerer, R., u. H. Fiesselmann: Liebigs Ann. Chem. 544, 206 (1940). — Pummerer, R., u. E. Stieglitz: Ber. dtsch. chem. Ges. 75, 1072 (1942). — Pummerer, R., u. F. Reuss: Chem. Ber. 80, 242 (1947).

des Indigos mit erzwungener cis-Konfiguration herstellten. So ist N,N'-Äthylenindigo blau, in Lösungsmitteln blau bis blaurot. N,N'-Styrolindigo und N,N'-Vinylidenindigo sind blau, in polaren Lösungsmitteln blau bis rotviolett und in unpolaren rot. N,N'-Diäthylindigo verhält sich ähnlich wie N,N'-Äthylenindigo. Der blaue N,N'-Vinylidenindigo wird durch Salpetersäure zum gelben N,N'-Oxalylindigo oxydiert, dessen direkte Bildung beim Erwärmen von Indigo mit Oxalylchlorid schon lange bekannt ist[1].

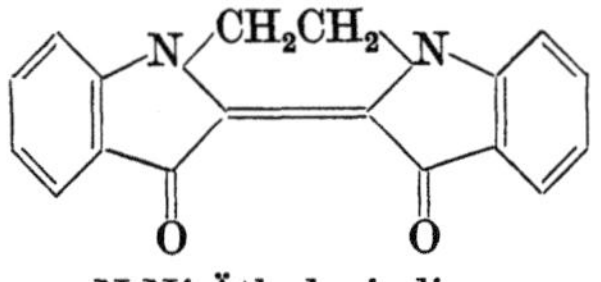

N,N'-Äthylenindigo
(blau)

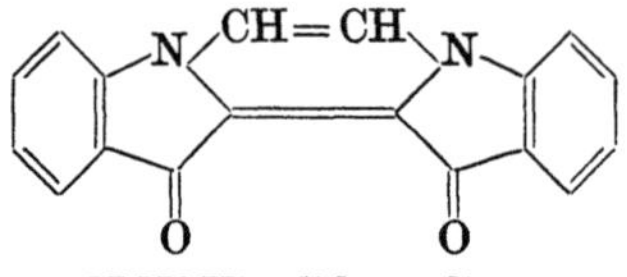

N,N'-Vinylidenindigo
(blau)

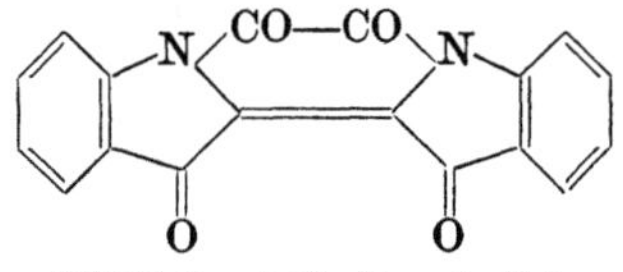

N,N'-Oxalylindigo (gelb)

Substituenten an den Stickstoffatomen beeinflussen die Farbe des Indigos auch in der trans-Form sehr stark. Eine Alkylierung vertieft die Farbe und erhöht die Löslichkeit. So ist N,N'-Dimethylindigo blaugrün; in Benzol löst er sich mit malachitgrüner, in verdünnter Salzsäure mit blauer Farbe. Ähnlich verhalten sich N,N'-Diäthylindigo und N,N'-Dibenzylindigo[2]. N,N'-Alkylindigos besitzen nur eine geringe Affinität für Cellulosefasern und sind als Farbstoffe ohne Interesse. Eine Acylierung der Stickstoffatome wirkt farbaufhellend. N,N'-Diacetylindigo und N,N'-Diäthoxyoxalylindigo sind deshalb rot[3] und der bereits erwähnte N,N'-Oxalylindigo sogar gelb.

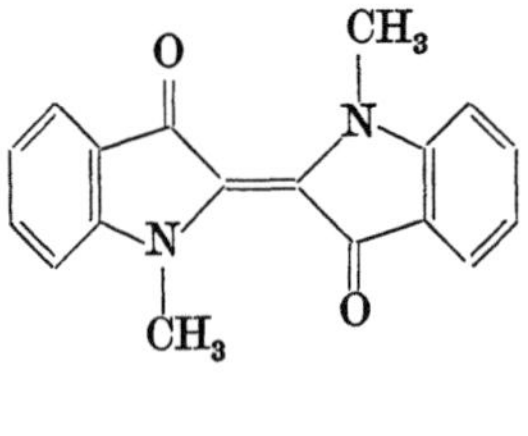

N,N'-Dimethylindigo
(blaugrün)

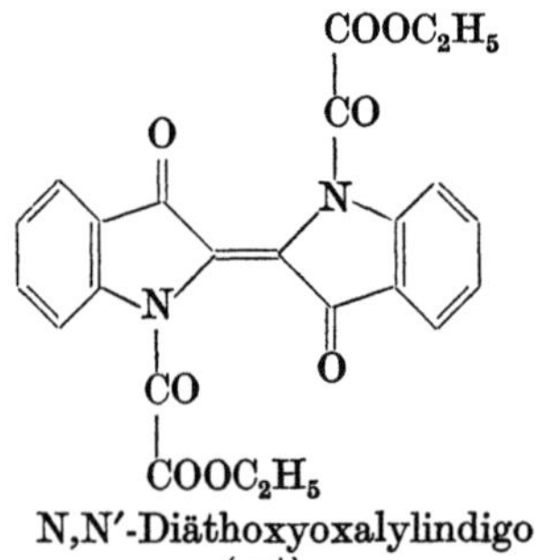

N,N'-Diäthoxyoxalylindigo
(rot)

[1] FRIEDLÄNDER, P., u. L. SANDER: Ber. dtsch. chem. Ges. 57, 637 (1924). — ALPHEN, J. VAN: Ber. dtsch. chem. Ges. 72, 525 (1939); — Rec. trav. chim. Pays-Bas 58, 378 (1939).

[2] ETTINGER, L., u. P. FRIEDLÄNDER: Ber. dtsch. chem. Ges. 45, 2074 (1912). — FRIEDLÄNDER, P., u. K. KUNZ: Ber. dtsch. chem. Ges. 55, 1597 (1922). — ALPHEN, J. VAN: Rec. trav. chim. Pays-Bas 61, 201 (1942).

[3] ALPHEN, J. VAN: Rec. trav. chim. Pays-Bas 58, 378 (1939).

Man nimmt an, daß die Farbe des Indigos mit Elektronenverschiebungen zwischen dem Stickstoff und der Carbonylgruppe zusammenhängt[1]. Dabei können Resonanzformen wie I und II auftreten. Durch eine Alkylierung der Stickstoffatome wird ihre Basizität erhöht, durch eine Acylierung verringert. Ähnlich farbaufhellend wie ihre Acylierung wirkt sich deshalb auch ihr Ersatz durch den viel weniger basischen Schwefel oder Sauerstoff aus.

Thioindigo ist rot[2]; er liegt normalerweise in der trans-Form vor, die sich im Gegensatz zum Indigo photochemisch in die cis-Form umlagern läßt[3]. Thioindigo ist sehr beständig und ein geschätzter Farbstoff. Oxindigo ist gelb[4]; chemisch ist er wenig beständig und wird leicht aufgespalten, besonders durch alkoholisches Alkali. Als Farbstoff ist er ungeeignet.

Thioindigo, rot   Oxindigo, gelb

Eine starke Farbaufhellung resultiert beim Verlust der zentralen Doppelbindung oder der Molekülsymmetrie. Sowohl 2.2′-Dimethyldihydroindigo III als auch 2-Diketohydrinyl-benzimidazol IV sind gelb[5]. Letzteres wird bei der Kondensation von 2-Methylbenzimidazol mit Phthalsäureanhydrid gewonnen.

III   IV

[1] KNOTT, E. B.: J. Soc. Dyers Colourists 67, 302 (1951). — HODGSON, H. H.: J. Soc. Dyers Colourists 62, 176 (1946). — GILL, R., u. H. I. STONEHILL: J. Soc. Dyers Colourists 60, 183 (1944). — ALPHEN, J. VAN: Rec. trav. chim. Pays-Bas 60, 138 (1941).
[2] FRIEDLÄNDER, P.: Ber. dtsch. chem. Ges. 39, 1060 (1906).
[3] WYMAN, G. M., u. W. R. BRODE: J. Amer. chem. Soc. 73, 1487, 4267 (1951).
[4] FRIES, K., u. A. HASSELBACH: Ber. dtsch. chem. Ges. 44, 124 (1911).
[5] ALPHEN, J. VAN: Rec. trav. chim. Pays-Bas 59, 289 (1940); 61, 888 (1942).

Andrerseits tritt die blaue Farbe bei Verbindungen mit einer indigo-ähnlichen Struktur wieder auf, so beim Pyrazolblau[1] und beim Russig-schen Blau[2].

Pyrazolblau   Russigsches Blau

Man erhält die beiden Farbstoffe bei der Oxydation von Phenylmethylpyrazo-lon, bzw. von 1-Hydroxy-4-methoxynaphthalin mit Ferrichlorid oder einem anderen milden Oxydationsmittel. Eine praktische Bedeutung besitzen sie nicht. Verwandt mit dem Russigschen Blau sind dagegen viele unsymmetrische Indigoide, beispielsweise der nachstehende 2-Indol-2'-naphthalin-indigo, der aus Isatin-α-chlorid und 1-Naphthol hergestellt wird[3]:

2-Indol-2'-naphthalin-indigo   Dithio-β-isoindigo

Isoindigo, bei dem die beiden Indolreste in 3.3'-Stellung verknüpft sind, ist als Farbstoff ohne Bedeutung. Ein Derivat davon, Dithio-β-isoindigo, wurde von DREW und KELLY[4] bei der Einwirkung von Schwefelwasserstoff auf Phthalodinitril in alkoholischer Ammoniaklösung gewonnen. Er löst sich in organischen Lösungs-mitteln sowie in Alkalien mit roter Farbe und bildet gefärbte Metallkomplexe.

Die *Nomenklatur* der indigoiden Verbindungen erfolgt nach einem Vorschlag von FRIEDLÄNDER[5] durch Angabe der Molekülhälften und ihrer Verknüpfungs-stellen. Sie dient vor allem der Charakterisierung der unsymmetrischen Indigoide. Enthält die Verbindung eine Arylkomponente, so unterscheidet man zwischen den „Indigos" mit Verknüpfung in ortho-Stellung zum chinoiden Sauerstoffatom (z.B. 2-Indol-2'-naphthalin-indigo) und „Indolignonen" mit para-ständiger Ver-knüpfung (z.B. 2-Indol-9'-anthracen-indolignon).

2-Indol-9'-anthracen-indolignon

2. Indigo und Derivate

Der Abbau des Indigos wurde bereits um 1840 untersucht, doch vergingen rund 40 Jahre, bis die Konstitution durch eine Totalsynthese sichergestellt werden konnte.

Die trockene Destillation des Indigos mit Kaliumhydroxyd gibt Anilin (UN-VERDORBEN 1841), bei milder Kalischmelze läßt sich Anthranilsäure isolieren (FRITZSCHE 1841)[6]. Die Oxydation mit Salpetersäure führt zum Isatin (ERDMANN

[1] KNORR, L.: Liebigs Ann. Chem. 283, 137, 155 (1887).
[2] RUSSIG, F.: J. prakt. Chem. [2] 62, 30, 53 (1900).
[3] FRIEDLÄNDER, P.: Ber. dtsch. chem. Ges. 41, 772 (1908).
[4] DREW, H. D. K., u. D. B. KELLY: J. chem. Soc. [London] 1941, 625, 630, 637.
[5] FRIEDLÄNDER, P.: Ber. dtsch. chem. Ges. 42, 1058 (1909); vgl.: Mh. Chem. 30, 271 (1909).
[6] Vgl. auch: FRIEDLÄNDER, P.: Ber. dtsch. chem. Ges. 41, 1035 (1908).

1841, LAURENT 1842). Sie verläuft in derart guter Ausbeute, daß sie das einfachste und billigste Verfahren zur Herstellung von Isatin bildet, seit synthetischer Indigo gut zugänglich ist. 1870 gelang A. v. BAEYER die Teilsynthese des Indigos aus Isatin. 1880 erfolgte die erste Totalsynthese und 1883 konnte die Indigostruktur eindeutig sichergestellt werden.

Indigo ist ein Indolderivat. Über die wichtigsten Zusammenhänge zwischen Indigo und den verschiedenen Indolderivaten orientiert die nachstehende Übersicht.

Isatin bildet rote Prismen und schmilzt bei 200° C. Es löst sich in wäßriger Natronlauge; in der Wärme wird dabei der Lactamring geöffnet und es entsteht die Isatinsäure. Es wird aus Indigo hergestellt, der bei 30° C mit Bichromat und Salpeter- oder Schwefelsäure oxydiert wird. Die Reaktionsmasse, die noch unveränderten Indigo enthält, wird mit Natronlauge extrahiert. Beim Ansäuern erhält man das Isatin in 90—95% Ausbeute[1]. Die von SANDMEYER entwickelten Isatinsynthesen dienen vor allem zur Herstellung der Methyl- und Alkoxyisatine (siehe S. 329). Die Halogenierung des Isatins in kalter, wäßriger Lösung gibt die 5-Halogenderivate, in Eisessig oder Schwefelsäure entstehen in der Wärme die 5.7-Dihalogenderivate[2].

[1] HENESEY, F.: J. Soc. Dyers Colourists 54, 105 (1938); vgl.: DRP 229815 (1909).
[2] Zur Chemie des Isatins siehe: SUMPTER, W. C.: Chem. Reviews 34, 393 (1944). HELLER, G.: Über Isatin. Stuttgart: Ferdinand Enke 1931.

Die β-ständige Carbonylgruppe des Isatins kondensiert leicht mit reaktiven Methylengruppen. Bemerkenswert ist der Farbtest mit Thiophen, bei dem sich das tiefblaue Indophenin bildet[1]. Man benützt ihn zur Prüfung des Benzols auf Anwesenheit von Thiophen, da sich damit noch Spuren des letzteren sicher nachweisen lassen.

Indophenin

Phosphorpentachlorid führt Isatin in α-Isatinchlorid über, das sich zu Indoxyl reduzieren läßt. Das letztere löst sich in wäßrigem Alkali unter Bildung der Enolform, die schon mit Luftsauerstoff zu Indigo oxydiert wird. Die entscheidende Stufe der Indigosynthese ist deshalb das Indoxyl, und das Problem der Indigoherstellung bestand nach der Strukturaufklärung in der wirtschaftlichen Erzeugung von Indoxyl oder einem geeigneten Indoxylderivat[2].

Die ersten beiden Synthesen von praktischem Interesse stammten von A. v. BAEYER. Bei der einen wurde Zimtsäureäthylester nitriert, das o-Nitroderivat vom p-Isomeren abgetrennt, zur Säure verseift und Brom an die Doppelbindung angelagert. Durch Bromwasserstoff-Abspaltung mit Natronlauge erhielt man die o-Nitrophenyl-propiolsäure, die sich durch milde Reduktion mit Glucose in alkalischer Lösung über die Indoxylcarbonsäure in Indigo überführen ließ. Die Ausbeute war allerdings gering.

o-Nitrophenylpropiolsäure   Indoxylcarbonsäure (Na-Salz)   → Indigo

o-Nitrophenyl-milchsäuremethylketon   → Indigo

Bessere Ausbeuten erhielt man bei einem zweiten Verfahren, das vom o-Nitrobenzaldehyd ausging. Durch Kondensation mit Aceton in alkalischer Lösung gelangte man zum o-Nitrophenyl-milchsäuremethylketon, das leicht in 2-Acetylindoxyl übergeht. Durch Abspaltung des Acetylrestes und Dimerisierung bildet sich daraus der Indigo[3]. Im technischen Maßstab erwies sich das Verfahren jedoch als zu

---

[1] STEINKOPF, W., u. W. HANSKE: Liebigs Ann. Chem. **541**, 238 (1939).

[2] Vgl. die Übersicht von HOLZACH, K.: Angew. Chem. **60**, 200 (1948); ferner HENESEY, F.: J. Soc. Dyers Colourists **54**, 105 (1938).

[3] Über die dabei auftretenden Zwischenstufen siehe: TANACESCU, I., u. A. GEORGESCU: Bull. Soc. chim. France **51**, 234 (1932).

teuer. Schließlich fand das o-Nitrophenyl-milchsäuremethylketon in der Indigotypie zur Präparation des lichtempfindlichen Papiers Verwendung, das nach der Belichtung mit Ammoniakdämpfen entwickelt wird und dabei Indigo bildet[1].

1890 konnte KARL HEUMANN (BASF) bei der Alkalischmelze des Phenylglycins 4—10% Indigo isolieren. Wenig später stellte er fest, daß die aus Anthranilsäure und Chloressigsäure erhältliche Phenylglycin-o-carbonsäure bei der Alkalischmelze sehr hohe Ausbeuten von Indigo lieferte. Damit war das Problem einer technischen Indigosynthese prinzipiell gelöst. Allerdings vergingen noch rund 7 Jahre, bis die Herstellung der benötigten Zwischenprodukte ausgearbeitet war.

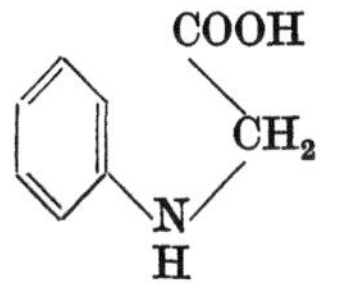

Phenylglycin

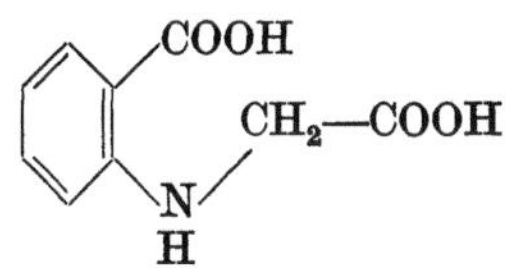

Phenylglycin-o-carbonsäure

Zur Herstellung der Anthranilsäure ging man vom Naphthalin aus, das mit hochprozentigem Oleum zu Phthalsäure oxydiert wurde. Das dabei anfallende Schwefeldioxyd wurde katalytisch wieder zum Trioxyd oxydiert. Aus der Phthalsäure erhielt man mit Ammoniak das Imid, das sich mit Natriumhypochlorit zu Anthranilsäure abbauen ließ. Chlor zur Herstellung von Natriumhypochlorit und Chloressigsäure gewann man durch Kochsalzelektrolyse. Die Kondensation zum Indigo wurde mit dem trockenen Natriumsalz der Phenylglycin-o-carbonsäure in einer wasserfreien Natriumhydroxydschmelze bei 200—220° C unter Luftausschluß vorgenommen, die gelbe Schmelze in Wasser gelöst und der Indigo durch Einleitung von Luft ausgeschieden. Die Ausbeute betrug bis zu 90%. Die Indigosynthese gab damit wichtige Impulse für die Entwicklung anderer Arbeitsrichtungen. Ihre gesamten Entwicklungskosten betrugen 18 Millionen Mark, was dem gesamten damaligen Aktienkapital der BASF entsprach.

1897 kam erstmals synthetischer Indigo unter dem Namen „Indigo rein BASF" in den Handel. Er begegnete anfänglich nur geringem Interesse und stieß auf viele Vorurteile. Manchenorts wurde er als minderwertig angesehen, andrerseits wurde behauptet, es handle sich lediglich um ein besonders gereinigtes Naturprodukt, da eine Indigosynthese praktisch nicht realisierbar sei[2]. Zu diesen Einführungsschwierigkeiten erwuchs der BASF noch bald eine ernsthafte Konkurrenz. 1901 stellte J. PFLEGER (Degussa) bei Untersuchungen über das Natriumamid fest, daß sich Phenylglycin in einer wasserfreien Alkalischmelze bei Zusatz von Natriumamid in 90%iger Ausbeute in Indigo überführen ließ. Diese überraschende Wirkung beruht offenbar darauf, daß Natriumamid auch die letzten Spuren von Wasser bindet, welches die Ausbeuten beim Ringschluß stark vermindert. Das Verfahren wurde von den

---

[1] RIED, W., u. M. WILK: Angew. Chem. 66, 34 (1954).
[2] Vgl.: FELSEN, G.: Der Indigo und seine Konkurrenten. Berlin: Verlag für Textil-Industrie 1908.

Farbwerken Hoechst, damals noch Meister, Lucius und Brüning, übernommen, die in der Folge den „Indigo MLB" in den Handel brachten. Das Pfleger-Verfahren verdrängte im Laufe der Jahre dasjenige der BASF und andere Konkurrenzverfahren und ist heute die ausschließlich angewandte Methode der Indigoherstellung.

Man benützt dabei das Kalium- oder Natriumsalz des Phenylglycins, die 4—5fache Menge einer Mischung von Natrium- und Kaliumhydroxyd und die doppelt molare Menge Natriumamid. Das Ätzalkaligemisch wird zuerst bei 350° C entwässert, dann wird bei 100° C das Natriumamid und das Phenylglycinsalz eingetragen. Infolge Ammoniakabspaltung aus dem Natriumamid steigt der Druck auf 4—5 Atm. Man verschmilzt 5—6 Std bei 210—220° C und gießt dann die rotbraune, homogene Schmelze in Eiswasser, wobei die Temperatur 50° C nicht übersteigen darf. Der Indigo wird durch Einblasen von Luft ausgeschieden; die Ausbeute beträgt über 90%[1]. Der Ringschluß des Phenylglycins wird auch durch andere wasserbindende Zusätze verbessert. Geeignet sind Erdalkalioxyde; sie konnten sich aber gegenüber dem Natriumamid nicht durchsetzen.

Phenylglycin wird aus Anilin und Chloressigsäure hergestellt. Ein zweiter technischer Weg führt über das Nitril, das aus Anilin, Formaldehyd und Natriumcyanid zugänglich ist:

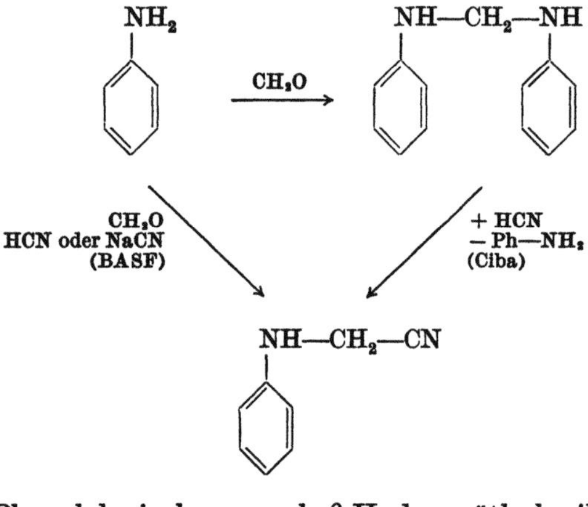

Statt Phenylglycin kann auch β-Hydroxyäthylanilin, das aus Anilin und Äthylenoxyd gut zugänglich ist, in der Pfleger-Schmelze eingesetzt werden. Allerdings werden dabei Temperaturen bis 300° C benötigt; das Verfahren wurde eine Zeitlang technisch ausgeübt.

Als Nebenprodukte der Phenylglycinschmelze treten vor allem Indirubin sowie α- und β-Flavindin auf.

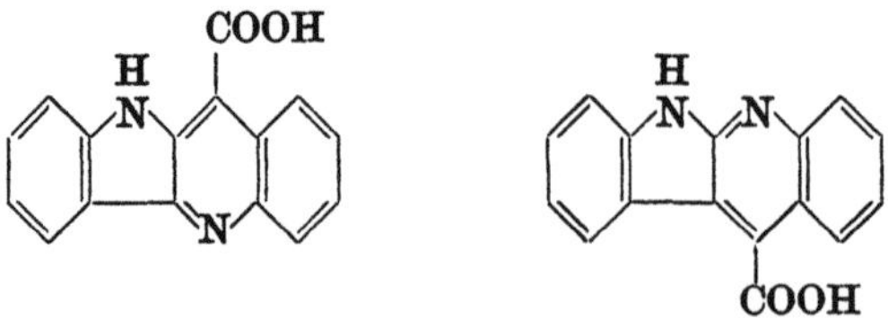

α-Flavindin   β-Flavindin

---

[1] DRP 137955 (1901); vgl. auch: BIOS Report 1482, 1493, 987.

Eine bemerkenswerte Indigosynthese wurde 1899 von SANDMEYER (J. R. Geigy) entwickelt. Ausgehend vom Diphenylthioharnstoff führte sie über vier Stufen zum α-Thioisatin, das mit Alkali glatt in Indigo übergeht [1]. Obschon die Ausbeuten aller Stufen sehr gut sind, konnte das Verfahren mit der Phenylglycinschmelze auf die Dauer nicht konkurrieren. Dagegen ist es wertvoll zur Herstellung von Isatin-α-anil.

Diphenylthioharnstoff

Diphenyl-cyanformamidin

Isatin-α-anil

Isatin

α-Thioisatin   Indigo

1919 entwickelte SANDMEYER eine einfachere Isatinsynthese über das Isonitrosoacetanilid [2]. Isatin selbst wird dabei nur in etwa 75% Ausbeute gewonnen; wichtig ist die Synthese für Alkyl- und Alkoxyisatine.

α-Isatinchlorid, das aus Isatin zugänglich ist, und Isatin-α-anil sowie ihre Derivate werden zur Herstellung unsymmetrischer Indigoide benützt.

Isonitrosoacetanilid (90% Ausb.)

Isatin

Isatin-β-imid (80% Ausbeute)

[1] DRP 113978, 113980 (1899); vgl. auch: DRP 277396 (1913).

[2] SANDMEYER, T.: Helv. chim. Acta 2, 237 (1919); — DRP 320647 (1918). — MARVEL, C. S., u. G. S. HIERS: Org. Synth. Coll. Vol. 1, 327 (1948). — FAVINI, G., u. F. PIOZZI: Atti Accad. Naz. Lincei. Rend. 19, 44—49 (1955); — Chem. Zbl. 1959, 8526.

Die *Reduktion* des Indigos mit Natriumhydrosulfit in wäßriger, alkalischer Lösung gibt die gelbe Küpe; sie kann durch Pyridinzusatz beschleunigt werden[1]. Die Küpenfarbe ist bei den indigoiden Verbindungen stets heller als die Farbe des Farbstoffes; meistens ist sie gelb. Anthrachinon und die höheren Chinone verhalten sich umgekehrt und erfahren bei der Verküpung eine Farbvertiefung. Indigo läßt sich auch mit Ammoniak verküpen und kann dann zur Wollfärbung benützt werden. Eine stärker alkalische Küpe, wie sie beispielsweise bei den Anthrachinonderivaten benötigt wird, ist dazu ungeeignet, da sie die Wolle schädigt.

Indigofärbungen auf Wolle sind sehr echt; auf Cellulosefasern sind die Echtheiten nur mäßig. Die Indigoküpe besitzt nur eine geringe Affinität zur Cellulose. Man muß deshalb in „Zügen" färben, d.h. das Färbegut muß immer wieder aus der Küpe herausgezogen, abgequetscht und an der Luft verhängt werden, damit der aufgenommene Leukofarbstoff oxydiert wird. Dann kann man wieder in die Küpe eingehen, bis die gewünschte Farbtiefe erreicht worden ist. Ein Teil des Farbstoffes bleibt dabei nur oberflächlich an der Faser hängen und muß durch sorgfältiges Seifen entfernt werden. Die Reibechtheit von Indigofärbungen auf Cellulosefasern ist deshalb gering.

Der größte Teil des Indigos wird in reduzierter Form verkauft. Man reduziert ihn dazu in wäßrig-alkalischer Lösung mit Wasserstoff bei 5—6 Atm. Druck und etwa 0,1 % Nickelkatalysator bei 40—75° C. Die Lösung wird dann mit Melasse versetzt und zu einem Teig oder zur Trockne konzentriert[2], wobei man den sog. Leukoindigo erhält. Die Melasse dient zur Stabilisierung; sie wirkt als Schutzkolloid und schwaches Reduktionsmittel. Noch wichtiger als der Leukoindigo ist das „Indigweiß". Es ist das Mononatriumsalz der Küpensäure und wird durch Einleiten von Kohlendioxyd in die alkalische Küpe gewonnen. Da es stabiler als Leukoindigo oder die Küpensäure ist, gibt man ihm den Vorzug.

Mit Chlorsulfonsäure kann Leukoindigo in den sauren Schwefelsäureester übergeführt werden. Für Einzelheiten sei auf den Abschnitt über die Indigosole verwiesen.

Die *Oxydation* des Indigos mit Chromsäure oder Salpetersäure führt wie erwähnt zum Isatin[3]. Bei milder Oxydation mit Bleisuperoxyd in Chloroform oder Benzol entsteht der dunkelrote Dehydroindigo[4]. Er bildet mit Natriumhydrogensulfit eine wasserlösliche Additionsverbindung, die ohne praktisches Interesse ist. Mit ungesättigten Verbindungen geht er Diensynthesen ein, die zu cyclischen cis-Indigo-N,N'-derivaten führen, auf die bereits hingewiesen wurde[5].

---

[1] Binz, A., u. G. Prange: Angew. Chem. **40**, 1474 (1928).

[2] DRP 325562 (1913).

[3] Zur Einwirkung von salpetriger Säure siehe: Posner, T., u. G. Aschermann: Ber. dtsch. chem. Ges. **53**, 1925 (1920). — Posner, T., u. W. Heumann: Ber. dtsch. chem. Ges. **56**, 1621 (1923).

[4] Kalb, L.: Ber. dtsch. chem. Ges. **42**, 3642, 3653 (1909); **44**, 1455 (1911); **45**, 2136 (1912).

[5] Pummerer, R., u. F. Reuss: Chem. Ber. **80**, 242 (1947) und frühere.

Dehydroindigo

Bei der *Sulfonierung* entsteht die Indigo-5.5′-disulfonsäure[1], die als Lebensmittelfarbstoff benützt wird. Als saurer Wollfarbstoff ist sie infolge ungenügender Lichtechtheit ohne Bedeutung.

Die *Nitrierung* in Acetanhydrid liefert Mono-, Di- und Trinitroindigos. Die Nitrogruppen besetzen nacheinander die Stellungen 5, 5′ und 7[2]. Als Farbstoffe sind die Nitroindigos ohne Bedeutung; bei ihrer Reduktion entstehen die entsprechenden Aminoindigos, die wegen ihrer geringen Chlorechtheit als Farbstoffe wertlos sind.

Durch *Halogenierung*, besonders durch Bromierung, erhält man einige der wichtigsten Indigofarbstoffe, da sie die Affinität zu Cellulosefasern erhöht und die Echtheiten etwas verbessert. Die Farbtöne werden klarer. Ihre Nuance verändert sich durch die Halogenierung wie folgt:

5.5′ (para zu —NH—)	leuchtender, grüner
7.7′ (ortho zu —NH—)	grüner
6.6′ (para zu —CO—)	stark röter
4.4′ (ortho zu —CO—)	grüner

Durch direkte Bromierung oder Chlorierung in einem inerten Lösungsmittel wie Nitrobenzol, Eisessig, Schwefelsäure oder Methylschwefelsäure lassen sich bis zu vier Chlor- und bis zu sechs Bromatome einführen. Sie besetzen nacheinander die Stellungen 5.5′, 7.7′ und schließlich 4.4′[3]. Eine direkte Einführung von Chlor in die 4.4′-Stellungen ist nicht möglich. Bei der technischen Bromierung wird der entstandene Bromwasserstoff häufig mit Chlor wieder zu Brom zurückoxydiert, um eine vollständige Ausnützung des teuren Broms zu erreichen. Am einfachsten erfolgt dies in situ durch Einleiten von Chlor. Die entstehenden Farbstoffe sind dabei oft etwas chlorhaltig[4]. 5.5′- und 7.7′-Difluorindigo lassen sich aus den entsprechenden Fluoranilinen darstellen. Ihre Affinität für Cellulosefasern ist geringer als bei den Bromindigos, ihre Lichtechtheit dagegen besser[5]. Eine praktische Bedeutung besitzen sie nicht. Über die als Farbstoffe verwendeten halogenierten Indigos orientiert die folgende Übersicht.

---

[1] VORLÄNDER, D., u. PH. SCHUBART: Ber. dtsch. chem. Ges. **34**, 1860 (1901).

[2] ALPHEN, J. VAN: Rec. trav. chim. Pays-Bas **57**, 837 (1938).

[3] GRANDMOUGIN, E.: Ber. dtsch. chem. Ges. **42**, 4408 (1909); **43**, 937 (1910). — GRANDMOUGIN, E., u. P. SEYDER: Ber. dtsch. chem. Ges. **47**, 2365 (1914). — ENGI, G.: Chemiker-Ztg **32**, 1178 (1908). — FRIEDLÄNDER, P., S. BRUCKNER u. G. DEUTSCH: Liebigs Ann. Chem. **388**, 23 (1912). — Zur Synthese der symmetrischen Chlorindigos siehe: SADLER, P. W., u. R. L. WARREN: J. Amer. chem. Soc. **78**, 1251 (1956).

[4] Zur Darstellung von Dibromindigo siehe: DRP 128575 (1900).

[5] ROE, A., u. C. E. TEAGUE: J. Amer. chem. Soc. **71**, 4019 (1949).

Halogenierte Indigos

5-Bromindigo (RAHTJEN 1901)	Indigo 2R Indigo Ciba 2R Tinaindigo 2R
5.5'-Dibromindigo (ENGI 1907)	Indigo rein BASF/RB
6.6'-Dibromindigo (FRIEDLÄNDER 1909)	Antiker Purpur
5.5',7.7'-Tetrabromindigo (ENGI 1907)	BASF-Brillantindigo 4B Cibablau 2B Durindone Blue 4B Tetrablau 2B Tinablau 2B
4.4',5.5',7.7'-Hexabromindigo (SCHMIDT u. THIESS 1908)	Brillantindigo BASF/6B (nicht mehr im Handel)
5.5',7.7'-Tetrachlorindigo (OBERREIT 1909)	BASF-Brillantindigo B, BR Cibablau BR Tetrablau BR Tinablau BR
4.4'-Dichlor-5.5'-dibromindigo (JULIUS, VILLIGER u. NAWIASKY 1909)	BASF-Brillantindigo 4G
5.5'-Dichlor-7.7'-dibromindigo (BASF 1909)	BASF-Brillantindigo 2B

Einer der wichtigsten Bromindigos ist der 5.5',7.7'-Tetrabromindigo (Cibablau 2B, G. ENGI 1907). Er wird durch Bromierung von Indigo in Eisessig-Acetanhydrid unter Zusatz von Natriumacetat[1] oder in siedendem Nitrobenzol hergestellt.

Hexabromindigo ist grünstichiger und wird bei der Bromierung von Indigo in heißer, konzentrierter Schwefelsäure[2] oder mit überschüssigem Brom unter Druck gewonnen. Noch grünstichiger ist der 4.4'-Dichlor-5.5'-dibromindigo. Man stellt ihn aus 2-Chlor-6-nitrobenzaldehyd durch Kondensation mit Aceton nach BAEYER und Bromierung des gebildeten Dichlorindigos her[3]. Die Echtheiten der halogenierten Indigos auf Cellulosefasern sind mäßig bis gut.

Cibablau 2B

Antiker Purpur

Bemerkenswert ist ferner der *antike Purpur*, 6.6'-Dibromindigo, obschon er seit langem nicht mehr verwendet wird. Auffällig ist sein

---

[1] DRP 193438 (1907).
[2] DRP 228960 (1908).
[3] DRP 234961 (1909).

rotstichiger Farbton. Alle anderen Halogenindigos sind grünstichiger als der Grundkörper. Antiker Purpur kommt in den Purpurschnecken (Murex brandaris) vor, die in den Küstengewässern des Mittelmeeres leben. Sie produzieren den Farbstoff, bzw. seine Küpe oder das entsprechende Indoxylderivat als Drüsenausscheidung in geringer Menge. Zur Färbung wurde direkt dieses Sekret benützt. Die Purpurfärberei war in der Antike und im frühen Mittelalter an den Küsten Kleinasiens heimisch, vor allem in Phönizien. Antiker Purpur kommt ferner in zwei Schneckenarten (Purpura aperta u. P. lapillus) vor, die in den pazifischen Küstengewässern von Mexiko und Costarica leben, und wurde von den dortigen Indianern zum Färben von Baumwolle benützt[1]. Die Strukturaufklärung des antiken Purpurs gelang P. FRIEDLÄNDER[2], der aus 12 000 Purpurschnecken etwa 1,4 g Farbstoff isolieren konnte.

Indirubin (Indigorot), ein Nebenprodukt des natürlichen Indigos, färbt rotviolette Töne. Als Farbstoff wurde eine Zeitlang sein Tetrabromderivat (Cibaheliotrop B) verwendet[3], infolge seines unschönen Farbtones aber wieder fallengelassen.

Naphthalinindigos blieben ohne praktische Bedeutung, ausgenommen das früher wichtige Cibagrün G (G. ENGI 1907). Seine Herstellung kann aus 2-Naphthylamin nach SANDMEYER über das Naphthisatinanil oder durch Umsetzung mit Oxalylchlorid über die Oxaminsäure erfolgen, die mit Schwefelsäure zum 2.1-Naphthisatin cyclisiert wird. Nach der Bromierung des Naphthisatins erhält man den Farbstoff über das α-Isatinchlorid[4]. Cibagrün G war ein ziemlich brillanter, grüner Farbstoff, der viel für den Druck verwendet wurde.

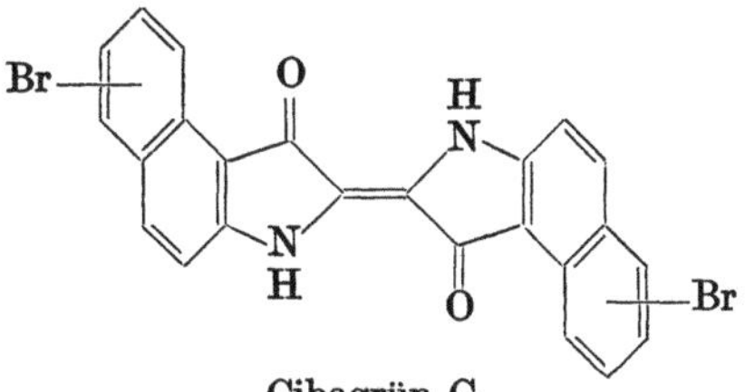

Cibagrün G

Peri-Naphthindigo[5] und Phenanthrenindigo[6] erlangten keine praktische Bedeutung. Dasselbe gilt für die Pyridinindigos[7].

Die *N-Alkylderivate* des Indigos sind ohne färberische Bedeutung. Indigo selbst läßt sich am Stickstoff nicht alkylieren, wohl aber der Schwefelsäureester des Leukoindigos (Indigosol O)[8].

Die *N-Acylierung* des Indigos gelingt leicht. Mit geeigneten Acylkomponenten erhält man interessante Ringsysteme, die als Pigmente bedeutsam sind. So bildet sich bei der Kondensation von Indigo mit

[1] FRIEDLÄNDER, P.: Ber. dtsch. chem. Ges. **55**, 1655 (1922).

[2] FRIEDLÄNDER, P.: Mh. Chem. **28**, 991 (1907); **31**, 247 (1910); — Ber. dtsch. chem. Ges. **42**, 765 (1909).

[3] DRP 192 682 (1907).

[4] DRP 193 970 (1907); vgl.: DRP 206 352, 207 487 (1907).

[5] FIERZ-DAVID, H. E., u. R. SALLMANN: Helv. chim. Acta **5**, 560 (1922). Bezüglich des 2.3;2'.3'-Naphthindigos siehe: FIERZ-DAVID, H. E., u. R. TOBLER: Helv. chim. Acta **5**, 557 (1922).

[6] DUTTA, P. CH.: Ber. dtsch. chem. Ges. **67**, 1319 (1934).

[7] KÄGI, H.: Helv. chim. Acta **24**, Fasc. extra-ord. 141 E (1941).

[8] PUMMERER, R.: Angew. Chem. **66**, 454 (1954).

Malonester der violette Indigomalonester, mit Phenylessigester das analoge Kondensationsprodukt[1]. Wichtig war das Cibalackrot B (G. ENGI 1911), das sich aus Indigo und Phenylessigsäurechlorid in siedendem Nitrobenzol bildet[2]. Es ist ein lichtechtes Pigment, das jedoch durch neuere Farbstoffe verdrängt wurde.

Indigomalonester   Cibalackrot B

Cibagelb 3G entsteht aus Indigo und Benzoylchlorid in siedendem Nitrobenzol unter Zusatz von Kupferpulver[3]. Die gelbe Verbindung gibt eine rötlich-blaue Küpe und verhält sich damit wie ein Anthrachinon- und nicht wie ein Indigoderivat. Ihre Struktur war lange umstritten. Nach den Untersuchungen von DE DIESBACH[4], die später von STAUNTON und TOPHAM[5] bestätigt wurden, besitzt es die nachstehende Struktur mit einem sonst selten vorkommenden siebengliedrigen Ring. Eine isomere Verbindung ist das Hoechster Gelb U. Die beiden Farbstoffe wurden als Pigmente verwendet, sind jetzt aber durch neuere Anthrachinonfarbstoffe überholt.

Auch die Benzoylierung des Indirubins wurde untersucht, doch lieferte sie keine technisch brauchbaren Farbstoffe[6].

Cibagelb 3G   Hoechster Gelb U

[1] POSNER, T., u. G. PYL: Ber. dtsch. chem. Ges. **56**, 31 (1923). — POSNER, T., u. W. KEMPER: Ber. dtsch. chem. Ges. **57**, 1311 (1924).

[2] DRP 260243 (1911). — ENGI, G.: Angew. Chem. **27**, 144 (1914).

[3] DRP 259145 (1910); vgl.: POSNER, T., u. R. HOFMEISTER: Ber. dtsch. chem. Ges. **59**, 1827 (1926) und frühere sowie: HOPE, E.: J. chem. Soc. [London] **1936**, 1474 und frühere.

[4] DIESBACH, H. DE, E. HEPPNER u. Y. SIEGWART: Helv. chim. Acta **31**, 724 (1948). — DIESBACH, H. DE, M. CAPPONI u. J. FARQUET: Helv. chim. Acta **32**, 1214 (1949). — DIESBACH, H. DE, u. M. FROSSARD: Helv. chim. Acta **37**, 701 (1954); sowie frühere Arbeiten.

[5] STAUNTON, R. S., u. A. TOPHAM: J. chem. Soc. [London] **1953**, 1889.

[6] DIESBACH, H. DE, u. E. HEPPNER: Helv. chim. Acta **32**, 687 (1949) und frühere Arbeiten.

3. Thioindigo und Derivate

Thioindigo wurde erstmals 1905 von FRIEDLÄNDER dargestellt[1]. In der Natur kommt er nicht vor. Normalerweise liegt er wie Indigo in der trans-Konfiguration vor, die sich bei der Belichtung zur cis-Form isomerisiert[2]. Seine Küpe ist gelb, seine Lösung in konzentrierter Schwefelsäure grün. Die substituierten Thioindigos verhalten sich ähnlich. Die Bezifferung erfolgt wie beim Indigo und beginnt an den Schwefelatomen.

Thioindigo

Thioindigo läßt sich leichter verküpen als Indigo und kann aus schwach alkalischer Küpe auf Wolle gefärbt werden. Seine Affinität für Cellulosefasern ist mäßig; seine Echtheiten sind dabei etwas besser als diejenigen des Indigos, ausgenommen die geringe Soda-Kochechtheit. Er färbt ein klares, blaustichiges Rot und ist immer noch ein bedeutender Farbstoff.

Gegenüber chemischen Reagenzien ist Thioindigo recht beständig. Starke Alkalien spalten ihn in der Hitze in Thiosalicylsäure und 3-Hydroxy-1-thionaphthen-2-aldehyd. Diese Reaktionsweise ist typisch für die indigoiden Farbstoffe[3]. Die oxydative Spaltung mit Ozon liefert Thioisatin[4], mit Salpetersäure erfolgt Abbau zur o-Sulfobenzoesäure[5].

3-Hydroxy-1-thionaphthen-2-aldehyd   Thioisatin

Die *Herstellung* des Thioindigos erfolgt über die Thioindoxyl-2-carbonsäure. Am besten geht man dabei von der Thiosalicylsäure aus, die aus diazotierter Anthranilsäure leicht zugänglich ist[6]. Mit Chlor-

---

[1] FRIEDLÄNDER, P.: Ber. dtsch. chem. Ges. **39**, 1060 (1906); — Liebigs Ann. Chem. **351**, 390 (1907). — BEZDZIK, A., P. FRIEDLÄNDER u. P. KOENIGER: Ber. dtsch. chem. Ges. **41**, 227 (1908).

[2] Vgl.: WYMAN, G. M., u. W. R. BRODE: J. Amer. chem. Soc. **73**, 1487, 4267 (1951). — EGERTON, G. S., u. F. GALIL: J. Soc. Dyers Colourists **78**, 167 (1962).

[3] Siehe hierzu: FRIEDLÄNDER, P., u. E. SCHWENK: Ber. dtsch. chem. Ges. **43**, 1971 (1910). — FRIEDLÄNDER, P., u. L. SANDER: Ber. dtsch. chem. Ges. **57**, 648 (1924). — BEZDZIK, A., u. P. FRIEDLÄNDER: Mh. Chem. **29**, 375 (1908); **30**, 271 (1909). — FELIX, A., u. P. FRIEDLÄNDER: Mh. Chem. **31**, 55 (1910).

[4] FÜRST, W., u. R. POLLAK: Ber. dtsch. chem. Ges. **65**, 390 (1932); vgl.: PUMMERER, R., u. F. LUTHER: Ber. dtsch. chem. Ges. **64**, 831 (1931).

[5] RIESZ, E.: Ber. dtsch. chem. Ges. **64**, 1893 (1931); vgl. POSNER, T., u. E. WALLIS: Ber. dtsch. chem. Ges. **57**, 1673 (1924).

[6] Für eine präparative Darstellungsmethode siehe: ALLEN, C. F. H., u. D. D. MACKAY: Org. Synth. Coll. Vol. **2**, 580 (1950).

essigsäure läßt sie sich in alkalischer Lösung in die Phenylthioglykol-o-
carbonsäure überführen, die in der Alkalischmelze bei 190—210° C zur
Thioindoxyl-2-carbonsäure cyclisiert wird[1]. Bei milder Oxydation in
alkalischem Medium geht die letztere in Thioindigo über[1], während sie
in schwach saurer, warmer Lösung leicht zum Thioindoxyl (Thionaph-
thenon, 3-Hydroxy-1-thionaphthen) decarboxyliert wird. Substituierte
Thioindoxyle dienen zur Herstellung unsymmetrischer Indigoide.

Bereits mit 10—20%iger Natronlauge bei 100° C erfolgt der Ringschluß mit
einer ortho-ständigen Nitrilgruppe, der zur 3-Amino-1-thionaphthen-2-carbonsäure
führt[2]. Durch kurzes Kochen mit verdünnter Säure am Rückfluß erhält man
daraus Thioindoxyl. Die Methode dient zur Herstellung substituierter Thioindoxyle; Thioindigo selbst wird ausschließlich durch Alkalischmelze von Phenyl-
thioglykol-o-carbonsäure erzeugt.

Ein alkalischer Ringschluß der Phenylthioglykolsäure analog zum Pfleger-
Verfahren ist nicht möglich, doch läßt sie sich im Gegensatz zum Phenylglycin
sauer cyclisieren. Man kann diesen Ringschluß entweder direkt mit Chlorsulfonsäure bei 0—30°C[3] oder über das Säurechlorid mit wasserfreiem Aluminiumchlorid in einem inerten Lösungsmittel bei 50—80°C[4] vornehmen. Das Verfahren
wird nur für substituierte Thioindoxyle benützt. Thioindoxyl kuppelt in der
2-Stellung mit Diazoniumverbindungen zu Azofarbstoffen[5], die allerdings keine
Bedeutung erlangten.

Thioindoxyle kondensieren in schwach alkalischer Lösung mit p-Nitrosodimethylanilin zu den entsprechenden α-Anilen[6], welche wichtige Zwischenprodukte zur
Herstellung unsymmetrischer Indigoide sind. Eine Übersicht über die besprochenen Reaktionen gibt das nachstehende Schema:

[1] DRP 192075, 194237 (1905). Zur technischen Herstellung siehe: BIOS
Report 983, 987, 1156, 1493.
[2] DRP 184496, 190674, 202696 (1906). Zum sauren Ringschluß siehe: DRP
190291 (1906).
[3] DRP 241910 (1907).
[4] DRP 197162 (1906).
[5] LIPP, M., u. S. M. ABD ELRAHMAN OMRAN: Melliand Textilber. **42**, 792 (1961).
[6] PUMMERER, R.: Ber. dtsch. chem. Ges. **43**, 1370 (1910); — DRP 214781
(1907).

3-Amino-1-thionaphthen-
2-carbonsäure

Thioisatin-α-(p-dimethylaminoanil)

Wohl die wichtigste und einfachste Methode zur Herstellung der benötigten Thiophenole stellt die *Herzsche Reaktion* (R. HERZ 1914) dar. Dabei wird ein aromatisches Amin oder dessen Hydrochlorid mit Chlorschwefel zum entsprechenden o-Aminothiophenol umgesetzt[1]. Die Synthese verläuft über folgende Stufen:

Bei unbesetzter para-Stellung des Amins erfolgt dort gleichzeitig eine Chlorierung. Bei para-ständigen Methyl-, Methoxy-, Äthoxy- und

---

[1] DRP 360690, 364822, 367344, 367346 (1914). Für eine Übersicht siehe: WARBURTON, W. K.: Chem. Reviews **57**, 1011—1020 (1957).

Dimethylaminogruppen sowie Brom findet keine Chlorierung statt, wohl aber bei Nitro- und Carboxylgruppen, die dabei ersetzt werden.

Die Umsetzung mit Chlorschwefel wird in der Regel während 1—2 Std bei 80—100° C durchgeführt, die Spaltung mit verdünnter Natronlauge oder Calciumcarbonat bei 0—5° C, dann wird ohne Isolierung des entstandenen o-Aminothiophenols bei 10—25° C mit Chloressigsäure und überschüssiger Natronlauge veräthert. Aus dem Amin läßt sich nach SANDMEYER das Nitril darstellen, dessen Ringschluß zum Thioindoxyl führt.

Die *Substitution* des Thioindigos spielt technisch keine große Rolle. Die meisten Derivate werden aus den entsprechend substituierten Thiophenolen hergestellt. Bemerkenswert ist die Farbaufhellung durch 6-ständige Alkoxy- und Aminogruppen. 6.6′-Dialkoxy- und 6.6′-Diaminothioindigo sind orange; 7.7′-Diaminothioindigo färbt dagegen ein blaustichiges Grau[1]. Wegen ihrer geringen Echtheit erlangten die Aminothioindigos keine praktische Bedeutung; 6.6′-Diäthoxythioindigo ist dagegen ein wichtiger oranger Farbstoff. Ein echter brauner Farbstoff leitet sich vom Naphthalin ab. Die meisten übrigen Thioindigoderivate färben rosa oder rotviolette Töne. Viele der früher zahlreichen Thioindigofarbstoffe mußten echteren Küpenfarbstoffen der Anthrachinonreihe weichen. Verschiedene Typen finden jedoch infolge ihres klaren Farbtones, guter Echtheiten und vorzüglicher Eignung für den Druck immer noch ausgedehnte Anwendung. Die wichtigsten Thioindigos sind in der folgenden Übersicht zusammengestellt.

Wichtige Thioindigofarbstoffe

Thioindigo (FRIEDLÄNDER 1905)	Cibarosa B Durindone Red B Helindonrot 2B Tetrarosa B Tinarosa B
6.6′-Dichlorthioindigo (ENGI 1907)	Indanthrenbrillantrubin BR Sandothrenrosa BG Tinarosa BG
6.6′-Diäthoxythioindigo (SCHIRMACHER u. DEICKE 1907)	Algolorange RF Cibaorange FR Durindone Orange R Helindonorange R Sandothrenorange FR Tinaorange FR
4.4′-Dimethyl-6.6′-dichlorthioindigo (SCHIRMACHER u. LANDERS 1907)	Cibabrillantrosa FR Durindone Pink FF Helindonrosa R Indanthrenbrillantrosa R Sandothrenbrillantrosa FR Tinabrillantrosa FR
5.5′-Dichlor-7.7′-dimethylthioindigo (SCHMIDT u. BRYK 1907)	Cibarot F3BN Durindone Red 3B Indanthrenrotviolett RH Sandothrenrot F3BN Tinarot F3BN

---

[1] Zur Herstellung der Aminothioindigos siehe: DRP 252771 (1910).

4.4′,7.7′-Tetramethyl-5.5′-dichlorthio- indigo (SCHMIDT u. BRYK 1907)	Cibarot F2B Indanthrenrotviolett RRN Sandothenrot F2B Tinarot F2B
4-Methyl-6.6′-dichlorthioindigo (HERZ u. BRUNNER 1928)	Indanthrendruckrosa FFB (nicht mehr im Handel)
4-Methyl-6-chlor-6′-methoxythioindigo (SCHIRMACHER, ZAHN, HOFFA u. HEYNA 1923)	Cibascharlach F3B Indanthrenscharlach B, BS
4.4′-Dimethyl-6.5′.7′-trichlorthioindigo (HEYNA 1929)	Cibabrillantrosa F3B Indanthrenbrillantrosa 3B, 3BS
4.5; 4′.5′-Dibenzothioindigo (SCHIRMACHER u. BRUNNER 1907)	Cibabraun FG Durindone Brown G Indanthrenbraun RRD Sandothrenbraun FG Tinabraun FG
5.6-Benzo-7-chlorthioindigo (Ciba 1922)	Cibaviolett F6R Indanthrendruckpurpur R Tetraviolett F6R Tinaviolett F6R

Der gelbstichigste Farbstoff der Reihe ist das *Helindonorange R*, 6.6′-Diäthoxythioindigo. Er färbt auf Baumwolle ein reines Orange und ist weiß ätzbar. Zu seiner Herstellung geht man vom p-Phenetidin aus, führt es nach HERZ in 2-Amino-5-äthoxythiophenol über, veräthert mit Chloressigsäure, tauscht die Aminogruppe nach SANDMEYER gegen den Cyanrest aus und cyclisiert alkalisch.

Chlor- und methylsubstituierte Thioindigos färben blaustichige Rottöne. Ein schönes, klares Rosa mit guten Echtheiten färbt das *Indanthrenbrillantrosa R*. Die Herstellung geht vom o-Toluidinhydrochlorid aus, das bei der Herz-Reaktion gleichzeitig chloriert wird[1].

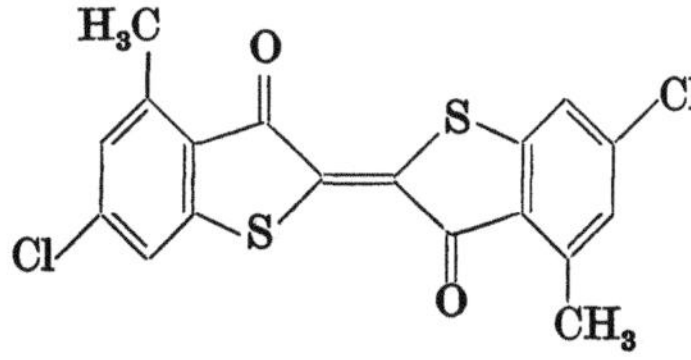

Indanthrenbrillantrosa R

Das isomere Indanthrenrotviolett RH (5.5′-Dichlor-7.7′-dimethylthioindigo) färbt ein rotstichiges Violett. Das zu seiner Herstellung benötigte Thiophenol erhält man durch Reduktion aus 5-Chlortoluol-sulfochlorid[2].

Durch höhere Lichtechtheit und schönere Farbtöne zeichnen sich verschiedene unsymmetrisch substituierte Thioindigos aus, vor allem *Indanthrenbrillantrosa 3B* und Indanthrenscharlach B. Ihre Herstellung[3]

---

[1] DRP 367493 (1914); vgl. DRP 500162, 514505 (1927).
[2] DRP 555140 (1926).
[3] DRP 540862 (1929).

erfolgt gemäß folgendem Schema, wobei die Anil- und Methylenkomponente auch vertauscht sein können:

Indanthrenbrillantrosa 3B

Unter den Thioindigos mit einem Naphthalinrest[1] ist das *Cibabraun FG* (früher G) immer noch ein wichtiger Farbstoff. Es färbt auf Baumwolle ein rotstichiges Braun mit guter Lichtechtheit und wird vor allem im Druck verwendet.

Zur Herstellung wird Naphthalin-2-sulfochlorid zum 2-Thionaphthol reduziert, mit Chloressigsäure veräthert und die 2-Naphthyl-thioglykolsäure über das Säurechlorid mit Aluminiumchlorid cyclisiert. Dann wird das entstandene Naphthohydroxythiophen in alkoholischer Lauge durch Luftoxydation in den Farbstoff übergeführt:

Cibabraun FG
Indanthrenbraun RRD

Ist die 1-Stellung des Naphthalins durch Chlor besetzt, so erfolgt der Ringschluß der 2-Naphthyl-thioglykolsäure in der sonst wenig reaktiven 3-Stellung zum 5.6-Benzo-7-chlor-1-thionaphthenon-(3)[2]. Es ist ein Zwischenprodukt für Indanthrendruckpurpur R; durch alkalische Oxydation erhält man daraus einen Dibenzo-dichlor-thioindigo (Algolblau B), der nicht mehr braun, sondern blau ist. Infolge geringer Echtheiten ist er nicht mehr im Handel.

[1] Über Naphthalinthioindigos siehe: FRIEDLÄNDER, P., u. N. WOROSHZOW: Liebigs Ann. Chem. 388, 1 (1912).
[2] DRP 403053 (1922); vgl. auch: DRP 616074 (1932); DRP 659653 (1935).

Peri-Naphthalinthioindigos erlangten keine größere Bedeutung. Ein Bis-acetylaminoderivat war zeitweise als Hydronreinblau FFK im Handel. Es wurde aus 2-Acetylaminonaphthyl-2-thioglykolsäure hergestellt[1]. Thioindigos mit höheren Ringsystemen[2] fanden keine technische Anwendung.

4. Unsymmetrische Indigoide

Indigoide Verbindungen mit einem unsymmetrischen Grundgerüst sind durch Kondensation der beiden Bausteine, einer Ketokomponente und einer enolischen Komponente, zugänglich. Man unterscheidet drei Hauptgruppen, die anhand der Verknüpfungsorte noch weiter unterteilt werden können, nämlich:

Thionaphthen-indol-indigos
Indol-aryl-indigos
Thionaphthen-aryl-indigos.

Die wichtigsten Ketokomponenten sind Isatin-α-chlorid, Isatin-α-anil und Thioisatin-α-anil, die alle in der α- oder 2-Stellung reagieren, Isatin und Thioisatin, die mit der 3-ständigen Carbonylgruppe kondensieren[3] und Acenaphthenchinon. Als enolische Komponenten eignen sich Indoxyl, Thioindoxyl, 1-Naphthol und 1-Anthranol. Sie kondensieren in der 2-Stellung, sofern diese nicht besetzt ist. Auch Phenole sowie alicyclische, heterocyclische und aliphatische enolisierbare Verbindungen sind als zweite Komponenten geeignet, die entstehenden Indigoide sind

---

[1] DRP 414084 (1923).

[2] Vgl.: DUTTA, P. CH.: Ber. dtsch. chem. Ges. **66**, 1226, 1230 (1933); **67**, 5, 9, 1324 (1934); **68**, 1447 (1935); **69**, 2343 (1936). — GUHA, S. K., u. J. N. CHATTERJEA: Chem. Ber. **92**, 2768 (1959). — GUHA, S. K., J. N. CHATTERJEA u. A. K. MITRA: Chem. Ber. **92**, 2771 (1959); **94**, 2295, 3297 (1961).

[3] Vgl.: HARLEY-MASON, J., u. F. G. MANN: J. chem. Soc. [London] 1942, 404. — DALGLIESH, C. E., u. F. G. MANN: J. chem. Soc. [London] 1945, 893, 910, 913.

jedoch ohne praktische Bedeutung geblieben[1]. Die Kondensation erfolgt im allgemeinen glatt unter Wasseraustritt. Unter den unsymmetrischen Indigoiden finden sich einige Vertreter mit guten Echtheiten und klarem Farbton; sie eignen sich besonders für den Druck.

2-Thionaphthen-3'-indolindigos gehörten zu den ersten unsymmetrischen Indigoiden. Der Grundkörper war zeitweise als Thioindigoscharlach R im Handel. Er wurde aus Isatin und Thioindoxyl hergestellt[2]. Durch Bromierung erhielt man daraus das Cibarot G, ein 5'.7'-Dibromderivat[3]. Beide Farbstoffe ziehen auf Baumwolle nur mäßig und wurden von anderen Typen verdrängt. Auch in der Wollfärberei benützte man sie nur vorübergehend.

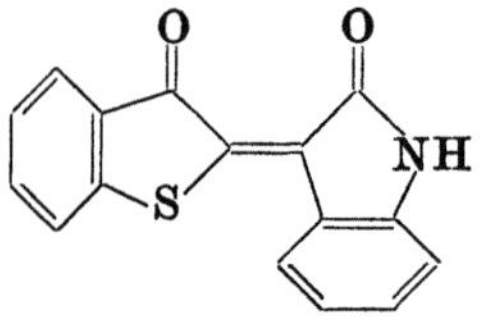

Thioindigoscharlach R

Unter den Derivaten des *2-Thionaphthen-2'-indolindigos* befinden sich verschiedene wertvolle Farbstoffe. Den Grundkörper stellt man durch Kondensation von Isatin-α-anil mit Thioindoxyl in Nitrobenzol oder Acetanhydrid am Rückfluß dar[4]. Er ist als Farbstoff ohne Bedeutung. Das Mono-, Di- und Tribromderivat waren vorübergehend als violette Küpenfarbstoffe im Handel[5].

Höhere Brillanz und bessere Echtheiten weisen einige unsymmetrisch substituierte Chlorderivate auf, vor allem das *Indanthrendruckviolett BBF* und das *Indanthrendruckblau B*. Das letztere färbt ein reines Blau. Bemerkenswert ist die Farbverschiebung durch die Methoxygruppe.

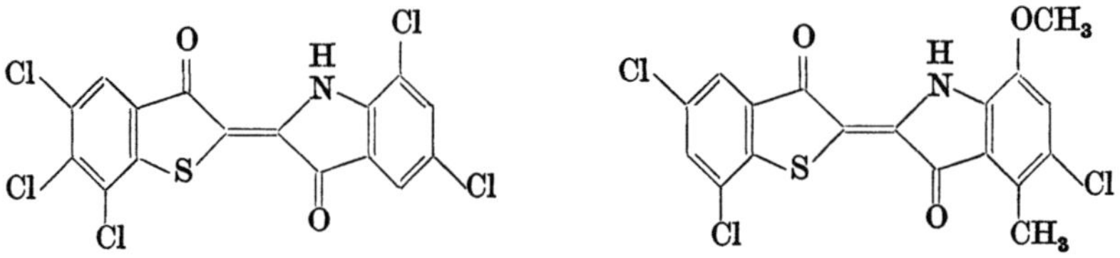

Indanthrendruckviolett BBF   Indanthrendruckblau B

Zur Herstellung von Indanthrendruckviolett BBF wird 5.7-Dichlorisatin mit Phosphorpentachlorid in Chlorbenzol in das α-Chlorid übergeführt, worauf man in derselben Lösung mit 5.6.7-Trichlor-thioindoxyl kondensiert[6]. Indanthrendruckblau B wird analog erhalten[7].

<hr>

[1] Vgl.: FRIEDLÄNDER, P.: Mh. Chem. **29**, 359 (1908). — FRIEDLÄNDER, P., u. R. SCHULOFF: Mh. Chem. **29**, 387 (1908). — BEZDZIK, A., u. P. FRIEDLÄNDER: Mh. Chem. **29**, 375 (1908); **30**, 271, 871 (1909). — FELIX, A., u. P. FRIEDLÄNDER: Mh. Chem. **31**, 55 (1910).
[2] DRP 182260 (1905).
[3] ENGI, G.: Chemiker-Ztg **32**, 1179 (1908); vgl. auch: DRP 489087 (1927).
[4] DRP 190292 (1906).
[5] Vgl.: DRP 232069 (1909).
[6] DRP 451411 (1924).
[7] DRP 546006 (1928).

Thionaphthenone mit anellierten Ringen geben braune, graue und grüne Farbstoffe. Die Stellung des anellierten Ringes übt dabei einen großen Einfluß auf die Farbe aus, wie die nachstehenden Beispiele zeigen.

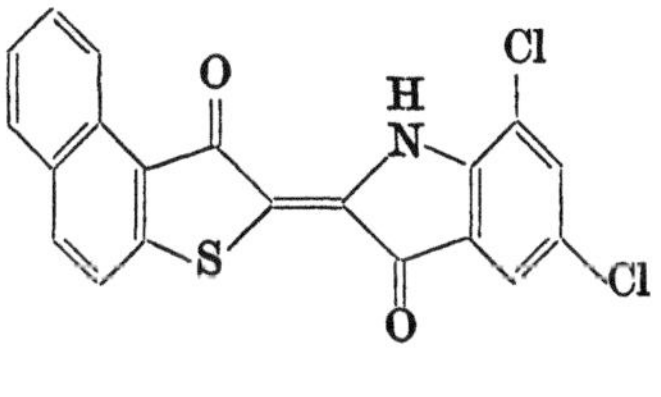

Indanthrendruckbraun R[1] 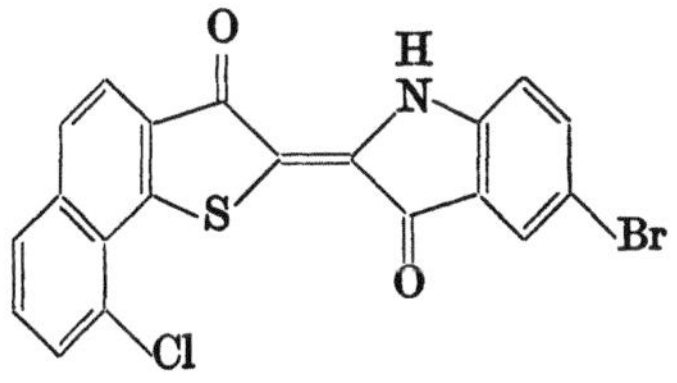   Cibagrau BL

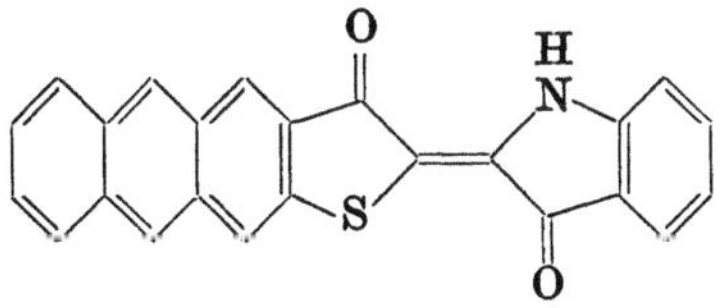

Cibanongrün GC

Indanthrendruckbraun R wird aus 2.2.5.7-Tetrachlorpseudoindoxyl und 4.5-Benzthioindoxyl hergestellt. Es färbt ein etwas rotstichiges Braun mit guten Allgemeinechtheiten. *Cibagrau BL* liefert blaustichige Grautöne; Indanthrendruckschwarz BL enthält noch einen geringen Zusatz von Indanthrengoldorange RK, wodurch man einen neutraleren Farbton erzielt[2]. Interessant ist die Farbverschiebung nach Grün beim *Cibanongrün GC*. Zu seiner Herstellung geht man von Anthrachinon-2-thioglykol-3-carbonsäure aus, reduziert zum Anthracenderivat, cyclisiert mit Acetanhydrid bei 160—170° C und kondensiert mit Isatin-α-anil[3]. Es ist nicht mehr im Handel.

Unter den *2-Indol-2'-arylindigos* sind diejenigen mit einem Naphthalinrest bedeutsam. Den Grundkörper der Gruppe erhält man bei der Kondensation von Isatin-α-chlorid mit 1-Naphthol[4]. Die Methode ist allgemein anwendbar und wird auch bei der technischen Herstellung benützt, wobei man das Isatin-α-chlorid meist nicht isoliert. Ein klares, grünstichiges Blau mit guten Echtheiten färbt das *Indanthrendruckblau 2G*, das aus 4-Methyl-5-chlor-7-methoxyisatin-α-chlorid und

---

[1] Die Formel des Indanthrendruckbrauns R wird verschiedentlich als 2-Benzthionaphthen-3'-dichlorindolindigo wiedergegeben. Im Colour Index ist die oben angeführte Struktur verzeichnet, die bei der Darstellung aus 2.2.5.7-Tetrachlorpseudoindoxyl auch zu erwarten ist. Das Indanthrendruckbraun 3R ist dagegen ein 3-Indolderivat, nämlich 2-(4.5-Benz)-thionaphthen-3'-(6'-chlor-7'-methyl)-indolindigo.

[2] DRP 453087 (1923). Cibagrau BL ist nicht mehr im Handel.

[3] DRP 427905 (1924).

[4] FRIEDLÄNDER, P.: Ber. dtsch. chem. Ges. **41**, 772 (1908); siehe auch: DRP 237199 (1908).

4-Chlor-1-naphthol hergestellt wird[1]. Seine Echtheiten sind gut, die Affinität eher gering.

Indanthrendruckblau 2G

Algolbrillantgrün BK

Algolschwarz B

Bemerkenswert ist auch in dieser Gruppe der Anellierungsinfluß, wie er in der Farbvertiefung beim Algolbrillantgrün BK und Algolschwarz B zum Ausdruck kommt[2]. Infolge mäßiger Lichtechtheit konnten sich diese beiden Farbstoffe sowie ähnliche Verbindungen mit einem Anthracensystem nicht halten.

Indanthrendruckschwarz B mit einem Benzcarbazolrest ist hingegen immer noch bedeutsam. Es wird fast ausschließlich im Baumwolldruck verwendet. Seine Herstellung erfolgt aus Isatin-α-anil und 1-Methyl-1'-hydroxy-7.8-benzcarbazol in Acetanhydrid[3]. Beide Komponenten müssen sehr rein sein. Das Carbazol muß mindestens 99%ig sein, da sonst eine unschöne Nuance resultiert; man stellt es nach BUCHERER aus der Bisulfit-Anlagerungsverbindung von 1.5-Dihydroxynaphthalin und o-Methylphenylhydrazin her.

Indanthrendruckschwarz B

[1] DRP 522296 (1928).

[2] Zur Herstellung siehe: BEZDZIK, A., u. P. FRIEDLÄNDER: Mh. Chem. 30, 871 (1909); — DRP 237199 (1908); DRP 414537 (1922).

[3] DRP 241997 (1910).

Indolignone mit einem para-chinoiden Arylrest wie die Verbindung I, die man aus Indoxyl und 1.2-Naphthochinon-4-sulfonsäure erhält sowie *aliphatisch-aromatische Indigoide* fanden keine praktische Anwendung. Erwähnt sei von den letzteren der rote 2-Indol-2′-indanindigo II und der violette 2-Indol-4′-(3′-methyl-pyrazol)-indigo III, die man aus Isatin-α-chlorid und Ketohydrinden bzw. 3-Methylpyrazolon erhält[1].

I II III

2-Thionaphthen-arylindigos sind aus Thioisatin-α-anil und Phenolen zugänglich; einfacher erhält man sie durch Kondensation eines Chinons mit Thioindoxyl[2]. Der einzige bedeutende Farbstoff dieser Gruppe ist der *Cibascharlach FG* aus Acenaphthenchinon und Thioindoxyl[3]. Er färbt ein klares Scharlachrot mit guten Echtheiten, jedoch etwas geringer Sodakochechtheit. Stark farbaufhellend wirkt eine Aminogruppe in der 6-Stellung (R=NH_2, Cibaorange G); dem orangen Farbstoff war infolge geringer Chlorechtheit kein Erfolg beschieden.

Cibascharlach FG (R=H)

Zur Herstellung von Cibascharlach G verdünnt man die alkalische Thioindoxyl-schmelze mit Wasser bis zu einer Alkalikonzentration von 2%, trägt bei 30° C das feinverteilte Acenaphthenchinon ein und kondensiert bei 90° C. Dann wird Natriumhypochloritlösung zugesetzt, um Nebenprodukte zu zerstören, die die Nuance trüben. Nachdem das überschüssige Chlor mit Natriumthiosulfat zerstört wurde, filtriert man den Farbstoff bei 90° C, wäscht und trocknet[4].

Die aus Acenaphthenchinon und Indoxyl erhältlichen violetten Farbstoffe sind ohne Bedeutung. Auch die aus Thioisatin-α-anil und Naphtholen zugänglichen Indigoide sowie die Indolignone und aliphatisch-aromatischen Indigoide mit einem Thioisatinrest[5] erlangten als Farbstoffe keine Bedeutung.

Unsymmetrische Indigofarbstoffe

2-Thionaphthen-2′-indolindigo	Kein Farbstoff
5.6.7.5′.7′-Pentachlorderivat (HERZ u. BRUNNER 1924)	Indanthrendruckviolett BBF

---

[1] Vgl.: BEZDZIK, A., u. P. FRIEDLÄNDER: Mh. Chem. **30**, 271 (1909). — FELIX, A., u. P. FRIEDLÄNDER: Mh. Chem. **31**, 55 (1910).

[2] FRIEDLÄNDER, P., W. HERZOG u. G. v. VOSS: Ber. dtsch. chem. Ges. **55**, 1591 (1922).

[3] GROB, A.: Ber. dtsch. chem. Ges. **41**, 3333 (1908).

[4] Vgl.: DRP 205377 (1907); DRP 243536 (1908).

[5] Siehe: FRIEDLÄNDER, P., u. L. SANDER: Ber. dtsch. chem. Ges. **57**, 637 (1924).

4′-Methyl-7′-methoxy-5.7.6′-trichlor-derivat (THIESS, MEISSNER, ZERWECK u. BRUNNER 1928)	Indanthrendruckblau B (nicht mehr im Handel)
4.5-Benzo-5′.7′-dichlorderivat (BAUER u. HERRE 1921)	Indanthrendruckbraun R
6.7-(5″-Chlorbenzo)-5′-bromderivat (Ciba 1922)	Indanthrendruckschwarz BL
2-Thionaphthen-3′-indolindigo (ALBRECHT 1905)	Thioindigoscharlach R (nicht mehr im Handel)
2-Indol-2′-naphthalinindigo	Kein Farbstoff
4.6-Dimethyl-5.7.4′-trichlorderivat (KRAUSS 1940)	Indanthrendruckblau R
4-Methyl-7-methoxy-5.4′-dichlorderivat (THIESS, MEISSNER u. ZERWECK 1928)	Indanthrendruckblau 2G
2-Indol-2′-anthracenindigo	Kein Farbstoff
2-Indol-2″-(7′.8′-benzocarbazol)-indigo	Kein Farbstoff
4′-Methylderivat (SCHMIDT u. LIMPACH 1910)	Indanthrendruckschwarz B
2-Thionaphthen-1′-acenaphthenindigo (GROB 1907)	Cibascharlach FG Durindone Scarlet Y Indanthrendruckscharlach GG Tetrascharlach FG Tinascharlach FG

5. Anwendungen

Die indigoiden Farbstoffe werden vor allem als Küpenfarbstoffe eingesetzt. Wichtig sind auch die Schwefelsäureester ihrer Leukoform, die Indigosole, da sie einfacher zu färben sind. Sie werden in einem besonderen Kapitel besprochen. Einige Farbstoffe werden auch als Pigmente benützt.

Obschon sich die meisten indigoiden Farbstoffe ohne Schwierigkeiten sulfonieren lassen, haben ihre Sulfonsäuren als saure Farbstoffe keinerlei Bedeutung erlangt. Dasselbe gilt von den Dispersionsfarbstoffen, die sich durch Einführung von Oxäthylaminogruppen darstellen lassen und die ebenfalls keine praktische Anwendung fanden.

Alle indigoiden Farbstoffe bilden gelbe, orange oder hellbraune Küpen. Sie lassen sich meistens auch mit schwachem Alkali oder mit Ammoniak verküpen. Beim Indigo und seinen Derivaten erfolgt die Verküpung verhältnismäßig schwer; die Herstellung leicht verarbeitbarer Anwendungsformen ist deshalb wichtig. Indigo selbst wird hauptsächlich in reduzierter Form als Indigweiß verkauft; dies ist das Mononatriumsalz der Leukoform. Andere wichtige Verkaufsformen sind die Farbpasten, in denen der Farbstoff mit einem Schutzkolloid fein dispergiert ist und die Mikropulver, die ein Schutzkolloid und Netzmittel enthalten und sich nach dem Anrühren mit Wasser besonders leicht verküpen lassen.

Beim Färben von Cellulosefasern ist die Kontrolle des Alkaligehaltes wichtig. Wenig Alkali gibt eine ungenügende Penetration und damit eine geringere Reibechtheit, mit zuviel Alkali können ungleichmäßige Färbungen entstehen. Eine gute Reibechtheit ist beim Indigo selbst ohnehin schwer zu erzielen, da die Indigoküpe nur eine geringe Affinität für die Cellulose besitzt. Er muß deshalb in „Zügen" gefärbt werden, wobei das Färbegut nach einer Passage in der Küpenlösung immer wieder an der Luft verhängt wird, damit sich der aufgenommene Leukoindigo zu Farbstoff oxydieren kann. Wesentlich besser ist die Affinität der halogenierten Indigos, der Thioindigos und der unsymmetrischen Indigoide. Eine wichtige Anwendung finden die letzteren beiden im Baumwolldruck, was oft aus ihren Handelsnamen hervorgeht wie beim Indanthrendruckblau R. Die Lichtechtheit der Indigos auf Cellulosefasern ist mäßig bis gut. Thioindigos besitzen gute und einige substituierte unsymmetrische Indigoide sogar sehr gute Lichtechtheiten. Die Soda-Kochechtheit ist meistens nur mäßig, die übrigen Echtheiten sind gut.

Viele Indigofarbstoffe spielen bei der Wollechtfärbung eine größere Rolle als in der Baumwollfärbung. Indigo selbst dürfte zum überwiegenden Teil auf Wolle benützt werden. Um eine Schädigung der Wolle zu vermeiden, muß dabei eine sehr schwach alkalische Küpe verwendet werden, die hauptsächlich Ammoniak und nur sehr wenig Natronlauge enthält. Zum Schutz der Wolle setzt man ferner etwas Leim, Gelatine oder synthetische Wollschutzmittel zu. Die Affinität des Indigos für Wolle ist mäßig, für tiefe Farbtöne muß er ebenfalls in Zügen gefärbt werden. Die Affinität der übrigen Indigofarbstoffe ist besser. Die Echtheiten sind auf Wolle wesentlich besser als auf Cellulosefasern, besonders die Lichtechtheit. Man verwendet die indigoiden Farbstoffe deshalb bei Wollfärbungen, an welche hohe Echtheitsansprüche gestellt werden, beispielsweise für Uniformtuche. Einfacher als mit den Küpenlösungen läßt sich die Wolle mit Indigosolen färben. Man kann damit in neutraler und saurer Lösung arbeiten, wobei eine Schädigung der Wolle praktisch ausgeschlossen ist.

Auf Acetatseide und anderen synthetischen Fasern lassen sich indigoide Farbstoffe färben, indem man nacheinander eine Farbstoffdispersion und ein Reduktionsmittel zusammen mit Äthanolamin auf die Faser einwirken läßt. Diese Färbeart wird indessen wenig angewendet. Einfacher ist die Verwendung von Indigosolen, bei denen eine vorherige Reduktion entfällt.

Einige indigoide Farbstoffe werden als Pigmente benützt. Ihre Lichtechtheit ist meistens gut, bei der Einwirkung organischer Lösungsmittel zeigen sie jedoch häufig ein gewisses Ausbluten. Zur Anwendung gelangen Indigo, Tetrabromindigo und verschiedene methyl- und chlorsubstituierte Thioindigos. Ihr Einsatz erfolgt in Druckfarben, Farben, Kosmetika, Papier und Harnstoffharzen.

XIV. Chinoide Küpenfarbstoffe
1. Allgemeines

Die chinoiden Küpenfarbstoffe leiten sich vom Anthrachinon und anderen polycyclischen Chinonen wie dem Benzanthron, Anthanthron, Indanthron, Violanthron und weiteren ab. Sie stellen in mancher Hinsicht ein Gegenstück zu den indigoiden Farbstoffen dar. Einige Benzo- und Naphthochinon-Farbstoffe sind im Kapitel über die Chinonimine besprochen, da ihre Ähnlichkeit mit den polycyclischen Chinonen nur gering ist.

Den ersten Farbstoff dieser Gruppe entdeckte RENÉ BOHN 1901, als er durch Alkalischmelze von 2-Anthrachinonyl-glycin den Anthrachinonindigo darstellen wollte. Der entstandene blaue Farbstoff erhielt den Namen „Indanthron", also Indigo aus Anthrachinon, obschon man bald erkannte, daß sich kein Indigo, sondern ein neuer Farbstofftyp gebildet hatte. Die Bedeutung des Indanthrons war außerordentlich groß, da es Färbungen mit einer damals ungewöhnlich hohen Echtheit lieferte. Bald folgten ihm eine große Zahl ebenbürtiger Farbstoffe[1].

Die Gruppe weist vor allem viele Blau-, Gelb-, Braun- und Khaki-marken auf; daneben finden sich verschiedene schöne Grün- und Schwarzmarken, jedoch nur wenige Rot- und Scharlachtöne. Verglichen mit den Azofarbstoffen ist die Farbkraft meist geringer. Die Echtheiten sind sehr gut bis ausgezeichnet. Eine Ausnahme machen zuweilen die Chlorechtheit und die Soda-Kochechtheit, worauf man bei der Anwendung achten muß.

Die *Reduktion* zur Küpe erfolgt mit Natriumdithionit (= Natrium-hydrosulfit) in wäßriger, alkalischer Lösung. Das Küpensalz ist in der Regel tiefer gefärbt als der Farbstoff. Durch Oxydation geht es wieder in den Farbstoff über. Beim Einleiten von Kohlendioxyd oder bei Zusatz von Säure fällt aus der Küpenlösung die Küpensäure aus; sie ist oft schwerer oxydierbar als das Küpensalz[2]. Der Färbevorgang bei Cellulosefasern spielt sich über das Küpensalz ab, da nur dieses Affinität für die Faser besitzt und gleichzeitig löslich ist. Über den Zusammenhang zwischen Farbstoff, Küpensalz und Küpensäure orientiert das nachstehende Beispiel des Anthrachinons:

$$\text{Farbstoff} \quad \xrightleftharpoons[\text{Ox.}]{\text{Red.}} \quad \text{Küpensalz} \quad \xrightleftharpoons[\text{NaOH}]{\text{H}^{\oplus}} \quad \text{Küpensäure}$$

Die chinoiden Küpenfarbstoffe sind in Wasser, verdünnten Säuren und Alkalien unlöslich, in organischen Lösungsmitteln schwerlöslich.

---

[1] Für einen Überblick siehe: KUNZ, M. A.: Melliand Textilber. **33**, 58 (1952); — Angew. Chem. **52**, 269 (1939). — BOHN, R.: Ber. dtsch. chem. Ges. **43**, 987 (1910).

[2] Zum Einfluß des Lösungszustandes auf das Redoxpotential der Küpenfarbstoffe siehe: BÜHLER, H. H., B. MILIĆEVIĆ u. F. KERN: Helv. chim. Acta **45**, 1811 (1962).

Aus hochsiedenden Lösungsmitteln wie Nitrobenzol, Anilin, Trichlorbenzol oder Dimethylformamid lassen sie sich oft umkristallisieren. Von konzentrierter Schwefelsäure werden sie bereits in der Kälte gelöst, wobei charakteristisch gefärbte Lösungen entstehen. Beim Verdünnen der Schwefelsäure fällt der Farbstoff wieder aus. Durch fraktionierte Fällung läßt sich häufig eine Trennung von Isomeren erzielen. Beim Eingießen der Schwefelsäurelösung in ein Eis-Wasser-Gemisch fällt der Farbstoff in feinverteilter, leicht verküpbarer Form wieder aus. Diese Umfällung stellt eine wirksame, billige Reinigungsmethode dar und ist in der Technik allgemein üblich. Wichtig ist ferner das „Schönen" der Farbstoffe mit warmer, verdünnter Chlorlauge. Leicht oxydierbare Nebenprodukte werden dabei zu alkalilöslichen Körpern abgebaut und aus dem Farbstoff entfernt. Auch das Umküpen wird zur Reinigung oft herangezogen; der Farbstoff wird dabei verküpt und aus der Küpenlösung durch Einblasen von Luft wieder gefällt.

Zur *Konfektionierung* wird der gereinigte und sorgfältig gewaschene Farbstoff meistens noch mit Netzmitteln versetzt und getrocknet; man erhält so die gewöhnlichen Pulvermarken. Spezielle Pulvermarken (Mikropulver, Pulver-Feinmarken) werden mit Netz- und Dispergiermitteln sowie einem Schutzkolloid wie Traganth vermahlen. Zur leichteren Verküpung und Rückoxydation kann noch ein Beschleuniger wie 2.6-Dihydroxyanthrachinon oder Ferrosulfat und zur Schimmelverhütung ein Fungizid zugesetzt werden. Durch Versprühen einer konzentrierten Küpenlösung mit den nötigen Zusätzen in einen warmen Luftstrom lassen sich feindisperse Spezialpulver herstellen. Derartige Feinmarken erlauben eine einfachere Handhabung und können vom Färber ohne vorheriges Anreiben mit einem Dispergiermittel direkt in die Küpenlösung eingestreut werden. Häufig zieht man allerdings statt der trockenen Farbstoffe wäßrige, vorpräparierte Pasten mit 10—20% Farbstoff vor. Sie enthalten außer dem fein dispergierten Farbstoff oft noch Netzmittel, Schutzkolloide und ein Konservierungsmittel.

Anwendungstechnisch unterscheidet man drei Gruppen[1]: Heiß- oder Normalfärber, Warmfärber und Kaltfärber. Heißfärber werden mit verhältnismäßig viel Natronlauge verküpt und bei 50—60° C gefärbt; Warmfärber werden mit mäßigem Alkalizusatz verküpt und bei 45 bis 50° C unter Zusatz von etwas Kochsalz gefärbt; Kaltfärber werden mit wenig Alkali verküpt und mit viel Kochsalz bei 18—25° C gefärbt. Die Heißfärber besitzen im allgemeinen eine höhere Affinität zur Cellulosefaser, was mit ihrem Molekülbau zusammenhängt. Langgestreckte, planare Moleküle zeigen eine größere Affinität als kompakte; Aufhebung der Koplanarität verringert die Affinität stark[2]. In der Regel stellt man zuerst eine konzentrierte Küpenlösung her, die Stammküpe, die zum Färben noch verdünnt wird. Bei Farbstoffen mit hoher Affinität setzt man die Stammküpe während des Färbens langsam zu.

---

[1] Vgl.: MÜLLER, J.: Melliand Textilber. **28**, 93, 136, 273 (1947). — Fox, M. R.: J. Soc. Dyers Colourists **65**, 508 (1949).

[2] DARUWALLA, E. H., S. S. RAO u. B. D. TILAK: J. Soc. Dyers Colourists **76**, 418 (1960). — PETERS, R. H., u. H. H. SUMNER: J. Soc. Dyers Colourists **71**, 130 (1955). — Fox, M. R.: J. Soc. Dyers Colourists **65**, 508 (1949).

Die Oxydation erfolgt am besten durch Verhängen der gefärbten abgequetschten Ware an der Luft. Eine raschere Oxydation erreicht man mit einer sehr verdünnten Lösung von Natriumperborat. Nach der Oxydation wird mit einer verdünnten Seifenlösung eine halbe Stunde kochend geseift. Man erzielt dadurch klarere Farbtöne und oft eine Verbesserung der Echtheiten[1]. Zuletzt wird sorgfältig gespült. Durch das Seifen erfolgt bei vielen Farbstoffen eine gewisse Rekristallisation innerhalb der Faser[2]; eine Ausnahme bilden die Indanthrone.

Die *Anwendung* der chinoiden Küpenfarbstoffe erstreckt sich vor allem auf die Färbung von Baumwolle in echten Tönen. Viskose ist schwierig zu färben, da der Farbstoff zwar rasch aufgenommen wird, innerhalb der Faser aber nur langsam wandert. Die Färbungen werden oft streifig. Kaltfärber sind für Viskose wenig geeignet. Mit dem Pigment-Klotz-Verfahren läßt sich diese Schwierigkeit allerdings umgehen. Für Wolle und Seide eignen sich die chinoiden Küpenfarbstoffe nicht, da ihre Küpen zu stark alkalisch sind. Statt ihrer kann man jedoch die Schwefelsäureester der Küpensäuren, die Indigosole oder Anthrasole, dafür benützen (siehe das Kapitel über „Indigosole"). Auf Polyamiden ist ihre Lichtechtheit nur gering, so daß sich ihr Einsatz nicht empfiehlt. Hohe Lichtechtheiten zeigen sie indessen auf Polyesterfasern, die nach dem Küpensäure-Verfahren oder mit Indigosolen gefärbt werden können.

Verschiedene Farbstoffe werden als Pigmente für Papier, Tapeten, plastische Massen und Gummi verwendet.

Das *Pigment-Klotz-* und das *Küpensäure-Verfahren* dienen zur Erzielung gleichmäßiger Färbungen in schwierigen Fällen wie bei dichtgeschlagenen Geweben, bei Viskose und in kontinuierlichen Färbeanlagen. Beim ersteren imprägniert man das Gewebe mit einer Farbstoffdispersion, die dann im Jigger oder auf einer kontinuierlichen Maschine reduziert wird. Man erzielt derart eine gleichmäßige Verteilung des Farbstoffes. Nach der Reduktion wird wie üblich gespült, oxydiert, geseift und abermals gespült[3]. Beim zweiten Verfahren wird die konzentrierte Küpenlösung mit einem Dispergiermittel versetzt und mit Essigsäure angesäuert, wobei man eine feine Dispersion der Küpensäure erhält. Sie wird gleichmäßig auf die Ware appliziert und anschließend mit einer alkalischen Hydrosulfitlösung wieder in das Küpensalz übergeführt, worauf die Färbung eintritt. Die Küpensäure selbst besitzt praktisch keine Affinität zur Faser.

Die *Analyse* von Küpenfarbstoffen ist durch Papierchromatographie ihrer Küpenlösung in inerter Atmosphäre möglich[4]. Reine Küpenfarbstoffe geben verschiedene charakteristische Farbreaktionen[5]. Mischungen verschiedener Verbindungen lassen sich am einfachsten erkennen, wenn man eine Probe über eine Porzellanschale mit konzentrierter Schwefelsäure bläst. Beim Auftreten mehrerer Farben muß auf ein Gemisch geschlossen werden.

---

[1] Siehe: WEGMANN, J.: Textil-Rundschau 8, 4, 98, 157 (1953).

[2] VALKO, E. I.: J. Amer. chem. Soc. 63, 1433 (1941).

[3] Vgl.: FOX, M. R., u. J. F. MASON: J. Soc. Dyers Colourists 76, 73 (1960).

[4] KLINGSBERG, E.: J. Soc. Dyers Colourists 70, 563 (1954); siehe auch: BROWN, J. C.: J. Soc. Dyers Colourists 76, 536 (1960).

[5] BRADLEY, H. B., u. D. A. DERRETT-SMITH: J. Soc. Dyers Colourists 56, 97 (1940). — BRADLEY, W.: J. Soc. Dyers Colourists 58, 2 (1942). — DERRETT-SMITH, D. A.: J. Soc. Dyers Colourists 63, 401 (1947); 72, 211 (1956).

Handelsnamen für chinoide Küpenfarbstoffe sind: Caledon (ICI), Cibanon-
(Ciba), Indanthren- (BASF, Bayer, Hoechst), Palanthren- (BASF), Ponsol (Dupont)
Sandothren- (Sandoz) und Tinon-[1] (Geigy).

2. Einfache Anthrachinonderivate
a) Acylaminoanthrachinone

Die Acylaminoanthrachinone sind aus Aminoanthrachinonen und
Säurechloriden leicht zugänglich. Praktisch brauchbare Farbstoffe
mit genügender Affinität erhält man nur aus α-Aminoanthrachinonen
und aromatischen Acylresten sowie dem Oxalylrest. Ein gutes Ziehvermögen wird mit zwei α-ständigen Acylaminogruppen erreicht. Sie
können entweder in 1.4- oder in 1.5-Stellung des Anthrachinons stehen;
ungünstig sind 1.8-ständige Acylaminoreste. Gute Farbstoffe liefert
auch die Verknüpfung zweier α-Aminoanthrachinone mit einer aromatischen Dicarbonsäure. Die Acylaminoanthrachinone umfassen gelbe,
orange, rote und violette Farbstoffe; die Rotmarken sind etwas farbschwach. Sie sind Kaltfärber. Ihre Küpen sind rot, braun oder rotviolett. Ihr Egalisiervermögen ist meistens gut. Ihre Naßechtheiten
und die Chlorechtheit sind mit wenigen Ausnahmen gut, die Lichtechtheit ist gut, jedoch selten hervorragend. Die gelben und orangen Farbstoffe sind Faserschädiger.

Die Herstellung der Acylaminoanthrachinone erfolgt durch Erwärmen des
Aminoanthrachinons mit dem Säurechlorid während 2—6 Std in einem inerten
Lösungsmittel wie o-Dichlorbenzol, Trichlorbenzol oder Nitrobenzol auf 120 bis
200° C. Beim Abkühlen fällt der gebildete Farbstoff infolge seiner Schwerlöslichkeit aus. Zur Reinigung wird er aus Schwefelsäure umgefällt und mit Chlorlauge
nachbehandelt, um nicht umgesetztes Aminoanthrachinon zu entfernen.

Die Analyse der Acylaminoanthrachinone erfolgt durch Verseifung mit Schwefelsäure oder 20%iger Kalilauge, worauf man das Aminoanthrachinon und die
Säure bestimmt. Beim Färben kann eine geringe Hydrolyse der Acylaminogruppen
höchstens bei zu stark alkalischer oder zu heißer Küpe eintreten.

Der einfachste Vertreter, das 1-Benzoylamino-anthrachinon, war
eine Zeitlang als Algolgelb WG im Handel, konnte sich aber wegen
ungenügenden Ziehvermögens und geringer Farbkraft nicht halten. Ein
schönes, grünstichiges Gelb mit guten Echtheiten, aber ebenfalls etwas
geringer Farbkraft ist das *Indanthrengelb 5GK* (H. HOPFF u. A. KRAUSE
1925) aus zwei Molen 1-Aminoanthrachinon und einem Mol Isophthal-
säurechlorid[2]. Es wird oft zum Druck verwendet.

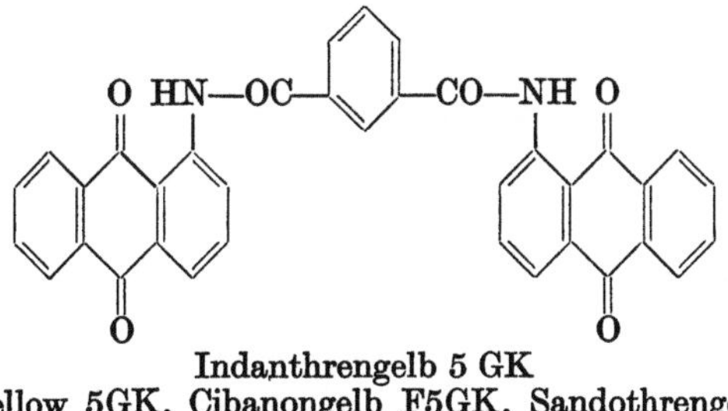

Indanthrengelb 5 GK
(Caledon Yellow 5GK, Cibanongelb F5GK, Sandothrengelb FN5GK,
Tinongelb F5GK u. a.)

----
[1] Früher Tinonchlor-Farbstoffe.
[2] DRP 469019 (1928); vgl.: HEFTI, E.: Helv. chim. Acta 14, 1415 (1931).

1.5-Bis-benzoylamino-anthrachinon färbt ein rotstichigeres Gelb
und ist als *Indanthrengelb GK*[1] (J. DEINET 1909) im Handel. Es wird
weniger verwendet. Ein anderer gelber Farbstoff mit guten Allgemeinechtheiten, aber nur mäßiger Lichtechtheit, der sich auch für den Druck
eignet, war das *Indanthrengelb 3GF*[2] (M. KUGEL 1924).

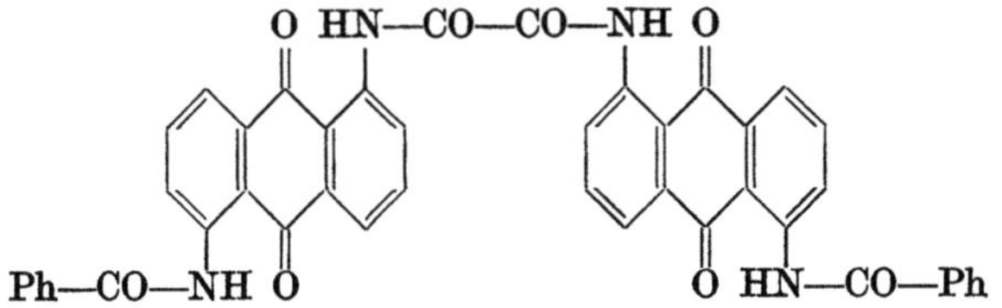

Indanthrengelb 3GF
(Ph = Phenylrest)

Ersetzt man im Indanthrengelb 3GF den Oxalylrest durch den p,p'-Azo-
diphenyl-dicarbonsäurerest I, so entsteht *Indanthrengelb 2GF* (E. HONOLD u. M.
SCHUBERT 1936), ein sehr lichtechter Farbstoff mit ausgezeichneter Affinität zur
Cellulosefaser, mit dem sich auch tiefe Farbtöne leicht erzielen lassen. Infolge
seines hohen Preises wird er allerdings seltener benützt. Bemerkenswerterweise
tritt beim Verküpen keine Spaltung der Azobrücke ein. Die Herstellung der
Dicarbonsäure I erfolgt aus p-Nitrodiphenyl-p'-carbonsäure durch partielle Reduktion mit Glucose in alkalischer Lösung.

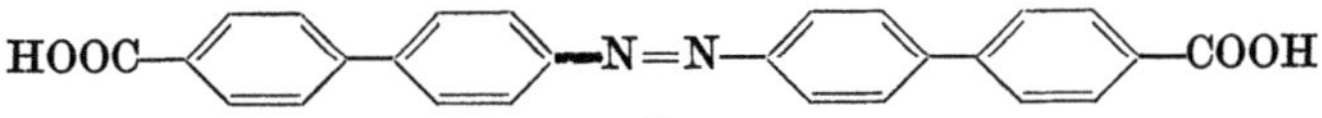

I

Als gelbstichiges Rot ist das *Indanthrenrot 5GK* (J. DEINET 1909) zu erwähnen
das allerdings etwas farbschwach ist[3]; seine Licht- und Waschechtheit sind gut.
Beachtenswert ist die starke Farbvertiefung beim Übergang von der 1.5- zur 1.4-
Substitution.

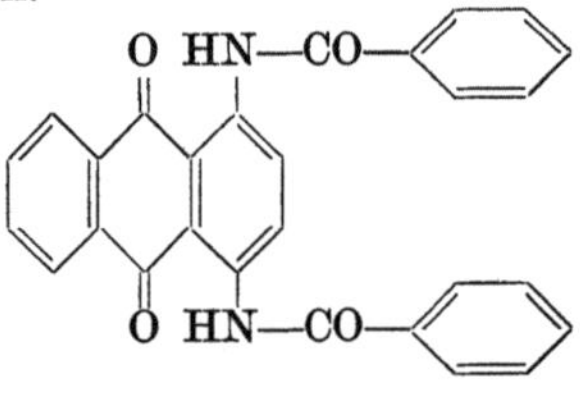

Indanthrenrot 5GK

Eine Kombination der drei genannten Verknüpfungsmöglichkeiten — Dicarbonsäure, 1.4- und 1.5-Diaminoanthrachinon — stellt das *Indanthrenorange 2G* dar;
man erhält es, indem man Isophthalsäuredichlorid nacheinander mit 1-Amino-4-
benzoylamino- und 1-Amino-5-benzoylaminoanthrachinon umsetzt[4]. Seine Echtheiten sind gut.

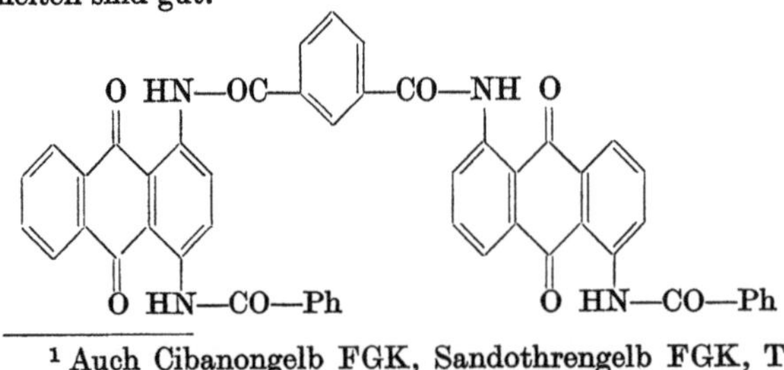

Indanthrenorange GG
(Ph = Phenylrest)

---

[1] Auch Cibanongelb FGK, Sandothrengelb FGK, Tinongelb FGK u. a.
[2] DRP 448286 (1927); vgl.: HEFTI, E.: Helv. chim. Acta **14**, 1413 (1931).
[3] Zur Herstellung vgl.: DRP 225232 (1910).
[4] DRP 653386 (1937).

Ein sehr lichtechter, violetter Farbstoff dieser Gruppe ist das *Indanthrenbrillantviolett RK* (P. TOMASCHEWSKI 1908), das aus 4.8-Diaminoanthrarufin und p-Anisoylchlorid erhalten wird. Infolge der Hydroxylgruppen ist die Wasch-, Chlor- und Soda-Kochechtheit geringer als bei den anderen Acylaminoanthrachinonen; bemerkenswert ist die hohe Lichtechtheit von 7—8.

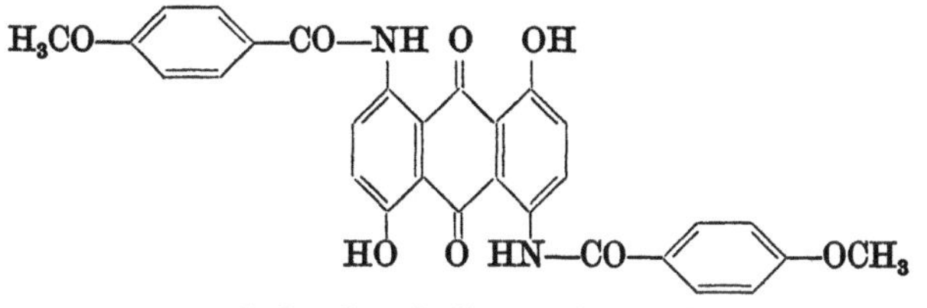

Indanthrenbrillantviolett RK

b) Triazinylaminoanthrachinone

Die drei Chloratome des Cyanurchlorids I lassen sich nacheinander durch nucleophile Reste ersetzen. Das erste reagiert beinahe so glatt wie in einem Säurechlorid, für den Ersatz des zweiten und dritten sind zunehmend energischere Bedingungen nötig.

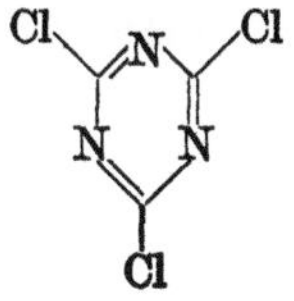

I

Die Umsetzung von 1-Aminoanthrachinonen mit Cyanurchlorid führt zu Küpenfarbstoffen, die sich ähnlich wie die Acylaminoanthrachinone verhalten[1]. Allerdings lassen sich in Tetralin, Dichlorbenzol oder Nitrobenzol oft nur zwei Chloratome durch Aminoanthrachinonylreste ersetzen, das dritte zuweilen nach mehrtägigem Kochen in Anwesenheit von Kupfer-I-chlorid als Katalysator. Besser geeignete Lösungsmittel sind Phenol oder Kresole, die infolge einer Säurekatalyse den glatten Ersatz aller drei Chloratome ermöglichen[2].

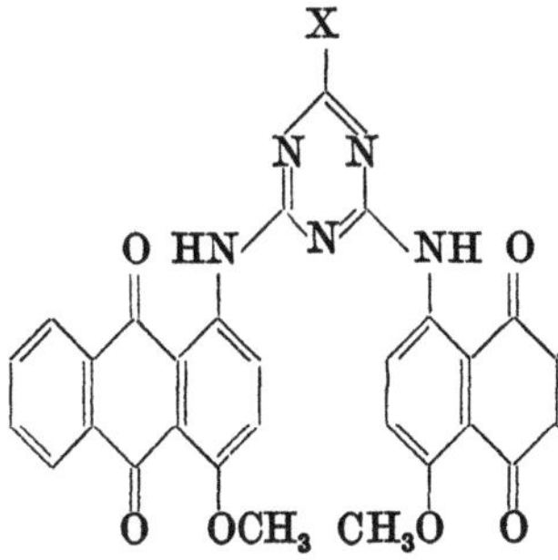

Cibanonorange 6R (X = Cl)
Cibanonrot G (X = NH$_2$)

[1] FIERZ-DAVID, H. E., u. M. MATTER: J. Soc. Dyers Colourists **53**, 434 (1937).
[2] DRP 590163 (1933).

Das Gebiet der Triazinyl-aminoanthrachinone wurde vor allem von Ciba bearbeitet; im Handel sind gelbe bis rote Farbstoffe. *Cibanonorange 6R* erhält man durch Umsetzung von zwei Molen 1-Amino-4-methoxyanthrachinon mit einem Mol Cyanurchlorid[1]. Der Triazinrest enthält deshalb noch ein reaktives Chloratom. Der Farbstoff färbt ein leuchtendes, rotstichiges Orange mit guter Lichtechtheit, das sich für den Druck eignet. Die Struktur des *Cibanongelb 2GR* ist nicht sicher bekannt; nach FIERZ-DAVID ist es ähnlich wie der vorstehende Körper aufgebaut und wird bei der Umsetzung von zwei Molen 1-Amino-anthrachinon mit einem Mol Cyanurchlorid gewonnen. Nach neueren Erkenntnissen müssen diese beiden Verbindungen infolge ihres freien Chloratomes als reaktive Farbstoffe betrachtet werden, die sich beim Färben unter Ersatz des dritten Chloratomes mit den Hydroxylgruppen der Cellulose chemisch umsetzen[2]. Tatsächlich weisen beide Farbstoffe sehr gute Waschechtheiten auf.

Cibanonrot G erhält man durch Umsetzung zweier Mole 1-Amino-4-methoxy-anthrachinon mit einem Mol 2-Amino-4.6-dichlor-1.3.5-triazin. Es färbt ein gelb-stichiges Rot von mittlerer bis guter Lichtechtheit, das weiß ätzbar ist, sich aber nicht für den Direktdruck eignet.

c) Anthrimide

Als Anthrimide bezeichnet man die Dianthrachinonylamine und unterscheidet 1.1′-, 1.2′- und 2.2′-Dianthrimide. Von den unsubstituier-ten Anthrimiden liefern nur die unsymmetrischen 1.2′-Isomeren brauch-bare Farbstoffe. Die 1.1′-Anthrimide dienen als Zwischenprodukte für die später besprochenen Anthrachinoncarbazole; nach Einführung von Benzoylaminogruppen sind sie ebenfalls färberisch brauchbar. Die Anthrimide umfassen orange, rote, violette und graue Farbtöne, die jedoch weder sehr lebhaft noch besonders farbstark sind. Sie werden meistens kalt gefärbt; ihr Ziehvermögen ist mäßig. Die Licht-, Chlor- und Waschechtheit sind oft sehr gut, unter der Einwirkung starker Natronlauge werden sie jedoch geschädigt. Die orangen Anthrimide sind Faserschädiger.

Die Herstellung der Anthrimide erfolgt am besten aus einem Amino- und einem Chloranthrachinon in einem hochsiedenden Lösungsmittel wie Nitrobenzol bei 150—200° C. Als Katalysator wird Kupferpulver oder Kupfer-I-chlorid zu-gesetzt, zur Neutralisierung der freiwerdenden Salzsäure dienen wasserfreie Soda oder geschmolzenes Natriumacetat. Die Reaktionsdauer beträgt wenige Stunden bis zu 2 Tage. Am glattesten reagieren 1-Amino- mit 1-Chloranthrachinonen; schwerer erfolgt die Umsetzung, wenn der eine und nur noch sehr langsam, wenn beide Substituenten β-ständig sind. 1.2′-Anthrimide werden am besten durch Kondensation von 1-Amino- mit 2-Chloranthrachinon dargestellt, umgekehrt tritt die Umsetzung schwerer ein. Zur Darstellung der technisch unwichtigen 2.2′-Anthrimide ist Chlor zu wenig reaktionsfähig; zweckmäßig erhält man sie aus 2-Amino- und 2-Iodanthrachinon[3]. Wenig gebräuchlich ist die Umsetzung eines Nitroanthrachinons oder einer Anthrachinonsulfonsäure mit einem Aminoanthra-chinon[4].

---

[1] DRP 390201 (1924).
[2] Vgl.: ZOLLINGER, H.: Angew. Chem. **73**, 125 (1961).
[3] ECKERT, A., u. K. STEINER: Mh. Chem. **35**, 1129 (1914).
[4] DRP 201327 (1908); DRP 216083 (1909).

Von den 1.1'-Anthrimiden ist lediglich das *Indanthrengrau K*
(W. MIEG 1908) zu nennen, das auch als Zwischenprodukt für Indanthrenolive R dient. Zu seiner Herstellung geht man vom unsubstituierten
1.1'-Dianthrimid aus und nitriert in Gegenwart von Borsäure zum
4.4'-Dinitroderivat. Man reduziert das letztere mit Natriumsulfid zum
Diamin und setzt mit Benzoylchlorid um. Das Ziehvermögen des Farbstoffes ist mäßig; er ist nicht mehr im Handel.

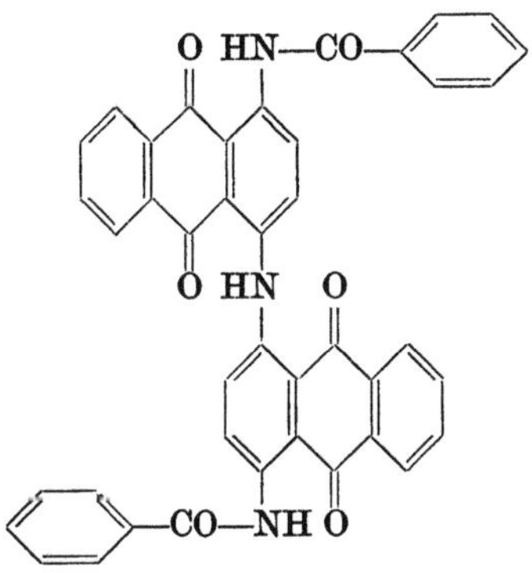

Indanthrengrau K 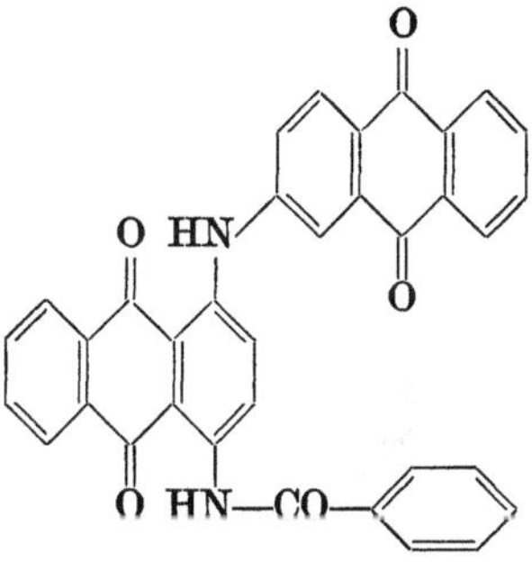   Indanthrenkorinth RK

Das unsubstituierte 1.2'-Dianthrimid war früher als Algolorange R
im Handel, verschwand aber wieder infolge seines ungenügenden Ziehvermögens. Sein 4-Benzoylaminoderivat ist *Indanthrenkorinth RK*;
man erhält es durch Kondensation von 1-Amino-4-benzoylamino-
anthrachinon mit 2-Chloranthrachinon[1]. Es ist ein sehr lichtechter
Farbstoff mit gutem Ziehvermögen, der sich für den Direktdruck eignet
und ätzbar ist.

Von den verschiedenen reinen Anthrimiden, die zeitweise im Handel
waren, hat sich nur ein Trianthrimid, das *Indanthrenorange 7RK*

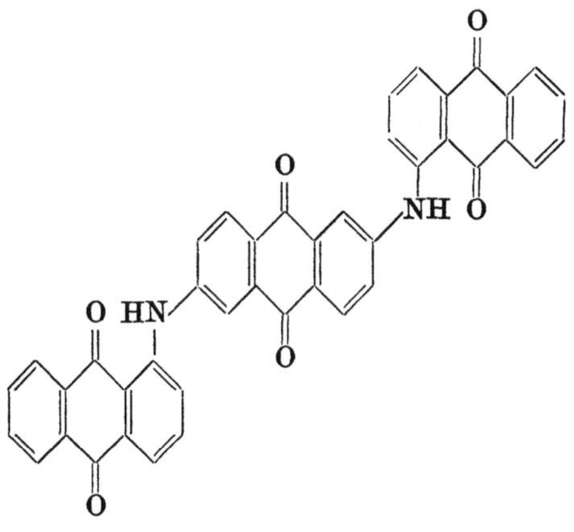

Indanthrenorange 7RK

---

[1] DRP 220581, 228992 (1910).

(M. H. ISLER u. F. KAČER 1907) durchgesetzt. Es färbt ein etwas
stumpfes gelbstichiges Rot mit guten Allgemeinechtheiten und eignet
sich für den Druck, ist aber ein Faserschädiger. Man stellt es aus
2.6-Dichloranthrachinon und zwei Molen 1-Aminoanthrachinon dar[1].

Ebenfalls zu den Anthrimiden ist das blaustichige *Indanthrengrau BG*[2]
(B. HEIDENREICH 1927) zu zählen, das bei der Umsetzung von 4.10-
Dibromanthanthron[3] mit zwei Molen 1-Amino-4-benzoylamino-anthra-
chinon gebildet wird[4]. Infolge seines guten Egalisiervermögens und der
guten Lichtechtheit findet es weite Anwendung und wird oft für Vorhang-
und andere Dekorationsstoffe benützt. Daneben dient es zum Färben
von Papier.

3. Heterocyclisch anellierte Anthrachinone
a) Imidazole, Oxazole und Thiazole

Von den *Imidazolen* ist lediglich das Indanthrenorange RRK zu
erwähnen, ein Kaltfärber mit guter Licht- und Waschechtheit, der nicht
mehr im Handel ist. Seine Herstellung erfolgte aus 1.2.4-Triamino-
anthrachinon durch Kondensation mit o-Chlorbenzaldehyd, Ringschluß
zum Imidazol und Benzoylierung[5].

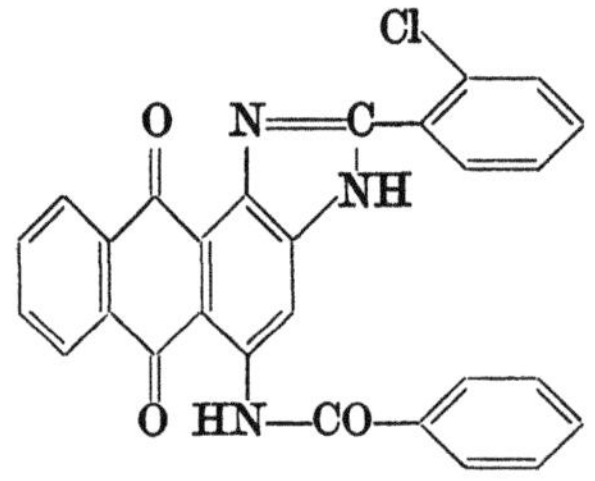

Indanthrenorange RRK

Von den *Oxazolen* erlangte einzig das *Indanthrenrot FBB* (M. A. KUNZ
1926) eine größere Bedeutung. Es färbt ein blaustichiges, klares und
farbstarkes Rot mit sehr guten Echtheiten und eignet sich auch für den
Druck. Die Chlorechtheit ist trotz der freien Aminogruppe sehr gut,
was sich mit der Annahme einer starken Wasserstoffbrücken-Bindung
zwischen der Aminogruppe und der Chinongruppe sowie dem Ringstickstoff erklären läßt.

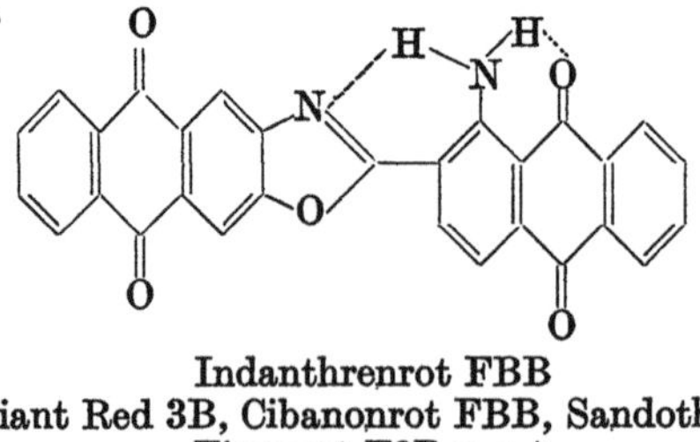

Indanthrenrot FBB
(Caledon Brilliant Red 3B, Cibanonrot FBB, Sandothrenrot NF2B,
Tinonrot F2B u. a.)

---

[1] DRP 197554 (1908).
[2] Auch Cibanongrau FBG, Sandothrengrau FNBG, Tinongrau FBG u. a.
[3] Siehe unter „Anthanthrone".
[4] DRP 485961 (1929).
[5] DRP 238981, 238982 (1911); DRP 247246 (1912).

Die Herstellung[1] geht vom 1-Nitroanthrachinon-2-carbonsäurechlorid aus, das mit 2-Amino-3-hydroxyanthrachinon glatt zum Säureamid kondensiert. Man cyclisiert mit konzentrierter Schwefelsäure bei 100° C zum Oxazol und ersetzt anschließend die Nitro- durch die Aminogruppe, indem man mit Ammoniaklösung unter Druck auf 125° C erwärmt. Die Ausbeuten dieser Reaktionsfolge sind durchwegs hoch.

Bei den *Thiazolen* hat man zwischen den älteren, angulär anellierten gelben und den neueren, linear anellierten roten und blauen Typen zu unterscheiden. Der älteste Vertreter ist das *Algolgelb GC* (W. HERZBERG 1910).

Algolgelb GC

(Anthragelb GC, Caledon Yellow 5G, Cibanongelb GC, Palanthrengelb GC, Sandothrengelb NGC, Tinongelb GC u. a.)

Algolgelb GC ist ein sehr ausgiebiger, grünstichig gelber Heißfärber. Affinität und Egalisiervermögen sind gut; er eignet sich auch für den Druck. Die Echtheiten sind sehr gut, ausgenommen die nur mäßige Lichtechtheit. In Kombination mit anderen Farbstoffen ist sie zuweilen besser, so daß das Algolgelb GC oft in Mischungen verwendet wird.

Die Herstellung[2] kann aus 2.6-Diaminoanthrachinon, Benzotrichlorid und Schwefel in Naphthalin als Lösungsmittel und mit Kupfer-I-chlorid als Katalysator erfolgen. Man kann auch 1.5-Dichlor-2.6-diaminoanthrachinon mit Benzaldehyd und Schwefel umsetzen.

Ersetzt man im Indanthrenrot FBB den Sauerstoff des Oxazolringes durch Schwefel, so kommt man zum Indanthrenrubin B, das nur mäßige Bedeutung hat. Wichtiger ist das *Indanthrenblau CLG* (E. BERTHOLD 1934), ein etwas stumpfes Blau mit sehr guten Echtheiten, vor allem einer guten Chlorechtheit.

Indanthrenblau CLG (Ph = Phenylrest)

Klarer im Farbton ist das Indanthrenblau CLB, dessen Benzoylrest eine meta-ständige Trifluormethylgruppe enthält. Zur Herstellung dieser beiden Farbstoffe wird 1-Aminoanthrachinon-2-carbonsäure in Gegenwart von Formaldehyd nitriert, in das Säurechlorid übergeführt und mit 2-Amino-3-chloranthrachinon kondensiert. Man behandelt mit einer Natriumsulfidlösung, wobei einerseits

---

[1] Vgl.: DRP 475687 (1929).
[2] FIERZ-DAVID, H. E.: J. Soc. Dyers Colourists **51**, 61 (1935).

das Halogen durch die Mercaptogruppe ersetzt und andrerseits die Nitrogruppe reduziert wird, cyclisiert mit konzentrierter Schwefelsäure zum Thiazol und benzoyliert nachher[1]. Die Aminogruppe in 1-Stellung reagiert mit dem Säurechlorid praktisch nicht, da sie durch die Nachbarschaft der Chinongruppe und des Ringstickstoffs inaktiviert ist.

b) Diphthaloylcarbazole

Die bereits erwähnten 1.1'-Dianthrimide lassen sich leicht zu den entsprechenden Diphthaloylcarbazolen cyclisieren, die als Farbstoffe sehr bedeutsam sind. Dieser 1910 von W. Mieg erfundene Ringschluß kann mit konzentrierter Schwefelsäure, wasserfreiem Aluminiumchlorid in Pyridin oder einem anderen Lösungsmittel oder auch in einer Alkalischmelze erfolgen[2]. Die letztere Methode ist für Anthrimide, die noch Acylaminogruppen enthalten, allerdings ungeeignet, da diese dabei verseift werden können. Man verwendet in diesem Fall am besten konzentrierte Schwefelsäure, die den Ringschluß bereits unter sehr milden Bedingungen herbeiführt. Als sehr energisches Mittel hat sich eine Schmelze aus wasserfreiem Aluminiumchlorid und Natriumchlorid bei 150—250° C bewährt. Aluminiumchlorid in flüssigem Schwefeldioxyd oder einem Carbonsäurechlorid gestattet einen milden Ringschluß bei niedriger Temperatur. Bei der Carbazolisierung verliert das Dianthrimid zwei Wasserstoffatome; ob als Zwischenstufe eine entsprechende Dihydroverbindung entsteht, ist nicht sicher nachgewiesen. Jedenfalls ist nach dem Ringschluß eine milde Oxydation nötig, die entweder mit einer verdünnten Chlorlauge oder einer verdünnten, schwach sauren Natriumbichromatlösung vorgenommen wird.

$$\xrightarrow[\text{(AlCl}_3\text{)}]{-2\,\text{H}}$$

Die Diphthaloylcarbazole werden fast alle heiß gefärbt; ihre Farbtöne umfassen Gelb, Orange, Rotbraun, Olive und Khaki, sind jedoch meist stumpf. Ihre Küpen sind braun. Das Zieh- und Egalisiervermögen sowie die Licht-, Wasch- und Chlorechtheit sind im allgemeinen sehr gut; die Soda-Kochechtheit ist bei den Typen mit mehreren Anthrachinonresten ebenfalls gut. Faserschädiger befinden sich keine in dieser Gruppe. Verschiedene Phthaloylcarbazole sind deshalb Großprodukte geworden.

Der einfachste Vertreter ist das *Indanthrengelb FFRK* (E. Hepp u. R. Uhlenhut 1911), das aus dem färberisch wertlosen 1.1'-Dianthrimid

---

[1] Vgl.: DRP 623028 (1935); DRP 692750 (1940).

[2] Vgl.: DRP 451495 (1927); DRP 464292 (1928); DRP 470550 (1929); DRP 491428 (1930); ferner Schwenk, E.: Chemiker-Ztg. 52, 45, 62 (1928).

dargestellt wird. Es färbt ein rotstichiges Gelb mit guten Allgemeinechtheiten, das sich auch für den Druck eignet.

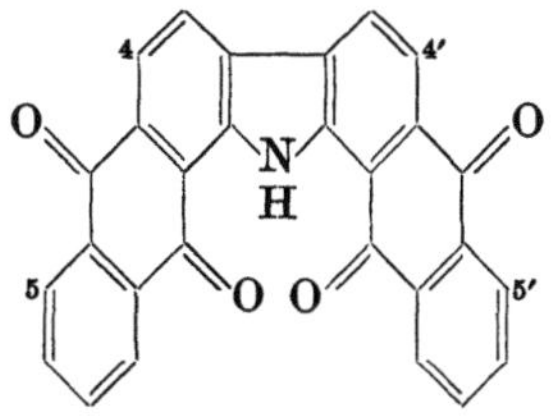

Indanthrengelb FFRK

Sehr leicht lassen sich 1.1'-Dianthrimide mit Benzoylaminogruppen in den
4- oder 5-Stellungen cyclisieren, indem man sie bei 30° C in der fünffachen Menge
Monohydrat löst und dann im Laufe mehrerer Stunden mit der siebenfachen
Menge 78%iger Schwefelsäure verdünnt, wobei der Farbstoff ausfällt. Man filtriert, wäscht mit 85%iger Schwefelsäure, teigt den Filterkuchen mit etwa der
gleichen Menge 85%iger Schwefelsäure an und oxydiert den Farbstoff durch
Eintragen in 15 Teile einer 1%igen Natriumbichromatlösung[1].

Wichtiger als das Indanthrengelb FFRK sind verschiedene Derivate
mit Benzoylaminogruppen. *Indanthrengoldorange 3G*[2] (S. GASSNER
1924) ist sein 5.5'-Bis-benzoylaminoderivat. Es färbt ein ziemlich klares,
rotstichiges Gelb mit guten Allgemeinechtheiten und eignet sich auch
für den Druck. *Indanthrenbraun R*[3] (W. MIEG 1910) ist das 4.5'-Bis-
benzoylaminoderivat, *Indanthrenolive R*[4] (W. MIEG 1910) das 4.4'-Bis-
benzoylaminoderivat des Indanthrengelb FFRK. Beide Farbstoffe
zeichnen sich durch sehr gute Allgemeinechtheiten aus. Ersterer färbt
ein klares, etwas rotstichiges, ätzbares Braun, letzterer ein rotstichiges
Olive. Beide eignen sich für den Druck. Beachtenswert ist auch hier die
starke Farbvertiefung beim Übergang der Benzoylaminogruppe von der
5- in die 4-Stellung.

Farbstoffe, die den Carbazolrest zweimal oder mehrmals enthalten,
besitzen allgemein etwas stumpfere Nuancen, gleichzeitig aber auch eine
bessere Affinität und eine bessere Soda-Kochechtheit. Erwähnt sei das
Indanthrengelb 3RT bzw. *3R* (R. UHLENHUT 1911); man erhält es aus
dem Trianthrimid von 1.5-Diaminoanthrachinon und zwei Molen
1-Chloranthrachinon durch Ringschluß mit Aluminiumchlorid oder in
der Kalischmelze[5]. Eine wichtige, echte Braunmarke ist das *Indanthrenbraun BR* (W. MIEG 1925), das man beim Ringschluß des Trianthrimides
aus 1.4-Diaminoanthrachinon und zwei Molen 1-Chloranthrachinon mit

---

[1] Vgl.: DRP 239544 (1911); DRP 249000 (1912).

[2] Auch Caledon Gold Orange 3G, Cibanongoldorange F3G, Sandothrengoldorange FN3G, Tinongoldorange F3G u.a.

[3] Auch Caledon Brown R. Cibanonbraun FGR, Sandothrenbraun FNR,
Tinonbraun FGR u.a.

[4] Auch Caledon Olive R, Cibanonolive F2R, Sandothrenolive FN2R, Tinonolive F2R u.a.

[5] Vgl.: DRP 251021 (1912); DRP 430559 (1926); DRP 507340 (1930).

Aluminiumchlorid in Pyridin bei 130° C erhält[1]. Führt man den Ringschluß desselben Trianthrimides in der Kalischmelze durch[2], so erhält man das ältere, gelbstichigere *Indanthrenbraun GR* (R. UHLENHUT 1908).

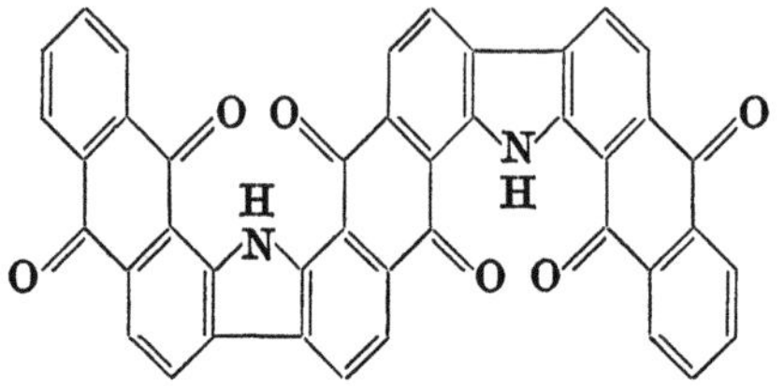

Indanthrengelb 3RT, 3R
(Cibanongelb F3R, F3RF, Sandothrengelb FN3R, Tinongelb F3RF u. a.)

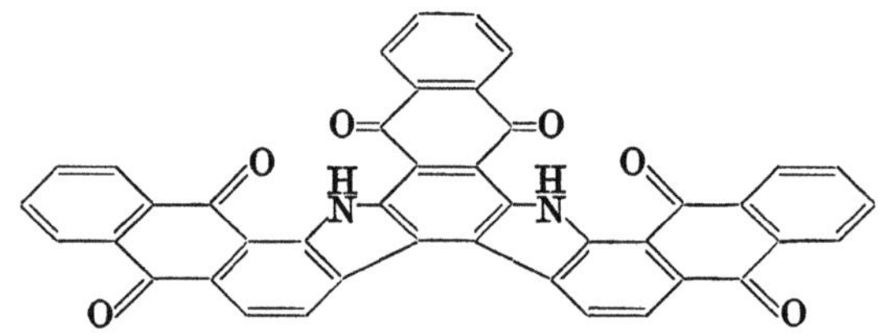

Indanthrenbraun BR (GR)
(Caledon Dark Brown 3R, Cibanonbraun FBR, Sandothrenbraun FNBR, Tinonbraun FBR u. a.)

Die vorstehenden Farbstoffe besitzen ausnahmslos sehr gute Allgemeinechtheiten; für den Druck eignen sie sich weniger, da sie hierbei weniger gut fixieren und trübere Farbtöne liefern.

Indanthrenkhaki GG[3] (E. HEPP 1911) wird in großem Maßstab zum Färben von Uniform- und Regenmantelstoffen, Zeltbahnen und dergleichen verwendet. Man stellt es aus dem Pentanthrimid von 1.4.5.8-Tetrachloranthrachinon und vier Molen 1-Aminoanthrachinon durch Carbazolisierung in einer Aluminiumchlorid-Natriumchloridschmelze her[4]. Es ist zweifelhaft, ob dabei alle vier Anthrimidgruppen carbazolisiert werden. In der Literatur wird der Farbstoff meistens als Tetracarbazol aufgeführt. Er färbt ein grünstichiges, eher stumpfes Khaki mit sehr guten Allgemeinechtheiten. Für den Druck eignet er sich nicht.

Interessante Carbazolderivate erhält man auch aus Halogenderivaten polycyclischer Aromaten wie Naphthalin, Pyren, Chrysen, Fluoranthen und höher anellierten Körpern, die sich mit 1-Aminoanthrachinonen zu Anthrimiden umsetzen lassen, welche leicht carbazolisiert werden können. Man gelangt so zu orangen, violetten, braunen und oliven Farbstoffen. Arbeiten auf diesem Gebiet stammen vor allem von Ciba[5].

---

[1] Zur technischen Herstellung vgl.: BRADLEY, K. I., u. P. KRONOWITT: Ind. Engng. Chem. **46**, 1147 (1954); siehe auch: BRADLEY, W., u. P. N. PANDIT: J. chem. Soc. [London] **1955**, 3399.

[2] DRP 240080 (1911); siehe ferner: DRP 208969 (1909).

[3] Auch Caledon Khaki 2G, Cibanonkhaki F2G, Sandothrenkhaki FN2G, Tinonkhaki F2G u. a.

[4] DRP 262788 (1913).

[5] HOLBRO, TH.: Chimia **8**, 57 (1954); — J. appl. Chem. **3**, 1 (1953).

c) Phthaloylacridone

Phthaloylacridone oder Anthrachinonacridone, wie sie oft ungenau bezeichnet werden, wurden erstmals 1910 von F. ULLMANN und A. LÜTTRINGHAUS dargestellt[1]. Färberische Bedeutung besitzen nur die 2.1-Acridone mit der Imingruppe in α-Stellung des Anthrachinonrestes. Ihre Soda-Kochechtheit ist gering, was auf die Enolisierung des Pyridonringes zurückzuführen ist. Sie wird durch Substituenten in ortho-Stellung zur Ketogruppe oft verbessert.

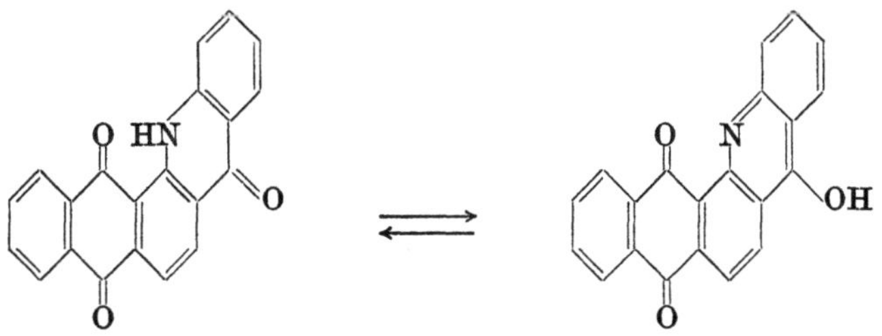

Die Phthaloylacridone sind in der Regel Kaltfärber mit guter Affinität. Ihre Farbtöne umfassen Orange, Rot, Violett, Blau, Grün und Braun; die letzteren beiden Farben erreicht man allerdings nur in Kombination mit anderen heterocyclischen Ringen. Die Farbtöne sind meistens klar, eine Ausnahme bilden Farbstoffe, die gleichzeitig Carbazolringe enthalten. Die Küpen sind weinrot, violett oder braun.

Ihre Herstellung erfolgt durch Ringschluß aus den entsprechend substituierten o-Aminocarbonsäuren; die Carboxylgruppe kann sich im Anthrachinon- oder im Arylrest befinden[2]. Zur Darstellung der intermediären Aminocarbonsäuren kann man 1-Chloranthrachinon-2-carbonsäure mit einem aromatischen Amin oder 1-Chloranthrachinon mit einer aromatischen o-Aminocarbonsäure wie Anthranilsäure oder auch 1-Aminoanthrachinon mit einer aromatischen o-Chlorcarbonsäure wie o-Chlorbenzoesäure umsetzen. Zur Neutralisierung der entstehenden Salzsäure setzt man Calcium- oder Magnesiumcarbonat zu; die Anwesenheit von Kupferpulver oder Kupfer-I-chlorid erleichtert den Austausch des Halogens. Eine weitere Methode besteht im Ersatz der Nitrogruppe des 1-Nitroanthrachinons oder seiner 2-Carbonsäure durch ein aromatisches Amin oder eine o-Aminocarbonsäure, in Gegenwart von Arsen- oder Phosphortrichlorid entsteht dabei direkt das entsprechende Acridon.

Der Ringschluß zum Acridon läßt sich im einfachsten Fall mit konzentrierter Schwefelsäure bei 100° C vornehmen. Geeignet sind ferner Chlorsulfonsäure, Essigsäureanhydrid, Acetyl- und Benzoylchlorid, Thionylchlorid oder Phosphorpentachlorid in einem inerten organischen Lösungsmittel. Als energische Methode sei die Cyclisierung mit wasserfreiem Aluminiumchlorid genannt, wobei die intermediäre Aminocarbonsäure zuerst in das Säurechlorid übergeführt werden muß. In einigen wenigen Fällen werden die Ester der Aminocarbonsäure bereits beim Verküpen in alkalischer Lösung cyclisiert[3].

---

[1] Für eine neuere Übersicht siehe: ALLEN, C. F. H.: Chem. Reviews **59**, 983 (1959).

[2] Vgl.: ULLMANN, F., u. P. OCHSNER: Liebigs Ann. Chem. **381**, 1 (1911). — ULLMANN, F., u. P. DOTSON: Ber. dtsch. chem. Ges. **51**, 9 (1918) sowie frühere Veröffentlichungen. — SCHAARSCHMIDT, A.: Liebigs Ann. Chem. **405**, 95 (1914).

[3] Vgl.: DRP 246966 (1912).

Der Grundkörper der Reihe, das Phthaloylacridon selbst, ist färberisch ohne Bedeutung infolge seiner geringen Soda-Kochechtheit. Durch eine Chlorierung wird diese etwas verbessert. Zu nennen ist *Indanthrenrotviolett RRK* (O. BALLY 1910), ein Trichlorderivat, das bei der Chlorierung von 1-(o-Carboxyanilido)-anthrachinon mit Sulfurylchlorid entsteht, wobei gleichzeitig der Ringschluß zum Acridon eintritt. Der Farbstoff färbt ein rotstichiges Violett, dessen Echtheiten mit Ausnahme der geringen Soda-Kochechtheit sehr gut sind. Er ist auch für den Druck geeignet.

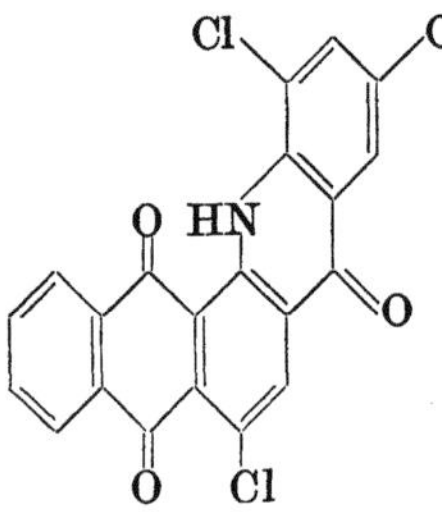

Indanthrenrotviolett RRK 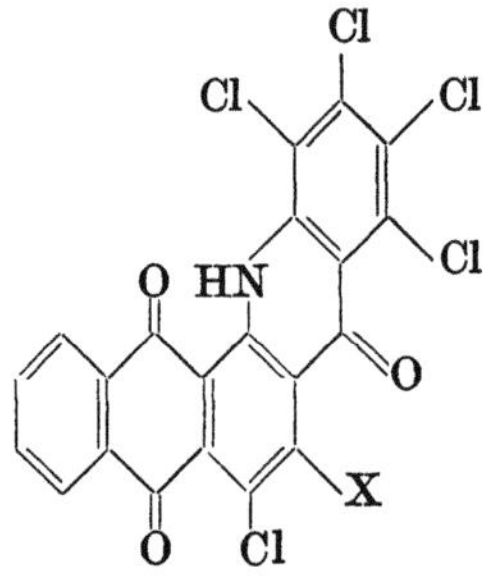   Indanthrenbrillantrosa BBL (X = H)

Eine Hexachlorderivat ist durch energische Chlorierung von 1-Anilido-2-methylanthrachinon zugänglich und war früher als Indanthrenrosa B (Formel vorstehend, X=Cl) im Handel. Da jedoch das eine Chloratom (X) bereits beim Verküpen wieder abgespalten wird, wurde der Farbstoff vom *Indanthrenbrillantrosa BBL* verdrängt, das man durch energische Chlorierung von Phthaloylacridon erhält. Es färbt ein klares, blaustichiges Rosa mit sehr guten Echtheiten, ausgenommen die nur mäßige Soda-Kochechtheit. Die Einführung einer Aminogruppe in die 4-Stellung des Anthrachinonrestes führt zu blauen Farbstoffen. Im Indanthrenrotviolett RRK kann das 4-ständige Chloratom durch p-Toluolsulfonamid ersetzt werden; Hydrolyse des Sulfonamides liefert das *Indanthrentürkisblau 3GK* (H. NERESHEIMER 1912). Es färbt ein klares, grünstichiges Blau mit allerdings geringen Naß- und Chlorechtheiten, die durch eine Acylierung der freien Aminogruppe verbessert

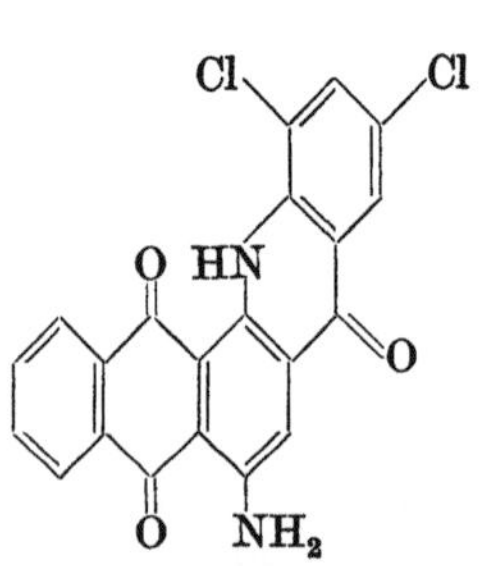

Indanthrentürkisblau 3GK 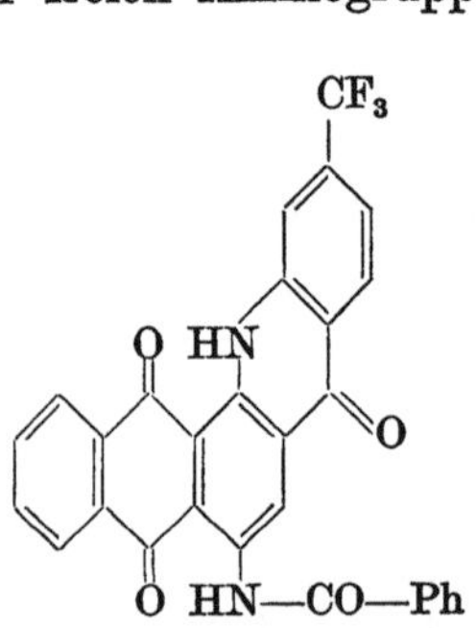   Indanthrendruckblau HFG
(Ph = Phenyl)

werden können. Bessere Echtheiten besitzt deshalb das *Indanthren-druckblau HFG*, das ein klares, rotstichiges Blau färbt und sich besonders für den Druck eignet.

Ein anderer Herstellungsweg für diese Farbstoffe geht von der 1-Amino-4-bromanthrachinon-2-sulfonsäure („Bromaminsäure") aus, die ein wichtiges Zwischenprodukt für saure Anthrachinonfarbstoffe ist. Das Brom läßt sich glatt durch gegebenenfalls substituierte Anthranilsäure ersetzen. Das dabei gebildete Zwischenprodukt I wird zum Acridon cyclisiert, worauf man die Sulfonsäuregruppe mit Alkali und Hydrosulfit reduktiv entfernt.

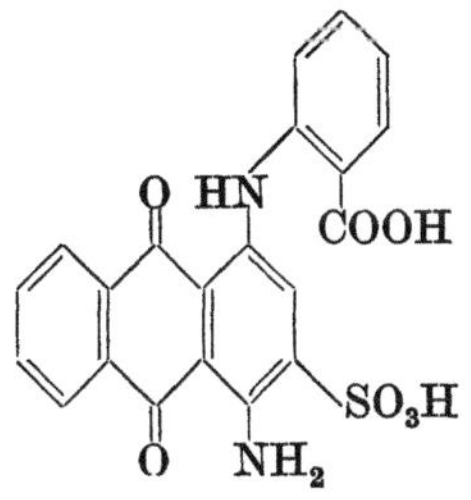

I

Ein grüner Farbstoff dieser Reihe liegt im *Indanthrengrün 4G* vor, einem gelbstichigem Grün mit guten Allgemeinechtheiten, das sich auch für den Druck eignet und am besten heiß gefärbt wird.

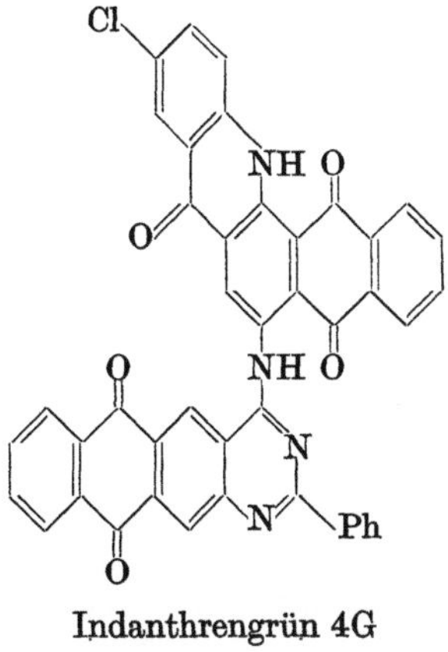

Indanthrengrün 4G

Zur Herstellung wird 3-Aminoanthrachinon-2-carbonsäure benzoyliert, die Carbonsäuregruppe mit Ammoniak ins Amid übergeführt und anschließend zum Phenylchinazolin cyclisiert. Durch Behandlung mit Phosphorpentachlorid oder Thionylchlorid in Nitrobenzol erhält man das Chlorid, das in Phenol mit dem Amino-phthaloylacridon umgesetzt wird[1].

Ein ausgezeichnet lichtechtes, etwas stumpfes Rot mit sehr guten Allgemeinechtheiten färbt das *Indanthrenrot RK* (A. LÜTTRINGHAUS 1911). Es bildet sich direkt bei der Umsetzung von 2-Naphthylamin mit

---

[1] DRP 661152 (1938).

1-Chloranthrachinon-2-carbonsäure in Gegenwart von Kupferpulver und Borsäure.

Indanthrenrot RK
(Caledon Red RK, Cibanonrot FRK u. a.)

Indanthrenorange F3R

Die Verknüpfung zweier Anthrachinonreste über einen Pyridonring liefert das *Indanthrenorange F3R* (A. LÜTTRINGHAUS 1910), das neben guten Allgemeinecht-heiten auch eine verhältnismäßig gute Soda-Kochechtheit aufweist.

Werden umgekehrt zwei Pyridonreste an eine Anthrachinon-Molekel ange-hängt wie im *Indanthrenviolett FFBN* (F. ULLMANN 1909), so verringert sich die Soda-Kochechtheit bei sonst guten anderen Echtheiten. Der aus 1.5-Dichlor-anthrachinon und Anthranilsäure zugängliche Farbstoff färbt ein blaustichiges Violett und ist auch für den Druck geeignet.

Indanthrenviolett FFBN

Die Phthaloylacridone lassen sich über Carbazolringe mit weiteren Anthra-chinonresten verknüpfen, wobei man Farbstoffe mit sehr guten Allgemeinechthei-ten, aber stumpferen Farbtönen erhält, die auch Braun und Khaki umfassen. Die Soda-Kochechtheit ist gegenüber den einfachen Acridonen eindeutig ver-bessert, da sich die Enolisierbarkeit des Pyridonringes in den größeren Molekülen nicht mehr so stark auswirkt.

d) Thioxanthone und Thioxanthene

Die Thioxanthone sind die Schwefelanaloga der Acridone mit einem Schwefelatom anstelle des Stickstoffs. Die Thioxanthene besitzen statt der Ketogruppe nur eine Methylengruppe. Beide Farbstofftypen ent-standen um 1910 und besitzen heute nur noch geringe Bedeutung. Sie färben gelbe und orange Farbtöne mit mäßiger Lichtechtheit und sind Faserschädiger.

Die *Thioxanthone* werden aus 1-Chloranthrachinon-2-carbonsäure und Thiophenolen gewonnen; sie sind nicht mehr im Handel. Als Beispiel sei Indanthrengoldorange RN (A. LÜTTRINGHAUS 1911) erwähnt:

Indanthrengoldorange RN   Cibanongelb R

Als einziges *Thioxanthen* ist das Cibanongelb R zu nennen, das durch Umsetzung von 2-Methylanthrachinon oder von 2-Chlormethyl-anthrachinon und Anthrachinon mit überschüssigem Schwefel bei 300° C gebildet wird[1]. Seine Lichtechtheit ist mäßig, seine übrigen Echtheiten sind gut. Es ist ein Faserschädiger[2] und wird nicht mehr hergestellt.

e) Indanthrone

Die Indanthrone sind blaue und grüne Heißfärber, die zwei Anthrachinonreste über einen Dihydroazinring verknüpft enthalten. Wichtig sind die blauen Typen; ihre Lichtechtheit ist ausgezeichnet, doch sind sie gegen Oxydationsmittel empfindlich, da sie verhältnismäßig leicht zu den gelben Azinen oxydiert werden. In der Praxis wirkt sich dies durch eine geringe Chlorechtheit aus; etwas echter sind einige chlorierte Indanthrone. Das Indanthron (R. BOHN 1901) war der erste Anthrachinon-Küpenfarbstoff und ist auch jetzt noch ein sehr wichtiges Produkt, das unter dem Namen *Indanthrenblau RS* und anderen Bezeichnungen im Handel ist[3].

Indanthron, blau   Indanthronazin, gelb

[1] FIERZ-DAVID, H. E.: J. Soc. Dyers Colourists **51**, 54, 60 (1935).
[2] TURNER, H. A.: J. Soc. Dyers Colourists **63**, 377 (1947).
[3] Auch Caledon Blue RN, XRN; Cibanonblau FRSN; Palanthrenblau RS, RSN; Sandothrenblau FNRSN; Tinonblau FRSN u.a.

Die Wasserstoffatome des Azinringes sind durch Brückenbindung mit den benachbarten Chinongruppen stabilisiert[1], was eine Ursache der hohen Lichtechtheit sein dürfte; N-Alkylindanthrone sind weniger lichtecht[2]. Der Farbstoff färbt ein schönes Blau, dessen Echtheiten mit Ausnahme der geringen Chlorechtheit ausgezeichnet sind. Bei normaler Verküpung werden nur zwei Chinongruppen reduziert, wobei eine dunkelblaue Küpe entsteht. Bei energischer Reduktion, beispielsweise mit Zinkstaub in alkalischer Lösung werden indessen alle vier Chinongruppen reduziert und man erhält eine braune Küpe, die zum Färben ungeeignet ist[3]. Daher müssen beim Färben die vorgeschriebenen Mengen an Alkali und Reduktionsmittel genau eingehalten werden; unrichtige Alkalikonzentration kann zu Umlagerungen führen, wobei sich Oxanthron-Strukturen bilden[4]. Beim Behandeln der Färbungen mit Oxydationsmitteln tritt ein Vergrünen der blauen Farbe ein, da sich dabei gelbes Indanthronazin bildet. Die Farbänderung kann durch milde Reduktionsmittel wieder behoben werden. Die energische Oxydation des Indanthrons mit Chromsäure baut zum 2.3-Dihydroxy-7.8-phthaloylchinoxalin ab[5].

Die Herstellung des Indanthrons erfolgt durch Kalischmelze von 2-Aminoanthrachinon nach dem ursprünglichen Verfahren von R. Bohn. Die Schmelze besteht aus etwa 55% Kaliumhydroxyd, 25% Natriumhydroxyd, 20% trockenem Natriumacetat und einigen Prozenten Wasser. Die Reaktionstemperatur beträgt 220° C und muß genau eingehalten werden, da bei zu niedriger Temperatur Alizarin, bei zu hoher Temperatur dagegen braune, alkalilösliche Nebenprodukte und Flavanthron gebildet werden[6]. Zur Oxydation des freigesetzten Wasserstoffes wird etwas Natriumnitrit zugesetzt. Nach Beendigung der Schmelze wird in Wasser gegossen, durch Zusatz von Natriumhydrosulfit vollständig verküpt und das schwerlösliche Dikaliumsalz der Küpe isoliert. Die Ausbeute betrug ursprünglich 42% und konnte auf etwa 56% gesteigert werden.

Als Zwischenstufe dürfte in der Indanthronschmelze das resonanzstabilisierte Anion I auftreten, das beim 2-Aminoanthrachinon in der 1-Stellung angreift[7]. Die Indanthronschmelze gehört damit zu den nucleophilen Substitutionen.

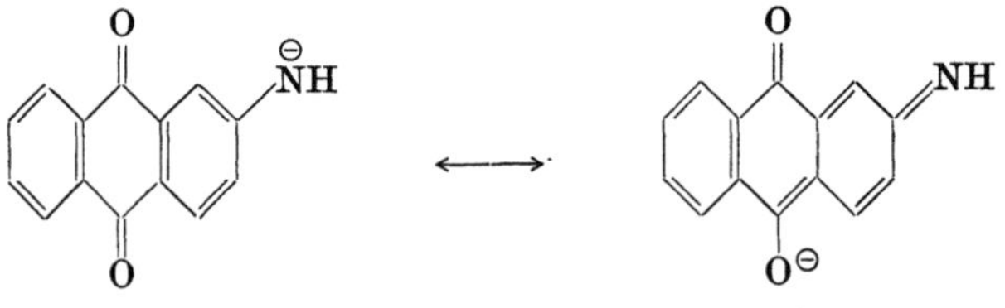

Ia   Ib

[1] Zur Struktur vgl.: Wyman, G. M.: J. Amer. chem. Soc. 78, 4599 (1956). — Gill, R., u. H. I. Stonehill: J. Soc. Dyers Colourists 60, 183 (1944). — Hodgson, H. H.: J. Soc. Dyers Colourists 62, 176 (1946).

[2] Bradley, W., u. H. E. Nursten: J. chem. Soc. [London] 1953, 924.

[3] Brassard, H. à : J. Soc. Dyers Colourists 59, 127 (1943).

[4] Vgl. auch: Müller, J.: Melliand Textilber. 28, 93 (1947).

[5] Scholl, R., u. S. Edlbacher: Ber. dtsch. chem. Ges. 44, 1727 (1911).

[6] Vgl.: Bradley, W., E. Leete u. D. S. Stephens: J. chem. Soc. [London] 1951, 2166. — Schwenk, E.: Chemiker-Ztg. 52, 45 (1928).

[7] Bradley, W., u. H. E. Nursten: J. chem. Soc. [London] 1951, 2171, 2177 und vorangehende Mitt. — Vgl. auch: Bradley, W., R. F. Maisey u. C. R. Thitchener: J. chem. Soc. [London] 1954, 272.

Mit der Konstitutionsaufklärung befaßte sich vor allem R. SCHOLL[1]; ein eleganter Konstitutionsbeweis stammt von M. KUGEL, der das Indanthron durch Abspaltung von Bromwasserstoff aus 1-Amino-2-bromanthrachinon erhielt. Dieser Herstellungsweg wurde für verschiedene Derivate des Indanthrons benützt, ist aber ohne größere Bedeutung geblieben. Eine bemerkenswerte Synthesemöglichkeit stellt die Oxydation von Schwefelsäureestern des Amino-anthrahydrochinons dar, die zur Darstellung von Indigosolblau IBC verwendet wird (siehe „Indigosole").

Wichtig sind die chlorierten Indanthrone, deren Herstellung in sehr vielen Patenten beansprucht wird, da man durch die Halogenierung eine Verbesserung der Oxydationsempfindlichkeit erzielen kann. Am besten verhält sich 3.3'-Dichlorindanthron, *Indanthrenblau BC*. Bei der direkten Chlorierung dürften die Chloratome vor allem in die α-Stellungen der Anthrachinonreste — teils in 4 und 4', teils in 5.5'.8 und 8' — eintreten, da die Oxydationsempfindlichkeit derartiger Farbstoffe größer als beim 3.3'-Dichlorindanthron ist. Systematische Untersuchungen über die Substitutionsorte liegen indessen nicht vor.

Indanthrenblau GCD[2] (R. BOHN 1903) ist ein chloriertes Indanthron und besteht vorwiegend aus isomeren Monochlorderivaten. Man erhält es durch Chlorierung in konzentrierter Schwefelsäure unter Zusatz von 1% Braunstein bis zu einem Chlorgehalt von 5—8%. Es färbt ein klares Blau mit sehr guten Allgemeinechtheiten, ausgenommen die geringe Chlorechtheit. Für den Druck eignet es sich nicht. Es ist nicht ätzbar.

Indanthrenblau BC (BCS)[3] (R. BOHN 1903) ist 3.3'-Dichlorindanthron. Man stellt es am besten aus 2-Amino-1.3-dichloranthrachinon durch Abspaltung von Chlorwasserstoff in Gegenwart von Kupferpulver in einem inerten Lösungsmittel dar, wobei die Säure mit wasserfreier Soda gebunden wird. Es besitzt sehr gute Allgemeinechtheiten; die Chlorechtheit ist im Vergleich zum Indanthrenblau RS und zum Indanthren-

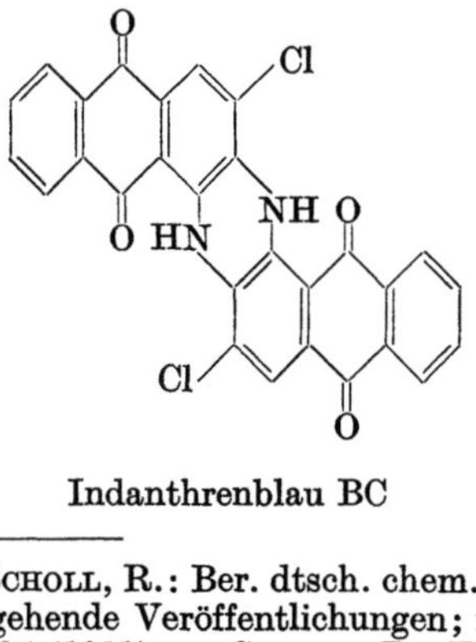

Indanthrenblau BC

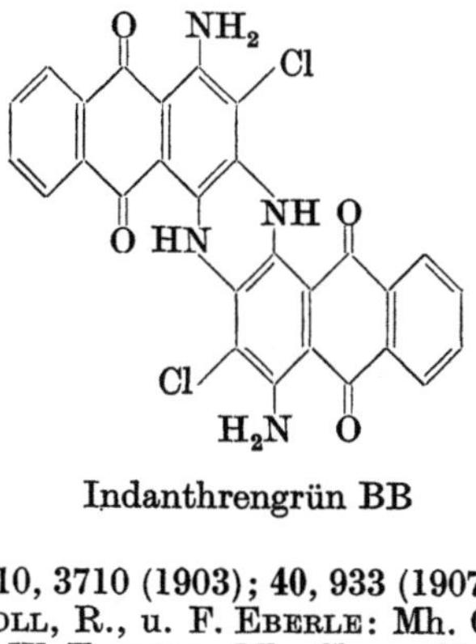

Indanthrengrün BB

---

[1] SCHOLL, R.: Ber. dtsch. chem. Ges. **36**, 3410, 3710 (1903); **40**, 933 (1907) und vorangehende Veröffentlichungen; ferner: SCHOLL, R., u. F. EBERLE: Mh. Chem. **32**, 1035 (1911). — SCHOLL, R., F. EBERLE u. W. TRITSCH: Mh. Chem. **32**, 1043 (1911).

[2] Auch Caledon Blue GCP, Cibanonblau FGCDN, Palanthrenblau GCD, Sandothrenblau FNGCDN, Tinonblau FGCDN u.a.

[3] Auch Caledon Blue XRC, Cibanonblau FGF, FGL, Palanthrenblau BC, BCS, Sandothrenblau FNG, FNGW, Tinonblau FGF, FGL u.a.

blau GCD wesentlich besser und erreicht die Note 3—4. Es ist nicht ätzbar und für den Druck wenig geeignet.

Den grünen Indanthronderivaten kommt nur geringe Bedeutung zu. Erwähnt sei *Indanthrengrün BB* (M. KUGEL 1903), das aus 1.4-Diamino-2.3-dichloranthrachinon hergestellt wird. Es färbt ein blaustichiges Grün mit sehr geringer Chlorechtheit, die durch die freien Aminogruppen bedingt ist.

Vorübergehend war auch das Sauerstoffanaloge II des Indanthrons im Handel. Es ist ein gelber Farbstoff, der sich aus 1-Chlor-2-hydroxyanthrachinon unter der Einwirkung milder Alkalien bildet[1].

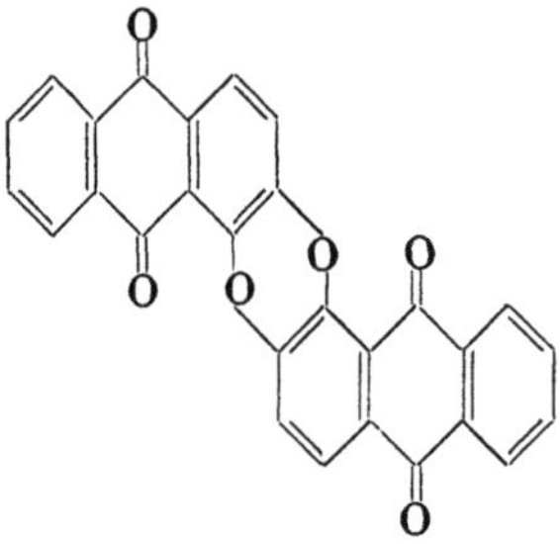

        II 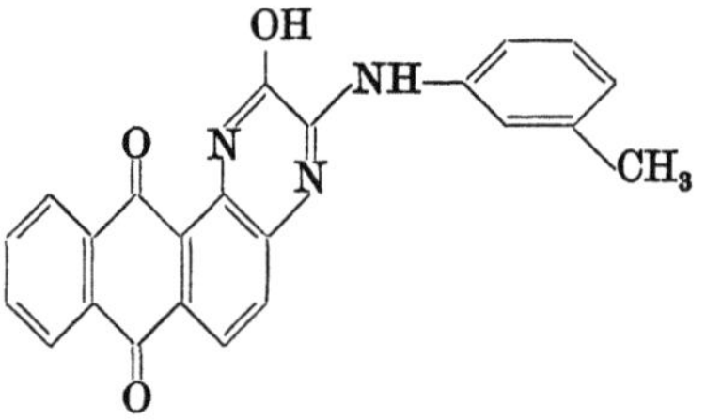   Indanthrenbrillantscharlach RK

Mit den Indanthronen verwandt ist ein Phthaloylchinoxalin, der *Indanthrenbrillantscharlach RK* (H. NERESHEIMER 1936). Das zu seiner Herstellung benützte 2.3-Dihydroxy-7.8-phthaloyl-chinoxalin wird aus 1.2-Diaminoanthrachinon und Oxalsäure bei 150° C gewonnen; es ist identisch mit dem Abbauprodukt des Indanthrons bei der sauren Oxydation[2]. Beim Erwärmen mit m-Toluidin und Zinkchlorid in Nitrobenzol bildet sich daraus der Farbstoff[3]. Er färbt ein klares Rot mit guter Licht- und Chlorechtheit, doch ist die Soda-Kochechtheit nur mäßig.

4. 1.9-anellierte Anthronderivate

a) Benzanthronderivate

Das wichtigste 1.9-anellierte Anthronderivat ist zweifellos das Benzanthron, das man nicht nur zur Herstellung der nachfolgenden Farbstoffe verwendet, sondern auch zum Aufbau des Violanthrons und Isoviolanthrons, die gesondert besprochen werden.

Benzanthron bildet sich bei der Kondensation von Anthron mit Acrolein in konzentrierter Schwefelsäure[4]. Praktisch stellt man die beiden Ausgangskomponenten in situ dar, indem man in eine Lösung von Anthrachinon in 88%iger Schwefelsäure Eisenpulver und Glycerin einträgt[5]. Die Reaktion ist exotherm und muß durch Kühlung auf 130—140° C gehalten werden. Das Anthrachinon wird dabei zu Anthron reduziert und das Glycerin zu Acrolein dehydratisiert. Die weitere Umsetzungsart der beiden Komponenten ist umstritten. Im allgemeinen reagiert Anthron mit α,β-ungesättigten Aldehyden und Ketonen unter Anlagerung an die

[1] Vgl.: DRP 257832 (1913); DRP 561753 (1932); DRP 570968, 572214 (1933).

[2] SCHOLL, R., u. S. EDLBACHER: Ber. dtsch. chem. Ges. 44, 1727 (1911).

[3] DRP 651750 (1937); DRP 656381 (1938).

[4] BALLY, O., u. R. SCHOLL: Ber. dtsch. chem. Ges. 44, 1656 (1911); vgl.: BALLY, O.: Ber. dtsch. chem. Ges. 38, 194 (1905).

[5] Für eine präparative Darstellungsmethode siehe: MACLEOD, L. C., u. C. F. H. ALLEN: Org. Synth. Coll. Vol. 2, 62 (1950).

C=C-Doppelbindung zu I; bei den in situ gebildeten Aldehyden erfolgt jedoch vermutlich eine Kondensation mit der Methylengruppe des Anthrons zu II[1].

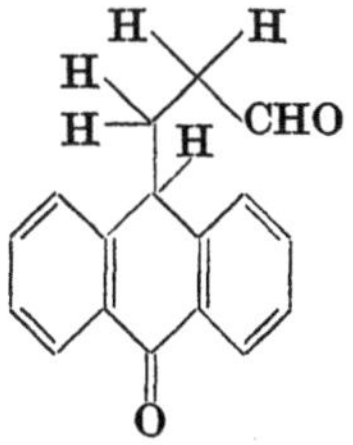

I

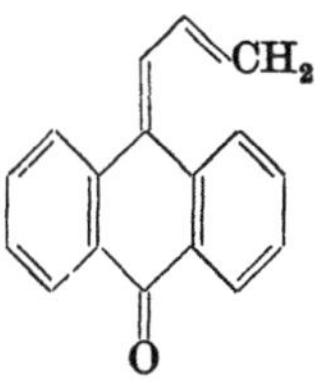

II

Die Bezifferung folgt in der deutschen Fachliteratur derjenigen des Anthrachinons und der anellierte Benzolring wird mit Bz- gesondert bezeichnet (III). In der neueren amerikanischen und englischen Literatur wird der Körper meistens durchgehend beziffert (IV):

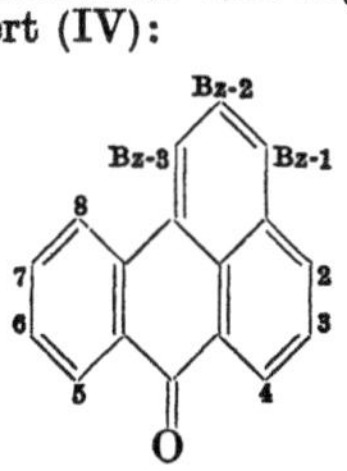

III

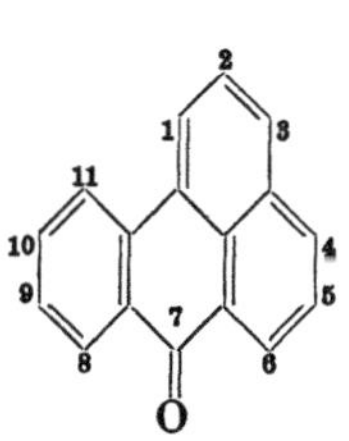

IV

Halogenierung des Benzanthrons führt zuerst zum Bz-1-Halogen-benzanthron, unter energischeren Bedingungen bildet sich 6.Bz-1-Dihalogen-benzanthron[2]. Alkalien und Amine können unter energischen Bedingungen eine direkte nucleophile Substitution in Stellung 2 bewirken[3].

Durch Umsetzung von Bz-1-Brombenzanthron mit 1-Aminoanthrachinon und Ringschluß des entstandenen Anthrimides mit alkoholischer Kalilauge erhält man das *Indanthrenolivegrün B* (H. WOLFF

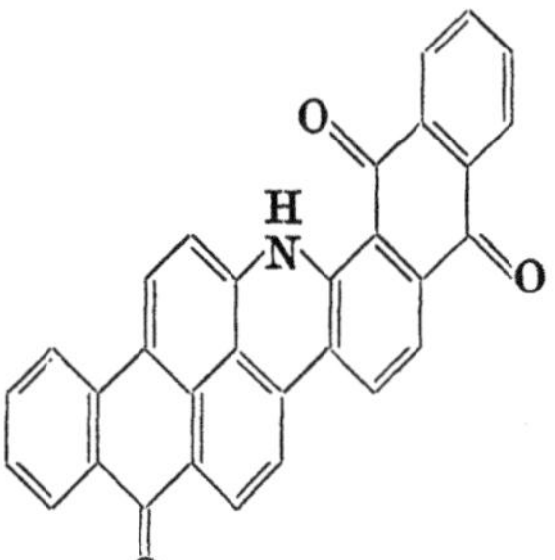

Indanthrenolivegrün B
(Caledon Olive Green B, Cibanonolive F2B, Palanthrenolivegrün B, Sandothrenolive FN2B, Tinonolive F2B u.a.)

<hr>

[1] BADDAR, F. G., u. F. L. WARREN: J. chem. Soc. [London] 1938, 401; 1939 944, 948. — ALLEN, C. F. H., u. S. C. OVERBAUGH: J. Amer. chem. Soc. 57, 1322 (1935). — MEERWEIN, H.: J. prakt. Chem. [2] 97, 284 (1918).

[2] CAHN, R. S., W. O. JONES u. J. L. SIMONSEN: J. chem. Soc. [London] 1933, 444. — LÜTTRINGHAUS, A., u. H. NERESHEIMER: Liebigs Ann. Chem. 473, 259 (1929).

[3] Siehe: BRADLEY, W.: J. chem. Soc. [London] 1948, 1175.

1908)[1]. Es färbt ein stumpfes Grün mit ausgezeichneter Lichtechtheit sowie sehr guten Allgemeinechtheiten und eignet sich für den Druck, ist aber nicht ätzbar.

Farbstoffe der vorstehenden Struktur werden als Benzanthron-acridine bezeichnet; es sind Heißfärber mit ausgezeichneten Allgemeinechtheiten, aber etwas stumpfen Farbtönen. Setzt man 6.Bz-1-Dibrombenzanthron mit zwei Molen 1-Aminoanthrachinon in gleicher Weise um[2], so erhält man das *Indanthrenolive T* (H. WOLFF u. E. HONOLD 1929), das sehr gute Allgemeinechtheiten und eine ausgezeichnete Lichtechtheit besitzt. Für den Druck ist es ungeeignet.

Indanthrenolive T
(Caledon Olive D, Cibanonolive FS, Palanthrenolive T, Sandothrenolive FNT, Tinonolive FS u. a.)

Ein andersartiges Benzanthronderivat war das *Cibanonblau F3G* bzw. Indanthrenblaugrün FFB, das bei der Umsetzung von 2-Methylbenzanthron mit Schwefel bei 200° C gebildet wird. Glatter verläuft die Synthese aus dem Bz-1-Brombenzanthron, das zuerst mit Natriumsulfid und Chloressigsäure in die Benzanthronylthioglykolsäure übergeführt wird. Bei der Behandlung der letzteren mit Kaliumhydroxyd in Pyridin bei 90° C oder in der Kalischmelze bei 200° C bildet sich der Farbstoff, der anschließend noch mit Chlorlauge nachoxydiert wird[3]:

Bz-1-Brombenzanthron

Cibanonblau F3G, Indanthrenblaugrün FFB

---

[1] DRP 212471 (1909); DRP 499352, 504016, 507344, 509422 (1930).
[2] DRP 517442 (1931).
[3] DRP 483154 (1929).

Der Farbstoff färbt ein grünstichiges, stumpfes Grün von guten Allgemeinechtheiten. Das Ziehvermögen ist gut, das Egalisiervermögen nur mäßig; er eignet
sich auch für den Druck.

b) Acedianthrone

Mit dem Benzanthron verwandt ist das Acedianthron, von dem sich
das Indanthrenrotbraun 3R ableitet. Seine Herstellung erfolgt durch
Kondensation von β-Chloranthron mit Glyoxal und Ringschluß zum
Acedianthron. Seine Bedeutung ist trotz guter Echtheiten gering.

c) Anthrapyrimidine

4- und 5-Amino-anthrapyrimidin dienen als Aminokomponenten
für zwei gelbe Acylamino-Küpenfarbstoffe. Ihre besondere Bedeutung
liegt darin, daß die Farbstoffe infolge des stickstoffhaltigen Hetero-
ringes keine Faserschädiger sind. Die Herstellung der beiden Amine
nimmt folgenden Verlauf[1]:

4-Amino-anthrapyrimidin

---

[1] Vgl. auch: DRP 595097, 595903 (1934); DRP 633564 (1936).

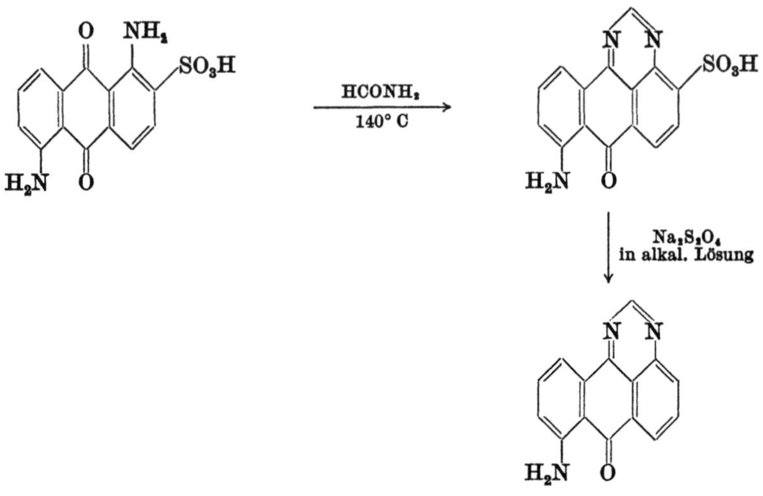

5-Amino-anthrapyrimidin

Indanthrengelb 4GK (M. A. KUNZ u. F. KÖBERLE 1931) ist ein Kaltfärber und liefert ein grünstichiges, klares Gelb mit guten Allgemeinechtheiten. Für den Druck ist es weniger geeignet. Die Herstellung erfolgt durch Benzoylierung des 5-Amino-anthrapyrimidins in einer Nitrobenzol-Pyridinlösung bei 120—130° C[1]:

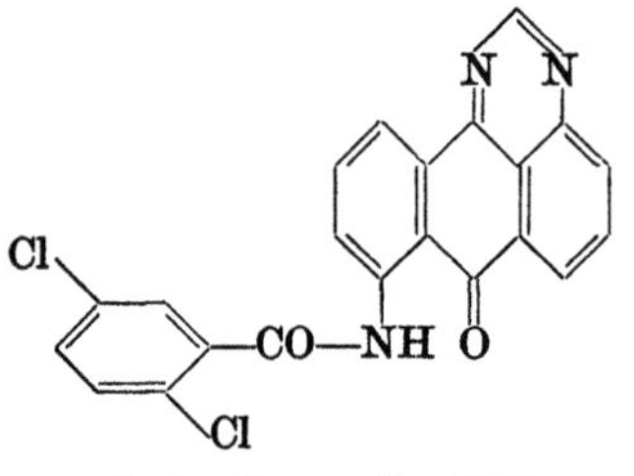

Indanthrengelb 4GK

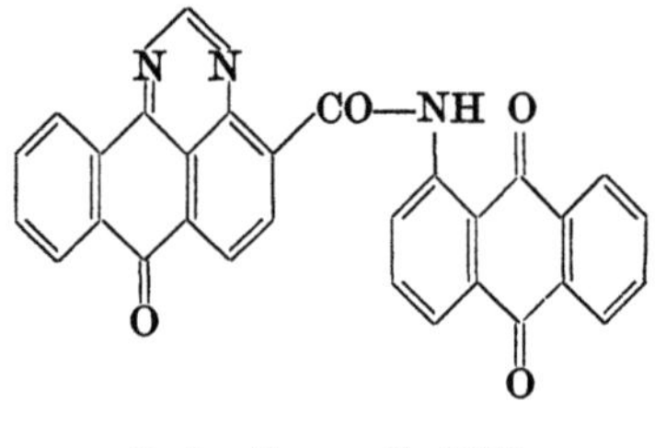

Indanthrengelb 4GF

Indanthrengelb 7GK leitet sich vom 4-Amino-anthrapyrimidin ab und enthält p-Chlorbenzoesäure als Acylkomponente. Es ist das grünstichigste Gelb unter den Indanthrenfarbstoffen, weist gute Allgemeinechtheiten auf und eignet sich auch für den Druck. Ebenfalls zu den Anthrapyrimidinen gehört das *Indanthrengelb 4GF*, das vor allem als Pigment wichtig ist.

d) Pyrazolanthrone

Pyrazolanthron erhält man durch Ringschluß von 1-Hydrazinoanthrachinon, das entweder aus 1-Chloranthrachinon und Hydrazin oder aus diazotiertem 1-Aminoanthrachinon durch Reduktion zugänglich ist:

[1] Siehe: DRP 566474 (1932); DRP 573556 (1933); DRP 633207 (1936).

Pyrazolanthron

Pyrazolanthron verhält sich ähnlich wie Benzanthron und wird in der Alkalischmelze zum alkaliunechten Pyrazolgelb dimerisiert[1]. Durch Äthylierung der meso-ständigen Stickstoffatome kann dieses in *Indanthrenrubin R* (F. SINGER u. H. HOLL 1914) übergeführt werden[2]. Die Isomeren des Indanthrenrubin R mit Alkylgruppen an den α-ständigen Stickstoffatomen sind als Farbstoffe wertlos[3].

Indanthrenrubin R färbt ein blaustichiges Rot mit sehr guten Allgemeinechtheiten und läßt sich weiß ätzen; für den Druck ist es weniger geeignet.

Indanthrenrubin R
(Cibanonrot F6B, Sandothrenrot FN6B,
Tinonrot F6B)

Indanthrenmarineblau R

Pyrazolanthron läßt sich mit Brombenzanthron kondensieren und das Zwischenprodukt mit alkoholischer Kalilauge bei 150° C zum *Indanthrenmarineblau R* (R. WILKE 1925) cyclisieren[4], einem sehr licht-, chlor- und waschechten Farbstoff, der sich auch für den Druck eignet.

[1] MÖHLAU, R.: Ber. dtsch. chem. Ges. **45**, 2233, 2244 (1912). — MAYER, F., u. R. HEIL: Ber. dtsch. chem. Ges. **55**, 2155 (1922). — SCHWENK, E.: Chemiker-Ztg. **52**, 45, 62 (1928).
[2] DRP 301544 (1917).
[3] BRADLEY, W., u. K. W. GEDDES: J. chem. Soc. [London] **1952**, 1630, 1636; vgl. auch: KOCH, J.: Helv. chim. Acta **24**, Fasc. extra-ord. 187E (1941).
[4] DRP 468896 (1928); DRP 490723 (1930).

5. Höher anellierte Chinone

a) Anthanthrone

Anthanthron bildet sich aus 1.1'-Dinaphthyl-8.8'-dicarbonsäure bei doppeltem Ringschluß mit Monohydrat bei 30—40° C; die Dicarbonsäure ist aus diazotierter 1-Amino-8-naphthoesäure leicht zugänglich[1]. Zur Herstellung der letzteren stehen verschiedene Möglichkeiten offen[2], am einfachsten ist die Kondensation von 1-Naphthylamin mit Phosgen und wasserfreiem Aluminiumchlorid zum Naphthostyril.

Naphthostyril

$\xrightarrow{\text{Verseifung}}$

1-Amino-8-naphthoesäure

1. Diazotierung
2. $Cu_2Cl_2 + NH_3$

Anthanthron (X = H)

$\xleftarrow[\text{30—40° C}]{\text{Monohydrat}}$

1.1'-Dinaphthyl-8.8'-dicarbonsäure

Anthanthron selbst hat infolge seiner geringen Farbstärke und Affinität keine färberische Bedeutung, wohl aber seine Dichlor- und Dibromderivate. Die Halogenatome treten in den Stellungen 4 und 10 ein[3].

Indanthrenbrillantorange RK[4] (L. KALB 1913) ist Dibromanthanthron (X=Br), das gelbstichigere Indanthrenbrillantorange GK[5] (R. HERZ u. W. ZERWECK 1925) das Dichlorderivat (X=Cl). Man stellt sie durch Halogenierung von Anthanthron in konzentrierter Schwefelsäure oder Monohydrat mit Jod als Katalysator dar[6]. Ihre Küpen sind rotviolett. Das erstere färbt ein klares rotstichiges Orange von mäßiger Affinität und gutem Egalisiervermögen, das sich auch für den Druck eignet. Das

---

[1] KALB, L.: Ber. dtsch. chem. Ges. **47**, 1724 (1914). — DRP 280787 (1914); DRP 452063 (1927).

[2] DRP 441225 (1927); DRP 444325 (1927); DRP 459404 (1928).

[3] BRADLEY, W., u. J. WALLER: J. chem. Soc. [London] **1953**, 3783. — MAKI, T., u. N. HASHIMOTO: J. Soc. Dyers Colourists **70**, 29 (1954).

[4] Auch Caledon Brilliant Orange 6R, Cibanonbrillantorange FRK, Sandothrenbrillantorange FNRK, Tinonbrillantorange FRK u.a.

[5] Das reine Dichloranthanthron wird heute nur noch in untergeordnetem Maße verwendet.

[6] Vgl.: DRP 458598 (1928); DRP 470947, 478738 (1929); DRP 492344, 495367 (1930).

letztere besitzt nur geringe Affinität, aber ein sehr gutes Egalisiervermögen. Beide sind Kaltfärber und schwache Faserschädiger; ihre
Lichtechtheit ist sehr gut.

Indanthrengrau BG[1] (R. Heidenreich 1927) entsteht aus Dibromanthanthron
durch Kondensation mit 1-Amino-4-benzoylamino-anthrachinon. Es ist ein Warmfärber mit sehr gutem Egalisiervermögen und guter Lichtechtheit.

b) Dibenzpyrenchinone

Das färberisch wichtige trans-Dibenzpyrenchinon ist aus Bz-1-
Benzoylbenzanthron durch dehydrierenden Ringschluß[2] sowie aus 1.5-
Dibenzoylnaphthalin durch einen doppelten dehydrierenden Ringschluß
in einer dünnflüssigen Schmelze von wasserfreiem Aluminiumchlorid
und Natriumchlorid bei 160° C unter Zusatz von Braunstein oder Luft-
einleitung zugänglich[3]. Das cis-Isomere bildet sich in gleicher Weise
aus 1.4-Dibenzoylnaphthalin[4].

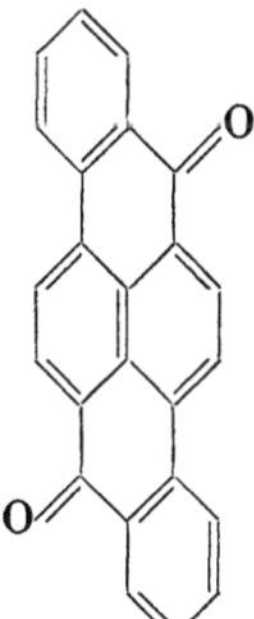

cis-Dibenzpyrenchinon   trans-Dibenzpyrenchinon

Färbungen mit cis-Dibenzpyrenchinon haben nur eine geringe Wasch- und
Soda-Kochechtheit, so daß es als Farbstoff ohne Bedeutung blieb. Ein Dibromderivat war zeitweise als Indanthrenscharlach 4G im Handel.

Indanthrengoldgelb GK[5] (G. Kränzlein 1922) ist trans-Dibenz-
pyrenchinon. Es färbt ein lebhaftes, ausgiebiges, leicht rotstichiges
Gelb mit guten Allgemeinechtheiten, ausgenommen die nur mäßige
Soda-Kochechtheit. Indanthrengoldgelb RK (M. A. Kunz 1928) ist
sein Dibromderivat[6]. Es färbt ein klares, rotstichiges Gelb. Seine
Echtheiten sind etwas besser als beim unbromierten Chinon. Beide
Farbstoffe sind Kaltfärber; ihre Küpen sind bordeaux.

[1] Auch Cibanongrau FBG, Sandothrengrau FNBG, Tinongrau FBG.
[2] DRP 412053, 423283, 426710 (1925); vgl. DRP 546226, 548831 (1932).
[3] DRP 518316 (1931); DRP 576253 (1933).
[4] Scholl, R., u. H. Neumann: Ber. dtsch. chem. Ges. **55**, 118 (1922); vgl.
DRP 542800 (1932).
[5] Auch Caledon Golden Yellow GK, Cibanongoldgelb FGK, Sandothrengoldgelb FNGK, Tinongoldgelb FGK u.a.
[6] Auch Cibanongoldgelb FRK, Sandothrengoldgelb FNRK, Tinongoldgelb
FRK u.a.; zur Konstitution und Herstellung siehe: Kunz, M. A.: Angew. Chem.
52, 269 (1939); — Bull. Soc. Ind. Mulhouse **100**, 30 (1934); — DRP 430556 (1926);
DRP 526209 (1932); DRP 742811 (1943).

c) Pyranthrone

Pyranthron (R. Scholl 1905) bildet sich glatt aus 2.2'-Dimethyl-1.1'-dianthrachinonyl unter der Einwirkung von Alkalien[1]. Es ist auch aus 3.8-Dibenzoylpyren durch dehydrierenden Ringschluß mit wasserfreiem Aluminiumchlorid zugänglich[2], wird jedoch technisch nur nach dem ersteren Verfahren hergestellt. Das dazu benötigte Dianthrachinonyl ist aus 1-Chlor-2-methyl-anthrachinon zugänglich, das in siedendem o-Dichlorbenzol in Gegenwart von Kupferpulver, Pyridin und wasserfreier Soda unter Halogenabspaltung dimerisiert. Derartige Umsetzungen werden als Ullmann-Reaktionen bezeichnet[3]. Dimethyl-dianthrachinonyl geht bei mehrstündigem Kochen mit einer 15%igen Lösung von Kaliumhydroxyd in Isobutanol glatt in Pyranthron über[4]:

Pyranthron ist unter dem Namen *Indanthrengoldorange G*[5] im Handel. Es ist ein Heißfärber und färbt ein gelbstichiges Orange mit guten Allgemeinechtheiten, ist jedoch ein Faserschädiger. Seine Küpe ist blau-rot, seine Affinität und das Egalisiervermögen sind gut; es eignet sich auch für den Druck.

---

[1] Scholl, R.: Ber. dtsch. chem. Ges. **43**, 346 (1910); **44**, 1448 (1911). — Scholl, R., J. Potschiwauscheg u. J. Lenko: Mh. Chem. **32**, 687 (1911).

[2] Scholl, R., u. Ch. Seer: Mh. Chem. **33**, 1 (1912); — Liebigs Ann. Chem. **394**, 111, 160 (1912); **398**, 82 (1913). — Scholl, R., K. Meyer u. J. Donat: Ber. dtsch. chem. Ges. **70**, 2180 (1937). — Vollmann, H., H. Becker, M. Corell u. H. Streeck: Liebigs Ann. Chem. **531**, 119 (1937). — Kränzlein, P.: Angew. Chem. **51**, 377 (1938); — DRP 239671 (1911).

[3] Für eine Übersicht vgl.: Fanta, P. E.: Chem. Reviews **38**, 139 (1946).

[4] Siehe: DRP 175067 (1906); DRP 212019 (1909); DRP 287270 (1914).

[5] Auch Caledon Gold Orange G, Cibanongoldorange FGN, Palanthrengoldorange G, Sandothrengoldorange FNG, Tinongoldorange FGN u.a.

Bromierung des Pyranthrons in Chlorsulfonsäure bei 60° C führt zum Dibromderivat[1], dem *Indanthrenorange RRT*[2]. Die Stellung der Bromatome steht nicht einwandfrei fest[3]. Es ist ein sehr ausgiebiger Farbstoff mit sehr guten Allgemeinechtheiten; seine Nuance ist ein klares, rotstichiges Orange. Noch rotstichiger und ähnlich in den färberischen Eigenschaften ist das Tribrompyranthron, *Indanthrenorange 4R*[4]. Beide Farbstoffe sind Heißfärber und Faserschädiger wie das Pyranthron selbst.

Die Bromierung kann bis zum Tetrabrompyranthron fortgesetzt werden. Dieses dient nicht als Farbstoff, sondern nur als Zwischenprodukt für *Indanthrenschwarz RB*, das durch Umsetzung von Diaminoviolanthron und 1-Aminoanthrachinon mit Tetrabrompyranthron gewonnen wird.

d) Flavanthron

Flavanthron bildet sich als Nebenprodukt in der Indanthronschmelze, besonders bei höheren Temperaturen, und wurde erstmals 1901 von R. BOHN isoliert. Wenig später wurde es als „Flavanthren" in den Handel gebracht; seine Herstellung erfolgte durch Einwirkung von Antimonpentachlorid auf 2-Aminoanthrachinon, die allerdings nur 30% Ausbeute gibt[5]. Mit der Strukturaufklärung befaßte sich vor allem R. SCHOLL[6].

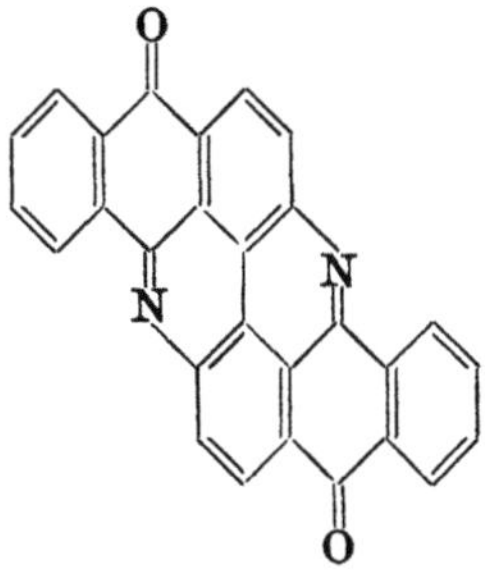

Flavanthron

Heute geht die Herstellung[7] vom 1-Chlor-2-aminoanthrachinon aus, das mit Phthalsäureanhydrid in siedendem Trichlorbenzol in das Phthalimid I übergeführt wird. Zur Beschleunigung der Reaktion wird etwas Ferrichlorid zugesetzt. Das Phthalimid I wird ohne vorherige Isolierung nach ULLMANN zum Dianthrachinonyl II dimerisiert, indem man es in siedendem Trichlorbenzol mit Kupferpulver

---

[1] SCHOLL, R.: Mh. Chem. **39**, 231 (1918).

[2] Auch Caledon Orange 2RT, Cibanongoldorange F2R, Palanthrenorange RRT, Sandothrenrotorange FNG, Tinongoldorange F2R u. a.

[3] Vgl.: KUNZ, M. A.: Angew. Chem. **52**, 269 (1939).

[4] Auch Caledon Brilliant Orange 4RN, Cibanonorange F8R, Palanthrenorange 4R, Sandothrenrotorange FNR, Tinonorange F8R u. a.

[5] DRP 138119 (1902).

[6] SCHOLL, R.: Ber. dtsch. chem. Ges. **40**, 1691 (1907). — SCHOLL, R., u. S. EDLBACHER: Ber. dtsch. chem. Ges. **44**, 1727 (1911). — SCHOLL, R., u. O. DISCHENDORFER: Ber. dtsch. chem. Ges. **51**, 452 (1918); siehe auch: BENESCH, E.: Mh. Chem. **32**, 447 (1911).

[7] DRP 558474, 560237, 563079 (1932); siehe auch: DRP 564788 (1932); DRP 597895 (1934); DRP 248999 (1912).

behandelt. Das Zwischenprodukt II wird abfiltriert und mit verdünnter Salzsäure
vom Kupferpulver befreit. Durch mehrstündiges Kochen mit einer 5%igen Natronlauge wird das Phthalimid wieder zum freien Amin hydrolysiert, das sich glatt
zum Flavanthron cyclisiert.

Cu, Trichlorbenzol
180—200° C

Flavanthron

NaOH verd.
100° C

II

Flavanthron läßt sich sehr leicht zur blauen Küpe reduzieren; bei
energischer Reduktion entsteht eine „überreduzierte" braune Küpe,
die sich nicht mehr zum Färben eignet[1]. Mit Flavanthron gefärbtes
Filterpapier wird in der Färberei zur Prüfung der Reduktionskraft von
Küpenlösungen und der zum Verdünnen von Stammküpenlösungen verwendeten, schwach reduzierend eingestellten wäßrigen Lösungen
benützt.

Flavanthron ist als *Indanthrengelb G*[2] im Handel. Es ist ein Heißfärber mit guter Affinität und gutem Egalisiervermögen und färbt ein
etwas rotstichiges Gelb. Da die Leukoverbindung schwer oxydierbar
ist, genügt eine Luftoxydation des Färbegutes oft nicht, so daß man
meist mit einer verdünnten Natriumperborat- oder Natriumbichromatlösung nachoxydiert. Die Lichtechtheit ist gut, doch ist die Wasch- und
Kochechtheit nur mäßig und die Soda-Kochechtheit sogar eher gering,
da der Farbstoff sehr leicht zur Küpe reduziert wird und bei einer Naßbehandlung dann ausblutet. Im Licht beobachtet man zuweilen ein
Vergrünen der Färbung, was auf die Bildung der blaugrünen Küpensäure zurückgeführt wird. Im Schatten bildet sich diese Verfärbung
langsam wieder zurück. Trotz der erwähnten Nachteile konnte sich der
Farbstoff behaupten, teilweise wohl auch deshalb, weil er — im Gegensatz zum isosteren Pyranthron — kein Faserschädiger ist.

Durch Halogenierung lassen sich die Echtheiten etwas verbessern,
wobei der Farbton rotstichiger wird. Vorübergehend war ein Dibromderivat im Handel.

---

[1] Zur Reduktion des Flavanthrons siehe: SCHOLL, R., u. W. NEOVIUS: Ber.
dtsch. chem. Ges. **41**, 2534 (1908) und frühere Mitteilungen. — POTSCHIWAUSCHEG,
J.: Ber. dtsch. chem. Ges. **43**, 1748 (1910); vgl. auch: BRADLEY, W., E. LEETE u.
H. E. NURSTEN: J. Soc. Dyers Colourists **68**, 116 (1952).

[2] Auch Caledon Yellow GN, Cibanongelb FGN, Palanthrengelb G, Sandothrengelb FNGN, Tinongelb FGN u.a.

e) Violanthrone und Isoviolanthrone

Violanthron (Dibenzanthron) und Isoviolanthron (Isodibenzanthron) bilden sich nebeneinander in der Kalischmelze des Benzanthrons bei 225—230° C[1], das Hauptprodukt ist Violanthron. Beide Verbindungen sind auch aus den entsprechenden Dibenzoylperylenen zugänglich[2].

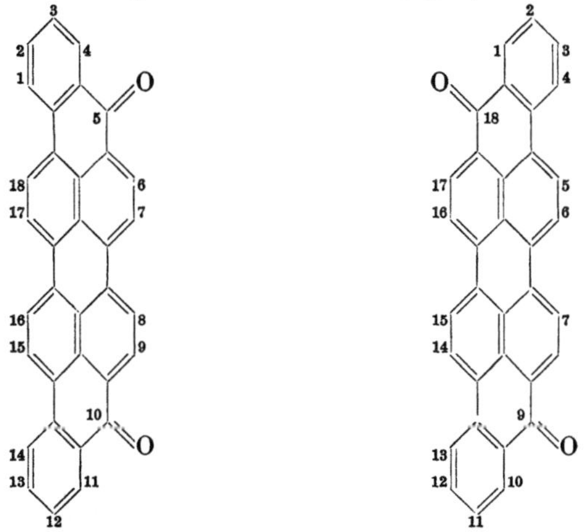

Violanthron[3]
Dibenzanthron, cis

Isoviolanthron
Isodibenzanthron, trans

Nach BRADLEY[4] bildet Benzanthron in der Kalischmelze das Benzanthronyl-Anion I, das als nucleophile Komponente mit einem zweiten Benzanthronrest zum Dimeren II reagiert. Durch Dehydrierung entsteht aus dem letzteren das 2.2′-Dibenzanthronyl, das die Vorstufe zum Violanthron bildet[5].

Benzanthron

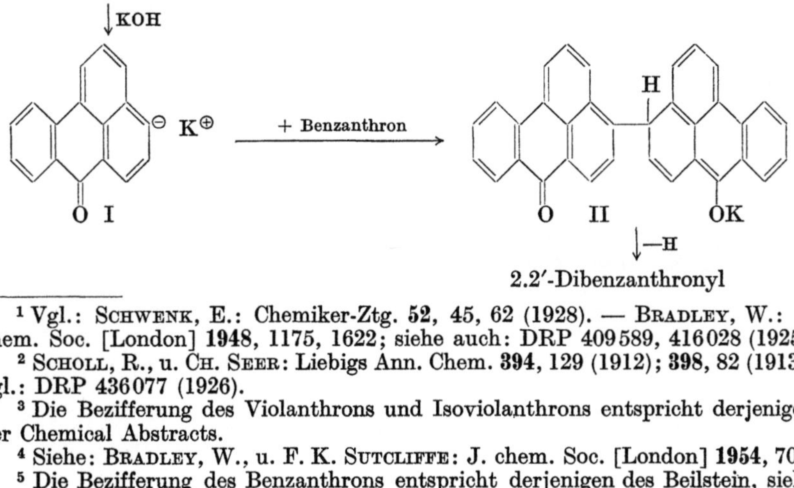

↓ KOH

+ Benzanthron →

2.2′-Dibenzanthronyl

---

[1] Vgl.: SCHWENK, E.: Chemiker-Ztg. **52**, 45, 62 (1928). — BRADLEY, W.: J. chem. Soc. [London] **1948**, 1175, 1622; siehe auch: DRP 409589, 416028 (1925).

[2] SCHOLL, R., u. CH. SEER: Liebigs Ann. Chem. **394**, 129 (1912); **398**, 82 (1913); vgl.: DRP 436077 (1926).

[3] Die Bezifferung des Violanthrons und Isoviolanthrons entspricht derjenigen der Chemical Abstracts.

[4] Siehe: BRADLEY, W., u. F. K. SUTCLIFFE: J. chem. Soc. [London] **1954**, 708.

[5] Die Bezifferung des Benzanthrons entspricht derjenigen des Beilstein, siehe auch: CLAR, E.: Aromatische Kohlenwasserstoffe (Polycyclische Systeme), 2. Aufl. Rerlin-Göttingen-Heidelberg: Springer 1952.

Die wichtigste und einfachste Herstellungsmethode für Violanthron bildet immer noch die Alkalischmelze des Benzanthrons; man verwendet dazu eine Mischung aus 66% Kaliumhydroxyd und 27% Natriumhydroxyd, der man wenig (7—8%) wasserfreies Natriumacetat zusetzt. Als inertes Fließmittel zur Erzielung einer homogenen Schmelze benützt man Naphthalin. Die Reaktion beginnt bei 180° C, man steigert auf 225—230° C und hält 1—2 Std auf dieser Temperatur. Der entstandene Farbstoff wird durch Umküpen gereinigt; die Ausbeute beträgt 75—80%.

Verschiedene Darstellungswege führen über die Dibenzanthronyle; sie sind jedoch von geringer technischer Bedeutung. So läßt sich Benzanthron mit Mangandioxyd in mäßig konzentrierter Schwefelsäure in etwa 50% Ausbeute zu Bz-1, Bz-1'-Dibenzanthronyl dimerisieren, das bereits in milder methanolischer Kalischmelze bei 115—120° C in Violanthron übergeht[1]. Bei der Behandlung von Benzanthron mit isobutanolischer Kalilauge läßt sich andrerseits 2.2'-Dibenzanthronyl fassen, das sich in der Kalischmelze bei 250° C weiter zu Violanthron umsetzt[2]. 2.2'-Dibenzanthronyl dient als Zwischenprodukt für 16.17-Dihydroxy- und 16.17-Dimethoxyviolanthron (Caledon Jade Green)[3].

Violanthron (O. BALLY 1904) ist als *Indanthrendunkelblau BO*[4] im Handel. Es ist ein Heißfärber und zieht aus tief dunkelblauer Küpe sehr rasch auf die Faser; das Egalisiervermögen ist deshalb gering. Der Farbstoff eignet sich auch für den Druck, ist aber nicht ätzbar. Eine allfällige Nachoxydation darf nicht mit Bichromat erfolgen, da sonst stumpfe Nuancen resultieren. Er färbt ein rotstichiges Marineblau mit guten Echtheiten, ausgenommen die geringe Bügelechtheit, mäßige Soda-Kochechtheit und Wassertropfechtheit[5].

Indanthrenmarineblau TRR[5] ist ein Tetrachlorviolanthron, das man durch Chlorierung in Trichlorbenzol oder Phthalsäureanhydrid bei 145° C erhält[6]. Es färbt ein rotstichiges Marineblau von guter Affinität, gutem Egalisiervermögen und guten Allgemeinechtheiten.

Die Nitrierung des Violanthrons mit Salpetersäure in Eisessig oder Chloressigsäure bei 20—35° C gibt ein Gemisch von Mono- und Dinitroviolanthron. Die Stellung der Nitrogruppen ist umstritten[7]. Die Verbindung, die bei der Verküpung zum Aminoderivat reduziert wird, färbt ein Grün, das sich auf der Faser durch eine Nachbehandlung mit Hypochlorit in ein echtes, tiefes Schwarz überführen läßt[8].

---

[1] Siehe: LÜTTRINGHAUS, A., u. H. NERESHEIMER: Liebigs Ann. Chem. **473**, 259 (1929); — DRP 450999 (1927); DRP 431774 (1926).

[2] DRP 407838 (1924); DRP 409689 (1925); DRP 438467 (1926).

[3] DRP 411013 (1925).

[4] Auch Caledon Dark Blue BM, Cibanondunkelblau FBO, FBOA, FMBA, Palanthrendunkelblau BOA, Sandothrendunkelblau FNBO, FNBOA, FNMBA, Tinondunkelblau FBO, FBOA, FMBA u. a.

[5] Vgl.: KORNREICH, E.: J. Soc. Dyers Colourists **58**, 177 (1942); **62**, 318 (1946).

[6] DRP 465988 (1928). Zur Halogenierung von Violanthron siehe: MAKI, T., u. T. AOYAMA: J. Soc. chem. Ind. (Japan) **38**, 636B (1935); Chem. Zbl. **1936 II**, 469. — MAKI, T., u. A. KICHUCHI: Ber. dtsch. chem. Ges. **71**, 2031 (1938).

[7] Siehe: MAKI, T., Y. NAGAI u. HAYASHI: J. Soc. chem. Ind. (Japan) **38**, 710B (1935); Chem. Zbl. **1936 II**, 470. — BENNETT, D. J., R. R. PRITCHARD u. J. L. SIMONSEN: J. chem. Soc. [London] **1943**, 31. — PANDIT, P. N., B. D. TILAK u. K. VENKATARAMAN: Proc. Indian Acad. Sci. **32 A**, 39 (1950); Chem. Abstr. **45**, 6179g (1951).

[8] DRP 185222 (1907); DRP 226215 (1910); vgl.: DRP 402641 (1924); DRP 448908 (1927).

Dinitroviolanthron ist als *Indanthrenschwarz BB*[1] (O. BALLY 1904) im Handel.

Indanthrengrau 3B[2] (M. A. KUNZ 1913) entsteht durch Umsetzung von Violanthron mit Hydroxylamin in konzentrierter Schwefelsäure. Seine Struktur ist nicht genau bekannt; man nimmt an, daß dabei eine Aminierung eintritt. Es färbt ein blaustichiges Grau mit guter Affinität, mäßigem Egalisiervermögen und guten Allgemeinechtheiten und eignet sich auch für den Druck.

Ein sehr schönes und volles Schwarz, das keine Nachbehandlung mit Hypochlorit erfordert, ist das *Indanthrenschwarz RB*[3]. Man stellt es durch Umsetzung von Tetrabrompyranthron mit einem Mol 1-Amino-anthrachinon und drei Molen Aminoviolanthron dar.

Der schönste grüne Küpenfarbstoff ist das 16.17-Dimethoxyviolanthron, das 1920 von Scottish Dyes Ltd. entdeckt wurde[4]. Das bei der Oxydation des Violanthrons mit Mangandioxyd in Schwefelsäure entstehende 16.17-Dihydroxyviolanthron färbt ein unegales Grün mit geringer Alkaliechtheit. Der durch Methylierung der Hydroxylgruppen entstandene Dimethyläther liefert klare, blaustichig grüne Färbungen mit ausgezeichneten Allgemeinechtheiten. Der Farbstoff ist als *Caledon Jade Green XBN*, Indanthrenbrillantgrün B, FFB und unter anderen Namen[5] im Handel. Seine Küpe ist blau. Wie alle Violanthrone ist er ein Heißfärber. Für den Druck eignet er sich vorzüglich.

Die technische Herstellung[6] geht vom 2.2'-Dibenzanthronyl aus, das bei mehrstündigem Erwärmen von Benzanthron mit Kaliumhydroxyd und wenig wasserfreiem Natriumacetat in Isobutanol auf 110—115° C gebildet wird. Nach Zusatz von Wasser bilden sich zwei Schichten, von denen die obere das Dimere enthält. Man oxydiert mit Hypochloritlösung bei 50° C, wobei das primär entstandene Dihydro-dibenzanthronyl zu Dibenzanthronyl dehydriert wird. Nach der Entfernung des Isobutanols durch Dampfdestillation wird es abfiltriert, getrocknet und bei 25° C in 85%iger Schwefelsäure mit Mangandioxyd behandelt. Dabei entsteht Violanthron-16.17-chinon, das durch Eingießen der schwefelsauren Oxydationslösung in eine Natriumhydrogensulfit-Lösung zum 16.17-Dihydroxyviolanthron reduziert wird. Die Methylierung wird durch mehrstündiges Erwärmen der Hydroxyverbindung mit dem Methylester von p-Toluolsulfonsäure und wasserfreier Pottasche in Trichlorbenzol bei 210° C vorgenommen[7].

Der Strukturbeweis für das Caledon Jade Green erfolgte durch Alkalischmelze von Bz-2-Methoxybenzanthron, die direkt 16.17-Dimethoxyviolanthron liefert. Bz-2-Methoxybenzanthron ist aus 6-Methoxy-1-naphthoesäurechlorid durch Umsetzung mit Benzol nach

[1] Auch Caledon Black NB, Cibanonschwarz F2B, Palanthrenschwarz 2B, Sandothrenschwarz FN2B, Tinonschwarz F2B u. a.

[2] Auch Caledon Grey 3B; zur Herstellung siehe: DRP 287756 (1915); FIAT Report 764.

[3] Auch Cibanonschwarz FDRB, Palanthrendirektschwarz RB, Sandothrenschwarz FNDRB, Tinondirektschwarz FDRB u. a.

[4] THOMSON, R. F.: J. Soc. Dyers Colourists 42, 124 (1926); — J. Soc. chem. Ind. [London] 52, 946 (1933); vgl.: EP 181304 (1922); Chem. Zbl. 1922 IV, 842; — EP 193431 (1923); Chem. Zbl. 1923 IV, 539.

[5] Auch Cibanonbrillantgrün FBF, Sandothrenbrillantgrün FNBF, Tinonbrillantgrün FBF u. a.

[6] DRP 411013 (1925).

[7] DRP 443610 (1927); DRP 485188 (1929).

FRIEDEL-CRAFTS und dehydrierenden Ringschluß nach SCHOLL zugänglich[1]. Für die technische Herstellung ist dieser Weg zu teuer.

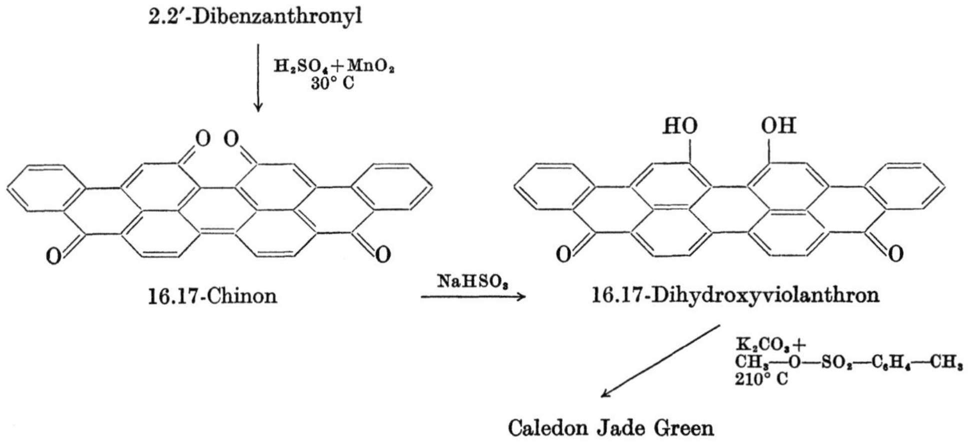

2.2'-Dibenzanthronyl

$$H_2SO_4 + MnO_2$$
30° C

16.17-Chinon

$$\xrightarrow{NaHSO_3}$$

16.17-Dihydroxyviolanthron

$$K_2CO_3 +$$
$$CH_3{-}O{-}SO_2{-}C_6H_4{-}CH_3$$
210° C

Caledon Jade Green

Ein Dibromderivat des 16.17-Dimethoxyviolanthrons ist das *Indanthrenbrillantgrün GG*[2] (P. NAWIASKY 1922). Die Bromierung wird am
besten in einem Gemisch aus Schwefelsäure und Oleum bei 40° C vorgenommen und der entstehende Bromwasserstoff mit Natriumnitrit zu
Brom zurückoxydiert[3]. Man muß bei der Wahl der Reaktionsbedingungen besonders darauf achten, daß keine Demethylierung der Methoxygruppen eintritt. Der Farbstoff färbt ein gelbstichiges Grün mit sehr
guten Allgemeinechtheiten, außer der nur mäßigen Soda-Kochechtheit.

Indanthrenbrillantgrün 3B ist 16.17-Diäthoxyviolanthron und wird durch Veresterung von Dihydroxyviolanthron mit Äthyl-p-tosylat gewonnen. Es hat eine
hohe Affinität und ein gutes Egalisiervermögen und färbt ein klares, blaustichiges
Grün mit guten Allgemeinechtheiten.
Setzt man 16.17-Dihydroxyviolanthron mit β-Chloräthyl-p-tosylat oder mit
1.2-Dibromäthan um, so erhält man einen grünstichig blauen Farbstoff, das Indanthrenmarineblau G[4], dessen Struktur nicht eindeutig feststeht. Man nimmt an, daß

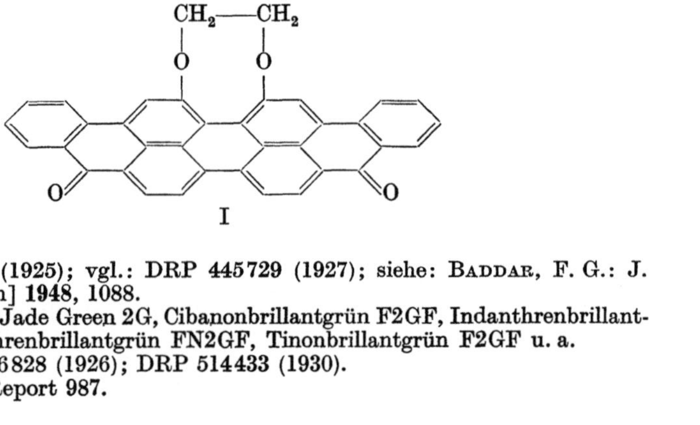

$$CH_2{-}CH_2$$

I

---

[1] DRP 413738 (1925); vgl.: DRP 445729 (1927); siehe: BADDAR, F. G.: J.
chem. Soc. [London] 1948, 1088.
[2] Auch Caledon Jade Green 2G, Cibanonbrillantgrün F2GF, Indanthrenbrillantgrün 3GF, Sandothrenbrillantgrün FN2GF, Tinonbrillantgrün F2GF u. a.
[3] Vgl.: DRP 436828 (1926); DRP 514433 (1930).
[4] Siehe BIOS Report 987.

es sich um den Äthylenäther I des Dihydroxy-violanthrons handelt. Der Farbstoff besitzt gute Allgemeinechtheiten und eignet sich auch für den Druck.

Isoviolanthron (O. BALLY u. H. WOLFF 1907) entsteht bei der alkoholischen Alkalischmelze von Bz-1-Chlorbenzanthron bei 150° C[1]. Die technische Herstellung wird allerdings über das Bz-1, Bz-1'-Dibenzanthronylsulfid vorgenommen, das aus Bz-1-Chlorbenzanthron leicht zugänglich ist[2]; es läßt sich durch zweistündiges Kochen mit Kaliumhydroxyd in Isobutanol mit 80% Ausbeute in Isoviolanthron überführen.

Isoviolanthron ist auch aus 3.9-Dibenzoylperylen durch dehydrierenden Ringschluß nach SCHOLL[3] oder aus 3.9-Dibrom-4.10-dibenzoylperylen durch Erwärmen mit Alkalien[4] zugänglich. Bei der sauren Oxydation mit Chromsäure in Eisessig wird es zu 1.2.5.6-Diphthaloylanthrachinon abgebaut[5].

Als Farbstoff ist das Isoviolanthron, das früher unter der Bezeichnung Indanthrenviolett B im Handel war, von seinen Halogenderivaten verdrängt worden. Es färbt aus rotblauer Küpe ein blaustichiges Violett mit mäßigen Allgemeinechtheiten. Die Affinität ist sehr gut, das Egalisiervermögen mäßig. Es ist ein Heißfärber.

Indanthrenbrillantviolett RR[6] ist ein Dichlorisoviolanthron, das man durch Chlorierung von Isoviolanthron mit Sulfurylchlorid in Nitrobenzol erhält[7]. Es färbt ein klares, blaustichiges Violett von sehr guten Allgemeinechtheiten mit Ausnahme der nur mäßigen Bügelechtheit. Die Affinität ist sehr gut, das Egalisiervermögen nur mäßig; es eignet sich für den Druck, ist aber nicht ätzbar.

Indanthrenbrillantviolett 3B[8] ist ein Monobromisoviolanthron, das durch Bromierung in Chlorsulfonsäure bei 50° C mit Jod als Katalysator gewonnen wird. Bei höherem Bromierungsgrad verschiebt sich die Nuance noch stärker nach Blau. Der Farbstoff färbt aus blauer Küpe ein klares, blaustichiges Violett.

Die Oxydation des Isoviolanthrons mit Mangandioxyd in Schwefelsäure liefert ein Isoviolanthronchinon, das sich mit Natriumhydrogensulfit zum 6.15-Dihydroxyisoviolanthron reduzieren läßt. Dessen Dimethyläther ist als Indanthrencyanin B im Handel und färbt ein grünstichiges Blau mit guten Allgemeinechtheiten[9].

---

[1] DRP 194252 (1907); DRP 431775 (1926); vgl.: DRP 436533 (1926). Zum Mechanismus der Bildung siehe: BRADLEY, W., u. G. V. JADHAV: J. chem. Soc. [London] 1948, 1622.

[2] DRP 441748, 443022, 448262 (1927); siehe auch: DRP 441465, 442415 (1927).

[3] SCHOLL, R., u. CH. SEER: Liebigs Ann. Chem. **394**, 126 (1912). — MARSCHALK, C.: Bull. Soc. chim. France [4] **41**, 706 (1927).

[4] ZINKE, A., u. K. FUNKE: Ber. dtsch. chem. Ges. **58**, 2222 (1925) und frühere Arbeiten.

[5] SCHOLL, R., u. K. H. MEYER: Ber. dtsch. chem. Ges. **61**, 2550 (1928). Über die Halogenierung, Nitrierung und Oxydation siehe auch: MAKI, T., u. Y. NAGAI: Ber. dtsch. chem. Ges. **70**, 1867, 1872 (1937).

[6] Auch Cibanonviolett F2RB, Palanthrenviolett RR, Sandothrenviolett FN2RB, Tinonviolett F2RB u. a.

[7] DRP 217570 (1909); DRP 499169, 510600 (1930).

[8] Auch Caledon Brilliant Violet 3B, Cibanonviolett F6B, Palanthrenbrillantviolett 3B, Sandothrenviolett FN3B, Tinonviolett F6B u. a.

[9] Siehe: DRP 468957 (1928). — MAKI, T., u. Y. NAGAI: Ber. dtsch. chem. Ges. **70**, 1867 (1937).

f) Heterocyclische Chinone

Einige heterocyclische Küpenfarbstoffe leiten sich von der Naphthalin-1.4.5.8-tetracarbonsäure und der Perylen-3.4.9.10-tetracarbonsäure ab. Ausgangsmaterial für beide Säuren ist Acenaphthen, das sich durch Friedel-Craftssche Umsetzung mit Malodinitril und anschließende Oxydation in Naphthalintetracarbonsäure überführen läßt. Die direkte Oxydation von Acenaphthen liefert Naphthalsäure[1], die sich weiter zu Perylentetracarbonsäure umsetzen läßt.

Indanthrenscharlach GG (W. ECKERT u. H. GREUNE 1924) wird bei der Kondensation von o-Phenylendiamin mit Naphthalin-1.4.5.8-tetracarbonsäure in Eisessig bei 120° C im Autoklaven gewonnen. Er besteht aus einem Gemisch der cis- und trans-Isomeren I und II[2]. Seine Küpe ist oliv. Er ist ein Heißfärber, der ein stumpfes, gelbstichiges Rot von guten Allgemeinechtheiten mit Ausnahme der mäßigen Soda-Kochechtheit färbt und sich auch zum Druck eignet.

I, cis   II, trans

Die beiden Isomeren lassen sich durch fraktionierte Fällung mit konzentrierter Schwefelsäure voneinander trennen[3]. Technisch trennt man sie, indem man ihr Gemisch bei 75° C mit der doppelten Menge Kaliumhydroxyd in 10 Teilen Alkohol behandelt, wobei eine Additions-Verbindung des trans-Isomeren mit Kaliumhydroxyd ausfällt und abfiltriert werden kann[4].

Indanthrenbrillantorange GR ist das trans-Isomere; es ist das wohl klarste Orange unter den Küpenfarbstoffen und besitzt sehr gute Allgemeinechtheiten, ausgenommen die nur mäßige Soda-Kochechtheit. Es eignet sich auch für den Druck und ist weiß ätzbar. *Indanthrenbordeaux RR* ist das cis-Isomere und färbt ein sehr farbstarkes, aber etwas stumpfes Rot mit guten Allgemeinechtheiten, wobei auch hier die Soda-Kochechtheit abfällt.

Perylentetracarbonsäure ist aus dem Naphthalsäureimid III (R = H) leicht zugänglich, da dieses durch eine Alkalischmelze in das Diimid IV

---

[1] Siehe dazu den Abschnitt über Oxydationen.

[2] Siehe: FIERZ-DAVID, H. E., u. C. ROSSI: Helv. chim. Acta 21, 1466 (1938). — FIAT Report 1313. Vol. 2; — DRP 430632 (1926); ferner DRP 456236, 457980 (1928).

[3] DRP 536911, 538314 (1931).

[4] DRP 567210 (1932). Zum technischen Verfahren vgl.: BIOS Report 987.

(R = H) übergeführt wird; dasselbe Verhalten zeigen auch die N-Alkylderivate des Naphthalimides[1].

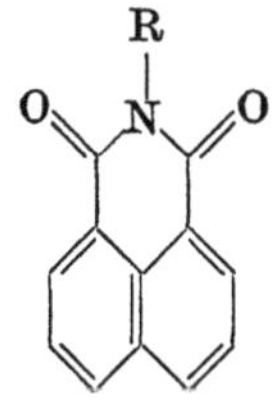

III 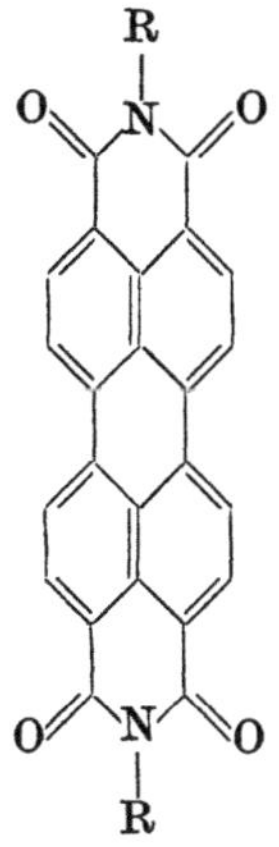   IV

Indanthrenrot GG[2] (M. KARDOS 1913), das N,N'-Dimethyl-perylen-tetracarbonsäurediimid (IV, R = —CH$_3$), ist durch Methylierung des Diimides IV (R = H) oder direkt durch Kalischmelze von N-Methyl-naphthalimid (III, R = —CH$_3$) erhältlich. Es ist ein Heißfärber und färbt aus rotvioletter Küpe ein gelbstichiges, etwas stumpfes Rot mit mäßiger Affinität, aber gutem Egalisiervermögen, das ätzbar ist. Die Echtheiten sind gut mit Ausnahme der Soda-Kochechtheit und der Peroxydbleichechtheit. *Indanthrenscharlach R* (IV, R = p-Anisyl) wird beim Erwärmen von Perylen-1.4.5.8-tetracarbonsäure mit p-Anisidin erhalten. Es färbt ein Scharlachrot mit guter Affinität und guten Echtheiten, ausgenommen wiederum die nur mäßige Soda-Kochechtheit.

1.9-Aceanthracen, das Benzologe des Acenaphthens, läßt sich zur Anthracen-1.9-dicarbonsäure oxydieren, deren Imid sich in der Alkalischmelze analog zum Naphthalimid verhält und zum 1.2;11.12-Dibenzoderivat des Perylentetracarbon-säure-diimides dimerisiert wird[3]. Der gebildete Farbstoff färbt auf Baumwolle ein Rotviolett, das schon bei milder Nachoxydation mit Luftsauerstoff in ein Grün übergeht. Die Verbindung war eine Zeitlang als Aceanthrengrün (M. KARDOS 1913) im Handel, erlangte aber keine größere Bedeutung.

XV. Indigosole

1. Allgemeines

Als Indigosole bezeichnet man die wasserlöslichen Schwefelsäureester von Leuko-Küpenfarbstoffen. Der Name Indigosol leitet sich ab von Indigo soluble, also löslicher Indigo, und ist der geschützte Handels-

---

[1] DRP 276956 (1914); DRP 386057 (1923).

[2] Auch Caledon Red 2G, Palanthrenrot 2G.

[3] Siehe KARDOS, M.: Ber. dtsch. chem. Ges. **46**, 2086 (1913). — LIEBERMANN, C., u. M. KARDOS: Ber. dtsch. chem. Ges. **47**, 1203 (1914). — LIEBERMANN, C., und M. ZSUFFA: Ber. dtsch. chem. Ges. **44**, 202 (1911).

name der Firma Durand & Huguenin AG in Basel, die als erste derartige Farbstoffe herstellte und in den Handel brachte[1]. Die Gruppe enthält indessen nicht nur indigoide, sondern in noch größerer Zahl chinoide Farbstoffe.

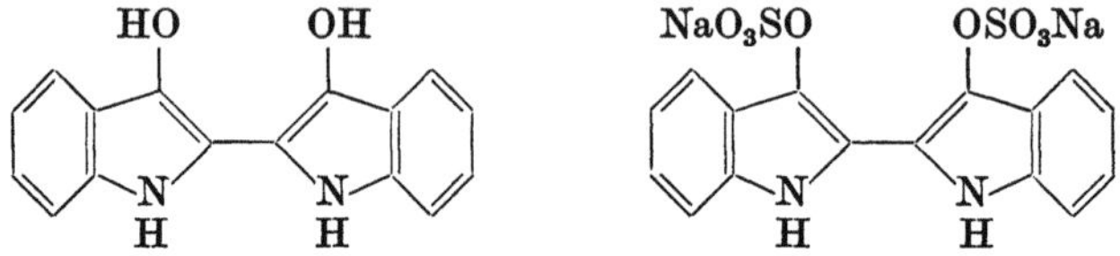

$$\text{Leukoindigo} \qquad\qquad \text{Indigosol O}$$

Indigosol O, der Küpenester des Indigos, wurde 1921 von BADER und SUNDER dargestellt[2]. MARCEL BADER, Professor an der Chemieschule von Mühlhausen im Elsaß, untersuchte damals die Veresterung von Phenolen mit Chlorsulfonsäure in Gegenwart tertiärer Basen. Bei der Veresterung des Leukoindigos erhielt er den Disulfoester, der in saurer Lösung mit einem Oxydationsmittel wieder glatt den Indigo zurückbildet. BADER versuchte zuerst die auf dem Indigogebiet bereits seit Jahren tätige Ciba für sein neues Produkt zu gewinnen. Da man sich dort eher ablehnend verhielt, verkaufte er seine Erfindung der Firma Durand & Huguenin, die das Gebiet erfolgreich ausbaute.

Das von BADER stammende Herstellungsverfahren war umständlich, da man dabei den Leukoindigo isolieren mußte. Er wurde dazu durch Einleiten von Kohlendioxyd in die Küpenlösung gefällt, getrocknet und in einer Kohlendioxyd-Atmosphäre in einem Gemisch von Pyridin mit Chlorsulfonsäure bei 50—60° C verestert. Nach der Veresterung verdünnte man mit Wasser und führte das Pyridinsalz des Küpenesters mit Natronlauge ins Natriumsalz über.

1926 wurde bei Morton Sundour Fabrics ein einstufiges Verfahren erfunden, das infolge seiner Einfachheit und weiten Anwendbarkeit die Badersche Methode völlig verdrängte und heute noch zur Herstellung der meisten Indigosole benützt wird[3]. Man geht dabei direkt vom unverküpten Farbstoff aus, der in Pyridinlösung in Gegenwart von Chlorsulfonsäure mit einem Metall reduziert und gleichzeitig verestert wird. Statt Pyridin verwendet man nach Möglichkeit das billigere α-Picolin. Das Gemisch roher Pyridinbasen, das bei der Steinkohlenteerdestillation anfällt, ist weniger geeignet. Normalerweise reduziert man mit Eisenpulver, seltener mit dem energischeren Zinkstaub. Andere chemische

---

[1] Küpenester sind unter den folgenden Schutznamen im Handel: Algosol u. Fenanthra (General Dyestuffs, USA), Amanthosol (American Aniline Products, USA), Anthrasol (Farbwerke Hoechst), Cibantin (Ciba), Indigosol (Durand & Huguenin), Sandozol (Sandoz), Solasol (Francolor), Soledon (Imperial Chemical Industries), Soluble Vat (Calco Chemical Co., USA), Solvat (National Aniline Co., USA), Tinosol (J. R. Geigy).

[2] Vgl.: BADER, M.: Chim. et Ind.: Numéro spécial, Mai **1924**, 449, 455; ferner: DRP 424981 (1921); DRP 418487, 435787, 436176 (1922); DRP 428241, 430548 (1924).

[3] EP 245587, 247787, 251491 (1926); EP 278399 (1927); — Chem. Zbl. **1926 I**, 2977; **1926 II**, 2359, 2946; **1928 I**, 852. Siehe auch: DRP 547083 (1928); DRP 563958, 567081 (1925); DRP 579327, 580534 (1930).

Reduktionsmethoden und die katalytische Reduktion des Küpenfarbstoffes haben keine praktische Bedeutung erlangt.

Beim Eintragen von Chlorsulfonsäure in Pyridin entsteht eine
Additionsverbindung, die sich wie ein Gemisch von Pyridinhydrochlorid
(Py · HCl) und Pyridin-Schwefeltrioxydaddukt (Py · SO_3) verhält, wobei
das erstere mit dem Metall zusammen die Reduktion, das letztere die
Veresterung der Küpenform bewirkt. Man kann die beiden Stufen nach-
einander ablaufen lassen, da bei niedriger Temperatur fast ausschließlich
Reduktion stattfindet, wogegen die Veresterung erst bei etwas höherer
Temperatur rasch verläuft[1].

Praktisch macht man von dieser Möglichkeit allerdings kaum Gebrauch, sondern geht so vor, daß man zum Gemisch von Pyridinbase
und Chlorsulfonsäure den feinverteilten Küpenfarbstoff zusammen mit
Eisenpulver einträgt und verrührt, wobei die normale Reaktionstemperatur 60°—70° beträgt. Nach der Veresterung wird auf Sodalösung gegossen und die Pyridinbase als azeotropes Gemisch mit Wasser am Vakuum
abdestilliert. Man filtriert die wäßrige Lösung vom Eisenschlamm ab
und gewinnt den Küpenester nach allfälligem weiteren Einengen und
Aussalzen beim Abkühlen in Form seines Natriumsalzes. Soweit möglich werden die Küpenfarbstoffe nach diesem Verfahren in die Indigosole
übergeführt. Die Ausbeuten liegen üblicherweise bei etwa 80—90%.
Wesentlich für die Wirtschaftlichkeit des Prozesses ist eine möglichst
vollständige Rückgewinnung der Pyridinbase.

In einigen Fällen versagt das geschilderte Verfahren. So wird bei 1.4- und
1.5-disubstituierten Anthrachinonen anstelle des Küpenesters der entsprechende
Anthranolester gebildet, der als Farbstoff wertlos ist. Arbeiten amerikanischer
Autoren an wäßrigen Systemen zeigten, daß für die Bildung des Anthranols der
Monoester des Anthrahydrochinons verantwortlich ist[2]. Die Veresterung wurde
dabei direkt in der wäßrigen Küpenlösung mit dem SO_3-Addukt einer starken Base
wie Trimethylamin vorgenommen. Das Addukt von Pyridin mit Schwefeltrioxyd

---

[1] Zur Herstellung von Leukoküpenestern vgl.: SCHENKEL, H.: Chimia 15, 203
(1961). — COFFEY, S.: Chem. and Ind. 1953, 1068.

[2] SCALERA, M., W. B. HARDY, E. M. HARDY u. A. W. JOYCE: J. Amer. chem.
Soc. 73, 3094 (1951); — AP 2396582, 2402647, 2403226 (1946); ferner: LECHER,
H. Z., u. W. B. HARDY: J. Amer. chem. Soc. 70, 3789 (1948).

ist hierzu ungeeignet, da es in wäßriger Lösung zu rasch hydrolysiert wird. Indigoide Küpenfarbstoffe konnten so befriedigend verestert werden, wogegen Anthrachinonküpenfarbstoffe den Anthranolester bilden, dessen Anteil um so größer wird, je stärker basisch die Lösung ist. Eine Untersuchung des Reaktionsverlaufes zeigte, daß offensichtlich das Dianion (I) des Anthrahydrochinonmonoesters, das in seiner mesomeren Form (II) als Oxanthronderivat leicht reduzierbar ist, die Reduktion zum entsprechenden Anthron (III) erleidet. Das letztere bildet nach der Umlagerung in das tautomere Anthranol (IV) den unerwünschten Anthranolester (V).

In schwach alkalischer Lösung wird die Bildung des Dianions zurückgedrängt, wodurch sich auch der Anteil an Anthranolester entsprechend verringert. Immerhin ist diese Methode auch bei Anwendung schwach basischer sodaalkalischer Küpenlösungen für die meisten Anthrachinonderivate ungeeignet, da die Ausbeuten an Küpenester wesentlich unter denjenigen des üblichen Verfahrens der Reduktion und Veresterung in Pyridinbasen liegen, was wohl auf die noch geringere Basizität der letzteren zurückzuführen ist.

Eine im wesentlichen bei ICI entwickelte Methode[1] benützt das noch schwächer basische Dimethylformamid anstelle von Pyridinbasen als Lösungsmittel, statt Chlorsulfonsäure wird Schwefeltrioxyd verwendet, das mit Dimethylformamid ein sehr reaktionsfähiges Addukt bildet. Die Reduktion des Chinons erfolgt sehr rasch; infolge des stark sauren Reaktionsmediums wird die Bildung des Dianions und damit die Reduktion zum Anthranol zurückgedrängt, so daß vorwiegend die gewünschten Diester entstehen. Das Verfahren wird zweistufig ausgeführt und dient zur Herstellung der Küpenester einiger Diacylamino- und Carbazolanthrachinone.

Ein anderer, sehr bemerkenswerter Weg zur Ausschaltung der unerwünschten Anthranolesterbildung wurde bei Durand & Huguenin gefunden. Dem Gemisch von Pyridinbase und Chlorsulfonsäure wird ein stark basisches, jedoch sterisch gehindertes tertiäres Amin der allgemeinen Struktur I, beispielsweise N-Isopropylpiperidin (II) oder Diäthylcyclohexylamin (III) zugesetzt[2].

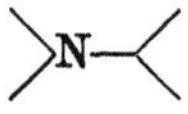

I 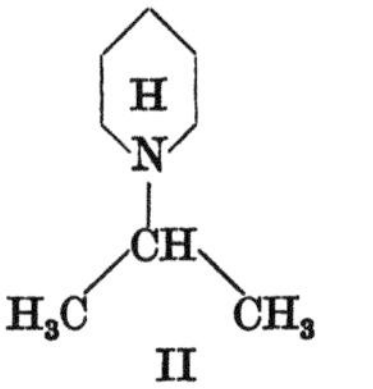   II 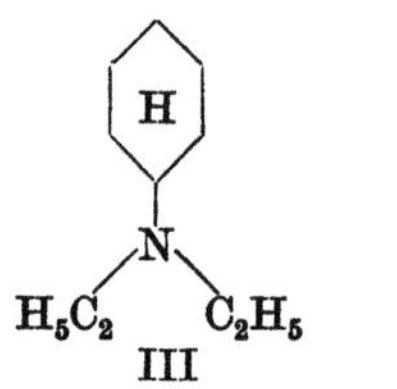   III

Dabei wird die Reduktion verlangsamt, da das schwach saure und wenig reaktive Hydrochlorid der starken Base entsteht. Mit dem Schwefeltrioxyd bildet das tertiäre Amin infolge der sterischen Hinderung jedoch ein viel weniger stabiles Addukt als mit dem kleinen Proton, so daß die Geschwindigkeit der Veresterung nicht wesentlich verzögert wird. Auf Grund der langsamen Reduktion und raschen Veresterung bleibt der Anteil an Küpenmonoester im Reaktionsgemisch offenbar stets sehr klein, was zusammen mit der geringen Reduktionskraft des Reaktionsmediums der Bildung von Anthranol entgegenwirkt. Am günstigsten ist ein Molverhältnis 1:1 von Base zu Chlorsulfonsäure; dabei entsteht fast ausschließlich der gewünschte Küpendiester. Bei geringerer Basenmenge erhöht sich der Anteil des Anthranolesters, größere Basenzusätze bewirken eine weitere Verlangsamung der Reaktion und geringe Ausbeuten infolge unvollständiger Umsetzung. Das geschilderte Verfahren eignet sich speziell für Diacylaminoanthrachinone, wo man Ausbeuten bis zu 90% erzielt, während die normale Methode mit der Pyridinbase allein fast ausschließlich zum Anthranolester führt. Der praktische Einsatz beschränkt sich naturgemäß auf diejenigen Fälle, in denen die normale Methode nicht zum Ziel führt.

Trotz der erzielten Fortschritte in der Herstellung der Indigosole gibt es immer noch verschiedene Anthrachinonküpenfarbstoffe, die nicht befriedigend verestert werden können, vor allem gewisse Anthrachinoncarbazole und -acridone.

---

[1] EP 610117 (1946); DBP 810053 (1949); 831289 (1950).
[2] Vgl.: Schenkel, H.: Chimia 15, 207 (1961); — DBP 857996 (1951).

Die bisher genannten Methoden der Indigosolherstellung gehen vom Küpenfarbstoff aus. Zur Herstellung der Indanthronküpenester verfährt man umgekehrt und stellt zuerst den Küpenester des β-Aminoanthrachinons her, der anschließend zum Indanthronküpenester kondensiert wird. Das unsubstituierte Indanthron (Indanthrenblau RS) ist zur Indigosol-Bildung ungeeignet, da dieses beim Entwickeln leicht überoxydiert wird und dabei das unschöne Azin liefert. In dieser Hinsicht weniger empfindlich ist der Küpenester des Dichlorindanthrons, das Indigosolblau IBCF, dessen Farbton allerdings nicht ganz so schön ist.

Zur Herstellung des Indigosolblaus IBCF wird 2-Amino-3-chloranthrachinon zum Schutz der Aminogruppe acetyliert und nach dem normalen Pyridinverfahren in den Küpenester übergeführt, worauf die Acetylgruppe alkalisch wieder abgespalten und der entstandene Küpenester IV mit verdünnter wäßriger Natronlauge in Gegenwart von Bleisuperoxyd bei 70—80° zum Indigosolblau IBCF kondensiert wird[1].

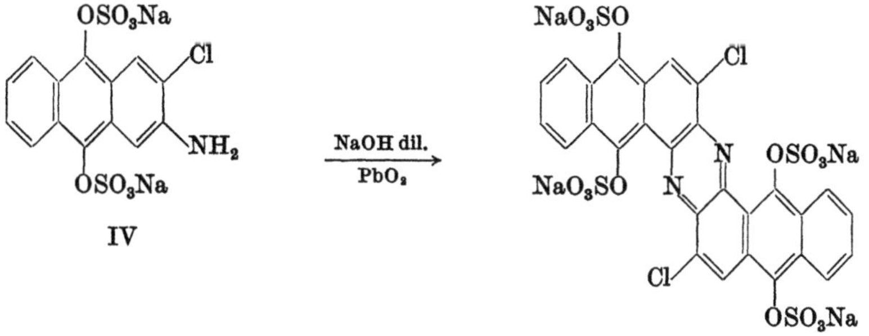

Die Ausbeute beträgt rund 60%, als Nebenprodukte entstehen Azokörper, Oxychloranthrachinone und andere N-haltige Verbindungen. Wasserlösliche Oxydationsmittel geben allgemein niedrigere Ausbeuten als wasserunlösliche, so erhält man mit Natriumhypochlorit eine Ausbeute von nur etwa 10%, der Rest besteht aus Nebenprodukten. Die oxydative Kondensation liefert den Küpenester des Azins; erst bei der

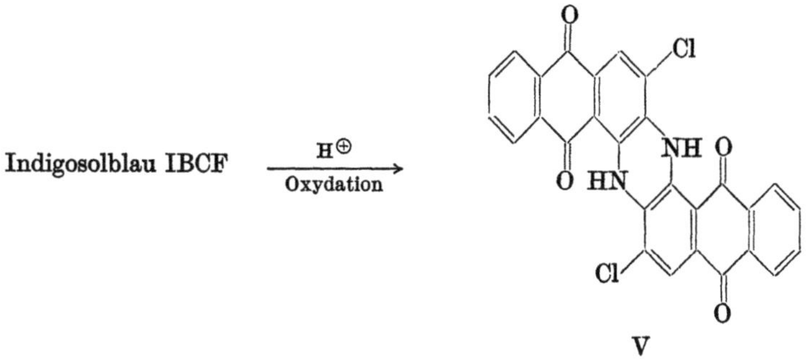

---

[1] DRP 574190 (1930); DRP 580013, 584718 (1931).

Entwicklung des Indigosols auf der Faser bildet sich unter Umlagerung die Dihydroazinstruktur des Dichlorindanthrons (V) aus.

Obschon eine Zeitlang sehr intensiv über Di- und Tri-Küpenester des Indanthrons gearbeitet wurde, hat nur der Tetra-Ester des Dichlorindanthrons eine praktische Bedeutung erlangt. Die Di-Ester besitzen wohl eine bessere Affinität, indessen sind sie schwerer löslich und weniger stabil.

Der Küpenester des 2-Amino-3-chloranthrachinons (IV) dient auch zur Herstellung des Indigosolrots AB, indem er diazotiert und mit β-Hydroxy-naphthoesäure-o-anisidid gekuppelt wird[1]. Dies ist der einzige Azofarbstoff der Indigosolreihe. Seine Echtheiten reichen nicht ganz an diejenigen der rein chinoiden Indigosole heran.

$$\text{NaO}_3\text{SO} \qquad \text{N}=\text{N} \qquad \text{CONH} \qquad \text{OH} \qquad \text{CH}_3\text{O} \qquad \text{Cl} \qquad \text{NaO}_3\text{SO}$$

Indigosolrot AB

Der Küpenester des 1-Aminoanthrachinons und seiner Derivate ist nur schlecht und in geringer Ausbeute zugänglich. Die Hauptschwierigkeit liegt darin, daß die Aminogruppe vor der Umsetzung zum Küpenester in geeigneter Weise geschützt, die Schutzgruppe nachher aber wieder abgespalten werden muß. Während dies beim 2-Aminoanthrachinon durch Acetylieren und nachfolgendes Verseifen ohne weiteres gelingt, erfolgt bei der Verseifung des 1-Acetylaminoanthrachinon-Küpenesters, offenbar infolge der peri-Gruppierung, auch eine Spaltung der Estergruppe. Der 1-Aminoanthrahydrochinon-diester VI ist von praktischem Interesse als Ausgangsprodukt für anthrachinoide Indigosole.

$$\text{NaO}_3\text{SO} \qquad \text{NH}_2 \qquad\qquad \text{VI} \qquad\qquad \text{NaO}_3\text{SO}$$

Außer den Schwefelsäureestern wurden auch Phosphorsäureester[2] und Ester von Sulfocarbonsäuren in Patenten beschrieben. Eine praktische Bedeutung erlangten sie nicht.

Die Stabilität der Indigosole gegenüber Hydrolyse ist bemerkenswert. In verdünnter, wäßriger Alkalilösung werden sie auch bei Siedehitze

---

[1] Vgl.: DRP 579840 (1929); DRP 539115 (1930).
[2] EP 248802 (1926); — Chem. Zbl. **1926 II**, 2349; DRP 741053 (1939).

kaum verseift. Ein Austausch der Halbestergruppe —$OSO_3{}^{\ominus}$ gegen andere nucleophile Reste wie Anilin oder Alkoxygruppen findet nicht statt[1]. Dies ist überraschend, da Substituenten in den meso-Stellungen des Anthracens sonst leicht austauschbar sind.

In saurer Lösung werden die Küpenester hydrolysiert, doch erfolgt die Reaktion in Abwesenheit von Oxydationsmitteln nur langsam. So läßt sich Indigosol O aus einer ameisen- oder essigsauren wäßrigen Lösung bei Siedehitze wie ein saurer Farbstoff auf Wolle färben, ohne daß eine nennenswerte Verseifung eintritt. Erst unter dem Einfluß eines Oxydationsmittels wie Natriumbichromat oder Natriumnitrit erfolgt glatte Abspaltung der Sulfogruppe unter Regenerierung des Indigos. AINSWORTH u. Mitarb.[2] haben die oxydative Spaltung des Küpenesters an Modellsubstanzen untersucht. Mit Wasserstoffperoxyd als Oxydationsmittel wird die Spaltung vor allem durch eine Radikalreaktion bewirkt, wobei der durch Hydrolyse primär entstandene Küpenmonoester I die Radikalkette einleitet. Der weitere Angriff auf den Küpenester dürfte direkt durch Hydroxylradikale gemäß nachstehendem Schema erfolgen, wobei das gebildete Küpenradikal II die Reaktionskette weiterführt.

$$\text{I} \quad + \quad H_2O_2 \quad \longrightarrow \quad \text{II} \quad + \quad HO\cdot \; + \; H_2O$$

$$\text{(OSO}_3\text{H / OSO}_3\text{H)} \quad + \quad HO\cdot \quad \longrightarrow \quad \text{II} \quad + \quad H_2SO_4$$

Zusätze von Eisensalzen oder Hydrochinon beschleunigen die Spaltung mit Wasserstoffperoxyd katalytisch, offenbar infolge Radikalkettenbildung. Ob sich die oxydative Spaltung der Indigosole auch in Gegenwart anderer Oxydationsmittel nach einem Radikalmechanismus abspielt, steht nicht fest, ist aber zumindest sehr wahrscheinlich, da sie viel rascher als die gewöhnliche saure Verseifung verläuft.

[1] BRADLEY, W., u. J. F. LEE: J. chem. Soc. [London] 1957, 3549.
[2] AINSWORTH, S., u. A. JOHNSON: J. Soc. Dyers Colourists 71, 592 (1955); 73, 41 (1957). — JOHNSON, A., u. M. L. RAHMAN: J. Soc. Dyers Colourists 74, 291 (1958). — JOHNSON, A., u. A. P. LOCKETT: J. Soc. Dyers Colourists 76, 412 (1960).

2. Übersicht über wichtige Indigosole

Indigosoltyp	Entsprechender Küpenfarbstoff	Struktur
Indigosolgelb 2GBF	Cibanongelb FGK	1.5-Dibenzoylamino-anthrachinon
Indigosolgoldgelb IGKF	Cibanongoldgelb FGK	Dibenzpyren-5.10-chinon
Indigosolgelb HCGN Anthrasolgelb HCG u. a.	Helindongelb CG	2.5-Di-(p-chlorphenyl-amino)-benzochinon
Indigosolgelb V Anthrasolgelb V u. a.	—	1-(p-Diphenylcarb-amino)-anthrachinon
Indigosolgoldgelb IRKF Anthrasolgoldgelb IRK u. a.	Cibanongoldgelb FRK Indanthrengoldgelb RK	Dibrom-dibenzpyren-5.10-chinon
Indigosolgoldorange I2RF u. a.	Cibanongoldorange F2R Indanthrenorange RRT	Dibrompyranthron
Indigosolbrillantorange IRKF Anthrasolbrillantorange IRK u. a.	Cibanonbrillantorange FRK Indanthrenbrillantorange RK	Dibromanthanthron
Indigosolorange I8RF u. a.	Cibanonorange F8R Indanthrenorange 4R	Tribrompyranthron
Indigosolorange HR Anthrasolorange HR u. a.	Cibaorange FR Helindonorange R	6.6'-Diäthoxythio-indigo
Indigosolrosa IRF extra Anthrasolrosa IR extra u. a.	Cibabrillantrosa FR Indanthrenbrillantrosa R	4.4'-Dimethyl-6.6'-dichlorthioindigo
Indigosolbrillantrosa I3BF u. a.	Cibabrillantrosa F3B	4.4'-Dimethyl-5.7.6'-trichlorthioindigo
Indigosolrot AB u. a.		vgl. S. 390
Indigosolscharlach IBF Anthrasolscharlach IB u. a.	Cibascharlach F3B Indanthrenscharlach B	4-Methyl-6-chlor-6'-methoxythioindigo
Indigosolrot I2BF u. a.	Cibabrillantrosa F2BG	nicht veröffentlicht
Indigosolrot IFBBF Anthrasolrot IFBB	Cibanonrot FBB Indanthrenrot FBB	vgl. S. 365
Indigosolbrillantviolett I2RB	Cibanonviolett F2RB	nicht veröffentlicht
Indigosolbrillantviolett I4RF Anthrasolbrillantviolett I4R	Cibanonviolett F2R Indanthrenbrillant-violett RR	Dichlorisoviolanthron
Indigosolrotviolett IRH Anthrasolrotviolett IRH	Cibarot F3BN Indanthrenrotviolett RH	5.5'-Dichlor-7.7'-dimethylthioindigo
Indigosolrotviolett IRRLF	—	Dimethoxyanthan-thron
Indigosolviolett I5RF	—	Diäthoxyanthanthron
Indigosoldruckviolett IRRF u. a.	—	4-Methyl-6-chlor-2-thionaphthen-5'.7'-dichlor-2'-indolindigo
Indigosol O Anthrasol O u. a.	Indigo	Indigo

Indigosoltyp	Entsprechender Küpenfarbstoff	Struktur
Indigosol OR u. a.	Indigo Ciba R	5-Bromindigo
Indigosol O4B Anthrasol O4B u. a.	Cibablau 2B BASF-Brillantindigo 4B	5.5'.7.7'-Tetrabrom-indigo
Indigosolblau IBCF Anthrasolblau IBC u. a.	Cibanonblau FGF Indanthrenblau BC	Dichlorindanthron
Indigosolblau AGG Anthrasolblau AGG	Indanthrendruckblau GG	vgl. S. 344
Indigosolgrün IBF Anthrasolgrün IB u. a.	Caledon Jade Green XBN	Dimethoxyviolanthron
Indigosolgrün IGGF Anthrasolgrün IGG u. a.	Indanthrenbrillantgrün 2GF	Dibromdimethoxy-violanthron
Indigosololivegrün IBF Anthrasololivegrün IB u. a.	Cibanonolive F2B Indanthrenolivegrün B	vgl. S. 369
Indigosololivegrün IBUF	Cibanonolivegrün F2B	Chloriertes Cibanon-olive 2B
Indigosolbraun IBRF Anthrasolbraun IBR u. a.	Cibanonbraun FBR Indanthrenbraun BR	vgl. S. 360
Indigosolbraun IRRDF Anthrasolbraun IRRD u. a.	Cibabraun FG Indanthrenbraun RRD	vgl. S. 340
Indigosolbraun IRVF	Cibanonbraun FRV	nicht veröffentlicht
Indigosolbraun I3BF u. a.	Cibanonbraun F3B	nicht veröffentlicht
Indigosolgrau IBLF Anthrasolgrau IBL u. a.	Cibagrau BL Indanthrendruckschwarz BL	vgl. S. 343
Anthrasoldruckschwarz IB	Indanthrendruck-schwarz B	vgl. S. 344
Indigosolgrau I3FF		
Indigosolgrau ISGF	Cibanonolive FS Indanthrenolive T	vgl. S. 370

Den Buchstaben in der Farbstoffbezeichnung kommt folgende Bedeutung zu:

I = für indanthrenechte Färbungen geeignet
B = blaustichig
G = gelbstichig
R = rotstichig

F = als letzter Buchstabe bei den Indigosolen, bzw. als erster Buchstabe bei den Cibanonen: für felisolechte Färbungen geeignet.
K = bei den Küpenfarbstoffen: Kaltfärber
H = bei den Küpenfarbstoffen: Heißfärber

3. Anwendung

Indigosol O wurde ursprünglich nur zum Färben von Wolle eingesetzt[1]. Indigo besitzt auf Wolle bessere Echtheiten als auf Baumwolle, die Färbung aus der alkalischen Küpe führt aber leicht zu einer Wollschädigung. Beim Färben mit Indigosolen wird diese vermieden, da man aus einem neutralen oder schwach sauren Bade färbt und mit mäßig saurer Bichromatlösung zum Farbstoff entwickelt. Auf Seide ist die Lichtechtheit meist etwas geringer als auf Wolle. In der Wollfärbung

---

[1] PETERHAUSER, F.: J. Soc. Dyers and Colourists **42**, 152 (1926); **43**, 251 (1927).

benützt man die Indigosole jetzt vor allem zur Erzeugung heller, speziell hellblauer Töne, wie sie oft für Babyartikel gewünscht werden. Mit Indigosol O und OR wird das Navyblau der amerikanischen Marine gefärbt. In der Seidenfärberei dienen die Indigosole zum Färben von Waschartikeln wie Damenunterwäsche in hellen, waschechten Tönen.

Wesentlich wichtiger als die Wollfärbung ist heute die Baumwollfärbung[1]. Der Vorteil der Indigosole liegt hier in ihrer einfachen Anwendung und in ihrem raschen, gleichmäßigen und tiefen Eindringen in die Faser, was zu egalen Färbungen und hervorragender Reibechtheit führt. Im allgemeinen sind sie weniger substantiv als die entsprechenden Küpen. Ihre Adsorption kann deshalb besser kontrolliert werden und ihr Egalisiervermögen ist besser. Für Kontinue-Färbungen eignen sie sich darum hervorragend, wobei man allerdings für Farbmischungen Indigosole mit etwa gleicher Substantivität verwenden muß, damit sich die Zusammensetzung des Färbebades beim Färben nicht ändert.

Geringe Substantivität besitzt unter anderem das Indigosolgelb HCGN, gute Substantivität das Indigosolgrün IGF. Aus einer Mischung der beiden zieht deshalb das letztere stärker auf das Färbegut auf, als seinem Anteil im Färbebad entspricht, so daß im Verlaufe der Färbung eine schwer kontrollierbare Änderung der Färbebad-Zusammensetzung auftritt. Nach dem Passieren des Färbebades wird das Gewebe gut ausgequetscht und der Farbstoff oxydativ entwickelt, wozu bei Cellulosefasern praktisch ausschließlich Natriumnitrit verwendet wird. Häufig fügt man das letztere bereits dem neutralen oder schwach alkalischen Färbebad bei, so daß das Gewebe zur Entwicklung nur noch eine verdünnte Säurelösung passieren muß (meist 1—2%ige Schwefelsäure). Zur Vermeidung einer allfälligen Überoxydation kann Harnstoff zugesetzt werden.

Die Indigosole eignen sich gut für alle Druckverfahren und sind mit allen Verdickungen verträglich. Man verwendet sie für Reserven unter Anilinschwarz und Naphthol-AS-Farben, auch Reserven unter Indigosolen sind leicht durchzuführen. Trotzdem ist ihre Verwendung für Druckartikel im Rückgang begriffen. Es liegt dies an der Konkurrenz der Küpenfarbstoffe, die im 2-Phasendruck die Herstellung sehr tiefer Farbtöne gestatten, die mit Indigosolen teuer zu stehen kommen und oft kaum erreicht werden können. Als weitere Konkurrenz seien die Pigmentfarbstoffe, welche allerdings nur für billigere Artikel verwendet werden, sowie die Reaktivfarbstoffe genannt, die zwar nicht die allgemein guten Echtheiten wie die Indigosole aufweisen, jedoch für viele Artikel genügen.

Auch bei der Baumwollfärbung verwendet man die Indigosole vor allem für helle Farbtöne und zwar besonders beim Färben von hellen Hemdenstoffen hoher Qualität, wo unter anderem verschiedene Grau- und Olivemarken eingesetzt werden. Dunkle Farbtöne sind technisch schwierig zu erzeugen, ausgenommen beim Indigosolblau O extra und OR sowie beim Indigosolrot AB.

Die Indigosole eignen sich auch zum Färben verschiedener Kunstfasern. Über den Mechanismus dieser Färbung ist wenig bekannt. Insbesondere ist noch ungeklärt, ob das Salz oder die freie Säure des Küpenesters Affinität zu hydrophoben Fasern besitzt, oder ob das Eindringen in die Faser erst nach der Verseifung des Küpenesters beim Entwickeln erfolgt. Von praktischem Interesse ist das Färben von Polyacrylnitril- und Polyesterfasern, was bei hoher Temperatur ohne Quellmittelzusatz

---

[1] BADER, M.: Chemiker-Ztg. **61**, 741, 763 (1937). — CHRIST, W.: J. Soc. Dyers Colourists **54**, 93 (1938).

erfolgen kann; auch Acetatseide und Triacetatfasern werden gelegentlich mit Indigosolen gefärbt, wozu jedoch Quellmittel nötig sind[1]. Weniger geeignet sind Indigosole für Polyamidfasern, auf denen keine hohe Lichtechtheit erzielt wird, während sie auf Polyesterfasern im allgemeinen sehr lichtecht sind. Wichtig ist das Färben von Mischungen aus Baumwolle und Polyester, die mit Indigosolen vollkommen gleichmäßig und sehr echt gefärbt werden können. Man arbeitet dabei nach dem Klotzverfahren und setzt der Färbelösung etwas Verdickungsmittel zu, damit der Farbstoff gleichmäßig auf beide Fasern aufzieht.

Zeitweise wurde mit Indigosolen auch eine Spinnfärbung von Viskosefasern vorgenommen, wobei der Farbstoff erst nach der Koagulation des Fadens entwickelt wurde. Da das Indigosol in der Viskoselösung vollkommen löslich ist, erhielt man dabei sehr gleichmäßige und homogene Färbungen. Auch eine Verstopfung der Spinndüsen war ausgeschlossen. Das Verfahren wird indessen nicht mehr ausgeübt.

XVI. Schwefelfarbstoffe

1. Allgemeines

Als „Schwefelfarbstoffe" bezeichnet man eine Farbstoffgruppe, in der unterschiedliche und bisher nicht restlos aufgeklärte Strukturen vorliegen und die sich durch die folgenden charakteristischen Eigenschaften auszeichnen.

Man erhält sie durch eine „Schwefelung" verschiedener aromatischer Amine und Aminophenole; anstelle der Amine werden oft auch die entsprechenden Nitroverbindungen eingesetzt, die intermediär zum Amin reduziert werden. Die entstandenen Farbstoffe enthalten Schwefel als integrierenden Bestandteil.

Sie lösen sich in wäßriger Natriumsulfidlösung und zeigen dabei Affinität für Cellulosefasern. Ihre Rückbildung auf der Faser erfolgt ähnlich wie bei den Küpenfarbstoffen durch Luftoxydation.

Die Schwefelfarbstoffe zeichnen sich durch ihren niedrigen Preis, ihre gute Ausgiebigkeit und verhältnismäßig hohen Echtheiten aus; eine Ausnahme macht die meist nur geringe Chlorechtheit. Ihre Farbtöne sind etwas stumpf. Sie werden praktisch nur auf Baumwolle gefärbt; auf Viskose färben sie leicht streifig und Wolle wird durch die beim Färben verwendete Natriumsulfidlösung geschädigt.

Die Herstellung der Schwefelfarbstoffe erfolgt entweder in einem *trockenen Backprozeß* mit Schwefel oder Natriumpolysulfid oder durch eine Schwefelung in wäßriger oder alkoholischer *Lösung* mit Natriumpolysulfid. Zum Verständnis der dabei auftretenden Reaktionen sei auf die Bildung des Dehydrothio-p-toluidins und auf die Anlagerung von Natriumsulfid und Mercaptanen an Chinone hingewiesen.

Beim trockenen Erhitzen von p-Toluidin mit mindestens der zweifach molaren Menge Schwefel während längerer Zeit auf 180—230° C bilden sich die Benzthiazolderivate I (= Dehydrothio-p-toluidin), II (= Primulinbase) und höhere Homologe

---

[1] Vgl.: MÜLLER, J.: Melliand Textilber. **38**, 1032, 1157 (1957). — DISERENS, P.: Melliand Textilber. **39**, 1368 (1958).

wie III[1]. Als Zwischenstufen dürften p-Amino-dithiobenzoesäure und o-Mercapto-
p-toluidin auftreten[2]. Die Anteile der verschiedenen Endprodukte hängen vom
Verhältnis p-Toluidin/Schwefel und der Reaktionsdauer ab; ein höherer Schwefelgehalt begünstigt die Bildung der Verbindungen II und III.

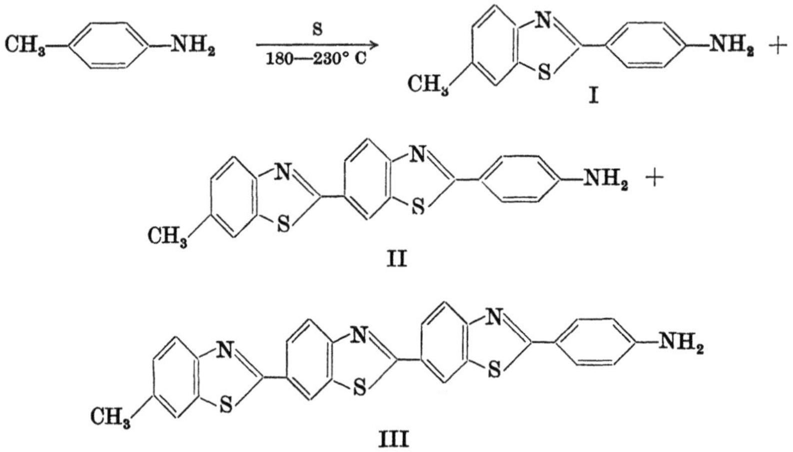

Viele Chinone und Chinonimine reagieren mit nucleophilen Reagenzien wie
Aminen, Mercaptanen oder auch Natriumsulfid unter Anlagerung zum entsprechend
substituierten Hydrochinon:

Noch leichter setzen sich die Halogenderivate unter Abspaltung des Halogens um.
Aus 2.3-Dichlornaphthochinon und Natriumsulfid bildet sich so in wäßriger oder
alkoholischer Lösung Dibenzthianthrendichinon[3]:

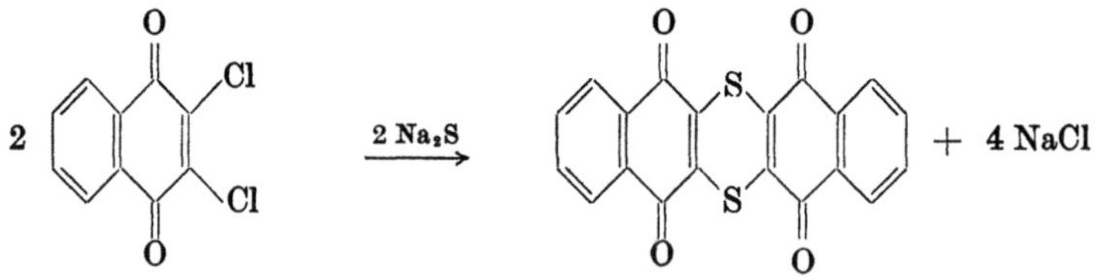

Die Bildung der Schwefelfarbstoffe läßt sich im wesentlichen auf diese beiden
Reaktionstypen zurückführen. Die hauptsächlichsten Arbeiten zur Aufklärung
ihrer Struktur wurden einerseits von H. E. FIERZ-DAVID[4] und E. BERNASCONI[5] und

[1] Vgl.: FIERZ-DAVID, H. E., u. W. BRUNNER: Helv. chim. Acta 27, 1 (1944).
[2] Zum Mechanismus der Schwefelung siehe auch: HODGSON, H. H.: J. Soc.
Dyers Colourists 40, 330 (1924); 42, 76 (1926).
[3] BRASS, K., u. L. KÖHLER: Ber. dtsch. chem. Ges. 55, 2543 (1923).
[4] FIERZ-DAVID, H. E.: J. Soc. Dyers Colourists 51, 50 (1935). — KELLER, E.,
u. H. E. FIERZ-DAVID: Helv. chim. Acta 16, 585 (1933).
[5] BERNASCONI, E.: Helv. chim. Acta 15, 287 (1932).

andrerseits von W. ZERWECK u. Mitarb.[1] unternommen. Die ersteren gingen dabei von Handelsfarbstoffen aus, die sie durch Extraktion reinigten, um zu möglichst einheitlichen Verbindungen zu kommen, deren Konstitution sie dann durch Elementaranalyse und Vergleich mit synthetisch erhaltenen Substanzen zu bestimmen suchten. Die letzteren konnten in einem Fall den Abbau und die Synthese eines Schwefelfarbstoffes in eindeutiger Weise durchführen, während in einigen anderen Fällen lediglich prinzipielle Feststellungen über die Struktur gemacht werden konnten. Die nachfolgenden Darlegungen basieren auf den Arbeiten von ZERWECK u. Mitarb.

Immedialgelb GG, einen im Backverfahren erzeugten Schwefelfarbstoff, erhält man durch Erhitzen von einem Mol Benzidin mit einem Mol Dehydrothio-p-toluidin und Schwefel. Zur Isolierung wird die Schmelze mit Lauge aufgeschlossen und das lösliche Produkt ausgeblasen. Ein Teil des Rohproduktes ist laugenunlöslich und muß verworfen werden. Wie die Untersuchungen zeigten, besteht der gebildete Farbstoff hauptsächlich aus der Verbindung I, in geringerer Menge auch aus dem symmetrischen Körper II. Daneben enthält er geringe Anteile der weniger stark geschwefelten Verbindungen I a und I b. Der alkaliunlösliche Rückstand der Schwefelschmelze besteht im wesentlichen aus dem Körper II a.

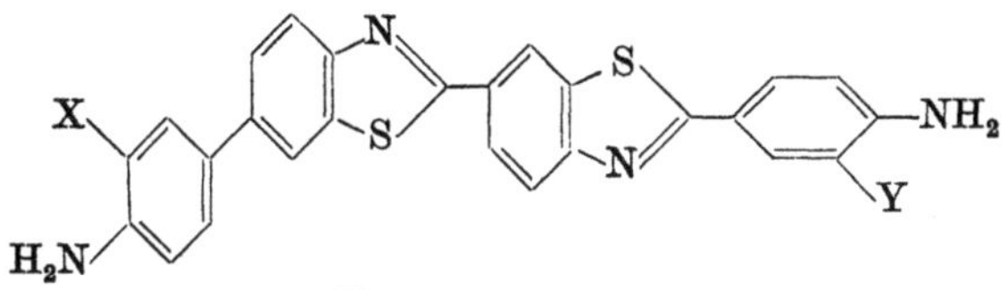

I: $X = Y = -S-$
Ia: $X = -S-$, $Y = H$
Ib: $X = H$, $Y = -S-$

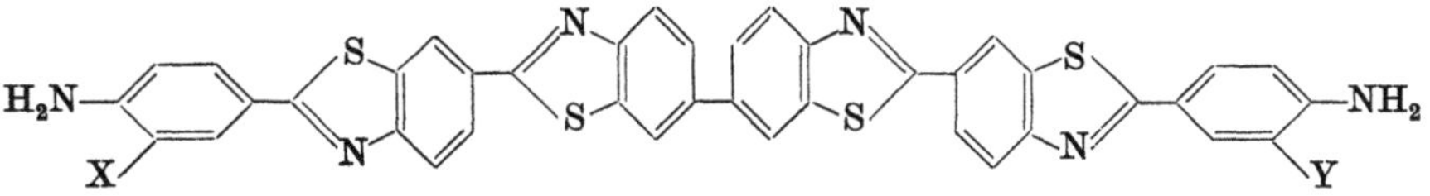

II: $X = Y = -S-$
IIa: $X = Y = H$

Komplizierter ist die Sachlage beim m-Toluylendiamin, das zur Herstellung gelber und oranger Farbstoffe dient[2], beispielsweise des *Immedialorange C*. Dieses letztere besteht offenbar aus 6—8 Molekeln m-Toluylendiamin, die durch Thiazolringe miteinander verknüpft sind. Da im Ausgangsmaterial zwei Aminogruppen vorhanden sind, kann die Verknüpfung sowohl geradlinig als auch verzweigt erfolgen. Der Abbau des Farbstoffes ließ keinen sicheren Schluß bezüglich dieser Frage zu, und seine eindeutige Synthese gelang im Gegensatz zu derjenigen des

---

[1] ZERWECK, W., H. RITTER u. M. SCHUBERT: Angew. Chem. **60** A, 141 (1948); vgl. auch: WEINBERG, A. v.: Ber. dtsch. chem. Ges. **63** A, 117 (1930).
[2] DRP 139430 (1903); DRP 152595 (1904).

Immedialgelb GG bisher nicht. Bei linearer Verknüpfung muß für das Immedialorange C die folgende Struktur angenommen werden:

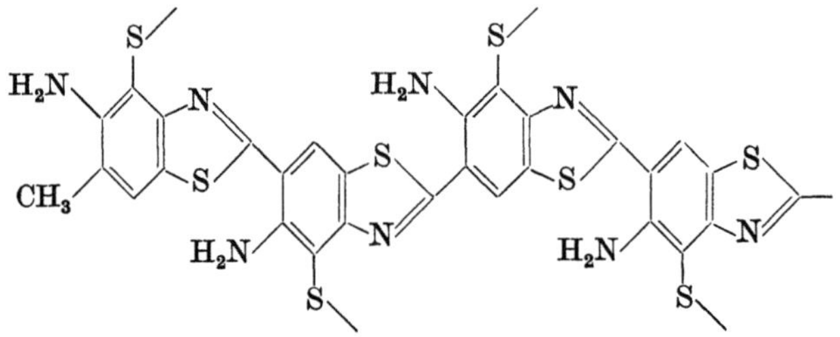

Eine zweite Gruppe von Schwefelfarbstoffen leitet sich von Chinoniminen und deren Leukoform sowie von Phenthiazonen, Phenoxazonen und Phenazonen ab. Die Chinonimine gehen bei der Schwefelung in die entsprechenden Thiazone über[1]; Chinonimin selbst entsteht intermediär durch Dehydrierung aus dem als Ausgangsprodukt verwendeten Diphenylaminderivat:

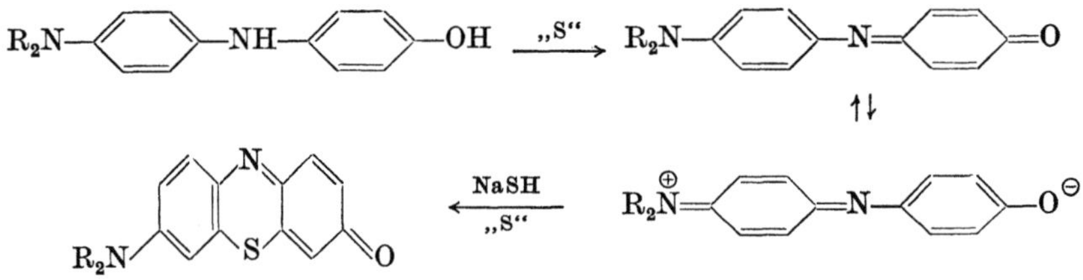

Phenthiazone reagieren mit Natriumsulfid oder mit Mercaptanen wie 1.4-Benzo- oder 1.4-Naphthochinon, wobei Schwefel in die Stellungen 1, 3 oder 4 eintreten kann. Wie bei den Chinonen entsteht dabei primär die Leukoform, die vom überschüssigen Polysulfid wieder zum chinoiden Mercaptothiazon dehydriert wird, das die Umsetzung erneut eingehen kann:

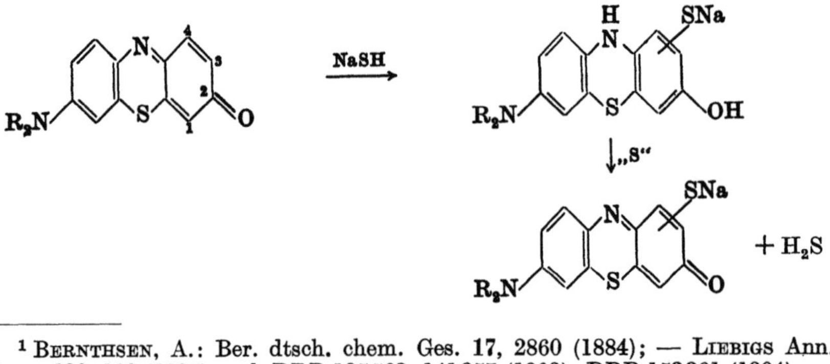

---

[1] BERNTHSEN, A.: Ber. dtsch. chem. Ges. 17, 2860 (1884); — LIEBIGS Ann. Chem. 230, 182 (1885); vgl. DRP 135563, 141357 (1903); DRP 153361 (1904).

Ähnlich wie das Phenthiazon verhalten sich auch Phenoxazone[1] und substituierte Phenazone; die letzteren reagieren allerdings nur unter sehr energischen Bedingungen:

Aus den Phenthiazonen bilden sich nur dann Schwefelfarbstoffe, wenn alle drei verfügbaren Stellungen 1, 3 und 4 frei sind oder einen leicht ersetzbaren Substituenten tragen[2]. Vier wichtige technische Farbstoffe wie das frühere Schwefelrotbraun[3] aus 4-Methyl-4'-hydroxydiphenylamin, das *Indocarbon CL* aus 4-Hydroxyphenyl-β-naphthylamin, das *Hydronblau R* aus 3-(p-Hydroxyphenylamino)-carbazol und das frühere Immedialschwarz V aus 2.4-Dinitro-4'-hydroxydiphenylamin sind Derivate der entsprechenden Phenthiazone I—IV; im letztgenannten Fall wurden die Nitrogruppen vom Natriumpolysulfid zuerst zu den Aminogruppen reduziert.

I

II

III

IV

Die oben aufgeführten Phenthiazone besitzen nur eine ungenügende Affinität für Baumwolle, ebenso ihre 1.3.4-Trimercaptoderivate und die mit einer Mono- oder Disulfidbrücke verknüpften Dimeren. Dagegen liefert die Verknüpfung zweier Phenthiazone mit einem Thianthrenring farbstarke und faseraffine Farbstoffe, die eine weitgehende Analogie mit den entsprechenden Schwefelfarbstoffen zeigen.

So konnte durch Umsetzung von 1.3.4-Trichlor-7-methylphenthiazon-(2) mit Schwefelnatrium in wäßrig-alkoholischer Suspension die 3-Mercaptoverbindung gewonnen werden, die rasch in das entsprechende, schwerlösliche Thianthrenderivat V überging. Durch eine Nachschwefelung mit Polysulfid ließen sich die

---

[1] Vgl.: DRP 622274 (1935); DRP 631410 (1936).
[2] Siehe auch: Binz, A., u. C. Räth: Ber. dtsch. chem. Ges. **58**, 309 (1925); vgl. dagegen: Jones, W. N., u. E. E. Reid: J. Amer. chem. Soc. **54**, 4393 (1932).
[3] Durch das strukturell ähnliche, neuere Immedialrotbraun CL3R überholt.

beiden nicht umgesetzten Chloratome im Thianthrenderivat V noch durch Mercaptogruppen ersetzen:

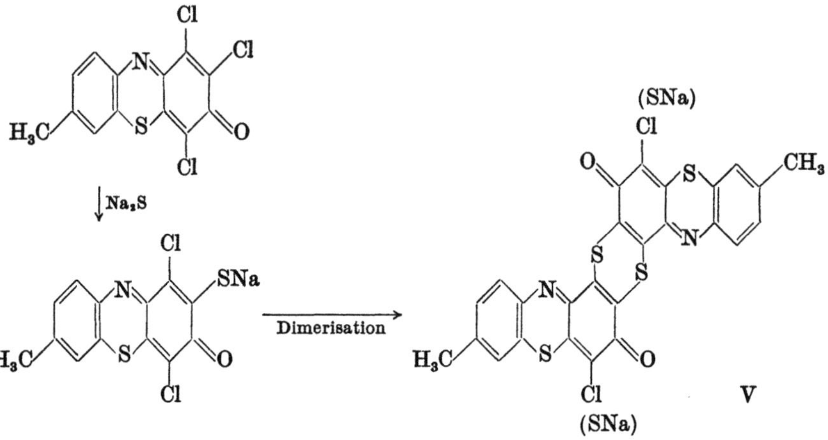

Das Dimercapto-thianthrenderivat V stimmt in seinem Verhalten mit dem entsprechenden Schwefelfarbstoff völlig überein, färbt aber einen klareren Farbton.
Das Dichlorderivat löst sich in Natriumsulfidlösung weniger leicht, verhält sich aber
im übrigen ebenfalls ähnlich wie der Schwefelfarbstoff. Es ist deshalb offensichtlich,
daß die Thianthrenstruktur ein wesentliches Merkmal dieser Schwefelfarbstoffe darstellt und die Ursache ihrer Substantivität bildet, während die Mercapto- oder
Disulfidgruppen in der 1-Stellung des Phenthiazongerüstes die leichte Löslichkeit
in Natriumsulfidlösungen bewirken. Die hohe Affinität der Schwefelfarbstoffe zu
Cellulosefasern ist bei der vorstehenden Struktur einleuchtend, kommt diese doch
sterisch dem Indanthrenblau RS sehr nahe.

Mit zunehmender Molekülgröße nimmt die Löslichkeit in Natriumsulfidlösung
ab, doch lassen sich derartige Thianthrenderivate immer noch mit Natriumhydrosulfit verküpen. Das Hydronblau R zeigt dasselbe Verhalten und läßt sich nur
aus einer Hydrosulfitküpe färben, da seine Löslichkeit in Natriumsulfidlösung ungenügend ist.

Die Thianthrenderivate werden aus den 1.3.4-Trichlorphenthiazonen in einer
Ausbeute von nur etwa 45% dargestellt; als Nebenprodukte dürften 3.1′-Mono-
sulfide und die isomeren Thianthrene VI und VII entstehen:

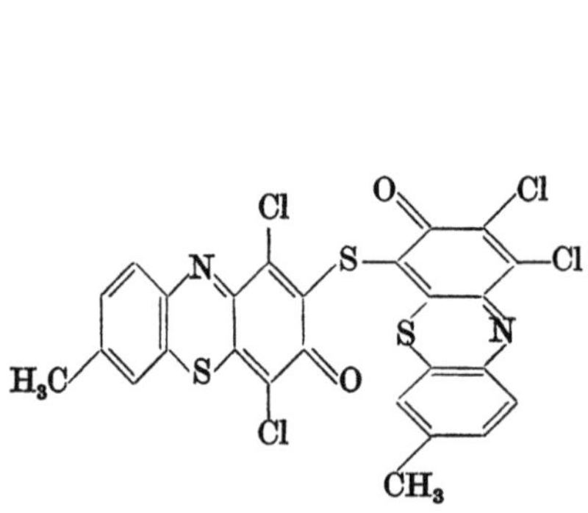

VI

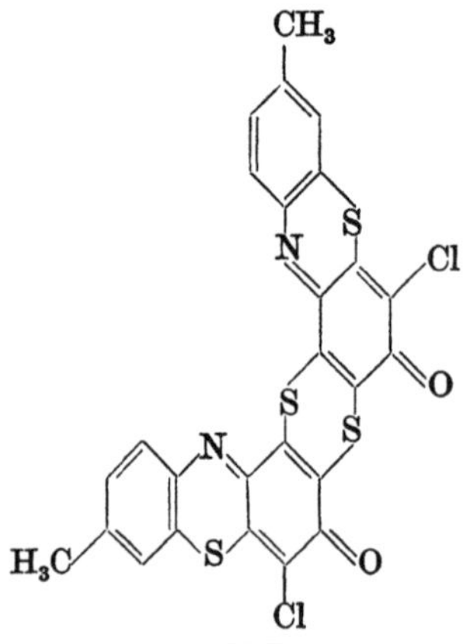

VII

Bei den technischen Schwefelungen dürften sich prinzipiell dieselben Vorgänge abspielen, da die erwähnten Mercaptane, Thianthrene und Sulfide nicht nur aus den halogenierten Phenthiazonen, sondern auch aus den unsubstituierten Verbindungen entstehen können. Dabei ist allerdings zu bedenken, daß der Ersatz von Chlor in der Regel glatter und einheitlicher verläuft als die Umsetzung mit der unsubstituierten chinoiden Verbindung. Auch besteht die technische Schwefelung nicht in einer Folge von stufenweisen Umsetzungen, wie die zur Strukturaufklärung unternommenen Synthesen über die Trichlorphenthiazone, so daß weniger einheitliche Substanzen zu erwarten sind. Die technischen Schwefelfarbstoffe stellen deshalb stets Gemische mehrerer Körper dar, woraus sich auch ihre wenig klaren Farbtöne erklären.

Unter dem Einfluß von Luftsauerstoff, beim Umküpen und bei der Trocknung und Lagerung erleiden die Schwefelfarbstoffe häufig Veränderungen im Farbton und in der Ausgiebigkeit. Oft wird dabei sogar Schwefelsäure abgespalten. Diese Erscheinung zeigt sich manchmal auch auf der Faser, die von der entstandenen Säure natürlich geschädigt wird. Man nimmt an, daß bei diesen Veränderungen Sulfoxyde als Zwischenstufen auftreten, doch fehlen experimentelle Untersuchungen hierüber. Eine Stütze findet diese Annahme im Verhalten des Dibenzthianthrendichinons, das unter Abspaltung eines Ringschwefels ziemlich leicht in Dinaphtho-thiophendichinon übergeht. Ähnlich verhält sich auch sein Sulfoxyd[1].

2. Herstellung und Übersicht

Die Schwefelung der als Ausgangsstoffe verwendeten aromatischen Amine, Aminophenole, Nitrophenole und Diphenylaminderivate erfolgt entweder durch trockenes Backen mit Schwefel oder Natriumpolysulfid bei etwa 200° C, seltener bei 300° C, wobei gelegentlich auch eine Schmelze entstehen kann, oder durch mehrstündiges Kochen mit Natriumpolysulfid in einem Lösungsmittel wie Alkohol, Butanol oder Wasser am Rückfluß. Die Reaktionsdauer kann bis zu 150 Std betragen. Seltener wird die Umsetzung in Lösung unter Druck vorgenommen, wobei man Temperaturen bis zu 160° C erreicht. Das verwendete Natriumpolysulfid besitzt in der Regel die Zusammensetzung Na_2S_4 bis Na_2S_2; das Verhältnis von Natrium zu Schwefel richtet sich nach dem Verwendungszweck. Häufig wird ein absolut eisenfreies Produkt benötigt; in diesem Fall stellt man das Natriumpolysulfid am besten unmittelbar vor der Reaktion aus Natronlauge und Schwefel her. Sowohl die Reaktionstemperatur als auch die Reaktionsdauer stellen wesentliche Faktoren dar, da je nach den Bedingungen aus demselben Ausgangsmaterial verschiedene Farbstoffe gewonnen werden können. Kupfersalze üben auf den Reaktionsablauf einen nicht näher geklärten Einfluß aus; bei ihrer Anwesenheit werden vielfach andersartige Farbstoffe gebildet. Bei der Bildung der Schwefelfarbstoffe entsteht Schwefelwasserstoff, der frei abziehen soll, damit die Reaktion ungestört abläuft. Durch Schwefelung mit Chlorschwefel (S_2Cl_2), gegebenenfalls zusammen mit wasserfreiem Aluminiumchlorid, lassen sich auch höhere Kohlenwasserstoffe wie Pyren, Chrysen, Fluoranthen und Decacyclen sowie

---

[1] BRASS, K., u. L. KÖHLER: Ber. dtsch. chem. Ges. **55**, 2543 (1923).

Übersicht über wichtige Schwefelfarbstoffe

Ausgangsmaterial	Strukturtyp	Farbstoff
2.4-Bis-formamino-toluol, Benzidin und Schwefel; Backen bei 140—220° C. Vgl. DRP 138839 (1902); DRP 159097 (1905).	Thiazole	Eclipsgelb G *Immedialgelb RR* Pyrogengelb R Thionalgelb G, RM Thionol Yellow YN
Dehydrothio-p-toluidin, Benzidin, Schwefel; Backen bei 190—220° C. Vgl. DRP 180162 (1906).	Thiazole	*Immedialgelb GG* Pyrogengelb 2G Thionalgelb 2G
2.4-Toluylendiamin, Schwefel, Backen bei 190—250° C. Vgl. DRP 139430 (1903).	Thiazole	Eclipsorange O *Immedialorange C extra,* *CN, RRT extra* Pyrogenorange R Thionalorange G, GO, R Thionol Orange R
2.4-Toluylendiamin, Schwefel; Backen bei 210—250° C, mit Natriumsulfid und Natriumhydroxyd bei 250° C nachbehandeln.	Thiazole	Eclipsbraun 2B, R *Immedialgelbbraun G extra* Pyrogenbraun G Thionalbraun G extra, GN, GR Thionol Brown GD, GDR
2-Hydroxy-6-methyl-7-aminophenazin mit wäßr. Natriumpolysulfidlösung bei 115° C umsetzen. Vgl. DRP 208109 (1909).	Azin-Thianthren	Eclipsviolettbraun X *Immedialrotbraun 3B extra,* Pyrogenviolettbraun X Thionalviolettbraun X Thionol Bordeaux BR u.a.
Wie vorstehend, jedoch in Gegenwart von Kupfersulfat. Vgl. DRP 171177 (1906).	Azin-Thianthren	Eclipsbordeaux *Immedialbordeaux G* Pyrogenbraun 4R, 6R Thionalrotbraun 3R, RS Thionol Red Brown 4R, 6R u.a.
1.3.4-Trichlor-7-methylphenthiazon-(2) mit wäßr. Natriumpolysulfidlösung zuerst bei 75—98° C, dann bei 104° C umsetzen.	Thiazin-Thianthren	*Immedialrotbraun CL3R*
4-Hydroxy-4'-dimethylamino-diphenylamin[1] mit alkohol. Natriumpolysulfid während 7 Tagen am Rückfluß bei 84° C kochen. Vgl. DRP 141752 (1903).	Thiazin-Thianthren	*Immedialbrillantblau CLB*
2.4-Dinitro-4'-hydroxy-diphenylamin mit wäßr. Natriumpolysulfidlösung bei 90—106° C am Rückfluß umsetzen. Vgl. DRP 132424, 137784 (1902); DRP 140963 (1903).	Azin-Thianthren	Eclipsblau RL-CF Eclipsdirektblau RL Eclipsechtblau RLS *Immedialdirektblau RL extra* Pyrogendirektblau RL Thionaldirektblau RL-CF Thionaldunkelblau RL

[1] Zur Herstellung des Ausgangsproduktes aus p-Nitrosodimethylanilin und Phenol und nachfolgender Reduktion siehe: Gnehm, R.: J. prakt. Chem. [2] **69**, 161, 223 (1904).

Ausgangsmaterial	Strukturtyp	Farbstoff
3-Methyl-4-amino-4′-hydroxy-diphenyl-amin mit wäßr. Natriumpolysulfid bei 110° C am Rückfluß kochen. Vgl. DRP 199963 (1907).	Thiazin-Thianthren	Eclipsdunkelblau B *Immedialindon RR extra* Pyrogentiefblau B Thionaldunkelblau B Thionol Blue 2BN, 2BNC
NH—⟨⟩—OH [1] (Carbazol-Struktur) mit Natriumpolysulfid in Butanol bei 107° C am Rückfluß geschwefelt. Vgl. DRP 218371, 221215, 222640 (1910); 238857 (1911).	Thiazin-Thianthren	Cibablau 2RH *Hydronblau R, 2R, 3R* Sandonblau R Sulfanthrene Blue GR Thiotinonblau 2R (Küpenfarbstoff; löst sich nicht mehr in Natriumsulfid, sondern nur in alkal. Natriumhydrosulfit.)
Analog aus N-Äthylcarbazol.	Thiazin-Thianthren	*Hydronblau G* u. a.
⟨⟩—NH—⟨⟩—NH—⟨⟩—OH, HO₃S—⟨⟩ mit wäßr. Natriumpolysulfid in Gegenwart von Kupfersulfat bei 106° C am Rückfluß kochen. Vgl. DRP 162156 (1905).	Vermutlich Thiazin-Thianthren	Eclipsbrillantgrün 4G Eclipsgrün 3G Immedialbrillantgrün B extra *Immedialgrün GG extra* Pyrogengrün 3G, GK Thionalbrillantgrün 3G Thionol Brilliant Green G, 6G
Wie vorstehend, jedoch ohne Kupfersulfat.	Vermutlich Thiazin-Thianthren [2]	Eclipsechtbrillantgrün BL *Immedialgrün BB* R.P. Thionol Brilliant Green 3B
p-Aminophenol oder p-Phenylendiamin mit viel Schwfel und Natriumsulfid auf 180—210° C erhitzen.	—	*Vidalschwarz* (praktisch überholt)
2.4-Dinitrophenol bzw. dessen Natriumsalz mit Natriumpolysulfid am Rückfluß bei 110—120° C oder bei 130—140° C unter Druck erhitzen. Wichtig ist das richtige Verhältnis von Polysulfid zu Dinitrophenol. Vgl. DRP 186860 (1907).	—	Eclipstiefschwarz S *Immedialschwarz AT extra* *(Schwefelschwarz T)* Pyrogentiefschwarz B, D Thionaltiefschwarz B konz., D konz. Thionol Black B, JN
N-(4-Hydroxyphenyl)-β-naphthylamin mit Matriumpolysulfid in Butanol bei 108° C am Rückfluß erhitzen.	Thiazin-Thianthren	Carbindone Black *Indocarbon CL konz.* Pyrogencarbon C, CG Thionalcarbon CLN Thiotinonschwarz NCL-F

[1] Das Ausgangsmaterial wird aus Carbazol und p-Nitrosophenol in konz. Schwefelsäure bei —20° C erhalten.

[2] Bezüglich eines weiteren grünen Schwefelfarbstoffes sei auf das Kapitel über Phthalocyanine verwiesen.

deren Nitroderivate in Schwefelfarbstoffe mit oft ausgezeichneter Lichtechtheit überführen[1].

Die Schwefelung wird immer über den theoretischen Wert hinausgetrieben, damit sich das Ausgangsprodukt vollständig umsetzt,

[1] Vgl.: DRP 653675, 654290 (1937).

andernfalls entstehen trübe Farbtöne. Das übergeschwefelte Primärprodukt, das vermutlich auch Polysulfidketten enthält, wird durch eine Entschwefelung vom überschüssigen Schwefel befreit. Die durch einen Backprozeß erzeugten Farbstoffe werden zunächst in verdünnter Natronlauge gelöst. Die Entschwefelung erfolgt am einfachsten mittels Durchblasen von Luft. Man kann auch nach vollendeter Schwefelung dem Reaktionsgemisch Soda oder Natriumsulfit zusetzen.

Fast alle Schwefelfarbstoffe sind empfindlich gegenüber der Einwirkung von Luftsauerstoff. Die trockenen Farbstoffe können sich sogar spontan entzünden, wenn sie in offenen Behältern aufbewahrt werden. Durch Zusatz von Natriumsulfid läßt sich dieser Gefahr begegnen. Trotzdem erleiden die Farbstoffe mit der Zeit eine Verminderung der Farbkraft und eine Verschlechterung der Nuance.

3. Anwendung

Die Schwefelfarbstoffe werden praktisch nur zum Färben von Baumwolle benützt, im Druck finden sie selten Anwendung[1]. Ihr Zieh- und Egalisiervermögen ist gut, ihre Handhabung einfach. Man färbt normalerweise bei Kochtemperatur unter Zusatz von Glaubersalz, dann wird sehr sorgfältig gespült, worauf man durch Verhängen an der Luft den Farbstoff wieder zur unlöslichen Form oxydiert. Anschließend wird zur Erzielung klarer Farbtöne meist noch heiß geseift. Oft wird auch eine Nachbehandlung mit Perboraten oder Wasserstoffperoxyd oder eine solche mit Chrom- oder Kupfersalzen vorgenommen, doch kann die Wasch- und Lichtechtheit hierdurch beeinträchtigt werden. Zum „Schönen", d.h. zur Erzielung reinerer Farbtöne, kann mit basischen Farbstoffen nachgefärbt werden, da der auf der Faser befindliche Schwefelfarbstoff sich wie eine Beize verhält.

Im allgemeinen werden die Schwefelfarbstoffe mit Natriumsulfid in ihre wasserlösliche Leukoform übergeführt, wobei ein stark alkalisches Färbebad entsteht. Viskose und Zellwolle lassen sich damit nur schlecht färben, da die Fasern dabei einen harten Griff annehmen und die Färbung meist streifig ausfällt. Befriedigend gelingt das Färben dieser Fasern mit einigen Schwefelfarbstoffen, die vom milderen Natriumhydrogensulfid reduziert und aus kaltem Färbebad gefärbt werden können. Im Sortiment der *Immedialleuko*-Farbstoffe[2] liegen Mischungen derartiger Schwefelfarbstoffe mit Natriumhydrogensulfid vor, die beim Anrühren mit heißem Wasser direkt eine gebrauchsfertige Färbelösung liefern.

Das Färben *loser Zellwolle* im Packsystem muß zur Erzielung einer egalen Durchfärbung mit einer heißen Flotte vorgenommen werden. In natriumsulfid-haltigen Bädern quillt jedoch die Zellwolle derart an, daß

[1] Zur Verwendung der Schwefelfarbstoffe siehe u. a.: SCHUBERT, M.: Melliand Textilber. **28**, 270 (1947). — BOOTHROYD, H.: J. Soc. Dyers Colourists **58**, 25 (1942). — BIRCHALL, H.: J. Soc. Dyers Colourists **67**, 495 (1951). — CRIST, J. L., u. R. E. RUPP: Amer. Dyestuff Reporter **46**, 83 (1957).
[2] Handelsname der Farbwerke Cassella, Mainkur.

ein gleichmäßiges Durchfluten der Ware mit der zirkulierenden Farbflotte nicht mehr möglich ist. Einen Ausweg brachten Farbstoffe, die
kein Natriumsulfid enthalten, sondern mit Soda und Natriumsulfoxylat
reduziert werden. In solchen Bädern läßt sich Zellwolle kochend färben,
ohne eine starke Quellung zu erleiden, wodurch man eine gute Durchfärbung erzielt. Derartige Farbstoffe, denen bereits Soda und Natriumsulfoxylat zugemahlen wurde, liegen im Sortiment der *Eclipsol*[1]- und
Immedialsol[2]-Farbstoffe vor.

Unter der Einwirkung von Natriumhydrogensulfit ($NaHSO_3$) gehen
viele Schwefelfarbstoffe in ihre wasserlöslichen Thiosulfonsäuren mit
der Gruppe —S—SO_3Na über[3]. Diese Thiosulfonsäuren besitzen nur
eine geringe Affinität für Cellulosefasern. Unter dem Einfluß von
Säuren oder Alkalien werden daraus wieder die ursprünglichen Schwefelfarbstoffe regeneriert. Dieses Verhalten kann man benützen, um sehr
egale, gut durchgefärbte Färbungen zu erhalten. Die Ware wird dazu
mit der Thiosulfonsäure des Farbstoffes behandelt, wobei sie gut durch-
drungen, aber kaum angefärbt wird. Durch Zusatz von Natriumsulfid
wird sodann die Thiosulfonsäure gespalten und die Leukoverbindung des
Schwefelfarbstoffes gebildet, die eine gute Faseraffinität besitzt. Anschließend wird wie üblich oxydiert und fertigbehandelt. Dieses Verfahren eignet sich besonders zur egalen Durchfärbung auf der Kontinuemaschine. Schwefelfarbstoff-Thiosulfonsäuren liegen im Sortiment der
Immedial-Farbstoffe „*Hydrosol*"[4] vor.

Die Echtheiten der Schwefelfarbstoffe sind im allgemeinen gut, die
Chlorechtheit jedoch nur mäßig. Eine Ausnahme macht das Hydronblau,
das auch eine gute Chlorechtheit besitzt. Als Nachteil für die Schwefelfarbstoffe sind deren meist stumpfe Farbtöne zu werten; ein schönes
Rot fehlt völlig[5].

Der wichtigste Farbstoff der ganzen Gruppe ist das *Schwefelschwarz T* aus
Dinitrophenol. Man schätzt, daß etwa 10% der Produktion von synthetischen
Farbstoffen auf Schwefelschwarz entfallen, das damit den gewichtsmäßig bedeu-
tendsten Farbstoff darstellt. Seine Lichtechtheit beträgt etwa 7, die Naßechtheiten
liegen bei 4—5, etwas geringer ist die Chlorechtheit. Ein Nachteil des Schwefelschwarz besteht in seiner Neigung, beim Lagern — auch auf der gefärbten Ware —
Schwefelsäure abzuspalten, wodurch eine Faserschädigung eintreten kann. Bei
Artikeln, die häufig gewaschen werden, besteht allerdings kaum eine Gefahr, da die
entstandenen Spuren Schwefelsäure stets wieder entfernt werden. Wesentlich bei
der Anwendung des Schwefelschwarz ist ein sehr sorgfältiges Waschen und Spülen
nach dem Färben. *Indocarbon CL* besitzt eine bessere Chlorechtheit als Schwefelschwarz T, seine übrigen Echtheiten sind etwa gleich. Sein weiterer großer Vorzug
liegt darin, daß es keine Faserschädigung bewirkt.

Schwefelfarbstoffe kommen unter folgenden Schutznamen in den Handel:
Eclips-, Thiotinon- (Geigy), Immedial-, Indocarbon- (Cassella), Pyrogen- (Ciba),
Thional-, Sandon- (Sandoz), Thionol (ICI) und anderen.

---

[1] Handelsname von J. R. Geigy AG, Basel.

[2] Handelsname der Farbwerke Cassella, Mainkur.

[3] Vgl. hierzu auch: SCHIMMELSCHMIDT, K., H. HOFFMANN u. E. BAIER: Angew.
Chem. **74**, 975 (1962).

[4] Handelsname der Farbwerke Cassella, Mainkur. Zur Anwendung siehe:
MÜLLER, J.: Textil-Praxis **13**, 613, 731 (1958).

[5] Vgl.: WATSON, E. R., u. S. DUTT: J. chem. Soc. [London] **121**, 1939 (1922).

XVII. Stilbenfarbstoffe und optische Aufheller

1. Farbstoffe

Als Stilbenfarbstoffe bezeichnet man eine Gruppe von Azoderivaten der Stilben-2.2'-disulfonsäure, die infolge ihrer spezifischen Darstellungsweise eine Sonderstellung einnehmen[1]. Es sind substantive Farbstoffe für Cellulosefasern, die auch tierische Fasern und Polyamide in hellen Tönen färben. Bei ihrer Herstellung fällt in der Regel ein Gemisch mehrerer Körper an, deren Struktur nicht genau bekannt ist. Ihre Farbtöne sind gelb, orange und braunrot.

Ausgangsprodukt für alle Stilbenfarbstoffe ist die p-Nitrotoluol-o-sulfonsäure I, die beim Erwärmen mit verdünnter Natronlauge eine Selbstkondensation an der Methylgruppe eingeht, wobei die Nitrogruppe gleichzeitig partiell reduziert wird. Als intermediäre Stufe dürften 4.4'-Dinitrosostilben-2.2'-disulfonsäure II und ähnliche Verbindungen gebildet werden. In Gegenwart eines Oxydationsmittels wie Natriumhypochlorit entsteht statt II die 4.4'-Dinitrostilben-2.2'-disulfonsäure III in vorzüglicher Ausbeute. Durch Reduktion mit Eisen und Salzsäure erhält man aus dem primären Kondensationsprodukt II oder aus der Dinitroverbindung III die 4.4'-Diaminostilben-2.2'-disulfonsäure IV, die ein wichtiges Zwischenprodukt für substantive Azofarbstoffe und optische Aufheller ist.

Bei mehrstündigem Erwärmen in alkalischer Lösung schreitet die Selbstkondensation von I über II und ähnliche Körper weiter fort und führt zu gelben Direktfarbstoffen. A. G. GREEN postulierte dafür verschiedene cyclische Strukturen, die heute aus sterischen Gründen nicht mehr vertretbar sind[2]. Wahrscheinlicher ist die Bildung linearer Stilbenazokörper (V), wofür auch ihre hohe Substantivität spricht, da man eine solche allgemein bei langgestreckten Körpern mit konjugierten Doppelbindungen beobachtet. Durch Zusatz milder Reduktions- oder Oxydationsmittel während oder nach der Kondensation lassen sich Struktur und Farbton der entstehenden Farbstoffe wesentlich beeinflussen.

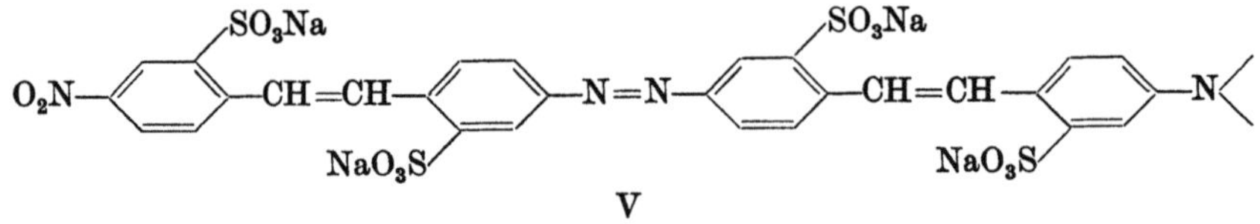

$$O_2N-\!\!\!\overset{\displaystyle SO_3Na}{\underset{\displaystyle NaO_3S}{\bigcirc}}\!\!\!-CH=CH-\!\!\!\overset{\displaystyle }{\underset{\displaystyle }{\bigcirc}}\!\!\!-N=N-\!\!\!\overset{\displaystyle SO_3Na}{\underset{\displaystyle NaO_3S}{\bigcirc}}\!\!\!-CH=CH-\!\!\!\bigcirc\!\!\!-N$$

V

Eine zweite Gruppe von Farbstoffen erhält man bei der Kondensation von p-Nitrotoluol-o-sulfonsäure oder von 4.4'-Dinitrostilben-2.2'-disulfonsäure, bzw. 4.4'-Dinitrodibenzyl-2.2'-disulfonsäure mit aromatischen Aminen oder Aminoazokörpern in alkalischer Lösung. Die letzteren

---

[1] Für die technischen Herstellungsmethoden siehe: BIOS Report 1548.
[2] GREEN, A. G.: Ber. dtsch. chem. Ges. **30**, 3097 (1897); **31**, 1078 (1898); vgl. jedoch: KNIGHT, A. H.: J. Soc. Dyers Colourists **66**, 410 (1950).

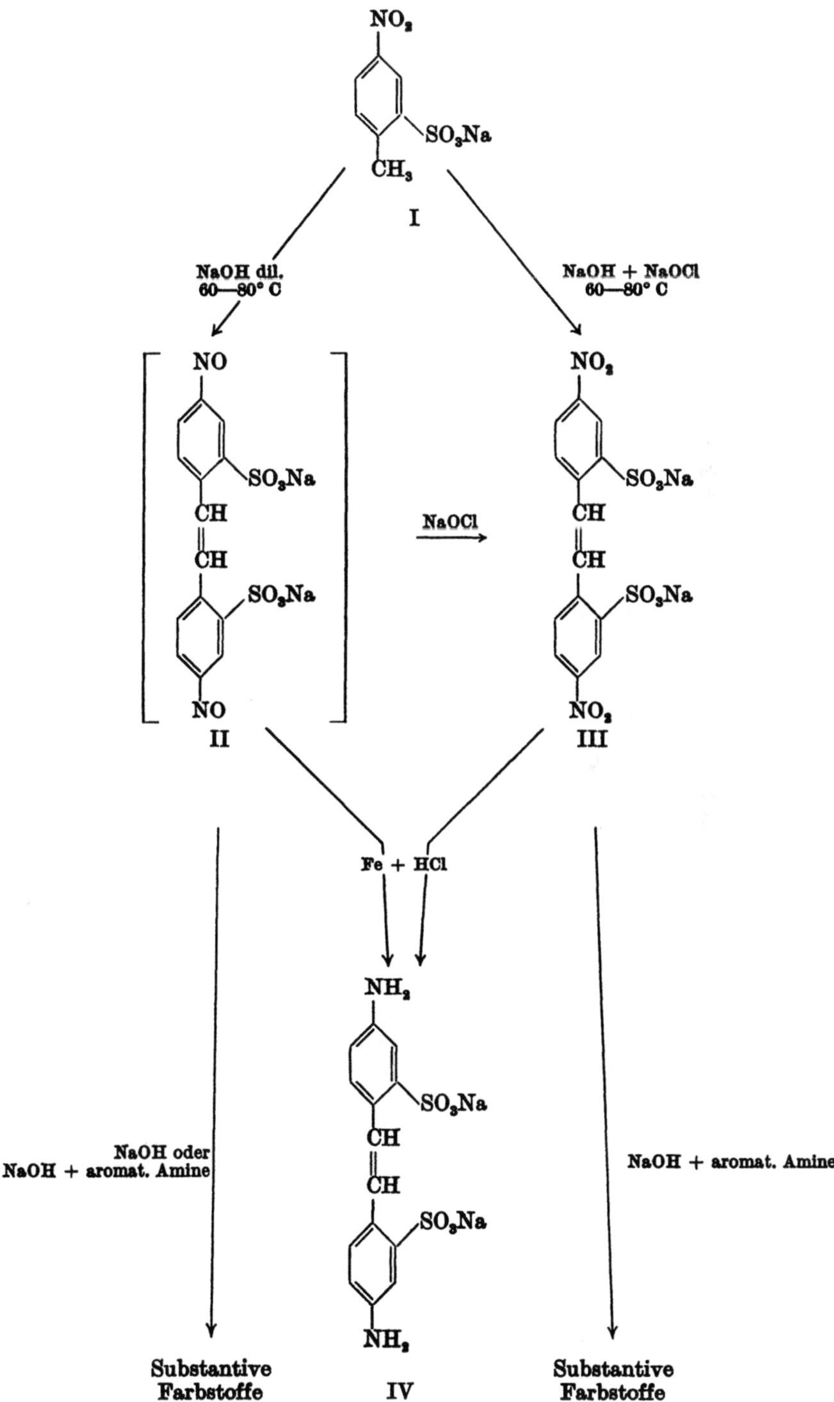

NO₂
SO₃Na
CH₃
I
NaOH dil.
60—80° C
NaOH + NaOCl
60—80° C
NO
SO₃Na
CH
CH
SO₃Na
NO
II
NaOCl
NO₂
SO₃Na
CH
CH
SO₃Na
NO₂
III
Fe + HCl
NH₂
SO₃Na
CH
CH
SO₃Na
NH₂
IV
NaOH oder
NaOH + aromat. Amine
NaOH + aromat. Amine
Substantive
Farbstoffe
Substantive
Farbstoffe

liefern einige wichtige orange bis braunrote Direktfarbstoffe. Man nimmt an, daß sich dabei die Amine mit intermediär auftretenden Nitrosokörpern zu Azoverbindungen umsetzen und derart in den Farbstoff eingebaut werden. Die Reaktionsbedingungen und das Verhältnis der Ausgangsstoffe bestimmen die Farbe und Eigenschaften der gebildeten Körper wesentlich. Oft kondensiert man in Gegenwart milder Reduktionsmittel.

Sonnengelb[1] (J. WALTER 1883) wird durch mehrstündiges Erwärmen von p-Nitrotoluol-o-sulfonsäure mit wäßriger, verdünnter Natronlauge dargestellt. Es entstehen dabei Gemische verschiedener gelber Farbstoffe, deren Struktur und Nuance von den Reaktionsbedingungen abhängt[2]. Als Nebenprodukt bildet sich 4.4'-Dinitrodibenzyl-2.2'-disulfonsäure. Der Farbstoff färbt auf Baumwolle, Wolle und Seide aus neutralem Bad goldgelbe Töne mit allerdings nur mäßiger Licht- und Alkaliechtheit. Man benützt ihn für billige Artikel sowie zum Färben von Papier und Leder. Sein Aluminiumlack dient zur Herstellung von Druckfarben.

Ein Farbstoff mit etwas besserer Alkaliechtheit bildet sich, wenn die Kondensation in Gegenwart von Formaldehyd vorgenommen wird. Er ist als *Stilbengelb 2G*[3] im Handel. Auch die Oxydation des Sonnengelbs mit Natriumhypochlorit verbessert die Echtheiten und führt zum *Sonnengelb 8G*[3].

Mikadoorange[4] (F. BENDER 1888) entsteht beim Erwärmen von p-Nitrotoluol-o-sulfonsäure mit einem milden Reduktionsmittel in alkalischer Lösung; einen ähnlichen Farbstoff liefert auch die Reduktion von Sonnengelb mit Natriumsulfid. Die Färbungen auf Cellulosefasern besitzen mäßige bis gute Allgemeinechtheiten. Tierische Fasern werden schwächer gefärbt. Durch eine Acetylierung der freien Aminogruppen mit Acetanhydrid wird die Lichtechtheit etwas verbessert und die Nuance klarer. Der acetylierte Farbstoff ist als Benzoorange LGR im Handel.

Arnicagelb (C. RIS 1892) bildet sich bei der Kondensation von p-Nitrotoluol-o-sulfonsäure mit sich selbst und mit p-Aminophenol in alkalischer Lösung. Man kann auch 4.4'-Dinitrostilben-2.2'-disulfonsäure und p-Aminophenol miteinander kondensieren. Wegen seiner geringen Alkaliechtheit wird der Farbstoff nicht mehr verwendet, wohl aber sein Äthylderivat. Die Lichtechtheit ist gering. Arnicagelb ist ein Gemisch mehrerer Komponenten, unter denen sich auch das *Brillantgelb* befindet, das man einfacher durch Kupplung von tetrazotierter 4.4'-Diaminostilben-2.2'-disulfonsäure auf Phenol erhält.

---

[1] Im Handel auch als: Benzoechtgelb A, Chlorazol Yellow G, R, Diaminechtgelb A, Diphenylechtgelb FA, Direktgelb T, TG, Stilbene Yellow GX, Sonnengelb G, R, Trisulfongelb G, GF u. a.

[2] Vgl.: FISCHER, O., u. E. HEPP: Ber. dtsch. chem. Ges. **26**, 2233 (1893); **28**, 2281 (1895); **30**, 2618 (1897).

[3] Derartige Typen sind auch als Diphenylechtgelb 3G, Direktechtgelb 3G, Polyphenylgelb 2G, 8G, R, Pontamine Yellow S3G, Sonnengelb 2G, Trisulfongelb 3G u. a. im Handel.

[4] Auch im Handel als Chlorazol Fast Orange D, DP, Diphenylechtorange C, Diaminechtorange D, Direktechtorange R, 2R, Polyphenylorange R, 2R, Pontamine Fast Orange MRL, 6RN, Sonnengelb 2R, 3R, 4R, Trisulfonorange R, 2R u. a.

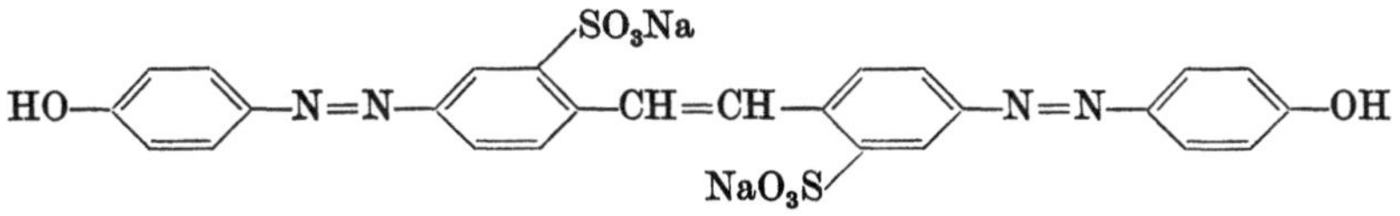

$$HO-\!\!\!\bigcirc\!\!\!-N\!\!=\!\!N-\!\!\!\bigcirc\!\!\!-CH\!\!=\!\!CH-\!\!\!\bigcirc\!\!\!-N\!\!=\!\!N-\!\!\!\bigcirc\!\!\!-OH$$

with SO_3Na (above) and NaO_3S (below) on the central ring

Brillantgelb

Wichtig sind die Farbstoffe, die sich bei der Kondensation von 4.4'-Dinitrostilben-2.2'-disulfonsäure mit 4-Amino-azobenzol-4'-sulfonsäure VI, bzw. deren 2-Methylderivat VII in wäßriger, alkalischer Lösung am Rückfluß bilden[1], und die als *Siriuslichtorange GGL, 5G, 7GL* und unter anderen Namen[2] im Handel sind. Man erzielt damit auf Cellulosefasern gelbstichige Orangetöne mit sehr guten Licht- und guten übrigen Echtheiten, ausgenommen die nur mäßige Waschechtheit.

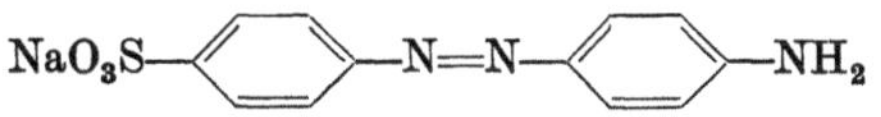

$$NaO_3S-\!\!\!\bigcirc\!\!\!-N\!\!=\!\!N-\!\!\!\bigcirc\!\!\!-NH_2$$

VI

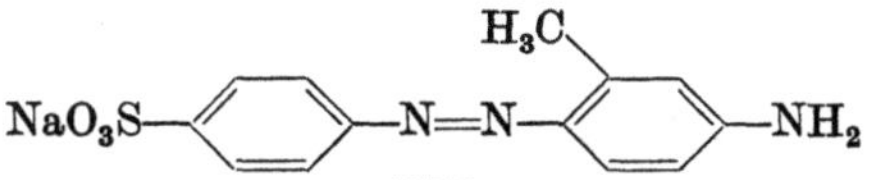

$$NaO_3S-\!\!\!\bigcirc\!\!\!-N\!\!=\!\!N-\!\!\!\bigcirc\!\!\!-NH_2$$ with H_3C substituent

VII

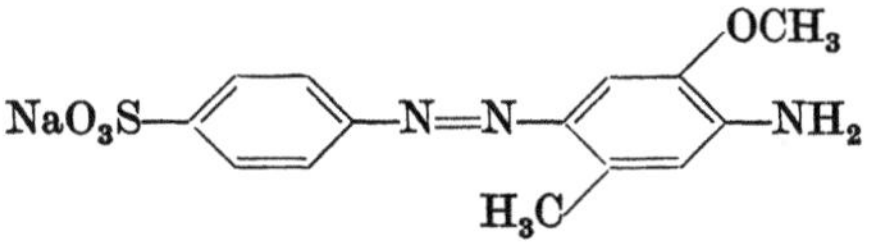

$$NaO_3S-\!\!\!\bigcirc\!\!\!-N\!\!=\!\!N-\!\!\!\bigcirc\!\!\!-NH_2$$ with OCH_3 and H_3C substituents

VIII

$$NaO_3S-\!\!\!\bigcirc\!\!\!-N\!\!=\!\!N-\!\!\!\bigcirc\!\!\!-NH_2$$ (naphthalene component)

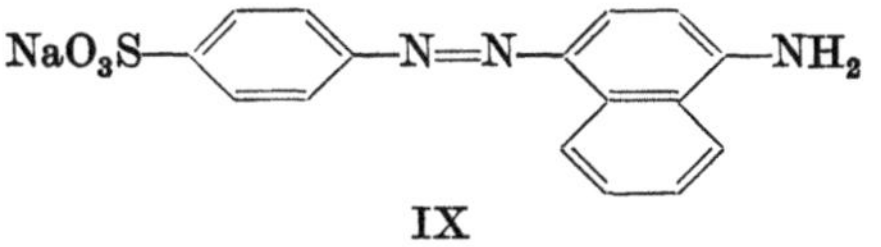

IX

Rotstichige Orangetöne mit guten Allgemeinechtheiten liefert der Farbstoff von 4.4'-Dinitrostilben-2.2'-disulfonsäure mit der Aminoazokomponente VIII[3], ein stumpfes, gelbstichiges Braunrot von guter Lichtechtheit derjenige mit der Komponente IX[4].

Weitere substantive Farbstoffe sind aus 4.4'-Diaminostilben-2.2'-disulfonsäure durch Tetrazotierung und Kupplung mit geeigneten Kupplungskomponenten erhältlich. Sie werden bei den Azofarbstoffen besprochen.

---

[1] DRP 591 628 (1934); vgl.: DRP 204 212 (1908).

[2] Auch Chlorantinlichtorange TGLL, 3GLL, Durazol Orange 2G, 2GP, Pontamine Fast Orange EGL, Pyrazolechtorange GL, Solarorange 2GL, 4G, Solophenylorange EGL, TGL u.a.

[3] Im Handel als Diphenylechtorange 4RL, Durazol Orange 4R, 4RP u.a.

[4] Im Handel als Durazol Orange Brown 2R, Pyrazolechtbraun 2R, 2RL.

2. Optische Aufheller

Optische Aufheller kompensieren eine allfällige schwach gelbliche Eigenfarbe von Textilien durch eine zusätzliche Blau- oder Violettkomponente, so daß der Eindruck eines reinen Weiß entsteht. Es handelt sich dabei um Fluoreszenzfarbstoffe, die im nahen Ultraviolett bei 3300—3800 Å absorbieren und bei 4300—4900 Å blau bis violett fluoreszieren. Infolge dieser Umwandlung von ultraviolettem in sichtbares Licht reflektieren Textilien mit einem optischen Aufheller mehr Licht als unbehandelte, so daß sie ein reineres und leuchtenderes Weiß zeigen. Früher kompensierte man einen allfälligen Gelbstich bei Weißwaren durch das „Bläuen" mit einem blauen Farbstoff oder Pigment, etwa mit Ultramarin. Derart behandelte Textilien reflektieren aber weniger Licht als die unbehandelte Ware, so daß sie zwar ein reineres, aber auch etwas stumpferes und graueres Weiß zeigen. Der Nachteil der optischen Aufheller liegt darin, daß bei fehlendem Ultraviolettanteil des Lichtes, beispielsweise bei Glühlampenlicht, der ganze Effekt ausbleibt[1].

Optische Aufheller wurden erstmals nach 1940 als Waschmittelzusätze verwendet. Ihre wichtigste Anwendung sind die Cellulosefasern, da ein klares Weiß als Zeichen einer tadellosen Wäsche vor allem bei den Weißwaren aus Baumwolle und Leinen erwünscht ist. Bei Wollartikeln wird die schwach gelbliche Naturfarbe eher toleriert, sofern sie nicht ohnehin gefärbt sind. Ein weiteres Absatzgebiet von zunehmender Wichtigkeit sind die Kunstfasern. Dabei zeigte sich, daß manche optische Aufheller oder deren Abbauprodukte einen schädlichen Einfluß auf Polyamidfasern besitzen und deren Vergilbung sogar noch fördern, während andere Produkte praktisch keinen schädlichen Einfluß besitzen[2].

Die Weltproduktion an optischen Aufhellern dürfte bei 2500—3000 Jahrestonnen im Wert von 60—70 Millionen DM liegen. Weitaus die größte Menge wird in Seifenpulvern und Waschmiteln verwendet, deren allfälliger Gehalt an Aufheller etwa 0,05—0,1 % beträgt. Im behandelten Textilgut liegt der Aufhellergehalt zwischen 0,01 und 0,1 %. Ein guter Aufheller muß mit den Bestandteilen der Waschpulver verträglich sein und vor allem eine gute Perboratverträglichkeit besitzen, bei allen gebräuchlichen Waschtemperaturen auf die Faser ziehen und substantiv genug sein, damit bereits in einer einzigen Wäsche ein deutlicher Aufhelleffekt erzielt wird. Andrerseits muß eine Kumulierung des Aufhellers im Laufe mehrerer Waschprozesse vermieden werden, da sonst eine Verfärbung der Ware durch den Aufheller eintreten kann. An manche Aufheller wird die Forderung nach Chlorbeständigkeit gestellt, da man der Waschlauge oft eine verdünnte Natriumhypochloritlösung oder ein Hypochloritpräparat zusetzt, um allfällige Flecken zu zerstören. Dieses Vorgehen ist besonders in Amerika gebräuchlich, obschon die Wäsche dabei stark geschädigt wird.

---

[1] Für einen Überblick siehe: ADAMS, D. A. W.: J. Soc. Dyers Colourists **75**, 22 (1959). — PETERSEN, S.: Angew. Chem. **61**, 17 (1949). Eine ausführliche Literaturzusammenstellung findet sich bei UEHLEIN, E.: Optische Aufheller. Garmisch-Partenkirchen: Moser 1957. Die praktische Anwendung diskutieren: LANDOLT, A.: Textil-Rundschau **8**, 337 (1953). — CASPAR, E. C.: Textil-Rundschau **8**, 22 (1953). Zur analytischen Bestimmung siehe: TAYLOR, G. G.: J. Soc. Dyers Colourists **71**, 697 (1955).

[2] Vgl.: SHAW, S., u. W. S. WILSON: J. Soc. Dyers Colourists **71**, 857 (1954).

Die meisten Aufheller für Cellulosefasern leiten sich von der Diaminostilbendisulfonsäure ab. Eines der ersten praktisch brauchbaren Produkte war das *Blankophor R*[1] (S. Petersen, O. Bayer u. B. Wendt 1940). Seine Herstellung erfolgt aus 4.4'-Diaminostilben-2.2'-disulfonsäure und Phenylisocyanat[2]. Es eignet sich für Cellulosefasern, Wolle und Nylon und zieht aus neutralem oder schwach saurem Bade; die Fluoreszenz ist rötlich-violett und die Chlorechtheit nur gering. Man benützt es auch zum Aufhellen von Papier.

$$\text{Blankophor R}$$

Eine ähnliche Verbindung ist das *Pontamine White 2GT* (S. E. Krahler u. W. V. Wirth 1948) von Dupont. Sein Anwendungsbereich ist ähnlich; die Chlorechtheit ist ebenfalls gering. Die Herstellung erfolgt aus dem Natriumsalz der Diaminostilbendisulfonsäure durch Erwärmen mit 2.4-Dimethoxybenzoesäure auf 110—130° C in Gegenwart von Phosphoroxychlorid[3].

Eine stärker grünstichige Fluoreszenz erhält man mit Distyrylverbindungen[4], z.B.:

Blankophor B (B. Wendt 1940) besitzt eine wesentlich blaustichigere Fluoreszenz als Blankophor R und wird deshalb vielfach bevorzugt. Die Waschechtheit ist vorzüglich, die Chlorechtheit jedoch wiederum gering.

$$\text{Blankophor B}$$

Zur Herstellung läßt man eine Lösung von zwei Molen Cyanurchlorid in Aceton gleichzeitig mit einer wäßrigen Sodalösung bei 0° C in eine wäßrige Lösung von einem Mol 4.4'-Diaminostilben-2.2'-disulfonsäure einlaufen. Der Zufluß wird so geregelt, daß die Lösung nicht alkalisch wird. Dann kondensiert man bei 12° C mit zwei Molen Anilin, wobei man die Lösung sauer hält und ersetzt schließlich das letzte Chloratom durch eine Hydroxylgruppe, indem man nach Zusatz von Soda auf 97° C erwärmt[5].

---

[1] Andere Handelsnamen sind: Leukophor R, Photine R, Pontamine White BR.
[2] DBP 746569 (1946); vgl. auch: BIOS Report 259 u. 574.
[3] AP 2700053 (1955).
[4] Vgl.: Schwz. P. 307627 (1956).
[5] DRP 731558 (1944).

Tinopal BV (E. KELLER u. R. ZWEIDLER 1943) ist eine ähnliche Verbindung, deren Struktur nicht genau bekannt ist. Man erhält sie bei der Kondensation des nachstehenden Stilbenmelaminderivates mit Formaldehyd, wobei teilweise die entsprechende Methylolverbindung gebildet werden dürfte[1]:

$$H_2N-\underset{NH_2}{\underset{|}{C_3N_3}}-HN-\overset{SO_3Na}{\underset{}{C_6H_3}}-CH=CH-\underset{NaO_3S}{C_6H_3}-NH-\underset{NH_2}{\underset{|}{C_3N_3}}-NH_2$$

Tinopal BV eignet sich besonders für Cellulosefasern. Es besitzt eine klare, blaue Fluoreszenz, ein gutes Aufziehvermögen, gute Licht- und ausgezeichnete Waschechtheit. Die Chlorechtheit ist mäßig.

Vorzüglich chlorechte Aufheller sind die Stilbentriazole, beispielsweise die folgende Verbindung mit klarer, blauer Fluoreszenz[2]:

$$C_6H_5-CH=CH-\underset{NaO_3S}{C_6H_3}-N=\text{(Naphthotriazol)}-SO_3Na$$

Die entsprechende Verbindung aus 4.4′-Diaminostilbendisulfonsäure besitzt eine stark grünstichige Fluoreszenz, die im allgemeinen weniger geschätzt ist und lediglich zur Kompensation von optischen Aufhellern mit rötlicher Fluoreszenz dient. Man erhält derartige Triazole durch Kupplung von diazotierten Amino- oder Diaminostilbenen auf 2-Naphthylamin-6-sulfonsäure. Dabei wird zuerst der entsprechende Aminoazofarbstoff gebildet, der bei der Oxydation in das außerordentlich chlorbeständige Triazol übergeht[3].

Ein ganz andersartiges Stilbenderivat liegt im *Ultraphor WT* vor, das sich für Proteinfasern eignet und eine gute Peroxyd- sowie eine mäßige Chlorechtheit besitzt. Zu seiner Herstellung wird Benzoin mit Harnstoff kondensiert und dann sulfoniert.

$$NaO_3S-C_6H_4-\underset{\underset{\underset{O}{\overset{\|}{C}}}{\underset{HN\quad NH}{\diagup\diagdown}}}{C}=C-C_6H_4-SO_3Na$$

Eine starke Fluoreszenz zeigt die Dehydrothio-p-toluidinsulfonsäure; ihre stark gelbe Eigenfarbe macht sie jedoch als optischen Aufheller ungeeignet. Ein Benzthiazolderivat ohne diesen Nachteil ist das *Uvitex*

---

[1] AP 2473475 (1949).
[2] Vgl.: Schwz. P. 302533 (1955); EP 717889 (1954); EP 736452 (1955).
[3] Vgl.: AP 2668777 (1954); ferner: AP 2719155, 2733165 (1955).

RS. Man erhält es bei der Kondensation von 2-Methylbenzthiazol mit Benzaldehyd in Gegenwart von wasserfreiem Zinkchlorid oder durch Umsetzung von Zimtsäurechlorid mit o-Aminothiophenol. Es eignet sich für Cellulosefasern und Polyamide, zeigt eine rötlich blaue Fluoreszenz und ist chlorecht.

Uvitex RS

Ähnliche Verbindungen, bei denen zwei heterocyclische Reste über eine damit konjugierte Doppelbindung miteinander verbunden sind, erhält man unter anderem bei der Kondensation von Maleinsäure mit o-Aminothiophenolen, o-Phenylendiamin, o-Aminophenol und ihren Derivaten. Dabei entstehen Bis-Benzthiazole, Bis-Benzimidazole und Bis-Benzoxazole, die sich besonders als Aufheller für Kunstfasern eignen[1].

Eine weitere Gruppe von Aufhellern, die besonders für Polyamide und Wolle geeignet sind, leitet sich vom Cumarin ab[2]. Als Beispiel sei die folgende Verbindung aufgeführt:

Handelsnamen für optische Aufheller sind unter anderem: Blankophor (Farbenfabriken Bayer), Calcofluor (American Cyanamid Co.), Leukophor (Sandoz), Pontamine White (Dupont), Tinopal (Geigy), Ultraphor (BASF), Uvitex (Ciba).

XVIII. Thiazolfarbstoffe

Die Thiazolfarbstoffe bilden eine kleine Gruppe von Derivaten des 2-Phenyl-benzthiazols, die man infolge ihrer spezifischen Bildungsweise und Eigenschaften zusammenfaßt. Ihre Grundkörper sind das Dehydrothio-p-toluidin, richtiger als 6-Methyl-2-(p-aminophenyl)-benzthiazol bezeichnet, und die Primulinbase. Beide Verbindungen entstehen nebeneinander in der *Primulinschmelze* (A. G. GREEN 1887) bei mehrstündigem Erhitzen von p-Toluidin mit Schwefel auf 200—280° C, bis kein Schwefelwasserstoff mehr entwickelt wird[3]. Dabei dürften sich intermediär 2-Amino-5-methylthiophenol I und p-Amino-thiobenzoesäure II bilden.

Aus dem Reaktionsgemisch läßt sich das Dehydrothio-p-toluidin technisch durch Destillation bei 230—240° C und 2—3 Torr oder präparativ durch Extraktion mit Alkohol von der Primulinbase trennen. Der Anteil dieser beiden Produkte hängt von der verwendeten Schwefelmenge ab. Bei einem molaren Verhältnis

---

[1] AP 2 004 454 (1935); AP 2740793, 2751383 (1956); AP 2793192 (1957); AP 2808407, 2823317 (1958).

[2] Vgl.: AP 2610152 (1952); AP 2647132 (1953); AP 2702296 (1954).

[3] Vgl.: FIERZ-DAVID, H. E., u. W. BRUNNER: Helv. chim. Acta **27**, 1 (1944); ferner BIOS Report 986.

p-Toluidin/Schwefel von 2:4,5 entsteht vorwiegend die Primulinbase. Als Nebenprodukt bildet sich das nächsthöhere Homologe III in geringer Menge. Ein höherer Schwefelanteil gibt größere Ausbeuten an Dehydrothio-p-toluidin. Die Schwefelschmelze kann auch mit Toluidinhomologen wie 2.4-Dimethyl- und 2.4.5-Trimethylanilin durchgeführt werden, wobei sich aus den Reaktionsprodukten ähnliche Farbstoffe darstellen lassen[1] wie aus der Primulinbase. Eine technische Bedeutung erlangten die Methylhomologen nicht.

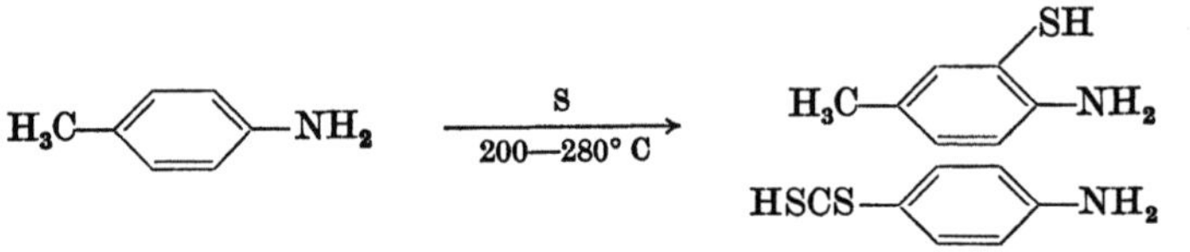

I + II

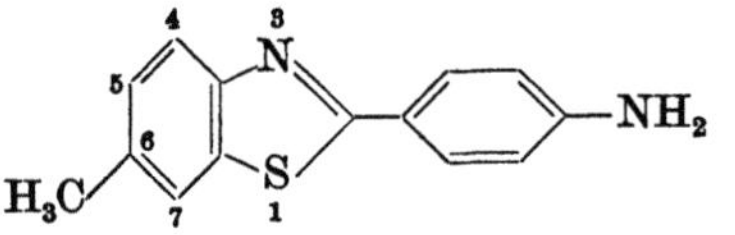

Dehydrothio-p-toluidin

+

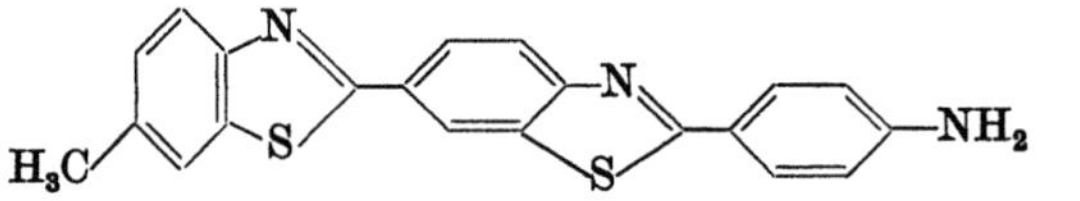

Primulinbase

+

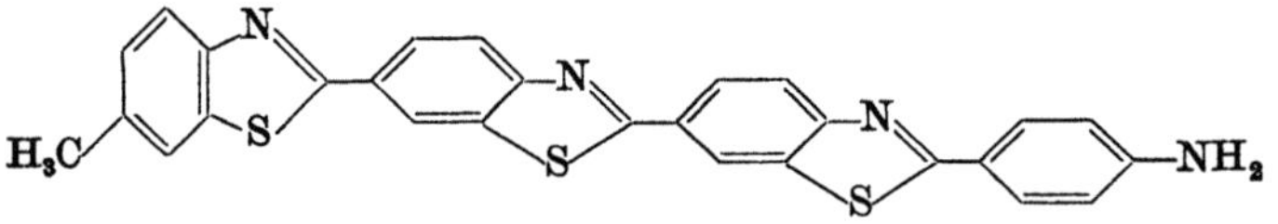

III

Primulin (A. G. Green 1887) entsteht bei der Sulfonierung der Primulinbase zur Monosulfonsäure. Die Sulfogruppe tritt in ortho-Stellung zur Methylgruppe — Stellung 7 des Benzthiazols — ein. Es färbt auf Baumwolle ein grünstichiges Gelb mit guten Naßechtheiten, aber sehr geringer Lichtechtheit. Durch Oxydation mit Hypochlorit auf der Faser kann man es in ein lichtechtes, gelbstichiges Orange überführen. Es läßt sich ferner auf der Faser diazotieren und mit Phenylmethyl-pyrazolon zu einem gelben, mit β-Naphthol zu einem roten Azofarbstoff kuppeln, die aber beide nur eine geringe Lichtechtheit aufweisen. Primulin war der erste Diazotierungsfarbstoff für Baumwollfasern.

Die Methylierung des Primulins liefert das Thioflavin S[2]. Es färbt auf Cellulose- und tierischen Fasern ein grünstichiges Gelb mit guten Naßechtheiten, aber sehr geringer Lichtechtheit.

Aus Dehydrothio-p-toluidin erhält man durch Methylierung mit Methanol und Salzsäure bei 160—170° C unter Druck das *Thioflavin T*[3], das auf Wolle,

[1] Bogert, M. T., u. R. W. Allen: J. Amer. chem. Soc. **49**, 1315 (1927); — Ind. Engng. Chem. **18**, 532 (1926).

[2] Auch Chloraminbrillantflavin S, Direktflavin S u. a.

[3] Auch Acronol Yellow T, Brillantflavin T, Setoflavin T, Tannoflavin T u. a.

Seide und tannierter Baumwolle ein klares grünstichiges Gelb mit geringer Lichtechtheit färbt.

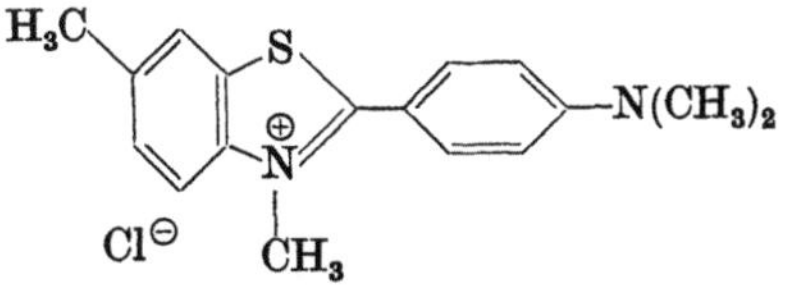

Thioflavin T

Die Dehydrothio-p-toluidinsulfonsäure ist als Farbstoff ohne Bedeutung; die Oxydation ihres Natriumsalzes mit Chlorlauge in alkalischer Lösung bei 70—80° C führt jedoch zu einem wichtigen gelben Direktfarbstoff mit sehr guten Allgemeinechtheiten, dem *Chloramingelb FF* oder *Diaminlichtgelb RR*[1] (W. PFIZINGER 1891). Es färbt auf Cellulose- und tierischen Fasern ein rotstichiges Gelb und gehört zu den besten gelben Direktfarbstoffen. Nach den Untersuchungen von SCHUBERT[2] besteht es zum größeren Teil aus der Azokomponente A, zu einem kleineren Teil aus der Azinkomponente B. Die erstere ist sehr lichtecht, die zweite chlorecht. Durch fraktionierte Fällung aus Schwefelsäure läßt sich der Farbstoff reinigen, wobei die Nuance klarer und grünstichiger wird.

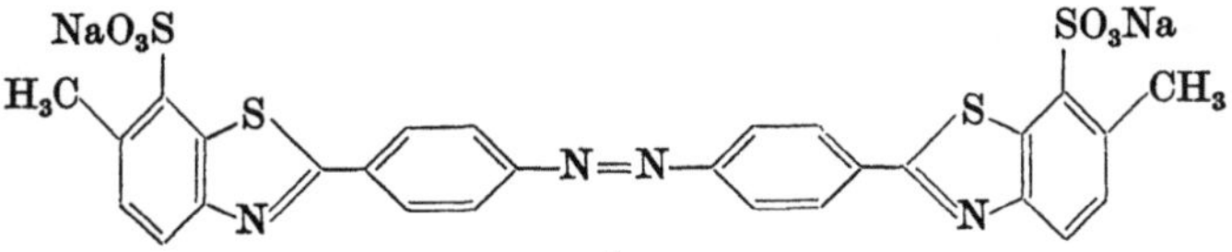

A

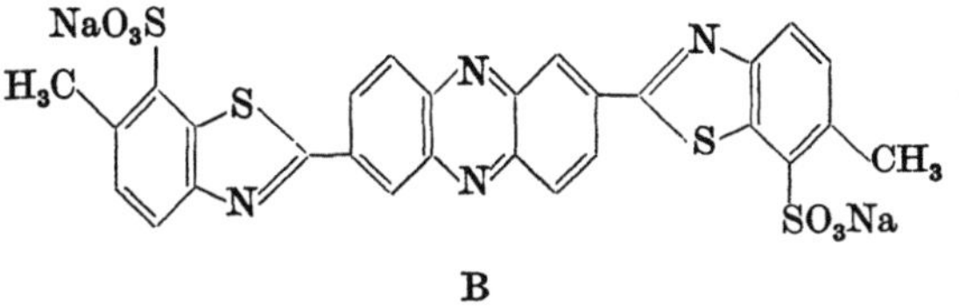

B

Ein analoges Farbstoffgemisch erhält man auch bei der Oxydation von Primulin mit Natriumhypochlorit; es ist als *Diaminlichtgelb RT*[3] im Handel und färbt ein rotstichiges Gelb mit sehr guten Allgemeinechtheiten (Lichtechtheit 6). Besonders bemerkenswert ist dabei, daß der Ausgangskörper, das Primulin, eine sehr geringe Lichtechtheit (Note 1) besitzt.

Thiazolgelb (W. PFIZINGER 1891) ist ein Diazoaminofarbstoff und entsteht bei der Kupplung von diazotierter Dehydrothio-p-toluidinsulfonsäure mit der undiazotierten Sulfonsäure. Es färbt Cellulosefasern, Wolle und Seide in gelben

---

[1] Auch Chlorantinlichtgelb B, FF, Diphenylchloringelb FF, Direktechtgelb FF, Durazol Yellow G, Pontamine Fast Yellow WBF, Siriuslichtgelb RR, Solargelb BG, BGL, Solophenylgelb FFL u. a.

[2] SCHUBERT, M.: Liebigs Ann. Chem. 558, 10 (1947).

[3] Handelsname der Farbwerke Cassella, Mainkur. Andere Handelsnamen sind: Chloramingelb G, R, Direktechtgelb B, Durazol Yellow GR, Siriuslichtgelb RT, Solophenylgelb BRL, FL u. a.

Tönen mit sehr geringer Licht- und Alkaliechtheit. Bei der Einwirkung von Lauge schlägt die Farbe nach Rot um; man benützt den Farbstoff deshalb als Indikator (Thiazolpapier).

$$\text{Thiazolgelb}$$

Aus Dehydrothio-p-toluidin, seiner Sulfonsäure und Primulin kann man durch Diazotierung der freien Aminogruppe und Kupplung verschiedene Direktfarbstoffe herstellen, die bei den Azofarbstoffen besprochen werden.

XIX. Azofarbstoffe

1. Allgemeines

Als Azofarbstoffe[1] bezeichnet man Farbstoffe mit einer oder mehreren Azogruppen. Die Azogruppe, —N=N—, bildet dabei Teil eines chromophoren Systems, das in der Regel mindestens einen Arylrest aufweist. Wichtige Azofarbstoffe erhält man aus verschiedenen Heterocyclen sowie einigen aliphatischen Resten, bei der Mehrzahl der Azofarbstoffe sind indessen zwei oder mehrere Arylreste über Azobrücken miteinander verknüpft. Rein aliphatische Azoverbindungen finden wegen mangelnder Farbkraft keine Anwendung. Die gebräuchlichen Typen und ihre Farbtöne lassen sich ganz schematisch wie folgt darstellen:

Alkyl—N=N—Alkyl	gelb, farbschwach
Aryl—N=N—Alkyl	gelb
Aryl—N=N—Aryl	gelb, orange, rot (violett, blau)
Aryl—N=N—Heteroring	gelb, rot (violett, blau)
Aryl—N=N—Aryl—N=N—Aryl	rot, violett, blau, grün, schwarz

Die erzielbaren Farbtöne hängen stark von der Art und Stellung der Substituenten im chromophoren System ab. Die Anellierung aromatischer Ringe ergibt eine Farbvertiefung; Farbstoffe mit zwei Naphthalinresten sind deshalb im allgemeinen tiefer gefärbt als solche mit zwei Benzolringen.

Die Kombinationsmöglichkeiten sind bei den Azofarbstoffen außerordentlich groß. Man schätzt, daß bisher weit über 100 000 Azofarbstoffe dargestellt und geprüft wurden, von denen einige Tausend praktische Anwendung fanden, viele allerdings nur vorübergehend[2]. Die Echtheiten variieren stark; es gibt Azofarbstoffe mit geringen und

[1] Einen ausgezeichneten Überblick über die Chemie der Azofarbstoffe gibt: ZOLLINGER, H.: Chemie der Azofarbstoffe. Basel: Birkhäuser 1958.

[2] Für eine eingehende Übersicht über technisch verwendete Azofarbstoffe siehe: Colour Index, 2. Aufl., Part II, Vol. 3. Bradford 1957.

solche mit ausgezeichneten Echtheiten[1]. In der Regel sind die Echtheiten, besonders die Lichtechtheit, geringer als bei den hochwertigen Anthrachinon- und Küpenfarbstoffen; für zahlreiche, wenn nicht die meisten Anwendungen genügen sie indessen völlig.

Azofarbstoffe lassen sich verhältnismäßig einfach und billig herstellen. Sie umfassen alle Farbtöne von gelb bis schwarz. Die meisten Handelsprodukte genügen mittleren bis hohen Echtheitsansprüchen. Die Azofarbstoffe bilden deshalb die größte und wichtigste Farbstoffklasse und stellen über 50% der gesamten Farbstofferzeugung[2].

a) Herstellung

Azoverbindungen R_1—N=N—R_2 sind auf verschiedene Arten darstellbar, wobei die beiden Stickstoffatome der Azobindung von R_1 und R_2 oder auch nur von einem Rest stammen können. Einen Sonderfall stellt die Oxydation einer Hydrazoverbindung dar; sie wird selten angewandt und ist technisch ohne Bedeutung:

$$R_1\text{—NH—NH—}R_2 \underset{\text{Red.}}{\overset{\text{Ox.}}{\rightleftarrows}} R_1\text{—N=N—}R_2$$

Bei verschiedenen *Kondensationsverfahren* werden die zwei Stickstoffatome von beiden Resten eingebracht. Gangbar sind folgende Wege:

(1) Reduktion eines Nitrokörpers in alkalischem Medium[3],
(2) Oxydation eines Amins,
(3) Kondensation eines Nitrosokörpers mit einem Amin,
(4) Kondensation eines Nitrokörpers mit einem Amin in alkalischer Lösung[4].

Die Methoden (1), (3) und (4) werden bei der Herstellung der Stilbenfarbstoffe angewandt; nach (4) entstehen nur selten einheitliche Produkte. Ihre technische Bedeutung ist im allgemeinen gering, zur Herstellung der eigentlichen Azofarbstoffe wendet man sie kaum an. Die

---

[1] Für Untersuchungen über die Lichtechtheit von Azofarbstoffen siehe: KIENLE, R. H., E. I. STEARNS u. P. A. VAN DER MEULEN: J. physic. Chem. **50**, 363 (1946). — BLAISDELL, B. E.: J. Soc. Dyers Colourists **65**, 618 (1949). — ATHERTON, E.: J. Soc. Dyers Colourists **65**, 629 (1949); **68**, 64 (1952). — DESAI, N. F., u. C. H. GILES: J. Soc. Dyers Colourists **65**, 639 (1949). — CHIPALKATTI, H. R., N. F. DESAI, C. H. GILES u. N. MACAULAY: J. Soc. Dyers Colourists **70**, 487 (1954). — SEN, A. B., u. R. C. SHARMA: J. Indian Chem. Soc. **28**, 657 (1951); **29**, 931 (1952); **30**, 505 (1953); — Chem. Abstr. **47**, 321, 7219 (1953); **48**, 4841 (1954). — BOGOSSLOWSKI, B. M., u. F. I. SSADOW: Textil-Ind. (UdSSR) **12**, 31 (1952); — Chem. Zbl. **1952**, 4534.

[2] Über neuere Entwicklungen bei Azofarbstoffen siehe: KNIGHT, A. H.: J. Soc. Dyers Colourists **66**, 34, 196, 410 (1950); **67**, 223 (1951).

[3] Azokörper entstehen auch bei der Reduktion aromatischer Nitroverbindungen mit Lithium-Aluminiumhydrid: NYSTROM, R., u. W. G. BROWN: J. Amer. chem. Soc. **70**, 3738 (1948). — CAMPBELL, T. W., W. A. McALLISTER u. M. T. ROGERS: J. Amer. chem. Soc. **75**, 864 (1953). — THEILACKER, W., u. F. BAXMANN: Liebigs Ann. Chem. **581**, 117 (1953).

[4] MARTYNOFF, M.: C. R. hebd. Séances Acad. Sci. **223**, 747 (1946); — Bull. Soc. chim. France **1951**, 214.

Oxydation eines Amins wird ebenfalls selten vorgenommen, beispielsweise bei der Herstellung von Chloramingelb und einigen ähnlichen Farbstoffen[1]. Die Kondensation eines Nitrosokörpers mit einem Amin gestattet die Darstellung von Azoverbindungen mit meta-ständigen Amino- oder Hydroxylgruppen, die nach der einfacheren Methode der Azokupplung nicht zugänglich sind[2]. Technisch spielt sie keine Rolle.

Eine weitere Kondensationsmethode stellt die Umsetzung eines Hydrazins mit einem Chinon dar; beide Stickstoffatome werden dabei vom selben Rest geliefert. Das primär entstehende Chinhydrazon ist mit dem Azokörper tautomer:

$$R{-}NH{-}NH_2 \; + \quad \text{(Chinon)} \quad \rightarrow \quad \text{(Chinhydrazon)} \quad \rightleftarrows \quad \text{(Azokörper)}$$

Weitaus am wichtigsten ist die *Kupplungsreaktion* von Diazoniumverbindungen mit Phenolen, Enolen und aromatischen Aminen; fast alle Azofarbstoffe werden nach diesem Prinzip hergestellt[3]:

$$Ar{-}\overset{\oplus}{N}{\equiv}N \; + \quad \text{(Phenol)}{-}OH \quad \rightarrow \quad Ar{-}N{=}N{-}\text{(Ring)}{-}OH \; + \; H^{\oplus}$$

Als Diazoniumkomponenten kommen praktisch nur aromatische Verbindungen sowie Heterocyclen mit aromatischem Charakter in Frage. Man stellt sie durch Einwirkung von Natriumnitrit in saurer, wäßriger Lösung auf das entsprechende Amin her[4]:

$$Ar{-}NH_2 \; + \; NaNO_2 \; + \; 2\,HCl \quad \rightarrow \quad Ar{-}\overset{\oplus}{N}{\equiv}N \; + \; Cl^{\ominus} \; + \; NaCl \; + \; H_2O$$

Als Kupplungskomponenten können Phenole, Naphthole, enolisierbare Verbindungen und aromatische Amine dienen. Die Kupplung tritt im allgemeinen ortho oder para zur Hydroxyl- oder Aminogruppe ein.

Neueren Datums ist die *oxydative Kupplung* heterocyclischer Hydrazine nach HÜNIG[5]. Sie verläuft analog der oxydativen Kupplung aromatischer Amine und Aminophenole zu Indaminen und Indophenolen[6]. Voraussetzung für die Reaktion ist das Vorliegen eines

---

[1] Siehe unter „Thiazolfarbstoffe".

[2] Vgl.: BAMBERGER, E., u. R. HÜBNER: Ber. dtsch. chem. Ges. **36**, 3811, 3818 (1903). — RUGGLI, P., u. E. ISELIN: Helv. chim. Acta **30**, 739 (1947) u. frühere.

[3] Zur technischen Herstellung siehe: BIOS Report 961, 1548 u. 1661; ferner HOLZACH, K.: Die aromatischen Diazoverbindungen. Stuttgart: Ferdinand Enke 1947. — SAUNDERS, K. H.: The Aromatic Diazo-Compounds and their Technical Applications. London: Arnold 1949.

[4] Siehe dazu das Kapitel über die Diazotierung.

[5] Vgl.: HÜNIG, S., H. BALLI, K. H. FRITSCH, H. HERRMANN, G. KÖBRICH, H. WERNER, E. GRIGAT, F. MÜLLER, H. NÖTHER u. K.-H. OETTE: Angew. Chem. **70**, 215 (1958) und spätere. — HÜNIG, S.: Chimia **15**, 133 (1961); — Angew. Chem. **74**, 818 (1962).

[6] Siehe hierzu das Kapitel über Chinonimine und verwandte Farbstoffe.

Amidrazonsystems. Zur technischen Herstellung von Azofarbstoffen wird sie bisher kaum benützt.

Diazokörper lassen sich auch aus Diazoniumverbindungen in alkalischem Medium durch Selbstkondensation unter Freisetzung von Stickstoff darstellen[1]. Präparative Bedeutung besitzt die Darstellung aus Benzoldiazoniumfluoboraten und zinkorganischen Verbindungen[2].

Über den *Mechanismus der Azokupplung* existieren zahlreiche Veröffentlichungen[3]. Die aktive Komponente ist das Diazonium-Ion, das ein schwach elektrophiles Reagens ist und entsprechend selektiv reagiert. Aromatische Kohlenwasserstoffe wie Toluol vermag es im allgemeinen nicht zu substituieren, wohl aber Amine und Phenole. Der Angriff erfolgt dabei in der leicht substituierbaren para-Stellung; weniger glatt erfolgt die Kupplung in der ortho-Stellung. Phenole und Naphthole kuppeln in schwach alkalischer Lösung, Amine in schwach saurer Lösung. Im ersteren Fall reagiert das lösliche Phenolat-Ion (Naphtholat-Ion), das infolge seines Elektronenüberschusses besonders leicht substituiert wird; der Kupplungsvorgang erfolgt meist sehr rasch. Im letzteren Fall reagiert das freie, meist unlösliche Amin, das in der schwach sauren Lösung mit dem gelösten Salz im Gleichgewicht steht; die Kupplung verläuft in der Regel langsamer als bei den Phenolen[4]:

$$\text{—OH} + \text{OH}^{\ominus} \rightleftarrows \text{—O}^{\ominus} + H_2O$$

löslich, kupplungsfähig

$$\text{—NH}_2 + HCl \rightleftarrows \text{—NH}_3^{\oplus} + Cl^{\ominus}$$

kupplungsfähig   löslich

Die Diazoniumverbindung dürfte mit der mesomeren Grenzform II die Kupplung eingehen[5]. In alkalischer Lösung kann auch eine Anlagerung von Hydroxyl zum Diazohydroxyd, das nicht mehr kuppelt, auftreten[6]. Stark alkalische Lösungen sind deshalb für die Kupplung unzweckmäßig:

$$\text{—}\overset{\oplus}{N}\text{=N:} \leftrightarrow \text{—}\overset{\oplus}{\ddot{N}}\text{=N:} \xrightarrow{OH^{\ominus}} \text{—N=N—OH}$$

I   kuppelt   II   kuppelt nicht

---

[1] Vgl.: SUCKFÜLL, F., u. H. DITTMAR: Chimia **15**, 137 (1961).

[2] CURTIN, D. Y., u. J. A. URSPRUNG: J. org. Chemistry **21**, 1221 (1956).

[3] Für eine Übersicht siehe: ZOLLINGER, H.: Chemie der Azofarbstoffe. Basel: Birkhäuser 1958; — Chem. Reviews **51**, 347 (1952); — Angew. Chem. **70**, 204 (1958); ferner: PÜTTER, R.: Angew. Chem. **63**, 188 (1951).

[4] Vgl.: WISTAR, R., u. P. BARTLETT: J. Amer. chem. Soc. **63**, 413 (1941).

[5] HAUSER, C., u. D. BRESLOW: J. Amer. chem. Soc. **63**, 418 (1941).

[6] Vgl. den Abschnitt über die Diazoverbindungen.

Elektronenanziehende Substituenten wie die Nitro- oder Cyangruppe in der Diazoniumkomponente erhöhen ihre Kupplungsenergie, diazotiertes p-Nitranilin kuppelt deshalb energischer als Anilin. Am energischsten kuppelt diazotiertes Pikramid (2.4.6-Trinitranilin).

In der Kupplungskomponente erleichtern Elektronendonatoren wie Alkoxy- und Aminogruppen die Kupplung, elektronenanziehende Substituenten erschweren sie. Resorcin kuppelt deshalb viel leichter als Phenol, Phloroglucin noch leichter als Resorcin. Leicht oxydierbare Verbindungen wie Hydrochinon, Brenzkatechin, o- und p-Phenylendiamin kuppeln jedoch nicht, sondern werden von der Diazoniumkomponente oxydiert. Eine eingehende Besprechung der Kupplungsorte aromatischer Verbindungen folgt später.

Als Kupplungskomponenten eignen sich auch verschiedene aliphatische und cyclische Verbindungen mit einer aktivierten Methylengruppe (Enole). Technische Bedeutung besitzen die Acetessigarylide[1] und die Pyrazolone, die zur Herstellung wichtiger gelber Farbstoffe dienen. Die Kupplung tritt mit dem Anion der Enolform ein:

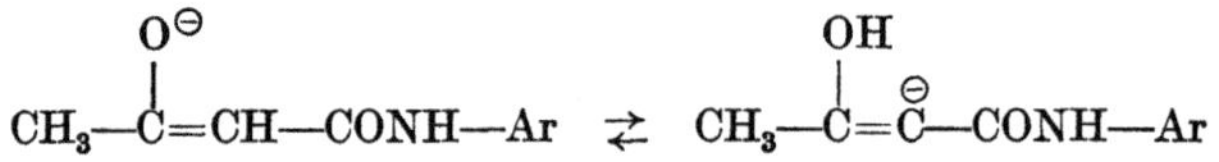

$$CH_3-\overset{\overset{\textstyle O^{\ominus}}{|}}{C}=CH-CONH-Ar \; \rightleftharpoons \; CH_3-\overset{\overset{\textstyle OH}{|}}{C}=\overset{\ominus}{C}-CONH-Ar$$

Aktivierte Methylgruppen in heterocyclischen Verbindungen kuppeln zweimal zu den *Formazanen*[2]. Als kupplungsfähige Stufe ist die entsprechende Methylenverbindung anzusehen:

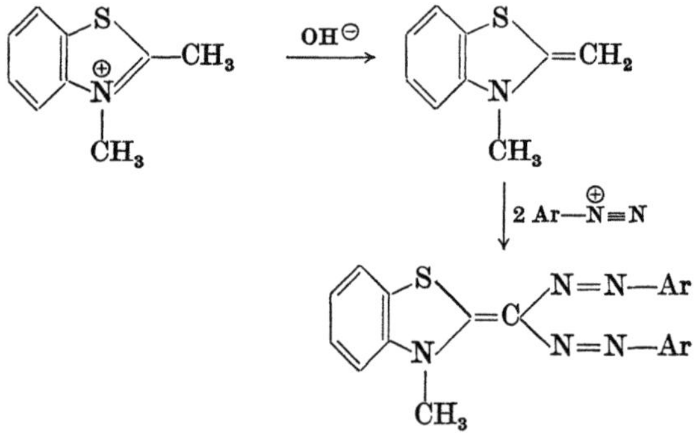

Formazan

Weitere aliphatische Verbindungen mit Kupplungsvermögen sind die Nitroparaffine[3], Diazoessigester[4], Dimethylvinylamin[5] und Diene wie 2.3-Dimethylbutadien.

---

[1] DIMROTH, O., u. M. HARTMANN: Ber. dtsch. chem. Ges. 41, 4012 (1908). — FIERZ-DAVID, H. E., u. E. ZIEGLER: Helv. chim. Acta 11, 776 (1928).

[2] WAHL, H., u. M.-T. LEBRIS: Bull. Soc. chim. France 1954, 587, 1277, 1281.

[3] Vgl.: HASS, H. B., u. E. F. RILEY: Chem. Reviews 32, 373 (1943). — GOLD, M. H., u. H. H. LEVINE: J. org. Chemistry 16, 1507 (1951). — HÜNIG, S., u. O. BOES: Liebigs Ann. Chem. 579, 23 (1953).

[4] HUISGEN, R., u. H. J. KOCH: Liebigs Ann. Chem. 591, 200 (1955).

[5] MEYER, K. H., u. H. HOPFF: Ber. dtsch. chem. Ges. 54, 2274 (1921).

Das elektrophile Diazonium-Ion kann sich auch an elektronenreiche Heteroatome anlagern; mit manchen primären und sekundären Aminen bilden sich deshalb
Diazoaminoverbindungen. Beim Erwärmen in saurer Lösung lassen sie sich zu den
entsprechenden Aminoazokörpern umlagern[1]:

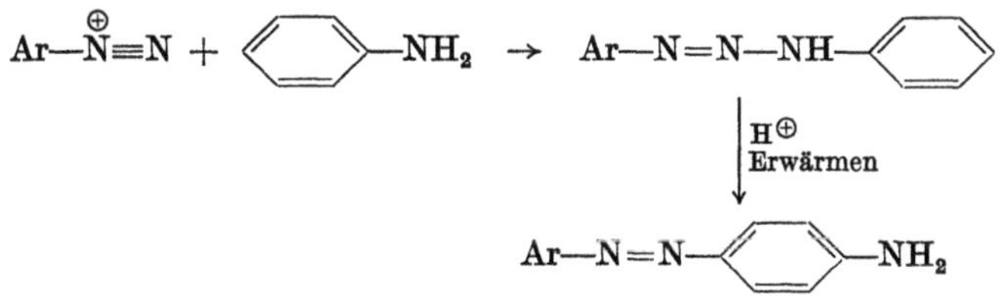

$$Ar-\overset{\oplus}{N}\equiv N \; + \; \langle\!\!\!\bigcirc\!\!\!\rangle-NH_2 \;\rightarrow\; Ar-N=N-NH-\langle\!\!\!\bigcirc\!\!\!\rangle$$

$$\downarrow \; \text{H}^{\oplus} \; \text{Erwärmen}$$

$$Ar-N=N-\langle\!\!\!\bigcirc\!\!\!\rangle-NH_2$$

Phenole liefern im allgemeinen direkt den Azokörper; eine Ausnahme bildet
indessen 2.4.6-Trimethylphenol, in dem alle kupplungsfähigen Stellen bereits besetzt sind. Mit Diazoniumverbindungen entsteht deshalb der Diazoäther[2]:

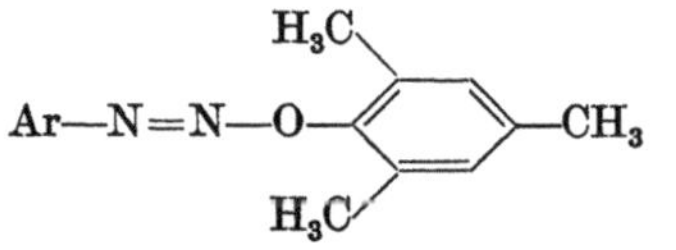

$$Ar-N=N-O-\langle\!\!\!\bigcirc\!\!\!\rangle\!\!\!\!\begin{smallmatrix}H_3C\\[2pt]\\H_3C\end{smallmatrix}\!\!\!-CH_3$$

Sehr energische Diazoniumverbindungen wie diazotiertes Pikramid kuppeln
auch mit Phenol- und Naphtholäthern[3] und sogar mit reaktiven Kohlenwasserstoffen wie Mesitylen[4] oder Dimethylbutadien[5]. Eine praktische Bedeutung haben
die letzteren Azokörper nicht.

Verschiedene Azokupplungen benötigen zur technisch einwandfreien
Durchführung einen Zusatz von Pyridin. Nach den Untersuchungen
von PÜTTER[6] und ZOLLINGER[7] katalysiert das Pyridin die Ablösung des
Protons aus dem Reaktionskomplex der Kupplung, die durch Substituenten gehindert sein kann:

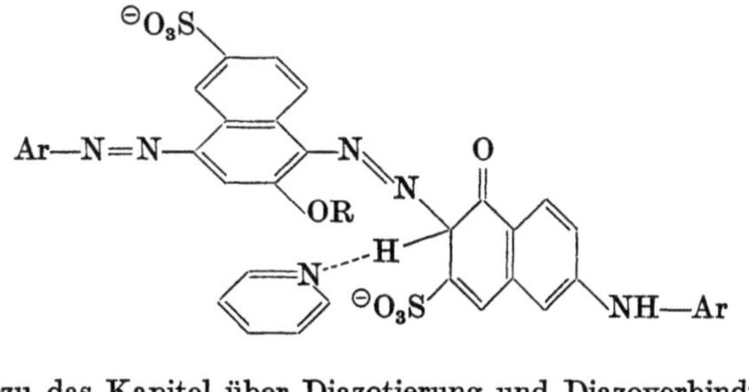

[1] Siehe hierzu das Kapitel über Diazotierung und Diazoverbindungen.

[2] DIMROTH, O., H. LEICHTLIN u. O. FRIEDEMANN: Ber. dtsch. chem. Ges. 50,
1534 (1917).

[3] MEYER, K. H., u. S. LEUTHARDT: Liebigs Ann. Chem. 398, 66 (1913). —
MEYER, K. H., A. IRSCHICK u. H. SCHLÖSSER: Ber. dtsch. chem. Ges. 47, 1741
(1914). — AUWERS, K. v., u. E. BORSCHE: Ber. dtsch. chem. Ges. 48, 1716 (1915). —
BUNNETT, J. F., u. G. B. HOEY: J. Amer. chem. Soc. 80, 3142 (1958).

[4] Vgl.: MEYER, K. H., u. H. TOCHTERMANN: Ber. dtsch. chem. Ges. 54, 2283
(1921). — SMITH, L. I., u. J. H. PADEN: J. Amer. chem. Soc. 56, 2169 (1934).

[5] MEYER, K. H.: Ber. dtsch. chem. Ges. 52, 1468 (1919).

[6] PÜTTER, R.: Angew. Chem. 63, 188 (1951).

[7] ZOLLINGER, HCH.: Helv. chim. Acta 38, 1597, 1623 (1955).

Die besondere Eignung des Pyridinmoleküls ist sterisch bedingt, da
das freie Elektronenpaar des Stickstoffs leicht zugänglich ist. Tertiäre
Amine mit aliphatischen Resten eignen sich nicht, da ihr Stickstoffatom
durch diese Gruppen abgeschirmt ist und deshalb nicht genügend nah
an den Reaktionsort herankommt.

b) Kupplungskomponenten

Die wichtigsten Kupplungskomponenten sind aromatische Amine,
Phenole, Naphthole, Aminophenole, Aminonaphthole, deren Sulfonsäuren, Acetessigarylide und Pyrazolone. Wie bereits erwähnt, werden
Amine sauer, Phenole, Naphthole, Acetessigarylide und Pyrazolone
alkalisch gekuppelt. Bei Aminonaphtholen mit zweimaliger Kupplungsfähigkeit wird immer zuerst sauer und dann alkalisch gekuppelt. Die
Dauer einer Azokupplung variiert sehr stark nach Art der Diazo- und
Kupplungskomponente. Sie kann in wenigen Minuten beendet sein,
kann sich aber auch über mehrere Stunden oder Tage erstrecken. Die
günstigsten Bedingungen müssen von Fall zu Fall ermittelt werden, da
sich Diazoniumverbindungen leicht zersetzen, so daß bei sehr langsamer
Kupplung Nebenreaktionen eintreten können. Im allgemeinen bilden
sich vorwiegend p-Azokörper. Die Diazoniumkomponente und die
Reaktionsbedingungen sind aber von wesentlichem Einfluß auf das
Verhältnis von o- und p-Azokörper.

Praktisch sehr bedeutsam ist der Unterschied zwischen den ortho-
und para-Hydroxyazofarbstoffen. In den ersteren ist das Proton der
Hydroxylgruppe durch eine Wasserstoff-Brücke auch an die Azogruppe
gebunden und läßt sich deshalb durch Alkali nur schwer ablösen. In den
p-Hydroxyazokörpern besitzt das Proton keine zusätzliche Bindung.
Es wird deshalb durch schwache Alkalien abgelöst und der Farbstoff
in sein Anion übergeführt, was stets mit einer Farbänderung verbunden
st. p-Hydroxyazofarbstoffe sind deshalb wenig alkaliecht.

o-Hydroxyazofarbstoff,
alkaliecht

p-Hydroxyazofarbstoff

Farbstoffanion

Das Verständnis der Azofarbstoffe beruht nicht zuletzt auf der
Kenntnis der Kupplungskomponenten und ihrer Kupplungsorte, die
deshalb eingehend aufgeführt seien.

Benzolderivate. Aniline und Phenole kuppeln in der para-Stellung;
mit Phenol entsteht in über 98% der p-Azofarbstoff. Bei besetzter
p-Stellung erfolgt ortho-Kupplung; p-substituierte N,N-Dimethylaniline

kuppeln nur schwer, da die Annäherung der Diazoniumverbindung sterisch gehindert ist.

Anilin und manche Monoalkylaniline bilden die Diazoaminoverbindung, die sich erst beim Erwärmen mit Säure in den Azokörper umlagert. Glatt verläuft die Kupplung des Anilins über das N-Sulfomethylderivat, das aus Anilin, Formaldehyd und Natriumhydrogensulfit entsteht. Nach der Kupplung läßt sich die Sulfomethylgruppe mit kochender, wäßriger Natronlauge leicht wieder abspalten.

$$\text{C}_6\text{H}_5\text{—NH—CH}_2\text{SO}_3\text{Na}$$
N-Sulfomethylanilin

Der Kupplungsort ist im folgenden mit einem Pfeil bezeichnet:

kuppelt nicht

Bei den bifunktionellen Komponenten hängt der Kupplungsort in einem gewissen Umfang vom p_H-Wert der Lösung ab. Bei geeigneten Reaktionsbedingungen lassen sich Monoazokörper fassen. Resorcin und m-Phenylendiamin liefern den 4-Monoazokörper, daneben in geringer Menge den 2.4-Disazokörper; in alkalischem Medium entsteht vorwiegend das 4.6-Isomere. Der Anteil der beiden Isomeren ist indessen keine reine Aciditätsfunktion, sondern hängt stark von der Art der anwesenden Base ab[1].

[1] Vgl.: ZOLLINGER, HCH., u. C. WITTWER: Helv. chim. Acta 35, 1209 (1952). — STAMM, O. A., u. HCH. ZOLLINGER: Helv. chim. Acta 40, 1105, 1955 (1957). — WARD, E. R., B. D. PEARSON u. P. R. WELLS: J. Soc. Dyers Colourists 75, 484 (1959).

Naphthalinderivate. 1-Naphthole und 1-Naphthylamine kuppeln in der 4-Stellung[1]. Die ersteren liefern dabei die technisch uninteressanten p-Hydroxyazoverbindungen. Bei besetzter p-Stellung tritt die Kupplung in Stellung 2 ein; auch 3- und 5-ständige Substituenten bewirken meistens eine 2-Kupplung[2]. Ob sich dabei 2- oder 4-Azokörper bilden, hängt stark von der Diazoniumkomponente ab. Sehr energische Diazoniumverbindungen kuppeln meist in der para-, schwache in der ortho-Stellung. Auch die Kupplungsbedingungen beeinflussen den Kupplungsort wesentlich. Geringe Konzentrationen an Basen und katalytisch wenig wirksame Basen begünstigen im allgemeinen die ortho-Kupplung, katalytisch stark wirksame Basen wie Pyridin erhöhen den Anteil an p-Isomerem[3]. Eine Ausnahme bilden die o-Diazophenole, bei denen steigende Alkalität die Kupplung auf die ortho-Stellung begünstigt.

Bei den 1-Naphthylaminen sind die Verhältnisse ähnlich[4].

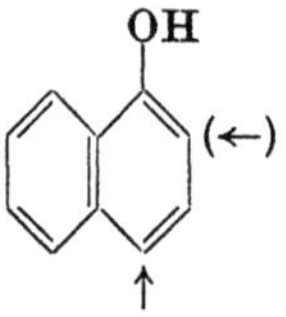

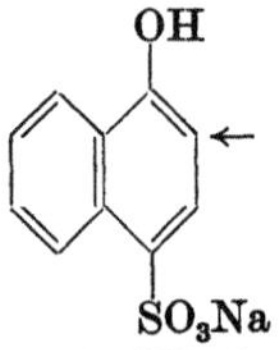

Nevile-Winther-Säure

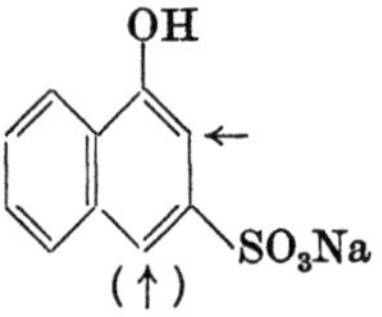

Armstrong-Wynne-Säure

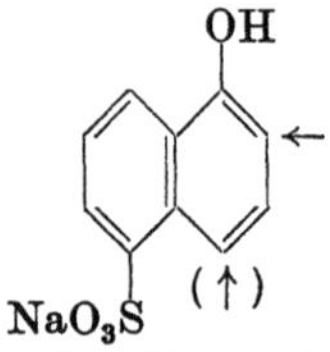

Oxy-Laurent-Säure

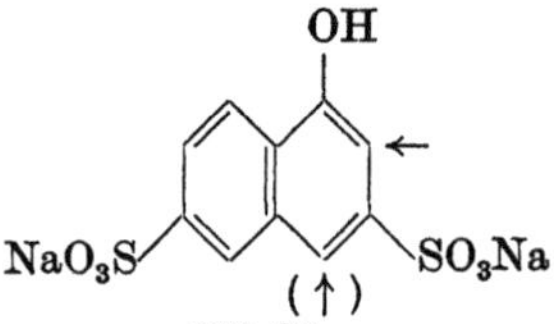

GR-Säure

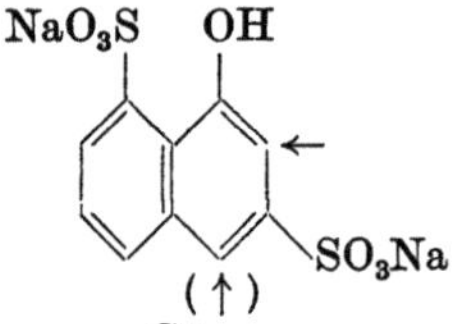

ε-Säure

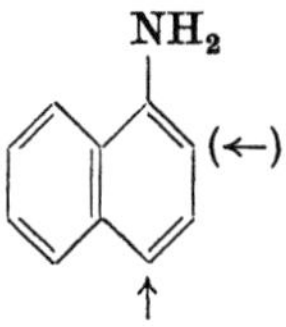

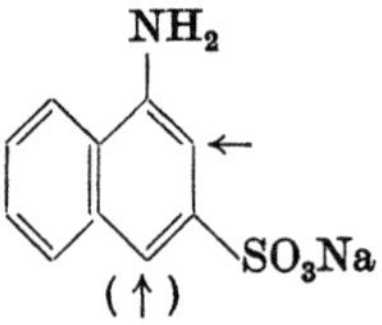

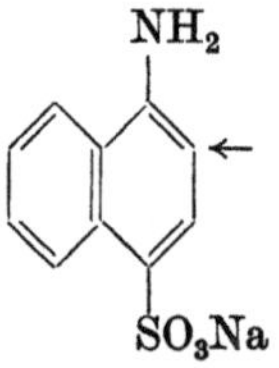

Naphthion-Säure

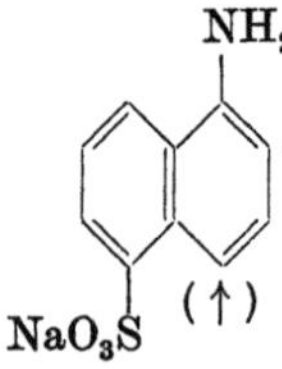

Laurent-Säure

[1] FIERZ-DAVID, H. E., u. H. BRÜTSCH: Helv. chim. Acta **4**, 380 (1921); vgl. auch: BAMBERGER, E., u. F. MEIMBERG: Ber. dtsch. chem. Ges. **28**, 848, 1888 (1895).
[2] GATTERMANN, L., u. H. LIEBERMANN: Liebigs Ann. Chem. **393**, 198 (1912).
[3] STAMM, O. A., u. HCH. ZOLLINGER: Helv. chim. Acta **40**, 1105, 1955 (1957). — PÜTTER, R.: Angew. Chem. **63**, 188 (1951).
[4] TURNER, H. S.: J. chem. Soc. [London] **1949**, 2282. — GATTERMANN, L., u. H. LIEBERMANN: l. c.

2-Naphthole und 2-Naphthylamine kuppeln nur in 1-Stellung. Ist diese besetzt, so kann der Substituent eliminiert werden, was bei Sulfo-, Carboxyl- oder Nitrilgruppen oft der Fall ist, oder es tritt keine Kupplung ein. Alkylgruppen werden nicht eliminiert. Die Kupplung verläuft nur langsam, wenn sich ein Substituent in der 8-Stellung befindet wie bei der G-Säure.

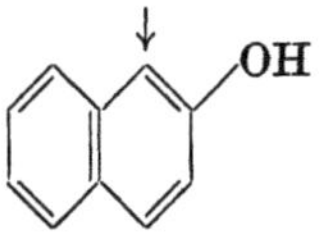

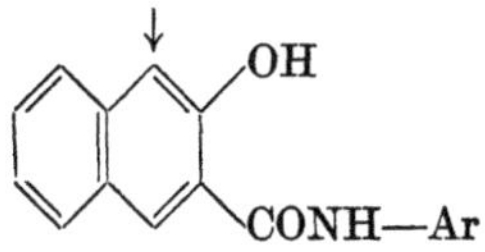

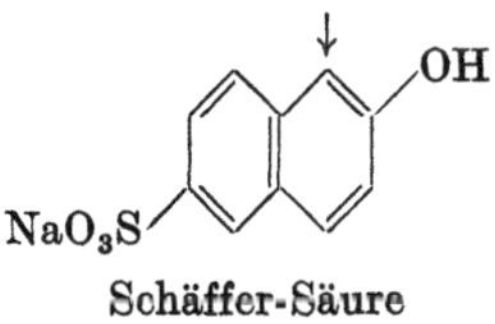

Schäffer-Säure

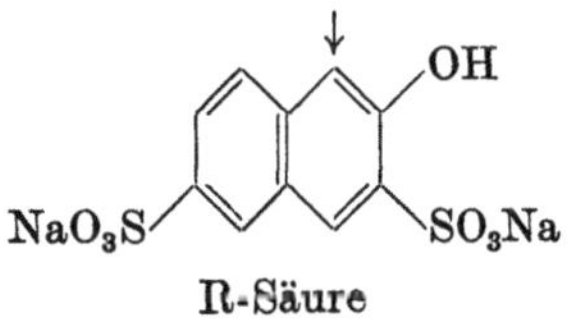

R-Säure

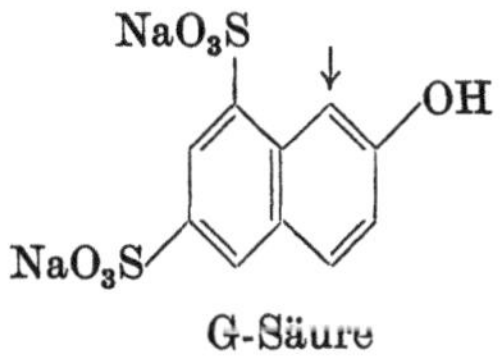

G-Säure

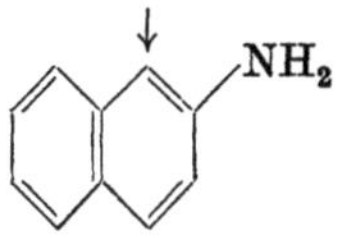

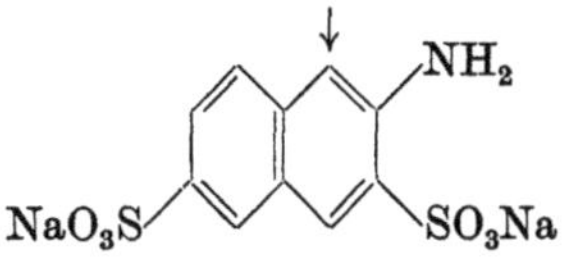

Amino-R-Säure

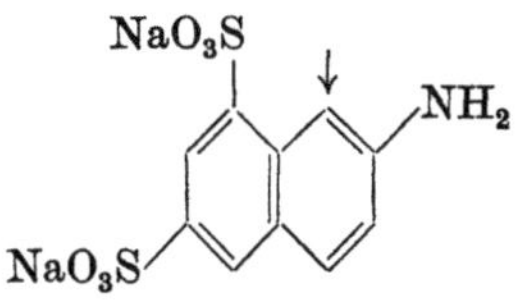

Amino-G-Säure

Mehrere Aminonaphthole können an zwei verschiedenen Orten kuppeln, manche davon kuppeln zweimal. M-Säure und γ-Säure kuppeln nur einmal; bei saurer Kupplung bestimmt die Aminogruppe den Kupplungsort (S), bei alkalischer Kupplung die Hydroxylgruppe (A). Man nimmt an, daß der Verlust der Kupplungsfähigkeit nach der sauren Kupplung auf einer Wasserstoffbrücke zwischen der Hydroxyl- und der Azogruppe beruht. Bei der Chicago-Säure sind die ortho- und para-Stellung zur Aminogruppe bereits besetzt, so daß dort ohnehin keine Kupplung mehr eintreten kann.

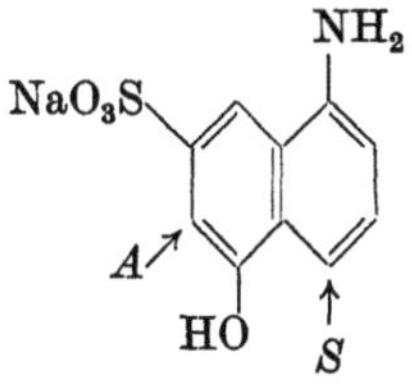

M-Säure

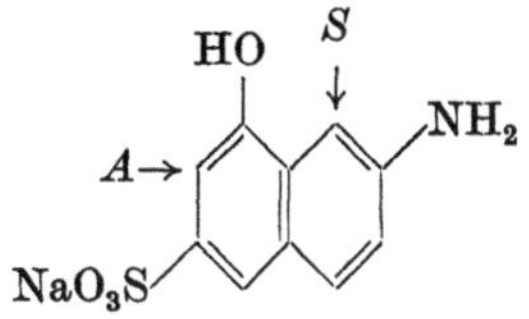

γ-Säure

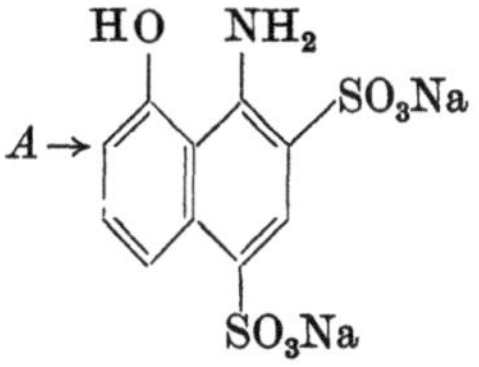

Chicago-Säure

Bei den Aminonaphtholen, die zweimal kuppeln, wird stets zuerst mit der energischeren Diazoniumkomponente sauer gekuppelt, wobei die Aminogruppe den Kupplungsort bestimmt. Erst nachher wird alkalisch gekuppelt und zwar mit der schwächeren Diazoniumkomponente. Bei vorgängiger alkalischer Kupplung tritt keine saure Kupplung mehr ein.

1.8-Dihydroxynaphthalin-3.6-disulfonsäure (Chromotrop-Säure) und 1.8-Diaminonaphthalin-3.6-disulfonsäure können in den 2.7-Stellungen ebenfalls zweimal kuppeln und zwar beide Male alkalisch bzw. sauer.

S-Säure   H-Säure

K-Säure   I-Säure

Acetessigarylide und *Pyrazolone* kuppeln an der Methylengruppe.

$$CH_3—CO—CH_2—CONH—Ar$$

c) Isomerien

Azoverbindungen können in einer *cis-* und einer *trans-Form* vorkommen[1]. Normalerweise liegt die letztere vor. Einfache Azokörper können beim Belichten in die cis-Form übergeführt werden.

cis   trans

Von den meisten Azofarbstoffen ist nur die stabilere trans-Form bekannt. Einige einfache Azofarbstoffe, die als Dispersionsfarbstoffe für synthetische Fasern benützt werden, erleiden bei der Belichtung eine

[1] HARTLEY, G. S.: J. chem. Soc. [London] 1938, 633. — HARTLEY, G. S., u. R. J. W. LeFèvre: J. chem. Soc. [London] 1939, 531. — COOK, A. H.: J. chem. Soc. [London] 1938, 876. — COOK, A. H., u. D. G. JONES: J. chem. Soc. [London] 1939, 1309. — SCHULTE-FROHLINDE, D.: Liebigs Ann. Chem. 612, 131, 138 (1958).

reversible Farbänderung, die möglicherweise auf einer trans-cis-Umlagerung beruht[1]. Die Erscheinung wird als Phototropie bezeichnet.

Lange umstritten war die *Tautomerie der Hydroxyazoverbindungen*, die einerseits als Azokörper, andrerseits als Chinonhydrazone vorliegen können[2]. Oft sind sie durch die Kondensation eines Arylhydrazins mit einem Chinon zugänglich.

Azoform   Hydrazonform

In der Regel bestehen die Hydroxyazokörper aus einem Gemisch von Azo- und Hydrazonform. Das Tautomeriegleichgewicht wird durch die Substituenten und allfällige Lösungsmittel stark beeinflußt. Da es sich sehr rasch einstellt, lassen sich die beiden Formen durch chemische Umsetzungen nicht bestimmen. Geeignet sind dazu nur spektroskopische Bestimmungsmethoden[3]. Die Tautomerie besteht auch bei den o-Hydroxyazokörpern und wird durch die Wasserstoffbrücke nicht aufgehoben[3, 4]:

Azoform   Hydrazonform

Bei den entsprechenden Anionen entfällt der Unterschied zwischen Azokörper und Hydrazon; sie stellen lediglich mesomere Grenzformen einer einzigen Verbindung dar.

---

[1] Siehe: MECHEL, L. v., u. H. STAUFFER: Helv. chim. Acta **24**, 151 E (1941). — BRODE, W. R., J. H. GOULD u. G. M. WYMAN: J. Amer. chem. Soc. **74**, 4641 (1952); **75**, 1856 (1953).

[2] Vgl. auch: SCHÄFFER, A.: Melliand Textilber. **39**, 1002 (1958).

[3] Vgl.: BRODE, W. R., u. L. E. HERDLE: J. org. Chemistry **6**, 713 (1941). — RAMART-LUCAS, P., T. GUILMART u. M. MARTYNOFF: Bull. Soc. chim. France **11**, 75 (1944); **14**, 415 (1947). — HADZI, D.: J. chem. Soc. [London] **1956**, 2143. — UENO, K.: J. Amer. chem. Soc. **79**, 3066 (1957).

[4] BURAWOY, A., A. G. SALEM u. A. R. THOMPSON: J. chem. Soc. [London] **1952**, 4793; **1953**, 1443.

Praktische Bedeutung besitzt die Lage des protolytischen Gleichgewichtes zwischen dem Hydroxyazokörper und seinem Anion. Der Übergang zum Anion ist mit einem in der Färberei unerwünschten Farbwechsel verbunden. Wollfarbstoffe dürfen etwa im p_H-Bereich 2—9 keine Farbänderung zeigen, Cellulosefarbstoffe zwischen p_H 4 und p_H 11. Diesen Anforderungen genügen zumeist die o-Hydroxyazofarbstoffe.

Ähnliche Verhältnisse bestehen bei den Aminoazokörpern, die weniger eingehend untersucht wurden. Eine Farbänderung tritt bei diesen Verbindungen unter der Einwirkung von Säuren auf, wobei sich ein Proton anlagert. Die Anlagerung kann an der Aminogruppe oder am Azostickstoff erfolgen. Beim N,N-Dimethylamino-azobenzol ist letzteres der Fall, der Azostickstoff ist also *basischer* als der Aminostickstoff, was überraschend ist. Diese Erscheinung beruht auf Resonanzeffekten. Wird die Dimethylaminogruppe durch sperrige orthoständige Substituenten aus der koplanaren Lage herausgedreht, so entfällt die Konjugation zwischen Amino- und Azogruppe weitgehend und die Protonaddition tritt am Aminostickstoff ein[1]:

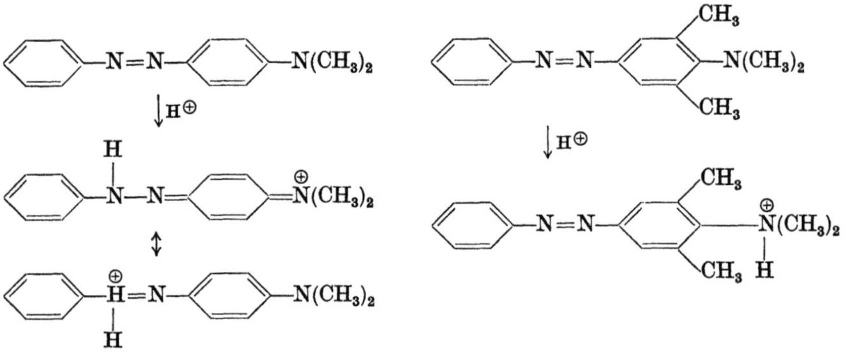

In sehr stark saurem Medium kann noch ein zweites Proton aufgenommen werden zu[2]:

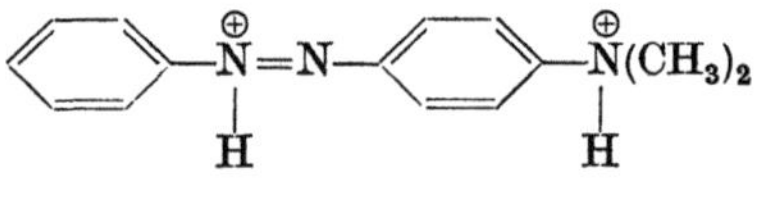

d) Analyse

Gemische von Azofarbstoffen lassen sich durch Papierchromatographie vorzüglich trennen[3]. Sofern Vergleichssubstanzen zur Verfügung stehen, lassen sie sich auf diese Weise oft auch identifizieren.

[1] Vgl.: ZENHÄUSER, A., u. HCH. ZOLLINGER: Helv. chim. Acta 45, 1870, 1882, 1890 (1962). — GRÄNACHER, I., H. SUHR, A. ZENHÄUSER u. HCH. ZOLLINGER: Helv. chim. Acta 44, 313 (1961). — HORNER, L., u. H. MÜLLER: Chem. Ber. 89, 2756 (1956). — SAWICKI, E.: J. org. Chemistry 21, 605 (1956); 22, 365, 621, 915, 1084 (1957). — CILENTO, G., E. C. MILLER u. J. A. MILLER: J. Amer. chem. Soc. 78, 1718 (1956). — HANTZSCH, A., u. F. HILSCHER: Ber. dtsch. chem. Ges. 41, 1171 (1908).

[2] Vgl.: KEHRMANN, F.: Ber. dtsch. chem. Ges. 48, 1933 (1915). — ROGERS, M T., T. W. CAMPBELL u. R. W. MAATMAN: J. Amer. chem. Soc. 73, 5122 (1951).

[3] BROWN, J. C.: J. Soc. Dyers Colourists 76, 536 (1960). — McNEIL, C.: J. Soc. Dyers Colourists 76, 272 (1960). — TELESZ, L. A.: J. Soc. Dyers Colourists 78, 496 (1962); 73, 8 (1957). — KOLŠEK, J.: Chemiker-Ztg. 82, 35, 457, 478 (1958). — ZAHN, H.: Textil-Praxis 6, 127 (1951).

Auch die Elektrophorese eignet sich oft zur Trennung von Farbstoff-gemischen. Einheitliche Farbstoffe lassen sich spektrophotometrisch oder noch besser durch IR-Spektroskopie identifizieren, sofern der identische Farbstoff als Vergleich zur Verfügung steht. Zur Konstitutionsaufklärung eignen sich beide Methoden nur selten. Größere Substanzmengen lassen sich zwecks Aufklärung der Konstitution durch Säulenchromatographie rein gewinnen[1].

Die beste und am eingehendsten untersuchte Methode zum Abbau von Azofarbstoffen besteht in der reduktiven Spaltung der Azobindung. Dabei entstehen die entsprechenden Amine. Geeignet ist Zink in Essigsäure-, Ammoniak- oder Natriumsulfitlösung[2]. Auch Natriumdithionit gibt gute Resultate, weniger geeignet ist Zinnchlorid in Salzsäure. Die entstandenen Spaltprodukte lassen sich chromatographisch trennen und anschließend identifizieren[3]. Feste Spaltprodukte können oft bereits anhand ihres Schmelzpunktes bestimmt werden. Oft werden sie auch diazotiert und mit geeigneten Phenolen oder Naphtholen zu neuen Farbstoffen gekuppelt, die auf die Konstitution der Spaltprodukte schließen lassen[4].

Amine, besonders Polyamine, lassen sich durch Benzoylierung in die leicht identifizierbaren Benzoylderivate überführen[5]. Sulfogruppenhaltige Farbstoffe werden bei der Spaltung zu Aminosulfonsäuren abgebaut, die meist keine charakteristischen Schmelzpunkte zeigen. Zur Identifizierung werden die Aminogruppen acetyliert und die Sulfonsäuren mit geeigneten Basen in charakteristische Salze übergeführt; geeignet sind unter anderem S-Benzylthiuronium- und Pyridiniumsalze[6]. Aminonaphthalin- und Aminonaphtholsulfonsäuren können auch papierchromatographisch identifiziert werden[7].

Farbstoffe auf Acetessigarylidbasis liefern bei der Reduktion Dimethyldihydropyrazin-dicarbonsäurearylide, die durch den Schmelzpunkt und durch Kupplung mit bekannten Naphtholen identifiziert werden können[8].

---

[1] HANSON, R.M., u. C.W. GOULD: Analytic. Chem. **23**, 670 (1951). — RUGGLI, P., u. P. JENSEN: Helv. chim. Acta 18, 624 (1935); 19, 64 (1936).

[2] ROWE, F. M.: J. Soc. Dyers Colourists **40**, 218 (1924). — FIERZ-DAVID, H. E.: J. Soc. Dyers Colourists **53**, 424 (1937). — ARSHID, F. M., N. F. DESAI, C. H. GILES u. G. K. McLINTOCK: J. Soc. Dyers Colourists **69**, 11 (1953).

[3] KITAHARA, S., u. H. HIYAMA: J. chem. Soc. Japan **58**, 620 (1955); **59**, 131 (1956); — Chem. Abstr. **50**, 7463, 15099 (1956). Zur Polarographie von Azofarbstoffen siehe: CABRAL, J. DE O., u. H. A. TURNER: J. Soc. Dyers Colourists **72**, 158 (1956).

[4] Vgl.: CHEN, P., u. E. CROSS: J. Soc. Dyers Colourists **59**, 144 (1943). — FORSTER, R., u. T. H. HANSON: J. Soc. Dyers Colourists **42**, 272 (1926).

[5] FRAHM, E. D. G.: Rec. trav. chim. Pays-Bas **73**, 748 (1954).

[6] Siehe: GARNER, W.: J. Soc. Dyers Colourists **52**, 302 (1936). — WHITMORE, W. F., u. A. I. GEBHART: Ind. Engng. Chem., analyt. Edit. **10**, 654 (1938). — CHAMBERS, E., u. G. W. WATT: J. org. Chemistry **6**, 376 (1941). — DONLEAVY, J. J.: J. Amer. chem. Soc. **58**, 1004 (1936). — HUNTRESS, E. H., u. G. L. FOOTE: J. Amer. chem. Soc. **64**, 1017 (1942).

[7] KOLŠEK, J., M. PERPAR u. M. ZUPANIC: Chemiker-Ztg **83**, 182 (1959). — GASPARIČ, Z., J. KOLŠEK u. M. PERPAR: Chemiker-Ztg **84**, 635 (1960).

[8] FIERZ-DAVID, H. E., u. E. ZIEGLER: Helv. chim. Acta **11**, 776 (1928).

An älteren Werken über die Analyse der Azofarbstoffe sind diejenigen von BRUNNER[1] und FORMANEK[2] zu erwähnen. Das letztere behandelt nicht nur Azofarbstoffe, sondern allgemein den spektroskopischen Nachweis von organischen Farbstoffen.

e) Einteilung und Nomenklatur

Nach Anzahl der Azogruppen unterscheidet man Mono-, Dis-, Tris- und Tetrakis-Azofarbstoffe. Die letzteren und Farbstoffe mit fünf und mehr Azogruppen werden oft nur noch als Polyazofarbstoffe bezeichnet. Farbstoffe mit vier und mehr Azogruppen sind selten.

Die Konstitution eines Farbstoffes wird entweder durch das genetische Schema (Diazonium- und Kupplungskomponente), durch den systematischen Namen gemäß der „Genfer Nomenklatur" oder durch die Konstitutionsformel wiedergegeben, wie z. B.:

a) p-Nitranilin → 2-Naphthol
b) p-Nitrophenyl-1-azo-naphthol-(2)

c) 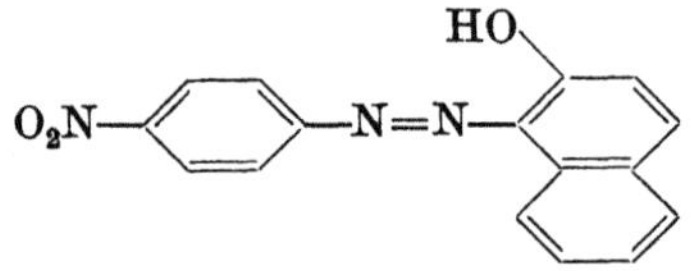 O_2N—⟨ ⟩—N=N—⟨ ⟩ (HO)

Im ersten Fall zeigt der Pfeil die Kupplungsrichtung an. Diese Schreibweise gibt gegenüber b) und c) nicht nur die Konstitution, sondern auch die Herstellungsart klar an. Bei Aminonaphtholen als Kupplungskomponenten wird zugleich mit dem Pfeil angegeben, ob die Kupplung der betreffenden Komponente sauer oder alkalisch erfolgt.

Man unterscheidet ferner primäre Azofarbstoffe, die durch Kupplung einer oder mehrerer Diazokomponenten auf eine Kupplungskomponente entstehen, und sekundäre Azofarbstoffe, zu deren Darstellung ein Aminoazokörper diazotiert und nochmals mit einer passiven Komponente gekuppelt wird. Als Beispiele seien aufgeführt:

$$\text{p-Nitranilin} \xrightarrow{\ sauer\ } \text{H-Säure} \xleftarrow{\ alkalisch\ } \text{Anilin}$$
primärer Azofarbstoff

Anilin → m-Toluidin → 2-Naphthol
sekundärer Azofarbstoff

2. Wasserunlösliche Farbstoffe

a) Dispersionsfarbstoffe

Acetatseide und andere synthetische Fasern werden vorwiegend mit wasserunlöslichen Dispersionsfarbstoffen gefärbt, unter denen sich

[1] BRUNNER, A.: Analyse der Azofarbstoffe. Berlin: Springer 1929.
[2] FORMANEK, J.: Untersuchung und Nachweis organischer Farbstoffe auf spektroskopischem Wege. Berlin: Springer 1929.

Nitro-, Azo- und Anthrachinonfarbstoffe befinden[1]. Die verwendbaren Azofarbstoffe umfassen gelbe, rote, violette und blaue Farbtöne; die Lichtechtheit der letzteren ist allerdings nur mäßig. Die Färbung von hydrophoben Fasern wird im allgemeinen durch ein niederes Molekulargewicht, neutralen Charakter und die Anwesenheit von Hydroxy- und Aminogruppen begünstigt. Als Dispersionsfarbstoffe kommen deshalb fast ausschließlich Monoazokörper in Frage. Wichtige Diazokomponenten sind p-Nitranilin und seine Nitro-, Halogen- und Alkylsulfonderivate. Als Kupplungskomponenten verwendet man o- und p-Kresol, substituierte Aniline, ferner Pyrazolone, Naphthylamine, 2.4-Dihydroxychinolin und Dimedon. Wichtig sind Anilinderivate mit Hydroxyäthyl- und Hydroxypropylgruppen am Stickstoff, da diese die Dispergierbarkeit in Wasser erleichtern und die Sublimierechtheit erhöhen[2]. Die Einführung derartiger Gruppen erfolgt durch Umsetzung des Amins mit Äthylenoxyd, Äthylenchlorhydrin oder Epichlorhydrin[3]. Stark ionisierte Gruppen wie die Sulfonsäuregruppe sind ungünstig und können die Affinität für hydrophobe Fasern völlig aufheben. Die Eignung eines Farbstoffes zur Färbung von Acetatseide läßt sich feststellen, indem man seine wäßrige Lösung oder Dispersion mit Essigester ausschüttelt. Geeignete Farbstoffe werden dabei vom Essigester völlig aufgenommen.

Cellitonechtgelb G[4] (E. FISCHER u. C. E. MÜLLER 1926) färbt ein schönes Gelb mit sehr guten Allgemeinechtheiten und eignet sich für den Druck. Man verwendet es auch für Polyamide und Polyester; Wolle und Seide werden angefärbt. Die Herstellung erfolgt aus diazotiertem p-Aminoacetanilid und p-Kresol.

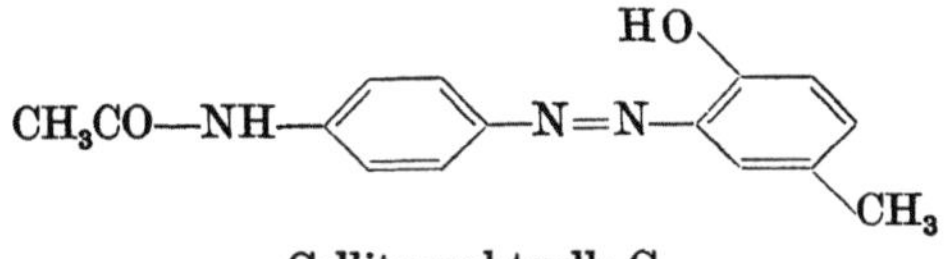

$$CH_3CO{-}NH{-}\langle\ \rangle{-}N{=}N{-}\langle\ \rangle\quad {}^{HO}\ {}_{CH_3}$$

Cellitonechtgelb G

Ein klares Gelb mit sehr guten Echtheiten färbt das *Cibacetgelb GN*[5], das sich für Acetatseide und Polyamide eignet. Es liefert sehr egale

---

[1] Zur Entwicklung der Dispersionsfarbstoffe siehe: MUSHOFF, H.: J. Soc. Dyers Colourists **77**, 89 (1961). — FOURNESS, R. K.: J. Soc. Dyers Colourists **72**, 513 (1956). — BIRD, C. L.: J. Soc. Dyers Colourists **72**, 343 (1956). — STEAD, E., u. A. MURRAY: J. Soc. Dyers Colourists **68**, 15 (1951). — MELLOR, A., u. H. C. OLPIN: J. Soc. Dyers Colourists **67**, 620 (1951). — Zur Identifizierung von Dispersionsfarbstoffen auf Celluloseacetat siehe: HAIGH, D.: J. Soc. Dyers Colourists **79**, 242 (1963).

[2] Zur Färbung von Celluloseacetat siehe: BIRD, C. L.: J. Soc. Dyers Colourists **70**, 68 (1954) u. spätere Veröffentlichungen. — MARJURIE, T. G.: J. Soc. Dyers Colourists **70**, 442, 445 (1954); **72**, 41 (1956). — JONES, F.: J. Soc. Dyers Colourists **77**, 57 (1961).

[3] Vgl.: DRP 447420 (1924).

[4] DRP 469514 (1926); auch Artisilgelb G, 2GN; Cibacetgelb 2GC; Dispersol Fast Yellow G; Setacylgelb G, 2GN u. a.

[5] DRP 561493 (1927); andere Namen sind Artisilgelb GN, Setacylgelb GN. Siehe auch DRP 472355 (1926).

Färbungen. Wolle und Seide werden nur mäßig angefärbt. Stark grünstichige Gelbtöne erhält man mit 2.4-Dihydroxychinolin als Kupplungskomponente[1].

$$H_3C-\underset{NO_2}{\underbrace{}}-N=N-\underset{HO-\underset{N-H}{\underbrace{}}-N}{\underbrace{}}-CH_3 \qquad \text{Cibacetgelb GN}$$

$$\underbrace{}-N=N-\underbrace{}-N=N-\underset{R}{\underbrace{}}-OH \qquad I$$

Artisilgelb RGFL (I, R=H) ist einer der wenigen Dispersionsfarbstoffe mit zwei Azogruppen. Es färbt ein leicht rotstichiges Gelb und eignet sich für Acetatseide, Polyamide und Polyester. Die Echtheiten sind vorzüglich, ausgenommen die Alkaliechtheit auf Acetatseide, was auf die p-ständige Hydroxylgruppe zurückzuführen ist. Der Farbstoff läßt sich nicht weiß ätzen. Gute Allgemeinechtheiten und eine ausgezeichnete Lichtechtheit weist auch das *Cellitonechtgelb 5R* (I, R=CH₃) auf, ein stark rotstichiges Gelb.

Cellitonechtorange GR[2] besitzt auf Acetatseide mittlere Allgemeinechtheiten und wird auch auf Polyamiden und Polyestern verwendet. Er läßt sich auf der Faser diazotieren und mit 2-Hydroxy-3-naphthoesäure zu einem Bordeaux entwickeln. Der Farbstoff wird aus diazotiertem p-Nitranilin und N-Sulfomethylanilin hergestellt, nach der Kupplung wird die Sulfomethylgruppe mit kochender, wässriger Natronlauge abgespalten[3].

$$O_2N-\underbrace{}-N=N-\underbrace{}-NH_2$$

Cellitonechtorange GR

Zahlreich sind die Farbstoffe mit oxäthylierten Anilinen als Kupplungskomponente, deren Farbtöne rot bis blau sein können. Als Beispiele seien genannt[4]:

$$O_2N-\underbrace{}-N=N-\underbrace{}-N\underset{CH_2CH_2OH}{\overset{C_2H_5}{<}}$$

Cellitonscharlach B
(Cibacetscharlach 2B, Dispersol Fast Scarlet B, Setacylscharlach B u.a.)

$$O_2N-\underset{Cl}{\underbrace{}}-N=N-\underbrace{}-N(CH_2CH_2OH)_2$$

Cellitonechtrubin 3B
(Artisilrubin R, Cibacetrubin 3BS, Setacylrubin B u.a.)

---

[1] Vgl.: DRP 450900 (1925); DRP 541072 (1928).
[2] Auch im Handel als Artisilorange 2R, 2RP; Cibacetorange 2R; Dispersol Fast Orange G; Setacylorange GR u.a.
[3] DRP 131860 (1899).
[4] Zur Herstellung siehe: DRP 447420 (1924); DRP 626191, 636952 (1934); DRP 647700, 657202 (1932).

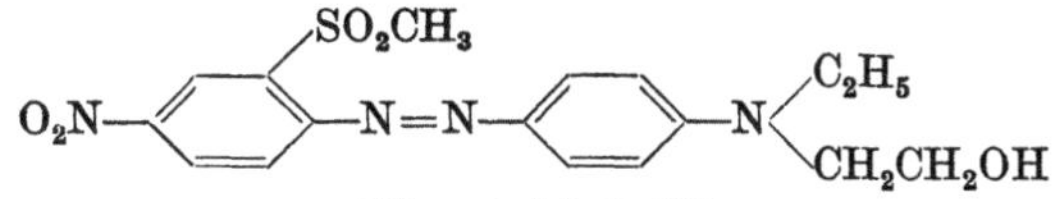

Cibacetviolett 5R

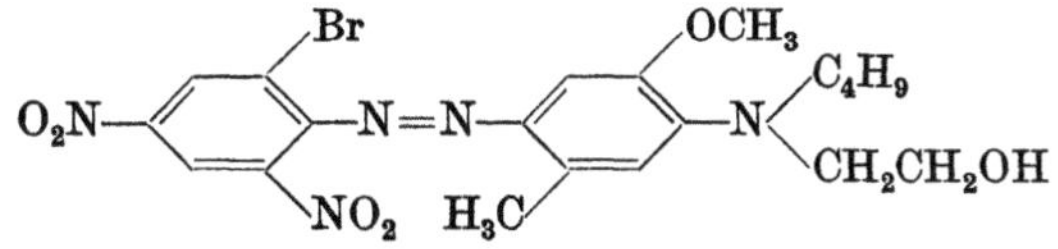

Cellitonätzblau 3R

Sehr gute Allgemeinechtheiten weist das stark rotstichige Cibacetviolett 5R auf. Es eignet sich auch für den Druck und läßt sich weiß
ätzen. Die Methylsulfongruppe erhöht die Dispergierbarkeit und das
Egalisiervermögen. Die beiden Rotmarken haben mittlere, das Cellitonätzblau 3R nur mäßige Echtheiten. Letzteres wurde vom grünstichigen
Cellitonätzblau 5G[1] (J. H. HELLBERGER u. C. TAUBE 1934) verdrängt,
das ebenfalls nur mäßig echt ist. Gegenüber den echteren blauen
Anthrachinonfarbstoffen besitzt es den Vorzug der Ätzbarkeit, die bei
Modeartikeln wichtig ist. Überdies ist die Abgasechtheit bei den Azofarbstoffen meist viel besser als bei den Anthrachinonderivaten.

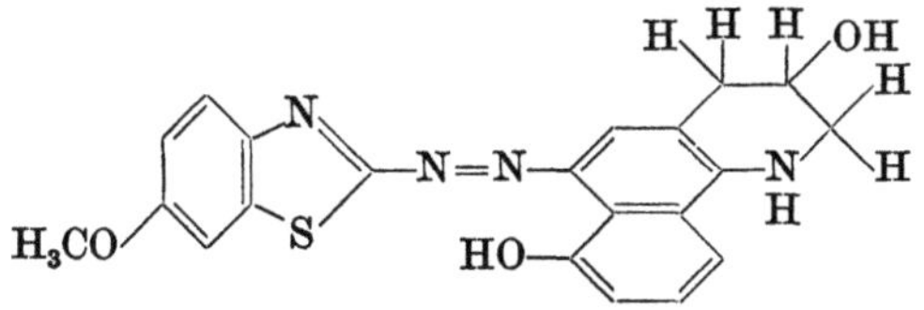

Cellitonätzblau 5G

Ätzbare Blautöne erhält man ferner mit einigen Nitrothiazolen und Nitrothio-
phenen als Diazokomponenten, beispielsweise mit diazotiertem 2-Amino-5-nitro-
thiazol I[2] und 2-Amino-3-nitro-5-acetylthiophen II[3]; ihre Lichtechtheit ist nur
mäßig.

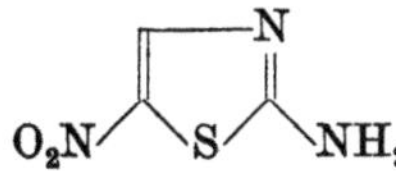

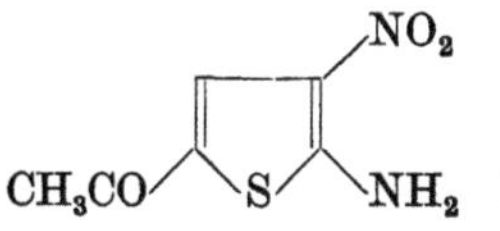

Die grünstichigsten Töne gibt N,N-Bis-oxäthyl-2-methoxy-5-acetylamino-
anilin III als Kupplungskomponente. Es wurde erstmals von Geigy verwendet.

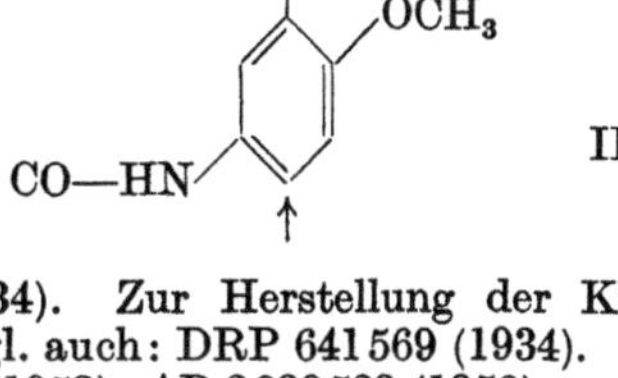

III

---

[1] DRP 644724 (1934). Zur Herstellung der Kupplungskomponente siehe
DRP 634035 (1934). Vgl. auch: DRP 641569 (1934).

[2] Vgl.: AP 2659719 (1953); AP 2839523 (1958).

[3] DICKEY, J. B., E. B. TOWNE, M. S. BLOOM, W. H. MOORE, B. H. SMITH u.
D. G. HEDBERG: J. Soc. Dyers Colourists **74**, 123 (1958); AP 2805218 (1958).

Schwarze Töne erzielt man mit Diazotierungsfarbstoffen[1], beispielsweise *Cibacetdiazoschwarz GNN*[2] IV oder *B* V[3].

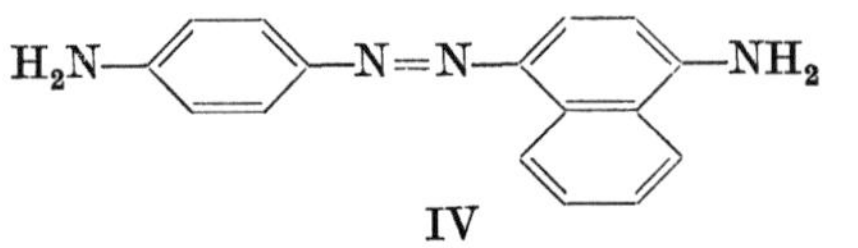

$$H_2N\text{—}\langle\text{—}\rangle\text{—}N{=}N\text{—}(\text{Naphthyl})\text{—}NH_2 \qquad H_2N\text{—}\langle\text{—}\rangle\text{—}N{=}N\text{—}(\overset{OCH_3}{\underset{H_3C}{\langle\text{—}\rangle}})\text{—}NH_2$$

IV 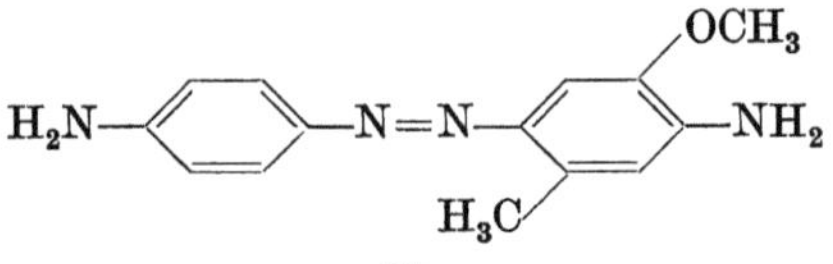   V

Man erhält die beiden Azokörper durch Kupplung von diazotiertem p-Nitranilin auf 1-Naphthylamin bzw. 2-Methoxy-5-methylanilin[4], worauf man die Nitrogruppe mit Natriumsulfid reduziert. Nach der Färbung wird der Aminoazokörper auf der Faser diazotiert und mit 2-Hydroxy-3-naphthoesäure entwickelt. Die so erzielten Schwarztöne weisen sehr gute Allgemeinechtheiten auf.

In neuerer Zeit wurden metallisierbare Dispersionsfarbstoffe mit verbesserter Lichtechtheit entwickelt[5]. Die Metallkomplexbildung erfolgt dabei nach dem Färben durch eine Nachbehandlung mit Salzen zweiwertiger Metalle wie Nickel, Kupfer und Mangan. Man verwendet am besten die Rhodanide, da andere Salze ungenügend in die Faser eindringen.

Ihre Anwendung beschränkt sich auf Acetatseide. Eine größer Bedeutung erlangten sie nicht, da die Erhöhung der Echtheiten geringfügig ist und man durch eine Spinnfärbung wesentlich bessere Echtheiten erzielen kann.

Eine Sondergruppe liegt in den ,,*Solacet*''-Farbstoffen der ICI vor. Es sind wasser- und acetatlösliche Schwefelsäurehalbester. Sie werden mit einem geringen Flottenverhältnis und unter Salzzusatz gefärbt, um eine gute Farbausbeute zu erzielen. Man verwendet sie für dichtgeschlagene Stoffe, die sie infolge der Wasserlöslichkeit gut durchfärben. Erwähnt seien[6]:

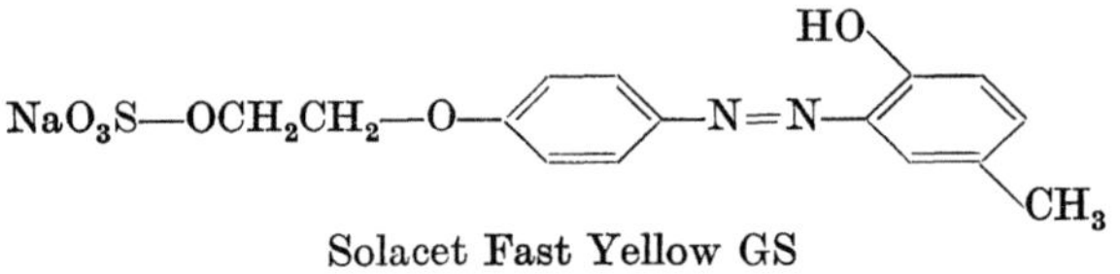

$$NaO_3S\text{—}OCH_2CH_2\text{—}O\text{—}\langle\text{—}\rangle\text{—}N{=}N\text{—}(\overset{HO}{\underset{CH_3}{\langle\text{—}\rangle}})$$

Solacet Fast Yellow GS

$$O_2N\text{—}\langle\text{—}\rangle\text{—}N{=}N\text{—}\langle\text{—}\rangle\text{—}N\overset{C_2H_5}{\underset{CH_2CH_2O\text{—}SO_3Na}{\Big\langle}}$$

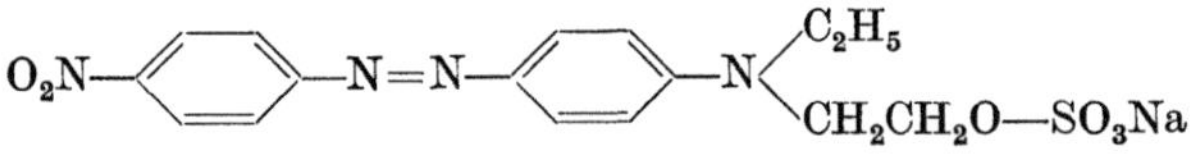

Solacet Fast Scarlet B

Die *Anwendung* der Dispersionsfarbstoffe geschieht aus einer wäßrigen Dispersion, die Netz- und Dispergiermittel enthält, um ein Aus-

---

[1] Über Entwicklungsfarbstoffe für synthetische Fasern siehe auch: HADFIELD, H. R., u. W. F. LIQUORICE: J. Soc. Dyers Colourists **75**, 299 (1959). — WALLS, I. M. S.: J. Soc. Dyers Colourists **70**, 429 (1954).

[2] Auch als Artisildiazoschwarz GP, Cellitazol STN, Dispersol Diazo Black B, Setacyldiazoschwarz GN u. a. im Handel.

[3] Auch Artisildiazoschwarz B, Dispersol Diazo Black 2B, Setacyldiazoschwarz B u. a.

[4] DRP 554632 (1927).

[5] Siehe: AP 2822359, 2843580 (1958); EP 777377, 800144, 801900 (1955) u. a.

[6] Zur Herstellung siehe: DRP 645423 (1935); DRP 673909 (1936). — Zur Verwendung von Phosphorsäureestern für denselben Zweck vgl.: EP 896947 (1962).

flocken zu verhindern. Die Dispergiermittel bewirken auch eine Quellung der Acetatseide. Acetatfasern werden bei 60—80° C gefärbt, höhere Temperaturen können ihren Glanz infolge oberflächlicher Verseifung zerstören. Polyamide werden bei 80—100° C gefärbt. Polyester- und unmodifizierte Polyacrylnitrilfasern färbt man entweder bei 100° C unter Zusatz spezieller Quellmittel („Carrier") oder aber bei 120° C unter Druck. Ohne Quellmittel wird bei Kochtemperatur nur eine ungenügende Quellung der Fasern und eine viel zu langsame Farbstoffaufnahme erzielt[1]. Der bei der Färbung von den hydrophoben Fasern aufgenommene Farbstoff macht nur etwa 0,25—1,0% des Färbegutes aus.

Manche Dispersionsfarbstoffe sind phototrop, d.h. sie verändern unter Lichteinwirkung ihren Farbton. Diese Farbänderung ist reversibel und von der Lichtechtheit unabhängig. Es kann sich dabei um trans-cis-Umlagerungen oder Änderungen in der Agglomerationsstruktur handeln[2].

Handelsnamen für Dispersionsfarbstoffe sind: Acetamine (DuPont); Artisil-, (Sandoz); Celliton-, Cellitonecht-, Cilla-, Cillaecht- (BASF); Cibacet-, Terasil- (Ciba); Dispersol (ICI); Setacyl- (Geigy). Die Bezeichnungen „-ätz-" und „-diazo-" bedeuten, daß der betreffende Farbstoff weiß geätzt beziehungsweise auf der Faser diazotiert und entwickelt werden kann.

Dispersionsfarbstoffe speziell für Polyesterfasern sind unter den Namen Foron- (Sandoz), Palanil- (BASF), Resolin- (Bayer), Samaron- (Hoechst) und Terasil- (Ciba) im Handel. Dispersionsfarbstoffe für Polyamide sind die Latyl- (Du Pont) und Perliton-Sortimente (BASF).

b) Fettfarbstoffe

Fett- und öllösliche Farbstoffe dienen zum Färben von Schuhcremen, Bohnermassen, Kerzen, Schmierfetten, Öl- und Wachsbeizen, Öl- und Nitrolacken, von Benzin, Kunststoffen, Fettstiften u. dgl. Ähnlich den Dispersionsfarbstoffen sind sie wasserunlöslich und enthalten weder Sulfo- noch Carboxylgruppen. Da eine Dispergierbarkeit in Wasser meist unerwünscht ist, fehlen auch Oxäthyl- und Alkylsulfonreste. Weitaus der größte Teil der Fettfarbstoffe besteht aus Azoverbindungen und zwar vorwiegend aus Monoazokörpern, mit denen sich Gelb, Orange, Rot und Braun erzielen lassen. Blaue Fettfarbstoffe sind in der Anthrachinonreihe erhältlich, für schwarze Töne verwendet man meist Induline und Nigrosine (siehe Azinfarbstoffe).

$$\bigcirc\!\!-N{=}N{-}\bigcirc\!\!-NR_2$$

Aminoazobenzol (R=H)
Buttergelb (R=CH$_3$)

---

[1] Vgl.: HENDRIX, H.: Melliand Textilber. **42**, 432, 1275 (1961); **43**, 156, 258 (1962). — LERCH, U.: Melliand Textilber. **42**, 540 (1961). — GLENZ, O., W. BECKMANN u. W. WUNDER: J. Soc. Dyers Colourists **75**, 141 (1959). — HADFIELD, H. R., u. R. BROADHURST: J. Soc. Dyers Colourists **74**, 387 (1958). — DIERKES, G., u. G. RÖMER: Melliand Textilber. **36**, 1170, 1271 (1955). — VICKERSTAFF, TH.: Melliand Textilber. **35**, 765 (1954).

[2] EIGENMANN, G., u. F. KERN: Textil-Rundschau **16**, 167 (1961). — MECHEL, L. v., u. H. STAUFFER: Helv. chim. Acta **24**, 151 E (1941).

Aminoazobenzol (CH. MÈNE 1861) erhält man durch Kupplung von diazotiertem Anilin auf N-Sulfomethylanilin und nachfolgende Abspaltung des Sulfomethylrestes[1]. Sein N,N-Dimethylderivat ist als *Buttergelb* (O. N. WITT 1876; P. GRIESS 1877) bekannt. Es wurde früher zum Färben von Margarine und Butter benützt, woher es auch seinen Namen hat, ist aber jetzt in den meisten Ländern als Lebensmittelfarbstoff schon lange verboten, da es krebserzeugend ist. Die Herstellung erfolgt durch Kupplung von diazotiertem Anilin auf Dimethylanilin.

Rote Farbstoffe erhält man mit 2-Naphthol, beispielsweise *Sudanrot BB* und *Ceresrot 3R*[2]. Letzteres besitzt eine bessere Sublimierechtheit.

Sudanrot BB

Ceresrot 3R

c) Körperfarben (Pigmentfarbstoffe)

Als Körperfarben bezeichnet man unlösliche Farbpulver, die man in Ölfarben, Lacken, Druckfarben und Kunststoffen sowie bei der Spinnfärbung von synthetischen Fasern und beim Pigmentdruck von Textilien verwendet[3]. Im Jahre 1960 wurden in den USA rund 20000 Tonnen Körperfarben hergestellt; ihr Anteil an der gesamten Farbstoffproduktion betrug damit rund 25%. Die Zahl der verschiedenen Körperfarben ist verhältnismäßig klein und der Ausstoß ist deshalb bei den einzelnen Produkten groß. Umfangmäßig weitaus am wichtigsten sind darunter die Azofarbstoffe.

Körperfarben sind unlöslich. Ihre Unlöslichkeit beschränkt sich nicht nur auf das zu färbende Medium, sondern soll auch diejenigen Medien umfassen, mit denen der gefärbte Körper später in Kontakt kommen kann. Die erwünschte vollkommene Unlöslichkeit, die sich auf Wasser, anorganische Reagenzien, organische Lösungsmittel, Öle, Kunststoffe und Weichmacher erstrecken soll, ist meist nur teilweise zu erreichen. In vielen Fällen ist auch eine gute Temperaturbeständigkeit

[1] DRP 131860 (1899).

[2] DRP 524109 (1927).

[3] Für eine kurze Übersicht siehe: SMITH, F. M.: J. Soc. Dyers Colourists **78**, 222 (1962). — GAERTNER, H.: J. Oil & Colour Chemists' Assoc. **46**, 13 (1963).

und Sublimierechtheit erforderlich, besonders bei der Verwendung in Kunststoffen[1].

Die anorganischen Körperfarben sind den organischen bezüglich Unlöslichkeit, Temperaturstabilität, Sublimier- und Lichtechtheit zwar in der Regel überlegen, ihre Farbkraft ist jedoch gering und ihre Farbtöne sind stumpfer. Ihre chemische Beständigkeit — vor allem gegenüber Säuren und Basen — ist oft nur mäßig. Die organischen Körperfarben zeichnen sich durch klare Farbtöne und große Ausgiebigkeit aus; ihre Lichtechtheit variiert von mäßig bis zu ausgezeichnet. Eine Ausnahme bilden die auf ein inertes Substrat niedergeschlagenen Farblacke, die bereits verschnitten sind.

Für die Anwendung der Körperfarben sind ihre physikalischen Eigenschaften meist ausschlaggebend. Es sind dies die Kristallform und ihre Beständigkeit, die Teilchenform und -größe, die Agglomeratart, die Dispergierbarkeit, die Neigung zum Absetzen, Ausflocken oder Ausschwimmen, der Brechungsindex, das spezifische Gewicht und die Farbkraft. Die *Kristallform* der Körperfarben beeinflußt Farbton und Farbkraft. Feindisperse Kristalle sind viel ausgiebiger als grobe. Die Beständigkeit einer Kristallform kann für den Einsatz eines Pigmentes entscheidend sein. Metastabile Kristallformen gehen in der Wärme oder im Kontakt mit Lösungsmitteln oft in stabilere, aber applikatorisch ungünstige Kristalle über und sind damit unbrauchbar. Eingehend wurde dieses Problem erstmals beim Kupfer-Phthalocyanin untersucht. *Teilchenform* und *-größe* beeinflussen das Fließvermögen des pigmenthaltigen Mediums, beispielsweise einer Ölfarbe. Die Herstellungsverfahren müssen sich jedoch primär nach dem gewünschten Farbton richten und können die entstehende Teilchenart erst in zweiter Linie oder oft gar nicht berücksichtigen. Die *Dispergierbarkeit* in dem zu färbenden Medium wirkt der Tendenz zum Absetzen oder Ausflocken entgegen und wird oft durch geeignete Dispergiermittel stark verbessert. Derartige Zusätze können aber unerwünschte Nebenwirkungen zeitigen und werden deshalb nach Möglichkeit vermieden. Häufig benützt man Netz- und Dispergiermittel jedoch bei der Herstellung der Körperfarben und wäscht sie nachher wieder aus. Die *Agglomerate* der einzelnen Farbkristalle bestimmen die Korngröße und Härte eines Farbpulvers. Bei harten Pulvern lassen sie sich nur schwer zerkleinern und dispergieren, bei weichen dagegen leicht. Die Agglomerate bilden sich beim Trocknen der feuchten Filterkuchen und müssen deshalb durch Mahlen wieder zerkleinert werden. Man kann die Körperfarben vom Filterkuchen auch direkt in ein anderes Medium — beispielsweise ein gebräuchliches Lösungsmittel — überführen, wobei die Agglomeratbildung größtenteils entfällt. Dieses vor allem in Amerika ausgeübte Verfahren wird als „flushing" bezeichnet.

Eine allfällige Neigung zum *Absetzen, Ausflocken* oder *Ausschwimmen* kann für den Verbraucher sehr störend sein. Ein Absetzen des Farbpulvers, etwa in einer Ölfarbe, tritt zuweilen bei spezifisch schweren

---

[1] Zur Anwendung in Kunststoffen siehe: OEHLKE, C. R. M.: J. Soc. Dyers Colourists **70**, 137 (1954).

und schlecht dispergierten Pulvern auf. Das Ausflocken besteht in einer
erneuten Agglomeration von dispergierten Teilchen. Es ist von einer
allfälligen Änderung der Kristallform unabhängig und braucht nicht
zum Absetzen des Farbpulvers zu führen, vermindert aber die Farbkraft sehr stark. Bei Pastellfarben, die viel Weißpigment enthalten,
kann der Farbton bei einer Ausflockung des Farbkörpers praktisch verschwinden. Die Ausflockung ist oft reversibel und wird manchmal
bereits beim Verrühren oder Verstreichen der Farbe wieder behoben.
Dabei entstehen allerdings unerwünschte Stricheffekte. Zuweilen ist
mit der Ausflockung ein Ausschwimmen der Farbe verbunden. In
Mischungen mehrerer Farben kann es eine gewisse Entmischung bewirken. Besonders störend ist das Ausschwimmen in Farben und Lacken,
in denen es zu einer unerwünschten Strukturierung der Oberfläche
führt. Der *Brechungsindex* einer Körperfarbe ist gegeben und läßt sich
durch die Herstellung kaum beeinflussen. Zusammen mit dem Brechungsindex des Mediums bestimmt er die Transparenz der gefärbten
Masse, die um so höher ist, je geringer die beiden Indices voneinander
abweichen.

Man teilt die Körperfarben ein in Farblacke, metallhaltiger Toner,
Metallchelate, metallfreie Azopigmente, kationische Farbstoffkomplexe,
Phthalocyanine, Küpenpigmente und Verschiedene.

Als *Farblacke* bezeichnet man Farbstoffe, die auf ein Substrat oder
mit einem solchen zusammen gefällt werden. Das inerte Substrat dient
als Träger und Verschnittsubstanz. So läßt sich der Aluminiumlack des
Alizarins zusammen mit Aluminiumhydroxyd oder das schwerlösliche
Bariumsalz von Litholrot R zusammen mit Bariumsulfat ausfällen. Die
Farbkraft und häufig auch die Lichtechtheit derartiger Farblacke sind
gering. Sie spielen keine große Rolle.

Metallhaltige *Toner* sind schwerlösliche Metallsalze — meistens
Calcium-, Barium- oder Mangansalze — von sauren Azofarbstoffen. Man
fällt den Farbstoff aus der wäßrigen Lösung seines Natriumsalzes. Oft
setzt man der Lösung vor der Verlackung bis zu 25% Kolophoniumseife
zu, die einen klareren Farbton bewirkt. Die Verlackung wird zuweilen
durch kurzes Kochen beendet. Infolge des Salzcharakters sind diese
Toner ölunlöslich, ziemlich lösungsmittel- und sublimierecht sowie recht
gut wärmebeständig. Ihre Farbkraft ist hoch, die Lichtechtheit mäßig
bis sehr gut. Eine eingehende Besprechung der einzelnen Strukturen
folgt weiter hinten.

Die *Metallchelate* umfassen nur wenige Typen. Im Gegensatz zu den
metallhaltigen Tonern, deren Metallatom nur geringen Einfluß auf den
Farbton besitzt, ändert sich bei ihnen die Farbe je nach Metallart ziemlich stark. Sie sind weniger leuchtend als die Toner und die metallfreien Azopigmente. Als einziger wichtiger Vertreter mit Azostruktur
sei das *Lithosol Fast Yellow 3GD* erwähnt, ein gelbstichig grüner Nickel-
komplex mit ausgezeichneter Lichtechtheit, der öl- und wärmebeständig,
aber nur mäßig lösungsmittelecht ist[1].

---

[1] DRP 165327 (1904); AP 2396327 (1946).

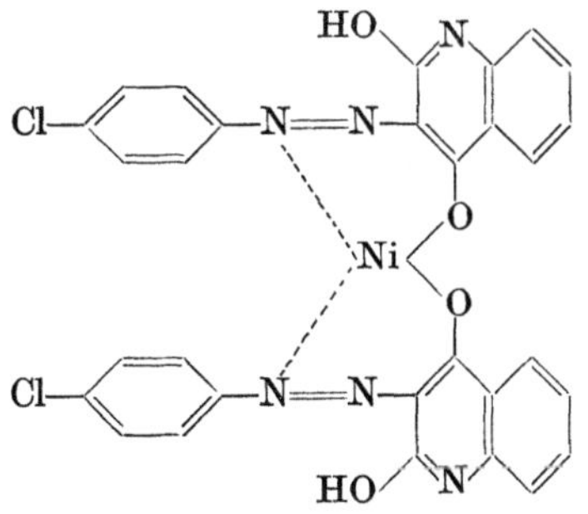

Lithosol Fast Yellow 3GD

Zu den Metallchelaten gehört auch das Pigmentgrün B, der Eisen-komplex des 1-Nitroso-2-naphthols (siehe Nitrosofarbstoffe).

Die *metallfreien Azopigmente* sind rein organische Verbindungen und deshalb meist etwas löslich in Lösungsmitteln und Ölen, weshalb sie leichter ausbluten als die Toner. Ihre Wärmebeständigkeit ist meist gut, häufig neigen sie aber zur Rekristallisation oder zum Sublimieren; letzteres kann durch eine Vergrößerung des Moleküls verringert werden. Die Lichtechtheit ist mäßig bis ausgezeichnet; die Farbstärke ist sehr gut. Die Anzahl praktisch verwendeter Typen ist gering, ihre ausführliche Besprechung folgt weiter hinten.

Basische Farbstoffkomplexe erhält man durch Fällung von basischen Farbstoffen mit mehrwertigen Säuren. Ein altbekanntes Fällmittel ist Tannin; die entstandenen Pigmente sind aber lichtunecht. Wesentlich bessere Lichtechtheiten erzielt man mit komplexen anorganischen Säuren als Fällungsmittel, vor allem mit Phosphor-Molybdän-Wolframsäure. Man erzeugt die letztere durch Ansäuern einer wäßrigen Lösung von Natriumphosphat, -molybdat und -wolframat mit Salzsäure. Mit basischen Farbstoffen entstehen leuchtende Farbpulver, die unter dem Namen ,,Fanalfarben'' bekannt wurden. Sie sind wasser- und ölfest, gegenüber Lösungs-mitteln und Seife aber nur mäßig beständig und werden vor allem in Druckfarben verwendet. Am verbreitetsten ist der Farblack von Methylviolett[1], ebenfalls wichtig sind die Lacke von Rhodamin B[2], Rhodamin 6G[2] und Viktoriablau[1].

Die *Phthalocyanine* werden in einem besonderen Kapitel besprochen.

Die *Küpenpigmente* gehören zu den indigoiden oder chinoiden Küpenfarbstoffen. Es ist indessen oft schwierig, sie in brauchbare Pigmente mit der erwünschten Farbstärke und Teilchengröße überzuführen. Da sie teuer sind, verwendet man sie nur für besondere Zwecke, wo hohe Anforderungen gestellt werden, wie für Auto-lacke. Viele Küpenfarbstoffe bluten allerdings mit Lösungsmitteln aus und sind damit als Pigmente von vornherein ungeeignet. Die wichtigsten Pigmente sind das Anthrapyrimidingelb[3], das orange Dibrompyranthron[4], der rote Perylenscharlach[5], das blaurote Thioindigorotviolett[6] und das blaue Indanthron[7], das sehr gute Echt-heiten, aber eine etwas stumpfe Farbe besitzt.

---

[1] Siehe Triphenylmethanfarbstoffe.

[2] Siehe Xanthenfarbstoffe.

[3] Indanthrengelb 4GF; vgl. dazu das Kapitel über chinoide Küpenfarbstoffe, Abschnitt Anthrapyramidine.

[4] Siehe chinoide Küpenfarbstoffe, Abschnitt Pyranthrone.

[5] Siehe chinoide Küpenfarbstoffe, Abschnitt über heterocyclische Chinone; Indanthrenscharlach R.

[6] Indanthrenrotviolett RH, Cibarot F3B u.a.; siehe unter Thioindigo und Derivate.

[7] Siehe unter chinoide Küpenfarbstoffe, Indanthrone.

Von den zu verschiedenen Gruppen gehörenden Pigmenten sind das in mehreren Kristallformen verwendbare Chinacridon[1] und das Dioxazinviolett am wichtigsten. Letzteres wird durch Kondensation von 3-Amino-9-äthylcarbazol mit Chloranil und anschließenden Ringschluß dargestellt und ist mit dem unsulfonierten Grundkörper des Remastralblau FFRL[2] identisch. Man verwendet es wegen seiner Brillianz und in Anbetracht seines hohen Preises vor allem zum Abtönen von Farbmischungen.

Unter den *metallhaltigen Tonern* finden sich vor allem viele Rotmarken. Eines der ältesten und bekanntesten Produkte ist das *Litholrot R*[3] (P. Julius 1899), das als wasserlösliches, gelbstichig rotes Natriumsalz sowie als unlösliches, rotes Barium- und als unlösliches, blaustichig rotes Calciumsalz im Handel ist. Man verwendet es in Druckfarben, Öl-farben, Lacken und verschiedenen Kunststoffen. Licht- und Ölbeständigkeit sowie die Wärmestabilität sind gut, die Lösungsmittelechtheit ist nur mäßig bis gering.

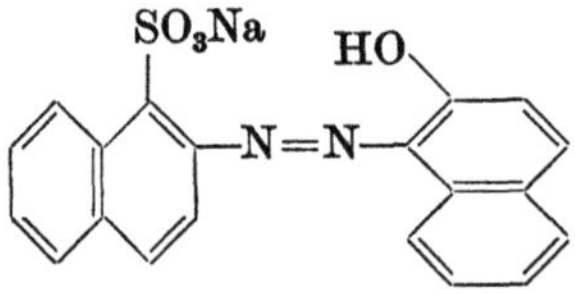

Litholrot R, Natriumsalz 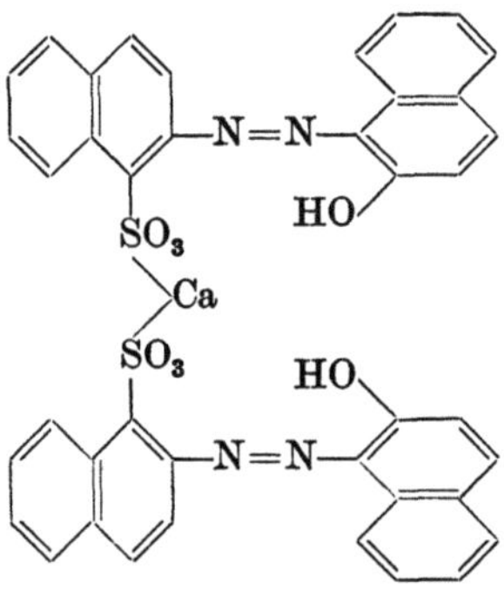   Litholrot R, Calciumsalz

Ein anderes wichtiges Produkt ist das *Lackrot C*[4] (K. Schirmacher 1920). Sein Natriumsalz ist ein klares, stark gelbstichiges Rot, das unlösliche Bariumsalz ein gelbstichiges Rot mit guter Öl- und Wärme-beständigkeit, aber nur mäßiger Licht- und Lösungsmittelechtheit. Man verwendet es in Druckfarben, Gummi, Polyvinylchlorid und Papier-massen. Durch Variation der Diazokomponente sind zahlreiche ähnliche Rotmarken erhältlich[5].

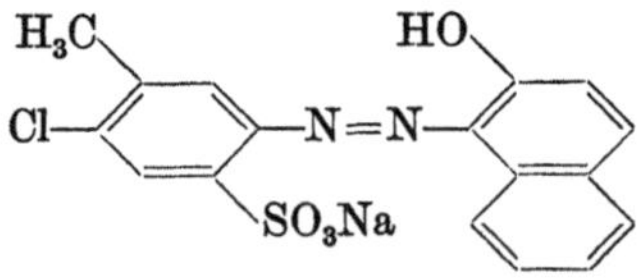

Lackrot C

---

[1] Siehe Acridinfarbstoffe.

[2] Siehe Oxazinfarbstoffe.

[3] DRP 112 833 (1899); BIOS Report 1661, 101. Das Natriumsalz ist auch als Irgalithrot RL, Lackrot RL, Monolite Red R, Oralithrot SR wasserlöslich, Signalrot u. a. im Handel.

[4] DRP 145 908 (1902); das Natriumsalz ist auch als Irgalithrot C, Monolite Red CN u. a. im Handel.

[5] Vgl.: DRP 112 833 (1899); DRP 128 456 (1901); DRP 175 378 (1904); DRP 366 168 (1920); DRP 487 804 (1926).

Eine wesentlich höhere Lichtechtheit erzielt man mit 2-Hydroxy-3-naphthoesäure als Kupplungskomponente. Die beiden wichtigsten Farbstoffe dieses Typs sind *Litholrubin BN*[1] (R. GLEY u. O. SIEBERT 1903) und *Permanentrot BB extra*, bzw. deren Calciumsalze, Litholrubin BKN und Litholrubin F5R extra. Man verwendet sie für Druckfarben, Ölfarben, Lacke, Gummi und Kunststoffe.

$$SO_3Na \quad HO \quad COONa$$

Litholrubin BN (X=H)
(Irgalithrot 4B)

Permanentrot BB extra (X=Cl)
(Irgalithrot 2BS, Monolite Rubine 2BN)

$$SO_3—Ca—OOC$$
$$HO$$

Litholrubin BKN (X=H)
(Graphtolrubin BP, Irgalithkarmesin SC, Litholrubin F6R extra, Oralithrubin PB, Rubine Toner 4B u. a.)

Litholrubin F5R extra (X=Cl)
(Irgalithgeranium RC, Rubine Toner 2B u. a.)

Auch Naphtholsulfonsäuren und N-Sulfophenyl-pyrazolone werden als Kupplungskomponenten eingesetzt; mit letzteren entstehen gelbe Farbtöne. Erwähnt seien:

Pigmentscharlach 3B:	Anthranilsäure	→	R-Salz[2]
Helioorange TD:	o-Chloranilin	→	Schäffer-Salz[3]
Heliobordeaux B:	1-Naphthylamin	→	1-Naphthol-5-sulfonsäure
Echtlichtgelb 3G:	Orthanilsäure	→	1-(o-Sulfophenyl)-3-carboxy-pyrazolon-(5)[4]

Bei den *metallfreien Azopigmenten* kann man nach der Kupplungskomponente drei Gruppen unterscheiden, nämlich die 2-Naphtholderivate, die 2-Hydroxy-3-naphthoesäurearylide und die Acetessigarylide. Die ersteren beiden geben rote, die letzteren gelbe Farben. Die Herstellung der Azopigmente ist schwieriger als diejenige der löslichen Farbstoffe. Die Beschaffenheit des Pigmentes, wie es bei der Kupplung anfällt, bestimmt seine Eigenschaften[5]. Eine nachträgliche Korrektur

---

[1] DRP 151205 (1903). Litholrubin RN und Permanentrot BB extra waren Handelsnamen der früheren IG Farbenindustrie AG.

[2] DRP 141257 (1902).

[3] DRP 529989 (1928).

[4] Vgl. auch: DRP 493128 (1924).

[5] Bezüglich der optischen Eigenschaften einiger Azopigmente siehe: HANNAM, A. R., u. D. PATTERSON: J. Soc. Dyers Colourists 79, 192 (1963).

oder ein Umlösen ist praktisch unmöglich. Der Kupplungsvorgang ist deshalb äußerst sorgfältig und genau nach den vorhandenen Erfahrungsgrundlagen auszuführen. Die Reinheit der Ausgangsmaterialien spielt eine große Rolle. Eine Zersetzung der Diazokomponente kann durch tiefe Temperaturen, möglichst niedrige p_H-Werte und ihre langsame Zugabe zur Kupplungskomponente vermieden werden[1]. Viele Azopigmente werden als Pasten verwendet, um die Feinheit des Pigmentes durch das Trocknen nicht zu vergröbern.

Das älteste Produkt der 2-Naphtholreihe ist das *Pararot* (R. MELDOLA 1885; auch Pigmentrot B, Monolite Fast Red B u.a.). Es besitzt eine hohe Farbkraft, ist jedoch in den meisten Ölen und Lösungsmitteln löslich und blutet deshalb leicht aus. Zwei ähnliche Verbindungen sind das *Permanentrot R*[2] und das gelbstichig rote *Permanentrot GG*[3] (R. LAUCH 1907). Noch stärker gelbstichig war das Litholechtorange 3GL aus 3-Nitro-4-aminobenzotrifluorid und 2-Naphthol[4]. Man verwendet die beiden Permanentrots für zahlreiche Zwecke, wo nicht höchste Echtheiten erforderlich sind. Ihre Lichtechtheit ist zwar sehr gut, ihre Lösungsmittel- und Migrationsbeständigkeit jedoch nur mäßig.

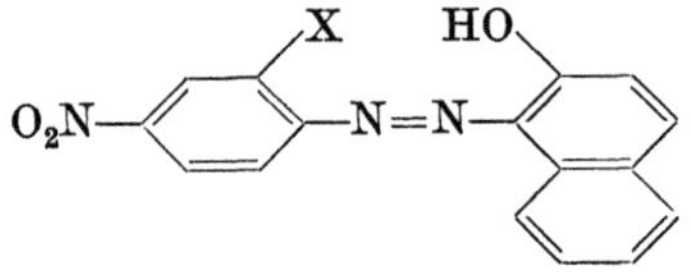

Pararot (X=H)
Permanentrot R (X=Cl)
Permanentrot GG (X=NO$_2$)

Das wichtigste und am meisten benützte Rotpigment ist das *Hansarot B*[5], in Amerika und England als Toluidinrot bezeichnet. Der Farbstoff ist ölecht, aber nicht lösungsmittel- und migrationsbeständig. Seine Lichtechtheit ist ausgezeichnet, jedoch nur in tiefen Farbtönen. Mischungen mit Titandioxyd besitzen eine wesentlich geringere Lichtechtheit. Durch Änderungen der Kupplungsbedingungen kann man den Farbstoff in verschiedenen Nuancen erhalten.

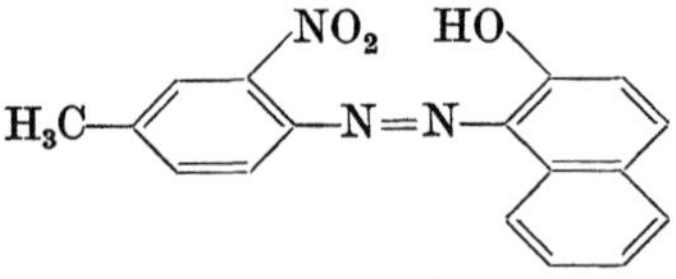

Hansarot B

<hr>

[1] Zur kontinuierlichen Herstellung siehe: NAKATEN, H.: Chimia **15**, 156 (1961).

[2] DRP 180031 (1905); auch Graphtolrot RL, Irgalithechtrot PR, Monolite Fast Red G, Oralithrot PR u.a.

[3] DRP 217266 (1907); auch Graphtolrot 2GL, Hansaorange RN, Irgalithechtrot 2GL, Monolite Fast Red 2G, Oralithrot 2GL u.a.

[4] DRP 610891 (1933).

[5] Andere Handelsnamen sind: Graphtolrot 4RL, Irgalithechtrot P4R, Monolite Fast Scarlet RB, Oralithrot P4R u.a.

Wesentlich echtere rote bis braune Pigmente erhält man mit 2-Hydroxy-3-naphthoesäurearyliden; das höhere Molekulargewicht und die geringere Löslichkeit ergeben eine bessere Migrations- und Lösungsmittelechtheit. Sie wurden erstmals von Griesheim-Elektron hergestellt[1] und später von der ehemaligen IG-Farbenindustrie AG zur Gruppe der „Permanent F"-Farbstoffe zusammengefaßt. Variationen sind sowohl in der Diazokomponente wie auch im Arylidrest möglich. Die Diazokomponenten sind dieselben wie auch bei den 2-Naphtholpigmenten, wichtig sind substituierte 2- und 4-Nitraniline. Ausgezeichnet lichtechte Pigmente erhält man aus diazotiertem 2-Amino-3-chloranthrachinon[2]. Erwähnt sei das *Permanentrot FRR*[3] (A. WINTHER, A. LASKA u. A. ZITSCHER 1911), ein gelbstichiges Rot mit sehr guter Licht- und mäßiger Lösungsmittelechtheit. Über den Einfluß der Arylidgruppe auf den Farbton, der meist nur gering ist, orientiert die nachstehende Zusammenstellung:

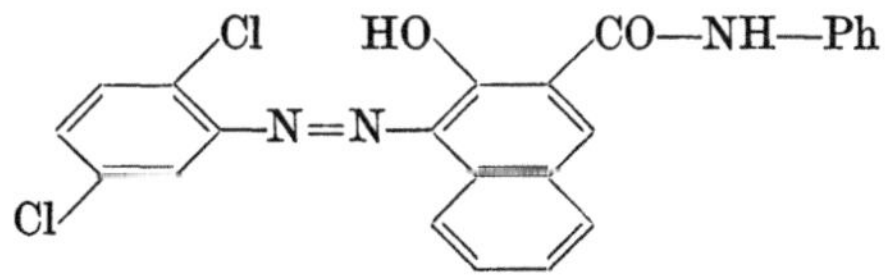

Permanentrot FRR   (Ph = Phenyl)
Permanentrot FRL   (Ph = p-Tolyl)
Permanentrot FRLL (Ph = o-Anisyl)
Permanentbraun FG (Ph = 2.5-Dimethoxyphenyl)

Wesentlich größere Moleküle mit entsprechend höherer Migrations- und Lösungsmittelechtheit erhält man mit Diaminen als Arylidkomponente:

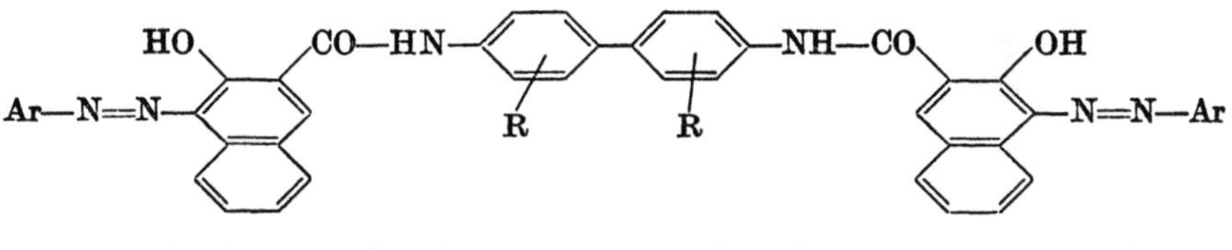

Es ist dabei am zweckmäßigsten, zuerst die Diazokomponente mit 2-Hydroxy-3-naphthoesäure zum Azokörper zu kuppeln und nachher die Carboxylgruppe ins Säurechlorid überzuführen, das dann mit dem Diamin umgesetzt wird[4]. Als Diamine verwendet man Benzidin und seine Derivate.

Mit Acetessigaryliden erhält man die wichtigen gelben Azopigmente, die als Hansagelbmarken bekannt wurden. Als Diazokomponenten dienen substituierte o- und m-Nitraniline. Die beiden wichtigsten Typen sind das *Hansagelb G*[5] (H. WAGNER 1909) und das stark grünstichige *Hansagelb 10G*[6] (K. DESAMARI 1911). Beide sind klare Gelbs

---

[1] DRP 256999 (1911); DRP 258654 (1912).

[2] DRP 727946 (1938); vgl. auch Indigosolrot AB bei den Indigosolen.

[3] Andere Handelsnamen sind Irgalithrot FBS, Monolite Fast Red 2R u.a.

[4] EP 730384 (1956).

[5] DRP 257488 (1909); vgl. auch: DRP 287569, 293429 (1912); im Handel als Irgalithechtgelb PG, Monolite Fast Yellow GN, Oralithgelb G u.a.

[6] Andere Handelsnamen sind Graphtolechtgelb 10G, Irgalithechtgelb P10G, Monolite Fast Yellow 10G, Oralithgelb 10G u.a.

mit sehr guter Licht- und Ölechtheit, guter Wärme- und mäßiger Lösungsmittelbeständigkeit. Ihre Deckkraft ist sehr gut. Man verwendet sie in Öl- und Druckfarben, in Lacken, für Papiermassen, im Textildruck und in der Spinnfärbung von Viskose.

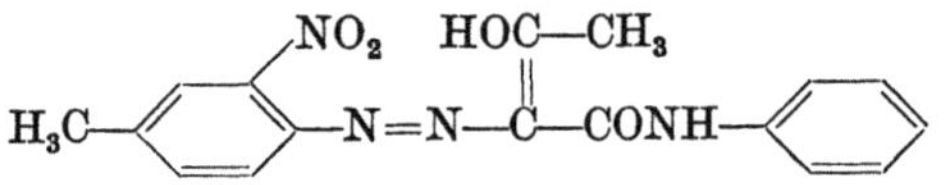

$$H_3C-\left\langle\right\rangle(NO_2)-N{=}N-\underset{\underset{HOC-CH_3}{\|}}{C}-CONH-\left\langle\right\rangle \qquad \text{Hansagelb G}$$

$$Cl-\left\langle\right\rangle(NO_2)-N{=}N-\underset{\underset{HOC-CH_3}{\|}}{C}-CONH-\left\langle\right\rangle(Cl) \qquad \text{Hansagelb 10G}$$

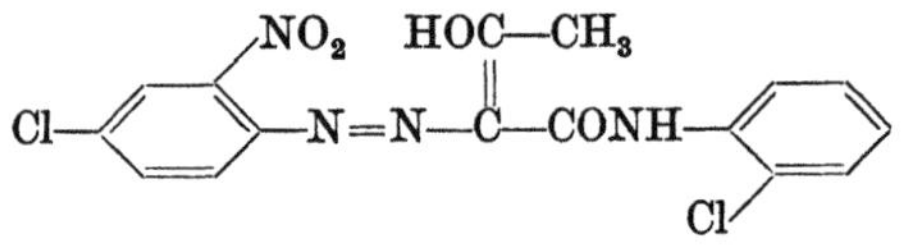

Auch bei den Acetessigaryliden lassen sich wesentlich höhere Molekulargewichte und damit eine bessere Migrationsbeständigkeit erzielen, wenn man Diamine als Arylidkomponente verwendet. Als Beispiel sei *Permanentgelb NCG* aus 2 Molen diazotiertem 2.4-Dichloranilin und 4.4'-Bis-acetessig-o-tolidid genannt[1]. Es besitzt sehr gute Allgemeinechtheiten, ausgenommen die nur mäßige Echtheit gegenüber aromatischen Kohlenwasserstoffen, und wird für Lacke, Druckfarben, Polyvinylchlorid und andere Kunststoffe benützt.

Zahlreicher sind die Pigmente aus tetrazotierten Benzidinen und zwei Molen Acetessigarylid, oft als „Benzidingelbs" bezeichnet. Tiefere Farbtöne erhält man mit Pyrazolonen und 2-Hydroxy-3-naphthoesäureaniliden. Ihre Hauptanwendung finden diese Farbstoffe in Gummi und Kunststoffen, weshalb sie von den Farbwerken Hoechst als „Vulkanecht"-Farbstoffe bezeichnet werden. Die Echtheit gegenüber Ölen und aliphatischen Kohlenwasserstoffen ist bei diesen Pigmenten sehr gut, ebenso die Wärmebeständigkeit. Gegenüber Ketonen und aromatischen Kohlenwasserstoffen sind sie gut bis mäßig echt; die Lichtechtheit variiert zwischen mittel bis sehr gut. Erwähnt seien:

„Benzidingelb"[2]:
(Irgalithgelb BO, Monolite Yellow GT)

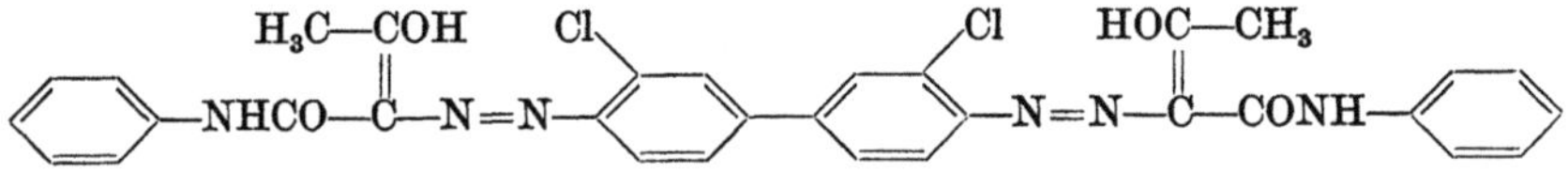

$$\left\langle\right\rangle-NHCO-\underset{\underset{H_3C-COH}{\|}}{C}-N{=}N-\left\langle(Cl)\right\rangle-\left\langle(Cl)\right\rangle-N{=}N-\underset{\underset{HOC-CH_3}{\|}}{C}-CONH-\left\langle\right\rangle$$

Vulkanechtgelb GR:
(Irgalithgelb BAW, Permanentgelb GR)

    3.3'-Dichlorbenzidin ⇄ 2 Mole 2.4-Acetessigxylidid

Vulkanechtrot B[3]:
(Irgalithechtrot PY)

    3.3'-Dichlorbenzidin ⇄ 2 Mole 3-Carbäthoxy-1-phenylpyrazolon-(5)

Vulkanechtblau 3G[4]:

    3.3'-Dimethoxybenzidin ⇄ 2 Mole 2-Hydroxy-3-naphthoesäureanilid

[1] DRP 386054 (1923).
[2] DRP 251479 (1912); DRP 602691 (1931).
[3] DRP 618342 (1932).
[4] DRP 596755 (1932).

3. Entwicklungsfarbstoffe

Entwicklungsfarbstoffe werden erst auf der Faser in ihre endgültige Form übergeführt, bei den Azofarbstoffen am einfachsten durch eine Azokupplung. Weitaus am wichtigsten sind dabei die Naphthol-AS-Farben, mit denen man auf Cellulosefasern sehr echte Färbungen erzielt. Sie sind unlöslich und eng mit den metallfreien Azopigmenten verwandt, oft handelt es sich sogar um dieselben Farbstoffe.

Eine zweite Möglichkeit bietet die Abspaltung solvatisierender Gruppen aus einem wasserlöslichen Farbstoffmolekül, das natürlich eine genügende Affinität zur Faser besitzen muß. Durch die Abspaltung der solvatisierenden Gruppen wird der Farbstoff in der Faser unlöslich und kann nicht mehr ausgewaschen werden. Dieses Prinzip, das bei den früheren *Neocoton*-Farbstoffen der Ciba und den neueren *Polykondensationsfarbstoffen* der Farbwerke Hoechst angewendet wird, steht allerdings der Methode der Farbstoff-Bildung durch Azokupplung in der Faser weit hintenan. Seine Diskussion erfolgt weiter hinten.

Die Entdeckung substantiver Entwicklungsfarbstoffe geht auf TH. und R. HOLIDAY zurück, die 1880 Baumwolle mit einer alkalischen Lösung von 2-Naphthol tränkten und die abgequetschte Ware anschließend mit diazotiertem 2-Naphthylamin behandelten. Dabei erhielten sie eine dem Türkischrot ähnliche Färbung, die trotz geringerer Echtheiten für viele Zwecke durchaus genügte und wesentlich einfacher zu erzeugen war. Durch Variation der Diazokomponente läßt sich der Farbton beeinflussen; mit o- und m-Nitranilin entsteht Orange, mit p-Nitranilin ein Scharlach, mit 1-Naphthylamin ein Bordeaux, und mit o,o'-Dianisidin ein Blau. Am wichtigsten wurde der Farbstoff mit p-Nitranilin, das *Pararot*. Wegen der Verwendung von Eis bei der Diazotierung nannte man die Farbstoffe auch „*Eisfarben*"; später lieferten die Farbenfabriken stabilisierte Diazoniumsalze[1].

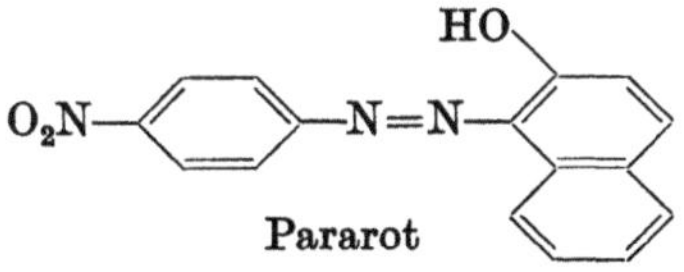

$$O_2N - \langle \rangle - N{=}N - \text{(Naphthol)}$$

Pararot

Die Echtheiten dieser mit 2-Naphthol erhaltenen Färbungen und Drucke waren oft ungenügend, besonders die Reib-, Wasch-, Chlor- und Lichtechtheit. Ein applikatorischer Nachteil lag in der Unbeständigkeit der alkalischen 2-Naphthollösung und in der raschen Luftoxydation der grundierten Ware. Einen wesentlichen Fortschritt brachte erst die Verwendung des Naphthol AS und anderer 2-Hydroxy-3-naphthoesäurearylide als Kupplungskomponenten im Jahre 1912 durch Griesheim-Elektron[2]. Sie sind bedeutend substantiver als das 2-Naphthol,

---

[1] Siehe das Kapitel über Diazotierung und Diazoverbindungen.

[2] DRP 261594 (1912). Zur Entwicklung der Naphthol AS-Farben siehe: HÜCKEL, M.: J. Soc. Dyers Colourists 74, 640 (1958). — STAAB, W.: Melliand Textilber. 42, 1373 (1961). — ZITSCHER, A.: Melliand Textilber. 35, 1389 (1954). — KIRST, W.: Melliand Textilber. 35, 1390 (1954). — KIRST, W., u. W. NEUMANN: Angew. Chem. 66, 429 (1954).

ihre Lösungen und die damit grundierte Ware haltbarer und die Färbungen wesentlich echter. Viele sind so echt, daß sie mit dem „Indan-
thren"- oder „Felisol"-Echtheitszeichen versehen werden dürfen.

Naphthol AS

2-Hydroxy-3-naphthoesäure läßt sich nach KOLBE aus 2-Naphtholat und
Kohlendioxyd unter Druck herstellen[1]. Die Arylide können in einstufiger Reaktion
erzeugt werden, indem man ein Mol Säure mit einem Mol Amin in etwa der zehn-
fachen Menge eines inerten Lösungsmittels wie Toluol auf 70—80° C erwärmt und
langsam 0,4—0,5 Mole Phosphortrichlorid zugibt[2]. Zuletzt wird die Lösung
einige Stunden gekocht und nach dem Abkühlen zur Entfernung der Phosphor-
und Salzsäure mit Sodalösung behandelt. Das Naphthol AS wird abfiltriert und
das Lösungsmittel zurückgewonnen. Die Ausbeute ist nahezu quantitativ. In
einigen Fällen versagt dieses Verfahren und man muß zuerst das Säurechlorid mit
Thionylchlorid darstellen und in einer zweiten Stufe mit dem Amin umsetzen.

Durch die Wahl verschiedener Amine lassen sich zahlreiche Arylide
der 2-Hydroxy-3-naphthoesäure und entsprechend viele verschiedene
Farbnuancen erzeugen. Einige wichtige Typen sind nachfolgend zusammengestellt; die Unterscheidung der Handelsprodukte[3] erfolgt
durch die dem AS nachgestellten Buchstaben:

Naphthol	Arylidrest	Naphthol	Arylidrest
AS	Anilin	AS-D	o-Toluidin
AS-BG	2.5-Dimethoxyanilin	AS-E	p-Chloranilin
AS-BO	1-Naphthylamin	AS-OL	o-Anisidin
AS-BR	o,o'-Dianisidin	AS-RL	p-Anisidin
AS-BS	m-Nitranilin	AS-SW	2-Naphthylamin

Mit den Aryliden der 2-Hydroxy-3-naphthoesäure erzielt man rote,
violette und rotblaue Farben; tiefere Töne kann man mit den Aryliden
einiger anderer aromatischer o-Hydroxycarbonsäuren erzeugen. Naphthol AS-GR liefert Grün, Naphthol AS-BT und AS-LB geben Braun
und Naphthol AS-SR Schwarz[4]. Die Kupplung erfolgt jeweils in ortho-
Stellung zur Hydroxylgruppe.

Naphthol AS-GR

Naphthol AS-BT

[1] Siehe hierzu den Abschnitt über die Kolbe-Schmitt-Reaktion.
[2] DRP 293897 (1913); vgl.: BIOS Report 986, 1149, 1363.
[3] Naphthol AS ist der geschützte Handelsname der Naphtholchemie Offenbach
bzw. der Farbwerke Hoechst.
[4] Vgl.: DRP 549983 (1932); DRP 551880 (1930); DRP 539116 (1931).

Naphthol AS-LB

Naphthol AS-SR

Gelbe Farben erhält man mit Acetessigaryliden. Am meisten verwendet wird Naphthol AS-G, obschon seine Substantivität gering ist und die daraus erhältlichen Farbstoffe meist nur mäßig lichtecht sind. Bessere Substantivität kommt Naphthol AS-LG, AS-L3G und AS-L4G zu; letzteres gibt mit verschiedenen Diazokomponenten sehr lichtechte Farbstoffe[1]. In den Farbstoffen liegt die Enolform der Ketone vor[2].

Naphthol AS-G

Naphthol AS-LG

Naphthol AS-L3G

Naphthol AS-L4G

Als Diazokomponenten benützt man diazotierte Aniline, Benzidine, Aminodiphenyläther, Aminodiphenylamine und Aminoazobenzole. Die undiazotierten Amine oder ihre Salze werden als „Farbbasen“, ihre stabilisierten Diazoniumverbindungen als „Färbesalze“ bezeichnet. Die hellsten Farbtöne liefert diazotiertes o-Chloranilin (Echtgelb GC-Salz). Die meisten anderen Anilinderivate führen zu orangen und roten Farbstoffen und werden dementsprechend als Orange-, Rot- und Scharlachbasen bezeichnet. Blautöne erhält man mit Dianisidin (Echtblau B-Base) und einer Nachbehandlung mit Kupfersalzen sowie mit einigen

[1] Siehe dazu: DESAI, R. L., u. T. N. MEHTA: J. Soc. Dyers Colourists 54, 422 (1938).
[2] BRADLEY, W.: J. Soc. Dyers Colourists 56, 298 (1940).

Derivaten des p-Phenylendiamins[1] (z.B. Echtblau BB-Base) und
4-Aminodiphenylamins[2] (z.B. Variaminblau B). Schwarz läßt sich mit
4.4'-Diaminodiphenylamin und Derivaten des 4.4'-Diaminoazobenzols
erzeugen. Einige wichtige Farbbasen und Färbesalze sind nachstehend
zusammengestellt.

Base	Konstitution	Salz[3]
Echtgelb GC-Base	2-Chloranilin-hydrochlorid	Echtgelbsalz GC (1)
Echtorange GC-Base	3-Chloranilin-hydrochlorid	Echtorangesalz GC (2)
Echtorange GR-Base	2-Nitranilin	Echtorangesalz GR (1)
Echtrot GG-Base	4-Nitranilin	Echtrotsalz GG (3)
Echtrot FG-Base	2-Phenoxy-5-chloranilin	Echtrotsalz FG (4)
Echtrot RL-Base	2-Methyl-4-nitranilin	Echtrotsalz RL (5)
Echtrot B-Base	2-Methoxy-4-nitranilin	Echtrotsalz B (2)
Echtscharlach GG-Base	2.5-Dichloranilin	Echtscharlachsalz GG (1)
Echtgranat GBC-Base	3.2'-Dimethyl-4-aminoazo-benzol	Echtgranatsalz GBC (6)
Echtblau B-Base	o,o'-Dianisidin	Echtblausalz B (1)
Echtblau BB-Base	2.5-Diäthoxy-4-benzoyl-amino-anilin	Echtblausalz BB (1)
Variaminblau B	4-Amino-4'-methoxy-diphenylamin	Variaminblausalz B (4)
Echtschwarz B-Base	4.4'-Diaminodiphenylamin	Echtschwarzsalz B (1)
—	4.4'-Diamino-2.5-dimeth-oxy-azobenzol	Echtschwarzsalz K (1)

Die Naphthol AS-Farben finden fast ausschließlich für Cellulosefasern Anwendung, und zwar vorwiegend für Baumwolle. Sie eignen
sich vorzüglich für den Druck und die Kontinuefärbung. Ihre Allgemeinechtheiten sind in der Regel gut bis sehr gut; nach dem Färben muß
sorgfältig geseift werden, um oberflächlich anhaftenden Farbstoff von
der Faser zu entfernen. Trotzdem läßt die Reibechtheit oft etwas zu
wünschen übrig.

Handelsnamen für die Naphthol AS-Farben sind: Brenthol, Brentamine Fast
Base, Brentamine Fast Salt (ICI); Cibanaphthole, Basen Ciba, Salze Ciba (Ciba);
Celcot, Devol, Devolsalz (Sandoz); Irganaphthole, Basen Irga, Salze Irga (Geigy);
Naphthol AS, Echtbasen, Echtsalze (Naphtholchemie Offenbach, bzw. Farbwerke
Hoechst).

Für den *Textildruck* wurden besondere Kombinationen von stabilisierten Diazoniumkomponenten mit geeigneten Kupplungskomponenten
entwickelt, denen gemeinsam ist, daß erst durch eine Nachbehandlung
mit Alkali, Säure oder Dampf der Farbstoff erzeugt wird. Der Druck
wird dadurch vereinfacht, da beide Komponenten in derselben Druckpaste enthalten sind und nach dem Druck durch einen einzigen Arbeitsgang entwickelt werden können, wobei die unbedruckten Stellen reser-
viert bleiben.

---

[1] DRP 486190 (1928).

[2] DRP 532685 (1927); DRP 542780 (1928).

[3] Diazoniumsalz des vorstehenden Amins, stabilisiert als: (1) Zinkchlorid-
Doppelsalz, (2) Salz der 1.5-Naphthalindisulfonsäure, (3) p-Chlorbenzolsulfonat,
(4) Hydrochlorid, (5) Bortrifluorid-Doppelsalz und (6) Sulfat.

Die *Rapidechtfarben*[1] bestehen aus einer Naphthol AS-Komponente und einem Isodiazotat[2]. Am stabilsten erwiesen sich Isodiazotate, die Halogen, aber keine Nitrogruppe enthalten. Die Mischung ist in alkalischem Medium haltbar; in der Kälte tritt keine Kupplung ein. Die Entwicklung erfolgt in einem Bad mit verdünnter Säure.

Die *Rapidazolfarben*[3] bestehen aus einem Naphthol AS und einem Diazosulfonat einer Variaminblaubase. Sie werden durch eine Dampfbehandlung in Gegenwart von Alkali entwickelt und umfassen blaue und schwarze Farbtöne.

Unter *Rapidogenfarben*[4] versteht man Mischungen einer Naphthol AS-Komponente mit einer Diazoaminoverbindung[5]. Die Farbtöne sind vielfältiger und die Haltbarkeit ist besser als bei den vorerwähnten Typen. Sie sind auch tropenfest. Die Entwicklung erfolgt durch ein saures Dämpfen, wobei man entweder dem Dampf flüchtige Säuren wie Essigsäure oder Salzsäure zusetzt, oder indem man die Druckpaste mit einem sog. „Neutralentwickler" und nicht mit Natronlauge ansetzt. Der Neutralentwickler enthält Ammoniumsalze, die beim Dämpfen Ammoniak abspalten, so daß die Druckpaste schwach sauer wird, worauf die Kupplung erfolgen kann.

Diazotierungsfarbstoffe entstehen, wenn man Farbstoffe mit freien, diazotierbaren Aminogruppen nach dem Ausfärben auf der Faser diazotiert und nachher mit einer geeigneten Kupplungskomponente kuppelt. Das Vorgehen ist also gerade umgekehrt wie bei den Naphthol AS-Farben. Sie werden bei den entsprechenden Farbstoffgruppen besprochen; wichtig ist das Verfahren bei manchen Dispersions- und bei substantiven Farbstoffen.

Eine grundsätzlich verschiedene Lösung des Entwicklungsproblems erfolgte bei den *Neocotonfarbstoffen* der Ciba[6]. In diesen wurde der fertige, unlösliche Farbstoff durch Veresterung einer Hydroxylgruppe mit m-Sulfobenzoesäure oder einer anderen geeigneten Sulfocarbonsäure löslich gemacht. Nach dem Färben mit dem gelösten Farbstoff wurde die löslichkeits-vermittelnde Gruppe durch Verseifung wieder abgespalten, so daß der unlösliche Farbstoff zurückblieb. Die alkalische Verseifung der Sulfobenzoesäureester erforderte ein längeres Lagern der bedruckten Ware und befriedigte nicht restlos. Die Lichtechtheit heller Farbtöne war außerdem im Vergleich mit derjenigen von Küpenfarbstoffen und Indigosolen ungenügend. Das Sortiment wurde deshalb wieder zurückgezogen.

---

[1] Andere Handelsnamen sind: Cibagen (Ciba), Momentogen (Sandoz), Tinogen (Geigy).

[2] Siehe unter Diazotierung und Diazoverbindungen.

[3] Vgl.: DRP 560797 (1930).

[4] Andere Handelsnamen sind: Brentogen (ICI), Cibanogen (Ciba), Diagen (Dupont), Ronagen (Rohner, Pratteln), Sandogen (Sandoz). Rapidogen ist der Handelsname der Farbenfabriken Bayer. — Siehe hierzu: THALER, H.: Melliand Textilber. 42, 1270 (1961). — Für eine kurze Diskussion der „Neutrogene" (Compagnie Française des Matières Colorantes) sei verwiesen auf: PETITCOLAS, P., u. G. THIROT: Teintex 26, 693 (1961).

[5] DRP 502334, 525399, 526879 (1928).

[6] Vgl.: GRÄNACHER, C., H. BRÜNGGER u. F. ACKERMANN: Helv. chim. Acta 24, Fasc. Extra-ord. 50 E (1941); — DRP 727697 (1935); DBP 842980 (1950).

Ein neues, sehr bemerkenswertes Prinzip wird bei den *Polykonden-sationsfarbstoffen* der Farbwerke Hoechst angewendet[1]. Als löslich-machende Gruppen enthalten diese Farbstoffe Thioschwefelsäure-S-alkylester, die bei der Behandlung mit Natriumsulfid in Disulfide über-geführt werden. Die gebildeten aliphatischen Disulfidgruppen sind stabil und werden von überschüssigem Natriumsulfid nicht angegriffen. Sie unterscheiden sich darin deutlich von den aromatischen Disulfidgruppen, welche in den Schwefelfarbstoffen vorliegen und die durch Natrium-sulfid in wasserlösliche Mercaptide gespalten werden.

Zur Herstellung von Polykondensationsfarbstoffen eignet sich bei-spielsweise die m-Aminobenzyl-thioschwefelsäure II, die aus der Nitro-verbindung I durch Reduktion mit Eisen und Eisensulfat dargestellt werden kann. Bei der Diazotierung geht sie in m-Diazobenzyl-thio-schwefelsäure III über.

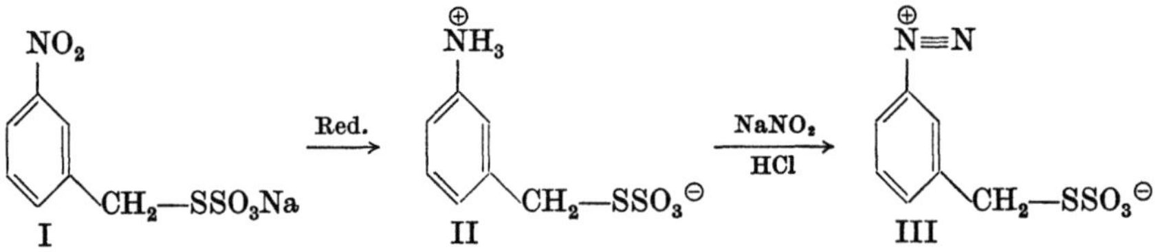

Mit der m-Diazobenzyl-thioschwefelsäure lassen sich Azofarbstoffe darstellen. So entsteht mit Naphthol AS-G ein wasserlöslicher, gelber Farbstoff, mit dem sich Baumwolle aus soda-alkalischer Flotte färben läßt. Bei der Nachbehandlung mit Natriumsulfid werden die Thiosulfat-gruppen gespalten und es entstehen wasserunlösliche, oligomere oder polymere Disulfide mit dem Kettenglied IV.

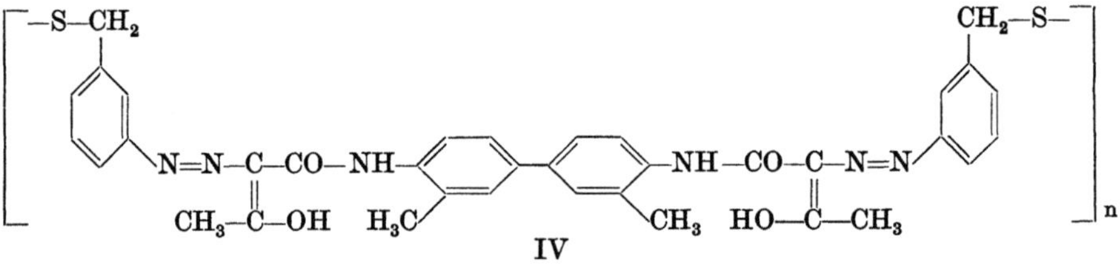

Eine zweite Möglichkeit des Einbaus der Thiosulfatgruppe bieten die m-Aminobenzyl-thioschwefelsäure und andere thiosulfatgruppenhaltige Amine, die sich mit Säurechloriden zu den entsprechenden N-substitu-ierten Säureamiden umsetzen lassen. Aus 2-Hydroxy-3-naphthoesäure erhält man derart die Kupplungskomponente V, aus Kupfer-Phthalo-cyanintetrasulfochlorid den blauen Farbstoff VI. Zu diesem letzteren Typ dürfte das ®Inthionbrillantblau I5G gehören.

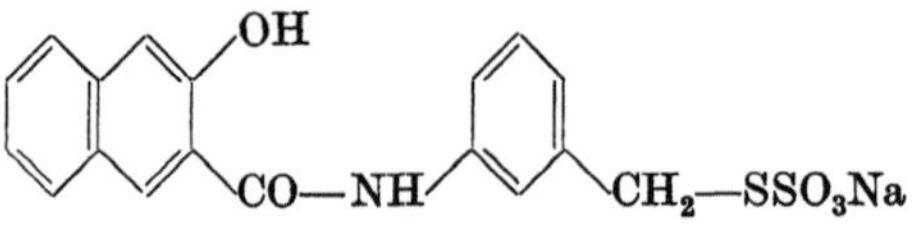

[1] Siehe hierzu: SCHIMMELSCHMIDT, K., H. HOFFMANN u. E. BAIER: Angew. Chem. **74**, 975 (1962). — AP 3098064 (1963).

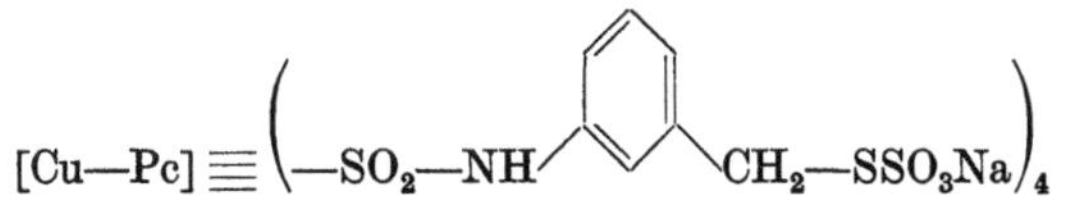

$$[Cu\!-\!Pc] \equiv \left(-SO_2\!-\!NH\!\!\diagup\!\!\bigcirc\!\!\diagdown\!\!CH_2\!-\!SSO_3Na\right)_4$$

VI

Im allgemeinen müssen die Farbstoffe mehrere Thiosulfatgruppen besitzen, um anwendungstechnisch zu befriedigen, solche mit nur einer derartigen Gruppe sind nur in Ausnahmefällen brauchbar. Die Fixierung erfolgt am zweckmäßigsten mit Natriumsulfid. Mit Alkalilaugen treten Nebenreaktionen ein, die zu wasserlöslichen Sulfinsäuren führen und dadurch die Naßechtheiten stark verringern. Man kann auch sauer mit Formaldehyd fixieren. Dabei dürften sich intermediäre Mercaptogruppen bilden, die mit dem Formaldehyd zu Mercaptalen reagieren. Man kann derart Baumwolle in einem Arbeitsgang färben und knitterfest ausrüsten.

Die Polykondensationsfarbstoffe werden auf Baumwolle im Klotz-Verfahren angewandt. Zum Färben aus verdünnteren Flotten sind sie weniger geeignet, da ihre Substantivität gering ist. Dagegen ziehen sie auf Wolle und Polyamide schon aus verdünnten Färbeflotten sehr stark[1]. Polykondensationsfarbstoffe liegen im ®*Inthion*-Sortiment der Farbwerke Hoechst vor.

4. Wasserlösliche Farbstoffe

a) Basische Farbstoffe

Die basischen Azofarbstoffe bilden eine kleinere und heute weniger bedeutsame Gruppe. Ein starker Impuls zur Bearbeitung dieses Gebietes ging allerdings in neuerer Zeit von den Polyacrylnitrilfasern aus, die sich mit basischen Farbstoffen licht- und waschecht färben lassen.

Zu den älteren basischen Farbstoffen gehören das *Chrysoidin* (H. CARO 1875, O. N. WITT 1876), das man durch Kupplung von diazotiertem Anilin auf m-Phenylendiamin erhält, sowie das *Bismarckbraun G* (C. MARTIUS 1863), das sich beim Diazotieren von drei Molen m-Phenylendiamin mit zwei Molen Natriumnitrit in verdünnt salzsaurer Lösung bildet. Der Farbstoff enthält stets auch isomere Azokörper. Aus m-Toluylendiamin erhält man das rotstichigere Bismarckbraun R. Alle drei Farbstoffe sind braun; ihre Echtheiten sind gering, besonders die Lichtechtheit (1—2). Man verwendet sie noch zum Färben von Leder und Papier sowie in Holzbeizen.

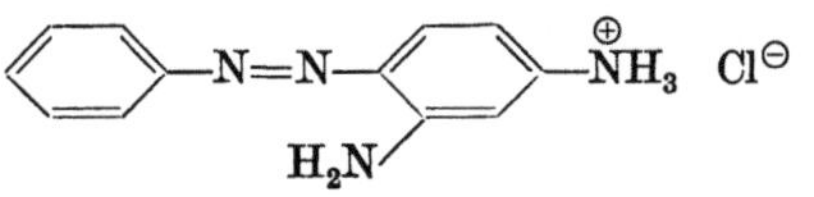

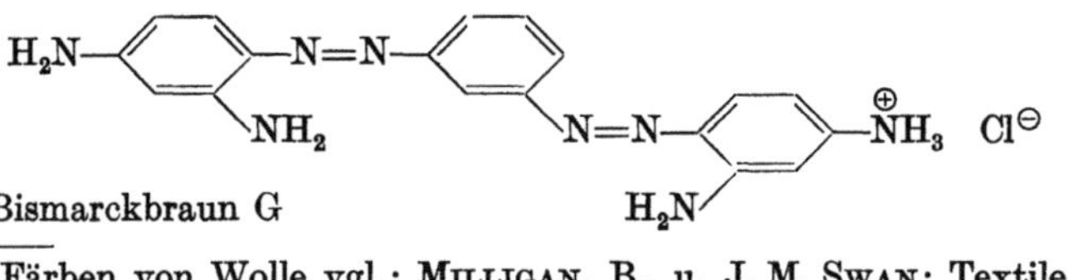

---

[1] Zum Färben von Wolle vgl.: MILLIGAN, B., u. J. M. SWAN: Textile Res. J. **31**, 19 (1961). — OSTERLOH, F.: Melliand Textilber. **44**, 57 (1963).

Bemerkenswerter sind die *Janusfarbstoffe*, die quaternäre Ammoniumgruppen oder basische Phenazinreste enthalten. Ihre praktische Bedeutung blieb allerdings gering und beschränkte sich auf das Färben erschwerter Seide, wo sie eine ausgezeichnete Affinität und sehr gute Naßechtheiten, aber nur mäßige Lichtechtheit aufweisen. Auf Wolle und tannierter Baumwolle ist die Lichtechtheit gering. Erwähnt seien das *Janusrot B*[1] und das *Janusgrün B*[2]:

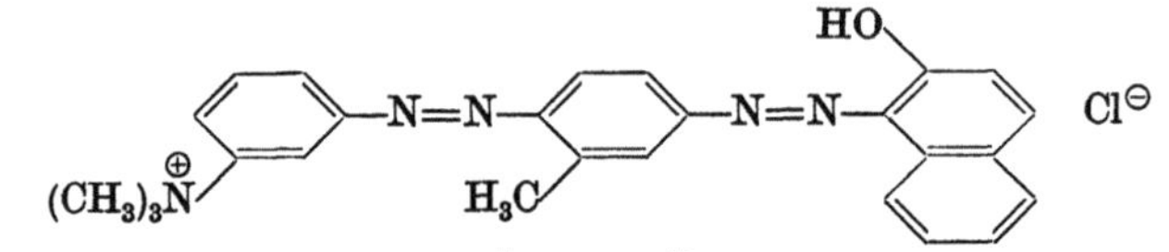

Janusrot B

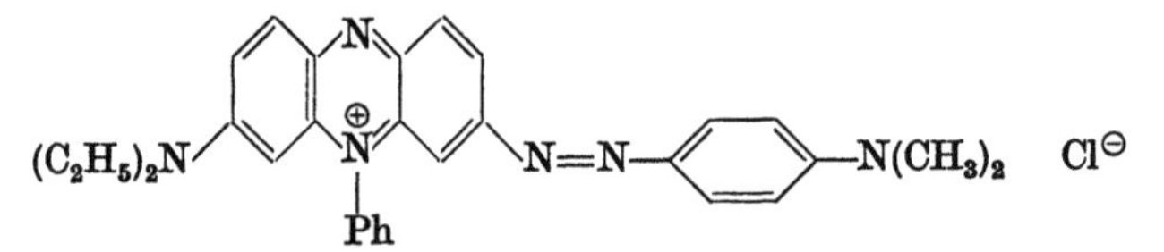

Janusgrün B

In neuerer Zeit wurde festgestellt, daß viele basische Farbstoffe, die auf Seide oder Wolle nur eine mäßige oder geringe Lichtechtheit besitzen, auf unmodifizierten Polyacrylnitrilfasern sehr lichtecht sind[3]. Es handelt sich hierbei offensichtlich um einen sehr starken Substrateinfluß, wie er in ähnlicher Weise auch an den Farblacken aus basischen Farbstoffen und Phosphor-Molybdän-Wolframsäure bekannt ist. Viele kationische Farbstoffe haben allerdings für Polyacrylnitrilfasern eine zu große Affinität und egalisieren deshalb nur schwer; die Basizität der gewöhnlichen Dispersionsfarbstoffe andrerseits ist wieder zu gering[4]. Das Gebiet der basischen Azofarbstoffe wurde deshalb neuerdings eingehend bearbeitet und zwar in Richtung basischer Seitenketten, basischer Heterocyclen und der Azamethine.

Durch Einführung von substituierten Aminogruppen in die Seitenkette läßt sich die Basizität der Farbstoffe in weitem Ausmaß verändern, da diese Aminogruppen wesentlich basischer sind als solche, die direkt an einem aromatischen Ring stehen. Als Beispiel sei der nachstehende Farbstoff I aufgeführt, der Polyacrylnitril in orangen Tönen mit guter Licht- und Naßechtheit färbt[5]. Durch eine Quaternierung der Aminogruppe in der Seitenkette läßt sich die Basizität noch erhöhen[6]. Auch mit Guanidyl- und Biguanidylgruppen in der Seitenkette erzielt man eine höhere Basizität des Farbstoffes[7].

---

[1] DRP 93499, 98585 (1896).

[2] DRP 95668 (1897).

[3] Vgl.: WEGMANN, J.: Melliand Textilber. **39**, 408 (1958). — GLENZ, O., u. W. BECKMANN: Melliand Textilber. **38**, 296, 783 (1957). — GLENZ, O.: Melliand Textilber. **38**, 1152 (1957). — BECKMANN, W.: J. Soc. Dyers Colourists **77**, 616 (1961). — FEICHTMAYR, F., u. A. WÜRZ: J. Soc. Dyers Colourists **77**, 626 (1961).

[4] Vgl.: VOGEL, T., J. M. A. DE BRUYNE u. C. L. ZIMMERMANN: Amer. Dyestuff Rep. **47**, 581 (1958). — WÜRZ, A.: Reyon, Zellw. und Chemiefas. **7**, 712 (1957).

[5] FP 1177997 (1957); vgl. auch: FP 1169603 (1956).

[6] DAS 1011396 (1955); DAS 1045969 (1956); DAS 1040152 (1957).

[7] DAS 1014518 (1957); vgl.: DAS 1045362 (1957).

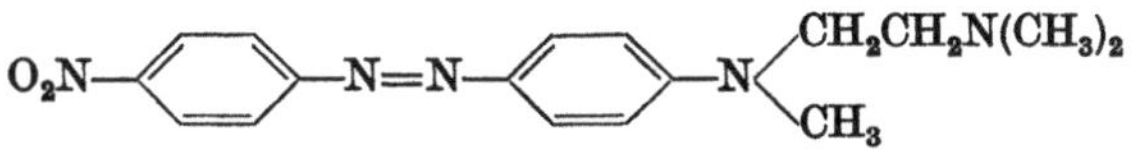

$$O_2N—\langle\ \rangle—N{=}N—\langle\ \rangle—N\big\langle{}^{CH_2CH_2N(CH_3)_2}_{CH_3}$$

I, orange

Eine zweite wichtige Gruppe basischer Azokörper enthält quaternierte Heterocyclen wie Benzthiazol, Benzimidazol, 1.2.4-Triazol und andere[1]. Dabei lassen sich bereits mit einfachen Monoazokörpern sehr tiefe Farbtöne erhalten, ein Rot beispielsweise mit II, ein tiefes Blau mit III.

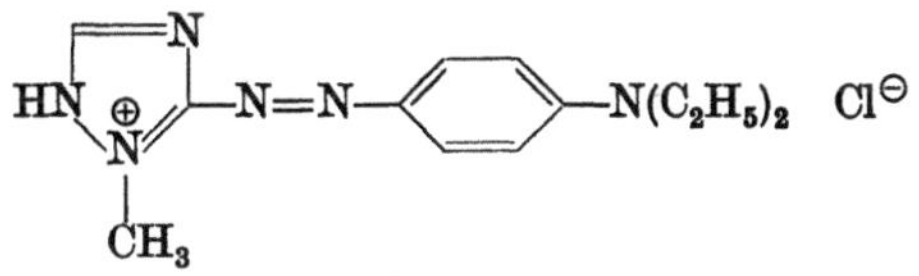

II, rot

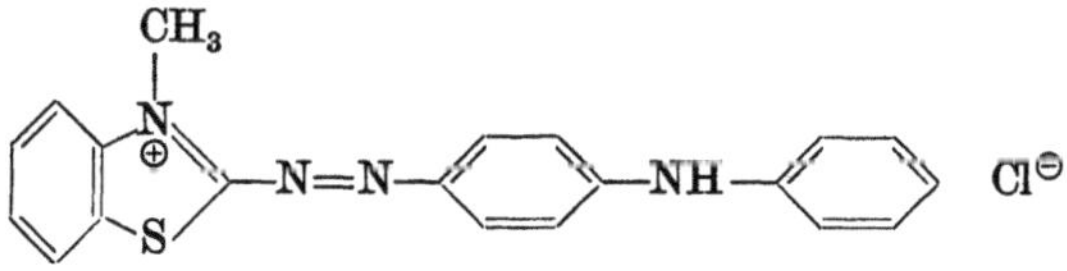

III, blau

Eine weitere wichtige Gruppe basischer Farbstoffe bilden die Azamethine. Da sie meist durch Kupplung einer Diazoniumverbindung mit einer heterocyclischen Methylenbase oder einem Amin hergestellt werden, ist ihre Erwähnung an dieser Stelle wohl gerechtfertigt. So erhält man den grünstichig gelben Farbstoff IV durch Kupplung von diazotiertem 2-Aminobenzthiazol auf 2-Methylen-1.3-dimethylbenzimidazol und anschließende Alkylierung[2]. Für weitere Beispiele sei auf den Abschnitt über die Azamethine bei den Methinfarbstoffen verwiesen.

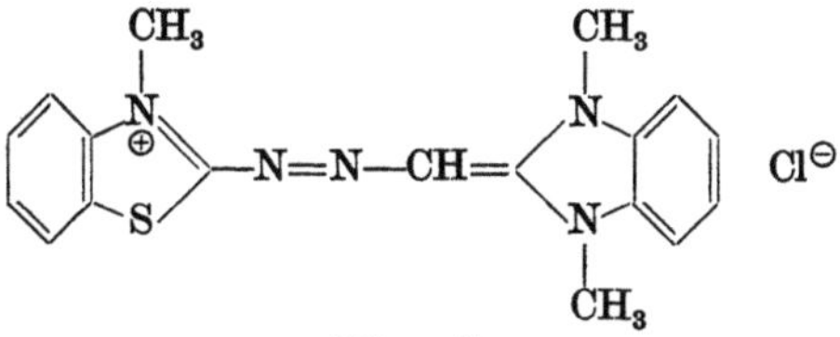

IV, gelb

b) Säurefarbstoffe

Der färberische Begriff der Säurefarbstoffe umfaßt zahlreiche verschiedene Farbstoffgruppen, die sich in ihrer Struktur charakteristisch unterscheiden; in der Azoreihe gehören auch die chromierbaren und viele Metallkomplex-Farbstoffe dazu, die hier jedoch gesondert besprochen

[1] Vgl.: DAS 1044023 (1958); DAS 1045970 (1957); EP 791932, 793587 (1958).

[2] DAS 1038522 (1958); vgl. auch: DAS 1004748 (1955); Belg. P. 570686, 572836 (1958); ferner: Voltz, J.: Chimia 15, 168 (1961); — Angew. Chem. 74, 680 (1962).

werden. Die sauren Azofarbstoffe enthalten Sulfonsäuregruppen, seltener Carboxylgruppen. Hergestellt und verwendet werden fast ausschließlich ihre wasserlöslichen Natriumsalze. Ihre Färbung erfolgt aus wäßriger, schwach saurer Lösung. Meist wird zum Ansäuern verdünnte Schwefelsäure benützt. Die Säurefarbstoffe besitzen Affinität für Fasern mit basischen Gruppen, mit denen sie Salze bilden. Am Färbevorgang sind die freie Farbstoffsäure und ihr Anion beteiligt. Sie eignen sich hauptsächlich zum Färben von Wolle, Seide und modifizierten Polyacrylnitrilfasern; manche werden auch für Polyamide verwendet[1]. Unter den Säurefarbstoffen findet man vorwiegend Mono- und Disazokörper; Trisazoverbindungen sind selten, Tetrazofarbstoffe sind im allgemeinen alle substantiv.

Eine interessante neuere Färbetechnik für saure Farbstoffe stellt das ®*Cibaphasol-Verfahren* der Ciba dar, bei dem man ein System zweier flüssiger, isotroper Phasen verwendet, das als *Coacervationssystem* bezeichnet wird[2]. Das Coacervat, die „ölige Phase", besteht aus der konzentrierten wäßrigen Lösung eines dazu besonders ausgewählten Netzmittels. Geeignet sind Kondensationsprodukte aus einem Mol Fettsäure und zwei Molen Äthanolamin. Die mit dem Coacervat im Gleichgewicht stehende „wäßrige Phase" enthält Elektrolyte und nur wenig Netzmittel; sie ist mit dem ersteren nicht mischbar. Der Farbstoff wandert bei diesem System in die „ölige Phase", worin er sich besser löst.

Zum Färben wird die Ware mit dem farbstoffhaltigen Coacervationssystem foulardiert. Die „ölige Phase" umhüllt dabei die Wollfaser vorerst gleichmäßig, ohne daß der Farbstoff schon in die Faser wandert. Der eigentliche Aufziehvorgang tritt erst beim anschließenden Dämpfen ein, wobei infolge der gleichmäßigen Umhüllung der Wollfaser mit Farbstoff-Coacervat eine sehr egale Färbung erfolgt. Zuletzt wird durch Auswaschen von überschüssigem Farbstoff, Verdickungsmittel und Netzmittel befreit.

Das ®Cibaphasol-Verfahren eignet sich für den Druck, ferner für das Färben von Schweißwolle. Die letztere kann damit in einem Arbeitsgang entfettet, gewaschen und gefärbt werden, da das Coacervat-Netzmittel einen vorzüglichen Wascheffekt aufweist. Das Verfahren kann mit Säurefarbstoffen, Chromierungsfarbstoffen (vgl. S. 464) und insbesondere auch mit den 1:2-Metallkomplexfarbstoffen (vgl. S. 479) ausgeübt werden.

Unter den *Monoazokörpern* sind die meisten der älteren Säurefarbstoffe heute nur noch von untergeordneter Bedeutung. Wegen ihres niederen Preises benützt man sie indessen immer noch, wo keine höheren Ansprüche an die Echtheiten gestellt werden, wie für Papier, Seife, Lebensmittel und Kosmetika.

Methylorange (P. GRIESS 1875; O. N. WITT 1876), auch als Orange III oder Helianthin bezeichnet, wird durch Kupplung von diazotierter Sulfanilsäure mit Dimethylanilin gewonnen. In saurer Lösung nimmt es an der Azobrücke ein Proton auf, wobei die Farbe nach Rot umschlägt. Es ist deshalb als Textilfarbstoff ungeeignet und wird nur als Indikator benützt. Auch *Orange IV* (O. N. WITT 1876) und das rotstichige *Metanilgelb* (C. RUMPFF 1879) sind säureempfindlich. Man erhält sie bei der Kupplung von Sulfanil-, bzw. Metanilsäure mit Diphenylamin. Beide Farbstoffe besitzen eine geringe Lichtechtheit und ungenügende Naßechtheiten. Metanilgelb ist phototrop und wird noch zum Färben von Papier benützt. *Azoflavin 3R* (E. KNECHT 1880) erhält man aus Orange IV, indem man dieses am Stickstoff nitrosiert und anschließend nitriert. Je nach Herstellungsart werden

---

[1] Zum Färben von Polyamidfasern mit Säurefarbstoffen vgl.: ZOLLINGER, HCH.: Melliand Textilber. **42**, 1 (1961). — ZOLLINGER, HCH., G. BACK, B. MILICEVIC u. A. N. ROSEIRA: Melliand Textilber. **42**, 73 (1961).

[2] CASTY, R.: Melliand Textilber. **41**, 1365 (1960). Vgl. dazu auch: BELL, J. W., P. J. SMITH u. C. B. STEVENS: J. Soc. Dyers Colourists **79**, 305 (1963).

eine bis zwei Nitrogruppen eingeführt und die Nitrosogruppe wieder abgespalten. Es ist ein billiges, gelbstichiges Orange mit mäßiger Licht- und Naßechtheit.

$$NaO_3S-\langle\ \rangle-N=N-\langle\ \rangle-N(CH_3)_2$$

Methylorange

$$NaO_3S-\langle\ \rangle-N=N-\langle\ \rangle-NH-\langle\ \rangle$$

Orange IV

$$NaO_3S-\langle\ \rangle-N=N-\langle\ \rangle-NH-\langle\ \rangle$$

Metanilgelb

$$NaO_3S-\langle\ \rangle-N=N-\langle\ \rangle-\overset{(NO, H)}{\underset{(NO_2)}{N}}-\langle\ \rangle-NO_2$$

Azoflavin 3R

Acilangelb extra (F. GRÄSSLER 1878) wird durch Sulfonierung von Aminoazobenzol hergestellt und war früher als *Echtgelb S* bekannt. Als Nebenprodukt fällt die Monosulfonsäure, das *Säuregelb*, an. Beide Verbindungen dienen oft als Diazokomponenten für Disazofarbstoffe. Zum Färben von Wolle werden sie kaum mehr benützt, wohl aber für Lebensmittel, Seife und Papier. Acilangelb extra bildet einen Aluminiumlack hoher Transparenz, den man in Druckfarben verwendet. Ebenfalls als Lebensmittelfarbstoff benützt wird das *Tropäolin O* (P. GRIESS 1875) aus diazotierter Sulfanilsäure und Resorcin. Es ist einer der wenigen Farbstoffe mit einem Phenolderivat als Kupplungskomponente und färbt auf Wolle ein gelbstichiges Orange mit mäßiger Licht- und geringen Naßechtheiten.

$$NaO_3S-\langle\ \rangle-N=N-\langle\ \rangle\overset{NH_2}{\underset{SO_3Na}{}}$$

Acilangelb extra (Echtgelb S)

$$NaO_3S-\langle\ \rangle-N=N-\langle\ \rangle-NH_2$$

Säuregelb

$$NaO_3S-\langle\ \rangle-N=N-\overset{HO}{\langle\ \rangle}-OH$$

Tropäolin O

Einige der wichtigsten gelben Säurefarbstoffe enthalten *Phenylpyrazolone* als Kupplungskomponente. Der erste Vertreter war das *Tartrazin* (H. ZIEGLER 1884), das sich glatt beim Erwärmen von Phenylhydrazin-p-sulfonsäure mit Dioxyweinsäure (HOOC—C(OH)$_2$—C(OH)$_2$—COOH) oder Oxalessigester bildet. Es ist ein farbstarker, gelber Wollfarbstoff mit mittleren Allgemeinechtheiten, den man auch für Leder,

Papier, Seife, Lebensmittel und — als Aluminiumlack — für Druckfarben verwendet.

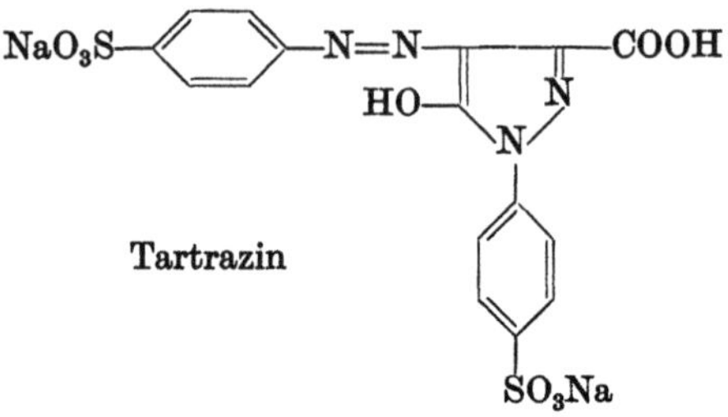

Tartrazin

Zu den wichtigsten gelben Säurefarbstoffen gehört das *Xylenlichtgelb 2G* (M. Böniger 1908), das man durch Kupplung von diazotierter
Sulfanilsäure mit 1-(2'.5'-Dichlor-4'-sulfophenyl)-3-methylpyrazolon-(5)
erhält[1]. Es färbt auf Wolle ein klares, ausgezeichnet lichtechtes Gelb
mit sehr guten Allgemeinechtheiten, jedoch geringer Walkechtheit. Ein
anderes wichtiges Gelb ist das *Polargelb 2G* (B. Richard 1912). Man
stellt es durch Kupplung von diazotiertem p-Aminophenol mit der
Pyrazolonkomponente und anschließende Veresterung mit p-Toluolsulfochlorid in alkalischer Lösung dar[2]. Die Toluolsulfoestergruppe
bewirkt Walkechtheit; die Lichtechtheit ist etwas geringer als beim
Xylenlichtgelb 2G.

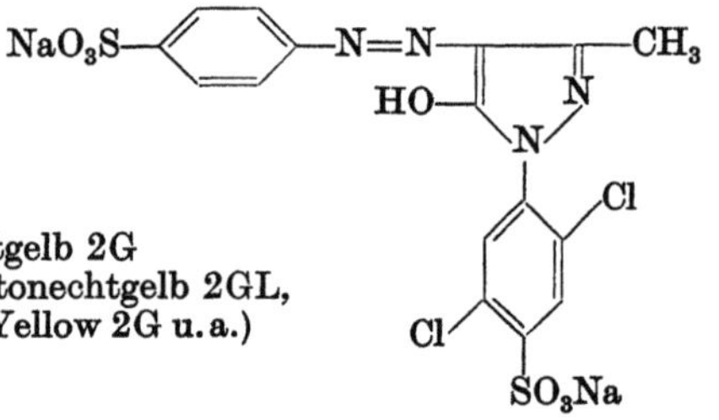

Xylenlichtgelb 2G
(Erioflavin SX, Kitonechtgelb 2GL,
Lissamine Fast Yellow 2G u.a.)

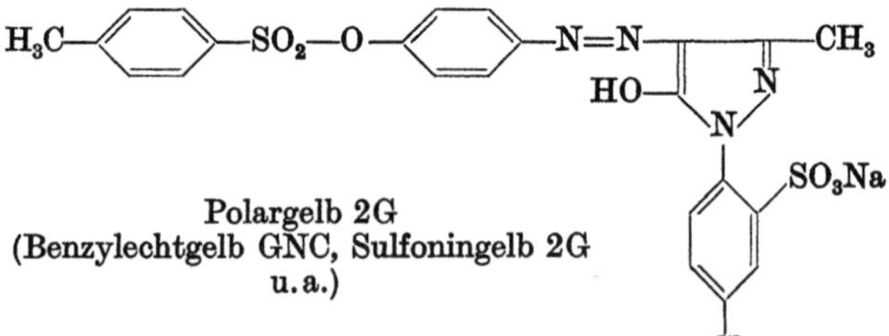

Polargelb 2G
(Benzylechtgelb GNC, Sulfoningelb 2G
u.a.)

Zahlreiche Farbstoffe enthalten Naphthole, Naphthylamine, Aminonaphthole und deren Sulfonsäuren als Kupplungskomponenten. Die
erzielbaren Farben sind orange, rot, violett, blau und sogar schwarz;
zahlreich sind die Rotmarken. Obschon die ältesten derartigen Farb-

---

[1] DRP 222405 (1908); DRP 225319 (1909); vgl.: DRP 226239, 230594 (1909).
Für ähnliche Farbstoffe siehe auch: DRP 409281 (1922); DRP 543230 (1928).
[2] DRP 270831 (1912).

stoffe schon lange durch echtere überholt wurden, werden viele immer
noch hergestellt, da sie billig sind und für manche Zwecke durchaus
genügen. Zu den ersten Farbstoffen, von denen sich jeweils zahlreiche
ähnliche Typen ableiteten, gehören Orange II, Echtrot AV, Ponceau 2R
und Azoeosin G:

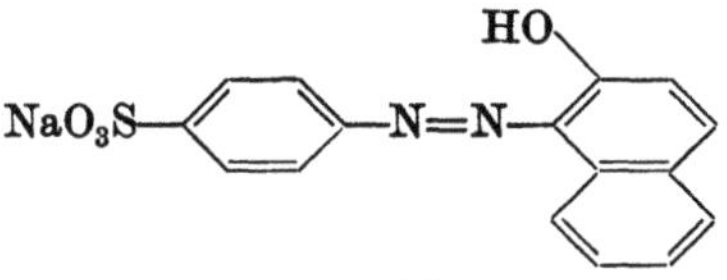

Orange II

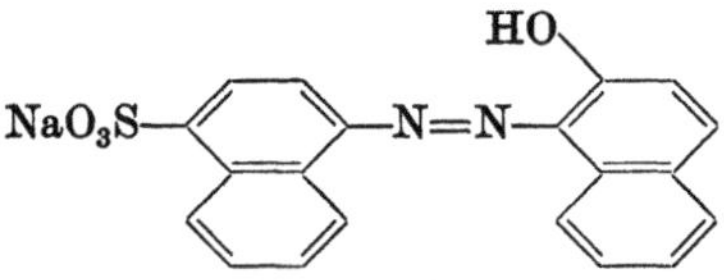

Echtrot AV

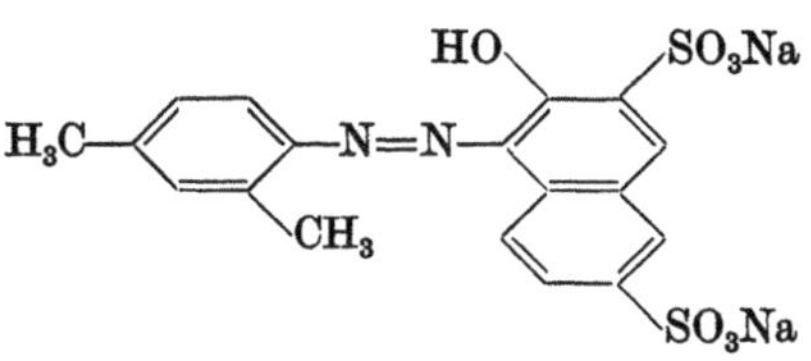

Ponceau 2R

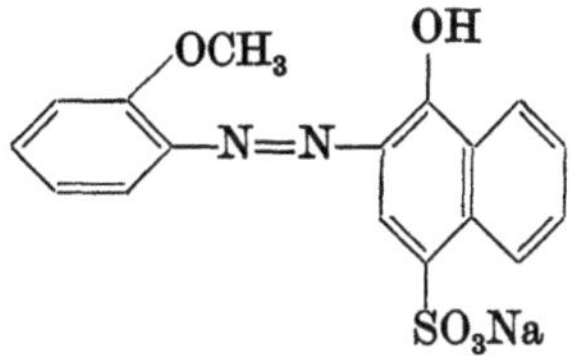

Azoeosin G

Orange II (Z. Roussin 1876), auch Naphtholorange oder Säure-
orange genannt, ist ein billiger, mäßig lichtechter Wollfarbstoff mit
geringen Naßechtheiten. Man gebraucht es auch für Leder, Papier
und zur Herstellung von Farblacken. Es wird durch Kupplung von
diazotierter Sulfanilsäure mit 2-Naphthol hergestellt. *Echtrot AV*
(H. Caro u. Z. Roussin 1877) aus diazotierter Naphthionsäure und
2-Naphthol ist ein schönes, ebenfalls billiges Rot mit geringen Echtheiten. *Ponceau 2R* (H. Baum 1878) färbt auf Wolle ein wenig lichtechtes Scharlachrot mit mäßigen Naßechtheiten und wird auch zum
Färben von Lebensmitteln benützt. Es gehört zu den zahlreichen
Ponceau-Marken, die ihre frühere Bedeutung allerdings weitgehend
verloren haben. *Azoeosin G* (C. Duisberg 1883), ein klares, mäßig
lichtechtes Rot mit geringen Naßechtheiten ist der Vorläufer der brauchbaren 1-Naphtholfarbstoffe. Das ältere *Orange I* (P. Griess 1876) aus
diazotierter Sulfanilsäure und 1-Naphthol ist demgegenüber als p-
Hydroxyazokörper säureempfindlich und als Textilfarbstoff ungeeignet.
Man verwendet es etwa zum Färben von Kosmetika.

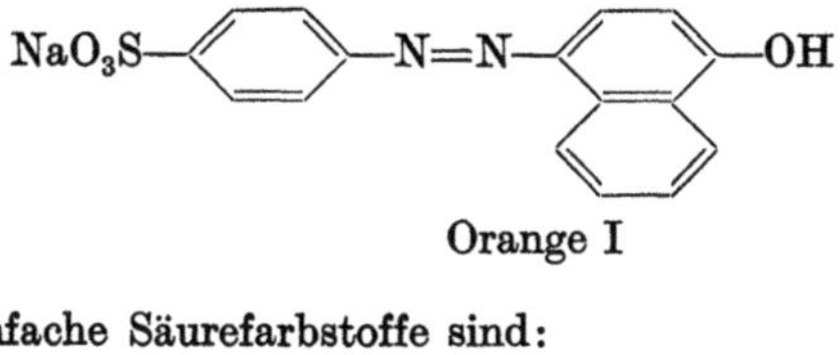

Orange I

Andere einfache Säurefarbstoffe sind:

Orange G	Sulfanilsäure	→	G-Salz
Orange R	Sulfanilsäure	→	R-Salz
Echtrot E	Naphthionsäure	→	Schäffersalz
Chromotrop FB	Naphthionsäure	→	Nevile-Winther-Säure
Guineaechtrot RR	o-Anisidin	→	1-Naphthol-3.6-disulfonsäure
Benzylbordeaux BS	1-Naphthylamin	→	1-Naphthol-3.6-disulfonsäure

Die einfachen Säurefarbstoffe besitzen meist nur geringe Naßechtheiten. Durch Einführung voluminöser Seitengruppen lassen sich diese
wesentlich verbessern. Als Beispiel sei das *Supraminorange G* (G. Kali-
scher u. R. Fleischhauer 1929) genannt[1], das sich durch gute Allgemeinechtheiten auszeichnet:

Eine wichtige Kupplungkomponente, von der sich viele licht- und
naßechte Farbstoffe ableiten, ist die *H-Säure*. In den Monoazofarbstoffen
ist ihre Aminogruppe meist acyliert, da dies deren Lichtechtheit wesentlich verbessert. Wichtig ist das *Amidonaphtholrot G*, das man durch
alkalische Kupplung von diazotiertem Anilin mit N-Acetyl-H-Säure
erhält[2]. Es färbt auf Wolle ein klares, blaustichiges, sehr lichtechtes
Rot, das gut egalisiert und sehr gute Naßechtheiten aufweist. Letztere
lassen sich durch eine Vergrößerung des Moleküls noch wesentlich
erhöhen. So ist das *Polarbrillantrot 3B*[3] ein lichtechter, ausgezeichnet
walk- und waschechter, gut egalisierender Wollfarbstoff, der ein blaustichiges Rot färbt. Noch stärker blaustichig war das frühere *Supranolbrillantrot 6B* (C. Schultis u. E. Korten 1936), das ausgezeichnete
Naßechtheiten und eine gute Lichtechtheit besaß[4].

Amidonaphtholrot G
(Acilannaphtholrot G, Azorhodin 2G, Eriofloxin 2G, Kitonechtrot G)

Polarbrillantrot 3B

---

[1] Andere Handelsnamen sind: Aquaminorange G, Erioechtorange GSNS, Kiton-
echtorange GR; zur Herstellung siehe: DRP 539 725 (1928); für ähnliche Farbstoffe
vgl.: DRP 230 594 (1909); DRP 296 964 (1914).

[2] DRP 180 089 (1904).

[3] DRP 573 555 (1932); Schwz.P. 188 518—188 522 (1932).

[4] DRP 743 673 (1936).

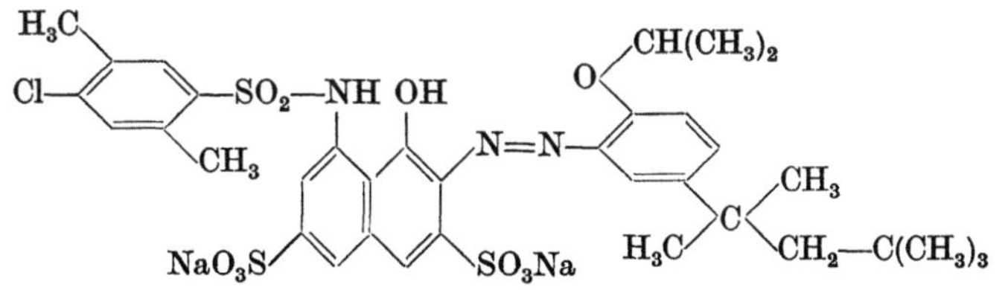

Supranolbrillantrot 6B

Die H-Säure wird auch als Diazokomponente verwendet; ihre Kupplung mit N-Phenyl-Perisäure liefert das *Sulfonsäureblau R*[1] (M. ULRICH 1897). Es färbt auf Wolle ein reines, gut lichtechtes Blau mit mäßigen bis geringen Naßechtheiten, das nicht sehr gut egalisiert.

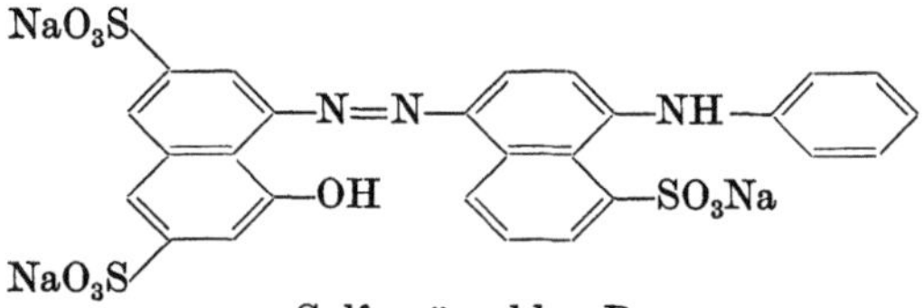

Sulfonsäureblau R
(Acilanechtmarineblau R, Benzylblau R, Coomassie Blue RL, Sulfoninsäureblau R, Wollblau RL u. a.)

Eine weitere wichtige Kupplungskomponente ist die *γ-Säure*. Sie liefert besonders bei saurer Kupplung Farbstoffe mit sehr guter Lichtechtheit, was charakteristisch für die peri-Hydroxyazo-Gruppierung ist. Man nimmt an, daß dies mit der Wasserstoffbrücke zusammenhängt:

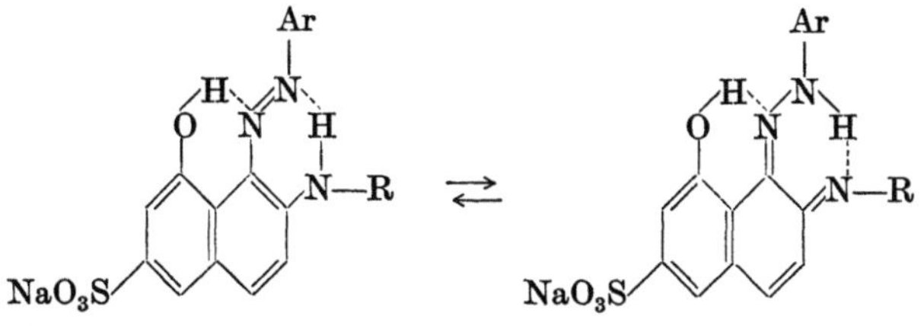

Kitonlichtrot 4BLN färbt auf Wolle ein stark blaustichiges, gut egalisierendes Rot mit ausgezeichneter Lichtechtheit und guten Naßechtheiten. Man erhält es bei der sauren Kupplung von diazotiertem 4-Amino-3-(p-toluolsulfonyl)-acetanilid auf γ-Säure[2].

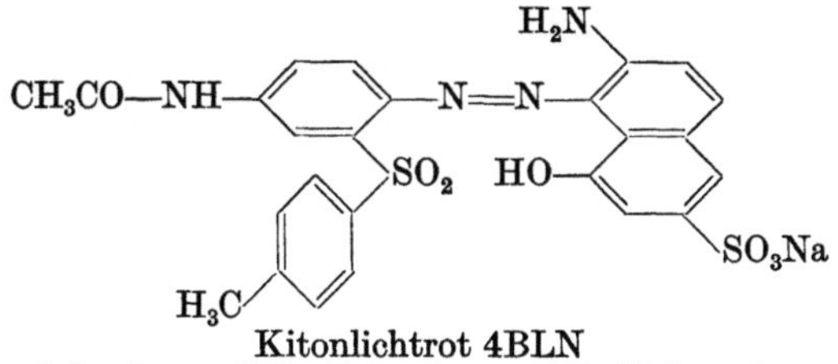

Kitonlichtrot 4BLN
(Aquaminbordeaux 3BL, Erioechtrot 4BL, Xylenechtrot 6BL)

<hr>

[1] DRP 108546 (1898).

[2] DRP 365617 (1920). Für einige ähnliche Farbstoffe siehe: DRP 221214 (1908); DRP 557126 (1928); DRP 608860 (1930); DRP 610067 (1932); DRP 628035, 663381 (1933).

Bemerkenswert ist die Herstellung der Diazokomponente. p-Phenylendiamin wird zum 1.4-Benzochinon-diimin oxydiert, an das man p-Toluolsulfinsäure anlagert. Zuletzt wird acyliert:

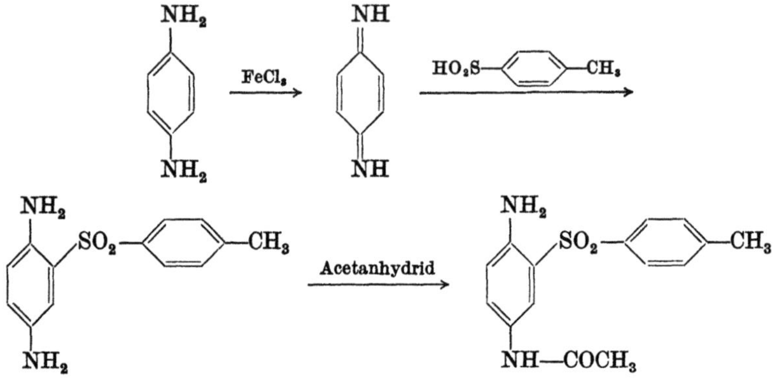

Saure Kupplung von p-Nitranilin-o-sulfonsäure auf I-Säure liefert das frühere Viktoriaechtviolett RR[1] (O. Günther u. L. Hesse 1908), ein rotstichiges Violett mit mäßigen Echtheiten.

Eine weitere oft benützte Kupplungskomponente ist die Chromotropsäure, die jedoch vor allem für chromierbare Farbstoffe verwendet wird.

Disazofarbstoffe sind nach drei Varianten zugänglich. Die *primären* Disazofarbstoffe stellt man entweder aus einer bifunktionellen Kupplungskomponente A und zwei gleichen oder verschiedenen Diazokomponenten B und C dar, oder man geht von einem tetrazotierten Diamin D aus und kuppelt mit zwei gleichen oder verschiedenen Kupplungskomponenten E und F:

a) B → A ← B   oder   B → A ← C
b) E ← D → E   oder   E ← D → F

Sekundäre Disazofarbstoffe erhält man aus diazotierten Aminoazokörpern (A→B) und einer Kupplungskomponente:

c) A → B → C

Die nach a) erhältlichen *primären Disazofarbstoffe* gestatten nur geringe Variationen des Farbtones, da ein zusammenhängendes chromophores System entsteht. Von den Benzolderivaten wird Resorcin als bifunktionelle Kupplungskomponente angewendet. Man erhält damit verschiedene orange bis braune *Resorcinbraunmarken*, deren Licht- und

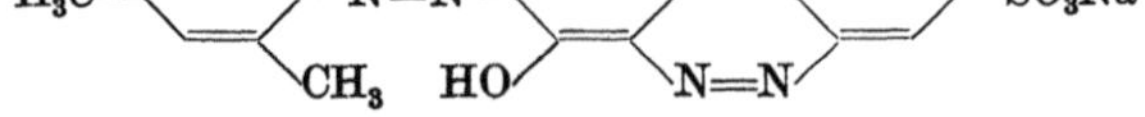

Resorcinbraun (O. Wallach 1881)

---

[1] DRP 220532 (1908); jetzige Handelsnamen sind: Erioviolett RL, Kitonviolett L, Lissamine Violet 2R, Xylenviolett RL u.a.

Naßechtheit gering ist. Sie werden für billige Lederfärbungen benützt.
Auch m-Phenylendiamin und seine Monosulfonsäure liefern nur braune
Farbstoffe.

Von den Naphthalinderivaten benützt man vor allem die *H-Säure*
als bifunktionelle Kupplungskomponente. Man hat dabei stets mit der
energischeren Diazokomponente in saurem Medium zu kuppeln. Mit
H-Säure erhält man einige wichtige blau- und grünstichige Schwarzmarken sowie einige stumpfe Grün- und Blautöne. Zu den wichtigsten
schwarzen Säurefarbstoffen gehört das *Naphtholblauschwarz B* (M. HOFF-
MANN 1891), das auf Wolle blauschwarze Töne mit sehr guter Licht- und
mäßiger Naßechtheit gibt. Außer ihm sind verschiedene ähnliche
Produkte im Handel, wobei die Nuance von den Substituenten in den
Diazokomponenten abhängt. Ein etwas stumpfes, blaustichiges Grün
erzielt man mit dem *Acilanechtgrün BBL* (F. RUNKEL u. M. HERZBERG
1908), dessen Echtheiten allgemein gut sind[1]. Auch hier wird mit
den Seitengruppen eine Verbesserung der Naßechtheiten erzielt.

Naphtholblauschwarz B
(Acilanschwarz 10 B, Kitonschwarz 2B, Säureblauschwarz B,
Säureschwarz H u. a.)

Acilanechtgrün BBL

Zur technischen Herstellung von Naphtholblauschwarz B wird p-Nitranilin
in üblicher Weise diazotiert, worauf man in die Diazolösung langsam eine wäßrige
Lösung von H-Säure (Natriumsalz) einlaufen läßt. Die Mischung wird einige
Stunden gerührt, wobei der Monoazofarbstoff ausfällt. Durch Zugabe von konzentrierter Natronlauge unter gleichzeitiger Kühlung mit Eis wird er wieder in Lösung
gebracht. Dann läßt man rasch eine Lösung mit der berechneten Menge diazotierten Anilins zulaufen und unmittelbar nachher eine 20%ige Sodalösung zur Neutralisation der bei der Kupplung freiwerdenden Säure. Nach mehrstündigem Rühren
versetzt man zum Aussalzen mit Kochsalz, dessen Anteil in der Lösung 9—10%
betragen soll, und rührt über Nacht weiter. Der ausgefällte Farbstoff wird dann
abfiltriert und getrocknet. Üblicherweise wartet man bei der sauren Kupplung
nicht so lange, bis auch die letzten Reste von diazotiertem p-Nitranilin ausgekup-
pelt sind, da dies zu viel Zeit beanspruchen würde. Das Naphtholblauschwarz
enthält deshalb meist geringe Anteile an Monoazofarbstoff. Da dieser rot ist, erzielt man damit eine erwünschte Nuancierung des leicht blaugrünen Disazokörpers
zu einem neutraleren Schwarz.

Die aus einem Mol Tetrazoverbindung und zwei Molen einer Kupplungskomponente nach b) zugänglichen Disazofarbstoffe umfassen auch

---

[1] DRP 214 496, 216 642 (1908).

Gelb und Orange. Ihre Farbtöne sind meist klar. Man kann mit ihnen
verhältnismäßig große Moleküle mit entsprechend guten Naßechtheiten
aufbauen und findet deshalb in dieser Gruppe viele gelbe bis rote Walk-
farbstoffe. Viele leiten sich von Benzidin und seinen Derivaten ab.
So färbt das *Walkgelb H5G* auf Wolle ein klares, stark grünstichiges
Gelb mit ausgezeichneten Naßechtheiten. Es ist walk-, jedoch nur
mäßig lichtecht. Man erhält es durch Kupplung von tetrazotierter
o-Tolidin-6.6'-disulfonsäure mit zwei Molen Acetessiganilid[1].

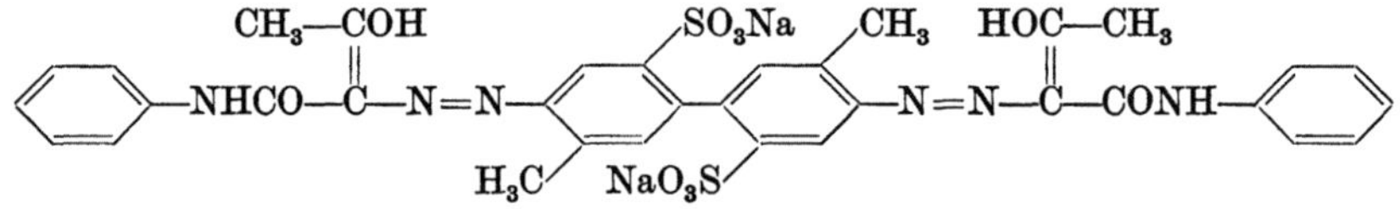

Walkgelb H5G
(Benzylgelb 8G, Brilliantwalkgelb 6G, Coomassie Yellow 7G,
Xylenwalkgelb 6G u. a.)

Bemerkenswert ist das *Polarorange R* (B. RICHARD 1912), das auf
Wolle ein walkechtes, rotstichiges Orange mit mäßigem Licht und sehr
guten Naßechtheiten färbt.

Zu seiner Darstellung wird tetrazotiertes Benzidin mit Amino-R-Salz und
Phenol gekuppelt und die Hydroxylgruppe nachher mit p-Toluolsulfochlorid verestert[2]. Der Farbstoff wurde ursprünglich wegen der Benzidinkomponente als
substantiver Baumwollfarbstoff geprüft und ergab wenig bemerkenswerte Resultate. Erst später entdeckte man seine vorzügliche Eignung auf Wolle. *Supranol-
echtscharlach GN*[3] besitzt denselben Aufbau, enthält jedoch G-Salz statt Amino-
R-Salz als Kupplungskomponente.

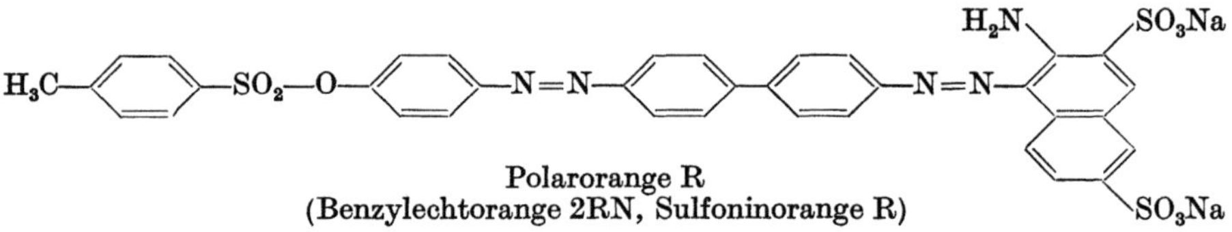

Polarorange R
(Benzylechtorange 2RN, Sulfoninorange R)

Weitere Säurefarbstoffe mit einer Benzidinkomponente sind:

Supranolechtorange RR　　　m-Tolidin ⟨ Acetessiganilid / G-Salz

Säurewalkrot G[4]　　　　　Benzidin-2.2'-disulfonsäure ⇄ 2 Mole 2-Naphthol

Zwei weitere bifunktionelle Diazokomponenten, die zur Herstellung von sauren
Disazofarbstoffen benutzt werden, sind p,p'-Diamino-triphenylmethan I, 1.1-Di-(4-
aminophenyl)-cyclohexan IIa und 1.1-Di-(4-amino-3-methylphenyl)-cyclohexan
IIb:

---

[1] DRP 664188 (1938).

[2] DRP 261047 (1912).

[3] Auch als Benzylechtrot GRG, Polarrot G und Sulfoninrot G im Handel.

[4] Andere Handelsnamen sind Benzylrot GS, Coomassie Milling Scarlet G,
Walkscharlach G, Supranolscharlach GS, Xylenwalkrot G.

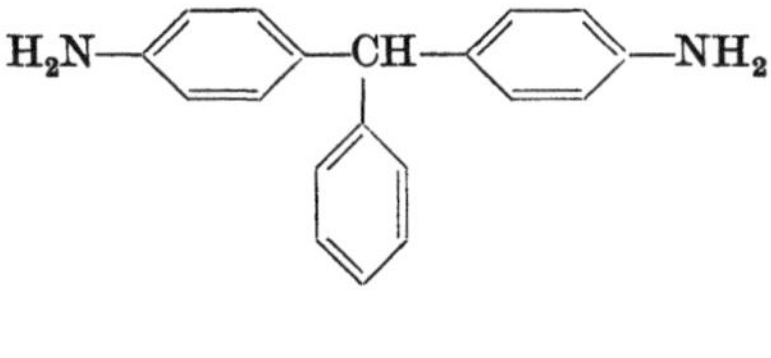

H_2N—⟨ ⟩—CH—⟨ ⟩—NH_2 (with phenyl below)

I

H_2N—⟨ ⟩—C—⟨ ⟩—NH_2

R, H_2C CH_2, R, H_2C CH_2, CH_2

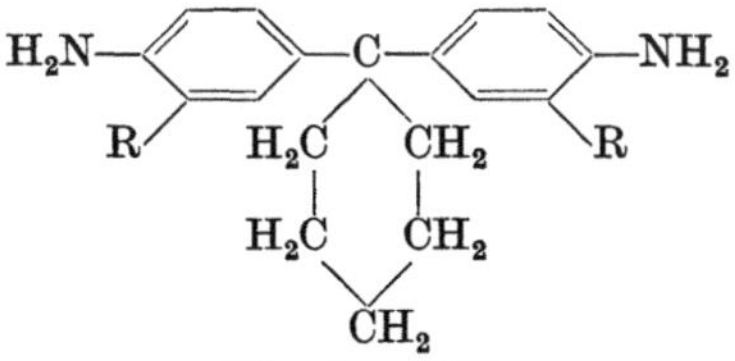

IIa (R = H)
IIb (R = CH_3)

Walkgelb HG[1] I ⇄ 2 Mole 1-(p-Sulfophenyl)-3-methylpyrazolon-(5)

Supranolechtrot BB[2] IIb ⇄ 2 Mole 4.6-Dihydroxynaphthalin-2-sulfonsäure

Mit *sekundären Disazofarbstoffen* erzielt man rote bis schwarze Farbtöne. Zu den ersten derartigen Verbindungen gehörten der *Biebricher Scharlach* (R. NIETZKI 1879) und das *Tuchrot 2B* (R. KRÜGENER 1879). Der erstere wird aus diazotiertem Echtgelb S und 2-Naphthol, letzterer aus diazotiertem 2′.3-Dimethyl-4-aminoazobenzol und R-Salz erhalten. Beide wurden zum Ausgangspunkt einer ganzen Reihe ähnlicher Produkte. Sie färben Wolle in einem blaustichigen Rot mit mittleren Allgemeinechtheiten.

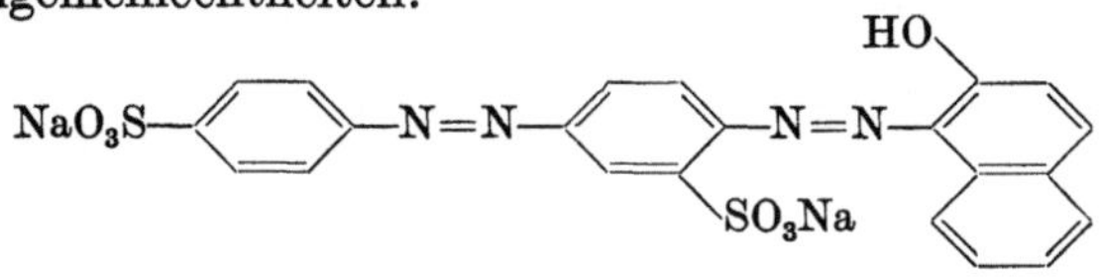

NaO_3S—⟨ ⟩—N=N—⟨ ⟩—N=N—⟨naphthol, HO, SO_3Na⟩

Biebricher Scharlach

⟨ ⟩—N=N—⟨ ⟩—N=N—⟨naphthalin, HO, SO_3Na, SO_3Na⟩ (with CH_3 and CH_3)

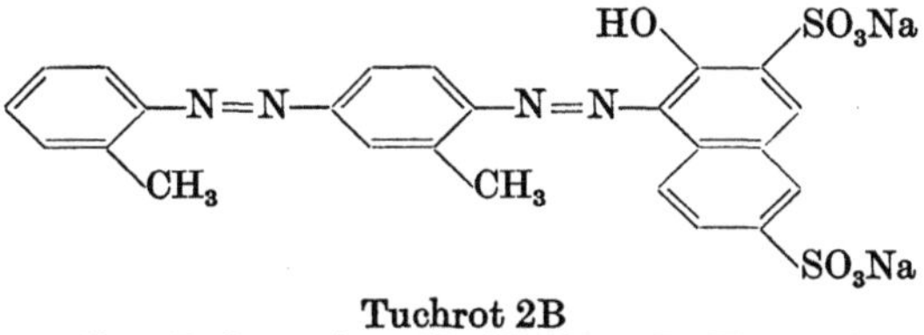

Tuchrot 2B
(Acilanwollrot B, Benzylrot 2B, Wollrot 2B, Xylenechtrot 2B)

Weitere sekundäre Disazofarbstoffe für Wolle sind:

Tuchrot B o-Toluidin → o-Toluidin → Nevile-Winther-Säure

Supranolechtcyanin 5R[3] Metanilsäure → 1-Naphthylamin → 1-(Phenylamino)-naphthalin-8-sulfonsäure

Naphthylaminschwarz D 1-Naphthylamin-3.6-disulfonsäure → 1-Naphthylamin → 1-Naphthylamin

Polarbrillantrot R[4] 2-Amino-2′-methyldiphenyläther $\xrightarrow{alkalisch}$ 2-Amino-8-naphthol-3.6-disulfonsäure → Phenol *(verestert mit p-Toluolsulfochlorid)*

---

[1] DRP 290102 (1912).
[2] DRP 556480 (1928).
[3] DRP 118655 (1892); andere Handelsnamen sind: Coomassie Navy Blue 2RN, Erioechtblau S5R, Sulfoninblau 5R, Tuchechtblau R.
[4] Schwz. P. 199463 (1937).

c) Chromierbare Säurefarbstoffe

Farbstoffe geeigneter Struktur bilden mit Metallsalzen Komplexe oder Chelate, in denen das Metallatom koordinativ gesättigt ist[1]. Praktisch sehr bedeutsam ist die „Chromierung" geeigneter saurer Wollfarbstoffe, die zu Chromkomplexen führt. Man verwendet dazu in der Regel eine verdünnte, schwach saure Lösung von Natrium- oder Kaliumbichromat. Die Bichromatmenge beträgt zwischen 0,5 und 5% bezogen auf das Färbegut und liegt damit in derselben Größe wie die Farbstoffmenge. Während der Chromierung tritt eine Reduktion zu dreiwertigem Chromsalz ein. Verfahrensmäßig unterscheidet man:

1. *Vorchromierung*, wobei zuerst das Färbegut — meist Wolle, seltener Seide — mit einer Bichromatlösung behandelt und anschließend gefärbt wird;

2. *Nachchromierung*, bei der die bereits gefärbte Ware noch chromiert wird;

3. *Metachromierung*, bei der die Färbung und Chromierung im selben Arbeitsgang durchgeführt wird. Für die Metachromierung eignen sich nur wenige Farbstoffe.

Mit dem ®*Cibaphasol-Verfahren* (vgl. S. 454) lassen sich die meisten Chromierungsfarbstoffe in einem Arbeitsgang färben und chromieren, sofern man ein Alkalichromat statt des für die Chromierung zumeist verwendeten Alkalibichromates einsetzt. Allerdings erfordert die einwandfreie Komplexbildung ein längeres Dämpfen der bedruckten Ware[2].

Die Chromierung erfolgt stets aus heißer, wäßriger Lösung. Wie das Beispiel der Vorchromierung deutlich zeigt, wird das Bichromat durch die Faser reduziert[3] und das entstehende dreiwertige Chromion auch von ihr adsorbiert. Es ist deshalb wahrscheinlich, daß die Komplexbildung nicht nur zwischen Metallion und Farbstoff eintritt, sondern daß auch die Faser daran beteiligt ist.

Zur Komplexbildung eignen sich bei den Azofarbstoffen vor allem die o-Hydroxycarbonsäure-Gruppierung I und die o,o'-Dihydroxyazo-Struktur II; auch o-Amino-o'-hydroxyazokörper III sind brauchbar, werden aber seltener angewendet:

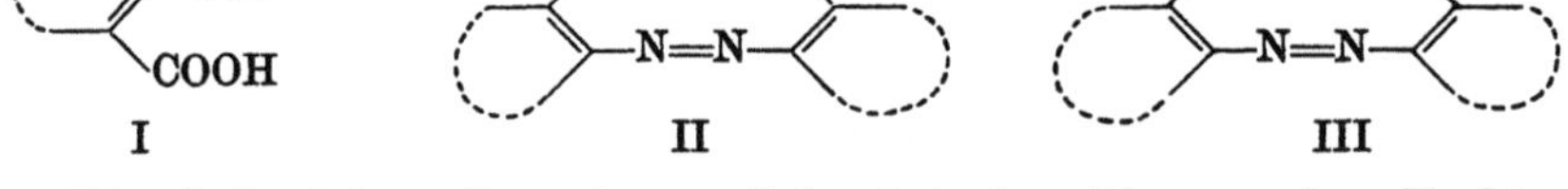

$$\text{I} \qquad\qquad \text{II} \qquad\qquad \text{III}$$

Die Salicylsäure-Gruppierung I besitzt den Vorzug, den Farbton bei der Komplexbildung nur wenig zu beeinflussen. Man wendet sie deshalb gerne bei gelben und orangen Farbstoffen an. Ihr Nachteil liegt darin, daß bei der Chromierung vorwiegend die Naßechtheiten verbessert werden, während die Lichtechtheit gegenüber dem unchromierten

---

[1] Für eine Diskussion dieser Komplexe sei auf das folgende Kapitel verwiesen. Eine Übersicht über metallisierte Farbstoffe gibt: WAHL, H.: Teintex **28**, 257 (1963).

[2] CASTY, R.: Melliand Textilber. **42**, 1176 (1961).

[3] Vgl.: BICHSEL, H. F.: Textil-Rundschau **10**, 471, 541, 603 (1955).

Farbstoff kaum erhöht wird. Üblicherweise treten zwei Salicylsäurereste mit einem Chromatom zu einem Komplex zusammen[1]. Farbstoffe mit einer o,o'-Dihydroxy-azo-Struktur II oder einer o,o'-Aminohydroxyazo-Struktur III erfahren bei der Chromierung eine beträchtliche Farbvertiefung. Die Lichtechtheit erhöht sich dabei meistens beachtlich. Die gebildeten Komplexe enthalten in der Regel ein Chromatom auf zwei Farbstoffmoleküle[2].

Verschiedene Chromierungsfarbstoffe weisen nur *eine* Hydroxylgruppe in ortho-Stellung zur Azogruppe auf. Die zweite Hydroxylgruppe wird erst bei der Chromierung oxydativ eingeführt. Derartige Farbstoffe lassen sich deshalb nur mit Bichromat, nicht aber mit dreiwertigen Chromsalzen chromieren. Man kann die oxydative Einführung einer Hydroxylgruppe auch bei anderen Komplexbildungen beobachten[3].

Weitaus die meisten chromierbaren Säurefarbstoffe gehören zu den *Monoazofarbstoffen*. Unter den Gelb- und Orangemarken dominiert die Salicylsäure-Gruppierung. Zu den wichtigsten chromierbaren Gelbs gehört das *Alizaringelb 2G* (R. NIETZKI 1887) aus diazotiertem m-Nitranilin und Salicylsäure. Auf Wolle erhält man damit nach der Chromierung ein etwas stumpfes, walkechtes Gelb mit guten Allgemeinechtheiten. Es kann auch nach dem Metachromverfahren gefärbt werden. Statt einer Chromierung ist auch eine Nachbehandlung mit Aluminiumsalzen möglich, die den Aluminiumlack liefert: ein klares Gelb mit guten Echtheiten. Ein grünstichigeres Gelb erhält man mit p-Phenetidin, ein wesentlich rotstichigeres mit p-Nitranilin als Diazokomponente.

Alizaringelb 2G
(Alizaringelb G, GR, Chromgelb G, 2G, Eriochromgelb 2G, Solochrome
Yellow WN; Eriochromalgelb 2G, Metomegachromgelb GM u. a.)

Andere wichtige Salicylsäurefarbstoffe sind:

Eriochromgelb 6G *(metachromierbar)*	p-Phenetidin → Salicylsäure
Diamantchromgelb 3R[4] *(metachromierbar)*	p-Nitranilin → Salicylsäure
Diamantchromgelb BN	Brönner-Säure → Salicylsäure

Sehr gute Allgemeinechtheiten weist das *Eriochromflavin A* (C. METTLER 1913) auf, das nach der Chromierung ein etwas stumpfes, grünstichiges Gelb liefert. Da die diazotierte Aminosalicylsäure nur eine geringe Kupplungsenergie besitzt, muß die Herstellung über den Azokörper IV erfolgen. Er wird glatt durch Kupplung von diazotierter 5-Amino-2-chlorbenzoesäure mit Salicylsäure gewonnen und gibt bei

---

[1] Siehe: RACE, E., F. M. ROWE u. J. B. SPEAKMAN: J. Soc. Dyers Colourists **62**, 372 (1946). — BRASS, K., u. W. WITTENBERGER: Ber. dtsch. chem. Ges. **68**, 1905 (1935).
[2] SPEAKMAN, J. B.: l. c.; vgl. auch das folgende Kapitel.
[3] PFITZNER, H., u. H. BAUMANN: Angew. Chem. **70**, 232 (1958).
[4] Vgl.: DRP 215264 (1908); DRP 226242 (1909).

24stündigem Erwärmen mit 10%iger Natronlauge auf 135⁰ C in Gegenwart von Kupferoxychlorid das Eriochromflavin A[1].

$$Cl—\langle\ \rangle—N{=}N—\langle\ \rangle—OH$$
$$NaOOC \qquad\qquad COONa$$

IV

$$\downarrow\ NaOH,\ 135°\ C$$

$$HO—\langle\ \rangle—N{=}N—\langle\ \rangle—OH$$
$$NaOOC \qquad\qquad COONa$$

Eriochromflavin A
(Chromechtflavin A, Diamantchromgelb A extra, Eriochromalflavin A, Monochromgelb A extra, Omegachromaurin GL, Solochrome Flavine A, Synchromatflavin A u. a.)

o,o′-Dihydroxy- oder o,o′-Aminohydroxyazokörper mit Phenolen oder Phenylaminen als Kupplungskomponenten geben nach dem Chromieren vorwiegend braune Farbtöne. Eine der wichtigsten Braunmarken ist das *Diamantbraun RH extra* aus diazotiertem 2-Amino-4-nitrophenol und m-Phenylendiaminsulfonsäure[2]. Es besitzt sehr gute Allgemeinechtheiten.

$$OH \quad H_2N$$
$$\langle\ \rangle—N{=}N—\langle\ \rangle—NH_2$$
$$O_2N \qquad\qquad SO_3Na$$

Diamantbraun RH extra
(Chromechtbraun TV, Eriochrombraun R, Omegachrombraun 2R, Solochrome Brown RH u. a.)

Andere Farbstoffe mit Phenolen als Kupplungskomponenten sind[3]:

Eriochromolivebraun G[4]	Pikraminsäure → p-Kresol
Diamantchromolive 6G[4]	Pikraminsäure → 2-Acetamino-p-kresol
Diamantchromrot A	2-Aminophenol-4-sulfonsäure → Resorcin

Mit Pyrazolonen als Kupplungskomponenten gelangt man zu gelben bis roten Chromierungsfarbstoffen. Eines der ersten und immer noch wichtigsten Produkte ist das *Eriochromrot B* (J. HAGENBACH 1904) aus diazotierter 1-Amino-2-naphthol-4-sulfonsäure und 1-Phenyl-3-methyl-pyrazolon-(5)[5]. Es färbt auf Wolle ein etwas stumpfes Orange, das bei der Chromierung in ein brillantes Karmesinrot mit ausgezeichneten Echtheiten übergeht. Ein klares, stark gelbstichiges Rot mit ebenfalls ausgezeichneten Allgemeinechtheiten färbt das *Metachromrot 5G* aus

---

[1] DRP 278613 (1913).
[2] DRP 124791 (1900).
[3] Vgl.: DRP 291499 (1914); DRP 344322 (1921); DRP 351001 (1922). Farbstoffe aus Pikraminsäure können explodieren und müssen deshalb als Pasten oder stark mit Glaubersalz verdünnt gehandelt werden.
[4] Metachromierbar.
[5] DRP 165743, 171024 (1904).

diazotierter 4-Chlor-2-aminophenol-6-sulfonsäure und 1-Phenyl-3-me-thylpyrazolon-(5)[1]. Beide Farbstoffe sind metachromierbar.

Eriochromrot B
(Chromechtrot B, Omegachromrot B,
Salicinchrombordeaux R, Solochrome Red ER)

Farbstoffe mit Naphthalinresten in der Diazo- oder Kupplungs-komponente färben nach der Chromierung rote, blaue und vor allem zahlreiche schwarze Farbtöne.

Die α-Naphthole kuppeln mit Diazophenolen und Diazonaphtholen überraschenderweise vorwiegend in ortho-Stellung, wobei das ortho-para-Verhältnis von der Alkalinät des Mediums abhängt. In schwach alkalischer Lösung wird Kupplung in para-Stellung begünstigt; mit zunehmender Basizität tritt überwiegend und zuletzt ausschließlich ortho-Kupplung ein[2].

Chromechtblau R aus diazotierter Naphthionsäure und 1-Naphthol-5-sulfonsäure enthält nur *eine* zur Azobindung ortho-ständige Hydroxylgruppe. Es färbt auf Wolle ein blaustichiges Rot mit mäßigen Echtheiten, das wenig benützt wird. Bei der Nachchromierung erhält man daraus ein rotstichiges Blau mit guten Allgemein-echtheiten, wobei eine zweite Hydroxylgruppe oxydativ eingeführt wird (Pfeil). Die Chromierung kann deshalb nur mit Chromaten, nicht aber mit dreiwertigen Chromsalzen vorgenommen werden, da nur das erstere die nötige Oxydation bewirkt[3].

Chromechtblau R
(Chromotropblau S, Omegachromblau F4B, Säurechromblau 2B)

Unter den chromierbaren Schwarzmarken gehört das *Diamant-schwarz PV* (M. KAHN 1902) aus diazotierter 2-Aminophenol-4-sulfon-säure und 1.5-Dihydroxynaphthalin zu den wichtigsten Produkten[4]. Durch Nachchromierung erhält man auf Wolle ein schönes, volles

---

[1] DRP 223596 (1908); auch im Handel als Chromechtrot 2G, Eriochromrot 4G, Omegachromrot ME u.a.; ferner als Eriochromalrot 4G, Metomegachromrot 4G, Monochromrot 5G.

[2] Vgl.: DRP 741358 (1943). — FIERZ-DAVID, H. E.: Angew. Chem. **49**, 24 (1936). — FISCHER, O., u. C. BAUER: J. prakt. Chem. [2] **95**, 261 (1917).

[3] ROSENHAUER, E., W. WIRTH u. R. KÖNIGER: Ber. dtsch. chem. Ges. **62**, 2717 (1929). — FIERZ-DAVID, H. E., u. E. MANNHART: Helv. chim. Acta **20**, 1024 (1937).

[4] DRP 157786 (1902). Für weitere Beispiele schwarzer Chromierfarbstoffe vgl.: DRP 143892 (1900); DRP 153297 (1903); DRP 263192 (1912).

Schwarz mit ausgezeichneten Allgemeinechtheiten und besonders hervorragender Walkechtheit. Die Chromierung muß mit Bichromat vorgenommen werden; dabei entsteht durch Oxydation der Hydroxynaphthochinonrest, der mit dem Naphthazarin verwandt ist:

Diamantschwarz PV
(Eriochromschwarz PV, Omegachromschwarz PV, Pottingchromschwarz PV, Salicinchromschwarz PV, Solochrome Black PV)

Zwei andere wichtige und häufig verwendete Schwarzmarken sind *Eriochromblauschwarz B* und *Eriochromschwarz T* (J. HAGENBACH 1904). Man erhält die beiden Farbstoffe durch Kupplung von diazotierter 1-Amino-2-naphthol-4-sulfonsäure, bzw. ihres 6-Nitroderivates, auf 1-Naphthol in stark alkalischer Lösung[1].

Die Marke B liefert nach der Chromierung ein tiefes Blau, die Marke T ein volles, stumpfes Schwarz. Beide besitzen ausgezeichnete Allgemeinechtheiten.

Beide Azoverbindungen bilden mit zahlreichen weiteren Metallionen gefärbte Komplexe[2]. Eriochromschwarz T wird deshalb häufig als Indikator bei der komplexometrischen Titration verschiedener zweiwertiger Metalle in alkalischem Gebiet verwendet[3].

Eriochromblauschwarz B (X = H)
(Chromechtcyanin BP, G, Diamantblauschwarz AE, Omegachromblauschwarz B, Solochrome Black 6BN u. a.)

Eriochromschwarz T (X = NO$_2$)
(Diamantschwarz PT, Omegachromschwarz S, T, Pottingchromschwarz CL, Solochrome Black WDFA u. a.)

Mit 2-Naphthol als Kupplungskomponente erhält man Eriochromblauschwarz RC und Eriochromschwarz A, ebenfalls zwei wichtige, echte Schwarzmarken.

Ein etwas stumpfes, leicht blaustichiges Grün mit guten Naßechtheiten, aber nur mäßiger Lichtechtheit liefert die Nachchromierung von *Omegachromgrün B*. Man erhält es durch Kupplung von diazotiertem 2-Amino-6-chlor-4-nitrophenol

---

[1] DRP 169683, 181326 (1904); vgl.: FIERZ-DAVID, H. E., u. H. BRÜTSCH: Helv. chim. chim. Acta 4, 380 (1921). — MORGAN, G. T.: J. chem. Soc. [London] 111, 497 (1917); 115, 1126 (1921); 125, 1731 (1924). — RUGGLI, P., F. KNAPP, E. MERZ u. A. ZIMMERMANN: Helv. chim. Acta 12, 1034 (1929). — RUGGLI, P., A. ZIMMERMANN u. F. KNAPP: Helv. chim. Acta 13, 748 (1930).
[2] SCHWARZENBACH, G., u. W. BIEDERMANN: Helv. chim. Acta 31, 678 (1948).
[3] Vgl. hierzu: DISKANT, E. M.: Analyt. Chemistry 24, 1856 (1952).

mit 1.8-Diaminonaphthalin-4-sulfonsäure und anschließende Nitrosierung, bei der sich der Triazinring bildet[1].

Omegachromgrün B

Weitere chromierbare Säurefarbstoffe sind:

Salicinchromrot B[2]	Anthranilsäure → R-Salz
Chromechtviolett B	2-Aminophenol-4-sulfonsäure → 2-Naphthol
Diamantechtblau BL[3]	2-Amino-4-chlorphenol → Chromotropsäure
Eriochromgrün H[4]	2-Amino-4-nitrophenol $\xrightarrow{alkalisch}$ H-Säure

Besonders klare Farbtöne erzielt man mit stark chlorierten Diazokomponenten, besonders mit 3.4.6-Trichloraminophenol[5]:

Monochrombrillantblau 8RL (*metachromierbar*)	2-Amino-3.4.6-trichlorphenol → Nevile-Winther-Säure
Monochrombrillantblau BL (*metachromierbar*)	2-Amino-3.4.6-trichlorphenol → N-Acetyl-S-Säure
Metomegachromblaugrün BL (*metachromierbar*)	2-Amino-3.4.6-trichlorphenol $\xrightarrow{alkalisch}$ N-(p-Tolyl)-S-Säure

Die chromierbaren *Disazofarbstoffe* sind wenig zahlreich. Erwähnt seien die folgenden wichtigeren Produkte:

Chromcitronin R	Benzidin-2.2'-disulfonsäure ⇉ 2 Mole Salicylsäure
Monochromorange GR (*metachromierbar*)	p-Aminoazobenzol-p'-sulfonsäure → Salicylsäure
Monochrombraun EB (*metachromierbar*)	2-Amino-4-nitrophenol → m-Phenylendiamin ← 1-Naphthylamin-5-sulfonsäure
Eriochromverdon S	4-Chloranilin-3-sulfonsäure → 2-Amino-p-kresol → 2-Naphthol
Diamantschwarz F (*metachromierbar*)	5-Aminosalicylsäure → 1-Naphthylamin → Nevile-Winther-Säure

Chromierbare Säurefarbstoffe sind unter folgenden Schutznamen im Handel: Diamant- (Bayer), Chromecht-, Pottingchrom- (Ciba), Eriochrom- (Geigy), Omegachrom- (Sandoz), Salicinchrom- (Hoechst), Solochrome (ICI).

Besondere *Metachrom*-Farbstoffe, die sich für das Metachrom-Verfahren eignen, wurden erstmals um 1900 von AGFA in den Handel gebracht. Man färbt dabei den Farbstoff unter Zusatz von Ammonsulfat

---

[1] DRP 222928 (1908).
[2] DRP 141257 (1902); vgl. auch: DRP 580797 (1931). Das Bariumsalz ist auch als Pigmentechtscharlach 3B im Handel.
[3] DRP 168610, 175827, 178304 (1905).
[4] DRP 282987 (1912).
[5] DRP 364829, 367362 (1920).

und Bichromat aus neutralem Bade. Durch Ammoniakabgabe wird letzteres im Verlaufe des Färbeprozesses allmählich sauer, wobei im selben Ausmaß die Färbung und Chromierung stattfindet. Später brachten auch die anderen Farbstoff-Hersteller besondere Metachromfarbstoffe in den Handel. Diejenigen Farbstoffe, die sich hierfür eignen, wurden im vorstehenden Kapitel bereits mit dem Zusatz „*metachromierbar*" gekennzeichnet, so daß sich eine zusätzliche Besprechung erübrigt.

Handelsnamen für Metachromierungsfarbstoffe sind: Eriochromal- (Geigy), Metachrom- (Hoechst), Metomegachrom- (Sandoz), Monochrom- (Bayer), Synchromat- (Ciba).

d) Saure Metallkomplexfarbstoffe

Bereits das Metachromierverfahren, bei dem Farbstoff und Chromsalz gleichzeitig gefärbt werden, vereinfachte die Anwendung der Chromierungsfarbstoffe wesentlich. Einen entscheidenden weiteren Fortschritt stellten die Chromkomplexfarbstoffe dar, die bereits als Metallkomplexe in den Handel kommen. Sie besitzen den großen Vorteil, daß sich der Farbton der Ware während des Färbens langsam aufbaut, ohne einen starken Farbumschlag wie bei den Nachchromierfarbstoffen zu zeigen. Beim Färben nach Muster erleichtert dies die Arbeit des Färbers wesentlich. Die Farbtöne sind sehr echt, aber nicht besonders brillant, wie allgemein bei chromierbaren Farbstoffen. Die ersten derartigen Metallkomplexfarbstoffe, die nach 1924 erschienen und aus stark saurem Bade gefärbt werden, waren 1:1-Chromkomplexe mit einem Chromatom auf ein Molekül Azokörper. Etwa 20 Jahre später kamen 1:2-Metallkomplexe in den Handel, die aus neutralem bis schwach saurem Bade gefärbt werden können. Es sind vorwiegend Chrom- und Kobaltkomplexe; sie enthalten auf ein Metallatom zwei Moleküle Azokörper[1].

Zum Verständnis der Metallkomplexfarbstoffe sei daran erinnert, daß zahlreiche Atome nach Absättigung ihrer stöchiometrischen Wertigkeit noch koordinative Bindungen eingehen können. Sie treten dabei entweder als Elektronendonatoren oder -akzeptoren auf[2]. Bei den Metallkomplexen ist das Metallion infolge seiner höheren Elektropositivität in der Regel der Elektronenakzeptor. Die Komplexbildung erfolgt mit Atomen oder Atomgruppen, die Elektronendonatoren sind. Man bezeichnet diese letzteren als *Liganden*. Der entstandene Komplex kann neutral oder geladen sein[3]. Ein Molekül mit mehreren elektronenreichen Gruppen, die als Liganden in Frage kommen, ist ein polyfunktioneller Ligand. Dabei entstehen Komplexe, in denen das Metall-

---

[1] Eine Übersicht über metallisierte Farbstoffe gibt: WAHL, H.: Teintex **28**, 257 (1963). Einen Überblick über Komplexverbindungen in der Farbenchemie gibt ferner: PFITZNER, H.: Angew. Chem. **62**, 242 (1950).

[2] Bezüglich des Begriffs der koordinativen Wertigkeit sei verwiesen auf G. SCHWARZENBACH, Allgemeine und anorganische Chemie (Thieme-Verlag, Stuttgart 1955).

[3] Die grundlegenden Anschauungen über die Koordinationslehre und die organischen Komplexe finden sich bei: WERNER, A.: Neuere Anschauungen auf dem Gebiete der anorganischen Chemie, 4. Aufl., Braunschweig 1920. — PFEIFFER, P.: Organische Molekülverbindungen, 2. Aufl. Stuttgart 1927.

atom zu einem oder mehreren Ringen gehört, und die als *Chelate* bezeichnet werden[1]. Chelatkomplexe sind um mehrere Größenordnungen beständiger als Komplexe, in denen dieselben Atomgruppen mit dem Zentralatom einzeln zusammentreten; Fünf- und Sechsringe sind dabei bevorzugt[2]. Als Beispiel sei der schon lange bekannte Nickel-Dimethylglyoxim-Komplex erwähnt, den man in der analytischen Chemie zur quantitativen Nickelbestimmung benützt[3]:

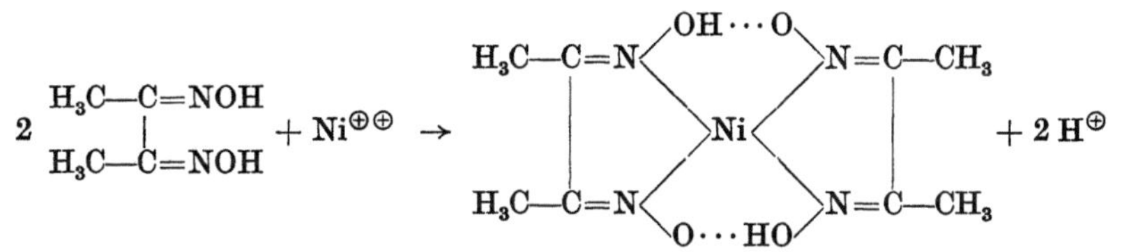

$$2 \; \begin{array}{c} H_3C-C=NOH \\ | \\ H_3C-C=NOH \end{array} + Ni^{\oplus\oplus} \rightarrow \quad + 2\,H^\oplus$$

Die Bindung zwischen Metallion und Ligand kann rein elektrostatisch sein. Es kann sich aber auch eine kovalente Bindung ausbilden, wobei ein „Durchdringungskomplex" entsteht, indem sich die beiderseitigen Elektronenwolken überlappen. Die einsamen Elektronenpaare der Liganden besetzen dabei die äußersten Elektronenbahnen des Zentralatoms. Da diese energetisch nahe beieinander liegen, erfolgt eine Hybridisierung. In den meisten Fällen dürften die resultierenden Bindungskräfte zwischen Zentralatom und Liganden weder rein kovalent noch rein ionisch sein[4].

Die Bindungen zwischen Zentralatom und Liganden werden im folgenden alle gleichartig geschrieben wie im vorstehenden Nickel-Dimethylglyoxim-Komplex, obschon sie oft teilweise ionischen Charakter aufweisen. Eine Angabe der elektrischen Ladung erfolgt nur für den ganzen Komplex.

Einige wichtige Kupplungskomponenten sind für sich bereits komplexbildend, wie Salicylsäure, 8-Hydroxychinolin und Chromotropsäure. Metallkomplexe von Azofarbstoffen mit diesen Komponenten können sich ohne Einbeziehung der Azogruppe bilden, so daß die Farbnuance bei der Komplexbildung nur wenig verändert wird. Allerdings wird dabei die Lichtechtheit gegenüber dem metallfreien Farbstoff nur wenig oder gar nicht erhöht. Die Chelatbildung tritt bei der Salicylsäure mit der Hydroxyl- und Carboxylgruppe, beim 8-Hydroxychinolin mit der Hydroxylgruppe und dem Ringstickstoff und bei der Chromotropsäure

---

[1] Für eine Darstellung vgl.: MARTELL, A. E., u. M. CALVIN: Die Chemie der Metallchelat-Verbindungen. Weinheim: Verlag Chemie 1958.

[2] Über diesen „Chelateffekt" vgl.: SCHWARZENBACH, G.: Helv. chim. Acta **35**, 2344 (1952). Zu einem viergliedrigen 1:2-Nickelkomplex mit Diazoaminoverbindungen siehe: DWYER, F. P., u. D. P. MELLOR: J. Amer. chem. Soc. **63**, 81 (1941).

[3] Vgl.: PFEIFFER, P.: Angew. Chem. **53**, 93 (1940).

[4] GRIFFITH, J. S., u. L. E. ORGEL: Quart. Reviews **11**, 381 (1957). Vgl. auch: HÜCKEL, W.: Anorganische Strukturchemie. Stuttgart: Ferdinand Enke 1948. — COULSON, C. A.: Valence. Oxford: University Press 1952. — BAILAR, J. C.: The Chemistry of the Coordination Compounds. New York: Reinhold 1956.

mit den beiden peri-ständigen Hydroxylgruppen ein. Salicylsäure ist eine Komponente vieler gelber und oranger Chromierungsfarbstoffe.

Salicylsäure   8-Hydroxychinolin   Chromotropsäure

Weitaus zahlreicher sind die Farbstoffe, bei denen die Komplexbildung an der Azogruppe erfolgt. Die Lichtechtheit erhöht sich dabei gegenüber dem metallfreien Azokörper meist wesentlich und der Farbton wird tiefer; bei Durchdringungskomplexen treten auch neue Absorptionsbanden auf[1]. Am häufigsten verwendet man o,o'-Dihydroxyazokörper I als Komplexbildner, seltener o-Carboxy-o'-hydroxy- (II) oder o-Amino-o'-hydroxy-azoverbindungen III. Mit mehrfunktionellen orthoständigen Substituenten wie Glykolsäureäther oder N-Sulfoanthranilsäure lassen sich tri- bis pentacyclische 1:1-Azokomplexe darstellen[2].

I   II   III

Als Diazokomponenten für die Verbindungen I und III dienen vor allem diazotierte o-Aminophenole und 1.2-Aminonaphthole, als Kupplungskomponenten ortho-kuppelnde Enole, Phenole und Naphthole sowie Arylamine und deren Derivate. Ein Nachteil der diazotierten Aminophenole ist ihre geringe Kupplungsenergie, die eine langsame Kupplung bewirkt. Da gleichzeitig eine Zersetzung der Diazokomponente stattfindet, kann die Güte des Farbstoffes darunter leiden. In kritischen Fällen verwendet man deshalb besser den entsprechenden Methyläther, der eine energischere Diazoniumverbindung liefert. Bei der Komplexbildung wird der Methyläther wieder gespalten. Oft kann die zweite Hydroxylgruppe in I auch oxydativ eingeführt werden[3].

Als komplexbildende Metalle verwendet man vor allem dreiwertiges Chrom und Kobalt, deren koordinative Wertigkeit sechs ist. Komplexe mit zweiwertigem Kupfer (Koordinationszahl vier) finden bei substantiven Farbstoffen[4], solche mit dem zweiwertigen Nickel (Ko-

[1] Vgl.: HAENDLER, H. M., u. G. M. SMITH: J. Amer. chem. Soc. 62, 1669 (1940). — McKENZIE, H. A., D. P. MELLOR, J. E. MILLS u. L. N. SHORT: J. Proc. Roy. Soc. N. S. Wales 78, 70 (1944); — Chem. Abstr. 39, 2696 (1945).

[2] Vgl.: DRP 677663 (1939); DRP 711384 (1941); DRP 741467 (1943). Für eine Übersicht siehe: SCHETTY, G., u. H. ACKERMANN: Angew. Chem. 70, 222 (1958).

[3] Zur oxydativen Darstellung von Kupferkomplexen siehe: PFITZNER, H., u. H. BAUMANN: Angew. Chem. 70, 232 (1958).

[4] Siehe unter Direktfarbstoffe.

ordinationszahl vier) bei metallisierbaren Dispersionsfarbstoffen und
zuweilen bei Pigmenten Anwendung[1]. Andere Metallkomplexe sind
selten.

Die gebildeten Komplexe unterteilt man am besten in Seitengruppenkomplexe und Azogruppenkomplexe[2]. Zu den ersteren gehören diejenigen mit Salicylsäure, 8-Hydroxychinolin und Chromotropsäure. In
den vorgeformten Komplexfarbstoffen werden sie kaum verwendet,
wohl aber in chromierbaren Säurefarbstoffen, 8-Hydroxychinolin ferner
in einigen kupferbaren Direktfarbstoffen. Salicylsäure kann 1:1-, 1:2-
und 1:3-Chromikomplexe sowie 1:1- und 1:2-Cuprikomplexe bilden[3].
Bei den chromierbaren Azosalicylsäurefarbstoffen entstehen auf der
Faser 1:2-Chromikomplexe[4]. Farbstoffe mit 8-Hydroxychinolin liefern
mit Kupfersalzen 1:2-Cuprikomplexe. Chromotropsäure kann mit den
periständigen Hydroxylgruppen verschiedene Komplexe formen[5].

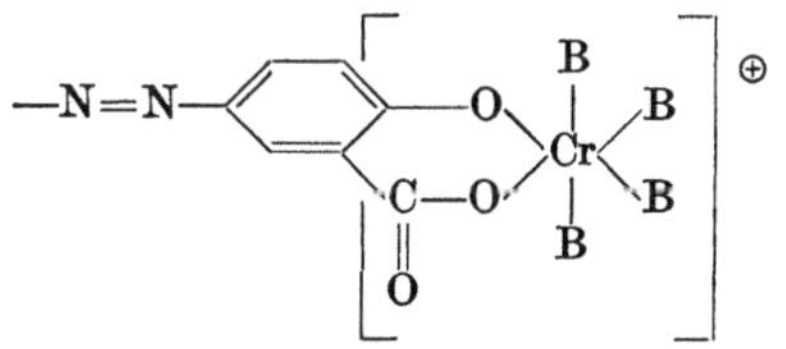

Azosalicylsäure-1:1-chromikomplex
(B = Gruppe mit einsamem Elektronenpaar wie H_2O, $-NH_2$, $-NR_2$)

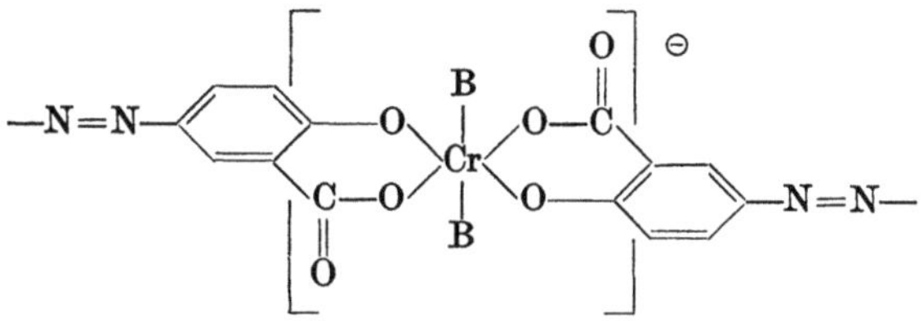

Azosalicylsäure-1:2-chromikomplex

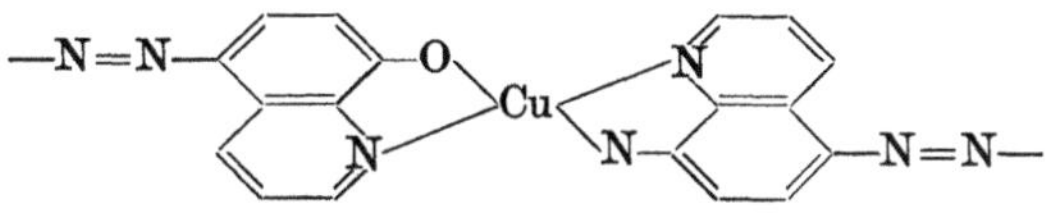

Azohydroxychinolin-1:2-cuprikomplex

---

[1] Vgl. S. 434 u. S. 439.

[2] Für eine eingehende Diskussion der Chemie der Azometallkomplexe sei verwiesen auf: ZOLLINGER, H.: Chemie der Azofarbstoffe, S. 222 u.f. Basel: Birkhäuser 1958.

[3] BENTLEY, R. B., u. J. P. ELDER: J. Soc. Dyers Colourists 72, 332 (1956). —
SCHETTY, G.: Helv. chim. Acta 35, 716 (1952). — MORGAN, G. T., u. J. D. M. SMITH:
J. chem. Soc. [London] 1924, 1731.

[4] RACE, E., F. M. ROWE u. J. B. SPEAKMAN: J. Soc. Dyers Colourists 62, 372
(1946). — BRASS, K., u. W. WITTENBERGER: Ber. dtsch. chem. Ges. 68, 1905 (1935).

[5] HELLER, J., u. G. SCHWARZENBACH: Helv. chim. Acta 34, 1876 (1951). —
ZOLLINGER, HCH.: Helv. chim. Acta 34, 600 (1951).

Azogruppenkomplexe können auf ein Metallion ein oder zwei Moleküle Azokörper enthalten[1]. Cupri-Ionen bilden mit o,o'-Dihydroxyazoverbindungen und einem weiteren Liganden B (NH$_3$, H$_2$O, —NH$_2$, —N=N— u.a.) 1:1-Komplexe IV, die gegebenenfalls zu Schichtassoziaten Ia zusammentreten können. Mit geeigneten ortho-Substituenten kann man auch ohne einen zusätzlichen Liganden zu koordinativ gesättigten 1:1-Komplexen V kommen, die in zahlreichen kupferbaren Direktfarbstoffen praktische Anwendung finden. o-Hydroxyazokörper mit nur einer Hydroxylgruppe bilden 1:2-Cuprikomplexe VI. Alle drei Komplextypen sind planar gebaut und neutral. Zur Anwendung in sauren Wollfarbstoffen eignen sie sich nicht, da ihre Säurebeständigkeit meist nicht sehr hoch ist.

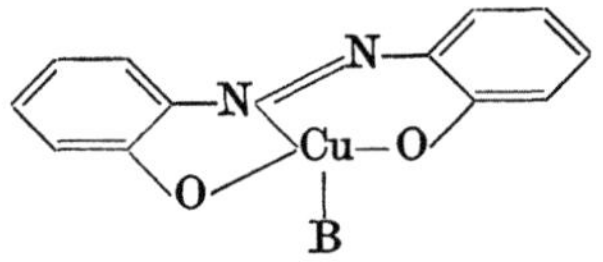

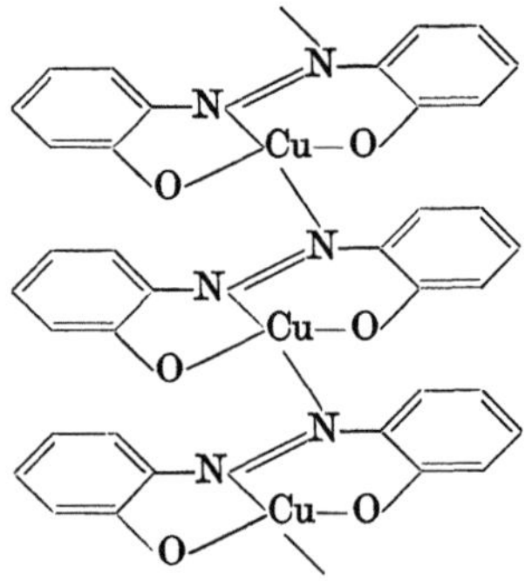

Chromi- und Kobalti-Ionen bilden mit o,o'-Dihydroxyazoverbindungen 1:1- und 1:2-Metallkomplexe gemäß folgendem Reaktionsschema:

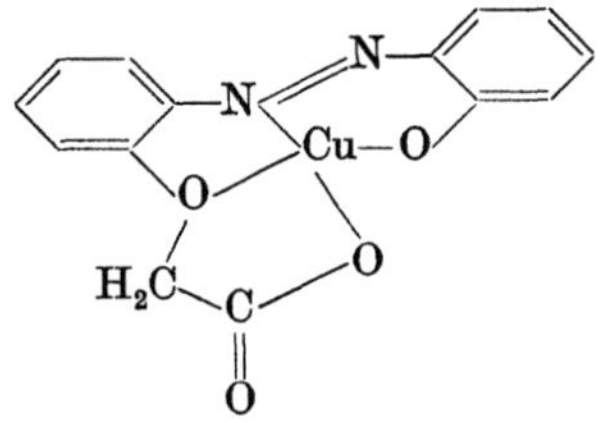

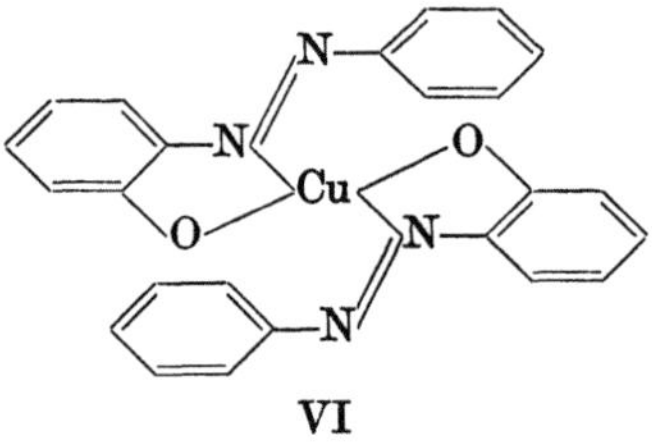

[1] Für eingehende Untersuchungen über die Struktur von Azokomplexen mit zwei-, drei- und vierwertigen Metallionen siehe: DREW, H. D. K., u. J. K. LANDQUIST: J. chem. Soc. [London] 1938, 292. — DREW, H. D. K., u. R. E. FAIRBAIRN: J. chem. Soc. [London] 1939, 823. — BEECH, W. F., u. H. D. K. DREW: J. chem. Soc. [London] 1940, 603, 608. — DREW, H. D. K., u. F. G. DUNTON: J. chem. Soc. [London] 1940, 1064. — PFEIFFER, P., TH. HESSE, H. PFITZNER, W. SCHOLL u. H. THIELERT: J. prakt. Chem. [2] 149, 217 (1937). — JONASSEN, H. B., M. M. COOK u. J. S. WILSON: J. Amer. chem. Soc. 73, 4683 (1951). — JONASSEN, H. B., u. J. S. WILSON: J. Amer. chem. Soc. 75, 4201 (1953). — JONASSEN, H. B., u. E. J. GONZALES: J. Amer. chem. Soc. 79, 4282 (1957). — FREEMAN, D. C., u. C. E. WHITE: J. Amer. chem. Soc. 78, 2678 (1956). — KANENIWA, N.: J. Pharm. Soc. Japan 76, 787, 792, 795 (1956); — Chem. Abstr. 50, 16518 (1956).

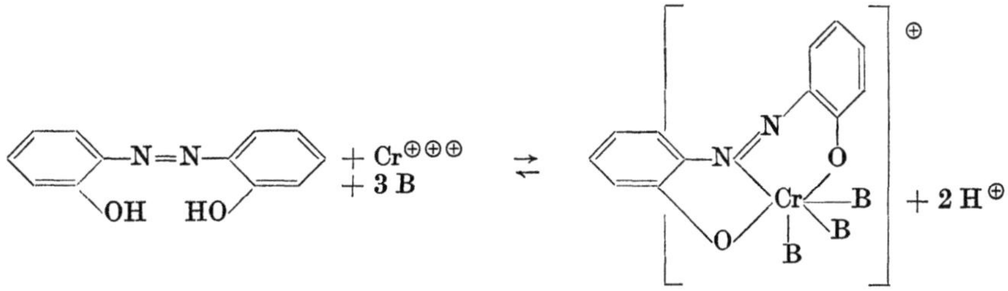

VII + Cr$^{\oplus\oplus\oplus}$ + 3 B $\rightleftarrows$ VIII + 2 H$^{\oplus}$

VII + VIII 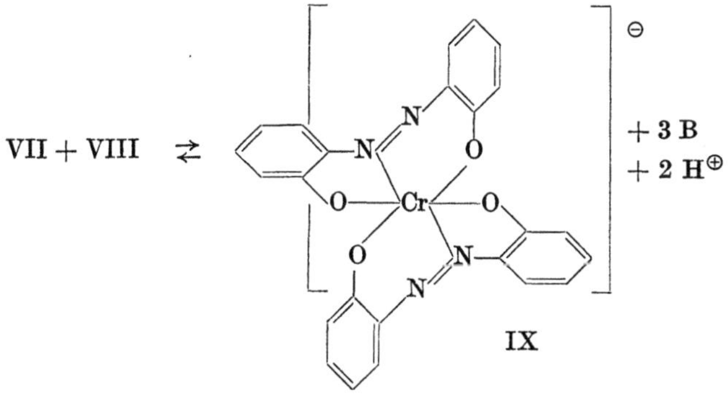 $\rightleftarrows$ IX + 3 B + 2 H$^{\oplus}$

Wie man aus der Reaktionsgleichung unschwer ableiten kann, sind die Gleichgewichte zwischen Azokörper VII, 1:1-Komplex VIII und 1:2-Komplex IX aciditätsabhängig. Untersuchungen über die Komplexgleichgewichte sind allerdings spärlich. Sie lassen erkennen, daß 1:1-Komplexe in saurem Medium bei $p_H = 4$ und weniger beständig sind, 1:2-Komplexe dagegen in schwach saurem bis alkalischem Bereich[1]. Elektronenanziehende, acidifizierende Substituenten wie die Nitrogruppe im Arylrest verringern die Komplexbeständigkeit beträchtlich[2]. Die 1:1-Komplexe sind Kationen; die 1:2-Komplexe sind ziemlich starke einbasische Säuren[3]. Die Chrom- und Kobaltkomplexe sind dreidimensional; bei den 1:2-Komplexen stehen die Ebenen der beiden Azokörper senkrecht zueinander[4]. Die Chromkomplexe sind stets tiefer gefärbt als die entsprechenden Kobalt- oder Kupferkomplexe. Zahlreiche saure 1:2-Komplexfarbstoffe enthalten deshalb Kobalt. Man kann auch Mischkomplexe mit zwei verschiedenen Azokörpern darstellen; sie finden beträchtliche praktische Anwendung.

Ähnliche Komplexe wie mit Azokörpern lassen sich auch mit Azomethinen erzeugen, vor allem mit o,o'-Dihydroxy-azomethinen X[5]. Mit komplexbildenden

[1] Vgl.: BENTLEY, R. B., u. J. P. ELDER: J. Soc. Dyers Colourists 72, 332 (1956).

[2] Eine eingehende Studie über Komplexgleichgewichte von o,o'-Dihydroxyazokörpern, die allerdings nur zweiwertige Metalle umfaßt, stammt von: SNAVELY, F. A., W. C. FERNELIUS u. B. E. DOUGLAS: J. Soc. Dyers Colourists 73, 491 (1957); vgl.: GEARY, W. J., G. NICKLESS u. F. H. POLLARD: Anal. Chim. Acta 27, 71 (1962).

[3] SCHETTY, G.: J. Soc. Dyers Colourists 71, 705 (1955).

[4] Vgl.: PFEIFFER, P., u. S. SAURE: Ber. dtsch. chem. Ges. 74, 935 (1941).

[5] Siehe beispielsweise: DAS 1024653 (1958); FP 1098839 (1955). — PFEIFFER, P., u. S. SAURE; l. c.

Azokörpern können sie zu 1:2-Mischkomplexen kombiniert werden. Azomethinkomplexe sind zur Abklärung stereochemischer Fragen von Interesse, da nur der Stickstoff, nicht aber die Methingruppe als Elektronendonator in Frage kommt[1]. Ihre praktische Bedeutung ist gering.

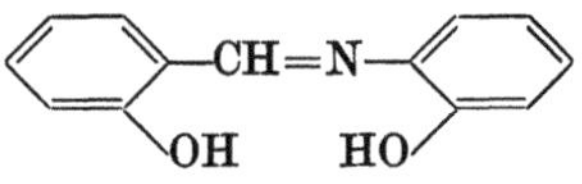

$$\text{---CH=N---} \qquad \text{OH} \qquad \text{HO}$$

X

Eine weitere Gruppe von Komplexfarbstoffen liegt in den *Formacylkomplexen* vor, die auf neuere Arbeiten von R. WIZINGER[2] zurückgehen. Es sind Komplexe von Formazanen[3] mit einem Metallion, wobei zwei Azogruppen, aber nur ein Formazanmolekül, auf ein Metallion entfallen. Dabei bilden sich planare Chelate der nachstehenden Struktur, in denen die zusätzlichen Liganden B unter- und oberhalb der Ebene des Chelates angeordnet sind:

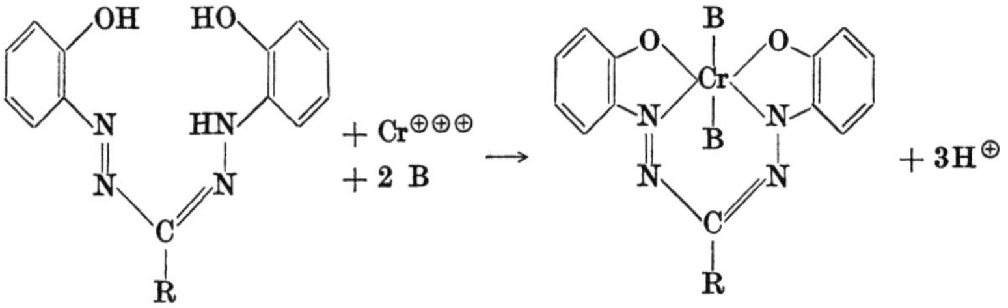

Färberisch verhalten sich die Chromi- und Kobaltiformacylkomplexe wie die 1:2-Chromi- oder Kobaltiazokomplexe, die weiter hinten noch eingehender besprochen werden. Formacylkomplexe werden von der Société Carbochimique in Belgien unter der Bezeichnung „*Formalane*" als neutralziehende Wollfarbstoffe in den Handel gebracht.

1:1-Metallkomplexfarbstoffe wurden erstmals 1924 von CIBA unter dem Schutznamen „*Neolan*" in den Handel gebracht[4]. Die ersten derartigen Komplexe waren allerdings bereits 1912 von der BASF hergestellt und beschrieben worden[5]. Auch die Bildung von Chromkomplexen

---

[1] Für neuere Untersuchungen über die Isomerien der 1:2-Azo- und Azomethinkomplexe sei verwiesen auf: SCHETTY, G., u. W. KUSTER: Helv. chim. Acta **44**, 2193 (1961). — SCHETTY, G.: Helv. chim. Acta **45**, 809, 1026, 1095, 1473 (1962); **46**, 1132 (1963). — BEFFA, F., P. LIENHARD, E. STEINER u. G. SCHETTY: Helv. chim. Acta **46**, 1369 (1963).

[2] WIZINGER, R., u. Y. BIRO: Helv. chim. Acta **32**, 901 (1949). — WIZINGER, R., u. H. HERZOG: Helv. chim. Acta **36**, 531 (1953). Für weitere Arbeiten über Formacyle siehe: ZIEGLER, H.: Ind. chim. belge **20**, 673 (1955); **22**, 533 (1957). — HIRSCH, B.: Liebigs Ann. Chem. **637**, 167, 173, 189 (1960); **648**, 151 (1962). Über Kupferkomplexe von Pseudoformacylen siehe: WAHL, H.: Teintex **21**, 697, 786 (1956). Azamethin-Analoge von Formacylkomplexen nennt z. B.: DAS 1047964 (1957).

[3] Übersichtsreferate über Formazane geben: NINEHAM, A. W.: Chem. Reviews **55**, 355 (1955). — RIED, W.: Angew. Chem. **64**, 391 (1952); vgl. auch: RIED, W., u. K. SOMMER: Liebigs Ann. Chem. **611**, 108 (1958) u. frühere Mitteilungen.

[4] Zur Entstehung der Neolanfarbstoffe siehe: WIDMER, W.: Chimia **5**, 77 (1951).

[5] DRP 282987 (1912).

in alkalischer Lösung war schon 1915 bekannt[1]. Die färberische Bedeutung dieser vorgeformten Komplexe wurde jedoch erst von CIBA erkannt, die sich 1920 deren Anwendung schützen ließ[2]. 1925 fand die BASF, daß die Chromierung in saurer Lösung bei Temperaturen über 100° C unter Druck wesentlich rascher verläuft[3], und im Jahre darauf wurde die Chromierung von o-Methoxy-o'-hydroxy-azokörpern beschrieben[4]. Basierend auf diesen Arbeiten kamen 1927 die *Palatinechtfarbstoffe* der ehemaligen IG Farbenindustrie heraus, denen bald entsprechende Farbstoffe anderer Firmen folgten.

Den 1:1-Komplexfarbstoffen liegen Monoazoverbindungen mit Sulfonsäuregruppen zugrunde. Es sind Chromikomplexe, die man durch mehrstündiges Erwärmen des Azokörpers mit einer sauren Chromsulfat- oder Chromformiatlösung auf 110—140° C unter Druck erhält. Eine genaue Einhaltung des richtigen p_H-Wertes ist dabei wichtig.

Um egale Färbungen zu erzielen, müssen die Farbstoffe aus stark saurem Bade — p_H ungefähr 2,0 — gefärbt werden[5]. Die meisten eignen sich auch für den Druck. Ihre Lichtechtheit ist gut bis sehr gut, ihre Naßechtheiten sind gut. Die Walkechtheit genügt mäßigen Ansprüchen. Im allgemeinen erreichen die Naßechtheiten nicht so hohe Werte wie bei den nachchromierten Farbstoffen, bei denen vermutlich 1:2-Komplexe entstehen. Durch einen Zusatz von Chromsalzen während der Färbung können sie zuweilen verbessert werden[6].

1:2-Komplexe von Monoazofarbstoffen mit Sulfonsäuregruppen sind zwar in neutraler oder schwach saurer Lösung zugänglich und beständig, lassen sich aber infolge ihrer großen Affinität zur Wollfaser aus schwach saurem Bade nicht egal färben. In stark saurer Lösung disproportionieren sie andrerseits in den 1:1-Komplex und metallfreien Azokörper. Einige Farbstoffe weisen ein Metall-Azokörper-Verhältnis von 2:3 auf; es sind salzartige Verbindungen aus gleichen Anteilen von 1:1- und 1:2-Komplex[7].

Da die 1:1-Chromkomplexe Kationen sind und gleichzeitig Sulfonsäuregruppen enthalten, bilden sie innere Salze. Als Beispiel sei das *Neolangelb GR* (F. STRAUB et al. 1924) aufgeführt. Es färbt auf Wolle

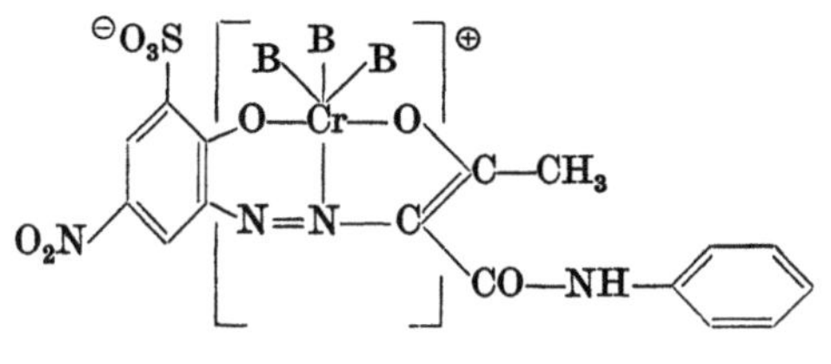

Neolangelb GR[8]
(Gycolangelb GRL,
Palatinechtgelb GRN,
Pilatechtgelb GRN,
Ultralan Yellow R,
Vitrolangelb GR)

---

[1] DRP 338086 (1915).　[2] DRP 416379 (1920).

[3] DRP 441867 (1925).　[4] DRP 474997 (1926).

[5] Vgl.: CASTY, R.: Melliand Textilber. **33**, 950 (1952).

[6] DRP 575112 (1931).

[7] Vgl.: DRP 493895 (1930); DRP 455277 (1928); DRP 489301 (1929); DRP 537232 (1931). — SCHETTY, G.: Helv. chim. Acta **35**, 716 (1952).

[8] Die Bezeichnung B steht für eine Gruppe mit einsamem Elektronenpaar wie H_2O u. a.

ein rotstichiges Gelb mit guter Licht- und guten Allgemeinechtheiten
und besitzt ein ausgezeichnetes Egalisiervermögen.

Zu seiner Herstellung[1] wird 2-Amino-4-nitrophenol-6-sulfonsäure wie üblich
bei 7—9° C diazotiert und in sodaalkalischer Lösung bei 8° C mit Acetanilid gekuppelt. Nach beendeter Kupplung wird zwecks besserer Filtrierbarkeit kongosauer gestellt, verdünnt, auf 80° C erwärmt und filtriert. Der erhaltene Monoazokörper wird mit Wasser angeteigt, mit Chromfluorid und Natriumacetat versetzt
und das Gemisch durch Dampfeinleitung zum Kochen gebracht, wobei sich der
Farbstoff allmählich löst. Nach 12 Std wird filtriert und der Chromkomplex aus
dem Filtrat durch Zugabe von Natriumchlorid ausgefällt, bei 65° C abfiltriert und
im Vakuum bei 100° C getrocknet.

Ein Farbstoff, der über die Methoxyverbindungen hergestellt wird,
ist das *Palatinechtviolett 5RN* oder *Neolanviolett 5RF*. Man erhält es
aus dem Azokörper XI durch demethylierende Chromierung[2]. Es färbt
ein etwas stumpfes, rotstichiges Violett mit mittleren Allgemeinechtheiten.

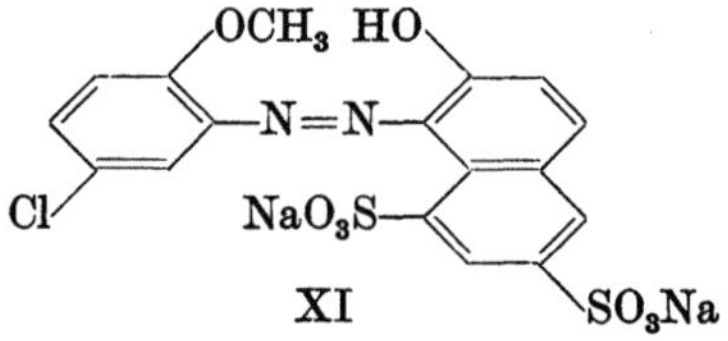

XI

Zur Herstellung wird diazotiertes 2-Amino-4-chloranisol in sodaalkalischer
Lösung bei 0° C mit G-Salz gekuppelt, der entstandene Azokörper XI mit Natriumchlorid ausgesalzt und nach 12stündigem Rühren abfiltriert. Man teigt ihn mit
Wasser an, stellt mit Salzsäure kongosauer und versetzt ihn mit einer aus Chrom-
oxyd und Ameisensäure vorgängig hergestellten Chromformiatlösung. Die Lösung
wird im säurefesten Autoklaven eine Stunde auf 120° C, eine weitere Stunde auf
130° C und $2^1/_2$ Std auf 135° C erwärmt. Nach dem Abkühlen auf 30° C wird der
Chromkomplex als freie Säure gefällt und abfiltriert. Man neutralisiert ihn mit
Natronlauge und trocknet im Vakuum bei 100° C.

Ein wichtiges, grünstichiges Blau mit sehr gutem Egalisiervermögen
und mittleren Allgemeinechtheiten ist das *Neolanblau 2G* oder *Palatin-
echtblau GGN*, dem der Azokörper XII aus diazotierter 1-Amino-
2-naphthol-4-sulfonsäure und 1-Naphthol-8-sulfonsäure zugrunde liegt[3].
Die Komplexbildung erfolgt mit wäßriger, saurer Chromsulfatlösung
bei 115° C.

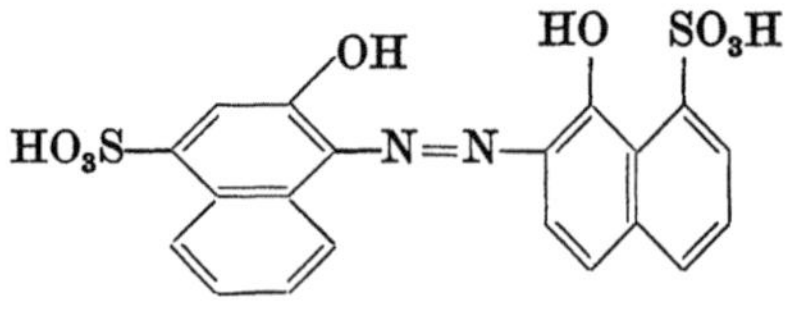

XII

Weitere wichtige 1:1-Chromkomplexe werden aus den folgenden Azoverbindungen erhalten:

[1] DRP 448141 (1927); DRP 517491 (1931).
[2] DRP 474997 (1929); DRP 545624 (1932); DRP 575112 (1933); vgl. auch:
DRP 584645 (1933); DRP 617085 (1935).
[3] DRP 481449 (1929). Vgl. auch: DRP 411384 (1925).

Neolangelb BE [1]	2-Amino-4-sulfobenzoesäure → 1-(o-Methyl-p-sulfophenyl)-3-methylpyrazolon-(5)
Palatinechtrot RN [2]	2-Amino-4-chlorphenol-6-sulfonsäure → 1-Phenyl-3-methylpyrazolon-(5)
Palatinechtorange RN [3]	2-Amino-6-nitrophenol-4-sulfonsäure → 1-Phenyl-3-methylpyrazolon-(5)
Neolanrosa BA [4]	1-Amino-2-naphthol-4-sulfonsäure → 1-(m-Sulfophenyl)-3-methylpyrazolon-(5)
Neolangrün B	2-Amino-5-nitrophenol→Amino-Schäffersäure
Palatinechtschwarz GGN	6-Nitro-1-amino-2-naphthol-4-sulfonsäure → 1-Naphthol-8-sulfonsäure
Neolanschwarz WA [5]	6-Nitro-1-amino-2-naphthol-4-sulfonsäure → 2-Naphthol

Handelsnamen für 1:1-Chromkomplexfarbstoffe sind: Chromacyl (Dupont), Gycolan- (Geigy), Neolan- (Ciba), Palatinecht-, Pilatecht- (BASF), Ultralan (ICI), Vitrolan- (Sandoz).

„Neopalatinechtfarbstoffe" sind 1:1:1-Mischkomplexe, die auf ein Metallion ein Molekül Azokörper und ein Molekül eines farblosen Komplexbildners enthalten.

1:2-Metallkomplexfarbstoffe ohne ionisierende saure Gruppen, die zur Erzielung einer besseren Wasserlöslichkeit Sulfonamidreste enthielten, wurden erstmals 1941 von der BASF beschrieben [6]. Da sie sich besonders zum Färben von Perlon eigneten, wurden sie von der ehemaligen IG Farbenindustrie im Sortiment der Perlonechtfarbstoffe zusammengefaßt [7]. Man stellte auch fest, daß Wolle mit diesen Farbstoffen aus nahezu neutralem Bade gefärbt werden konnte, doch wurde diese Beobachtung damals nicht weiterverfolgt. Die weitere, systematische Bearbeitung dieser Farbstoffgruppe — besonders im Hinblick auf die Wollfärbung — erfolgte vor allem durch G. SCHETTY bei J. R. Geigy AG [8]. Nach ihm wurde das Gebiet auch von CIBA und später von weiteren Firmen aufgegriffen. Der Färbemechanismus wurde von HCH. ZOLLINGER eingehend untersucht.

Wie bereits erwähnt wurde, sind die 1:2-Chromi- und 1:2-Kobalti-azokomplexe ziemlich starke einbasische Säuren. In Wasser sind sie meist nur wenig löslich, so daß sie erst nach Einführung nichtionisierter hydrophiler Substituenten brauchbare Farbstoffe ergeben. Am besten eignet sich hierzu die Methylsulfongruppe ($-SO_2CH_3$), andere Alkylsulfonreste sind weniger geeignet [9]. Auch N-Alkylsulfongruppen sind brauchbare Substituenten, sie bedingen aber meistens ein langsameres und weniger vollständiges Aufziehen des Farbstoffes [10], was in der Praxis oft ein besseres Egalisiervermögen ergibt. In noch stärkerem Maße gilt dies von der Sulfonamidgruppe. Der Färbevorgang erfolgt auf Wolle und Seide vorwiegend unter Salzbildung. Bei Polyamiden wird die in Wasser schwerlösliche freie Komplexsäure nicht nur unter

---

[1] DRP 588523 (1933).　　[2] DRP 366095 (1922).　　[3] DRP 600250 (1934).
[4] DRP 491513 (1930).　　[5] DRP 564695 (1932).　　[6] DRP 743155 (1941).
[7] Vgl.: BIOS Report 901, S. 62u.f.
[8] Für eine Übersicht siehe: SCHETTI, G.: J. Soc. Dyers Colourists **71**, 705 (1955); — Textil-Rundschau **11**, 1316 (1956). — PFITZNER, H.: Melliand Textilber. **35**, 649 (1954).
[9] G. SCHETTI, l. c.
[10] Vgl.: ZOLLINGER, HCH., u. C. WITTWER: Helv. chim. Acta **39**, 347 (1956).

Salzbildung, sondern wie ein Dispersionsfarbstoff aufgenommen. Ob der eine oder andere der beiden Vorgänge überwiegt, hängt vom jeweiligen Farbstoff und seiner relativen Löslichkeit in organischen Medien ab[1].

Der große Fortschritt der 1:2-Komplexfarbstoffe für die Wollfärbung liegt in ihren ausgezeichneten Naßechtheiten, wie sie mit den 1:1-Komplexen nicht erreicht werden. Da sie zudem aus neutralem oder schwach saurem Bade gefärbt werden, ist eine Schädigung der Wolle, wie sie in stark saurem Färbebad eintreten kann, praktisch ausgeschlossen. Die Lichtechtheit ist gut bis vorzüglich.

Zahlreiche 1:2-Komplexe enthalten Kobalt, da deren Farbtöne heller und klarer als die der entsprechenden Chromkomplexe sind. Verschiedene Farbstoffe sind ferner Mischkomplexe mit zwei verschiedenen Azokomponenten[2]. Die Chromikomplexe sind nach mehreren Verfahren zugänglich, so durch Umsetzung mit Chromsalicylat, mit Chromaten und einem Reduktionsmittel in alkalischer Lösung oder mit Chromformiat in Dimethylformamid. Sie ist sorgfältig zu kontrollieren, und die Bildung von 1:1-Komplexen sowie Rückstände von unchromiertem Azokörper im Endprodukt müssen unbedingt vermieden werden. Die Kobaltkomplexe bilden sich leicht beim Erwärmen der Azoverbindung mit einer Kobaltsalzlösung.

Handelsnamen der 1:2-Komplexfarbstoffe sind: Cibalan- (Ciba), Irgalan- (Geigy), Isolan- (Bayer), Lanasyn- (Sandoz), Ortolan-, Vialonecht- (BASF), Remalan- (Hoechst).

Die Strukturen der Handelsfarbstoffe wurden bisher kaum veröffentlicht. Als Beispiel sei das *Irgalangrau BL* von Geigy herausgegriffen[3], weitere charakteristische Beispiele sind der Patentliteratur entnommen.

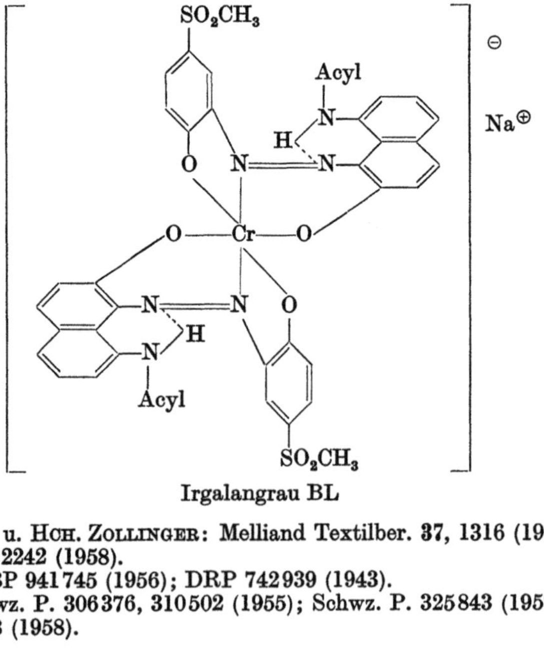

$$\left[\begin{array}{c}\text{Struktur}\end{array}\right]^{\ominus}\;Na^{\oplus}$$

Irgalangrau BL

---

[1] BACK, G., u. HCH. ZOLLINGER: Melliand Textilber. **37**, 1316 (1956); — Helv. chim. Acta **41**, 2242 (1958).

[2] Siehe: DBP 941745 (1956); DRP 742939 (1943).

[3] Vgl.: Schwz. P. 306376, 310502 (1955); Schwz. P. 325843 (1957); Schwz. P. 329047, 334633 (1958).

Gelb	2-Amino-4-methylsulfophenol → Acetessiganilid[1]	
	1:2-Kobaltikomplex: gelb; 1:2-Chromikomplex: goldgelb	
Orange	2-Amino-4-methylsulfophenol → 1-Phenyl-3-methylpyrazolon-(5)[2]	
	1:2-Chromikomplex: orange; (ähnliche Typen orange bis braun)	
Rot	2-Amino-5-methylsulfophenol → 1-Phenyl-3-methylpyrazolon-(5)[3]	
	1:2-Chromikomplex: scharlachrot	
Violett	2-Amino-4-(N-methylaminosulfo)-phenol → 4.8-Dichlor-1-naphthol[4]	
	1:2-Chromikomplex: violett	
Blau	2-Amino-5-nitrophenol → 2-Naphthylamin-6-sulfonamid[5]	
	1:2-Kobaltikomplex: grünstichiges Blau	
Grün	2-Amino-4-methylsulfo-5-nitrophenol → 8-Acylamino-1-naphthol[6]	
	1:2-Kobaltikomplex: grün; 1:2-Chromikomplex: olivgrün, graugrün	

e) Direktfarbstoffe

Als Direktfarbstoffe oder substantive Farbstoffe bezeichnet man solche, die Fasern aus nativer oder regenerierter Cellulose ohne die Hilfe eines Beizmittels wie Tannin zu färben vermögen. Unter den Azofarbstoffen stellen sie die größte und vielfältigste Gruppe. Die Entwicklung der neuen Reaktivfarbstoffe[7] dürfte allerdings dazu führen, daß ihre Bedeutung abnimmt.

Als *Substantivität* eines Farbstoffes bezeichnet man sein Aufziehvermögen aus wäßriger, salzhaltiger Lösung auf Cellulosefasern. Im allgemeinen bezieht man aber auch seine Haftfestigkeit auf der Faser in diesen Begriff ein. Richtiger wäre es, zwischen dem Aufziehvermögen einerseits und der Haftfestigkeit andrerseits eindeutig zu unterscheiden, und das erstere durch einen Färbe-, die letztere durch einen Abziehversuch zu ermitteln[8]. Da indessen ein ausreichendes Aufziehvermögen unter den üblichen Färbebedingungen in der Praxis entscheidend ist, verwendet man zur Substantivitätsbestimmung nur den Färbetest. Einen Maßstab für die Haftfestigkeit des Farbstoffes bietet allerdings die Waschechtheit der Färbung. Die Substantivitätsermittlung durch den Färbetest führt nun paradoxerweise dazu, daß einem Farbstoff mit gutem Aufziehvermögen, aber mäßiger Haftfestigkeit eine höhere Substantivität zuerkannt wird als einem Farbstoff mit hoher Haftfestigkeit, aber geringem Aufziehvermögen. Für die Praxis spielt dies keine Rolle, weil Farbstoffe mit sehr geringem Aufziehvermögen ohnehin

---

[1] Vgl.: DBP 842089 (1948); Schwz. P. 316750 (1956); Schwz. P. 333518 (1958).

[2] Vgl.: DBP 863971, 883021 (1953); Schwz. P. 303280 (1954); ferner auch: Schwz. P. 305718 (1955); Schwz. P. 326170 (1957); DAS 1011100 (1956). Für 1-Alkylpyrazolone als Kupplungskomponenten siehe: DBP 882451 (1953); DBP 965886 (1957).

[3] Vgl.: Schwz. P. 291812 (1953); Schwz. P. 317119 (1956).

[4] Vgl.: DBP 844032 (1952); DBP 923806, 932815 (1955); DBP 937367 (1956); Schwz. P. 297840, 301442 (1954); Schwz. P. 309777—309781 (1955). Für 2-Naphthol als Kupplungskomponente siehe: Schwz. P. 302541 (1954); Schwz. P. 316754 (1956); Schwz. P. 330001 (1958).

[5] Vgl.: DBP 921767 (1954); DBP 944447 (1956); Schwz. P. 331857 (1958). 1-Naphthol-3.6-bis-sulfonamid als Kupplungskomponente nennen: Schwz. P. 306056, 307976 (1955).

[6] DBP 1010213 (1957); vgl.: Schwz. P. 309182 (1955).

[7] Siehe nächstes Kapitel.

[8] RUGGLI, P., u. S. M. PESTALOZZI: Helv. chim. Acta **9**, 364 (1926).

technisch wertlos sind. Für wissenschaftliche Untersuchungen muß man die Substantivität im Gleichgewichtszustand des Färbeversuches feststellen, d.h. nachdem die Faser soviel Farbstoff aufgenommen hat, daß Adsorptions- und Desorptionsgeschwindigkeit gleich groß sind, oder man muß die Adsorptionsisothermen bestimmen.

Eine scharfe Unterscheidung zwischen substantiven und nicht-substantiven Azofarbstoffen ist nicht möglich, da praktisch jeder Azo-körper eine gewisse Affinität für Cellulose besitzt[1]. Eine *hohe* Substantivität beobachtet man bei planaren Farbstoffen mit einer längeren Sequenz konjugierter Doppelbindungen[2]; Tetrakisazofarbstoffe sind allgemein substantiv[3]. ZOLLINGER[4] konnte zeigen, daß konjugierte Polyendicarbonsäuren substantiv sind, und daß ihre Affinität zur Cellulose proportional zu ihrer Länge und Doppelbindungszahl ist. Zur Erklärung der Affinität der Direktfarbstoffe wurden ursprünglich „Nebenvalenzkräfte" zwischen Farbstoff und Faser postuliert. Diese Anschauung wurde später noch dahin präzisiert, daß diese Kräfte zwischen Hydroxylgruppen der Cellulose und „Dipolgruppen" oder „Restvalenzen" der konjugierter Doppelbindungen wirksam seien[2,5].

Die Koplanaritätshypothese[6] fußte auf der Beobachtung, daß planare Farbstoffe ausnahmslos substantiver sind als nicht-planare. Sie begründete dies mit der Behauptung, daß die ersteren dem Cellulose-molekül auf ihrer ganzen Länge anliegen können, wodurch sich die gegenseitigen Kräfte voll auswirken, während bei Verdrehungen im Molekül dieser Effekt dahinfällt. Spätere Arbeiten zeigten dann allerdings, daß die Oberfläche der Cellulosemicellen keinesfalls dergestalt eben ist, daß sie eine derartige Bedeutung für die Anlagerung koplanarer Farbstoffe besitzen kann.

Eine recht wahrscheinliche Erklärung bot schließlich die Annahme, daß Wasserstoff-Brücken zwischen der Cellulose und dem Farbstoff die Affinität bewirken[7]. Neuere Arbeiten ergaben jedoch daß die freie Oberfläche der Cellulosemoleküle fest von Hydratwasser umhüllt ist[8]. Außerdem besitzen die Hydroxylgruppen der Cellulose nicht den richtigen Abstand, um mit denjenigen Gruppen der Farbstoffe in Wechselwirkung zu treten, welche H-Brücken bilden können wie die Azo-, Amino- und Hydroxylgruppe[9].

[1] Vgl.: SCHAEFFER, A.: Melliand Textilber. **39**, 68 (1958). — STAMM, O. A., u. HCH. ZOLLINGER: Helv. chim. Acta **39**, 1105 (1957). Siehe auch: GERSTNER, H.: Das Verhalten der direktziehenden Farbstoffe gegen tierische Fasern, Cellulose- und Kunstspinnfasern. Berlin: Akademie-Verlag 1957.

[2] SCHIRM, E.: J. prakt. Chem. [2] **144**, 69 (1935).

[3] RUGGLI, P., u. A. ZIMMERMANN: Helv. chim. Acta **14**, 127 (1931); vgl. auch: RUGGLI, P., u. O. BRAUN: Helv. chim. Acta **16**, 858, 873 (1933).

[4] WIRZ, R., u. HCH. ZOLLINGER: Helv. chim. Acta **43**, 1738 (1960).

[5] SCHRAMEK, W., u. H. RÜMMLER: Kolloid-Beih. **47**, 133 (1938).

[6] HODGSON, H. H.: J. Soc. Dyers Colourists **49**, 213 (1933). — HODGSON, H. H., u. P. F. HOLT: J. Soc. Dyers Colourists **53**, 175 (1937).

[7] Vgl.: Boulton, J.: J. Soc. Dyers Colourists **67**, 522 (1951).

[8] GILES, C. H., u. A. S. A. HASSAN: J. Soc. Dyers Colourists **74**, 846 (1958) und frühere Mitteilungen.

[9] ROBINSON, C.: Trans. Faraday Soc. **16**, 129 (1954). — ZOLLINGER HCH.: Trans. Faraday Soc. **16**, 123 (1954). — NURSTEN, H. E.: Trans. Faraday Soc. **16**, 231 (1954).

Neue Untersuchungen von E. PFEIL u. Mitarb.[1] führten nun zu dem überraschenden Ergebnis, daß nicht Kräfte zwischen Farbstoff und Cellulosemolekül, sondern solche zwischen den Farbstoffmolekülen selbst die Haftung in der Faser bewirken, indem sie eine *Aggregation* des Farbstoffes in den intermicellaren Räumen verursachen. Man muß sich den Färbevorgang demnach so vorstellen, daß Einzelmoleküle aus dem Färbebad in die Faser eindringen, wo sie an der Oberfläche der intermicellaren Hohlräume adsorbiert werden. Cellulose besitzt bekanntlich ein ausgeprägtes, wenn auch schwaches Adsorptionsvermögen, das in der Papierchromatographie und bei der Säulenchromatographie mit Cellulosepulver ausgedehnte Anwendung findet. Nichtsubstantive Farbstoffe belegen nun die verfügbare innere Oberfläche im wesentlichen nur in monomolekularer Schicht. Sie werden leicht wieder desorbiert und ausgewaschen. Dieses Verhalten läßt sich an zahlreichen basischen Farbstoffen beobachten. Substantive Moleküle werden nicht nur adsorbiert, sondern bilden unter Verlust ihres Solvatwassers Aggregate, die im Extremfall die intermicellaren Hohlräume vollständig ausfüllen. Infolge ihrer Größe können die *Molekülaggregate* diese Räume nicht als ganzes verlassen, so daß sie darin fixiert sind. Bei Zufuhr von freiem Wasser werden die Einzelmoleküle jedoch langsam wieder solvatisiert und können danach herauswandern. Bei längerer Behandlung mit kochendem Wasser lassen sich substantive Färbungen deshalb wieder abziehen. Wesentlich rascher erfolgt das Abziehen mit stark desaggregierenden Lösungen wie Phenol-Wasser oder Pyridin-Wasser.

Die substantiven Farbstoffe aggregieren natürlich nicht nur in der Faser, sondern bereits auch in verdünnter, wäßriger Lösung, was schon lange bekannt ist[2]. Sie lösen sich deshalb im Färbebad nicht monomolekular, sondern vorwiegend als Aggregate, die etwa 20—40 Moleküle umfassen und im Gleichgewicht mit monomolekular gelöstem Farbstoff stehen. Bei Temperaturerhöhung werden die Aggregate abgebaut, wobei sich der Anteil an kleineren Aggregaten und Einzelmolekülen erhöht. Für das Aufziehvermögen ist dies wesentlich, da die Diffusion in die Faser und in die intermicellaren Räume vermutlich nur den Einzelmolekülen möglich ist. Farbstoffe mit sehr großer Aggregationstendenz werden nun bei Färbetemperatur nur ungenügend desaggregiert, so daß ihre Aufziehgeschwindigkeit gering ist. Bei technisch brauchbaren Direktfarbstoffen darf deshalb die Aggregation nur so stark sein, daß sie das Aufziehvermögen noch nicht beeinträchtigt. Der Haftfestigkeit in der Faser, welche der Aggregationsstärke parallel verläuft, sind damit von vornherein Grenzen gesetzt.

Die *Strukturerfordernisse* substantiver Farbstoffe sind nunmehr einfach zu erklären. Die Koplanarität erleichtert die Aggregation und läßt die zwischenmolekularen Kräfte voll wirksam werden. Diese Anziehungskräfte sind der Anzahl Doppelbindungen ungefähr proportional, durch Gruppen mit hoher Molkohäsion wie Carbonamid- oder Harnstoffreste werden sie stark vergrößert. Die geschilderte Deutung der

---

[1] BACH, H., E. PFEIL, W. PHILIPPAR u. M. REICH: Angew. Chem. **75**, 407 (1963).
[2] KORTÜM, G.: Z. physik. Chem., Abt. B, **34**, 255 (1936).

Substantivität dürfte über die Gruppe der Direktfarbstoffe hinaus auch für weitere Verbindungen gelten, so für die substantiven Naphthol-AS-Komponenten und die Küpenform der Küpenfarbstoffe.

Die Direktfarbstoffe werden aus ganz schwach soda-alkalischem Bade gefärbt. Der geringe Sodazusatz soll ein allfälliges Ausflocken säureempfindlicher Farbstoffe verhindern. Die Färbung beginnt bei 30—50° C; man steigert langsam bis zum Sieden und färbt eine Stunde bei Kochtemperatur. Ein Zusatz von Natriumchlorid oder Natriumsulfat bewirkt ein vollständigeres Ausziehen. Er wirkt damit genau umgekehrt wie bei den Säurefarbstoffen, wo er das Aufziehen verzögert. Die Affinität der Direktfarbstoffe ist allgemein wesentlich niedriger als etwa die der Säurefarbstoffe für tierische Fasern. Ihr Egalisiervermögen ist dementsprechend besser, ihre Naßechtheiten sind aber geringer. Um eine gute Farbstoffausbeute zu erzielen, arbeitet man zweckmäßig mit einem möglichst kleinen Flottenverhältnis.

Handelsnamen für Direktfarbstoffe sind: Benzo-, Sirius- (Bayer), Chloramin-, Solar- (Sandoz), Chlorantin-, Direkt- (Ciba), Chlorazol, Durazol (ICI), Diamin- (Cassella). Farbstoffe mit hoher Echtheit erhalten oft die zusätzliche Bezeichnung -echt- oder -licht-, z.B. Chlorantinlichtrot, Diaminechtorange.

Für Viskose, die sich oft unregelmäßig anfärbt, wurden besondere Sortimente zusammengestellt mit den Namen: Benzoviskose- (Bayer), Rigan- (Ciba) und Visko-Farbstoffe (Sandoz).

Substantive Azofarbstoffe mit einer primären Aminogruppe sind als *Diazotierungsfarbstoffe* im Handel. Sie können auf der Faser diazotiert und mit einer geeigneten Kupplungskomponente wie 2-Naphthol entwickelt werden. Infolge der geringeren Löslichkeit des entwickelten Farbstoffes erzielt man dabei eine Verbesserung der Naßechtheiten. Der Farbton verändert sich allerdings beträchtlich. Man benützt die Methode für dunkle Nuancen, vor allem bei Futterstoffen. Handelsnamen sind: Benzamin- (Bayer), Diazamin- (Sandoz), Diazo-, Rosanthren- (Ciba), Diazophenyl- (Geigy).

Nur eine geringfügige Änderung des Farbtones bewirkt eine *Nachbehandlung mit Formaldehyd*, die die Naßechtheiten, nicht aber die Lichtechtheit verbessert. Es eignen sich hierzu nur Farbstoffe mit Resorcin, m-Aminophenol oder m-Phenylendiamin als Endkomponente. Handelsnamen sind: Benzoform- (Bayer), Formal- (Geigy), Neoform- (Ciba). Eine wesentliche Erhöhung der Naßechtheiten erzielt man auch durch eine Nachbehandlung mit Polymeren, die stark basische Gruppen besitzen. Sie bilden mit den Sulfonsäuregruppen des Farbstoffes auf der Faser sehr schwerlösliche Salze.

Eine Verbesserung der Lichtechtheit erreicht man durch eine *Nachbehandlung mit Kupfersalzen* bei komplexbildenden Direktfarbstoffen. Sie sind unter den Bezeichnungen: Benzoechtkupfer- (Bayer), Coprantin- (Ciba), Cuprofix- (Sandoz), Cuprophenyl- (Geigy) und anderen im Handel. Manche Handelsfarbstoffe liegen auch bereits als vorgeformte Kupferkomplexe vor, ohne daß in der Benennung darauf hingewiesen würde.

Einige *Grundkörper* sind zur Herstellung von substantiven Azofarbstoffen besonders geeignet und deshalb in zahlreichen Kombinationen

anzutreffen. Es sind dies das Dehydrothio-p-toluidin I und die Primulinbase[1], das Benzidin II und planare Benzidinderivate sowie das 4.4'-Di-
aminostilben III und seine Derivate, vor allem die 2.2'-Disulfonsäure.
Sie werden alle als Diazokomponenten verwendet.

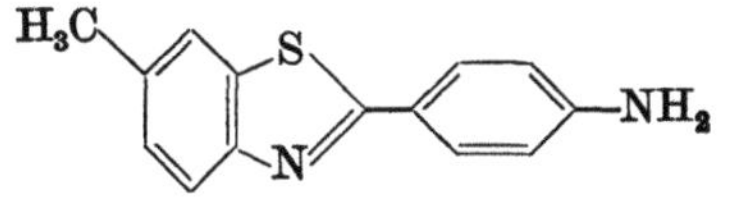

$$\text{I}$$

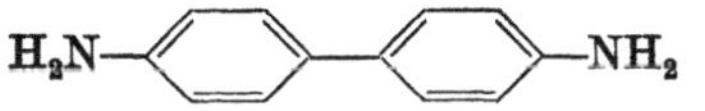

$$\text{H}_2\text{N}\!-\!\langle\ \rangle\!-\!\langle\ \rangle\!-\!\text{NH}_2 \qquad \text{II}$$

$$\text{H}_2\text{N}\!-\!\langle\ \rangle\!-\!\text{CH}\!=\!\text{CH}\!-\!\langle\ \rangle\!-\!\text{NH}_2 \qquad \text{III}$$

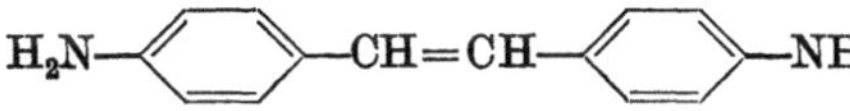

Der Zusammenhang zwischen Planarität und Substantivität des Moleküls
ist an den Benzidinderivaten deutlich zu sehen. Benzidine mit m,m'-Substituenten
(IV) liefern keine substantiven Azofarbstoffe, da die beiden Phenylringe wegen der
Substituenten gegeneinander verdreht sind. Bei o,o'-disubstituierten (V) und
m,m'-ringgeschlossenen (VI) Benzidinen bleiben die Phenylreste koplanar. Die
daraus erhältlichen Azofarbstoffe sind substantiv.

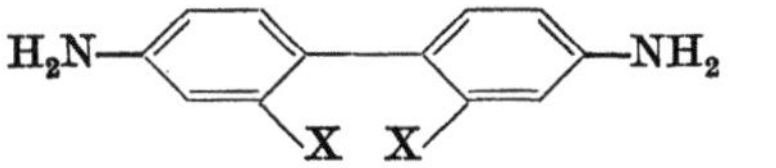

$$\text{H}_2\text{N}\!-\!\langle\ \rangle\!-\!\langle\ \rangle\!-\!\text{NH}_2 \qquad \text{IV} \qquad (\text{X} \quad \text{X}')$$

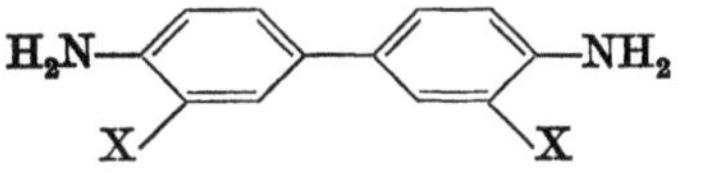

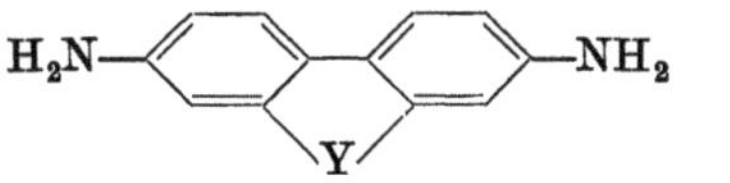

$$\text{H}_2\text{N}\!-\!\langle\ \rangle\!-\!\langle\ \rangle\!-\!\text{NH}_2 \qquad \text{V} \qquad (\text{X}' \quad \text{X})$$

$$\text{H}_2\text{N}\!-\!\langle\ \rangle\!-\!\langle\ \rangle\!-\!\text{NH}_2 \qquad \text{VI} \qquad (\text{Y}')$$

$$(\text{Y} = -\text{SO}_2-,\ -\text{NH}-,\ -\text{CH}_2-)$$

Ein Unterbruch der Konjugation verringert die Substantivität
sehr stark. Während Farbstoffe aus 4.4'-Diaminostilbenderivaten substantiv sind, liefern weder 4.4'-Diamino-α,β-diphenyläthan (VII, R =
—CH$_2$CH$_2$—) noch 4.4'-Diaminodiphenylmethan (VII, R = —CH$_2$—)
direktziehende Azofarbstoffe. Eine Ausnahme bildet die Harnstoffbrücke,
die substantivitäts-erhöhend wirkt. Sie wird deshalb oft zur Verknüpfung
zweier Arylreste benützt (z. B. VII, R = —NHCONH—).

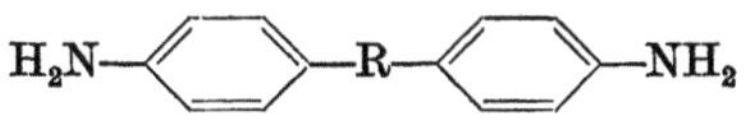

$$\text{H}_2\text{N}\!-\!\langle\ \rangle\!-\!\text{R}\!-\!\langle\ \rangle\!-\!\text{NH}_2 \qquad \text{VII}$$

Von den Kupplungskomponenten verleihen nur die I-Säure und ihre
N-Derivate den daraus erhältlichen Farbstoffen eine besonders hohe
Substantivität. Die Kupplung wird in der Regel alkalisch vorgenom-
men *(Pfeil)*. Häufig verwendete Derivate sind N-Phenyl-I-Säure und

---

[1] Siehe Thiazolfarbstoffe.

N-Benzoyl-I-Säure. Auch das aus I-Säure erhältliche Naphthimidazol, -thiazol und -triazol liefern substantive Farbstoffe[1]. Wichtig sind Farbstoffe aus I-Säureharnstoff.

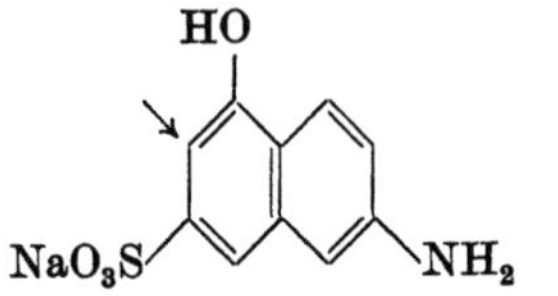

I-Säure 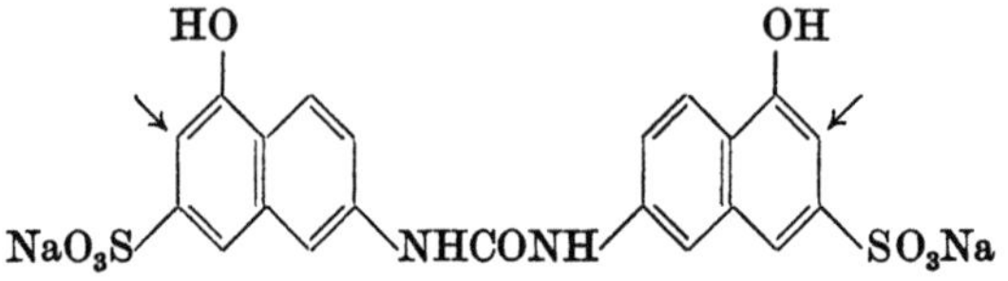   I-Säureharnstoff

Substantive *Monoazofarbstoffe* besitzen geringe Bedeutung. Sie enthalten meist Dehydrothio-p-toluidin oder I-Säure als eine Komponente. Erwähnt sei das *Dianilgelb 5G*[2], ein klares, grünstichiges Gelb mit geringen Echtheiten:

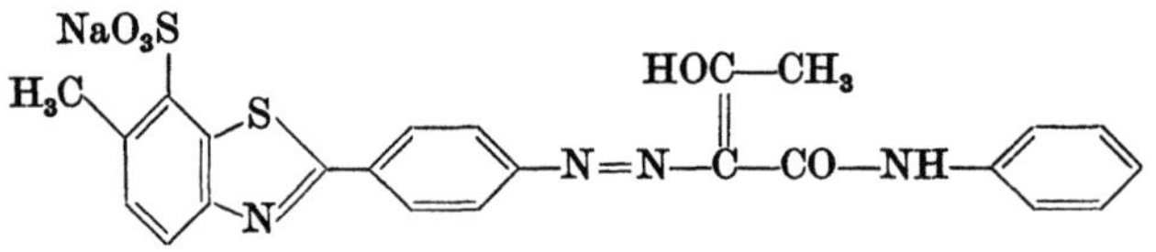

Aus diazotiertem Dehydrothio-p-toluidin und Naphtholsulfonsäuren erhält man rote Direktfarbstoffe, die auch Wolle färben und früher als „*Erikamarken*" bekannt waren. Ihre Bedeutung ist nur noch gering.

Wichtig sind einige aminogruppenhaltige Farbstoffe aus Benzoyl-I-Säuren, da sie sich auf der Faser diazotieren und entwickeln lassen. Genannt sei das *Diazolichtscharlach FBL*[3], das bei Entwicklung mit 2-Naphthol ein klares, gelbstichiges Rot mit guter Naß- und mittlerer Lichtechtheit gibt:

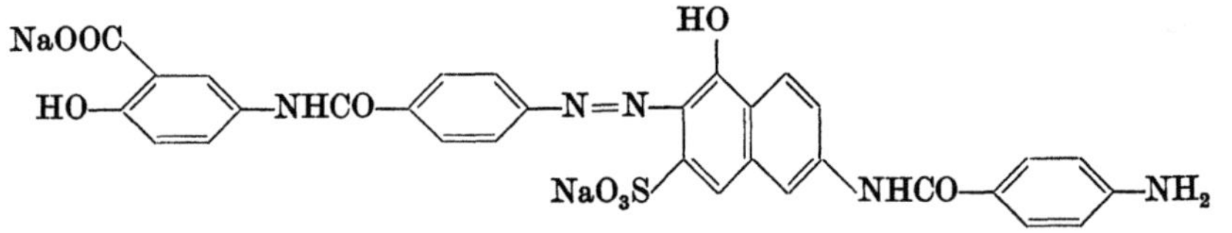

(*diazotierbar*)

Einfache substantive *Disazofarbstoffe* erhält man durch Verknüpfung von zwei geeigneten Aminoazokörpern mit Phosgen zu einem N,N'-disubstituierten Harnstoff. Zu den ältesten derartigen Direktfarbstoffen

<hr>

[1] Vgl.: DRP 165126, 166903 (1905); DRP 228959 (1910).

[2] Andere Handelsnamen sind: Chloramingelb 6G, Chlorazol Yellow 6G, Diphenylreingelb 5G, Direktgelb 5G u. a.; der Farbstoff wird auch für klare, grünstichige Gelbtöne auf Wolle verwendet. Zur Herstellung und für ähnliche Farbstoffe siehe: DRP 274490 (1914); DRP 293333 (1916).

[3] Jetzt im Handel als Diazaminechtscharlach GL, Diazophenylechtscharlach GL, Rosanthrenechtscharlach GL. Zur Herstellung siehe: AP 2232870 (1941); siehe auch: DRP 151017 (1904); DRP 217628 (1908); DRP 230595 (1910); DRP 240827 (1911); ferner: RUGGLI, P., u. O. LEUPIN: Helv. chim. Acta **22**, 1170 (1939).

gehört das *Siriusgelb GG* (C. L. MÜLLER 1888), das auf Baumwolle ein grünstichiges Gelb mit guten Echtheiten färbt:

$$\text{NaOOC} \diagdown \quad \diagup \text{COONa}$$
$$\text{HO}\!-\!\langle\ \rangle\!-\!N\!=\!N\!-\!\langle\ \rangle\!-\!NH\!-\!CO\!-\!NH\!-\!\langle\ \rangle\!-\!N\!=\!N\!-\!\langle\ \rangle\!-\!OH$$

Zur Herstellung wird diazotiertes p-Nitranilin auf Salicylsäure gekuppelt, die Nitrogruppe reduziert und der entstandene Aminoazokörper mit Phosgen umgesetzt[1].

Ein wichtiger neuerer Farbstoff dieser Gruppe ist das *Siriusgelb GC*[2] (H. CLINGESTEIN 1938), das Färbungen mit guter Lichtechtheit und mittleren Naßechtheiten gibt:

$$\text{NaO}_3\text{S}\diagdown \qquad \text{OCH}_3 \qquad\qquad \diagup\text{COONa}$$
$$\langle\ \rangle\!-\!N\!=\!N\!-\!\langle\ \rangle\!-\!NH\!-\!CO\!-\!NH\!-\!\langle\ \rangle\!-\!N\!=\!N\!-\!\langle\ \rangle\!-\!OH$$

I   *II*

Man erhält den Farbstoff durch Umsetzung von Phosgen mit den Aminoazokörpern I und II. Ersterer wird durch Kupplung von diazotierter Metanilsäure auf N-Sulfomethyl-o-anisidin und anschließende Hydrolyse gewonnen, letzterer wie bereits beim Siriusgelb GG erwähnt. Die Handelsfarbstoffe stellen Gemische des vorstehenden unsymmetrischen Körpers mit symmetrischen Phosgenierungsprodukten von I und II dar[3].

Die Gruppe der Harnstoffderivate umfaßt auch Farbstoffe, die sich für eine Nachbehandlung mit Formaldehyd[4] eignen, ferner einige diazotierbare[5] und zahlreiche kupferbare[6] Typen. Von den letzteren seien *Benzoechtkupfergelb RLN* und *GRL* erwähnt, die beide sehr gute Allgemeinechtheiten besitzen:

RLN: 4.4'-Diamino-3.3'-dicarboxydiphenyl-harnstoff $\Big\langle$ Acetanilid

                                                           1-(m-Sulfophenyl)-3-methylpyrazolon-(5)

GRL: Phosgenierungsprodukt von 2 Molen 3-(p-Aminobenzamido)-5-sulfosalicylsäure → m-Toluidin.

Zahlreich sind die Farbstoffe aus *I-Säureharnstoff*, die man durch Aufkuppeln von zwei gleichen oder verschiedenen Diazokomponenten erhält. Die erste wird dabei meist in schwach saurem Medium, die zweite alkalisch gekuppelt[7]. Eine Ausnahme bildet *Benzoscharlach 4BS*, dessen beide verschiedenen Diazokomponenten gleichzeitig alkalisch aufgekuppelt werden. Viele Farbstoffe dieser Gruppe wurden bereits

---

[1] Für ähnliche Farbstoffe siehe: DRP 216685 (1909); DRP 243685 (1912); DRP 259952 (1913); DRP 667858 (1938).

[2] Ähnliche Handelsfarbstoffe sind: Chloraminechtgelb 4GL, Chlorantinechtgelb 5GLL, Diphenylechtgelb 4GL, Durazol Yellow 4G u.a.

[3] Ähnliche Farbstoffe nennen: DRP 216666 (1909); DRP 493811 (1930).

[4] Siehe: DRP 269849 (1914); DRP 289350 (1915); DRP 301599 (1917).

[5] Siehe: DRP 234637 (1911); DRP 246668 (1912).

[6] Siehe: DRP 409202 (1924); DRP 474997 (1929); DRP 542632 (1932); DRP 724832 (1942); DRP 741467 (1943).

[7] Siehe: DRP 122904 (1901); DRP 132511 (1902).

um 1900 erfunden und besitzen nur mäßige bis mittlere Echtheiten,
stellen aber immer noch wichtige Produkte dar. Erwähnt seien:

Benzoorange S   Anilin *(2 Mole)* ⇌ I-Säureharnstoff

Benzoorange WS   m-Aminobenzoesäure ⟶ *(1)* ⎫ I-Säureharnstoff
                   Anilin ⟶ *(2)* ⎭

Benzoscharlach 4BS[1]   Anilin ⟶ *(gleichzeitig)* ⎫ I-Säureharnstoff
                        p-Aminoacetanilid ⟶ ⎭

Ähnliche Farbstoffe erhält man auch aus dem *I-Säureimid*[2]. Ein schon lange
bekannter Farbstoff ist das *Benzorhodulinrot B* (Anilin *(2 Mole)* ⇌ I-Säureimid),
ein blaustichiges Rot mit mäßigen Echtheiten.

Bemerkenswert sind einige *Triazinylfarbstoffe*. Man erhält sie ähnlich den substituierten Harnstoffen aus Cyanurchlorid und Aminoazokörpern oder kupplungsfähigen Aminen. Wie die Harnstoffbrücke
erhöht auch der Triazinring die Substantivität der Farbstoffe. Das
Gebiet wurde seit 1920 vor allem von Ciba bearbeitet.

Cyanurchlorid wird großtechnisch durch Trimerisation von Chlorcyan, ClCN,
über Aktivkohle oberhalb 200° C hergestellt. Es verhält sich ähnlich wie ein Säurechlorid und tauscht seine drei Chloratome gegen nucleophile Reste wie Amine aus,
wobei zunehmend energischere Bedingungen nötig sind. Technisch arbeitet man
in wäßriger, sodaalkalischer Lösung. Der freiwerdende Chlorwasserstoff wird durch
die Soda gebunden. Das erste Chloratom läßt sich so bereits bei 0° C, das zweite
bei 40—60° C und das dritte bei 80—100° C ersetzen.

Von besonderem Interesse sind hier einige klare Grünmarken, die
man durch Verknüpfung einer blauen und einer gelben Komponente
erhält. Ein klares, stark gelbstichiges Grün mit guten Allgemeinechtheiten und sehr guter Lichtechtheit färbt das *Chlorantinlichtgrün 5GLL*[3]
(H. GUBLER u. E. BERNASCONI 1934), das als Blaukomponente einen
Anthrachinonrest enthält. Es kann mit Kupfersalzen nachbehandelt
werden und ist deshalb auch als Coprantingrün 5GLL im Handel.

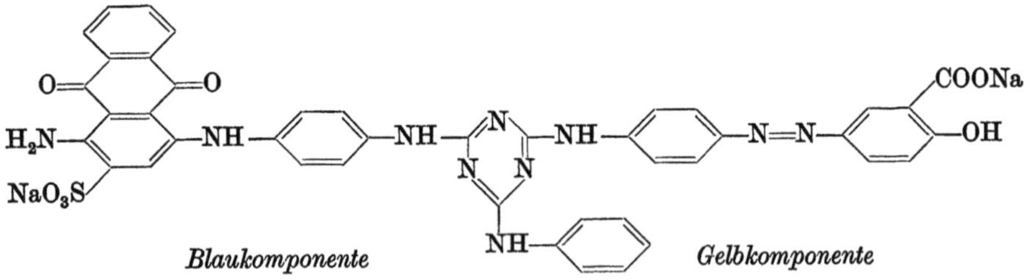

Chlorantinlichtgrün 5GLL

[1] Auch im Handel als: Chloraminechtscharlach 4B, Chlorazol Fast Scarlet 4B,
Diaminechtscharlach 4BA, Diphenylechtscharlach 4BS u. a.
[2] Vgl.: DRP 114841 (1900); siehe auch: DRP 369584 (1922); DRP 474997
(1929).
[3] Zur Herstellung siehe: AP 2167804 (1935); Schwz. P. 217241, 220647 (1942).
Der Farbstoff ist auch unter den Namen Durazol Green 5G, Pyrazolechtgrün 5GL,
Solophenylechtgrün 5GL u.a. im Handel.

Das *Chlorantinlichtgrün BLL* besitzt statt der Anthrachinon- eine blaue Disazofarbkomponente. Es färbt ein außerordentlich reines und schönes, blaustichiges Grün mit sehr guten Allgemeinechtheiten:

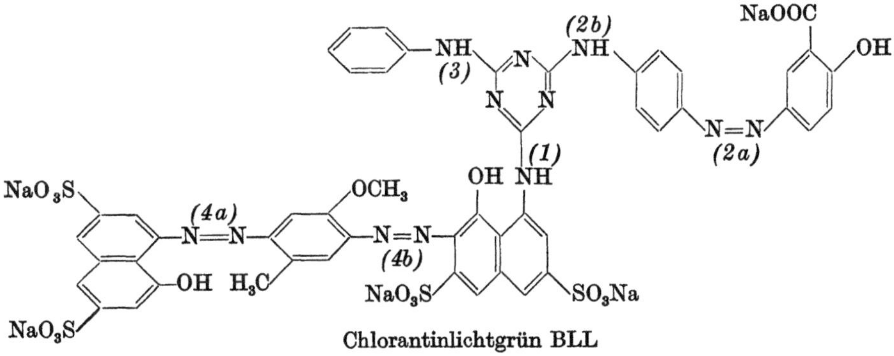

Chlorantinlichtgrün BLL

Die Herstellung[1] folgt der aufgeführten Reihenfolge *(1—4b)*. Zuerst wird Cyanurchlorid mit H-Säure umgesetzt *(1)*, dann mit der Gelbkomponente *(2b)*. Diese erhält man durch Kupplung von diazotiertem p-Nitranilin auf Salicylsäure *(2a)* und anschließende Reduktion der Nitrogruppe. Schließlich wird das dritte Chloratom durch Anilin ersetzt *(3)*. In dem entstandenen Triazinderivat erzeugt man die Blaukomponente durch Aufkuppeln *(4b)* des diazotierten Aminoazokörpers aus H-Säure und 2-Methoxy-5-methylanilin *(4a)*.

Das kupferbare *Coprantingrün G*[2] enthält in der Blaukomponente diazotierte 5-Amino-3-sulfosalicylsäure statt der H-Säure *(4a)*.

Zahlreiche substantive Farbstoffe leiten sich vom *Benzidin* und seinen Derivaten ab, unter ihnen der erste direktziehende Azofarbstoff[3], das *Kongorot* (P. BÖTTIGER 1884). Seinen Namen erhielt es zu Ehren STANLEYs, der damals seine Kongoexpedition durchführte. Es färbt ein klares, gelbstichiges Rot, das allerdings mit Säuren nach Blau umschlägt und nur sehr geringe Echtheiten besitzt. Trotzdem dient es auch jetzt noch zum Färben billiger Artikel, wo geringe Echtheiten nicht stören, und wird besonders in Ostasien von den einheimischen Färbern noch viel benützt.

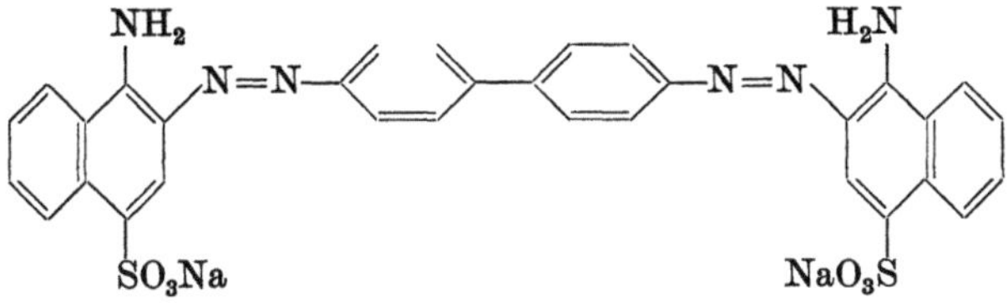

Kongorot

Die Variationsmöglichkeiten sind in dieser Gruppe sehr groß, da man mit zahlreichen verschiedenen Kupplungskomponenten substantive

---

[1] Vgl.: DRP 436179 (1926).

[2] DRP 740050 (1943).

[3] DRP 84893 (1895); DRP 88597 (1896). Für ähnliche Farbstoffe siehe: DRP 74593 (1894); DRP 190694 (1907); DRP 196924, 200054, 203535 (1908); DRP 209269 (1909). Über die Indikatoreigenschaften siehe: HANTZSCH, A.: Ber. dtsch. chem. Ges. 48, 158 (1915).

Farbstoffe erhält. Erwähnt seien *Benzoorange R*[1] (C. Duisberg 1887),
ein rotstichiges Orange mit allerdings nur geringen Echtheiten, und
Pyrazolorange G[2] (M. Böniger 1909), ein gelbstichiges Orange mit
gutem Ziehvermögen, aber ebenfalls nur mäßigen Echtheiten.

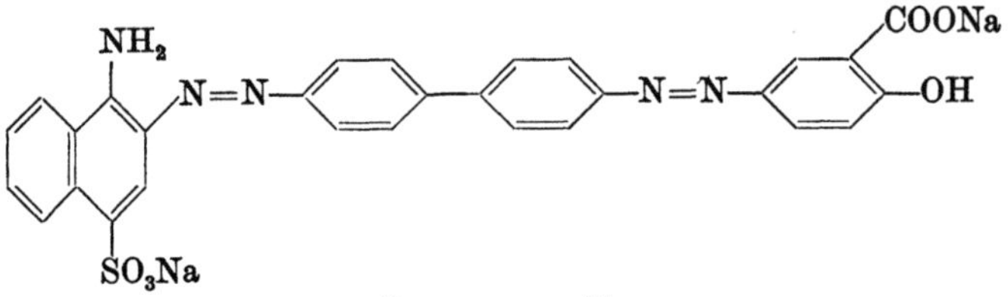

Benzoorange R

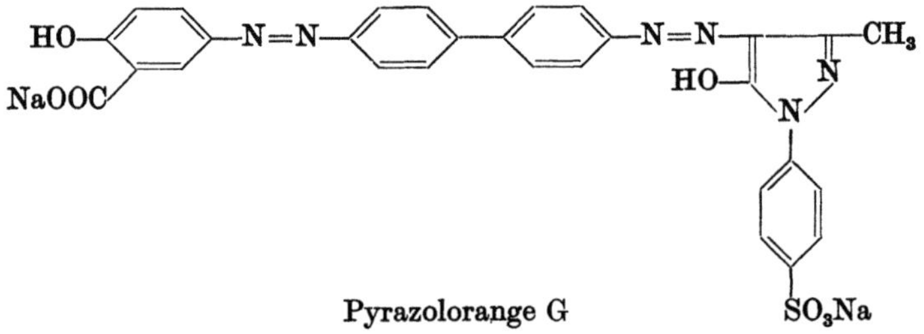

Pyrazolorange G

Benzidin und seine Derivate eignen sich besonders zur Darstellung
unsymmetrischer Diazofarbstoffe, da die beiden Kupplungen mit ganz
unterschiedlicher Energie verlaufen. Im tetrazotierten Benzidin aktivieren sich die beiden Diazoniumgruppen gegenseitig sehr stark; die erste
Azokupplung tritt deshalb auch in saurem Medium sehr rasch ein. Bei
der zweiten Kupplung entfällt diese Aktivierung; der Disazofarbstoff
bildet sich deshalb nur noch langsam. In extremen Fällen dauert die
zweite Kupplung mehrere Tage. Einige weitere Benzidinfarbstoffe sind:

Benzoscharlach B (Diaminscharlach B)	Benzidin $\nearrow^1$ G-Salz $\searrow_2$ Phenol
Benzoechtrot F (Diaminechtrot F)	Benzidin $\nearrow^1$ Salicylsäure $\searrow_2$ γ-Säure *(sauer)*
Benzoviolett N	Benzidin $\rightrightarrows$ γ-Säure *(2 Mole, sauer)*
Benzoblauschwarz BH (Diaminschwarz BH)	Benzidin $\nearrow^1$ H-Säure *(alkal.)* $\searrow_2$ γ-Säure *(alkal.)*
Benzoblau GS	Benzidin $\rightrightarrows$ H-Säure *(2 Mole, alkal.)*

---

[1] Auch im Handel als Chlorazol Orange RN, Diphenylorange RP, Direktorange
BR, Pontamine Orange R u.a. Für ähnliche Farbstoffe siehe auch: DRP 127140
(1901); DRP 152679 (1904); DRP 204707 (1908); DRP 216638 (1909); DRP
264938 (1913).

[2] Auch als Chlorazol Orange PG, Direktechtorange GR, GRN, Polyphenylorange
SP u.a. im Handel. Zur Herstellung siehe DRP 219498, 222061 (1910); vgl. auch:
DRP 221696 (1910).

Substantive Diazokomponenten sind auch o-Tolidin (3.3′-Dimethylbenzidin), o-Dianisidin (3.3′-Dimethoxybenzidin) und 3.3′-Dichlorbenzidin, nicht aber ihre 2.2′-Isomeren. Wichtig sind vor allem Farbstoffe mit den beiden erstgenannten Komponenten. Aus o-Tolidin und zwei Molen Naphthionsäure erhält man das *Benzopurpurin 4B* (C. DUISBERG 1885), ein klares Rot, das gegen Säuren etwas weniger empfindlich ist als Kongorot, sonst aber ebenfalls nur geringe Echtheiten besitzt.

o-Dianisidin wird vor allem für zahlreiche blaue Direktfarbstoffe benützt, von denen *Chicagoblau 6B*[1] (M. ULRICH u. J. BAUMANN 1891) immer noch viel verwendet wird, da es der wohl klarste blaue Direktfarbstoff ist und ein sehr gutes Ziehvermögen aufweist. Seine Lichtechtheit ist gering; sie kann aber durch eine Nachbehandlung mit Kupfersalzen stark (Note 5—6) verbessert werden, wobei der Farbton grünstichiger wird. Die übrigen Echtheiten sind mäßig bis gut. Die Kupplung auf die Chicagosäure erfolgt alkalisch.

$$\text{NaO}_3\text{S} \quad \overset{\text{H}_2\text{N}\quad\text{OH}}{\bigcirc\!\bigcirc} \quad \text{N}=\text{N} \quad \overset{\text{CH}_3\text{O}}{\bigcirc}\!\overset{\text{OCH}_3}{\bigcirc} \quad \text{N}=\text{N} \quad \overset{\text{HO}\quad\text{NH}_2}{\bigcirc\!\bigcirc}\text{SO}_3\text{Na}$$

Chicagoblau 6B

(Benzobrillantblau 6BS, Chloraminlichtblau FF, Chlorazol Sky Blue FF, Diphenylbrillantblau FF, Direktbrillantlichtblau 6B, Pontamine Sky Blue 6BX)

Bei den meisten Benzidinfarbstoffen ist die Lichtechtheit nur mäßig; sie beträgt zuweilen 3—4 (Benzoechtrot F, Benzoblauschwarz BH), häufig aber nur 2—3 oder weniger. Gute Lichtechtheit besitzen kupferbare Farbstoffe und verschiedene vorgebildete *Kupferkomplexe*[2]. Als Diazokomponenten eignen sich Benzidin-3.3′-dicarbonsäure[3], o-Dianisidin[4] und Benzidin-3.3′-dihydroxy-diessigsäure[5]. Kupferkomplexe mit der letzteren Komponente zeichnen sich durch eine verhältnismäßig hohe Säureechtheit aus; sie ist bei den anderen Komponenten meist gering. *Siriuslichtblau FBGL*[6] (R. STÜSSER u. R. WIEDEMANN 1930) erhält man durch Kupplung von o-Dianisidin auf 1-Naphthol-3.8-disulfonsäure und N-Phenyl-I-Säure; der Disazokörper wird darauf 36 Std mit einer Lösung von Kupfersulfat und Natriumacetat verrührt und nachher im Vakuum bei 120—125° C getrocknet. Die beiden Methoxygruppen des o-Dianisidins werden dabei entmethyliert. Der Farbstoff zieht gut auf und besitzt eine sehr gute Lichtechtheit neben guten übrigen Echtheiten. Die Waschechtheit kann durch eine Nachbehandlung mit kationischen Kunstharzen noch verbessert werden. *Benzoechtkupferrot GGL* (C. TAUBE, H. RINKE u. E. FISCHER 1938)

---

[1] DRP 82966 (1895).
[2] Für eine Übersicht siehe: FRAHM, E. D. G.: Chem. Weekblad. **48**, 129 (1952).
[3] Vgl.: DRP 469340 (1928); DRP 553045 (1932); DRP 714985 (1941).
[4] Die Methoxygruppe wird dabei entmethyliert; vgl.: DRP 616676 (1935).
[5] Vgl.: DRP 684524 (1939); DRP 711384 (1941); DRP 741968 (1943).
[6] Der Farbstoff ist auch als Chlorantinlichtblau BLL, Cuprofixblau LUL, Pyrazolechtblau LUL, Solophenylblau 3GL u.a. im Handel.

wird ähnlich dargestellt. Es färbt ein gelbstichiges Rot mit sehr guten Allgemeinechtheiten. Bemerkenswert ist die verhältnismäßig hohe Wasch- und Wasserechtheit (Note 4, bzw. 4—5).

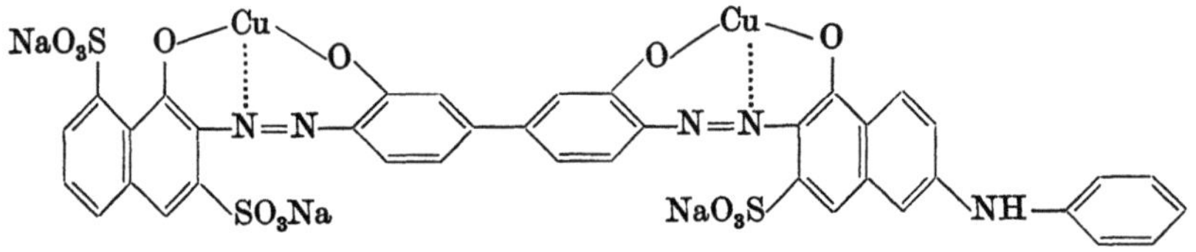

Siriuslichtblau FBGL

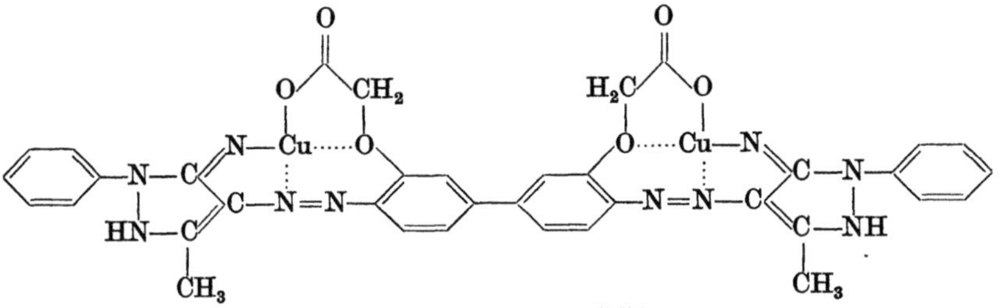

Benzoechtkupferrot GGL
(mit Kupfersalzen nachbehandelt)

Ähnlich wie das Benzidin ist auch die 4.4′-Diaminostilben-2.2′-disulfonsäure eine substantive Diazokomponente. Die Kupplung des tetrazotierten Diamins auf Phenol gibt das *Brillantgelb* (F. BENDER u. G. SCHULTZ 1886), das mit Alkalien nach Rot umschlägt und als Indikator benützt wird. Die Alkylierung der Hydroxylgruppen mit Äthylchlorid in Gegenwart von Natronlauge liefert das alkalibeständige *Chrysophenin* (F. BENDER 1886). Es färbt ein rotstichiges, farbstarkes, sehr gut egalisierendes Gelb mit mittleren Echtheiten, ausgenommen die geringe Waschechtheit und wird immer noch in großem Umfang verwendet, da es sich auch für Mischgewebe aus Wolle und Baumwolle eignet.

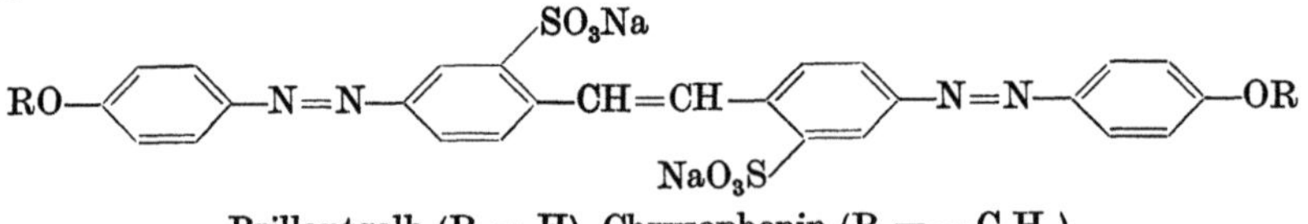

Brillantgelb (R = H), Chrysophenin (R = —C_2H_5)

Die Kupplung auf Naphthylamine liefert einige Direktfarbstoffe mit sehr geringen Echtheiten, die früher als „*Hessischer Purpur*" im Handel waren, jetzt aber nicht mehr hergestellt werden[1]. Wichtig sind dagegen verschiedene gelbe und orange Direktfarbstoffe, die aus der 4.4′-Dinitrostilben-2.2′-disulfonsäure zugänglich sind[2].

Direktziehende *sekundäre Disazofarbstoffe* sind meistens ziemlich geradlinig aufgebaut und enthalten oft Gruppen, die die Substantivität

---

[1] Einen grünen Trisazofarbstoff mit Stilbenkomponente beschreibt DRP 672 135 (1939).

[2] Siehe unter Stilbenfarbstoffe.

erhöhen wie I-Säure, I-Säurederivate, Harnstoffbrücken oder Benzoyl-
aminoreste. Als Beispiel sei *Benzobrillantechtgrün GLS*[1] (H. Clingestein, W. Petzold u. L. Hauck 1934) erwähnt. Der Farbstoff besitzt
nur mäßige Echtheiten und eine geringe Waschechtheit.

Benzobrillantechtgrün GLS

Einige weitere sekundäre Disazofarbstoffe sind[2]:

Benzorubin 6BS: Anilin $\xrightarrow{alkal.}$ I-Säure $\xrightarrow{alkal.}$ I-Säure

Siriusrot 4B: p-Aminoazobenzol-p′-sulfonsäure → N-Benzoyl-
                          I-Säure

Benzobrillantviolett 5B: Sulfanilsäure → Kresidin $\xrightarrow{alkal.}$ N-Phenyl-I-Säure

Siriuslichtblau F3R: H-Säure → Kresidin $\xrightarrow{alkal.}$ N-Phenyl-I-Säure

Die Gruppe enthält auch verschiedene diazotierbare[3] und einige kupferbare[4]
Farbstoffe.

Unter den *Trisazofarbstoffen* finden sich neben einigen Blaus vor allem
Grün-, Braun- und Schwarzmarken. Eine wichtige Diazokomponente
ist wiederum das Benzidin, das man besonders zum Aufbau verschiedener älterer Grünmarken verwendet, unter denen das *Diamingrün B*[5]
(M. Hoffmann u. C. Daimler 1891) am bekanntesten ist. Es besitzt
sehr hohe Substantivität, aber nur geringe Lichtechtheit (1—2) und
mäßige übrige Echtheiten. Man benützt es für billige Artikel aus Baumwolle, Halbwolle und auch für Leder. Das Grün entsteht durch Farb-
mischung im Molekül; bei allen derartigen Farbstoffen ist die Nuance

Diamingrün B
(Benzogrün B, Chloramingrün B, Chlorazol Green BN, Diphenylgrün 2B, Direkt-
grün B, 2B, Pontamine Green BXN u. a.)

---

[1] DRP 644725 (1937); die zweite Kupplung wird in Gegenwart von Pyridin
vorgenommen.

[2] Vgl.: DRP 129494 (1902); DRP 198102, 199175, 200115, 202116 (1908);
DRP 237742 (1911); DRP 614541 (1935); DRP 742252 (1943).

[3] Siehe: DRP 223543 (1910); DRP 230595, 237742 (1911); DRP 253286 (1912);
DRP 268792 (1913); DRP 273934 (1914); DRP 290436 (1916); DRP 440571
(1927); DRP 631184 (1936).

[4] DRP 677663 (1939).

[5] DRP 66351 (1892). Für ähnliche Grünmarken siehe: DRP 112820, 116521
(1900); DRP 153557 (1904); DRP 204707 (1908); DRP 234636 (1911); DRP
250330 (1912).

eher stumpf. Klarere Grüntöne erzielt man mit Farbstoffen, in denen die Phenylreste des Benzidins durch Harnstoff- oder Carbonamidbrücken getrennt sind[1].

Neuer sind einige Kupferkomplexe wie das *Siriuslichtbraun BRS*[2] und das *Coprantinbraun 5RLL*[3]. Beide besitzen eine gute Affinität und gute Allgemeinechtheiten, das letztere dazu noch eine besonders gute Waschechtheit (4—5), die durch die geringere Löslichkeit des Sulfonamidrestes bedingt sein dürfte.

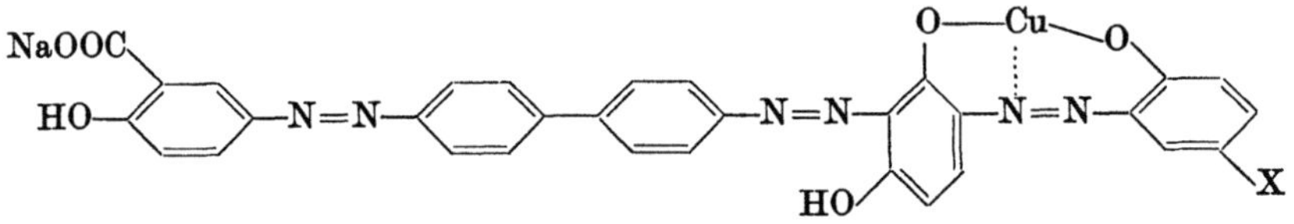

Siriuslichtbraun BRLN (X = —SO$_3$Na)
Coprantinbraun 5RLL (*nachgekupfert*, X = —SO$_2$NH$_2$)

Eine wichtige Schwarzmarke ist das *Benzotiefschwarz E*[4]. Es wird auch für Leder benützt. Das *Benzotiefschwarz RW* (früher Direkttiefschwarz RW extra) enthält als Endkomponente 2.4-Toluylendiamin statt m-Phenylendiamin. Beide Farbstoffe lassen sich mit Formaldehyd nachbehandeln.

Unter den Trisazofarbstoffen ohne Benzidinkomponente finden sich ebenfalls vorwiegend blaue, grüne, braune und schwarze Farbtöne[5], darunter verschiedene diazotierbare[6] und kupferbare[7] Typen. Gelb und Orange treten nur auf, sofern die Chromophorkette durch Harnstoff- oder Carbonamidgruppen unterbrochen wird[8]. Erwähnt seien die folgenden drei Farbstoffe, die sich durch gute bis sehr gute Allgemeinechtheiten auszeichnen:

Coprantinblau 3RLL:
5-Aminosalicylsäure → Kresidin → I-Säureimid ← Kresidin

Benzoechtkupferblau GL:
5-Aminosalicylsäure → 1.7-Clevesäure → 1-Naphthylamin $\xrightarrow{\text{alkal.}}$ I-Säure

Siriuslichtgrün BB:
7-Naphthylamin-1-sulfonsäure → 3.5-Xylidin → 6-Äthoxy-5-naphthylamin-2-sulfonsäure $\xrightarrow{\text{Pyridin + NaHCO}_3}$ N-Acetyl-H-Säure

---

[1] Vgl.: DBP 858440 (1952).

[2] DRP 571859 (1933); auch im Handel unter den Namen: Chloraminlichtbraun BRL, Chlorantinlichtbraun BRLL, Cuprofixbraun GL, Diphenylechtbraun BRL, Durazol Brown BR, Pyrazolechtbraun BRL u. a.

[3] Schwz. P. 208538 (1940); siehe auch: Schwz. P. 250815 (1947).

[4] Anilin $\xrightarrow[\text{alkal.}]{2}$ H-Säure $\xleftarrow[\text{sauer}]{1}$ Benzidin $\xrightarrow{3}$ m-Phenylendiamin. DRP 153557 (1904); früher als Direkttiefschwarz E extra im Handel.

[5] Siehe: DRP 131986, 131987 (1902); DRP 254277 (1912); DRP 268488 (1913); DRP 293184 (1916); DRP 737782 (1943).

[6] Vgl.: DRP 163321 (1905); DRP 243124 (1912); DRP 469288 (1928); DRP 476080 (1929).

[7] Siehe: DRP 481642 (1929); DRP 495621 (1930); DRP 737782 (1943).

[8] Siehe: DRP 623135 (1936); DRP 749167 (1944).

Die Gruppe der *Tetrakisazofarbstoffe* ist nicht groß und enthält vor allem braune und schwarze Farbtöne[1], einige Blaus[2] und wenige Rot- und Gelbtöne[3]. Die letzteren sind teilweise überholt, wichtig ist lediglich das *Siriusrot F3B*, ein klares, blaustichiges Rot mit guten Allgemeinechtheiten. Ein kupferbarer Farbstoff ist das *Benzoechtkupfermarineblau RL*, das nachgekupfert gute Allgemeinechtheiten und eine sehr gute Lichtechtheit aufweist. Die Braunmarken besitzen oft nur mäßige bis geringe Echtheiten, erwähnt sei das etwas stumpfe, rotstichig braune *Benzocatechin BN*.

Siriusrot F3B:

4-Aminoazobenzol-3.4'-disulfonsäure *(2 Mole)* $\rightleftharpoons$ I-Säureharnstoff

Benzoechtkupfermarineblau RL:

o-Dianisidin $\underset{alkal.}{\rightleftharpoons}$ I-Säure *(2 Mole)* $\underset{sauer}{\rightleftharpoons}$ 5-Amino-1.2.4-triazol-3-carbonsäure *(2 Mole)*

Benzocatechin BN:

Phenol $\overset{2}{\longleftarrow}$ Benzidin $\underset{alkal.}{\overset{1}{\longrightarrow}}$ H-Säure $\overset{3}{\longrightarrow}$ [γ-Säure $\longrightarrow$ m-Phenylendiamin]

Von den Schwarzmarken sei das grünstichig schwarze *Benzoechtschwarz G*[4] genannt, dessen Waschechtheit durch eine Nachbehandlung mit Formaldehyd verbessert werden kann; seine Allgemeinechtheiten sind mäßig bis gut. Zu seiner Herstellung werden zwei Mole p-Nitranilin auf H-Säure gekuppelt, dann werden die Nitrogruppen reduziert, worauf man diazotiert und auf zwei Mole m-Phenylendiamin kuppelt:

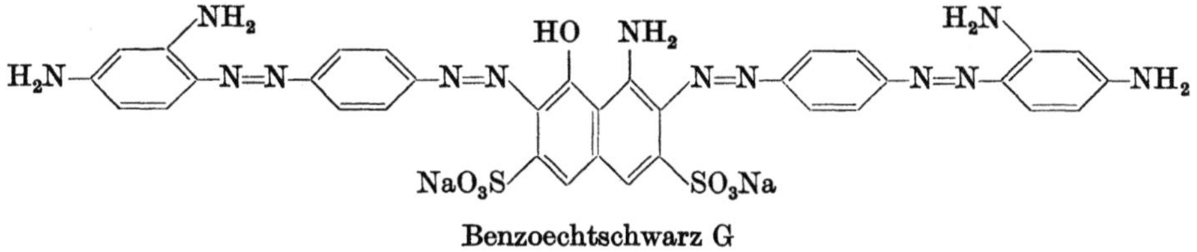

Benzoechtschwarz G

f) Reaktivfarbstoffe

Die Reaktivfarbstoffe[5], die erst in den letzten 20 Jahren entwickelt wurden, setzen sich beim Färben mit den Molekülen des Substrates um und bilden mit diesen kovalente Bindungen. Dies erfordert im Farbstoff wie auch im Substrat die Anwesenheit reaktionsfähiger Partner, die leicht miteinander reagieren. Ein derart fixierter Farbstoff weist

---

[1] Vgl.: DRP 223753 (1910); DRP 397699, 404355 (1924); DRP 469946 (1928); DRP 498586 (1930); DRP 658017 (1938); Schwz. P. 244518 (1946).

[2] Siehe: DRP 274489 (1914); Schwz. P. 187024 (1936); DRP 651105 (1937).

[3] Siehe: DRP 274489 (1914); AP 1509442 (1922); DRP 565478 (1932); DRP 614541 (1935); DRP 722908 (1942).

[4] Früher Columbiaechtschwarz G extra; DRP 84390 (1895).

[5] Für eine zusammenfassende Diskussion siehe: ZOLLINGER, HCH: Angew. Chem. **73**, 125 (1961).

ausgezeichnete Naßechtheiten auf, sofern die entstandene Bindung schwer hydrolysierbar ist und beim Waschprozeß und anderen Naßbehandlungen nicht verseift wird[1].

Geeignete reaktionsfähige Reste im Färbegut sind die freien Hydroxylgruppen der nativen und regenerierten Cellulosefasern sowie die primären und sekundären Aminogruppen von Wolle und Seide. Acetatseide und Reyon aus $2^1/_2$-Acetat enthalten ebenfalls freie Hydroxylgruppen in geringer Zahl; in den Polyamiden sind neben wenigen freien Amino- zahlreiche NH-Gruppen verfügbar.

Vereinzelte Versuche mit kovalent an die Faser gebundenen Farbstoffen wurden schon frühzeitig gemacht. So war schon lange bekannt, daß sich das aus Anthranilsäure und Phosgen zugängliche Isatosäureanhydrid in alkalischer Lösung unter Kohlendioxyd-Abspaltung mit Cellulose verestert. Azofarbstoffe auf dieser Basis wurden bereits 1925 von der BASF patentiert, fanden jedoch keine technische Anwendung, da die Esterbindung bei einer alkalischen Wäsche leicht wieder verseift wird. Einige Jahre später konnten R. HALLER und A. HECKENDORN Farbstoffe mit Aminogruppen im Laborversuch kovalent mit Cellulose verknüpfen, indem sie zuerst Alkalicellulose in einem organischen Lösungsmittel mit Cyanurchlorid oder Tetrachlorpyrimidin umsetzten und dann den Farbstoff auf die so behandelte Ware einwirken ließen[2]. Eine praktische Anwendung fand wegen der Verwendung organischer Lösungsmittel allerdings nicht statt, obschon die Farbstoffe waschecht fixiert waren.

Systematische Arbeiten über kovalente Farbstoff-Substrat-Bindungen wurden um 1950 bei Ciba, Hoechst und ICI begonnen. Sie führten vorerst zu einigen reaktiven Wollfarbstoffen, den *Remalanbrillant-*(Fw. Hoechst 1952) und den *Cibalanbrillanttypen*[3] (Ciba 1953). Diese können wie üblich aus wäßrigem Bade gefärbt werden. Da die Aminogruppen der Wolle wesentlich basischer als Wasser sind, ist ihre Umsetzung mit dem Farbstoff selektiv. 1956 erschienen die ersten reaktiven Cellulosefarbstoffe, die *Procionfarbstoffe* von ICI[4]. Man färbt mit ihnen zuerst aus wäßriger, neutraler Lösung, also ähnlich wie mit den Direktfarbstoffen, jedoch bei gewöhnlicher Temperatur. Dann stellt man das Färbebad ziemlich stark alkalisch ($p_H = 10$—11), worauf sich der Farbstoff mit der Faser umsetzt. Ein geringer Teil wird durch Hydrolyse inaktiviert und geht so für den Färbeprozeß verloren. Er muß nach dem Färben sorgfältig aus der Ware ausgewaschen werden. Die durchschnittliche Farbstoffausbeute beträgt 70%.

Die Reaktivfärbung von Cellulose aus wäßrigem Bade ist eigentlich überraschend, denn die Hydroxylgruppen der Cellulose werden dabei von den viel zahlreicheren Hydroxylionen des wäßrigen Färbebades konkurrenziert, die zudem mit dem Farbstoff in homogener Phase reagieren können. Die Umsetzung mit der Faser wird indessen durch

---

[1] Über chemische Umsetzungen mit Cellulosefasern siehe: WEGMANN, J.: Melliand Textilber. **39**, 1006 (1958); — Textil-Rundschau **13**, 323 (1958). — Zur Identifizierung von Reaktivfarbstoffen auf der Faser siehe: JORDINSON, F., u. R. LOCKWOOD: J. Soc. Dyers Colourists **78**, 122 (1962).

[2] Vgl.: AP 1886480, 1896892 (1933); AP 2025660 (1936).

[3] Vgl.: DBP 959748, 1001437, 1017303 (1957); DBP 1007451 (1957); DBP 1047339 (1959).

[4] VICKERSTAFF, TH.: J. Soc. Dyers Colourists **73**, 237 (1957); Melliand Textilber. **39**, 905 (1958).

verschiedene Faktoren wesentlich begünstigt[1]. Der Reaktivfarbstoff muß allerdings eine gewisse Substantivität besitzen, um wenigstens mäßig auf die Faser zu ziehen[2]. Dies geschieht bei den Procionfarbstoffen in der ersten Färbephase aus neutralem Bade. Die Farbstoffkonzentration auf der Faser wird dadurch viel höher als im Färbebad. Weiterhin ist die Dissoziationskonstante der Cellulose (pK = 13,7) viel geringer als die von Wasser (pK = 15,7). Die relative Dissoziation der Cellulose in Alkoholat-Ionen $R\!-\!CH_2O^{\ominus}$ ist deshalb unabhängig vom p_H-Wert des Färbebades stets viel größer als diejenige des Wassers in Hydroxylionen. Die Adsorption des Farbstoffes an den Fasermolekülen dürfte schließlich bei geeigneter Farbstoffstruktur besonders günstige sterische Verhältnisse für die Reaktion zwischen Alkoholat-Ion und reaktivem Farbstoff schaffen[3]. Die Umsetzung des Farbstoffes mit der Cellulose erfolgt größtenteils an den primären Hydroxylgruppen, zu einem geringen Teil auch an sekundären[3,4].

Bald nach ICI brachten Ciba und Hoechst reaktive Cellulosefarbstoffe auf anderer Basis in den Handel, ihnen folgten weitere Farbenfabriken. Zur Zeit sind zahlreiche große Farbstoffproduzenten auf diesem Gebiete tätig.

Handelsnamen für Reaktivfarbstoffe sind: Cibacron- (Ciba), Drimaren- (Sandoz), Levafix- (Bayer), Procion- und Procion-H- (ICI), Reacton- (Geigy) und Remazol- (Hoechst) für Cellulosefarbstoffe, Cibalanbrillant- (Ciba) und Remalanecht- (Hoechst) für Wollfarbstoffe sowie Procinyl- (ICI) für Polyamidfarbstoffe[5].

Als *reaktive Systeme* wurden bisher meistens Gruppen mit labilem Halogen oder aktive, nucleophile Vinylreste verwendet. Die letzteren können beim Färbeprozeß selbst gebildet werden.

Von den zahlreichen Gruppen mit labilem Halogen eignen sich nur solche mittlerer Reaktionsfähigkeit[6]. Sehr reaktive Reste wie Carbonsäure- oder Sulfochloride werden zu leicht hydrolysiert, Alkylchloride reagieren meist zu langsam. Ausnahmen bilden die Sulfofluoride, die wesentlich langsamer verseift werden als Sulfochloride[7], andererseits arylständige oder anderweitig aktivierte Chlormethylgruppen, wie sie im Benzylchlorid[8] und im Chloracetylrest[9] vorliegen. Weitaus die breiteste Anwendung haben bisher *Chlortriazinyl-* und neuerdings *Chlorpyrimidylreste* gefunden, die sich technisch auch leicht in Farbstoffe einführen lassen. So erhält man aus aminogruppenhaltigen

[1] Vgl.: PRESTON, C., u. A. S. FERN: Chimia **15**, 177 (1961); siehe auch: DAWSON, T. L., A. S. FERN u. C. PRESTON: J. Soc. Dyers Colourists **76**, 210 (1960). — SUMNER, H. H.: J. Soc. Dyers Colourists **76**, 672 (1960).

[2] WEGMANN, J.: J. Soc. Dyers Colourists **76**, 205 (1960).

[3] ZOLLINGER, HCH.: Chimia **15**, 186 (1961).

[4] BAUMGARTE, U.: Melliand Textilber. **43**, 182 (1962).

[5] Siehe: SCOTT, D. F., u. T. VICKERSTAFF: J. Soc. Dyers Colourists **76**, 104 (1960). — DENYER, R. L., u. J. A. FOWLER: Melliand Textilber. **42**, 535 (1961).

[6] Zur Reaktionsfähigkeit und Hydrolyse verschiedener reaktiver Gruppen siehe auch: BAUMGARTE, U., u. F. FEICHTMAYR: Melliand Textilber. **44**, 163, 267, 600, 716 (1963).

[7] Vgl.: AP 2576037 (1951); EP 824690 (1959); DBP 1052946 (1959).

[8] Vgl.: DBP 1054059 (1959); Belg. P. 594074, 594263, 595342 (1960); Belg. P. 602581 (1961).

[9] Belg. P. 563861 (1957); Belg. P. 597309 (1960).

Farbstoffen (F—NH$_2$) und Cyanurchlorid unter Abspaltung von Chlorwasserstoff glatt die reaktiven Dichlortriazinylfarbstoffe I[1]. Diese können mit einem farblosen Amin (R—NH$_2$) oder auch mit einem zweiten Farbstoffrest in die weniger reaktionsfähigen Monochlortriazinyle II übergeführt werden[2]. Analog erhält man aus 2.4.6-Tri- und insbesondere aus 2.4.5.6-Tetrachlorpyrimidin und geeigneten Farbstoffen F—NH$_2$ die entsprechenden Di- und Trichlorpyrimidyl-Farbstoffe III[3]. Sie sind noch reaktionsträger als die Monochlortriazinyle II. Beim 2.4.5.6-Tetrachlorpyrimidin wird zuerst das 4- und dann das 6-ständige Chloratom durch Aminreste ersetzt; beim Trichlorpyrimidin erfolgt der Ersatz weniger einheitlich[4].

<table>
<tr><td align="center">I</td><td align="center">II</td><td align="center">III</td></tr>
</table>

Die Fixierung der vorstehenden Farbstofftypen erfolgt analog, indem ein Chloratom durch eine nucleophile Gruppe der Faser — eine Aminogruppe der Wolle oder ein Alkoholat-Ion der Cellulose — ersetzt wird. Der Halogenaustausch ist bei diesen heterocyclischen Aromaten stark säurekatalysiert[5]. Dadurch wird die Beständigkeit der Farbstoffe ungünstig beeinflußt, da sich bei hydrolytischer Spaltung Salzsäure bildet, die die weitere Hydrolyse autokatalysiert. Die besonders reaktionsfähigen Dichlortriazinylfarbstoffe I müssen deshalb für die Lagerung durch Zusatz eines Phosphatpuffers stabilisiert werden.

Die Dichlortriazinylfarbstoffe besitzen zwei reaktionsfähige Chloratome. Bei Zimmertemperatur setzt sich nur eines um, wobei eine Faser-Farbstoff-Verbindung vom Typ IV entsteht[6]. Bei 80—100°C reagiert auch das zweite Chloratom. Es kann sich dabei entweder mit der Faser umsetzen und eine Vernetzung zu V bewirken oder einfach hydrolysiert werden, wobei der Typ VI entsteht. Letzterer liegt vermutlich in der Ketoform vor.

[1] Vgl.: DBP 1019025 (1958); DBP 1066301, 1067149, 1076853 (1960); ferner Belg. P. 552910 (1956); Belg. P. 560839 (1957); EP 785120 (1955); EP 837035 (1961). Die Procionfarbstoffe der ICI gehören zu dieser Gruppe.

[2] Für Beispiele siehe: DBP 960484, 1007451 (1957); Schwz. P. 321527, 322625 (1957); Belg. P. 566417 (1958). Zu dieser Gruppe gehören die Procion-H-Farbstoffe der ICI und die Cibacrone von Ciba.

[3] Vgl.: DAS 1100847 (1958); EP 846505 (1961); Belg. P. 587308, 590451, 591770 (1960); Belg. P. 600169, 602405 (1961). Für ähnliche Pyrimidinderivate siehe: Belg. P. 593840, 593588, 594115 (1960). Handelsfarbstoffe mit Trichlorpyrimidylresten sind die Drimarene von Sandoz und die Reactone von Geigy.

[4] ACKERMANN, H., u. P. DUSSY: Helv. chim. Acta 45, 1683 (1962); — Angew. Chem. 73, 470 (1961); — Melliand Textilber. 42, 1167 (1961).

[5] Für eine eingehende Diskussion siehe: ZOLLINGER, HCH.: Angew. Chem. 73, 132 (1961); vgl. auch: BITTER, B., u. HCH. ZOLLINGER: Angew. Chem. 70, 246 (1958). — BANKS, C. K.: J. Amer. chem. Soc. 66, 1127, 1131, 1771 (1944).

[6] Für eine Diskussion siehe: PRESTON, C., u. A. S. FERN: Chimia 15, 177 (1961).

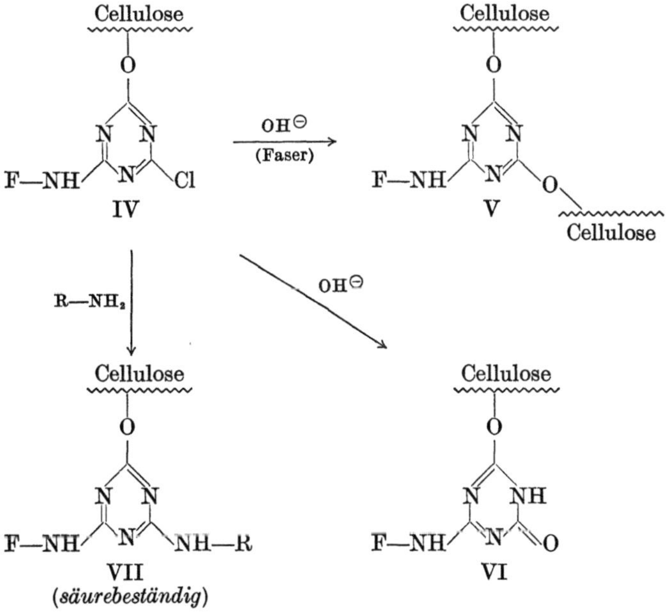

Cellulose
O
F—NH / N—Cl
IV

$\xrightarrow{OH^{\ominus}}$ (Faser)

Cellulose
O
F—NH / N—O
Cellulose
V

R—NH₂

OH⁻

Cellulose
O
F—NH / NH—R
VII
(*säurebeständig*)

Cellulose
O
F—NH / NH—O
VI

Triazinderivate vom Typus IV und V werden von Säuren langsam, solche vom Typus VI ziemlich rasch hydrolysiert. Dabei wird der Farbstoff wieder von der Faser gelöst, da die Hydrolyse auch zwischen Fasermolekül und Triazinring eintritt[1]. Zur Verhinderung solcher unerwünschter Folgereaktionen kann man das bei der Färbung gebildete Primärprodukt IV mit Aminen zum Typ VII umsetzen. Dieser letztere ist bedeutend hydrolysenbeständiger als die Typen IV, V und VI und wird von Säuren und Alkalien praktisch nicht verändert.

Die Monochlortriazinyl-Farbstoffe sind weniger reaktionsfähig als die Dichlortriazinyle; sie werden deshalb bei 80—100° C gefärbt. Mit der Faser liefern sie direkt den säure- und alkalibeständigen Verbindungstyp VII. Die Umsetzung kann durch tertiäre Amine katalysiert werden[2].

Die Trichlorpyrimidyl-Farbstoffe besitzen nur ein reaktionsfähiges Chloratom, das schwer ersetzt wird. Derartige Farbstoffe sind deshalb sehr gut lagerbeständig. Sie eignen sich vorzüglich für den Druck, da die mit ihnen angesetzten Druckpasten monatelang beständig sind. Infolge ihrer geringen Reaktionsfähigkeit erfordern sie aber auch besondere Färbeverfahren[3]. Beim Kalt-Aufdockverfahren wird die Ware geklotzt, worauf man 24 Std bei 20—25° C ausreagieren läßt; bei 70° C muß die Ware 3—4 Std verhängt werden. Temperaturerhöhung beschleunigt die Reaktion wesentlich. Durch Dämpfen bei 150° C ist sie in 3—4 min, durch Thermofixieren bei 180° C in etwa 30 sec beendet. Die beiden letzteren Verfahren eignen sich für den Kontinuedruck.

---

[1] Vgl. auch: BENZ, J.: J. Soc. Dyers Colourists **77**, 734 (1961). — THUMM, O., u. J. BENZ: Angew. Chem. **74**, 712 (1962).

[2] SCHAUB, H. P., u. P. ULRICH: Textil-Rundschau **16**, 815 (1961).

[3] Vgl. hierzu auch: CAPPONI, M., E. METZGER u. A. GIAMARA: Amer. Dyestuff Rep. **50**, 505 (1961).

Als Farbreste werden möglichst einfache Mono- oder Disazofarbstoffe verwendet; auch andersartige einfache Farbstoffe werden benützt. Man erzielt dabei besonders leuchtende Farbtöne, die sehr oft einen großen und entscheidenden Vorzug der Reaktivfarbstoffe gegenüber den Direktfarbstoffen darstellen. Als Beispiel eines Dichlortriazinyl-Farbstoffes sei *Procionbrillantorange GS*[1] genannt, ein I-Säurederivat:

Ein für Cellulose geeigneter, gelber Monochlortriazinyl-Pyrazolonfarbstoff ist folgendermaßen aufgebaut[2].

Blaue Farbstoffe lassen sich aus geeigneten Anthrachinon-[3] oder Phthalocyaninderivaten[4] gewinnen, grüne werden zweckmäßig nach der Art der Chlorantinlichtgrüntypen aufgebaut[5]. 1:2-Chrom- und Kobaltazokomplexe sind zur Herstellung grauer und schwarzer Farbtöne wichtig. Im wesentlichen werden für die Farbreste der Reaktivfarbstoffe bereits bekannte Farbtypen herangezogen. Die reaktiven Cellulosefarbstoffe enthalten dabei im allgemeinen verhältnismäßig viele Sulfonsäurereste. Damit soll der Bildung von Farbstoffassoziaten beim Färben entgegengewirkt und das anschließende Auswaschen des nicht fixierten Farbstoffes erleichtert werden.

Die zweite technisch wichtige Gruppe reaktiver Systeme umfaßt *aktivierte Vinylreste und geeignete Vorstufen*. Sie lassen sich generell wie folgt umschreiben:

---

[1] Siehe: Dissertation B. Krazer, S. 96 (Universität Basel, 1960); vgl. auch: DBP 960484, 1007451 (1957); DBP 1019025 (1958); Schwz. P. 321527 (1957); Schwz. P. 330823 (1958); Belg. P. 543213 (1955); Belg. P. 560839 (1957).

[2] Vgl.: Schwz. P. 322625 (1957); Belg. P. 552910 (1956); Belg. P. 566417 (1958).

[3] Siehe unter Anthrachinonfarbstoffen; vgl. auch: DBP 1017303 (1958); Schwz. P. 329378 (1958); Belg. P. 501477 (1957).

[4] Siehe unter Phthalocyanine.

[5] Siehe unter Direktfarbstoffe.

$$-X-CH=CH_2 \qquad I$$
$$-X-CH_2-CH_2-Y \qquad II$$

X bedeutet hierin die aktivierende Gruppe, zumeist $-SO_2-$, $-CO-$ oder $-SO_2NH-$, und Y einen Rest, der sich leicht als HY abspalten läßt wie Halogen, $-OSO_3Na$ oder $-OSO_2R$. In alkalischem Medium bildet sich deshalb aus der Gruppe II leicht die reaktive Vinylgruppe I. Ob diese allerdings intermediär überhaupt gebildet wird, oder ob sich die Faser direkt mit II umsetzen kann, konnte bisher noch nicht einwandfrei abgeklärt werden.

Als erstes technisch wichtiges Reaktivsystem sind hier die Schwefelsäureester von β-Hydroxyäthylsulfonen zu nennen, die in den *Remalanecht-* und *Remazolfarbstoffen* von Hoechst verwendet werden[1]. Färberisch verhalten sich derartige Farbstoffe wie die entsprechenden Vinylsulfone. Es ist deshalb naheliegend, daß sich intermediär das Vinylsulfon bildet[2]:

$$F-SO_2-CH_2-CH_2-OSO_3Na \xrightarrow{OH^{\ominus}} F-SO_2-CH=CH_2 \xrightarrow[OH^{\ominus}]{Cellulose}$$
$$F-SO_2-CH_2-CH_2-O\text{-Cellulose}$$

Die Reaktivfarbstoffe von Hoechst wurden ursprünglich als waschechte Wollfarbstoffe entwickelt. Ihre ausgezeichnete Eignung zur Reaktivfärbung von Cellulose wurde erst später erkannt. Wolle wird dabei aus neutralem bis schwach saurem, Baumwolle aus alkalischem Bade gefärbt. Die Bindung an die Faser ist in neutralem, saurem und schwach alkalischem Medium stabil, stärkere Alkalien können in der Wärme eine Ätherspaltung bewirken. Die Strukturen der Farbreste sind ähnlich wie bei den anderen Reaktivfarbstoffen; aus der Patentliteratur sei der folgende gelbe Wollfarbstoff herausgegriffen[3]:

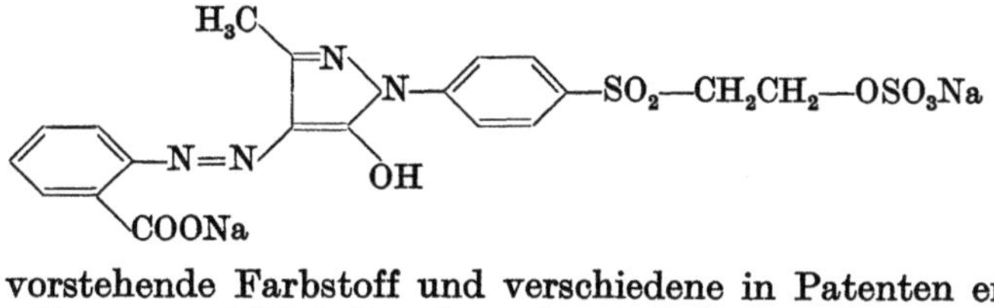

Der vorstehende Farbstoff und verschiedene in Patenten erwähnte Kupfer-, Chrom- und Kobaltazokomplexe[4] sind nur infolge der Schwe-

---

[1] Vgl.: HEYNA, J.: Angew. Chem. 74, 966 (1962). Zur Identifizierung von Remazol-Farbstoffen auf der Faser siehe: BODE, A.: Melliand Textilber. 40, 1304 (1959).

[2] BOHNERT, E.: J. Soc. Dyers Colourists 75, 581 (1959); — Melliand Textilber. 42, 1156 (1961). — Zur Färbekinetik siehe: BOHNERT, E., u. R. WEINGARTEN: Melliand Textilber. 40, 1036 (1959).

[3] Vgl.: DBP 925121 (1955); Schwz.P. 316748, 318199 (1957). Für weitere Beispiele siehe: DBP 886139 (1953); DBP 933271 (1955); Schwz.P. 296001, 296340, 301281, 301817, 301821 (1954); Schwz.P. 303914 (1955); Schwz.P. 320753, 325461 (1957). Auch die β-Chloräthylsulfongruppe wird oft als reaktiver Rest genannt.

[4] Vgl.: DBP 940482, 953103 (1956); DBP 1012010 (1957); Schwz.P. 327283, 328656—658 (1958).

felsäureestergruppe gut wasserlöslich. Wird diese bei der alkalischen
Fixierung des Farbstoffes durch einen Hydroxylrest — infolge Hydrolyse — ersetzt, so entsteht eine schwerlösliche Verbindung, die trotz
fehlender Fixierung an das Fasermolekül ziemlich waschecht sein
dürfte. Tatsächlich liegt aber eine Fixierung des Farbstoffes und nicht
lediglich eine Schwerlöslichkeit desselben vor. Durch sauren Abbau
einer Remazolfärbung auf Zellwolle konnte einwandfrei gezeigt werden,
daß der Farbstoff an die Cellulose gebunden ist und mit den beim Abbau
erhaltenen Glucoseresten verbunden bleibt[1]. Triazinyl-Farbstoffe
werden bei der sauren Hydrolyse der Cellulose im Triazinring gespalten
und dadurch wieder abgelöst; der sichere Nachweis einer kovalenten
Bindung zwischen Faser und Farbstoff gelang jedoch auch für diese
durch einen biologischen Abbau[2].

In zahlreichen neueren Patenten werden β-Chlorpropionyl- und Acrylsäurereste
oder deren Derivate wie α,β-Dichlorpropionyl- und α-Chloracrylreste als reaktive
Systeme genannt. Auch hier steht nicht mit Sicherheit fest, ob die Umsetzung etwa
des β-Chlorpropionylrestes mit der Faser direkt erfolgt oder ob intermediär der
Acrylrest gebildet wird. Die Verknüpfung mit dem Farbrest erfolgt meist über eine
Aminogruppe[3], seltener direkt[4]. Die Farbstoffe sind allgemein weniger substantiv
als solche mit einem Triazinring. Über eine praktische Verwendung wurde bisher
noch nichts bekannt.

$$F-NH-CO-CH_2-CH_2Cl$$

$$F-NH-CO-CH=CH_2$$

Eine dritte Gruppe von reaktiven Systemen stellen die *Epoxyd-*[5]
und Äthyleniminreste[6] sowie ihre *Vorstufen*, der Chlorhydrin-[7] und
β-Chloräthylaminrest[8] dar. Epoxydreste können mit dem Farbstoff
über eine Sauerstoff- oder eine Stickstoffbrücke verknüpft werden,
Äthyleniminreste am zweckmäßigsten über eine Sulfongruppe:

$$F-O-CH_2-CH-CH_2O$$
$$\diagdown O \diagup$$

bzw.

$$F-NH-CH_2-CH-CH_2Cl$$
$$|$$
$$OH$$

---

[1] BOHNERT, E.: Angew. Chem. **73**, 470 (1961); — Melliand Textilber. **42**, 1156 (1961).

[2] STAMM, O. A., HCH. ZOLLINGER, H. ZÄHNER u. E. GÄUMANN: Helv. chim. Acta **44**, 1123 (1961).

[3] Vgl.: Belg. P. 565279, 565376, 565447, 565448, 565484, 565650, 565651, 565700, 565783, 566648, 567435 (1958); DBP 1058467 (1959); DBP 1079757, 1082687, 1086366—368 (1960).

[4] Siehe: FP 1231891 (1959).

[5] Vgl.: Belg. P 585005 (1959); EP 830847 (1957); EP 840903 (1958). Siehe auch: HOPFF, H., u. P. LIENHARD: Helv. chim. Acta **45**, 1741 (1962).

[6] Vgl.: DRP 743766 (1943); DBP 859185 (1952); DBP 899536 (1959); DAS 1036807 (1956); DAS 1066987 (1961); EP 821963, 823098, 826689 (1957); Belg. P. 563199, 563200 (1957); Belg. P. 565997 (1958).

[7] Vgl.: FP 1243011 (1959).

[8] Patente wie unter Fußnote 7.

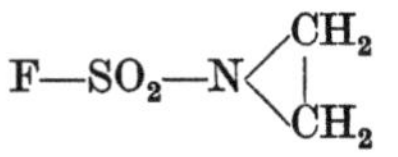

$$F-SO_2-N\big\langle\begin{smallmatrix}CH_2\\ |\\ CH_2\end{smallmatrix}$$

bzw.:

$$F-SO_2-NH-CH_2-CH_2Cl$$

oder

$$F-SO_2-NH-CH_2-CH_2-O-SO_3Na$$

Die zuletzt aufgeführte Gruppierung mit dem β-ständigen Sulfo-esterrest wird in den *Levafix*-Farbstoffen von Bayer benützt[1]. Ihre Entwicklung stützte sich auf frühere Arbeiten über Farbstoffe mit Äthyleniminresten, die jedoch längere Zeit nicht weiterverfolgt worden waren. Über eine allfällige technische Anwendung von Farbstoffen mit Epoxyd- oder Chlorhydringruppen wurde bisher nichts bekannt.

Noch wesentlich reaktionsfreudiger sind disubstituierte Sulfonamide wie $-SO_2N(CH_2CH_2-OSO_3Na)_2$ oder $-SO_2NR(CH_2CH_2-OSO_3Na)$. Die Umsetzung kann hier offensichtlich nicht über ein intermediäres Äthylenimin verlaufen, wird aber durch die Nachbarschaft des Stickstoffatoms stark erleichtert. Möglich wäre eine intermediäre Bildung der Vinylamingruppe, $-NR-CH=CH_2$, die bekannt-lich ebenfalls sehr reaktionsfreudig ist. Dieselbe Überlegung gilt auch für Farb-stoffe mit der Gruppe $-NR-CH_2CH_2Cl$, die ebenfalls in Patenten erwähnt werden[2].

XX. Phthalocyanine

1. Überblick

Die Phthalocyanine[3] sind eine neuere Gruppe von Farbstoffen, die mit dem Blutfarbstoff Hämin und dem Pflanzenfarbstoff Chlorophyll nahe verwandt sind. Wie diese beiden besitzen die Phthalocyanine einen 16gliedrigen aromatischen Ring und liegen vorwiegend als Metall-komplexe vor. Ihr Grundkörper ist das Tetrazaporphin, während sich die Naturfarbstoffe vom Porphin ableiten.

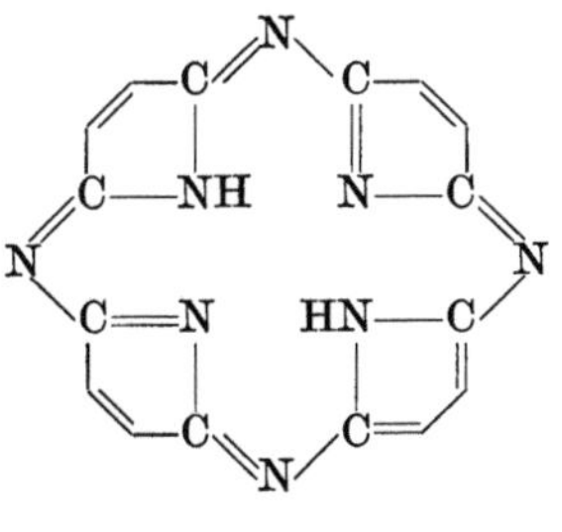

Tetrazaporphin (Porphyrazin) 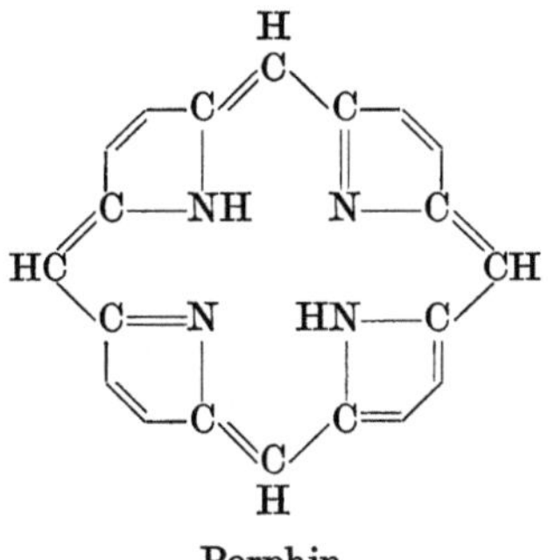   Porphin

Sowohl das Porphin- als auch das Tetrazaporphingerüst sind planar und besitzen aromatischen Charakter[4]; sie zeichnen sich durch intensive

---

[1] KLEB, H. G.: Angew. Chem. **74**, 698 (1962).

[2] Vgl.: DAS 1036807 (1956).

[3] Für eine eingehende Behandlung der Phthalocyanine siehe: MOSER, F. H., u. A. L. THOMAS: Phthalocyanine Compounds. New York: Reinhold 1963.

[4] Vgl.: SIMPSON, W. T.: J. chem. Physics **17**, 1218 (1949). — LONSDALE, K.: Proc. Roy. Soc. [London] A **159**, 149 (1937); — Chem. Zbl. **1937** I, 3473.

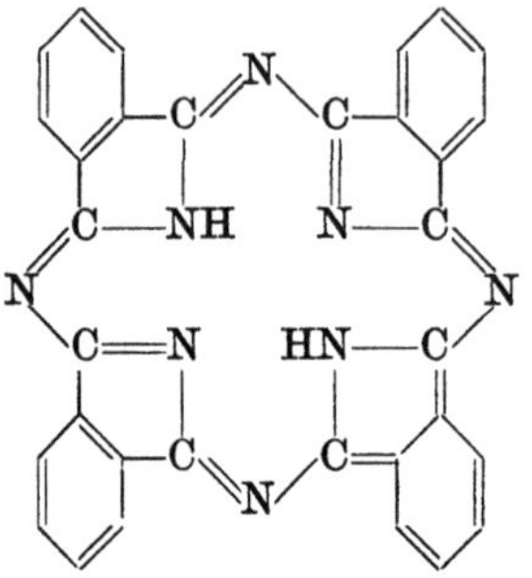

Phthalocyanin
(Tetrabenzo-tetrazaporphin)

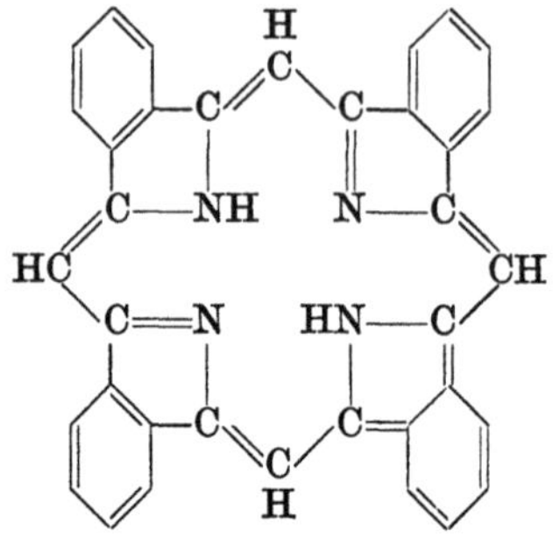

Tetrabenzoporphin

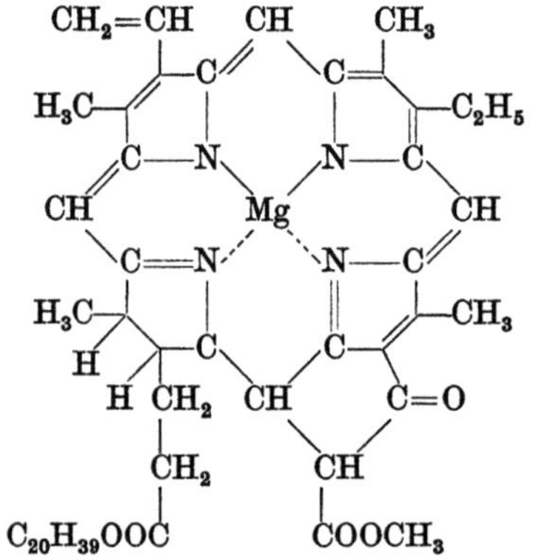

Chlorophyll A

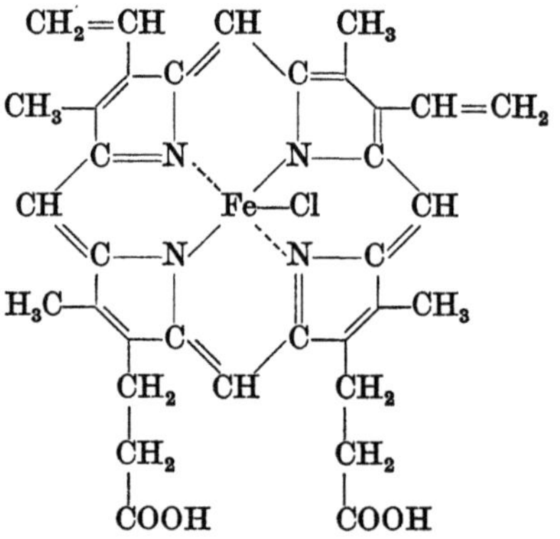

Hämin

Farbe und hohe Stabilität aus. Kupfer-Phthalocyanin löst sich in konzentrierter Schwefelsäure und wird beim Verdünnen derselben wieder unverändert ausgeschieden. Es läßt sich ohne Zerstörung bei 550° C am Hochvakuum sublimieren. Bei Substitutionsreaktionen werden vor allem die Benzolringe angegriffen.

Die Struktur des Phthalocyanins wurde von R. P. LINSTEAD[1] aufgeklärt und von J. M. ROBERTSON[2] durch Röntgenuntersuchungen am Kristallgitter bestätigt. Mit Metallen bildet der Grundkörper zwei verschiedene Reihen von Komplexen, die sich in einigen Eigenschaften charakteristisch unterscheiden[3]. Die Komplexe mit Natrium, Kalium, Calcium, Barium, Magnesium und Cadmium sind in organischen Lösungsmitteln unlöslich und lassen sich nicht sublimieren. Durch Säuren, oft schon durch Wasser oder Methanol, werden sie in das metallfreie Phthalocyanin übergeführt.

---

[1] Für eine Zusammenfassung siehe: LINSTEAD, R. P.: Ber. dtsch. chem. Ges. 72 A, 93 (1939); vgl. ferner: LINSTEAD, R. P.: J. chem. Soc. [London] **1934**, 1016 u. nachfolgende Arbeiten.

[2] ROBERTSON, J. M.: J. chem. Soc. [London] **1935**, 615; **1936**, 1195, 1736; **1937**, 219; **1940**, 36.

[3] LINSTEAD, R. P., P. A. BARRETT u. C. E. DENT: J. chem. Soc. [London] **1936**, 1719.

Eine zweite Gruppe von Komplexen ist in organischen Lösungsmitteln mäßig löslich, läßt sich im Vakuum bei 550—600° C sublimieren und ist gegen Säuren sehr beständig. In Wasser sind alle Phthalocyanine unlöslich. Am stabilsten sind die Komplexe von Kupfer, Zink, Eisen, Kobalt und Platin, da die Atomradien dieser Metalle mit der Größe des verfügbaren Raumes im Zentrum des Phthalocyaninmoleküls gut übereinstimmen. Metalle mit größerem oder kleinerem Atomvolumen sind weniger stark gebunden und die entsprechenden Phthalocyanin-Komplexe sind in organischen Lösungsmitteln weniger gut löslich. Da das Grundgerüst sehr starr ist, wird es bei der Bildung des Komplexes kaum verändert, auch wenn die Atomradien der komplexbildenden Metalle stark variieren. Bei den Komplexen mit koordinativ vierwertigen Metallen wie Nickel, Kupfer, Platin, Eisen, Kobalt und Mangan sind die vier Valenzen koplanar angeordnet[1].

Verschiedene metallhaltige Phthalocyanine, besonders der Eisenkomplex, sind Oxydationskatalysatoren[2]. Bemerkenswert ist das Verhalten des Kobalt-Phthalocyanins, das sich „verküpen" und mit Luftsauerstoff wieder zum Farbstoff oxydieren läßt, obwohl es keine chinoiden Gruppen enthält. Es wird wie ein Küpenfarbstoff angewendet[3].

Nach der Aufklärung der Phthalocyanin-Struktur schritt man auch zur Darstellung des Tetrabenzo-porphins und der Zwischenglieder mit einer bis drei Methingruppen. Man erhält derart grüne, sehr beständige und lichtechte Farbstoffe, die jedoch keine praktische Bedeutung erlangten[4]. Tetrabenzoporphin selbst ist aus 3-Methyl-phthalimidin und Zinkacetat[5] oder aus 3-Carboxymethyl-phthalimidin[6] zugänglich. Azaporphine mit einem oder mehreren Azastickstoffen sind aus Gemischen obiger Verbindungen mit Phthalodinitril zugänglich.

2. Herstellung und Zwischenstufen

Das metallfreie Phthalocyanin wurde bereits 1907 von A. BRAUN und J. TCHERNIAC[7] beim Erhitzen von Phthalimid mit Acetanhydrid beobachtet; da der entstandene blaue Körper jedoch nur in geringer Ausbeute anfiel, geriet er wieder in Vergessenheit. 1927 stellten H. DE

---

[1] LINSTEAD, R. P., u. J. M. ROBERTSON: J. chem. Soc. [London] **1936**, 1736.
[2] KROPF, H.: Liebigs Ann. Chem. **637**, 73, 93, 111 (1960). — COOK, A. H.: J. chem. Soc. [London] **1938**, 1761, 1768, 1845.
[3] DBP 911 997 (1955).
[4] Für eine Übersicht über das Phthalocyaningebiet siehe: WAHL, H.: Teintex **19** (8), 589—602 (1954).
[5] HELBERGER, J. H.: Liebigs Ann. Chem. **529**, 205 (1937). — HELBERGER, J. H., u. A. v. REBAY: Liebigs Ann. Chem. **531**, 279 (1937). — HELBERGER, J. H., A. v. REBAY u. D. B. HEVÉR: Liebigs Ann. Chem. **533**, 197 (1938). — HELBERGER, J. H., u. D. B. HEVÉR: Liebigs Ann. Chem. **536**, 173 (1938).
[6] LINSTEAD, R. P., u. G. A. ROWE: J. chem. Soc. [London] **1940**, 1070 sowie anschließende Veröffentlichungen. — LINSTEAD, R. P., u. F. T. WEISS: J. chem. Soc. [London] **1950**, 2975. — ELVIDGE, J. A., u. R. P. LINSTEAD: J. chem. Soc. [London] **1955**, 3536; vgl.: DENT, C. E.: J. chem. Soc. [London] **1938**, 1.
[7] BRAUN, A., u. J. TCHERNIAC: Ber. dtsch. chem. Ges. **40**, 2709 (1907).

DIESBACH und K. VON DER WEID[1] die Bildung eines blauen Kupfer-Komplexes fest, als sie o-Dibrombenzol mit Kupfercyanid in Pyridin erwärmten, um Phthalodinitril darzustellen. Ähnliche Komplexe entstanden beim Versuch der Darstellung von 1.2-Dicyan-naphthalin und 3.4-Dimethyl-phthalsäuredinitril. Obschon bereits die genannten Autoren die ungewöhnliche Beständigkeit der Komplexe erkannten, entgingen ihnen die Möglichkeiten dieser Verbindung als Farbpigment völlig. Ein Jahr später beobachteten Chemiker der Scottish Dyes Ltd. das Auftreten dunkelblauer Verunreinigungen bei der Herstellung von Phthalimid aus Phthalsäureanhydrid und Ammoniak. Die Isolierung der Substanz zeigte, daß es sich um den Eisenkomplex einer neuartigen Verbindung handelte[2]. Die Chemie dieser Komplexe wurde darauf intensiv bearbeitet und 1934 konnte die ICI, die inzwischen die Scottish Dyes Ltd übernommen hatte, das Kupfer-Phthalocyanin als Monastral Fast Blue BS in den Handel bringen.

Die Herstellung des Phthalocyanins erfolgt aus *Phthalsäureanhydrid* oder aus Phthalodinitril[3]. Bei der ersteren Methode werden Phthalsäureanhydrid, Harnstoff und Kupfer-I-chlorid miteinander verschmolzen[4]. Die Ausbeute wird durch Zusatz von Ammoniummolybdat und Borsäure stark erhöht[5]. Man kann auch in einem inerten Lösungsmittel wie Trichlorbenzol bei 200° C unter Zusatz von wenig Arsenpentoxyd oder Ferrichlorid arbeiten. Das wichtigere Ausgangsmaterial ist *Phthalodinitril*. Zur Herstellung von Kupfer-Phthalocyanin werden vier Mole Dinitril mit einem Mol Kupferchlorür zusammengeschmolzen. Die Temperatur kann dabei bis auf 300° C ansteigen, da die Umsetzung exotherm verläuft. Sie ist in einer Stunde beendet und gibt eine Ausbeute von über 90%. Eine bessere Temperaturkontrolle erzielt man im kontinuierlichen Verfahren, bei dem man das Reaktionsgemisch auf einem Metallband durch einen beheizten Reaktionsofen mit Stickstoff-Atmosphäre führt. Kleinere oder präparative Ansätze führt man am besten bei 200° C in Nitrobenzol durch, dem etwas Pyridin zugesetzt wurde. In beiden Verfahren treten als Zwischenstufen Polyimino-isoindolenine auf.

Phthalsäureanhydrid wird von Harnstoff aufgespalten; oberhalb 140° C treten dabei nacheinander Phthalimid I, 1-Oxo-3-imino-isoindolin II, 1.3-Diimino-iso-indolin III und Poly-imino-isoindolenine auf. In Abwesenheit von Metallsalzen und Ammoniummolybdat bleibt die Umsetzung beim 1-Oxo-3-imino-isoindolin stehen[6]. Es läßt sich zu Phthalodinitril IV dehydratisieren.

Zur Herstellung von Phthalodinitril leitet man Ammoniak bei 340° C durch geschmolzenes Phthalsäureanhydrid und führt das Dampfgemisch bei 400—430° C über einen Aluminiumoxyd-Katalysator, wobei sich das Dinitril bildet. Die Reaktionsgase werden auf 210° C abgekühlt und anschließend mit kaltem Ammoniak gemischt, wobei das Phthalodinitril rasch unter seinen Schmelzpunkt (141° C) gekühlt wird und als feines, hellgelbes Pulver ausfällt. Die Ausbeute ist über 90%.

---

[1] DIESBACH, H. DE, u. K. VON DER WEID: Helv. chim. Acta 10, 886 (1927).

[2] Der Name Phthalocyanin erklärt sich aus Bildungsweise (Phthalsäureanhy-drid) und Farbe (kyanos = blau).

[3] Eine eingehende Übersicht gibt: HADDOCK, N. H.: J. Soc. Dyers Colourists 61, 68 (1945); vgl. auch: DAHLEN, M. A.: Ind. Engng. Chem. 31, 839 (1939).

[4] EP 464126 (1937).   [5] EP 520415 (1940).   [6] EP 322169 (1928).

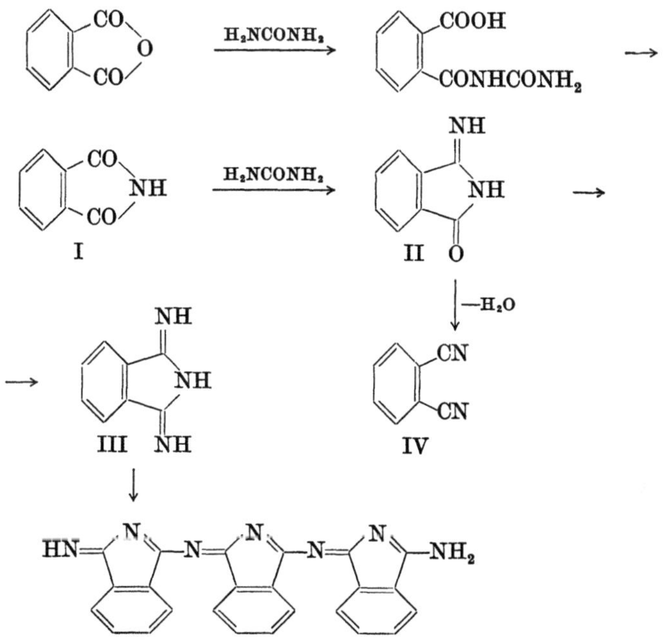

I

II

III IV

Poly-imino-isoindolenin

Beim Erhitzen von Phthalodinitril auf 350—360° C im Bombenrohr entsteht metallfreies Phthalocyanin. Die zu seiner Bildung notwendigen zwei Wasserstoffatome werden vom Phthalodinitril geliefert, das sich teilweise zersetzt. Als Zwischenprodukt dürfte ein Poly-imino-iso-indolenin entstehen. Technisch erzeugt man das metallfreie Phthalocyanin in einem hochsiedenden Alkohol, wie Isohexanol oder Isoheptanol, mit Natriumhexylat oder -heptylat als Katalysator. Bei 150° C ist die Reaktion in 5 Std beendet. Das entstandene Natrium-Phthalocyanin wird vom heißen Lösungsmittel abfiltriert und mehrere Stunden mit Methanol verrührt, wobei das Natrium durch Wasserstoff ersetzt wird. Die Ausbeute ist nahezu quantitativ[1].

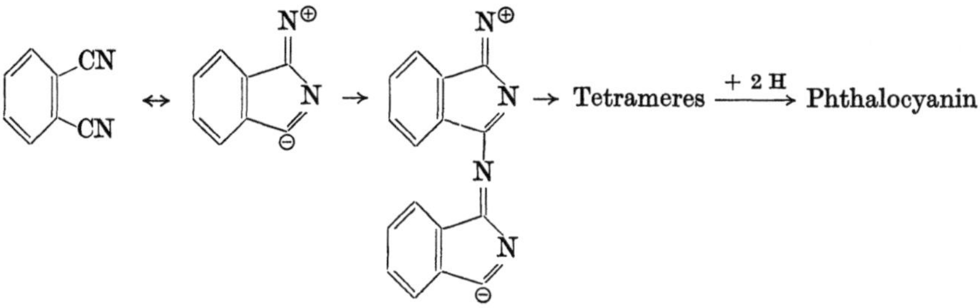

Bei der Umsetzung des Phthalodinitrils mit Basen entstehen Iso-indoleninderivate, die einen wichtigen Platz in der neueren Entwicklung

---

[1] Vgl.: DRP 696334 (1940).

der Phthalocyanine einnehmen[1]. Zur Reaktion mit Basen ist offenbar die mesomere, cyclische Form des Phthalodinitrils befähigt. Mit Natriumalkoholat und Alkoholen entstehen 1-Alkoxy-3-imino-isoindolenine I und 1.1-Dialkoxy-3-imino-isoindoline II[2]; mit Natriumsulfid im Methanol bildet sich 1-Mercapto-3-imino-isoindolenin III[3] und mit Ammoniak 1-Amino-3-imino-isoindolenin IV[4]:

1-Amino-3-imino-isoindolenin bildet sich nahezu quantitativ beim Erwärmen von Phthalodinitril mit der zweifachen Menge flüssigen Ammoniaks auf 140 bis 150° C (90—110 atü) während 5 Std. Alkalialkoholate oder -hydroxyde katalysieren die Reaktion bereits bei niedrigerer Temperatur. Für präparative Zwecke setzt man besser Phthalodinitril während 6—8 Std mit Natriumamid in Dimethylformamid bei 60—70° C um. Stark elektronenanziehende Substituenten wie die Nitrogruppe oder mehrere Halogene erschweren die Reaktion und zwingen zum Umweg über das 1.3.3-Trichlorisoindolenin. Es ist aus Phthalimid und Phosphorpentachlorid erhältlich und geht mit Ammoniak glatt in 1-Amino-3-imino-isoindolenin über[5]. Allgemein anwendbar, für technische Zwecke jedoch meist zu teuer, ist der Weg über das Bromwasserstoff-Addukt von Phthalodinitril[6]. Die 1-Amino-3-imino-isoindolenine sind stark basische Verbindungen; ihre Nitrate, Phosphate, Perchlorate und Carbonate sind schwerlöslich. Sie werden ziemlich leicht verseift; Wasser hydrolysiert bereits oberhalb 20° C.

1-Alkoxy- und 1-Amino-3-imino-isoindolenine können in polymere Imino-isoindolenine übergeführt werden; erstere unter der Einwirkung von Alkoholat[7], letztere mit tertiären Basen wie Pyridin. Es wurden

[1] Eine ausführliche Zusammenfassung geben: BAUMANN, F., B. BIENERT, G. RÖSCH, H. VOLLMANN u. W. WOLF: Angew. Chem. 68, 133 (1956). — Über ms-Amino-Trimethin-bis-Isoindolenin-Farbstoffe siehe: VOLLMANN, H., u. W. WOLF: Liebigs Ann. Chem. 659, 110 (1962).

[2] DBP 879102 (1955).

[3] Vgl.: PORTER, J. C., R. ROBINSON u. M. WYLER: J. chem. Soc. [London] 1941, 621. — DREW, H. D. K., u. D. B. KELLY: J. chem. Soc. [London] 1941, 625, 630, 634, 637.

[4] DBP 879100 (1956); vgl. dagegen: DREW, H. D. K., u. D. B. KELLY: J. chem. Soc. [London] 1941, 631.

[5] DBP 904287, 906935 (1955).   [6] FP 1070912 (1954).

[7] DBP 879101 (1955).

Molekulargewichte bis 840 festgestellt, was hexameren bis heptameren Isoindoleninen entspricht. Die monomeren und polymeren Imino-isoindolenine sind technisch bedeutsam, weil sie unter relativ milden Bedingungen in Phthalocyanin übergehen. Sie können deshalb zur Bildung des Farbstoffes auf der Faser benützt werden, worauf noch eingegangen wird.

Alkoxy-poly-imino-isoindolenin   Amino-poly-imino-isoindolenin

Amino-poly-imino-isoindolenine sind nur sehr kurze Zeit beständig, da sie sehr rasch hydrolytisch abgebaut werden. Die Alkoxy-poly-imino-isoindolenine bilden orange-gelbe Alkalisalze; mit Kohlendioxyd werden diese in die farblose alkalifreie Substanz übergeführt. Die Alkalisalze lassen sich mit Natriumdithionit in Methanol oder Methanol-Pyridin zu einer violett-blauen „Küpe" reduzieren, die mit Luftsauerstoff wieder in das orange-gelbe Alkalisalz übergeht. Beim Erhitzen in Chlorbenzol oder Dichlorbenzol am Rückfluß geht das letztere in ein gelbes Dehydro-Phthalocyanin über, aus dem sich beim Verrühren mit Natriummethylat in Pyridin-Methanol wieder polymeres Methoxy-imino-isoindolenin zurückbildet. Durch Reduktion, beispielsweise mit Hydrochinon in siedendem o-Dichlorbenzol, geht das Dehydro-Phthalocyanin rasch in das blaue, metallfreie Phthalocyanin über. Saure Reduktion von tetra- bis hexameren Imino-isoindoleninen liefert praktisch momentan das metallfreie Phthalocyanin. Einwirkung von Ammoniak baut die Alkoxy-polyimino-isoindolenine rasch zum monomeren 1-Amino-3-imino-isoindolenin ab.

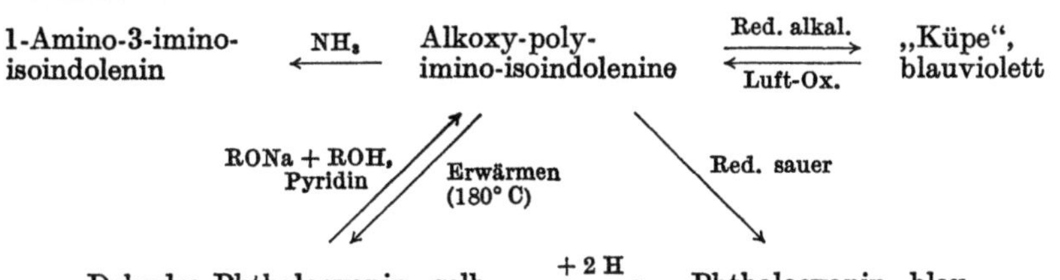

Mit Schwermetallen bilden die monomeren wie auch die polymeren Imino-isoindolenine Komplexe. Die letzteren sind cyclisch; bei saurer Reduktion gehen sie praktisch momentan in das metallhaltige Phthalo-cyanin über[1]. Technische Bedeutung erlangte der Kobalt-III-chlorid-

---

[1] DBP 914250 (1955).

Cyclo-tetraisoindolenin-(endo-isoindolenino)-Komplex, dessen Äthylendiaminderivat als *Phthalogenblau IB* im Handel ist[1].

Man erhält den Komplex bei 16stündigem Erwärmen von Phthalsäureanhydrid, Harnstoff, wenig Ammoniumnitrat, wasserfreiem Kobalt-II-chlorid und einer katalytischen Menge Ammonmolybdat in Nitrobenzol auf 180° C unter Durchleiten von Luft. Beim Verrühren mit Äthylendiamin und Methanol bei 10—15° C wird das Chlorid ins Äthylendiaminderivat übergeführt[2].

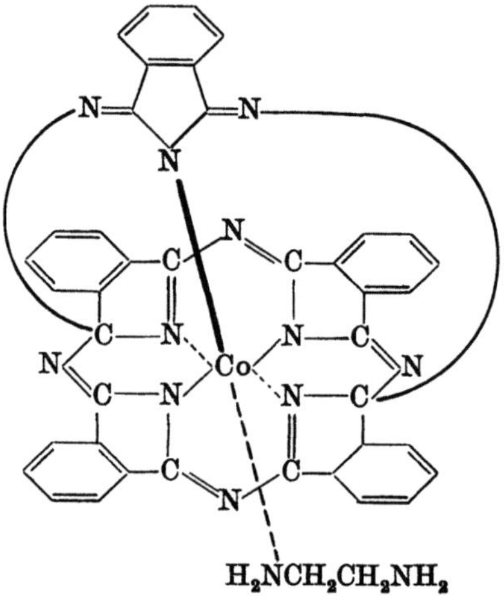

$$H_2NCH_2CH_2NH_2$$

Phthalogenblau IB

3. Substitution und Derivate

Die Substitution des Phthalocyanins erfolgt in den Benzolringen. Von technischer Bedeutung sind vor allem die Chlorierung und die Sulfonierung.

Durch direkte *Chlorierung* lassen sich bis zu 16 Chloratome in das Phthalocyanin einführen. Die Farbe ändert sich dabei von Blau nach Grün, jedoch erst nach Eintritt von mehr als 12 Chloratomen. Man nimmt deshalb an, daß zuerst die Stellungen 4 und 5 der Benzoreste und erst nachher die sterisch gehinderten Stellungen 3 und 6 substituiert werden. Eine Stütze für diese Annahme bildet die Tatsache, daß aus 3.6-Dichlor-phthalsäureanhydrid ein grünes Oktachlorphthalocyanin erhältlich ist, wogegen das bei direkter Chlorierung entstandene Oktachlorphthalocyanin immer noch blau ist. In der Technik chloriert man nur das Kupfer-Phthalocyanin, und zwar entweder drucklos in Trichlorbenzol mit Antimonpentachlorid als Katalysator, in einer Aluminiumchlorid-Natriumchlorid-Schmelze, einer Phthalsäureanhydrid-Schmelze oder unter Druck in Tetrachlorkohlenstoff bei 160—180[3]. Statt nachträglich zu chlorieren kann man auch vom Tetrachlorphthalsäure-

---

[1] DBP 861 300 (1955); DBP 899 698 (1954).
[2] DBP 839 939 (1952); DBP 855 710 (1953).
[3] DRP 717 164 (1942).

anhydrid ausgehen und dieses in das Hexadekachlor-Phthalocyanin überführen[1]. Ein grünes Oktachlor-Phthalocyanin ist, wie bereits erwähnt, aus 3.6-Dichlor-phthalsäureanhydrid erhältlich.

Die *Sulfonierung* des Phthalocyanins mit 26%igem Oleum bei 45—60° C führt zu einer Disulfonsäure[2], die als Direktfarbstoff auf Baumwolle verwendet wurde. Bei fortgesetzter Sulfonierung entsteht eine Tetrasulfonsäure; die Sulfonsäuregruppen dürften dabei vorwiegend in die Stellungen 4 oder 5 der Benzoreste, zu einem geringeren Teil wohl auch in die Stellungen 3 oder 6 eintreten. Eine rotstichigere Phthalocyanin-tetrasulfonsäure entsteht bei der Synthese aus 4-Sulfo-phthalsäureanhydrid[3]. Mit Chlorsulfonsäure wird Phthalocyanin bereits bei 30° C in das Tetrasulfochlorid übergeführt[4], aus dem verschiedene Farbstoffe hergestellt werden. Durch Umsetzung mit aliphatischen Aminen erhält man daraus alkylsubstituierte Sulfonamide, die beim Vorliegen eines langkettigen Alkylrestes in organischen Lösungsmitteln gut löslich sind und als Lackfarbstoffe verwendet werden[5]. Mit p- oder m-Phenylendiamin-sulfonsäure lassen sich sulfonsäuregruppenhaltige, wasserlösliche Aminosulfonamide darstellen, die auf Reaktivfarbstoffe weiterverarbeitet werden, indem die freie Aminogruppe mit einer reaktiven Gruppe umgesetzt wird, beispielsweise einem Cyanurchloridrest[6]. Umsetzung mit geeigneten Amino-thiosulfonsäuren wie m-Aminobenzylthiosulfonsäure oder β-Aminoäthylthiosulfonsäure führt zu wasserlöslichen Polykondensationsfarbstoffen (vgl. S. 450), zu denen das ®Inthionbrillantblau I5G gehört. Die Reduktion des Sulfochlorides mit Zink und Säure liefert das entsprechende Tetramercaptan, das wie ein Schwefelfarbstoff gefärbt werden kann. Durch energische Alkylierung läßt sich die Mercapto- in eine Sulfoniumgruppe überführen.

Carbonsäuregruppen lassen sich mit Phosgen und Aluminiumchlorid einführen; dabei werden primär die Säurechloride gebildet[7]. Von praktischem Interesse ist die *Chlormethylierung*, da sich das Halogen der Chlormethylgruppe durch geeignete wasserlösliche Reste ersetzen läßt, ohne daß dadurch der Farbton des Phthalocyanins wesentlich verändert wird. Die Einführung erfolgt mit Bis-chlormethyläther und wasserfreiem Aluminiumchlorid in Gegenwart von Triäthylamin[8]. *Tetranitrophthalocyanine* sind aus Nitrophthalsäureanhydrid zugänglich; durch Reduktion lassen sich daraus die entsprechenden Aminophthalocyanine darstellen. Eine praktische Bedeutung besitzen sie nicht.

Die *Oxydation* von Kupfer-Phthalocyanin mit hochprozentiger Salpetersäure in Nitrobenzol führt zu einem Dinitrat, aus dem sich durch Verseifung ein Dihydroxy-Kupfer-Phthalocyanin gewinnen läßt, das mit zwei Molen Pyridin kristallisiert. Kobalt-II-Phthalocyanin wird bei derselben Umsetzung zum Kobalt-III-Komplex oxydiert, der mit Methanol in die Methoxyverbindung übergeht[9]. Bei der

---

[1] EP 585727 (1948).
[2] DRP 663003 (1938).
[3] LINSTEAD, R. P., u. F. T. WEISS: J. chem. Soc. [London] **1950**, 2975.
[4] EP 515637 (1940).
[5] DRP 696591 (1940).
[6] Vgl. z.B.: Belg. P. 594115 (1960); Belg. P. 602405 (1961).
[7] EP 510091 (1939).
[8] AP 2435307 (1948).
[9] BAUMANN, F., B. BIENERT, G. RÖSCH, H. VOLLMANN u. W. WOLF: Angew. Chem. **68**, 145 (1956); vgl. auch: CAHILL, A. E., u. H. TAUBE: J. Amer. chem. Soc. **73**, 2847 (1951).

Oxydation werden also im Gegensatz zur Substitution nicht die Benzoreste, sondern der zentrale Ring angegriffen:

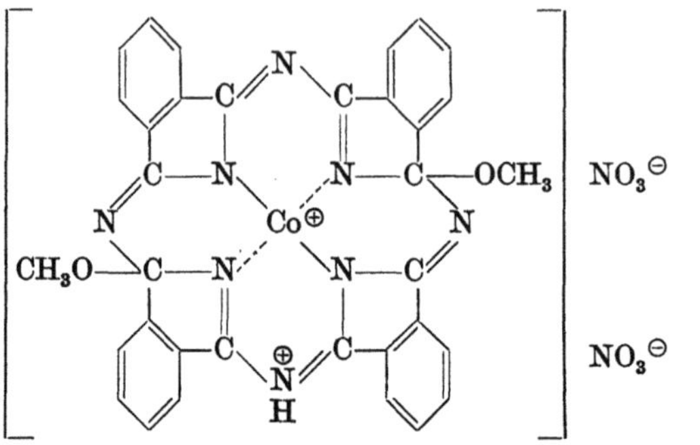

Auch aus o-Dinitrilen und o-Dicarbonsäuren *kondensierter* oder *heterocyclischer Aromaten* lassen sich die entsprechenden Phthalocyanine darstellen, so aus 1.2- und 2.3-Dicyannaphthalin, nicht aber aus dem 1.8-Isomeren, was sich aus der unterschiedlichen Struktur unschwer erklären läßt[1]. Ferner sind Phthalocyanine, die anstelle der Benzoreste Thiophen, Thionaphthen, Pyridin oder Pyrazin enthalten, ohne weiteres zugänglich, nicht aber solche mit Pyrrol-, Furan-, Isotriazol- oder Isoxazolringen[2]. Unter Verwendung von Maleinsäuredinitril oder Dialkyl-maleinsäuredinitril gelangt man zum Grundkörper der Phthalocyaninreihe, dem Tetrazaporphin, bzw. zu Oktaalkyl-tetrazaporphinen[3]. Die Nickelkomplexe der letzteren besitzen rein violette Farbtöne; stark rotstichige Phthalocyanine erhält man aus 2.3-Dicyan-pyridin[4]. Aus 4-Phenyl-phthalodinitril ist ein grünes Tetraphenyl-phthalocyanin erhältlich[5]. Sehr tiefe Farbtöne bis zum Schwarz sind mit 2.3-Dicyan-1.4-dithiacyclohexen-(2.3) zugänglich[6], das als einzige heterocyclische Ausgangskomponente praktische Anwendung fand.

Der genannte Körper ist auf bemerkenswert einfache Weise zugänglich. Natriumcyanid setzt sich mit Schwefelkohlenstoff in Dimethylformamid in nahezu quantitativer Ausbeute zum Natriumsalz der Dithio-cyanameisensäure um. In wäßriger Lösung erfolgt unter Abspaltung von Schwefel eine Dimerisation zum Dithio-maleinsäuredinitril[7], das sich mit 1.2-Dichloräthan leicht in Dicyan-dithiacyclohexen überführen läßt:

[1] BRADBROOK, E. F., u. R. P. LINSTEAD: J. chem. Soc. [London] **1936**, 1739, 1744.

[2] LINSTEAD, R. P., E. G. NOBLE u. J. M. WRIGHT: J. chem. Soc. [London] **1937**, 911. — BILTON, J. A., u. R. P. LINSTEAD: J. chem. Soc. [London] **1937**, 922.

[3] AP 2681345 (1955); vgl. auch: THOMAS, D. W., u. A. E. MARTELL: J. Amer. chem. Soc. 78, 1335 (1956). — BROWN, P. M., D. B. SPIERZ u. M. WHALLEY: J. chem. Soc. [London] **1957**, 2882.

[4] DBP 964324, 1001785 (1954); DBP 1004183 (1955).

[5] DRP 682542 (1940).

[6] Vgl.: WOLF, W., E. DEGENER u. S. PETERSEN: Angew. Chem. 72, 963 (1960); AP 3058991 (1962).

[7] BÄHR, G., G. SCHLEITZER u. H. BIELING: Chem. Technik 8, 597 (1956). — BÄHR, G., u. G. SCHLEITZER: Chem. Ber. 88, 1771 (1955); 90, 438 (1957). — Vgl. auch: SIMMONS, H. E., D. C. BLOMSTROM u. R. D. VEST: J. Amer. chem. Soc. 84, 4756 (1962).

$$\text{NaCN} + \text{CS}_2 \xrightarrow{\text{DMF}} \text{Na—S—C—CN}$$

Dithia-cyclohexendinitril und 4-Phenylphthalodinitril, bzw. die aus ihnen erhältlichen 1-Amino-3-imino-isoindolenine, werden als Entwicklungsfarbstoffe in der Phthalogenreihe praktisch angewandt.

4. Wichtige Phthalocyaninfarbstoffe

Seitengerüst[1]	Zentralatom	Farbstoff
	Metallfrei	Heliogenblau G Monastral Fast Blue G (Pigment)
	Kupfer	Heliogenblau B Irgalithechtbrillantblau BL Monastral Fast Blue BC Oralithblau BLL u. a. (Pigment)
	Kupfer	Heliogengrün G Irgalithechtbrillantgrün GL Monastral Fast Green G u. a. (Pigment)
	Kupfer	Zaponechtblau HFL (Lackfarbstoff)
	Kupfer	Siriuslichtgrün FFGL (Direktfarbstoff, nicht mehr im Handel)
	Kupfer	Thionol Ultra Green B (Schwefelfarbstoff)

[1] Einfachheitshalber ist nur einer der vier Seitenringe des Tetraza-porphins aufgeführt.

Seitengerüst	Zentralatom	Farbstoff
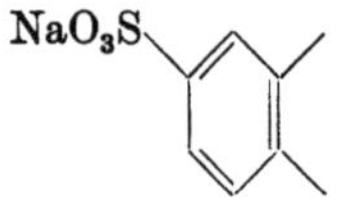 NaO_3S ... *(2 Sulfonsäuregruppen im Molekül)*	Kupfer	Chlorantinlichttürkisblau GLL Durazol Blue 8G Lurantinechttürkisblau GLD Solophenyltürkisblau GL (Direktfarbstoff)
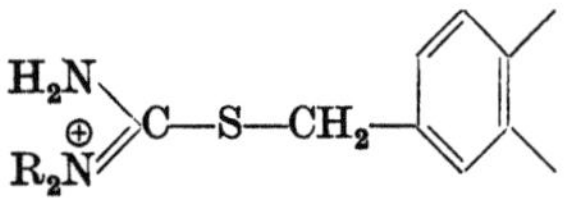 H_2N ... R_2N $\overset{\oplus}{}$ $C—S—CH_2$— ...	Kupfer	Alcian Blue 8GX (Entwicklungsfarbstoff)
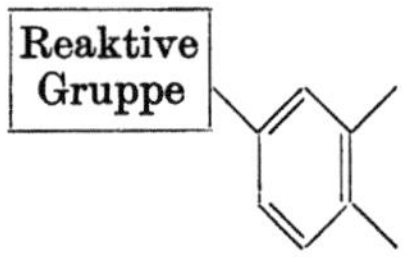 Reaktive Gruppe ...	Kupfer	Verschiedene Reaktivfarbstoffe
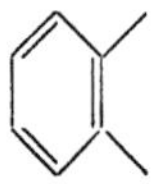 *(Leicht ansulfoniert)*	Kobalt	Indanthrenbrillantblau 4G (Küpenfarbstoff)
Cyclo-tetra-isoindolenin-(endo-isoindolenino)-Komplexe *(siehe Text)*	Kupfer Kobalt Nickel	Phthalogenbrillantblau IF3GK Phthalogenblau IB Phthalogentürkis IFBK (Entwicklungsfarbstoffe)
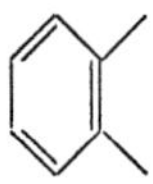 *(Als 1-Amino-3-imino-isoindolenin)*	Metallfrei Kupfer Nickel	Phthalogenbrillantblau IF3G Phthalogenbrillantblau IF3GM Phthalogentürkis IFBM (Entwicklungsfarbstoff)
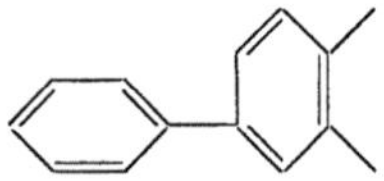 *(als Isoindolenin)*	Metallfrei, Kupferzusatz möglich	Phthalogenbrillantgrün IFFB (Entwicklungsfarbstoff)
Mischungen von: 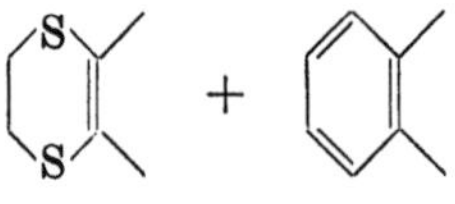 ... $+$ ... *(Als Isoindolenine)*	Kupfer Nickel	Phthalogenbrillantblau IFGM Phthalogenblau IRM Phthalogenmarineblau IRRM Phthalogenblauschwarz IVM (Entwicklungsfarbstoffe)

5. Anwendung

Anfänglich wurden die Phthalocyanine nur als Pigmente benützt und zwar das metallfreie, blaue Phthalocyanin, das unsubstituierte, blaue und das perchlorierte grüne Kupfer-Phthalocyanin. Wesentlich für die Verwendung als Pigment ist ihre feindisperse Form und eine stabile Kristallart.

Das rohe Kupfer-Phthalocyanin besitzt eine harte Struktur und ist deshalb als Pigment ungeeignet. Gewöhnliches Vermahlen liefert ein unregelmäßiges Pulver mit stumpfem, rotstichigem Blau. Ein sehr feines, weiches und farbstarkes Pigment erhält man durch Umfällen aus Schwefelsäure, indem man salzfrei gewaschenes, rohes Kupfer-Phthalocyanin in konzentrierter Schwefelsäure löst und die Lösung auf Eis gießt[1]. Die dabei entstehende Kristallart wird als α-*Form* bezeichnet; man erhält sie auch beim Verrühren der Verbindung mit mäßig konzentrierter, am besten 68%iger Schwefelsäure[2]. Sie besitzt einen klaren, rotstichigen Farbton und ist sehr ausgiebig, erfährt im Kontakt mit aromatischen Lösungsmitteln aber eine Umwandlung und Rekristallisation in eine offenbar stabilere β-Form. Die feinen Kristalle der α-Form gehen dabei in lange Nadeln der β-Form über, die nur farbschwach und als Pigment ungeeignet sind[3]. Man erhält die Nadeln der β-Form auch bei der Sublimation von Kupfer-Phthalocyanin[4]; der α-β-Übergang kann ferner bereits beim Erwärmen über 200° C spontan eintreten. Der Anwendungsbereich der α-Form ist deshalb beschränkt, obschon ihre Farbkraft sehr hoch ist.

Eine *Stabilisierung der α-Form* gelingt durch schwache Chlorierung des Kupfer-Phthalocyanins bis etwa zum Monochlorderivat[5]. Dabei verliert der Farbstoff etwas an Brillanz; dafür gewinnt er an Beständigkeit gegenüber Aromaten soweit, daß eine Verwendung in Lacken und Farben mit derartigen Lösungsmitteln möglich ist.

Die groben Kristalle der β-*Form* erleiden bei gewöhnlichem Vermahlen eine Strukturänderung und gehen wieder in die metastabile α-Form über. Ein genügend feines Pigment erhält man beim Mahlen mit der 5—20fachen Menge eines inerten Hilfsmittels. Am zweckmäßigsten verwendet man hierzu Natriumchlorid, das sich mit Wasser leicht wieder herauslösen läßt. Das so gewonnene Pigment kann nun durch schwaches Anfeuchten mit Toluol oder Xylol in die β-Form übergeführt werden, ohne daß eine Kristallvergrößerung eintritt[6]. Auch andere Lösungsmittel können dazu verwendet werden[7]. Statt einer Nachbehandlung kann man das Lösungsmittel bereits beim Mahlen zusetzen und derart einen Arbeitsgang einsparen[8]. Die Menge des zur Umwandlung benötigten Lösungsmittels ist gering; in der Regel genügt ein schwaches Anfeuchten des Pulvers bereits. Das auf diese

---

[1] AP 2716649, 2699440—444 (1955); AP 2611771 (1952); vgl. auch: FIAT Final Report 1313, Vol. III; ferner: Haddock, G.: Research 1, 685 (1948).

[2] EP 649911 (1948).

[3] Eberhart, A. A., u. H. B. Gottlieb: J. Amer. chem. Soc. 74, 2806 (1952). — Über zwei neue Kristallmodifikationen von Kupfer-Phthalocyanin siehe: EP 912526 (1962); AP 3051721 (1962).

[4] Robertson, J. M.: J. chem. Soc. [London] 1936, 1195.

[5] AP 2816045 (1957); AP 2556729 (1951); vgl. auch: Belg. P. 569556 (1958); AP 3029249 (1962); AP 3081188—9 (1963).

[6] AP 2486351 (1949).

[7] AP 2486304 (1950); AP 2540775 (1951).

[8] AP 2556726—728, 2556730 (1951).

Weise entstandene Pigment besitzt einen sehr reinen Farbton; im Kontakt mit Aromaten tritt keinerlei Kristallvergröberung mehr ein. Man gebraucht es in großem Umfang für Druckfarben, Autolacke und Kunststoffe.

Bemerkenswert ist die Verwendung von Kupfer-Phthalocyanin als Gelierzusatz bei Schmierfetten für Temperaturen über 150° C[1].

Auf dem Textilgebiet fanden einige Phthalocyanine mit Sulfonsäure- oder Carboxylgruppen als substantive Farbstoffe Eingang. Nachteilig wirkt sich dabei die verhältnismäßig geringe Waschechtheit aus. Eine bessere Fixierung des Farbstoffes gelang auf verschiedenen Wegen. Die Einführung einer Mercaptogruppe lieferte einen Schwefelfarbstoff, der auf der Faser zum unlöslichen Disulfid oxydiert wird[2]. Durch Chlormethylierung und Ersatz des Chlors gegen stark basische, wasserlösliche Gruppen wie den Isothiuroniumrest, der auf der Faser beim Erwärmen mit verdünnten Alkalien wieder abgespalten wird, gelang die Herstellung eines wasserlöslichen, auf der Faser fixierbaren Phthalocyanins. Ein wasserlöslicher Polykondensationsfarbstoff mit Thiosulfonsäuregruppen, der auf der Faser in ein unlösliches Oligomeres übergeführt wird, liegt im ®*Inthionbrillantblau I5G* vor (vgl. S. 450 u. 511).

Kobalt-Phthalocyanin wird als Küpenfarbstoff benützt (*Indanthrenbrillantblau 4G*). Zur Verbesserung der Löslichkeit ist es schwach ansulfoniert und enthält ungefähr eine Sulfonsäuregruppe pro Molekül. Eine wesentlich breitere Anwendung fand die Angliederung wasserlöslicher, reaktiver Reste zur Erzielung von Reaktivfarbstoffen, die mit den Hydroxylgruppen der Cellulose unter Ätherbildung reagieren. So dürften verschiedene Türkisblaumarken der Reaktivfarbstoffe das Phthalocyanin-Molekül enthalten; Einzelheiten über die verwendeten Gruppen sind vorderhand erst aus Patentschriften bekannt[3].

Verschiedene Derivate des Kupfer-Phthalocyanins sind der *Phototropie* unterworfen, d.h. einem reversiblen Farbumschlag, wobei die türkisblaue Nuance der Färbung nach verhältnismäßig kurzer Belichtung in ein Blau bis Violett umschlägt. Im Dunkeln bildet sich die türkisblaue Nuance wieder zurück. Besonders ausgeprägt ist diese phototrope Änderung bei Cellulosefärbungen, die mit Harnstoff-Formaldehyd- oder Melamin-Formaldehyd-Kunstharzen ausgerüstet wurden. Neuere Untersuchungen[4] ergaben, daß diese Phototropie in einer lichtinduzierten Einelektronen-Reduktion des Farbstoffes besteht. Dabei wird eine semichinoide Reduktionsstufe gebildet, die im Dunkeln vom Luftsauerstoff wieder zurückoxydiert wird. Die Semichinonform wie auch die Leukoform sind offensichtlich gegenüber einer weiteren Photoreduktion sehr stabil und gehen keine weiteren irreversiblen Folgereaktionen ein, denn die Phototropie ist praktisch vollständig reversibel.

---

[1] Siehe: FITZSIMMONS, V. G., R. L. MERKER u. C. R. SINGLETERRY: Ind. Engng. Chem. **44**, 557 (1952).
[2] Siehe auch unter „Schwefelfarbstoffe".
[3] Vgl. auch: ZOLLINGER, H.: Angew. Chem. **73**, 125 (1961).
[4] EIGENMANN, G.: Helv. chim. Acta **46**, 298, 855 (1963).

Die Erzeugung des Phthalocyanins auf oder in der Faser selbst gelingt mit den 1-Alkoxy- und 1-Amino-3-imino-isoindoleninen und ist, wie auch die bereits erwähnten anderen Färbemethoden, vor allem für die Baumwollfärbung bedeutsam[1]. Die Alkoxyverbindungen sind dazu allerdings weniger geeignet, da ihre Affinität zur Cellulosefaser ungenügend ist und ihr Übergang ins Phthalocyanin zu rasch erfolgt, so daß sie nicht genügend tief in die Faser eindringen können. Ihre Verwendung ist jedoch möglich bei Anwesenheit von Ammoniak oder Ammoniumsalzen, da hierbei praktisch momentan die entsprechenden 1-Amino-3-imino-isoindolenine gebildet werden. Diese letzteren besitzen eine genügende Affinität zur Cellulosefaser und eignen sich besonders zur Herstellung der Kupfer- und Nickel-Phthalocyanine. Sie sind als *Phthalogene*[2] im Handel. Zuweilen ist es zweckmäßig, die zur Bildung des Kupfer-Phthalocyanins erforderlichen Kupfersalze als Komplexe zuzugeben, die das Kupfer erst bei höherer Temperatur abgeben, damit die Isoindolenine genügend tief in die Faser eindringen können.

Die Phthalogene eignen sich vorzüglich für den Druck. Sie werden mit einer Druckpaste auf das Gewebe aufgebracht, die Lösungsmittel wie Glykol, Äthylglykol, Thiodiglykol oder Dimethylformamid enthält. Durch eine Zwischentrocknung nach dem Drucken wird das Wasser der Druckpaste entfernt, um Hydrolyseverluste zu vermeiden. Die Lösungsmittel sollen dabei zurückbleiben und das Eindringen der Phthalogene in die Faser ermöglichen. Zur Erleichterung der Phthalocyaninbildung werden tertiäre Basen wie Triäthanolamin zugesetzt. Die endgültige Entwicklung erfolgt durch feuchtes Dämpfen oder durch eine Trockenentwicklung bei 120—150° C. Letztere liefert die klarsten und vollsten Farbtöne. Bei ungenügend entwickelten Drucken können stumpfe Farben resultieren, die durch eine Nachbehandlung mit verdünnter Ameisensäure klarer werden. Interessant ist das Vorgehen beim Reservedruck. Man kann dazu Oxalsäure oder Natronlauge verwenden, welche das Isoindolenin zerstören. Besser eignen sich primäre aliphatische Amine, die mit dem Isoindolenin unter Austausch der Amino- und Iminogruppen reagieren und derart die Farbstoffbildung verhindern. Ein Handelsprodukt auf dieser Basis ist das *Phthalotrop* der Farbenfabriken Bayer.

---

[1] Siehe: DBP 888837 (1955). — GUND, F.: J. Soc. Dyers Colourists **69**, 671 (1953); **76**, 151 (1960). — SCHMITZ, A.: Melliand Textilber. **35**, 274 (1954). — EIBEL, J.: Melliand Textilber. **39**, 522, 660, 775 (1958).

[2] Schutzname der Farbenfabriken Bayer, Leverkusen.

Namenverzeichnis

Farbstoffverzeichnis

Die meisten hier aufgeführten Bezeichnungen sind warenrechtlich geschützte Handelsnamen, auch wenn sie nicht besonders als solche gekennzeichnet sind.

Bei Farbstoffnamen, die nur in einer *Fußnote* erwähnt werden, ist diese nach der Seitenzahl aufgeführt; z. B.: Acilandirektblau A 313[2], s. S. 313, Fußnote 2.

Aceanthrengrün 385
Acetamine-Farbstoffe 220, 435
Acilan-Farbstoffe 215, 216
— -astrol B 312
— -brillantblau FFR 259
— — R 259
— -direktblau A 313[2]
— -echtblau RBX 312
— — RX 312
— -echtgrün BBL 461
— -echtmarineblau R 459
— -gelb extra 455
— -grün BS 255
— — 2G 254
— -naphtholrot G 458
— -saphirol B 310[4]
— — SE 311[3]
— -schwarz 10B 461
— -violett 10B 259[2]
— -wollrot B 463
Acramin-Farbstoffe 10
Acridine Orange R 266
Acridingelb G 266
Acridinorange 266
— DH 266
Acronol Brilliant Lake Blue 6G 253
— Yellow T 414[3]
Alcian-Farbstoffe 12
Alcian Blue 8GX 514
Algol*-Farbstoffe
— -blau B 341
— -brillantgrün BK 344
— -gelb GC 357
— — WG 351
— -orange RF 338
— -schwarz B 344
Algosol-Farbstoffe 386[1]
Alizarin 6, 302, 303 f.
Alizarin-Farbstoffe 215, 217
— -astrolviolett B 318

Alizarinblau SWR 303
— -brillantbordeaux R 303
— -brillantreinblau R 313
— — SE 317
— -cyanin NS 303
— — R 303
— -cyaningrün G extra 315
— — 5G 317
— — GT 316
— — GWA 316
— -gelb G, GR 465
— — 2G 465
— -irisol RL 310
— -reinblau B 311
— — FFB 314
— — G 312
— -rot S 304
— -rubinol 3G 318
— — R 317[4]
— -saphirol A 313
— — B 310
— — SE, SES 311
— -schwarz S 299
— — SRA 300
— -walkblau SL 315
— -walkgrün B 316[4]
Alizarindirekt-Farbstoffe 217
— -blau A 313[2]
— — AGG 314[1]
— -violett BL 312
— — EBB 309
Alizarinecht-Farbstoffe 217
— -blau 2B 311[7]
— — CL 313[2]
— — G 315[1]
— — R 317[1]
— -grün CG 315[7]
— — GGW 316
— -rubin R 317[4]
— -violett 2RC 310[1]
Alizarinlicht-Farbstoffe 217

Alizarinlichtblau AA 313[2]
— — AR 311[7]
— — B 310[4]
— — ESE 311[4]
— — 3G 312[6]
— — R, RG 312[2]
— — SE 311[3]
— -braun BL 319
— -grün GS 315[7]
— -rot R 317[4]
— -violett 2RL 310[1]
— — RS 316[3]
Alizarinsaphir-Farbstoffe 217
Alkaliblau 260
Amanthosol-Farbstoffe 386[1]
Amido-Farbstoffe 217
— -gelb E 243
— -naphtholrot G 458
Anilinblau spritlöslich 260
Aniline Purple 4
Anilinschwarz 280
Anthragelb GC 357
Anthralan-Farbstoffe 217
— -blau B 314
— — G 314
— -gelb 2RT 243
Anthraquinone-Farbstoffe 217
— Blue B 310[4]
— — RXO 312[2]
— Green G 315[7]
Anthrasol-Farbstoffe 219, 386[1]
— O 392
— O4B 393
— -blau AGG 393
— — IBC 393
— -braun IBR 393
— — IRRD 393
— -brillantorange IRK 392
— -brillantviolett I4R 392

---

* Handelsname der früheren IG Farbenindustrie AG

* Handelsname der Farbenfabriken Bayer AG, Leverkusen.

Caledon Brown R 359[3]
— Dark Blue BM 380[4]
— — Brown 3R 360
— Golden Yellow GK 375[5]
— Gold Orange G 376[5]
— — — 3G 359[2]
— Grey 3B 381[2]
— Jade Green 2G 282[2]
— — — XBN 7, 381, 393
— Khaki 2G 360[3]
— Olive D 370
— — R 359[4]
— Orange 2RT 377[2]
— Red 2G 385[2]
— — RK 364
— Yellow 5G 357
— — 5GK 351
— — GN 378[2]
Capracyl-Farbstoffe 219
Capriblau 282
Carbindone Black 403
Carbolan Blue B 314
— Green G 316
Celanthrene*-Farbstoffe
— Brilliant Blue FFS 308[1]
— Fast Blue 2G 308[3]
— — Pink 3B 307[4]
— — Yellow GL 244, 268
— Pure Blue BRS 309[1]
— Red 3BN 306[8]
— — Violet R 307[2]
— Violet CB 307[5]
Celcot-Kupplungskomponenten 221, 448
Cellitazol STN 434[2]
Celliton-Farbstoffe 435
— -ätzblau 5G 433
— — 3R 433
— -blau extra 309
— -brillantgelb FF 293
— -orange R 306
— -scharlach B 432
Cellitonecht-Farbstoffe 220, 435
— -blau B 307
— — FFB 307
— — FFG 307
— — FFR 308
— -blaugrün B 308
— -gelb G 431
— — 7G 286
— — GGLL-CF 244[5]
— — 2R 244
— — 5R 432
— -orange GR 432
— -rosa B 306
— — FF3B 307

Cellitonechtrosa RF 307
— -rotviolett RN 307
— -rubin 3B 432
— -violett 6B 307
Ceres**-Farbstoffe
— -rot 3R 436
Chicagoblau 6B 491
Chinolingelb extra 292
— S extra 292
Chloramin-Farbstoffe 218, 484
— -brillantflavin S 414[2]
— -echtgelb 4GL 487[2]
— -echtscharlach 4B 488[1]
— -gelb FF 415
— — G, R 415[3]
— — 6G 486[2]
— -grün B 493
— -lichtblau FF 491
— -lichtbraun BRL 494[2]
Chlorantin-Farbstoffe 218, 484
Chlorantinecht-Farbstoffe 218
— -brillantblau 2GLL 284
— -gelb 5GLL 487[2]
Chlorantinlicht-Farbstoffe 218
— -blau BLL 491[6]
— -braun BRLL 494[2]
— -gelb B, FF 415[1]
— -grün BLL 489
— — 5GLL 488
— -orange 3GLL, TGLL 409[2]
— -türkisblau GLL 514
Chlorazol-Farbstoffe 218, 484
— Fast Orange D, DP 408[4]
— — Scarlet 4B 488[1]
— Green BN 493
— Orange PG 490[2]
— — RN 490[1]
— Sky Blue FF 491
— Yellow G, R 408[1]
— — 6G 486[2]
Chlorphenolrot 263
Chromacyl-Farbstoffe 219, 479
Chromanol-Farbstoffe 219
Chromate-Farbstoffe 219
Chromazol Blue G 283
— — 5G 283
Chromazurin DN 283
— E 283
Chromcitronin R 469

Chromecht-Farbstoffe 219, 469
— -blau BX, GBX 260
— — R 467
— -braun TV 466
— -cyanin BP, G 468
— -flavin A 466
— -gelb 8GL 293
— -rot B 467
— — 2G 467[1]
— -violett B 469
Chromgelb G, 2G 465
Chromotrop FB 457
Chromotropblau S 467
Chromviolett 261
Chrysoidin 451
Chrysophenin 492
Ciba-Farbstoffe 220
— -blau 2B 332, 393
— — BR 332
— — RH 403
— -braun FG 340, 393
— -brillantrosa F3B 339, 392
— — F2BG 392
— — FR 338, 392
— -gelb 3G 334
— -grau BL 343, 393
— -grün G 333
— -heliotrop B 333
— -lackrot B 334
— -orange FR 338, 392
— — G 345
— -rosa B 338
— -rot F2B 339
— — F3BN 338, 392
— — G 342
— -scharlach F3B 339, 392
— — FG 345
— -violett F6R 339, 341
Cibacet-Farbstoffe 220, 435
— -blau BR 307[10]
— — 2R 307[8]
— -brillantblau BG neu 308[1]
— -brillantrosa 3BN 307[4]
— -diazoschwarz B 434
— — GNN 434
— -gelb 2GC 431[4]
— — GN 431
— -orange 2R, 2RD 432[2]
— -rot 3B 306[8]
— -rubin 3BS 432
— -saphirblau G 309[1]
— -scharlach 2B 432
— -türkisblau G 308[3]
— -violett 2R 307[2]

---

* Handelsname der Badischen Anilin- und Sodafabrik AG, Ludwigshafen a. Rh.

Polyphenylgelb 2G, 8G, R 408[3]
— -orange R, 2R 408[4]
— — SP 490[2]
Ponceau-Marken 457
— 2R 457
Ponsol-Farbstoffe 220, 351
Pontachrome-Farbstoffe 219
Pontacyl-Farbstoffe 216, 217
— Brilliant Blue RR 259
— Fast Violet VR 273
— Wool Blue BL, GL 279[4]
Pontamine-Farbstoffe 218
— Green BXN 493
— Orange R 490[1]
— Sky Blue 6BX 491
— Yellow S3G 408[3]
Pontamine Diazo-Farbstoffe 222
Pontamine Fast-Farbstoffe 218
— — Orange EGL 409[2]
— — — MRL, 6RN 408[4]
— — Yellow WBF 415[1]
Pontamine White-Aufheller 413
— — BR 411[1]
— — 2GT 411
Pottingchrom-Farbstoffe 469
— -schwarz CL 468
— — PV 468
Pottingecht-Farbstoffe 219
Primulin 414
Procinyl-Farbstoffe 218, 319, 497
Procion-Farbstoffe 218, 496
— -brillantorange GS 500
Pyrazol-Farbstoffe 218
— -orange G 490
Pyrazolecht-Farbstoffe 218
— -blau LUL 491[6]
— -braun BRL 494[2]
— — 2R, 2RL 409[4]
— -grün 5GL 488[3]
— -orange GL 409[2]
Pyrogen-Farbstoffe 220, 405
— -braun G 402
— — 4R, 6R 402
— -carbon C, CG 403
— -direktblau RL 402
— -gelb 2G 402
— — R, RM 402
— -grün 3G, GK 403
— -orange R 402
— -tiefblau B 403
— -tiefschwarz B, D 403

Pyrogenviolettbraun X 402
Pyronin G 270

Rapidazol-Farbstoffe 449
Rapidecht-Farbstoffe 221, 449
Rapidogen-Farbstoffe 221, 449
Reacton-Farbstoffe 218, 479
Remalan-Farbstoffe 480
Remalanbrillant-Farbstoffe 496
Remalanecht-Farbstoffe 497, 501
Remastral*-Farbstoffe
— -blau FF2GL 284
— — FFRL 284
— — F3GL 284
— -violett FRL 284
Remazol-Farbstoffe 218, 497, 501
Resolin-Farbstoffe 435
Resorcinblau 282
— -braun 460
Rhodamin B 272
— 3B 272
— G 272
— 6G 272
— S 271
Rhodulinorange NO 266
Rigan-Farbstoffe 484
Ronagen-Farbstoffe 221, 449[4]
Rosanthren-Farbstoffe 222, 484
— -echtscharlach GL 486[3]
Rose Bengale B 274
Rosindulin 2G 279
R. P. Thionol Brilliant Green 3B 403
Rubine Toner 2B 441
— — 4B 441

Säureblauschwarz B 461
— -brillantblau R 259
— -chromblau 2B 467
— -gelb 455
— -lederviolett 3B 258
— -orange 457
— -rot XB 271
— -schwarz H 461
— -violett 6B 258
— — 10B 259
— -walkrot G 462
Safranin T extra 278
Salicinchrom-Farbstoffe 469
— -bordeaux R 467
— -rot B 469

Salicinchromschwarz PV 468
Salze Ciba 221, 448
Salze Irga 221, 448
Samaron-Farbstoffe 435
Sandazurin 3G 253
Sandogen-Farbstoffe 221, 449[4]
Sandon-Farbstoffe 220, 405
— -blau R 403
Sandozol-Farbstoffe 219, 386[1]
Sandothren-Farbstoffe 220, 351
— -blau FNG, FNGW 367[3]
— — FNGCDN 367[2]
— — FNRSN 365[3]
— -braun FG 339
— — FNBR 360
— — FNR 359[3]
— -brillantgrün FNBF 381[5]
— — FN2GF 382[2]
— -brillantorange FNRK 374[4]
— -brillantrosa FR 338
— -dunkelblau FNBO, FNBOA, FNMBA 380[4]
— -gelb FN5GK 351
— — FNGN 378[2]
— — FN3R 360
— — NGC 357
— -goldgelb FNGK 375[5]
— — FNRK 375[6]
— -goldorange FNG 376[5]
— — FN3G 359[2]
— -grau FNBG 356[2], 375[1]
— -khaki FN2G 360[3]
— -olive FN2R 359[4]
— — FNT 370
— -orange FR 338
— -rosa BG 338
— -rot F2B 339
— — F3BN 338
— — FN6B 373
— — NF2B 356
— -rotorange FNG 377[2]
— — FNR 377[4]
— -schwarz FN2B 381[1]
— — FNDRB 381[3]
— -violett FN3B 383[8]
— — FN2RB 383[6]
Schwefelrotbraun 399
— -schwarz T 403, 405
Setacyl-Farbstoffe 220, 435
— -blau 2GS 309[1]
— — RS 307[8]

---

* Handelsname der Farbwerke Hoechst AG, Frankfurt a. M.-Hoechst.

* Handelsname für indigoide Küpenfarbstoffe der Sandoz AG, Basel.

Sachverzeichnis

 MIX
Papier aus verantwortungsvollen Quellen
Paper from responsible sources
FSC® C105338

If you have any concerns about our products,
you can contact us on
ProductSafety@springernature.com

In case Publisher is established outside the EU,
the EU authorized representative is:
Springer Nature Customer Service Center GmbH
Europaplatz 3, 69115 Heidelberg, Germany

Printed by Libri Plureos GmbH
in Hamburg, Germany